Dieter Heß

Pflanzenphysiologie

Molekulare und biochemische Grundlagen von Stoffwechsel und Entwicklung der Pflanzen

10., völlig neubearbeitete und neugestaltete Auflage
348 Zeichnungen und Formeln
27 Schwarzweißfotos
15 Tabellen

Verlag Eugen Ulmer Stuttgart

Dieter Heß, geb. 1933 in Karlsruhe. Studium der Biologie und Chemie in Freiburg i.Br. und Tübingen. Promotion 1957 im Fach Botanik bei F. Oehlkers in Freiburg. Assistent am Botanischen Institut der Universität Freiburg 1957 bis 1961. Habilitation 1961. 1961 Fortbildung in Biochemie bei F. Lynen in München. 1962 bis 1967 wiss. Mitarbeiter am Max-Planck-Institut für Züchtungsforschung, Abt. Genetik, bei J. Straub in Köln. Mehrere Rufe an in- und ausländische Universitäten. Seit 1967 ordentlicher Professor, Geschäftsführender Direktor des Instituts für Physiologie und Biotechnologie der Pflanzen der Universität Hohenheim. Hauptarbeitsgebiete: Molekularbiologie der Entwicklung höherer Pflanzen, Biotechnologie der Pflanzen.

Das Buch wurde ins Chinesische, Englische (auch englische UNESCO-Ausgabe), Japanische, Spanische, Tschechische und Ungarische übersetzt.

Die Deutsche Bibliothek – CIP-Einheitsaufnahme

Heß, Dieter:
Pflanzenphysiologie : Grundlagen von Stoffwechsel und Entwicklung der Pflanzen ; 14 Tabellen / Dieter Heß. - 10., völlig neubearb. und neugestaltete Aufl. - Stuttgart (Hohenheim) : Ulmer, 1999
(UTB für Wissenschaft : Uni-Taschenbücher ; 15)
ISBN 3-8252-0015-9 (UTB)
ISBN 3-8001-2729-6 (Ulmer)

Wollgrasweg 41, 70599 Stuttgart (Hohenheim)
Printed in Germany
Einbandgestaltung: Atelier Reichert, Stuttgart
Druck: Gutmann Offsetdruck, Talheim
Bindung: Koch, Tübingen

Vorwort

Meiner Mutter †

Aus der 1. Auflage

In den vergangenen Jahren hat die Molekularbiologie in allen Teilbereichen der Botanik Einzug gehalten. Ganz besonders gilt das für die Pflanzenphysiologie. Im vorliegenden Buch wird der Versuch unternommen, auf der Basis molekularbiologischer Daten eine Einführung in die Stoffwechsel- und Entwicklungsphysiologie der höheren Pflanzen zu geben. Vor allem werden auch die sog. »sekundären« Pflanzenstoffe, die nicht nur für den Biologen, sondern auch den Pharmazeuten, Nahrungsmitteltechnologen, Techniker und Landwirt von wesentlichem Interesse sind, wenigstens einigermaßen adäquat abgehandelt.

Das Buch ist für Anfänger gedacht. Dementsprechend mußte teilweise simplifiziert werden. Aber es konnte nicht darauf verzichtet werden, weiterführende Hypothesen zu erwähnen. Denn auch der Anfänger sollte erfahren, wie man auf Grund bestimmter Fakten zunächst Arbeitshypothesen aufstellt, die es dann zu beweisen oder zu widerlegen gilt.

Der Verfasser hofft, daß sein Buch nicht nur den Studierenden der Biologie und benachbarter Disziplinen in ihren ersten Semestern, sondern auch Lehrkräften an höheren Schulen von Nutzen sein kann, die sich über neuere Entwicklungen im Bereich der Pflanzenphysiologie informieren und den einen oder anderen Sachverhalt auch im Unterricht berücksichtigen möchten.

Recht herzlich danken möchte der Verfasser seinem Verleger, Herrn Roland Ulmer, und dessen Mitarbeitern für die gute Zusammenarbeit. Und Dank gebührt auch Frau und Tochter, die für die »Überüberstundenarbeit« volles Verständnis bewiesen.

Am Ende dieses Vorworts aber soll ein Wunsch stehen: Möge es den Wissenschaftlern an den deutschen Universitäten auch in Zukunft nicht durch Entscheidungen einer kurzfristig orientierten Politik verwehrt werden, an der Klärung der für uns alle zentral wichtigen Fragen der modernen Biologie aktiv mitzuarbeiten!

Stuttgart-Hohenheim, Juli 1970 — Dieter Heß

Zur 10. Auflage

Bei der Bearbeitung der Neuauflage eines Lehrbuchs muß der Autor die wesentlichen Fortschritte im betreffenden Fachbereich berücksichtigen. Ihr Autor hat sich sehr darüber gefreut, mit wieviel Neuem er seit der letzten Auflage konfrontiert wurde. Unsere Botanik und mit ihr die Pflanzenphysiologie ist eine begeisternd dynamische Disziplin!

Das vorliegende Buch wurde in weiten Bereichen völlig neu geschrieben. Ein größeres Format machte es möglich, das Layout so zu gestalten, daß es auch gesteigerten didaktischen Anforderungen genügen dürfte. Dabei wurde das Prinzip beibehalten, die jeweiligen Sachverhalte möglichst auseinander zu entwickeln und so verständlich zu machen. Obwohl eine Fülle von Daten gebracht wurde, sollte eine „enzyklopädische" Darstellung vermieden werden. Denn man sollte keine Enzyklopädie auswendig lernen und so zu einem wandelnden Lexikon werden, sondern sich mit der jeweiligen Materie exemplarisch und vor alllem mit Verständnis befassen. Der Autor hofft, daß auch diese 10. Auflage dabei eine Hilfe sein kann.

Doch in diesem Zusammenhang eine Warnung: ganz ohne Lernen wird man nicht weiter kommen. Den Nürnberger Trichter gibt es nicht – und mangelnde Eigeninitiative läßt sich, so beliebt das heute auch sein mag, auf Dauer nicht mit angeblichen Defiziten in den didaktischen Fähigkeiten eines Dozenten kaschieren.

Der Autor möchte seinem Verleger, Herrn Roland Ulmer, und ganz besonders der Lektorin, Frau Dr. Nadja Kneissler, für ihr Mitwirken am Zustandekommen dieser Auflage sehr herzlich danken. Dank gebührt auch Kollegen und Studierenden für Verbesserungsvorschläge. Sie wurden mit einer Ausnahme befolgt: ein jüngerer Kollege hatte angemahnt, in einem solche Buch müsse man heute, wenn es modern sein solle, zu Begin ein Kapitel über Nucleinsäuren bringen. Was der Kollege übersehen hatte: Ein solches Eingangskapitel findet sich in der Pflanzenphysiologie bereits seit der 1. Auflage im Jahr 1970! Demnach wäre das Buch in allen seinen Auflagen über nun fast 20 Jahre hinweg „modern" gewesen. Ihr Autor hofft, daß es diesem Anspruch auch in der vorliegenden 10. Auflage genügen kann – und dies nicht nur wegen eines Eingangskapitels über Nucleinsäuren.

Stuttgart-Hohenheim, im März 1999 Dieter Heß

Inhaltsverzeichnis

A Steuerung der Merkmalsbildung durch Nucleinsäuren

Die Entwicklung einer Pflanze ist eine Folge von Merkmalsbildungen: ein Same keimt, treibt eine Keimwurzel, entfaltet Keimblätter, bildet Sproß und Folgeblätter aus, geht zur Blütenbildung über und trägt schließlich wiederum Frucht und Samen (Abb. 1.1). Jede Merkmalsbildung besteht aus einer Vielzahl ineinander verflochtener chemischer Reaktionsketten. Alle diese Reaktionsketten und damit auch die Ausbildung der Merkmale sind genetisch gesteuert. Fragen wir uns deshalb zuerst, welche Substanzen das genetische Material bilden und wie sie in die Merkmalsbildungen eingreifen.

Das bedeutet, daß wir uns zunächst mit der Beweisführung dafür befassen müssen, daß Nucleinsäuren genetisches Material sein können, danach mit ihrer Struktur und ihrer Funktion bei der Transkription und Translation. Denn über diese beiden Prozesse werden Proteine bereitgestellt, die auf im einzelnen verschiedene Weise Faktoren der Merkmalsbildung sind.

Die Replikation des genetischen Materials wird später besprochen.

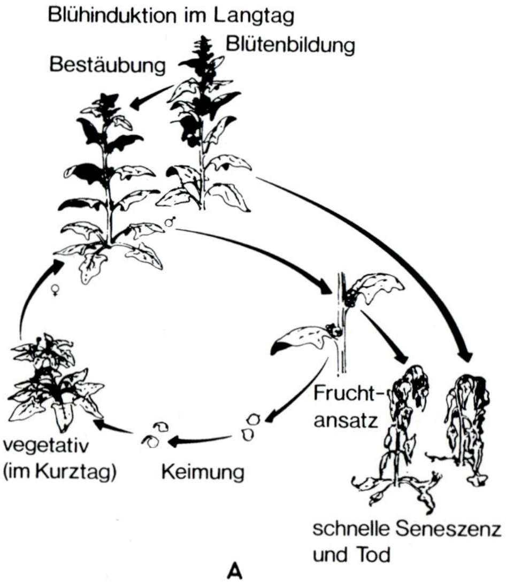

Abb. 1.1A. Schema der Entwicklung einer krautigen Pflanze am Beispiel Spinat. Der Spinat keimt unter bestimmten Lichtverhältnissen, entwickelt sich zu einer vegetativen Pflanze und geht dann im Langtag zur Blütenbildung über. Nach dem Fruchten geht die Pflanze zugrunde.

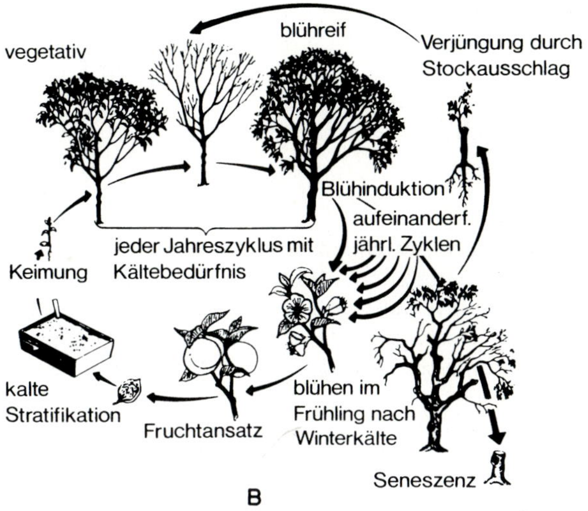

Abb. 1.1B. *Schema der Entwicklung einer holzigen Pflanze am Beispiel Pfirsich. Der Pfirsich keimt nach einer kalten Stratifikation und entwickelt sich dann zu einem Baum. Nach 1 bis 3 Jahren ist die vegetative Phase beendet und die Pflanze blühreif. Nach Einwirken der winterlichen Kälte kommt die Pflanze zum Blühen und Fruchten. Dieser Jahreszyklus wiederholt sich, wobei jedesmal Kälte die Voraussetzung für das Blühen ist. Allmählich altert der Baum dann und geht nach einem längeren Stadium der Seneszenz zugrunde. Eine Verjüngung ist durch Stockausschläge aus dem Stumpf möglich (nach Janick et al. 1969).*

1 Struktur der Nucleinsäuren, Transkription und Translation

1.1 Averys Transformationsexperimente

In den ersten 30 bis 40 Jahren dieses Jahrhunderts gelang es, in mühevoller Kleinarbeit nachzuweisen, daß das genetische Material bei kernhaltigen höheren Organismen in erster Linie auf den Chromosomen des Zellkerns lokalisiert ist. Daneben findet sich genetisches Material in geringerer Menge auch auf einigen Organellen des Cytoplasmas, nämlich den Plastiden der Pflanzen und den Mitochondrien. Stellen wir für unsere Betrachtung das auf den Chromosomen des Kerns lokalisierte genetische Material seiner Bedeutung entsprechend in den Vordergrund. Chromosomen bestehen überwiegend aus Proteinen und Nucleinsäuren. Die Proteine zerfallen in Nicht-Histon-Proteine und in basische Proteine, die Histone. Hinzu kommen noch Enzymproteine mit bestimmten Funktionen. Die zweite, wichtigste Gruppe von Chromosomenbestandteilen, die Nucleinsäuren, wurden vor rund 130 Jahren durch den Schweizer Miescher in Tü-

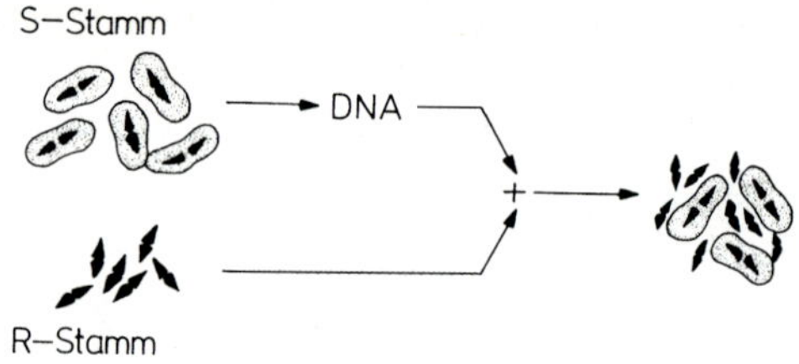

Abb. 1.2. Transformation bei Pneumokokken. DNA aus dem S-Stamm wird in einige Bakterien des R-Stammes übertragen, die daraufhin wie die Bakterien des S-Stammes Kapseln ausbilden (nach KAUDEWITZ 1958).

bingen entdeckt. Nachdem man zunächst die Proteine als genetisches Material favorisiert hatte, zeigte AVERY in seinen Transformationsexperimenten, daß Desoxyribonucleinsäure (deoxyribo-nucleic acid, DNA), d.h. aber ein bestimmter Typ von Nucleinsäuren, die genetische Information enthalten kann.

Mit den Versuchen AVERYS begann im Jahre 1944 das Zeitalter der molekularen Genetik. Versuchsobjekte waren Pneumokokken, Bakterien also, die u.a. als Erreger von Lungenentzündungen bekannt sind. Von diesen Pneumokokken gibt es Stämme, bei denen die einzelnen Bakterien von einer Polysaccharid-Kapsel umgeben sind. Die Kapsel schützt die Bakterien vor dem Angriff von Enzymen des befallenen Organismus. Bakterien mit Kapseln können sich deshalb im Wirtsorganismus vermehren und werden so krankheitserregend, virulent. Kultiviert man solche Kapsel-Pneumokokken in der Petrischale, so bilden sie Kolonien mit einer glatten Oberfläche. Man spricht deshalb von S-Bakterien oder S-Stämmen (smooth = glatt).

Andere Pneumokokkenstämme besitzen keine schützende Kapsel. Sie sind infolgedessen auch nicht virulent. Ihre Kolonien weisen eine rauhe Oberfläche auf, daher die Bezeichnung R-Bakterien oder R-Stämme (rough = rauh).

Genetisch stabile Veränderungen von Organismen durch die Übertragung von Genen in Form isolierter DNA nennt man Transformationen und die genetisch veränderten ein- oder vielzelligen Organismen Transformanten, transgene Organismen oder gentechnisch veränderte Organismen (GVOs).

AVERY übertrug nun isolierte DNA aus S-Stämmen in Kulturen von R-Stämmen. Ein geringer Prozentsatz (in diesen Versuchen unter 1%) der so behandelten R-Bakterien bildete daraufhin Kapseln aus (Abb. 1.2). Die einmal erworbene Fähigkeit zur Kapselbildung wurde von den Nachkommenschaften konstant beibehalten.

Es war also gelungen, das Gen für Kapselbildung zu übertragen, und dieses Gen mußte sich in der DNA befunden haben, mit der die R-Stämme behandelt worden waren. Damit war bewiesen, daß DNA genetisches Material sein kann.

Bleibende genetische Veränderungen (Transformationen) durch DNA-Übertragung sind seitdem nicht nur bei Bakterien, sondern auch bei Tieren und insbesondere Pflanzen zur Routine geworden.

Wir werden darauf noch eingehen (Seite 56). Jedenfalls kann es keinen Zweifel mehr daran geben, daß DNA das genetische Material sein kann. Aber auch der zweite, gleich noch zu besprechende Nucleinsäuren-Typ, die Ribonucleinsäure (ribonucleic acid, RNA), kommt als Informationsträger in Frage. Bei den meisten Pflanzenviren, so beim Tabakmosaikvirus, ist sie sogar der eigentliche Träger der genetischen Information.

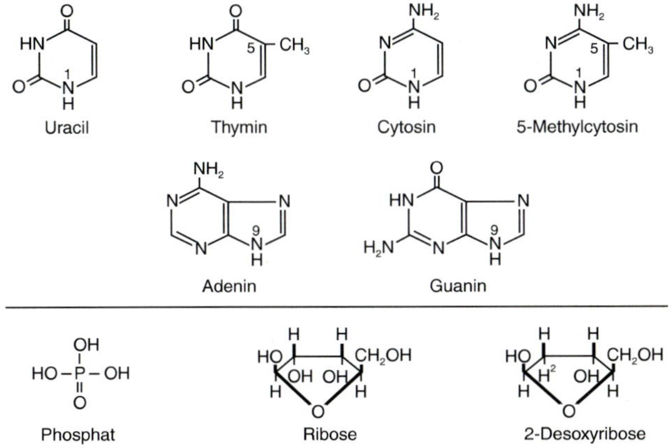

Abb. 1.3.
Die Bausteine der Nucleinsäuren.

1.2 Die chemische Konstitution der Nucleinsäuren

1.2.1 Bausteine der Nucleinsäuren (Abb. 1.3, Tab. 1.1)

Alle Nucleinsäuren bauen sich prinzipiell aus drei Gruppen von Substanzen auf: aus stickstoffhaltigen zyklischen Basen, aus Pentosen, das sind Zucker mit 5 Kohlenstoffatomen, und aus anorganischem Phosphat. Je nachdem, welche Basen und welche Zucker sich am Aufbau der Nucleinsäuren beteiligen, unterscheidet man zwischen den beiden großen Gruppen der Desoxyribonucleinsäuren (DNA) und Ribonucleinsäuren (RNA). Jede dieser beiden großen Gruppen ist in sich heterogen. Es gibt nicht eine DNA, sondern unzählige verschiedene Sorten von DNA, und es gibt nicht eine RNA, sondern es gibt drei große Untergruppen von RNA – und jede dieser 3 Untergruppen gliedert sich wieder in eine Vielzahl verschiedener Sorten.

Die Basenbausteine der DNA sind die Purinbasen Adenin und Guanin und die Pyrimidinbasen Cytosin und Thymin. Der Pentosezucker der DNA ist die 2-Desoxyribose.

Die RNA führt ebenfalls die Purinbasen Adenin und Guanin und die Pyrimdinbase Cytosin. Die zweite Pyrimidinbase ist aber nicht das Thymin, sondern das Uracil. Auch der Pentosezucker ist ein anderer: die RNA enthält Ribose.

Daß sich in der DNA anstatt Uracil Thymin findet, soll nicht das Lernen erschweren, sondern hat seinen guten Grund: In der DNA befindliches Cytosin kann spontan zu Uracil desaminiert werden. Bei der DNA-Replikation (Seite 308) kann es dann anstatt der ursprünglichen C/G-Paarung zu einer U/A-Paarung und damit zu einer Mutation kommen. Normalerweise wird das dadurch verhindert, daß Reparaturenzyme das in der DNA durch Desaminierung gebildete Uracil wieder durch Cytosin ersetzen. Enthielte die DNA nun von Natur aus Uracil, könnte das Reparatursystem nicht zwischen originärem und über Desaminierung entstandenem Uracil unterscheiden. Es würde *alles* Uracil durch Cytosin ersetzen – und damit die DNA verändern. Um das zu verhindern, findet sich in der DNA anstelle von Uracil dessen Derivat 5-Methyl-uracil = Thymin, das die gleichen Paarungseigenschaften wie Uracil aufweist.

Zu den genannten Basen kommt noch eine Reihe seltener Basenbausteine. Von ihnen muß das 5-Methylcytosin erwähnt werden, weil es unter den seltenen Basen relativ häufig in der DNA höherer Pflanzen vorkommt.

Stellen wir noch einmal deutlich heraus, in welchen Bausteinen sich DNA und RNA voneinander unterscheiden: DNA enthält die Pyrimidinbase Thymin, RNA statt dessen die Pyrimidinbase Uracil. Der Pentosezucker der DNA ist die 2-Desoxyribose, der Pentosezucker der RNA ist die Ribose.

1.2.2 Nucleoside, Nucleotide, Polynucleotide (Abb. 1.4, Tab. 1.1)

Die drei genannten Bausteintypen, die Basen, die Pentosezucker und das Phosphat, bauen in gesetzmäßiger Weise die Nucleinsäuren auf.

Zunächst einmal kann die Base mit dem Pentosezucker über eines ihrer Stickstoffatome verbunden werden. Man nennt die resultierende Verbindung ein Nucleosid. Besetzt man dann ein Hydroxyl des Pentosezuckers mit anorganischem Phosphat, so erhält man ein Nucleotid. Viele

Nucleotide schließlich treten zu Polynucleotiden zusammen. Die Verbindung zwischen den einzelnen Nucleotiden wird jeweils über das Phosphat gelegt.

Fragen wir uns nun noch, welche funktionellen Gruppen sich am Zustandekommen dieser Bindungen beteiligen. Bei der Bildung eines Nucleosids reagiert ein Wasserstoff am Stickstoff Nr. 1 einer Pyrimidinbase oder am Stickstoff Nr. 9 einer Purinbase mit der Hydroxylgruppe am Kohlenstoffatom 1 des Pentosezuckers unter Wasserabspaltung. Die Zuckerchemie lehrt uns, daß dieses Hydroxyl am Kohlenstoffatom Nr. 1 ein glykosidisches Hydroxyl ist. Das Nucleosid ist dementsprechend ein N-Glykosid.

Die Bildung des Nucleotids erfolgt durch eine Esterbildung zwischen dem Hydroxyl am Kohlenstoffatom Nr. 5′ – im Verbund mit der Base werden die C-Atome der Pentose als 1′, 2′ etc. durchnumeriert – der Pentose und dem Phosphat. Das Nucleotid ist also jeweils der Phosphorsäureester des betreffenden Nucleosids.

Nun bleiben uns noch die Bindungen zwischen den einzelnen Nucleotiden. Das Hydroxyl am Kohlenstoffatom Nr. 3′ der betreffenden Pentose reagiert unter Wasserabspaltung mit einem Hydroxyl der Phosphorsäure des nächsten Nucleotids.

Polynucleotide sind lange Stränge mit einer ausgesprochenen Polarität. Die Polarität liegt darin, daß wir immer die

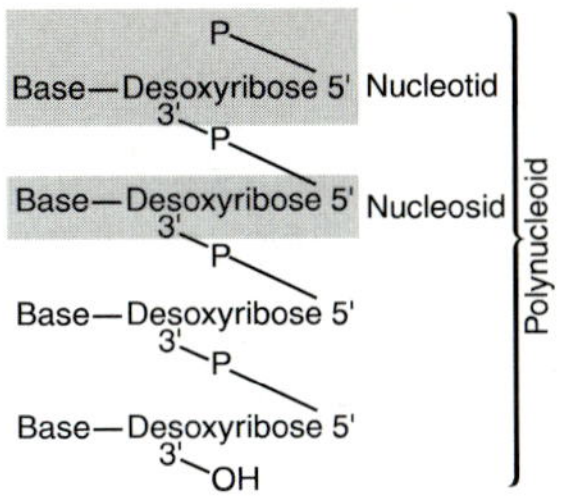

Abb. 1.4.
Der Aufbau von Nucleosiden, Nucleotiden und Polynucleotiden.

Tab. 1.1. Bezeichnungen der Nucleoside und Nucleotide in DNA und RNA. ph = Phosphat, d = desoxy- (wird oft fort–gelassen, wenn es sich klar ersichtlich um d-Verbindungen handeln muß)

Base	**Abkürzung**	**RNA Nucleosid**	**Nucleotid**
Thymin	T	–	–
Cytosin	C	Cytidin	Cytidin-5′-ph
Uracil	U	Uridin	Uridin-5′-ph
Adenin	A	Adenosin	Adenosin-5′-ph
Guanin	G	Guanosin	Guanosin-5′-ph
Base	**Abkürzung**	**DNA Nucleosid**	**Nucleotid**
Thymin	T	d-Thymidin	d-Thymidin-5′-ph
Cytosin	C	d-Cytidin	d-Cytidin-5′-ph
Uracil	U	–	–
Adenin	A	d-Adenosin	d-Adenosin-5′-ph
Guanin	G	d-Guanosin	d-Guanosin-5′-ph

Reihenfolge Pentose-3′-Phosphat-5′-Pentose-3′ auffinden, oder auch umgekehrt, je nachdem, an welchem Ende man zu zählen beginnt. Am Anfang einer solchen Kette steht ein Nucleotid mit einem Phosphatrest am Kohlenstoffatom 5′, am Ende dieser Kette ein Nucleotid mit einem freien Hydroxyl am Kohlenstoffatom Nr. 3′.

1.2.3 Das Watson-Crick-Modell der DNA (Abb. 1.6)

Die Polynucleotidstränge der DNA liegen nur in seltenen Fällen als Einzelstränge vor. In der Regel treten zwei DNA-Einzelstränge zu einem schraubenförmig gewundenen DNA-Doppelstrang zusammen. Daß dem so ist, wurde 1953

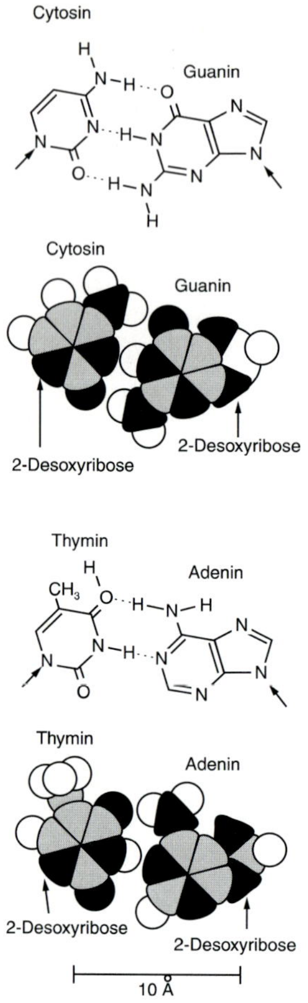

Abb. 1.5. *Die beiden Basenpaarungen Cytosin-Guanin und Thymin-Adenin. In Abb. 1.6 sind an einer Stelle diese zwei Paarungen hervorgehoben. Die Pfeile geben den Anschluß an die DNA-Doppelhelix an (verändert nach* BENNETT *1970).*

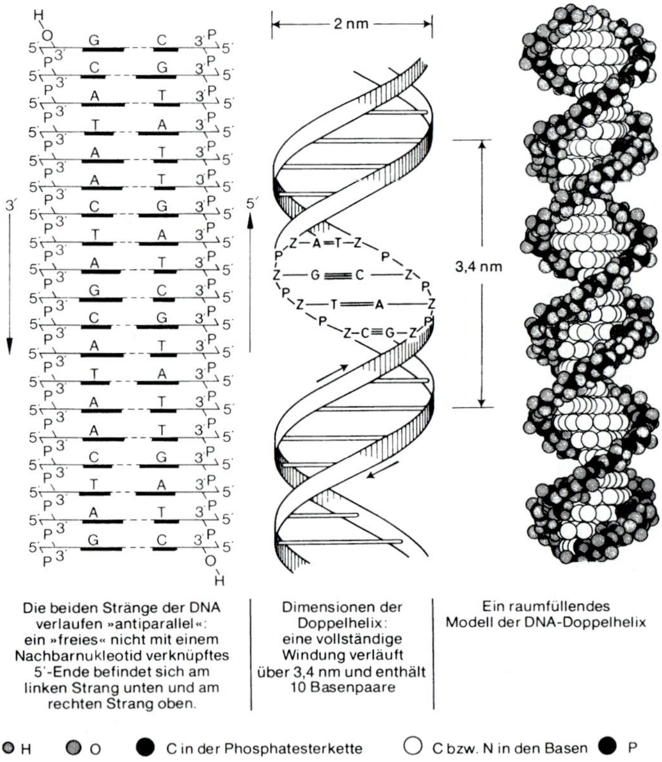

2 nm
3,4 nm
Die beiden Stränge der DNA verlaufen »antiparallel«: ein »freies« nicht mit einem Nachbarnukleotid verknüpftes 5′-Ende befindet sich am linken Strang unten und am rechten Strang oben.
Dimensionen der Doppelhelix: eine vollständige Windung verläuft über 3,4 nm und enthält 10 Basenpaare
Ein raumfüllendes Modell der DNA-Doppelhelix
H
O
C in der Phosphatesterkette
C bzw. N in den Basen
P

Abb. 1.6. *Das Watson-Crick-Modell der DNA-Doppelhelix (verändert nach* KULL *und* KNODEL *1980).*

von WATSON und CRICK erkannt, wobei Röntgenstrukturaufnahmen der DNA von WILKINS eine wesentliche Stütze waren. WATSON und CRICK stellten ein Modell der DNA-Stuktur auf, das ihren Namen trägt. Diesem Watson-Crick-Modell zufolge besteht die DNA aus einer Doppelwendel, einer *Doppelhelix*. An der Bildung dieser Helix beteiligen sich zwei DNA-Stränge *gegenläufiger Polarität*. An dem Ende der Helix, an dem das 3′-Hydroxylende des einen DNA-Stranges liegt, findet sich also das 5′-Phosphatende des anderen DNA-Stranges. Die beiden DNA-Stränge werden durch Wasserstoffbindungen zwischen den Purin- und Pyrimidinbasen zusammengehalten. Die Purin- und Pyrimidinbasen stehen nämlich vom Rückgrat der Wendeln, die aus Zucker-Phosphat-Sequenzen gebildet werden, nach innen zu ab. Dabei ergibt sich Gelegenheit. Wasserstoffbrücken zwischen den Basen der beiden Stränge zu schlagen. Man spricht hier von einer Basenpaarung. Sie folgt einer strengen Gesetzmäßigkeit, die man als das *Gesetz der Basenpaarung* bezeichnet hat. Es paart sich nämlich immer ein Cytosin bzw. Methylcytosin auf dem einen Strang mit einem Guanin auf dem anderen Strang und ein Thymin auf dem einen Strang mit einem Adenin auf dem anderen Strang. Zwischen Cytosin bzw. 5-Methylcytosin und Guanin können 3, zwischen Thymin und Adenin können 2 Wasserstoffbindungen ausgebildet werden (Abb. 1.5). Das Gesetz der Basenpaarung bringt es mit sich, daß die beiden DNA-Stränge einander in ihrer Basensequenz *komplementär* sind.

Zusammenfassung
Erfolgreiche Experimente zur Gegenübertragung mit Hilfe isolierter DNA, wie sie zuerst von AVERY 1944 veröffentlicht worden waren, belegen zweifelsfrei, daß DNA genetisches Material sein kann.

Die Bausteine der Nucleinsäuren DNA und RNA bestehen aus Purin- und Pyrimidin-Basen, Pentosen und Phosphat. In DNA wie RNA finden sich die Purinbasen Adenin (A) und Guanin (G) und die Pyrimidin-Base Cytosin (C). Als zweite wichtige Pyrimidin-Base findet sich in der DNA das Thymin (T), in der RNA das Uracil (U). Bei der Pentose handelt es sich in der DNA um 2-Desoxyribose, in der RNA um Ribose.

Basen und Pentosen bilden dNucleoside (DNA) bzw. Nucleoside (RNA), Basen, Pentosen und Phosphat dNucleotide (DNA) bzw. Nucleotide (RNA). Über Phosphatbrücken werden dNucleotide bzw. Nucleotide zu langen, polar gebauten Einzelsträngen verbunden.

Die DNA (zur Struktur der RNA vgl. Kap. 1.3) baut sich nach einem von WATSON und CRICK vorgeschlage-nen Modell aus zwei umeinandergeschraubten dPoly-nucleotid-Einzelsträngen auf. Sie sind über die von Strang zu Strang gepaarten Basen A/T und G/C) miteinander verbunden. Was die Basenabfolge anbelangt, sind die beiden Einzelstränge einander komplementär. Wegen einer gegenläufigen 2-Desoxyribose-Phosphat-Abfolge ist die Polarität der beiden Stränge entsprechend gegenläufig oder antiparallel. Die resultierende Doppelwendel nennt man DNA-Doppelhelix.

1.3 Die Expression der Gene

Wenn die DNA das genetische Material sein soll, muß sie einmal ihre eigene Reduplikation in die Wege leiten. Denn nur auf der Basis einer identischen Reduplikation wird verständlich, daß das genetische Material von Zelle zu Zelle, von Organismus zu Organismus konstant weitergegeben werden kann. Auf die *Reduplikation* oder *Replikation der DNA* werden wir bei der Besprechung der Zellteilung (Seite 307) eingehen.

Im Augenblick ist eine andere Anforderung wichtiger, die wir an die DNA zu stellen haben: Wenn DNA das genetische Material ist, so muß sie steuernd in die Merkmalsbildung eingreifen können. Man spricht hier von der *Expression der DNA* – und das bedeutet der Gene – bei der Merkmalsbildung. Da nun die sichtbaren Merkmale letztlich auf bestimmte chemische Umsetzungen zurückgehen, können wir weiter einengen und von der DNA erwarten, daß sie chemische Reaktionen steuert. Es ist zur Genüge bekannt, daß solche chemischen Umsetzungen im lebenden Organismus von Enzymen katalysiert werden. Und hier ist denn auch einer der Angriffspunkte der DNA: Sie kann die Bildung von Enzymen in die Wege leiten.

Enzyme oder zumindest ihre Apoproteine sind Polypeptide oder bauen sich aus ihnen auf. Damit sind wir bei dem, was die Expression der Gene bedeutet: eine Bereitstellung von Polypeptiden. Diese Polypeptide stehen, wie wir noch erfahren werden, keinesfalls immer mit Enzymen im Zusammenhang, sondern erfüllen darüber hinaus die verschiedensten Funktionen innerhalb oder auch außerhalb der Zellen.

1.3.1 Das Konzept der Genexpression (Abb. 1.7)

Bevor wir auf einige Details eingehen, sei das Konzept der Genexpression vorangestellt: Das Eingreifen der DNA in die Merkmalsbildung verläuft bei den Eukaryonten, den kernhaltigen Organismen, in drei Etappen, der Transkription, dem Processing und der Translation.

In der *Transkription* wird die in einem bestimmten Abschnitt eines DNA-Einzelstranges enthaltene genetische Information auf RNA, also den zweiten Nucleinsäurentyp »umgeschrieben«. Dabei entstehen zunächst *Primärtranskripte*, die noch nicht funktionsfähig sind. Es gilt das für alle drei Gruppen von RNA, die wir noch kennenlernen werden: die mRNA, rRNA und tRNA. Die Primärtranskripte sind Vorstufen dieser drei RNA-Sorten. Dementsprechend kann man auch von *Prä-mRNA, Prä-rRNA* und *Prä-tRNA* sprechen.

Im anschließenden *Processing* werden die Primärtranskripte funktionsfähig gemacht. Am Ende dieser Phase stehen demnach mRNA, rRNA und tRNA.

In der letzten Etappe, der *Translation*, wird die in der mRNA enthaltene genetische Information in die Bildung genspezifischer Polypeptide umgesetzt. Die rRNA und die tRNA haben dabei Hilfsfunktionen.

Soweit das grobe Konzept, das uns nur zu einer ersten Übersicht verhelfen soll. Besser zu verstehen wird es dann sein, wenn wir uns mit den drei Etappen etwas eingehender befaßt haben.

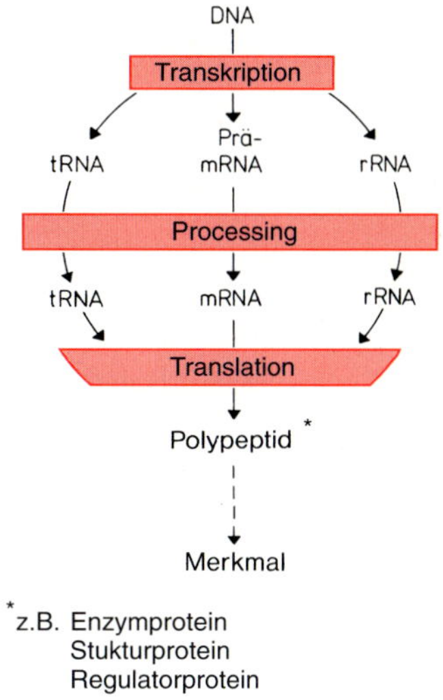

Abb. 1.7.
Das Konzept der Genexpression.

1.3.2 Transkription

Die in der DNA enthaltene genetische Information wird mit Hilfe bestimmter Enzyme, der DNA-abhängigen *RNA-Polymerasen* abgelesen und in RNA umgeschrieben. Bei den Eukaryonten kennt man drei verschiedene RNA-Polymerasen, über deren Funktion und Lokalisation Tab. 1.2 orientiert. Die Enzyme bestehen jeweils aus mehreren Untereinheiten, über die auch der Kontakt mit der auszuwertenden DNA hergestellt wird. Denn wie bei Bakterien, so gibt es auch bei Eukaryonten in der DNA Ansatzstellen, auf die die jeweilige RNA-Polymerase passen muß. Man nennt diese DNA-Abschnitte *Promotoren*. Von den Promotoren aus gleiten die Polymerasen dann an der DNA der Gene entlang und lesen sie ab (Abb. 1.8).

Tab. 1.2. Eukaryontische RNA-Polymerasen

RNA-Polymerase	Lokalisation	Transkriptionsprodukte	Sensitivität gegenüber α-Amanitin
I	Nucleolus	rRNA außer 5S-rRNA	nicht sensitiv
II	Chromatin	mRNA	bei niederen Konzentrationen sensitiv
III	Chromatin	5S-rRNA, tRNAs	bei hohen Konzentrationen sensitiv

Bevor wir fortfahren, einige Daten zur Struktur und Funktion der Promotor-Region bei Eukaryonten (Abb. 1.10). Vorweg einige Definitionsfragen. Eine gegebene DNA hat ein 5′- und ein 3′-Ende. Dabei bezieht man sich auf den *nicht*-codogenen Strang! Vom Startpunkt der Transkription aus liegen die DNA-Sequenzen in 5′-Richtung – so wie wir sie eben definierten – »stromaufwärts«, die in 3′-Richtung »stromabwärts«. Bei der Zählung stromaufwärts erhalten die Nucleotide ein negatives Vorzeichen, wobei das Startercodon +1 ist. Das wichtigste Startercodon ist ATG.

Nun zu funktionell wichtigen Abschnitten in der Promotor-Region, die stromaufwärts liegt, also am 5′-Ende des jeweiligen Gens. Diese DNA-Sequenzen am 5′-Ende sind AT-

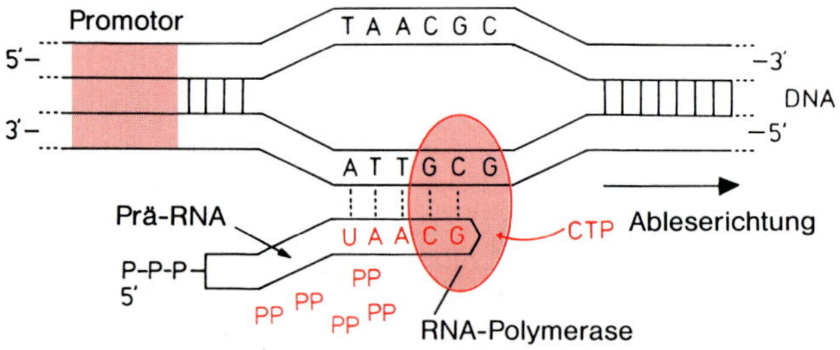

Abb. 1.8.
Schema der Transkription. Die RNA-Polymerase liest einen DNA-Einzelstrang vom Promotor aus in 5′-Richtung ab. Vom ersten Nucleosidtriphosphat wird kein Phosphat abgespalten. Am 5′-Ende der wachsenden Prä-RNA steht also P-P-P. Beim Ansetzen der weiteren Nucleotide wird jeweils Pyrophosphat vom neu hinzutretenden Nucleosid-triphosphat (im Bild CTP) abgegeben (PP im Bild). Zur Promotor-Region vgl. auch Abb. 1.10.

reich. In ihnen finden sich »Boxen«, die bei verschiedenen Eukaryonten eine einigermaßen ähnliche Nucleotidsequenz aufweisen. In solchen Fällen spricht man von *konservierten Regionen* oder *Konsensus-Regionen*. Der konservierte Charakter ist schon ein erster Hinweis darauf, daß die betreffenden Sequenzen zentral wichtig sind. Sonst wären sie im Lauf der Evolution kaum erhalten geblieben. Zu ihnen gehören die TATA-Box etwa 30 Nucleotide und die CAAT-Box ungefähr 80 Nucleotide stromaufwärts des Startcodons und die Ansatzstellen für Transkriptionsfaktoren.

Besonders bei der *TATA-Box* besteht kein Zweifel an einem Zusammenhang mit dem Beginn der Transkription. Denn die jeweils zuständige RNA-Polymerase nimmt mit ihr über spezielle Bindungsproteine Kontakt auf. Über die TATA-Box werden die RNA-Polymerasen also eingewiesen. Wie oben erwähnt, liegt nur 30 Nucleotide abwärts das Startercodon, an dem die Transkription beginnt. Sie läuft bis zu einem der Terminations-Codons (Abb. 1.10), an dem sie abbricht.

Doch auch ohne *Transkriptionsfaktoren* von Proteincharakter kann die codierende Region nicht abgelesen werden. Sie werden an regulatorisch wirksamen DNA-Elemente gebunden, die stromaufwärts der CAAT-Box liegen. Zu diesen Transkriptionsfaktoren gehören auch Signalrezeptoren. Wir werden uns mit ihnen noch genauer befassen (Seite 373). Hinzu kommen noch weitere Regulationselemente, über die die Stärke der Transkription beeinflußt wird. Sie liegen ebenfalls stromaufwärts der CAAT-Box. An ihnen setzen bestimmte Faktoren an, in einigen Fällen nachgewiesenermaßen Proteine, die die Transkription verstärken oder abschwächen. Dementsprechend nennt man diese DNA-Abschnitte *Enhancer* (Verstärkung) oder *Silencer* (Abschwächung).

Transkribiert wird immer nur einer der beiden Einzelstränge einer DNA-Doppelhelix, der *codogene Strang* oder Sinnstrang (Abb. 1.8, 1.10). Der zweite Strang ist nicht-codogen. Von ihm war gerade die Rede gewesen. Der codogene Strang dient als Matrize für die Synthese einer komplementären RNA. Das ordnende Prinzip ist die Basenpaarung. Bei der Synthese der RNA entspricht immer einem Adenin auf der DNA ein Uracil auf der RNA, einem Guanin auf der DNA ein Cytosin auf der RNA und umgekehrt. Wir finden also Basenpaare ganz ähnlich wie auch zwischen den beiden Strängen einer DNA-Doppelhelix, nur tritt in der RNA Uracil an die Stelle von Thymin.

Das Ausgangsmaterial für die Bildung der RNA sind nicht Nucleotide oder gar freie Basen, sondern Nucleosid-5′-triphosphate. Sie sind es, die sich entlang der DNA-Matrize nach den Regeln der Basenpaarung anordnen. Die RNA-Polymerasen spalten von den Triphosphaten Pyrophosphat ab und verknüpfen die resultierenden Nucleosid-5′-monophosphate = Nucleotide zur RNA. Die Spaltung der Triphosphate liefert die dazu benötigte Energie.

Produkte der Transkription sind die erwähnten Primärtranskripte. Sie enthalten oft noch RNA ohne erkennbare Funktion bei der Translation. Damit läßt sich vorhersagen, daß diese »funktionslose« RNA wohl im Processing entfernt werden wird.

1.3.3 Der genetische Code

Aber bevor wir auf das Processing eingehen, muß ein Versäumnis nachgeholt werden. Das Konzept der Gen-Expression (Abb. 1.7) läßt erkennen, daß die genetische Information sozusagen von DNA über RNA in Polypeptid fließt. Wir müssen nun vor den nachfolgenden Abschnitten die Frage beantworten, in welcher Form die genetische Information in den genannten Makromolekülen enthalten ist, die Frage also, wie man sich den *genetischen Code* vorzustellen hat.

Die Buchstaben des genetischen Code sind die einzelnen Nucleotide. Je 3 solcher Nucleotide (ein Nucleotid-Triplett) bilden ein Code-Wort oder *Codon*. Es handelt sich also um einen »Dreier-Code«. Nun haben wir schon von zwei Nucleinsäuren gesprochen, die an der Realisation der genetischen Information beteiligt sind, von DNA und von RNA. Was nennt man ein Codon? Ein Nucleotid-Triplett auf der DNA oder ein Nucleotid-Triplett auf der RNA?

Der genetische Code wurde u.a. in Experimenten mit synthetischen Ribonucleinsäuren entschlüsselt. Damit wird es verständlich, daß man als Codon zunächst ein Nucleotid-Triplett auf einer mRNA bezeichnet, das für den Einbau einer bestimmten Aminosäure in Polypeptid zuständig ist. Die mRNA ist diejenige Sorte RNA, die die genetische Information für die Bildung von Polypeptiden enthält. Wir werden gleich darauf eingehen.

Die Beweisführung begann damit, daß Nirenberg und Matthaei in ein zellfreies System, das alle anderen für die Polypeptidsynthese notwendigen Faktoren enthielt, eine synthetische mRNA einbrachten, die nur aus Uracil-

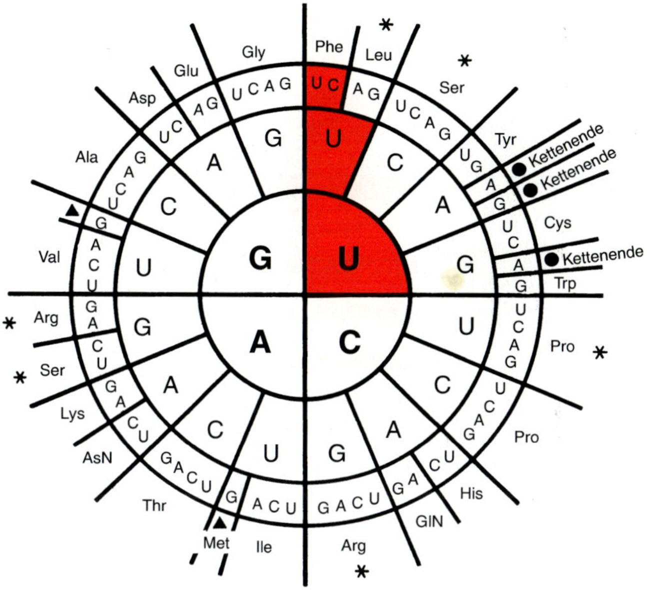

Abb. 1.9.
Der mRNA-Code in Form der »Code-Sonne«. Die Codons werden durch Lesen von innen (entspricht dem jeweiligen 5'-Ende) nach außen (entspricht dem jeweiligen 3'-Ende) zusammengestellt. UUU und ebenso UUC bedeuten »Einbau von Phenylalanin« (nach Bresch *und* Hausmann *1972).*

* zweimal auftretende Aminosäuren
● Terminations-Codonen
▲ Starter-Codonen, die am Anfang der Translation stehend stets das Start-Methionin einbauen, in der Mitte des Messengers aber die in der Sonne angegebenen Aminosäuren.

Nucleotiden bestand. Unter dem Diktat dieses »Poly-U« wurde dann ein Polypeptid gebildet, das fast nur aus Phenylalanin bestand. Bei Annahme eines Dreier-Code mußte das Code-Wort für den Einbau von Phenylalanin ins Polypeptid demnach UUU sein. Weitere, vor allem von Khorana entscheidend verfeinerte Versuche im zellfreien System führten schließlich dazu, daß man die Code-Worte für alle Aminosäuren der Proteine herausfand. Damit war der RNA-Code entschlüsselt (Abb. 1.9).

Einem Codon auf der mRNA entspricht jeweils ein komplementäres dNucleotid-Triplet auf der DNA, wobei nur Uracil gegen Thymin ausgetauscht werden muß. Korrekterweise hatte man zunächst von einem *Codogen* auf der DNA gesprochen. doch ist es heute üblich, die Bezeichnung Codon sowohl bei mRNA als auch bei DNA zu verwenden

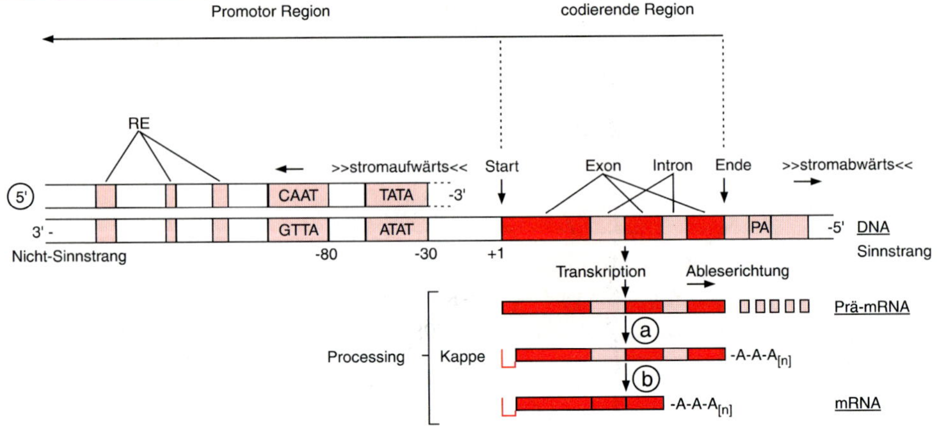

Abb. 1.10.
Schema eines Eukaryonten-Gens und seiner Expression: Codierende Sequenzen, Promotor-Region, Transkription und Processing. In der Promotorregion finden sich im Bereich der TATA-Box die Ansatzstelle für RNA-Polymerasen und stromaufwärts der CAAT-Box noch weitere Regulationselemente (RE; Enhancer, Silencer, Ansatzstellen für Transkriptionsfaktoren). Die Transkription kann über die polypeptid-codierende Sequenz »hinausschießen«. Im Processing wird die betreffende RNA entfernt, am nun endgültigen 3′-Ende eine Poly-A-Sequenz unter Steuerung durch das Poly-A-Signal (PA) auf der DNA angehängt und am 5′-Ende die Kappe gebildet (a). Außerdem wird die den Introns entsprechende DNA über das »Spleißen« eliminiert (b).

Zusammenfassung
Der genetische Code wird von Nucleotidtripletts auf der DNA bzw. mRNA gebildet, die man Codons nennt. Mindestens ein Triplett codiert den Einbau einer bestimmten Aminosäure im Polypeptid. ATG auf der DNA (nicht-codogener Strang) bzw. AUG auf der mRNA ist das häufigste Startercodon; andere Codons helfen bei der Termination der Transkription.

1.3.4 Processing

Erinnern wir uns zunächst daran, wie weit wir in unserer Besprechung der Gen-Expression gekommen waren: Im Zuge der Transkription wurde ein Abschnitt eines DNA-Einzelstranges in eine komplementäre RNA umgeschrieben. Dabei wurde der DNA-Code in einen RNA-Code überführt. Die resultierenden Primärtranskripte enthalten aber noch RNA, die bei der Translation nicht benötigt wird. Im Processing wird

1. diese RNA eliminiert
2. muß die jeweils verbleibende RNA durch eine Reihe weiterer Veränderungen funktionstüchtig gemacht werden. Diese Modifikationen sind je nach den beteiligten RNA-Klassen im Detail verschieden.

Damit steht aber auch schon das Programm dieses Abschnitts fest: Wir müssen zunächst die drei großen RNA-Klassen charakterisieren und werden dann auf das jeweilige Processing eingehen. Beides erfordert aber auch, wie sich gleich zeigen wird, eine erste Befassung mit der Struktur der

Eukaryonten-Gene und ihrer Organisationsform in der Gesamt-DNA.

mRNA, Prä-mRNA und ihr Processing

Die *mRNA* enthält die genetische Information zur genspezifischen Polypeptidsynthese. Sie trägt diese Information aus dem Zellkern hinaus zu den Ribosomen (Seite 35) des Cytoplasmas, an denen die Polypeptidbildung (Translation, Seite 40) stattfindet. Wegen dieser Botenfunktion erhielt sie ihren Namen (mRNA = messenger-RNA = Boten-RNA).

Die *Prä-mRNA* wird auch als hnRNA (heterogene nucleäre RNA) bezeichnet. Heterogen ist sie hinsichtlich ihrer Größe, die stark wechseln kann, und zwar stärker als das bei der mRNA selbst der Fall ist. Ursache dafür ist zusätzliche RNA ohne Information zur Polypeptidsynthese, die sich in der Prä-mRNA findet. Nucleär ist die RNA deswegen, weil sie sich nur im Kern nachweisen läßt – und auch das nur bei einer kurzen »Lebenszeit« der jeweiligen Prä-mRNA. Denn sie wird rasch über das Processing zur eigentlichen mRNA zurechtgeschnitten.

Damit sind wir schon beim Herausschneiden nicht-codierender RNA im Zuge des *Processing*. Wie wichtig diese Etappe ist, wird dann deutlich, wenn wir uns über die Struktur der Eukaryonten-Gene orientieren. Denn seit 1977 hat man für zunehmend mehr Gene bewiesen, daß sie »gestückelt« sind: polypeptid-codierende DNA-Abschnitte des betreffenden Gens, die *Exons* (expressed regions), wechseln mit nicht-codierenden DNA-Abschnitten, den *Introns* (intervening regions), ab (Abb. 1.10).

Beide, Exons wie Introns, werden transkribiert. Dabei entsteht eine Prä-mRNA, die codierende und nicht-codierende Sequenzen aufweist. Meistens nennt man auch sie – nicht ganz korrekt – Exons und Introns. Beim Processing werden die nicht-codierenden Introns herausgeschnitten und die dadurch freigesetzten Exons zur reifen mRNA zusammengefügt, »gespleißt«. Dieses Spleißen muß mit äußerster Genauigkeit erfolgen. Wird dabei nur ein Nucleotid zu viel oder zu wenig eliminiert, kommt es in der RNA zu einer Verschiebung des Leserasters für die Translation (Kap. 1.3.5) und zu entsprechenden Schadwirkungen.

Das Spleißen erfolgt mit Hilfe von *Spleißosomen*. Sie bestehen aus einigen kleinen nucleären Ribonucleoprotein-Partikeln (*s*mall *n*uclear *r*ibonucleoprotein *p*articles = *snRNPs*), die sich jeweils aus rund 10 kleinen Polypeptiden und Ura-

— Gene sind DNA-Abschnitte mit der Funktion, eine genspezifische RNA anzuliefern. Bei Eukaryonten bestehen sie aus einer in RNA *transkribierten Region*, die ein bestimmtes Polypeptid codieren *kann*, und aus *Expressionssignalen.*

— *Transkribierte oder codierende Regionen* gliedern sich in der Regel in *Exons*, die sich an der Translation beteiligen, und in *Introns*, bei denen das nicht der Fall ist. Beidseits der codierenden Sequenzen finden sich Expressionssignale. Das gilt besonders für die Region »stromaufwärts«, die Promotorregion, die wichtige *Expressionssignale* (TATA- und CAAT-Box, Regulatorische Elemente wie Enhancer, Silencer, Ansatzstellen für Transkriptionsfaktoren) aufweist.

cil-reichen, ebenfalls kleinen RNAs zusammensetzen. Pflanzen weisen über zahlreiche Varianten dieser kleinen RNAs besonders viele verschiedene snRNP-Sorten auf.

In der Regel beteiligen sich beim Spleißen spezielle Enzyme. Jedoch kennt man auch ein »Selbstspleißen«, bei dem eine gegebene Prä-mRNA die in ihr enthaltenen Introns ohne die Beteiligung von Enzymproteinen herausschneidet. Man spricht hier von *katalytischer RNA* oder *Ribozymen.*

Nun zu den Modifikationen außer dem Entfernen nichtcodierender RNA. Sie bestehen in Veränderungen beider Kettenenden (Abb. 1.10). Am 5′-Ende bildet sich eine »Kappe«. Sie besteht aus einem am N-Atom 7 methylierten Guanosinrest, der mit der Kette über drei Phosphateinheiten in Verbindung steht. Die Kappenbildung erleichtert die Translation. Sie erfolgt schon am Primärtranskript.

Am 3′-Ende wird eine »Poly-A«-Sequenz angehängt. Dabei handelt es sich um 100 bis 200 Adenin-haltige Nucleotide. Diese Polyadenylierung ist für die mRNA der Eukaryonten charakteristisch und fehlt hier nur bei der mRNA für Histone. Die Poly-A-Sequenz trägt zur Stabilisierung der mRNA bei ihrem Transport aus dem Zellkern ins Cytoplasma bei.

Alle Schritte des Processing finden nicht an freier Prä-mRNA statt, die zu labil wäre. Vielmehr assoziert die Prä-mRNA schon während der Transkription mit stabilisierenden Ribonucleoproteinen, den *h*eterogenen *n*ucleären *R*ibo*n*ucleo*p*roteinen (*hnRNPs*). Sie reihen sich an der Prä-mRNA hintereinander auf. Die eben erwähnten snRNPs gesellen sich hinzu, so daß die Prä-mRNA bestens über Ribonucleoproteinstrukturen abgedeckt ist.

Im Abschnitt zur Transkription (Seite 27) wurde bereits auf Expressionssignale hingewiesen, die mit der eigentlich codierenden Region eines Gens kombiniert sind. Zur Substruktur dieser codierenden Region haben wir eben erfahren, daß sie sich in Exons und Introns gliedert. Damit sind wir in der Lage, eine Definition eines Eukaryonten-Gens zu geben (oben ←).

In dieser Definition wurde berücksichtigt, daß am genetischen Material außer mRNAs, die in Polypetid translatiert werden, auch die verschiedenen rRNAs und tRNAs gebildet werden. Unsere Definition läßt sich noch spezifizieren, was die beiden eben erwähnten Teilbereiche eines Gens anbelangt (←).

Ribosomen, rRNA, Polyribosomen, Prä-rRNA und ihr Processing

Bei der rRNA handelt es sich, wie der Name sagt, um die RNA der Ribosomen (rRNA = ribosomale RNA). Die Besprechung der rRNA wäre ohne ein Eingehen auf die Ribosomen unvollständig. Geben wir deshalb hier eine knappe Charakterisierung der Ribosomen, der Organellen der Polypeptidsynthese.

Ribosomen sind mehr oder weniger rundliche Organellen, die zu annähernd 60% aus RNA und 40% aus Protein bestehen.

Bei Bakterien, etwa der gut untersuchten *E. coli*, sind die Ribosomen durch die Sedimentationskonstante 70 (70S-Ribosomen) gekennzeichnet. Entzieht man einer Suspension dieser Ribosomen Mg^{2+}, so zerfallen sie in je eine größere Untereinheit zu 50S und je eine kleinere Untereinheit zu 30S. Bei höheren Pflanzen – und entsprechend bei Tieren – finden sich zwei verschiedene Typen von Ribosomen. In den Mitochondrien und in den Plastiden handelt es sich um 70S-Ribosomen wie bei den Bakterien. Im Cytoplasma dagegen liegen größere 80S-Ribosomen vor, die bei Mg^{2+}-Entzug in je eine 60S- und je eine 40S-Untereinheit zerfallen (Abb. 1.11). Die gut untersuchten cytoplasmatischen Ribosomen der Erbse besitzen die Gestalt eines Sphäroids mit Achsen von 250 und 160 Å Länge.

Nun zur *rRNA*. Sie kann bis zu 90% der zellulären RNA ausmachen. Bei den 80S-Ribosomen gliedert sie sich in vier Sorten: Die 25–28S-, 18S-, 5,8S- und die 5S-rRNA. Die 25–28S-, 5,8S- und 5S-rRNA sind in der großen, die 18S-rRNA ist in der kleinen Untereinheit lokalisiert.

Bei den 70S-Ribosomen fehlt die 5,8S-rRNA. Der 25–28S-rRNA entspricht die etwas kleinere 23S-rRNA, der 18S-rRNA die 16S-rRNA. 23S- und 5S-rRNA befinden sich in der großen, die 16S-rRNA in der kleinen Untereinheit.

Die Zellen höherer Pflanzen und Tiere besitzen einen Zellkern. Man bezeichnet die betreffenden Organismengruppen deshalb als *Eukaryonten* (griech. eu = gut, karyon = Kern). Daß sich in den Zellen dieser Eukaryonten zwei große Gruppen von Ribosomen finden lassen, bildet eine der Stützen der sog. *Endosymbionten-Hypothese*, nach der die Mitochondrien und Plastiden letztlich von kernlosen Einzellern (*Pro-* oder *Akaryonten*, das sind die Bakterien und Blaualgen) abstammen. Denn ihr zufolge waren die Mitochondrien

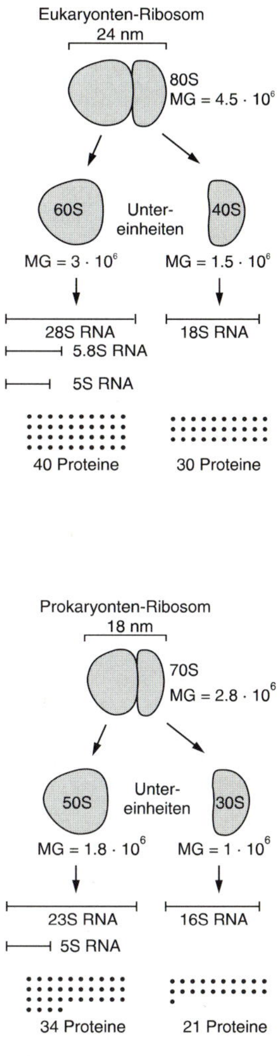

Abb. 1.11.
Zusammensetzung eines 80S-Ribosoms aus dem Cytoplasma von Eukaryonten und eines 70S-Ribosoms, wie es in Bakterien und ganz ähnlich auch in Mitochondrien und Plastiden vorkommt. RNS = RNA (nach JUNGERMANN und MÖHLER 1980).

zunächst Bakterien, die als Endosymbionten von primitiven kernhaltigen Zellen aufgenommen wurden. Blaualgen (sie verhalten sich hinsichtlich ihrer Ribosomen ähnlich wie Bakterien) oder auch zur Photosynthese befähigte Bakterien wurden ganz entsprechend als Endosymbionten aufgenommen. Erst im Laufe der Phylogenie wurden die Bakterien dann zu den rezenten Mitochondrien und die Blaualgen bzw. Photosynthesebakterien zu den heutigen Plastiden. Wir werden für diese bestechende Hypothese noch einige weitere Belege kennenlernen.

Polyribosomen oder *Polysomen* sind Assoziationen zwischen mRNA und mehreren bis vielen Ribosomen. Die Ribosomen sind dabei auf der mRNA wie Perlen auf einer Schnur aufgereiht. Meist handelt es sich nur um ein halbes Dutzend Ribosomen. Elektronenoptische Aufnahmen von Polyribosomen lassen oft eine in Aufsicht spiralförmige Struktur erkennen.

Polyribosomen sind Orte intensiver Polypeptidsynthese. Frei finden sie sich im Cytoplasma, gebunden auf dem Endoplasmatischen Reticulum (ER; Seite 170).

Was das *Processing* anbelangt, wollen wir nur auf die in dieser Hinsicht auch bei Pflanzen gut untersuchte RNA der 80S-Ribosomen des Cytoplasmas eingehen. Dabei müssen wir uns zunächst darüber orientieren, wo die betreffende Prä-rRNA entsteht. Die 25–28S-, 18S- und 5,8S-Prä-rRNA werden am *Nucleolus-Organisator* gebildet. Dabei handelt es sich um denjenigen DNA-Abschnitt bestimmter Chromosomen, an dem der Nucleolus entsteht. Und der Nucleolus hinwiederum besteht im wesentlichen aus dem Nucleolus-Organisator, von ihm aus gebildeter RNA und ribosomalem Protein. RNA und Proteine assoziieren schon im Nucleolus zu Ribosomenuntereinheiten. Die von Genen außerhalb des Nucleolus-Organisators gebildete 5S-rRNA soll uns hier nur insoweit interessieren, als sie ebenfalls in den Nucleolus überführt und dort in die große Ribosomenuntereinheit integriert wird.

Nun schnell ein neuer Begriff, die *Transkriptionseinheit.* Einen DNA-Abschnitt, an dem eine ununterbrochene RNA-Sequenz transkribiert wird, nennt man Transkriptionseinheit. Sie kann codierende und nicht-codierende DNA einschließen. Und die codierende DNA kann aus einem oder aus mehreren Genen bestehen. Bei Bakterien ist die letzte Möglichkeit häufig, bei Eukaryonten seltener realisiert – und das gerade auch bei bestimmten Genen für rRNA. Denn in

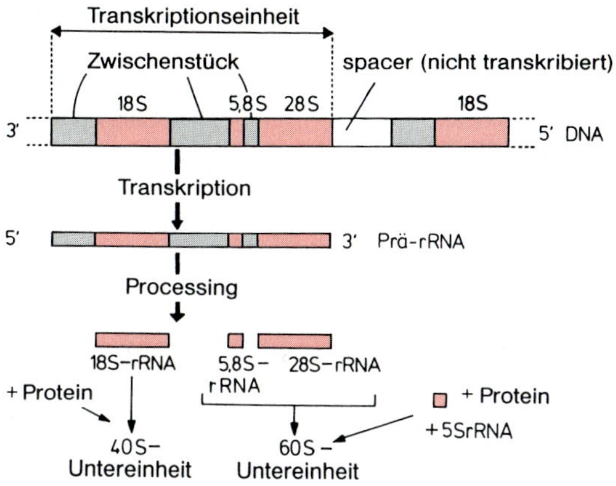

Abb. 1.12.
Processing von rRNA. Aus der an der Transkriptionseinheit gebildeten Prä-rRNA wird die den Zwischenstücken entsprechende RNA eliminiert. Diese Zwischenstücke dürfen nicht mit den Introns verwechselt werden. Denn sie liegen nicht wie die Introns inmitten eines Gens, sondern zwischen den rRNA-Genen. Das zum Processing im weiteren Sinn gehörende Besetzen mit Proteinen wurde nur angedeutet, die Methylierung der rRNA, ebenfalls ein Vorgang des Processing, fortgelassen.

der DNA des Nucleolus-Organisators finden sich Transkriptionseinheiten, die aus je einem 18S-, 5,8S- und 25–28S-Gen sowie nicht-codierender, aber transkribierter DNA bestehen. Viele solcher Transkriptionseinheiten sind hintereinander gereiht. Zwischen ihnen liegen jeweils Trennzonen (spacer), die nicht transkribiert werden (Abb. 1.12).

An jeder – oder zumindest an vielen – dieser Transkriptionseinheiten entsteht eine Prä-rRNA, die noch im Nucleolus dem Processing unterworfen wird. Dabei werden die nicht-codierenden RNA-Abschnitte nach und nach herausgeschnitten. Die freigesetzte 5,8S-rRNA wird mit der ebenfalls freigesetzten 25–28S-rRNA assoziiert. Dann kommt noch die 5S-rRNA von außerhalb des Nucleolus hinzu. Wesentlich ist noch eine Methylierung, teils in der Ribose, teils in den Basen. Sie erfolgt schon am Primärtranskript, und zwar nur in den codierenden RNA-Abschnitten. Ohne diese Methylierung funktioniert die rRNA bei der Translation nicht. Und schließlich kommt es noch zur Assoziation mit den entsprechenden Proteinen: Fertig ist die große Ribosomenuntereinheit!

Ganz entsprechend entsteht die kleine Untereinheit dadurch, daß die 18S-rRNA methyliert, herausgeschnitten und in Proteinkomplexe überführt wird. Beide Ribosomenuntereinheiten gelangen dann aus dem Nucleolus und dem Zellkern heraus ins Cytoplasma, wo sie für die Transkription zur Verfügung stehen.

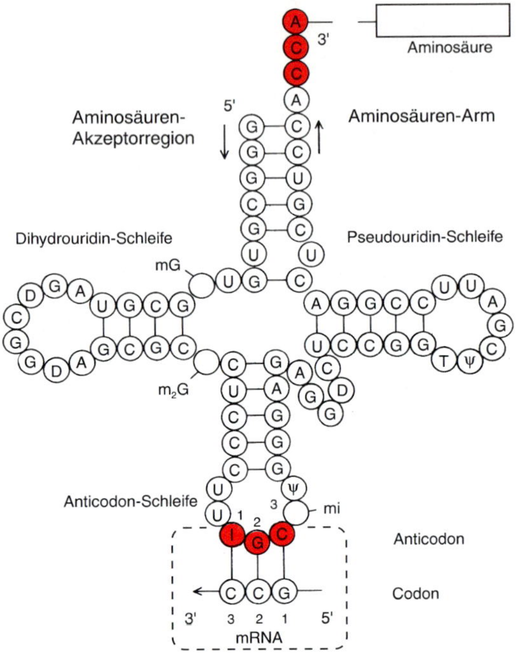

Abb. 1.13. *Die Primärstruktur der Phenylalanyl-tRNA aus Hefe mit ihren funtionell wichtigen Regionen. Die in der tRNA befindlichen ungewöhnlichen Basen D = Dihydrouridin, T = Thymin, Ψ = Pseudouridin, mG = einfach methyliertes Guanin, m_2G = doppelt methyliertes Guanin, I = Inosin, mI = einfach methyliertes Inosin kommen erst über entsprechende Veränderungen der normalen Basen in der schon bestehenden Polynucleotidkette zustande. Einige dieser selteneren Basen sind in Abb. 1.14 wiedergegeben (nach* DARNELL *et al. 1986).*

tRNA, Prä-tRNA und ihr Processing

Die *tRNA* hat, wie bei der Besprechung der Translation deutlich werden wird, eine »Adapter«-Funktion beim Einbringen der Aminosäuren in die an der Matrize der mRNA wachsende Polypeptidkette. Für jede Protein-Aminosäure gibt es mindestens eine tRNA, die spezifisch auf die jeweilige Aminosäure zugeschnitten ist.

Nun zu den Details: Es handelt sich bei der tRNA um relativ kleine Moleküle aus so um die 80 Nucleotiden. Zu den Basenbausteinen gehören häufig seltene Purine und Pyrimidine. Einige von ihnen werden wir noch kennenlernen (Abb. 1.14). Der RNA-Strang paart streckenweise mit sich selbst, wodurch in zweidimensionaler Darstellungsweise kleeblattartige Strukturen entstehen. Sie lassen Gemeinsamkeiten verschiedener tRNAs erkennen. So besitzt jede tRNA mindestens drei funktionell wichtige Regionen (Abb. 1.13):

1. Die *Aminosäuren-Akzeptorregion.* Sie befindet sich am »Stamm« des Kleeblatts. Der eine der beiden gepaarten RNA-Einzelstränge ist etwas länger und endet mit der Se-

quenz-CCA. Diese Region findet sich in allen tRNAs gleichermaßen, unabhängig davon, welche Aminosäure sie aufnehmen. An das endständige, adeninhaltige Nucleotid wird der Rest der Aminosäure (Amino-acyl-Rest) gebunden, für die die betreffende tRNA spezifisch ist.

2. Das *Anticodon* fungiert als Matrizenerkennungsregion. Denn es handelt sich um ein Nucleotidtriplett, das sich mit dem komplementären Codon auf der mRNA paart. Die Amino-acyl-tRNA und mit ihr die jeweilige Aminosäure wird so entsprechend dem Code der mRNA in Position gebracht.
3. Die *Erkennungsregion(en)* für die *Amino-acyl-tRNA-Synthase*. Bei der Amino-acyl-tRNA-Synthase handelt es sich um ein Enzym, das hochspezifisch einen ganz bestimmten Aminosäurenrest, eine ganz bestimmte Amino-acylgruppe also, auf die entsprechende tRNA überträgt (vgl. Kap. 1.3.5). Dazu müssen auf der betreffenden tRNA Strukturen vorgegeben sein, an denen sie von der Synthase erkannt werden kann. Diese Erkennungsregionen sind erst ungenügend bekannt. Mit Sicherheit gehört das Anticodon zu ihnen – eine insofern ökonomische Verfahrensweise, als dabei eine hochspezifische Struktur doppelt ausgenutzt werden kann (vgl. Punkt 2). Jedoch vermutet man, daß es noch weitere, wichtigere Erkennungsregionen gibt. Zu ihnen dürfte die Aminosäuren-Akzeptorregion gehören.

Hinzu kommen noch Bindungsstellen an die Ribosomen. Der erste Kontakt der tRNA mit dem Ribosom z.B. erfolgt über die Anticodon-Schleife, die sich an die kleine Ribosomenuntereinheit bindet. Im Verlauf der Translation werden dann noch andere Bindungsstellen an das Ribosom wichtig, auf die wir hier nicht eingehen können.

Zum *Processing* sei zunächst gesagt, daß auch die tRNA aus größeren Präkursor-Molekülen herausgeschnitten werden muß. Noch während dieses Vorgangs beginnen schon die Modifikationen der tRNA-Nucleotide, über die es zum für die tRNA charakteristischen Auftreten »abwegig« gebauter Bestandteile wie z.B. Isopentenyl-adenin, Dihydrouridin oder Pseudouridin kommt. Über eine Methylierung von Uracil findet sich auch »regelwidrig« Thymin in der tRNA (Abb. 1.14). Meistens bildet sich auch das -CCA-Ende erst über das Processing: Die ursprünglich endständigen Nucleotide werden entfernt und durch die Aminosäuren-Akzeptorsequenz ersetzt.

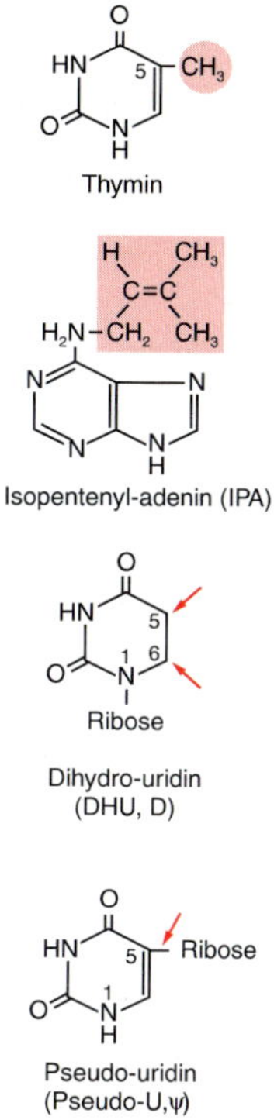

Abb. 1.14.
Strukturformeln einiger ungewöhnlicher Basen (oben) und Nucleoside (unten) in tRNa. Die Veränderungen gegenüber den normalen RNA-Basen bzw. Nucleosiden sind hervorgehoben.

1.3.5 Translation

Aktivierung und Übertragung der Aminosäuren auf tRNA

Bevor Aminosäuren zur Polypeptidsynthese verwendet werden können, müssen sie zunächst aktiviert werden. Diese Aktivierungen erfolgen wie in der lebenden Zelle meistens mit Hilfe des Energiespeichers ATP. In einer daran anschließenden Reaktion werden die Aminosäurenreste (Amino-acyl-Reste) dann auf tRNA übertragen:

1. Aktivierung

Aminosäure + ATP + Enzym = Amino-acyl-AMP-Enzym + PP_i

2. Übertragung

Amino-acyl-AMP-Enzym + tRNA = Amino-acyl-tRNA + AMP + Enzym

Bei der Aktivierung bildet sich also unter Abspaltung von Pyrophosphat (PP_i) das Monoadenylat der eingesetzten Aminosäure, das an das katalysierende Enzym gebunden bleibt. In der zweiten Reaktion wird der Aminosäurenrest auf tRNA übertragen. AMP und Enzym werden dabei frei. Und nun noch der Name des Enzyms: Weil es letztlich Amino-acyl-tRNA produziert, hat man es mit dem schönen Namen *Amino-acyl-tRNA-Synthase* belegt. Wir waren ihr gerade eben schon begegnet.

Für jede Protein-Aminosäure gibt es mindestens eine tRNA und eine entsprechende Synthase. Das Enzym selektioniert die zugehörige Aminosäure, aktiviert sie, und überträgt dann den Amino-acyl-Rest auf die betreffende tRNA. Daß dabei natürlich auch die richtige tRNA von der Synthase erkannt werden muß, war eben bei der Besprechung der tRNA schon herausgestellt worden. Bei der Übertragung der Aminosäuren auf tRNA findet sich demnach eine doppelte Kontrolle: Erstens muß die richtige Aminosäure von der Synthase »erfaßt« werden, und zweitens muß das Enzym dann die richtige tRNA erkennen. Damit wird die Spezifität der Übertragung hochgradig abgesichert (vgl. aber auch Seite 46).

Translation am Ribosom

Gehen wir jetzt zur Translation, also zur Polypeptidsynthese über. Dabei wollen wir zuerst besprechen, wie die Translation an einem einzelnen Ribosom abläuft und dann noch auf Polyribosomen eingehen.

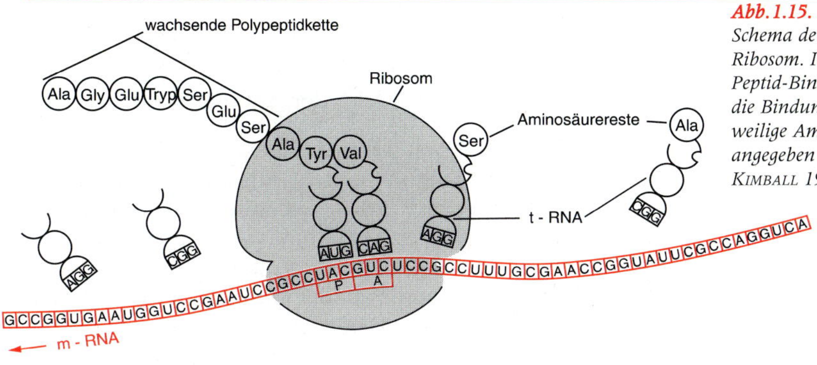

Abb. 1.15. *Schema der Translation am Ribosom. Im Ribosom sind die Peptid-Bindungsstelle (P) und die Bindungsstelle für die jeweilige Amino-acyl-tRNA (A) angegeben (verändert nach* KIMBALL *1970).*

Initiation. Die Translation gliedert sich in die Teilprozesse der Initiation, Elongation und Termination. Unerwartet mag zunächst erscheinen, daß die Initiation (Startreaktion) nicht von einem kompletten Ribosom ausgeht. Vielmehr bildet sich zuerst aus der kleineren Ribosomenuntereinheit (30S bzw. 40S) und der mRNA mit Hilfe spezieller Initiationsfaktoren ein Initiationskomplex, in den dann auch noch die startende Amino-acyl-tRNA eingeht. Sie wird an die kleine Untereinheit gebunden und außerdem an das Anticodon der betreffenden mRNA adaptiert.

Bei Bakterien erfolgt der Start mit Formyl-methionyl-tRNA. Dabei handelt es sich um einen an die entsprechende tRNA gebundenen Methionyl-Rest, der in seiner Aminogruppe noch eine Formylkomponente trägt. Sie wird erst nach Fertigstellung der Methionyl-tRNA eingefügt.

Auch in den ribosomalen Systemen der Mitochondrien und Plastiden höherer Pflanzen erfolgt der Start mit Hilfe von Formyl-methionyl-tRNA, nicht aber in den cytoplasmatischen Ribosomen – ein weiterer Punkt zugunsten der Endosymbionten-Hypothese (Seite 35). An den 80S-Ribosomen des Cytoplasmas ist Methionyl-tRNA der Starter.

Erst nach Bildung des Initiationskomplexes tritt nun auch die größere Ribosomenuntereinheit (50S bzw. 60S) hinzu. Nun kann die *Elongation* beginnen.

Elongation. Für die Elongation, die wiederum eine spezielle Hilfestellung benötigt, jetzt über Elongationsfaktoren, sind zwei Positionen am nun funktionsfähigen Ribosom besonders wichtig, die Bindungsstelle für Amino-acyl-tRNA (A in Abb. 1.15) und die Bindungsstelle für die wachsende Peptidkette, für Peptidyl-tRNA (P in Abb. 1.15). Greifen wir einen Ausschnitt aus der Elongation heraus. In Position A wird ein bestimmtes Codon der mRNA exponiert, in Abb. 1.15 GUC. Das Codon kann nun »abgelesen« werden. Dieses Ablesen erfolgt so, daß sich eine Amino-acyl-tRNA mit einem komplementären Anticodon an das Codon anlagert. P ist mit einer Peptidyl-tRNA besetzt, die sich mit der mRNA über das Anticodon ihrer tRNA paart. Beim Start, das sei eingefügt, sitzt an Stelle der Peptidyl-tRNA die startende Amino-acyl-tRNA, also etwa Methionyl-tRNA. Mit Hilfe der entsprechenden Enzyme, die auch zu den Elongationsfaktoren zählen, wird nun eine Peptidbindung zwischen der in A befindlichen Amino-acyl-tRNA und der in P sitzenden Peptidyl-tRNA gelegt. Gleichzeitig wird die Bindung der Peptidkette an ihre tRNA gelöst. Diese tRNA wird freigesetzt und steht zur Übernahme einer weiteren Aminosäure bereit. Die verlängerte Peptidkette ist nun an der tRNA befestigt, die die neue Aminosäure eingebracht hatte. Und diese tRNA befindet sich zunächst noch in Position A. Aber nicht lange. Denn in der sog. *Translokation* wird nun die mRNA mitsamt der auf ihrem Codon fixierten Peptidyl-tRNA nach Position P verrückt, in Abb. 1.15 also nach links. In Position A wird damit ein neues Codewort ablesbar.

Termination. Das Heranführen und Verknüpfen der Aminosäuren wiederholt sich so lange, bis die gesamte mRNA abgelesen ist. Dann signalisieren bestimmte Codeworte den Abschluß der Kettenverlängerung, die Termination. Auch hier spielen spezielle Terminationsfaktoren mit. Die Polypeptidkette löst sich von der tRNA und damit vom Ribosom. Auch tRNA, mRNA und Ribosom lösen sich von-

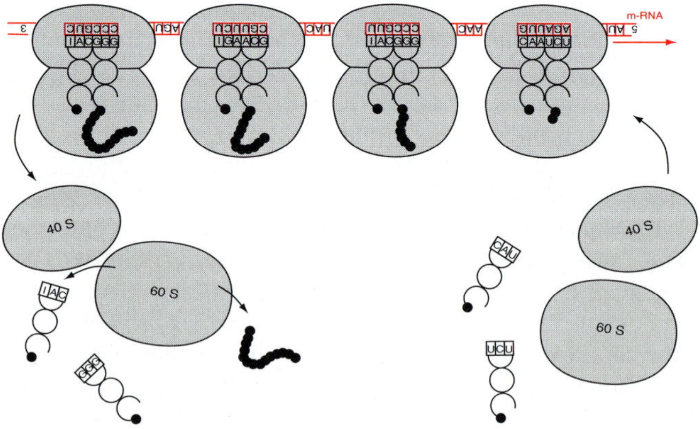

Abb. 1.16. Die Translation im Verband des Polyribosoms (verändert nach B*ENNETT* *1970).*

einander. Das Ribosom wird jedoch nicht als Ganzes freigesetzt, sondern zerfällt sofort in seine Untereinheiten. Diese können dann wieder in einen neuen Initiationskomplex eingehen. Man spricht hier von einen *Ribosomenzyklus*. Er mag zunächst überflüssig kompliziert erscheinen. Doch sollte man nicht vergessen, daß ein komplexes Geschehen entsprechend viele Ansatzpunkte für die notwendige Regulation bietet.

Translation am Polyribosom

Nun noch einige Zeilen darüber, wie die Translation an einem Polyribosom vonstatten geht. In einem solchen Verband findet an jedem einzelnen Ribosom die Translation nach dem eben skizzierten Mechanismus statt (Abb. 1.16). In einem gegebenen Augenblick ist dabei jedes dieser Ribosomen mit dem Ablesen der mRNA verschieden weit gekommen. Wenn wir die mRNA von links nach rechts hindurchziehen, so hat ein Ribosom am linken Ende das Ablesen schon fast abgeschlossen und trägt dementsprechend eine beinahe fertiggestellte Polypeptidkette. Ein Ribosom am rechten Ende dagegen hat mit dem Ablesen eben erst begonnen. An ihm sitzt dann eine erst sehr kurze Polypeptidkette.

In einem Polyribosom können pro Zeiteinheit mehr Moleküle Polypeptid gebildet werden als an einer mRNA, die man zuerst vollständig durch das eine und dann durch das nächste Ribosom hindurchzieht. Polyribosomen sind eine ökonomische Einrichtung.

Zusammenfassung

Die *Genexpression* verläuft über die Etappen der Transkription, des Processing und der Translation, die sich jeweils wieder untergliedern lassen.

Transkription

In der Transkription wird die genetische Information, die im Sinnstrang der codierenden DNA-Region enthalten ist, in komplementäre RNA umgeschrieben. Dabei ordnen sich Nucleosid-triphosphate entsprechend der Regel von der Basenpaarung entlang der DNA-Matrize an: G, A, C und T in der DNA paaren mit C, U, G und A in den Nucleosid-triphosphaten. U tritt dabei an die Stelle des T in der DNA.

Die verschiedenen RNA-Typen der Zelle, mRNA, rRNA und tRNA werden von drei RNA-Polymerasen, die für die verschiedenen RNAs zuständig sind, unter Verwendung der Nucleosid-triphosphate am Sinnstrang gebildet. Dabei entstehen zunächst Prä-RNAs.

Processing
Im Processing werden die Prä-RNAs in funktionelle RNAs überführt.

Aus *Prä-mRNA* entsteht reife mRNA wie folgt: Am 3′-Ende wird mit Ausnahme von für Histone codierender mRNA eine stabilisierende Poly-A-Sequenz angefügt, am 5′-Ende eine Kappe gebildet. Die Introns werden, meist unter Beteiligung von Spleißosomen, herausgeschnitten und die Exons aneinandergereiht (Spleißen).

Von den vier verschiedenen *rRNAs* eukaryotischer Ribosomen, der 25–28S-,18S-, 5,8S- und 5S-rRNA, sind die drei ersten in Transkriptionseinheiten vereinigt, die sich in Vielzahl in der DNA des Nucleolus-Organisators finden. Aus den dort gebildeten Prä-rRNAs werden die drei rRNAs freigesetzt und noch modifiziert, vor allem durch Methylierungen. Letzteres gilt auch für die 5S-rRNA, deren Gene massiert außerhalb des Nucleolus liegen.

Die *tRNA* weist besonders viele für RNA atypische oder seltene Basen auf, so auch Thymin. Sie entstehen teilweise durch Modifikation von Basen in der Prä-tRNA, Thymin z.B. durch Methylierung von Uracil.

Translation
Bei der Translation wird der in mRNA überschriebene Code in Polypeptid umgesetzt. Dabei üben die rRNAs und die tRNAs Hilfsfunktionen aus.

Die *rRNAs* sind funktionelle Bestandteile der Ribosomen, der Orte der Translation. Ihre zwei Untereinheiten bauen sich aus rRNA und Protein auf. Im Cytoplasma der Pflanzenzelle finden sich »eukaryotische« 80S-Ribosomen. Sie führen in ihrer kleinen 40S-Untereinheit 18S-rRNA, in ihrer großen 60S-Untereinheit die übrigen rRNA-Sorten (siehe Processing). Plastiden und Mitochondrien enthalten »prokaryotische« 70S-Ribosomen. Ihre kleine 30S-Untereinheit enthält 16S-rRNA, ihre große 50S-Untereinheit 23S- und 5S-rRNA.

Die *tRNAs* besitzen Adaptorfunktion. Für jede Aminosäure gibt es mindestens eine spezifisch auf sie abgestimmte tRNA. Ebenso aminosäuren-spezifische Amino-acyl-tRNAtransferasen beladen tRNA mit dem betreffenden Aminoacylrest. Über ihr Anticodon paaren die Amino-acyl-tRNAs mit den komplementären Codons auf der mRNA und bringen so die Aminosäurenreste in die richtige Position.

Die *Translation* verläuft in drei Etappen. Bei der *Initiation* bildet sich zunächst ein Komplex aus der kleinen Ribosomen-Untereinheit, Initiationsfaktoren, mRNA und der startenden Aminoacyl-tRNA. Bei 80S-Ribosomen handelt es sich dabei um Methionyl-tRNA, bei 70S-Ribosomen um Formyl-methionyl-tRNA. Nach Bildung dieses Initiationskomplexes kommt dann noch die große Ribosomen-Untereinheit dazu. Bei der anschließenden *Elongation* wird über Amino-acyl-tRNAs eine Aminosäure nach der anderen wie eben skizziert in Stellung gebracht. Entsprechende Enzyme legen Peptidbindungen. Unter Ablesen der mRNA wächst die Polypeptidkette bis zur *Termination,* an der sich Terminations-Codons beteiligen.

Die kompletten Ribosomen bilden sich erst bei einsetzender Translation aus bisher freien Untereinheiten. Bei der Termination zerfallen sie wieder in diese Untereinheiten. Man spricht hier von einem *Ribosomenzyklus*.

Eine gegebene mRNA wird oft nicht nur in einem, sondern in mehreren bis vielen Ribosomen abgelesen. Die dann resultierende Perlenkettenstruktur aus mRNA und aufsitzenden Ribosomen bezeichnet man als *Poly-(ribo)som*. Pro Zeiteinheit kann in Polysomen mehr Polypeptid gebildet werden als bei entsprechend oft wiederholtem Ablesen der mRNA in jeweils nur einem Ribosom. Polysomen finden sich im Cytoplasma und auf dem ER.

In Pflanzen findet sich außer kurzlebiger auch *langlebige mRNA*, die über geraume Zeit hinweg immer wieder zur Translation eingesetzt werden kann. Sie läßt sich u. a. über langlebige Polysomen nachweisen (Kap. 1.3.7). Langlebige mRNA wird z. B. dann sinnvoll, wenn bei Dauerfunktionen verschlissene Polypeptide fortlaufend ersetzt werden müssen.

1.3.6 Antimetaboliten der Transkription und Translation

Der Biologe steht oft vor der Aufgabe, herauszufinden, ob das genetische Material an einem bestimmten Prozeß der Individualentwicklung beteiligt ist oder nicht. Eine solche Beteiligung kann nur über die Transkription und Translation erfolgen. Man muß sich also darüber orientieren, ob der betreffende Prozeß auf der Basis einer Transkription und Translation abläuft oder nicht. Dabei sind Substanzen, die die Transkription oder Translation an bekannter Stelle hemmen, wertvolle Hilfsmittel. Denn wenn der untersuchte Prozeß nach Einsatz derart spezifisch wirkender Stoffe blockiert wird, setzt er eine Transkription und Translation voraus.

Stoffe, die den Intermediärstoffwechsel blockieren, nennt man generell Antimetaboliten. Zwei Typen solcher Antimetaboliten sind hier von Interesse, Strukturanaloge und Antibiotika. Für die Antibiotika werden wir noch eine weitere Einsatzmöglichkeit außer der eben genannten kennenlernen.

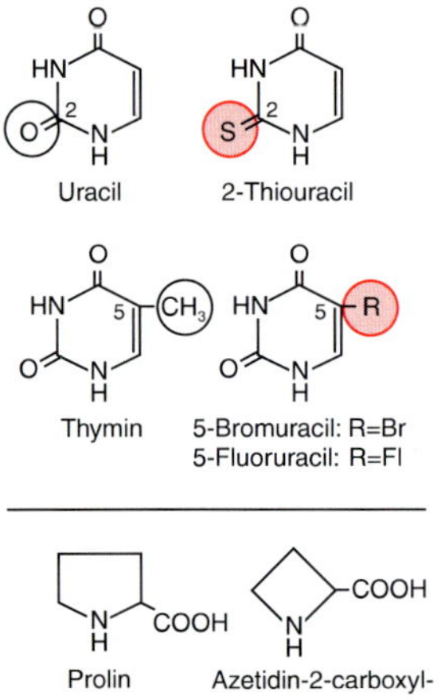

Abb. 1.17. Strukturanaloge von Nucleinsäurebasen (oben) und Aminosäuren (unten).

Strukturanaloge

Dies sind zumeist synthetische Substanzen, die natürlichen Metaboliten außerordentlich ähneln. Sie können deshalb an deren Stelle in den Stoffwechsel eingeschleust werden. Im gegebenen Zusammenhang sind die Strukturanalogen von Basen der Nucleinsäuren und von Aminosäuren wichtig (Abb. 1.17). Beide Gruppen können über zwei Mechanismen hemmend wirken:

1. Einbau. Die Strukturanalogen können anstelle der natürlichen Bausteine in Nucleinsäuren bzw. Proteine eingebaut werden. Es entstehen dann veränderte Nucleinsäuren bzw. Proteine, die ihren Funktionen nicht mehr oder in nicht ausreichendem Maß nachkommen können. Man spricht deshalb manchmal von fraudulenten, d.h. »betrügerischen« Nucleinsäuren bzw. Proteinen.

Einige Beispiele: 2-Thiouracil und 5-Fluor-uracil können anstelle von Uracil in RNA eingebaut werden. 5-Brom-uracil wird anstelle von Thymin in DNA übernommen, was unter bestimmten Voraussetzungen eine mutative Veränderung bedeuten kann. In der Praxis setzt man übrigens nicht die Basen, sondern der besseren Löslichkeit in Wasser wegen die entsprechenden Nucleoside ein.

Die genannten Substanzen sind synthetisch. Aber es gibt auch einige wenige natürliche Strukturanaloge. Dazu gehört die 2-Azetidin-carboxylsäure. Sie findet sich in einigen Liliaceen. In den produzierenden Pflanzen kann sie keinen Schaden anrichten. Führt man sie aber experimentell z.B. dem Weizen zu, so wird sie von der Prolyl-tRNA-Synthase aufgenommen und anstelle von Prolin in Polypeptid eingebaut. Schwere Schäden sind die Folge.

2. Kompetitive Hemmung von Enzymen. Bei einer kompetitiven Hemmung konkurrieren die Strukturanalogen mit den natürlichen Substraten um den Platz am aktiven Zentrum von Enzymen. Auf diese Weise können auch Enzyme der Nucleinsäuren- und Protein-Synthese blockiert werden.

Ob Einbau oder kompetitive Hemmung, der Effekt ist in beiden Fällen eine Störung der Transkription oder Translation. Eines sollte aber bei der Anwendung von Antimetaboliten stets berücksichtigt werden: Sowohl Strukturanaloge als auch die gleich noch zu besprechenden Antibiotika können Nebenwirkungen ausüben, die nichts mit der Transkription oder Translation zu tun haben. Vor allem können sie bei Zufuhr in größeren Quantitäten wie Chemikalien beliebiger Art ganz unspezifisch toxisch wirken. Beim Arbeiten mit Antimetaboliten sind also Absicherungen notwendig.

Einige dieser Absicherungen beim Arbeiten mit Strukturanalogen sind:

1. Nachweis des Einbaus des Analogon in die betreffende Struktur, also z.B. in RNA, DNA oder Protein.
2. Aufhebung der Hemmung durch Zufuhr des entsprechenden natürlichen Bausteins – ein Überschuß des natürlichen Bausteins sollte das Analogon von seinem Wirkungsort verdrängen.
3. Beweisführung dafür, daß keine unspezifisch toxische Wirkung vorliegt. Sie kann nicht nur beim Arbeiten mit Strukturanalogen, sondern auch mit Antibiotika erbracht werden, während die beiden anderen Absicherungen sich in erster Linie auf Experimente mit Strukturanalogen beziehen.

Der letztgenannten Anforderung hat man dann in idealer Weise entsprochen, wenn nur die Transkriptions- und Translationsvorgänge gehemmt werden, die hinter dem untersuchten Prozeß stehen. Andere Prozesse, die ebenfalls über eine Transkription und Translation eingeleitet worden sind, sollten nach Möglichkeit nicht beeinträchtigt werden. Man sollte also den interessierenden Prozeß möglichst selektiv beeinflussen. Daß solche *selektiven Hemmun-*

gen nicht ganz einfach und keinesfalls immer zu erzielen sind, liegt auf der Hand. Wir werden auf einige Beispiele noch zu sprechen kommen und uns dabei um die Details kümmern.

Antibiotika

Dies sind Naturstoffe (Strukturanaloge stammen, wie erwähnt, in der Regel aus der Retorte des Chemikers), die Wachstums- und Differenzierungsprozesse bereits in geringen Konzentrationen hemmen, ohne dabei Enzymcharakter zu besitzen. Solche Antibiotika kennt man entgegen einer landläufigen Ansicht nicht nur von Mikroorganismen, sondern auch von Tieren und höheren Pflanzen. Sehr viele Heilpflanzen aus den medizinischen Schriften des Altertums und den Kräuterbüchern des Mittelalters enthalten nach neueren Untersuchungen Antibiotika. Aus der Fülle der bislang bekannten Antibiotika interessiert uns hier nur eine kleine Gruppe, nämlich diejenigen, die die Expression der DNA stören. Um einige Beispiele zu bringen: Actinomycin C_1 ist ein Hemmstoff der Transkription, Puromycin, Chloramphenicol, Streptomycin und Cycloheximid sind Hemmstoffe der Translation. Sie alle wurden dazu benutzt, die Abhängigkeit eines bestimmten Prozesses von Transkription und Translation zu belegen. Eine weitergehende Verwendungsmöglichkeit ergab sich daraus, daß manche dieser Antibiotika nur in ganz bestimmten Systemen wirksam werden. Chloramphenicol hemmt die Translation z.B. nur in den 70S-Ribosomen, nicht in den 80S-Ribosomen. Damit verfügt man über eine Möglichkeit, einen gegebenen Translationsprozeß innerhalb der Zelle zu lokalisieren (vgl. Seite 498).

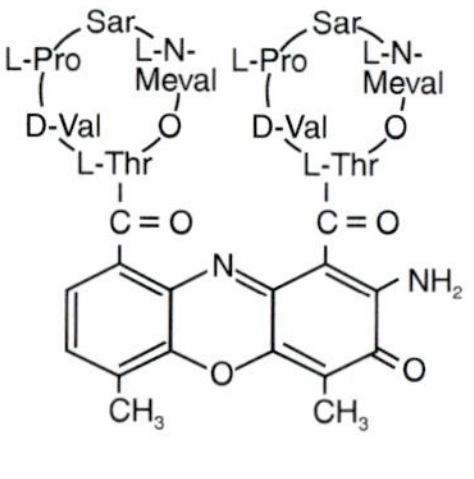

Abb. 1.18. *Actinomycin C_1 = D. Die Aminosäuren in den beiden Peptidringen sind durch ihre Anfangsbuchstaben gekennzeichnet. Sar = Sarkosin, Meval = Methylvalin.*

Actinomycin C_1 (Abb. 1.18). Es handelt sich um eine chromogene Gruppe, die zwei gleiche, aus je 5 Komponenten bestehende Peptidringe trägt. Man kennt mehrere Actinomycine, die sich in ihrer Peptidkomponente unterscheiden. Wie so oft bei physiologisch aktiven Peptiden beteiligen sich am Aufbau seltene Bestandteile, z.B. das Sarkosin. Der Aufbau aus seltenen Komponenten und der Zusammenschluß dieser seltenen Komponenten zu Ringen schützen die physiologisch aktiven Peptide vor dem Angriff der körpereigenen proteolytischen Enzyme.

Actinomycin C_1 lagert sich an das Stickstoffatom 7 des in der DNA befindlichen Guanins an. Dadurch wird die DNA kaschiert und die Tätigkeit der RNA-Polymerase blockiert. Es kann also keine mRNA mehr gebildet werden.

Chloramphenicol und Cycloheximid (Abb. 1.19). Beide Antibiotika hemmen die Translation, nur an jeweils anderen Ribosomen: Chloramphenicol an den 70S-Ribosomen der Prokaryonten, Plastiden und Mitochondrien, Cycloheximid an den 80S-Ribosomen im Cytoplasma der Eukaryonten. Damit ergibt sich die Möglichkeit, über den Einsatz der beiden Antiboitika den Ort der Translation in den Zellen von Eukaryonten zu bestimmen. Wenn z.B. die Bildung eines bestimmten Polypeptids nach Zusatz von Chloramphenicol nicht mehr stattfinden, während Cycloheximid ohne Einfluß bleibt, so findet die betreffende Translation mit hoher Wahrscheinlichkeit in den Mitochondrien oder Plastiden (Seite 498) statt, nicht im Cytoplasma.

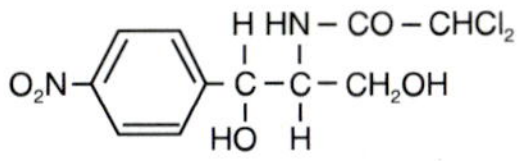

D-Chloramphenicol

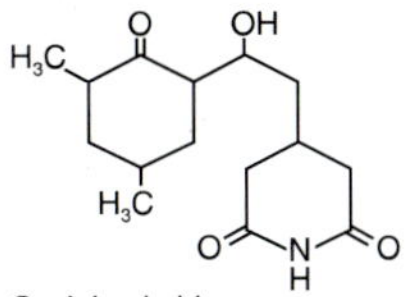

Cycloheximid

Abb. 1.19.
Chloramphenicol, ein Hemmstoff der Translation an 70S-Ribosomen, und Cycloheximid, ein Hemmstoff der Translation an 80S-Ribosomen.

1.3.7 »Langlebige« mRNA in höheren Pflanzen

Die mRNA von Bakterien ist in der Regel extrem kurzlebig. Ein gegebenes Molekül mRNA kann bei ihnen schon nach wenigen Minuten Lebenszeit wieder abgebaut sein. Diese kurze Lebensdauer der mRNA ermöglicht es den Bakterien, sich rasch an veränderte Außenbedingungen anzupassen. Eine solche rasche Anpassung, etwa eine Sporenbildung bei ungünstigen Verhältnissen, ist für Bakterien lebensnotwendig.

Eine rasche Reaktion ist auch bei Pflanzen immer wieder erforderlich. In solchen Fällen kommen auch sie mit kurzlebiger mRNA aus. Darüber hinaus werden an sie für vergleichsweise lange Zeitabschnitte immer dieselben Anforderungen gestellt, z.B. die Photosynthese durchzuführen oder Enzyme für die Mobilisierung von Reservestoffen bereitzustellen. In solchen Fällen wäre es ökonomisch, über langlebige mRNA verfügen zu können. Diese langlebige mRNA könnte immer wieder als Matrize für die Synthese der benötigten Enzyme dienen. Es wäre also unnötig, die Maschinerie der Transkription ständig am Laufen zu halten und neue mRNA nachzuliefern.

Daß in höheren Organismen, Pflanzen wie Tieren, in der Tat langlebige mRNA vorkommen kann, wurde mehrfach belegt. Einer der Nachweise wurde an Keimlingen der Baumwolle (*Gossypium hirsutum*) geführt. Man behandelte solche Keimlinge mit Actinomycin C_1, das, wie wir wissen, die gesamte Transkription unterbindet. Dennoch bildeten die Keimlinge munter Protein, und das noch 16 Stunden nach Beginn der Behandlung mit Actinomycin. Die Proteinsynthese verlangt aber die Existenz von mRNA. Daß mRNA

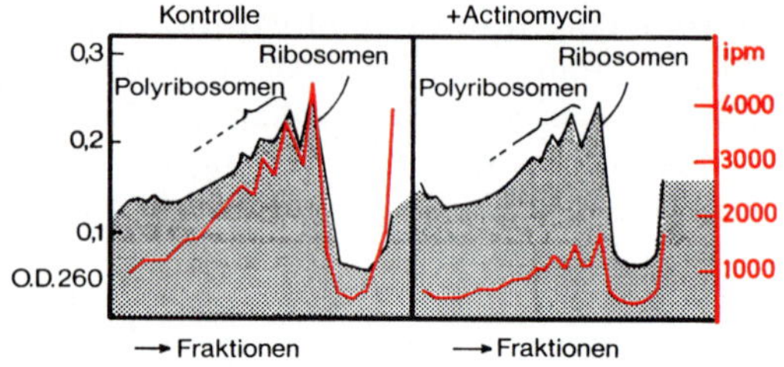

Abb. 1.20. *Nachweis langlebiger mRNA in Keimlingen der Baumwolle. Die Keimlinge wurden 12 Stunden lang in ^{32}P (Kontrolle) bzw. in ^{32}P + Actinomycin C_1 inkubiert. Dann wurden die Ribosomen und Polyribosomen isoliert und im Saccharose-Dichtegradienten getrennt. Der hohe Gipfel in der ausgezogenen Kurve repräsentiert die monomeren Ribosomen, nach links folgen die oligo- bis polymeren Ribosomenverbände. Das Ribosomen-Polyribosomen-Profil ist nach Behandlung mit Actinomycin gegenüber der Kontrolle nicht verändert, obwohl die RNA-Synthese (rote Kurven) drastisch gehemmt wurde (verändert nach Dure und Waters 1965).*

tatsächlich auch noch 16 Stunden nach Einstellung der Neusynthese in den Keimlingen vorhanden ist, ließ sich nachweisen. Man konnte nämlich unter Einsatz der Ultrazentrifuge zeigen, daß in 16 Stunden lang dem Einfluß von Actinomycin ausgesetzten Keimlingen noch Polyribosomen vorhanden sind (Abb. 1.20). Polyribosomen sind aber Assoziationen aus mehreren Ribosomen und eben mRNA.

Halten wir also fest: In höheren Pflanzen findet sich wie bei Prokaryonten kurzlebige mRNA, die rasche Adaptationen ermöglicht. Darüber hinaus wird aber bei Dauerfunktionen auch langlebige mRNA wichtig. Das Maß für kurz- oder langlebig ist die Halbwertszeit der Lebensdauer. Liegt sie unter einer Minute, spricht man von kurzlebiger, darüber von langlebiger mRNA. Die Lebensdauer wird über die Abbaugeschwindigkeit der jeweiligen mRNA reguliert.

Zusammenfassung

Über bestimmte Strukturanaloge und Antibiotika läßt sich die Genexpression blockieren. Bei Strukturanalogen handelt es sich meist um synthetische Stoffe, die anstatt der natürlichen Bausteine in die Zielstrukturen (DNA, RNA, Protein) eingebaut werden oder Enzyme kompetitiv hemmen, die am Aufbau dieser Zielstrukturen beteiligt sind. Auch verschiedene Antibiotika hemmen die Transkription (z. B. Actinomycin C_1 durch Anlagerung an DNA) oder Translation (Cycloheximid an 80S-Ribosomen, Chloramphenicol an 70S-Ribosomen).

Überlegt eingesetzt, sind derartige Antimetaboliten wichtige Hilfsmittel: Es lassen sich erste Hinweise auf das Einschalten der Transkription und/oder der Translation gewinnen, etwa beim Nachweis einer differentiellen Genaktivität (Seiten 323, 566); eine Lokalisierung der Translation in bestimmten Zellkompartimenten (Cytoplasma oder Plastiden: Seite 498) kann erfolgen; erste Beweisführungen für langlebige mRNA in höheren Pflanzen waren möglich.

1.3.8 Ein-Gen – Ein-Polypeptid

In den 40er Jahren dieses Jahrhunderts stellten BEADLE und TATUM vor allem auf Grund ihrer eigenen Untersuchungen an Mutanten des Schlauchpilzes *Neurospora crassa* die *Ein-Gen – Ein-Enzym-Hypothese* auf. Dieser Hypothese zufolge induziert ein Gen die Synthese jeweils eines bestimmten Enzyms. Über dieses Enzym greift das betreffende Gen in die Merkmalsbildung ein.

Wir müssen diese Aussage etwas präzisieren. Denn wie wir in den vorhergehenden Abschnitten erfahren haben, induziert ein Gen die Synthese eines Polypeptides. Dieses Polypeptid kann bereits ein Enzymprotein sein. In vielen Fällen entsteht das funktionsfähige Enzymprotein aber erst durch Zusammenlagerung einiger Polypeptide gleicher oder verschiedener Art. Schließlich sollte man auch nicht vergessen, daß Polypeptide nicht nur Bestandteile von Enzymproteinen, sondern auch von Strukturproteinen oder Regulatorproteinen sind. Deshalb setzen wir an Stelle der Aussage Ein-Gen – Ein-Enzym die Formulierung *Ein-Gen – Ein-Polypeptid*: Jedes Gen greift in die Merkmalsbildung über die Codierung eines genspezifischen Polypeptides ein.

Die Struktur der Proteine

Bevor wir uns an Hand eines Beispiels näher mit der Beziehung Ein-Gen – Ein-Polypeptid befassen, müssen wir zur Abrundung einiges zur Struktur der Proteine erfahren. Hier gibt es eine ganze Hierarchie an Strukturprinzipien, die man als primäre, sekundäre, tertiäre und quartäre Struktur bezeichnet (Abb. 1.21).

Abb. 1.21.
Strukturebenen von Proteinen. Die Primärstruktur ist durch die Aminosäurensequenz im Polypeptid gegeben. Sie formt sich noch während der Translation zur Sekundärstruktur um, im Beispiel zu der häufig vorkommenden α-Helix. Die α-Helix ihrerseits nimmt eine übergeordnete Konformation an, die Tertiärstruktur. Dabei sind die in Abb. 1.22. gezeigten Bindungen wichtig. Bislang war immer nur eine Polypeptidkette im Spiel. Mehrere Polypeptidketten bilden dann die Quartärstruktur. Bei der im Bild gezeigten Tertiärstruktur handelt es sich um eine Polypeptidkette des Hämoglobins, bei der Quartärstruktur um ein komplettes, aus 4 Polypeptidketten bestehendes Hämoglobin. Das jeweils eingefügte Häm ist sichtbar (verändert nach LEHNINGER et al. 1994).

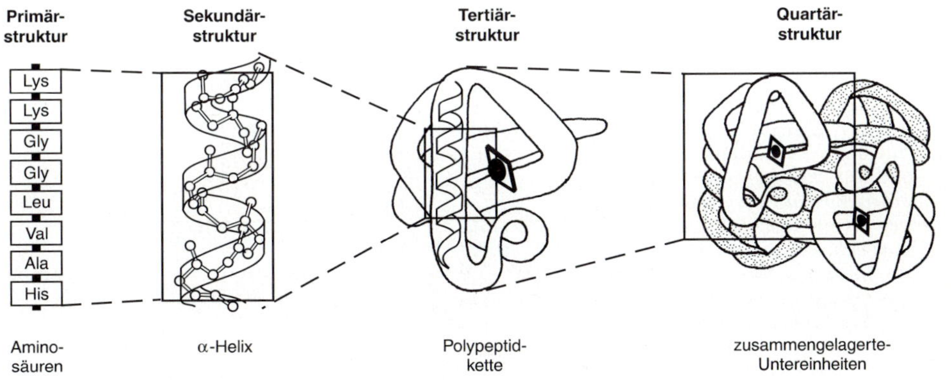

Unter *primärer Struktur* versteht man die Reihenfolge der einzelnen Aminosäuren in der Polypeptidkette. Diese Aminosäurensequenz wird, wie geschildert, in der Transkription und Translation festgelegt. Die Bindungen, über die die primäre Struktur fixiert wird, sind die Peptidbindungen zwischen den verschiedenen Aminosäurenresten.

Jeder einzelnen Polypeptidkette kommt unter natürlichen Bedingungen eine bestimmte räumliche Struktur, eine natürliche Konformation zu. Diese Struktur wird in erster Linie durch Wasserstoffbrückenbindungen zwischen dem Sauerstoff und dem Stickstoff der Peptidbindungen aufrechterhalten. Eine derartige Raumstruktur einer Polypeptidkette, die auf Bindungen zwischen den Peptidgruppierungen zurückgeht, nennt man *sekundär*. Eine bekannte Sekundärstruktur ist die von PAULING analysierte α-Helix.

Bislang sprachen wir nur von Beziehungen zwischen den Peptidbindungen innerhalb einer gegebenen Polypeptidkette. Nun können aber auch die Seitenketten einer solchen Polypeptidkette miteinander in Kontakt treten. An Bindungen kommen in Frage: vor allem wiederum Wasserstoffbrückenbindungen, dann hydrophobe Bindungen und schließlich auch Disulfidbrücken, die zwischen zwei SH-Gruppen geschlagen werden (Abb. 1.22). Eine Raumstruktur, die derart durch Wechselwirkungen zwischen den Seitenketten eines Polypeptides zustande kommt, nennt man *tertiär*. Sie ist der Sekundärstruktur übergeordnet, d.h. eine Sekundärstruktur, etwa die α-Helix, kann zu einer bestimmten tertiären Konformation zusammengelegt werden.

Nun müssen wir erneut einen Sprung ins Komplexere tun: Wir beschränken uns nicht mehr wie bei der primären, sekundären und tertiären Struktur auf eine einzige Poly-

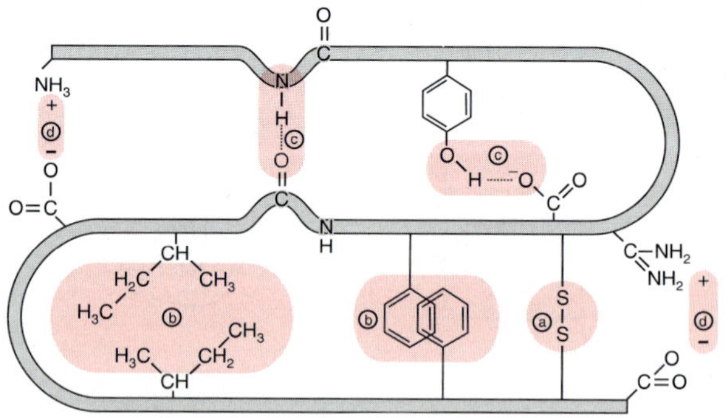

Abb. 1.22. Bindungstypen bei der Entstehung der Tertiärstruktur von Proteinen. a = Disulfidbrücke (kovalente Bindung), b = hydrophobe Bindungen, c = Wasserstoffbrückenbindungen. b und c sind nicht-kovalente, schwächere Bindungen. Eine Sekundärstruktur wie die α-Helix (graues Band) erhält so eine tertiäre Konformation (verändert nach LYNEN *1969).*

peptidkette, sondern bringen zwei bis mehrere Polypeptidketten ins Spiel. Ebenso wie die Seitenketten innerhalb eines gegebenen Polypeptides können auch die Seitenketten mehrerer verschiedener Polypeptide miteinander in Verbindung treten. Die Bindungstypen sind dieselben wie im Fall der Tertiärstruktur: Wasserstoffbrückenbindungen, hydrophobe Bindungen und Disulfidbrücken. Peptidbindungen, die zwischen bestimmten Seitenketten möglich wären, werden definitionsgemäß ausgeschlossen. Eine Struktur, die so durch eine Assoziation mehrerer Polypeptidketten über Wechselwirkungen zwischen ihren Seitenketten – nur nicht über Peptidbindungen – zustande kommt, bezeichnet man als *quartär.*

Die tertiäre und die quartäre Struktur nehmen Polypeptide meistens nur in Gegenwart von Hilfsproteinen ein, den Chaperonen (vgl. Seite 398).

Isoenzyme (multiple Enzymaktivitäten)

Mit dem neuerworbenen Wissen um die primäre, sekundäre, tertiäre und quartäre Struktur der Proteine greifen wir die Frage nach der Beziehung Ein-Gen – Ein-Polypeptid wieder auf. Wir wollen uns dabei nicht mit der Aufzählung von Ein-Gen – Ein-Enzym-Relationen aufhalten (hierfür gibt es auch bei höheren Pflanzen eine Reihe klarer Beweisführungen), sondern wir wollen überprüfen, ob tatsächlich ein Gen zunächst ein Polypeptid induziert, das dann mögli-

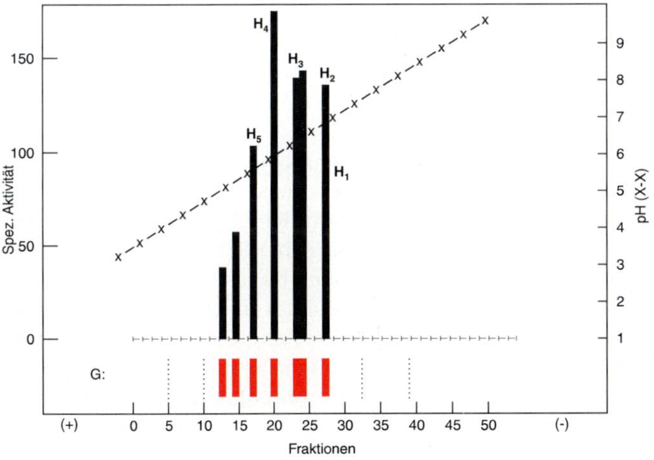

Abb. 1.23.
β-Galactosidase-Isoenzyme aus Petunia hybrida nach Isoelektrophorese. Oft lassen sich Isoenzyme in der normalen Gelelektrophorese nicht voneinander trennen. Dann kann die Isoelektrophorese weiterhelfen. Bei ihr erfolgt die elektrophoretische Auftrennung in einem pH-Gradienten, der durch das Gel verläuft (im Bild x-x-x, pH-Werte auf der Ordinate rechts). Die Proteine bleiben dann im Trenngel (unten Referenzgel = G, Anfärbung auf β-Galactosidase-Aktivität zeigt die Lage der Isoenzyme im Gel an) bei dem pH-Wert liegen, der ihrem isoelektrischen Punkt entspricht. Das Trenngel wurde in Fraktionen aufgeteilt (ganz unten). Nach Elution wurde in ihnen die spezifische Aktivität der verschiedenen Isoenzyme (H_1 bis H_5 und zwei kleinere Banden) photometrisch bestimmt (Komp and Hess 1981).

cherweise mit weiteren Polypeptiden der gleichen oder leicht verschiedener Art zu einer Quartärstruktur zusammentreten kann. Dazu wollen wir uns mit *Isoenzymen* befassen. Isoenzyme sind Enzyme gleicher Funktion, aber mehr oder weniger stark verschiedener Struktur. Die Existenz von Isoenzymen, Isozymen oder auch multiplen Formen von Enzymen war schon länger bekannt. Aber erst die Zonenelektrophorese auf geeigneten Trägermedien lieferte eine Trennungsmethode, mit deren Hilfe entdeckt werden konnte, daß Isoenzyme von nahezu universeller Verbreitung sind (Abb. 1.23).

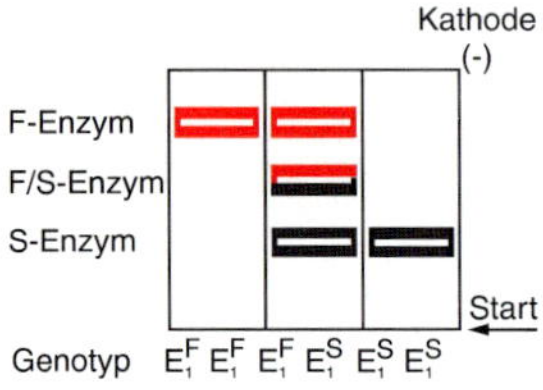

Abb. 1.24. *Isoenzyme der pH 7,5-Esterase des Maises. Auftrennung durch Zonenelektrophorese. Das F/S-Enzym ist ein »Hybridenzym«. Die nicht sichtbare Quartärstruktur aus je zwei Polypeptiden wurde symbolisch angedeutet.*

In Mais kommt eine Esterase vor, deren Wirkungsmaximum bei einem pH-Wert von 7,5 liegt. Man bezeichnet sie dementsprechend als pH 7,5-Esterase. Das Enzym weist eine Quartärstruktur aus 2 Polypeptidketten auf, die von den verschiedenen Allelen des Genortes E angeliefert werden. Beschäftigen wir uns nur mit 2 von diesen Allelen, mit E^F_1 und E^S_1. Pflanzen, die homozygot $E^F_1E^F_1$ führen, liefern bei der Zonenelektrophorese nur ein einziges, schnell wanderndes Enzymband (Abb. 1.24). Jede Komponente in diesem Enzymband besteht aus zwei gleichen Polypeptiden, nämlich zwei F-Polypeptiden. Pflanzen, die das andere Allel homozygot enthalten ($E^S_1E^S_1$-Pflanzen), lassen bei der Zonenelektrophorese ein langsam wanderndes Enyzmband erkennen. Jedes Molekül in dieser Enzymzone besteht aus zwei S-Polypeptiden.

Nun stellen wir eine Heterozygote her, die beide Allele enthält ($E^F_1E^S_1$). In dieser Heterozygote werden dann zwei verschiedene Sorten von Polypeptiden, F-Polypeptid und S-Polypeptid, miteinander kombiniert. Für F- und S-Polypeptide gibt es drei Möglichkeiten, zu der funktionsfähigen, aus zwei Polypeptidketten bestehenden Esterase zusammenzutreten: FF, FS und SS.

Dementsprechend sollte man bei einer zonenelektrophoretischen Auftrennung drei verschiedene Banden mit Esteraseaktivität auffinden, von denen zwei in ihrer Laufgeschwindigkeit mit den entsprechenden Zonen der beiden Homozygoten übereinstimmen. Das ist der Fall. Die dritte Zone weist eine mittlere Mobilität auf. Das kommt daher, daß diese Zone aus Enzymen besteht, die eine Quartärstruktur aus je einem F- und je einem S-Polypeptid aufweisen. Aus der verschieden schnellen Mobilität dieser beiden Polypeptide resultiert dann die beobachtete mittlere Laufgeschwindigkeit.

Die Untersuchungen an der pH 7,5-Esterase des Maises liefern also Belege dafür, daß auch bei höheren Pflanzen eine Ein-Gen – Ein-Polypeptid-Beziehung besteht. Die von den Genen angelieferten Polypeptidketten können dann zu übergeordneten quartären Strukturen zusammentreten.

Nun noch einiges zur Funktion der Isoenzyme. Man hat festgestellt, daß die einzelnen Isoenzyme den physiologischen Gegebenheiten in den verschiedenen Geweben angepaßt sein können. Bei Infektionen zum Beispiel können neue Isoenzyme der Peroxidase ausgebildet werden, die Abwehrfunktionen zu übernehmen scheinen. Vielleicht ist aber ein anderer Aspekt wichtiger: Isoenzyme können Faktoren einer *Feinregulation in verzweigten Biosynthesesystemen* sein (Abb. 1.25).

In solchen verzweigten Systemen setzen verschiedene Synthesewege die Anlieferung einer gemeinsamen Vorstufe durch ein bestimmtes Enzym (Enzym A im Beispiel) voraus. Nun kann es sein, daß von Substanz Z bereits mehr als genug im Organismus vorhanden ist. Wie wir später sehen werden, sorgen dann Rückkoppelungsmechanismen dafür, daß die gemeinsame Vorstufe nicht mehr weiter angeliefert wird. Das kann durch eine Hemmung der Enzymsynthese oder aber auch durch eine Hemmung der Enzymaktivität erfolgen. In unserem Beispiel wäre aber bei einer solchen Hemmung auch die Weiterproduktion der Substanzen X und Y blockiert. Denn auch hier steht das Enzym A am Beginn der jeweiligen Synthesekette. Der Ausweg aus diesem Dilemma ist: Es gibt nicht nur ein Enzym, sondern *drei Isoenzyme* A, die alle Substanz B anliefern. Aber die Isoenzyme und dann auch Substanz B stehen am Anfang je eines Zweiges im Synthesesystem. Bei einer Hemmung über die erwähnte Rückkoppelung wird nun immer nur das Isoenzym betroffen, das am Anfang des jeweiligen Zweiges steht. Wenn also zum Beispiel von Z eine Rückkoppelungshemmung ausgeübt wird, so nur auf Isoenzym A^Z. Die beiden anderen Isoenzyme A^X und A^Y werden nicht beeinträchtigt. Substanz X und Y können also nach wie vor produziert werden. Voraussetzung für das Funktionieren des Systems ist, daß die drei Synthesewege voneinander getrennt, kompartimentiert sind. Denn sonst würde Substanz B auch weiterhin in den Zweig nach Z hin einfließen, d.h. Z würde trotz seiner negativen Rückkoppelung auf Isoenzym A^Z weiterhin gebildet. Beispiele für diese Feinregulation durch Isoenzyme werden wir später kennenlernen (Seite 336).

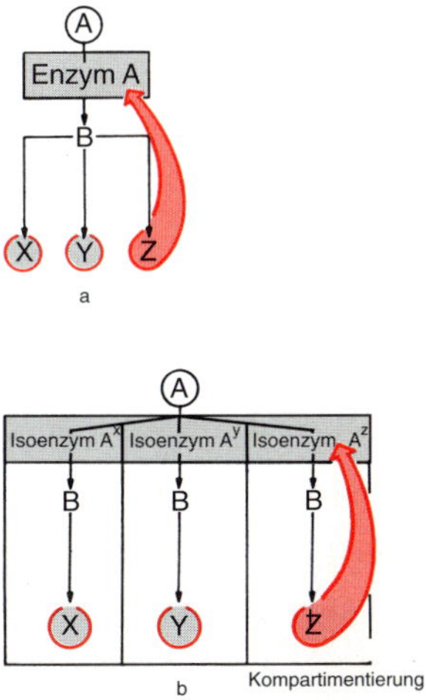

Abb. 1.25. *Feinregulation durch Isoenzyme bei Rückkoppelungsmechanismen in verzweigten Synthesewegen. a: Verzweigter Syntheseweg ohne Isoenzyme; b: verzweigter Syntheseweg mit Isoenzymen.*

Zusammenfassung

In der Translation werden Polypeptidketten gebildet, die noch keineswegs funktionstüchtig sind. Neben anderen Veränderungen nach der Translation (posttranslationales Processing, Seite 475) müssen die Polypeptide eine bestimmte räumliche Struktur oder Konformation annehmen. Dabei unterscheidet man vier Möglichkeiten der Strukturierung:

Bei der *Primärstruktur* handelt es sich um die unmittelbar über die Translation angelieferte Polypeptidkette, zusammengehalten durch Peptidbindungen. Sofort nach ihrer Bildung nimmt sie eine *Sekundärstruktur* an, schraubt sich z.B. zu einer α-Helix auf. Maßgeblich dafür sind Wasserstoffbrückenbindungen innerhalb der Sekundärstruktur. Diese wird dann mit Hilfe von Wasserstoffbrückenbindungen, hydrophoben Bindungen und Disulfidbrücken in eine übergeordnete *Tertiärstruktur* gebracht.

Eine *Quartärstruktur* entsteht durch Zusammenlagerung *mehrerer* Tertiärstrukturen. Die Bindungstypen sind dieselben wie bei der Tertiärstruktur.

Beispiele für Quartärstrukturen bei Pflanzen liefern manche *Iso(en)zyme* oder *multiple Enzymaktivitäten*. Dabei handelt es sich um Enzyme gleicher oder annähernd gleicher Funktion, aber verschiedener Struktur. Die Strukturdifferenzen können wie bei der pH 7,5-Esterase des Maises auf eine entsprechende Kombination von verschiedenartigen Polypeptidketten zu den einzelnen Isoenzymen zurückgehen. Isoenzyme erlauben eine Adaptation an unterschiedliche Bedingungen.

Darüber hinaus werden sie für die Feinregulation in verzweigten Biosynthesewegen wichtig.

1.4 Gentechnik und Gentechnologie

Die chemische Konstitution der DNA und ihre Expression bei der Merkmalsbildung bis hin zum fertigen Protein ist uns nun bekannt. Dabei waren wir von dem jeweils vorgegebenen art- oder individuenspezifischen Genmaterial ausgegangen. Nun ist bekannt, daß der jeweilige Genbestand im Lauf der Evolution permanent Veränderungen unterliegt. Hier hat auch der Mensch seit Jahrtausenden eingegriffen und Formen gezüchtet, die seinen Bedürfnissen entsprachen. In den letzten Jahren hat sich die Dimension des menschlichen Eingreifens jedoch entscheidend verändert. Denn der

Mensch hat es gelernt, mit isoliertem Genmaterial zu arbeiten. Damit sind wir auch schon bei der Gentechnik (→).

Unter Gentechnik versteht man diejenigen Verfahren der Molekularen und der Angewandten Genetik, die auf Untersuchungen an oder mit dem isolierten genetischen Material basieren.

Die *Gentechnologie* wäre dann die Lehre von der Gentechnik. In unsere Definition wurde bewußt auch die Molekulare Genetik und damit ein Teilgebiet der Allgemeinen Genetik einbezogen. Der derzeit spektakulärste gentechnische Aspekt der Angewandten Genetik sind zweifellos die Genübertragungen. Dabei übersieht man allzuleicht, daß mit Hilfe gentechnischer Verfahren auch die Struktur- und Funktionsanalyse der Gene entscheidend vorangetrieben wurde und wird – ein Arbeitsgebiet der Molekularen Genetik also. Auch Genübertragungen lassen sich hier nicht wegdenken.

Zielsetzungen der Gentechnik sind demnach:

1. Die Struktur- und Funktionsanalyse des genetischen Materials, die auch Genübertragungen beinhalten kann.
2. Genübertragungen unter Aspekten vor allem der Pflanzenzüchtung (Einbringung von Nutz-Genen, auch von Marker-Genen).

Diese Zweigliederung erfolgt *nur*, um klar herauszustellen, daß man Gentechnik nicht mit Genübertragungen zu praktischen Zwecken gleichsetzen darf. Denn wie kaum irgendwo sonst können in der Gentechnik Theorie und Praxis in unlösbarem Verbund stehen. Das bedeutet auch, daß viele Hochschulabsolventen, die in Gentechnik (und bei Pflanzen in den dazu notwendigen Methoden der Gewebekulturtechnik; Seite 80ff.) entsprechend geschult sind, in der Berufspraxis höchstens noch eine Einführung in die jeweilige spezielle Fragestellung erhalten müssen, um voll einsatzfähig zu sein. Die pauschale Behauptung, die Universitäten bildeten praxisfern aus, erweist sich gerade im Bereich der Gentechnik immer wieder als barer Unsinn.

Wenn wir auf dieses Buch beziehen, läßt sich herausstellen, daß die Gentechnik unter Aspekten der theoretischen wie der angewandten Pflanzenphysiologie wichtig wird. In den folgenden Kapiteln müssen wir immer wieder Daten berücksichtigen, die mit ihrer Hilfe erbracht wurden. Das war ausschlaggebend dafür, auf die Grundlagen der Gentechnik schon an dieser Stelle einzugehen. Dabei sollen zuerst Methoden der DNA-Analytik und danach der Genübertragungen behandelt werden.

1.4.1 DNA-Analytik

Nur Methoden, die für die Zielsetzungen dieses Buchs wichtig werden, können berücksichtigt werden. DNA-Sequenzierungen etwa oder auch die Isolierung von Genen werden nicht besprochen.

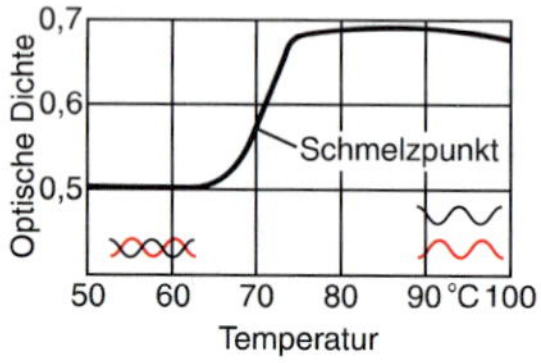

Abb. 1.26. *Schmelzdiagramm der DNA aus Erbsen (verändert nach* BONNER *und* VARNER *1965).*

Hybridisierung von Nucleinsäuren (DNA/DNA, DNA/RNA)

Eine Technik, auf die der Gentechnologe immer wieder zurückgreift, ist die Hybridisierung von Nucleinsäuren. Sie dient dem Nachweis bestimmter DNA-Sequenzen, auch eines übertragenen Gens, oder dem Nachweis bestimmter RNAs, etwa einer mRNA. Für die Hybridisierung sind Einzelstränge notwendig. Bei DNA bedeutet das, daß man die normalerweise vorliegende Doppelhelix zerlegen muß.

1. Trennung der DNA-Doppelhelix in ihrer Einzelstränge

Am einfachsten geschieht das durch eine *Alkali-Behandlung* (NaOH). Denn in alkalischem Medium trennen sich die beiden DNA-Einzelstränge voneinander. Eine andere Technik ist das *Schmelzen* der DNA, auf das wir vor allem deshalb eingehen wollen, weil es auch eine erste Aussage über die in der untersuchten DNA enthaltenen Basen erlaubt.

Wenn man eine DNA-Doppelhelix langsam erwärmt, so kommt es in einem bestimmten Temperaturbereich zu einem starken Anstieg der Extinktion bei 260 μm (Abb. 1.26). Man spricht hier von einem *hyperchromen Effekt*. Er geht darauf zurück, daß sich bei Temperaturanstieg die beiden Einzelstränge der Doppelhelix voneinander trennen. Dieses Trennen nennt man auch »Schmelzen« oder Denaturierung der DNA. Den beiden einzelnen Strängen kommt eine höhere Extinktion zu als der entsprechenden Doppelhelix.

Die erwähnte erste Aussage zur Basenzusammensetzung der betreffenden DNA ergibt sich über den Schmelzpunkt (Abb. 1.26). Denn zwischen den Basen G und C ist eine dreifache Wasserstoffbrückenbindung möglich, zwischen A und T nur eine doppelte. Es muß also mehr Wärmeenergie aufgewendet werden, um G/C-Bindungen zu lösen, als das bei A/T-Bindungen der Fall ist. DNAs mit einem hohen G/C-Gehalt weisen deshalb einen höheren Schmelzpunkt auf als solche mit einem hohen A/T-Gehalt.

2. Die Renaturierung der DNA

Wenn man eine Lösung mit »geschmolzener« DNA *langsam*

abkühlen läßt oder spaltendes Alkali entfernt, vereinigen sich die getrennten DNA-Einzelstränge wieder zu Doppelhelices. Diese Vereinigung nennt man Renaturierung. Sie ist mit einem Absinken der Extinktion bei 260 µm, also mit einem hypochromen Effekt verbunden. Die Renaturierung erfolgt nach dem Gesetz der Basenpaarung.

3. DNA/DNA-Hybridisierung

Nun ein kleiner Ausbau der Technik. Wir hatten soeben *ein* gegebenes DNA-Präparat zuerst geschmolzen und dann durch langsames Abkühlen renaturiert. Man kann aber auch *zwei* DNA-Präparate verschiedener Herkunft schmelzen, diese beiden Präparate miteinander vereinigen und nun die Renaturierung durchführen. Wie erwähnt, erfolgt die Renaturierung nach dem Prinzip der Basenpaarung. Wenn also die beiden DNA-Präparate komplementäre Basen-Sequenzen enthielten, so werden sie entlang dieser Basen-Sequenzen miteinander paaren. DNA-Abschnitte, die keine komplementären Partner finden, bleiben ungepaart. Man bezeichnet diese Paarung von DNA verschiedener Herkunft als Hybridisierung der DNA.

Der Grad der Hybridisierung ist auch ein Maß für die Verwandtschaft der Organismen, aus denen die DNA-Präparate stammen. Denn je näher verwandt die betreffenden Organismen miteinander sind, desto mehr entsprechende Basen-Sequenzen werden sie enthalten und desto höher wird dementsprechend auch der Prozentsatz der Hybridbildung sein.

4. DNA/RNA-Hybridisierung

Schließlich eine weitere Variante, die RNA ins Spiel bringt. Man kann DNA-Einzelstränge nicht nur mit anderen DNA-Einzelsträngen, sondern auch mit den Einzelsträngen der RNA hybridisieren. Es entstehen dann *DNA-RNA-Hybride*. Daß eine solche Hybridisierung zwischen DNA und RNA stattfinden kann, liegt auf der Hand. Die RNA wird ja von DNA codiert, weist also zur DNA komplementäre Basen-Sequenzen auf.

5. Methoden der Nucleinsäuren-Hybridisierung

Die Denaturierung der DNA und die nachfolgenden Hybridisierungen finden meistens nicht in wässeriger Lösung, sondern auf bestimmten wasserhaltigen Trägern statt, etwa auf Nitrocellulose oder Nylon. Einer der Hybridisierungspartner wird markiert, wobei es radioaktive und nicht-radioaktive Markierungsmöglichkeiten gibt. Den markierten Partner benutzt man als *Sonde*, um den anderen Partner nachzuweisen (das englische *probe* bedeutet *Sonde* und nicht »Probe«, wie man sogar in manchen Lehrbüchern lesen muß!).

Bei *in situ-Hybridisierungen* wird die DNA nicht extrahiert, sondern an Ort und Stelle belassen. Meist handelt es sich um mikroskopische Präparate. Die zugesetzten Sonden sind oft nicht-radioaktiv markiert, u.a. über Fluoreszenzfarbstoffe. Wo sich an einem Chromosom nach der Hybridisierung Fluoreszenz zeigt, liegt der gesuchte DNA-Abschnitt, z.B. ein übertragenes Fremdgen. Auch an bestimmten Genen gebildete mRNA läßt sich entsprechend nachweisen (Seite 70).

Auch bei der *Kolonie-Hybridisierung* wird die DNA nicht extrahiert. Die Technik wurde an Bakterien entwickelt, läßt sich aber auch mit Zellen oder Protoplasten von Pflanzen praktizieren. Von einer Petrischale mit Zellkolonien wird ein Abklatsch auf Nitrocellulose hergestellt, an dem einige Zellen haften bleiben. Sie werden mit Alkali aufgeschlossen. Ihre DNA wird dabei denaturiert. Sie wird mit einer passenden Sonde hybridisiert. Die den hybridisierenden Bakterien im Abklatsch entsprechenden Kolonien werden weiter verwendet (Abb. 1.27).

Die wichtigsten Verfahren, die mit *isolierten* Nucleinsäuren arbeiten, sind die im Folgenden besprochenen *Blot-Hybridisierungen nach Restriktionsverschnitt.*

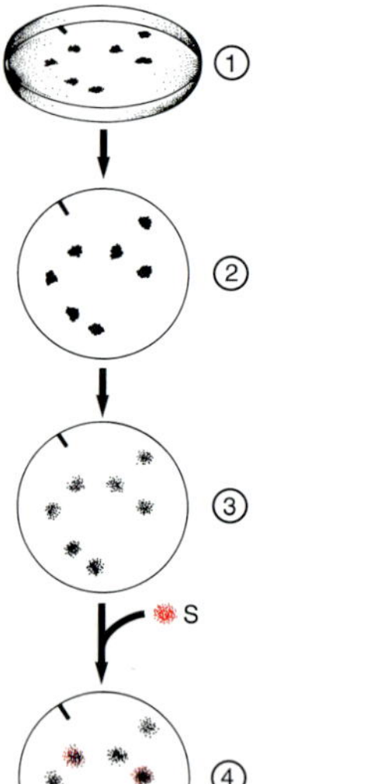

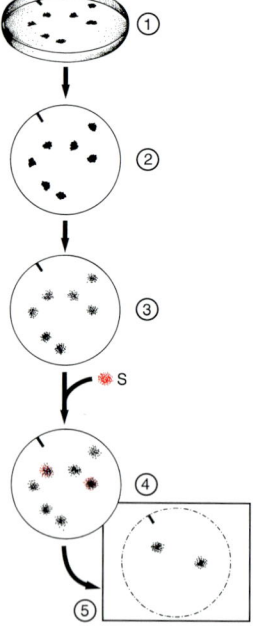

Abb. 1.27.
Schema einer Kolonie-Hybridisierung.
1 = Agarplatte mit Zell-Kolonien, möglicherweise aus transformierten Zellen.
2 = Nitrocellulose-Folie, die auf 1 aufgelegt worden war. Auf der Folie findet sich dann ein »Abklatsch« der Zell-Kolonien auf 1.
3 = Alkalibehandlung: die Zellen auf der Folie werden aufgeschlossen und ihre DNA in Einzelstränge zerlegt.
4 = Die Folie wird mit einer radioaktiv markierten DNA-Sonde für die eventuell übertragene DNA (S) inkubiert. Danach wird überschüssige Sonden-DNA durch Waschen entfernt. 4 = Die DNA der Sonde hybridisiert mit komplementärer DNA, die sich in zwei Kolonien-Abklatschen findet. Die beiden Kolonien bestehen also ganz oder teilweise aus transformierten Zellen.
5 = Die transformierten Kolonien auf der Folie werden über Autoradiographie sichtbar gemacht. Dazu wird ein Röntgenfilm auf die Folie aufgelegt. Schwärzung nach entsprechender Exposition zeigt transformierte Zellen an. Von der Folie kann man nun auf die originären Kolonien auf der Agarplatte (1) rückschließen und sie entsprechend nutzen. Bei den Zellen kann es sich ebensogut um solche aus Bakterien wie Pflanzen handeln (verändert nach LEHNINGER *et al. 1994).*

6. DNA- und RNA-Blotting

Restriktionsendonucleasen

Über Plasmide und Phagen können in Bakterien bereits natürlicherweise Gene aus anderen Bakterien, also fremdes Genmaterial eingebracht werden (Seite 71). Nun sind die Bakterien dem nicht immer hilflos ausgesetzt. Denn ein spezielles *Modifikations-Restriktionssystem* dient dem Eliminieren unerwünschter Fremd-DNA. Zunächst methylieren Modifikationsenzyme bestimmte Basen der eigenen DNA. Neben solchen Basen können dann die Wächter gegen den Import von Fremd-DNA, die *Restriktions(endo)nucleasen*, kurz auch Restriktionsenzyme, nicht schneiden. Die eigene DNA ist also über die Modifikation gegen Abbau geschützt. Fremd-DNA, die die betreffenden Modifikationen nicht aufweist, wird dagegen geschnitten.

Die Restriktionsendonucleasen wurden seit 1968 von Arber und Kollegen beschrieben. Sie spalten hochspezifisch im Inneren von DNA-Doppelsträngen (*endo* = griech. innen) an 4–8 Basenpaaren langen invers repetitiven Sequenzen, den *Palindromen*. Ein bekanntes, wenn auch nicht gerade hochwissenschaftliches Beispiel für einen solchen »Wieder-(zurück)-Lauf« wäre »Otto« oder – was leider selten erwähnt wird – »Anna« in jedem der beiden Stränge. Palindrom oder invers repetitive Sequenz bedeutet also, daß in

Tab. 1.3. Beispiele für Restriktionsendonucleasen mit den jeweiligen Schnittstellen

Restriktions-enzym	Bakterium	Sequenz 5'-----3' 3'---- 5'
BamHI	*Bacillus amyloliquefaciens*	G ↓ G A T C C C C T A G ↑ G
BalI	*Brevibacterium albidum*	T G G ↓ C C A A C C ↑ G G T
EcoRI	*Escherichia coli* RY13	G ↓ A A T T C C T T A A ↑ G
HaeIII	*Haemophilus aegypticus*	G G ↓ C C C C ↑ G G
Hin dIII	*Haemophilus influenzae*	A ↓ A G C T T T T C G A ↑ A

beiden DNA-Einzelsträngen die gleiche Basensequenz einander gegenüber liegt, wenn man in einer Richtung abliest, etwa von 5′ nach 3′.

Inzwischen sind weit über 100 Restriktionsendonucleasen bekannt. Tab. 1.3 nennt einige von ihnen und gibt die jeweiligen Schnittstellen an. Die Restriktionsenzyme setzen in den Palindromen entweder einen geraden oder einen stufenartigen Schnitt. Im ersten Fall bilden sich stumpfe Enden, im zweiten liefern die DNA-Einzelstränge einander komplementäre überstehende Enden, die leicht mit entsprechenden Enden paaren (klebrigen Ende, sticky ends). Sie werden deshalb von den Gentechnikern besonders geschätzt (Seite 72).

Die Palindrome finden sich in der DNA eines Organismus an immer den gleichen Stellen. Schneidet man eine DNA mit einem bestimmten Restriktionsenzym (*Restriktionsverschnitt*) und trennt elektrophoretisch auf, so erhält man deshalb ein artspezifisches Muster von DNA-Fragmenten, die *Restriktionsfragmente* genannt werden. Eine solche *Restriktionsanalyse* kann im Dienst der molekularen Systematik stehen (vgl. auch RFLP, Seite 65). Auch Mutanten, die auf Veränderungen in der Basensequenz zurückgehen, lassen sich über sie nachweisen. Im gegebenen Zusammenhang wichtig ist, daß mit ihrer Hilfe die Übertragung von Fremdgenen auf molekularer Ebene belegt werden kann.

Blotting-Verfahren

Die Bezeichnung geht darauf zurück, daß man nach Gelelektrophorese einen Abklatsch (blot) durch Übertragung auf eine Folie aus Nitrocellulose oder Nylon (blotting) herstellt. Die Folien sind widerstandsfähiger und deshalb leichter zu handhaben als das weiche originäre Gel. Das Blotting ist nur ein Teil des gesamten Verfahrens. Doch ist es üblich, *pars pro toto* von einem Southern-, Northern- oder Western-Blotting zu sprechen, auch wenn man den ganzen Arbeitsgang meint.

Southern-Blotting (DNA-Blotting)

SOUTHERN ist der Name des Wissenschaftlers, der das betreffende Blottingverfahren 1975 einführte. Es dient dem Nachweis von DNA-Fragmenten.

Nehmen wir an, über ein Plasmid (Seite 70) sei ein Fremdgen in eine Pflanze übertragen worden. Die DNA die-

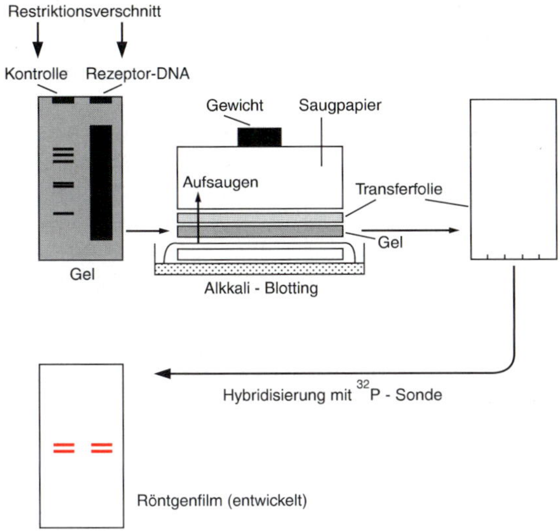

Abb. 1.28.
Southern-Blotting; vgl. den Text. Im Beispiel wurde mit einer ^{32}P-markierten Sonde hybridisiert. In der Kontrolle hybridisieren zwei Restriktionsfragmente und lassen sich über Schwärzung des Films (in der Abb. rot) fassen. Entsprechend lokalisierte Fragmente finden sich auch in der DNA des Rezeptors. Er enthält also das Fremdgen. Über weitere Versuche muß man dann belegen, daß das Fremdgen wirklich in die DNA des Rezeptors integriert ist.

ses Gens soll nun in der DNA der Rezeptor-Pflanze nachgewiesen werden (Abb. 1.28).

Dazu werden die DNA des Rezeptors und zum Vergleich auch die DNA des Plasmids, das das Fremdgen lieferte, mit einem bestimmten Restriktionsenzym geschnitten. Die erhaltenen Fragmente werden über Agarose-Gelelektrophorese aufgetrennt und mit Ethidiumbromid behandelt. Die Substanz ist ein sog. Intercalator, der sich zwischen die Einzelstränge der DNA einlagert. Im UV fluoresziert solche DNA dann orange.

Das kleine Plasmid liefert nur wenige Fragmente, die sich klar voneinander trennen lassen. Die DNA der Rezeptor-Pflanze dagegen wird in derart viele Fragmente zerlegt, daß die elektrophoretische Trennung nicht mehr möglich ist. Die Fragmente überlappen sich. In diesem »Schmier« (Abb. 1.29) sollten auch die DNA-Fragmente liegen, die auf

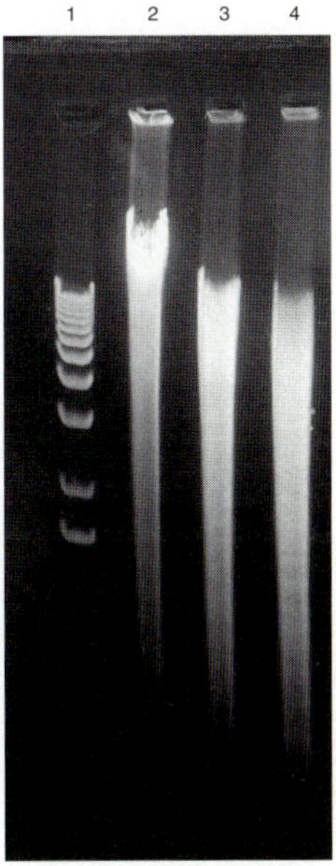

Abb. 1.29.
Agarosegel-Elektropherogramm mit Auftrennung von Gesamt-DNA aus Weizen (Triticum aestivum) nach Verschnitt mit Restriktionsenzymen. UV-Photo nach Anfärbung mit Ethidiumbromid. 1 »Leiter« aus d-Nucleotiden bekannter Größe als Standard. Sie werden scharf getrennt. 2 bis 4 = DNA aus Weizen; 2 ungeschnitten; 3 mit PstI und EcoRI, 3 mit PSTI und Hin dIII geschnitten (A.Schmid).

das übertragene Gen zurückgehen. Ob das wirklich der Fall ist, muß nun überprüft werden.

Dazu läßt man eine alkalische Lösung durch das Gel in eine darüber liegende Folie aus Nylon oder Nitrocellulose aufsteigen. Die notwendige Saugkraft geht auf Löschpapier zurück, das über der Folie aufgeschichtet wird. Bei alkalischem pH wird DNA in ihre Einzelstränge zerlegt. Es sind also schon die zur Hybridisierung erforderlichen Einzelstränge, die in den Blot übergehen. Sie lassen sich dort mit einer komplementären, markierten Sonde paaren. Bei der Sonde handelt es sich meistens um markierte DNA, seltener um RNA. Als besonders leistungsfähige Markierung kann radioaktives Phosphat (^{32}P) verwendet werden (die Details der Markierungstechnik können hier nicht besprochen werden). Die gebildeten ^{32}P-DNA/DNA-Hybriden lassen sich über Autoradiographie nachweisen: Eine photographische Platte wird auf den Blot aufgelegt. Nach entsprechender Exposition und Entwicklung zeigt lokale Schwärzung Radioaktivität und damit die ^{32}P-DNA/DNA-Hybriden an.

An Hand der Markierung lassen sich also die Restriktionsfragmente lokalisieren, die aus der übertragenen DNA stammen. Sie entsprechen im Beispiel den Fragmenten aus dem Plasmid. Wenn wir einige Absicherungen übergehen, die noch notwendig werden, ist der Beweis dafür erbracht, daß das Fremdgen übertragen wurde.

Northern-Blotting (RNA-Blotting)

Molekularbiologen betrachten sich gelegentlich als das Salz der Erde und können entsprechend selbstüberheblich sein. Diesem generellen Bild widerspricht, daß sie auch Humor entwickeln können, wie die Bezeichnung Northern-Blotting belegt. Denn sie wurde im Scherz als Parallele zum Southern-Blotting eingeführt: es handelt sich um einen entsprechenden Nachweis von RNA.

RNA wird zunächst vorbehandelt, um die in ihr, besonders in tRNAs, häufigen Selbstpaarungen zu beseitigen. Das kann z.B. mittels Formaldehyd geschehen. Anschließend wird das linearisierte RNA-Gemisch über Gelelektrophorese aufgetrennt. Von der Gelplatte wird wieder ein Blot hergestellt. Die Lokalisierung der RNA erfolgt durch Hybridisierung mit markierten DNA-Sonden.

Western-Blotting (Protein-Blotting)

Die Methode wird hier nur anhangsweise erwähnt, weil es

sich nicht um einen Nachweis von Nucleinsäuren, sondern von Proteinen handelt. Mit Hilfe von Antikörpern werden auf einen Blot übertragene Proteine nachgewiesen.

RFLP (Restriktions-Fragment-Längen-Polymorphismus)

Der RFLP erlaubt eine molekulare Charakterisierung von Individuen einer Population. Technisch handelt es sich um eine entsprechend ausgebaute Restriktionsanalyse, wie wir sie soeben beim Southern-Blotting besprochen hatten.

Unter *Polymorphismus* versteht man zunächst das Vorhandensein von genetischen Unterschieden innerhalb einer Population. Auf DNA bezogen finden sich innerhalb einer Population immer wieder Abweichungen in der Lage der Schnittstellen für Restriktionsendonucleasen. Sie sind durch entsprechende Abweichungen in der Basensequenz bedingt und werden deshalb als *Sequenzpolymorphismus* bezeichnet. Bei einem Restriktionsverschnitt wird man von den Individuen der Population unterschiedliche Restriktionsfragmente erhalten. Die Unterschiede werden über die elektrophoretische Auftrennung faßbar und sind durch die Länge der Fragmente bedingt (Abb. 1.30). Die Bezeichnung RFLP wird damit verständlich.

Hat man genügend DNA zur Verfügung oder über PCR (Seite 66) erhalten, kann man die Fragmente im Trenngel über Anfärben mit Ethidiumbromid sichtbar machen. Sonst muß man eine Southern-Blot-Analyse mit geeigneten DNA-Sonden durchführen.

Vor allem DNA-Sequenzen, die nicht für Protein codieren, eignen sich für eine RFLP-Analyse. Das gilt besonders für kurze, repetitive Sequenzen, die in großer Zahl tandemartig hintereinander geschaltet sind. Denn in solchen Fällen können Sequenz-Abweichungen toleriert werden, ohne daß das betreffende Individuum Schaden nimmt. In der Krimi-

Abb. 1.30.
Schema eines RFLP. Angenommen wird der Ausfall einer Schnittstelle für eine bestimmte Restriktionsendonuclease in einem gegebenen Gen. Links das normale Gen, rechts das mutierte. Darunter die Fragmente, die man nach »Verschnitt« mit dem betreffenden Restriktionsenzym erhält. Normalerweise sind es drei, nach mutativem Fortfall einer Schnittstelle jedoch nur noch zwei Fragmente. Ganz unten eine für den angebenen Abschnitt des Gens komplementäre markierte Sonde. Sie kann auf Grund ihrer Länge mit allen drei bzw. zwei Fragmenten hybridisieren, d.h. bei ihrem Einsatz wird der durch Mutation eingetretene RFLP faßbar. Hat man ausreichend DNA zur Verfügung, kann man die Fragmente durch Behandlung mit Ethidiumbromid im UV sichtbar machen (vgl. Abb. 1.29) und auf das Arbeiten mit einer markierten Sonde verzichten (aus Hess *1992).*

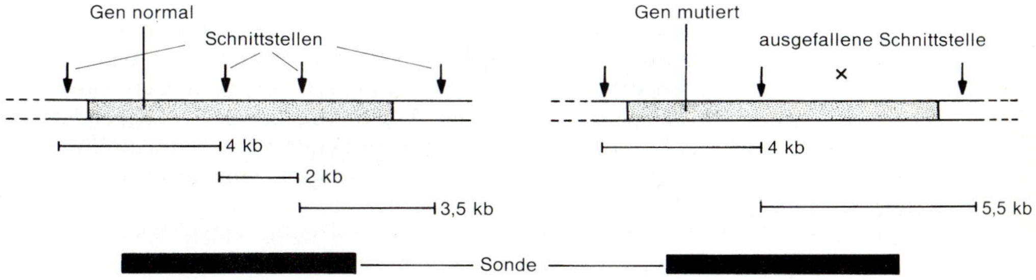

nalistik ist hier das *DNA-Fingerprinting* zu erwähnen. Bei Pflanzen werden oft die repetitiv im Genom vorliegenden Gene für rRNA zur RFLP-Analyse verwendet, bei Getreidearten z.B. die Gene für 5S-rRNA. Der Pflanzenzüchter hat mit dem RFLP eine Methode zur Hand, um rasch und sicher resistente und anfällige Kultivare einer Nutzpflanze oder virulente und nicht-virulente Stämme von Schaderregern, etwa von phytopathogenen Pilzen voneinander zu unterscheiden.

PCR (Polymerase Chain Reaction; Polymerase-Kettenreaktion)

Über PCR lassen sich definierte DNA-Abschnitte vervielfältigen. Es handelt sich also um eine Methode der selektiven Amplifikation (Vervielfältigung) von DNA-Sequenzen. Sie arbeitet hochspezifisch und ebenso empfindlich. Sie ist außerdem einfach durchzuführen. So muß die zu amplifizierende DNA nicht gereinigt werden.

Notwendig ist es, die Sequenzen an den beiden Enden der zu vervielfältigenden DNA zu kennen, erforderlich sind Oligonucleotid-Starter (Primer), die zu diesen Enden komplementär sind, wichtig ist eine DNA-Polymerase (ein Enzym, das DNA-Einzelstränge an einem vorgegebenen Strang synthetisiert), die hitzeunempfindlich ist, und unabdingbar sind auch die Bausteine für die DNA-Synthese, die vier dNucleosid-triphosphate (Seite 311).

Der Ablauf (Abb. 1.31): Die DNA wird durch Erhitzen auf 95 °C in ihre beiden Einzelstränge denaturiert. Nach Abkühlung paaren die im Überschuß zugegebenen Oligonucleotidprimer mit den Einzelsträngen. Sie binden dabei an jeweils eines der beiden Enden der zu vervielfältigenden DNA-Sequenz. Der Überschuß an den Startern verhindert, daß die alten DNA-Einzelstränge wieder miteinander paaren. Eine hitzestabile DNA-Polymerase steht aus dem in heißen Gewässern vorkommenden Bakterium *Thermus aquaticus* zur Verfügung. Diese *Taq*-Polymerase verlängert unter Einsatz der dNucleosid-triphosphate die beiden Oligonucleotid-Starter bei mittleren Temperaturen (bis zu 72 °C) in 3′-Richtung. Dabei schießen die neugebildeten Ketten jeweils über die betreffende DNA-Sequenz hinaus. Der Starter am anderen DNA-Einzelstrang bedeutet ja kein Stopsignal!

Im zweiten Zyklus wird die neugebildete DNA wieder durch Erhitzen auf 95 °C in ihre Einzelstränge zerlegt, nach

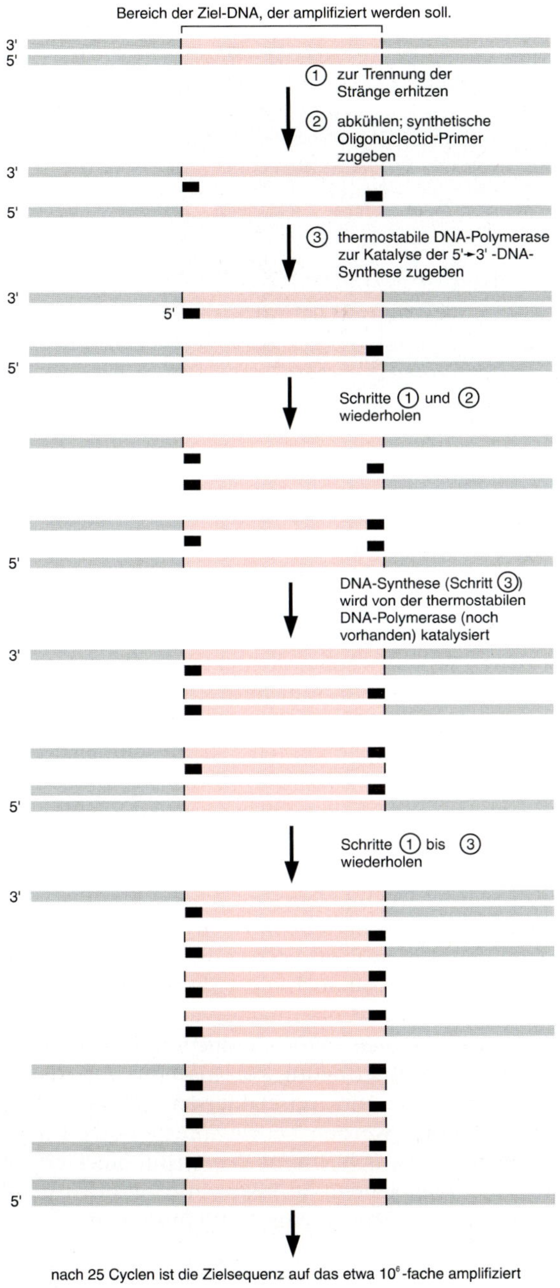
Bereich der Ziel-DNA, der amplifiziert werden soll.
3'
5'
① zur Trennung der Stränge erhitzen
② abkühlen; synthetische Oligonucleotid-Primer zugeben
③ thermostabile DNA-Polymerase zur Katalyse der 5'→3' -DNA-Synthese zugeben
Schritte ① und ② wiederholen
DNA-Synthese (Schritt ③) wird von der thermostabilen DNA-Polymerase (noch vorhanden) katalysiert
Schritte ① bis ③ wiederholen
nach 25 Cyclen ist die Zielsequenz auf das etwa 10^6-fache amplifiziert

Abb1.31.
Schema einer PCR; vgl. den Text (verändert nach LEHNINGER et al. 1994).

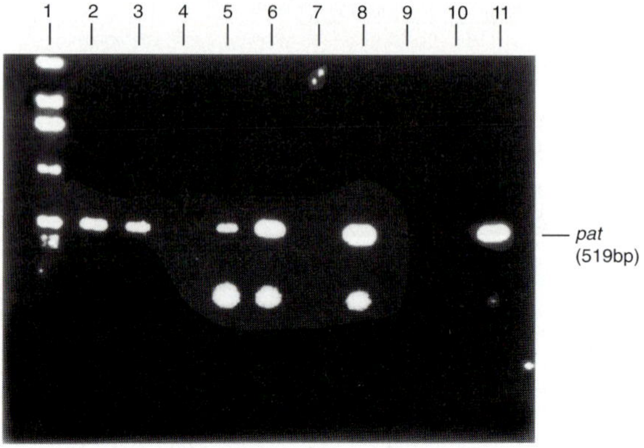

Abb. 1.32. *PCR-Nachweis des pat-Gens (Seite.73) in Kichererbsen (Cicer arietinum). Das pat-Gen war über Beschuß eingebracht worden. Die über PCR vermehrte pat-DNA aus den Kichererbsen (Größe 516 bp) wurde elektrophoretisch aufgetrennt und über Behandlung mit Ethidiumbromid im UV sichtbar gemacht. 1 = »Leiter« mit DNAs bekannter Größe; 2 = pat-DNA im zum Beschuß verwendeten Konstrukt; 3 = transgener Tabak mit dem pat-Gen; 4 = Cicer, Kontrolle ohne pat-Gen; 5–11 = Cicer, Sproßmaterial aus dem Beschußversuch. 5,6,8 und 11 enthalten das pat-Gen (R. Hahn).*

Abkühlen hybridisieren die Primer, jetzt auch an den neugebildeten Enden, die *Taq*-Polymerase arbeitet erneut. Dabei wachsen die neugebildeten DNA-Stränge jetzt nur noch zu 50% über die gewünschte Sequenz hinaus. In den anderen 50% wird ihr Wachstum beendet, weil die DNA-Matrize mit einem Primer endet.

Im gleichen Ansatz werden die Zyklen (Erhitzen zum Denaturieren, Abkühlen zur Anlagerung der Primer und zur DNA-Synthese) 20 bis 35mal wiederholt. Die gesuchte DNA-Sequenz wird dabei exponentiell selektiv amplifiziert, die nicht gewünschte sonstige DNA bis zur Unkenntlichkeit ausgedünnt. Dabei genügt es, ein einziges DNA-Molekül vorzulegen.

Gewiß ein begeisterndes Verfahren, das 1984 von Mullis eingeführt wurde! Doch gerade seine hohe Empfindlichkeit bringt es mit sich, daß man beim Nachweis einer Genübertragung, zu dem die PCR oft verwendet wird, sehr vorsichtig sein muß. Denn wenn auch nur ein einziges Molekül der Fremd-DNA, die man zu übertragen versucht, in den PCR-Ansatz gerät, kann es selektiv amplifiziert werden und so eine geglückte Genübertragung vortäuschen. Vor allem gilt Vorsicht beim Einsatz von Agrobakterien zum Gentransfer. Denn die Bakterien werden bei entsprechenden Transformationsversuchen zwar in ihrem Wachstum blockiert, bleiben aber noch lange lebend im Pflanzenmaterial vorhanden und können so ihre DNA in eine PCR einbringen.

Zusammenfassung

Wichtige Methoden der DNA-Analytik werden geschildert, soweit sie für das Folgende von Belang sind.

DNA/DNA- und *DNA/RNA-Hybridisierungen* erlauben es, eine bestimmte DNA oder RNA nachzuweisen. Dazu kann auch ein übertragenes Gen gehören. Die DNA muß zunächst in ihre Einzelstränge zerlegt, die RNA muß linearisiert werden. Danach werden die jetzt vorliegenden Einzelstränge mit Einzelsträngen einer zur gesuchten DNA oder RNA komplementären markierten Nucleinsäuren-Sonde hybridisiert. Die Markierung kann radioaktiv oder nicht-radioaktiv sein. Für die Hybridisierung ist die Basenpaarung maßgeblich.Bei *in situ-Hybridisierungen* wird die DNA oder an die ihr gebildete RNA an Ort und Stelle belassen, etwa in Chromosomen, und mit einer markierten Sonde hybridisiert.

Bei *Kolonie-Hybridisierungen* wird die DNA ebenfalls nicht extrahiert. Von Zellkolonien wird ein Abklatsch (Blot) hergestellt. Die Zellen auf ihm werden mit entsprechenden Sonden behandelt, um die interessierenden originären Zellkolonien zu ermitteln.

Die wichtigsten *Blotting-Verfahren* arbeiten mit isolierter und »geschnittener« DNA (*DNA-Blotting = Southern-Blotting*) oder RNA (*RNA-Blotting = Northern-Blotting*). Das »Schneiden« der DNA erfolgt mit Hilfe von *Restriktionsendonucleasen*, die hochspezifisch an invers repetitiven Sequenzen (Palindromen) spalten. Die dabei erhaltenen Restriktionsfragmente (bei RNA linearisierte RNAs) werden über Agarose-Gelelektrophorese aufgetrennt. Von den Gelen wird ein Abklatsch (Blot) auf widerstandsfähigen Folien (Nitrocellulose oder Nylon) hergestellt. Er wird beim DNA-Blotting mit markierten DNA- oder (seltener) RNA-Sonden, beim RNA-Blotting mit markierten DNA-Sonden behandelt. An Hand der Markierung lassen sich die dann gebildeten Hybriden fassen.

Bei der *RFLP-Technik* handelt sich um eine Methode, über die Verschiedenheiten in den DNA-Sequenzen von Individuen einer Population (Sequenzpolymorphismen) gefaßt werden können. Denn die Unterschiede in der Basensequenz bedingen unterschiedliche Längen der Restriktionsfragmente, die gegebenenfalls wie beim DNA-Blotting nachgewiesen werden und zur genetischen Charakterisierung dienen können. Bei Pflanzen werden RFLP-Analysen in der Resistenzzüchtung besonders wichtig. Sie dienen auch dem Nachweis einer Genübertragung.

Mit Hilfe der *PCR* können definierte DNA-Abschnitte selektiv amplifiziert werden. Unter Verwendung thermophiler DNA-Polymerasen (*Taq*-Polymerasen) wird an DNA-Einzelstängen die Sequenz zwischen zwei mit den Einzelsträngen gepaarten Oligonucleotid-Startern exponentiell repliziert. Die Methode arbeitet hochspezifisch und hochsensibel. Bei Pflanzen kann sie u.a. zum Nachweis einer Genübertragung eingesetzt werden.

1.4.2 Technische Voraussetzungen für den Gentransfer

Nachdem wir nun über das notwendige DNA-analytische Rüstzeug verfügen, sollen im folgenden zunächst die wichtigsten technischen Voraussetzungen und Vorarbeiten skizziert werden, die für einen Gentransfer erforderlich sind.

Regeneration, eine Notwendigkeit bei fast allen Verfahren zum Gentransfer

Vorweg muß herausgestellt werden, daß bei fast allen Methoden zum Gentransfer eine Regeneration ganzer Pflanzen notwendig wird. Die betreffenden Regenerationsverfahren werden später im Detail geschildert (Seite 80ff.). Hier sei nur erwähnt, daß oft eine Kallusphase durchlaufen werden muß. Ein solcher *Kallus* ist ein Zellkomplex, der sich lebhaft und unreguliert teilt. Aus seinen Zellen können Regenerate gebildet werden. Besonders eine Kalluspassage kann zu schwerwiegenden genetischen Veränderungen führen, die in die Regeneratpflanzen eingehen. So sind aus Protoplasten regenerierte Pflanzen oft selbststeril (Seite 322). Nun ist es wenig sinnvoll, in eine mit viel Mühe etablierte reine Linie ein Fremdgen einzubringen, wenn eben diese Linie im nachfolgenden Regenerationsverfahren vom Fremdgen abgesehen nicht genetisch »rein« bleibt. Auf solche unerwünschte genetische Veränderungen muß deshalb bei Experimenten zum Gentransfer stets geachtet werden.

Plasmide als Klonierungs- und Übertragungsvektoren

Für eine Genübertragung benötigt man zunächst einen Donor und einen Rezeptor. Beim Donor handelt es sich um Protoplasten, Zellen oder Organismen, die das zu übertragende Genmaterial liefern; beim Rezeptor um Protoplasten, Zellen oder Organismen, die es aufnehmen sollen. In der

Frühzeit der Gentechnik, so auch bei Averys bahnbrechenden Versuchen (Seite 19), mußte man noch mit der Gesamt-DNA eines Donors arbeiten. Heute überträgt man wenn irgend möglich isolierte Einzelgene. Auf die Isolierung von Genen können wir im Rahmen dieses Buches nicht eingehen. Es sei jedoch angemerkt, daß man insbesondere bei Eukaryonten (noch) nicht jedes Gen aus jedem Donor isolieren kann.

Hat man ein Gen isoliert, so muß man es in eine geeignete Übertragungsform, einen Vektor einbringen. Über diesen Vektor sollte auch eine Vermehrung des betreffenden Fremdgens möglich sein. Die derzeit meistverwendeten Vektoren sind Plasmide.

Das Genmaterial der Bakterien ist überwiegend auf einem großen DNA-Ring lokalisiert, den man meist als »Chromosom« bezeichnet. Dies grenzt insofern an Hochstapelei, als die Chromosomen der Eukaryonten sehr viel komplizierter gebaut sind als die simplen DNA-Ringe der meisten Bakterien. Die Bezeichnung hat sich jedoch eingebürgert. Neben diesem Chromosom, dem Hauptgenom also, finden sich oft noch kleinere DNA-Ringe, die man Plasmide nennt (Abb. 1.33). Auf ihnen können z. B. Gene für Resistenz gegen bestimmte Antibiotika liegen.

Vor Teilungen der Bakterien werden ihre Plasmide wie das Hauptgenom vermehrt und dann bei der Teilung in die Tochterzellen weitergegeben. Plasmide können von einem gegebenen Bakterium aber auch abgegeben und von anderen Bakterien aufgenommen werden. Diese Weitergabe ist über die Artgrenzen hinweg möglich. Sind die betreffenden Plasmide Träger von Resistenzen gegen Antibiotika, können sie zu einer besonderen Gefahr z. B. im klinischen Betrieb werden. In unserem Zusammenhang sei festgehalten, daß Plasmide schon von Natur aus genetisches Material mit Wanderungstendenz darstellen, eine Eigenschaft, die der Gentechniker ausnützt.

Auch bestimmte, sog. transduzierende Phagen, »Viren der Bakterien« also, lassen sich zu Genübertragungen einsetzen. Dazu wird das Fremdgen in die DNA der Phagen eingebaut und mit ihr in die Zellen auch von Tieren und Pflanzen übertragen. Ein Vorteil der Phagentechnik ist, daß das Genmaterial im Phagenkopf verpackt und somit geschützt ist. Eben die Verpackung bringt aber auch Nachteile mit sich. Denn Fremd-DNA kann nicht in beliebiger Menge in den Phagenkopf eingebracht werden. Vor allem aber lassen sich auf Plasmidbasis viel leichter geeignete Vektoren konstruieren. Genübertragungen mit Hilfe von Phagen werden deshalb derzeit kaum mehr durchgeführt.

Restriktionsenzyme und der Einbau von Fremdgenen in Vektoren

Restriktionsendonucleasen hatten wir bereits als wichtige Instrumente der DNA-Analytik kennengelernt (Seite 60). Sie sind aber auch zu Konstruktionsarbeiten im Rahmen von Genübertragungen unverzichtbar geworden.

Erinnern wir uns daran, daß viele Restriktionsenzyme in »ihrem« Palindrom einen Stufenschnitt legen und so »klebrige« Enden aus DNA-Einzelsträngen liefern (auch Enzyme, die »stumpfe« Enden entstehen lassen, sind verwendbar, wenn auch mit einigen Schwierigkeiten; sie werden deshalb hier nicht behandelt). Das gilt auch für Plasmide. Sie lassen sich mit Hilfe von Restriktionsenzymen aufschneiden (Abb. 1.33). Die dabei gebildeten »klebrigen« Enden paaren leicht mit komplementären Einzelstrangenden. Der Gentechniker macht sich das zunutze: Ein Fremdgen mit entsprechenden, komplementären »klebrigen« Enden wird in das aufgeschnittene Plasmid eingepaßt. Nach Schließen des Rings ist ein *Vektor*plasmid mit eingebautem Fremdgen entstanden. Es wird in ein passendes Bakterium eingebracht. Mit dem Bakterium wird dann auch das Plasmid vermehrt. Man spricht hier vom *Klonen* des Fremdgens bzw. des Plasmids.

Abb. 1.33.
Das Einbringen eines Fremdgens in ein Plasmid und Infektion von Bakterien mit dem so entstandenen Vektorplasmid. Das Vektorplasmid mitsamt dem eingebauten Fremdgen wird in den Bakterien vermehrt und bei Teilungen weitergegeben. So kann das Fremdgen »kloniert« werden (aus HESS 1983).

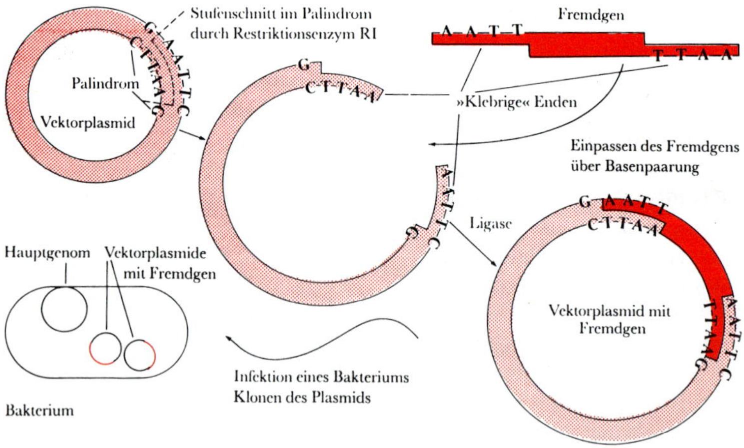

Im Prinzip ebenso wie gerade für Plasmide geschildert, werden Fremdgene auch in die DNA von transduzierenden Phagen eingebaut, die dann in entsprechenden Wirtsbakterien geklont wird.

Marker-Gene

Marker-Gene haben ihren Namen daher, daß eine transgene Pflanze über die Aktivität gekennzeichnet, »markiert« wird. Dabei muß die Expression der Marker-Gene leicht faßbar sein. Marker-Gene können mit Nutz-Genen auf derselben DNA gekoppelt und dann übertragen werden. Eine andere Möglichkeit ist, sie auf anderer DNA als die Nutzgene, aber zusammen mit diesen zu übertragen (Cotransformation). Ist ein Marker-Gen im Rezeptor nachweisbar, wurde mit hoher Wahrscheinlichkeit auch das Nutz-Gen übertragen.

Im Einzelnen muß man zwischen Markern unterscheiden, deren Expression selbst eine Selektion ermöglicht (selektierbare Marker-Gene) und anderen, bei denen das nicht der Fall ist (Reporter-Gene). Wir können hier nur einige wenige Beispiele bringen.

Selektierbare Marker-Gene

Schon seit 1974 wird das *nptII*-Gen eingesetzt. Es codiert für Neomycin-Phosphotransferase, ein Enzym, das das Antibioticum Kanamycin durch Phosphorylierung inaktiviert. Kanamycin hemmt das Wachstum zahlreicher Pflanzenarten. Das gilt auch für Zellkulturen. Eine Selektion wird dadurch möglich, daß transgene Pflanzen oder Gewebe mit exprimiertem *nptII*-Gen in Gegenwart von Kanamycin wachsen können (Abb. 1.40, 1.39). Die Verwendung von Kanamycin ist auch insofern vorteilhaft, als die Substanz in der Medizin wenig gebräuchlich ist. Allerdings gibt es artspezifische Differenzen in der Wirksamkeit des Gens. Besonders bei Getreidearten kann es versagen.

Ersatz bieten hier das *pat*- oder *bar*-Gen, die beide bei Getreiden gut selektierbare Marker sind. Es handelt sich im Prinzip um das jeweils gleiche Gen, das Phosphinothricin-Transacetylase codiert. Das Enzym inaktiviert das Totalherbizid Phosphinothricin (PPT; zu seinem Angriffspunkt vgl. Abb. 8.3) durch Acetylierung. Für die betreffenden Gene transgene Pflanzen und Gewebe lassen sich über ihre PPT-Resistenz selektionieren (Abb. 8.8).

Reporter-Gene

Reporter-Gene codieren meistens für leicht nachweisbare Enzyme. Sie »berichten«, z.B. nach Anfärbungen auf die betreffende Enzymaktivität, daß sie vorhanden sind und exprimiert werden. Ihre Aktivität kann jedoch nicht wie bei den selektierbaren Markern zu einer *unmittelbaren* Selektion genutzt werden.

Ein vielfach verwendetes Reporter-Gen ist *uidA* (früher *gus*). Es codiert für das Enzym β-Glucuronidase (GUS), das entsprechende Substrate unter Bildung eines blauen Farbstoffs spaltet (Abb. 1.41). Beim Enzymnachweis sterben die betreffenden Gewebe ab. Wenn man jedoch nicht mit Gewebekulturen, sondern mit transgenen Pflanzen arbeitet und nur einen Pflanzenteil testet, kann man die betreffenden Pflanzen dennoch selektionieren.

Entsprechendes gilt für andere Reportergene, die ebenfalls Enzyme codieren: Bei den Enzymtesten sterben die Zellen ab. Ein Vitaltest ist auf Luciferase möglich. Das Enzym oxidiert das Substrat Luciferin unter ATP-Verbrauch und Entwicklung einer gelb-grünlichen Lumineszenz. Luciferase-Gene aus Käfern und Bakterien wurden als Reporter benutzt, ohne daß sich die Technik voll durchgesetzt hätte.

Neuerdings macht ein anderer Vitaltest von sich reden. Als Reporter dient ein Gen aus der Qualle *Aequorea victoria*. Es codiert für ein Protein, das nach Blau- oder UV-Anregung grün fluoresziert (*g*reen-*f*luorescent *p*rotein - *GFP*). Der Vorteil von GFP ist, daß es sich nicht um ein Enzym handelt. Der Nachweis basiert deshalb nicht wie sonst auf einer Enzymreaktion, für die alle möglichen Voraussetzungen gegeben sein müssen (Substrate, Cofaktoren, entsprechende Permeabilität der Gewebe etc.). Was man benötigt, ist lediglich anregendes Blau- oder UV-Licht und etwas Sauerstoff. Dann kann man Gewebe oder Pflanzen auf Fluoreszenz hin durchmustern.

Promotoren

Ob ein Gen, ganz gleich, ob Marker-Gen oder Nutz-Gen, im Rezeptor exprimiert wird, hängt wesentlich auch von dem Promotor ab, mit dem der Gentechnologe die codierenden Genabschnitte koppelt. Denn vielfach wird die codierende Region nicht mit ihrem originären Promotor (Abb. 1.10) eingesetzt, sondern mit einem Promotor anderer Herkunft kombiniert, der den Zielsetzungen besser entspricht. Die für den Transfer bestimmten Gene bestehen dann aus Teilen verschiedener Herkunft. Man bezeichnet sie deshalb als *chimäre Gene* (Abb. 16.12).

In einer gegebenen Pflanzenart können die Promotoren stark oder schwach, *kontinuierlich* oder erst *nach einer Induktion*, in allen oder nur in ganz bestimmten Organen und Geweben arbeiten. Manche Promotoren arbeiten besser in Monocotyledonen, andere in Dicotyledonen. Darauf wird später genauer eingegangen. Hier können nur einige wenige gebräuchliche Promotoren genannt werden (Tab. 1.4).

Die Gentechnik arbeitet zunehmend mit jeweils spezifisch auf die jeweilige Situation zugeschnittenen Promotoren. Die Zielsetzung kann z.B. sein: Ein Gen für Pilzresistenz wird erst aktiv, wenn ein Pilz das Blatt der transgenen Pflanze befällt; es wird außerdem nur in den Blättern aktiv, nicht in den Früchten, die der Mensch verzehren möchte. Viele Befürchtungen, die man im Zusammenhang mit Nahrungsmitteln aus transgenen Pflanzen hegen mag, werden so gegenstandslos.

Tab. 1.4. Einige bei Pflanzen häufig verwendete konstitutive oder induzierbare Promotoren. *A: Agrobacterium;* Adh: Alkohol-dehydrogenase; CaMV: Cauliflower Mosaic Virus; Rubisco: Ribulose-1,5-bisphosphat-carboxylase-oxidase. Beim Ubiquitin handelt es sich um ein in Eukaryonten generell vorkommendes, von einer stark konservierten Region codiertes kleines Protein. Durch Anlagerung von Ubiquitin werden andere Proteine für einen Abbau markiert.

Promotor	Herkunft	originäres Transkript	Expression in transgenen Pflanzen
Adh1 intron1	Mais	1. Intron des *Adh1*-Gens	konstitutiv; besonders in Monocotyledonen
nos	*A. tumefaciens*	Nopalinsynthase	konstitutiv; relativ schwach; vor allem in Dicotyledonen
35S	CaMV	35S-RNA	konstitutiv; stark auch in Monocotyledonen
PinII	Kartoffel	Proteinase-Inhibitor II	wundinduzierbar; vor allem in Dicotyledonen
rbcS	Tomate Reis	kleine Untereinheit Rubisco	lichtinduzierbar; in Mono- und Dicotyledonen
ubi	Mais	Ubiquitin	konstitutiv; sehr stark in Monocotyledonen

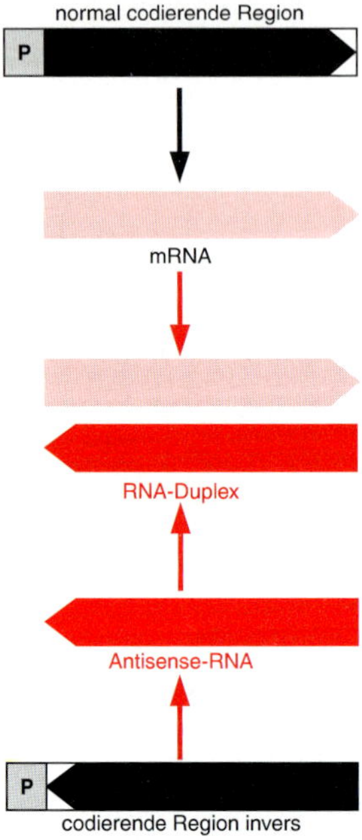

Abb. 1.34. Antisense-Technik zur Blockierung einer Genexpression. Von den betreffenden DNA-Doppelhelices werden jeweils nur die codierenden Stränge gebracht. Die codierende Region des zu blockierenden Gens (oben) wird invers an den betreffenden Promotor (P) gekoppelt. Das resultierende Konstrukt mit invers orientierter codierender Region wird in die DNA des betreffenden Organismus eingesetzt (unten). Bei der Transkription liefert es Antisense-RNA, die mit der normalen mRNA (Sense-RNA) zu einer RNA-Duplex hybridisiert und sie so abfängt (Mitte).

Antisense-Technik

Beim bisher Besprochenen war es das Ziel der Genübertragungen, zu einer neuen Merkmalsbildung zu kommen. Für Theorie wie Praxis wurde aber auch die entgegengesetzte Zielsetzung wichtig: eine bestimmte *Merkmalsbildung* über eine entsprechende Genübertragung zu *blockieren.*

Mit Hilfe der Antisense-Technik läßt sich das erreichen (Abb. 1.34):

In einer gegebenen Pflanze sei ein Gen X vorhanden, das blockiert werden soll. Die codierende Region von X steht zur Verfügung. Nun wird ein passender Promotor an das bisherige Ende der codierenden Region angesetzt. Die codierende Region wird also umgedreht, was ihre Lage zum Promotor angeht. Sie ist *invers* orientiert. Nach Integration in die Rezeptor-DNA wird sie in Gegenrichtung – verglichen mit der normalen Ableserichtung von Gen X – abgelesen. Damit entsteht eine mRNA, die zu der normalen mRNA komplementär ist, die *Antisense-RNA.*

Die von dem normal orientierten Gen X angelieferte mRNA bildet mit der Antisense-RNA eine RNA/RNA-Hybride. Die mRNA wird so abgefangen. Die RNA/RNA-Hybride kann nicht zur Translation verwendet werden und wird offensichtlich schnell abgebaut. Gen X ist damit blockiert, zwar meist nicht völlig, aber doch so stark, daß es zu Störungen oder zum Ausfall der betreffenden Merkmalsbildung kommt.

Die Antisense-Technik wird auch dazu eingesetzt, eine Virus-Resistenz zu etablieren. Das genetische Material der meisten Pflanzenviren besteht aus RNA. An ihr bildet sich eine der mRNA entsprechende *Sense-RNA,* an der neue Virus-RNA gebildet wird. Für die Transformation einer Pflanze ist es notwendig, die genetische Information aus Virus-RNA in DNA umzusetzen. Mit Hilfe einer *reversen Transkriptase,* die nicht DNA in RNA, sondern umgekehrt (»revers«) RNA in DNA transkribiert, ist das möglich. So erhaltene Virus-DNA bringt man in Pflanzen ein. Hat man dabei die codierende Region eines Virus-*DNA*-Gens, z.B. des Gens für Virus-Hüllprotein, invers hinter einen Promotor gesetzt, so liefert sie *Antisense-RNA.* Diese bildet mit der *Sense-RNA* Hybride. Damit sollte die Bildung von neuer Virus-RNA und damit die Vermehrung der Viren blockiert sein. Die betreffenden Pflanzen sind jedoch bislang oft weit weniger virusresistent als erwartet.

Zusammenfassung

Bakterien als Genreservoir: Plasmide und Phagen als Vektoren

Um Gene mit Aussicht auf Erfolg übertragen zu können, muß eine Reihe von Voraussetzungen erfüllt sein. So benötigt man ein Reservoir, dem die für die Übertragung erforderlichen Gene bei Bedarf entnommen werden können. Dabei handelt es sich um Bakterien, oft um *E. coli*, in denen die betreffenden Gene kloniert werden.

Die Fremdgene werden dazu in bestimmte *Vektoren* eingebracht, die in den Bakterien vermehrt werden können. Mit der Replizierung der Vektoren werden auch die in ihnen enthaltenen Fremdgene kloniert. Die wichtigsten Vektoren sind Plasmide. Aber auch transduzierende Phagen lassen sich nutzen.

Einbringen von Marker-Genen und Promotoren

Um über geeignete Vektoren verfügen zu können, sind entsprechende *Konstruktionsarbeiten* erforderlich. Entscheidend wichtige Werkzeuge dabei sind die *Restriktionsendonucleasen.* Bei Plasmidvektoren werden die originären Plasmide mit ihrer Hilfe aufgeschnitten und die Fremd-DNA in sie eingesetzt. »Klebrige« Einzelstrangenden auf Seiten des Plasmids wie der Fremd-DNA erleichtern den Einbau.

Doch auch die Fremd-DNA muß vor dem Einbau in Vektoren oft verändert werden, wieder mit Hilfe von Restriktionsenzymen, um den jeweils gestellten Anforderungen zu entsprechen. So müssen zusätzlich zu den Nutz-Genen geeignete *Marker-Gene* eingebaut werden, die es gestatten, Transformanten schon in frühen Entwicklungsstadien zu fassen. Zweierlei Marker kommen in Frage:

Selektierbare Marker-Gene erlauben über die Expression eine unmittelbare Selektion, in der Regel über ein Wachstum auf Medien mit Antibiotika oder anderen selektiv wirkenden Agentien.

Reporter-Gene lassen sich über die Aktivität von Enzymen fassen, die von ihnen codiert werden. Zwar ist eine unmittelbar auf ihrer Expression basierende Selektion nicht möglich, doch läßt sie sich gegebenenfalls anschließen. Sowohl die Marker- als auch die Nutz-Gene müssen unter der Kontrolle geeigneter *Promotoren* stehen. Meist sind auch hier entsprechende Konstruktionsarbeiten notwendig. Man kennt Promotoren, die konstitutiv arbeiten, und solche, die induziert werden müssen. Promotoren können nahezu universell oder nur in bestimmten Geweben und systematischen Einheiten wie Mono- und Dikotyledonen einsetzbar sein. Ein breites Spektrum an Promotoren steht für die Konstruktion optimal geeigneter Vektoren zur Verfügung.

Antisense-Technik
Ein bestimmtes Gen liegt in einer Rezeptorpflanze vor. Nun setzt man zusätzlich zu ihm seine codierende Region nicht in normaler Orientierung, sondern invers (unter Bezug auf den Promotor) in die DNA des Rezeptors ein. Bei ihrer Transkription wird eine *Antisense-RNA* gebildet, die mit der mRNA des normal orientierten Gens eine RNA/RNA-Hybride bildet. Die mRNA des originären Gens wird damit abgefangen. So lassen sich *Merkmalsbildungen blockieren.*

Nach dem gleichen Prinzip läßt sich auch die *Sense-RNA* (entspricht der mRNA) von Pflanzenviren abfangen. Dazu wird zunächst die genetische Information eines Virus mit Hilfe einer *reversen Transkriptase* von RNA in DNA umgesetzt. Setzt man so erhaltene *Virus-DNA* invers in die DNA des Rezeptors ein, wird sie zu *Antisense-RNA* transkribiert, die die Sense-RNA über Hybridbildung abfängt und so die *Virusvermehrung beeinträchtigt.*

1.4.3 Methoden des Gentransfers

Nachweiskriterien für Genübertragungen

1969 wurde über die ersten Genübertragungen bei höheren Pflanzen berichtet. Quellende und keimende Samen wurden mit – damals noch – Gesamt-DNA behandelt. Bei Petunien ließ sich so eine Mutante mit anthocyanfreien Blüten durch Behandlung mit der DNA eines anthocyanführenden Donors zu einer allerdings nur schwachen Anthocyansynthese korrigieren.

Auch Genmaterial für Blattform ließ sich bei Petunien übertragen. Dabei wurde je nach dem Entwicklungsstadium bald das originäre, bald das übertragene Blattform-Gen exprimiert, ein klarer Beweis für das Vorhandensein eines neuen Gens (Abb. 1.35). Die Transformationsrate war jedoch in allen Versuchen mit Petunien sehr niedrig (nur wenig über 0,01%) so daß viele tausend Pflanzen in Versuch und Kontrolle aufgezogen werden mußten.

Diese frühen Untersuchungen mußten unvollständig bleiben, weil die zur Beweisführung erforderlichen molekularen Methoden erst Jahre später zur Verfügung standen. Um so deutlicher lassen sie erkennen, welche Fortschritte seitdem erzielt wurden. Heute muß der Nachweis eines Gentransfers auf folgenden Ebenen erbracht werden:

1. *Phänotypisch:* Ein neues Merkmal muß nachweisbar sein – so wie bei den eben erwähnten Petunienblüten die Anthocyanbildung. Die meisten Merkmale lassen sich jedoch nicht so leicht erkennen. Außerdem kann es sich um Eigenschaften handeln, die erst spät im Lebensgang einer Pflanze realisiert werden. Denken wir z.B. an ein bestimmtes Protein, das im Korn einer Getreideart gespeichert wird! In solchen Fällen müßte man wie bei den eben erwähnten Petunien eine hohe Zahl von Nicht-Transformanten unnütz aufziehen. Der Ausweg ist, daß man das gewünschte Nutz-Gen bei der Übertragung mit Marker-Genen koppelt, deren Expression schon in einem frühen Entwicklungszustand faßbar ist.
2. *Formal-genetisch:* Das neue Merkmal muß bei sexueller Fortpflanzung erhalten bleiben. Eine Beibehaltung bei vegetativer Fortpflanzung genügt nicht. Denn oft ist die Meiosis eine Sperre bei der Weitergabe des fremden Genmaterials. Auf die sexuelle Fortpflanzung kann man aber nicht verzichten, weil eine züchterische Bearbeitung des betreffenden Pflanzenmaterials offen gehalten werden muß. Mit Hilfe der Formal-Genetik, nämlich über die Analyse der Nachkommenschaften auf »Mendeln« oder »Nicht-Mendeln« läßt sich auch auf einfache Weise klären, ob das übertragene Gen auf den Chromosomen des Zellkerns oder im cytoplasmatischen Bereich lokalisiert ist.
3. *Biochemisch-enzymatisch:* Die Expression des übertragenen Gens muß biochemisch nachweisbar sein. Oft handelt es sich dabei um den Nachweis eines von dem betreffenden Gen codierten Enzyms. Aber auch die Produkte dieser Enzymaktivität können zum Nachweis herangezogen werden.
4. *Molekular-genetisch:* Das übertragene Gen muß im Rezeptor nachgewiesen werden. Das geschieht mit den bereits geschilderten DNA-analytischen Methoden, insbesondere dem Southern-Blotting, teils auch über PCR. Ergänzend kann man noch versuchen, die an der Fremd-DNA gebildete mRNA über Northern-Blotting zu fassen.

Abb. 1.35.
Übertragung eines Gens für Blattform bei Petunia hybrida. Ein Gen für rundliche, grubige Blattform war in Embryonen mit der genetischen Information für flache Blätter übertragen worden. Das Bild zeigt eine für das übertragene Gen homozygote Pflanze. Normalerweise behalten solche Pflanzen die neue rundlich-grubige Blattform bei. Doch bei 1% von ihnen findet sich beim Aufwachsen ein Rückschlag auf die alte, flache Blattform des DNA-Rezeptors. Wie entsprechende Untersuchungen zeigten, war das übertragene Gen nicht etwa verloren gegangen, sondern nach wie vor vorhanden. Damit belegen derartige Pflanzen, daß nach der DNA-Behandlung tatsächlich wie zu erwarten zwei genetische Informationen für Blattform, die alte für »Flach« und die übertragene für »Rundlich-grubig« vorhanden sind und nach den jeweils gegebenen Bedingungen alternativ exprimiert werden können (aus Hess 1973).

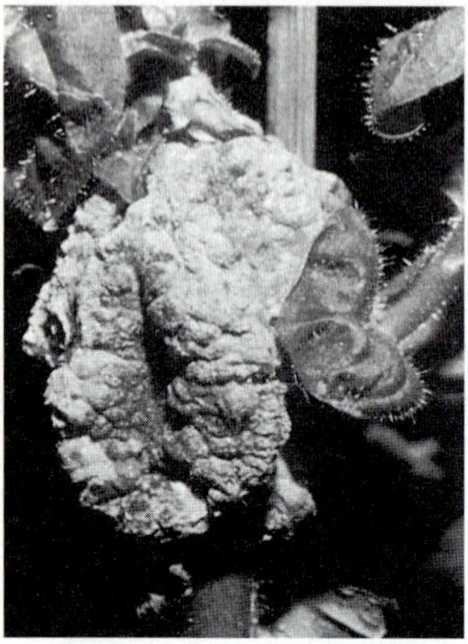

Abb. 1.36.
Agrobacterium-induzierter Tumor am Sproß einer Petunie. Der Sproß wurde mehrmals mit einer Nadel angestochen, die zuvor in eine Agrobacterium-Suspension getaucht worden war. Einige Wochen später hatte sich der gezeigte Tumor entwickelt (nach HESS aus KLINGMÜLLER 1994).

Erst wenn alle diese vier Kriterien erfüllt wurden, kann man sicher sein, daß ein Gentransfer geglückt war.

Direkter und indirekter Gentransfer

Fremdgene können sowohl in direkten als auch in indirekten Verfahren übertragen werden. Beim direkten Gentransfer wird das betreffende Genmaterial unmittelbar in die Rezeptoren selbst eingebracht, beim indirekten zunächst in Agrobakterien (oft *Agrobacterium tumefaciens*). Die Bakterien fungieren als »Zwischenwirte«. Die Fremdgene werden in ihnen repliziert und schließlich von ihnen in Zellen des Rezeptors übertragen. Fallweise können die gleichen Rezeptorsysteme für einen direkten ebenso wie für einen indirekten Gentransfer verwendet werden.

Was den direkten Gentransfer anbelangt, genügen die Angaben, die bei den einzelnen Übertragungsverfahren gemacht werden. Beim indirekten Transfer dagegen ist ein Vorspann zum Verständnis erforderlich. Denn hier schaltet sich der Gentechniker in ein ausgefeiltes natürliches System des Gentransfers ein, das bei Beteiligung von *Agrobacterium tumefaciens* zur Bildung von *Wurzelhalsgallen* führt. Die wichtigsten Fakten dazu müssen vorweg erwähnt werden.

Wurzelhalsgallen und ihre gentechnische Nutzung

An der Übergangszone Sproß-Wurzel finden sich bei vielen Pflanzenarten Krebsbildungen, die man ihrer Lokalisation nach als Wurzelhalsgallen bezeichnet. Sie gehen auf tumorauslösende Bakterien, *Agrobacterium tumefaciens*, zurück. Über Wundstellen, die im genannten Bereich z.B. durch Scheuern am Boden entstehen können, gelangen die Agrobakterien in die Pflanzen hinein. Man kann aber auch experimentell verwunden und dann mit Agrobakterien infizieren. So erhält man Tumoren an beliebigen Pflanzenteilen (Abb. 1.36).

Die Bakterien dringen nicht etwa in die Pflanzenzellen ein, sondern heften sich von außen, etwa von den Interzellularen her, an die Wände intakter Zellen. Dennoch stimmen sie die Pflanzenzellen zu Tumorzellen um. Es mußte also ein tumorauslösendes Prinzip vorhanden sein, das aus den Bakterien in die Pflanzenzellen hineinwandert. Schon früh nahm man an, es könne sich dabei um DNA handeln. Aber erst ab 1974 glückte die entsprechende Beweisführung: In den Agrobakterien ist ein *tumorinduzierendes Plasmid (Ti-Plasmid)* vorhanden. Ein Teil seiner DNA, die T-

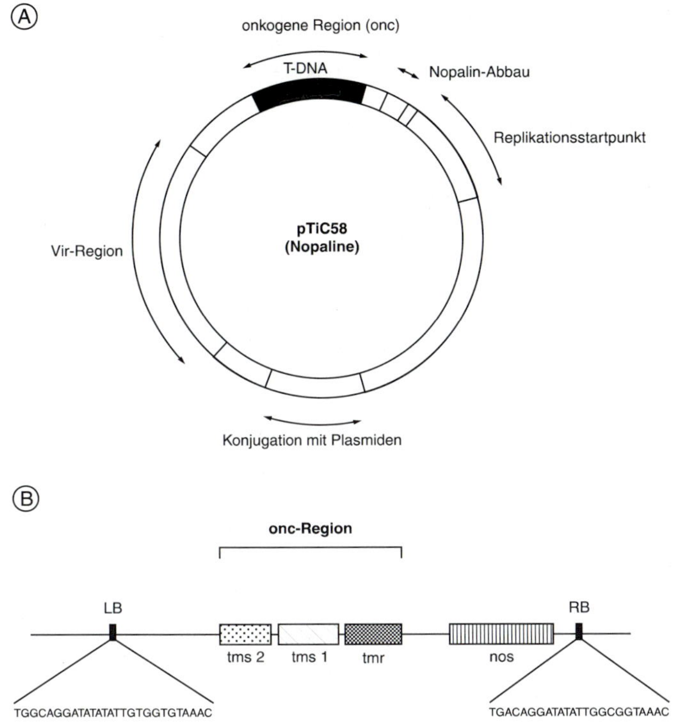

Abb. 1.37.
Ein Ti-Plasmid, das für die Synthese von Nopalin codiert. A = Übersicht, B = T-DNA mit den Bordersequenzen (LB und RB, linke und rechte Bordersequenz). Die vir-Region außerhalb der T-DNA ist für die Virulenz, d.h. für die Übertragung der T-DNA zuständig. Die Gene in der onc-Region der T-DNA greifen in den Hormonhaushalt ein und bedingen so den Tumorcharakter; nos auf der T-DNA codiert die Nopalin-Synthase (verändert nach Draper and Scott 1991 aus Hess 1992).

DNA (Transfer-DNA; Abb. 1.37) wird aus dem Plasmid herausgeschnitten. Die T-DNA wird an beiden Enden von Bordersequenzen flankiert. Alles Genmaterial, was zwischen den Bordersequenzen liegt, wird in die Pflanzenzellen übertragen und dort in der Regel in die DNA der Chromosomen integriert. Da die T-DNA über einen Promotor verfügt, an dem die pflanzlichen RNA-Polymerasen ansetzen können, kommt sie in den Pflanzenzellen zur Expression. Auf der T-DNA lokalisierte Tumorgene steuern die Pflanzenzelle zur Tumorzelle um. Zellteilungen ohne entsprechende Kontrolle führen zum Entstehen einer Geschwulst. Die Transformation – auch der Krebsforscher verwendet diese Bezeichnung – zur Tumorzelle erfolgt über ein Eingreifen in den Wuchsstoffhaushalt. Es läßt sich das leicht daran erkennen, daß Tumorzellen auf Agarmedien ohne Zusatz von Wuchsstoffen wachsen und sich teilen können. Normale Pflanzenzellen dagegen benötigen die Zufuhr von Wuchsstoffen über das Medium.

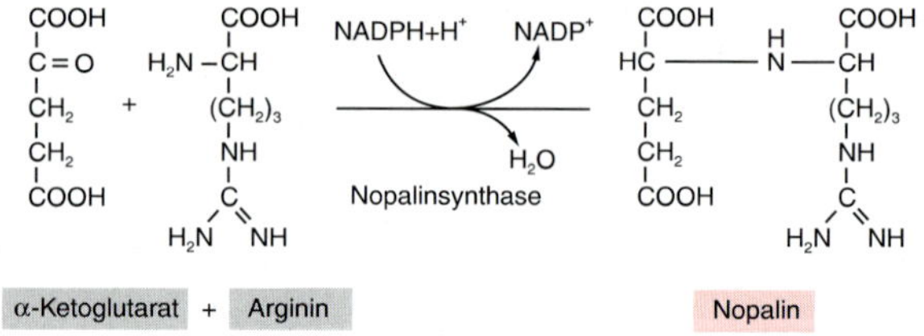

Abb. 1.38. Biosynthese von Nopalin, einem Opin, aus α-Ketoglutarat und Arginin. Die Substanz kann nur in Pflanzenzellen gebildet werden. Denn nur pflanzliche RNA-Polymerasen können an dem zum Nopalinsynthasegen gehörenden Promotor, den nos-Promotor, ansetzen. Nos-Promotor mit dem angeschlossenen Nopalinsynthasegen werden mit der T-DNA in die Pflanzenzellen eingeschleust. Außer dem Nopalin kennt man noch eine Reihe weiterer Opine.

Die Wurzelhalsgallen sind nur eine der Tumorformen, die sich bei Pflanzen finden. Die Unabhängigkeit von Wuchsstoffen ist ein Kennzeichen aller pflanzlicher Tumorzellen, nicht nur der Wurzelhalsgallen-Zellen. Sie bietet die Möglichkeit, auf Tumorzellen hin zu selektionieren: Auf wuchsstofffreien Medien wachsen nur die Tumorzellen, nicht die normalen Zellen.

Schieben wir die Frage ein, welchen Nutzen denn eigentlich die Bakterien aus der Tumorbildung ziehen. Daß sie nur eine komfortable Behausung suchen könnten, war nicht sehr wahrscheinlich. Die Agrobakterien bevorzugen vielmehr eine spezielle Kost aus Aminosäurenderivaten, die man Opine nennt (Abb. 1.38). Mit der T-DNA gelangt auch die Information zur Opinsynthese in die Pflanzenzellen. Opine werden gebildet, mit denen sich die Bakterien verköstigen. Die Bakterienpopulation wächst. Also müssen mehr Zellen entstehen, die den zunehmenden Bedarf an Opin-Diät decken können. Der sich bildende, vielzellige Tumor entspricht dieser Anforderung.

Stellen wir das Wichtigste noch einmal heraus: Bei der Wurzelhalsgallen-Entstehung findet ein natürlicher Gentransfer aus Bakterien in höhere Pflanzen hinein statt. Damit bietet sich das Ti-Plasmid als Vektor nun auch für experimentelle Genübertragungen geradezu an.

Kein Wunder, daß sich die Gentechniker eine solche Chance nicht entgehen ließen. Störend war zunächst, daß man bei Einsatz von Agrobakterien keine Pflanzen, sondern Tumore erhielt. Deshalb wurden die Tumorgene aus der T-DNA mit Hilfe von Restriktionsenzymen herausgeschnitten. An ihrer Stelle wurden Fremdgene eingebaut. Was für unveränderte T-DNA gilt, trifft auch für die gentechnisch aufbereitete T-DNA zu: alles, was zwischen den Bordersequenzen liegt, wird in die chromosomale DNA integriert, also auch unser Fremdgen. Das Zellmaterial mit der integrierten T-DNA wird dann zu transgenen Pflanzen regeneriert.

Protoplasten-Technik
Mit Protoplasten werden wir uns später genauer befassen (Seite 318). Hier genügt es, zu wissen, daß es sich bei ihnen um Zellen ohne Zellwand handelt, die sich zu ganzen Pflanzen regenerieren lassen.

Direkter Transfer
Protoplasten können Makromoleküle wie DNA aufnehmen, weil ihnen das Hindernis Zellwand fehlt. 1984 wurde über die direkte Protoplasten-Technik erstmals eine Pflanze erhalten, die nach allen, auch molekularen Kriterien transgen war:

In Protoplasten des Tabaks wurde das *nptII*-Gen für Kanamycin-Resistenz eingeschleust. Aus den Protoplasten bildeten sich Kalli, die auf kanamycin-haltigen Medien wachsen konnten (Abb. 1.39). Aus ihnen wurden ganze Pflanzen regeneriert, die ebenfalls kanamycin-resistent waren. Über Southern-Blotting ließ sich in ihnen das *nptII*-Gen nachweisen. Auch die von ihm codierte Neomycin-phosphotransferase ließ sich fassen. Die Resistenz wurde nach den Mendelschen Regeln vererbt.

Indirekter Transfer
Auch mit Hilfe von Agrobakterien lassen sich Fremdgene in Protoplasten einbringen. Wiederum beim Tabak glückten entsprechende Versuche im Jahr 1985. Seitdem sind weitere Arten über die indirekte Protoplasten-Technik transformiert worden.

Der Korrektheit wegen eine Anmerkung: Agrobakterien benötigen Ansatzstellen an der Zellwand, um ihre T-DNA

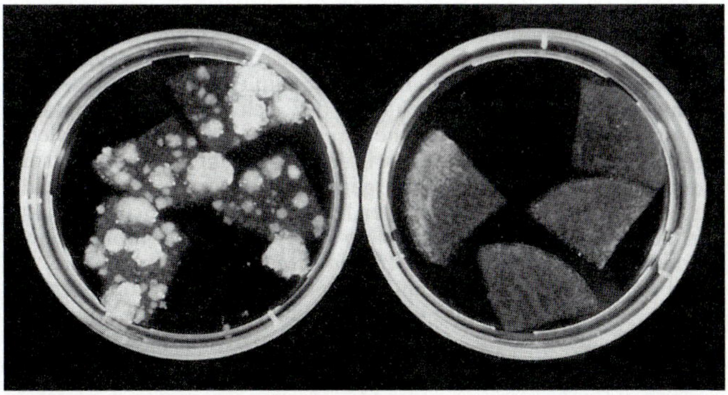

Abb. 1.39.
Transfer eines Gens für Kanamycin-Resistenz in Tabak. Protoplasten des Tabaks waren mit einem Cosmid-Vektor behandelt worden, der das betreffenden Gen enthielt. Ein Cosmid ist eine Variante des Plasmids. Aus den Protoplasten entwickelten sich einige Kalli, die auf Kanamycin-Medium wachsen konnten (links). Bei Kontrollen ist das nicht der Fall (rechts) (B. Hauff).

Abb. 1.40.
Leaf disk-Technik: Übertragung des Gens für Kanamycin-Resistenz (nptII-Gen). In Blattstücke des Tabaks wurde mit Hilfe von Agrobakterien das nptII-Gen eingebracht. Von unten nach oben: Kontrollen auf Medium mit Kanamycin, Kontrollen auf Medium ohne Kanamycin (sie zeigen an, ob und wie stark die betreffenden Blattstücke regenerieren) und Versuchsansatz nach Übertragung des nptII-Gens auf Medium mit Kanamycin. Aus transformierten Zellen dieser Versuchs-Blattstücke entwickeln sich transgene kanamycinresistente Sprosse (J. Schaaf).

in die Zellen übertragen zu können. Deshalb wartet man, bis die isolierten Protoplasten ihre Zellwand rückgebildet haben, und gibt erst dann die Agrobakterien dazu. Genau genommen handelt es sich also nicht um einen Gen-Transfer in Protoplasten, sondern in aus ihnen entstandene Zellen.

Leaf-disk-Technik

Bei der Leaf-disk-Technik handelt es sich um ein indirektes Verfahren. In der ursprünglichen Version der Technik, die 1985 veröffentlicht wurde, wurden Blattscheiben ausgestanzt. Sie wurden mit *Agrobacterium tumefaciens* cokultiviert, das Fremdgene in seiner T-DNA enthielt. Die Agrobakterien dringen über die Wundränder der Explantate ein und übertragen ihre T-DNA. Wenn wie oft das *nptII*-Gen als selektierbarer Marker in der T-DNA enthalten ist, regenerieren Sprosse aus den Wundränder auch auf kanamycin-haltigen Medien. Sie lassen sich bewurzeln, so daß man komplette transgene Pflanzen erhält. Kontrollpflanzen regenerieren in Gegenwart von Kanamycin nicht oder nur schlecht (Abb. 1.40).

Seitdem wurde die Technik ausgebaut. Anstelle der Blattscheiben können auch andere Explantate treten, z.B. Internodiensegmente. Voraussetzung ist nur, daß sie Regenerate bilden können.

Die Technik läßt sich bei Dikotyledonen nahezu universell anwenden. Bei Monokotyledonen kann es jedoch zu Schwierigkeiten kommen.

Partikelbeschuß-Technik

Bei der Partikelbeschuß-Technik, biolistischen (= bioballistischen) Technik oder Schrotschuß-Technik handelt es sich um ein direktes Verfahren, das chaotische Züge aufweist und dennoch hervorragend funktioniert.

Winzige Gold- oder Wolfram-Partikel werden mit der DNA überzogen, die man übertragen möchte. Die betreffenden Mikropartikel werden dann mit einer Art »Kanone« in Vielzahl in die Rezeptorzellen hineingeschossen. Mit ihnen gelangt das Fremdgen in die Zellen. Ein Bruchteil der Fremdgene wird in das Rezeptor-Genom integriert. Aus den transformierten Rezeptorzellen werden dann transgene Pflanzen regeneriert.

Zielgewebe können Kalli verschiedener Herkunft sein (Abb. 1.41), aber auch anderes Pflanzenmaterial. Bei Getrei-

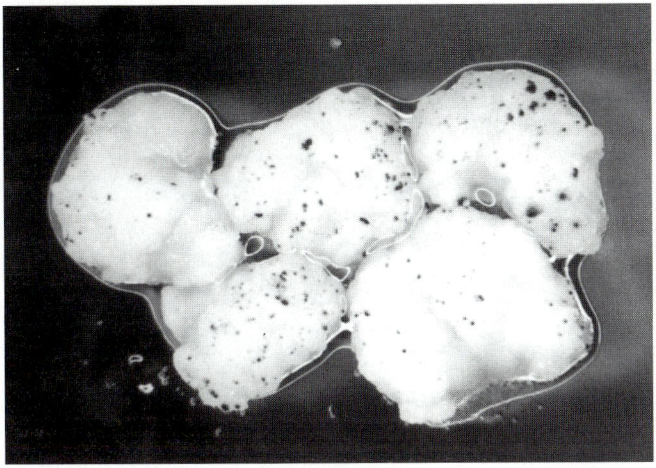

Abb. 1.41.
Transiente Expression des uidA-Gens für β-Glucuronidase (GUS) in Kallus von Weizen. Der Kallus war mit Goldpartikeln beschossen worden, die mit dem betreffenden Genmaterial überzogen waren. Blaue (im Bild dunkle) Flecken zeigen GUS-Aktivität und damit die transiente Expression des uidA-Gens an (M. Iser).

den etwa kann man das Scutellum selbst oder aus ihm gebildeten Kallus beschießen. In beiden Fällen entwickeln sich aus dem Kallus Embryoide (Seite 465), die zu transgenen Pflanzen regeneriert werden können.

Das Verfahren ist universell bei Di- wie Monocotyledonen einsetzbar. Bei der Transformation von Getreidearten ist es die Technik der Wahl.

Transiente Expression

Eben war gesagt worden, nur ein Bruchteil der Fremdgene würde in das Rezeptorgenom integriert. In der Tat werden sehr viele Fremdgene in die Zellen hineingeschossen, die nichts zu stabilen Transformationen beitragen. Diese Gene sind aber dennoch von Interesse: sie bedingen eine leicht faßbare *transiente Expression*. Darunter versteht man eine nur vorübergehende Expression von Fremdgenen, die nicht integriert sind. Einige wenige von ihnen können dann in das Genom des Rezeptors eingebaut werden. Die große Masse jedoch geht wieder verloren; die transiente Expression erlischt damit.

Die transiente Expression gibt wertvolle Hinweise hinsichtlich des Gelingens eines Transformationsexperimentes. So läßt sich über sie testen, ob das betreffende Fremdgen in den Rezeptorzellen überhaupt exprimiert wird. Auch Aussagen über die Stärke verschiedener Promotoren, die der codierenden Region des Fremdgens vorgeschaltet wurden, sind möglich. Meist wird in solchen Fälle das *uidA*-Reporter-Gen (Seite 74) eingesetzt (Abb. 1.41).

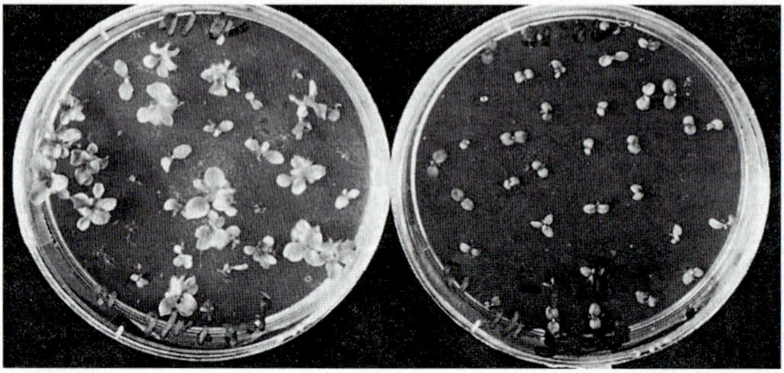

Abb. 1.42. *Pollen-Transfer eines Gens für Galactose-Verwertung (Gen für Hexose-1-phosphat-Uridyl-transferase) aus E. coli in Petunien. Keimende Petunienpollen waren mit transduzierenden Phagen behandelt worden, die das betreffende Gen mit sich führten. Die Pollen waren zu Selbstungen verwendet worden. Die Abb. zeigt Pflanzen der dritten Generation, links aus dem Experiment, rechts aus Kontrollen. Bei diesen waren Pollen mit Phagen inokuliert worden, die ein zur Funktionslosigkeit mutiertes Gen für das erwähnte Enzym enthielten. Auf Galactose-Medium zeigt sich ein überzeugender Wachstumsunterschied. Die Kriterien für eine gelungene Genübertragung (Seite 78) waren erfüllt, wenn auch in diesen frühen, schon 1979 begonnenen Versuchen die Southern Blot-Analyse noch unvollständig bleiben mußte (nach Hess und Dressler 1984, Hess 1996).*

Bei allen hier geschilderten Verfahren werden Regenerationen notwendig. Oft muß eine Kalluspassage durchlaufen werden. Sie bringt die Gefahr unerwünschter genetischer Veränderungen mit sich. Die *Pollen-Technik* erfordert keine Regeneration, weshalb sie hier anhangsweise erwähnt werden soll. Bei ihr werden direkt oder indirekt Fremdgene in den wachsenden Pollenschlauch eingebracht, der sie bei der Befruchtung in die Eizelle überträgt. Eine andere Möglichkeit ist, daß die Fremdgene am wachsenden Pollenschlauch entlang zum Embryosack und dann mit der Befruchtung in die Eizelle bzw. Zygote gelangen. Die dann gebildeten Samen lassen sich normal, d.h. ohne Regeneration zu Pflanzen aufziehen (Abb. 1.42).

Eine Transfer-Technik, die bestechend einfach scheint! Seit 1974 wurde sie deshalb immer wieder erprobt. Dabei wurde schon über überraschend hohe Transformationsraten von weit über 10% berichtet (normalerweise liegen die Transformationshäufigkeiten um 1%). Schon das hätte ein Warnzeichen sein müssen. In der Tat ließen sich die betreffenden Daten bisher in keinem Fall bestätigen. Sie gingen offensichtlich auf leichtfertige Interpretationen zurück. Der gegenwärtige Stand ist, daß die Pollen-Technik nur ausnahmsweise einmal zum Erfolg führt. Sie kommt für Routine-Arbeiten (noch?) nicht in Frage.

Nur eine Anmerkung: Zielsetzungen und Risiken der angewandten Gentechnik

Bislang hatten wir uns mit methodischen Grundlagen befaßt. Dementsprechend waren in den Beispielen nur Marker-Gene erwähnt worden. Auf weitere Genübertragungen unter theoretischen oder angewandten Aspekten werden wir in den nachfolgenden Kapiteln eingehen (siehe auch im

Sachregister unter »Gentransfer«). Hier seien nur einige wenige Zielsetzungen erwähnt.

Immer wieder wird über eine Übertragung des Gensatzes für *Luftstickstoff-Fixierung* (Seite 422) in höhere Pflanzen spekuliert. Damit ließe sich der Einsatz von N-Dünger und die dadurch bedingte Belastung vor allem des Grundwassers verringern. Erste Versuche in dieser Richtung verliefen jedoch wenig erfolgversprechend.

Eine andere, teils schon realisierte Zielsetzung ist es, Gene für *Resistenzen* gegen Hitze, Trockenheit, Kälte, Überflutung, Versalzung und vor allem gegen biotische Feinde unserer Kulturpflanzen zu übertragen. Hätte man gegen Viren, Bakterien, Pilze und Insekten resistente transgene Pflanzen zur Verfügung, ließe sich der Einsatz von Bakteriziden, Fungiziden und Insektiziden reduzieren – ein ökologischer Nutzeffekt, der kaum überschätzt werden könnte.

Die genannten Zielsetzungen der »grünen« Gentechnik lassen sich in den Satz fassen *»Weniger Chemie auf den Acker!«* Kein wahrer Ökologe wird dagegen etwas einzuwenden haben.

Begründete Bedenken kann man jedoch gegen die Übertragung von Genen für *Resistenz gegen Herbizide* äußern (Seiten 245, 279). Denn wenn die Kulturpflanzen herbizid-resistent gemacht wurden, liegt die Versuchung nahe, die Herbizide in höheren Konzentrationen als bisher auszubringen. Den Nutzpflanzen können sie auch dann nicht mehr schaden – und die »Unkräuter« werden mit Sicherheit abgetötet. Ihr Autor hat in Diskussionen zu viele entsprechende Anmerkungen von Landwirten zu hören bekommen, als daß er noch überzeugt sein könnte, daß *jeder* Landwirt in dieser Hinsicht verantwortungsbewußt zu handeln bestrebt ist. Ein einziges »schwarzes Schaf« kann jedoch das Grundwasser für einen ganzen Landstrich belasten!

Nur – wenn man etwas nachdenkt, hat das alles nichts mit der Gentechnik selbst zu tun, sondern mit einer mißbräuchlichen Nutzung von Herbiziden. Man kann das Auto nicht für den Schaden verantwortlich machen, den ein betrunkener Fahrer anrichtet. Ebensowenig kann man die Gentechnik für Handlungsweisen verantwortlich machen, die man von einigen wenigen Mitmenschen vermutet.

Niemand, besonders der Wissenschaftler nicht, sollte pauschalierend urteilen. Es muß deshalb betont werden, daß der Einsatz von Herbiziden auch ökologische Vorteile mit sich bringen kann. Das gilt besonders für Total-Herbizide, deren voller Einsatz erst im Zusammenhang mit gentechnisch resistenten Pflanzen möglich wurde. Ein Beispiel wird auf Seite 280 gegeben. Man sollte also in jedem Einzelfall das Für und Wider überprüfen. Nur – wenn in Deutschland eine neutral arbeitende Institution eine derartige Überprüfung im Freilandexperiment versucht, werden die Felder zumindest derzeit mit hoher Wahrscheinlichkeit zerstört! Haben die Widersacher Sorge, eine kritische Überprüfung könne auch positive Ergebnisse zeitigen?

Eine unerschöpfliche Thematik, die hier nur andiskutiert werden konnte. Doch ein entscheidender Aspekt muß noch genannt werden: Eine entsprechend gehandhabte Gentechnik bei Pflanzen kann dazu beitragen, *eine stetig wachsende Menschheit unter ökologisch vertretbaren Produktionsbedingungen zu ernähren.* Hierzulande ist Furcht vor möglichen Produktionssteigerungen und infolgedessen sinkenden Produktpreisen einer der Gründe für eine ablehnende Haltung der Gentechnik gegenüber – auch wenn das nicht allzu laut geäußert wird. Jedoch sollte man daran denken, daß Deutschland nur einen winzigen Fleck auf unserer Erde ausmacht. Anderswo verlangt man nach Produktionssteigerung und Produktionssicherung, nach *Ernährungssicherung* also. Wir können uns der Konsequenz nicht entziehen:

Unsere ethisch-moralische Verpflichtung ist es, bei einer weltweiten Ernährungssicherung zu helfen – auch unter Einsatz gentechnischer Verfahren.

Zusammenfassung

Für den Gentransfer stehen *direkte und indirekte Methoden* zur Verfügung. Bei indirekten Verfahren werden Agrobakterien, vor allem *Agrobacterium tumefaciens*, zum Klonieren und zur Übertragung der Fremdgene in Pflanzenzellen eingesetzt.

Agrobakterien als Geningenieure

Bei *A. tumefaciens* handelt es sich um einen natürlichen Geningenieur. Die Bakterien enthalten ein *Ti-Plasmid*. Sie übertragen einen Sektor des Ti-Plasmids, die *T-DNA*, nach Aktivierungsvorgängen, auf die hier nicht eingegangen werden kann, an Wundstellen in Pflanzenzellen. Die T-DNA wird bleibend in das Genom der Zellen eingebaut. Gene auf der T-DNA stimmen die Rezeptorzellen über die Produktion von Phytohormonen zu Tumorzellen um. Eine »*Wurzelhalsgalle*« entsteht. Andere Gene auf der T-DNA bringen die Rezeptorzellen dazu, *Opine* zu bilden, eine spezielle Diät für die wachsende Agrobakterienpopulation.

Alles Genmaterial, das sich zwischen den Bordersegmenten der T-DNA befindet, wird übertragen und in die DNA der Rezeptorzellen integriert. Der Gentechniker nutzt das aus: Er schneidet die störenden Gene, das sind auf jeden Fall die Tumorgene, aus der T-DNA heraus und ersetzt sie durch die erwünschten chimären Gene. Das Ti-Plasmid mit der entsprechend umgebauten T-DNA wird in den Agrobakterien geklont. Bei Bedarf können die Bakterien dann dazu verwendet werden, ihre T-DNA mit den Fremdgenen zu übertragen.

Methoden des Gentransfers
Protoplasten-Technik: In direkten Verfahren werden Protoplasten mit dem betreffenden Genmaterial inkubiert und aus ihnen transgene Pflanzen regeneriert. In indirekten Verfahren läßt man die Protoplasten zunächst ihre Zellwand rückbilden und setzt dann Agrobakterien ein. Bei der Regeneration muß jeweils eine Kalluspassage durchlaufen werden, bei der es zu genetischen Veränderungen (oft Selbststerilität) kommen kann.

Leaf-disk-Technik: Ausgestanzte Blattscheiben oder andere Explantate werden mit Agrobakterien cokultiviert. Die Bakterien übertragen ihre T-DNA in Zellen an den Wundrändern. Aus solchen Zellen können transgene Pflanzen regeneriert werden.

Partikelbeschuß-Technik: Mikropartikel aus meistens Gold werden mit der zu übertragenden DNA überzogen und dann in Rezeptorgewebe über eine »Schrotschuß-Technik« eingebracht. Die meisten DNA-Kopien, die in die Zellen gelangen, können dort eine *transiente Expression* aufweisen, werden aber nicht integriert. Die transiente Expression läßt sich zu einer ersten Überprüfung der verwendeten Genkonstrukte ausnutzen. Ein Teil der Gene wird jedoch in die DNA von Rezeptorzellen integriert. Aus solchen Zellen lassen sich transgene Pflanzen regenerieren.

B Grundlagen des Stoffwechsels

In den vorherigen Kapiteln haben wir erfahren, auf welche Weise Gene Enzyme und andere Polypeptide bereitstellen. Enzyme sind die wichtigsten Katalysatoren der lebenden Zelle. Wenn wir uns nun den Prozessen zuwenden, die im lebenden Organismus von Enzymen gesteuert werden, so soll die Photosynthese am Anfang stehen: auf sie geht letztlich alles höher entwickelte Leben auf der Erde zurück. In den darauf folgenden Kapiteln wird der sich an die Photosynthese anschließende Stoffwechsel besprochen. Dabei handelt es sich um den Stoffwechsel der Kohlenhydrate, Fette und Aminosäuren, den »Primärstoffwechsel«, aber auch denjenigen der sog. sekundären Pflanzenstoffe.

2 Photosynthese

In der Photosynthese wird die Lichtenergie in chemische Energie überführt. Mit Hilfe der so gewonnenen chemischen Energie wird dann das in der Atmosphäre und im Wasser enthaltene CO_2 organisch gebunden. Eine Überführung von körperfremder Substanz in körpereigene bezeichnet man als Assimilation. Man spricht deshalb manchmal auch anstatt von Photosynthese von CO_2-Assimilation. Da aber CO_2 nicht nur auf dem Wege der Photosynthese assimiliert, das heißt, in organische Akzeptormoleküle gebunden werden kann, und da des weiteren die Ausnutzung der Lichtenergie der entscheidende Faktor ist, hat sich heute die exaktere Bezeichnung *Photosynthese* durchgesetzt.

Unter Photosynthese versteht man bei grünen Pflanzen die mit Hilfe von Strahlungsenergie betriebene Fixierung von CO_2 in einen organischen Akzeptor mit nachfolgender Reduktion zu Kohlenhydraten.

Die Photosynthese ist nicht nur qualitativ ein überaus wichtiger Prozeß. Jedes Jahr werden rund 200 bis 500 Billionen Tonnen Kohlenstoff in die Photosynthese eingeschleust. Damit wird die Photosynthese auch quantitativ zu einem ausschlaggebenden Vorgang. Beim Kreislauf des Kohlenstoffs, der mit der Fixierung des CO_2 während der Photosynthese beginnt, handelt es sich mengenmäßig um den wichtigsten chemischen und den zweitwichtigsten aller Prozesse auf der Erde überhaupt. Im Mengenumsatz wird er nur noch vom Kreislauf des Wassers übertroffen.

2.1 Die Gliederung der Photosynthese in Primär- und Sekundärvorgänge

Bei der Photosynthese wird das CO_2 der Luft mit Hilfe von H_2O und unter Ausnutzung der Lichtenergie in Kohlenhydrat überführt. Kohlenhydrate sind Verbindungen, die außer Kohlenstoff noch Wasserstoff und Sauerstoff in dem Verhältnis enthalten, in dem diese beiden Elemente auch im Wasser vorliegen. Das einfachste Kohlenhydrat hätte demnach die Formel CH_2O. Stellen wir eine erste Gleichung auf, in der dieses einfachste Kohlenhydrat gebildet wird:

$$CO_2 + H_2O \rightarrow (CH_2O) + O_2$$

Es gibt nun tatsächlich eine Verbindung, die unserem einfachsten Kohlenhydrat formelmäßig entspricht. Es handelt sich dabei um das Formaldehyd. Man nahm früher auch an, Formaldehyd sei das im Verlauf der Photosynthese zuerst gebildete Kohlenhydrat. Diese Annahme hat sich jedoch als falsch erwiesen.

Aber bleiben wir noch einen Augenblick bei unserem einfachsten Kohlenhydrat, und überlegen wir uns, welche der beiden Ausgangssubstanzen CO_2 und H_2O seine Atome stellen. Der Kohlenstoff stammt zweifellos aus dem CO_2, der Wasserstoff ebenso sicher aus H_2O. Die Frage ist nun, ob der Sauerstoff des Kohlenhydrats aus dem Wasser oder aus dem CO_2 stammt. Diese Frage ist gleichbedeutend mit der anderen Frage, welche Ausgangsverbindung uns den der Bruttogleichung nach freigesetzten Sauerstoff liefert. Man ging diese Frage experimentell so an, daß man in das System schweres Wasser, $H_2{}^{18}O$ einführte. Dann wurden $^{18}O_2$ angeliefert. Damit war bewiesen, daß der ausgestoßene Sauerstoff aus dem Wasser stammt. Umgekehrt enthielt das gebildete Kohlenhydrat keinen schweren Sauerstoff. Sein Sauerstoff stammt also aus dem CO_2:

$$CO_2 + H_2{}^{18}O \rightarrow (CH_2O) + {}^{18}O_2$$

Es wird in dieser Gleichung $^{18}O_2$ freigesetzt. Damit sind wir gezwungen, unsere Bruttogleichung zu revidieren. Anstatt eines H_2O oder auch $H_2{}^{18}O$ müssen wir 2 H_2O einsetzen. Wir erhalten dann folgende Bruttogleichung:

$$CO_2 + H_2{}^{18}O + H_2{}^{18}O \rightarrow (CH_2O) + {}^{18}O_2 + H_2O$$

Nun haben wir noch zu berücksichtigen, daß uns die Photosynthese zwar nicht als Erst-, aber doch als hinsichtlich der weiteren Verwendung entscheidende Produkte Hexosen, also Kohlenhydrate mit 6 C-Atomen anliefert. Wir formen deshalb unsere Bruttogleichung entsprechend um:

$$6\ CO_2 + 12\ H_2O \xrightarrow{675\ \text{kcal}} C_6H_{12}O_6 + 6\ H_2O + 6\ O_2$$

Aus dieser Bruttogleichung können wir zwei wichtige Schlüsse ziehen:

1. Im Verlauf der Photosynthese muß Wasser gespalten werden. Man bezeichnet alle Prozesse, die mit der Spaltung des Wassers = Photolyse zusammenhängen, als die *Primärvorgänge der Photosynthese*. Zu diesen Primärvorgängen gehören nicht nur die *Photolyse*, sondern auch der damit eng gekoppelte *nicht zyklische (= offenkettige) Elektronentransport* und *der zyklische Elektronentransport.*
2. CO_2 muß mit Hilfe des aus der Photosynthese stammenden Wasserstoffs zu Kohlenhydrat reduziert werden. Fügen wir noch hinzu, daß diese Reduktion erst nach der Bindung des CO_2 an einen organischen Akzeptor vonstatten geht. Die Bindung und die Reduktion des CO_2 bezeichnet man als die *Sekundärvorgänge der Photosynthese.*

2.2 Primärvorgänge der Photosynthese

2.2.1 Elektronentransportketten

Bei den Primärprozessen der Photosynthese werden wir ebenso wie später bei der Atmungskette auf Elektronentransportketten stoßen, die wir deshalb kurz besprechen wollen (Abb. 2.1).

Am Anfang einer solchen Kette steht ein Elektronendonor, eine Substanz hohen »Elektronendruckes«. Das vom Elektronendonor gelieferte Elektron wird dann auf einen Elektronenakzeptor, eine Substanz mit niedrigem Elektronendruck und höherer »Elektronenaffinität« als der Donor, übertragen. Dieser erste Akzeptor kann das Elektron dann an einen zweiten Akzeptor weiterreichen. Er fungiert dann dem zweiten Akzeptor gegenüber als Donor. Dieses Weitergeben des Elektrons kann sich noch wiederholen.

Elektronendruck und Elektronenaffinität sind Umschreibungen für das elektrische Potential der betreffenden Systeme. Ersetzen wir sie durch die Begriffe negatives und positives Redoxpotential. Eine Substanz mit einem hohen Elektronendruck hat ein hohes negatives, eine Substanz mit einer hohen Elektronenaffinität hat ein hohes positives Redoxpotential. Unsere Elektronentransportkette ist also eine Reihe hintereinander geschalteter, nach steigendem Redoxpotential angeordneter Redoxsysteme.

Über diese Kette wird das Elektron weitergegeben. Es fällt dabei sozusagen in Stufen bergab, wobei die einzelnen Stu-

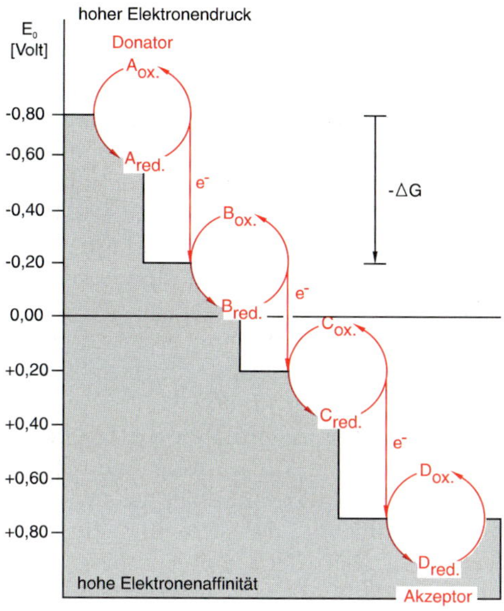

Abb. 2.1.
Schema einer Elektronentransportkette.

fen Redoxsysteme mit zunehmend positiverem Potential sind. Beim Fall von Stufe zu Stufe gelangt das Elektron auf ein immer niedrigeres Energieniveau. Man könnte es so ausdrücken, daß das Elektron bei jedem Übergang zum nächsten Redoxsystem etwas von der in ihm ursprünglich enthaltenen Energie verliert. Früher nahm man an, die bei solchen Potentialsprüngen freiwerdende Energie würde mehr oder weniger direkt ausgenutzt, ATP zu bilden. Das hat sich als unzutreffend erwiesen (vgl. Seite 119).

Man kann ein Elektron nun auch umgekehrt »bergauf« befördern. Dazu muß dann Energie aufgewendet werden.

2.2.2 Redoxsysteme bei den Primärvorgängen der Photosynthese

Chlorophylle

Nur ein kleiner Ausschnitt der von der Sonne her auf der Erdoberfläche einfallenden elektromagnetischen Strahlung entfällt auf das sichtbare Licht. Und im sichtbaren Licht hinwiederum sind es nur ganz bestimmte Spektralbereiche, die für die Photosynthese ausgenutzt werden. Darüber kann man sich orientieren, wenn man ein Aktionsspektrum des Lichtes bei der Photosynthese aufstellt. Man läßt dazu auf eine grüne Pflanze Licht gleicher Intensität, aber verschiedener Wellenlänge einfallen, und untersucht dann den Effekt dieses Lichtes auf das Ausmaß der Photosynthese. Dabei zeigt es sich, daß das Aktionsspektrum im roten und im blauen Bereich des Spektrums je ein Maximum aufweist. Das heißt mit anderen Worten, daß der mittlere Teil des Spektrums – und das sind vor allem die Wellenlängen des grünen Lichtes – nicht zur Photosynthese herangezogen werden. Schon die grüne Färbung der photosynthetisch tätigen Pflanzen zeigt uns ja, daß das grüne Licht remittiert wird. Das Aktionsspektrum der Photosynthese führt uns also zu der Annahme, grüne Farbstoffe, Farbstoffe also, die grünes Licht remittieren, aber andere Wellenlängen wie etwa Blau und Rot absorbieren, könnten für die Photosynthese wichtig sein. Solche grünen Farbstoffe sind die Chlorophylle. In der Tat weist nun zum Beispiel das Chlorophyll a ein Absorptionsspektrum auf, das sich mit dem Aktionsspektrum des Lichtes bei der Photosynthese beinahe zur Deckung bringen läßt (Abb. 2.2). Diese Übereinstimmung zwischen Absorptionsspektrum des Chlorophylls und Aktionsspektrum des Lichtes ließ vermuten, Chlorophylle könnten die photosynthetisch aktiven Pigmente sein. Diese Vermutung konnte bestätigt werden.

Man kennt nun eine ganze Reihe verschiedener Chlorophylle, die man als Chlorophyll a, b, c, usw. bezeichnet.

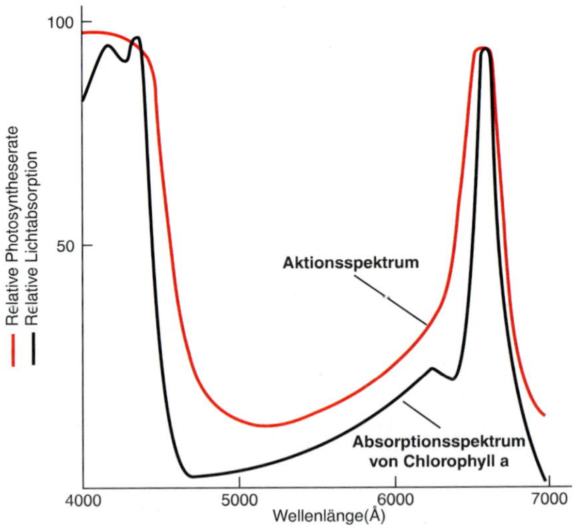

Abb. 2.2.
Absorptionsspektrum von Chlorophyll a und Aktionsspektrum des Lichtes bei der Photosynthese (nach LEHNINGER 1969).

Grundstruktur aller dieser Chlorophylle ist ein Porphyrinsystem. Ein solches Porphyrinsystem baut sich aus 4 Pyrrolringen auf, die über C_1-Gruppen zu einem Ringsystem zusammengeschlossen sind. Durch dieses Ringsystem zieht sich eine Sequenz konjugierter Doppelbindungen, auf denen die Farbe des Moleküls beruht. Im Zentrum des Porphyrinsystems befinden sich mehrwertige Metalle, beim Vitamin B 12 Kobalt, beim Hämoglobin 2wertiges Eisen und bei den Chlorophyllen schließlich Magnesium. Das 2wertige Magnesium Mg^{2+} ist mit den Stickstoffatomen der 4 Pyrrolringe über zwei Haupt- und zwei Nebenvalenzen verbunden. Dieses Porphyrinskelett ist mit fallweise verschiedenen Substituenten besetzt. Für die Chlorophylle charakteristisch ist ein Alkohol aus 20 Kohlenstoffatomen, das Phytol, das esterartig an den Pyrrolring D gebunden ist. Das Phytol ist seiner Biogenese nach ein Terpenoid. Es bedingt die Lipidlöslichkeit der Chlorophylle. In den übrigen Substituenten unterscheiden sich die einzelnen Chlorophylle. Wir wollen uns nur merken, daß das häufig vorkommende Chlorophyll b in der Position des Pyrrolringes B, in der das Chlorophyll a eine Methylgruppe führt, eine Aldehydfunktion aufweist (Abb. 2.3).

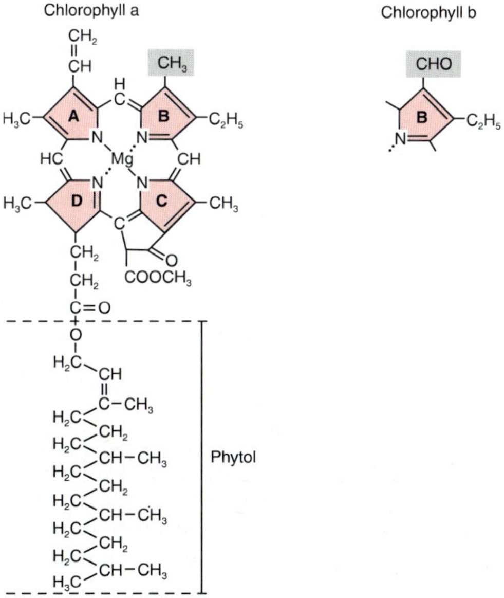

Abb. 2.3.
Die Chlorophylle a und b.

Wichtig ist noch, dass funktionsfähige Chlorophylle an Protein gebunden sind. Dabei kann es sich um verschiedenartige Proteine handeln. Mehr als durch die wenigen Veränderungen in der Struktur des Chlorophyllmoleküls selbst kommt es dadurch zu einer starken Variabilität in den funktionsfähigen Chlorophyll-Protein-Komplexen

Bei der Absorption von Lichtquanten aus dem blauen und roten Spektralbereich kann das Chlorophyllmolekül in einen angeregten Zustand überführt werden: Ein energiereiches Elektron wird dabei aus dem Chlorophyllmolekül herausgeschleudert. Das Chlorophyllmolekül wird also ionisiert.

Das abgegebene Elektron wird von bestimmten Akzeptoren übernommen. Je nach seinem weiteren Weg unterscheidet man zwischen einem *zyklischen* und einem *nicht-zyklischen Elektronentransport* (Abb. 2.4).

a)

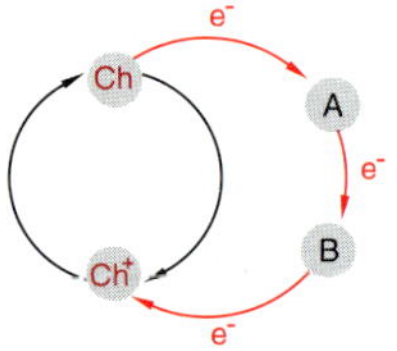

b)

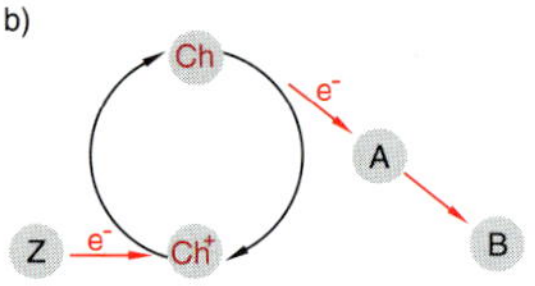

Abb. 2.4.
Ionisation des Chlorophylls. Das abgegebene Elektron kann über mehrere Redoxsysteme wieder zum Chlorophyll zurückkehren (a). Ein derartiger Kreislauf findet sich beim zyklischen Elektronentransport der Photosynthese. Ein nicht-zyklischer oder offenkettiger Elektronentransport liegt vor, wenn das abgegebene Elektron nach Übernahme durch andere Redoxsysteme nicht mehr zum Chlorophyll zurückgelangt und das ionisierte Chlorophyllmolekül sein Elektronendefizit von ganz anderen Donoren her deckt (b).

Phäophytin a

Phäophytine stehen den Chlorophyllen besonders nahe: es handelt sich um Magnesium-freie Chlorophylle. An der Photosynthese beteiligt sich das dem Chlorophyll a entsprechende Phäophytin a.

Cytochrome

Cytochrome sind mit den Chlorophyllen formelmäßig eng verwandt. Auch sie weisen das Porphyrin-Grundskelett auf, führen jedoch in dessen Zentrum nicht Mg^{2+}, sondern Eisen (Abb. 2.5). Eine ganze Reihe weiterer biologisch wichtiger Substanzen wie die Peroxydasen, Katalasen und der rote Blutfarbstoff Häm weisen eine entsprechende Konstruktion (Eisen + Porphyrin) auf. Alle diese Substanzen, also auch die Cytochrome, faßt man als Zellhämine zusammen. In der lebenden Zelle ist das eisenhaltige Porphyrinsystem mit Protein verknüpft. Die Zellhämine liegen also als Proteine vor.

Man kennt eine ganze Reihe von verschiedenen Cytochromen, die man in die Gruppen a, b und c unterteilen kann. Für die Photosynthese sind die Cytochrome b_6 und f wichtig.

Alle Cytochrome sind Redoxsysteme, und zwar deshalb, weil das zentrale Eisen vom 2wertigen in den 3wertigen Zustand und zurück pendeln kann. Durch Elektronenabgabe geht es aus dem 2wertigen in den 3wertigen, durch Elektronenaufnahme umgekehrt aus dem 3wertigen in den 2wertigen Zustand über.

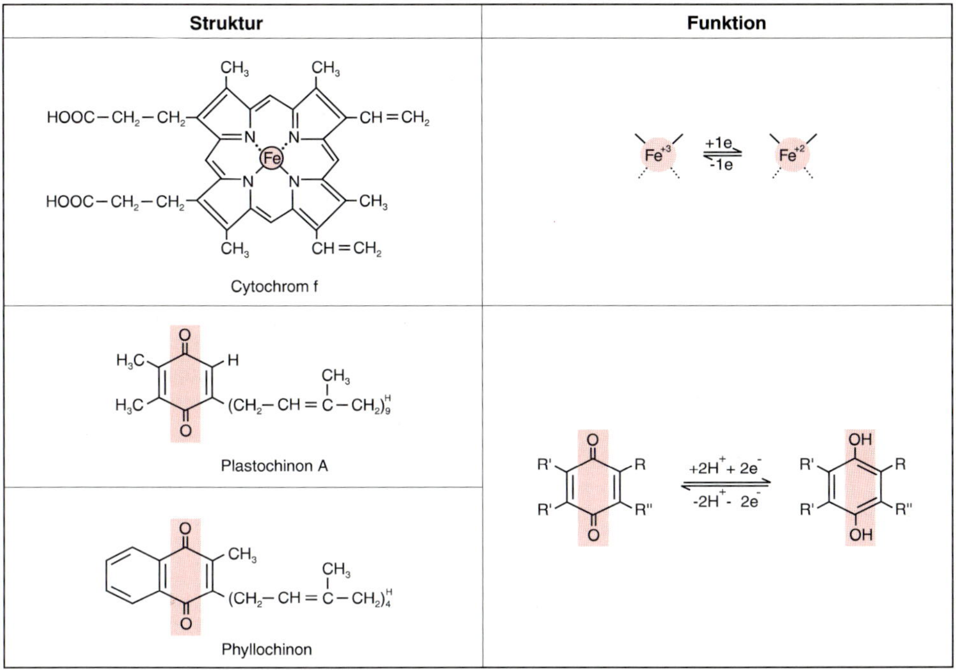

Abb. 2.5.
Struktur und Funktion von Cytochrom f, Plastochinon A und Phyllochinon. Cytochrom f, ein c-Typ-Cytochrom der Plastiden, vermittelt einen 1-Elektronen-Übergang, die beiden chinoiden Systeme einen 2-Elektronen-Übergang.

Um einem immer wieder geäußerten Irrtum vorzubeugen, sei hier ergänzend angemerkt, daß das Magnesium in den Chlorophyllen selbstverständlich keinen entsprechenden Valenzwechsel durchführen kann. Wenn Chlorophyll ionisiert wird (Abb. 2.4), so stammt das Elektron aus dem System konjugierter Doppelbindungen des Porphyrinringes.

Plastochinone

Weitere in den Elektronentransport bei der Photosynthese eingeschaltete Redoxsysteme sind die Plastochinone. Ihrem chemischen Bau nach weisen sie Ähnlichkeiten mit den Vitaminen der K-Reihe auf (Abb. 2.5). Wie diese sind sie durch einen benzochinoiden Kern charakterisiert. An der Photosynthese beteiligt sich eine ganze Reihe von Plastochinonen, die sich in den Substituenten des Kerns unterscheiden. Das besonders häufige Plastochinon A trägt eine Seitenkette aus neun 5-C-Einheiten. Diese Seitenkette trägt terpenoiden Charakter (vgl. Seite 218). Unter Bezug auf die Zahl der Kohlenstoffe in der Seitenkette bezeichnet man Plastochinon A auch als Plastochinon-45.

Plastochinone beteiligen sich am Elektronentransport teils in gebundener, teils in freier Form. Als Q_A und Q_B (Q = engl. quinone) sind sie an Protein gebunden, freies hydriertes Plastochinon PQH_2 stellt dann die Verbindung zum Cytochrom b6/f her (Abb. 2.11).

Als Redoxsystem fungieren Plastochinone dadurch, daß sie durch Aufnahme von 2H in Hydrochinon übergehen können. Dieser Übergang ist reversibel. Man kann ihn nun auch anders formulieren, in dem man die 2H durch $2H^+ + 2e^-$ ersetzt ($2H = 2H^+ + 2e^-$). Ein Molekül Plastochinon kann demnach 2 Elektronen aufnehmen, ein Molekül Hydrochinon 2 Elektronen abgeben. Mit dem Transport der beiden Elektronen ist jeweils ein Platzwechsel von zwei H^+-Ionen gekoppelt. Man spricht hier von einem *2-Elektronenübergang*.

Bei den Chlorophyllen, den Cytochromen und einigen noch zu besprechenden Redoxsystemen war es jeweils nur ein Elektron pro Molekül, das ausgewechselt wurde. Hier lag also ein *1-Elektronenübergang* vor.

Phyllochinon

Wie die Plastochinone weist auch das Phyllochinon (Vitamin K_1) ein chinoides System auf, das einen 2-Elektronenübergang bewerkstelligen kann (Abb. 2.5). Bei der langen Seitenkette handelt es sich um den uns von den Chlorophyllen her schon bekannten Phytylrest (vgl. Abb. 2.3). Funktionsfähiges Phyllochinon ist an Protein gebunden.

Die folgenden Redoxsysteme, die Flavoproteine und die Pyridinnucleotide, weisen das gleiche Bauprinzip auf: Das Nucleotid einer ersten Base ist über seine Phosphatkomponente mit der Phosphatkomponente eines zweiten Nucleotids gekoppelt (Abb. 2.6). Ein Blick zurück (Seite 23) zeigt, daß die Bindung von Nucleotid zu Nucleotid eine andere ist als in den Nucleinsäuren.

Flavoproteine

Gelbe (daher der Name) prosthetische Gruppen, *Flavin-adenin-dinucleotid* (*FAD*) und etwas seltener *Flavin-mononucleotid* (*FMN*) sind in solchen Flavoproteinen mit Protein gekoppelt (Abb. 2.6). Die Nomenklatur ist nicht ganz exakt, denn an das farbgebende 6,7-Dimethyl-isoalloxazin (Base 1) ist nicht wie in den Nucleotiden Ribose, sondern der entsprechende Zuckeralkohol Ribit gebunden.

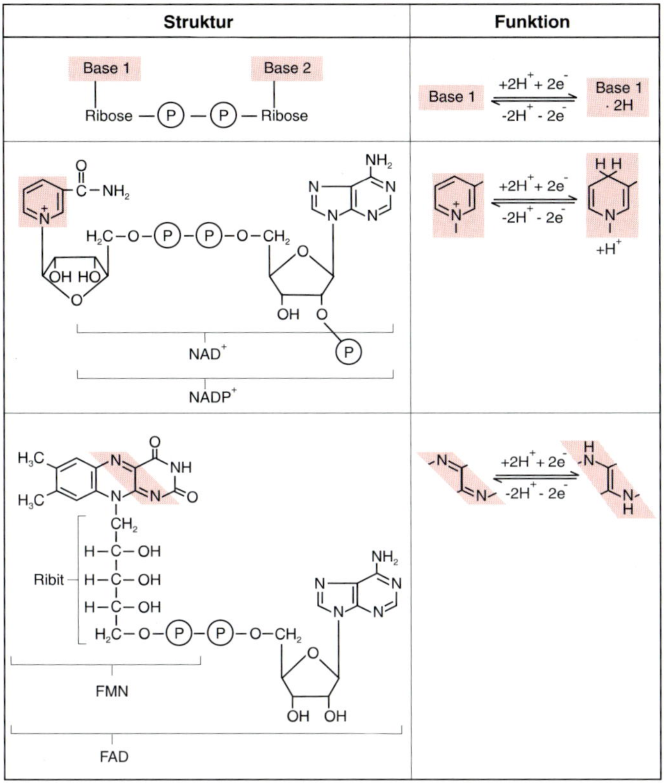

Abb. 2.6.
Struktur und Funktion der Pyridin-Nucleotide und der Flavoproteine. Von den letzteren ist nur die prosthetische Gruppe gezeichnet. Oben das allgemeine Bauprinzip, darunter die Struktur von NAD^+ und $NADP^+$ sowie von FAD und FMN. Base 1 ist jeweils die eigentliche Wirkgruppe.

Sowohl im FAD als auch im FMN bildet die 6,7-Dimethylisoalloxazin-Komponente das Redoxsystem. Sie kann durch Aufnahme von 2H reversibel reduziert werden. Auch hier findet sich also wieder ein 2-Elektronenübergang. Denn anstatt 2H können wir wie im Falle des Plastochinons-45 auch $2e^- + 2H^+$ setzen. Die *Ferredoxin-$NADP^+$-Reduktase* höherer Pflanzen führt FAD.

NAD^+ und $NADP^+$ (Pyridin-Nucleotide)

Nicotinamid-adenin-dinucleotid (NAD^+) und *Nicotinamid-adenin-dinucleotid-phosphat ($NADP^+$)* sind ihrem Bautyp nach Dinucleotide (Abb. 2.6). Die beiden Substanzen unterscheiden sich durch einen Phosphatrest, der im $NADP^+$ zusätzlich vorhanden und dort an das Hydroxyl 2′ der einen Ribose gebunden ist. Das eigentliche Redoxsystem ist das Nicotinamid, das wieder durch einen 2-Elektronenübergang reversibel reduziert werden kann.

Flavoproteine sind sehr oft mit NAD^+ oder $NADP^+$ gekoppelt. Bei der Photosynthese gibt reduziertes FAD 2H (= $2e^-$ + $2H^+$) an $NADP^+$ ab, das dadurch zu NADPH + H^+ reduziert wird.

Eisen-Schwefel-Zentren (Ferredoxin u. a.)

Eisen kann auch »nicht-hämartig« in Redoxsystemen gebunden sein, also nicht in Porphyrinsystemen wie in den Cytochromen. Das Eisen ist vielmehr an die HS-Gruppe von Cystein, das seinerseits Bestandteil von Proteinen ist, und an anorganischen Schwefel gebunden. In diesen von der Redoxfunktion her zentral wichtigen Eisen-Schwefel-Komplexen, den »Metallclustern«, finden sich meist zwei oder vier Eisenionen.

Am photosynthetischen Elektronentransport beteiligen sich mehrere solcher Eisen-Schwefel-Zentren oder Eisen-Schwefel-Proteine, darunter *Ferredoxin* (Abb. 2.7). Bei ihm sind zwei Eisenionen an vier Cysteine und außerdem noch an anorganischen Schwefel gebunden. In der Terminologie wird außer dem Eisen nur der anorganische S berücksichtigt. Ferredoxin wäre demnach ein 2Fe-2S-Zentrum. Jedes der Eisenionen ermöglicht einen 1-Elektronenübergang, das ganze Zentrum also einen 2-Elektronenübergang.

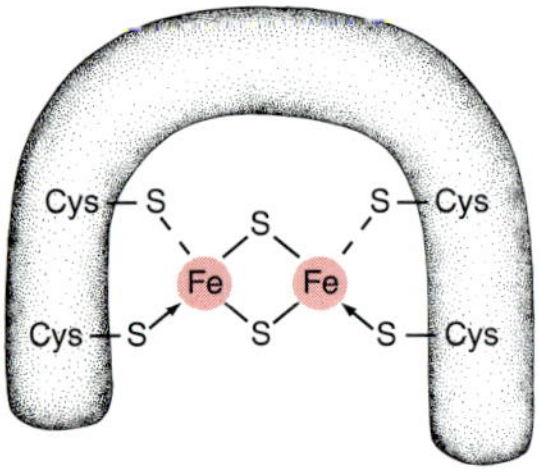

Abb. 2.7.
Struktur des Ferredoxins (verändert nach LEHNINGER *et al. 1994).*

Außer dem Ferredoxin beteiligen sich noch weitere Eisen-Schwefel-Zentren am Elektronentransport, so das Zentrum *Rieske*.

Plastocyanin

Plastocyanin ist ein kupferhaltiges Protein. Es enthält pro Polypeptid ein Kupferion, das im entsprechenden Metallcluster kompliziert gebunden ist. Auch Cystein im Polypeptidverbund beteiligt sich daran. Der reversible Übergang des Kupfers vom ein- in den zweiwertigen Zustand bedingt den Redoxcharakter.

Wasserspaltender Komplex (Mn-Protein-Komplex)

Der Komplex hat seinen Namen daher, daß über ihn dem Wasser unter Beteiligung von Mangan (Valenzwechsel!) Elektronen entzogen werden. Die Spaltung des Wassers ist die Folge. Viele Einzelheiten sind noch hypothetisch, doch wird offensichtlich ein Cluster von vier Mn-Ionen benötigt, um vier Elektronen aus zwei Molekülen Wasser abzuziehen und weiterzuleiten.

Der Wasserspaltende Komplex hat nur Vermittlerfunktion. Wo die eigentliche Zugkraft für den Elektronenentzug aus dem Wasser zu finden ist, wird später besprochen (Abb. 2.11).

2.2.3 Zwei Photosysteme mit Kern-Bereichen und Lichtsammler-Komplexen

Außer den bereits genannten beteiligen sich noch weitere Pigmente, die Carotinoide (Seite 235) an den Primärprozessen der Photosynthese. Alle Farbstoffe sind an Proteine gebunden und komplexartig organisiert. Im einzelnen unterscheidet man zwei Funktionszentren der Primärprozesse, das *Photosystem I* und das *Photosystem II*. Nehmen wir vorweg, daß das Photosystem I hinter der ersten, das Photosystem II hinter der zweiten »Lichtreaktion« steht.

Der Emerson-Effekt: Zwei synergistische Photosysteme

Den ersten Beleg dafür, daß an der Photosynthese zwei Pigmentsysteme und auch zwei Lichtreaktionen beteiligt sind, erbrachte EMERSON in Versuchen an Algen. Entsprechende Versuche lassen sich auch mit höheren Pflanzen durchführen. Bestrahlt man Algen mit zum Beispiel Licht der Wellenlänge >680 nm, so erhält man eine bestimmte Photosyntheserate. Und ebenso erhält man bei Bestrahlung mit Licht der Wellenlänge <680 nm eine bestimmte Wirkung auf die Photosynthese. Beide Werte kann man zu einem Gesamtwert addieren. Wenn man nun aber beide Wellenlängen nicht in getrennten Versuchen verabreicht, sondern sie zusammen auf die Algen einwirken läßt, so erhält man einen Effekt auf die Photosynthese, der die beiden addierten Einzelwerte

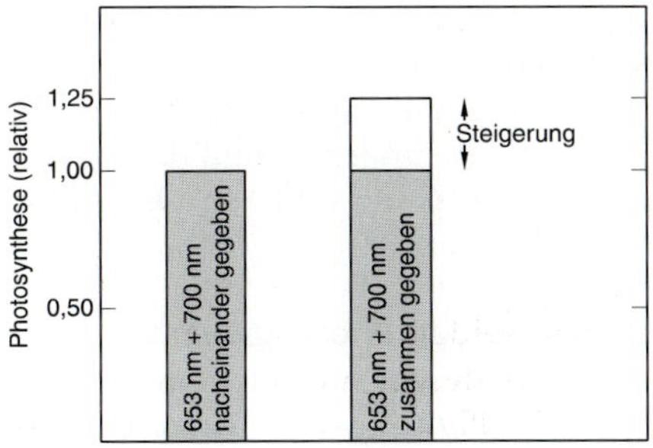

Abb. 2.8. *Der Emerson-Effekt (verändert nach GOLDSBY 1968).*

übertrifft. Das beweist uns, daß bei der Photosynthese zwei Pigmentsysteme zusammenwirken. Nur durch einen solchen Synergismus läßt sich die gefundene Steigerung der Photosyntheserate über die addierten Einzelwerte hinaus verstehen (Abb. 2.8). Bei den beiden Pigmentsystemen handelt es sich um die eben genannten Photosysteme I und II.

Versuche mit Lichtblitzen: Sammelfunktionen und aktives Chlorophyll

In den beiden Photosystemen können von vielen vorhandenen Chlorophyllmolekülen nur wenige ionisiert werden, also ein Elektron abgeben. Hinweise darauf kamen aus Versuchen mit starken und schwachen Lichtblitzen. Man ließ zum Beispiel einen starken Lichtblitz einfallen, der praktisch alle im Pigmentkollektiv vorhandenen Chlorophyllmoleküle hätte anregen können. Der Effekt auf die Photosynthese, gemessen am Ausstoß an O_2, war jedoch sehr viel geringer, als man bei einer Anregung aller vorhandenen Chlorophyllmoleküle erwartet hätte. Es ließ sich berechnen, daß sich unter rund 500 Chlorophyllmolekülen nur ein einziges befindet, das durch ein Lichtquant angeregt wird. Eine Ergänzung dieses Befundes brachten Versuche mit schwachen Lichtblitzen. Die O_2-Ausbeute war nämlich nach einem schwachen Lichtblitz ebenso hoch wie nach einem starken Lichtblitz. Wir hatten eben festgehalten, daß sich unter rund 500 Chlorophyllmolekülen nur *ein einziges aktives* befindet. Nach Einfall eines schwachen Lichtblitzes, das heißt, nach Zufuhr einer nur niedrigen Zahl an Lichtquanten, ist aber die Chance, dieses aktive Chlorophyllmolekül zu treffen, außerordentlich gering. Die O_2-Ausbeute war aber, wie erwähnt, so hoch wie nach einem starken Lichtblitz. Man konnte sich diese Diskrepanz kaum anders erklären, als mit einer Weiterleitung der betreffenden Lichtquanten bis hin zum aktiven Chlorophyll.

Wir hatten gerade von einfallenden und von weitergeleiteten Lichtquanten gesprochen. Hier muß in der Terminologie präzisiert werden: die einfallenden Lichtquanten nennt man *Photonen*, die abgefangenen und dann weitergeleiteten Energieeinheiten, die einen anderen physikalischen Status aufweisen, *Excitonen*.

Die Struktur der beiden Photosysteme

Einige Grunddaten stehen uns jetzt zur Verfügung: Es gibt zwei synergistische Photosysteme. Diese Photosysteme enthalten aktives Chlorophyll, zu dem die Excitonen über »lichtsammelndes« Chlorophyll geleitet werden. Vervollständigen wir dieses vorläufige Bild:

Beide Photosysteme zeigen bei Verschiedenheiten im Detail einen prinzipiell ähnlichen Aufbau (Abb. 2.9). Sie bestehen aus einem *Lichtsammler-Komplex* (light harvesting complex; *LHC*) oder *Antennen-Komplex* und einem *Kern-Bereich (Core-Bereich)* mit einer *Lichtenergieleitenden Komponente* und dem *Reaktionszentrum*. Alle in den Photosystemen enthaltenen Pigmente sind an Protein gebunden.

Der *LHC* fängt über Pigmente Protonen auf und leitet sie als Excitonen von Pigment-Molekül zu Pigment-Molekül weiter bis in den Kern-Bereich. Bei den Chlorophyllen des LHC geht die Leitung jeweils von b nach a. Die Pigmente im LHC haben die Funktion eines Sammlers bzw. einer Antenne, was die Lichtenergie anbelangt.

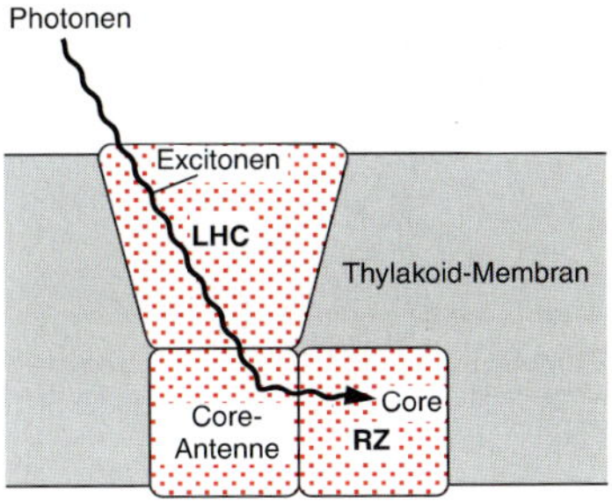

Abb. 2.9. Schematische Darstellung eines Photosystems. In der Membran der Thylakoide befindet sich ein Verbund aus LHC (light harvesting complex, Lichtsammler- oder Antennenkomplex) und Core-Bereich (Kernbereich). Der Kernbereich gliedert sich in die Core-Antenne mit Excitonen-Leitungsfunktion und das Reaktionszentrum (RZ).

Im *Kern*-Bereich werden die Excitonen zunächst von *Komponenten mit* ebenfalls *Antennenfunktion* übernommen. Bei den beteiligten Pigmenten handelt es sich vor allem um Chlorophylle a. Über sie werden die Excitonen in das eigentliche *Reaktionszentrum* eingespeist. Dort gelangen sie schließlich zum aktiven Chlorophyll. Dabei handelt es sich eindeutig um ein an Protein gebundenes Chlorophyll a-Dimer.

Hier wird ein Einschub notwendig: An der Photosynthese beteiligen sich verschiedene Chlorophylle a. Denn da sind die aktiven Chlorophylle a im Reaktionszentrum, die sich doch wohl irgendwie von den Antennen-Chlorophyllen a unterscheiden müssen. Und anschließend werden wir erfahren, daß in den beiden Photosystemen auch noch voneinander verschiedene aktive Chlorophylle a vorliegen! Bei all diesen Chlorophyll a-Varianten handelt es sich um das uns bekannte Pigment (Abb. 2.3). Die speziellen Eigenschaften, etwa das jeweilige Absorptionsspektrum, gehen auf die Art der Bindung an unterschiedliche Proteine zurück. Es liegt also kein chemisch anders gebautes, sondern nur ein andersartig gebundenes Pigment vor.

Nun zu den beiden Photosystemen im Detail. Wenn wir bisher die Gemeinsamkeiten hervorgehoben hatten, müssen jetzt auch die Unterschiede herausgearbeitet werden.

Photosystem II

Das Photosystem II ist sehr gut untersucht, auch bei höheren Pflanzen. Wegweisend bei der Erforschung waren Daten, die an Purpurbakterien gewonnen worden waren.

In seinem LHC *(LHC II)* finden sich Chlorophylle a, Chlorophylle b und Carotinoide. Das Chlorophyll a-Dimer im *Reaktionszentrum II* weist ein Absorptionsmaximum bei 680 nm auf. Es wird dementsprechend auch als *P680* (P = Pigment) bezeichnet.

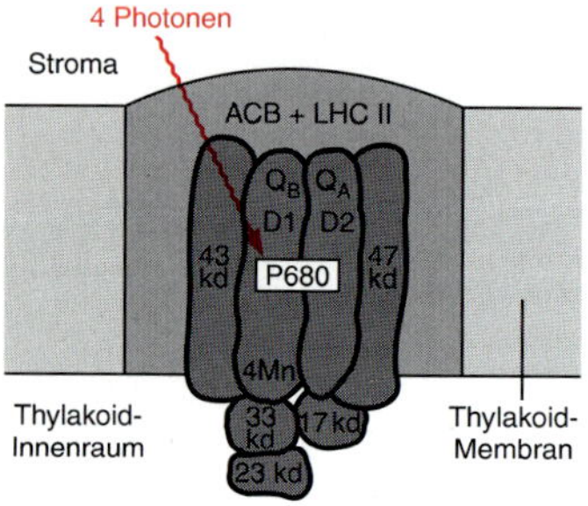

Abb. 2.10. Schema des Core-Bereichs des Photosystems II. Der Antennen-Core-Bereich (ACB) und der Lichtsammler-Komplex (LHC II) sind um den Core-Bereich (dunkel) herum nur angedeutet. Wo der Core-Bereich in den Thylakoid-Innenraum hineinragt, befindet sich der Wasserspaltende Komplex mit seinem Mn-Cluster. Mit ihm sind die kleineren Proteine von 17, 23 und 33 kd assoziiert. Das dimere Reaktionszentrum wird von den Untereinheiten D1 und D2 sowie dem Chlorophyllpaar P680 gebildet. 4 Protonen bzw. Excitonen ionisieren P680. Q_A und Q_B sind die Bindungsstellen für sehr fest (Q_A) und lockerer (Q_B) gebundenes Plastochinon. Die aus P680 freigesetzten Elektronen werden über Plastochinon Q_A an Plastochinon Q_B weitergegeben. Ebenso werden Protonen auf Plastochinon Q_B geleitet. Liegt dadurch in Stelle Q_B schließlich QH_2 vor, löst es sich und geht in den Pool beweglicher Plastochinone über (Stryer 1995).

Die Struktur des *Core-Bereichs II* wird in Abb. 2.10 in vereinfachter Form dargestellt. Die flankierenden Proteine P43 und P47 (mit 43 bzw. 47 kd) sind die oben erwähnten Komponenten mit Antennenfunktion. Sie führen jeweils rund 15 Moleküle Chlorophyll a, übernehmen mit deren Hilfe Excitonen vom LHC II und leiten sie dem *Reaktionszentrum II* zu. Dieses besteht vor allem aus den beiden Polypeptiden D1 und D2, an die das P680-Dimer gebunden ist. Im gleichen Verbund stehen auch Phäophytin und zwei Moleküle Plastochinon, von denen Q_A an D2 und Q_B an D1 fixiert ist.

Angeschlossen sind noch mehrere Polypeptide, die den *Wasserspaltenden Komplex* aufbauen und dessen vierzähliges Mn-Cluster tragen.

Photosystem I

In seinem LHC *(LHC I)* finden sich Chlorophylle a, wenig Chlorophylle b und Carotinoide. Das Chlorophyll a-Dimer im *Reaktionszentrum I* weist ein Absorptionsmaximum bei 700 nm auf. Es wird dementsprechend auch als *P700* bezeichnet.

Die Struktur des *Core-Bereichs I* mit dem Reaktionszentrum ist etwas weniger gut analysiert als die des Kernbereichs bei Photosystem II. Der Core-Bereich I baut sich aus einer geringeren Zahl von Polypeptiden auf als der Core-Bereich II. Davon abgesehen ist die Grundstruktur derjenigen des Core-Bereichs II ähnlich. So finden sich außer dem Reaktionszentrum I ebenfalls Komponenten mit Antennenfunktion. Es soll deshalb hier nicht weiter darauf eingegangen werden. Der Kern-Bereich von Photosystem II mag als Exempel genügen.

LHC-Carotinoide als Schutz gegen Photooxidation der Chlorophylle

In den LHCs finden sich Carotinoide. Sie sind nicht nur Antennenpigmente, sondern haben noch eine weitere Funktion als *Schutzpigmente*. Denn bei starker Bestrahlung können sie überschüssigen Sauerstoff aus den Primärprozessen abfangen und so verhindern, daß es zu einer *Photooxidation* der Chlorophylle kommt. Das gilt besonders für Carotinoide, die wie Violaxanthin (Abb.6.19) Sauerstoff reversibel in die Doppelbindung ihres β-Ionenrings aufnehmen können.

Wie effektiv diese Schutzpigmente normalerweise sind, zeigen bestimmte chlorophylldefekte, gelblich-weißlich oder schwachgrün aussehende Mutanten, die man von vielen Arten kennt, so von der Gerste. Denn bei ihnen ist nicht die Chlorophyll-Synthese über die Mutation gestört, sondern diejenige von Schutzcarotinoiden. Weil damit der Schutz gegen Photooxidation fortfällt, bleichen die Chlorophylle aus.

2.2.4 Der Ablauf der Primärvorgänge

Wir haben nun die an den Primärvorgängen der Photosynthese beteiligten Redoxsysteme kennengelernt, und wir haben erfahren, daß sich an den Primärprozessen zwei Pigmentkollektive beteiligen, in denen jeweils Chlorophyll a in besonderen Zustandsformen die aktive Komponente stellt. Es bleibt uns nun nur noch die Aufgabe, das Zusammenspiel dieser Akteure bei der Photolyse des Wassers und dem anschließenden nicht-zyklischen Elektronentransport sowie beim zyklischen Elektronentransport zu klären.

Die bisher nur isoliert behandelten Redoxsysteme müssen also zu einem funktionsfähigen Ganzen zusammengefügt werden. Dabei muß berücksichtigt werden, daß es sich nicht nur um einfache Redoxsysteme handelt, sondern auch um ganze Komplexe, wie wir sie schon mit den beiden Photosystemen kennengelernt haben. Die genaue räumliche Anordnung soll uns erst später beschäftigen. Zunächst wollen wir uns eine Vorstellung davon verschaffen, wie die Redoxsysteme zu Elektronentransport-Ketten hintereinander geschaltet sind.

Nicht-zyklischer Elektronentransport mit Photolyse

Beginnen wir mit dem nicht-zyklischen Elektronentransport, der für die Photosynthese normalerweise wichtiger ist als der zyklische Transport.

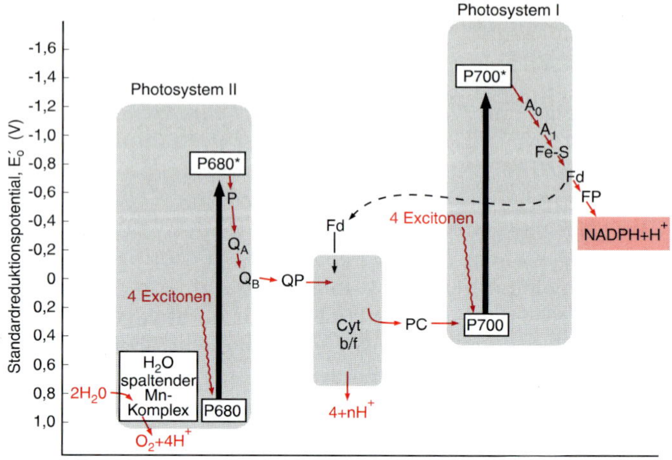

Abb. 2.11. *Das »Z-Schema« der Primärvorgänge der Photosynthese. Die Redoxsysteme werden dabei entsprechend ihrem Redoxpotential und in der richtigen Reihenfolge angeordnet. Die später zu besprechenden (Seite 117) drei großen integralen Protein-Komplexe, das Photosystem II, der Cytochrom b_6/f-Komplex (Cyt b/f) und das Photosystem I sind hervorgehoben. P = Phäophytin; Q_A = fest gebundenes Plastochinon; Q_B = lockerer gebundenes Plastochinon; QP = Pool an frei beweglichem Plastochinon; PC = Plastocyanin; A_O = ein Chlorophyll a; A_I = Phyllochinon; FeS = ein Eisen-Schwefel-Zentrum; Fd = Ferredoxin, bewerkstelligt als mobiles peripheres Protein auch die Kontaktaufnahme mit Cyt b/f (gestrichelte Linie) und damit den zyklischen Elektronen transport; Fp = Ferredoxin-NADP-Reduktase (= Ferredoxin-NADP-Oxidoreduktase). Die Zahl von vier Photonen bzw. Excitonen ist auf das vierzählige Mn-Cluster im wasserspaltenden Komplex (links unten) abgestimmt (teilweise nach* LEHNINGER *et al. 1995). Vgl. auch Abb. 2.17.*

Das Z-Schema

Wir stellen ein Energiediagramm auf, in dem wir die einzelnen Redoxsysteme in der richtigen Reihenfolge und entsprechend ihrem Redoxpotential einordnen. Das Ergebnis ist das sogenannte »Z-Schema« (Abb. 2.11). In ihm greift das Licht an zwei Stellen direkt ein, beim Photosystem II und beim Photosystem I. Mit ihnen stehen uns Ansatzpunkte für Etappen in der nachfolgenden Besprechung zur Verfügung.

Im folgenden wird bei einigen noch umstrittenen Passagen die jeweils einfachste Interpretation zugrunde gelegt.

Die zweite Lichtreaktion und anschließende Prozesse

Beginnen wir mit dem *Photosystem II*. Es ist für die zweite Lichtreaktion zuständig: Die Anregung durch Excitonen führt zur Ionisierung des P680-Dimers in seinem Reaktionszentrum. Pro Molekül aktives Chlorophyll wird je ein Elektron abgegeben, also zwei Elektronen pro P680-Dimer. Über Phäophytin gelangen sie zu Q_A und Q_B. Zur Reduktion der Plastochinone müssen auch Protonen eingesetzt werden. Die nächste Etappe ist hydriertes freies Plastochinon PQH_2.

Über das leicht bewegliche PQH_2 werden die Elektronen in den *Cytochrom b_6/f-Komplex* eingespeist. Dabei werden die Protonen wieder freigesetzt, die im Photosystem II zur Reduzierung von Q_A verwendet worden waren. Bei Cytochrom b_6/f handelt es sich nach den beiden Photosystemen um den dritten großen Pigment-Protein-Komplex, der in den Primärprozessen wichtig wird. In unserer vereinfachten

Darstellung können nur drei seiner Redox-Komponenten genannt werden: Cytochrom b_6, Cytochrom f und Fe-S-Rieske. Sie kooperieren bei der Leitung der Elektronen vom hydrierten Plastochinon zu Plastocyanin.

Plastocyanin, das nächste Redoxsystem in unserer Kette, liegt außerhalb des Cytrochrom b_6/f-Komplexes. Es ist wie die Moleküle des Plastochinon-Pools leicht beweglich und fungiert so als Mittler zum nächsten Komplex, dem Photosystem I.

Doch nun innerhalb des Photosystems II zum Beginn der Kette. Denn das ionisierte P680 deckt sein Elektronendefizit durch Entzug von Elektronen aus dem Wasser: es kommt zur *Photolyse*. Dabei werden unter Beteiligung des *vier*zähligen Mn-Clusters im Wasserspaltenden Komplex aus *zwei* Molekülen Wasser *vier* Elektronen abgezogen, die nach und nach an P680 im Reaktionszentrum von Photosystem II abgegeben werden.

Die erste Lichtreaktion und anschließende Prozesse

Die erste Lichtreaktion findet im *Photosystem I* statt. Wie beim Photosystem II wird aktives Chlorophyll, hier in Form von P700, über Zufuhr von Excitonen ionisiert. Das dadurch entstehende Elektronendefizit wird durch Elektronen aus dem Plastocyanin gedeckt. Innerhalb des Photosystems I werden die Elektronen über mehrere Redoxsysteme weitergegeben (A_0, ein Chlorophyll a; A_1 = Phyllochinon; ein Eisen-Schwefel-Zentrum), bis sie schließlich an Ferredoxin abgegeben werden.

Ferredoxin ist nicht fest an Photosystem I gebunden, sondern beweglich, was auch für den zyklischen Elektronentransport wichtig wird. Über die *Ferredoxin-NADP-Reduktase* gelangen die Elektronen schließlich zum Endakzeptor *$NADP^+$*.

Für die Reduktion eines Moleküls $NADP^+$ zu NADPH + H^+ sind außer zwei Elektronen noch zwei H^+ erforderlich. Woher sie kommen, hängt mit der weiteren Frage zusammen, in welcher Substruktur der Chloroplasten NADPH + H^+ gebildet wird.

Beim nicht-zyklischen Elektronentransport fließen also Elektronen von einem Ende der Kette aus Redoxsystemen zum anderen, vom Elektronendonor Wasser bis zum endgültigen Elektronenakzeptor $NADP^+$. Zwei hintereinander geschaltete Motoren halten den Transport aufrecht: die Ionisierung aktiver Chlorophylle in der ersten und zweiten

Lichtreaktion. Produkte des nicht-zyklischen Elektronentransports sind außer Sauerstoff $NADPH^+ + H^+$ und ATP.

Was die Reduktion von $NADP^+$ anbelangt, besteht wie eben erwähnt noch Erklärungsbedarf, ebenso für die Bildung von ATP. Wir werden später darauf eingehen (Seite 119).

Total-Herbizide und Unterbrechung des Elektronentransports

An dieser Stelle ein Hinweis auf die Praxis: Herbizide, die an zentraler Stelle im Stoffwechsel der Pflanze eingreifen, sind eben deswegen für *alle* Pflanzenarten tödlich. Voraussetzung ist nur, daß sie an den Wirkungsort gelangen. Derartige »Unkraut«-Bekämpfungsmittel nennt man *Total-Herbizide.*

Die Photosynthese, ein für alle grüne Pflanzen unbestreitbar lebenswichtiger Prozeß, läßt sich durch eine ganze Reihe von Total-Herbiziden blockieren. Ansatzpunkt für eine Reihe dieser Hemmstoffe ist die Bindungsstelle für Plastochinon Q_B. Erinnern wir uns daran, daß sie im Polypeptid D1 des Reaktionszentrums im Photosystem II liegt (Abb. 2.10). Die erwähnten Total-Herbizide verdrängen Plastochinon kompetitiv von Stelle Q_B. Man bezeichnet D1 deshalb auch als *Herbizidbindendes Protein*. Die Elektronentransportkette wird an ihm mit tödlichen Folgen für die betreffenden Pflanzen unterbrochen.

Zu den an D1 bindenden Total-Herbiziden gehört das umstrittene Atrazin, das früher auch bei uns im Maisfeld oder zur »Unkraut«-Bekämpfung an Bahndämmen eingesetzt wurde. Doch sollte man über entsprechenden Gedankenassoziationen nicht verdrängen, daß der Einsatz solcher Total-Herbizide – z. B. auch bei Atrazin-resistenten Mutanten – viel zum Verständnis von D1 und damit der Primärvorgänge der Photosynthese beigetragen hat.

Zyklischer Elektronentransport

Der Ablauf

An die erste Lichtreaktion kann sich ein zyklischer Elektronentransport anschließen. Die von P700 abgegebenen Elektronen gehen bei ihm wie beim nicht-zyklischen Transport zunächst auf Ferredoxin über. Dann aber werden sie nicht in Richtung $NADP^+$ weitergeleitet, sondern letztendlich zum Cytochrom b_6/f-Komplex, und zwar offensichtlich zum Beginn der in ihm lokalisierten Kette von Redoxsystemen. Die

Elektronen passieren den Komplex und fließen dann wie beim offenkettigen Transport über Plastocyanin zu P700 zurück. Damit ist der Zyklus abgeschlossen (Abb. 2.11).

Voraussetzung für ihn ist, daß das leicht bewegliche Ferredoxin Kontakt mit anderen Redoxsystemen als mit der $NADP^+$-Ferredoxin-Reduktase aufnehmen kann. Ungeklärt ist, ob noch weitere Redoxsysteme zwischen Ferredoxin und dem Cytochrom b_6/f-Komplex eingeschaltet sind oder ob Ferredoxin direkt mit ihm in Verbindung tritt.

Beim zyklischen wird ebenso wie beim nicht-zyklischen Elektronentransport ATP produziert. Die zweite Lichtreaktion und damit auch die Photolyse sind nicht beteiligt. NADPH + H^+ wird nicht gebildet, ebensowenig natürlich Sauerstoff. Produkt des zyklischen Elektronentransportes ist also ausschließlich ATP.

Die Bedeutung

Die Bedeutung des zyklischen Elektronentransports ist nicht bekannt. Vielleicht handelt es sich um einen Hilfsmechanismus, der eingeschaltet wird, wenn die ATP-Anlieferung über den nicht-zyklischen Elektronentransport nicht ausreichend ist. Das könnte z. B. für die C_4-Pflanzen gelten. Denn sie enthalten in den Zellen ihrer Leitbündelscheiden Chloroplasten, denen das Photosystem II weitgehend oder ganz fehlt (Seite 132). Infolgedessen wird der nicht-zyklische Elektronentransport beeinträchtigt oder entfällt völlig. Hier könnte die ATP-Bildung über den zyklischen Elektronentransport Ersatz bieten.

Zusammenfassung

In den Primärprozessen der Photosynthese wird Lichtenergie in chemische Energie überführt, die schließlich in Form von *ATP* (»Energie-Äquivalent«) und *NADPH + H^+* (»Reduktions-Äquivalent«) vorliegt.

Entsprechend ihrem Redoxpotential in Kette geschaltete Redoxsysteme ermöglichen *Elektronentransportvorgänge*, die zur Bildung von ATP und NADPH + H^+ führen. Die Transportvorgänge werden mit Hilfe von zwei Photosystemen angetrieben.

Beide *Photosysteme* (PSI und PSII) sind nach dem gleichen Prinzip gebaut. Sie bestehen jeweils aus einem *Lichtsammler-Komplex* (LHCI und LHCII), in dem an Protein gebundene Pigmente (vor allem Chlorophylle a und b sowie Carotinoide)

Photonen abfangen und in Form von Excitonen der zweiten Komponente der Photosysteme, dem *Kern-Bereich (Core-Bereich)* zuleiten. Der Core-Bereich seinerseits besteht aus einer peripheren *lichtleitenden Komponente* und dem *Reaktionszentrum.* Im Reaktionszentrum findet sich an Proteine gebundenes aktives Chlorophyll a in dimerer Form. Im PSI handelt es sich dabei um *P700*, im PSII um *P680.* Im Verbund des PSII befindet sich auch der *Wasserspaltende Komplex* (WSK).

PSI ist Ort der *ersten,* PSII der *zweiten Lichtreaktion.* Bei den Lichtreaktionen werden die in den Reaktionszentren befindlichen aktiven Chlorophylle über die Energie der zugeführten Excitonen ionisiert. Pro Chlorophyllmolekül wird dabei ein Elektron abgegeben. Die zwei Lichtreaktionen sind die Triebkräfte beim Elektronentransport. Sie werden über die beiden Motoren PSI und PSII wirksam.

Man unterscheidet zwischen einem nicht-zyklischen und einem zyklischen Elektronentransport. Am *nicht-zyklischen Elektronentransport* beiteiligen sich drei große Pigment-Protein-Komplexe, die jeweils mehrere bis zahlreiche Redoxsysteme umfassen: die bereits erwähnten PSI, PSII, und der *Cytochrom b_6/f-Komplex* (Cytb/f). Die Verbindung zwischen den schwer beweglichen Komplexen stellen mobile Redoxsysteme her: zwischen PSII und Cytb/f vermitteln Plastochinone, zwischen Cytb/f und PSI Plastocyanin. Die beiden Motoren der Transportvorgänge, PSI und PSII, sind somit in Serie geschaltet.

Ein leicht bewegliches Redoxsystem, das Ferredoxin, nimmt die Elektronen vom PSI ab. Über weitere bewegliche Redoxkomponenten gehen sie letztendlich in *$NADP^+$* ein.

Bei der Ionisation von P680 deckt PSII das dadurch entstandene Elektronen-Defizit durch Elektronenentzug aus Wasser: es kommt zur Photolyse. Bei ihr zerfällt ein Molekül Wasser in für die Ökologie unserer Erde unerläßlich wichtigen Sauerstoff (1/2 O2), in zwei Protonen ($2H^+$) und zwei Elektronen (2 e–). Entscheidend für die Photolyse ist der Elektronenentzug. Er erfolgt mit Hilfe des WSK, der die Elektronen auf Mn-Ionen übernimmt. Mn liefert die Elektronen dann an das ionisierte P680 im PSII ab.

Der nicht-zyklische Elektronentransport ist im Normalfall für die Photosynthese ausschlaggebend. Er beginnt mit der *Photolyse* und endet mit dem Einspeisen der Elektronen in $NADP^+$. Produkte sind *Sauerstoff, NADPH + H^+* und *ATP.*

Der zyklische Elektronentransport hat seinen Namen daher, daß die bei Ionisierung der aktiven Chlorophylle abgegebenen Elektronen über mehrere Redoxsysteme wieder zu den betreffenden Chorophyllen zurückfließen. Bei den aktiven

Chlorophyllen handelt es sich um *P700 im PSI*. Wie beim nicht-zyklischen Elektronentransport führt die *erste Lichtreaktion* zur Ionisation und *Ferredoxin* übernimmt die Elektronen. Doch dann werden sie von Ferredoxin unmittelbar oder über weitere Redoxsysteme, die sich auch am nicht-zyklischen Transport beteiligen, *Cytb/f* zugeführt. Von dort fließen sie wie beim nicht-zyklischen Transport in PSI zurück.

Produkt des zyklischen Eletronentransports ist ausschließlich *ATP*. Die Bedeutung des Zyklus ist umstritten, doch wird er als Hilfsmechanismus bei der Anlieferung von ATP diskutiert.

2.2.5 Der Chloroplast: Ort der Photosynthese

Die Struktur der Chloroplasten

Orte der Photosynthese bei höheren Pflanzen sind die Chloroplasten, in der Regel linsenförmige Organellen mit einem längeren Durchmesser von 5 bis 10 µm. Beschreiben wir hier zunächst den am meisten verbreiteten Chloroplastentyp. Auf eine Variante werden wir später (Seite 132) eingehen. Unter einem stark vergrößernden Lichtmikroskop läßt sich eine innere Struktur unserer Normchloroplasten erkennen: in eine Grundmasse, das *Stroma*, sind die scheibenförmigen *Grana* eingebettet. Die Grana erscheinen durch ihren hohen Chlorophyllgehalt intensiv grün. Das Elektronenmikroskop gestattet eine weitere Differenzierung (Abb. 2.12,

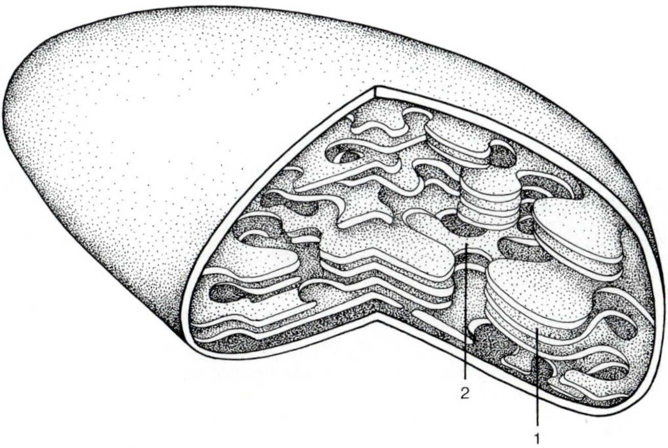

Abb. 2.12. *Gesamtstruktur eines Chloroplasten (Modellvorstellung). Granathylakoide (1) bilden lokal Stapel = Grana. Stromathylakoide (2) durchziehen das Stroma von Granum zu Granum (nach Das Leben 1971).*

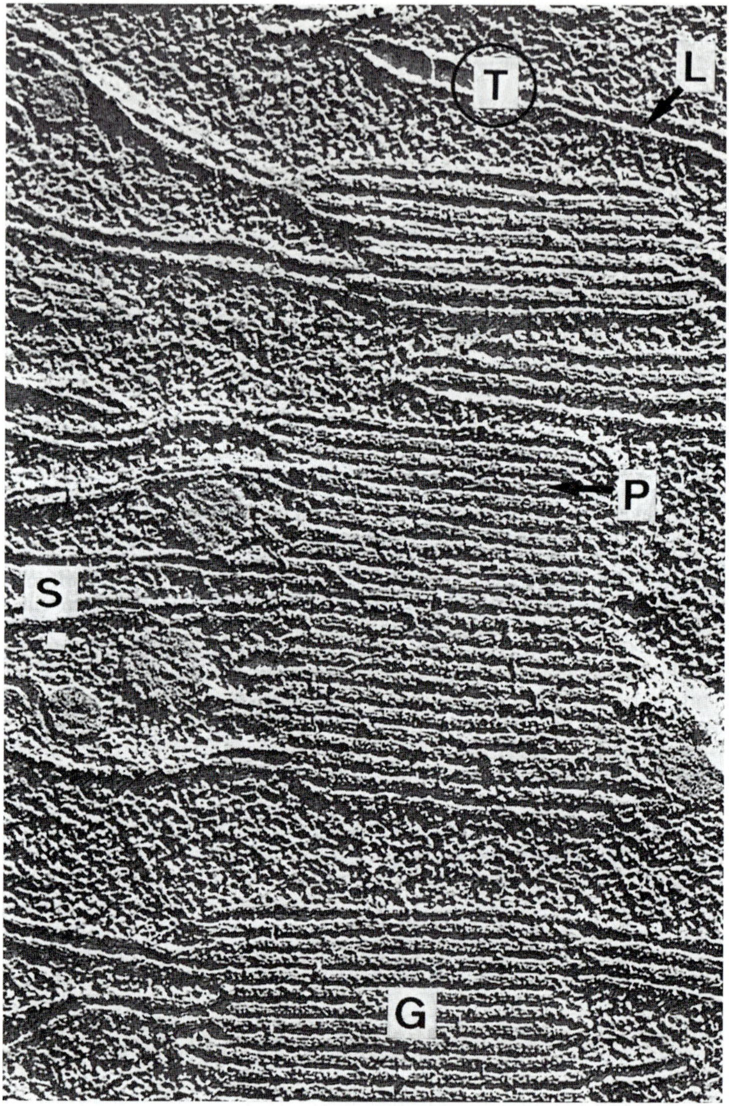

Abb.2.13.
Elektronenoptischer Schnitt durch einen Chloroplasten. G = Granathylakoide, S = Stromathylakoide, T = Thylakoid mit deutlich erkennbarem Lumen L, P (partition) = Fusionsähnliches Aneinanderlegen zweier benachbarter Membranen (aus TREBST und AVRON 1977).

2.13). Der gesamte Chloroplast ist von einem System in sich geschlossener Membranen durchzogen, die man Thylakoide (»säckchenartig«) nennt. Die Grana kommen dadurch zustande, daß Thylakoide stapelartig übereinander liegen. Thylakoide im Granabereich nennt man dementsprechend *Granathylakoide*. Einzelne Thylakoide aus solchen Stapeln durchziehen auch den Bereich außerhalb der Grana, den man wie erwähnt Stroma oder auch *Matrix* nennt. Sie werden deshalb als Stromathylakoide bezeichnet. Chlorophyll befindet sich auf beiden Thylakoidsorten, allerdings auf den Granathylakoiden in höherer Konzentration. Die äußere Abgrenzung der Chloroplasten erfolgt durch ein Doppelmembransystem.

Die Elementarmembran (Biomembran, unit membrane)

Eben war von den Membranen der Thylakoide die Rede, Anlaß genug, uns an dieser Stelle mit der Struktur von Membranen generell zu befassen. Denn die Struktur der Zelle und ihrer Organellen beruht weitgehend auf dem Vorhandensein von Membransystemen. Denken wir an das Plasmalemma, den Tonoplasten, die Kernmembran, das Membransystem der Plastiden und Mitochondrien, die Mikrobodies, die Dictyosomen und das Endoplasmatische Reticulum. All diesen Membranstrukturen liegt ein gemeinsames Bauprinzip, die sog. *Elementarmembran* zugrunde. Von mehreren Vorstellungen zum Bau dieser *Biomembran* gewinnt das »*Fluid-Mosaic-Modell*« zunehmend an Wahrscheinlichkeit. Es sei deshalb kurz vorgestellt (Abb. 2.14).

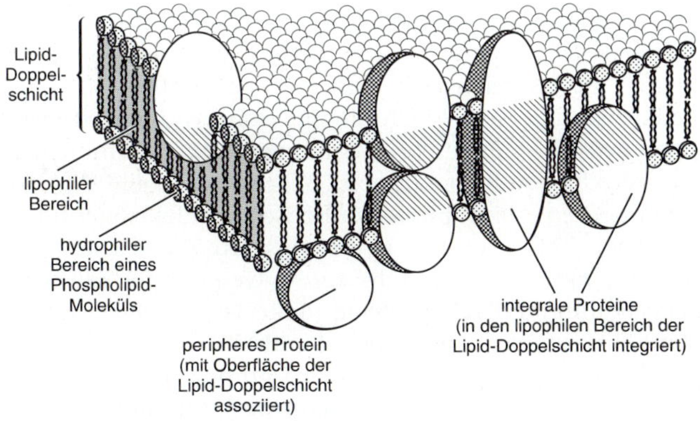

Abb. 2.14.
Struktur der Elementarmembran (Biomembran) nach dem Fluid-Mosaic-Modell (nach CAPALDI *aus* HOCK *und* ELSTNER *1984).*

Grundlage ist eine *Lipiddoppelschicht*. Ihre wichtigsten Komponenten werden wir erst später genauer kennenlernen: Glykolipide (Seite 200), Phospholipide (Seite 200), ungesättigte Fettsäuren (Seite 199) und Sterine (Seite 225). Zum Verständnis genügt es zu wissen, daß die meisten Membranlipide *amphipathisch* gebaut sind: sie weisen einen hydrophilen und einen hydrophoben Molekülteil auf. Hydrophil sind z.B. in den Glykolipiden die Zuckeranteile, in den Phospholipiden der Phosphatrest und die mit ihm veresterten Komponenten wie etwa das Ethanolamin, bei den ungesättigten Fettsäuren die Carboxylgruppe. Die Sterine sind überwiegend hydrophob, können aber vor allem durch eine am 3-Hydroxyl mögliche Glykosidierung einen stark hydrophilen Pol erhalten.

In der Lipiddoppelschicht sind die hydrophoben Ketten jeweils nach innen zu orientiert, die hydrophilen Bauteile nach außen. Die bimolekulare Lipidschicht bildet einen »flüssigen« Film mit ausgeprägter Dynamik. Denn in ihm bewegen sich einmal die nach innen gerichteten hydrophoben »Schwänze«. Es bewegen sich aber auch die ganzen Lipidmoleküle, und zwar in seitlicher Richtung innerhalb der jeweiligen Einzelschicht. Ein Austausch zwischen den sich gegenüberliegenden Einzelschichten ist jedoch nicht möglich.

Nun zu den Proteinkomponenten der Biomembran. Die Membranproteine können der Lipiddoppelschicht aufsitzen. Dann bezeichnet man sie als *periphere Membranproteine*. Sie können die Lipiddoppelschicht aber auch als *integrale Membranproteine* mehr oder weniger tief durchsetzen oder gar durchstoßen. Diese zweite Gruppe geht mit den hydrophoben Bauteilen der Lipidmoleküle ziemlich schwer lösbare Komplexe ein, trägt also ihren Namen zu Recht.

Was die Membranfunktion anbelangt, bilden die Lipide lediglich die vergleichsweise unspezifische Matrix. Die spezielle Funktion der jeweiligen Biomembran wird überwiegend durch Art und Menge der Membranproteine bestimmt, die sehr verschieden sein können. Beispiele sind die Proteinkomponenten beim photosynthetischen Elektronentransport (Seite 121) oder in der Atmungskette (Seite 186). Eine andere Funktion, nämlich die eines »Gesichts der Zelle« erfüllen bestimmte Glykoproteide (Seite 167). Wieder andere Membranproteine erbringen Syntheseleistungen (Seite 162), sind Protonenpumpen (Seite 139) oder Hormonrezeptoren (Seite373), oder stehen, teils im Zusammenhang mit den beiden letztgenannten Funktionen, im Dienst des Stofftransports durch die Membran hindurch (Seite 508).

Die Lokalisierung der integralen Proteinkomplexe der Primärprozesse

Nach dem zwingend notwendigen Exkurs zum Membranbau zurück zur Photosynthese. Dabei werden uns die neu erworbenen Kenntnisse gleich von Nutzen sein.

Bisher hatten wir drei große Pigment-Proteinkomplexe kennengelernt, die sich an den Primärprozessen beteiligen: die Photosysteme I und II und den Cytochrom b_6/f-Komplex. Nun müssen wir noch einen weiteren Proteinkomplex berücksichtigen, die ATP-Synthase, an der, wie der Name anzeigt, im Verlauf der Primärvorgänge ATP gebildet wird (Seite 119). Wir haben es im gegebenen Zusammenhang also mit vier Komplexen zu tun. Sie sind als integrale Proteine auf den Thylakoiden lokalisiert, und zwar in einer ganz bestimmten Verteilung (Abb. 2.15): Das Photosystem I mit LHCI und ebenso die ATP-Synthase finden sich in den vom Stroma her zugänglichen Thylakoidbereichen. Dabei handelt es sich um die Stromathylakoide, aber auch um die Membranen an der Peripherie der Grana. Erinnern wir uns daran, daß die Bildung von NADPH + H^+ im Anschluß an Photosystem I erfolgt. Nicht nur ATP, sondern auch NADPH + H^+ lassen sich also vom Stroma her abgreifen.

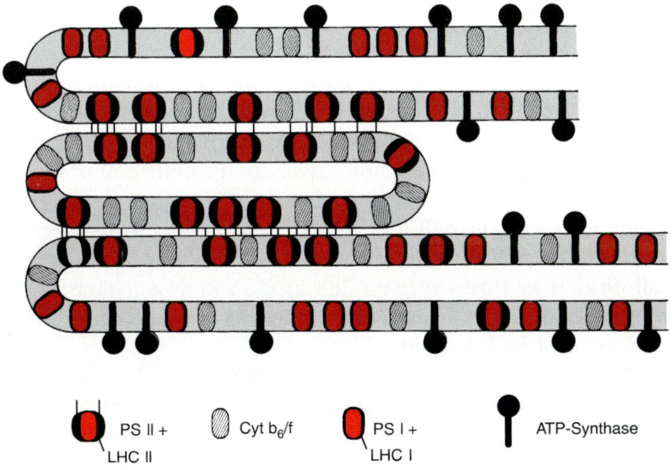

Abb. 2.15.
Lokalisierung der an den Primärprozessen beteiligten integralen Protein-Komplexe in Grana- und Stromathylakoiden. Die Polypeptidketten des LHC II, die dem festen Zusammenschluß zweier parallel gelagerter Membranen dienen, sind als schwarze Striche angedeutet (verändert nach Kleinig und Sitte 1986).

Das Photosystem II ist in den Bereichen der Granathylakoide zu finden, in denen sich die Membranen eng an eng aneinanderlegen (vgl. auch P in Abb. 2.13). LHC II trägt zu dieser fusionsähnlichen Parallel-Lagerung entscheidend bei: aus ihm herausragende Polypeptidketten verankern sich in der gegenüberliegenden Membran. Die Stapelung wird so fixiert.

Der Cytrochrom b_6/f-Komplex ist gleichmäßig über alle Thylakoid-Bereiche verteilt.

Die Lokalisierung der Primär- und Sekundärvorgänge

Mit den bisher gemachten Angaben sind wir mitten in der Lokalisierung der Primärprozesse: An den Primärprozessen maßgeblich beteiligte integrale Proteine sind auf den Thylakoiden lokalisiert. Auch wenn wir noch keine Aussage zur Lokalisation der weiteren, kleineren Redoxsysteme gemacht haben, liegt der Schluß nahe, daß die Primärprozesse in den Thylakoiden ablaufen. Das trifft in der Tat zu.

Doch dadurch scheinen sich Schwierigkeiten zu ergeben. Denn wer das Schema der räumlichen Organisation in Abb. 2.15 mit dem Z-Schema in Abb. 2.11 vergleicht, wird vielleicht mißbilligend feststellen, daß von der anschaulichen Reihung der Redoxsyteme im Z-Schema keine Rede mehr sein kann. Bei dem Z-Schema handelte es sich jedoch um eine Idealisierung, die eine erste Übersicht und damit Annäherung an das reale Geschehen ermöglichen sollte. Seine prinzipielle Gültigkeit bleibt nach wie vor erhalten:

Erinnern wir uns an die kleineren Redoxsysteme, die wir als Mittler zwischen den großen integralen Blöcken angenommen hatten, Plastochinon PQH_2, Plastocyanin und Ferredoxin. Auf Grund ihrer Mobilität sind sie das in der Tat. Daß das freie PQH_2 leicht beweglich sein sollte, liegt auf der Hand. Entsprechendes gilt aber auch für die anderen eben erwähnten Redoxsysteme, die zwar an Protein gebunden, aber insgesamt relativ klein sind. Sie gehören zu den *peripheren Proteinen*, die den Biomembranen nur lose aufgelagert sind und ihren Ort leicht wechseln können (Seite 116). Deshalb finden sie ihren Weg zu den großen Redoxblöcken mit der auf sie jeweils zugeschnittenen Struktur und dem entsprechenden Redoxpotential.

Hinzu kommt noch, daß auch die drei integralen Redoxsysteme bewegt werden können, wenn auch weniger leicht als die peripheren Proteine. Die für den Elektronentransport erforderlichen Kontaktmöglichkeiten zwischen den verschiedenen Redoxsystemen sind also gegeben. Das Z-Schema ist zwar nicht formell, aber doch im Prinzip realisiert.

Die Sekundärprozesse laufen im Stroma ab. Wie schon erwähnt, erfordern sie die Bereitstellung von ATP und NADPH + H^+. Unter diesem Aspekt ist es nur zweckmäßig, daß beide Substanzen wie eben erwähnt gerade an den vom Stroma her zugänglichen Thylakoidbereichen gebildet werden.

Doppelmembran und Endosymbionten-Hypothese

Im Zusammenhang mit der Besprechung des Feinbaus der Chloroplasten sei hier eine Anmerkung gemacht. Zur Struktur der Chloroplasten gehört auch die äußere Doppelmembran. Sie wird von den Anhängern der Endosymbionten-Hypothese als Pluspunkt für ihre Auffassung gewertet. Denn die äußere Membran könnte der ursprünglichen Oberflächenmembran der den Symbionten aufnehmenden Zelle, die innere Membran der Oberflächenmembran des Symbionten selbst entsprechen (Abb 2.15). Bestimmte Unterschiede in Struktur und Funktion der beiden Membranen lassen sich hiermit in Einklang bringen.

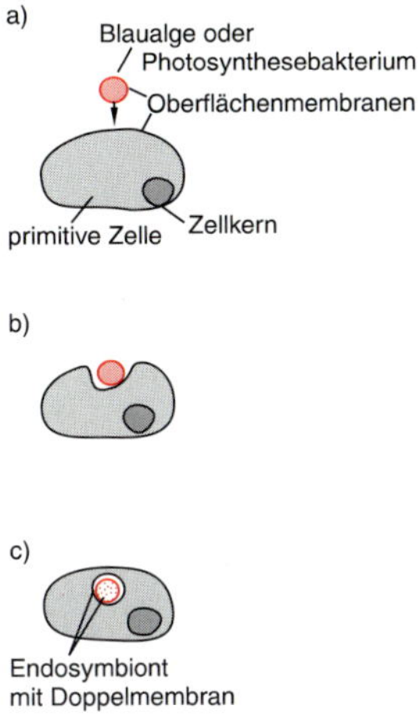

Abb. 2.16. *Erklärung der doppelten Oberflächenmmembran bei Chloroplasten (und entsprechend bei Mitochondrien). Eine Blaualge oder ein photosynthetisch tätiges Bakterium nähert sich einer primitiven, aber kernhaltigen Zelle (a), wird durch Invagination aufgenommen (b) und dann im Laufe der Evolution aus einem Endosymbionten (c) schließlich in einen Chloroplasten überführt, der zwei begrenzende Membranen besitzt. Bei der entsprechenden Herleitung von Mitochondrien würden nicht photosynthetisch tätige Bakterien ebenso aufgenommen.*

Doch verlassen wir diese Frage der Evolution und kommen wir auf die rezenten Gegebenheiten zurück. Was den Bau der Chloroplasten anbelangt, schälen sich zwei zentrale Prinzipien heraus, die uns in der einen oder anderen Form immer wieder begegnen werden:

1. Oberflächenvergrößerung. Sie wird in allen stoffwechselaktiven Strukturen angestrebt und hier durch die Anordnung der Membransysteme als Thylakoid erreicht.
2. Kompartimentierung. Eine Kompartimentierung, d.h. eine Trennung von Reaktionsräumen, ermöglicht es, verschiedene Prozesse mit höchster Effektivität in unmittelbarer Nachbarschaft ohne wechselseitige Störung ablaufen zu lassen. Eine solche Kompartimentierung ist mit der Lokalisierung der Primärvorgänge in den Thylakoiden und der Sekundärvorgänge in der anschließenden Matrix gegeben.

2.2.6 Photophosphorylierung nach der chemiosmotischen Hypothese

Unter *Photophosphorylierung* versteht man die ATP-Bildung bei der Photosynthese. ATP wird aus ADP + P gebildet, d.h. ADP wird phosphoryliert. Wir werden noch anderen derartigen »Phosphorylierungen« begegnen, nämlich der Substratketten- und der Atmungskettenphosphorylierung (Seite 179 und 189).

Die von MITCHELL 1961 aufgestellte *chemiosmotische Hypothese* liefert eine Erklärung für den Mechanismus der Photophosphorylierung in den Chloroplasten ebenso wie für denjenigen der Atmungskettenphosphorylierung in den Mitochondrien. Ihren Namen hat sie daher, daß sie einen chemischen Prozeß, die ATP-Bildung, auf Bewegungsprozesse (griech. osmosis = Bewegung) zurückführt. Dabei wird die für die ATP-Bildung benötigte Energie nicht in Form einer energiereichen Verbindung zur Verfügung gestellt, sondern resultiert aus bestimmten Transportvorgängen.

Die Hypothese hat sich inzwischen so sehr erhärten lassen, daß man schon von einer Theorie sprechen kann. Wir wollen im Rahmen dieser Einführung in die Pflanzenphysiologie exemplarisch nur ihre Anwendung auf die Chloroplasten diskutieren, nicht auch diejenige auf die Mitochondrien. Beschwichtigend sei bemerkt, daß die gleichen Prinzipien für das Geschehen in beiden Organellen gelten.

Und diese Prinzipien sind:

1. Es muß ein *Kompartiment* gegeben sein. Seine Membranbegrenzung muß *für Protonen impermeabel* sein – wenigstens von gleich noch zu besprechenden definierten Durchlaßstellen abgesehen. Mit den Thylakoiden ist diese Voraussetzung erfüllt, denn sie bilden geschlossene Vesikel.
2. Die Membran muß *asymmetrisch* gebaut sein. Das heißt: Im Querschnitt muß sie in ihren zum Inneren des Kompartiments hin gelegenen Teilen andere Strukturen aufweisen als in ihren äußeren Partien. Diese Voraussetzung ist mit einer entsprechenden Anordnung der Redox-Systeme erfüllt.
3. Die Funktion der Redox-Systeme in der Membran muß *vektoriell,* d.h. gleichgerichtet sein. Die Arbeitsweise der an den Primärprozessen beteiligten Redoxsysteme trägt dem Rechnung. Über ihre vektorielle Funktion kommt es zu einem *Elektronentransport* von der Innen- zur Außenseite der Thylakoidmembran und zu einem für Mitchells Hypothese besonders wichtigen *Protonentransport* in umgekehrter Richtung. Zusätzlich werden Protonen an der Innenseite der Thylakoidmembran freigesetzt und an ihrer Außenseite verbraucht. Folge ist ein ausgeprägter *Protonengradient,* der von innen nach außen abfällt. Die ungleiche Verteilung von Elektronen (mehr Elektronen

außen als innen) und von Protonen (mehr Protonen innen als außen) führt zu einem *elektrochemischen Potential.*

4. In der Membran müssen *definierte Passagen* vorhanden sein, über die Protonen von innen nach außen abfließen können, über die es also zu einem Ausgleich des elektrochemischen Potentials kommen kann. Die dabei freiwerdende Energie wird zur Bildung von ATP (= Phosphorylierung von ADP) benützt. Bewegungen der Protonen spielen also die entscheidende Rolle. Dementsprechend spricht man auch von einer »protonenmotorischen Kraft«, die hinter der ATP-Synthese steht.

Soweit das Grundsätzliche, allerdings schon etwas auf die Situation in den Chloroplasten abgestimmt. Verifizieren wir die Hypothese jetzt voll und ganz an Chloroplasten (Abb. 2.17), wobei des Zusammenhangs wegen einige Wiederholungen toleriert werden sollten.

Die benötigten Kompartimente sind die Thylakoide. In ihren Membranen sind die an den Primärprozessen der Photosynthese beteiligten Redoxsysteme *asymmetrisch* angeordnet. Sie arbeiten *vektoriell*, wie am Elektronenfluß zu erkennen. Die Photolyse findet an der Innenseite der Membranen statt. Die dem Wasser entzogenen Elektronen fließen von dort bis an die Außenseite der Membranen, wo sie zur Reduktion von $NADP^+$ eingesetzt werden.

Nun zum *Aufbau des Protonengradienten*. Dabei werden Protonen im Lumen der Thylakoide angereichert. Zunächst

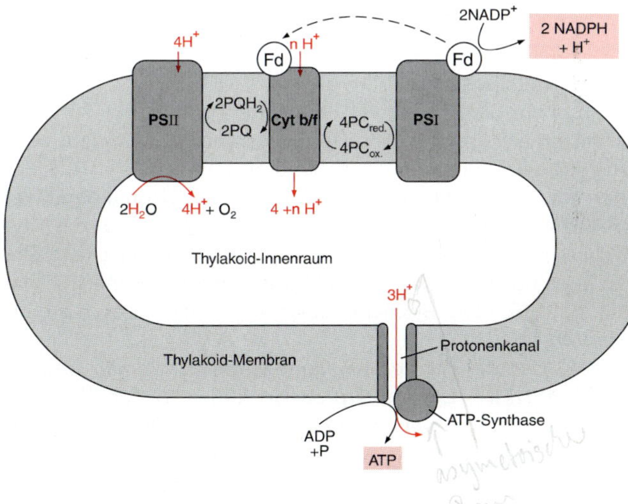

Abb. 2.17.
Schema der räumlichen Anordnung der Komponenten des photoynthetischen, in erster Line nicht-zyklischen Elektronentransports und der ATP-Bildung nach Mitchells Chemiosmotischer Theorie. Nur die wichigsten Komponenten sind angegeben. Drei integrale Redox-Komplexe durchspannen die Thylakoid-Membran, der Photosystem II-Komplex mit dem Wasserspaltenden Komplex (PSII), der Cytochrom b_6/f-Komplex (Cyt b/f), und der Photosystem I-Komplex (PSI). Die Verbindung zwischen PSII und Cyt b/f stellen Plastochinone, die zwischen Cyt b/f und PSI Plastocyanine her. Über diese Komponenten verläuft der nicht-zyklische Elektronen-Transport bis zum NADPH + H^+. Der damit gekoppelte H^+-Import in den Thylakoid-Innenraum ist rot gehalten. Ferredoxin (Fd), ein peripheres Protein, vermittelt den zyklischen Elektronentransport (gestrichelt), über den ebenfalls eine Protonenanreicherung im Lumen erfolgen kann (n H^+, ebenfalls in Rot).
Der vierte integrale Proteinkomplex ist der Protonenkanal mit der ATP-Synthase, an dem nach MITCHELL die ATP-Bildung erfolgt.

ist die *Photolyse* daran beteiligt. Denn sie findet an der Lumenseite der Thylakoidmembranen statt. Ein weiterer Protonenimport hängt mit der Hydrierung bzw. Dehydrierung der Plastochinone zusammen: Im Photosystem II wird Q_A hydriert. Die dazu benötigten Protonen stammen aus dem Stroma. Sie werden über Q_B an PQ weitergegeben, das dadurch zu PQH_2 wird. Wenn dieses seine Elektronen in den Cytochrom b_6/f-Komplex einspeist, werden gleichzeitig Protonen freigesetzt. Sie werden vom Cytochrom b_6/f aus in das Thylakoidlumen abgegeben. Das dabei rückgebildete PQ steht für eine erneute Hydrierung zur Verfügung.

Die bisher genannten Systeme sind beim nicht-zyklischen Elektronentransport in Funktion. Beim zyklischen Elektronentransport findet sich eine Einspeisung von Protonen in das Lumen der Thylakoide, die vom Cytb_6/f-Komplex aus erfolgt. Auf sie gehen dann der Protonengradient und die ATP-Bildung zurück.

Der auf dem Protonengradienten beruhende pH-Unterschied zwischen innen und außen kann mehr als drei Stufen betragen. Die Potentialdifferenz beträgt einige hundertstel Volt. Der Ausgleich erfolgt über einen »Protonenkanal«, der mit der ATP-Synthase im Verbund steht. Wenn rund drei Protonen durch diesen Kanal von innen nach außen transportiert werden, genügt die dabei anfallende Energie für die Bildung eines Moleküls ATP aus ADP + P.

Soweit zur Photophosphorylierung nach der chemiosmotischen Hypothese.

Zusammenfassung

Feinbau der Chloroplasten: Die äußere Abgrenzung der Chloroplasten erfolgt über eine Doppelmembran. Das Innere baut sich aus dem *Stroma* und Biomembransystemen, den *Thylakoiden* auf. *Stromathylakoide* durchziehen das Stroma ohne wesentliche Zusammenlagerung. Lokal überlappen sich die Thylakoide jedoch derart, daß stapelartige Bildungen entstehen, die auch lichtmikroskopisch faßbaren, intensiv grünen *Grana*. Die betreffenden Biomembransysteme bezeichnet man als *Granathylakoide.*

Lokalisierung der Redoxsysteme sowie der Primär- und Sekundärprozesse: Die *Primärprozesse* finden in den Thylakoiden statt. Die *integralen Proteinkomplexe* der Primärprozesse, PSI, PSII, Cyt-b_6/f und die ATP-Synthase, sind in Thylakoiden lokalisiert. Dabei finden sich PSI und die ATP-Synthase, die das für die Sekundärprozesse benötigte NADPH + H^+ und ATP anliefern, in denjenigen Thylakoidbereichen, die vom Stroma her zugänglich sind, also in nicht-gestapelten Thylakoiden oder Thylakoidbereichen. PSII sorgt über eine von LHCII ausgehende Polypeptidkette für eine feste wechselseitige Verankerung von parallel aneinanderliegenden Thylakoiden. Dementsprechend ist es vor allem in den gestapelten Granathylakoiden zu finden. $Cytb_6/f$ findet sich in gestapelten wie ungestapelten Thylakoiden. Die *peripheren Redoxproteine* der Primärprozesse, z.B. das Ferredoxin, befinden sich ebenfalls im Bereich der Thylakoide und stellen die Verbindung zwischen den integralen Redoxkomplexen her.

Die *Sekundärprozesse* laufen im Stroma ab. Die eben erwähnte Lokalisierung von PSI und ATP-Synthase wird damit sinnvoll.

ATP-Bildung nach der Chemiosmotischen Theorie: Das Lumen der Thylakoide stellt Kompartimente, in denen sich Protonen anreichern. Beim nicht-zyklischen Elektronentransport werden Protonen über die Photolyse (also aus dem PSII) und im Zusammenhang mit der reversiblen Hydrierung der Plastochinone (aus $Cytb_6/f$) in das Lumen eingespeist. Beim zyklischen Elektronentransport werden Protonen über $Cytb_6/f$ in das Lumen abgegeben. Ein von außen nach innen ansteigender *Protonengradient* baut sich auf. Bei seinem Ausgleich wandern Protonen durch einen Protonenkanal nach außen. Die dabei freiwerdende Energie wird zur Bildung von ATP genutzt. Dies geschieht durch eine am Protonenkanal liegende ATP-Synthase.

2.3 Sekundärvorgänge der Photosynthese

Von den Produkten des nicht-zyklischen Elektronentransportes, O_2, ATP und NADPH + H^+ interessiert uns hier der freigesetzte O_2 nicht weiter. ATP und NADPH + H^+ dagegen sind die Substanzen, die die Primärprozesse mit den Sekundärprozessen verbinden. Denn sie entstehen in den Primärprozessen und können dann in den Sekundärprozessen zur Fixierung und Reduktion des CO_2 herangezogen werden.

2.3.1 Der CO_2-Akzeptor

An welche Substanz wird nun das CO_2 gebunden, welche Substanz ist der CO_2-Akzeptor? Wie generell bei der Aufklärung der Sekundärprozesse, so war auch hier CALVIN der-

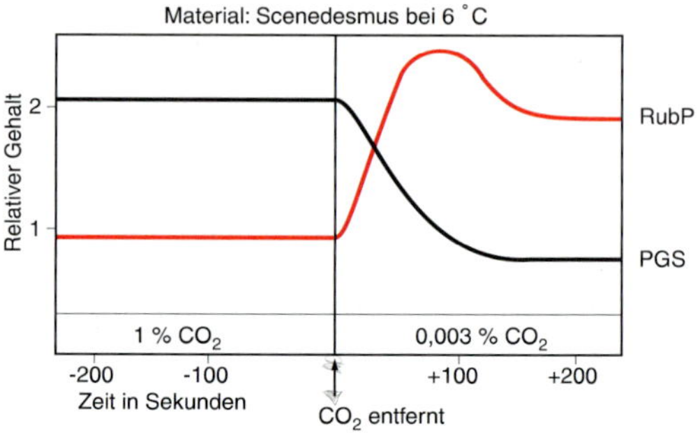

Abb. 2.18. *Versuch zur Ermittlung des CO_2-Akzeptors. Bei Entzug von CO_2 steigt die Konzentration an Ribulose-1,5-bisphosphat (RudP) an, die an 3-Phosphoglycerinsäure (PGS) fällt ab (verändert nach Baron 1967).*

jenige, der diese Frage beantwortete. Auszüge aus Kulturen der Grünalge *Scenedesmus*, die längere Zeit photosynthetisch tätig gewesen waren, wurden mit Hilfe der zweidimensionalen Papierchromatographie untersucht. Sie enthielten u.a. das Derivat einer Pentose, Ribulose-1,5-bisphosphat, und 3-Phosphoglycerinsäure. Wenn man nun den Algen das zur Photosynthese benötigte CO_2 entzog, stieg unmittelbar danach der Gehalt an Ribulose-1,5-bisphosphat steil an, derjenige an 3-Phosphoglycerinsäure fiel ab (Abb. 2.18). Daraus konnte man schließen: Ribulose-1,5-bisphosphat ist der CO_2-Akzeptor. Wenn kein CO_2 mehr zur Verfügung steht, wird Ribulose-1,5-bisphosphat nicht mehr verbraucht und häuft sich an. Des weiteren konnte man vermuten, das Produkt aus Ribulose-1,5-bisphosphat und CO_2 würde in folgenden Reaktionen in 3-Phosphoglycerinsäure überführt. Diese ersten Schlüsse ließen sich dann durch weitere Experimente bestätigen. So fand man z.B., daß zugeführtes Ribulose-1,5-bisphosphat die Bindung des CO_2 und die Entstehung von Phosphoglycerinsäure fördert.

2.3.2 Der Anschluß an die Primärvorgänge

In den Primärprozessen der Photosynthese werden ATP und NADPH + H^+ gebildet. In welcher chemischen Reaktion oder in welchen Reaktionen der Sekundärprozesse werden diese beiden Substanzen nun verwertet? Die Frage ließ sich insofern experimentell angehen, als die betreffende Reaktion indirekt lichtabhängig sein mußte. Indirekt deswegen, als das Licht direkt in der besprochenen ersten und zweiten Lichtreaktion die Chlorophylle anregt.

Wenn man Pflanzen nach einer bestimmten Belichtungsdauer abdunkelt, so sinkt der Gehalt an den meisten der hier interessierenden Substanzen ab. Eine Ausnahme macht

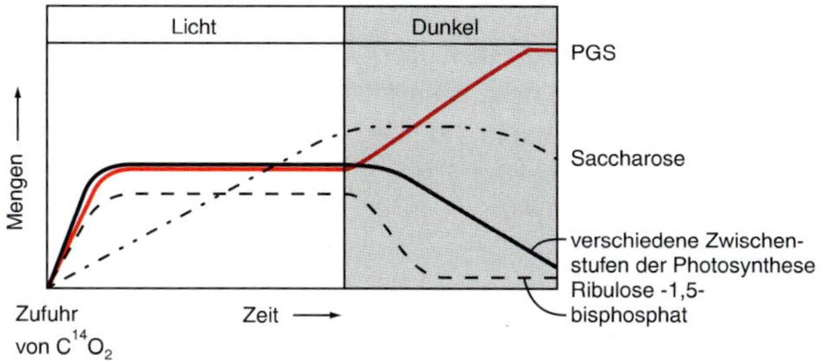

Abb. 2.19. *Versuch zur Ermittlung der indirekt lichtabhängigen Reaktion bei den Sekundärprozessen der Photosynthese. Bei Verdunkelung steigt der Gehalt an 3-Phosphoglycerinsäure (PGS) im Gegensatz zu demjenigen anderer Komponenten an (verändert nach* BARON *1967).*

die 3-Phosphoglycerinsäure, denn sie nimmt stark zu (Abb. 2.19).

Die Verwertung der 3-Phosphoglycerinsäure ist also offensichtlich lichtabhängig. 3-Phosphoglycerinsäure geht demnach in die lichtabhängige Reaktion ein, aber in welche Produkte wird sie in dieser Reaktion umgewandelt? Hier half wie bei allen solchen Untersuchungen die Autoradiographie. CALVIN führte Algensuspensionen *(Chlorella* oder *Scenedesmus)* $^{14}CO_2$ zu. Nach sehr kurzen Intervallen, schon nach wenigen Sekunden, und dann nach immer längeren Zeiträumen wurden die Algen getötet und extrahiert, beispielsweise in heißem 80 %igem Ethanol. Die Extrakte wurden mit Hilfe der zweidimensionalen Papierchromatographie aufgetrennt und der Autoradiographie unterworfen. Dabei zeigte es sich, daß schon nach sehr kurzer Photosynthesedauer außer der 3-Phosphoglycerinsäure auch 3-Phosphoglycerinaldehyd radioaktiv markiert war (Abb. 2.20). Weitere Untersuchungen bestätigten, daß 3-Phosphoglycerinaldehyd das Produkt der lichtabhängigen Reaktionen ist.

Wir können also festhalten: Bei den Sekundärprozessen der Photosynthese wird 3-Phosphoglycerinsäure in 3-Phosphoglycerinaldehyd überführt. Dazu wird das in den Primär-

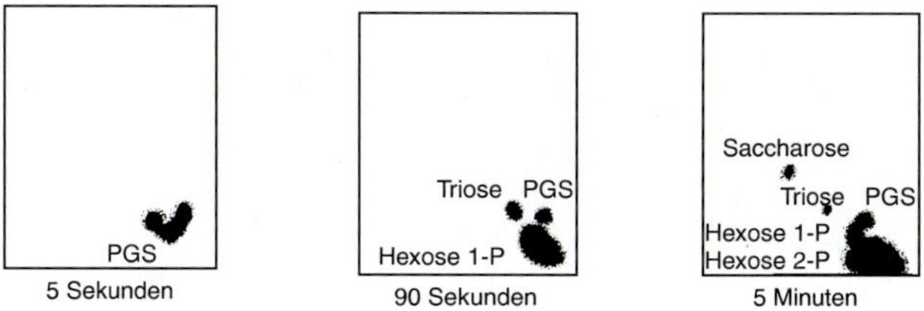

Abb. 2.20. *Versuche zur Ermittlung des Weges des Kohlenstoffs bei den Sekundärvorgängen der Photosynthese.* $^{14}CO_2$ *wurde Algensuspensionen zugeführt. Dann wurden die Algen zu den angegebenen Zeiten abgetötet und Extrakte aus ihnen in zweidimensionaler Papierchromatographie aufgetrennt. PGS = 3-Phosphoglycerinsäure, Triose = 3-Phosphoglycerinaldehyd + Dihydroxyacetonphosphat. Die geschwärzten Stellen auf den Chromatogrammabzügen zeigen, daß an den betreffenden Stellen, d.h. aber in den betreffenden Substanzen,* ^{14}C *vorhanden ist (verändert nach* BARON *1967).*

prozessen gebildete ATP und NADPH + H^+ verwendet. Vorweggreifend sei gesagt, daß die Überführung in zwei Reaktionen stattfindet. Diese beiden miteinander gekoppelten Reaktionen sind indirekt lichtabhängig, weil ihr Ablauf an das aus den Primärprozessen gelieferte ATP und NADPH + H^+ gebunden ist. In ihnen erfolgt die Verknüpfung zwischen den Primär- und den Sekundärprozessen der Photosynthese.

2.3.3 Der Calvin-Zyklus (reduktiver Pentosephosphat-Zyklus)

Wir haben nun schon die ersten Schritte bei der Fixierung und Reduktion des CO_2 kennengelernt. Auch die folgenden

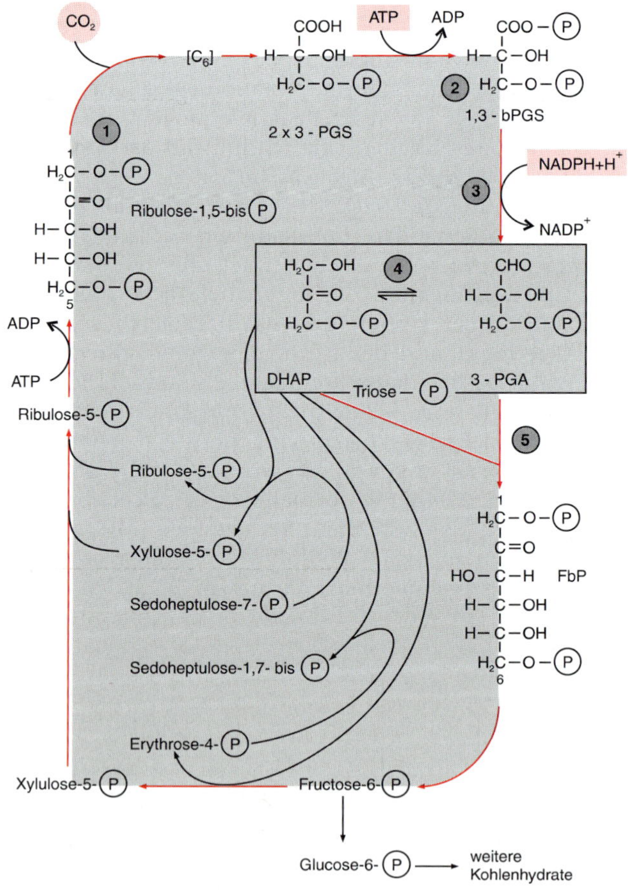

Abb. 2.21. *Der Calvin-Zyklus (reduktiver Pentosephosphat-Zyklus) C_6 = ein intermediär gebildeter, instabiler C_6-Körper; 3-PGS = 3-Phosphoglycerinsäure (unter physiologischem pH liegt anstatt Glyzerinsäure das Glycerat vor); 1,3-bPGS =1,3-Bisphosphatglycerinsäure; 3-PGA = 3-Phosphoglycerinaldehyd; DHAP = Dihydroxyacetonphosphat; Fbp = Fructose-1,6-bisphosphat. 1 = Ribulose-1,5-bisphosphat-carboxylase/oxygenase (Rubisco); 2 = Phosphoglycerat-kinase; 3 = 3-Phosphoglycerinaldehyd-Dehydrogenase (»Triosephosphat-Dehydrogenase«); 4 = Triosephosphat-Isomerase; 5= Aldolase.*

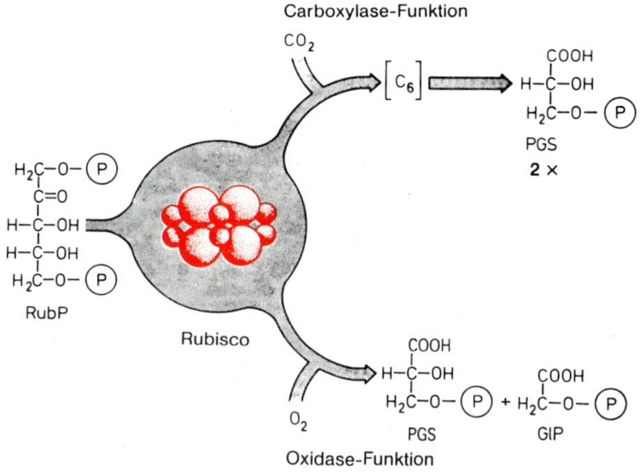

Abb. 2.22.
Die Doppelfunktion der Rubisco. Der Enzymkomplex aus jeweils acht großen und acht kleinen Untereinheiten ist modellmäßig gezeigt. GlP = Glykolatphosphat, andere Abkürzungen vgl. Abb. 2.21 (nach Baker *et al. aus* Goodwin *und* Mercer *1983).*

Reaktionsschritte wurden von der Arbeitsgruppe um Calvin mit der eben für 3-Phosphoglycerinaldehyd geschilderten Technik aufgedeckt. Betrachten wir die gesamte Abfolge im Zusammenhang und schließen wir dabei die ersten Schritte noch einmal ein (Abb. 2.21).

Das Schlüsselenzym der Sekundärprozesse ist die sog. *Rubisco*. Denn sie bindet CO_2 in den organischen Akzeptor Ribulose-1,5-bisphosphat. Das Enzym besteht aus 8 großen (MG je ca. 55 000) und kleinen (MG je ca. 14 000) Untereinheiten (Abb. 2.22).

Entsprechende Versuche, u.a. mit Inhibitoren der Translation an 80S-Ribosomen wie Cycloheximid und an 70S-Ribosomen wie Chloramphenicol (Seite 49), haben gezeigt, daß die großen Untereinheiten von den Chloroplasten, die kleinen Untereinheiten vom Zellkern codiert werden. Also ein Enzym, das nach Herkunft wie Struktur recht komplex ist. Wenn wir nun hinsichtlich seiner Funktion Entsprechendes erwarten, sehen wir uns nicht getäuscht: Das Enzym fixiert nicht nur CO_2 in Ribulose-1,5-bisphosphat, sondern zerlegt das gleiche Substrat auch oxidativ. Es kommen ihm also zwei Funktionen zu:

1. eine Carboxylase-Funktion, die jetzt wichtig wird, und
2. eine Oxygenase-Funktion, auf die wir später (Seite 194) eingehen werden.

Auf diese Doppelfunktion bezieht sich auch die offizielle Bezeichnung *Ri*b*u*lose-1,5-*bis*phosphat-*c*arboxylase/*o*xygenase.

Verständlich, daß man sie nicht nur im Laborjargon durch die Abkürzung *Rubisco* ersetzt.

Durch die Fixierung des CO_2 in Ribulose-1,5-bisphosphat entsteht ein instabiles Zwischenprodukt. Es zerfällt in zwei Moleküle 3-Phosphoglycerinsäure. Diese wird mit Hilfe des in den Primärprozessen gebildeten ATP in 1,3-Bisphosphoglycerinsäure überführt, eine energiereiche und damit für die nachfolgende Reaktion aktivierte Verbindung. Diese Folgereaktion besteht darin, daß die 1,3-Bisphosphoglycerinsäure unter Abspaltung des energiereich gebundenen Phosphats zu 3-Phosphoglycerinaldehyd reduziert wird. Dabei wird das über die Primärprozesse angelieferte NADPH + H^+ verbraucht. Über die beiden Reaktionsschritte von der 3-Phosphoglycerinsäure bis zum 3-Phosphoglycerinaldehyd erfolgt also die Verknüpfung der Primär- mit den Sekundärprozessen. Die beiden beteiligten Enzyme sind die Phosphoglycerat-Kinase für Reaktion 1 und die 3-Phosphoglycerinaldehyd-Dehydrogenase (auch Triosephosphat-Dehydrogenase) für Reaktion 2.

3-Phosphoglycerinaldehyd steht mit seinem Isomeren Dihydroxyacetonphosphat im Gleichgewicht. Die Gleichgewichtseinstellung wird von dem Enzym Triosephosphat-Isomerase katalysiert. 3-Phosphoglycerinaldehyd und Dihydroxyacetonphosphat zusammengenommen bezeichnet man auch als Triosephosphat.

Beim Triosephosphat kommt es zu einer Gabelung: Einerseits können zwei Moleküle Triosephosphat (je ein Molekül 3-Phosphoglycerinaldehyd und Dihydroxyacetonphosphat) zu einem Molekül Fructose-1,6-bisphosphat zusammentreten. Der Reaktionsmechanismus ist eine sog. Aldolkondensation und dementsprechend trägt das steuernde Enzym den Namen Aldolase. Eine Phosphatase kann dann vom Fructose-1,6-bisphosphat einen Phosphatrest abspalten. Es entsteht Fructose-6-phosphat, das in weitere Zucker oder auch polymere Zucker wie Stärke überführt werden kann. Auf diesem Weg wird das CO_2 der Luft zur Synthese von Kohlenhydraten herangezogen.

Andererseits beteiligen sich Triosephosphate auch an der Regeneration des CO_2-Akzeptors Ribulose-1,5-bisphosphat. Bilanzmäßig ergibt sich folgendes Bild: In eine komplizierte Sequenz von Umwandlungen, die wir hier nicht im Detail verfolgen wollen, werden 3 Moleküle Triosephosphat und ein Molekül Fructose-6-phosphat, also insgesamt 15 C-Atome hineingeschickt. Heraus kommen 3 Moleküle Ribulose-

5-phosphat, also wieder 15 C-Atome. Mit Hilfe von ATP wird dann Ribulose-5-phosphat in Ribulose-1,5-bisphosphat überführt. Damit ist der CO_2-Akzeptor regeneriert: Ausgehend von und zurückkehrend zu Ribulose-1,5-bisphosphat finden wir einen Kreislauf, auf dem

a) Kohlenhydrate wie Fructose-1,6-bisphosphat angeliefert werden und
b) der primäre CO_2-Akzeptor Ribulose-1,5-bisphosphat rückgebildet wird.

Man bezeichnet diesen Kreislauf als *Calvin-Zyklus* oder – weniger gängig – als *reduktiven Pentosephosphat-Zyklus.* Der letzte Name nimmt Bezug darauf, daß über ihn auch Pentosephosphate unter reduktiven Bedingen (Einsatz von NADPH + H^+) gebildet werden.

Noch eine Anmerkung: außer dem reduktiven kennt man auch einen *oxidativen Pentosephosphat-Zyklus*. Er wird auf Seite 494 besprochen.

2.3.4 Variante 1 in der CO_2-Anlieferung: der C_4-Dicarbonsäure-Weg

Bislang hatten wir Ribulose-1,5-bisphosphat als den ersten, den primären CO_2-Akzeptor herausgestellt. Denn die erste organische Substanz, in die CO_2 fixiert wurde, war eben Ribulose-1,5-bisphosphat. Nun kann aber auch Phosphoenolpyruvat (PEP) als primärer CO_2-Akzeptor dienen. Über die CO_2-Fixierung in PEP und anschließende Veränderungen entstehen CO_2-Transportmoleküle, die das CO_2 in die Maschinerie des Calvin-Zyklus einbringen. Dort wird es ganz normal an Ribulose-1,5-bisphosphat abgegeben und dann, wie uns schon bekannt, in Kohlenhydrate überführt. Es handelt sich also nicht um Varianten der Kohlenhydratsynthese, sondern lediglich um Varianten in der Anlieferung des dazu benötigten CO_2.

Eine erste Variante dieser Art wurde vor allem durch die grundlegenden Arbeiten von HATCH und SLACK (1966) bekannt. Man bezeichnet sie deshalb als *Hatch- und Slack-Weg* oder, unter Bezug auf entsprechende Intermediärprodukte, als *C_4-Dicarbonsäureweg* der primären CO_2-Fixierung. Man hatte den C_4-Dicarbonsäureweg zuerst bei Gramineen wie Mais und Zuckerrohr nachgewiesen. Inzwischen weiß man, daß er bei höheren Pflanzen, Monocotyledonen wie Dicotyledonen, weit verbreitet ist und keineswegs eine seltene Anomalie darstellt.

Arten mit dem C_4-Dicarbonsäureweg bezeichnet man als *C_4-Pflanzen*. Diejenigen Arten, bei denen Ribulose-1,5-bisphosphat der primäre CO_2-Akzeptor ist, nennt man unter Bezug auf die ersten faßbaren Photosyntheseprodukte, bei denen es sich um 3C-Körper handelt, *C_3-Pflanzen*.

Die Biochemie des C_4-Dicarbonsäurewegs

Bei C_4-Pflanzen finden sich mehrere Varianten des C_4-Dicarbonsäurewegs. Bei allen wird Malat als CO_2-Transportmetabolit wichtig. Bei einigen Varianten findet sich außerdem eine intermediäre Bildung von Aspartat. Dementsprechend unterscheidet man zwischen *Malat-* und *Aspartatbildnern*.

Hier soll nur der relativ einfache C_4-Dicarbonsäureweg in Malatbildnern besprochen werden. Man spricht dabei auch von dem *NADP-Malat-Enzym-Typ* (vgl. unten). Er findet sich in wichtigen Kulturpflanzen der Tropen und Subtropen wie Mais (*Zea mays*), Mohrenhirse (*Sorghum* spec.) und Zuckerrohr (*Saccharum officinarum*).

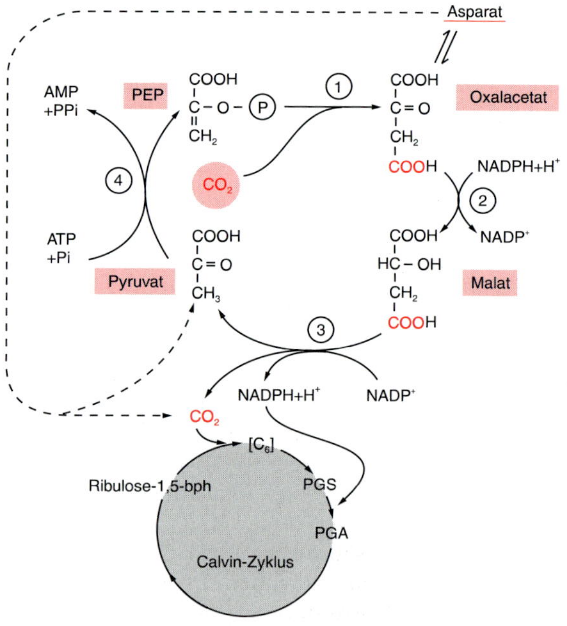

Abb. 2.23. *Der C_4-Dicarbonsäureweg bei Malatbildnern (NADP-Malat-Enzym-Typ). Daß es auch Aspartatbildner gibt, wurde angedeutet. PEP = Phosphoenolpyruvat; PGS = 3-Phosphoglycerinsäure; PGA = 3-Phosphoglycerinaldehyd. 1 = PEP-Carboxylase; 2 = Malatdehydrogenase; 3 = NADP-Malat-Enzym; 4 = Pyruvat-Pi-Dikinase. Zur Kompartimentierung vgl. Abb. 2.25).*

Mit der Kompartimentierung werden wir uns erst später befassen (Seite 133). Zunächst also nur die »reine« Biochemie (Abb. 2.23):

Der primäre CO_2-Akzeptor ist wie schon herausgestellt Phosphoenolpyruvat (PEP). Mit Hilfe einer PEP-Carboxylase wird es in Oxalacetat überführt, das dann durch eine NADPH-abhängige Malatdehydrogenase zu Malat hydriert wird. Ein Malat-Enzym zerlegt Malat unter Bildung von CO_2, Pyruvat und NADPH + H^+ – es handelt sich bei ihm also um ein *NADP*-Malat-Enzym. Das CO_2 wird dann von der Rubisco in Ribulose-1,5-bisphosphat fixiert. Damit haben wir den Anschluß an die uns bekannten Reaktionen des Calvin-Zyklus gewonnen: Das primär in PEP fixierte CO_2 ist nun auf den Endakzeptor Ribulose-1,5-bisphosphat übertragen und wird wie schon besprochen reduziert (Abb. 2.21). Dabei kann vom Malat-Enzym angeliefertes NADPH + H^+ gleich die benötigten Reduktionsäquivalente stellen. Das Pyruvat wird unter ATP-Verbrauch wieder zu PEP regeneriert. Damit steht der primäre CO_2-Akzeptor erneut zur Verfügung.

Intermediär entstehen Oxalacetat und Malat, bei Aspartatbildnern auch Aspartat, alles Säuren bzw. Salze von Säuren mit 4 C-Atomen und mindestens zwei Carbonylfunktionen. Die Bezeichnung C_4-Dicarbonsäureweg wird damit verständlich.

Das C_4-Syndrom

Wir hatten eben die biochemischen Vorgänge zunächst ohne Berücksichtigung der Strukturen besprochen, an die sie gebunden sind. Das geschah, um deutlich herauszustellen, daß neu eigentlich nur die andersartige primäre CO_2-Fixierung ist – zumindest wenn man die tragenden Strukturen außer acht läßt. Beeilen wir uns, dieses Versäumnis nachzuholen. Denn der C_4-Dicarbonsäureweg liefert uns ein Musterbeispiel einer ökologisch und ökonomisch sinnvollen Abstimmung von Struktur und biochemischer Funktion.

Die schon geschilderten biochemischen Reaktionen sind mit einer ganzen Reihe weiterer Phänomene gekoppelt, die man zusammenfassend auch als *C_4-Syndrom* bezeichnet. Greifen wir einige Punkte heraus:

Kranztyp

Die C_4-Pflanzen weisen den sog. *Kranztyp* des Blattquerschnittes auf (Abb. 2.24).

Abb. 2.24.
Die Anatomie eines C_3- und eines C_4-Blattes (nach PURVES und ORIANS 1983).

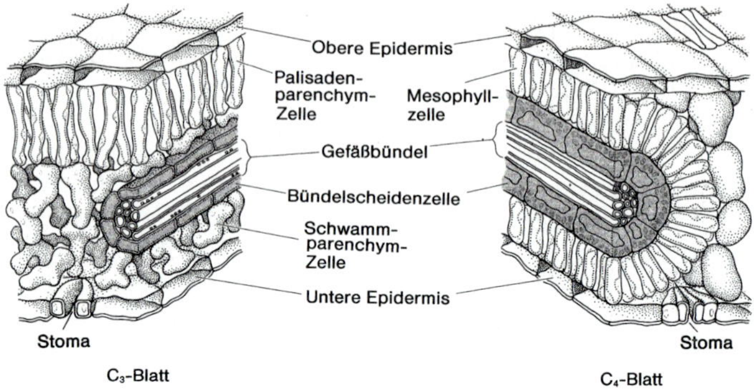

Das soll heißen, daß sich um die Gefäßbündel abweichend von der normalen Anatomie eines Laubblattes zunächst ein innerer Kranz von stark chlorophyllhaltigen Scheidenzellen legt. Nach außen folgt dann ein zweiter Kranz aus etwas weniger Chlorophyll enthaltenden Mesophyllzellen. Berücksichtigt man die dreidimensionale Realität, so werden aus Kränzen natürlich entsprechende Röhren. Diese Anordnung der assimilatorisch tätigen Zellen hatte HABERLANDT schon 1904 beschrieben und eben »Kranztyp« genannt. Er hatte auch bereits vermutet, daß der Besonderheit in der Anatomie der Assimilationsgewebe eine Besonderheit im biochemischen Geschehen entsprechen könne.

Chloroplastendimorphismus

In den eben erwähnten zwei Zellschichten findet sich nun auch ein *Chloroplastendimorphismus* (Abb. 2.26). Die Chloroplasten in den Scheidenzellen sind relativ groß und weisen vielfach keine Granathylakoidstapel auf. Wie wir eben bei der Besprechung der Feinstruktur von Normchloroplasten erfahren hatten, ist das Photosystem II an die Grana gebunden. Den Chloroplasten in den Scheidenzellen fehlt also Photosystem II und damit die Möglichkeit zum nicht-zyklischen Elektronentransport. Dennoch häuft sich in ihnen Stärke an. Das ist insofern erstaunlich, als die Bildung von Kohlenydraten die Bereitstellung von ATP und NADPH + H^+ voraussetzt, die normalerweise gerade über den nicht-zyklischen Elektronentransport angeliefert werden. Lassen wir es im Augenblick bei dieser Feststellung bewenden und werfen wir noch einen Blick auf die Chloroplasten der Mesophyllzellen: Sie sind normal gebaut, führen also als Grana in Erscheinung tretende Thylakoidstapel. Stärke findet sich in ihnen nicht.

Nettophotosynthese

Ebenfalls zum C_4-Syndrom zählt, daß C_4-Pflanzen eine hohe *Nettophotosynthese* oder *apparente Photosynthese* aufweisen. Die über die Photosynthese produzierten Kohlenhydrate werden zu einem Großteil über biologische Oxidationsprozesse unter Freisetzung von CO_2 wieder abgebaut. Das gilt besonders für grüne, belichtete Pflanzenteile, in denen sich ein spezieller Abbauweg, die Photorespiration findet. Wir werden darauf noch zurückkommen (Seite 193). Unter Nettophotosynthese versteht man nun denjenigen Anteil des in der Photosynthese fixierten CO_2, der nicht wieder über Oxidationsprozesse freigesetzt wird. Er ist bei C_4-Pflanzen wie erwähnt besonders hoch. Die Photorespiration, die die Bilanz bei C_3-Pflanzen stark in Richtung der Minusseite verschieben kann, kommt bei ihnen praktisch nicht zur Auswirkung.

Räumliche Kompartimentierung der Photosynthese beim NADP-Malat-Enzym-Typ der C_4-Pflanzen

Die eben erwähnten drei Punkte aus dem C_4-Syndrom (Kranztyp, Chloroplastendimorphismus und hohe Nettophotosynthese) werden über eine spezielle Kompartimentierung der Photosynthesevorgänge bei C_4-Pflanzen verständlich. Wir gehen darauf nur bei den Malatbildnern (NADP-Malat-Enzym-Typ) ein (Abb. 2.25, 2.26). Für die anderen Typen gilt ähnliches, nur daß teilweise noch Mitochondrien als weiteres Kompartiment beteiligt sein können.

In Chloroplasten von Mesophyllzellen wird Pyruvat in PEP überführt. Das PEP geht ins Cytoplasma der Mesophyllzellen über und wird dort durch Fixierung von CO_2 zu Oxalacetat. Entscheidend für die Ökonomie des Ablaufs ist nun die Herkunft dieses CO_2. Es kann aus verschiedenen Quellen stammen. Wesentlich ist jedoch die Photorespiration (Seite 193), über die erhebliche Quantitäten an CO_2 angeliefert werden können. Es geht nun nicht verloren, sondern wird in PEP gebunden. Dadurch erklärt sich die hohe Nettophotosynthese.

Wieder in Chloroplasten von Mesophyllzellen, wird nun das durch die CO_2-Fixierung gebildete Oxalacetat in Malat

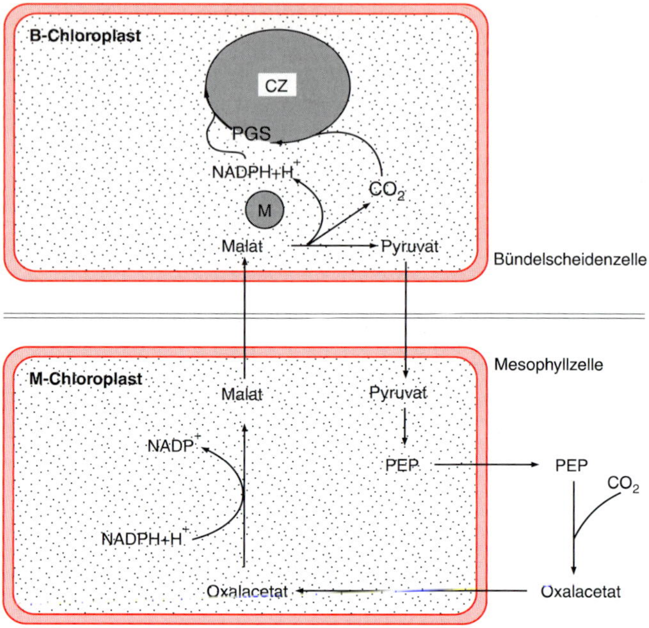

Abb. 2.25
Räumliche Kompartimentierung beim NADP-Malat-Enzym-Typ der C4-Pflanzen. CO2 wird im Cytoplasma von Mesophyllzellen unter Bildung von Oxalacetat in PEP fixiert. Das Oxalacetat wandert in Chloroplasten der Mesophyllzellen, in denen es zu Malat hydriert wird, das in Bündelscheidenzellen überführt wird. In deren Chloroplasten wird es durch das NADP-Malat-Enzym (M) in CO2, NADPH + H+ und Pyruvat zerlegt. CO2 und NADPH + H+ fördern bzw. ermöglichen den Clavin-Zyklus (CZ) in den Chloroplasten der Bündelscheidenzellen, obwohl diesen Photosystem II und damit die Produktion von NADPH + H+ weitgehend fehlen (vgl. Chloroplastendimorphismus). Das Pyruvat wandert in Mesophyllzellen zurück und wird in deren Chloroplasten zu PEP regeneriert, das in das Cytoplasma übergehen und dort erneut als primärer CO2-Akzeptor dienen kann. PGS = 3-Phosphoglycerinsäure; B- = Bündelscheiden-; M- = Mesophyll-.

überführt. Das Malat wandert dann nach innen in die Scheidenzellen. In deren Chloroplasten wird es vom Malat-Enzym gespalten. Das dabei entstehende CO_2 wird auf Ribulose-1,5-bisphosphat übertragen. Das ebenfalls anfallende NADPH + H^+ kann im nun anlaufenden Calvin-Zyklus bei der Reduktion von 3-Phosphoglycerinsäure zu 3-Phosphoglycerinaldehyd eingesetzt werden. Damit wird verständlich, daß die Grana und damit letztlich der NADPH + H^+ anliefernde nicht-zyklische Elektronentransport in den Scheidenzellen fehlen können. Die Anlieferung von ATP ist weniger kritisch. Es könnte auch über z.B. den zyklischen Elektronentransport, der ja ohne Photosystem II abläuft, angeliefert werden. Damit wäre der Chloroplastendimorphismus verständlich und es wäre auch geklärt, wieso die Scheidenzellen in ihren Chloroplasten Stärke führen können. Denn die Stärke wird aus den über den Calvin-Zyklus gestellten Glucosemolekülen gebildet.

Das in den Chloroplasten der Scheidenzellen bei der Spaltung des Malates anfallende Pyruvat wandert in die Mesophyllzellen zurück und kann dort wieder zum primären CO_2-Akzeptor PEP phosphoryliert werden.

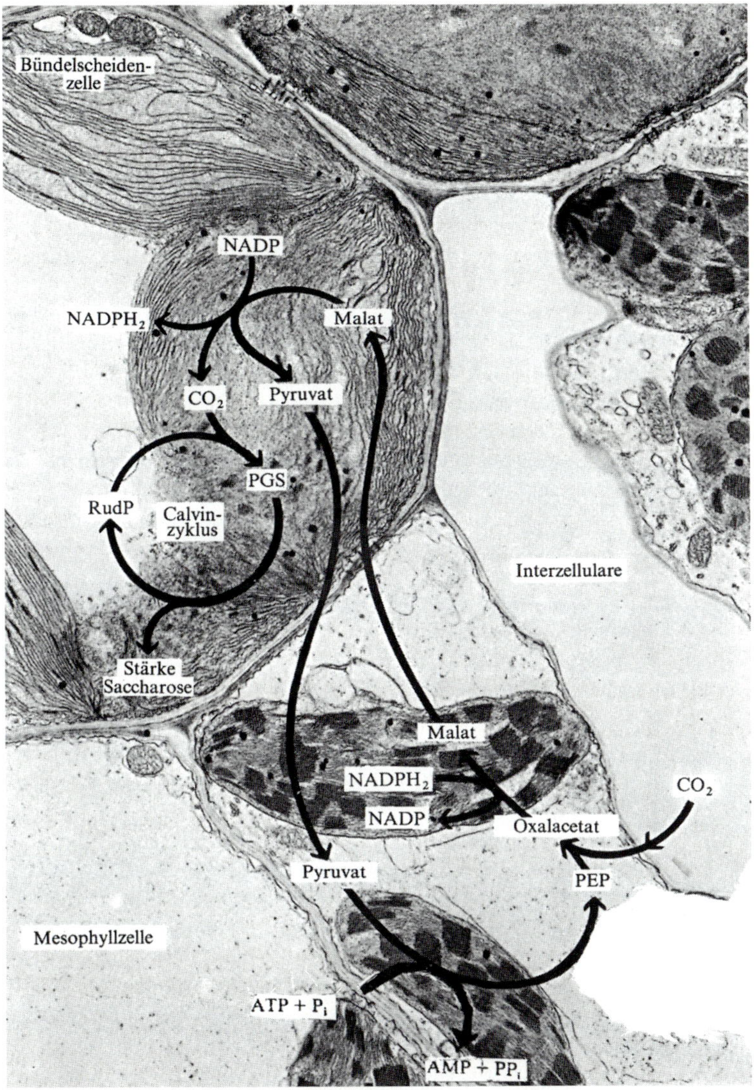

Abb. 2.26.
Chloroplastendimorphismus und Kompartimentierung beim NADP-Malat-Enzym-Typ der C_4-Pflanzen. In eine EM-Aufnahme aus einem Maisblatt wurden die Sekundärprozesse der Photosynthese, besonders auch der betreffende C_4-Weg (vgl. Abb. 2.23) eingezeichnet. Der Chloroplastendimorphismus ist deutlich zu erkennen. Den Chloroplasten der Bündelscheidenzellen fehlen die Grana. Sie bilden dennoch Photosyntheseprodukte wie Saccharose und Stärke. Die Chloroplasten der Mesophyllzellen weisen die normale Substruktur mit Grana auf (nach RAVEN *et al. 1985).*

Auch Aspartat kann als CO_2-Speicher dienen. Für seine Umsetzung in entsprechend arbeitenden C_4-Pflanzen gibt es mehrere Möglichkeiten. Eine von ihnen ist in Abb. 2.23 angedeutet.

Ökologie der C_4-Pflanzen

Stellen wir noch einmal die ökologischen – und mit ihnen auch ökonomischen – Aspekte des C_4-Dicarbonsäurezyklus heraus, wobei wir noch einige weitere Details zu erwähnen haben:

C_4-Pflanzen gehen mit CO_2 sehr haushälterisch um. Wie wir eben erfahren hatten, kann das aus der Photorespiration stammende *CO_2 abgefangen werden*. Hinzu kommt noch, daß die PEP-Carboxylase eine höhere Affinität zu CO_2 aufweist als die Rubisco. Sie kann deshalb auch noch bei geringen CO_2-Konzentrationen arbeiten und so die Kohlenhydratsynthese aufrecht erhalten.

Und noch etwas: Wir hatten bereits die zwei Funktionen der Rubisco, die Carboxylase- und die Oxygenase-Funktion erwähnt (Abb. 2.22). Die Carboxylase-Funktion wird nun durch *einen hohen CO_2-Partialdruck*, die Oxygenase-Funktion durch einen relativ hohen O_2-Partialdruck *stimuliert*. Bei den C_4-Pflanzen werden gegebenenfalls erhebliche Mengen an Malat und damit auch an CO_2 in die Chloroplasten der Scheidenzellen eingeschleust. Dadurch wird die Carboxylase-Funktion angekurbelt, die Oxygenase-Funktion und damit die Photorespiration umgekehrt abgebremst – wieder ein Pluspunkt!

Fügen wir noch hinzu, daß die Photosynthese der C_4-Pflanzen an *höhere Temperaturen* adaptiert ist als diejenige der C_3-Pflanzen. Das Optimum der CO_2-Fixierung liegt bei C_3-Pflanzen bei 15 bis 20 °C, bei C_4-Pflanzen bei 30 bis 40 °C!

C_4-Pflanzen benötigen wenig, vorübergehend sogar überhaupt kein CO_2 von außen, denn sie können auf die CO_2-Speichersubstanzen Malat oder auch Aspartat zurückgreifen. Ihre Spaltöffnungen können für einige Zeit weitgehend oder ganz geschlossen werden, ohne daß die Photosynthese beeinträchtigt wird. Mehr oder weniger stark geschlossene Spaltöffnungen, das bedeutet aber auch *Einschränkung der Wasserverluste* über die stomatäre Transpiration (Seite 512). Hinzu kommt das hohe Temperaturoptimum der CO_2-Fixierung. Kein Wunder, daß sich der C_4-Dicarbonsäureweg häufig bei Arten der Subtropen und Tropen findet, die zumindest zeitweise gegen Hitze und Wassermangel ankämpfen müssen.

Während der Evolution erfolgte der Übergang zum C_4-Mechanismus wahrscheinlich an mehreren Stellen unabhängig voneinander. Dafür spricht, daß er sich in sehr verschiedenen Familien und Gattungen findet. Dabei können Vertreter einer gegebenen Familie teils C_4-, teils C_3-Pflanzen sein. Ein Beispiel liefern unsere wichtigsten Nahrungslieferanten, die Getreidearten (Tab. 2.1). Unsere Hypothese von der Adaption der C_4-Pflanzen an Wärme und Wassermangel wird dadurch bestätigt, daß der Reis trotz seines Anbaus in warmen Regionen keine C_4-Pflanze ist. Denn nicht nur der Flutreis und der Sumpfreis, sondern auch der Bergreis gedeiht nur bei guter Wasserversorgung.

Die C_4-Pflanzen sind den C_3-Pflanzen nach alldem in doppelter Hinsicht überlegen: ökonomisch durch ihre hohe Nettophotosynthese und auf wasserarmen Standorten auch ökologisch durch die Möglichkeit einer effektiven Photosynthese sogar bei geschlossenen Spaltöffnungen. Mit dem

Tab. 2.1. C_3- und C_4-Pflanzen unter Getreidearten (*Poaceae*)

C_3-Pflanzen	C_4-Pflanzen
Hafer (*Avena sativa*)	Mais (*Zea mays*)
Reis (*Oryza sativa*)	Mohrenhirse (*Sorghum bicolor*)
Roggen (*Secale cereale*)	Rispenhirse (*Panicum miliaceum*)
Weizen (*Triticum aestivum*)	Zuckerrohr (*Saccharum officinarum*)

C_4-Dicarbonsäurezyklus haben wir aber auch den biochemischen Hintergrund einer ökologischen Adaptation kennengelernt. Damit haben wir uns zum ersten, aber nicht zum letzten Mal in diesem Buch mit *biochemischer Ökologie* befaßt.

2.3.5 Variante 2 in der CO_2-Anlieferung: der Crassulaceen-Säure-Stoffwechsel (diurnaler Säurezyklus der Sukkulenten)

Eben hatten wir herausgestellt, daß die C_4-Pflanzen den C_3-Pflanzen auf wasserarmen Standorten überlegen sein können. Dabei kann man kaum umhin, an eine ganze Pflanzengruppe zu denken, die über die verschiedensten morphologisch-anatomischen Einrichtungen zur Herabsetzung der Wasserabgabe verfügt, nämlich die Sukkulenten. Denn bei ihnen muß sich das schon aufgeworfene Problem in noch höherem Maß als etwa bei bestimmten Gräsern, die C_4-Pflanzen sind, stellen: So erwünscht die Herabsetzung der Wasserabgabe ist, so unerwünscht ist es, daß durch den Verschluß der Spaltöffnungen auch die Aufnahme des für die Photosynthese benötigten CO_2 unterbunden wird. Einige Sukkulenten sind C_4-Pflanzen. Die meisten von ihnen, darunter besonders viele Arten aus der Familie der Crassulaceen, weisen aber in Adaptation an diese Situation eine andere Variante der CO_2-Anlieferung auf, die auf einem besonderen Umsatz organischer Säuren beruht. Man spricht deshalb von einem *Crassulaceen-Säure-Stoffwechsel* (*C*rassulacean *A*cid *M*etabolism, *CAM*). Er äußert sich in ausgeprägten tagesperiodischen Schwankungen im Gehalt bestimmter Säuren, deshalb die ältere Bezeichnung *diurnaler Säurezyklus der Sukkulenten*. Arten, die diesen Säurezyklus aufweisen, nennt man *CAM-Pflanzen*.

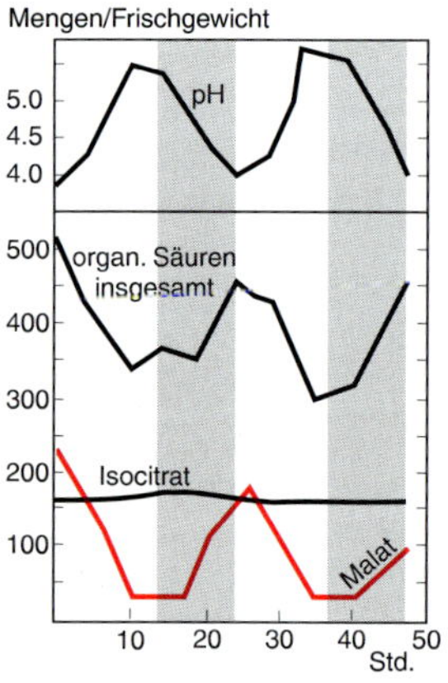

Abb. 2.27. Diurnale Schwankungen im pH-Wert und im Gehalt an verschiedenen organischen Säuren bei Bryophyllum calycinum (verändert nach STEWARD *1966).*

Schon 1804 lieferte DE SAUSSURE über Befunde an Opuntien erste Indizien für einen Säurezyklus. Wenig später wurde von Heyne für Blätter von *Bryophyllum calycinum* (vgl. auch Abb. 2.27) eine »Ansäuerung« während der Nacht festgestellt. Entsprechende Befunde sind inzwischen an vielen weiteren Sukkulenten z. B. aus den Gattungen *Agave, Crassula, Kalanchoe, Kleinia* und *Sedum* gemacht worden. Immer lag der pH des Zellsaftes gegen Morgen am niedrigsten, gegen Abend dann am höchsten. Analysen ergaben, daß zwar andere Säuren in größerer Menge vorhanden sein können, daß aber die Schwankungen im Säuregehalt im wesentlichen auf Schwankungen im Gehalt an Malat zurückgingen (Abb. 2.27). Man bezeichnet diesen periodischen Wechsel im Säuregehalt als diurnalen Säurezyklus.

Ansäuerung bei Nacht

Die CO_2-Fixierung bei den Sukkulenten weist formelmäßig weitgehende Übereinstimmungen mit dem C_4-Dicarbonsäureweg auf (Abb. 2.28). Nur sind die Enzyme des diurnalen Säurezyklus teilweise im Cytoplasma lokalisiert. Dort wird das CO_2 mit Hilfe einer PEP-Carboxylase zunächst in den primären Akzeptor PEP eingebracht. Diese Fixierung des CO_2 kann grundsätzlich auch im Licht stattfinden. Sie wird bei Belichtung jedoch durch das Konkurrenzunternehmen

Photosynthese ausgeschaltet, das das CO_2 nun für sich in Beschlag nimmt. Infolgedessen fällt die CO_2-Fixierung nur bei Dunkelheit mengenmäßig ins Gewicht. Man spricht deshalb nicht ganz korrekt von einer »Dunkelfixierung« des CO_2.

Das durch die Tätigkeit der PEP-Carboxylase gebildete Oxalacetat wird durch eine mit NADH + H^+ arbeitende Malatdehydrogenase in Malat überführt, das in der Vakuole in Form von Äpfelsäure gespeichert wird.

Bislang hatten wir Namen der organischen Säuren und die Namen ihrer Salze gleichbedeutend benutzt, was zweifellos nicht korrekt ist. Hier jedoch wird eine Differenzierung unabdingbar. Denn das Malat wird in der Vakuole in undissoziierter Form, also wie eben schon ausgeführt als *Äpfelsäure* gespeichert.

Der Mechanismus des Malatimports in die Vakuole und damit der Ansäuerung ist im wesentlichen bekannt (Abb. 2.28). Die treibende Kraft dabei sind in der Tonoplasten-Membran lokalisierte ATP-abhängige Protonenpumpen (H^+-ATPasen). Durch die Spaltung von ATP gewinnen diese

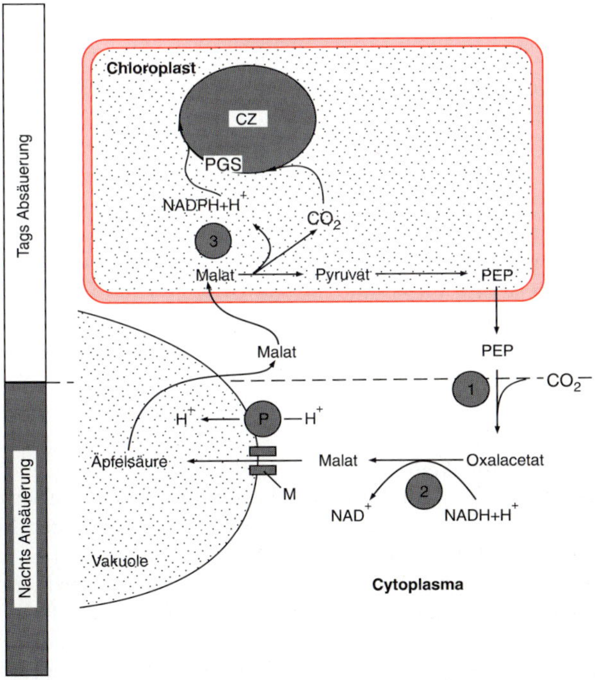

Abb. 2.28.
Zeitliche Kompartimentierung beim CAM (diurnaler Säurezyklus der Sukkulenten). Bei der nächtlichen Ansäuerung kommt es im Cytoplasma zur Fixierung von CO_2 in den primären Akzeptor PEP (1 = PEP-Carboxylase). Das dabei gebildete Oxalacetat wird mit Hilfe von NADH + H^+ in Malat überführt (2 = NAD-abhängige Malatdehydrogenase). Unter Beteiligung einer ATP-abhängigen Protonenpumpe (P) wird Malat durch einen Malatkanal (M) in die Vakuole eingeschleust und dort als Äpfelsäure gespeichert. Tags kommt es zur Absäuerung: Malat wird aus der Vakuole in Chloroplasten überführt und dort durch ein NADP-abhängiges Malatenzym (3) so zerlegt, wie wir es beim C_4-Dicarbonsäureweg von den Bündelscheidenchloroplasten her schon kennen. Der Calvin-Zyklus (CZ; PGS = 3-Phosphoglycerinsäure) wird angekurbelt.

Enzyme die Energie, die sie für den Import von H^+ in die Vakuole benötigen.

Über die Aktivität der H^+-ATPasen fällt der pH-Wert in der Vakuole stark ab. Resultat ist eine Potentialdifferenz zwischen Cytoplasma und Vakuole. Die Tendenz, sie auszugleichen, bedingt den Übergang von Malat in die Vakuole: Malat-Anionen werden durch einen speziellen Malatkanal geradezu in sie hineingezogen. Es handelt sich dabei um ein auch sonst bekanntes Phänomen (Seite 510), einen Cotransport von Kationen (Protonen) und Anionen (Malat). Beim niederen pH der Vakuole gehen die Malat-Anionen dort in Äpfelsäure über.

Absäuerung bei Tag

Die Absäuerung (Abb. 2.28) wird dadurch eingeleitet, daß Äpfelsäure aus der Vakuole zunächst wieder in das Cytoplasma verlagert wird. Der Mechanismus dieses Vorgangs ist unbekannt. Er demonstriert jedoch, daß die in der Vakuole gespeicherten Stoffe keinesfalls immer vom Stoffwechsel ausgenommen sind.

Anschließend gelangt Malat in die Chloroplasten. Dort wird es wie beim C_4-Dicarbonsäureweg umgesetzt: ein NADP-Malat-Enzym zerlegt Malat unter Bildung von CO_2, Pyruvat und NADPH + H^+. CO_2 speist den Calvin-Zyklus, NADPH + H^+ kann ihn ebenfalls fördern.

Das dritte Produkt des NADP-Malat-Enzyms, das Pyruvat, wird noch in den Chloroplasten in PEP überführt, das ins Cytoplasma transloziert werden kann. Das für die anfängliche Fixierung von CO_2 benötigte PEP stammt allerdings meistens nicht aus dieser Quelle. Oft wird Stärke zu Glukose hydrolysiert und diese dann in die Glykolyse (Seite 176) eingebracht. Aus dem dabei anfallenden Triosephosphat kann Pyruvat und dann PEP gebildet werden. Der Kreislauf ist beim CAM also nicht ganz so perfekt wie beim C_4-Dicarbonsäureweg.

Ökologie des CAM

Sehen wir das Ganze nun noch einmal im Zusammenhang einer *Anpassung der Sukkulenten*. Während der Nacht überwiegt die Atmung. Das dabei gebildete CO_2 wird aber nicht an die Atmosphäre abgegeben, sondern nach einer lichtunabhängigen Fixierung in Form von Malat gespeichert. Bei Tage kommt es zur Photosynthese. Gleichzeitig steigen die Außentemperaturen, es kommt zu zunehmend stärkeren

Wasserverlusten durch die stomatäre Transpiration. Die Transpiration wird nun durch vollständigen oder teilweisen Verschluß der Spaltöffnungen gedrosselt. Damit ist auch die CO_2-Zufuhr von außen abgesperrt. Doch die Pflanze zieht nun ihren CO_2-Speicher Malat heran: Das Malat wird unter Bildung von CO_2 zerlegt, das dann zu einer photosynthetischen CO_2-Fixierung auch bei geschlossenen Spaltöffnungen verwendet werden kann.

2.3.6 Vergleich C_4-Dicarbonsäureweg und diurnaler Säurezyklus: räumliche und zeitliche Kompartimentierung

Wir hatten so viele Ähnlichkeiten im biochemischen Ablauf von C_4-Dicarbonsäureweg und diurnalem Säurezyklus herausgestellt, daß man mit einigem Recht fragen könnte, worin denn eigentlich die Unterschiede bestehen. Auf einige Differenzen hatten wir schon hingewiesen. Aber wichtiger ist folgendes (Abb. 2.29): Bei den C_4-Pflanzen findet die primäre CO_2-Fixierung in den *Mesophyllzellen* statt, die Übertragung auf Ribulose-1,5-bisphosphat und der Calvin-Zyklus laufen dagegen in den Chloroplasten der *Scheidenzellen* ab. Es liegt also eine *räumliche* Kompartimentierung vor. Bei den Sukkulenten dagegen erfolgt die primäre CO_2-Fixierung *in der Nacht*, die Übertragung auf Ribulose-1,5-bisphosphat usf. dagegen *am Tage* statt. Beides kann sich in *einer* gegebenen Zelle abspielen. Hier findet sich also keine räumliche, sondern eine *zeitliche* Kompartimentierung.

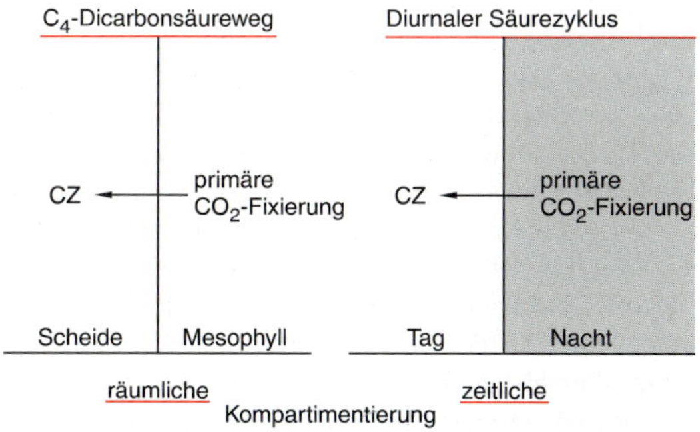

Abb. 2.29. Räumliche Kompartimentierung beim C_4-Dicarbonsäureweg, »zeitliche« Kompartimentierung beim diurnalen Säurezyklus. CZ = Calvin-Zyklus (verändert nach LAETSCH 1974).

2.3.7 C_4-Dicarbonsäureweg und CAM: Beispiele für Biochemische Ökologie

In Pflanzen dürfte es keinen Prozeß geben, der sich nicht mit einem Aspekt in Verbindung bringen ließe, der direkt oder indirekt von ökologischer Bedeutung wäre. Dafür maßgebend ist die Evolution der Pflanzen, die in steter Auseinandersetzung mit einer oft wechselnden Umwelt voranging. *Jeder* dieser Prozesse hat seinen biochemischen Hintergrund. Von einer eigenen *Biochemischen Ökologie* zu sprechen, scheint so gesehen nicht gerechtfertigt.

Unter Biochemischer Ökologie versteht man eine Zusammenfassung derjenigen ökologischen Phänomene, deren chemisch-biochemische Basis bekannt ist.

Doch sollte man berücksichtigen, daß es unzählige ökologische Bezüge gibt, deren Analyse sich bislang in einer Deskription äußerer, leicht faßbarer Phänomene erschöpft. Von Einsicht in deren biochemischen Hintergrund kann oft (noch) keine Rede sein. In dieser Situation, die optimistisch gesehen nur ein Übergangsstadium darstellen mag, darf man doch von einer Biochemischen Ökologie sprechen.

Danach liegt auch eine zusammengfassende Darstellung nahe. Die Definition beruht jedoch nur auf unserem limitierten Kenntnisstand. Denn wie erwähnt hat jeder Prozeß im Leben der Pflanze seine biochemische Basis. Dementsprechend werden wir keinen eigenen Abschnitt über Biochemische Ökologie bringen, sondern durch das ganze Buch hindurch an passender Stelle Beispiele dafür geben – von der Natur der Sache her in fast jedem Kapitel.

Von Anklängen im ersten Kapitel (1) abgesehen, haben wir uns beim C_4-Dicarbonsäureweg und beim CAM erstmals eingehend mit Erscheinungen der Biochemischen Ökologie befaßt. Weitere Beispiele werden folgen.

Zusammenfassung

Calvin-Zyklus: CO_2 wird mit Hilfe der Rubisco in den hier primären CO_2-Akzeptor Ribulose-1,5-bisphosphat fixiert. Zur Reduktion der danach gbildeten 3-Phosphoglyzerinsäure werden die Produkte der Primärprozesse, ATP und NADPH + H^+, eingesetzt. Das resultierende 3-Phosphoglyzerinaldehyd steht mit seinem Isomeren Dihydroxyacetonphosphat im Gleichgewicht. Beide zusammen werden als Triosephosphat bezeichnet. Bei ihm handelt es sich um die ersten im Calvin-Zyklus angelieferten (phosphorylierten) Kohlenhydrate. Aus Triosephosphat wird Fructose-1,6-bisphosphat gebildet, die erste (phosphorylierte) Hexose. Sie kann über Fructose-6-phosphat u.a. in Glukose und dann in Stärke überführt werden.

Andererseits kann Fructose-6-phosphat zusammen mit drei Einheiten Triosephosphat in eine Folge von Reaktionen eingehen, an deren Ende drei Pentosephosphate stehen, die sich jeweils in Ribulose-1,5-bisphosphat überführen lassen. Mit der Regeneration dieses primären CO_2-Akzeptors ist der Kreislauf geschlossen.

In Anpassung an Umweltbedingungen kann auch *PEP als primärer CO_2-Akzeptor* dienen. Das zunächst in ihm fixierte CO_2 wird dann in den Calvin-Zyklus eingespeist. Dies geschieht im C_4-Dicarbonsäureweg und beim CAM in zwar prinzipiell ähnlicher, aber im Detail verschiedener Weise:

C_4-Dicarbonsäureweg: C_4-Pflanzen weisen ein Merkmals-Syndrom auf: den *Kranztyp* des Blattquerschnitts, einen *Chloroplastendimorphismus* und eine *hohe Nettophotosynthese.* Dieses Syndrom steht mit der *räumlichen Kompartimentierung* des C_4-Dicarbonsäurewegs in Zusammenhang. Man kennt mehrere Varianten des Wegs, von denen hier nur der wichtige *NADPH-Malat-Enzym-Typ* skizziert werden kann: Im *Cytoplasma* von *Mesophyllzellen* wird CO_2 unter Bildung von Oxalacetat in PEP fixiert. In *Chloroplasten* von ebenfalls *Mesophyllzellen* wird dieses Oxalacetat zu Malat hydriert, das dann in *Chloroplasten von Bündelscheidenzellen* transloziert wird. Während die Chloroplasten von Mesophyllzellen normal gebaut sind, *fehlen denjenigen der Bündelscheidenzellen die Grana und mit ihnen das PS II weitgehend.* In diesen Grana wird der CO_2-Speicher Malat von einem NADP-Malat-Enzym unter Bildung von CO_2, NADPH + H^+ und Pyruvat zerlegt. CO_2 geht in den Calvin-Zyklus ein; falls keine andere CO_2-Quelle vorhanden ist, ermöglicht es ihn. NADPH + H^+ und Pyruvat kann die in den Chloroplasten der Bündelscheidenzellen fehlende NADPH + H^+-Produktion (kein PSII) ausgleichen. Pyruvat geht in *Chloroplasten der Mesophyllzellen* zurück und wird dort zu PEP regeneriert, das dann im *Cytoplasma der Mesophyllzellen* erneut als primärer CO_2-Akzeptor zur Verfügung steht.

Die *hohe Nettophotosynthese* beruht auf einem Abfangen des über die Photorespiration angelieferten CO_2.

Die *ökologische Bedeutung des C_4-Dicarbonsäurewegs* liegt darin, daß der Calvin-Zyklus auch bei geschlossenen Spaltöffnungen ermöglicht wird. Denn die dann unterbundene CO_2-Aufnahme wird mit Hilfe des CO_2-Speichers Malat kompensiert. Es handelt sich um eine Anpassung an heiße und trockene Umweltbedingungen.

CAM: Hier findet sich außer einer räumlichen intrazellulären Kompartimentierung eine *zeitliche Kompartimentie-*

rung, die einen der wesentlichen Unterschiede zum C_4-Dicarbonsäureweg ausmacht: *Nachts* kommt es zur Ansäuerung, *tags* zur Absäuerung.

Bei der *Ansäuerung* wird im *Cytoplasma* CO_2 unter Bildung von Oxalacetat in PEP fixiert. Oxalacetat wird zu Malat hydriert, das dann in einem von *H^+-ATPasen* angetriebenen Cotransport in die *Vakuole* importiert wird. Dort wird es in Form von Äpfelsäure gespeichert.

Bei der *Absäuerung* wird Malat aus der Vakuole zunächst in das Cytoplasma und von dort in *Chloroplasten* überführt. In diesen wird es wie beim C_4-Dicarbonsäureweg von einem Malat-NADP-Enzym zerlegt. Das dabei anfallende CO_2 wird in den Calvin-Zyklus eingespeist. Das ebenfalls gebildete Pyruvat wird in den Chloroplasten in PEP überführt, das ins Cytoplasma übergehen kann. Das als primärer CO_2-Akzeptor dienende PEP wird allerdings in der Regel aus Triosephosphat gebildet, das bei der Glykolyse anfällt.

Die *ökologische Bedeutung des CAM* liegt darin, daß die Spaltöffnungen tags bei Hitze geschlossen werden können, um den Wasserverlust über stomatäre Transpiration zu vermeiden, das Sonnenlicht aber trotzdem für die Photosynthese ausgenutzt werden kann. Denn der Ausfall des CO_2-Imports durch die Spaltöffnungen wird durch CO_2 aus dem CO_2-Speicher Malat kompensiert. Es handelt sich also ebenfalls um eine Anpassung an eine heiße und trockene Umwelt.

3 Kohlenhydrate

Zu den Kohlenhydraten gehören die ersten Produkte, die über den Calvin-Zyklus angeliefert werden. Sie lassen sich durch eine Reihe von Reaktionen in weitere, zum Teil zusammengesetzte Kohlenhydrate überführen. Die ganze Gruppe ist für die Pflanze (und auch das Tier) von zentraler Bedeutung. Denn Kohlenhydrate dienen

1. dem Energiegewinn und bilden
2. das Ausgangsmaterial für die Synthese aller anderen pflanzlichen und tierischen organischen Substanzen.

Die weitaus wichtigsten Kohlenhydrate sind als »Zucker« bekannt. Zucker führen entweder eine Aldehyd- oder eine Ketofunktion. Je nachdem hat man Aldosen, z. B. die Glucose, oder Ketosen, z. B. die Fructose vor sich. Zucker können weiterhin einfach oder zusammengesetzt sein. Einfache Zucker bezeichnet man als Monosaccharide. Zusammengesetzte Zucker entstehen aus einfachen Zuckern, die über eine glykosidische Bindung miteinander verknüpft werden. Über diese Glykosidbildung werden wir weiter unten mehr erfahren. Je nach der Zahl der Zucker, die über eine Glykosidbindung miteinander verknüpft werden, unterscheidet man zwischen Disacchariden, Oligosacchariden und Polysacchariden.

Unter Kohlenhydraten versteht man Substanzen, die pro C-Atom Wasserstoff und Sauerstoff im gleichen Verhältnis enthalten, in dem sie auch im Wasser auftreten. Auf ein C-Atom kommen also zwei H-Atome und ein O-Atom.

3.1 Monosaccharide

Monosaccharide kann man nach der Zahl ihrer C-Atome in Triosen (3 C), Tetrosen (4 C), Pentosen (5 C) und Hexosen (6 C) gliedern. Zucker mit einer noch höheren Anzahl an C-Atomen, etwa Heptosen mit 7 C, sind selten, aber als Zwischenprodukte im Stoffwechsel wichtig. Die Formeln einiger Monosaccharide sind in Abb. 3.1 und 3.2 zusammengestellt. Mit manchen von ihnen werden wir vertrauter werden, wenn wir nun einige Veränderungen skizzieren, denen die Monosaccharide im Stoffwechsel der Pflanze unterliegen können.

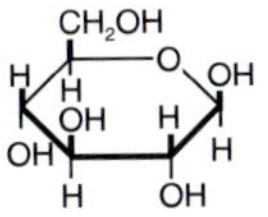

β-D-Glucose

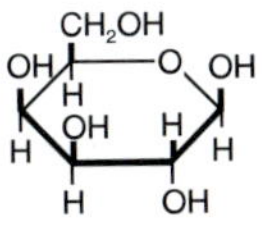

β-D-Galactose

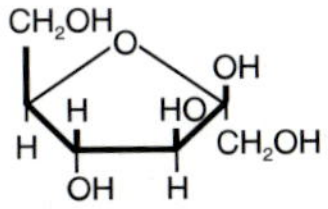

β-D-Fructose

Abb. 3.1.
Einige Monosaccharide (Hexosen).

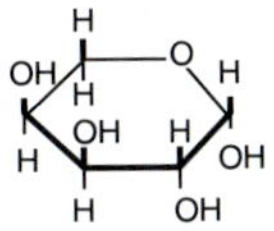

α-L-Arabinose

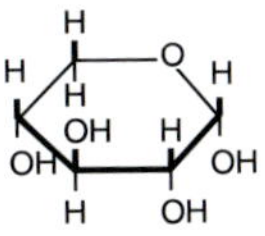

α-D-Xylose

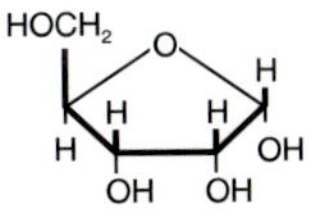

α-D-Ribose (Furanose)

Abb. 3.2.
Einige Monosaccharide (Pentosen).

Abb. 3.3.
Funktion der Hexokinase.

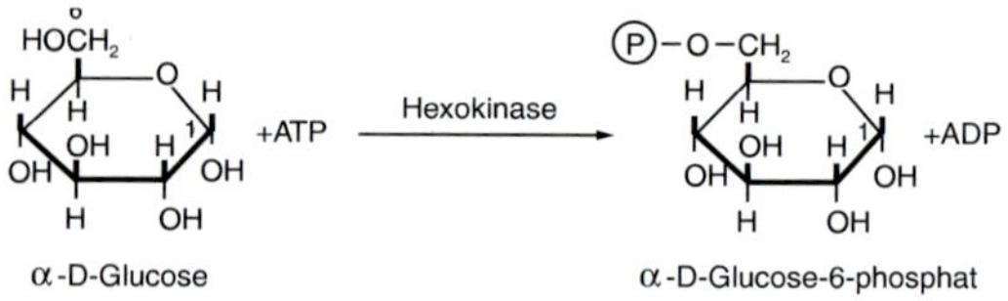

3.1.1 Phosphorylierung (Kinasen)

Zucker nehmen sehr oft in phosphorylierter Form am Stoffwechsel teil. Wir hatten das gerade eben am Beispiel des Calvin-Zyklus kennengelernt. Die Phosphorylierung erfolgt mit Hilfe von ATP. Die Enzyme, die den Phosphatrest von ATP auf Zucker übertragen, nennt man Kinasen. Die Zucker-Phosphat-Bindungen sind relativ energiereich. Der Zucker ist damit für weitere Stoffwechselreaktionen aktiviert. Ein Beispiel für eine Kinase ist die Hexokinase, die die Überführung von Glucose in Glucose-6-phosphat katalysiert. Das Gleichgewicht bei dieser Reaktion liegt auf der Seite des Glucose-6-phosphates (Abb. 3.3).

3.1.2 Intramolekulare Verschiebung von Phosphat (Mutasen)

Mutasen verschieben im Endeffekt Phosphatreste innerhalb des Zuckermoleküls. Im einzelnen handelt es sich um mehrere Reaktionen, an denen phosphorylierte Mutasen teilnehmen. Beispielsweise wandelt die Phosphoglucomutase durch Phosphatverschiebung Glucose-6-phosphat in Glucose-1-phosphat um und umgekehrt.

3.1.3 Zucker-Nucleotide (UDPG)

Eine wichtige aktive Form der Glucose gerade in höheren Pflanzen ist die Uridin-diphosphat-Glucose (UDPG). Man

Abb. 3.4.
Bildung und Struktur von UDPG.

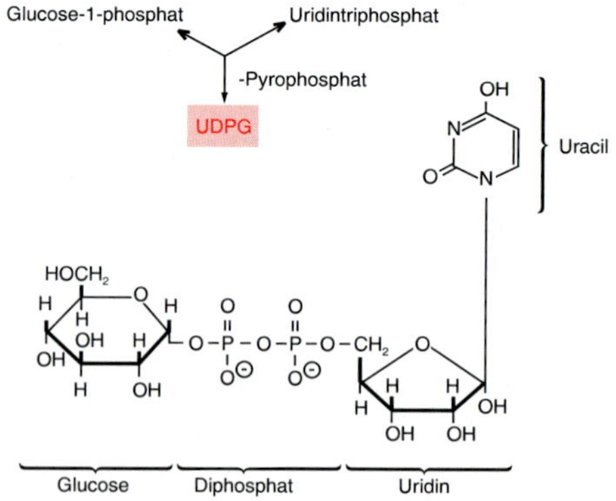

bezeichnet UDPG oft als »aktive Glucose« schlechthin. UDPG erhält man aus Glucose-1-phosphat und Uridin-triphosphat unter Abspaltung von Pyrophosphat (Abb. 3.4). Dieses wird vielfach durch Pyrophosphatasen gespalten. Die Reaktion wird damit praktisch unumkehrbar. UDPG steht dann uneingeschränkt zur Verfügung.

UDPG ist zweifellos eines der wichtigsten Zucker-Nucleotide. Man kennt aber noch eine ganze Reihe weiterer Zucker-Nucleotide, z.B. des ADP, GDP, CDP und TDP, die bei bestimmten Reaktionen Verwendung finden.

3.1.4 Inversion einer OH-Gruppe (Epimerasen)

Von einer Epimerisierung spricht man dann, wenn bei unverändertem Kohlenstoffskelett durch Inversion einer Hydroxylgruppe die sterische Anordnung an einem C-Atom geändert wird. Die Enzyme, die hier wirksam sind, nennt man dementsprechend Epimerasen (Abb. 3.5).

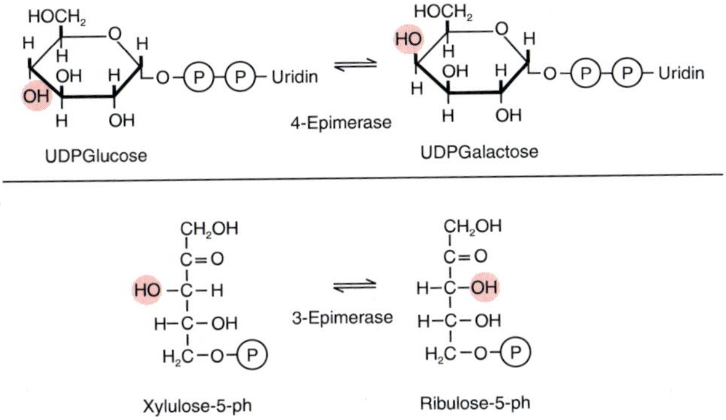

Abb. 3.5. Funktion von Epimerasen.

Ein Beispiel ist die 4-Epimerase, die UDPG durch Inversion der Hydroxylgruppe am C-Atom Nr. 4 in UDP-Galactose verwandelt. In weiteren Reaktionen kann diese Galactose gegen Glucose ausgetauscht und in Form von Galactose-1-phosphat freigesetzt werden.

Ein weiteres Beispiel: Die Ribulose-3-Epimerase. Das Enzym steuert über eine Inversion der Hydroxylgruppe am C-Atom 3 das Gleichgewicht zwischen den 5-Phosphaten der Ribulose und der Xylulose.

3.1.5 Steuerung des Gleichgewichts zwischen Aldosen und Ketosen (Isomerasen)

Auch bei der Isomerisierung bleibt das Kohlenstoffskelett unverändert. Wir haben bereits erfahren, daß Monosaccha-

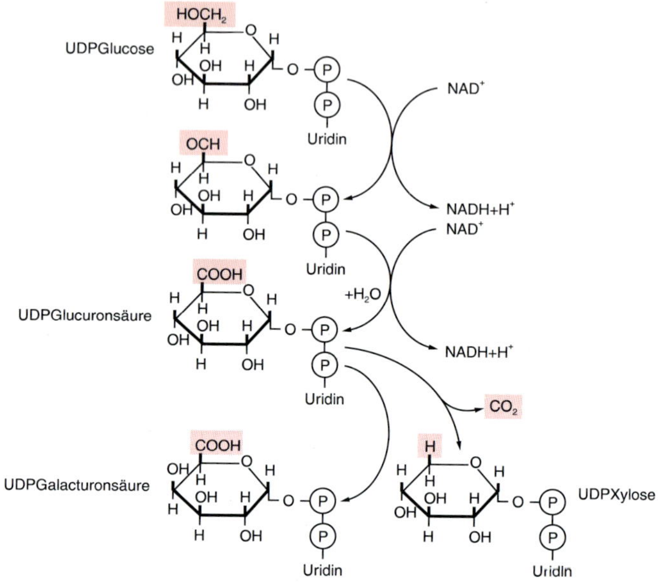

Abb. 3.6.
Oxidativer Abbau um 1 C-Atom: Bildung von UDP-Xylose, UDP-Glucuronsäure und UDP-Galacturonsäure.

ride als Aldosen und als Ketosen vorliegen können. Den Übergang zwischen den beiden steuern die Isomerasen, für die die Phosphogluco-Isomerase ein erstes Beispiel ist. Das Enzym katalysiert die Gleichgewichtseinstellung zwischen Glucose-6-phosphat und Fructose-6-phosphat.

Ein zweites Beispiel ist die Phospho-ribo-Isomerase, die Ribose-5-phosphat reversibel in Ribulose-5-phosphat überführt. Es sei darauf hingewiesen, daß sowohl Epimerasen als auch Isomerasen bevorzugt die Zuckerphosphate als Substrat verwenden.

3.1.6 Oxidativer Abbau um 1 C-Atom (Übergang Hexose – Pentose)

Elimination von C 6 (Abb. 3.6)

Oxidiert man Zucker an ihrer HO-C^6H_2-Gruppe, so erhält man Uronsäuren. Aus Glucose entsteht so Glucuronsäure.

Uronsäuren können decarboxyliert werden. Als Beispiel sei die Bildung von UDP-Xylose genannt. UDPG wird mit Hilfe von NAD^+ in UDP-Glucuronsäure überführt. Durch Decarboxylierung entsteht daraus UDP-Xylose. Damit ist aber auch eine Hexose in eine Pentose überführt. UDP-Xylose kann u. a. zur Synthese von hochpolymeren Pentosederivaten, von Xylanen, verwendet werden.

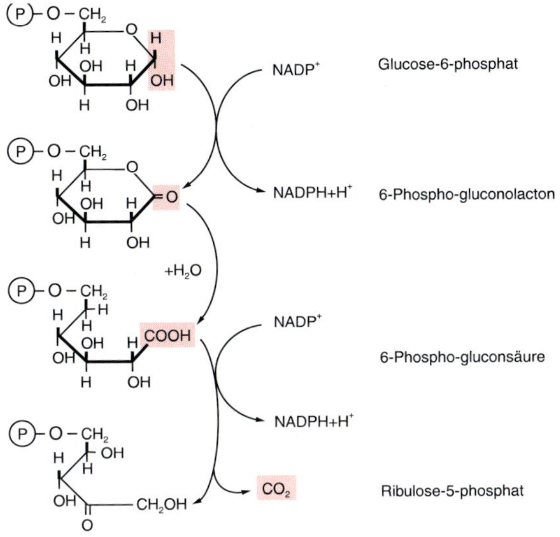

Abb. 3.7.
Oxidativer Abbau um 1 C-Atom: Bildung von Ribulose-5-phosphat = Beginn des oxidativen Pentosephosphatzyklus.

Noch eine andere Verwendungsmöglichkeit der UDP-Glucuronsäure muß erwähnt werden: eine 4-Epimerase kann die Verbindung durch Inversion der HO-Gruppe am C-Atom 4 in UDP-Galacturonsäure überführen. Galacturonsäure ist als Grundbaustein der Pektinsubstanzen wichtig. Sie scheint in höheren Pflanzen vor allem auf dem genannten Weg zu entstehen.

Elimination von C 1 (Abb. 3.7)
Wenn man Zucker nun nicht an ihrer HO-C^6H_2-Gruppe, sondern an ihrer Aldehydfunktion oxidiert, so erhält man zunächst Lactone, die durch Hydrolyse in »On«-Säuren übergehen können. Glucose-6-phosphat wird so zunächst zu Gluconolacton-6-phosphat dehydriert. Der Lactonring wird dann hydrolytisch unter Bildung von Gluconsäure-6-phosphat aufgebrochen. Durch erneute Dehydrierung und nachfolgende Decarboxylierung entsteht daraus Ribulose-5-phosphat. Auch hier kann also anschließend an die Oxidation CO_2 eliminiert werden, d.h. auch hier findet ein Übergang von Hexosen zu Pentosen statt.

Dieser Übergang erfolgt unter Bildung von NADPH + H^+, das von der Zelle zu Synthesezwecken eingesetzt werden kann. Aber nicht nur aus diesem Grund ist der Übergang von Glucose-6-phosphat in Ribulose-5-phosphat für uns interessant, sondern vor allem deshalb, weil er den Anfang des schon früher erwähnten oxidativen Pentosephosphatzyklus bildet. Wir wollen allerdings die weiteren Reaktionen auf diesem Zyklus nicht im Detail verfolgen. Abb. 21.10 gibt eine schematische Übersicht.

3.2 Oligosaccharide und Polysaccharide

3.2.1 Glykoside

Oligo- und Polysaccharide gehören zur Gruppe der Glykoside. Hierbei handelt es sich um ein Sammelsurium chemisch sehr verschiedener Substanzen. Gemeinsam ist ihnen: Die Moleküle sind zusammengesetzt und enthalten mindestens eine Einheit Zucker. Manche bestehen ausschließlich aus Zuckereinheiten. Jeder Zucker ist entweder mit einer Nichtzuckerkomponente, einem Aglykon, oder mit einem weiteren Zucker über eine glykosidische Bindung verknüpft. Worum handelt es sich bei solchen glykosidischen Bindungen?

Halbacetal

Holen wir dazu etwas weiter aus und orientieren uns zunächst über den Begriff des Halbacetals. Solche Halbacetale entstehen durch Anlagerung einer alkoholischen Komponente an eine Carbonylfunktion C = O (Abb. 3.8)

Inneres Halbacetal

Nun kann eine alkoholische Komponente nicht nur aus einem Fremdmolekül, sondern auch aus dem gleichen Molekül zur Bildung eines Halbacetals herangezogen werden. In diesem Fall spricht man von einem inneren Halbacetal. Zucker können solche innere Halbacetale bilden. Sie liegen dann in Ringform vor (Abb. 3.8).

Abb. 3.8.
Halbacetal, inneres Halbacetal und Vollacetal.

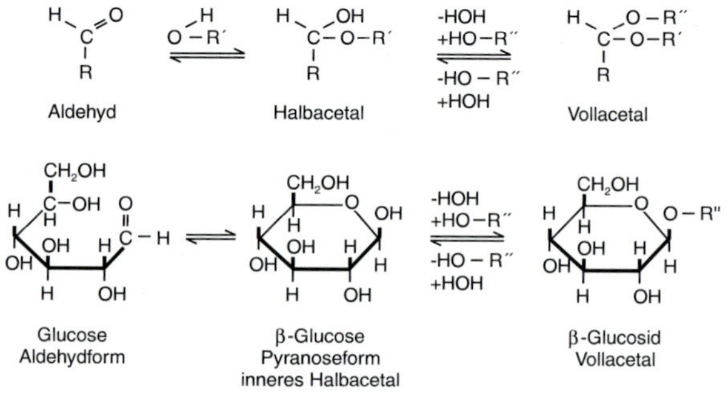

Vollacetal

Ein Halbacetal, auch ein inneres Halbacetal, kann mit einem weiteren Molekül Alkohol reagieren. Dabei wollen wir das Wort reagieren betonen, weil es sich nun nicht mehr um eine simple Anlagerung, sondern um eine Verknüpfung unter Wasserabspaltung handelt. Das Produkt ist ein Vollacetal oder Acetal. Wenn sich an der Vollacetalbildung ein Zucker beteiligt, resultiert ein Glykosid. Die Bindung zwischen der alkoholischen Komponente und dem Zucker nennt man glykosidisch (Abb. 3.8).

Typen von Glykosiden

Zu den Glykosiden zählen, wie erwähnt, chemisch sehr verschiedene Substanzen. Wenn man am Katalogisieren Freude hat, kann man wenigstens zwei große Gruppen unterscheiden, O-Glykoside und N-Glykoside.

O-Glykoside. Die Alkoholkomponente reagiert mit dem Zucker über eine HO-Gruppe. Als alkoholische Komponente können außer echten Alkoholen auch organische Säuren, Phenole und Zucker fungieren. Gerade Phenole der verschiedensten Art stellen bei Pflanzen sehr häufig das Aglykon. Wenn nun aber Zucker über eine glykosidische Bindungen verknüpft werden, erhalten wir Oligo- bis Polysaccharide.

N-Glykoside. Die Alkoholkomponente reagiert mit dem Zucker über eine NH-Gruppe. Solche N-glykosidischen Bindungen sind in den Nucleosiden und über sie in den Nucleotiden und Polynucleotiden enthalten.

Glykosidasen

Glykosidische Bindungen können von Enzymen unter Freisetzung von Zuckern hydrolytisch gespalten werden. Man nennt diese Enzyme Glykosidasen. Sie gliedern sich in verschiedene Gruppen. So greifen die β-Glykosidasen β-glykosidische Bindungen an. Auch die umgekehrte Reaktion, die Synthese von Glykosiden aus Zuckern mit Hilfe von Glykosidasen, kann ablaufen. In der Regel sind für die Synthese aber andere Enzymsysteme wichtiger, die mit den Zuckernucleotiden oder -phosphaten arbeiten.

3.2.2 Oligosaccharide

Disaccharide

Disaccharide sind im Pflanzenbereich frei oder als Zuckerpartner eines Aglykons weit verbreitet. Stellen wir einige

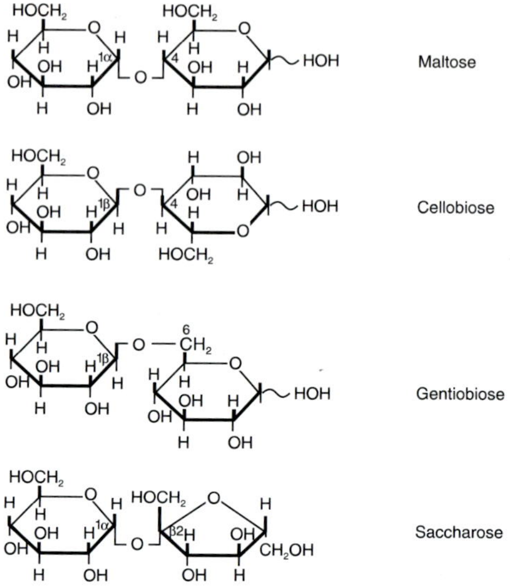

Abb. 3.9.
Einige Disaccharide.

von ihnen formelmäßig vor (Abb. 3.9). Maltose, Cellobiose und Gentiobiose bestehen alle aus zwei Glucosemolekülen. Aber an der glykosidischen Bindung beteiligen sich Hydroxyle fallweise verschiedener C-Atome (1-4 oder 1-6 Bindung) oder Hydroxyle in unterschiedlicher sterischer Anordnung (α- oder β-Stellung des Hydroxyls am C-Atom).

Weitaus das wichtigste Disaccharid der höheren Pflanzen ist die Saccharose, die aus Glucose und Fructose aufgebaut ist. An der glykosidischen Bindung beteiligen sich die glykosidischen Hydroxyle beider Zucker, das an C-Atom 1 der Glucose und das an C-Atom 2 der Fructose. Folge dieser Festlegung beider glykosidischer Hydroxyle ist, daß die Saccharose im Gegensatz zu den eben genannten anderen Disacchariden, in denen immer das glykosidische Hydroxyl eines der beiden Zucker noch frei ist, zu den »nicht-reduzierenden« Zuckern zählt.

Die Synthese der Saccharose erfolgt über eine *Saccharosephosphat-Synthase* (1). In einer reversiblen Reaktion wird Glucose aus UDPGlucose auf Fructose in Fructose-6-phosphat unter Bildung von zunächst Saccharose-6-phosphat übertragen, aus dem dann noch der Phosphatrest mit Hilfe einer Phosphatase entfernt werden kann:

$$\text{UDPGlucose} + \text{Fructose-6-ph} \xrightleftharpoons{1} \text{UDP} + \text{Saccharose-6-ph}$$

Noch ein weiteres Enzym kann zumindest unter Reagenzglasbedingungen in einer ebenfalls reversiblen Reaktion Saccharose anliefern, die Saccharose-Synthase (2):

$$\text{UDPGlucose + Fructose} \overset{2}{\rightleftharpoons} \text{UDP + Saccharose}$$

Im pflanzlichen Gewebe katalysiert das Enzym jedoch in der Regel die umgekehrte Reaktion, dient also vornehmlich der Gewinnung von UDPGlucose aus Saccharose.

Mit der Saccharose-Synthase haben wir also trotz des Namens bereits ein Enzym des *Saccharose-Abbaus* kennengelernt. Bekannter ist die *Invertase*, eine Glykosidase, die Saccharose hydrolytisch in ihre beiden Komponenten spaltet. Invertase deshalb, weil die Schwingungsebene des polarisierten Lichtes durch ihre Tätigkeit »umgekehrt« wird: Saccharose ist rechtsdrehend (+). Im Hydrolysat übertrumpft die stark linksdrehende (–) Fructose die schwächer rechtsdrehende Glucose, so daß insgesamt eine Linksdrehung resultiert. Etwas chemischer gesehen handelt es sich bei der Invertase um eine β-Fructofuranosidase, denn in eben der Form einer β-Fructofuranose beteiligt sich die Fructose an der glykosidischen Bindung innerhalb der Saccharose, und das Enzym spaltet die Bindung auf Seiten der Fructose.

Oligosaccharide: die Raffinose-Familie

Zur Raffinose-Familie gehören das namengebende Trisaccharid Raffinose, das Tetrasaccharid Stachyose und das Pentasaccharid Verbascose. Nach der Saccharose handelt es sich bei ihnen um die wichtigsten Transportformen von Zuckern in höheren Pflanzen. Aber auch als Speicherstoffe besitzen sie Bedeutung.

Wenn wir die Formeln der drei genannten Oligosaccharide betrachten, so erkennen wir, daß an ein Molekül Saccharose 1 (Raffinose), 2 (Stachyose) oder 3 (Verbascose) Moleküle Galactose angeschlossen werden:

Raffinose:	Saccharose (6-1α) Galactose
Stachyose:	Saccharose (6-1α) Galactose (6-1α) Galactose
Verbascose:	Saccharose (6-1α) Galactose (6-1α) Galactose (6-1α) Galactose

Wie Saccharose gebildet wird, haben wir eben erfahren. Es lag nun nahe, anzunehmen, bei der Biosynthese unserer drei Oligosaccharide würde ganz entsprechend UDP-Galactose als Galactosedonor verwendet. Das ist jedoch nicht der Fall. UDP-Galactose gibt seine Galactose an den Zuckeralkohol myo-Inosit ab. Dadurch entsteht Galactinol (myo-Inosit 1-1 Galactose). Dieses Glykosid fungiert dann bei der Biosynthese als Galactosedonor. Galactose wird zunächst an Saccharose angehängt, wodurch Raffinose entsteht. Durch Ansetzen weiterer Galactose-Einheiten bilden sich dann Stachyose und Verbascose.

3.2.3 Polysaccharide

Beginnen wir mit Verbindungen, deren Biosynthese ebenso wie diejenige der eben erwähnten Oligosaccharide Saccharose als Startermolekül erfordert. Anschließend werden wir dann weitere Polysaccharide kennenlernen, deren Biosynthese nicht von Saccharose ausgeht. Aber wir werden auch bei diesen Substanzen bekannte Prinzipien wiederfinden, so das Übertragen eines Zuckers von einem Zuckernucleotid auf ein bestimmtes Startermolekül.

Fructosane

Fructosane bestehen überwiegend, aber nicht ausschließlich aus Fructose. Ihr Aufbau erfolgt nach einem ähnlichen Prinzip, wie wir es zum Beispiel bei der Raffinose kennengelernt haben. Bei der Raffinose wurde eine Galactoseeinheit an ein startendes Molekül Saccharose angefügt. Betrachten wir nun die Struktur der Fructosane: an einem Molekül Saccharose, und zwar an ihrer Fructosekomponente, hängt eine ganze Reihe weiterer Fructoseeinheiten, bei höheren Pflanzen bis zu 60. Wir werden gleich erfahren, daß die Saccharose bei der Biosynthese als Startermolekül dient. Die Fructoseeinheiten können in fallweise verschiedener Verbindung miteinander verknüpft werden. Dementsprechend unterscheidet man zwischen dem Inulin-Typ und dem Phlein-Typ oder Lävan-Typ.

Der *Inulin-Typ* (Abb. 3.10): Die Bindungen im Inulin-Typ verlaufen von C 1 nach C 2. Falls Seitenketten vorhanden sind, werden sie mit der Hauptkette über eine 6-2Bindung verknüpft. Prototyp ist das Inulin, das u.a. im Alant (*Inula; Asteraceae*) vorkommt.

Der *Phlein-Typ* (Abb. 3.10): Die Fructoseeinheiten sind über 6-2Bindungen miteinander zusammengekoppelt. Seitenketten werden über 1-2Bindungen mit der Hauptkette

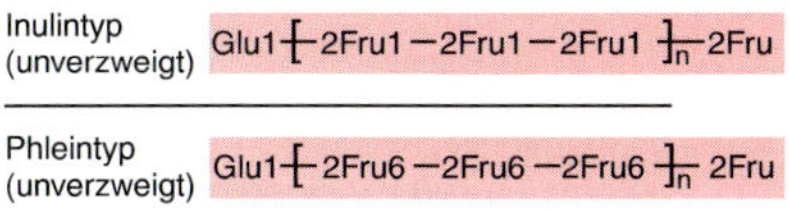

Abb. 3.10.
Fructosane: Inulintyp (hierher gehört auch das Inulin selbst) und Phleintyp. Es sind nur unverzweigte Ketten dargestellt. Glu1-2Fru = Saccharose-Starter.

verbunden. Die Phleine haben ihren Namen nach ihrem Vorkommen in der Gattung *Phleum* (*Poaceae*).

Die wichtigste Verbindung ist das Inulin, das vor allem in Compositen als Reservematerial vorkommt. Es besteht aus einer Kette von Fructoseeinheiten, die durch β-glykosidische 1-2Bindungen miteinander verknüpft sind. Die Fructose liegt als Fructofuranose vor. An einem Ende des Moleküls steht eine Saccharoseeinheit.

Die Biosynthese des Inulins erfolgt so, daß an das Saccharosemolekül eine Fructoseeinheit nach der anderen angehängt wird.

Dabei sind Fructosyl-Transferasen tätig, die aus Saccharose Fructose herausgreifen und zuerst auf die startende Saccharose-Einheit, danach auf die wachsende Fructosan-Kette übertragen.

Gentechnik und Fructosane

Fructosane können von Menschen selbst nicht abgebaut werden. Sie werden dadurch zu Süßstoffen, die bei zuckerfreier oder -armer Diät Verwendung finden. Bestimmte Bakterien im menschlichen Darmsystem wie *Bifidobacterium* vermögen jedoch Fructosane zu nutzen. Bei Inulin-Diät kann ihr Wachstum gegenüber unerwünschten Darmbakterien gefördert werden. Sie produzieren außerdem auf Basis der Inulin-Zufuhr kurzkettige Fettsäuren, die u. a. den Blutcholesterin-Gehalt senken. Pflanzen mit hohem Fructosangehalt waren deshalb erwünscht.

Nun produzieren auch Bakterien aus den Gattungen *Streptococcus* oder *Bazillus* Fructosane vom Lävan-Typ. Sie enthalten bis zu 200 Fructose-Einheiten, also mehr als bei Pflanzen. Aus solchen Bakterien wurden Gene für die betreffenden Fructosyl-Transferasen in u. a. Kartoffeln übertragen. Die Knollen führten dann die bakteriellen Fructosane.

Glucosane

Bei den Glucosanen handelt es sich um aus vielen Glucose-Einheiten zusammengesetzte Polysaccharide. Ihre beiden wichtigsten Vertreter sind die Stärke und die Cellulose.

Stärke

Struktur

Stärke ist das wichtigste Reservekohlenhydrat der Pflanzen. Dem Bautypus nach unterscheidet man zwei Komponenten der Stärke, Amylose und Amylopektin. Baustein beider Stärkekomponenten ist die α-Glucose.

Amylose (Abb. 3.11) besteht aus vielen Einheiten α-Glucose, die in 1-4glykosidischer Bindung aneinander gereiht sind. Die Zahl der Glucoseeinheiten ist fallweise verschieden, sie kann von rund 200 bis rund 1000 schwanken. Die Amyloseketten sind schraubig aufgewunden. In die Umdrehungen dieser Wendeln kann J_2 eingelagert werden. Die resultierende Einschlußverbindung weist eine blauschwarze Färbung auf. Diese Jod-Stärke-Reaktion dient dem Nachweis von Stärke.

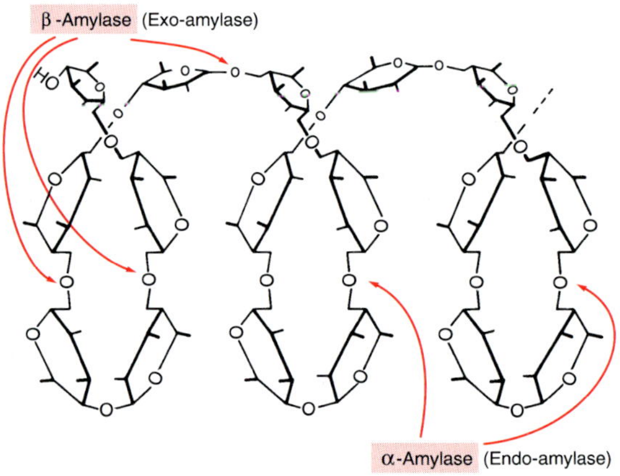

Abb. 3.11. Struktur der Amylose und Angriffspunkte der α- und β-Amylasen. Die Amylose weist nur α-(1-4) glykosidische Bindungen auf, die in Abb. 3.12 genauer ausgezeichnet sind. Die von den Pyranoseringen der Glucose abgehenden HO- und CH_2OH-Gruppen sind nur durch Striche wiedergegeben (verändert nach KARLSON *et al. 1994).*

Amylopektin (Abb. 3.12) weist ebenfalls Ketten von 1-4glykosidisch miteinander verknüpften α-Glucoseeinheiten auf. Aber im Gegensatz zu Amylose ist Amylopektin verzweigt. Die Seitenketten werden über α-glykosidische 1-6 Bindungen eingefügt. Mit Jod gibt Amylopektin, dem längere aufgeschraubte Glucoseketten fehlen, nur eine rosa Färbung.

Biosynthese (Abb. 3.13)

Wie wird nun Stärke, d. h. aber, wie werden Amylose und Amylopektin in der Pflanze gebildet? Wir können schon

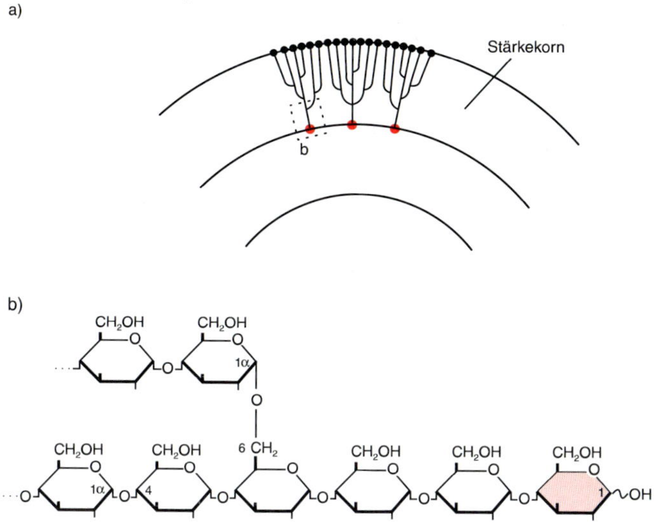

Abb. 3.12.
Struktur des Amylopektins.
a) Schematische Darstellung von Amylopektinen in den Schichten eines Stärkekorns. Für drei Amylopektin-Moleküle in der äußersten Schicht ist die Lage angegeben: Sie sind radial ausgerichtet, beginnen innen mit der einzigen noch vorhandenen reduzierenden Glucose-Einheit (rot), und tragen außen an den Enden der Verzweigungen jeweils nicht reduzierende Glucosen (schwarz). Hier können die Amylopektin-Moleküle durch Anlagerung weiterer Glucose-Einheiten noch wachsen (nach Heldt *1996).*
b) Verzweigungsstelle in einem Amylopektin-Molekül. Es handelt sich um die erste Verzweigung, wenn man eines der unter a) angegebenen Amylopektin-Moleküle vom reduzierenden Ende her nach außen hin verfolgt. Die reduzierende Glucose am Beginn ist auch hier in Rot gehalten. Innerhalb der Amyloseketten finden sich jeweils α-(1-4)-glykosidische, an den Verzweigungen α-(1-6)-glykosidische Bindungen. Die Art der Bindung bedingt es, daß Glucose die Baueinheit bildet. Die von den Pyranoseringen der Glucose abgehenden HO-Gruppen sind nur durch Striche wiedergegeben.

voraussehen, daß zwei Sorten von Enzymen erforderlich sein werden: solche, die α-glykosidische 1-4Bindungen, und solche, die α-glykosidische 1-6Bindungen legen können. In der Tat hat man entsprechende Enzymsysteme auffinden können (Abb.3.13).

Stärke-Synthase

Das Enzym legt α-gluykosidische 1-4Bindungen. Dabei überträgt es Glucose auf Akzeptor-(Starter-)Moleküle, die schon (α)1-4Glucane sind. Der wichtigste Glucose-Donor ist ADPG, der kleinstmögliche Akzeptor für diese Glucose ist Maltose. Der Mechanismus ist demnach im Prinzip derselbe wie bei der Biosynthese der schon besprochenen zusammengesetzten Kohlenhydrate: auf ein Startermolekül werden weitere Zuckereinheiten übertragen. Es finden also Transglykosidierungen statt.

Die Frage ist nun, woher die Akzeptoren stammen. Sie können über den Abbau an anderer Stelle angeliefert werden. Maltose etwa fällt beim Stärkeabbau an, wie wir gleich erfahren werden. Möglicherweise bringt aber auch schon die Stärkesynthase den Starter mit sich, der auf sie mit Hilfe weiterer Enzyme übertragen worden war.

Wie dem auch sei, die Stärke-Synthase kann von Maltose ausgehend Amylose bilden.

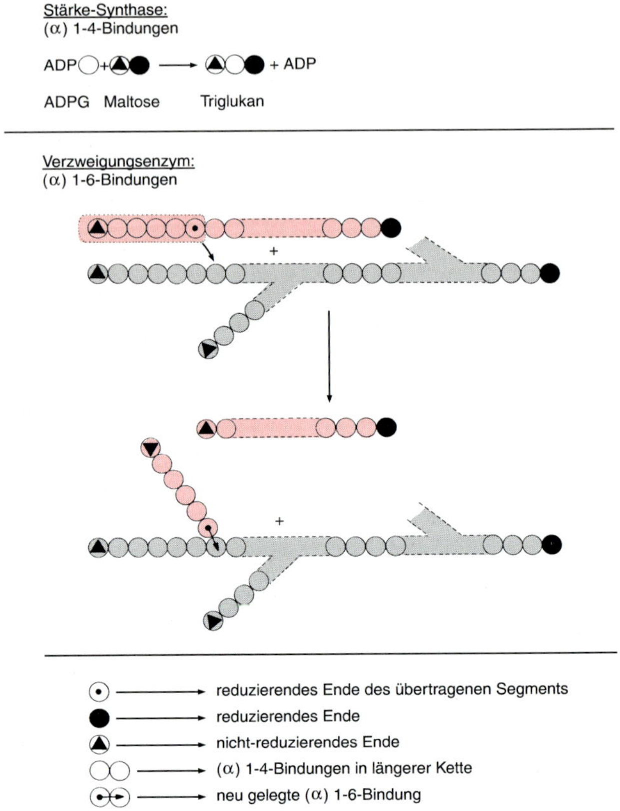

Abb. 3.13. *Biosynthese der Stärke mit Hilfe der Stärke-Synthase und des Verzweigungsenzyms.*

Aber sie beteiligt sich auch an der Biosynthese des Amylopektins. Denn sie kann auch den verzweigten Kern des Amylopektins als Starter verwenden. Sie verlängert dann die Zweige des Kerns, d.h. sie führt deren Amylosestrukturen fort. Das Enzym trägt seinen anspruchsvollen Namen Stärke-Synthase nicht ganz zu Unrecht.

Verzweigungsenzym

Das Enzym legt (α)1-6Bindungen, wie sie im Amylopektin vorkommen. Es schneidet aus längeren (α)1-4Glucanen, also aus Amylosestrukturen, kleinere Glucan-Ketten heraus und setzt sie über eine (α)1-6Bindung an benachbarte (α)1-4Glucane an. So entstehen die für das Amylopektin charakteristischen (α)1-6Verzweigungen. Dabei kann eine Übertragung nicht nur von Molekül zu Molekül, etwa von

Amyloseschraube zu Amyloseschraube, sondern auch innerhalb eines Moleküls stattfinden. Das ist dann der Fall, wenn Glucoseketten innerhalb der Auszweigungen eines gegebenen Amylopektinmoleküls übertragen werden.

Gentechnik und Stärkebildung

Für die stärkeverarbeitende Industrie sind als nachwachsende Rohstoffe Pflanzen wichtig, die entweder *nur* Amylose oder *nur* Amylopektin enthalten. Auch ein erhöhter Stärkegehalt kann wünschenswert sein. Fallweise sind entsprechende Mutanten vorhanden. So führen die bekannten runzeligen Erbsenkörner GREGOR MENDELS nur Amylose, weil in ihnen das Verzweigungsenzym über eine Mutation funktionell ausgefallen ist. Umgekehrt weisen die *waxy*-Mutanten des Maises in ihren Stärkekörnern nur Amylopektin auf.

Qualitative Veränderungen

Da die Mutanten jedoch nicht immer wie gewünscht zur Verfügung stehen, ist die Gentechnik helfend eingesprungen. So kann die Zusammensetzung der Stärke über die Antisense-Technik verändert werden. Hemmt man z.B. die Expression des Gens für das Verzweigungsenzym, so fehlt entsprechend transgenen Pflanzen, etwa Kartoffeln, das Amylopektin.

Quantitative Veränderungen

Auch der Gehalt an Stärke läßt sich steigern. ADPG kann für die Stärkesynthese limitierend sein. Das bedeutet: je mehr ADPG zur Verfügung steht, desto mehr Stärke kann gebildet werden. Man hat nun verschiedentlich aus *E. coli* ein Gen für ADPGPP (ADPG-Pyrophosphorylase) übertragen. Das Enzym bildet ADPG nach dem in Abb. 3.4 für UDPG gezeigten Modus. Das betreffende bakterielle Gen wird nun sehr stark exprimiert, »überexprimiert«. Die Folge war eine erhöhte Stärkeproduktion in transgenen Pflanzen, etwa in Kartoffeln und Tomaten. Auch in Raps läßt sich der Stärkegehalt erhöhen, allerdings bei gleichzeitiger Verminderung der Produktion an Rapsöl.

Abbau

Bei der Stärke handelt es sich wie erwähnt um das wichtigste Reservekohlenhydrat der Pflanzen. Solche Reservestoffe müssen gegebenenfalls mobilisiert werden. Entsprechendes gilt für die Stärke, die sich in den Chloroplasten bei intensiver Photosynthese vorübergehend ansammelt, weil der Abtransport nicht mit der Anlieferung der Kohlenhydrate Schritt halten kann (»Assimilationsstärke«, *transitorische Stärke*). Mobilisierung bedeutet, daß die betreffende Stärke in kleinere, transportable Einheiten zerlegt werden muß. Der Abbau erfolgt mit Hilfe von Phosphorylasen und Hydrolasen, die die (α)1-4 und (α)1-6Bindungen der Stärke spalten.

Phosphorylasen

Zu den Phosphorylasen gehört die *Stärke-Phosphorylase.* Das Enzym spaltet die α-glykosidischen 1-4Bindungen unter Einlagerung von Phosphat. Es beginnt damit am nicht-reduzierenden Ende der Glucoseketten und setzt ein Glucose-1-phosphat nach dem anderen frei. Glucose-1-phosphat, also Glucose in bereits aktivierter Form, läßt sich leicht im Stoffwechsel weiter verwenden oder auch in die Transportform Saccharose überführen.

Hydrolasen (Abb. 3.11)

Nun zu den Hydrolasen, Enzymen also, die Bindungen durch Wassereinlagerung spalten und unter bestimmten Bedingungen auch legen können. Um die Stärke bis zu Glucose abzubauen, ist eine ganze Reihe solcher Hydrolasen notwendig. Sie gehören zur Untergruppe der Glykosidasen.

α-Amylase spaltet α-glykosidische 1-4Bindungen. Diese Bindungen müssen 6 bis 7 Glucoseeinheiten vom Kettenende entfernt sein. Der Angriffsort des Enzyms liegt also im Innern des Stärkemoleküls, α-Amylase ist demnach eine Endoamylase. 1-6Bindungen werden nicht gelöst. Sie bedeuten jedoch kein Hindernis, denn sie werden von der α-Amylase einfach »übersprungen«.

β-Amylase spaltet ebenfalls α-glykosidische 1-4Bindungen. Aber im Gegensatz zur α-Amylase greift die β-Amylase an den Kettenenden an. Sie spaltet von den nicht-reduzierenden Kettenenden jeweils Maltose ab. Man bezeichnet die β-Amylase deshalb auch als Exoamylase. 1-6Bindungen werden nicht gelöst, aber auch nicht übersprungen. Wenn man deshalb Amylopektin mit β-Amylase behandelt, so bleibt der verzweigte Kern erhalten. Man nennt diese Produkte einer unvollständigen Hydrolyse Grenzdextrine.

Isoamylase: Es fehlen uns nun noch Enzyme, die α-glykosidische 1-6Bindungen zu spalten vermögen. Solche Enzyme sind die Isoamylasen. Sie sind in höheren Pflanzen mehrfach aufgefunden worden.

Maltase. Wir haben bisher Enzyme kennengelernt, die α-glykosidische 1-4 und 1-6Bindungen spalten können. Die kleinsten Spaltprodukte, die hierbei angeliefert werden können, sind Isomaltose (ein Disaccharid aus 2 Glucoseeinheiten in α-glykosidischer 1-6Bindung, die den Verzweigungsstellen im Amylopektin entspricht) und Maltose. Dabei überwiegt die Maltose bei weitem. Sie kann unter Aufspaltung ihrer α-glykosidischen 1-4Bindung in zwei Glucosemoleküle zerlegt werden. Das hierbei tätige Enzym nennt man nach seinem Substrat Maltase.

Gentechnik und Stärkeabbau

Die α-Amylase ist ein Beispiel für ein *industrielles Protein:* Sie wird z.B. zur »Verflüssigung« von Stärke, in der Brauerei, zur Klärung von Fruchtsäften und Wein oder in der Bäckerei verwendet. Normalerweise wird α-Amylase aus Mikroorganismen eingesetzt. Eine Alternative bieten Pflanzen mit Genen aus Mikroorganismen, die besonders viel α-Amylase anliefern. Entsprechend transgener Tabak existiert schon, was nicht besonders viel besagen muß. Denn Tabak läßt sich leicht bearbeiten und wurde so zu *der* Modellpflanze in Gentechnik. Eines der Ziele ist nun, den Stärkelieferanten Kartoffel gentechnisch gleich mit genügend α-Amylase für den Abbau der eigenen Stärke auszustatten.

Cellulose

Struktur

Cellulose ist aus Glucose in β-glykosidischer 1-4Bindung aufgebaut. Die Art der Bindung bedingt es, daß jedes Glucosemolekül gegenüber dem vorhergehenden um rund 180° gedreht ist. Daraus ergibt sich, daß Cellobiose der sich wiederholende strukturelle Baustein in den Celluloseketten ist (Abb. 3.14). Bei der Stärke handelt es sich dabei um Glukose (Abb. 3.13). Im Gegensatz zur Schraubenstruktur der Amylose liegen die Celluloseketten in gestreckter Form vor.

Die Zahl der aneinandergereihten Glukosemoleküle variiert. In den Samenhaaren der Baumwolle können es »nur« 3000 sein, in den Sekundärwänden kommt man auf 15 000.

Die einzelnen Celluloseketten treten zu Mikrofibrillen zusammen, die die enorme Reißfestigkeit der Cellulose bedin-

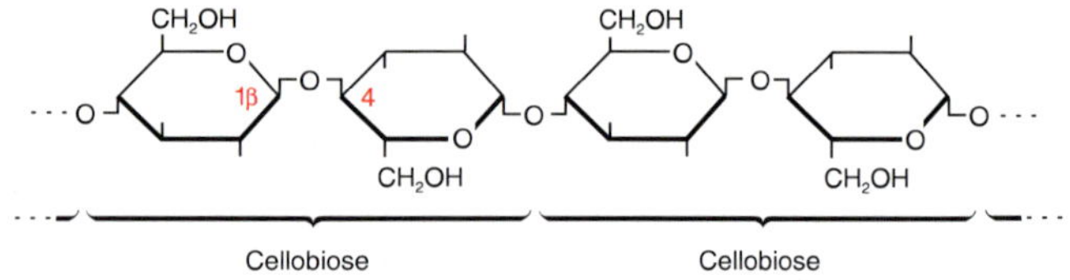

Abb. 3.14.
Ausschnitt aus einer Cellulosekette. Die β-(1-4)-Bindung ist Ursache dafür, daß strukturell gesehen die Cellobiose die Baueinheit ist. Die Biosynthese allerdings erfolgt nicht durch Anfügen von Cellobiose an die wachsende Kette, sondern von Glucose, die als UDPG angeliefert wird.

gen (Abb. 3.15). Mikrofibrillen können eine wechselnde Zahl von Celluloseketten enthalten. Streckenweise können in ihnen Micelle mit streng parallel gelagerten Celluloseketten und damit kristallartiger Struktur auftreten.

Biosynthese

Die Biosynthese der Cellulose findet an der äußeren Oberfläche des Plasmalemmas statt. Mit Hilfe des Elektronenmikroskops entdeckte man dort Cellulose-Synthase-Komplexe. Bei manchen Algen und bei den Gefäßpflanzen generell haben sie in Aufsicht die Gestalt einer Rosette aus 6 Granula (Abb. 3.16b).

Was die Cellulose-Biosynthese anbelangt, sind noch einige Fragen offen. Sicher ist, daß bei höheren Pflanzen UDPG als Glucosedonor dient. Es wird allem Anschein nach im Verbund des Synthase-Komplexes oder in seiner unmittelbaren Nachbarschaft ebenfalls im Plasmalemma gebildet. In den Granula des Komplexes sind Cellulose-Synthasen lokalisiert, die mit Hilfe dieses UDPG Cellulose synthetisieren. Die von ihnen angelieferten Celluloseketten schließen sich unmittelbar nach ihrer Bildung zu Mikrofibrillen zusammen, die der äußeren Oberfläche des Plasmalemmas aufliegen (Abb. 3.16a).

Abb. 3.15.
Cellulose als Zellwandbestandteil. a) räumliche Darstellung von Zellen mit einer dreischichtigen Sekundärwand. Ein Ausschnitt aus der mittleren dieser drei Sekundärwandschichten wird bei immer stärkerer Vergrößerung dargestellt, b) Ausschnitt mit mehreren, auch lichtmikroskopisch faßbaren Makrofibrillen, c) Aufbau einer Makrofibrille aus Mikrofibrillen, d) Aufbau einer Mikrofibrille aus Celluloseketten, teils mit Micellarstruktur, e) Teil einer Micelle mit streng parallel gelagerten Celluloseketten (aus Raven *et al. 1986).*

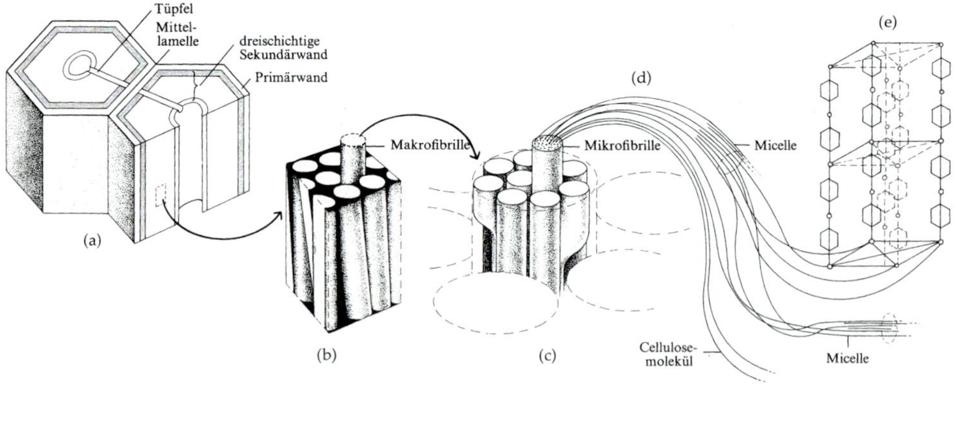

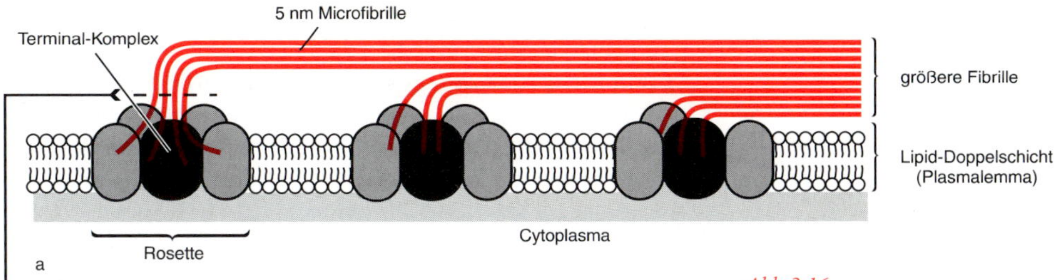

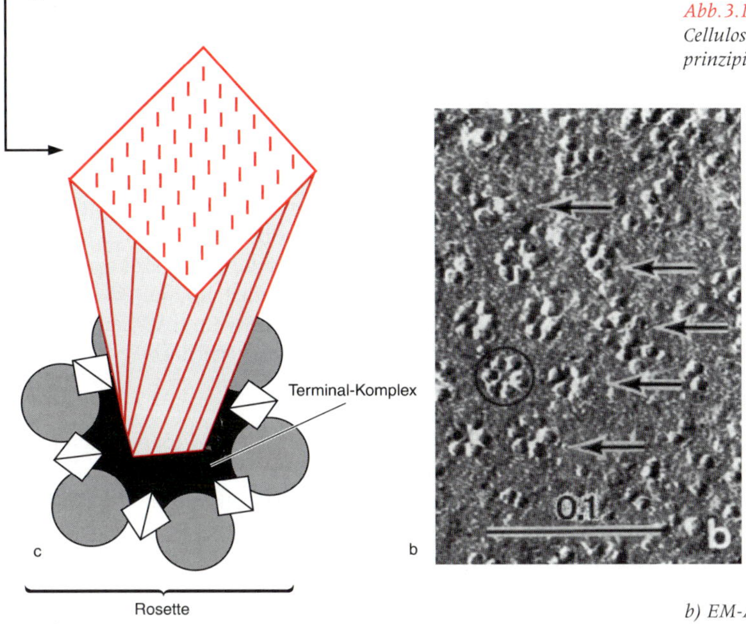

Abb. 3.16. *Cellulose-Synthase-Komplex. Bei prinzipieller Gültigkeit sind einige Details noch in der Diskussion.*
a) Schematischer Schnitt durch das Plasmalemma mit hexagonalen Rosetten-Komplexen bei der Cellulose-Synthese. Die Komplexe bestehen aus sechs Untereinheiten, die einen Terminal-Komplex umgeben. Mehrere Cellulose-Synthasen in der Rosette liefern Cellulose-Ketten an, die sich unmittelbar nach ihrer Bildung zu immer stärker werdenden Fibrillen bündeln (verändert nach Fosket 1994).
b) EM-Aufnahme von rosettenförmigen Cellulose-Synthase-Komplexen im Plasmalemma von Spirogyra (aus Kleinig und Sitte 1992).
c) Räumliches Schema einer Mikrofibrille (rot) unmittelbar nach dem Herauswachsen aus der Rosette. Die Lage des Schnitts durch die Mikrofibrille ist in a) angegeben. An der Basis der Mikrofibrille sind der Terminalkomplex und darum die sechs Untereinheiten zu sehen, zwischen diesen noch Verbindungsfaktoren, die die Untereinheiten zusammenhalten (verändert aus Brown et al. 1996).

Die Cellulose steht in enger Beziehung zu anderen polymeren Wandstrukturen. Deren Chemie und Biochemie wird nachfolgend in diesem Kapitel besprochen. Auf ihre strukturellen Beziehungen zur Cellulose werden wir jedoch erst bei der Besprechung des Streckungswachstums eingehen (Seite 444).

Abbau

Cellulose ist eine widerstandsfähige Substanz. Dennoch muß sie rasch abgebaut werden, weil sonst in kurzer Frist eine Celluloseschicht den Erdboden bedecken würde. Dieser *Abbau* wird von verschiedenen Mikroorganismen durchgeführt. Mit Hilfe von *Cellulasen* zerlegen sie die Celluloseketten zu Cellobiose. Auch diese Cellobiose kann dann durch entsprechende Enzyme, die *Cellobiasen*, bis zu dem Grundbaustein β-Glucose zerlegt werden. In höheren Pflanzen sind Cellulasen recht selten. Sie kommen vor allem in Keimlingen vor und haben dort die Funktion, durch Abbau der Cellulose die Sprengung der Samenschale zu erleichtern.

Kallose

Auch die Kallose ist wie die Cellulose aus β-Glucose aufgebaut. Nur sind bei ihr die Glucose-Einheiten nicht über 1-4, sondern über 1-3Bindungen miteinander verbunden.

Mit Kallose werden die Siebplatten am Ende der Vegetationsperiode verschlossen. Frühe Stadien der Pollenentwicklung laufen innerhalb eines Kallose-Matrix ab. Später beim Wachstum der Pollenschläuche werden die lebenden Spitzen nach hinten zu durch einen Kallosepfropf abgeschlossen. Auch bei der Selbstinkompatibilitätsreaktion, über die Befruchtungen durch genetisch gleichen oder in bestimmten Genen gleichen Pollen verhindert wird, spielen Verschlüsse aus Kallose eine Rolle. Weiterhin kann Kallose bei Verwundungen als Abschlußmaterial gebildet werden.

Hemicellulosen

Bei den Hemicellulosen handelt es sich um eine schlecht definierte Gruppe von polymeren Zellwandbestandteilen. Schon der Name könnte irreführen. Denn er geht darauf zurück, daß man früher annahm, es handele sich um Vorstufen in der Biosynthese von Cellulose, also um »halb« (hemi = griech. halb) synthetisierte Cellulose. Das ist jedoch nicht der Fall.

Das Bauprinzip: eine Hauptkette von 1-4glykosidisch verknüpften Kohlenhydraten, an der Seitenketten über 1-3 oder 1-6glykosidische Bindungen ansetzen können. Die wichtigsten Zuckerbausteine sind die Hexosen Glucose, Mannose und Galactose, sowie die Pentosen Xylose und Arabinose. Viele Hemicellulosen bauen sich in der Hauptkette aus dem einen, in der Seitenkette aus anderen dieser Bausteine auf.

Ein Beispiel mag genügen: das Xyloglucan aus den Primärwänden des Bergahorns (*Acer pseudoplatanus*). Es wurde zuerst aus Zellsuspensionen isoliert und analysiert, kommt aber nicht nur in Zellsuspensionen und im Bergahorn, sondern in den Primärwänden aller Dicotyledonen vor. Seine Hauptkette besteht aus (β)1-4 verbundener Glu-

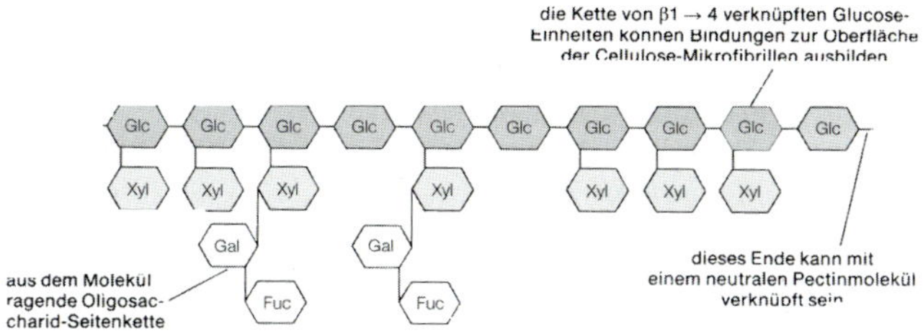

Abb. 3.17. *Schema eines Xyloglukans (Ausschnitt). Glc = Glucose, Xyl = Xylose, Gal = Galactose, Fuc = Fucose (aus* ALBERTS *et al. 1986).*

cose. An ihr sitzen (α)1-6Bindung einzelne Xylosemoleküle als kurze Seitenketten. Längere Abzweigungen können außer Xylose noch daran angehängte Galactose und Fucose (eine Methylpentose) aufweisen (Abb. 3.17). Bei der Besprechung des Streckungswachstums werden wir auf dieses Xyloglucan zurückkommen.

Pektinsubstanzen (Polygalacturonane)

Ebenfalls schlecht abzugrenzen sind die Pektinsubstanzen. Kennzeichnend ist, daß sie leicht wasserlöslich sind und als Gele vorliegen können. Auch in Zellsäften können sich Pektinstoffe finden. Bekannter ist ihr Vorkommen in der Mittellamelle und in den Primärwänden.

Was den *chemischen Bau* anbelangt, ist die wichtigste Gruppe von Pektinstoffen durch den Baustein Galacturonsäure charakterisiert. Eine Anzahl solcher Galacturonsäure-Einheiten wird über (α) 1-4glykosidische Bindungen hintereinander gereiht. Solche polyuroniden (aus vielen »Uronsäuren« bestehenden) Abschnitte sind das Rückgrat der Pektinstoffe. Sie können mit ihren Carboxylgruppen Methylester bilden. Allerdings werden nicht alle Carboxylgruppen methyliert. Die polyuroniden, partiell methylierten Sequenzen werden von Rhamnose-Einheiten flankiert. An der Rhamnose können weitere Polygalacturonsäuren ansetzen,

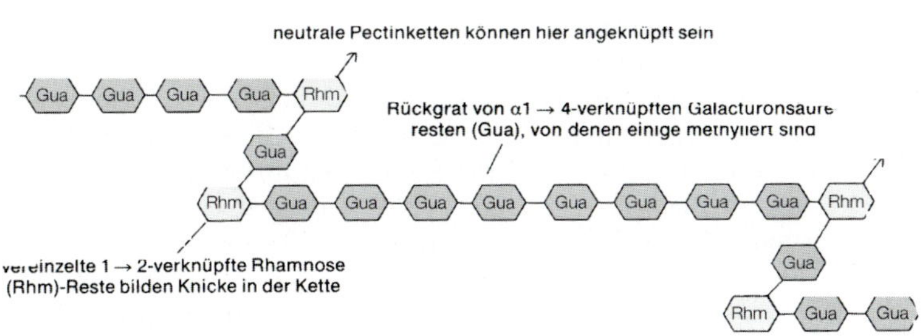

Abb. 3.18. *Schema eines Rhamnogalacturonans (Ausschnitt). Gua = Galacturonsäure, Rhm = Rhamnose (aus* ALBERTS *et al. 1986).*

aber auch andere Seitenketten. Bausteine dieser weiteren Seitenketten sind Arabinose, Galactose oder beide Zucker. Dementsprechend handelt es sich bei den Seitenketten um Arabane, Galactane oder Arabino-galactane (Abb. 3.18).

Bei den *Protopektinen* der Mittellamelle handelt es sich um unlösliche Pektinsubstanzen wechselnder Zusammensetzung. Bei ihnen treten noch freie Carboxylgruppen von Galacturonsäuren in benachbarten Ketten über Ca^{++} und Mg^{++} miteinander in Verbindung, so daß ein stabiles Maschenwerk von Polygalacturonsäuren resultiert.

Die Synthese der Pektinsubstanzen geht von Glucuronsäure aus. UDP-Glucuronsäure wird durch eine 4-Epimerase zunächst in UDP-Galacturonsäure überführt (vgl. Abb. 3.6). UDP-Galacturonsäure dient dann als Galacturonsäuredonor bei der Synthese der Pektinsubstanzen. Die Methylgruppen, die sich in den Pektinen finden, werden erst eingefügt, wenn das Grundgerüst aus Polygalacturonsäure fertiggestellt ist. Der Methylgruppendonor ist wie oft im biologischen Bereich S-Adenosylmethionin (vgl. Abb. 10.14).

Auch zum Abbau der Pektinsubstanzen liegen einige Daten vor. *Pektinesterasen* spalten die Methylgruppen ab, *Pektinasen* (Polygalacturonasen) brechen die α-glykosidische 1-4Bindung zwischen den Galacturonsäurebausteinen. Beide Enzymtypen finden sich häufig bei Mikroorganismen. Insbesondere phytopathogene Bakterien und Pilze bedienen sich ihrer, um die Wandsubstanz der pflanzlichen Zellen anzugreifen und dann in die Zellen selbst einzudringen. Bei höheren Pflanzen sind pektinabbauende Enzyme wiederum von Keimlingen bekannt geworden. Sie dürften auch hier beim Sprengen der Samenschale mithelfen.

Die *Anti-Matsch-Tomate:* Bei der Reifung fleischiger Früchte spielen hydrolytische Enzyme eine ausschlaggebende Rolle. Mit am wichtigsten dabei sind Pektinasen. Durch Abbau der Polygalacturonsäure-Ketten lassen sie das Fruchtfleisch weich werden. Damit sinkt die Konsistenz und Lagerungsfähigkeit. In Tomaten hat man nun Antisense-DNA für das Gen für Polygalacturonase übertragen. Die Früchte transgener Pflanzen werden weniger leicht »matschig«. Sie können deshalb länger an der Pflanze ausreifen. Die Folge ist ein verbesserter Geschmack. Außerdem wird ihre Lagerungsfähigkeit wesentlich verbessert. Die Anti-Matsch-Tomate war 1994 das erste Produkt transgener Pflanzen, das für den Handel freigegeben wurde.

Zu einer ähnlichen Tomate kann man auch durch Antisense-Hemmung eines Enzyms der Ethylen-Biosynthese kommen (Seite 366).

3.2.4 Glykoproteide

Die Proteine sind uns schon längst vertraut – die Kohlenhydrate nun auch. Schließen wir eine Gruppe von interessanten Stoffen an, in denen eine Kohlenhydratkomponente mit Protein verbunden ist, die Glykoproteide.

Strukturproteine der Zellwand

In den Zellwänden findet sich eine ganze Reihe verschiedener Glykoproteide. Am bekanntesten sind die *Extensine*. Der Name kommt daher, daß man früher annahm, sie stellten die »Haftpunkte«, deren Lösen eine Voraussetzung für die Zellstreckung (extension) ist (Seite 441). Sie sollten also schon für den Beginn der Zellstreckung funktionell wichtig sein. Das hat sich als falsch erwiesen. Die »Extensine« scheinen ebenso wie andere Glykoproteide die *nach* der Streckung gedehnte Zellwand über Quervernetzungen zwischen deren Fibrillen zu stabilisieren.

Die Proteinkomponente der Extensine enthält besonders viel 4-Hydroxyprolin. Da Hydroxyprolin und auch Prolin (Formeln in Abb. 8.6) keine Aminosäuren sind, bringen sie abweichende Eigenschaften in die Polypeptidkette ein. Vereinfachend gesagt sind Polypeptide, die einen höheren Prozentsatz an diesen beiden »sekundären Iminen« enthalten, etwas steifer als normal. Das tierische Strukturprotein Kollagen enthält deshalb viel Prolin und Hydroxyprolin. Und wie das Kollagen fungiert auch unser Zellwandprotein als Strukturprotein.

Lektine: Erkennungsmoleküle auch bei Pflanzen

Bei den Lektinen handelt es sich um pflanzliche Proteine oder Glykoproteide, die tierische Zellen, z.B. rote Blutkörperchen, aber auch pflanzliche Protoplasten agglutinieren können. Die weitere Bezeichnung Phytohämagglutinine wird damit verständlich. Jedes Lektin besitzt zwei bis mehrere Kontaktstellen, mit denen es sich hochspezifisch an ganz bestimmte Zucker in den Oberflächenmembranen von Zellen bindet. Ein Lektin mit zwei Kontaktstellen etwa kann zwei rote Blutkörperchen binden, d.h. agglutinieren. Auf Grund ihrer hohen Spezifität für definierte Zucker sind die Lektine beliebte Hilfsmittel für die Analyse von Oberflächenstrukturen tierischer Zellen geworden.

Lektine sind teils Glykoproteide, teils Proteine. Bekannt ist das Concanavallin A aus der Jackbohne (*Canavalia ensiformis*), ein *Protein,* das sich hochspezifisch an Mannose in Komponenten von Zellmembranen der Tiere bindet. Sie lassen sich also bei tierischen Objekten zur Analyse des Membranbaus einsetzen, und zwar so effektiv, daß von zoologischer Seite schon geäußert wurde, sie würden von Pflanzen eigens für den Zweck gebildet, Membranen der Tiere abzutasten.

3.2.5 Syntheseorte von hochpolymeren Zellwandbestandteilen innerhalb der Zellen

Wir kennen nun eine ganze Reihe polymerer pflanzlicher Kohlenhydrate. Auch einige Daten zu ihrer Biosynthese wurden gebracht. Nun interessiert uns noch, *wo* innerhalb der Zelle die betreffenden Substanzen gebildet werden. Nehmen wir dazu eine Zelle, die sich noch streckt, also ihre Zellwände noch ausbauen und die dazu benötigten Stoffe bereitstellen muß. Die Zelle soll keine Chloroplasten besitzen (Abb. 3.19).

Saccharose, gegebenenfalls auch eine andere Transportform von Zuckern, wird in die Zelle eingespeist. Auf impor-

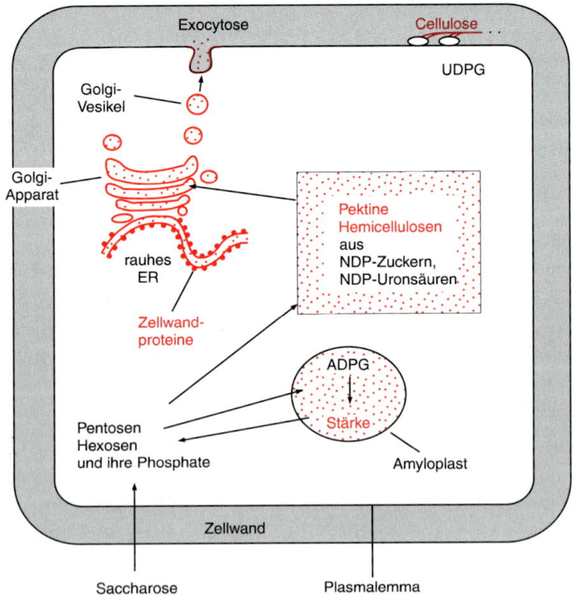

Abb. 3.19. Schematische Lokalisation der Synthese der wichtigsten polymeren Kohlenhydrate einer wachsenden Pflanzenzelle.

tierte Saccharose und ihre Spaltprodukte Glucose und Fructose gehen weitere Hexosen, »Uronsäuren« und Pentosen sowie deren aktivierte Formen zurück, die als Bausteine für die hochpolymeren Zellwandbestandteile Verwendung finden können.

Stärke und Plastiden

Die Stärke wird in Plastiden gebildet und gespeichert, vor allem in Amyloplasten, vorübergehend aber auch als »Assimilationsstärke« in Chloroplasten. Unser Zellmodell besitzt keine Chloroplasten, wohl aber Amyloplasten. Die Stärkesynthe in ihnen läuft im Prinzip wie geschildert ab (Seite 156). Außer der Stärke-Synthase und dem Verzweigungsenzym wird also ADPG als Glucosedonor benötigt. Für seine Bildung ist Glucose-1-phosphat erforderlich. In der Regel wandert zunächst Glucose-6-phosphat in die Amyloplasten ein, das dann dort von Phosphoglucomutasen (Seite 146) in Glucose-1-phosphat überführt wird. Aus Glucose-1-phosphat und ATP wird dann unter Abspaltung von Pyrophosphat das benötigte ADPG gebildet (so, wie in Abb. 3.9 UDPG angeliefert wird, nur daß U jeweils durch A ersetzt werden muß). Die Stärkesynthese kann anlaufen.

Cellulose und Plasmalemma

Den Syntheseort für Cellulose innerhalb der Zelle hatten wir schon genannt: Cellulose wird in rosettenartigen Cellulase-Synthase-Komplexen an der Außenseite des Plasmalemmas gebildet. Der Cellulose-Baustein UDPG wird in den Komplexen selbst oder in ihrer unmittelbaren Nachbarschaft synthetisiert.

NDP-Zucker und NDP-Uronsäuren

Nach den Zucker-phosphaten wurde eben mit ADPG und UDPG die zweite, energiereichere Form von aktivierten Zuckern zum wiederholten Mal genannt. Auch die entsprechenden »Uronsäuren«, UDP-Glucuronsäure und UDP-Galacturonsäure, waren uns bereits begegnet. Die betreffenden Zucker und Säuren sind über die Bindung an *N*ucleosid-*d*i*p*hosphate aktiviert. Man bezeichnet sie deshalb als *NDP*-Zucker bzw. *NDP*-Uronsäuren.

Die NDP-Zucker entstehen wie eben noch erwähnt überwiegend aus Zucker-1-phosphaten; die beiden genannten NDP-Uronsäuren lassen sich von UDPG ableiten (Abb. 3.6). Bei der Synthese von Stärke und Cellulose werden die NDP-

Zucker-Bausteine da gebildet, wo entsprechender Bedarf besteht: ADPG zur Stärkebildung in den Plastiden, UDPG im Bereich der membrangebundenen Cellulose-Synthase-Komplexe.

Soweit zu Stärke und Cellulose. Für die weiteren, in diesem Kapitel genannten hochpolymeren Kohlenhydrate und die Glykoproteide gibt es andere Syntheseorte, das Endoplasmatische Reticulum und den Golgi-Apparat.

Endoplasmatisches Reticulum und Golgi-Apparat: Synthese- und Transportsystem

Beide Systeme stehen miteinander im Zusammenhang. Sie dienen nicht nur der Synthese, sondern auch dem Transport von Stoffen, die an oder in ihnen gebildet werden.

Endoplasmatisches Reticulum

Der Zellkern ist von zwei Membranen umgeben. Die äußere von ihnen geht in ein System von Membranen über, das die gesamte Zelle durchzieht, das *Endoplasmatische Reticulum* (ER). Die betreffenden Membranen bilden Röhren oder abgeflachte Röhren. Bei ihnen handelt es sich um leicht gängige Transportwege durch die Zelle hindurch. Oft sitzen auf der vom Kern abgewandten Seite des ER Ribosomen. Man spricht dann von einem »rauhen« ER. An den betreffenden Ribosomen läuft die Translation ab. Die an ihnen entstehenden Polypeptide wachsen durch die Membran in die Röhren des ER hinein, werden nach Fertigstellung vom Ribosom und der Membran abgelöst und können nun im Röhrensystem des ER abtransportiert werden.

Polypeptidtransport durch Membranen

Gerade eben war erwähnt worden, daß Polypeptide Membranen »durchwachsen« können. Man kennt verschiedene Varianten eines derartigen *Polypeptidtransports durch Membranen (»Membrantransports«).* Im eben geschilderten Fall handelt es sich um einen *cotranslationalen Transport* (Abb. 3.20):

Das betreffende Gen und dann auch »seine« mRNA enthalten die Information zur Bildung eines *Signal- oder Transportpeptids*, das dem codierten Polypeptid vorgeschaltet ist. Die Translation beginnt schon im Cytoplasma. Ist das Signalpeptid gebildet, setzt sich ein *S*ignal*e*rkennungs*p*artikel (*SEP*), bei dem es sich um ein kleines Nucleoproteid handelt, an seine Spitze. Die Translation wird vorübergehend eingestellt; das SEP nimmt Kontakt mit einem SEP-Rezeptor in

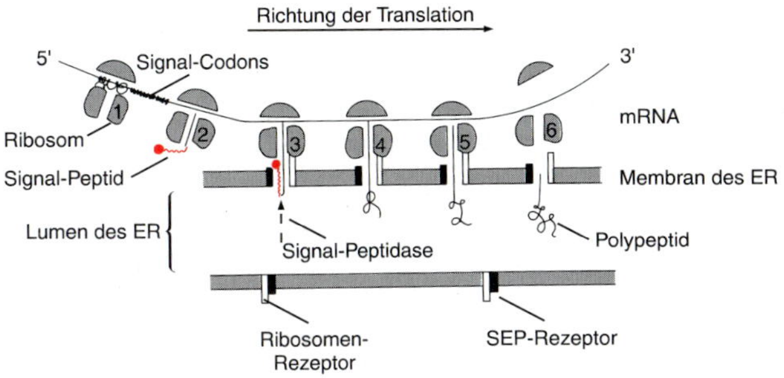

Abb. 3.20.
Cotranslationaler Polypeptidtransport durch Membranen. Im Beispiel handelt es sich um eine Translation am rauhen ER, die im Verbund eines Polyribosoms abläuft. Drei der Ribosomen des Polyribosoms (3-5) sind an der Außenseite der ER-Membran befestigt. Der Transport der wachsenden Polypeptidkette durch die Membran in das Lumen des ER erfolgt bereits während der Translation (cotranslational). Nach dem Starter-Codon AUG werden zunächst Signalcodons abgelesen (Ribosom 1). Es bildet sich ein Signalpeptid. An seine Spitze bindet ein Signalerkennungspartikel SEP (Ribosom 2). Die Translation wird vorübergehend eingestellt, das SEP nimmt mit einem SEP-Rezeptor in der Membran Kontakt auf. Das Ribosom seinerseits setzt sich auf einen Ribosomenrezeptor ebenfalls in der ER-Membran. Bei ihm wird der Durchtritt des Signalpeptids in das Lumen möglich. Dort spaltet eine Signal-Peptidase das Signalpeptid mitsamt SEP ab (Ribosom 3). Die Translation setzt wieder ein. Das Polypetid wächst wie üblich durch die größere der beiden Ribosomenuntereinheiten und durch die Membran hindurch (Ribosomen 4 und 5) und wird nach seiner Fertigstellung im Lumen freigesetzt. Das letzte Ribosom (6) zerfällt wieder in seine Untereinheiten.

der Membran des ER auf. Das Ribosom wird dabei an einem Durchlaßprotein in Position gebracht. Die Translation setzt nun erneut ein. Die Polypeptidkette wächst dabei durch das Durchlaßprotein in das Lumen des ER hinein, das Signalpeptid zunächst voran. Im Lumen wird es dann durch eine spezielle Peptidase entfernt. Die Translation wird zu Ende geführt und das Polypeptid im Lumen freigesetzt. So lange die Translation anhält, ist das Ribosom dem ER durch die wachsene Polypeptidkette wie aufgestickt.

Der Membrantransport findet hier während, also *zusammen* mit der Translation statt. Die Bezeichnung »cotranslational« wird so verständlich. Ein cotranslationaler Transport findet sich bei Proteinen, die im ER bleiben oder in ihm transportiert werden.

Ein ähnlicher Mechanismus sorgt für den Membrantransport von Proteinen, die an freien Ribosomen im Cytoplasma gebildet werden. Nur wird in solchen Fällen die Translation zunächst zu Ende geführt und das fertige Polypeptid *danach* durch die Membranen geschleust – deshalb die Bezeichnung *posttranslationaler Transport.* Auch bei ihm vermitteln Signalpeptide die Passage durch die Membranen.

Im gegebenen Zusammenhang sollen die *Chloroplasten-Proteine* erwähnt werden. Die DNA der Chloroplasten codiert nur für ein Drittel dieser Proteine (Seite 498). Die genetische Information für die verbleibenden zwei Drittel ist auf den Chromosomen lokalisiert; die Translation findet dann im Cytoplasma statt. Die meisten der dort gebildeten Polypeptide werden über einen komplizierten posttranslationalen Transport in die Chloroplasten eingeschleust.

Golgi-Apparat

An bestimmten Stellen bildet das ER flache »Zisternen«, die *Golgi-Zisternen.* Mehrere stapelartig übereinander liegende

Golgi-Zisternen bilden ein *Dictyosom*. Eine Zelle kann ein Dictyosom oder auch mehrere von ihnen enthalten. Alle Dictyosomen der Zelle zusammengenommen, ganz gleich ob es sich um nur eines oder mehrere handelt, bilden den *Golgi-Apparat* der betreffenden Zelle.

Die Membranen des Golgi-Apparates sind raschen Veränderungen unterworfen. So können sich von ihnen Vesikel (Bläschen) in Richtung Plasmalemma abschnüren, die sich öffnen und deren Membranen in das Plasmalemma eingegliedert werden. Enthalten diese Vesikel Inhaltsstoffe, so werden sie dabei nach außen abgegeben, ein Vorgang, den man als *Exocytose* bezeichnet.

Zellwandproteine

Die Zellwandproteine werden am rauhen ER gebildet und gelangen über cotranslationalen Transport in sein Lumen. Bei den *Glykoproteiden* wird dort mit dem Ansetzen der Kohlenhydratkomponenten begonnen. Deren Fertigstellung erfolgt aber erst im Golgi-Apparat, in den die Zellwandproteine über das ER transportiert werden. Bei den *Extensinen* wird in die wachsende Polypeptidkette zunächst Prolin eingebaut, das dann im Lumen des ER zu Hydroxprolin oxidiert wird. Alle Zellwandproteine werden schließlich über Exocytose in den Wandbereich ausgeschüttet.

Hemicellulosen und Pektinsubstanzen

Beide Substanzgruppen werden im Golgi-Apparat nicht nur transportiert, sondern auch synthetisiert. Entsprechende Untersuchungen liegen u.a. für Xyloglukane (Seite 164) und Polygalacturonsäuren (Seite 165) vor.

Zusammenfassung

Die Primärprodukte der Photosynthese sind Kohlenhydrate. Die wichtigsten unter ihnen sind als »Zucker« bekannt. In der Photosynthese werden als erste Zucker phosphorylierte Triosen angeliefert. Auf sie gehen alle weiteren Zucker zurück.

Monosaccharide

Zunächst zu einfachen Zuckern, den Monosacchariden. Beispiele für wichtige Pentosen sind außer dem primären CO_2-Akzeptor im Calvin-Zyklus, dem Ribulose-1,5-bisphosphat, die Ribose, Arabinose oder Xylose. Von Hexosen wäre an erster Stelle die Glucose zu nennen, gefogt von Fructose und Galactose. Von Hexosen leiten sich durch Oxidation an C_6 Glucuron- und Galacturonsäure ab.

Die Monosaccharide dienen der Energiegewinnung oder werden zu Synthesen eingesetzt. In beiden Fällen müssen sie aktiviert werden. Derartige *aktive Formen* sind die *Zuckerphosphate* und die *NDP-Zucker* (z.B. UDPG, ADPG). Die »Uronsäuren« werden über Bildung ihrer NDP-Derivate aktiviert.

Disaccharide

Das wichtigste Disaccharid ist die aus Glucose und Fructose aufgebaute *Saccharose*. Sie dient als Starter bei der Synthese von manchen Oligo- und Polysacchariden und ist darüber hinaus die häufigste Transportform der Kohlenhydrate. Sie wird von der Saccharosephosphat-Synthase aus UDPG und Fructose-6-phosphat gebildet.

Oligosaccharide

Beispiele für Oligosaccharide sind die Glieder der Raffinose-Familie. Bei ihrer Bildung werden an den Starter Saccharose 1 (Raffinose), 2 (Stachyose) oder 3 (Verbascose) Moleküle Galactose angefügt. Es handelt sich um Transportformen, teils auch um Kohlenhydratspeicher.

Polysaccharide

Ein Beispiel für *Fructosane* ist das Inulin, ein Reservekohlenhydrat der *Cichoriodeae (Asteraceae)*. Es baut sich aus Saccharose auf, an die rund drei Dutzend Fructose-Einheiten angefügt werden.

Stärke setzt sich normalerweise aus Amylose und Amylopektin zusammen. In der *Amylose* liegen Wendeln aus Glucose-Einheiten mit α-1-4-glykosidischer Bindung vor, im *Amylopektin* sind Amylosestrukturen über α-1-6-glykosidische Bindungen aneinandergefügt, so daß verzweigte Systeme entstehen. Stärke tritt in Chloroplasten als »Assimilationsstärke« auf. Vor allem aber wird sie in Amyloplasten synthetisiert und gespeichert.

Die *Stärke-Synthase* bildet Amylose-Strukturen. Sie überträgt Glucose aus ADPG auf Starter aus α-1-4-glykosidisch gebundenen Glucose-Einheiten. Der kleinstmögliche Starter ist Maltose. Das *Verzweigungsenzym* fügt über α-1-6-glykosidische Bindungen Amylosestruktur an Amylosestruktur, ist also für die Bildung von Amylopektin ausschlaggebend.

Von den Enzymen des *Stärke-Abbaus* seien hier nur die unter verschiedenen Aspekten besonders wichtigen *α- und β-Amylasen* genannt. Beide spalten α-1-4-Bindungen hydrolytisch unter Freisetzung von Maltose. Bei der *α-Amylase* handelt es sich um eine Endoamylase, die im Inneren von Amylosewendeln ansetzt und α-1-6-Verzweigungen überspringt, bei der *β-Amylase* um eine Exoamylase, die vom nicht-reduzierenden Kettenende von Amylosestrukturen jeweils Maltose abspaltet. Sie kann α-1-6-Bindungen nicht überspringen.

Cellulose besteht sich aus β-1-4-glykosidisch verbundenen Glucose-Einheiten. Gestreckte Celluloseketten lagern sich zu Mikrofibrillen, diese zu Makrofibrillen zusammen. Die Biosynthese erfolgt in *Cellulose-Synthase-Komplexen* an der Außenseite des Plasmalemmas. Bei höheren Pflanzen bilden in diesen Komplexen jeweils mehrere Synthasen mit Hilfe von UDPG Cellulose-Ketten, die sich unmittelbar nach ihrer Entstehung zu Mikrofibrillen zusammenschließen. Diese legen sich der Oberfläche des Plasmalemmas eng auf.

Ein Beispiel für *Hemicellulosen* sind die gut untersuchten *Xyloglucane* der Primärwände, denen eine wichtige Funktion bei der Zellstreckung zugeschrieben wird. An einer Hauptkette von β-1-4-glykosidisch verknüpften Glucose-Einheiten befinden sich kurze Seitenketten, in denen Xylose dominiert. Die Hemicellulosen werden im Golgi-Apparat gebildet und über Exocytose in die wachsende Zellwand exportiert.

Pektinstoffe weisen als wichtigste Baustruktur Ketten aus α-1-4-glykosidisch verknüpften Galacturonsäure-Einheiten auf. Es handelt sich also um *Polygalacturonsäuren.* Ihre Carboxylgruppen sind partiell methyliert. Im *Protopektin* der Mittellamelle werden Polygalacturonsäuren über Ca^{++}- und Mg^{++}-Brücken miteinander vernetzt. Baustein bei der Biosynthese ist UDP-Galacturonsäure, die aus UDP-Glucose über UDP-Glucuronsäure gebildet wird. Ort der Biosynthese: Golgi-Apparat; Export in die Zellwand über Exocytose wie bei den Hemicellulosen.

Bei den *Zellwandproteinen* handelt es sich um Proteine und Glykoproteide. Teils sollen sie wie manche *Lektine* als Erkennungsmoleküle fungieren, teils handelt es sich um Strukturproteine der Primärwand, die bei der Zellstreckung stark gedehnte und dadurch »ausgedünnte« Wandbereiche über Vernetzungen versteifen. Zur letzten Gruppe gehören die hydroxyprolin-reichen *Extensine.* Bei ihnen handelt es sich um Glykoproteide. Die Bildung ihrer Proteinkomponenten erfolgt am rauhen ER. Die Translation ist hier mit dem Einschleusen des wachsenden Polypeptids in das Lumen des ER gekoppelt (*Cotranslationaler Membrantransport).* Dabei kommt einem *Signalpeptid* an der Spitze der wachsenden Polypeptidkette eine leitende Funktion zu. In die wachsende Polypeptidkette wird Prolin eingebaut, das dann im Lumen des ER zu 4-Hydroxyprolin oxidiert wird. Bei den Extensinen und anderen Glykoproteiden wird die Kohlenhydratkomponente im Lumen des ER und im Golgi-Apparat angefügt und fertiggestellt. Über den Golgi-Apparat kommt es dann zur Exocytose in den Wandbereich.

4 Biologische Oxidation

Wir hatten schon mehrfach den wichtigsten Energiespeicher der Zelle, ATP, in Reaktionen eingehen lassen, ohne im einzelnen zu erwähnen, woher dieses ATP denn eigentlich stammt. Eine ATP-Quelle war allerdings schon genannt worden:

In den Primärprozessen der Photosynthese wird ATP gebildet. Man nennt diese ATP-Bildung im Anschluß an die Lichtreaktionen der Photosynthese Photophosphorylierung (vgl. Seite 119). Der lebende Organismus verfügt jedoch noch über andere Möglichkeiten der Gewinnung von ATP, und zwar im Zusammenhang mit der Biologischen Oxidation.

Mit dieser Biologischen Oxidation wollen wir uns nun bechäftigen. Dabei können wir uns kurz fassen. Denn die Prinzipien der Biologischen Oxidation sind bei allen Organismen dieselben, wenn auch im Detail, so etwa bei der sog. Atmungskette, Unterschiede zwischen Pflanzen und Tieren vorhanden sind.

Die Biologische Oxidation verläuft in vier Etappen, wenn wir ein Kohlenhydrat, etwa die allgegenwärtige Glucose, in den Prozeß hineinschicken (Abb. 4.1).

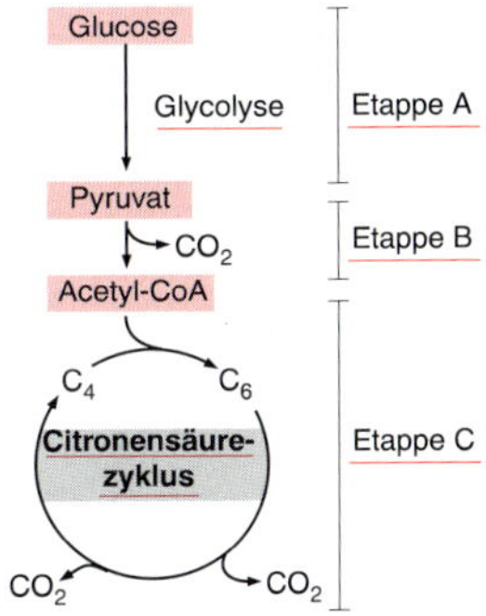

Abb. 4.1.
Die Etappen der biologischen Oxidation (die Endoxidation in der Atmungskette wurde nicht eingezeichnet).

1. Die *Glykolyse*, Abbau der Glucose bis zum Pyruvat (Pyruvat = Salz der Brenztraubensäure).
2. *Die oxidative Decarboxylierung des Pyruvates.* Eine vergleichsweise kurze Etappe, die aus dem 3-C-Körper Pyruvat unter CO_2-Abspaltung einen 2-C-Körper entstehen läßt.
3. *Der Citronensäure-Zyklus.* Abbau des aus B angelieferten 2-C-Körpers bis zu CO_2. Wird nach Krebs, dem zusammen mit anderen Wissenschaftlern die Aufklärung gelang, auch Krebs-Zyklus, und nach der Beteiligung von Säuren mit drei Carbonylfunktionen auch Tricarbonsäure-Zyklus genannt.
4. *Die Endoxidation in der Atmungskette.* Wasserstoff, der in den Etappen A bis C den jeweiligen Substraten entzogen wurde, wird letztlich mit Sauerstoff zu Wasser vereinigt. Dazu erfolgt ein Elektronentransport über eine Kette von Redoxsystemen. Dabei freiwerdende Energie wird zur Bildung von ATP verwendet.

4.1 Glykolyse

Bei Biologischen Oxidationen handelt es sich um in der Regel intrazelluläre und mehrstufige, enzymgesteuerte Oxidationsprozesse. Sie dienen dem Energiegewinn und der Bereitstellung von Ausgangsstoffen für Synthesen.

Die ersten Schritte der Glykolyse machen zumindest formelmäßig keine großen Schwierigkeiten. Denn die Formeln sind uns von den Umwandlungen der Monosaccharide und vom Calvin-Zyklus her bereits vertraut. Nur darf man sich dadurch nicht täuschen lassen: Die Glykolyse ist keineswegs eine Umkehrung des Calvin-Zyklus. Schon die beteiligten Enzyme sind nur teilweise dieselben wie im Calvin-Zyklus. Und schließlich ist der Ort des Geschehens ein anderer: Der Calvin-Zyklus lief in den Chloroplasten ab, während die Glykolyse im *Cytoplasma* stattfindet. Schicken wir nun Glucose in die Glykolyse hinein (Abb. 4.2). In uns schon bekannten Reaktionen wird sie in Glucose-6-phosphat und dann durch Isomerisierung in Fructose-6-phosphat überführt. Phosphofructokinase fügt eine weitere Phosphateinheit hinzu, so daß Fructose-1,6-bisphosphat entsteht. Die uns schon bekannte Aldolase überführt Fructose-1,6-bisphosphat in das uns ebenfalls schon bekannte, aus 3-Phosphoglycerinaldehyd und Dihydroxyacetonphosphat bestehende Triosephosphat. Das Gleichgewicht bei diesen Reaktionen: bei der Aldolase-Reaktion ganz auf Seiten der Hexose, im Triosephosphat auf Seiten des Dihydroxyacetonphosphats. Jedoch wird das Gleichgewicht durch Entzug von 3-Phosphoglycerinaldehyd aus diesem System in Richtung des glykolytischen Abbaus verlagert (Abb. 4.3).

Der Entzug geht auf das Konto der Phosphotriose-Dehydrogenase, eines HS-Enzyms, d.h. eines Enzyms mit einer funktionell wichtigen HS-Gruppe. Das Enzym lagert sich an die Carbonylfunktion des 3-Phosphoglycerinaldehyds an, NAD^+ nimmt von dem Anlagerungsprodukt 2H auf, wobei eine energiereiche Thioesterbindung gelegt wird. An dieser Thioesterbindung wird nun das Enzym gegen Phosphat ausgetauscht. Damit ist mit Hilfe der Phosphotriose-Dehydrogenase Glycerinsäure-1,3-bisphosphat entstanden, und das Phosphat an C 1 ist »energiereich« gebunden. Eine wichtige Stelle im Reaktionsablauf: In der nächsten Reaktion wird dieses energiereiche Phosphat unter Bildung von ATP abgespalten. Das zweite Produkt dieser Reaktion ist 3-Phosphoglycerinsäure.

Mit Hilfe der Phosphoglycero-Mutase wird dann 3-Phosphoglycerinsäure in 2-Phosphoglycerinsäure überführt. Unter Wasserentzug (das hier tätige Enzym trägt den Namen Enolase) entsteht daraus 2-Phosphoenolpyruvat mit einer

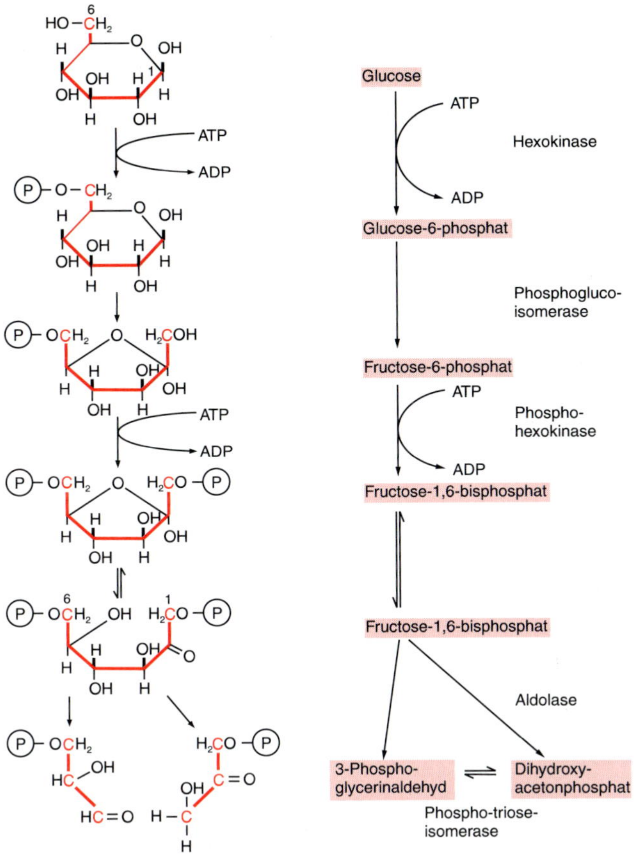

Abb. 4.2.
Glykolyse I: Von der Glucose zum Triosephosphat.

energiereichen Phosphatbindung. Im nächsten Schritt wird die Energie dieser Bindung mit Hilfe der Pyruvatkinase zur Bildung von ATP benützt. Aus dem 2-Phosphoenolpyruvat erhält man dabei die Enolform des Pyruvates selbst, die mit ihrer Ketoform im Gleichgewicht steht.

Damit wäre die Glykolyse abgeschlossen. Was für die Biologische Oxidation generell gilt, trifft auch für ihren Teilprozeß Glykolyse zu:

Es kommt zur Anlieferung bestimmter Zwischenstufen, die für Synthesen verwendet werden können, und es wird Energie bereitgestellt. Orientieren wir uns hier nur über diesen zweiten Punkt:

Abb. 4.3.
Glykolyse II: Vom Triosephosphat zum Pyruvat.

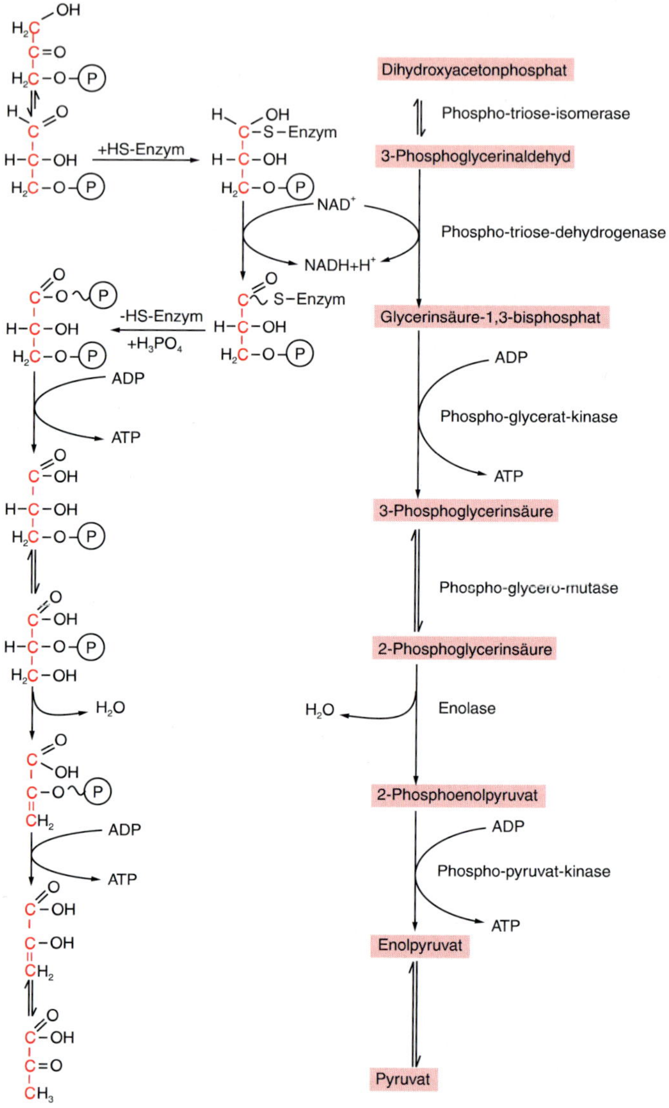

2 ATP werden zur Phosphorylierung der Glucose verbraucht: –2 ATP

2 ATP werden, bezogen auf die eingebrachte Glucose, durch die Pyruvatkinase bereitgestellt. Dabei stammt das Phosphat aus dem eingangs eingesetzten ATP: +2 ATP

Damit wäre die ATP-Bilanz zunächst einmal ausgeglichen. Nun werden aber, bezogen auf ein Glucosemolekül, beim Übergang von Glycerinsäure-1,3-bisphosphat zu 3-Phosphoglycerinsäure noch einmal 2 ATP angeliefert: +2ATP.

Da diese ATP-Bildung unmittelbar am Substrat ansetzt, spricht man von einer *Substratkettenphosphorylierung:* Die Substratkettenphosphorylierung liefert uns also 2 ATP pro Molekül eingesetzter Glucose.

Doch damit nicht genug: Die Phosphotriosedehydrogenase liefert uns zwei NADH + H^+ pro Molekül Glucose. Das Schicksal dieses reduzierten NAD^+ ist fallweise verschieden. Einmal kann es in die Atmungskette eingeschleust werden und dort die Bildung weiteren ATP's einleiten. Darüber später. Das in der Glykolyse gewonnene NADH + H^+ kann aber auch in Gärungsprozessen verbraucht werden.

Gärungen

Schieben wir als Anhang die Besprechung zweier solcher Gärungen ein, der Alkoholischen Gärung und der Milchsäuregärung (Abb. 4.4).

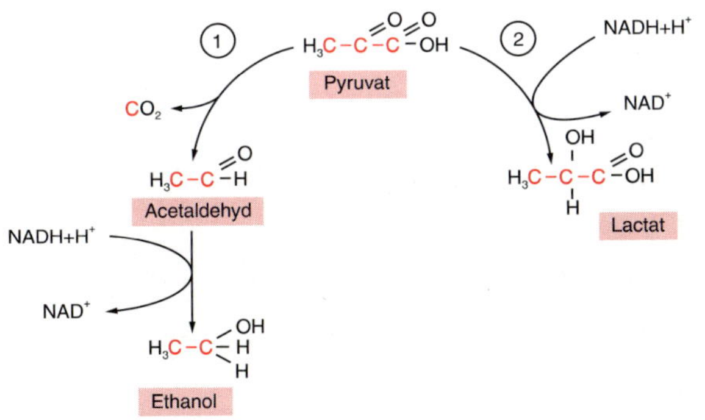

Abb. 4.4.
Schema der Alkoholischen Gärung (1) und der Milchsäuregärung (2).

Alkoholische Gärung: Über die Glykolyse angeliefertes Pyruvat wird zu Acetaldehyd decarboxyliert und dann mit Hilfe des eben erwähnten NADH + H^+ zu Ethanol reduziert.

Milchsäuregärung: Aus der Glykolyse stammendes Pyruvat wird sofort mit Hilfe des erwähnten NADH + H^+ zu Lactat reduziert.

Bei beiden Gärungstypen wird also das NADH + H^+ verbraucht. Damit entfällt der mögliche weitere Energiegewinn, zu dem man durch Einführen des reduzierten Coenzyms in die Atmungskette hätte kommen können. Bei beiden Gärungen besteht also der Energiegewinn lediglich in den beiden aus der Substratkettenphosphorylierung stammenden ATP-Molekülen.

4.2 Oxidative Decarboxylierung des Pyruvats; Bildung aktivierter Essigsäure

Pyruvat wandert aus dem Cytoplasma in die Mitochondrien und wird in deren Matrix (Seite 186) decarboxyliert. Diese zweite Etappe der Biologischen Oxidation läßt sich wie folgt summarisch wiedergeben (Abb. 4.5):

Wir begegnen hier zum ersten Mal einem Multienzymkomplex. Dabei handelt es sich um eine Assoziation mehrerer Enzyme, die in der Regel eine Folge aneinander anschließender Reaktionen katalysieren. Bei der Pyruvatdehydrogenase handelt es sich um drei derartige Enzyme, deren Namen weiter unten angegeben sind. Diese Enzyme arbeiten mit den in Abb. 4.5 aufgezählten Coenzymen. Struktur und Funktion der Flavoproteine und von NAD^+ waren schon geschildert worden. Für die weiteren beteiligten Coenzyme liefert Abb. 4.6 die entsprechenden Informationen.

Nun zur Reaktionsabfolge, bei der das nachfolgende Enzym jeweils das Produkt des vorhergehenden Enzyms übernimmt und umsetzt (Abb. 4.7).

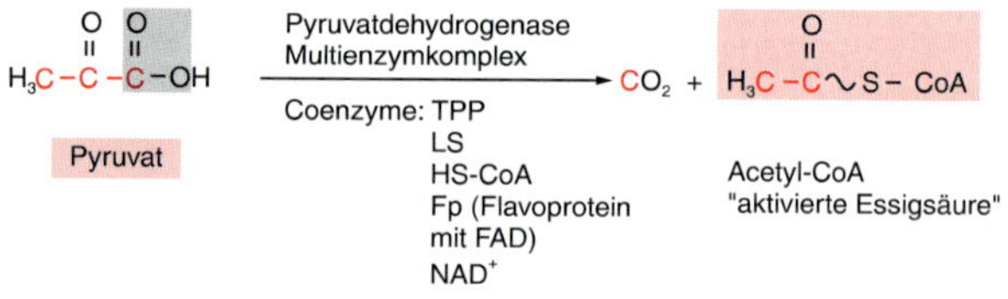

Abb. 4.5. Schematische Übersicht über die Bildung der aktivierten Essigsäure. TPP = Thiaminpyrophosphat, LS = Liponsäure. HS-CoA = Coenzym A. Für FAD und NAD^+ vgl. Abb. 2.6.

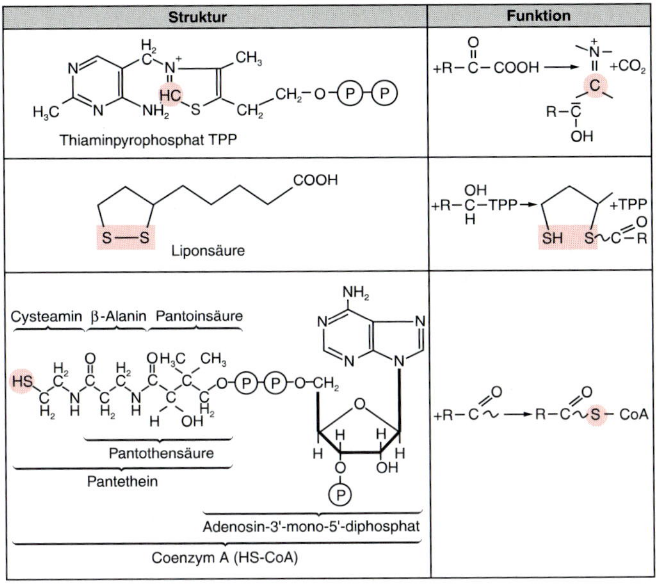

Abb. 4.6.
Coenzyme, die sich an der Bildung der aktivierten Essigsäure beteiligen (zur Funktion von FAD und NAD⁺ vgl. Abb 2.6).

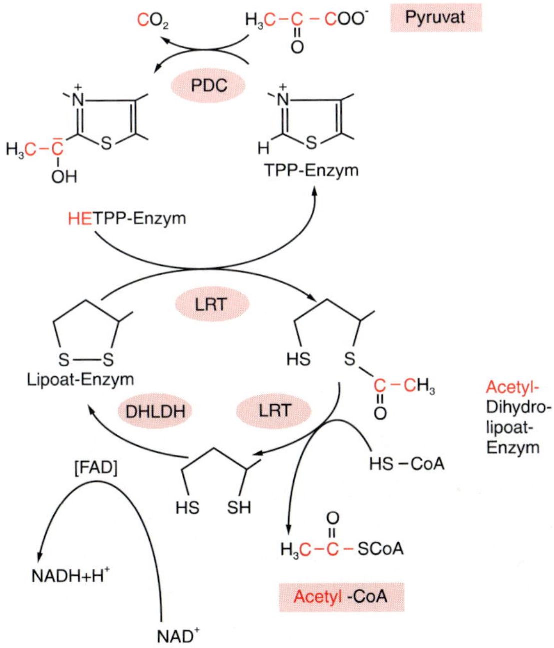

Abb. 4.7.
Die Bildung der aktivierten Essigsäure, bei der die Pyruvat-Decarboxylase (PDC), Lipoat-Reductase-Transacetylase (LRT) und Dihydrolipoat-Dehydrogenase (DHLDH) zusammenwirken. HETPP = Hydroxy-ethyl-TPP (ionisierte Form). Hinsichtlich der übrigen Abkürzungen vgl. Abb. 4.5. Der gesamte Enzym-Komplex wird als »Pyruvat-Dehydrogenase« bezeichnet.

Enzym 1 (Pyruvat-Decarboxylase, PDC). Das Enzym hat seinen Namen daher, daß an ihm Pyruvat decarboxyliert wird. Das dazu notwendige Coenzym ist TPP. Der nach der Decarboxylierung entstandene 2C-Körper bleibt zunächst noch am TPP gebunden. Den betreffenden Komplex bezeichnet man als »aktiven Acetaldehyd«.

Enzym 2 (Lipoat-Reductase-Transacetylase, LRT). Der »aktive Acetaldehyd« wird von LS übernommen, deren Disulfidbrücke dabei reduktiv aufgespalten wird. Der Acetaldehyd seinerseits wird zum Acetylrest oxidiert. HS-CoA übernimmt dann den Acetylrest auf seine HS-Gruppe. Der nun über eine energiereiche Thioesterbindung mit CoA verknüpfte Acetylrest wird als Acetyl-CoA oder aktivierte Essigsäure bezeichnet. Die *aktivierte Essigsäure* ist eine zentrale Substanz im Stoffwechsel, auf die wir noch wiederholt zurückkommen werden. Einen Großteil unseres Wissens um diesen Knotenpunkt des Stoffwechsels verdanken wir LYNEN.

Enzym 3 (Dihydrolipoat-Dehydrogenase, DHLDH). Bei der Abgabe des Acetylrestes auf HS-CoA entstand Dihydroliponsäure, also die Verbindung mit zwei HS-Gruppen. Sie wird nun zu LS (mit Disulfidbrücke) dehydriert. Der Wasserstoff wird dabei zunächst auf ein Flavoprotein (mit FAD) und von diesem auf NAD^+ übertragen.

Wir haben die Decarboxylierung des Pyruvats recht ausführlich besprochen. Zur Rechtfertigung sei gesagt, daß Thiamin identisch mit Vitamin B_1 ist. Das Thiaminpyrophosphat kann uns also als Beispiel dafür dienen, welche Funktionen Vitamine ausüben können: Sie können Coenzyme oder Bestandteile von Coenzymen sein. Darüber hinaus begegnen uns auch an anderer Stelle Decarboxylierungen, die nach z.T. gleichen Prinzipien ablaufen, so gerade eben bei der Alkoholischen Gärung und gleich anschließend bei der Decarboxylierung des α-Ketoglutarats im Citronensäurezyklus.

4.3 Citronensäure-Zyklus

Unser Ehrgeiz geht dahin, Glucose bis letztlich CO_2 und H_2O abzubauen und dabei ATP zu gewinnen. Mit dem Abbau waren wir bis zu einem 2-C-Körper, der aktivierten Essigsäure gelangt. Wir müssen nun auch noch diese beiden letzten C-Atome in Form von CO_2 eliminieren, und das geschieht im

Citronensäure-Zyklus (Citrat-Zyklus) (Abb. 4.8). Er läuft ebenfalls in der Matrix der Mitochondrien ab.

Aktivierte Essigsäure wird vom »condensing enzyme« in einer Art Aldolkondensation mit einem 4-C-Körper, dem Oxalacetat gekoppelt. Es entsteht Citrat, das von der Aconitase mit cis-Aconitat und Isocitrat ins Gleichgewicht gesetzt wird.

Die Isocitrat-Dehydrogenase entzieht ihrem Substrat Isocitrat Wasserstoff und belädt damit NAD^+. Das Produkt der Dehydrierung ist Oxalsuccinat, eine labile Substanz, die ebenfalls von Isocitrat-Dehydrogenasen zu α-Ketoglutarat

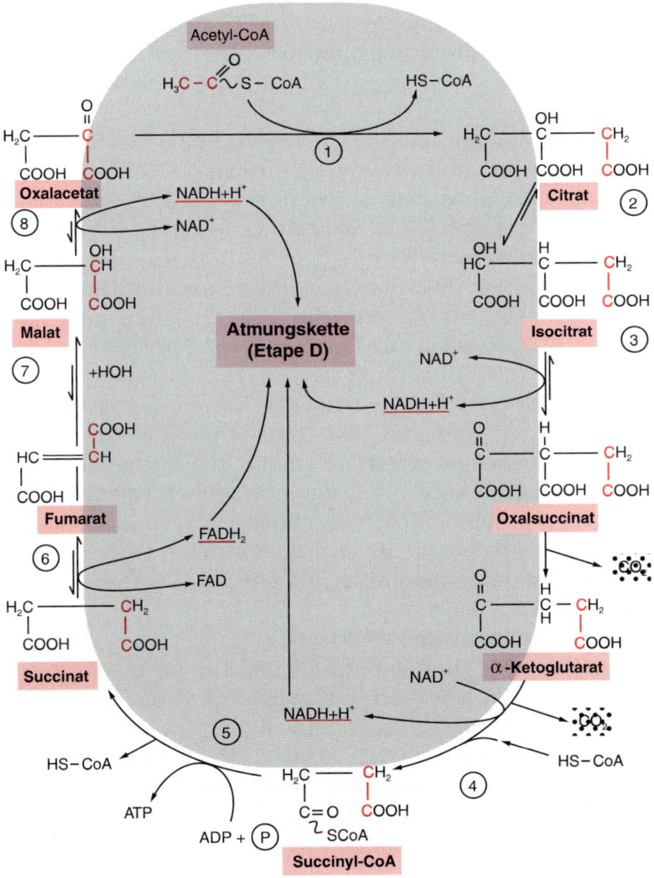

Abb. 4.8. *Der Citronensäure-Zyklus. In Kreisen die beteiligten Enzyme: 1 = condensing enzyme, 2 = Aconitase, 3 = Isocitrat-Dehydrogenase, 4 = α-Ketoglutarat-Dehydrogenase, 5 = Succinyl-CoA-Synthetase, 6 = Succinat-Dehydrogenase, 7 = Fumarat-Hydratase, 8 = Malat-Dehydrogenase.*

decarboxyliert wird. Damit ist das erste der beiden als aktivierte Essigsäure in den Zyklus eingeführten C-Atome bilanzmäßig als CO_2 freigeworden.

Am α-Ketoglutarat setzt nun ganz ähnlich wie bei der Überführung von Pyruvat in aktivierte Essigsäure ein Multienzymkomplex an, den man α-Ketoglutarat-Dehydrogenase nennt. Sein Wirkungsmechanismus entspricht demjenigen bei der oxidativen Decarboxylierung des Pyruvats: die Coenzyme sind TPP, LS, FAD und NAD^+, schließlich HS-CoA. Die Produkte sind: CO_2 (damit ist das zweite eingeführte C-Atom bilanzmäßig eliminiert), NADH + H^+ und die CoA-Verbindung der Bernsteinsäure, das Succinyl-CoA.

Die Succinyl-CoA-Synthase (wenn wir den Namen hören, so erinnern wir uns daran, daß Enzyme ja Gleichgewichtseinstellungen in der Hin- und Herrichtung katalysieren) zerlegt Succinyl-CoA in Succinat und HS-CoA. Die Energie der Thioesterbindung wird dabei zur Bildung von ATP verwendet.

Ein Flavoprotein mit der Wirkgruppe FAD, die Succinat-Dehydrogenase, dehydriert nun Succinat zu Fumarat. Die Succinat-Dehydrogenase ist insofern besonders interessant, als sie eine Komponente der Atmungskette ist, wie wir gleich sehen werden. An dieser Stelle noch eine hier übliche Anmerkung: Die Succinat-Dehydrogenase wird durch das dem Succinat strukturell ähnliche Malonat gehemmt (Abb. 4.9). Es handelt sich dabei um ein Paradebeispiel für eine kompetitive Hemmung (Seite 47).

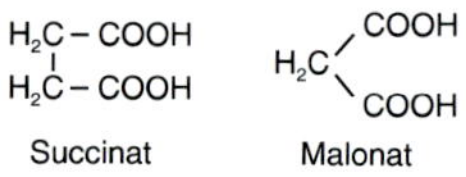

Abb. 4.9.
Succinat und Malonat.

Anschließend führt uns nun die Natur einen Trick vor, der immer wiederkehrt: An eine Doppelbindung wird zunächst Wasser angelagert und dann vom Anlagerungsprodukt Wasserstoff abgezogen. Im vorliegenden Fall liefert die Fumarat-Hydratase durch Wasseranlagerung an die Doppelbindung des Fumarats Malat, das dann von der Malat-Dehydrogenase zu Oxalacetat dehydriert wird. Als Wasserstoffakzeptor dient dabei NAD^+.

Mit der Bildung des Oxylacetates ist der Kreis geschlossen. Ziehen wir eine Zwischenbilanz: Im Citronensäurezyklus wurden die zwei in Form aktivierter Essigsäure eingebrachten C-Atome bilanzmäßig als CO_2 eliminiert. Pro Molekül aktivierter Essigsäure wird ein ATP gebildet. Des weiteren werden Coenzyme mit Wasserstoff beladen: 3 NADH + H^+ und 1 FAD · H_2 werden pro Molekül eingebrachtes aktiviertes Acetat angeliefert.

4.4 Endoxidation an der Atmungskette; Mitochondrien als Energiezentralen

Wie erwähnt findet die Glykolyse im Cytoplasma statt, die oxidative Decarboxylierung des Pyruvats und der Citratzyklus in der »Matrix« der Mitochondrien. Mit diesem Fachausdruck war bereits ein Baudetail der Mitochondrien ins Spiel gekommen. Die vierte und letzte Etappe der biologischen Oxidation, die *Endoxidation*, findet an der sog. *Atmungskette* statt. Dabei kommt es zu einer ATP-Bildung, die als *Atmungskettenphosphorylierung* bezeichnet wird. Bei der Atmungskette handelt es sich um eine Folge von Redoxsystemen, die überwiegend in der inneren Membran der Mitochondrien lokalisiert sind. Damit ist ein weiteres Baudetail der Mitochondrien angesprochen. Es wird unabdingbar, daß wir uns über den Bau der Mitochondrien orientieren.

4.4.1 Bau der Mitochondrien und Lokalisierung der Etappen der Biologischen Oxidation (Abb. 4.10)

Die Form der Mitochondrien kann je nach Zelle und Art stark verschieden sein. Häufig sind längliche »ellipsoide« Formen von 1 µm Durchmesser. Auch die Zahl schwankt, sie kann von 10 bis 200 000 reichen. Zwei Membranen bilden die innere und äußere Oberfläche der Mitochondrien. Die äußere Membran läuft glatt über die Oberfläche des Mitochondriums hinweg, die innere ist stark gefaltet und kann z. B. kammartige Vorsprünge ins Innere des Mitochondriums, die *Cristae mitochondriales* bilden. Beide Membransysteme unterscheiden sich in Feinstruktur und Funktion ganz erheblich. Von der inneren Membran wird die Matrix, die

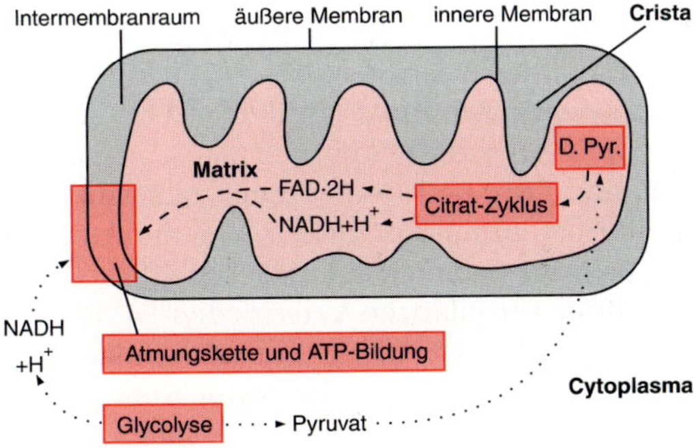

Abb. 4.10. Lokalisierung der Teilprozesse der Biologischen Oxidation in einem Mitochondrium vom Crista-Typ und im Cytoplasma. Das Rechteck links gibt den Ausschnitt an, in dem in Abb. 4.11 Atmungskette und ATP-Bildung genauer wiedergegeben werden. D. Pyr. = oxidative Decarboxylierung des Pyruvats.

Grundsubstanz der Organelle, umgeben. Zwischen den beiden Membranen befindet sich der Intermembranraum.

Ähnlich wie bei den Chloroplasten, so wurde u.a. auf Grund der umgebenden Doppelmembran auch für Mitochondrien eine Endosymbiontenhypothese (Seite 119) aufgestellt. Ihr zufolge wurden Bakterien, die dann im Lauf der Evolution zu den rezenten Mitochondrien wurden, in primitive kernführende Einzeller aufgenommen.

Ebenso wie die Chloroplasten lassen auch die Mitochondrien zwei Bauprinzipien erkennen:

1. Oberflächenvergrößerung durch die Einstülpung der inneren Membran.
2. Kompartimentierung durch Lokalisierung bestimmter Systeme in den Membranen bzw. der Matrix. Dies wird besonders deutlich werden, wenn wir uns jetzt mit der Atmungskette im Detail befassen.

4.4.2. Atmungskette

Nun zurück zur biologischen Oxidation. Erinnern wir uns daran, daß an verschiedenen Stellen hydrierte Coenzyme, NADH + H^+ und FAD × 2H angefallen waren. Uns interessiert nun das Schicksal dieser hydrierten Coenzyme, genauer des Wasserstoffs, mit dem die Coenzyme beladen sind. Dieser Wasserstoff wird in eine Kette von Redoxsystemen eingeleitet. Solche Elektronentransportketten sind uns nichts Neues. Wir kennen sie schon von den Primärprozessen der Photosynthese. Und ebenso wie dort bei einigen Transportschritten, so müssen wir uns auch hier vorstellen, daß 2H gleich $2H^+ + 2e^-$ sind.

Die Elektronentransportkette, in die der Wasserstoff der aus dem Citronensäurezyklus stammenden hydrierten Coenzyme eingeleitet wird, nennt man *Atmungskette*. In ihr wird Wasserstoff bzw. werden Elektronen bergab von Redoxsystemen hohen zu Redoxsystemen niedrigeren Elektronendruckes geleitet. Am Ende der Kette steht die Oxidation des Wasserstoffs zu Wasser (Abb.4.11).

Welches sind nun die Komponenten der Atmungskette? Dazu ist zunächst vorauszuschicken, daß die Atmungskette bei Tieren, Bakterien und vielen niederen Pflanzen von derjenigen bei höheren Pflanzen verschieden ist. Manche Details sind noch ungeklärt. Immerhin sind einige Besonderheiten gesichert. So besitzen die Mitochondrien höherer Pflanzen die Fähigkeit, das im Cytoplasma z.B. über die

Glykose gebildete NADH + H^+ auszunutzen. Es wandert durch die äußere Membran in den Intermembranraum. Sein Wasserstoff wird dann dort von einem »externen« Flavoprotein, das sich auf der zum Intermembranraum hin orientierten Seite der inneren Membran befindet, aufgenommen und in die Atmungskette eingeleitet. Tierischen Mitochondrien fehlt diese Fähigkeit, die besonders dann Vorteile mit sich bringt, wenn nur die Glykolyse die

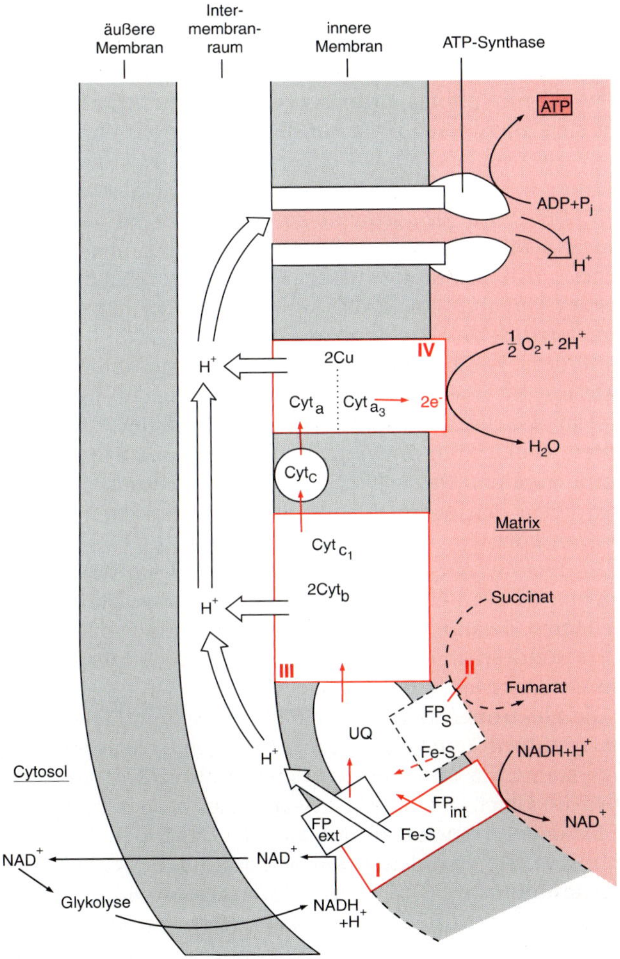

Abb. 4.11.
Atmungskette und ATP-Bildung in Mitochondrien nach Mitchells chemiosmotischer Theorie. FP = Flavoprotein, FP_S = Flavoprotein der Succinat-Dehydrogenase, FP_{int} = »internes« Flavoprotein für Abnahme von Elektronen und Protonen von NADH + H^+ aus der Matrix, FP_{ext} = »externes« Flavoprotein für die Abnahme von Elektronen und Protonen von NADH + H^+, das aus dem Cytosol durch die äußere Mitochondrien-Membran hindurchgeschleust worden war. Fe-S = Eisen-Schwefel-Proteine, UQ = Ubichinon, Cyt = Cytochrome. Die vier großen Komplexe der Atmungskette sind rot umrandet und mit den ebenfalls roten Ziffern I–IV gekennzeichnet.

benötigte Energie anliefert, der pflanzliche Energiestoffwechsel also »glykolytisch« ist. Das ist in bestimmten Entwicklungsstadien und unter bestimmten Bedingungen möglich.

Die Redoxsysteme der Atmungskette sind uns zumindest dem Struktur- und Funktionsprinzip nach schon von den Elektronentransportketten der Photosynthese her bekannt: NAD^+, Flavoproteine, Cytochrome b und c. Neu ist das Ubichinon (Abb. 7.14), das aber in Struktur und Funktion dem Plastochinon entspricht; neu sind die Cytochrome a, deren Wirkungsweise uns aber von den baugleichen Cytochromen b und c vertraut ist; neu sind mehrere Proteine mit »nichthämartig« an Schwefel gebundenem Eisen oder mit Kupfer, die aber im Ferredoxin und Plastocyanin ihre Korrelate finden.

Wie beim photosynthetischen Elektronentransport finden sich auch bei der Atmungskette integrale Proteinkomplexe. Hier sind es vier an der Zahl *(I–IV)* . Ihre Funktion und Reihung in der Atmungskette ist kurz wie folgt (Abb. 4.11):

NADH-Dehydrogenase-Komplex(I): NADH + H^+, das in der Matrix gebildet worden war, gibt Elektronen über ein »internes«, d.h. auf der Matrixseite der inneren Membran gelegenes Flavoprotein (FMN) und über Eisen-Schwefel-Proteine letztlich an Ubichinon ab, das an den Komplex bindet. Außerdem kann auch aus dem Cytoplasma stammendes NADH + H^+ über ein »externes«, d.h. an der Intermembranraum-Seite der inneren Membran lokalisiertes Flavoprotein Elektronen anliefern, die dann ebenfalls in Ubichinon übergehen. Das leicht bewegliche Ubichinon entspricht dem freien Plastochinon beim photosynthetischen Elektronentransport.

Succinat-Dehydrogenase-Komplex (II): Die Succinat-Dehydrogenase ist ein Funktionselement des Citrat-Zyklus, der in der Matrix abläuft. Sie ist dennoch nicht in der Matrix lokalisiert, sondern an der Matrixseite der inneren Membran, ist also von der Matrix her zugänglich.

Die Elektronen werden zunächst von einem Flavoprotein (FAD) aufgenommen und dann über mehrere weitere Redoxsysteme, darunter auch Eisen-Schwefel-Zentren, ebenfalls zum Ubichinon geleitet. Dabei ist zu beachten, daß diese Elektronen später als im Fall des NADH + H^+ in die Atmungskette eingeleitet werden. Eine der Möglichkeiten zum Protonen-Ausstoß in den Intermembranraum entfällt deshalb; die Ausbeute an ATP wird damit reduziert (Tab. 4.l.).

Cytochrom b/c$_1$ -Komplex (III) : Ubichinon liefert an diesen Komplex Elektronen ab. Er entspricht dem Cytochrom b_6/f-Komplex bei den Primärvorgängen der Photosynthese. Über Cytochrom b gelangen die Elektronen zu Cytochrom c_1, von dem sie an Cytochrom c abgegeben werden.

Bei Cytochrom c handelt es sich um eine kleines, leicht bewegliches peripheres Protein, das vom Cytochrom b/c_1-Komplex zum nächsten Komplex (*IV*) vermittelt.

Cytochrom a/a$_3$-Komplex (IV): Der Komplex enthält in seinen Redoxsystemen auch Cu, das teils als Kupfer-Schwefel-Protein vorliegt. Über Cytochrom a gelangen die Elektronen schließlich zum Cytochrom a_3. Bei ihm handelt es sich um eine »direkte Oxidase«. Denn es nimmt mit dem Sauerstoff selbst Kontakt auf.

Der Sauerstoff wird mit Hilfe der über die Atmungskette herantransportierten Elektronen zu O^{2-} reduziert und mit $2H^+$ zu Wasser umgesetzt.

4.4.3 Atmungskettenphosphorylierung

Die Atmungskettenphosphorylierung verläuft nach den Prinzipien von MICHELLS Chemiosmotischer Theorie. Wir waren darauf schon genauer eingegangen (Seite 120). Deshalb hier nur das Wichtigste:

An drei Stellen, bei den Komplexen I, II und IV werden Protonen in den Intermembranraum abgegeben (Abb. 4.11). Wie bei der Photophosphorylierung kommt es zu einer H^+-Anreicherung im Intermembranraum und damit zur Ausbildung eines elektrochemischen Potentials. Der Ausgleich erfolgt wieder über Protonenkanäle, an denen ATPasen lokalisiert sind, die die anfallende Energie zur Bildung von ATP verwenden. Pro eingebrachtes NADH + H^+ werden an der Atmungskette rund 3, pro eingebrachtes hydriertes Flavoprotein (Succinat-Dehydrogenase) rund 2 Moleküle ATP gebildet.

4.4.4 Die ATP-Ausbeute über die Atmungskette

Mit der Endoxidation in der Atmungskette ist die Biologische Oxidation abgeschlossen. Wir hatten erwähnt, daß in ihr einmal Energie gewonnen und zum anderen Zwischenstufen für Synthesen bereitgestellt werden. Ziehen wir nun zum Schluß eine Gesamtbilanz der Biologischen Oxidation hinsichtlich der ATP-Bildung. Dabei wollen wir uns auf Glucose als Ausgangsmaterial beziehen, uns aber darüber im klaren sein, daß natürlich auch andere Substanzen an ent-

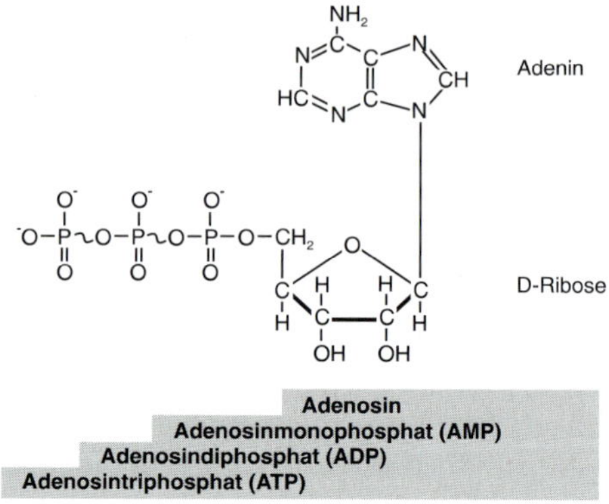

Abb. 4.12.
Die Strukturen von AMP, ADP und ATP (nach LEHNINGER *1969)*

sprechender Stelle in den Abbauweg eingeschleust werden können. In Tab. 4.1 ist die ATP-Ausbeute in den einzelnen Etappen des Abbaus wiedergegeben. Demnach entfallen auf ein Molekül Glucose insgesamt 38 Moleküle ATP (Abb. 4.12).

Damit wäre die Frage nach dem Energiegewinn bei der Biologischen Oxidation behandelt. Es bleibt noch die zweite Frage nach den Ausgangsmaterialien für Synthesen, die im Verlauf der Biologischen Oxidation anfallen. Wir werden diese Frage nach und nach beantworten, wenn wir in den

Tab. 4.1. ATP-Ausbeute in den einzelnen Etappen der Biologischen Oxidation, bezogen auf den Abbau eines Moleküls Glucose

Etappe	in der Endoxidation	
A. Glykolyse		
3-Phosphoglycerinaldehyd → 1,3-Diphosphoglycerinsäure:	$2\ NADH + H^+ \rightarrow$	6 ATP
1,3-Diphosphoglycerinsäure → 3-Phosphoglycerinsäure:		2 ATP(Substratketten-phosphorylierung)
B. Bildung aktivierter Essigsäure:	$2\ NADH + H^+ \rightarrow$	6 ATP
C. Citronensäurezyklus		
Isocitrat → α-Ketoglutarat:	$2\ NADH + H^+ \rightarrow$	6 ATP
α-Ketoglutarat → Succinyl-CoA:	$2\ NADH + H^+ \rightarrow$	6 ATP
Succinyl-CoA → Succinat:		2 ATP(Substratketten-phosphorylierung)
Succinat → Fumarat:	$2\ FAD\text{-}H_2 \rightarrow$	4 ATP
Malat → Oxalacetat:	$2\ NADH + H^+ \rightarrow$	6 ATP
	Summe	38 ATP

folgenden Kapiteln auf den Stoffwechsel bestimmter Substanzklassen eingehen.

Doch zuvor steht noch anderes an: Nachdem wir uns bei der Biologischen Oxidation bisher mit einer Thematik befaßt hatten, die von geringfügigen Varianten abgesehen Allgemeingültigkeit für sich beanspruchen darf, kann der Botaniker nun aufatmen. Denn ein *speziell pflanzlicher Sonderweg einer Biologischen Oxidation* bietet sich zur Besprechung an dieser Stelle an: die Photorespiration.

Zusammenfassung
Biologische Oxidationen dienen dem Energiegewinn und der Bereitstellung von Baumaterial für Synthesen. Der Hauptweg der Biologischen Oxidation, in der Regel als Biologische Oxidation schlechthin bezeichnet, verläuft bei Tieren wie Pflanzen nahezu gleich. Mit Glucose als Ausgangsmaterial gliedert er sich in vier Teilprozesse:

1. Die *Glykolyse* führt von Glucose bis zum Pyruvat. Bei den dabei durchlaufenen Zwischenstufen handelt es sich weitgehend um die gleichen wie beim Calvin-Zyklus, nur in umgekehrter Reihung. An zwei Stellen kommt es zu einer *Substratkettenphoshorylierung* (ATP-Bildung in unmittelbarem Zusammenhang mit der Umsetzung des Substrats). An das Pyruvat lassen sich anaerobe Prozesse, die Alkoholische Gärung und die Milchsäuregärung anschließen. Die Glykolyse findet im Cytoplasma statt.

Die folgenden drei Etappen laufen in bestimmten Kompartimenten der Mitochondrien ab. Die häufig vorkommenden *Mitochondrien* vom Crista-Typ zeigen folgende *Feinstruktur:* Sie werden von einer *Doppelmembran* umgeben. Die *innere Membran* umgibt die *Matrix.* Zur Oberflächenvergrößerung ist sie im Längsschnitt kammartig in die Matrix vorgestülpt. Die *äußere Membran* vermittelt den Kontakt zum Cytoplasma. Den Raum zwischen den Membranen bezeichnet man als *Intermembranraum.*

2. Die *oxidative Decarboxylierung des Pyruvats* wird von einem in der Matrix der Mitochondrien lokalisierten *Multienzym-Komplex* durchgeführt, der *Pyruvat-Dehydrogenase.* In ihm sind drei Enzyme mit verschiedenen Coenzymen zusammengefaßt, die funktionell hintereinander geschaltet sind. Das erste Teilenzym ist die Pyruvat-Decarboxylase, die CO_2 aus dem C3-Körper Pyruvat unter Bildung eines C2-Körpers eliminiert. Die Aktivität der Folgeenzyme resultiert in der Anliefe-

rung von Acetyl-CoA, der »aktivierten Essigsäure«. Bei ihr handelt es sich um ein Intermediärprodukt, das auch für Synthesen von höchster Bedeutung ist. Auch NADH + H^+ wird vom Multienzymkomplex angeliefert.

3. Wenn Acetyl-CoA nicht für Synthesen Verwendung findet, wird es in den *Citronensäure-(Citrat-) Zyklus* eingeschleust und zunächst mit Oxalacetat zu dem C6-Körper Citronensäure kondensiert. In den nachfolgenden Reaktionen werden die zwei über Acetyl-CoA eingebrachten C-Atome bilanzmäßig in Form von CO_2 entfernt. An einer Stelle im Zyklus kommt es zu einer Substratkettenphosphorylierung. Über die Regeneration von Oxalacetat wird der Zyklus geschlossen. Er findet ebenfalls in der Matrix der Mitochondrien statt.

4. Über den Substratabbau in der Matrix werden NADH + H^+ und $FADH_2$ angeliefert. Sie werden in die *Atmungskette* eingebracht, die in der Matrixseite der inneren Mitochondrien-Membran lokalisiert ist. Eine Besonderheit der Atmungskette bei Pflanzen ist, daß auch NADH + H^+ aus dem Cytoplasma (z.B. aus der Glykolyse) über die äußere Membran und den Intermembranraum in die Atmungskette eingespeist werden kann.

Die Atmungskette besteht aus vier integralen Protein-Komplexen, dem *NADH-Dehydrogenase-Komplex (I)*, dem *Succinat-Dehydrogenase-Komplex (II)* , dem *Cytochrom b/c$_1$-Komplex (III)* und dem *Cytochrom a/a$_3$-Komplex (IV)*. Zwischen I und II einerseits und III andererseits vermittelt Ubichinon, zwischen III und IV das leicht bewegliche Cytochrom c. Über diese Kette fließen die von den hydrierten Coenzymen eingebrachten Elektronen zum Cytochrom a_3, das als »direkte Oxidase« Sauerstoff reduziert, der dann zusammen mit Protonen Wasser bildet.

Im Intermembranraum kommt es zu einer Protonenanreicherung und damit zur Ausbildung eines elektrochemischen Potentials. Über Protonenkanäle erfolgt ein Ausgleich, der von im Verbund der Kanäle lokalisierten ATPasen zur ATP-Bildung ausgenutzt wird. Pro in die Atmungskette eingebrachtes NADH + H^+ werden rund 3, pro später in die Kette eingebrachtes $FADH_2$ rund 2 Moleküle ATP *(Atmungskettenphosporylierung)* gebildet.

4.5 Photorespiration (Glykolatweg)

Bei *Belichtung* wird in grünen Pflanzenteilen die eben geschilderte Oxidation in den Mitochondrien abgebremst und dafür ein anderer oxidativer Abbauweg forciert, der deswegen *Photorespiration* oder *Lichtatmung* genannt wird. Die weitere Bezeichnung *Glykolatweg* nimmt auf ein wichtiges Intermediärprodukt bezug. Die zentrale Bedeutung der Photorespiration wurde erst im letzten Jahrzehnt voll erkannt. Bei C_3-Pflanzen können mehr als 50% des gerade über die Photosynthese fixierten CO_2 in der Lichtatmung wieder freigesetzt werden. Es handelt sich also um einen Prozeß, der zumindest quantitativ ganz entscheidend am Kohlenhydratstoffwechsel beteiligt ist.

Die Photorespiration wird in einer Kooperation verschiedener Organellen durchgeführt: Chloroplasten, Peroxisomen und Mitochondrien beteiligen sich an ihr. Bei den C_4-Pflanzen muß noch zusätzlich zwischen den Chloroplasten der Leitbündelscheide und solchen des Mesophylls differenziert werden.

4.5.1 Microbodies

Eben waren Organellen erwähnt worden, die noch der Vorstellung bedürfen: die Peroxisomen. Peroxisomen gehören zu den *Microbodies*. Dabei handelt es sich um rundliche Organellen von 0,5 bis 1,0 µm Durchmesser, die im Gegensatz zu den Mitochondrien nur von einer einfachen Membran umgeben sind. Ihr Inneres weist keine den Mitochondrien vergleichbare Feinstruktur auf, sondern besteht aus einer granulären Matrix, in die Kristalle eingelagert sein können. Alle Microbodies sind dadurch gekennzeichnet, daß sie die Enzymausstattung für Bildung und Umsatz von Wasserstoffperoxid enthalten. Die Katalase, ein Enzym, das H_2O_2 in H_2O und $^1/_2$ O_2 zerlegen kann, gilt geradezu als »Leitenzym« für Microbodies. Abgesehen von diesem Grundbestand an Enzymen kann aber die enzymatische Ausstattung der Microbodies recht verschieden sein. Dementsprechend kann man bei Pflanzen zwischen *Peroxisomen* und *Glyoxysomen* unterscheiden. Den pflanzlichen Peroxisomen kommt eine zentrale Rolle bei der Photorespiration zu, die Glyoxysomen sind die Organellen des Glyoxylatzyklus (Seite 213).

4.5.2 Photorespiration

Der »rein« biochemische Ablauf der Photorespiration ist in C_3- und C_4-Pflanzen gleich. Unterschiede ergeben sich über die Kompartimentierung und über das, was mit dem produzierten CO_2 geschieht: In C_3-Pflanzen geht es weitgehend verloren, in C_4-Pflanzen wird es über den C_4-Dicarbonsäure-Zyklus abgefangen.

Der Ablauf der Photorespiration

Am Anfang steht die Oxygenase-Funktion der Rubisco (Abb.4.13). Sie wird in belichteten Chloroplasten entscheidend stimuliert. Produkte ihrer Aktivität sind das uns aus den Sekundärprozessen der Photosynthese bereits bekannte 3-Phosphoglycerat und außerdem Phosphoglykolat (Abb. 2.22).

Phosphoglykolat wird noch in den Chloroplasten unter Abspaltung von Phosphat in Glykolat überführt. Dieses wandert in ein benachbartes Peroxisom hinüber und wird dort von der Glykolatoxidase zu Glyoxylat oxidiert. Das entstehende Wasserstoffperoxid wird von der Katalase der Peroxisomen beseitigt. Das Glyoxylat wird zu Glycin aminiert, wobei Glutamat als Aminogruppendonor fungiert (Seite 276). Das Glycin gelangt dann in die dritte beteiligte Organellensorte, in ein Mitochondrium. 2 Moleküle Glycin werden hier unter Freisetzung von CO_2 und NH_3 zu Serin zusammengekoppelt.

Nun läßt sich der Kreis noch schließen; Serin kann wieder in ein Peroxisom hinüberwechseln und dort seine Aminogruppe an Pyruvat abgeben. Aus dem Pyruvat entsteht dabei Alanin, aus dem Serin Hydroxy-pyruvat, das anschließend zu Glycerat reduziert wird. Das Glycerat kann dann wieder in einen Chloroplasten gelangen und dort nach Phosphorylierung in den Calvin-Zyklus eingeschleust werden.

Ein Teil des anfänglich aus dem Calvin-Zyklus entzogenen C kann so wieder in ihn zurückgeführt werden. Trotzdem bleibt bei C_3-Pflanzen ein C-Verlust.

Bei C_4-Pflanzen dagegen kann der bei der Überführung von 2 Glyzin in 1 Serin zunächst als CO_2 freigesetzte C in PEP fixiert und über den C_4-Dicarbonsäureweg wieder in den Calvin-Zyklus eingebracht werden (Abb. 2.25), einer der Gründe für die hohe Nettophotosynthese der C_4-Pflanzen.

Mit N-Verbindungen geht die Pflanze besonders ökonomisch um. Bei der Überführung von Glycin in Serin wird nun auch NH_3 freigesetzt. Er wird von Glutamat als Aminogruppenakzeptor übernommen, das dabei in Glutamin übergeht (Seite 275).

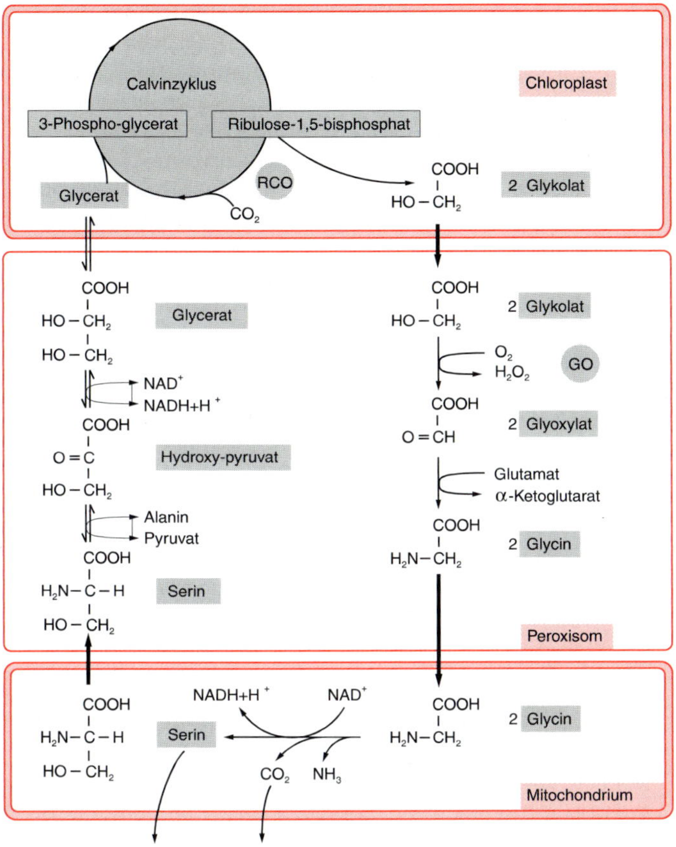

Abb. 4.13.
Ablauf und Kompartimentierung der Photorespiration. Die Oxygenase-Funktion der Rubisco findet sich in Abb. 2.22, die dort gebrachten unmittelbaren Spaltprodukte 3-Phosphoglycerat und Phosphoglykolat wurden hier nicht wieder eingezeichnet. GO = Glykolat-Oxidase, RCO = Rubisco.

Der Kreislauf von Serin zurück in die Chloroplasten ist nicht zwingend. Alternativ kann Serin in das Cytoplasma ausgeschleust werden und z.B. bei Translationsprozessen Verwendung finden.

Die Bedeutung der Photorespiration

Die Frage nach der Bedeutung der Photorespiration drängt sich geradezu auf. Denn man kann sich kaum vorstellen, daß ein quantitativ derart ins Gewicht fallender Prozeß nur eine unangenehme Randerscheinung sein sollte, die von den C_4-Pflanzen besser, von C_3-Pflanzen schlechter gemeistert wird. Dennoch gibt es derzeit nur Vermutungen hinsichtlich einer positiv zu sehenden Funktion.

Einmal ist der Glykolatweg die zentrale Quelle für die

Aminosäuren Glycin und Serin in belichteten grünen Pflanzenzellen. Jedoch verfügt die Pflanze auch über andere Synthesemöglichkeiten für diese beiden Aminosäuren.

Auch ein Energiegewinn ist möglich. Denn bei der Bildung des Serins wird NADH + H^+ angeliefert, das in den betreffenden Mitochondrien gleich in die Atmungskette eingeschleust und so zur Gewinnung von ATP ausgenützt werden könnte. Aber die Pflanzen verfügen über genügend andere Möglichkeiten der ATP-Bildung.

Auch daß das beim Übergang von Glycin in Serin freigesetzte NH_3 refixiert werden kann, wurde in entsprechenden Hypothesen als besonderes Positivum herausgestellt. Doch abgesehen davon, daß es hier gegensätzliche Auffassungen gibt, muß man hinsichtlich der *Gesamt-N-Bilanz* berücksichtigen, daß bei der Bildung von Glycin ja auch N eingebracht wird.

Zusammenfassung

In belichteten grünen Teilen höherer Pflanzen findet sich eine Sonderform der Biologischen Oxidation, die Photorespiration. Sie verläuft über eine Kooperation verschiedener Organellen. Über die Oxygenase-Funktion der Rubisco wird in Chloroplasten Phosphoglykolat gebildet, das in Peroxisomen zu Glyoxylat oxidiert wird. Über Aminierung von Glyoxylat entsteht Glycin. In Mitochondrien werden zwei Einheiten Glycin unter Bildung von CO_2, NH_3 und NADH + H^+ zu Serin zusammengeschlossen. Der Ablauf läßt erkennen, daß es sich bei der Photorespiration nicht nur um einen oxidativen Abbau handelt, sondern daß über sie auch Synthesen möglich werden.

Serin kann entweder im Cytoplasma u. a. zur Translation verwendet oder in Mitochondrien in Glycerat überführt werden. Das Glycerat kann dann in Chloroplasten als 3-Phosphoglycerat in den Calvin-Zyklus eingehen.

Über die Rückführung von Serin in den Calvin-Zyklus kann bei allen Pflanzen wenigstens ein Teil des C gerettet werden. Darüber hinaus gestalten C_4-Pflanzen ihre C-Bilanz dadurch weitaus positiver als C_3-Pflanzen, daß sie das bei der Serin-Bildung freigesetzte CO_2 über den Dicarbonsäureweg wieder in den Calvin-Zyklus einbringen.

Trotz einiger Hypothesen ist ein Nutzeffekt der Photorespiration umstritten.

Für C_3- wie für C_4-Pflanzen gilt also, daß bislang ein Nutzeffekt des Glykolatwegs nicht klar ersichtlich ist.

5 Glycerolipide

Eine erste Gruppe von Substanzen, die sich von Zwischenstufen der Biologischen Oxidation ableitet, sind die Glycerolipide. Die Bezeichnung nimmt darauf Bezug, daß es sich um *fettartige* Stoffe handelt, die als wesentliche Strukturkomponente *Glycerin* enthalten. Die Biosynthese entspricht dem: sie geht von Glycerin-3-phosphat aus (Abb. 5.7). Die Glycerolipide dienen als Reservestoffe oder Membranbausteine.

Bei den Glycerolipiden handelt es sich um fettartige Stoffe (Lipide) mit dem dreiwertigen Alkohol Glyzerin als Strukturkomponente. Über Veresterungen oder Glykosidierungen der Hyxdroxyle des Glycerins entstehen die verschiedenen Gruppen der Glycerolipide.

5.1 Chemische Konstitution der Glycerolipide

Der chemischen Konstitution nach handelt es sich um Ester oder Glykoside des dreiwertigen Alkohols Glycerin. An der Veresterung sind Fettsäuren oder Phosphateinheiten beteiligt. Folgende Gruppen lassen sich unterscheiden:

5.1.1 Triacylglycerine (Neutralfette)

Hier sind alle drei Hydroxylgruppen des Glycerins mit Fettsäuren verestert (Abb. 5.1). Oft handelt es sich dabei um voneinander verschiedene Fettsäuren. Die resultierenden Triacylglycerine (Triglyceride) sind als Neutralfette bekannt. *Neutral* sind sie insofern, als sie nicht-polar, eben neutral gebaut sind. Sie dienen vor allem als *Speicherstoffe*.

Die chemische Konstitution der Fettsäuren

Bei den Fettsäuren, die in den genannten Lipiden vorkommen, handelt es sich um kettenartige Moleküle, die eine durch 2 teilbare Anzahl von C-Atomen aufweisen. Schon das läßt vermuten, daß sie aus C2-Einheiten synthetisiert werden, eine Vermutung, die zu Recht besteht. In den Neutralfetten der Pflanzen dominieren von den gesättigten Fettsäuren die Palmitin- und Stearinsäure, von den ungesättigten die Öl-, Linol- und Linolensäure (Abb. 5.2).

Damit sind jedoch nur die mit Abstand wichtigsten aus einer Vielzahl pflanzlicher Fettsäuren genannt. Von Speicherfetten der Samen kennt man weit über 100 verschiedene Fettsäuren. Nur einige wenige von ihnen können im folgen-

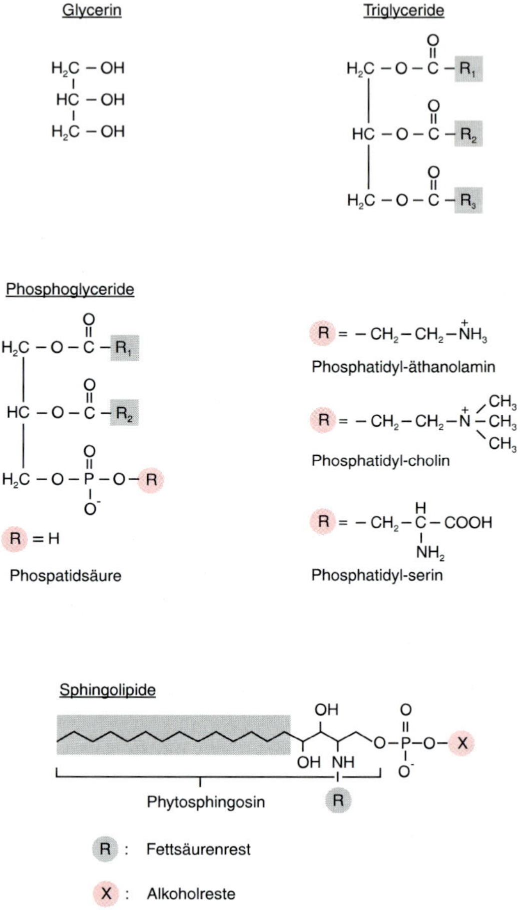

Abb. 5.1. Strukturformeln von Triglyzeriden, Phosphoglyceriden und Sphingolipiden. Die Triglyceride (Triacylglycerine, Neutralfette) und die Phosphoglyceride gehören zu den Glycerolipiden, die Sphingolipide zu den Phospholipiden (die Terminologie überlappt sich hier, denn auch die Phosphoglyceride sind letztlich Phospholipide). Die hydrophoben Fettsäurenketten und der ebenfalls hydrophobe Arm des Phytosphingosins wurden grau unterlegt. Die Triglycerine sind unpolar (»neutral«), die anderen Gruppen weisen eine polare und eine unpolare Komponente auf.

den erwähnt werden: die Erucasäure (Seite 207) im Rapsöl und die Laurinsäure, eine aus nur 12 C bestehende gesättigte Fettsäure, die für Neutralfette aus Lorbeergewächsen (*Lauraceae*) und Palmen (*Arecaceae*) charakteristisch ist.

Zur *Terminologie* der Fettsäuren: Um eine Fettsäure zu charakterisieren, kann man ihre C-Zahl und die Zahl der Doppelbindungen angeben. Stearinsäure ohne Doppelbin-

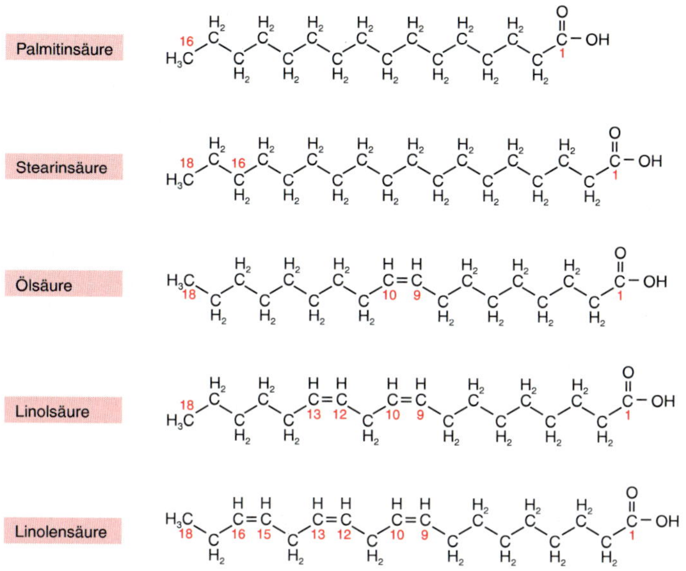

Abb. 5.2.
Struktur der wichtigsten Fettsäuren.

dung läßt sich durch 18:0 symbolisieren, Ölsäure mit einer Doppelbindung als 18:1. Zu beachten ist auch, daß eine Durchzählung der C-Atome mit Zahlen oder mit griechischen Buchstaben erfolgen kann. Bei Verwendung von Zahlen stellt die Carboxylgruppe das *erste* C-Atom, bei Verwendung von Buchstaben ist jedoch das *zweite* C-Atom das α-Atom. Reihen von Zahlen und von Buchstaben verlaufen also um eine Position versetzt.

Eine Anmerkung zu den ungesättigten Fettsäuren. Man kann sich die Konstitution der drei genannten Säuren leicht ableiten, wenn man nur zwei Fakten im Gedächtnis behält:

1. Die Doppelbindungen sind nicht konjugiert, sondern zwischen zwei Doppelbindungen steht immer eine $-CH_2$-Gruppe.
2. Die erste Doppelbindung liegt zwischen den C-Atomen 9 und 10, wobei das C-Atom der Carboxylgruppe als Nr. 1 bezeichnet wird. Ölsäure trägt also ihre erste und einzige Doppelbindung zwischen C 9 und 10, Linolsäure darüber hinaus noch eine zweite Doppelbindung zwischen C 12 und 13, Linolensäure schließlich noch eine dritte Doppelbindung zwischen C 15 und 16.

Neutrale Lipide sind auch die Wachse, soweit sie aus

Estern aufgebaut sind. Außerdem gibt es aber auch *polare Lipide*. Sie gliedern sich in die zwei Gruppen der Phospholipide und Glykolipide. Bei beiden handelt es sich um wichtige *Membranlipide*.

5.1.2 Phospholipide

Phosphoglyceride

Zu den Phospholipiden zählen teils Glycero-, teils Sphingolipide. Soweit es sich um Glycerolipide handelt, bezeichnet man sie als Phosphoglyceride (Glycerinphosphatide). Bei ihnen sind die zwei ersten Hydroxyle des Glycerins mit Fettsäuren verestert, das dritte mit einem Phosphatrest, der in der Regel weitere Substituenten trägt. Die *Phosphatidsäuren*, bei denen sich nur der unveränderte Phosphatrest findet, sind die einfachsten Phosphoglyceride. Je nach der Art der Acylreste kennt man mehrere verschiedene Phosphatidsäuren. Außer als Intermediärprodukte (Seite 207) werden sie in Form von Derivaten wichtig. Denn in ihren Phosphatrest können Aminoalkohole wie Ethanolamin, Cholin oder Serin eingefügt werden. Dann resultieren Phosphatidyl-Ethanolamin, Phosphatidyl-Cholin (Lezithin) und Phosphatidyl-Serin, alles typische Membranbausteine (Abb. 5.1).

Sphingolipide

Auch die *Sphingolipide* gehören zu den Phospholipiden und sollen deshalb trotz ihres von den Glycerolipiden abweichenden Bauplans hier behandelt werden. Bei ihnen tritt das Sphingosin oder, in Pflanzen häufiger, das ähnlich gebaute *Phytosphingosin* an Stelle des Diacetylglycins, d.h. an Stelle eines Glycerins, dessen beide erste Hydroxyle mit Acylgruppen besetzt sind. Beim Phytosphingosin handelt es sich um eine lange aliphatische Sequenz, die an dem einem Ende drei Hydroxylgruppen und eine Aminogruppe trägt. Eine der Hydroxylgruppen ist mit Phosphat besetzt, das seinerseits fallweise verschiedene Alkohole mit sich bringt. Über die Aminogruppe wird ein Fettsäurenrest säureamidartig gebunden. So können schließlich recht komplexe Substanzen zustandekommen (Abb. 5.1).

5.1.3 Glykolipide

Bei ihnen sind wie bei den Phospholipiden die ersten zwei Hydroxyle des Glycerins mit Fettsäuren verestert. Das dritte Hydroxyl geht eine glykosidische Bindung mit ein bis mehreren Zucker-Einheiten ein. Eingehender können wir uns hier mit den Glykolipiden nicht befassen.

Mit Kenntnis der chemischen Strukturen läßt es sich verstehen, wieso die Phospho- und Glykolipide polar gebaut sind, also sowohl hydrophoben als auch hydrophilen Charakter aufweisen. Denn in ihnen allen sind die langen aliphatischen Ketten (Fettsäuren oder Phytosphingosin) ausgesprochen hydrophob, der Phosphatbaustein mit den anhängenden Verbindungen bzw. die in gleicher Position befindlichen Zucker sind hydrophil. Der polare Bau trägt wesentlich dazu bei, daß die genannten Substanzen als Membranbausteine Verwendung finden können (Seite 116).

5.2 Die Biosynthese der Fettsäuren und der Glycerolipide

Fettsäuren sind wesentliche Komponenten der Glycerolipide. Deshalb macht die Besprechung ihrer Biosynthese das Kernstück des folgenden Teilkapitels aus. Dabei muß zwangsläufig auch die Bildung von Gylcerolipiden zur Sprache kommen (Seite 207).

Ausgangsstoffe für die Biosynthese der Fettsäuren sind Acetyl-CoA und Malonyl-CoA. An ein Startermolekül Acetyl-CoA wird eine Einheit Malonyl-CoA nach der anderen unter Decarboxylierung addiert. Malonat führt drei C-Atome. Bei seiner Decarboxylierung entsteht ein 2-C-Körper. Im Endeffekt wird also bei der Biosynthese der Fettsäuren eine 2-C-Einheit an die andere gereiht, wie wir das schon aus der Konstitution der Fettsäuren abgeleitet hatten.

Man unterscheidet zwischen der *de novo*-Synthese von Fettsäuren und zusätzlichen Modifikationen. Bei der *de novo-Synthese* werden Fettsäuren aus den eben erwähnten Bausteinen von Grund auf neu gebildet. Sie findet im Stroma von Proplastiden und vor allem Plastiden statt. Über sie entstehen Fettsäuren mit bis zu 16 oder 18 C. Auch das Legen der ersten Doppelbindung, das ist im Endeffekt die Desaturierung von Stearinsäure zu Ölsäure, erfolgt noch in den Plastiden.

Der hohe Bedarf an NADPH + H^+ bei der Fettsäurensynthese wird in Chloroplasten aus der Photosynthese, in Leukoplasten über den oxidativen Pentosephosphat-Zyklus (Seite 495) gedeckt. Wenn man an die auf Hochtouren laufende NADPH + H^+-Anlieferung bei der Photosynthese denkt, wird es verständlich, daß die *de novo*-Synthese bevorzugt tagsüber in grünen Pflanzenteilen stattfindet.

Bei den oben erwähnten *Modifikationen* handelt es sich u.a. um die Verlängerung (Elongation), die Desaturierung oder den Ringschluß von *de novo* synthetisierten Fettsäuren. Auch die Bildung von Glycerolipiden kann man hier einordnen. Die Modifikationen finden an oder in der an das Cytoplasma angrenzenden Membran des ER statt.

5.2.1 Die de novo-Synthese von Fettsäuren

Die *de novo*-Synthese erfolgt in mehreren Etappen. Die beiden wichtigsten sind:

1. *die Bildung von Malonyl-CoA* und
2. *die Synthese gesättigter Fettsäuren.*
3. kann sich die *Dehydrierung zu Ölsäure* anschließen.

Bildung von Malonyl-CoA

Sie erfolgt über die Carboxylierung von Acetyl-CoA durch die *Acetyl-CoA-Carboxylase* (Abb. 5.3) . Bei ihr handelt es sich um einen Multienzymkomplex, der mit Biotin als Coenzym operiert. Die Bildung von Malonyl-CoA (Abb. 5.5) erfolgt in zwei Schritten. Ausgangspunkt ist ein relativ kleines Protein, an das Biotin gebunden ist. Dieses *Biotin-Carrier-Protein* ist die erste Komponente des Multienzymkomplexes. Eine zweite Komponente, die *Biotin-Carboxylase,* fixiert unter ATP-Verbrauch CO_2 in das Biotin des ersten Teilenzyms. Die dritte Komponente schließlich ist die *Transcarboxylase,* die das CO_2 vom Biotin auf Acetyl-CoA überträgt.

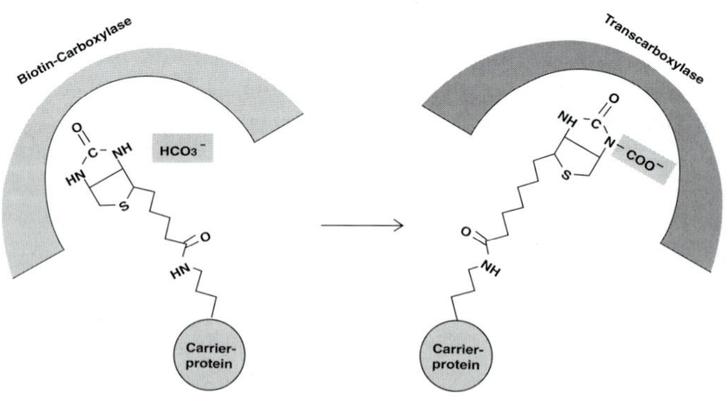

Abb. 5.3. Die Funktionsweise des Multienzym-Komplexes der Acetyl-CoA-Carboxylase. Das Biotin-carrier-Protein übernimmt das Biotin, in das dann von der Biotin-Carboxylase CO_2 eingebracht wird. Mit Hilfe der Transcarboxylase wird das CO_2 dann vom Biotin auf Acetyl-CoA übertragen (verändert nach STRYER 1983).

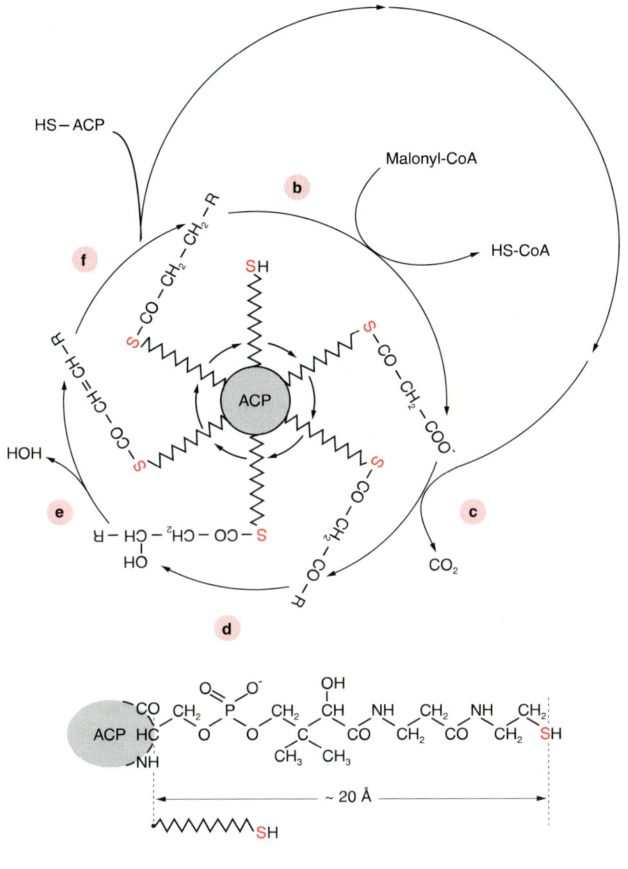

Abb. 5.4.
Modell der Aktionsweise der Fettsäuren-Synthase. Dargestellt wird eine der Runden, in denen die C-Kette der Fettsäure um 2 C verlängert wird.
Im Zentrum des Multienzymkomplexes steht ein ACP mit seinem Pantethein-Arm, der unten noch im Detail herausgezeichnet wurde. Der Arm schwenkt mit dem Acylrest von Teilenzym zu Teilenzym. Die Teilenzyme sind nicht eingezeichnet, aber die Reaktionen, die sie katalysieren, und zwar mit den gleichen Buchstaben wie in Abb. 5.5. Zunächst wird der Malonyl-Rest auf den Pantethein-Arm des zentralen ACP übertragen (b). Dann gibt ein Acyl-ACP den Acylrest unter Kondensation an Malonyl-ACP ab (c). Es folgen die erste Reduktion (d), die Dehydratation (e)und die zweite Reduktion (f). Der jetzt um 2C verlängerte Acylrest kondensiert dann wieder unter Decarboxylierung mit Malonyl-ACP (c) und leitet so die nächste Runde ein. Die Kreisbewegung ist hypothetisch. Die Weitergabe von Teilenzym zu Teilenzym kann auch auf andere Weise erfolgen. Die Idee zur Kreis-Symbolik stammt von Lynen (1969).

De novo-Synthese

Fettsäuren-Synthase mit Acyl-Carrier-Protein

Die Synthese von zunächst gesättigten Fettsäuren findet wieder an einem Multienzymkomplex statt, den man als Fettsäuren-Synthase bezeichnet. Bei Hefen und Tieren ist der Verbund ihrer Komponenten recht fest. Bei Bakterien und Pflanzen ist er lockerer, so daß die Fettsäuren-Synthase bei der Isolierung zerfällt.

Im Komplex der Fettsäuren-Synthase sind einmal alle erforderlichen Enzyme enthalten. Insgesamt sind es sieben, die wir hier nicht mit Namen aufführen werden. Wichtiger ist, welche Reaktionen sie katalysieren. Hinzu kommt noch eine weitere Proteinkomponente, die keinen Enzymcharakter besitzt. Dieses Protein weist einen Seitenarm aus Pantethein auf, das über eine Phosphatgruppe mit einem Serin in der Polypeptidkette verbunden ist (Abb. 5.4).

An die HS-Gruppe des Pantetheins werden Acylreste gebunden. Bei der Fettsäurensynthese handelt es sich dabei um den Malonylrest, den Acetylrest und die Acylreste der wachsenden Fettsäure (vgl. Abb. 5.5). Diese werden über den Pantethein-Arm von Teilenzym zu Teilenzym der Fettsäuren-Synthase weitergereicht. Der Name *Acyl-Carrier-Protein (ACP)* nimmt auf diese Funktionen der nicht-enzymatischen Komponente Bezug.

De novo-Synthese gesättigter Fettsäuren

Bei der Synthese wiederholt sich eine im Prinzip gleiche Abfolge von Reaktionen solange, bis die endgültige C-Zahl erreicht ist. Die erste Runde, die das C-Skelett auf 4C bringt, sei genauer geschildert. Ihre insgesamt sieben Etappen sind (Abb. 5.5):

a) *Acetyl-Transfer*: Acetyl-CoA gibt seine Acetyl-Gruppe an ein ACP ab.
b) *Malonyl-Transfer*: Malonyl-CoA gibt seine Malonyl-Gruppe an ein ACP ab.
c) *Kondensation*: Die Acetylgruppe wird von »ihrem« ACP auf die ACP-gebundene Malonyl-Gruppe übertragen. Dabei wird die bislang freie Carboxylgruppe des Malonyl-Restes entfernt. Das Gleichgewicht dieser unter Decarboxylierung verlaufenden Kondensationsreaktion liegt ganz auf Seiten der Kettenverlängerung. Denn nun liegt in der Tat eine Kette aus vier C-Atomen vor, die im Endeffekt über eine Addition von 2C mit 2C entstanden ist. Acetyl-CoA bzw. Acetyl-ACP wird bei den noch kommenden weiteren Kettenverlängerungen nicht mehr benötigt. Es handelt sich bei ihm also um einen Starter.
d) *1. Reduktion*: Mit Hilfe von NADPH + H^+, dessen Herkunft schon erwähnt wurde, werden an die Carbonyl-Funktion in der Kette 2H angelagert. Eine Hydroxylgruppe ist das Ergebnis.
e) *Dehydratation*: Die nächsten beiden Reaktionen demonstrieren den »Trick«, mit dem O entfernt und eine gesättigte Verbindung gebildet werden kann. Zunächst wird Wasser (HOH) abgezogen. Dabei entsteht eine Doppelbindung.
f) *2. Reduktion*: Die Doppelbindung wird aufhydriert, wieder

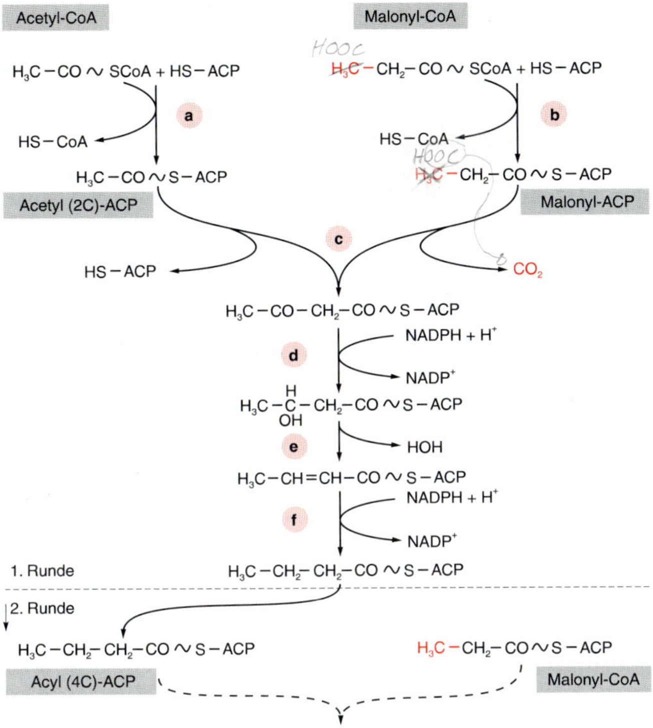

Abb. 5.5.
Die de novo-Synthese der Fettsäuren. Erste Runde. HS-ACP oder ACP = Acyl-Carrier-Protein. a: Acetyl-Transfer auf ACP; b: Malonyl-Transfer auf ACP; c: Kondensation; d: 1. Reduktion; e: Dehydratation; f: 2. Reduktion. Die zweite Runde ist angedeutet. Sie beginnt anstatt mit Acetyl-ACP, also einer an ACP gebundenen 2C-Kette, mit einem an ACP gebundenen, aus 4C bestehenden Acylrest.

mit Hilfe von NADPH + H^+. Eine gesättigte, kurze Fettsäure mit 4C-Atomen ist das Resultat.

Soweit die wie erwähnt erste Runde. Die Abfolge wiederholt sich nun. Nur beginnen die nachfolgenden Runden nicht mehr mit *Acetyl*-ACP, sondern mit *Acyl*-ACP, das mit Malonyl-ACP unter Decarboxylierung des Malonyl-Restes kondensiert. Das Acyl-ACP wird dabei von Runde zu Runde um 2C länger, bis die endgültige C-Zahl erreicht ist. Abb. 5.4 zeigt eine dieser Runden am Multienzymkomplex der Fettsäuren-Synthase.

Die erste Doppelbindung: Bildung von Ölsäure

Im Gegensatz zu weiteren Modifikationen der zunächst angelieferten gesättigten Fettsäuren wird eine der Doppelbindungen, nämlich diejenige, die sich in der Ölsäure findet, ebenfalls schon im Stroma der Plastiden gelegt. Die Dehydrierung wird dabei nicht durch eine der üblichen NAD^+-abhängigen Dehydrogenasen bewerkstelligt, sondern durch

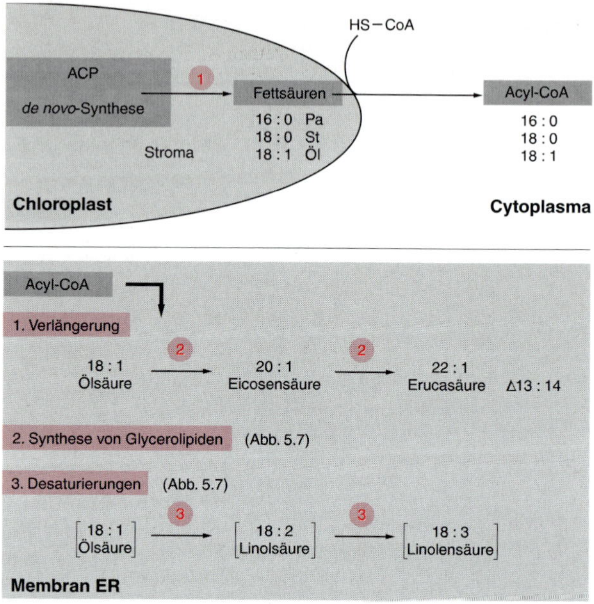

Abb. 5.6. *De novo-Synthese und Modifizierungen der Fettsäuren und ihre Kompartimentierung (Schema). Die de novo-Synthese findet am ACP der Fettsäuren-Synthase im Stroma vor allem von Chloroplasten statt. Thioesterasen setzen die Acylreste frei, die an der äu-ßeren Membran des Chloroplasten in ihre CoA-Ester überführt werden. Die Acyl-CoA-Verbindungen können durch das Cytoplasma in die äußere Membran des ER gelangen, wo sie modifiziert werden. Als Beispiel für eine Verlängerung wird die Überführung von Ölsäure über Eicosensäure in Erucasäure angegeben. Weitere wichtige Modifikationen sind die Überführung in Glycerolipide und Desaturierungen. Zu beiden finden sich Details in Abb. 5.7. Als Beispiel für Desaturierungen wird die Bildung von Linol- und Linolensäure aus ebenfalls Ölsäure angeführt. Dabei liegen die Acylreste im Verbund von Phosphatidyl-Cholin vor, was durch die Klammern angedeutet wird. Zur Symbolik: 18:0 bedeutet, daß eine Fettsäure mit 18 C vorliegt, die keine Doppelbindung aufweist. Es handelt sich also um die Stearinsäure. 18:2 bedeutet, daß eine Fettsäure mit 18 C und 2 Doppelbindungen gegeben ist, nämlich die Linolsäure. Pa = Palmitinsäure; St = Stearinsäure; 1 = Thioesterasen; 2 = Elongasen; 3 = Desaturasen.*

ein Enzym mit anderen Redoxkomponenten, eine sog. *Desaturase*. Sie benutzt speziell Stearyl-ACP als Substrat und setzt sie zu einem hohen Prozentsatz in Oleyl-ACP um. Wie die gesättigten Fettsäuren, liegt dann also auch die Ölsäure zunächst in ACP-gebundener Form vor (Abb. 5.6).

Lösen vom ACP und Passage ins Cytoplasma

Fassen wir noch einmal zusammen: Am ACP der Fettsäuren-Synthase werden als »Primärfettsäuren« gesättigte Fettsäuren mit bis zu 18C und auch die einfach ungesättigte Ölsäure gebildet. Das Loslösen der betreffenden Acylreste vom ACP erfolgt mit Hilfe von Thioesterasen, die zumindest teilweise spezifisch auf die Fettsäurenreste abgestimmt sind. So kann eine Lauryl-Thioesterase den Laurylrest vom ACP ablösen, eine Stearyl-Thioesterase den Stearylrest (Seite 210).

Ein Teil der Primärfettsäuren bleibt innerhalb der Plastiden und wird dort zum Aufbau von Membranlipiden verwendet. Darauf können wir hier nicht eingehen. Erwähnt sei nur, daß die Mechanismen denen ähneln, die sich am oder im ER finden, jedoch mit Anklängen an das Geschehen in Prokaryonten.

Ein anderer Teil der Primärfettsäuren wird exportiert: Die Acylreste passieren auf noch ungeklärte Weise die doppelte Hüllmembran der Plastiden in Richtung Cytoplasma. Unmittelbar danach werden sie unter ATP-Verbrauch in ihre CoA-Ester überführt. Mit deren weiterem Schicksal werden wir uns im folgenden befassen.

5.2.2 Modifikationen der Primärfettsäuren

In den cytoplasmaseitigen Membranen des ER werden die als CoA-Ester vorliegenden Primärfettsäuren modifiziert. Manche Details sind dabei noch ungeklärt. Vorsicht vor Verallgemeinerungen ist geboten, solange schlüssige Daten nur für einige wenige Arten vorliegen, wie z.B. für *Arabidopsis thaliana*.

Kettenverlängerung

In Pflanzen finden sich vielfach, etwa in den Wachsen, Fettsäuren mit Kettenlängen, die weit über 16 oder 18 C hinausgehen. Die erforderliche Verlängerung erfolgt über *Elongasen*. Sie fügen an die als CoA-Ester angelieferten C-Ketten C2-Einheiten an. Die Elongasen arbeiten im Grenzbereich der ER-Membranen zum Cytoplasma hin.

Mehr als 18, nämlich 22 C, weist auch die *Erucasäure* des Rapsöls auf. Abb. 5.6. demonstriert ihre Synthese in den verschiedenen Zellkompartimenten: Wie geschildert wird in Chloroplasten Ölsäure gebildet, die als CoA-Ester durch das Cytoplasma zum ER gelangt und dort verlängert wird. Dabei entsteht über Anlagerung von zwei C2-Einheiten an die jeweilige Carboxylgruppe zuerst Eicosen- und dann Erucasäure. Die Doppelbindung verschiebt sich dabei von 9:10 in der Ölsäure zu 13:14 in der Erucasäure.

Synthese von Phosphatidsäuren und Glycerolipiden

Der Leser könnte an dieser Stelle stutzen und fragen, warum nach den Angaben zur Bildung der Ölsäure nicht Daten zu den einfach erscheinenden weiteren Desaturierungen zur Linol- und Linolensäure gegeben wurden. Warum wird hier zuerst die Biosynthese der Phosphatidsäuren und der Glycerolipide besprochen?

Grund dafür ist, daß die eben erwähnten weiteren Desaturierungen an Ölsäureresten ablaufen, die sich im Verbund eines bestimmten Glycerolipids befinden. Wir müssen daher also zuerst auf die Bildung von Glycerolipiden eingehen.

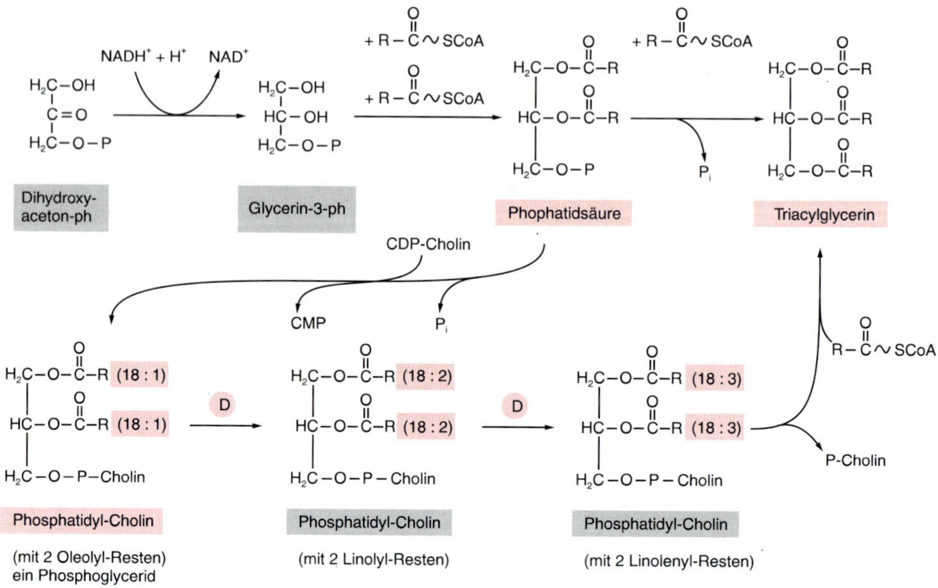

Abb. 5.7.
Die Synthese von Glycerolipiden (Triacylglycerinen und Phosphoglyceriden) und Desaturierungen (vereinfachtes Schema). Ein Knotenpunkt sind die Phosphatidsäuren (es gibt nicht nur eine, sondern je nach Art der Acylreste mehrere Phosphatidsäuren). Von ihnen aus kommt man einerseits unter Ersatz des Phosphatrestes durch eine dritte Acylgruppe zu den Triacylglycerinen (Triglyceride, Neutralfette), andererseits zu Phosphatidyl-Cholin. Bei dem letztgenannten Übergang wird das Phosphat ebenfalls abgespalten und durch P-Cholin ersetzt. Das Phosphatidyl-Cholin wurde mit zwei Ölsäure-Resten (2 × 18:1) angenommen, um die Desaturierungen zu den Linolsäure- (2 × 18:2) und Linolensäure-Resten (2 × 18:3) einbringen zu können. Aus den Phopshatidyl-Cholinen lassen sich die Linol-

Die Synthese der verschiedenen Glycerolipide im ER verläuft bis zu den Phosphatidsäuren gemeinsam (Abb. 5.7): Aus der Photosynthese stammendes Dihydroxyacetonphosphat wird mit Hilfe von NADH + H^+ zu Glycerin-3-phosphat hydriert. Auf dessen freie Hydroxylgruppen werden 18C- oder 16C-Acylreste von Acyl-CoA unter Bildung von *Phosphatidsäuren* übertragen. Die betreffenden Enzyme (Acyltransferasen) arbeiten teilweise selektiv. Besonders auf das zweite Hydroxyl übertragen sie artspezifisch oft nur ganz bestimmte Acylreste.

Bei den Phosphatidsäuren handelt es sich um wichtige Intermediärprodukte. Die Synthesewege zu den einzelnen Gruppen der Glycerolipide setzen an ihnen an.

Synthese von Triacylglycerinen (Abb. 5.7): Der Phosphatrest wird abgespalten. Das freie Hydroxyl des dabei gebildeten Diacylglycerins wird mit einem – dritten – Acylrest besetzt. Ein Triacylglycerin ist gebildet.

Angaben zur Synthese von Triacylglycerinen mit mehrfach ungesättigten Acylgruppen werden im Abschnitt »Desaturierungen« gemacht.

Synthese von Phospholipiden (Abb. 5.7): Hier kann es sich nur um die Synthese der zu den Glycerolipiden zählenden

Phosphoglyceride handeln. Als Beispiel soll der Syntheseweg des wichtigen Membranbausteins *Phosphatidylcholin* dienen.

Auch hier wird unter Abspaltung des Phosphatrestes intermediär Diacylglycerin gebildet. Mit dessen freier Hydroxylgruppe reagiert CDP-Cholin, eine aktivierte Form des Cholins. P-Cholin wird auf das Hydroxyl übernommen und CMP freigesetzt. Das Phosphat im Molekül stammt also nicht aus der Phosphatidsäure.

und Linolensäure-Reste durch Austausch gegen andere Acylgruppen als Säuren freisetzen. Wird andererseits P-Cholin abgespalten und in das dadurch freie Hydroxyl ein Acylrest eingefügt, kommt man zu Triacylglycerinen mit Linol- und Linolensäure-Resten (Ölsäure kann ohne den Umweg über die Phosphatidyl-Choline in Triacylglycerine eingehen). Auch aus den Triacylglycerinen lassen sich Linol- oder Linolensäure freisetzen.

Desaturierungen

Hier handelt es sich um das Einbringen weiterer Doppelbindungen in die Ölsäure und damit die Bildung von *Linol- und Linolensäure.* Im vorangegangenen Abschnitt war bewußt die Synthese des Phosphatidyl-Cholins und nicht etwa die eines anderen Phosphoglycerids geschildert worden. Denn die erwähnten Desaturierungen finden an Ölsäuren statt, die sich im Verbund eines Phosphatidyl-Cholins befinden: Desaturasen legen in Ölsäuren nacheinander eine oder zwei Doppelbindungen, so daß Linolsäure (1 zusätzliche Doppelbindung) oder Linolensäure (2 zusätzliche Doppelbindungen) gebildet werden. Danach wird P-Cholin abgespalten. Wieder ensteht vorübergehend ein Diacylglycerin. Sein freies Hydroxyl wird mit einem aus Acyl-CoA stammenden dritten Acylrest besetzt (Abb.5.7).

Nun liegt ein Triacylglycerin mit mehrfach ungesättigten Acylgruppen vor. Freie Linol- und Linolensäure kann man aus entsprechenden Phosphatidyl-Cholinen oder Triacylglycerinen erhalten. Ihre Bildung erfolgt quasi auf einem Umweg. Verglichen mit höheren Pflanzen sind Säugetiere nicht gerade Meister in Biosynthesen. Daß sie die einfachere Desaturierung zu Ölsäure durchführen können, aber bei den komplizierteren Verfahren zur Herstellung von Linol- und Linolensäure versagen, ist einsichtig. Wer sich mit der Biosynthese von Fettsäuren in Pflanzen befaßt hat, wird sich leicht merken können, *daß Linol- und Linolensäure für Säugetiere einschließlich des Menschen essentiell sind,* d.h. mit der Nahrung zugeführt werden müssen.

Gentechnik und Rapsöl

Raps ohne versus Raps mit Erucasäure: Einer der wichtigsten Lieferanten pflanzlicher fetter Öle ist der Raps (*Brassica napus*). Im Rapsöl finden sich bis zu 55% Erucasäure. Dabei kann die erste und die dritte Acylgruppe im Triacylglycerin von Erucasäure gestellt werden; die zweite ist immer mit einer anderen Fettsäure besetzt.

Je nach der Nutzung des Rapsöls möchte man den Anteil an Erucasäure im Rapsöl senken oder erhöhen. Für die menschliche Ernährung ist ein hoher Anteil störend. Denn Erucasäure bedingt einen kratzigen Geschmack und führt zumindest bei Ratten zu Gesundheitsstörungen. Anfangs der 60er Jahre feierte man es als einen Triumpf der »Grünen Revolution«, daß es kanadischen Forschern gelungen war, fast erucasäure-freien Raps zu züchten.

Heute bemüht man sich umgekehrt auch darum, den Gehalt an Erucasäure zu steigern. Denn erucasäure-haltige Öle werden in der Technik benötigt, u.a. als Schmiermittel für hochtourig laufende Motoren. In leicht veränderter Form werden Rapsöle auch als »Biodiesel verwendet«.

Daß Gentechniker die Herausforderung annahmen, kann in dieser Situation niemand wundern. Ihnen ging es dabei nicht nur um den Gehalt an Erucasäure, sondern auch um andere Zielsetzungen, wie die folgenden Angaben zeigen:

Erucasäure: Ausgerechnet bei der wichtigsten Fettsäure im Rapsöl sind die Erfolge noch nicht überzeugend. Die Bemühungen gehen einmal dahin, stark exprimierende Gene für Elongasen zu übertragen. Denn Erucasäure entsteht ja über die Verlängerung von Ölsäure. Doch ein Mehr an Erucasäure genügt nicht. Denn eine entscheidende Sperre liegt bei der Acylierung des zweiten Hydroxyls im Glycerin. Die rapseigenen Acyltransferasen sind nicht imstande, Erucasäure in dieser Position einzubauen und so Trierucin zu bilden, wie man das Triacylglycerin mit Erucasäure in allen drei Hydroxylen nennt. Um Abhilfe zu schaffen, hat man u.a. ein Gen für eine entsprechende Erucasäure-Transferase aus *Limnanthes douglasii* (*Limnanthaceae*) in Raps übertragen. Transgener Raps bildete Trierucin, ein erster Erfolg.

Laurinsäure: Auch Laurinsäure, eine für das Samenfett von Palmen und Lorbeergewächsen typische gesättigte Fettsäure mit nur 12 C-Atomen, ist technisch wertvoll. Wie das jedem Biochemiker als Detergens bekannte, ebenfalls 12 C-Atome zählende Dodekylsulfat weist auch sie eine hohe Oberflächenaktivität auf.

In den Samenfetten von Palmen findet sich nun genug Laurinsäure, die zur Herstellung von Waschmitteln etc. verwendet werden kann. Doch laurinsäure-produzierender Raps ließe sich auch in gemäßigten Breiten anbauen. Aus *Umbellularia californica* (*Lauraceae*), dem kalifornischen

Berglorbeer, hat man deshalb ein Gen für eine Lauryl-Thioesterase (Seite 206) in Raps übertragen. Die *de novo*-Synthese der Fettsäuren bricht dann auf der Stufe der Laurinsäure ab. Transgener Raps bildete Triacylglyzerine mit 50% Laurinsäure. Limitierend für eine weitere Steigerung war auch hier die Besetzung des zweiten Hydroxyls. Ein Gen aus der Kokosnuß, das eine entsprechende Lauryl-Transferase codiert, soll weiterhelfen.

Stearinsäure: Stearinsäure verleiht Rapsöl eine größere Hitzebeständigkeit, eine für technische Zwecke wichtige Eigenschaft. Über Antisense-Verfahren wurde das rapseigene Gen für die Stearyl-ACP-Desaturase blockiert. Das Enzym desaturiert an ACP gebundene Sterarinsäure zu Ölsäure. In transgenem Raps konnte der Gehalt an Stearinsäure von 2% auf 40% gesteigert werden.

Vorsicht beim Anbau von transgenem Raps: Ein Auskreuzen transgener Pflanzen, d.h. die erfolgreiche Übertragung ihres Pollens auf andere Pflanzenarten, wird immer wieder als enorme Gefährdung unserer Wild- und Kulturflora herausgestellt. Dabei handelt es sich teils um gezielte Irreführung, teils um Unwissenheit. Denn es gehört ja zur Definition einer Art, daß sie sich nicht beliebig mit anderen Arten kreuzen läßt!

Doch gibt es auch Ausnahmen. Raps gehört zu ihnen. Denn er läßt sich relativ leicht mit zahlreichen anderen Kreuzblütlern (*Brassicaceae*) kreuzen. In der Tat wurden über Rapspollen bereits Transgene in den nahe verwandten Rübsen (*Brassica rapa* var. *silvestris*) übertragen. Außerdem verwildert Raps im Gegensatz zu vielen anderen Kulturpflanzen leicht, eine Voraussetzung für seine Persistenz in der Flora. Die Gefahr einer Genübertragung auf andere Arten steigt dadurch noch. Beim Anbau von transgenem Raps ist also erhöhte Vorsicht geboten.

5.3 Der Abbau von Neutralfetten und Fettsäuren

Neutralfette werden vor allem in Samen in eigenen Organellen, den Oleosomen, gespeichert. Ihre Abbauprodukte können in die Biologische Oxidation eingeleitet und so zur ATP-Gewinnung ausgenutzt werden. Sie lassen sich aber auch zu Synthesen verwenden, so über den Glyoxylatzyklus zur Synthese von Glucose. Wenn die Fette als Speicherstoffe dienen, sind weniger die Fette als solche von Interesse als die Stoffe, die aus ihnen gebildet werden können.

5.3.1 Der Abbau der Neutralfette

Der Abbau der Neutralfette, der bei der Keimung erfolgt, verläuft vergleichsweise einfach: Die Oleosomen lösen sich auf und geben die Neutralfette dabei frei. Hydrolytisch wirksame Enzyme aus der Gruppe der Esterasen, die *Lipasen*, zerlegen die Triacylglycerine in Glycerin und Fettsäuren. Das resultierende Glycerin kann über Glycerin-3-phosphat in Dihydroxyacetonphosphat (Triosephosphat) überführt werden. Das Triosephosphat kann in die Glykolyse eingespeist werden. Eine andere Möglichkeit ist eine Rückbildung von Glucose (Gluconeogenese, Seite 215).

Die anderen Produkte der Lipase-Aktivität, die Fettsäuren, können abgebaut oder über den Glyoxylat-Zyklus zur Gluconeogenese verwendet werden.

5.3.2 Der Abbau der Fettsäuren über β-Oxidation

Der mit Abstand wichtigste Abbauweg der Fettsäuren ist die β-Oxidation (Abb. 5.8). Sie läuft in den Glyoxysomen ab, einer speziellen Gruppe von Mikrobodies (Seite 183). Sie finden sich in den fettspeichernden Zellen.

Die bei der Hydrolyse der Fette anfallenden Fettsäuren werden zunächst unter Verbrauch von ATP in ihre CoA-Ester überführt. Sie sind damit »aktiviert«. Daraufhin wird zwischen dem α- und dem β-C-Atom dehydriert. Wasserstoffakzeptor ist FAD. Nach Wasseranlagerung an die zu-

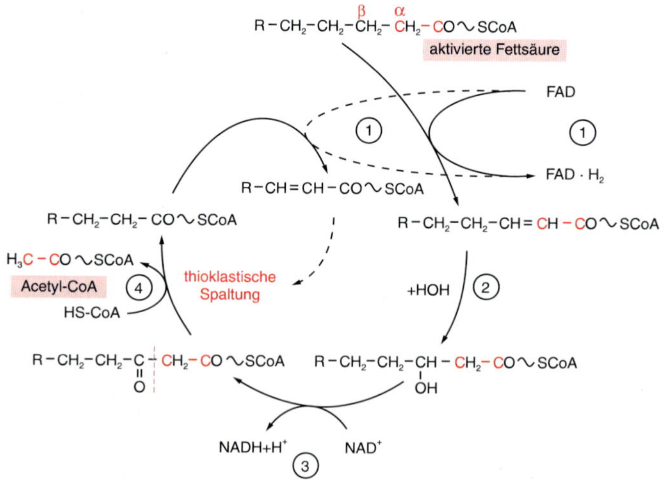

Abb. 5.8.
Die β-Oxidation der Fettsäuren.
1 = Acyl-CoA-Dehydrogenase,
2 = Enoyl-CoA-Hydratase,
3 = 3-Hydroxy-acyl-CoA-Dehydrogenase,
4 = Acetyl-CoA-Acyltransferase.

nächst entstandene Doppelbindung wird erneut dehydriert. Diesmal ist NAD^+ der Wasserstoffakzeptor. Das β-C-Atom trägt nun eine Sauerstoff-Funktion – daher die Bezeichnung β-Oxidation. In der anschließenden »thioklastischen« Spaltung wird Acetyl-CoA vom Fettsäurenrest abgetrennt und dieser Fettsäurenrest gleichzeitig in seinen CoA-Thioester überführt. Damit sind 2 C als Acetyl-CoA freigesetzt worden. Der Fettsäurenrest kann noch mehrmals dem gleichen Abbauzyklus unterworfen werden. War ursprünglich eine Fettsäure mit gerader C-Zahl, wie sie in den Neutralfetten der Pflanzen vorliegen, eingebracht worden, so geht der Abbau bis zum letzten Molekül Acetyl-CoA weiter. Das Acetyl-CoA kann dann im Citronensäurezyklus abgebaut, es kann aber auch zu Synthesen verwendet werden.

Fragen wir uns noch nach der Energiebilanz der β-Oxidation. Pro 2-C-Fragment werden, wie wir aus der Reaktionsfolge entnehmen können, 1 $FADH_2$ und 1 NADH + H^+ gebildet. 1 $FADH_2$ liefert uns in der Atmungskette 2 ATP, 1 NADH + H^+ 3 ATP. Auf jede 2-C-Einheit entfallen also 5 ATP.

Bei sehr oberflächlicher Betrachtung scheint die β-Oxidation eine Umkehrung der Biosynthese zu sein. Das ist nicht der Fall. Denn einmal spielt Malonyl-CoA keine Rolle, zum zweiten ist die thioklastische Spaltung keine Umkehrung der Kondensation, und schließlich sind die Wasserstoffakzeptoren andere Coenzyme als die Wasserstoffdonoren bei der Synthese, bei der ja NADPH + H^+ den Wasserstoff lieferte.

Ein weiterer wesentlicher Unterschied zwischen Biosynthese der Fettsäuren und ihrer β-Oxidation liegt darin, daß sie in ganz verschiedenen Geweben und Zellkompartimenten stattfinden: die Synthese der Fettsäuren findet in Plastiden statt, zwar auch in Leukoplasten, vor allem aber in grünen belichteten Pflanzenteilen, die β-Oxidation dagegen in den Glyoxysomen der Speichergewebe.

5.4 Der Glyoxylat-Zyklus und die Gluconeogenese

Daß die beim Abbau der Neutralfette angelieferten Spaltprodukte, Glycerin und Fettsäuren, zur Gluconeogenese verwendet werden können, war schon erwähnt worden. Für Glycerin schien das nicht weiter verwunderlich, denn es steht den Triosephosphaten strukturmäßig nahe. Doch Fettsäuren haben formelmäßig mit Zuckern nichts gemeinsam. Dennoch können auch sie in Zucker überführt werden. Bei der Keimung fettspeichender Samen ist das der Regelfall.

Dabei ist der Glyoxylat-Zyklus (Glyoxylsäure-Zyklus) von entscheidender Bedeutung.

5.4.1 Der Glyoxylat-Zyklus

Der Glyoxylat-Zyklus findet ebenfalls in Glyoxysomen statt. Erinnern wir uns daran, daß in ihnen die Fettsäuren bis zu Acetyl-CoA abgebaut werden können. Acetyl-CoA kann zum endgültigen Abbau zu CO_2 in den Citrat-Zyklus eingeleitet werden. Der Glyoxylat-Zyklus ist nun nichts anderes als eine Variante des Citratzyklus (Abb. 5.9):

Acetyl-CoA wird wie üblich mit Oxalacetat zu Citrat kondensiert und dieses in Isocitrat überführt. Abweichend vom Citrat-Zyklus kommt es nun zu einer Spaltung des Isocitrates in Gyloxylat und Succinat. Das hier tätige erste Schlüsselenzym des Gyloxylatzyklus ist die Isocitrat-Lyase. Das

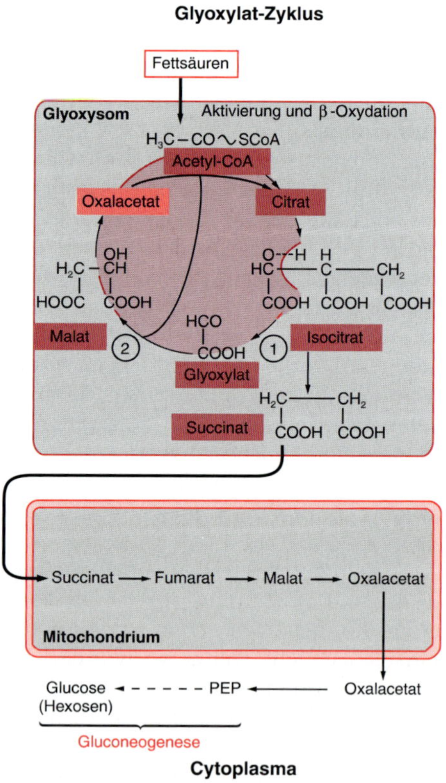

Abb. 5.9.
Die Bildung von Glucose aus Fettsäuren. Beteiligt sind der Glyoxylat-Zyklus (rot unterlegt), die Überführung des über ihn angelieferten Succinats in PEP und die Gluconeogenese. Die Kompartimentierung auf Glyoxysomen, Mitochondrien und Cytoplasma ist angegeben. In Kreisen die Schlüsselenzyme des Glyoxylat-Zyklus: 1 = Isocitrat-Lyase; 2 = Malatsynthase

Glyoxylat wird von dem zweiten Schlüsselenzym, der Malat-Synthase, mit ebenfalls aus der β-Oxidation von Fettsäuren stammendem Acetyl-CoA zu Malat zusammengeschlossen. Das Malat geht dann wie uns vom Citronensäure-Zyklus bekannt in Oxalacetat über, das mit neuem Acetyl-CoA kondensieren kann und so den Zyklus weiter unterhält.

5.4.2 Die Gluconeogenese und der Weg dahin

Noch sind wir nicht bei den Kohlenhydraten. Deshalb zurück zum Succinat, das mit Glyoxylat bei der Spaltung von Isocitrat angefallen war (Abb. 5.9). Es geht in Mitochondrien über. Dort wird es über Fumarat zu Malat und schließlich Oxalacetat umgesetzt – so wie wir es vom Citrat-Zyklus her kennen (vgl. Abb. 4.8). Oxalacetat wird dann im Cytoplasma decarboxyliert und gleichzeitig unter ATP-Verbrauch aktiviert: aus Oxalacetat wird PEP gebildet. Soweit der Weg bis zum Beginn der Gluconeogenese. Denn PEP kann dann, formelmäßig in Umkehrung der Glykolyse (Abb. 4.3 und 4.4), in Glucose rückgeführt werden, ein Prozeß, den man *Gluconeogenese* nennt.

Zusammenfassung

Chemische Konstitution: Bei *Glycerolipiden* handelt es sich um Verbindungen, bei denen die drei Hydroxyle von Glycerin mit unterschiedlichen Substituenten, darunter Fettsäurenresten, besetzt sind. Bei *Triacylglycerinen (Neutralfetten)* sind alle drei Hydroxyle mit Fettsäuren verestert. Bei *Phosphoglyceriden* ist das dritte Hydroxyl mit einem Phosphat besetzt, das seinerseits weitere Komponenten einbringt (beim Phosphatidyl-Cholin z. B. Cholin). Bei *Glykolipiden* trägt das dritte Hydroxyl Zucker-Einheiten.

Bei den *Triacylglycerinen* handelt es sich um *Speicherstoffe* (Speicherung in Oleosomen), bei den *Phospholipiden,* zu denen außer den *Phosphoglyceriden* auch die *Sphingosine* gehören, und den *Glykolipiden* um Membranbausteine.

Synthesen: Die *de novo-Synthese der Fettsäuren* findet im Stroma von *Plastiden* statt. Dort liefert ein erster Multienzym-Komplex, die *Acetyl-CoA-Carboxylase* zunächst Malonyl-CoA an. Die eigentliche Synthese findet an einem zweiten Multienzym-Komplex statt, der *Fettsäuren-Synthase*. Alle beteiligten Acylgruppen sind dabei an die *ACPs* der Synthasen gebunden. Beim Start wird ein *Malonyl-ACP* unter Decarboxylierung mit einer Acetylgruppe aus *Acetyl-ACP* kondensiert. Das so gebildete Acyl-ACP aus 4C wächst nach dem gleichen Prinzip: Acyl-ACP, das jetzt an Stelle des Acetyl-ACP in der Startrunde tritt, wird solange an Malonyl-ACP unter dessen Decarboxylierung addiert, bis die definitive Kettenlänge erreicht ist. Es kommen also jeweils 2C hinzu. Außer gesättigten Fettsäuren wird auch Ölsäure gebildet.

Modifikationen der in den Plastiden gebildeten Fettsäuren finden in der cytoplasma-seitigen Membran des ER statt. Dort kommt es zu *Elongationen* über 18C hinaus, dort werden durch *Desaturierungen* weitere Doppelbindungen gelegt: die für Säugetiere *essentiellen Fettsäuren* Linol- und Linolensäure werden über Desaturierungen von Ölsäure gebildet; Erucasäure entsteht durch Elongation von Ölsäure.

Auch die *Bildung der Glycerolipide* erfolgt in der cytoplasmaseitigen Membran des ER. Das dazu benötigte Glycerin leitet sich von Dihydroxyacetonphosphat her, wird also aus der Photosynthese abgezweigt.

Abbau (Mobilisierung): Der Abbau der Neutralfette in den Speicherzellen beginnt mit der Aktivität von Lipasen, die Triacylglycerine in Glycerin und Fettsäuren spalten. Der *Abbau der Fettsäuren* erfolgt in *Glyoxysomen* über *β-Oxidation.* Bei ihr wird in mehreren Runden solange Acetyl-CoA über thioklastische Spaltung freigesetzt, bis die Fettsäure abgebaut ist.

Glyoxylat-Zyklus und Glukoneogenese: In fettspeichernden Samen müssen bei der Keimung Fettsäuren in Hexosen überführt werden, um das Wachstum zu ermöglichen. Dies geschieht in einer Kombination aus Glyoxylat-Zyklus und Gluconeogenese.

Der *Glyoxylat-Zyklus* läuft ebenfalls in Glyoxysomen ab. Die Acetylgruppe von Acetyl-CoA wird wie im Citrat-Zyklus in Isocitrat eingebracht, das durch die *Isocitrat-Lyase* in das namengebende Glyoxylat und in Succinat zerlegt wird. Die *Malat-Synthase* vereinigt Glyoxylat mit Acetyl-CoA zu Malat. Das aus ihm gebildete Oxalacetat kondensiert wie zu Beginn mit Acetyl-CoA zu Citrat: der Zyklus ist geschlossen.

Succinat, das andere Spaltprodukt aus Isocitrat, wird in Mitochondrien in Oxalacetat überführt. Dieses wird im Cytoplasma decarboxyliert und aktiviert: es entsteht PEP. Die sich anschliessende *Überführung von PEP in Glucose* bezeichnet man als *Gluconeogenese.*

6 Terpenoide

Bei der Biosynthese der Fettsäuren bildet Acetyl-CoA das Ausgangsmaterial. Auf dem Acetat-Malonat-Weg wird es zur Synthese der Fettsäuren verwendet. Mit den Terpenoiden lernen wir eine zweite große Gruppe von Naturstoffen kennen, deren Biosynthese von Acetyl-CoA ausgeht. Die Anlieferung der Terpenoide erfolgt über den Acetat-Mevalonat-Weg.

Doch bevor wir uns mit den Terpenoiden eingehender befassen, ein Wort vorweg zum Begriff der »sekundären Pflanzenstoffe«.

Sekundäre Pflanzenstoffe

Die Terpenoide, die Phenole und die Alkaloide bilden die drei wichtigsten Gruppen der »sekundären« Pflanzenstoffe. Das ist eine recht unglückliche Bezeichnung schon deshalb, weil man »sekundär« allzu leicht mit »zweitrangig« oder gar »nebensächlich« gleichsetzt. Zwar weiß man in der Tat von vielen hier eingeordneten Stoffen nicht, in welcher Hinsicht sie den produzierenden Pflanzen von Nutzen sein könnten. Bei einer Reihe von ihnen scheint es sich tatsächlich um »Abfallprodukte« des Stoffwechsels zu handeln, die durch Überführung in die Vakuole oder Ablagerung in die Borke aus dem Verkehr gezogen werden, ohne daß die Pflanze daraus außer der Entlastung ihrer Synthesewege irgend einen nachweisbaren Vorteil zieht. Das besagt freilich nicht, daß sich nicht in Zukunft ein solcher Nutzeffekt aufdecken ließe. So hat man für eine Reihe von Substanzen, von denen man annahm, sie seien aus dem Stoffwechsel eliminiert, in den letzten Jahren festgestellt, daß sie sehr wohl von den Pflanzen abgebaut werden können. Das gilt für bestimmte Terpenoide, Phenole und auch Alkaloide. Bei den biochemischen Fertigkeiten der Pflanze wäre es seltsam, wenn dieser Abbau nicht z.B. für eine ATP-Gewinnung ausgenützt würde.

Aber auch die Substanzen, die nicht wieder in den Stoffwechsel der Pflanzen einbezogen werden, können wichtig werden: als Faktoren ökologischer Beziehungen zwischen der Pflanze und ihrer belebten Umwelt. Wir werden darauf in späteren Kapiteln zurückkommen.

Viele sekundäre Pflanzenstoffe sind aber für die Pflanzen sogar lebensnotwendig. Denn hierher gehören auch die Phytohormone (die Indolderivate, Gibberelline, Cytokinine, Abscisine und das Ethylen), die Purin- und Pyrimidinbasen der Nucleinsäuren, die Porphyrine – denken wir an die Chlorophylle und die Zellhämine –, das Phytochromsystem, Coenzyme verschiedener Art und die Gerüstsubstanz Lignin, um nur einige wenige Beispiele zu nennen. Und auch für den Menschen selbst sind diese Stoffe nicht »sekundär«. Pharmazie und Technik nutzen das Reservoir der »sekundären« Pflanzenstoffe gründlich aus.

Wir können die sekundären Pflanzenstoffe also nicht generell als nebensächlich abtun, weder für die Pflanze noch für den Menschen. Aber wie wollen wir dann »sekundär« interpretieren? Zweifellos wäre es am besten, dieser Begriff verschwände aus der Literatur. Aber daran ist vorläufig kaum zu denken, obwohl man ihn im Englischen schon weitgehend durch »natural products« ersetzt hat. Versuchen wir deshalb eine Definition (←).

Sekundäre Pflanzenstoffe sind Substanzen, die in ihrer Biosynthese vom Stoffwechsel der Kohlenhydrate, Fette und Aminosäuren abgeleitet sind. Sie sind also ihrer Biosynthese, nicht aber ihrer Bedeutung nach »sekundär«.

Behalten wir aber im Auge, daß diese Definition in erster Linie aus didaktischen Gründen sinnvoll erscheint. Denn sie gestattet es, die Überfülle der sekundären Substanzen gegebenenfalls getrennt von den Kohlenhydraten, Fetten und Aminosäuren einschließlich der Proteine zu besprechen.

6.1 Chemische Konstitution

Terpenoide sind, wie ein Blick auf ihre Strukturformeln lehrt, offensichtlich aus 5-C-Bausteinen zusammengesetzt. Diese Erkenntnis wurde von Rudzika in der »Isopren-Regel« zusammengefaßt. Denn man nahm zunächst an, das aus dem Labor des organischen Chemikers bekannte Isopren sei der natürliche 5-C-Baustein. Inzwischen weiß man, daß Isopren selbst keine Rolle bei der Biosynthese der Terpenoide spielt, sondern das sog. aktive Isopren, das Isopentenyl-pyrophosphat (IPP). Vom Isopren bzw. vom aktiven Isopren leitet sich der weitere Name Isoprenoide für die Gruppe der Terpenoide her.

Bei den Terpenoiden oder Isoprenoiden handelt es sich um eine Gruppe von sekundären Pflanzenstoffen, die sich aus Isopentenyl-pyrophosphat aufbauen.

Die Terpenoide werden nach der Zahl der 5-C-Einheiten in Untergruppen gegliedert (Abb. 6.1). Die Hemiterpene führen nur eine 5-C-Einheit. Von stark abgewandelten Substanzen abgesehen, denen man ihren Terpenoidcharakter kaum mehr ansieht, kommen die Hemiterpene vor allem als Bestandteile sog. Mischterpene vor. Von Mischterpenen spricht man dann, wenn sich eine Substanz aus einer Terpenoid- und einer Nicht-Terpenoid-Komponente aufbaut. Hemiterpene finden sich z. B. als Seitenketten bestimmter Chinone. Doch auch das Isopren selbst wird von verschiedenen Pflanzenarten gebildet und in Gasform abgegeben.

5-C-Einheiten	Gruppe	Einige Beispiele, Formeln z.T. im Text
1 × 5-C	Hemiterpene	„Prenylrest" in Chinonen und Cumarinen, Isopren
2 × 5-C	Monoterpene	offen: Citral, Geraniol, Linalool monocyclisch: Limonen, Menthol, Thymol, Menthon, Carvon, Cineol, Phellandren bicyelisch: Kampfer, α- und β-Pinen
3 × 5-C	Sesquiterpene	offen: Farnesol cyclisch: β-Cadinen, Abscisinsäure
4 × 5-C	Diterpene	offen: Phytol cyclisch: Harzsäuren, Gibberelline
6 × 5-C = 2 × 15-C	Triterpene	offen: Squalen cyclisch: Triterpenalkohole, Triterpensäuren, Steroide, Gossypol, Cucurbitacine
8 × 5-C = 2 × 20-C	Tetraterpene	Carotinoide (Carotine, Xanthophylle)
n × 5-C	Polyterpene	Kautschuk, Guttapercha, Balata

Abb 6.1. Übersicht über die Gruppen der Terpenoide (verändert nach HESS 1968).

Monoterpene bestehen aus zwei 5-C-Einheiten. Sie können offen oder ringförmig geschlossen sein. Die ringförmigen Monoterpene gliedern sich weiter in monozyklische und bizyklische Systeme.

Die gleichen Variationsmöglichkeiten wie bei den Monoterpenen (offen oder ringförmig, ein oder mehrere Ringsysteme) finden sich auch bei den Sesquiterpenen, Diterpenen etc. Nur die Polyterpene sind durchweg offene, lange Ketten hintereinander gereihter 5-C-Einheiten. Wenn man sich vorstellt, daß die Terpenoide nun noch zusätzlichen Veränderungen unterliegen können, daß sie oxidiert oder reduziert werden können, daß C-Atome eingefügt oder entfernt werden können, so kommt man zu einer kaum übersehbaren Zahl verschiedener Terpenoide. Nur einige wenige von ihnen können im folgenden bei der Besprechung der einzelnen Terpenoidgruppen formelmäßig vorgestellt werden.

6.2 Biosynthese, generell

Besprechen wir nun die Biosynthese der Terpenoide. Dabei wollen wir zunächst die generellen Wege herausarbeiten, auf denen wir zu den einzelnen Untergruppen gelangen (Abb. 6.2). Anschließend werden wir dann auf die Biosynthese einiger dieser Untergruppen noch genauer eingehen.

Abb. 6.2.
Schema der Biosynthese der Terpenoide. Es wurden nur die wichtigsten Zwischenstufen angegeben. / = Grenze zwischen C_5-Bausteinen (nach HESS *1968).*

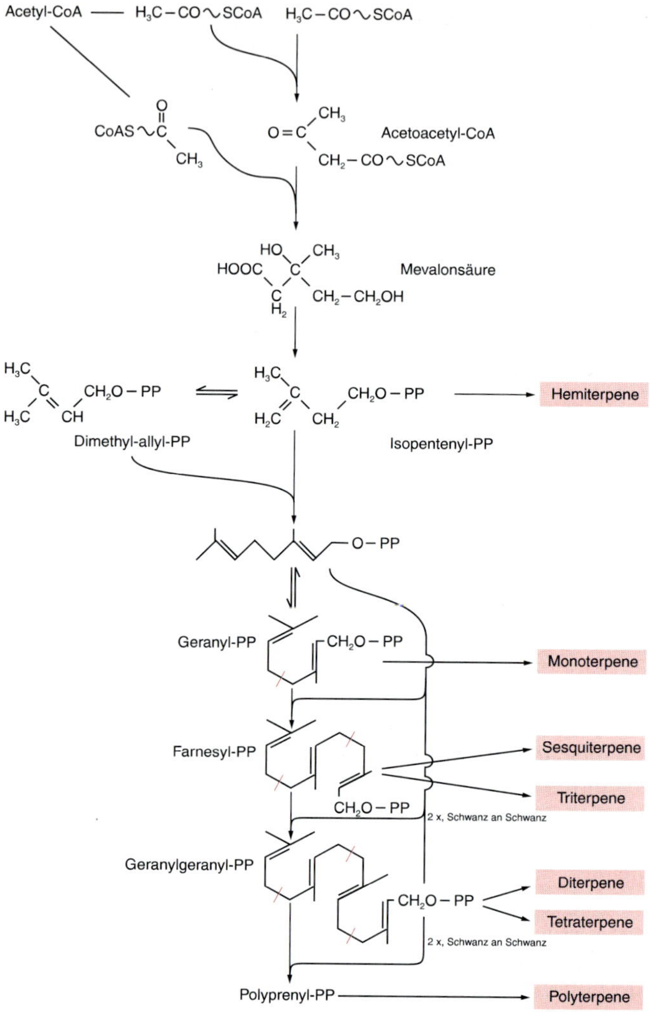

Die Biosynthese startet mit Acetyl-CoA, das mit einer zweiten Einheit Acetyl-CoA zu Aceto-acetyl-CoA zusammengeschlossen wird. Eine dritte Einheit Acetyl-CoA kommt noch dazu; der entstandene 6-C-Körper wird dann mit Hilfe von NADPH + H^+ unter Freisetzung von Coenzym A zu Mevalonsäure hydriert. Mevalonsäure, die als Wachstumsfaktor von Mikroorganismen entdeckt wurde, ist eine wichtige Zwischenstation. Aus ihr entsteht unter Decarboxylierung, Wasserabspaltung und Verbrauch von ATP das aktive lsopren, Isopentenyl-pyrophosphat.

Isopentenyl-pyrophosphat (IPP) steht mit seinem Isomeren Dimethylallyl-pyrophosphat im Gleichgewicht. Dimethylallyl-pyrophosphat ist der Starter, ohne den die Terpenoidsynthese nicht in Gang kommen kann. Denn nur mit Dimethylallyl-pyrophosphat läßt sich IPP unter Abspaltung von Pyrophosphat zu einem offenen Monoterpen, dem Geranyl-pyrophosphat zusammenschließen. Vom Geranyl-pyrophosphat gelangt man zu weiteren offenen und zyklischen Monoterpenen.

Addiert man nun an Geranyl-pyrophosphat eine weitere Einheit IPP, so erhält man Farnesyl-pyrophosphat, ein Sesquiterpen. Die Addition erfolgt »Kopf an Schwanz«: Das IPP setzt mit der CH_2-Gruppe, seinem »Kopf«, am Pyrophosphatende, dem »Schwanz« des Geranyl-pyrophosphates an. Das resultierende Farnesyl-pyrophosphat läßt sich zu weiteren Sesquiterpenen umformen. Wichtiger ist aber etwas anderes: Zwei Moleküle Farnesyl-pyrophosphat können »Schwanz an Schwanz« (vgl. unten) zu einem offenen Triterpen zusammengeschlossen werden. Daraus leiten sich dann wieder die zyklisch gebauten Triterpene ab, zu denen die für alle Organismen lebensnotwendigen Steroide zählen.

Aber führen wir nun die Kopf-Schwanz-Additionen weiter. Durch Kopf-Schwanz-Addition eines weiteren Moleküls IPP entsteht aus Farnesyl-pyrophosphat Geranyl-geranyl-pyrophosphat, ein Diterpen. Und hier wiederholt sich nun auf höherer Ebene das Geschehen: Geranyl-geranyl-pyrophosphat kann einmal in weitere Diterpene überführt werden, es können aber auch zwei Moleküle Geranyl-geranyl-pyrophosphat »Schwanz an Schwanz« zu 40-C-Körpern zusammengefügt werden. Wir erhalten dann Tetraterpene, d.h. Carotinoide.

Weitere Kopf-Schwanz-Additionen von IPP führen schließlich zu den Polyterpenen Kautschuk, Guttapercha und Balata.

6.3 Die einzelnen Gruppen der Terpenoide: Biosynthese, Funktionen und Anwendungen

In diesem Abschnitt sollen in Ergänzung der generellen Angaben zur Biosynthese (Abb. 6.2.) einige Details zur Struktur und Biosynthese der einzelnen Terpenoid-Gruppen gegeben werden. Daran schließen sich einige weitere wichtige Daten an, etwa zur Nutzung durch den Menschen. Die ökologischen Funktionen werden jedoch erst in späteren Kapiteln gebracht. Sie können dann in den jeweiligen größeren Zusammenhang, etwa bei der Keimung, gestellt werden.

Verschiedene Klassen sekundärer Pflanzenstoffe können auf den *gleichen Prozeß* Einfluß nehmen. Deshalb ist es sinnvoll, die ökologischen Funktionen von chemisch unterschiedlichen sekundären Pflanzenstoffen bei der Behandlung eben dieses Prozesses, etwa bei der Keimung, gemeinsam zu besprechen. Auch Wiederholungen lassen sich so vermeiden.

Im folgenden Abschnitt wird das Basiswissen vermittelt, ohne das ein Verständnis bei der Erwähnung bestimmter Terpenoide in späteren Kapiteln nicht gegeben wäre. Ebenso wie bei den Terpenoiden werden wir auch bei allen weiteren Klassen der sekundären Pflanzenstoffe vorgehen.

6.3.1 Monoterpene

Werfen wir einen Blick auf die Strukturformeln einiger Monoterpene (Abb. 6.3). Vor allem dann, wenn mehrere Monoterpene, deren Struktur sich in einen Zusammenhang bringen läßt, in einer Pflanze vorkommen, lassen sich daraus Hinweise auf den möglichen Biosyntheseweg gewinnen.

Durch Isopen- und Enzymversuche ist gesichert, daß Vorstufen über Geranyl-pyrophosphat in offene und dann zyklische Monoterpene übergehen. Sind erst einmal zyklische Monoterpene gebildet, so können sie durch geringfügige

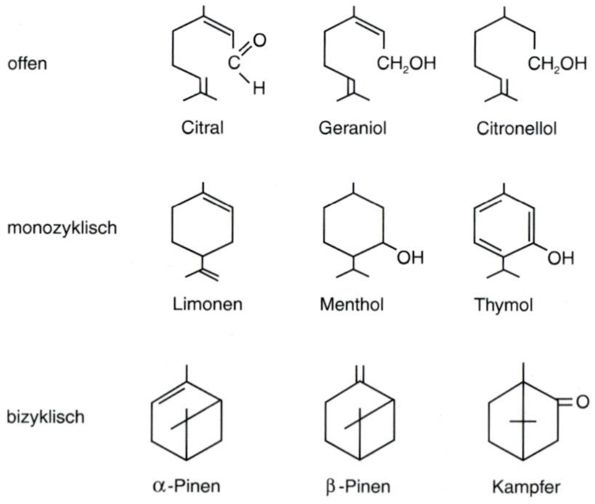

Abb. 6.3. Einige Monoterpene.

Veränderungen in weitere zyklische Monoterpene überführt werden. Greifen wir als Beispiel die Pfefferminze (*Mentha piperita*) heraus. Geranyl-pyrophosphat wird über mehrere Zwischenstufen in Piperitenon überführt, das dann durch drei Hydrierungsschritte in Pulegon, Menthon und Menthol übergeht (Abb. 6.4). In der Pfefferminze gibt es noch weitere Monoterpene, die sich mit den genannten in einen biogenetischen Zusammenhang bringen lassen.

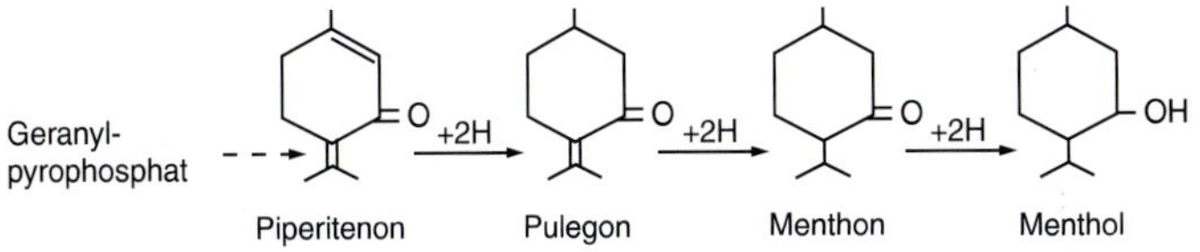

Abb. 6.4. Die Biosynthese einiger Monoterpene der Pfefferminze.

Die bizyklischen Monoterpene kann man sich leicht von den monozyklischen herleiten (vgl. Abb. 6.3): Man klappe den in unserer Formelschreibweise nach unten herausstehenden »Gabelschwanz« nach oben in den ersten Zyklus hinein und lege dann noch die Verbindung zwischen dem C im Gabelpunkt und dem betreffenden C im ersten, schon bestehenden Ring. Im Prinzip ebenso arbeitet auch die Natur.

6.3.2 Sesquiterpene

Das wichtigste offenkettige Sesquiterpen ist das Farnesol. Als Farnesyl-pyrophosphat ist es Zwischenstufe in der Biosynthese nicht nur der Sesquiterpene, sondern auch der höheren Terpene (Abb. 6.2).

Durch Abspalten von Pyrophosphat erhält man aus dem Farnesyl-pyrophosphat das Farnesol selbst. Es kommt in einer Reihe von Pflanzenarten vor, so in den Duftstoffen der Maiglöckchen und der Linden. Auf seine Rolle als Juvenilhormon (Seite 545) kommen wir noch zu sprechen.

Die gerade genannte Abscisinsäure wird uns als wichtiges Phytohormon noch beschäftigen (Seite 361). Ihrer Struktur nach ist sie ein monozyklisches Sesquiterpen. Sie wird jedoch über den Abbau von Carotinoiden gebildet (Seite 238).

6.3.3 Triterpene

Entscheidend wichtig wird das Farnesyl-pyrophosphat durch die Schwanz-Schwanz-Addition zu Triterpenen (Abb. 6.5). Unter »Schwanz« sei dabei das Pyrophosphatende verstanden. Die Addition findet unter Reduktion statt. Es entsteht ein symmetrisch gebauter 30-C-Körper, das Squalen. Es ist im Pflanzen- wie Tierreich weit verbreitet, wenn auch oft in geringen stationären Konzentrationen. Das entspricht der Erwartung, denn Squalen ist die Ausgangssubstanz für die Biosynthese der zyklischen Triterpene, vor allem der Steroide.

Zu den Steroiden gehören folgende Gruppen von Substanzen:

1. Sterine
2. Gallensäuren

Abb. 6.5.
Die Biosynthese der Triterpene, insbesondere der Sterine.

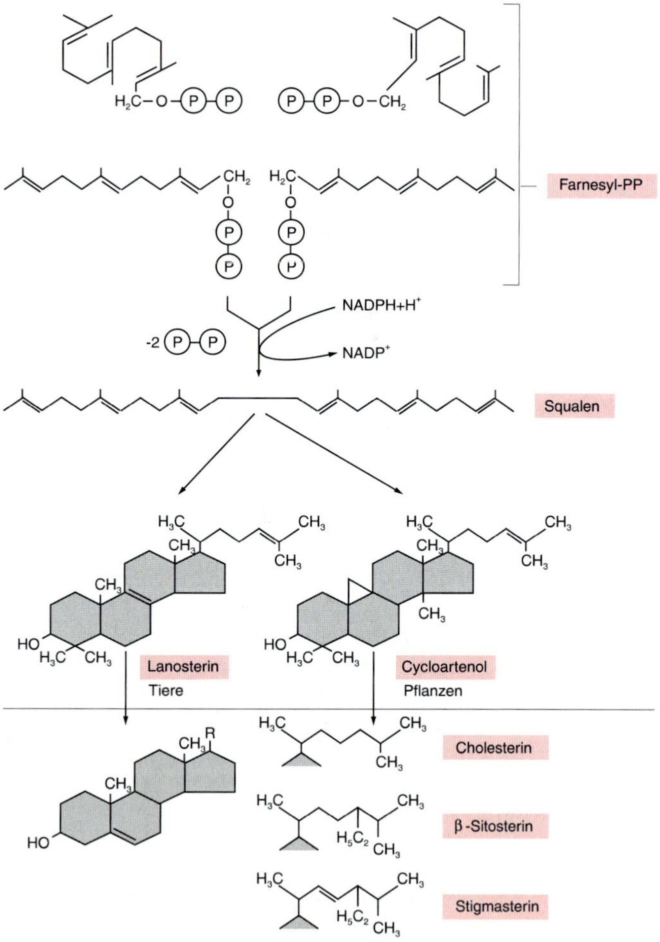

3. Steroidhormone (Ecdyson, Geschlechtshormone und Nebennierenrindenhormone)
4. Vitamine der D-Gruppe
5. Saponine
6. Herzglykoside
7. Steroidalkaloide

Alle diese Stoffe weisen das Grundgerüst des Sterans oder Cyclopentanoperhydrophenanthrens auf, das dann von Gruppe zu Gruppe jeweils verschiedenen Modifikationen unterworfen wird (Abb. 6.6). Von diesen Gruppen werden wir auf die Gallensäuren und die Vitamine der D-Gruppe, die nur für tierische Organismen funktionell wichtig sind, nicht weiter eingehen.

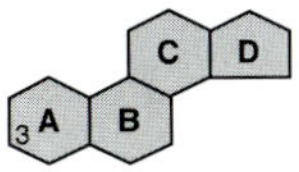

Abb. 6.6.
Steran = Cyclopentanoperhydrophenanthren.

Sterine

Die Sterine tragen am C-Atom 3 eine Hydroxylgruppe. Im englischen Sprachbereich werden sie deshalb konsequenterweise als »Sterole« bezeichnet. Unter den Sterinen der Tiere, den Zoosterinen, ist das Cholesterin die zentrale Substanz. Cholesterin kommt auch in Pflanzen vor. Die wichtigsten Sterine der höheren Pflanzen (Phytosterine) sind jedoch das β-Sitosterin und das Stigmasterin (Abb. 6.5). Sie unterscheiden sich durch eine Doppelbindung in der Seitenkette, die das Stigmasterin aufweist. Das C-Gerüst beider Stoffe besteht aus 29 Atomen, wovon 2 auf eine Verzweigung der Seitenkette an C 24 entfallen. Dem Cholesterin mit seinen 27 C-Atomen fehlt diese Verzweigung.

In tierischen Organismen verläuft die Biosynthese des Cholesterins über die Zwischenstufe Lanosterin (Abb. 6.5). Die Phytosterine werden dagegen zumindest in höheren Pflanzen über das dem Lanosterin sehr ähnliche Cycloartenol gebildet.

Die 2-C-Verzweigung des β-Sitosterins und des Stigmasterins stammt nicht aus dem Acetatpool, wie man annehmen könnte. Vielmehr wird hier erst ein C und dann das zweite C angebaut. Der Lieferant der 1-C-Körper ist die Aminosäure Methionin. Wie üblich beteiligt sie sich hierbei in der Form von S-Adenosyl-methionin (Abb. 10.14). Die bisher genannten Sterine sind wichtige Membranbausteine (Seite 116). Doch gibt es auch Vertreter dieser Gruppe, die für uns Menschen aus ganz anderen Gründen wichtig sind. Dazu gehören pharmakologisch wirksame Substanzen. Ein

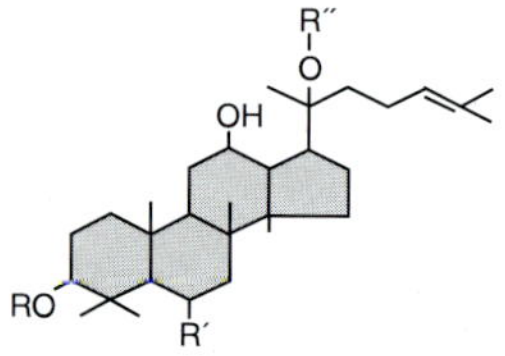

Abb. 6.7.
Die Grundstruktur der Ginsenoside, darüber eine Ginsengpflanze.

Beispiel dafür sind die Inhaltsstoffe des Ginseng (*Panax ginseng; Araliaceae*).

Die altbekannte Heilpflanze Ostasiens führt als Hauptwirkstoffe tetrazyklische Ginsenoside (Abb. 6.7). Einige von ihnen wirken zwar hämolytisch, andere dagegen hemmen die Hämolyse, so daß das Ginsenosid-Gemisch insgesamt keine hämolytische Wirkung aufweist. Die Zusammensetzung des Ginsenosid-Komplexes wechselt je nach den Herkünften. Am wertvollsten ist der koreanische Ginseng.

Die Wirkstoffe werden aus den Wurzeln gewonnen, die an die menschliche Gestalt erinnern sollen. Die geistige und physische Leistungsfähigkeit wird stimuliert, insbesondere beim alternden Menschen. Was die körperliche Leistungsfähigkeit anbelangt, gibt es dafür bei Tieren überzeugende Belege. Auch mit Menschen wurden Versuche mit entsprechenden Ergebnissen durchgeführt (Abb. 6.8). Die Wirkung der Ginsengpräparate wurde zwar oft gehörig übertrieben, hat aber eine objektiv faßbare Basis.

Steroidhormone

In Pflanzen kommen verschiedentlich Substanzen vor, die mit bestimmten Hormonen der Tiere fast strukturgleich sind und dieselbe Funktion ausüben wie sie. Dazu gehören auch Steroide. Wir werden auf sie später eingehen (Seite 545).

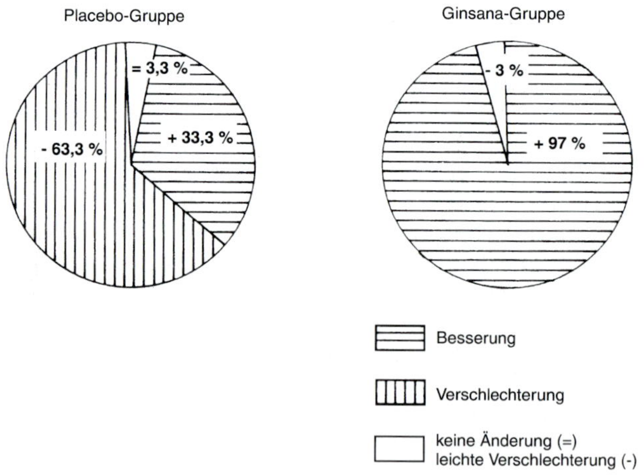

Abb. 6.8.
Einfluß eines Ginsengpräparates (Ginsana) auf die Erholungsdauer nach körperlicher Belastung beim Menschen. Eine Gruppe erhielt drei Monate lang das Ginsengpräparat, eine andere ein Placebo. Die Erholungsdauer wurde auf der Basis des Sauerstoffverbrauchs ermittelt. Es handelte sich um einen Doppelblindversuch, d. h. weder der Arzt noch die Versuchspersonen wußten, wer das Präparat und wer nur ein Placebo erhielt. Bei der Ginsana-Gruppe wurde die Erholungsdauer bei 97% der Versuchspersonen verbessert, d. h. verkürzt (aus KIRCHDORFER *1981).*

Saponine

Die Saponine sind eine weit verbreitete Gruppe von sekundären Pflanzenstoffen. Sie liegen im Pflanzengewebe als Glykoside vor, wobei die Zuckerkomponenten bevorzugt am Hydroxyl 3, aber auch an anderen Hydroxylen eintreten. Die Namen der Aglyka enden oft auf »genin«.

Der Gruppenname leitet sich von der Oberflächenaktivität der betreffenden Substanzen her. Die Oberflächenspannung des Wassers wird so weit herabgesetzt, daß es leicht zur Schaumbildung kommt (lat. sapo = Seife). Die wichtigsten physiologischen Wirkungen der Saponine gehen darauf zurück, daß sie mit den Sterinen in Biomembranen Komplexe eingehen. Dabei treten die Aglyka mit den Sterinen in Kontakt.

Über die Komplexbildung kommt es zur Schädigung der Biomembranen. Aus Poren treten Bestandteile des Zellinhalts aus. Das gilt auch für die Erythrozyten: Die Saponine wirken hämolytisch. Die Hämolyse ist nicht nur ein Charakteristikum für die meisten Saponine, sie liefert auch die Basis für die gängigsten quantitativen Bestimmungsmethoden.

Die Saponine gliedern sich in Triterpene, Spirostanole und Furostanole (Abb. 6.9). Die beiden letzten Gruppen werden oft als Steroidsaponine zusammengefaßt. Saponincharakter weisen auch die Steroidalkaloide auf, die in einem folgenden Abschnitt besprochen werden (Seite 233).

In diesem Kapitel soll nur ein *Steroidsaponin* erwähnt werden, das Spirostanol Diosgenin. Denn es war früher die einzige Ausgangssubstanz zur Partialsynthese von Steroidhormonen und deren Derivaten, die in der Medizin in großen Mengen benötigt werden. Die *Dioscorea*-Arten vor allem des Hochlands von Mexiko, in deren Wurzeln Diosgenin als Glykosid vorkommt, waren deswegen beinahe ausgerottet worden.

Heute ist das Diosgenin in der Partialsynthese weitgehend durch Stigmasterin und Sitosterin ersetzt worden, die u.a. aus Sojabohnenöl in großen Quantitäten gewonnen werden können. Was blieb, ist die Partialsynthese. Gehen wir darauf ein.

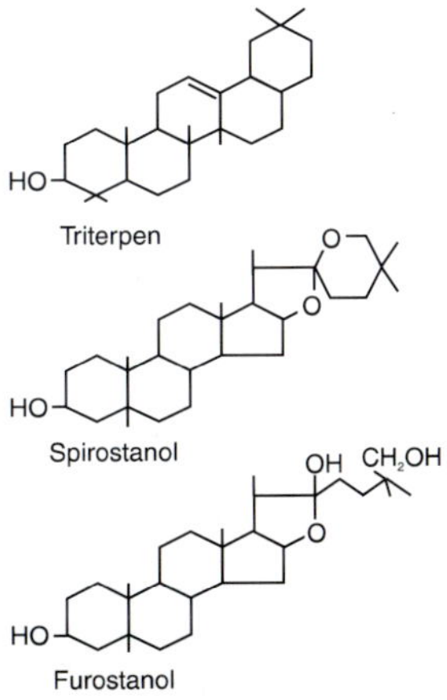

Abb. 6.9.
Grundstruktur der drei Saponin-Gruppen. Die Steroidalkaloide, die als eine vierte Saponingruppe betrachtet werden können, werden auf Seite 233 behandelt.

Partialsynthese menschlicher Steroidhormone

Die industrielle Produktion der genannten Steroidhormone geht von vorgeformten pflanzlichen Steroiden aus. Sie werden dann entsprechend modifiziert. Die notwendigen Reaktionen werden teils vom Chemiker, teils von Mikroorganismen (Schimmelpilzen) durchgeführt. Da der Chemiker nur einen Teil (lat. *pars* = Teil) der Veränderungen selbst durchführt, spricht man von einer *Partial*synthese der betreffenden Substanzen (Abb.6.10).

Am Diosgenin und ähnlich am Stigmasterin wird die Seitenkette chemisch bis auf zwei C-Atome abgebaut. Man kann so zu Progesteron kommen, das bereits eines der weiblichen Sexualhormone ist, oder auch zu Reichsteins Substanz S. Jetzt läßt man Schimmelpilze arbeiten:

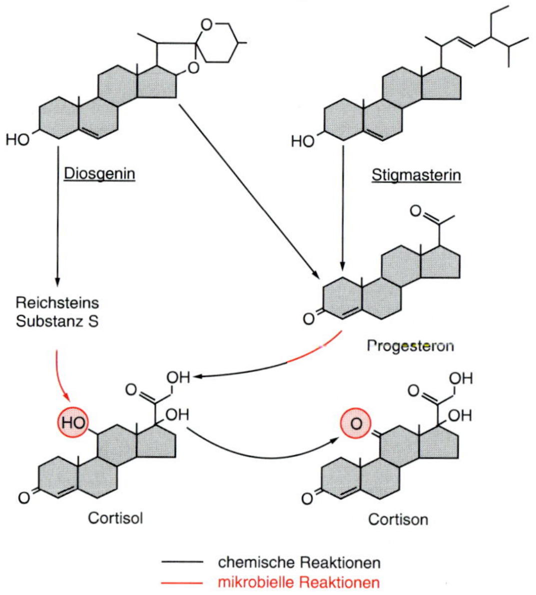

Abb.6.10. Biotechnologische Produktion von Steroidhormonen aus pflanzlichen Steroiden. Die Hydroxylgruppe, die sich mit Hilfe von Mikroorganismen elegant einbringen läßt, ist hervorgehoben.

Sie setzen in Progesteron oder die Substanz S eine Hydroxylgruppe ein, was dem Chemiker nur unter größeren Schwierigkeiten gelingt. Man kommt so zum Cortisol, dem wichtigsten Nebennierenrindenhormon, und seinem pharmakologisch wichtigen Derivat Cortison. Weitere Substanzen von Steroidhormoncharakter lassen sich anschließen. Darunter sind Sexualhormone, die als Ovulationshemmer (»Pille«) dienen.

Die Mithilfe der Pilze verringert die Zahl der Reaktionen bis zum Cortison von 37 auf 11. Folge dieser Vereinfachung war eine wesentliche Senkung des Preises für Cortison – ein Triumph der Biotechnologie! Dabei sind die Syntheseleistungen der Pflanze, die ja mit Stigmasterin, Diosgenin und einigen weiteren Steroiden das bereits hochgradig strukturierte Ausgangsmaterial liefert, noch nicht einmal mit eingerechnet.

Herzglykoside

Im Jahre 1785 benützte der englische Arzt WITHERING den Roten Fingerhut (*Digitalis purpurea*) soweit bekannt erstmals in Europa als Heilmittel bei Herzkrankheiten. Inzwischen ist die Gattung *Digitalis* zu einem unentbehrlichen Helfer des Arztes geworden.

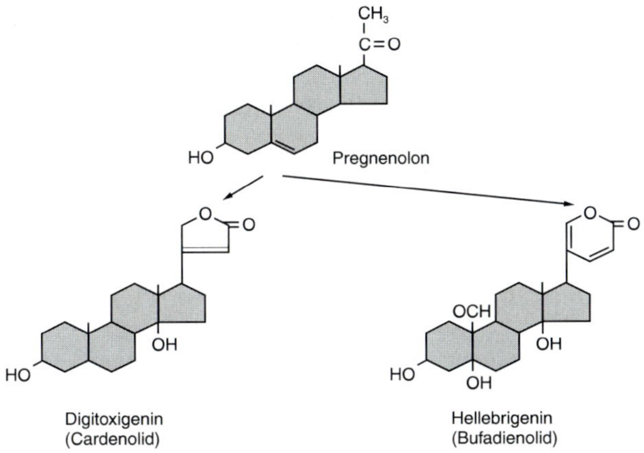

Abb. 6.11. *Herzglykoside und ihre Vorstufe Pregnenolon.*

Die wirksamen Inhaltstoffe nennt man nach ihrem Anwendungsbereich Herzglykoside. Es handelt sich dabei um Aglyka, die mit einer wechselnden Anzahl von teilweise seltenen Zuckern verbunden sind. Mit den Zuckern wollen wir uns nicht weiter befassen, sondern uns gleich den Aglyka zuwenden.

Die Aglyka der verschiedenen Herzglykoside sind entweder Cardenolide mit 23 oder Bufadienolide mit 24 C-Atomen (Abb. 6.11). Der chemische Unterschied zwischen beiden liegt im Bau des an C 17 ansetzenden Lactonringes. Bei den *Cardenoliden* handelt es sich um einen 5-Ring, bei den Bufadienoliden um einen 6-Ring. Die Aglyka der Digitalisglykoside gehören zu den Cardenoliden. Als Beispiel mag das Digitoxigenin dienen. Cardenolide kommen aber noch in zahlreichen weiteren Gattungen, so *Strophanthus*, *Nerium* und *Convallaria* vor.

Wie der Name sagt, finden sich *Bufadienolide* in den Sekreten von Kröten (*Bufo*). Aber auch in Pflanzen fehlen sie nicht. Hierher gehört das Hellebrigenin aus den Rhizomen der Schwarzen Nieswurz (*Helleborus niger*).

Die Biosynthese der Cardenolide und Bufadienolide ist erst teilweise bekannt. Über unbekannte Zwischenstufen entsteht ein Steroid mit 21 C-Atomen, das Pregnenolon (Abb. 6.11). ^{14}C-markiertes Pregnenolon wird in Blättern von *Digitalis lanata* in Digitoxigenin und andere Cardenolide, in Blättern von *Helleborus atrorubens* in Hellebrigenin überführt. Im Falle der Cardenolide müssen dabei 2 C-Atome hinzugefügt werden. Sie stammen aus Malonyl-CoA. Bei der Entstehung der Bufadienolide müssen 3 C-Atome hinzukommen. Ihre Herkunft ist noch unbekannt.

Zellsuspensionskulturen zur Produktion pharmazeutisch wichtiger Inhaltsstoffe

Die beiden für die Gewinnung von Herzglykosiden wichtigsten Fingerhutarten sind der Wollige und der Rote Fingerhut (*Digitalis lanata* und *D. purpurea*). Bei *D. lanata* handelt es sich um eine in Südosteuropa beheimatete Art kontinentalen Charakters, *D. purpurea* ist als atlantische Art im Westen Europas und im angrenzenden Nordafrika daheim. Beide Arten werden aber nicht nur in der jeweiligen Heimat, sondern auch in anderen Regionen mit entsprechendem Klima und Boden angebaut.

Die in der medizinischen Praxis verwendeten Herzglykoside stammen fast ausschließlich aus solchen Kulturen mit der üblichen Abhängigkeit von biotischen und abiotischen Außenfaktoren. Nach Einführung der entsprechenden Methoden war es nicht nur bei den Fingerhutarten, sondern bei pharmazeutisch wichtigen Pflanzen generell naheliegend, die Produktion der interessierenden Inhaltsstoffe auf Zellkulturen zu verlagern. Denn mit ihnen erübrigen sich die Sorgen hinsichtlich Wetter, Boden, Schädlingen usf. Die Produktion sollte sich leicht standardisieren lassen.

Zum Einsatz kamen *Zellsuspensionskulturen*, ein Sonderfall der Zellkultur, in dem die pflanzlichen Zellen wie Bakterien im Kulturmedium suspendiert werden. Wie man zu solchen Zellsuspensionen kommen kann, wird später geschildert (Seite 465). Nehmen wir sie für den Augenblick als gegeben an: In Fermentern – für Laborzwecke genügt schon ein leicht bewegter Erlenmeyerkolben – befinden sich Zellen der betreffenden Art. Bei entsprechender Zusammensetzung des Kulturmediums lassen sie sich zur Teilung bringen. Verglichen mit Bakterien ist die Teilungsrate zwar gering, aber sie genügt. Die Suspensionskultur wächst über Zellteilungen: Sie befindet sich in ihrer *Wachstumsphase*.

Unterbrechen wir hier kurz und vergegenwärtigen wir uns den Ablauf bei einer ganzen Pflanze. Das Teilungswachstum findet hier in den Meristemen statt. An diese Zonen mit embryonal-meristematischem Charakter schließen sich Zonen mit Differenzierung an. Die Zellstreckung bedeutet schon eine solche Differenzierung. Die über Teilungen angelieferten Zellen bilden dabei große Vakuolen aus, in denen sekundäre Pflanzenstoffe gespeichert werden können. Die Inhaltsstoffe, an denen wir interessiert sind, finden sich also in der Regel nicht in teilungsaktiven, sondern in bereits differenzierten Zellen.

Nun zurück zu unserer Zellsuspensionskultur. In ihr findet sich Entsprechendes. Nur in wenigen Ausnahmefällen werden in der Wachstumsphase nennenswerte Mengen an Sekundärstoffen produziert. Erst wenn sich die Zellen nach Erlöschen des Teilungswachstums unter Ausbildung von Vakuolen differenzieren, kann es dazu kommen. Ob die Wachstumsphase wirklich in eine solche *Produktionsphase* übergeht, hängt von den speziellen Kulturbedingungen ab. Mehrfach ist es gelungen, die Kulturbedingungen entsprechend einzustellen, noch viel häufiger jedoch nicht. Und selbst wenn sekundäre Pflanzenstoffe gebildet werden, ist ihre Quantität oft so gering, daß sich eine industrielle Gewinnung nicht lohnt.

Zellsuspensionskulturen werden derzeit von der pharmazeutischen Chemie trotz aller Schwierigkeiten in wenigen, aber wichtigen Fällen bereits eingesetzt. Dabei hat man zwischen folgenden Möglichkeiten zu unterscheiden:

1. Die Zellsuspensionskulturen produzieren die gleichen Inhaltsstoffe wie die Art, von der die Zellen stammen.
2. Die Zellsuspensionskulturen produzieren andere Inhaltsstoffe.
3. Die Zellsuspensionen werden zur Veränderung von Substanzen verwendet, die man den Kulturen zusetzt.

Für diese Möglichkeiten werden wir noch Beispiele kennenlernen. Beginnen wir hier gleich mit der letztgenannten, mit »Biotransformationen«.

»Biotransformation« in Zellsuspensionen von Digitalis lanata

Zellkulturen des Wolligen Fingerhuts (*D. lanata*), bilden Herzglykoside, wenn überhaupt, so nur in Spuren. Nur wenn man in den Suspensionen Differenzierungen induziert, etwa die Bildung von embryoähnlichen Gebilden (Embryoiden, Seite 465), können diese etwas mehr Glykoside enthalten. Aber einmal hat man mit Embryoiden eben keine Zellen in Kultur mehr, und zum anderen müßte die Cardenolidkonzentration selbst in ihnen noch um den Faktor 10^2 bis 10^3 erhöht werden, um ökonomisch interessant werden zu können. Aber Zellsuspensionen des Wolligen Fingerhuts lassen sich in anderer Hinsicht biotechnologisch verwerten, nämlich bei sog. »Biotransformationen«.

Der Wollige Fingerhut bildet über 60 verschiedene Cardenolidglykoside, denen fünf verschiedene Aglyka zugrunde liegen. Die ursprünglich in der Pflanze gebildeten Glykoside, die sog. Primärglykoside, gehen leicht, etwa durch Verlust eines von mehreren Zuckern, in Sekundärglykoside über. Solche Sekundärglykoside sind Digoxin und Digitoxin, die sich nur durch eine Hydroxylgruppe an C12 unterscheiden, die das Digoxin aufweist (Abb. 6.12). Es handelt sich um die für die Medizin wichtigsten Cardenolide, wobei das Digoxin begehrter ist. Bei der Aufarbeitung aus dem Pflanzengewebe fällt mehr Digitoxin, also die weniger erwünschte Substanz, an. Sie kann jedoch mit Hilfe von Zellsuspensionskulturen leicht in Methyl-digoxin überführt werden (Abb. 6.12). Dazu wird Digitoxin zunächst auf chemischem Weg in Methyl-digitoxin überführt. Die Substanz wird den Zellsuspensionen zugesetzt. Und die Pflanzenzellen bewerkstelligen nun, was wir in ähnlicher Weise schon für Pilzhyphen bei der biotechnologischen Darstellung von Cortison kennengelernt hatten (Abb. 6.10): Sie führen ein Hydroxyl an gewünschter Stelle, hier in der Position 12 ein! Dadurch wird aus dem Methyl-digitoxin das Methyl-digoxin. Die Methyl-

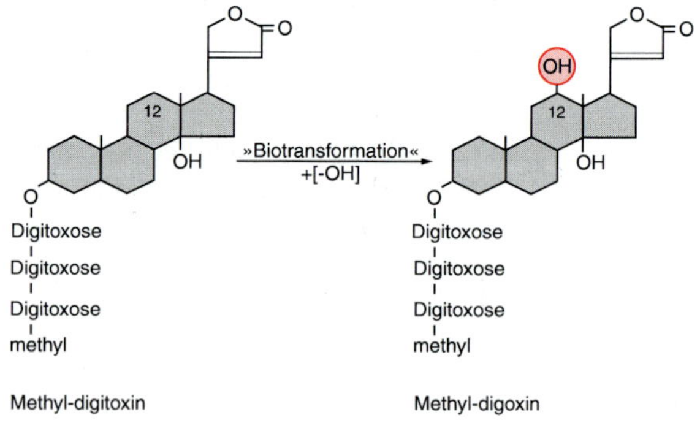

Abb. 6.12. »Biotransformation« von Methyl-digitoxin in Methyl-digoxin in Zellsuspensionen von Digitalis lanata.

gruppe in der Zuckerkomponente stört die medizinische Anwendung nicht. Wiederum konnte also das gewünschte Produkt über eine Kombination von Syntheseleistungen von seiten des Chemikers und der lebenden Zelle erhalten werden.

Die Umformung von zugesetzten Stoffen, hier von Methyl-digitoxin, durch lebende Zellen hat man als »Biotransformation« bezeichnet. Diese Wahl ist wenig glücklich, weil die Bezeichnung Transformation seit Avery (Seite 19) für permanente Veränderungen durch Genübertragung und überdies auch für die Umwandlung einer normalen in eine Krebszelle, die ebenfalls auf einer Genübertragung beruhen kann (Seite 80), verwendet wird. In beiden Fällen handelt es sich aber gleichermaßen um »Biotransformationen«.

Steroidalkaloide

Bei den Steroidalkaloiden handelt es sich um eine Gruppe von sekundären Pflanzenstoffen, die oft auch bei den Alkaloiden eingeordnet werden, ihrer Biosynthese nach aber überwiegend Terpenoide sind.

Man kennt zwei Gruppen von Steroidalkaloiden, solche mit 27 und solche mit 21 C-Atomen. Wir wollen uns hier nur kurz mit den 27-C-Steroidalkaloiden befassen. Sie zerfallen in die beiden Untergruppen der Solanum-Alkaloide und der Veratrum-Alkaloide. Die erste Untergruppe findet sich vor allem in *Solanaceae*, darunter der Gattung *Solanum*, die zweite vor allem in *Liliaceae*, darunter der Gattung *Veratrum*. Die *Solanum*-Alkaloide werden uns noch beschäftigen (Seite 536).

Die Biosynthese der Steroidalkaloide verläuft auf den üblichen Wegen der Triterpensynthese, also über Farnesylpyrophosphat, Squalen und Cycloartenol. Der Stickstoff stammt wahrscheinlich aus Ammoniak bzw. Ammoniumverbindungen.

6.3.4 Diterpene

Von den Diterpenen seien hier nur das Phytol und die Gibberelline erwähnt. Das *Phytol* ist Bestandteil von Mischterpenoiden, nämlich der Chlorophylle. Eine Carboxylgruppe an ihrem Pyrrolsvstem IV ist mit dem Alkohol Phytol verestert (Abb. 2.3).

Die *Gibberelline* sind eine Gruppe von Phytohormonen, die alle das Gibbanskelett (Abb. 6.13) führen. Man bezeichnet die einzelnen Vertreter als Gibberellin A_1, A_2, A_3 usf. In

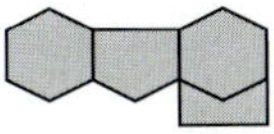

Abb. 6.13.
Gibban.

Pilzen und höheren Pflanzen werden noch immer neue Gibberelline entdeckt.

Man sieht es den Gibberellinen auf den ersten Blick kaum an, daß es sich um Diterpene handelt. Doch läßt die Aufklärung der wichtigsten Biosyntheseschritte daran keinen Zweifel.

Bis zum Gibberellin A_{12}-Aldehyd verläuft die Biosynthese in Pilzen wie höheren Pflanzen identisch (Abb. 6.14). Danach gibt es vor allem bei höheren Pflanzen noch viele Unklarheiten. In einem komplizierten Netzwerk entstehen aus Gibberellin A_{12}-Aldehyd die derzeit mehr als 100 verschiedenen von Pflanzen bekannten Gibberelline. Fast ist es beruhigend, daß in einer gegebenen Pflanzenart nicht alle diese Möglichkeiten realisiert werden: mehr als höchstens 15 verschiedene Gibberelline scheinen in einer Art nicht vorzukommen.

Zu den Gibberellinen gehören wichtige *Phytohormone* (Seite 354). Dabei zeigen keinesfalls alle von ihnen Hormonaktivität. Diese findet sich in Gibberellinen vom Bauplan des GA_1 und GA_3. Bei GA_1 handelt es sich um ein hoch-

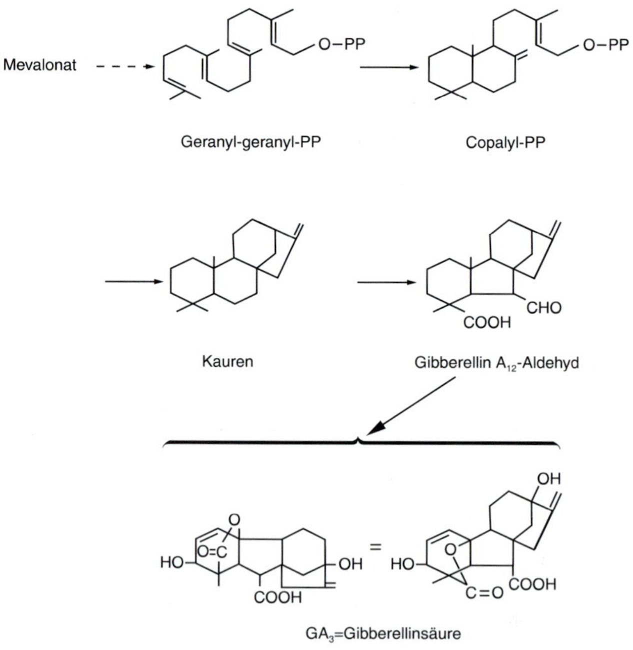

Abb. 6.14. *Die Grundzüge der Gibberellin-Biosynthese. Die Zwischenstufen wurden nur soweit wiedergegeben, daß sich die Herleitung des Gibbanskeletts erkennen läßt. Vom Gibberellin A_{12}-Aldehyd leiten sich die übrigen Gibberelline her, darunter auch das GA_3. Das ebenfalls im Text genannte GA_1 unterscheidet sich vom ihm nur durch das Fehlen der Doppelbindung im linken Sechsring. PP = Pyrophosphat.*

wirksames natürliches Gibberellin-Hormon. GA_3 (Gibberellinsäure A3, auch »Gibberellinsäure« schlechthin; GA), das ebenfalls in Pflanzen vorkommt, wird häufig experimentell eingesetzt.

6.3.5 Tetraterpene: Carotinoide

Chemische Konstitution

Die Carotinoide gliedern sich in die beiden großen Gruppen der Carotine und der Xanthophylle. An sie läßt sich die ungleich kleinere dritte Gruppe der Carotinoidsäuren anschließen. Carotinoidsäuren können Abbauprodukte von Tetraterpenen sein.

Bei den *Carotinen* (Abb. 6.15) handelt es sich um Kohlenwasserstoffe mit 40 C-Atomen. Sie entstehen durch Schwanz-Schwanz-Addition zweier Einheiten aus je vier 5-C-Bausteinen. Die einzelnen Carotine sind verschieden stark dehydriert. Von einer bestimmten Mindestzahl konjugierter Doppelbindungen an sind sie gelb- oder orangefarbig. In der Biosynthese der Carotine ist das ζ-Carotin die erste farbige Substanz (vgl. Abb. 6.17).

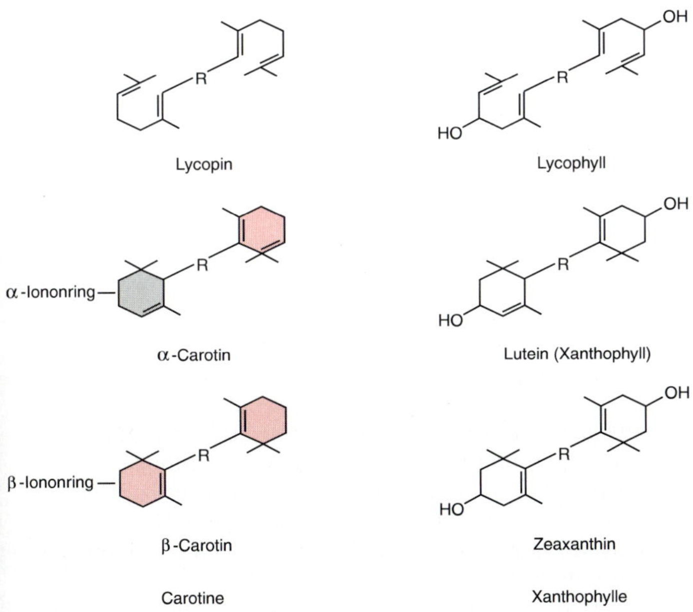

Abb. 6.15. *Carotine und Xanthophylle. Die Struktur von R ist aus Abb. 6.17 ersichtlich.*

Xanthophylle (Abb. 6.15) sind Oxidationsprodukte der Carotine. Sie leiten sich durch Einfügen von Sauerstoff-Funktionen von den entsprechenden Carotinen ab.

Bei den Carotinen wie bei den Xanthophyllen gibt es offene und zyklische Substanzen. Dabei können die Moleküle ein oder zwei Ringsysteme aufweisen. Bei den Carotinen finden sich zwei Typen von Ringen, α-Ionon- und β-Iononringe, die sich in der Lage ihrer einzigen Doppelbindung unterscheiden (Abb. 6.15). Carotine mit mindestens einem β-Iononring sind Provitamine A.

Solche Carotine können im tierischen und menschlichen Organismus in der Mitte des Moleküls gespalten werden. Spalthälften mit dem ß-Iononring können dann in Vitamin A überführt werden. β-Carotin mit seinen zwei β-Iononringen liefert so pro Molekül zwei Moleküle Vitamin A, α-Carotin mit seinem einen β-Iononring nur ein Molekül Vitamin A.

Von den *Carotinoidsäuren* sei nur das Crocetin erwähnt. Es findet sich in glykodisierter Form als gelber Farbstoff in den Narben des Safrans *Crocus sativus* und in den Blüten des Elfenspiegels *Nemesia strumosa*. Crocetin ist eine Dicarbonsäure mit 20 C-Atomen (Abb. 6.16). Es entsteht durch symmetri-

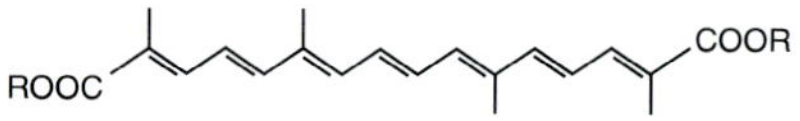

Abb. 6.16.
Crocetin und Crocin. Crocin ist der gelbe Farbstoff in den Narben des Safrans Crocus sativus.
R = H : Crocetin;
R = Gentiobiose : Crocin.

schen oxidativen Abbau von Carotinen oder Xanthophyllen von den beiden Molekülenden her.

Biosynthese

Die Biosynthese der Carotinoide läuft unter Beteiligung von membrangebundenen Enzymen in Plastiden ab. Sie läßt sich in mehrere Etappen gliedern:

1. *Die Bildung des 40-C-Grundgerüstes* (Abb. 6.17). Durch Schwanz-Schwanz-Addition zweier Einheiten Geranylgeranyl-pyrophosphat entsteht das 40-C-Grundgerüst der Carotinoide. Im Prinzip handelt es sich dabei um einen Prozeß, der der Bildung von Squalen durch Schwanz-Schwanz-Addition zweier Moleküle Farnesyl-pyrophosphat entspricht. Ein Unterschied verdient allerdings hervorgehoben zu werden. Im Falle des Squatens erfolgte die

Addition unter Reduktion, bei der Carotinoidsynthese unterbleibt diese Reduktion. Der resultierende 40-C-Körper, das Phytoen, trägt deshalb in der Mitte seines Moleküls eine Doppelbindung. Sie wird bei den weiteren Schritten der Carotinoid-Biosynthese beibehalten. Bei ihr handelt es sich um eine Schwachstelle. Deshalb können an ihr wie erwähnt Carotine gespalten und, falls sie den β-Iononring führen, in Vitamin A überführt werden.

2. *Dehydrierungen* (Abb. 6.17). An der Schlüsselsubstanz Phytoen setzt eine Folge von Dehydrierungen an, die über Phytofluen, ζ-Carotin und Neurosporin schließlich Lycopin entstehen läßt. ζ-Carotin ist wie schon erwähnt das erste farbige Carotin in dieser Kette. Das Lycopin weist von den beiden Kettenenden abgesehen eine durchgehende Sequenz konjugierter Doppelbindungen auf. Seine Namen trägt es nach seinem Vorkommen in bestimmten Rassen der Tomate (*Lycopersicon lycopersicum*).
3. *Zyklisierung* (Abb. 6.18). Das Lycopin und alle in der Biosynthese vor ihm liegenden Carotine sind offen. Über vom Lycopin ausgehende Zyklisierungen entstehen die α-

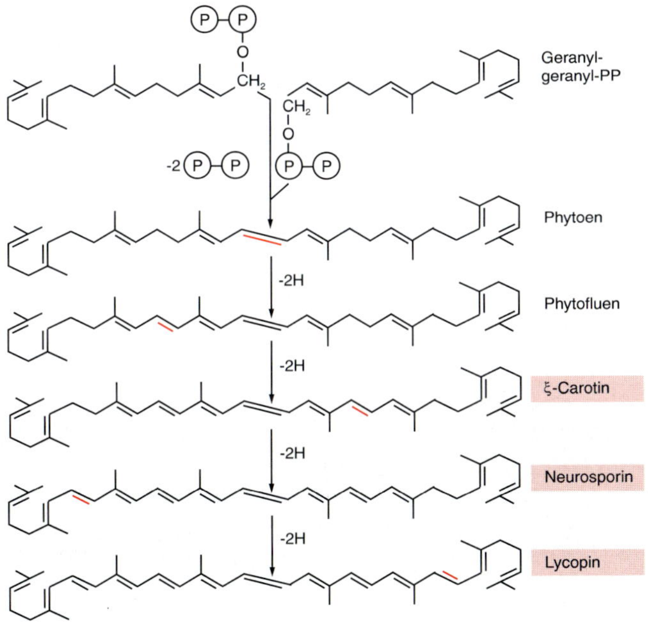

Abb. 6.17.
Die Bildung des 40-C-Grundgerüstes der Carotinoide und seine Dehydrierungen.

Abb. 6.18.
Zyklisierung von Carotinoiden.

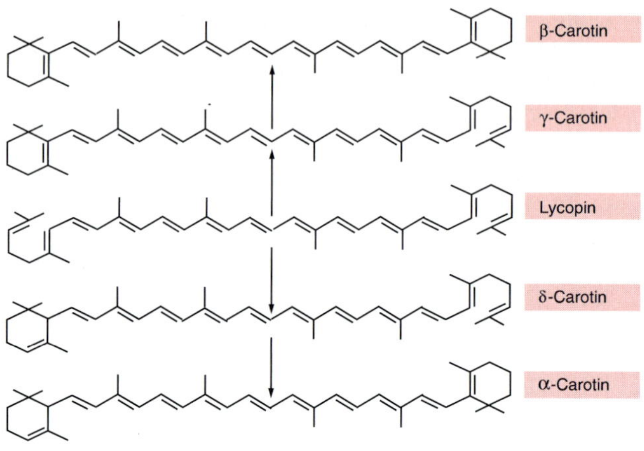

und β-Iononringe von δ- und α-Carotin einerseits und von γ- und β-Carotin andererseits.

4. *Oxidationen.* Bislang hatten wir im Ablauf der Biosynthese nur Carotine erhalten. Durch Einfügung von Sauerstoff-Funktionen entstehen daraus die Xanthophylle. Diese Oxidationen finden erst nach der Zyklisierung statt. Die Xanthophylle weisen ein noch unversehrtes 40-C-Grundgerüst auf. Weitere Oxidationen können jedoch wie bei den Carotinoidsäuren (Abb. 6.16) zu einer Verkürzung der C-Kette führen.

Biosynthese von Abscisinsäure

Bei der Biosynthese des Phytohormons Abscisinsäure (Abscisic Acid, ABA; Seite 361) findet sich eine besondere Art der Verkürzung der C-Kette. Denn man geht davon aus, ABA

Abb. 6.19.
Schema der Biosynthese von Abscisinsäure (ABA) unter oxidativer Spaltung von Violaxanthin. Intermediärprodukte zwischen Violaxanthin und ABA wurden nicht angegeben. Der »10-C-Rest« ließ sich verschiedentlich nachweisen – eine Bestätigung des Schemas.

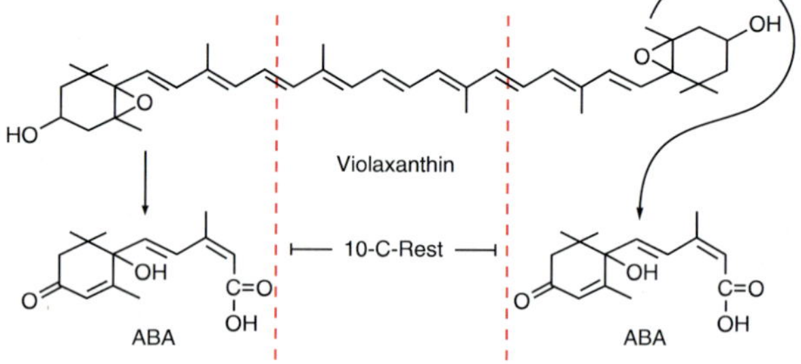

würde aus Violaxanthin gebildet. Bei ihm handelt es sich um ein Xanthophyllepoxid. Der Epoxidcharakter geht auf die Einlagerung von Sauerstoff in die Doppelbindung der endständigen β-Iononringe zurück.

Violaxanthin wird unter Freisetzung der beiden Endteile zu je 15 C-Atomen und eines Mittelstücks aus 10 C-Atomen gepalten. Die beiden Endbereiche werden dann in ABA überführt (Abb. 6.19). Formell, d.h. der C-Zahl nach kann man ABA also als Sesquiterpen bezeichnen (Abb. 6.1), der Biosynthese nach jedoch nicht.

6.3.6 Polyterpene

Von den Polyterpenen Kautschuk, Guttapercha und Balata sei bevorzugt das technisch wichtigste Produkt, der Kautschuk, besprochen. Unter den höheren Pflanzen bilden rund 2000 Arten Kautschuk, aber nur wenige von ihnen vor allem aus den Familien der *Apocynaceae*, *Asclepiadaceae*, *Asteraceae*, *Euphorbiaceae* und *Moraceae* in solchen Quantitäten, daß eine Gewinnung in technischem Maßstab lohnend wird. Einige der wichtigeren Arten nennt Tab. 6.1. Hauptkautschuklieferant ist der Kautschukbaum *Hevea brasiliensis*. Andere Arten können fallweise größere Bedeutung erlangen wie z.B. *Parthenium* und *Taraxacum* in den USA bzw. der ehemaligen UdSSR während des zweiten Weltkriegs, als die Japaner die *Hevea*-Plantagen Südostasiens besetzt hielten. *Achras* liefert einen niedermolekularen Kautschuk, der zur Herstellung von Kaugummi dienen kann, aber jetzt häufig durch Kunststoffe ersetzt wird.

Kautschuk wird, von Ausnahmen abgesehen, in gegliederten oder ungegliederten Milchröhren gebildet. Der protoplasmatische Inhalt solcher Milchröhren geht mit fortschreitender Differenzierung in Latex über, ein Gemenge aus

Tab. 6.1. Einige wichtige Kautschukpflanzen

Art	Familie	ursprünglich beheimatet in	Wuchsform
Achras sapota	*Sapotaceae*	Mittelamerika	Baum
Castilloa elastica	*Moraceae*	Zentralamerika	Baum
Ficus elastica	*Moraceae*	Asien, Afrika	Baum
Hevea brasiliensis	*Euphorbiaceae*	Südamerika	Baum
Manihot alaziovii	*Euphorbiaceae*	Südamerika	Baum
Parthenium argentatum	*Asteraceae*	Mexiko, Texas	Strauch
Taraxacum koksaghyz	*Asteraceae*	Zentralasien	Kraut

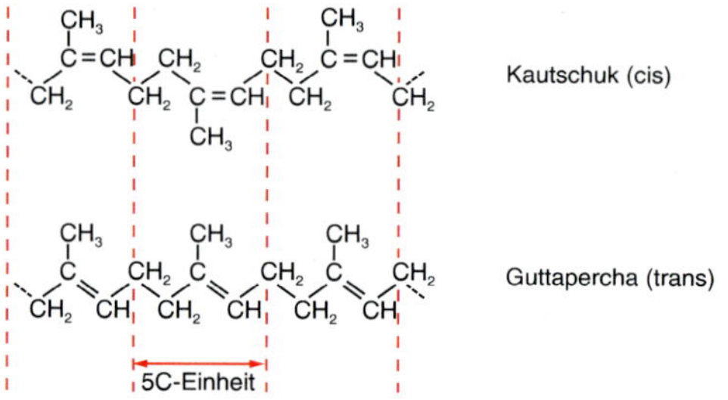

Abb. 6.20.
Kautschuk und Guttapercha.

Mitochondrien, Ribosomen und Proteinen. Die Zellkerne liegen meistens in einem plasmatischen Wandbelag. Die verschiedensten weiteren Inhaltsstoffe kommen hinzu, so z. B. Alkaloide und auch Polyterpene wie der Kautschuk. Nicht jeder Latex führt Kautschuk. Falls vorhanden, ist er in Tröpfchenform im Latex suspendiert. Bei den Kautschuklieferanten ist im Latex vor allem auch der komplette Satz von Enzymen vorhanden, der für die Überführung von Acetyl-CoA über IPP in Kautschuk benötigt wird.

Kautschuk baut sich aus 500 bis 10 000 5-C-Einheiten auf. An den Doppelbindungen in den 5-C-Einheiten findet sich dabei die cis-Form. Im Guttapercha, das im übrigen kürzere Ketten aufweist, findet sich dagegen die trans-Form (Abb. 6.20).

Der Latex, der wie erwähnt alle erforderlichen Enzyme enthält, bildet ein günstiges zellfreies System zu Untersuchungen über die Biosynthese des Kautschuks. Dabei zeigte es sich, daß im Latex eine vollständige Kautschuksynthese stattfindet, wenn man erstens den Latex von schon vorhandenem Kautschuk befreit und zweitens als Starter Dimethylallylpyrophosphat einsetzt. Sind im Latex noch Kautschukpartikel vorhanden, so kommt es nicht zu einer Neusynthese, sondern nur zu einer Verlängerung der existierenden Ketten durch Anhängen von IPP.

Zusammenfassung

Bei den Terpenoiden handelt es sich um eine Gruppe von sekundären Pflanzenstoffen, die aus 5-C-Einheiten aufgebaut werden.

Ihre *Biosynthese* geht von Acetyl-CoA aus, das über Mevalonat in den Terpenoidbaustein IPP, das »aktive« Isopren, überführt wird. IPP bzw. dessen Isomer Dimethylallyl-pyrophosphat lassen Hemiterpene entstehen. Bei der Biosynthese höherzahliger Terpenoide werden an den Starter Dimethylallyl-pyrophosphat IPP-Einheiten angesetzt. So entstehen Mono- Di- und Polyterpene. Über Schwanz-Schwanz-Addition von zwei Diterpen-Ketten (Geranyl-geranyl-pyrophosphat) entstehen Tetraterpene, ebenso aus zwei Sesquiterpen-Ketten (Farnesyl-pyrophosphat) Triterpene.

Die Terpenoide stellen ein breites Spektrum an Substanzen, die für die *Pflanzen* von zentraler Bedeutung sind wie Sterine als Membranbausteine, Abscisinsäure und Gibberelline als Phytohormone, Phytol als Bestandteil der Chlorophylle oder Carotinoide als akzessorische Pigmente bei der Photosynthese. Zahlreiche weitere Substanzen, vor allem leicht flüchtige Mono- und Sesquiterpene, aber auch die Carotinoide als Blütenfarbstoffe, sind wichtige Faktoren im ökologischen Geschehen. Darauf wird in späteren Kapiteln eingegangen.

Für den *Menschen* sind bestimmte Carotine als Provitamine A lebensnotwendig. Zahreiche andere nutzt er in Medizin (z. B. ätherische Öle, Herzglykoside, pflanzliche Steroide als Ausgangssubstanzen für die Gewinnung von Steroidhormonen) und Technik (Kautschuk).

7 Phenole

7.1 Chemische Konstitution

Nach Zahl und Art sind die Phenole überaus wichtige »sekundäre« Pflanzenstoffe. Eine Übersicht über einige Gruppen der Phenole bietet Abb. 7.1. Detaillierte Strukturformeln finden sich in den Abschnitten zur Biosynthese.

Abb. 7.1. Übersicht über einige Gruppen der Phenole.

C-Grundgerüst	Gruppe	einige Beispiele
	einfache Phenole	Hydrochinon Arbutin
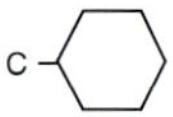	Phenolcarbonsäuren	p-Hydroxy-benzoesäure Protocatechusäure Gallussäure
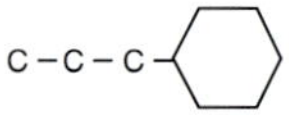	Phenylpropane	Zimtsäuren Zimtalkohol Cumarine Lignin
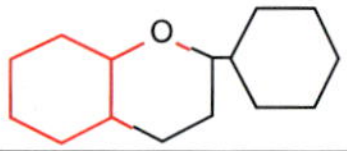	Flavanderivate	Flavanone Flavone Flavonole Anthocyanidine

Phenole sind sekundäre Pflanzenstoffe, die an einem aromatischen Ringsystem mindestens eine Hydroxylgruppe oder funktionelle Derivate derselben tragen, sowie weitere Stoffe, die in ihrer Biosynthese an solche Phenole anschließen.

Einfache Phenole bestehen aus einem aromatischen Ring, der eine oder mehrere Hydroxylgruppen trägt. Außerdem kann das Ringsystem weitere Substituenten, vor allem Methylgruppen tragen.

Phenolcarbonsäuren sind einfache Phenole, die eine Carboxylgruppe als Substituenten tragen.

Phenylpropanderivate führen das C-Skelett des Phenylpropans, d. h. ein aromatisches System, an dem eine Seitenkette aus drei C-Atomen befestigt ist. Hierher gehören die Zimtsäuren, Zimtaldehyde, Zimtalkohole und Cumarine, aber auch das hochpolymere Lignin.

Flavanderivate sind durch das Flavanskelett charakterisiert. Es besteht aus einem aromatischen Ring A, einem aromatischen Ring B und einem mittleren sauerstoffhaltigen Heterozyklus. Je nach dem Oxidationszustand dieses Heterozyklus unterscheidet man mehrere Gruppen von Flavanderivaten oder Flavonoiden, z. B. die Flavanone, Flavonole, Anthocyanidine und Flavan-3,4-diole.

Mischterpene (Mischterpenoide). Hemiterpene kommen oft in Kombination mit aromatischen Systemen als Mischterpene vor (vgl. Seite 218). An aromatische Grundgerüste können aber auch aus mehreren bis vielen 5-C-Einheiten bestehende Seitenketten angefügt werden. Plastochinon und Ubichinon tragen solche *Polyprenyl*-Seitenketten.

Alle diese Substanzen liegen vielfach als Glykoside oder Zuckerester vor, die in die Vakuole abgegeben werden.

7.2 Biosynthese, generell

Aromatische Systeme werden in höheren Pflanzen auf drei Wegen gebildet:

1. Shikimisäure-Weg. Hierbei handelt es sich um den wichtigsten Syntheseweg.
2. Acetat-Malonat-Weg. Auf ihm wird der aromatische Ring A der Flavanderivate angeliefert. Sonst ist dieser Weg bei Mikroorganismen wichtiger.
3. Acetat-Mevalonat-Weg. Der Weg wurde im Prinzip schon besprochen. Es handelt sich um die Bildung zyklischer Terpene, die zu aromatischen Systemen dehydriert werden können. Thymol ist ein solches Terpen von aromatischem Charakter. Der Weg ist für höhere Pflanzen weniger wichtig.

Von den drei erwähnten Synthesewegen haben wir uns noch mit den Wegen 1 und 2 zu befassen.

7.2.1 Der Shikimisäure-Weg

Der Shikimisäure-Weg wurde in Untersuchungen an Mangelmutanten von Bakterien aufgedeckt. Er ist jedoch nicht nur in Mikroorganismen, sondern auch in höheren Pflanzen realisiert. Die meisten Enzyme des Shikimisäure-Weges konnten auch bei höheren Pflanzen im zellfreien System nachgewiesen werden. Der Syntheseweg trägt seinen Namen nach einer Zwischenstufe, der Shikimisäure. Seine Bedeutung liegt nicht nur in der Anlieferung von Phenolen, sondern vor allem auch in der Bereitstellung der aromatischen Aminosäuren Phenylalanin, Tyrosin und Tryptophan.

Der Shikimisäure-Weg beginnt mit Phosphoenolpyruvat und D-Erythrose-4-phosphat. Beide werden zu einer Zwischenstufe mit 7 C-Atomen vereinigt, die zu 5-Dehydrochinasäure zyklisiert. 5-Dehydrochinasäure steht mit Chinasäure im Gleichgewicht. Der Syntheseweg führt über 5-Dehydroshikimisäure und Shikimisäure zu 5-Phosphoshikimisäure. An sie wird nun eine weitere Einheit Phospho-

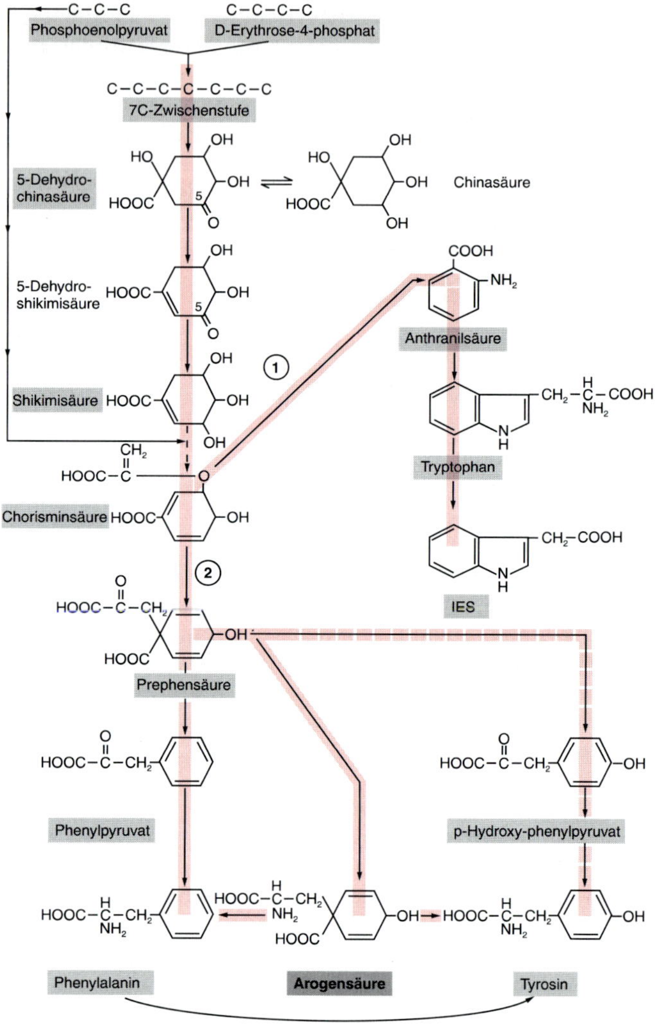

Abb. 7.2.
Schema des Shikimisäurewegs. In Kreisen: 1 = Anthranilat-Synthase, 2 = Chorismatmutase. Der Übersichtlichkeit wegen wurden zwei phosphorylierte Intermediate zwischen Shikimisäure und Chorisminsäure fortgelassen (vgl. Abb. 7.3). Der Weg über p-Hydroxy-phenylpyruvat zu Tyrosin ist in höheren Pflanzen weniger wichtig als in Bakterien.

enolpyruvat angesetzt. Das Produkt geht in Chorisminsäure über (Abb.7.2).

Mit der Chorisminsäure ist ein Knotenpunkt des Shikimisäure-Weges erreicht. Denn wie der griechische Name (chorizo = spalten) andeutet, gabelt sich nach dieser Substanz der Syntheseweg in zwei Äste. Ein Ast führt über Anthranilsäure zum Trytophan und von diesem weiter zu dem Phytohormon Indol-3-essigsäure (IES).

Der zweite Ast führt von der Chorisminsäure zunächst zur Prephensäure. Hier findet sich sogar eine Dreiteilung. Zwei Wege entsprechen sich: Über Phenylpyruvat erhält man Phenylalanin und parallel dazu über p-Hydroxyphenylpyruvat Tyrosin. Der zweite Weg über p-Hydroxyphenylpyruvat ist allerdings in höheren Pflanzen weniger wichtig als in Bakterien.

Der dritte Weg verläuft über Arogensäure, die im Englischen auch als »pretyrosine« bezeichnet wird, weil sie bevorzugt in Tyrosin überführt wird. Sie kann aber auch in Phenylalanin übergehen.

Die beiden aromatischen Aminosäuren stehen miteinander in direkter Verbindung, denn Phenylalanin kann zu Tyrosin oxidiert werden. Die beiden Aminosäuren können desaminiert werden, Phenylalanin zu Zimtsäure und Tyrosin zu p-Cumarsäure, und werden so zu den Ausgangssubstanzen für die Biosynthese weiterer pflanzlicher Phenolderivate (Abb. 7.7). Rekapitulieren wir: Auf dem Shikimisäure-Weg werden angeliefert

1. die aromatischen Aminosäuren Trytophan, Phenylalanin und Tyrosin.
2. Zimtsäuren, die aus Phenylalanin und Tyrosin entstehen. An die Zimtsäuren lassen sich dann die übrigen Phenylpropane anschließen, wie wir noch sehen werden.
3. Phenolcarbonsäuren. Sie können, das bleibt nachzutragen, z.B. von Shikimisäure, 5-Dehydroshikimisäure oder Chinasäure abgezweigt werden. Aber diese Möglichkeit der Bildung von Phenolcarbonsäuren scheint für höhere Pflanzen weniger wichtig zu sein (vgl. Seite 255).

Gentechnik und Shikimsäure-Weg: Resistenz gegen »Round up«

Glyphosat ist ein Totalherbizid, das PEP einigermaßen ähnlich ist. Es verdrängt deshalb PEP kompetitiv von dem Enzym, das PEP in den Shikimatweg einbringt, der EPSP-Syn-

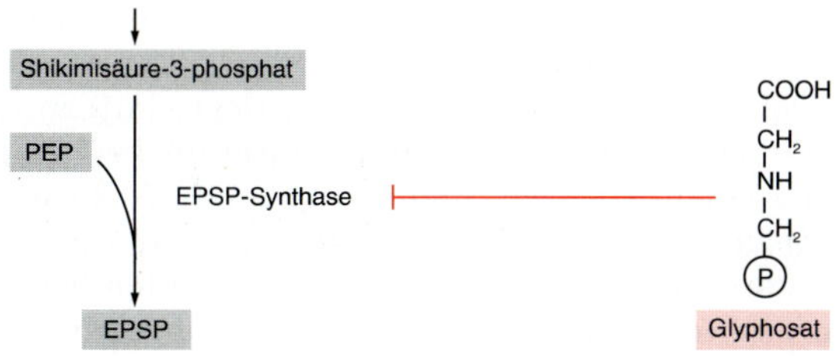

Abb. 7.3.
Hemmung der EPSP-Synthase und damit Blockierung des Shikimisäurewegs durch das Total-Herbizid Glyphosat (»Round up«). Das Enzym katalysiert einen zentralen Schritt im Shikimisäureweg, das Einführen einer zweiten Einheit Phosphoenol-pyruvat (PEP) in Shikimisäure-3-phosphat unter Bildung von 5′-Enol-pyruvylshikimisäure-3-phosphat (EPSP).

Abb. 7.4.
Glyphosat-resistente transgene Sojabohne (rechts). Links Kontrollpflanze. Beide Pflanzen 14 Tage nach Besprühen mit der gleichen Menge an Glyphosat (R. FRALEY).

thase. Das Enzym überführt Shikimisäure-3-phosphat in 5'Enolpyruvylshikimisäure-3-phosphat (EPSP). Das sind gerade zwei Intermediate, die in Abb. 7.2 fortgelassen wurden und im jetzt gegebenen Zusammenhang wenigstens mit Namen genannt werden sollten (Abb. 7.3).

Mit der Blockierung der EPSP-Synthase ist die Synthese der aromatischen Aminosäuren, fast aller Phenole und auch der IES unterbunden. Kein Wunder, daß das hochwirksame und übrigens leicht abbaubare Glyphosat unter dem Handelsnamen »Round up« weltweit zur Unkrautbekämpfung eingesetzt wird. Zunächst wurde ein EPSP-Gen aus der Petunie übertragen, das überexprimierte, d.h. viel mehr EPSP-Synthase bildete als normal. Der Überschuß an EPSP-Synthase läßt sich von Glyphosat nicht mehr hemmen, die transgenen Pflanzen sind weitgehend glyphosat-resistent. Später wurden dann aus Bakterien EPSP-Gene übertragen, die von Glyphosat nicht gehemmt werden. So erhielt man bei verschiedenen Kulturpflanzen glyphosat-resistente

Transformanten. Am bekanntesten dürften glyphosat-resistente Soja-Bohnen sein (Abb. 7.4).

7.2.2 Der Acetat-Malonat-Weg

Die Synthese von Phenolen auf dem Acetat-Malonat-Weg weist Paralellen zur Synthese der Fettsäuren auf. Wie dort Acetyl-CoA, so dient hier ebenfalls ein Acyl-CoA als Starter. Bei der Biosynthese von Flavanderivaten handelt es sich dabei um Cinnamoyl-CoA, also CoA-Ester von Zimtsäurenresten. An diese Starter werden ebenso wie bei der Fettsäurenbiosynthese Malonyl-CoA-Einheiten unter Decarboxylierung angefügt. Drei von ihnen werden benötigt. Die entstehende Kette aus sechs C-Atomen bleibt jedoch nicht offen, sondern zyklisiert zum Ring A der Flavanderivate (Abb. 7.21).

7.3 Die einzelnen Gruppen der Phenolderivate: Biosynthese, Funktionen und Anwendungen

Für die Phenole gilt die gleiche Vorbemerkung, die bei der Besprechung der Terpenoide gemacht wurde: an dieser Stelle sollen außer Details zur Struktur und Biosynthese der einzelnen Phenolgruppen nur einige wenige weitere Daten gebracht werden, darunter jedoch noch keine ökologischen Bezüge.

7.3.1 Zimtsäuren

Namengebend ist die Zimtsäure selbst. Ihr Ringsystem kann nun noch substituiert werden. Dadurch erhält man eine ganze Reihe von Derivaten, die man als »Zimtsäuren« bezeichnet. Die wichtigsten von ihnen sind hier formelmäßig wiedergegeben (Abb.7.5).

Ihre Substitutionsmuster werden uns noch bei einer Reihe weiterer Phenole begegnen, und zwar deshalb, weil die Zimtsäuren die Ausgangsstoffe für die Synthese dieser Phenolkörper sind.

Doch zunächst zur Biosynthese der Zimtsäuren selbst (Abb. 7.5). Wie schon vorweggenommen, sind Phenylalanin und Tyrosin die Muttersubstanzen. Phenylalanin geht durch oxidative Desaminierung in Zimtsäure, Tyrosin in p-Cumarsäure über. Da bei dieser Reaktion Ammoniak in Form von Ammonium-Ionen freigesetzt wird, nennt man die betreffenden Enzyme Ammonium-Lyasen. Die Tyrosin-Ammonium-Lyase scheint in Gräsern besonders wichtig zu sein, fehlt

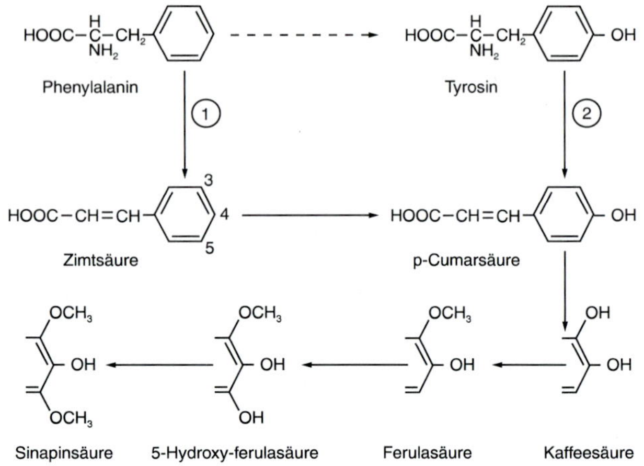

Abb. 7.5. *Struktur und Schema der Biosynthese der Zimtsäuren. In Kreisen: 1 = Phenylalanin-Ammonium-Lyase, 2 = Tyrosin-Ammonium-Lyase. Von den zunächst angelieferten beiden Zimtsäuren, der Zimtsäure und der p-Cumarsäure, leiten sich weitere Zimtsäuren ab. In der Abbildung werden nur die C-Atome 3, 4 und 5 mit den jeweils neu eingebrachten Substituenten gezeigt, der Rest der Moleküle ist wie bei Zimt- bzw. p-Cumarsäure zu ergänzen.*

aber auch im übrigen Pflanzenreich nicht. Das wichtigere der beiden Enzyme ist die Phenylalanin-Ammonium-Lyase (PAL). Da sich von den Zimtsäuren weitere Phenylpropane und andere Phenolderivate herleiten, wird die PAL zum Schlüsselenzym der Phenolbiosynthese in Pflanzen (vgl. Abb. 7.7)

Zimtsäure kann zu p-Cumarsäure hydroxyliert werden. Durch einfache Substitionsschritte, die alle schon im zellfreien System durchgeführt werden konnten, kommt man dann von ihr aus zu den anderen Gliedern der Zimtsäurenfamilie.

Zimtsäuren liegen in den Pflanzen nur zu einem geringen Teil frei vor. Meistens sind sie an Zucker gebunden, entweder als Glykoside oder als Ester. Auch als Depside kommen sie vor. Solche Depside sind Ester carboxylgruppenführender Phenole mit anderen carboxylgruppenführenden Phenolen oder verwandten Substanzen.

Chlorogensäure (Abb. 7.6), ein Depsid aus Kaffeesäure und Chinasäure, ist das am weitesten im Pflanzenbereich verbreitete Derivat der Kaffeesäure. Bekannt ist ihr Vorkommen in den Kaffeebohnen. Ein Teil der anregenden Wirkung des Kaffees geht auf sie zurück.

Rosmarinsäure (Abb. 7.6) wird von zwei Einheiten Kaffeesäure gebildet. Zusammen mit Chlorogensäure und einigen weiteren Kaffeesäurederivaten bildet sie die für Lippenblütler charakteristische kleine Gruppe der *Lamiaceen-Gerbstoffe*.

Wichtiger sind die Tannin- und Catechin-Gerbstoffe (Seite 258 und Seite 265). Die *Gerbstoffe* gehen mit Proteinen

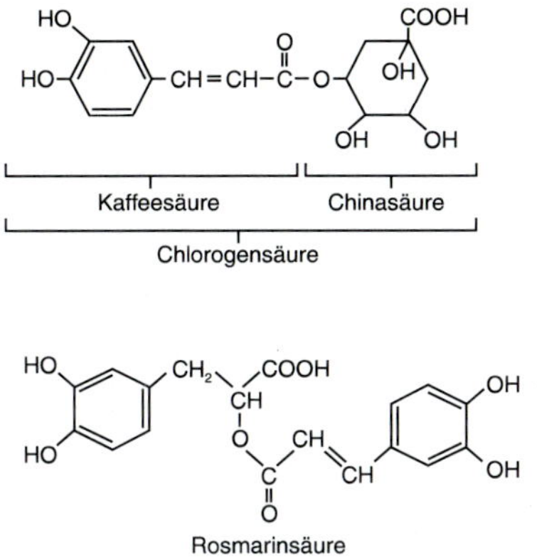

Abb. 7.6.
Chlorogensäure und Rosmarinsäure.

Komplexe ein. Quellbare Proteine der tierischen Haut verlieren dadurch ihre Quellfähigkeit: die Haut wird zum Leder gegerbt. Auch in der Medizin finden die Gerbstoffe Anwendung. Über ihre Komplexbildung mit Proteinen kommt es auch zum Abdichten von Oberflächen, wodurch das Eindringen von Bakterien und Pilzen über Wundstellen er-

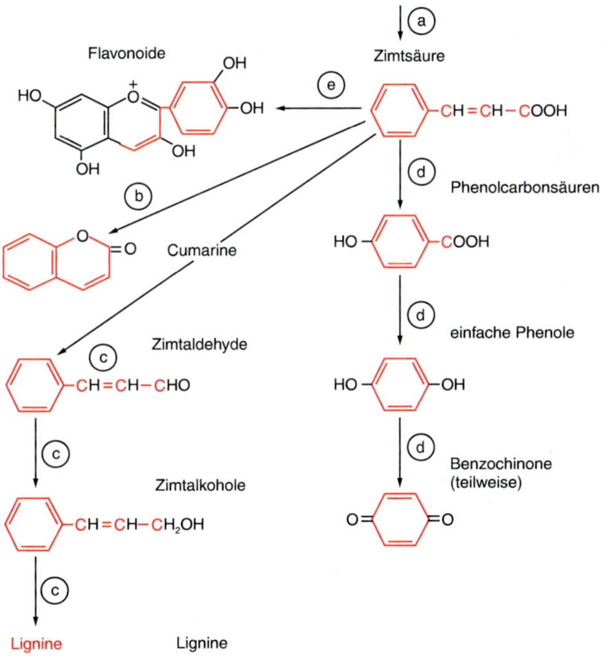

Abb. 7.7.
Die Ableitung pflanzlicher Phenole von den Zimtsäuren. Die Buchstaben an den einzelnen Synthese- bzw. Abbauwegen beziehen sich auf entsprechend gekennzeichnete Abschnitte im Text: a = 7.3.l, b = 7.3.2, c = 7.3.3, d = 7.3.4., e = 7.3.5.

schwert wird. Darüber hinaus wirken sie auf Mikroorganismen toxisch. Ihre äußerliche Anwendung kann also der Bekämpfung von Entzündungserscheinungen dienen.

Die Rosmarinsäure liefert eines der Ausnahmebeispiele, was die Produktion von sekundären Pflanzenstoffen in Zellkulturen anbelangt. Denn sie wird in Suspensionskulturen der Buntnessel (*Coleus blumei*) reichlich gebildet. Derzeit wird überprüft, wie sich dieses fast unerwartete Geschenk pharmazeutisch-industriell verwerten läßt. Die entzündungshemmende Wirkung der Rosmarinsäure liefert dafür die Basis.

Zimtsäuren als Muttersubstanzen der pflanzlichen Phenole

Aber die Zimtsäuren sind nicht nur unter ökologischen und medizinischen Aspekten von Interesse, sie sind nicht nur Cofaktoren in wichtigen Funktionen der Pflanze (IES), sie sind vor allem auch die Ausgangssubstanzen für die Synthese fast aller anderen Phenole der Pflanzen. Abb. 7.7 gibt eine entsprechende Übersicht, die uns zur Orientierung in den folgenden Abschnitten dienen soll.

7.3.2 Cumarine

Ebenso wie die Zimtsäure die namengebende Substanz für die Zimtsäurenfamilie ist, so das Cumarin für die Familie der Cumarine. Diese Cumarine tragen in ihrem aromatischen Ringsystem dieselben Substitutionsmuster, die wir schon bei den Zimtsäuren kennengelernt haben.

Die Biosynthese der Cumarine sei am Beispiel des Cumarins selbst besprochen (Abb. 7.8). Sie beginnt mit der Zimtsäure. Hier müssen wir nun gleich einen Nachtrag einfügen: Die Doppelbindung in der Seitenkette der Zimtsäuren gibt Gelegenheit zur Stereoisomerie. Die natürlich vorkommenden Zimtsäuren sind überwiegend trans-Formen.

Doch findet sich auch die cis-Konfiguration. Das Gleichgewicht zwischen trans- und cis-Form kann auch innerhalb

Abb. 7.8.
Die Biosynthese der Cumarine.

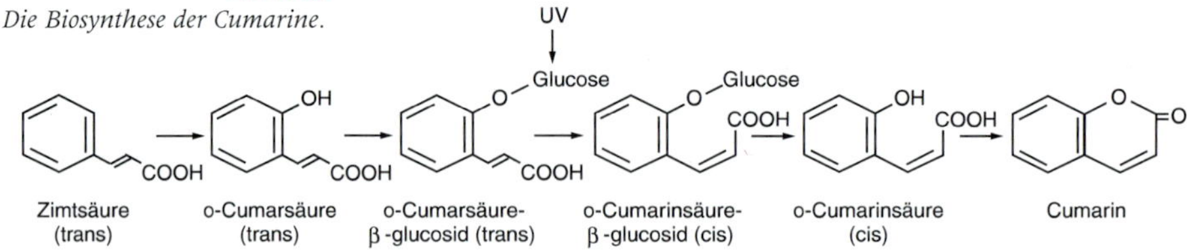

der Pflanzen durch UV-Licht zugunsten von »cis« verschoben werden.

Ausgangsmaterial der Cumarin-Biosynthese ist nun die trans-Zimtsäure. Sie wird durch Einfügen eines Hydroxyls in o-Stellung zur Seitenkette in o-Oxy-trans-zimtsäure überführt, die man auch o-Cumarsäure nennt. Sie wird glucosidiert. Das dabei entstehende o-Cumarsäure-β-glucosid ist noch eine trans-Verbindung. Durch UV-Licht, also nicht enzymatisch, wird es im Gewebe in die entsprechende cis-Verbindung, das o-Cumarinsäure-β-glucosid, überführt. Man bezeichnet diese Verbindung als »gebundenes Cumarin«. Denn in den bekannten Cumarinpflanzen wie Steinklee (*Melilotus alba*), Waldmeister (*Galium odorarum*) und Mariengras (*Hierochloë odorata*) findet sich normalerweise kein Cumarin, sondern o-Cumarinsäure-β-glucosid.

Erst wenn bei Verletzungen oder beim Trocknen o-Cumarinsäure-β-glucosid mit einer sonst räumlich von ihm getrennten β-Glucosidase zusammengebracht wird, kann sich Cumarin bilden. Denn die β-Glucosidase hydrolysiert das »gebundene Cumarin« zu o-Cumarinsäure, die dann spontan in ihr Lacton, eben das Cumarin selbst, übergeht.

Alle anderen Cumarine werden nach den bislang vorliegenden Befunden im Prinzip ebenso aus entsprechend substituierten Zimtsäuren gebildet wie das Cumarin. p-Cumarinsäure liefert Umbelliferon, Kaffeesäure Aesculetin, Ferulasäure Scopoletin (Abb. 7.9). Wir brauchen also in unsere Formelfolge (Abb. 7.8) nur die betreffenden Ringsubstituenten einzutragen. Der Modus der Biosynthese liefert uns die Erklärung dafür, warum sich bei den wichtigsten Zimtsäuren und Cumarinen gleiche Substitutionsmuster finden.

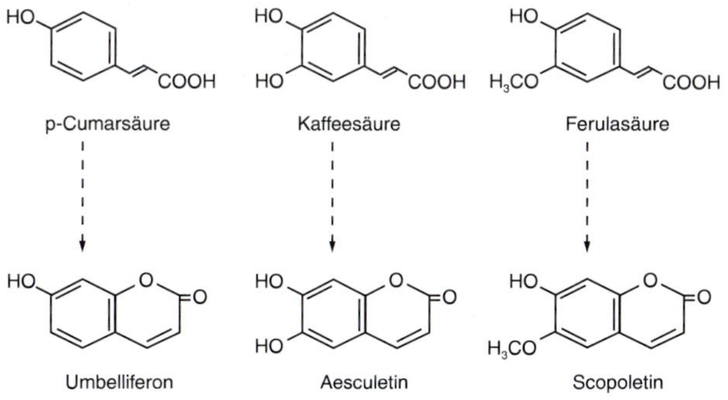

Abb. 7.9.
Formeln und Grundzüge der Biosynthese einiger weiterer Cumarine.

Cumarine als Hemmstoffe der Entwicklung. Im Pflanzengewebe liegen die Cumarine weitgehend als Glykoside vor. Sie sind physiologisch hochaktiv. Ganz generell handelt es sich um Hemmstoffe der Entwicklung. So sind Cumarin und Scopoletin bekannte Hemmstoffe der Samenkeimung und der Zellstreckung. Vielfach sind es IES-abhängige Prozesse, die blockiert werden. Man diskutiert deshalb, daß die Cumarine über eine Förderung des oxidativen Abbaus der IES wirksam werden könnten.

Dicumarol und »sweet clover disease«. Dicumarol ist ein Antagonist des Vitamins K, blockiert also die Blutgerinnung. Die Substanz entsteht in faulendem Heu über die Tätigkeit von Mikroorganismen wie den Pilz *Aspergillus fumigatus*. Zwei Einheiten Cumarin oder Vorstufen in seiner Biosynthese werden nach entsprechenden Veränderungen über eine aus dem Stoffwechsel der Mikroorganismen stammende 1-C-Brücke zusammengefügt (Abb. 7.10). Dicumarol führte zu der über Blutungen oft tödlichen »sweet-clover-disease« der Schafe und Rinder. In entsprechender Dosierung läßt es sich in der Thromboseprophylaxe und als Rattengift einsetzen.

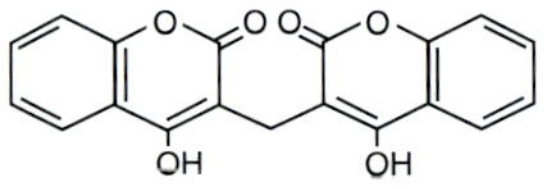

Abb. 7.10. Dicumarol.

Was die »sweet-clover-disease« anbelangt, konnten die Pflanzenzüchter Abhilfe schaffen. Die landwirtschaftlich wichtigste Cumarin-Pflanze ist der Weiße Steinklee (*Melilotus alba*). Wegen seines Cumaringehaltes ließ er sich zwar zur Gründüngung, aber nur mit Vorbehalt als Futterpflanze einsetzen. Denn schon das Cumarin selbst ist ein bitter schmeckender Inhaltsstoff, der für Wirbeltiere einschließlich des Menschen nicht unbedenklich ist. Hinzu kam dann noch die Gefahr der Dicumarol-Bildung. In den Weißen Steinklee wurden nun Gene für »Cumarinfreiheit« aus dem Gezähnten Steinklee (*M. dentata*) eingekreuzt. Das Resultat waren Formen von *M. alba*, in denen die Cumarinbiosynthese in frühen Stadien genetisch blockiert ist. Damit fehlt in ihnen nicht nur das Cumarin bzw. »gebundene Cumarin«, sondern auch die Basis zur Abzweigung von Dicumarol.

7.3.3 Lignin

Nach der Cellulose ist das Lignin die mengenmäßig wichtigste organische Substanz. Das kommt nicht von ungefähr: Der Holzstoff Lignin ist die wichtigste Gerüstsubstanz der Pflanzen und deshalb im Pflanzenreich von den Moosen an aufwärts nahezu universell verbreitet. Erst das Lignin ermöglichte den Pflanzen den Übergang vom Wasser- zum

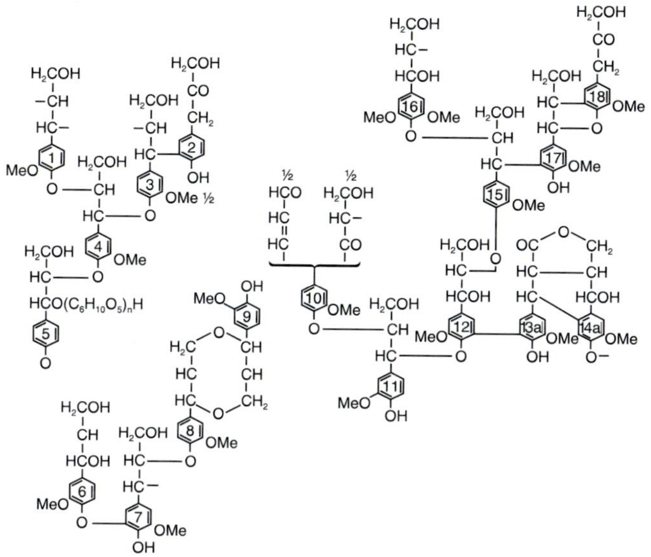

Abb. 7.11.
Schema des Fichtenlignins. Man muß sich das Netzwerk dreidimensional vorstellen. Die einzelnen Bausteine sind numeriert (nach FREUDENBERG und NEISH 1968).

Landleben. Bei den Gefäßpflanzen findet es sich generell im Xylem, dessen einzelne Elemente mit Lignin inkrustierte Zellwände aufweisen.

Beim Lignin handelt es sich um eine hochpolymere Substanz, in der Phenylpropaneinheiten zu einem dreidimensionalen Netzwerk verknüpft sind (Abb. 7.11). An diesen Phenylpropanen läßt sich das Substitutionsmuster der p-Cumarsäure, der Ferulasäure und der Sinapinsäure erkennen. Ins Lignin werden aber nicht die Säuren, sondern die entsprechenden Alkohole eingebaut. Es sind das der p-Cumaryl-Alkohol, der Coniferyl-Alkohol und der Sinapyl-Alkohol (Abb. 7.12).

Die Mengenverhältnisse dieser drei Komponenten können je nach dem Alter und der Art der Pflanze stark verschieden sein. Es gibt also nicht ein Lignin, sondern viele Lignine.

Gymnospermen-Lignin, d.h. auch das Lignin der Fichte, enthält überwiegend Coniferyl-Alkohol, dazu noch etwas p-Cumaryl- und Sinapyl-Alkohol. Abb. 7.11 gibt einen Ausschnitt aus dem Lignin der Fichte wieder.

Bei den Angiospermen muß man auch in puncto Lignin zwischen den Dicotyledonen und den Monocotyledonen unterscheiden. Die *Dicotyledonen,* allen voran die gut unter-

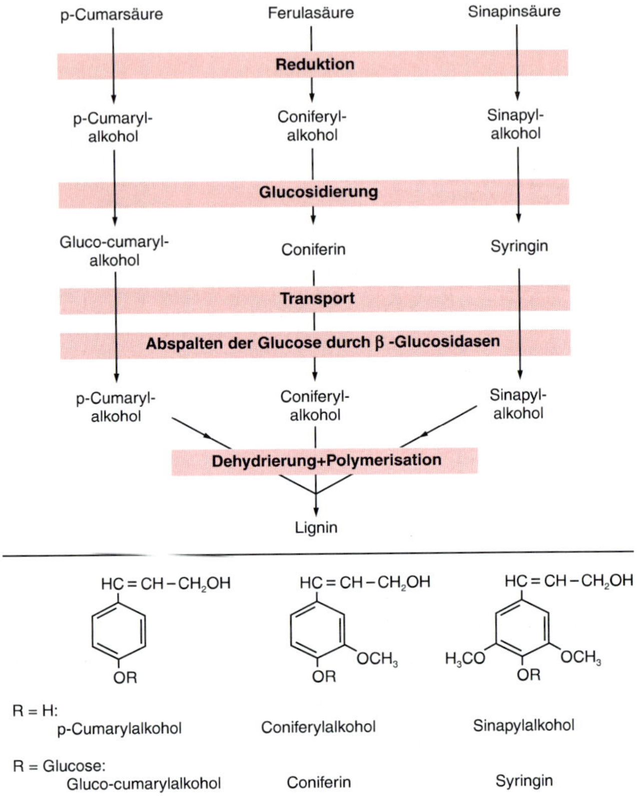

Abb. 7.12. *Schema der Lignin-Biosynthese: Zimtsäuren, Zimtalkohole, bei Transport glukosidierte Transportformen der Zimtalkohole und Freisetzung der Alkohole am Ort der Lignin-Biosynthese. Darunter Strukturformeln.*

suchte Buche, führen in ihrem Lignin vor allem Coniferyl- und Sinapyl-Alkohol, nur wenig p-Cumaryl-Alkohol. Kennzeichnend ist der hohe Anteil an Sinapyl-Alkohol, der denjenigen an Coniferyl-Alkohol sogar übersteigen kann.

Das Lignin der *Monocotyledonen* – besonders gut untersucht sind hier die Gräser – ist durch einen hohen Prozentsatz an p-Cumaryl-Alkohol charakterisiert. Coniferyl- und Sinapyl-Alkohol treten zurück.

Ausgangsmaterialien für die Ligninbildung sind die den drei genannten Alkoholen entsprechenden Zimtsäuren. Sie werden zunächst unter ATP-Verbrauch in ihre CoA-Ester überführt und als solche zu Zimtaldehyden (vgl. Abb. 7.7) reduziert. In einem zweiten Reduktionsschritt werden die Aldehyde dann durch Zimtalkohol-Dehydrogenasen (CADs = *C*innamic *A*cid *D*ehydrogenases) in die Zimtalkohole überführt. Wasserstoffdonator bei beiden Reduktionen ist NADPH + H^+. p-Cumarsäure, Ferulasäure und Sinapinsäure liegen nun als die entsprechenden Alkohole p-Cumaryl-, Coniferyl- und Sinapyl-Alkohol vor (Abb. 7.12).

Bei einer Reihe von Pflanzenarten werden die Zimtalkohole anschließend durch Glucosidierung in leicht lösliche Transportformen überführt. Die Namen der resultierenden β-Glucoside in der eben genannten Reihenfolge sind Glucocumaryl-Alkohol, Coniferin und Syringin. Nach dem Transport an den Ort der Ligninbildung setzen β-Glucosidasen die Zimtalkohole wieder frei. Bei anderen Arten unterbleiben Glucosidierung und Transport. Die Zimtalkohole stehen dann unmittelbar für die Ligninbildung zur Verfügung.

Die von den Zimtalkoholen ausgehende Ligninbildung beginnt im Xylem wenige Zellschichten innerhalb des Kambiums. Bei Coniferen ist sie rund 10 Zellschichten einwärts vom Kambium bereits im wesentlichen abgeschlossen. Die Zellwände sind dann durch und durch mit Lignin inkrustiert, wie sich über Rotfärbung mit Phloroglucin-Salzsäure leicht belegen läßt. In den einzelnen Zellen setzt die Ligninbildung an der Grenze zwischen Mittellamelle und Primärwänden ein und schreitet von dort in Richtung Zellinneres weiter.

Bei der Ligninbildung werden die Zimtalkohole enzymatisch zu organischen Radikalen dehydriert, die dann spontan miteinander zu Ligninen polymerisieren. Den ganzen Prozeß nennt man *Dehydrierungspolymerisation*. Die hier tätigen Enzyme sind bestimmte Peroxidasen. Bei ihnen handelt es sich um Zellhämine mit zentralem Eisen als Redoxkomponente, die H_2O_2 mit Hilfe eines Elektronendonors zu Wasser reduzieren. Bei der Lignin-Biosynthese fungieren die Zimtalkohole als Elektronendonoren.

7.3.4 Phenolcarbonsäuren und einfache Phenole

Bei den bislang besprochenen Umsetzungen war das C-Skelett der als Ausgangsmaterial dienenden Zimtsäuren erhalten geblieben. Die beiden nun folgenden Gruppen von Phenolen leiten sich von den Zimtsäuren durch teilweise oder vollständigen Abbau ihrer Seitenkette her.

Bei den Phenolcarbonsäuren finden wir wiederum das Substitutionsmuster der Zimtsäuren, woraus wir nun schon auf eine enge biogenetische Beziehung zwischen beiden Stoffgruppen schließen können (Abb. 7.13). Ihre Biosynthese und diejenige der einfachen Phenole stehen im engen Zu-

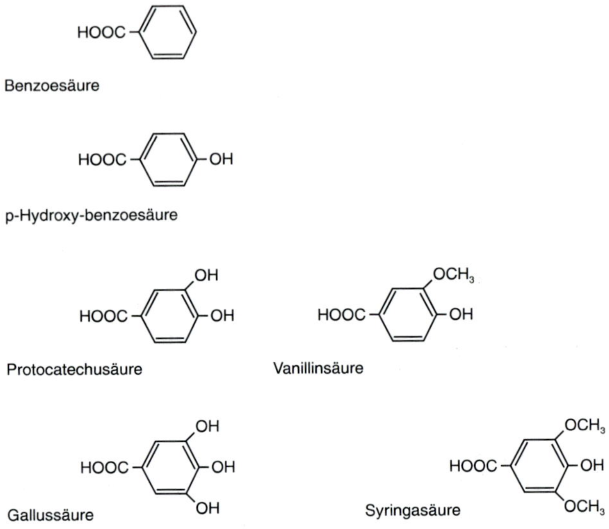

Abb. 7.13.
Phenolcarbonsäuren.

sammenhang und sollen deshalb gemeinsam besprochen werden (Abb. 7.14). Phenolcarbonsäuren können von verschiedenen Stellen des Shikimisäure-Weges abgeleitet werden (Seite 245). Auch auf dem Acetat-Malonat-Weg können zumindest bei Mikroorganismen Phenolcarbonsäuren angeliefert werden. Für höhere Pflanzen ist aber die Entstehung aus Zimtsäuren wichtiger. Wählen wir als Beispiel die Überführung von p-Cumarsäure in p-Hydroxy-benzoesäure und weiter in Hydrochinon. p-Cumarsäure wird zunächst einer β-Oxidation unterworfen. Es entsteht eine aromatische Säure, deren Seitenkette um 2 C-Atome kürzer ist. Und das ist eben eine Phenolcarbonsäure, im Beispiel p-Hydroxy-benzoesäure. Ganz entsprechend erhält man durch β-Oxidation

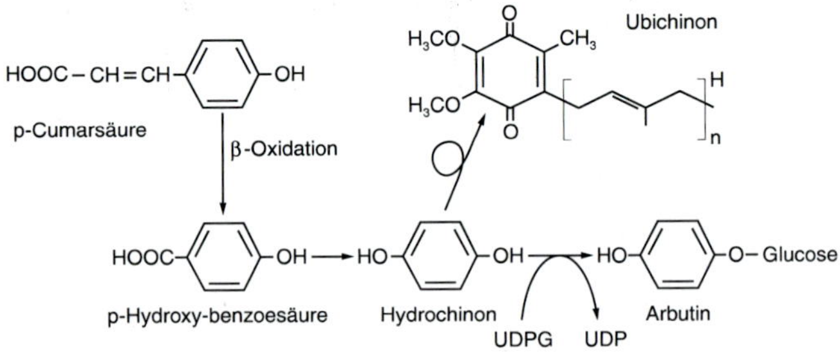

Abb. 7.14.
Schema der Biosynthese von p-Hydroxy-benzoesäure, Hydrochinon und Arbutin bzw. von Ubichinonen. Ubichinon mit n = 9 bezeichnet man auch als Coenzym Q9, mit n = 10 als Coenzym Q10.

von Kaffeesäure Protocatechusäure, durch β-Oxidation von Ferulasäure Vanillinsäure usf.

Nun weiter zu den einfachen Phenolen: *p*-Hydroxy-benzoesäure wird zu Hydrochinon decarboxyliert und kann dann mit Hilfe von UDPG zu Arbutin glucosidiert werden. Bei der Bildung der Methylether von Hydrochinon und Arbutin dient das »aktive Methionin«, S-Adenosylmethionin, als Methylgruppendonor.

Biosynthese von Benzochinonen (Ubichinon und Plastochinon)

An besonders wichtigen pflanzlichen Benzochinonen haben wir bereits die Plastochinone (Seite 99) und Ubichinone (Seite 188) kennengelernt. Die *Ubichinone* lassen sich in ihrer Biosynthese an das Hydrochinon anschließen. Es müssen nur noch die weiteren Substituenten, vor allem der Polyprenyl-Anteil aus 9 oder 10 5-C-Einheiten angefügt werden (Abb. 7.14).

Die *Plastochinone* jedoch sind trotz ihres ähnlichen Bautyps anderer Herkunft. Über den Shikimisäureweg (Abb. 7.2.) wird *p*-Hydroxy-phenylpyruvat angeliefert. Dessen Seitenkette wird versetzt und um 1 C, später noch um ein zweites C verkürzt. Ein weiteres Hydroxyl wird in *p*-Stellung zum bereits vorhandenen eingefügt. Eine Methylgruppe kommt noch hinzu – und vor allem wird »prenyliert«: »Prenyl«-PP, d. h. Ketten aus Isopentenyl-Einheiten werden angeschlossen. Im Fall des Plastochinons 45 handelt es sich um 9 derartige 5-C-Einheiten (Abb. 7.15).

Biosynthese von Naphthochinonen

Von den Benzochinonen zu den Naphthochinonen. Sie sind, vom Phyllochinon (Abb. 2.5) abgesehen, in Pflanzen relativ selten. Man kennt mehrere verschiedene Biosynthesewege

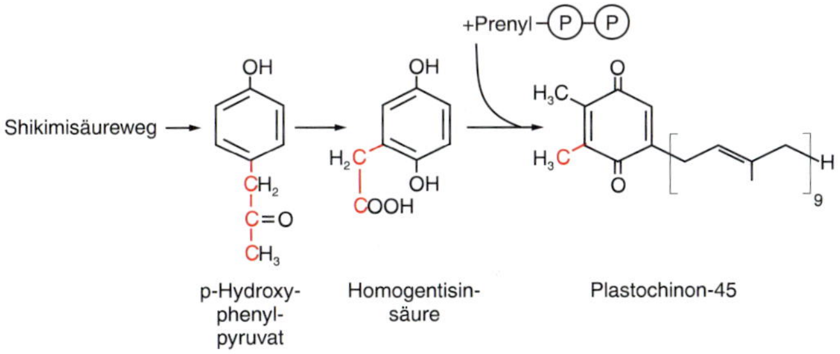

Abb. 7.15. Schema der Biosynthese der Plastochinone, hier des Plastochinons-45.

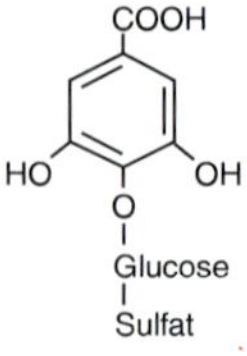

LMF-1

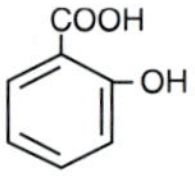

Salicylsäure

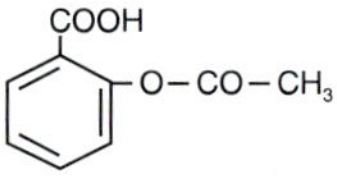

Aspirin

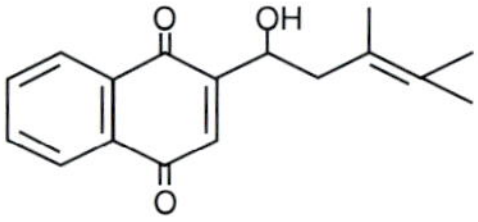

Shikonin

Abb. 7.16. *Beispiele für einige Phenolderivate mit besonderer Bedeutung für Mensch und/oder Pflanze.*

für die einzelnen Stoffe. Für die Wurzeln bestimmter Rauhblattgewächse (*Boraginaceae*) sind Alkannin und das nahe verwandte Shikonin (Abb. 7.16) charakteristisch. Diese Naphthochinone werden aus p-Hydroxy-benzoesäure und zwei Einheiten Isopentenylpyrophosphat gebildet.

LMF 1 (Abb. 7.16). Von den *Phenolcarbonsäuren* sind die Protocatechu- und die Gallussäure bei Angiospermen universell verbreitet. Abgesehen von einer generellen ökologischen Funktion als präinfektionelle Abwehrstoffe (Seite 402) kommen manchen ihrer Derivate auch Sonderaufgaben zu. So leitet sich von der Gallussäure der »Leaf-Movement-Factor 1« (LMF-1) ab, eine der Substanzen, die die chemische Reizleitung – man kennt auch eine elektrophysiologische Reizleitung – bei den Blattbewegungen der Mimose (*Mimosa pudica*) vermitteln. Da die betreffenden Bewegungen auf Turgoränderungen zurückgehen, hat man die steuernden Stoffe, von denen der LMF-1 nach vielen Fehlschlägen als erster charakterisiert wurde, als *Turgorine* bezeichnet.

Gallotannine. Die Gallussäure kommt nun nicht nur monomer vor, sondern auch in hochpolymerer Form in der Gerbstoffgruppe der Gallotannine. Auf Gerbstoffe (Tannine) waren wir schon bei der Besprechung der Lamiaceen-Gerbstoffe kurz eingegangen. Doch dabei hatte es sich nur um eine vergleichsweise kleine Gerbstoffgruppe gehandelt. Die beiden wichtigsten Gruppen sind die Catechin-Gerbstoffe, die aus miteinander polymerisierten Flavonoiden bestehen (Seite 265) und die eben erwähnten *Gallotannine*, die sich aus untereinander und mit etwas eingeschalteten Hexosen polymerisierten Gallussäuren aufbauen.

Salicylsäure und Aspirin (Abb. 7.16). Die heilende Wirkung der Weidenrinde bei Schmerzen, auch Kopfschmerzen und Fieber, ist schon seit dem Altertum bekannt. 1828 wurde das wirksame Prinzip aus der Weidenrinde isoliert: Salicin, das Glucosid einer Säure, die man nach Salix = Weide Salicylsäure (Salicylic Acid, SA) nannte. Eine andere Pflanzenart mit seit langem bekannter, teils ähnlicher Heilwirkung ist das sog. Mädesüß (*Filipendula* – früher *Spiraea* – *ulmaria*). Aus ihm wurde 1839 ebenfalls SA isoliert. Auf Basis der SA wurde 1897–99 von der späteren Bayer AG das Aspirin entwickelt, eines der weltweit meistverkauften Medikamente – Grund genug, auch in einer Pflanzenphysiologie darauf einzugehen. Aspirin, der Acetylester der SA, kommt in Pflanzen nicht vor. Die Bezeichnung leitet sich von »A« für Acetyl und *Spiraea* ab.

Die Bedeutung der SA auch für Pflanzen wird mehr und mehr erkannt. SA weist hormonartige Wirkungen auf (Seite 368) und spielt bei der Pathogenabwehr eine entscheidende Rolle (Seite 414). In Pflanzen wird SA von Zimtsäure ausgehend über Benzoesäure gebildet.

Arbutin bzw. Hydrochinon (Abb. 7.14). Das wichtigste *einfache Phenol* ist das Hydrochinon, das in Pflanzen in Form seines Glucosids Arbutin vorkommt. Bekannte Quellen sind die Blätter von Saxifragaceen, Ericaceen und Birnen (*Pyrus communis*). Im DAB sind die Blätter der Bärentraube (*Arctostaphylus uva-ursi*) enthalten, die als Desinfiziens der Harnwege dienen. Wirkstoff ist das Hydrochinon, das im bei entsprechender Diät alkalisch reagierenden Harn aus Derivaten des Arbutins freigesetzt wird. Die Schwarzfärbung von Birnenblättern im Herbst geht auf die Freisetzung von wiederum Hydrochinon aus Arbutin und seine Oxidation zum entsprechenden Chinon zurück.

Ubichinone (Abb. 7.14) *und Plastochinone* (Abb. 7.15). Zu ihrer Funktion als Redoxsysteme vgl. die Seiten 188 (Ubichinone) und 99 (Plastochinone).

Shikonin (Abb. 7.16). Der Farbstoff, ein Inhaltsstoff der in Japan und angrenzenden Ländern vorkommenden Steinsamen-Art *Lithospermum erythrorhizon*, besitzt antibiotische Eigenschaften und ist deshalb wohl ein pflanzlicher Abwehrstoff. Aus dem gleichen Grund wird er auch in der Medizin eingesetzt.

Wichtiger ist jedoch die Verwendung als Farbstoff: Shikonin färbt Seide ebenso wie Lippen. Besonders shikonin-haltige »Biolipsticks« wurden in Japan zu einem Verkaufsschlager. Dem stark steigenden Bedarf konnte man nur durch die Produktion von Shikonin in Zellsuspensionskulturen entsprechen. Denn die natürlichen Bestände von *Lithospermum* waren fast ausgerottet; in Feldkulturen ließ sich die Art nicht großflächig anbauen. Shikonin ist derzeit der einzige sekundäre Pflanzenstoff, der in industriellem Maßstab in Zellkulturen gewinnbringend produziert wird.

Ätherische Öle

Die ätherischen Öle dürfen nicht mit den »fetten Ölen« verwechselt werden. Bei diesen handelt es sich um in flüssigem Zustand vorliegende Fette. Die ätherischen Öle dagegen, die ihren Namen ihrer hohen Flüchtigkeit verdanken, gehören zu den Terpenoiden, insbesondere den Mono- und Sesquiterpenen, oder den Phenolen. Hinzu kommen fallweise verschiedene Begleitstoffe.

Die beiden hauptsächlich beteiligten Stoffklassen, die Phenolderivate und die Terpenoide, haben wir nun genauer kennengelernt. Deshalb hier noch einige ergänzende Anmerkungen.

Syntheseort

Die Synthese der ätherischen Öle findet oft in besonderen Drüsenepithelien oder -zellen statt. Bekannt ist, daß ätherische Öle von Drüsenhaaren der Blattoberfläche gebildet und abgegeben werden können. Bei einigen Objekten, so der Pfefferminze (*Mentha piperita*), konnte man den Sekretionsprozeß nicht nur licht-, sondern auch elektronenoptisch verfolgen. Es bilden sich zunächst im Cytoplasma kleine »Ölvakuolen«, deren Inhalt durch die anscheinend teilweise aufgelockerte Zellwand hindurch in den Raum zwischen Zellwand einerseits und Cuticula andererseits ausgeschieden wird. Die Ansammlung ätherischen Öls unterhalb der Cuticula ist auch lichtmikroskopisch gut sichtbar. Die Oberfläche

Tab. 7.1. Drogen mit ätherischen Ölen (Beispiele). Von den überwiegend als Gemisch verschiedener Substanzen vorliegenden ätherischen Inhaltsstoffen konnte jeweils nur eine wichtige Komponente gebracht werden. Die Ziffern verweisen auf die Strukturformeln in Abb. 7.17.

Droge	Pflanze	Familie	Komponente	Stoffklasse
Anis	*Pimpinella anisum*	*Apiaceae*	Anethol (1)	Phenolderivat
Campher (Kampfer)	*Cinnamonum camphora*	*Lauraceae*	Kampfer (5)	Terpenoid
Citronenöl	*Citrus limon*	*Rutaceae*	Citral (6)	Terpenoid
Eucalyptusöl	*Eucalyptus* spec.	*Myrtaceae*	1,8-Cineol (7)	Terpenoid
Fenchelöl	*Foeniculum vulgare*	*Apiaceae*	Anethol (1)	Phenolderivat
Kümmelöl	*Carum carvi*	*Apiaceae*	Carvon (8)	Terpenoid
Lavendelöl	*Lavandula angustifolia*	*Lamiaceae*	Linalool (9)	Terpenoid
Nelkenöl	*Syzygium aromaticum*	*Myrtaceae*	Eugenol (2)	Phenolderivat
Pfefferminzöl	*Mentha piperita*	*Lamiaceae*	Menthol (10)	Terpenoid
Rosenöl	*Rosa* spec.	*Rosaceae*	Geraniol (11)	Terpenoid
Rosmarinöl	*Rosmarinus officinalis*	*Lamiaceae*	1,8-Cineol (7)	Terpenoid
Salbeiblätter	*Salvia officinalis*	*Lamiaceae*	Thujon (12)	Terpenoid
Thymianblätter	*Thymus pulegioides*	*Lamiaceae*	Thymol (13)	Terpenoid
Vanille	*Vanilla planifolia*	*Orchidaceae*	Vanillin (3)	Phenolderivat
Zimt	*Cinnamonum verum*	*Lauraceae*	Zimtaldehyd (4)	Phenolderivat

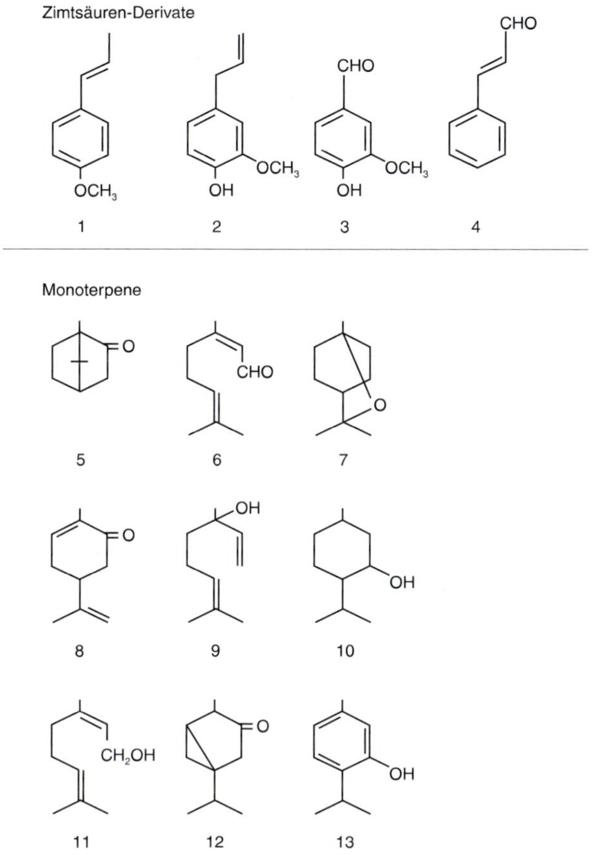

Abb. 7.17.
Phenolderivate und Terpenoide als Komponenten ätherischer Öle. Die Ziffern unter den Strukturformeln beziehen sich auf Tab. 7.1, in der die Namen der betreffenden Substanzen zu finden sind.

der Cuticula wird zunächst vergrößert, entweder durch Dehnung oder durch Wachstum. so daß sich noch mehr ätherisches Öl ansammeln kann. Doch schließlich reißt die Cuticula, und die ätherischen Öle werden frei. Der hier für ein Drüsenhaar skizzierte Sekretionsprozeß kann je nach Art der Drüsensysteme vielfältig variiert werden.

Nutzung durch den Menschen

Ätherische Öle sind für die Pflanzen von erheblicher ökologischer Bedeutung. Davon wird später wiederholt die Rede sein. Hier soll in tabellarischer Form kurz auf einige in Medizin und Küche verwendete Drogen mit ätherischen Ölen hingewiesen werden (Abb. 7.17; Tab. 7.1).

Komponenten ätherischer Öle: in der Chemosystematik wenig verläßlich

Ein eigener Wissenschaftszweig, die Chemosystematik, befaßt sich mit der Nutzung von chemischen Merkmalen in der Systematik der Pflanzen. Dabei haben sich sekundäre Pflanzenstoffe wiederholt als ebenso verläßliche Kriterien erwiesen wie morphologisch-anatomische Merkmale (Seite 300).

Die auf den ersten Blick oft einmalig bizarr erscheinenden Strukturformeln von Komponenten ätherischer Öle (Abb. 7.17) lassen hoffen, die betreffenden Stoffe könnten chemosystematisch von Bedeutung sein. Schon unsere knappe Tabelle 7.1 erlaubt es nun, diese Annahme zu überprüfen. Dabei zeigt es sich, daß sich auch ein recht speziell gebauter Inhaltsstoff in Pflanzenarten finden kann, die kaum oder nur weitläufig miteinander verwandt sind, so z.B. das 1,8-Cineol in Eucalyptus und Rosmarin. Und das Vanillin findet sich in Form seines Glucosids Vanillosid nicht nur in der wurzelkletternden Orchidee *Vanilla planifolia*, sondern auch in Gräsern, so in den »Schalen« des Hafers. Die stimulierende Wirkung ungeschälten Hafers auf Pferde soll darauf zurückgehen. Andererseits können nahe Verwandte ganz unterschiedliche Fähigkeiten entwickeln: *Cinnamonum camphora* produziert mit dem Kampfer ein Terpenoid als dominierenden sekundären Inhaltsstoff, *C. verum* dagegen mit dem Zimtaldehyd (der aus in der frischen Droge vorliegendem Cinnamyl-acetat entsteht) ein Phenolderivat. Wenn man sekundäre Pflanzenstoffe als systematisches Kriterium heranziehen will, was fallweise durchaus möglich ist (Seite 300), muß man dementsprechend vorsichtig sein.

7.3.5 Flavanderivate (Flavonoide)

Chemische Konstitution

Die Flavanderivate oder Flavonoide stellen die größte Gruppe der Phenolkörper. Ihren Namen tragen sie nach der gelben (lat. flavus = gelb) Färbung mehrerer hierhergehörender Stoffe. Die Flavanderivate lassen sich je nach dem Oxidationszustand des mittleren Heterozyklus in eine Reihe von Untergruppen gliedern, von denen hier nur die wichtigeren erwähnt werden können (Abb. 7.18). Zu jeder Untergruppe gehört eine Schar von Substanzen, die sich in bestimmten Substituenten des Grundskelettes, vor allem in Substituenten ihres Ringes B voneinander unterscheiden.

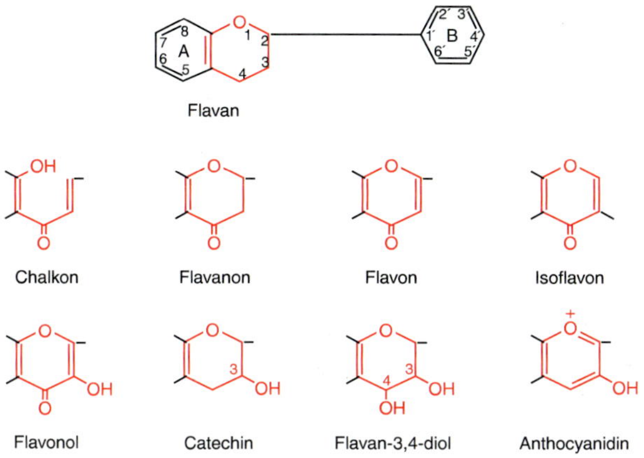

Abb. 7.18.
Übersicht über einige Flavanderivate. Oben der Grundkörper Flavan, darunter der mittlere Heterozyklus einiger Gruppen von Flavanderivaten.

Die meisten Flavanderivate kommen in den Pflanzen in glykosidierter Form vor. Die Zucker werden an Hydroxylen des Ringes A und des Heterozyklus eingefügt, besonders oft am Hydroxyl des C-Atomes 3.

Chalkone sind keine Flavanderivate, denn ihnen fehlt der charakteristische mittlere Heterozyklus. Sie gehen aber spontan, besonders leicht in sauerem Medium, in echte Flavanderivate, die Flavanone über. In der Biosynthese der Flavanderivate nehmen sie eine zentrale Stellung ein. In höheren Quantitäten kommen Chalkonglykoside in den Blüten mancher Compositen und Leguminosen vor, die dadurch gelb gefärbt werden. Ein Beispiel ist das Butein (Abb. 7.19) aus den Blüten verschiedener Compositen.

Flavone besitzen in ihrem mittleren Heterozyklus eine Doppelbindung mehr als die Flavanone. Das weiße »Mehl« an Sprossen und Blättern von Primulaceen, etwa der Mehlprimel (*Primula farinosa*), besteht z. T. aus dem Grundkörper Flavon selbst. Sehr viel weiter verbreitet sind aber Derivate des Flavons wie Apigenin und Luteolin (Abb. 7.19).

Bei den *Isoflavonen* wurde Ring B vom C-Atom 2 an das C-Atom 3 versetzt. Es handelt sich um gelbliche Substanzen, die für Schmetterlingsblütler (*Fabaceae*) charakteristisch sind. Sie stellen einige effektive postinfektionelle Abwehrstoffe (Seite 405). Andere wie z. B. das Genistein (Abb. 7.19) besitzen eine relativ geringe östrogene Aktivität. Man wurde darauf erstmals aufmerksam, als Schafe in Australien nach Fütterung mit dem Klee *Trifolium subterraneum* Fertilitätsstörungen zeigten. Auch entsprechende Wirkungen des bei uns angebauten Hopfens (*Humulus lupulus*) auf die Pflückerinnen sind auf sie zurückzuführen.

Wenn man in den mittleren Ring von Flavonen in 3-Stellung eine Hydroxylgruppe einfügt, so erhält man *Flavonole*. Die Biosynthese schlägt allerdings einen anderen Weg ein (Abb. 7.21). Favonolglykoside können Blüten eine weißliche bis leicht gelbe Färbung verleihen. Sie kommen aber keinesfalls nur in Blüten vor, sondern fanden sich in allen daraufhin untersuchten Pflanzenteilen. Das ubiquitäre Vorkommen spricht für eine zentrale Funktion der Flavonole, zu der sich bislang allerdings nur wenig begründete Hypothesen aufstellen ließen. Denn wenn Flavonole z. B. für die Entwicklung des Pollens unerläßlich sind (Seite 580), weiß man

Abb. 7.19.
Beispiele für Flavanderivate (ohne Anthocyane).

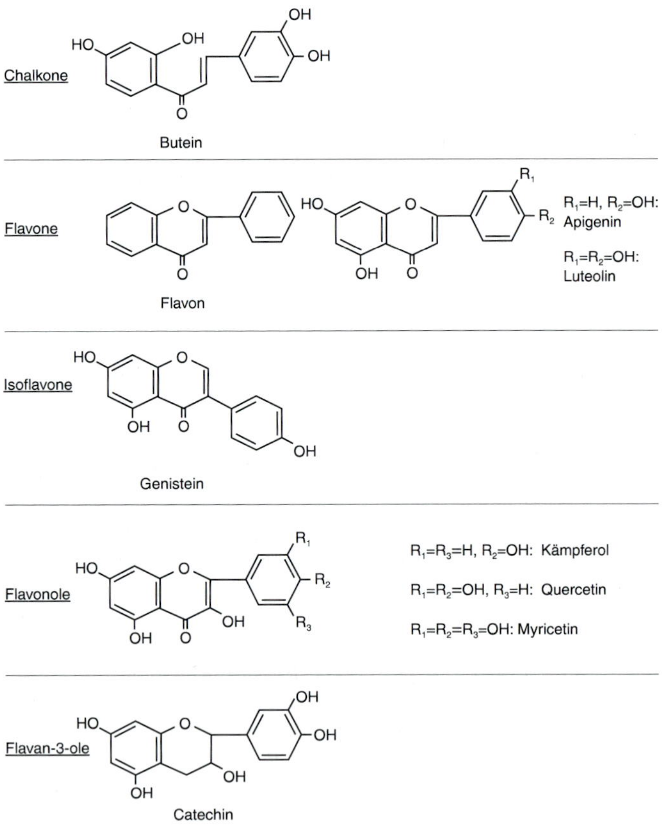

deswegen noch lange nicht, aus welchem Grund. Und ebenso wenig kann man damit erklären, warum sie gerade in vegetativem Gewebe so konzentriert und häufig vorkommen. Noch weniger trägt es zum Verständnis ihrer generellen Bedeutung bei, daß sie *Agrobacterium tumefaciens* zur Übertragung der T-DNA (Seite 80) aktivieren können.

Häufig vorkommende Flavonol-Aglyka sind Kämpferol und Quercetin. Myricetin ist seltener (Abb. 7.19).

Flavan-3-ole sind unter dem Namen *Catechine* bekannter (Abb. 7.18). Sie sind im Pflanzenreich weit verbreitet. Das gilt auch für die *Flavan-3,4-diole,* die zu den sog. Leukoanthocyanen zählen. Flavan-3,4-diole, lassen sich nämlich durch Kochen mit alkoholischer Salzsäure sehr einfach in Anthocyane überführen. Bei der Biosynthese der Anthocyane spielt dieser Übergang jedoch keine Rolle. Beide, Flavan-3-ole wie Flavan-3,4-diole, können zu Catechin-Gerbstoffen polymerisieren.

Damit sind wir bei den *Anthocyanen* angelangt. Bei ihnen handelt es sich um Flavanderivate, deren Heterozyklus in saurem Medium eine Oxoniumstruktur aufweist, die rote Farben bedingt. Anthocyane sind bekannte rote und blaue Blütenfarbstoffe, die in der Regel im Zellsaft der Epidermis gelöst sind. Dabei kann eine Blaufärbung auch bei niederem pH des Zellsaftes über bestimmte Komplexbildungen stabilisiert werden. Anthocyane finden sich aber auch in vegetativen Pflanzenteilen und bedingen hier oft den besonderen Wert einer Blattzierpflanze.

Wir haben bislang von Anthocyanen gesprochen. Bei ihnen handelt es sich um Glykoside. Zuckerfreie Anthocyane, also Anthocyan-Aglyka, nennt man *Anthocyanidine*: Anthocyan = Anthocyanidin + Zucker. Von wenigen, nicht ganz gesicherten Ausnahmen abgesehen, liegen die Anthocyanidine in den Pflanzen als Glykoside vor. Wie eingangs erwähnt, wird das Hydroxyl an C-Atom 3 bevorzugt glykosidiert.

Gehen wir noch etwas auf die Anthocyanidine ein. Die wichtigeren von ihnen sind in Abb. 7.20 wiedergegeben. Der Unterschied zwischen den einzelnen Anthocyanidinen liegt im Substitutionsmuster des Ringes B. Nur in seltenen, hier nicht erwähnten Fällen treten Anthocyanidine auf, die sich durch bestimmte Substitutionen in den beiden anderen Ringsystemen voneinander unterscheiden.

Noch eine Variante, was die Struktur der Anthocyane anbelangt: In das Molekül können Säurereste eingefügt wer-

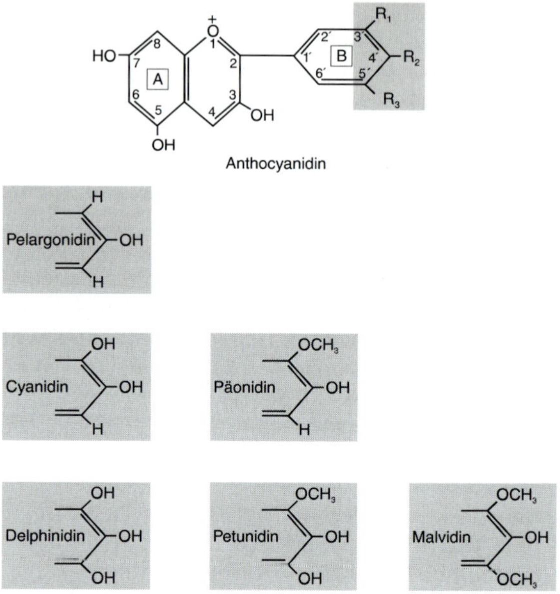

Abb. 7.20.
Die wichtigsten Anthocyanidine. Oben die Grundstruktur, darunter jeweils der Ring B, in dem sich die einzelnen Anthocyanidine unterscheiden.

den. In der Regel handelt es sich dabei um Zimtsäurenreste in den Zuckerkomponenten.

Fassen wir zusammen, wodurch die Schar der verschiedenen Anthocyane zustande kommt:

1. durch die Art der Aglyka, das bedeutet *Substitutionen* des Grundgerüstes vor allem im Ring B
2. durch die *Glykosidierungen*
3. durch das Einbringen von Säureresten, die *Acylierung*.

Biosynthese der Flavonoide (Abb 7.21)

Erinnern wir uns an die Struktur eines typischen Flavonoids, etwa des Anthocyans in Abb. 7.20. Dann ergeben sich hinsichtlich seiner Biosynthese, wenn wir den Sonderfall der Acylierung einmal übergehen, die Fragen nach dem Zustandekommen des 15-C-Grundgerüstes, nach den Veränderungen im mittleren Heterozyklus, nach der Substitution im Ring B und nach der Glykosidierung.

1. *Bildung des 15-C-Grundgerüstes*. An der Bildung des 15-C-Gründgerüstes beteiligen sich Malonyl-CoA und die CoA-Ester von Zimtsäuren. Der Mechanismus entspricht den Prinzipien des Acetat-Malonat-Weges: Zimtsäuren wer-

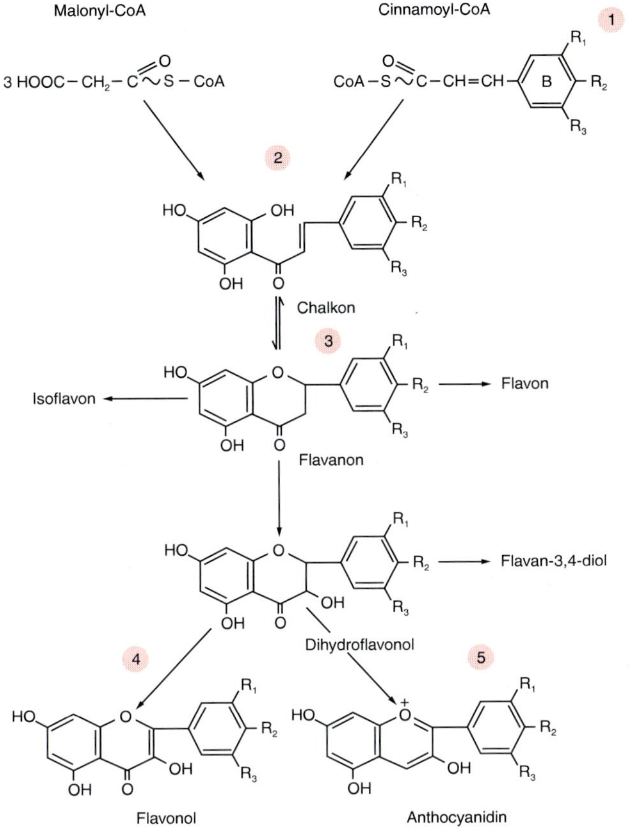

Abb. 7.21.
Schema der Biosynthese der wichtigsten Flavanderivate. In Kreisen: 1 = Cinnamoyl-CoA-Ligasen; 2 = Chalkon-Synthasen; 3 = Chalkon-Flavanon-Isomerasen; 4 = Flavonol-Synthasen; 5 = Dihydroflavonol-Reduktasen. Nach der Zimtsäurenstart-Hypothese werden die Substitutenten R_1, R_2 und R_3 des anfänglich eingesetzten Cinnamoyl-CoA zu den Substituenten des Ringes B der fertigen Flavanderivate.

den zunächst mit Hilfe von Cinnamoyl-CoA-Ligasen in ihre CoA-Ester überführt. Es gibt mehrere solcher Ligasen, die für ganz bestimmte Zimtsäuren spezifisch sind. So verbindet die p-Cumaryl-CoA-Ligase den p-Cumaryl-Rest mit Coenzym A. Die Cinnamoyl-CoA-Verbindung dient dann als Starter, an den mit Hilfe von Chalkon-Synthasen drei Einheiten Malonyl-CoA unter Decarboxylierung angefügt werden. Es resultiert eine Zwischenstufe aus 15 C-Atomen, die erst über einen aromatischen Ring, den späteren Ring B verfügt. Bei ihm handelt es sich um das aromatische System der startenden Zimtsäure. Ebenfalls noch an der Chalkon-Synthase wird nun auch der spätere Ring A geschlossen: Ein Chalkon ist entstanden.

2. *Veränderung im Heterozyklus.* Die Chalkone sind die Muttersubstanzen für alle Flavanderivate. Mit Hilfe von Chalkon-Flavanon-Isomerasen gehen sie in Flavanone über, von denen sich auf Seitenwegen die Flavone und Isoflavone ableiten. Auf dem Hauptweg bilden die Flavanone die zentral stehenden Dihydroflavonole (Flavanonole). An sie schließen die noch verbleibenden Flavanderivate an: Flavonol-Synthasen leiten zu den Flavonolen über, Dihydroflavonol-Reduktasen zu den Anthocyanidinen.
3. *Substitutionen.* Berücksichtigen wir hier nur die besonders wichtigen Substitutionen im Ring B. Die Hydroxylgruppe in Position 3′ wird offensichtlich immer dadurch eingebracht, daß die Biosynthese mit dem CoA-Ester der p-Cumarsäure startet. Weitere Substituenten können dann auf der Stufe der Dihydroflavonole eingebracht werden. Doch hat es sich gezeigt, daß der Start auch mit anderen Zimtsäure-CoA-Estern erfolgen kann. Dann werden die Substituenten der jeweiligen Zimtsäure zu den Substituenten des Ringes B des fertigen Flavanderivats. Startet man z.B. mit dem CoA-Ester der Kaffeesäure, resultiert Cyanidin.
4. *Glykosidierungen.* Sie erfolgen durch spezifisch arbeitende Zucker-Transferasen. Bestimmte Enzyme glykosidieren z.B. Flavonole, aber nicht die entsprechend in ihrem B-Ring substituierten Anthocyanidine und umgekehrt.

Anthocyane als Modelle: von der Chemogenetik über die Biochemische Genetik zur Gentechnik

Chemogenetik und Biochemische Genetik

Schon 1907 wurde von Wheldale in Untersuchungen am Löwenmäulchen (*Anthirrhinum majus*) eine Korrelation zwischen Genen und chemischen Merkmalen hergestellt. Bei den Merkmalen handelte es sich um das Auftreten bestimmter Zucker und Substituenten im Ring B bei Blüten-Anthocyanen. Damit war die *Chemogenetik* begründet. Erst zwei Jahre später folgten entsprechende Befunde am Menschen (Alkaptonurie).

In der Folge waren Blütenfarbstoffe, Carotinoide und besonders Anthocyane, bevorzugte Modellobjekte der Chemogenetik an Pflanzen. Denn sie ließen sich leicht nachweisen. Verbesserungen der Methodik wie die Papier- und dann die Dünnschichtchromatographie erleichterten die Analysen erheblich. Die Petunie (*Petunia hybrida*) avancierte zu einem wichtigen Versuchsobjekt. Aber erst in den letzten Jahrzehnten wurde es möglich, die im Mendel-Experiment gefaßten Gene und das Auftreten der genannten Merkmale (Glykosidierungen und Substitutionen am Ring B) mit definierten Enzymen zu korrelieren. Aus der Chemogenetik wurde so eine *Biochemische Genetik*.

Gentechnik und Anthocyane: erste »Freisetzungen« in Deutschland

Auch im Zeitalter der Molekularen Genetik behielten die Anthocyane ihren Modellcharakter. Und die Petunie blieb die wichtigste Versuchspflanze. An ihr wurden die ersten, methodisch noch unvollkommenen Experimente zur Genübertragung bei Pflanzen durchgeführt. Dabei wurden auch anthocyanfreie Mutanten zur Anthocyansynthese korrigiert (Abb. 7.22). Später diente sie als Modell für Antisense-Blockierungen wiederum von Genen zur Anthocyansynthese.

Mit transgenen Petunien wurden 1987 auch die ersten »Freisetzungen« in Deutschland durchgeführt. Aus Mais war in anthocyanfreie Mutanten ein Gen für die Synthese von Pelargonidin übertragen worden. Das Gen codierte eine Dihydroflavonol-Reduktase, die Dihydroflavonole mit dem Ring B der *p*-Cumarsäure zur Synthese von Pelargonidin verwenden konnte. Petunien verfügen über das betreffende Gen nicht und bilden deshalb normalerweise kein Pelargonidin. Im Gewächshaus waren die Blüten transgener Pflanzen durch Pelargonidin-Anthocyane lachsfarben, eine für Petunien neue Farbgebung.

Bei der Freisetzung versagten die transgenen Petunien jedoch großenteils in der Pelargonidin-Synthese: sie waren dann gescheckt oder gar völlig weiß. Der Grund: das übertragene Pelargonidin-Gen war unter den unkontrollierbaren

Abb. 7.22.
Teilweise Korrektur der Anthocyansynthese in einer weißblühenden Mutante der Petunie (Petunia hybrida). Pollen der Mutante (Mitte) war mit DNA aus dem rotblühenden Wildtyp (oben) behandelt und zur Bestäubung der Mutante vewendet worden. 0,09% der Nachkommen waren für ein funktionierendes Gen der Anthocyan-Synthese heterozygot. Die Anthocyane wurden entlang der Adern in die Petalen hinein ausgebildet (unten), vermutlich über eine für Petunien nachgewiesene Substratinduktion durch über die Adern herangeleitete Zimtsäurenderivate. Dieser Phänotyp fand sich weder in Kontrollen (Mutanten, die mit ihrer eigenen DNA behandelt worden waren), noch trat er etwa spontan während 25 Jahren Kultivierung der Mutante auf (aus Hess 1980).

Schon der erste Freisetzungsversuch in Deutschland (Petunien mit einen Anthocyan-Gen aus dem Mais) demonstrierte eindrucksvoll, wie wichtig es ist, transgene Pflanzen unter Feldbedingungen zu testen. Solche »Freisetzungen« sind unabdingbar, um zu überprüfen, ob die Leistungen der transgenen Pflanzen der Erwartung entsprechen.

Feldbedingungen teilweise durch Methylierungen inaktiviert worden. Methylierungen der DNA führen häufig zur Stillegung von Genen.

7.3.6 Stilbene

Eben hatten wir die Chalkon-Synthasen erwähnt. Eine von ihnen schließt 3 Malonyl-CoA und *p*-Cumaroyl-CoA zu einem entsprechend substituierten Chalkon zusammen. Exakt die gleichen Substrate nutzt aber auch ein anderes Enzym, die Stilben-Synthase, um *Resveratrol* zu bilden. Der Unterschied ist nur, daß die Carboxylgruppe der *p*-Cumarsäure dabei verloren geht (Abb. 7.23).

Gentechnik: Resveratrol, Pilzresistenz, Konkurrenz der Gene und männliche Sterilität

Resveratrol gehört zur Gruppe der Stilbene. Der Stoff kommt in so verschiedenen Pflanzenarten wie der Rebe (*Vitis vinifera*), der Erdnuß (*Arachis hypogaea*) und verschiedenen Gräsern vor. Es handelt sich bei ihm um ein Phytoalexin. Von ihnen wird später die Rede sein (Seite 407). Hier genügt es zu wissen, daß Resveratrol ein Faktor der Pilzresistenz ist. Deshalb hat man das Gen für Stilben-Synthase zunächst in Tabak übertragen. Transgener Tabak zeigte eine erhöhte Toleranz gegenüber bestimmten phytopathogenen Pilzen. Damit war zumindest im Prinzip die Möglichkeit eröffnet, den Einsatz von Fungiziden zu reduzieren und so unsere Umwelt zu entlasten. Das somit unter ökologischen Aspekten wichtige Gen für Stilben-Synthase konnte in verschiedene weitere Pflanzenarten, darunter den Weizen, übertragen werden.

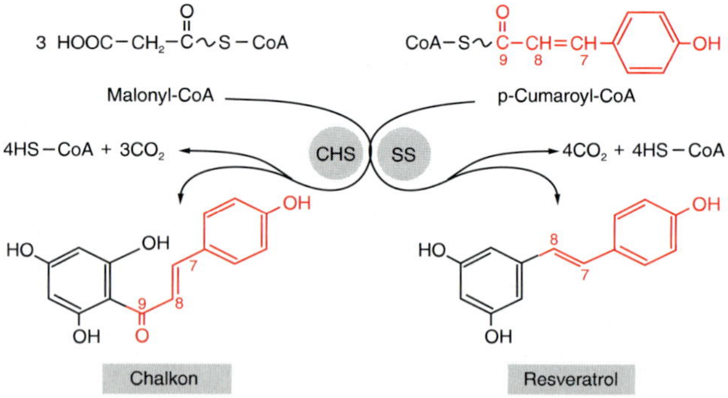

Abb. 7.23. *Schema der Biosynthese von Resveratrol und einem entsprechenden Chalkon. CHS = Chalkon-Synthase; SS = Stilben-Synthase. Beide Enzyme arbeiten mit den gleichen Substraten, die Stilben-Synthase eliminiert jedoch auch die Carboxylgruppe des p-Cumaroyl-CoA, so daß kein mittlerer Heterozyklus zustande kommt, wie er für Flavanderivate charakteristisch ist.*

Soweit, so gut. Doch nun setzte man in Tabak ein besonders stark exprimierendes Gen für Stilben-Synthase ein. Das zunächst unerwartete Ergebnis: der transgene Tabak erwies sich als männlich steril (Abb. 7.24). Die im Übermaß produzierten Stilben-Synthasen waren mit den Chalkon-Synthasen um die oben erwähnten Substrate, vor allem das *p*-Cumaroyl-CoA, in Konkurrenz getreten und hatten sich durchgesetzt. Die Synthese der Chalkone und mit ihr die der Flavanderivate wurden beeinträchtigt. Das galt auch für die Flavonole. Für die Bildung funktionsfähiger Pollen sind Flavonole jedoch unabdingbar. Damit war die männliche Sterilität der transgenen Pflanzen erklärt.

Männliche Sterilität wird von den Pflanzenzüchtern immer wieder angestrebt. Eine neue Technik, dieses Ziel zu erreichen, bietet sich nun an.

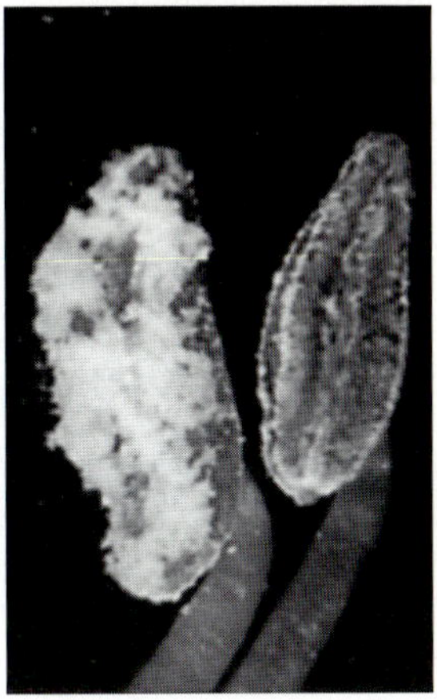

Abb. 7.24.
Männliche Sterilität in transgenem Tabak bei Überexpression eines übertragenen Stilben-Synthase-Gens. Links normale Anthere, rechts Anthere des transgenen Tabaks. Sie enthält keinen funktionsfähigen Pollen mehr (aus Fischer et al. 1997).

Zusammenfassung

Bei den Phenolen, einer weiteren großen Gruppe von sekundären Pflanzenstoffen, handelt es sich um aromatische Systeme mit mindestens einer Hydroxylgruppe oder funktionellen Derivaten derselben. Doch werden auch Substanzen einbezogen, die dieser Definition nicht entsprechen, aber ihrer Biosynthese nach hierher zählen.

Die *Biosynthese* erfolgt in seltenen Fällen über den *Acetat-Mevalonatweg* der Terpenoide, meistens über den *Shikimsäure-Weg*. Auf seinen Verzweigungen werden die *aromatischen Aminosäuren* Phenylalanin, Tyrosin und Tryptophan angeliefert. Phenyalanin und Tyrosin sind die Muttersubstanzen aller Phenylpropane. Aus den Aminosäuren entstehen zunächst *Zimtsäuren*, von denen sich weitere Phenylpropane ableiten (*Cumarine, Lignine*). Durch Abbau der 3-C-Seitenkette der Zimtsäuren erhält man *Phenolcarbonsäuren und einfache Phenole*.

Bei den weit verbreiteten *Flavanderivaten* findet sich bei der Zyklisierung ein *Mischweg*: aktivierte Zimtsäuren (*Cinnamoyl-CoA*) bringen ein erstes Ringsystem mit sich, den späteren Ring B. Sie werden mit drei Einheiten *Malonyl-CoA* unter deren Decarboxylierung zu einem 15-C-Körper zusammengeschlossen. Durch C-Acylierung auf Seiten des ehemaligen Malonats bildet sich das zweite Ringsystem, der spätere Ring A. Damit ist ein *Chalkon* entstanden. Die Formelfolge bei der Synthese weist große Ähnlichkeit mit der ersten Runde der *de novo*-Synthese

von Fettsäuren auf: es muß lediglich der Acetylyrest durch den Cinnamoylrest ersetzt werden.
Die Chalkone selbst sind noch keine Flavanderivate, aber deren Muttersubstanzen. Denn von ihnen leiten sich die Flavanone als erste Flavanderivate und dann alle weiteren Flavonoide ab, unter ihnen auch die *Flavonole* und *Anthocyane*.
Wie die Terpenoide sind auch die Phenole für Pflanzen vielfach von zentraler Bedeutung. Darüber hinaus werden auch sie vom Menschen vor allem in Technik und Medizin vielfach genutzt.

8 Aminosäuren

Bei der Besprechung der Translation hatten wir die Aminosäuren als gegeben hingenommen. Wir müssen nun noch einige Daten zu ihrer Biosynthese bringen. Namengebend ist eine Aminogruppe, die sich bei allen häufigen Aminosäuren in α-Stellung zu einer Carboxylgruppe befindet. Wir werden uns zunächst nach der Herkunft dieses reduzierten N fragen und dann auf seine Übertragung auf C-Skelette, d.h. aber auf die Bildung von Aminosäuren eingehen.

α-Aminosäuren bestehen aus einer Carboxylgruppe, einer Aminogruppe, einem H-Atom und einer wechselnden Seitenkette, die alle an ein zentrales C-Atom, das α-C-Atom gebunden sind. Die Seitenkette bedingt die Unterschiede zwischen den einzelnen Aminosäuren. Sie fungieren nicht nur als Bausteine von Polypeptiden, sondern auch als Ausgangssubstanzen für die Synthese wichtiger sekundärer Pflanzenstoffe.

8.1 Die Reduktion des Stickstoffs

Höhere Pflanzen können auch NH_4^+-Ionen aus dem Boden aufnehmen oder von Symbionten (Seite 417) beziehen. Dann stellt sich das Problem der N-Reduktion nicht. Für Pflanzen, die keine Symbiose eingehen, ist jedoch das Nitrat des Bodens die wichtigste Stickstoffquelle. Es wird überwiegend von Bakterien angeliefert. Den von Bakterien und anderen Mikroorganismen durchgeführten Abbau stickstoffhaltiger organischer Substanzen bezeichnet man als *N-Mineralisation*. Endprodukte dieser N-Mineralisation sind NH_3 und vor allem Nitrat. Denn das zunächst freigesetzte NH_3 kann durch Nitritbakterien bis zur Stufe von NO_2^- und dann von Nitratbakterien weiter bis zur Stufe von NO_3^- oxidiert werden. Soll dieses Nitrat nun von den Pflanzen für die Synthese von Aminosäuren und dann weiterer N-haltiger Verbindungen eingesetzt werden, muß es zunächst reduziert werden. Diese Reduktion wird von den Nitrat- und den Nitritreduktasen katalysiert.

8.1.1 Nitratreduktase

In höheren Pflanzen finden sich mehrere verschiedene Nitratreduktasen. Am wichtigsten und auch am besten untersucht ist das Enzym in Blättern. Es ist dort im Cytoplasma der Blattzellen lokalisiert. Das komplex gebaute Enzym enthält drei Redoxsysteme, FAD (Abb. 2.6), Cytochrom b_{557} (Cyt b_{557}; zur Grundstruktur der Cytochrome vgl. Abb. 2.5) und einen Molybdän-Cofaktor (Mo-Co). Die Nitratreduktase bezieht die benötigten Elektronen aus NADH + H^+ und leitet sie über die drei Redoxsysteme zum Nitrat, das zu Nitrit reduziert wird (Abb. 8.1).

Bei der Nitratreduktase handelt es sich um ein bekanntes Beispiel für ein »induzierbares« Enzym (Seite 333).

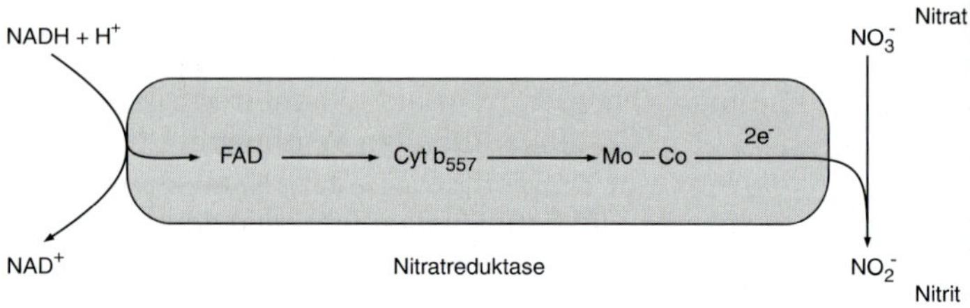

Abb. 8.1. Aktionsschema der Nitratreduktase in Blättern. Die Pfeile geben den Elektronenfluß wieder.

8.1.2 Nitritreduktase

Auch hier kennt man mehrere verschiedene Enzyme. Uns interessiert besonders die Nitritreduktase, die sich in Chloroplasten findet. Sie verwendet als Elektronendonor Ferredoxin. Im Enzymkomplex ist außerdem ein FeS-Zentrum und ein Häm, also ein Redoxsystem vom Typ des roten Blutfarbstoffs, das Sirohäm, enthalten. Über beide werden die Elektronen zur Reduktion von Nitrit zu Ammoniak eingesetzt (Abb. 8.2).

Das Chloroplasten-Enzym arbeitet deshalb besonders effektiv, weil es aus den Primärprozessen der Photosynthese stammendes reduziertes Ferredoxin als Elektronendonor benützt. Damit wird das Reduktionspotential der Primärprozesse, d.h. letztlich die Lichtenergie, für eine andere, für Pflanzen charakteristische Syntheseleistung nutzbar gemacht. Denn ebenso wie die Photosynthese selbst kann die Nitratreduktion mit Hilfe der Nitrat- und Nitritreduktasen von tierischen Organismen nicht durchgeführt werden.

8.2 Glutamat als primärer NH_3-Akzeptor

Der Stickstoff ist nun bis zur Stufe von NH_3 reduziert. Dieser Ammoniak-N muß als Amino-N in C-Skelette eingeführt werden. Der dabei in Pflanzen wichtigste primäre Akzeptor

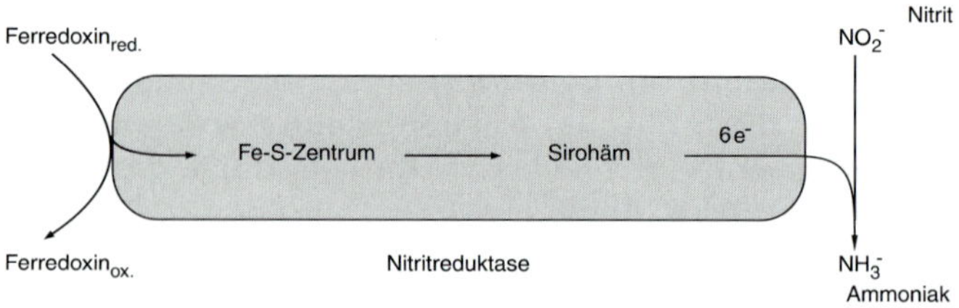

Abb. 8.2. Aktionsschema der Nitritreduktase in Chloroplasten. Die Pfeile geben den Fluß der Elektronen wieder.

für die Aminogruppe ist Glutamat (Abb. 8.3). Es wird von der Glutamin-Synthetase unter ATP-Verbrauch in sein Amid Glutamin überführt. Das Enzym kommt in Form von Isoenzymen sowohl in Chloroplasten als auch im Cytoplasma vor, wobei das Chloroplasten-Isoenzym wichtiger ist.

Glutamin, das vorübergehend einen Aminogruppenspeicher darstellt, gibt nun die amidartig gebundene NH_2-Gruppe an α-Oxoglutarat (α-Ketoglutarat) ab, wobei es selbst in Glutamat übergeht. Im Zuge einer reduktiven Aminierung bildet sich ein zweites Molekül Glutamat. Das hier tätige Enzym ist die Glutamat-Synthase, von der ebenfalls Isoenzyme in den Chloroplasten und im Cytoplasma bekannt sind. Das wichtigere Chloroplastenenzym verwendet Ferredoxin als Elektronendonor.

Produkte der Aktivität der Glutamat-Synthase sind zwei Einheiten Glutamat. Sie können als NH_3-Akzeptoren, aber auch zu Transaminierungen verwendet werden.

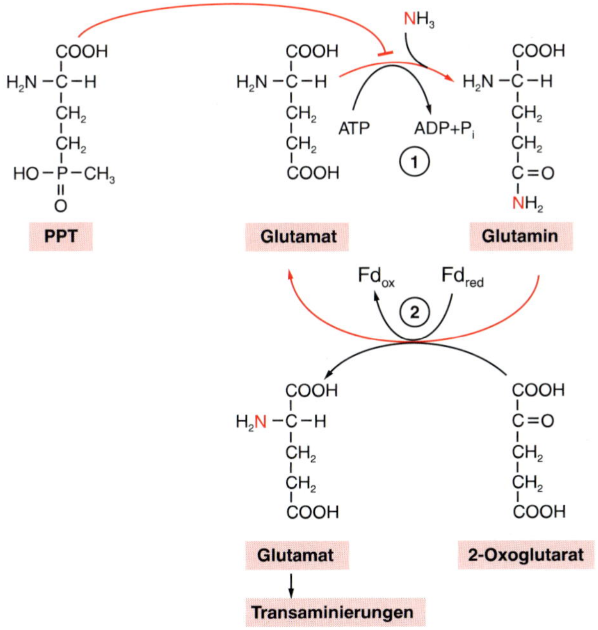

Abb. 8.3. Der Glutamat-Synthese-Zyklus und seine Hemmung durch PPT (Phosphinothricin, Glufosinat). In Kreisen: 1 = Glutamin-Synthetase; 2 = Glutamat-Synthase. Fd = Ferredoxin.

8.3 Transaminierungen

Der N ist nun reduziert und erstmals als NH_2-Gruppe in Glutamat bzw. Glutaminsäure fixiert. Sie kann ihre NH_2-Gruppe an eine ganze Reihe von α-Ketosäuren, z. B. Pyruvat oder Oxalacetat abgeben (Abb. 8.4). Glutaminsäure wird dabei wieder zur entsprechenden α-Ketosäure, der α-Ketoglutarsäure, die α-Ketosäuren zu den entsprechenden Aminosäuren, Pyruvat zu Alanin, Oxalacetat zu Asparaginsäure. Die reversible Übertragung einer Aminogruppe auf eine α-Ketosäure bezeichnet man als Transaminierung, die katalysierenden Enzyme als Transaminasen. Coenzym der Transaminasen ist Pyridoxalphosphat, das dabei als Pyridoxaminphosphat die Aminogruppe trägt. Auf diese Weise entsteht eine ganze Reihe von Aminosäuren.

Wir hatten in diesem Abschnitt immer wieder darauf hingewiesen, daß die gerade besprochenen Reaktionen (auch) in Chloroplasten ablaufen können, wobei dann ATP und NADPH + H^+ oder auch reduziertes Ferredoxin aus den Primärprozessen abgezweigt werden. Das gilt auch für die Transaminierungen. Denn die Transaminasen finden sich z. B. in Mitochondrien, aber gerade auch in Chloroplasten.

Geben wir deshalb noch eine entsprechende Übersicht, aus der die betreffenden Aktivitäten in Chloroplasten zu entnehmen sind (Abb. 8.5).

Abb. 8.4. Transaminierung von Glutaminsäure auf Oxalacetat.

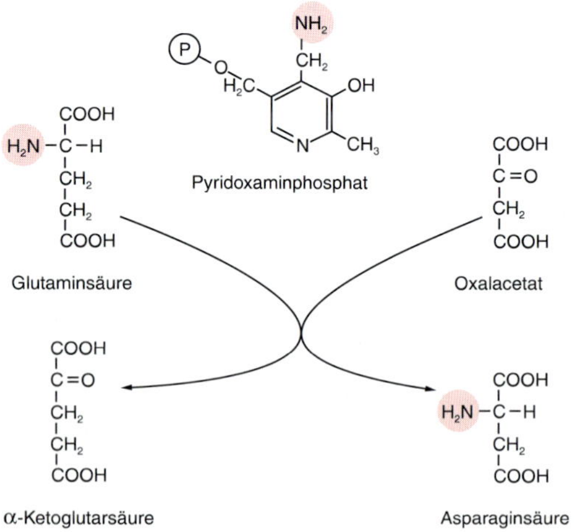

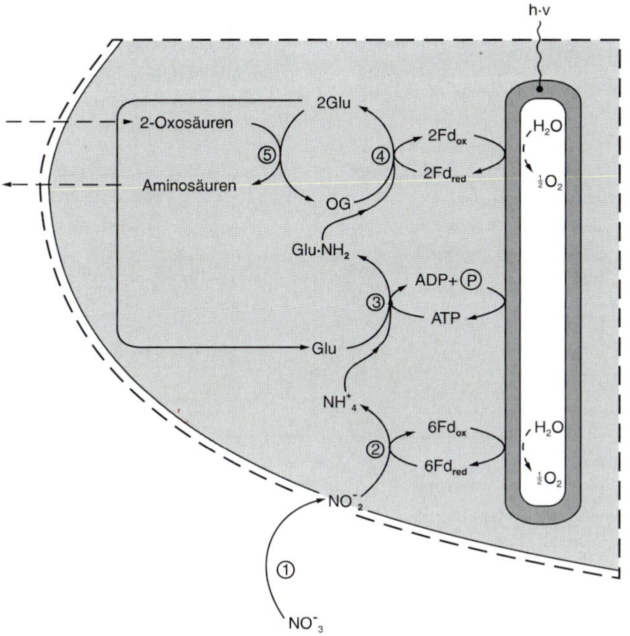

Abb. 8.5.
Photosynthetische Nitritreduktion und Bildung von Aminosäuren in Chloroplasten. Die Bezeichnung »photosynthetisch« nimmt auf die Verknüpfung mit den Primärprozessen der Photosynthese Bezug. Die im Cytoplasma lokalisierte Nitratreduktase (1) liefert Nitrit an, das in den Chloroplasten von der Nitritreduktase (2) zu Ammoniak bzw. Ammonium reduziert wird. Die dazu benötigten Elektronen liefert Ferredoxin, das aus den Primärprozessen abgezweigt wird. Auch die anschließende, von der Glutamin-Synthetase (3) katalysierte Bildung von Glutamin (Glu-NH$_2$) bezieht das erforderlich ATP aus den Primärvorgängen. Von dort stammen schließlich auch die für die reduktive Aminierung des 2-Oxoketoglutarats (4, Glutamat-Synthase) eingesetzten Elektronen. Transaminasen (5) übertragen schließlich die Aminogruppe von Glutamat auf verschiedene 2-Oxosäuren (α-Ketosäuren). (Verändert nach Mohr und Schopfer 1992.)

8.4 Die Herkunft des C-Skeletts der Aminosäuren

Für einige Aminosäuren hatten wir die Herkunft des C-Skeletts eben schon angegeben. So führt die Glutaminsäure das C-Skelett des α-Ketoglutarats, die Asparaginsäure das des Oxalacetats und das Alanin das des Pyruvats. Alle drei Substanzen leiten sich aus dem Abbau von Kohlenhydraten ab und sind uns von dort her schon bekannt. Glutaminsäure, Asparaginsäure und Alanin sind aber nun Vorstufen für jeweils eine ganze Reihe weiterer Aminosäuren. Man spricht deshalb von einer Glutaminsäure-Familie, Asparaginsäure-Familie und Pyruvat-Familie. Außer den genannten gibt es noch weitere Aminosäuren-Familien, die sich an den Kohlenhydratstoffwechsel anschließen lassen. Von ihnen haben wir die Shikimisäure-Familie (Phenylalanin und Tyrosin einerseits, Tryptophan andererseits) schon kennengelernt. Auch auf eine der Möglichkeiten zur Biosynthese von Glycin und Serin (Serin-Familie) waren wir bei der Besprechung der Photorespiration schon eingegangen (Seite 193). Damit ist uns der Anschluß der genannten Aminosäuren-Familien an den Kohlenhydratstoffwechsel wenigstens im Grundsatz bekannt.

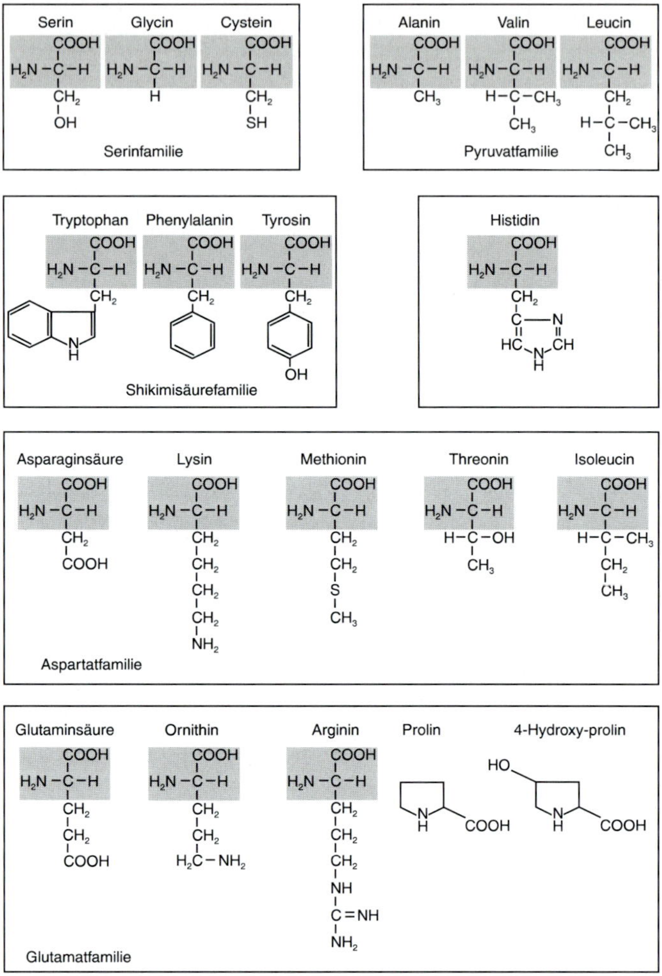

Abb. 8.6. Die wichtigsten Aminosäuren-Familien.

Abb. 8.6. orientiert über die wichtigsten Aminosäuren-Familien. Isoliert steht das Histidin, auf dessen kompliziertere Biosynthese wir nicht eingehen können.

8.5 Stellung der Aminosäuren im Stickstoffkreislauf

Die Aminosäuren und die aus ihnen aufgebauten Proteine bzw. die von ihnen abgeleiteten N-haltigen weiteren Pflanzenstoffe sind Teil des biologischen Stickstoffkreislaufs, über den Abb. 8.7 orientiert. Wir haben die meisten Etappen dieses Zyklus bereits erwähnt. Ausnahmen sind die Biologische Stickstoff-Fixierung, mit der wir uns noch befassen werden (Seite 422), und die Denitrifikation, die wenigstens erwähnt werden soll: bei ihr handelt es sich um die Reduktion von Nitrat zu N_2O und N_2, die von einer Reihe von Bakterien durchgeführt wird und die gegebenenfalls zu erheblichen Nitratverlusten im Boden führen kann.

Gentechnik und Basta-resistenter Mais

In den letzten Jahren hat der sog. »Genmais« viel von sich reden gemacht. Fragen wir uns deshalb, worum es sich dabei handelt.

Zunächst zu Basta. Dabei handelt es sich um den Handelsnamen für ein Totalherbizid, dessen wirksame Komponente Phosphinothricin (PPT) ist. PPT wird in der Natur

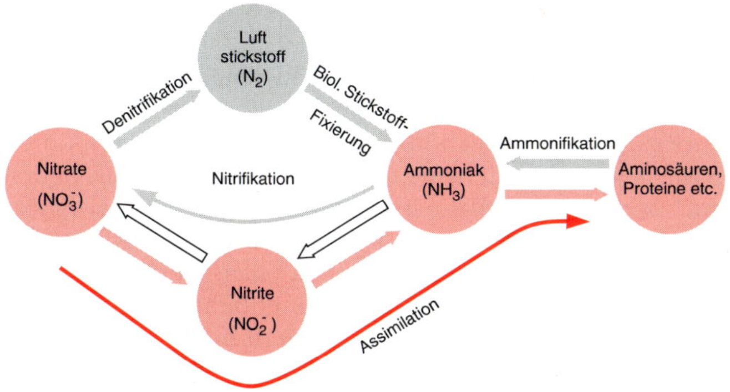

Abb. 8.7. Der Stickstoffkreislauf. Die im laufenden Kapitel genauer behandelten Abschnitte sind rot gehalten. Die Biologische Stickstoff-Fixierung wird auf Seite 422 behandelt (verändert nach Postgate 1978).

schnell abgebaut – ein Vorteil für seinen Einsatz in der landwirtschaftlichen Praxis. PPT hemmt kompetitiv die Glutamin-Synthetase (Abb. 8.4). Damit reichert sich das nicht mehr umgesetzte Zellgift Ammoniak an – mit tödlichen Folgen. Langfristig gesehen würde auch der gesamte N-Metabolismus negativ beeinträchtigt.

In Protoplasten des Maises wurde nun bakterielles Genmaterial übertragen, das ein Enzym codiert, das PPT durch eine Acetylierung inaktiviert. Aus solchen Protoplasten regenerierte Maispflanzen erwiesen sich als Basta-resistent (Abb. 8.8). Ihre Nachkommen werden bereits seit langen

Jahren im Ausland feldmäßig angebaut, ohne daß es zu gravierenden Einwänden gekommen wäre. In Deutschland lösten die ersten Freilandversuche jedoch eine lebhafte Debatte um das »Pro und Contra« aus. Zu ihr nur einige wenige Angaben:

Abb. 8.8. *Basta-resistenter transgener Mais (»Genmais«). Ein bakterielles Gen für PPT-Resistenz war in Protoplasten eingebracht worden, die zu ganzen Pflanzen regeneriert wurden. Links eine bereits abgestorbene Kontrolle, rechts eine transgene Pflanze (G. Donn).*

Als einer der *Nachteile* bei der Verwendung von Genmais wird befürchtet, Landwirte könnten die »chemische Keule« Basta unbedenklicher als früher einsetzen. Denn bisher konnte Basta als Totalherbizid nur mit einiger Vorsicht verwendet werden. Dem resistenten transgenen Mais kann PPT jedoch auch in hohen Dosen kaum mehr schaden. Solche hohen Dosen könnten eine entsprechend höhere Belastung der Umwelt bedeuten. Andere Befürchtungen gehen dahin, das von dem übertragenen Gen codierte Enzym könne Allergien auslösen.

Doch auch *Vorteile* werden ins Feld geführt. Denn früher behandelte man den Boden vor dem Aufwachsen des Maises mit Herbiziden. Bis die Maispflanzen groß genug waren, um den Boden zu schützen, waren Erosionsverluste zu befürchten. Basta wird erst später auf das Blattwerk aufgebracht. Bis dahin können Kräuter zwischen den Maispflanzen aufwachsen, ein natürlicher Schutz vor Abtragung und auch zu starker Insolation. Werden die Kräuter dann durch Basta abgetötet, liefern sie eine Mulchdecke, die den Boden auch weiterhin schützen und dem Gedeihen des Maises förderlich sein soll. Nennen wir wie oben bei den Nachteilen der Gerechtigkeit halber auch noch einen weiteren Vorteil: Bei Einsatz von Basta kann es bei einer Behandlung bleiben. »Nachbesserungen« mit weiteren Herbiziden, wie sie sonst notwendig werden können, sind nicht erforderlich. Die Folge ist eine geringere Belastung der Umwelt mit Chemikalien.

Eigentlich Gründe genug, das erwähnte »Pro und Contra« sorgfältig und kompetent im Freilandversuch auszuloten und *danach* eine sachlich fundierte Entscheidung über den Einsatz des »Genmaises« auch in Deutschland zu fällen. Bedauerlicherweise wurden jedoch bislang fast alle entsprechenden Freilandversuche verhindert. Hier ist dringend mehr Toleranz geboten. Fanatismus verrät immer Unsicherheit.

Zusammenfassung

Aminosäuren sind durch eine α-ständige Aminogruppe charakterisiert (Ausnahmen sind das Prolin und das davon abgeleitete 4-Hydroxy-Prolin).

Reduktion von Nitrat zu Ammoniak: Das oft als N-Quelle dienende Nitrat wird mit Hilfe von zwei Enzymsystemen auf die Reduktionsstufe des Aminogruppen-N reduziert. Dabei handelt es sich um die aus drei »Domänen« (für FAD, Cyt b_{557} und Mo-Co) bestehende Nitratreduktase und die Nitritreduktase mit einem FeS-System und Sirohäm als Cofaktoren. Die Nitratreduktasen überführen Nitrat in Nitrit. Die wichtigste Nitratreduktase ist im Cytoplasma von Mesophyllzellen lokalisiert. Sie bezieht die für ihre Aktivität notwendigen Elektronen aus NADH + H^+. Die wichtigste Nitritreduktase ist in Chloroplasten lokalisiert. Sie deckt ihren für die Überführung von Nitrit in Ammoniak besonders hohen Elektronenbedarf aus reduziertem Ferredoxin, also letztlich aus den Primärprozessen der Photosynthese.

Übertragung des Ammoniak auf Glutamat: Der aus den Reduktionen angelieferte Ammoniak wird von der *Glutamin-Synthetase auf Glutaminsäure als primären NH_2-Akzeptor* übertragen. Das dabei gebildete Glutamin kann seine amidartig gebundene Aminogruppe an α-Ketoglutarat abgeben, eine Reaktion, in der zwei Moleküle Glutamat entstehen. Das betreffende Enzym heißt dementsprechend Glutamat-Synthase.

Transminierungen: Das Glutamat steht für die erneute Aufnahme von Ammoniak zur Verfügung, kann seine α-ständige Aminogruppe aber auch auf andere C-Skelette übertragen. Über derartige Transaminierungen entstehen die meisten weiteren Aminosäuren.

Aminosäuren-Familien: Die Aminosäuren lassen sich in Familien gliedern. Sie werden nach derjenigen Aminosäure benannt, von der sich die anderen Glieder des Familienkreises ableiten lassen. Leicht merkbare Beispiele sind die Glutaminsäure-Familie, die Asparaginsäure-Familie und die Alanin-Familie. Glutaminsäure, Asparaginsäure und Alanin entstehen durch Transaminierungen, bei denen α-Ketoglutarat, Oxalacetat und Pyruvat als Amino-Akzeptoren dienen.

9 Tetrapyrrole (Porphyrine und offene Tetrapyrrole)

Tetrapyrrole bestehen aus vier miteinander über C1-Brücken verbundenen Pyrrolringen. Sie können offenkettig oder zu einem übergeordneten Ringsystem geschlossen sein. Dann spricht man auch von Porphyrinen. Außer den Chlorophyllen gehören zu ihnen weitere wichtige Redoxsysteme.

Im vorhergehenden Kapitel hatten wir Glutaminsäure als primären NH_3-Akzeptor und als NH_2-Donor bei Transaminierungen kennengelernt. Doch sie wird – außer natürlich als Bestandteil von Polypeptiden – auch an ganz anderer Stelle entscheidend wichtig: bei der Biosynthese der pflanzlichen Tetrapyrrole.

Zu den Tetrapyrrolen gehören die bereits genannten Chlorophylle, Cytochrome, Katalasen, Peroxidasen oder das Sirohäm. Substanzen vom Bauprinzip des roten Blutfarbstoffs Häm nennt man auch Zellhämine.

Die Biosynthese der Tetrapyrrole findet bei höheren Pflanzen vor allem in Chloroplasten statt. Offensichtlich wird auch der Bedarf an anderer Stelle von dort aus abgedeckt. Das scheint sogar für die Mitochondrien mit ihren verschiedenen Cytochromen in der Atmungskette zu gelten.

9.1 Biosynthese von Chlorophyllen und Cytochromen

9.1.1 Der C_5-Weg von Glutaminsäure zu δ-Aminolävulinsäure (ALA)

Die Biosynthese der beiden oben angeführten Gruppen verläuft weitgehend gemeinsam. Sie beginnt mit dem C_5-Weg, so genannt, weil an seinem Anfang das aus 5 C-Atomen bestehende Glutamat steht. Er endet mit δ-Aminolävulinsäure (*A*mino*l*aevulinic *a*cid = *ALA*), in die die 5 C der Glutaminsäure eingehen (Abb. 9.1).

Am erstaunlichsten ist der Beginn. Nicht etwa deswegen, weil Tiere ALA, das sie u.a. für die Synthese des roten Blutfarbstoffs Häm benötigen, anders gewinnen als Pflanzen,

Abb. 9.1. Von Glutaminsäure zu δ-Aminolävulinsäure (ALA): der C_5-Weg. Glutamyl-tRNA wird in zwei Schritten in ALA überführt. In Kreisen: 1 = Glutamyl-tRNA-Reduktase; 2 = Glutamat-1-semialdehyd-2,1-Aminomutase. Um die Namen der beiden Enzyme verstehen zu können, muß man beachten, daß sich die Zählung der C-Atome bei der δ-Aminolävulinsäure = 5-Aminolävulinsäure umkehrt. Die angegebene tRNA ist Glutaminsäure-spezifisch (Kleeblattstruktur Glutamyl-tRNA aus Kumar *et al. 1996).*

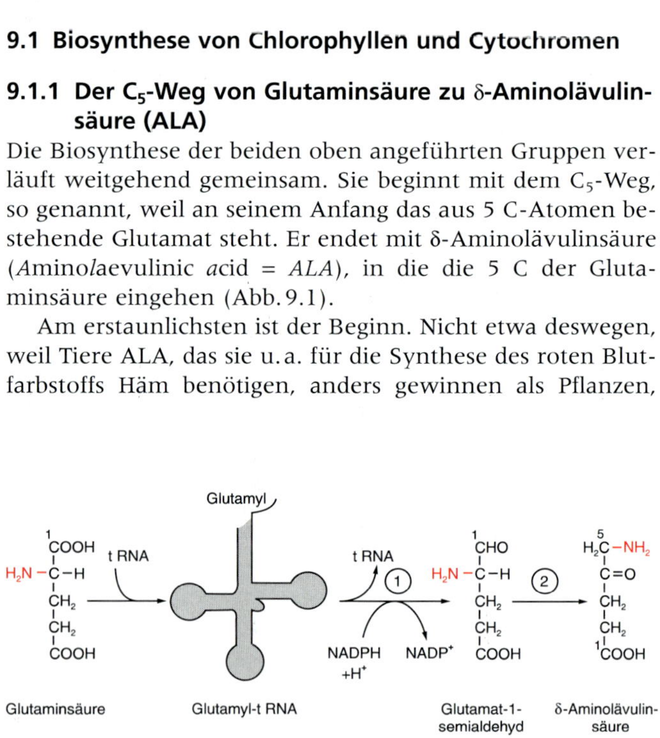

nämlich aus Succinyl-CoA und Glycin und nicht aus Glutamat. Nein, besonderes Interesse verdient die spezielle aktive Form des Glutamats: es handelt sich bei ihr um Glutamyl-tRNA! Eine Verbindung am Scheideweg also: sie kann entweder in die Translation eingebracht oder zur Biosynthese von ALA und damit der Tetrapyrrole verwendet werden.

In ALA wird Glutamyl-tRNA durch zwei Enzyme überführt. Ein erstes setzt die Glutamyl-spezifische tRNA frei und liefert Glutamat-1-semialdehyd an, ein zweites verschiebt die Aminogruppe von C2 nach C1: ALA ist gebildet.

9.1.2 Von ALA zu zyklisch geschlossenen Tetrapyrrolen

Zunächst werden zwei Moleküle ALA zu Porphobilinogen zusammengeschlossen (Abb. 9.2). Damit ist ein Pyrrolsystem entstanden. Vier solcher Porphobilinogene werden in den folgenden Reaktionen zu einem ersten Porphyrinsystem vereinigt, dem Uroporphyrinogen III. Aus ihm erhält man Protoporphyrin IX, mit dem der gemeinsame Biosyntheseweg von Chlorophyllen und Cytochromen endet.

9.1.3 Vom Protoporphyrin IX zu den Chlorophyllen und Cytochromen

In Protoporphyrin IX kann entweder Mg^{2+} oder Fe^{2+} eingeführt werden (Abb. 9.3). Je nachdem erhält man Mg-Protoporphyrin IX als Vorstufe der Chlorophylle oder Fe-Protoporphyrin IX (= Häm), von dem die Cytochrome und andere Zellhämine abgeleitet werden.

Gehen wir noch kurz auf die Biosynthese speziell des Chlorophylls a ein. Ein erster wichtiger Schritt ist die Redu-

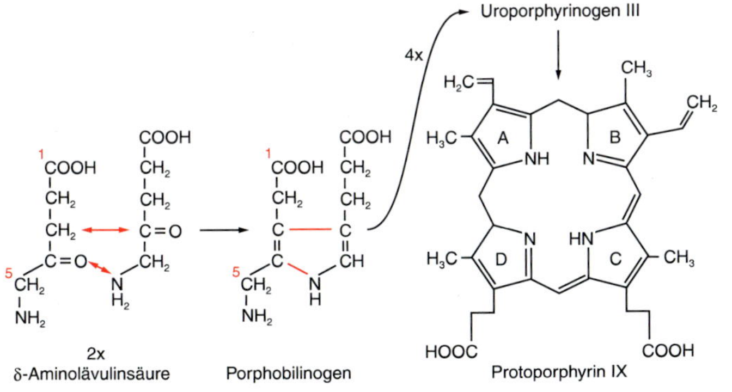

Abb. 9.2.
Von δ-Aminolävulinsäure (ALA) zum Protoporphyrin IX (Schema). Es wurden nur die zum Verständnis wichtigsten Intermediate genannt. Im Vergleich zu Abb. 9.1 ist zu beachten, daß ALA nun wie üblich gezeichnet wurde, nämlich die höchste Oxidationsstufe (C1) oben.

Abb. 9.3.
Vom Protoporphyrin IX zu Chlorophyllen, Cytochromen und der Farbkomponente des Phytochroms (Schema). In Kreisen: 1 = Protochlorophyllid-Reduktase; 2 = Chlorophyll-Synthetase; 3 = Häm-Oxidase (mit reduziertem Ferredoxin als Coenzym). Das Biliverdin hat im Vergleich zu einem »normalen« Tetrapyrrol eine der C1-Gruppen verloren, die die Pyrrolringe der Porphyrine verbinden.

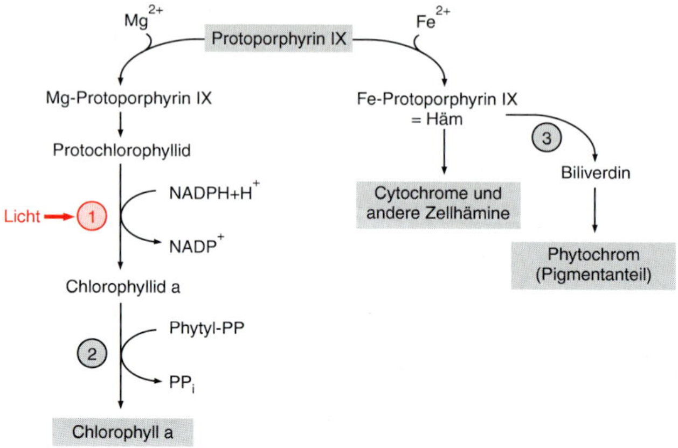

zierung von Protochlorophyllid in Chlorophyllid durch die Protochlorophyllid-Reduktase. Das Enzym muß bei fast allen Angiospermen durch Licht aktiviert werden. Im nächsten, abschließenden Schritt wird noch Phytol eingebaut – bei höheren Pflanzen durch Übernahme aus einer aktiven Form des Phytols, dem Phytyl-diphosphat.

Die Biosynthese des Chlorphylls b erfolgt nach dem gleichen Prinzip. Die für Chlorophyll b typische Aldehydfunktion entsteht aus der Methylgruppe, die Chlorphyll a in der entsprechenden Position trägt (Abb. 2.3). Jedoch ist noch unbekannt, wann im Verlauf der Biosynthese die betreffende Änderung erfolgt.

9.2 Biosynthese von Phytochrom

Beim Phytochrom handelt es sich um ein morphogenetisch wirksames Pigmentsystem, mit dessen Funktion wir uns später befassen werden. Es besteht aus einem offenen Tetrapyrrol, das an einen Apoprotein-Träger gebunden ist. Die Strukturformel des betreffenden Tetrapyrrols findet sich in Abb. 17.3. Hier soll ein Hinweis auf seine Biosynthese gegeben werden.

Die Bildung des Pigmentes kann ebenfalls in Chloroplasten ablaufen. Jedoch läßt sich gegenwärtig eine Synthese auch in anderen Zellkompartimenten weniger leicht ausschließen als bei den schon genannten Tetrapyrrolen. In Chloroplasten geht der Weg zum Phytochrom-Farbstoff vom

Häm aus, also einem zyklisch geschlossenen Fe-Tetrapyrrol (Abb. 9.3). Es wird von der Häm-Oxidase zu einem offenen Tetrapyrrol aufgeschnitten, dem Biliverdin. Aus diesem entsteht dann die Farbstoffkomponente des Phytochroms – wie schon erwähnt ebenfalls ein offenes Tetrapyrrol.

Zusammenfassung

Aminosäuren werden nicht nur zum Aufbau von Polypeptiden benötigt. Von ihnen leiten sich auch weitere Stoffe von z. T. zentraler Bedeutung für die Pflanze ab. Eine derartige, kleinere, aber lebenswichtige Stoffgruppe sind die Tetrapyrrole.

Die Biosynthese der Tetrapyrrole findet bevorzugt oder ausschließlich in Chloroplasten statt. Ausgangssubstanz ist Glutaminsäure, das in eine recht unerwartete aktivierte Form überführt wird, nämlich Glutamyl-tRNA. Die Substanz kann einerseits in die Translation eingehen, andererseits entsteht aus ihr ALA. Zwei Moleküle ALA schließen sich zu einem Pyrrol, dem Porphobilinogen zusammen. Vier Moleküle Porphobilinogen lassen zyklisch geschlossene Tetrapyrrole entstehen. Von ihnen ist Protoporphyrin IX besonders wichtig. Denn durch Einlagerung von Fe^{2+} kann es in Fe-Protoporphyrin IX und dann Zellhämine einschließlich der Cytochrome übergehen, durch Einlagerung von Mg^{2+} in Mg-Protoporphyrin IX, eine Vorstufe der Chlorophylle. Eines der Enzyme, die die Schritte zu den Chlorophyllen hin katalysieren, die Protochlorophyllid-Reduktase, ist bei fast allen Angiospermen lichtabhängig.

Ein wichtiges morphogenetisch wirksames Pigmentsystem, das Phytochrom, ist hier anzuschließen, was seine Farbstoffkomponente angeht. Denn beim Phytochrom handelt es sich um ein offenes Tetrapyrrol, das an ein Apoprotein gebunden ist. Die Farbstoffkomponente entsteht im Prinzip so, daß ein zyklisch geschlossenes Tetrapyrrol, das Häm, zu dem offenkettigen Tetrapyrrol Biliverdin aufgeschnitten wird. Dies wird dann in die Farbstoffkomponente des Phytochroms überführt.

10 Alkaloide

Bei den Alkaloiden handelt es sich um eine Gruppe von basisch reagierenden sekundären Pflanzenstoffen, die in der Regel einen N-haltigen Heterozyklus aufweisen. Auf den Ring-N geht ihr basischer Charakter zurück (alkaloid = alkaliähnlich). Ihrer Biosynthese nach sind die Alkaloide fast ausschließlich Derivate der Aminosäuren Ornithin, Lysin, Phenylalanin, Tyrosin und Tryptophan.

Derzeit sind rund 7000 Alkaloide bekannt, die sich auf beinahe 4000 Pflanzenspezies verteilen. Es nimmt angesichts dieser Fülle nicht wunder, daß nicht alle gebräuchlicherweise zu den Alkaloiden gezählten Stoffe der Definition (links) voll und ganz entsprechen. So sind Alkaloide nicht auf Pflanzen beschränkt. Einige Alkaloide sind auch in tierischen Organismen nachgewiesen worden. Weiterhin reagieren nicht alle hier eingruppierten Stoffe basisch. Als Ausnahmen von dieser Regel seien die Nicotinsäure, das Colchicin und die Betalaine genannt. Und schließlich ist der N nicht immer in einem Heterozyklus enthalten, wie die Strukturformel des Colchicins erkennen läßt. Dennoch pflegt man auch diese Ausnahmen hier anzuschließen, weil ihre Biosynthese an der engen Verwandtschaft mit »echten« Alkaloiden keinen Zweifel läßt.

Was die Biosynthese anbelangt, so haben schon WINTERSTEIN und TRIER 1931 darauf hingewiesen, daß die Alkaloide ihrer Struktur nach Derivate von Aminosäuren sein müßten. Eine Aminogruppe stellt dann den N der Alkaloide. An der Richtigkeit dieser Aussage besteht heute kein Zweifel mehr. Die biogenetische Ableitung von Amionosäuren ist denn auch die Klammer, die die heterogene Gruppe der Alkaloide zusammenhält. Das schließt nicht aus, daß manchmal außer Aminosäuren auch andere Bausteine, vor allem Isopentenyl-pyrophosphat, zur Biosynthese von Alkaloiden herangezogen werden können.

Hier sollen die *terpenoiden Alkaloide* und die *Steroidalkaloide* wenigstens erwähnt werden. Es handelt sich um Substanzen, deren C-Skelett ausschließlich von 5-C-Einheiten gestellt wird. Sie führen N, dessen Herkunft umstritten ist. Wegen ihres N werden sie meist zu den Alkaloiden gestellt, obwohl sie keine Aminosäurenderivate sind. Man könnte sie ebensogut zu den Terpenoiden zählen (Seite 233).

Protoalkaloide schließlich nennt man eine Gruppe von einfach gebauten N-haltigen Substanzen. Hierbei gehören u.a. die durch Decarboxylierung von Aminosäuren anfallenden »biogenen« Amine und ihre oxidierten, alkylierten oder acylierten Derivate.

Wir wollen uns im folgenden mit den terpenoiden Alkaloiden, den Steroidalkaloiden und den Protoalkaloiden nicht weiter befassen. Aus der großen Zahl der eigentlichen Alkaloidgruppen können wir nur einige und aus den Angehörigen einer Gruppe wieder nur wenige Vertreter herausgreifen Abb. 10.1 gibt eine Übersicht.

Daß die oft physiologisch hochaktiven Alkaloide den tierischen Organismus in der verschiedensten Weise beeinflußen können, ist bekannt. Was ihre Funktion in den Pflanzen anbelangt, so können einige Alkaloide als N-Reserve dienen. Eine Ausnahmestellung nehmen die Purine ein, die einerseits ihrer Bedeutung nach »primär« wichtige Substanzen, nämlich die Purinbasen der Nucieinsäuren stellen, andererseits die Purin-Alkaloide im engeren Sinn (vgl. Seite 298). Die weitaus meisten Alkaloide sind aber Exkrete, die in bestimmten, vom Cytoplasma und seinen Organellen abgegrenzten Kompartimenten abgelagert werden: in der Vakuole, den Zellwänden oder auch Interzellularen. Durch diese Kompartimentierung wird verhindert, daß die Alkaloide das Geschehen in der Pflanzenzelle störend beeinflussen. Die Alkaloid-Exkrete werden für die produzierenden Pflanzen jedoch vielfach unter ökologischen Aspekten wichtig, wovon noch die Rede sein wird.

Struktur	Gruppe	Vorstufe
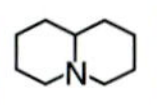	Chinolizidin -A.	Lysin
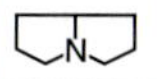	Pyrrolizidin -A.	Ormithin
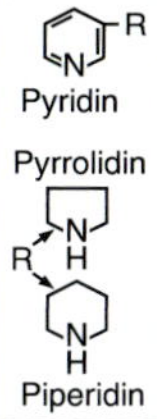 Pyridin, Pyrrolidin, Piperidin	Nicotiana -A.	Nicotinsäure, Ornithin, Lysin
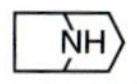	Tropan -A.	Ornithin
vgl. Text	Colchicin	Tyrosin
vgl. Text	Betalaine	Tyrosin
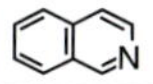	Isochinolin -A.	Tyrosin
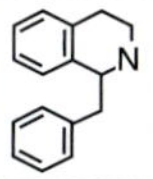	Benzyliso-chinolin -A.	Tyrosin
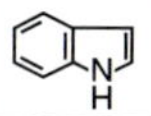	Indol -A.	Tryptophan
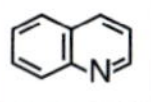	Chinolin -A.	Tryptophan
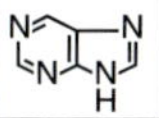	Purin -A.	vgl. Text

Abb. 10.1.
Übersicht über einige Gruppen der Alkaloide.

10.1 Derivate der aliphatischen Aminosäuren Ornithin und Lysin

Beide Aminosäuren können Vorstufen in der Synthese von N-haltigen Ringsystemen sein. Dabei liefert Ornithin einen Fünfring, Lysin einen Sechsring. Der Fünfring kommt in den Alkaloiden meist als Pyrrolidinsystem, der Sechsring als Piperidin- und als Pyridinsystem vor. Der wichtigste Weg von den beiden Aminosäuren zu den genannten Ringsystemen führt über die betreffenden biogenen Amine, die über Decarboxylierungen erhalten werden. Ornithin liefert dabei Putrescin, Lysin Cadaverin (Abb. 10.2).

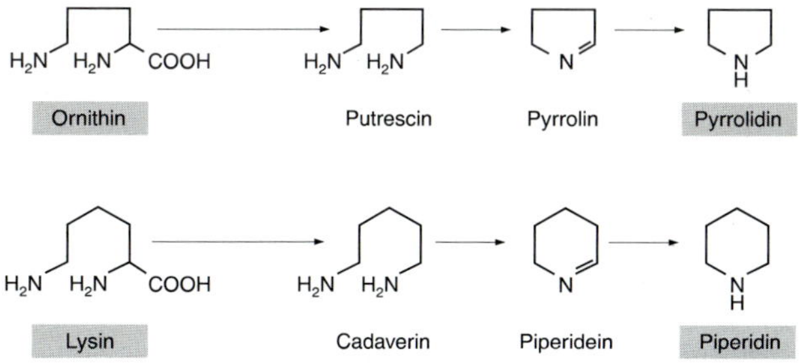

Abb. 10.2.
Möglichkeiten der Zyklisierung von Ornithin und Lysin.

10.1.1 Chinolizidin-Alkaloide

Die Chinolizidin-Alkaloide führen ein oder zwei Chinolizidinsysteme. Sie finden sich vor allem in *Fabaceae*, darunter in der Gattung *Lupinus*. Nach diesem ihrem Vorkommen in Lupinen haben sie auch den Namen Lupinenalkaloide erhalten. Ende der zwanziger Jahre unseres Jahrhunderts wurden durch VON SENGBUSCH aus Millionen Lupinenpflanzen alkaloidarme Mutanten ausgelesen, die sich als Viehfutter verwenden lassen. Sie sind als »Süßlupinen« bekannt geworden. Die wichtigsten Lupinenalkaloide sind das Lupinin mit einem und das Spartein, Lupanin und Hydroxy-lupanin mit jeweils zwei Chinolizidinsystemen (Abb. 10.3).

Ausgangsmaterial für die Synthese der Lupinenalkaloide ist die Aminosäure Lysin, die zunächst durch Decarboxylierung in ihr biogenes Amin Cadaverin überführt wird. Zwei Einheiten Cadaverin werden dann über noch hypothetische Zwischenstufen zu Lupinin vereinigt. Durch Addition einer weiteren Einheit Cadaverin erhält man aus Lupinin Spartein, das dann zu Lupanin und weiter zu Hydroxy-lupanin oxidiert werden kann.

Abb. 10.3. Die wichtigsten Lupinenalkaloide und ihre Biosynthese (Schema).

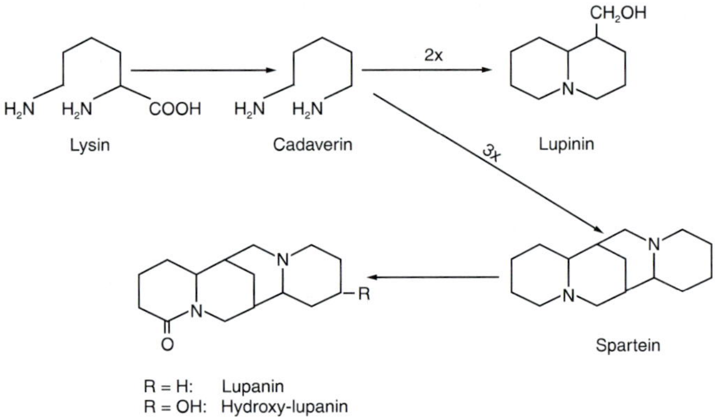

Das C-Grundgerüst der Chinolizidin-Alkaloide entsteht ausschließlich aus Lysin. In den folgenden Alkaloidgruppen wird nur ein Teil des C-Skeletts von den jeweiligen Aminosäuren, von Lysin bzw. Ornithin gestellt. Hinzu kommen dann noch weitere, fallweise verschiedene C-Gerüste.

10.1.2 Pyrrolizidin-Alkaloide

In geringen Mengen sind die Pyrrolizidin-Alkaloide im Pflanzenreich ziemlich weit verbreitet. In höheren Konzentrationen finden sie sich in bestimmten Asteraceen (*Eupatorium, Senecio*), Boraginaceen (*Cynoglossum, Heliotropium, Symphytum*) und Fabaceen (*Crotalaria*). Sie bestehen aus einem Kern, dem eigentlichen, auch als Necinbase bezeichneten Alkaloid, und damit veresterten Necinsäuren. Die wichtigste Necinbase ist das Retronecin (Abb. 22.25). Es wird wie die Necinbasen generell aus zwei Molekülen Ornithin gebildet, was hier nicht im Detail verfolgt werden soll. Bei den Necinsäuren handelt es sich um verzweigte Mono- oder Dicarbonsäuren, die sich meistens von entsprechend verzweigten Aminosäuren wie Valin- oder Isoleucin ableiten.

10.1.3 Nicotiana-Alkaloide und Nicotinsäure

Die wichtigsten Nicotiana-Alkaloide (Tabakalkaloide) sind das Nicotin, Nornicotin und Anabasin (Abb. 10.4). Nicotin und Nornicotin sind Hauptalkaloide von *Nicotiana tabacum*, Anabasin von *Nicotiana glauca*. Nicotin und Nornicotin bestehen beide aus einem Pyridinring, an dem seitlich ein Pyrrolidinring angehängt ist. Im Falle des Nicotins trägt dieser Pyrrolidinring an seinem Ring-N eine Methylgruppe. Anabasin baut sich ebenfalls aus einem Pyridinring auf, an den aber ein Piperidinring angefügt ist.

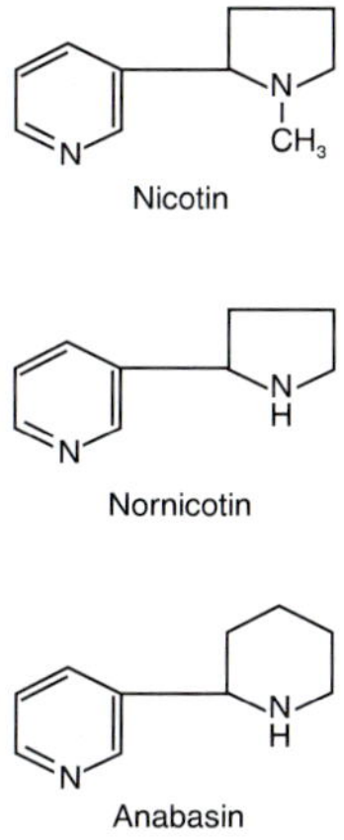

Abb. 10.4.
Die wichtigsten Tabakalkaloide.

Nun zur Biosynthese. Der Pyridinring der Nicotiana-Alkaloide wird von Nicotinsäure gestellt. Wir müssen uns also zuerst mit der Biosynthese der Nicotinsäure befassen (Abb. 10.5.). Sie entsteht je nach den Organismen auf zwei verschiedenen Wegen, die sich bei der Vorstufe Chinolinsäure treffen. In Tieren und Pilzen wird Chinolinsäure durch Abbau von Tryptophan angeliefert. In Bakterien und höheren Pflanzen wird ein Glycerinderivat mit einem Asparaginsäurederivat zu Chinolinsäure zusammengeschlossen. Chinolinsäure wird dann unter Decarboxylierung in Nicotinsäure-mononucleotid überführt, das entweder direkt oder auf dem Umweg über NAD^+ in freie Nicotinsäure übergehen kann. Man nennt den Kreislauf vom und zum Nicotinsäure-mononucleotid den Pyridinnucleotid-Zyklus. Die Bildung von Nicotinsäure – exakter von Chinolinsäure – auf zwei verschiedenen Wegen ist ein Beispiel für eine biochemische Konvergenz.

Vor allem aber zeigt die Biosynthese der Nicotinsäure wieder einmal, daß die Bezeichnung »sekundäre Pflanzenstoffe« nicht im Sinne von »zweitrangig« oder gar »nebensächlich« mißverstanden werden darf. Denn über den Pyridinnucleotid-Zyklus wird nicht nur mit Nicotinsäure ein

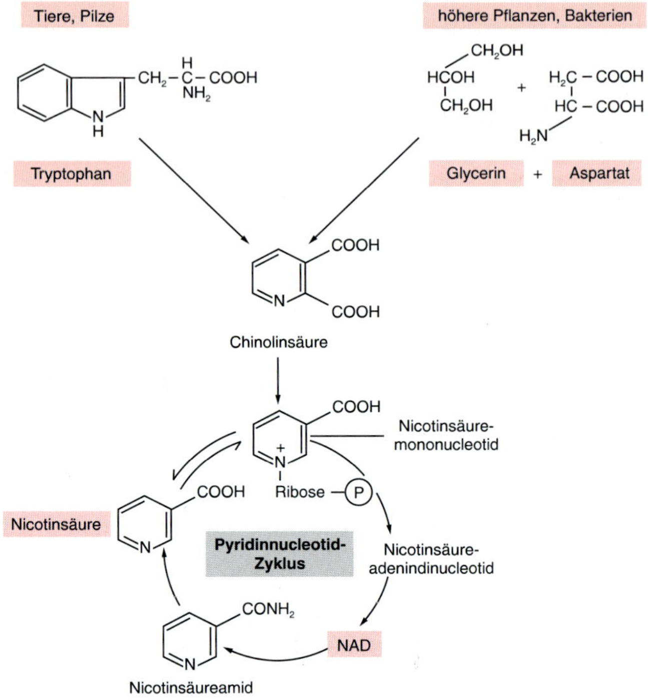

Abb. 10.5. *Der Pyridinnucleotid-Zyklus (Schema): Biosynthese von Nicotinsäure und von NAD^+ (und $NADP^+$).*

Baustein für die Tabak-Alkaloide angeliefert, sondern auch NAD^+, an das sich $NADP^+$ anschließen läßt, beides zentral wichtige Coenzyme.

Nun zur Biosynthese des Pyrrolidin- bzw. Piperidinsystems. Sie entstehen über die uns schon bekannte Cyclisierung der biogenen Amine von Ornithin bzw. Lysin (Abb. 10.2). Die Methylgruppe, die sich im Nicotin findet,

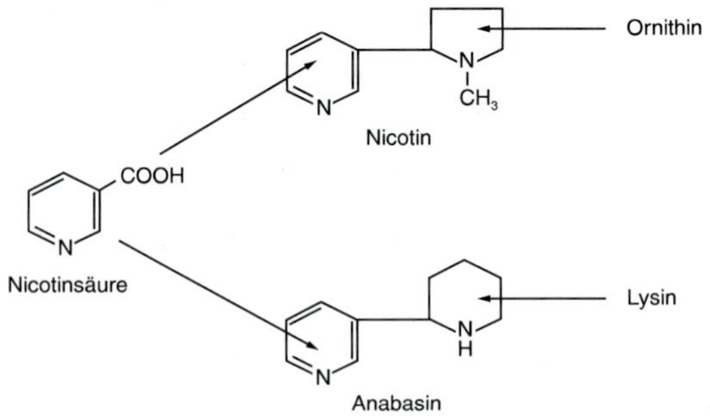

Abb. 10.6. *Schema der Biosynthese der Tabakalkaloide.*

wird schon in das Ornithin und dann über dessen Umwandlungsprodukte eingebracht. Nornicotin entsteht durch Entfernung dieser Methylgruppe aus Nicotin (Abb. 10.6).

Gerade bei grünen höheren Pflanzen ist man geneigt, den Blättern, den Organen der Photosynthese, noch beliebige weitere Syntheseleistungen zu unterstellen. Das gilt besonders für die Synthese von Substanzen, die man auch oder ausschließlich in den Blättern findet. Doch gerade für das Nicotin – und ebenso für Tropanalkaloide – ließ sich u.a. über entsprechende Pfropfungen (Abb.10.7) zeigen, daß die Wurzel der Syntheseort ist und das Nicotin von dort in die Blätter transportiert wird. Nur wenig Nicotin wird vom Sproß von *Nicotiana tabacum* gebildet. Die Demethylierung von Nicotin zu Nornicotin findet in den Blättern statt. Anabasin, das in *Nicotiana tabacum* als Nebenalkaloid vorkommt, wird hier ebenfalls überwiegend in den Wurzeln gebildet. In *Nicotiana glauca* dagegen, die Anabasin als Hauptalkaloid führt, wird das Alkaloid bevorzugt im Sproß gebildet.

Merken wir uns aus diesen Befunden nicht nur, daß der Wurzel erhebliche synthetische Fähigkeiten zukommen können. Ziehen wir daraus auch die Lehre, daß man sich vor weitergehenden Experimenten zunächst gründlich darüber orientieren sollte, in welchem Pflanzenorgan zu welchem Zeitpunkt der Entwicklung und unter welchen Bedingungen der interessierende Stoff gebildet wird.

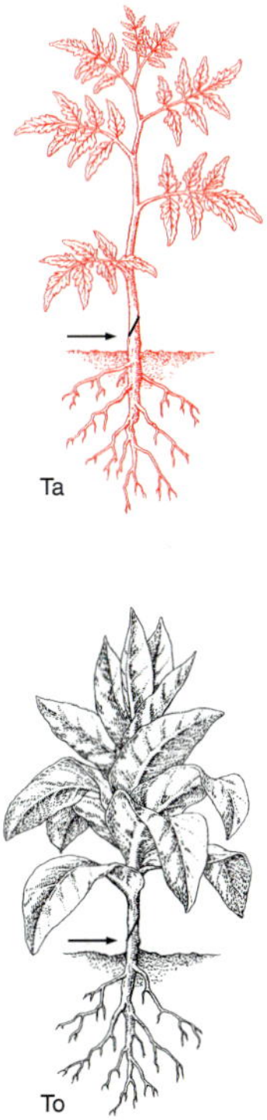

Abb. 10.7.
Propfexperimente zur Bestimmung des Syntheseorts der Alkaloide von Nicotiana tabacum. Oben: Tomatenreis, gepfropft auf Tabakwurzel (Ta); das Reis enthält Tabakalkaloide. Unten: Tabakreis, gepfropft auf Tomatenwurzel (To); das Reis führt keine Tabakalkaloide. Die Tabakalkaloide werden also in der Wurzel gebildet (nach ROBINSON 1959).

10.1.4 Tropan-Alkaloide

Namengebend ist das Tropanskelett (Abb.10.8).

Es liegt in mehreren Varianten vor, von denen hier zwei berücksichtigt werden können (Variante 1 und Variante 2 in Abb. 10.9). Durch Reduktion erhalten beide Varianten eine Hydroxylgruppe und damit alkoholischen Charakter. Man spricht dann von Tropanolen. Mit ihnen sind fallweise verschiedene Säuren verestert, in unseren Beispielen die Benzoesäure und die Tropasäure (Abb. 10.9).

Variante 1 ist für die Gattung Erythroxylon (*Erythroxylaceae*) charakteristisch. Das betreffende Tropanol besteht aus einem Pyrrolidin-Ring mit vier angeschlossenen C-Atomen. Es ist mit Benzoesäure verestert. Beispiel: Cocain.

Variante 2 findet sich u.a. in den Gattungen *Atropa, Datura, Hyoscyamus* und *Mandragora (Solanaceae)*. Das betreffende Tropanol besteht aus einem Pyrrolidin-Ring mit drei angeschlossenen C-Atomen. Es ist mit Tropasäure verestert. Beispiel: Hyoscyamin.

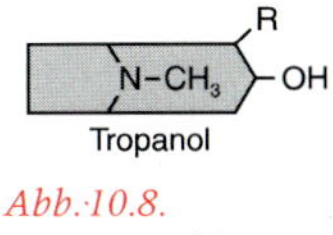

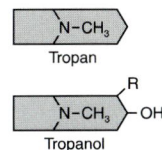

Abb. 10.8.
Tropan und Tropanole.
R = H: Tropin, das Tropanol;
R = COOH: Ecgonin.

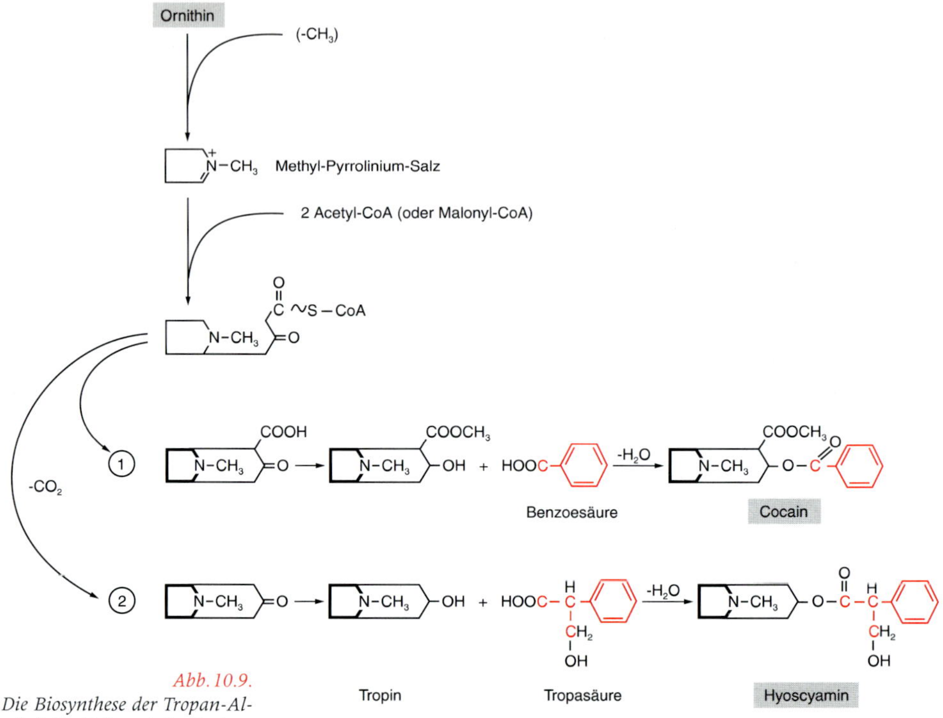

Abb. 10.9.
Die Biosynthese der Tropan-Alkaloide (Schema). In Kreisen: 1 = Variante 1; 2 = Variante 2.

Die *Biosynthese der Tropane bzw. Tropanole* (Abb. 10.9) geht von Ornithin aus. In seine endständige Aminogruppe wird eine Methylgruppe eingefügt. Bei der nun folgenden Desaminierung entsteht dann Methyl-Putrescin anstatt wie üblich (Abb. 10.2) Putrescin. Bei der Cyclisierung resultiert entsprechend nicht Pyrrolin, sondern ein Methyl-Pyrrolinium-Salz.

Um Tropane zu erhalten, müssen nun noch vier (Variante 1) bzw. drei C (Variante 2) hinzukommen. Sie stammen aus zwei Einheiten Acetyl-CoA oder aus zwei Einheiten Malonyl-CoA unter Decarboxylierung. Es entsteht eine Zwischenstufe, in der das zweite Ringsystem zunächst noch nicht geschlossen ist. Aus ihr erhält man

1. über *Cyclisierung* ein Tropan der Variante 1, das in ein entsprechendes Tropanol übergeht. Dieses wird mit Benzoesäure unter Bildung von Cocain verestert;
2. über *Cylisierung und Decarboxilierung* ein Tropan der Variante 2, das in ein entsprechendes Tropanol, das Tropin,

übergeht. Es wird mit Tropasäure unter Bildung von Hyoscyamin verestert.

10.2 Derivate der aromatischen Aminosäuren Phenylalanin und Tyrosin

10.2.1 Betalaine

In der Ordnung der *Centrospermae* finden sich in allen Familien mit Ausnahme der *Caryophyllaceae* und der *Molluginaceae* rote und gelbe in Zellsaft gelöste Pigmente, die eine eigene Farbstoffgruppe bilden. Nach ihrem Vorkommen in der Gattung *Beta* (Rübe) nennt man sie Betalaine. Sie gliedern sich in die beiden Untergruppen der Betacyane und Betaxanthine.

Beide Untergruppen lassen einen gemeinsamen Baustein erkennen, die Betalaminsäure (Abb. 10.10). Sie bildet sich aus DOPA, einem hydroxylierten Tyrosin (DOPA = *D*i-*o*xy-*p*henyl-*a*lanin). Dabei ist zu beachten, daß die Ringsysteme des DOPA und der Betalaminsäure einander nicht entsprechen. Vielmehr wird der aromatische Ring des DOPA aufgeschnitten. Anschließend kommt es unter Einbezug der Seitenkette des ehemaligen DOPA zur Bildung des Ringes der Betalaminsäure. In einer zweiten, mit Betalaminsäure kombinierten Komponente unterscheiden sich die beiden Untergruppen.

Betacyane sind rotviolette Farbstoffe, die im Zellsaft als Glykoside vorliegen. Ein Beispiel ist das Betanidin (Abb. 10.10), das Aglykon des Glykosids Betanin der Roten Rübe (*Beta vulgaris*). Bei ihm wird auch der zweite Teil des Moleküls aus DOPA gebildet: durch Cyclisierung der Seiten-

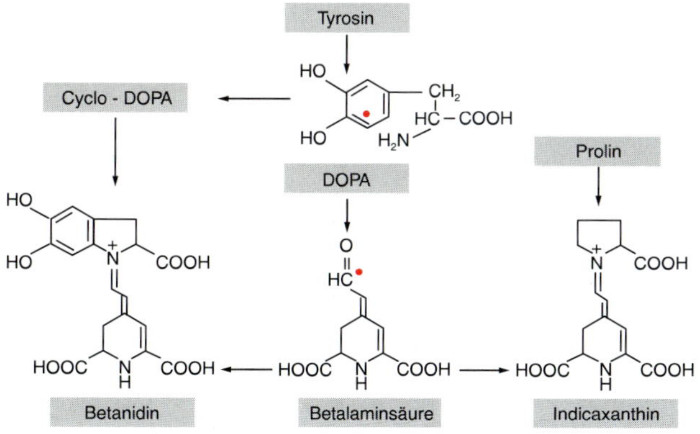

Abb. 10.10.
Betacyane (Betanidin) und Betaxanthine (Indicaxanthin) und ihre Biosynthese aus DOPA (Grundzüge). In beiden Fällen liefert DOPA zunächst den Baustein Betalaminsäure an. Dabei wird das aromatische Ringsystem des DOPA aufgeschnitten und Betalaminsäure unter Einbezug seiner Seitenkette gebildet (vgl. den Stellungswechsel des rot markierten C-Atoms). Cyclo-DOPA, die zweite Komponente des Betanidins, entsteht ebenfalls aus DOPA, und zwar durch Cyklisierung seiner Seitenkette. Im Betaxanthin ist Prolin die zweite Komponente. Cyclo-DOPA und Prolin werden jeweils mit Betalaminsäure kombiniert.

kette bildet sich ein Cyclo-DOPA, das mit Betalaminsäure zusammengeschlossen wird.

Betaxanthine sind gelbe Farbstoffe, die ebenfalls im Zellsaft lokalisiert sind. Ein Beispiel ist das Indicaxanthin (Abb. 10.10) aus dem Feigenkaktus (*Opuntia ficus-indica*). Bei ihm wird Betalaminsäure mit Prolin kombiniert. An die Stelle des Prolins können in anderen Betaxanthinen auch weitere Aminosäuren treten.

10.2.2 Isochinolin- und Benzylisochinolin-Alkaloide

Vom Grundkörper Isochinolin leiten sich weitere Strukturen ab, die ihrerseits für große und wichtige Alkaloidgruppen repräsentativ und namengebend sein können. Dazu gehören auch die Benzylisochinolin-Alkaloide. Nur sie sollen hier vorgestellt werden.

Formelmäßig leiten sich die Benzylisochinolin-Alkaloide von den Isochinolin-Alkaloiden durch Einfügen eines Benzylrestes her (Abb. 10.11), deshalb ihr Name. Die Biosynthese allerdings verläuft anders. Aber zuvor sei daran erinnert,

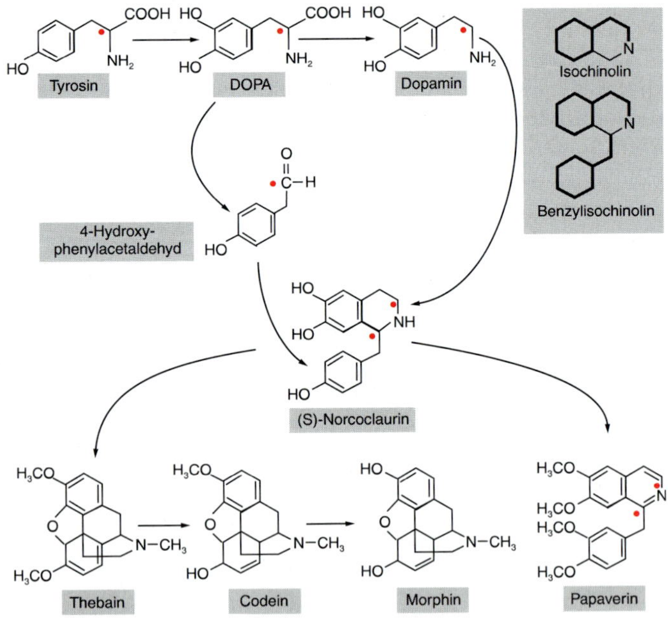

Abb. 10.11. Grundzüge der Biosynthese einiger Benzylisochinolin-Alkaloide (Morphin-Alkaloide und Papaverin).

daß zu den Benzylisochinolin-Alkaloiden die Hauptalkaloide der Gattung *Papaver* gehören, vor allem die bekannten und durch Mißbrauch von seiten des Menschen auch z.T. übel beleumdeten Morphin-Alkaloide. Sie werden aus unreifen Fruchtkapseln des Schlafmohns *Papaver somniferum* und verwandter Arten gewonnen.

Zur Biosynthese nur die wichtigsten Daten (Abb. 10.11). Sie geht von Tyrosin aus, das wie uns schon geläufig in DOPA überführt wird. Eine Einheit DOPA wird zu Dopamin decarboxyliert, eine zweite liefert 4-Hydroxy-phenylacetaldehyd. Beide schließen sich zu einem Intermediärprodukt mit drei Ringsystemen, dem (S)-Norcoclaurin zusammen. Von ihm leiten sich Papaverin einerseits und die Morphin-Alkaloide andererseits ab. Dabei wird zuerst Thebain gebildet, aus dem durch Demethylierungen dann Codein und schließlich das namengebende Morphin selbst entstehen.

10.2.3 Colchicin

Colchicin, das Alkaloid der Herbstzeitlose (*Colchicum autumnale*), ist dem Pflanzenzüchter als Mittel zur Erzeugung polyploider Pflanzen vertraut. Wenn man die Formel betrachtet (Abb.10.12), scheint die Substanz überhaupt nicht zu den Alkaloiden zu gehören. Denn der N ist nicht in ein Ringsystem eingebunden. Colchicin reagiert auch nicht basisch. Dennoch zählt es seiner Biosynthese nach zu den Alkaloiden. Hier muß genügen, daß wiederum Phenylalanin und Tyrosin die Ausgangssubstanzen sind.

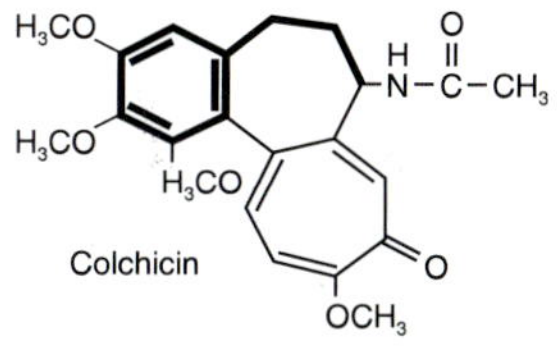

Abb. 10.12.
Colchicin. Der stärker gezeichnete Teil der Struktur stammt von Phenylalanin, der Rest von Tyrosin ab.

10.3 Derivate der Aminosäure Tryptophan: Indolalkaloide und Derivate

Kennzeichnend ist das Vorliegen eines Indolkernes, der von der Aminosäure Tryptophan gestellt wird. Vielfach werden an den Indolkern noch ein oder zwei 5-C-Bausteine angelagert, so daß kompliziert gebaute Alkaloide entstehen. Dabei kann es sogar zu einem Aufsprengen des Indolringes und zu einem neuen Ringschluß in der Art kommen, daß Chinolinsysteme resultieren.

Ein einfach gebautes Indolalkaloid ist das Physostigmin aus der Kalabarbohne *Physostigma venenosum* (Abb. 10.13). Es entsteht aus Tryptophan über dessen biogenes Amin, das Tryptamin.

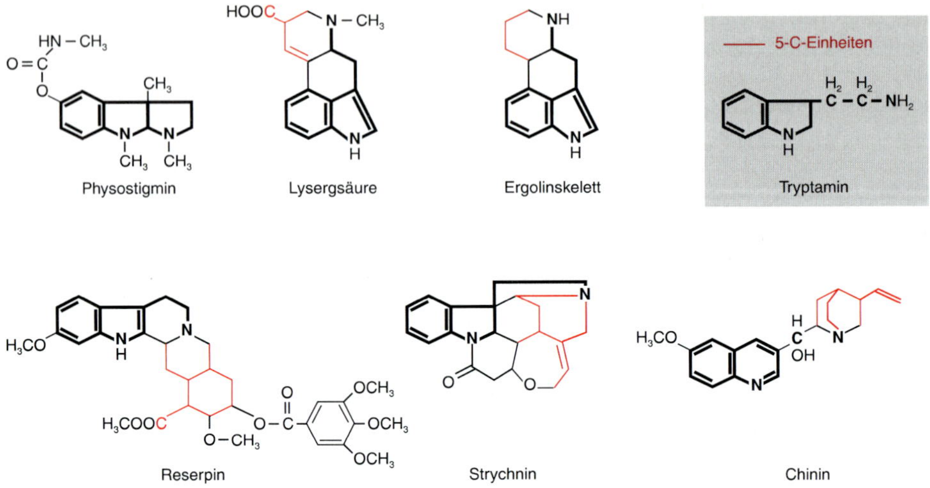

Abb. 10.13. Indolalkaloide. Die Biosynthese geht von Tryptophan aus, das zu Tryptamin decarboxyliert wird.

Gehen wir nun zu etwas verwickelter gebauten Indolalkaloiden über. In Pilzen der Gattung *Claviceps*, vor allem im »Mutterkorn«, den Sklerotien von *Claviceps purpurea*, finden sich Alkaloide, die durch das »Ergolinskelett« charakterisiert sind (Abb. 10.13). Überraschenderweise fanden sich diese *Mutterkornalkaloide* oder besser *Ergolinalkaloide* auch in höheren Pflanzen, nämlich in der Familie der *Convolvulaceae*. Ein bekanntes Beispiel ist die Lysergsäure (Abb. 10.13), die als Amid oder Peptidderivat sowohl bei *Claviceps* als auch bei *Convolvulaceae* (z. B. in der Gattung *Ipomaea*) vorkommt.

Was die Biosynthese anbelangt, so ließ sich bald absichern, daß der Indolkern von der Aminosäure Tryptophan hergeleitet wird. Etwas mehr Kopfzerbrechen machte die Herkunft des restlichen C-Skeletts, doch fand man heraus, daß es von Mevalonat bzw. Isopentenylpyrophosphat gestellt wird. In den Ergolinalkaloiden ist also der Indolkern mit einer aus dem Terpenoidstoffwechsel stammenden 5-C-Einheit verknüpft.

Mutterkorn (*Secale cornutum*, Abb. 10.16). Ascosporen von *Claviceps purpurea* infizieren die Fruchtknoten von Getreidearten und Wildgräsern, vor allem von Roggen. Das sich dort entwickelnde Mycel bildet Konidien. Insekten suchen die befallenen Ährchen wegen des dort ebenfalls produzierten »Honigtaus« auf und verbreiten die Konidiosporen auf weitere Fruchtknoten. Zur Zeit der Kornreife bildet das Mycel harte schwärzliche Überdauerungsorgane, Sklerotien, aus – eben die Mutterkörner. Mit ihrer Hilfe überwintert der Pilz. Im folgenden Frühjahr keimt das Sklerotium unter Bildung von Fruchtkörpern, die wieder Ascosporen bilden.

Das Sklerotium enthält eine ganze Reihe verschiedener Ergolin-Alkaloide. Sie sind u.a. sympatholytisch wirksam oder verursachen Kontraktionen der glatten Muskulatur. Im Mittelalter – und im übrigen noch bis in die 50er Jahre unseres Jahrhunderts – kam es immer wieder zu Massenvergiftungen über mit Mutterkorn versetztes Mehl (Veitstanz, Heiliges Feuer). In der Medizin finden bestimmte Mutterkornalkaloide zur Anregung der Wehen Verwendung (der Name Mutterkorn nimmt jedoch nicht darauf, sondern auf eine »Kornmutter« Bezug).

Ein bekanntes Derivat der Lysergsäure ist das im Labor hergestellte Lysergsäurediethylamid (LSD). Es wirkt stark halluzinogen. Wegen dieser Eigenschaft auch natürlich vorkommender Mutterkorn-Alkaloide wurden bestimmte Convolvulaceen von den präkolumbianischen Indianern Mesoamerikas zu kultischen Zwecken genutzt.

Der Bedarf an Mutterkorn-Alkaloiden wird fast ausschließlich über Beimpfen von Roggen und anderen Gramineen mit Konidiensuspensionen gedeckt. Zwar lassen sich *Claviceps purpurea* und einige verwandte Arten auch in Fermentern halten und dort zur Alkaloidproduktion bringen. Jedoch ist das in Kultur gebildete Alkaloidspektrum qualitativ und quantitativ von demjenigen des Mutterkorns selbst verschieden. Außerdem sind die Kulturverfahren noch nicht wirtschaftlich genug.

In den Familien der *Apocynaceae*, *Loganiaceae*, *Rubiaceae* und *Euphorbiaceae* finden sich schon komplizierter gebaute Indolalkaloide, die sich verschiedenen Gruppen zuordnen lassen. Als Beispiel mag das Reserpin aus *Rauwolfia serpentina* dienen. Außer dem Grundgerüst des Tryptophans und zwei 5-C-Einheiten findet sich in seinem Molekülverband noch eine methylierte Sinapinsäure-Einheit (Abb. 10.13).

Nur erwähnt werden können hier Vinblastin und Vincristin, die sich im Madagaskar-Immergrün *Catharanthus roseus* finden, und zwar als Teil der Nebenalkaloide, der quantitativ weniger ins Gewicht fallenden Substanzen also. Beide wirken ähnlich wie Colchicin, nur sehr viel stärker: Sie unterbinden die Ausbildung des Spindelfaserapparates und hemmen dadurch die Mitose. In der Medizin werden sie zur Chemotherapie bestimmter Krebserkrankungen eingesetzt. Wegen dieser ihrer medizinischen Bedeutung hat man auch versucht, sie aus Zellkulturen von *Catharanthus* zu gewinnen. Als Erfolg war zwar zu verzeichnen, daß solche Zellkulturen andere Indolalkaloide zu bilden vermögen – leider bisher aber gerade Vinblastin und Vincristin nur in Spuren.

Zu den Indolalkaloiden gehören schließlich noch verwickelter gebaute Stoffe, wie z.B. das Strychnin aus *Strychnos nux-vomica*. Aber auch das Strychnin zeigt noch den Indolkern (Abb. 10.13). Nun kann aber selbst dieser Indolring einem Umbau unterliegen. Das geschieht in der Gattung *Chinchona* aus der Familie der *Rubiaceae*. Einige *Chinchona*-Alkaloide führen noch den Indolkern, in anderen wie dem als Malariamittel wichtigen Chinin ist der Indolkern in ein *Chinolinsystem* überführt worden (Abb. 10.13). Dabei wird der N-haltige Fünfring des Indols zunächst gesprengt und dann zu einem N-haltigen Sechsring rearrangiert. Damit ist aus dem Indol- ein Chinolin-System geworden.

10.4 Purin-Alkaloide

Purinringe sind uns schon von den Purinbasen der Nucleinsäuren her bekannt. Ihr Aufbau verläuft in Mikroorganismen, Tieren und Pflanzen nach den gleichen Prinzpien. Typisch ist, daß nicht zuerst das freie Puringerüst gebildet und dann in sein Nucleotid überführt wird, sondern an eine Ribose-phosphat-Einheit nach und nach der Purinring angebaut wird.

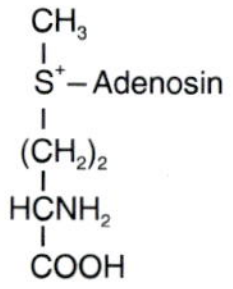

Abb. 10.14. S-Adenosyl-methionin.

Die Biosynthese beginnt mit Ribose-5-phosphat, das zuerst in 5-Phosphoribosyl-1-pyrophosphat und dann in 5-Phosphoribosylamin überführt wird (Abb. 10.15). Die Aminogruppe dieser Verbindung wird durch eine Transaminierung von Glutamin übernommen, das dabei wie üblich in Glutaminsäure übergeht. Der N dieser Aminogruppe wird später zum N-9 des Purinringes. Im nächsten Schritt wird Glycin über eine Peptidbindung mit dieser Aminogruppe verbunden. Alle weitern C- und N-Atome werden dann Atom für Atom angebaut. Die C-Atome stammen aus dem »C_1-pool« der Zelle. Es handelt sich dabei um Formylgruppen, die von Tetrahydrofolsäure übertragen werden und um CO_2, das über einen biochemischen Trick eingebracht wird, auf dessen Darstellung wir hier verzichten müssen. Die N-Atome stammen aus Aminogruppen von Glutamin und As-

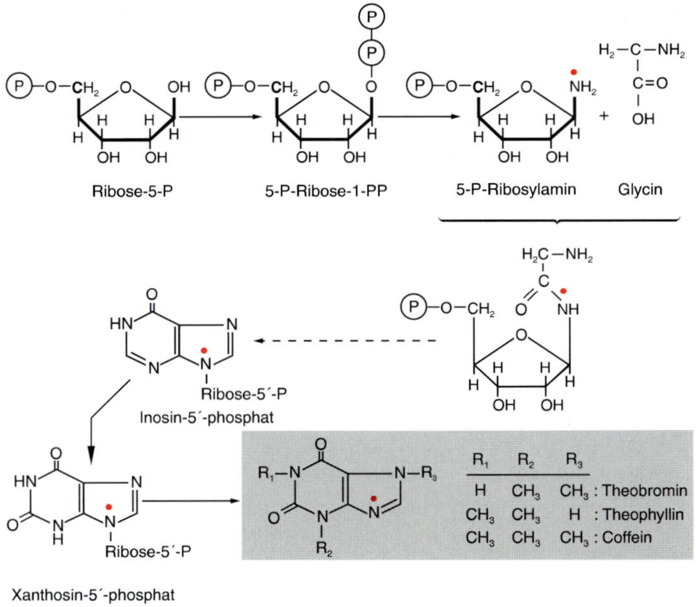

Abb. 10.15.
Die Biosynthese des Purinkernes, Purinalkaloide.

paraginsäure. Das erste Purinnucleotid auf diesem Biosyntheseweg ist das Inosin-5′-phosphat.

Inosin-5′-phosphat kann in die aus den Nucleinsäuren bekannten Nucleotide des Adenins und Guanins überführt werden. Wir wollen uns hier aber mit anderen Verwertungsmöglichkeiten der Substanz befassen. Denn wenn man von Purinalkaloiden spricht, so denkt man in erster Linie an Coffein, Theophyllin und Theobromin (Abb. 10.15). Diese methylierten Purinalkaloide, vor allem das Coffein, sind weit verbreitet. Bekannt ist ihr Vorkommen im Kaffee (u. a. *Coffea arabica*), im Tee (*Camellia sinensis*) und im Kakao (*Theobroma cacao*).

Die Biosynthese dieser drei Purinalkaloide folgt zunächst dem eben skizzierten Weg bis zum Inosin-5′-phospat. Dieses wird nun zu Xanthosin-5′-phosphat oxidiert, aus dem nach einer zuvor erfolgten Methylierung Methylxanthin (R_3 im Kasten = $-CH_3$) freigesetzt wird.

Theobromin, Theophyllin und Coffein sind nichts anderes als solche Methylxanthine. Damit fragt es sich, woher die betreffenden Methylgruppen stammen und wann sie in das Xanthin eingefügt werden. Methylgruppendonator ist wie häufig S-Adenosylmethionin, das bei dieser Gelegenheit vorgestellt sei (Abb. 10.14). Dieses »aktive Methionin« gibt seine Methylgruppe gerne an Hydroxyle ab. Dadurch resultieren die Methoxylgruppen, die wir bei verschiedenen Phenolderivaten (z. B. Zimtsäuren, Abb. 7.5, oder Anthocyanidinen, Abb. 7.20) angetroffen hatten. Hier bei den Purinalkaloiden werden ganz entsprechend N-Funktionen methyliert. Dabei wird die erste Methylgruppe (R_3 im Kasten der Abb. 10.15), die sich im Coffein findet, schon in ein Purin-Nucleotid, vermutlich in Xanthosin-5′-phosphat eingebracht. In das danach freigesetzte Methylxanthin werden dann ein oder zwei weitere Methylgruppen eingeführt. Dadurch erhält man die Dimethylxanthine Theobromin und Theophyllin bzw. das Trimethylxanthin Coffein.

10.5 Alkaloide und Biochemische Systematik

Die Systematik der Pflanzen ist die Wissenschaft vom Vergleich der Pflanzen und in Ausweitung dessen die Wissenschaft von der Pflanzenverwandtschaft. Sie kann auf sehr verschiedenen Ebenen betrieben werden, so auf cytologischer, anatomischer, morphologischer Ebene. Dabei ist eine Integration aller auf den verschiedenen Ebenen erbrachten Daten anzustreben.

Nun geht jede Merkmalsbildung cytologischer, anatomischer oder morphologischer Art letztlich auf bestimmte biochemische Abläufe zurück. Damit liegt es nahe, Systematik auch auf chemischer und biochemischer Basis zu betreiben. Eine Durchmusterung der Pflanzen auf ihren Bestand an Inhaltsstoffen kann diesem Zweck dienen. Diese Inventarisierung steht bei der Fülle der zu untersuchenden Pflanzen

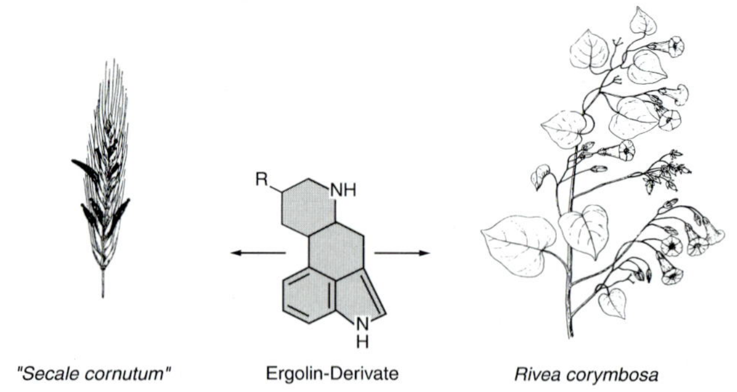

Abb. 10.16. *Ergolin-Derivate in Pilzen und höheren Pflanzen: »Secale cornutum«, das Mutterkorn, Überdauerungszustand des Pilzes Claviceps purpurea, hier auf einer Roggenähre, enthält sie ebenso wie die schon in präkolumbianischen Indianerkulturen zur rituellen »Bewußtseinserweiterung« verwendete Winde Rivea corymbosa (Convolvulaceae) (Secale aus Walter 1952, Rivea aus Wagner 1969).*

noch in ihren Anfängen. Infolgedessen ist man vor Überraschungen nicht sicher.

Besonders die Alkaloide schienen geeignete Kandidaten für eine systematische Auswertung. Ihre Strukturen sind vielfach so komplex, daß man annehmen konnte, derart skurrile Produkte würden wohl kaum noch in anderen systematischen Kategorien gebildet, seien also auf bestimmte Verwandtschaftskreise beschränkt und deshalb als systematische Kriterien nutzbar. Doch die eben angedeuteten Überraschungen ließen nicht auf sich warten.

Recht unerwartet kam z.B. die Entdeckung von Ergolinalkaloiden in der Familie der *Convolvulaceae*. Man hatte sie bis dahin für typische Inhaltsstoffe der Gattung *Claviceps*, also von Pilzen gehalten (Abb. 10.16).

Ebenso unerwartet kam eine andere Entdeckung: Die Betalaine, die wir gleich als typische Farbstoffe bestimmter Familien der *Centrospermae* hervorzuheben haben, stellen auch die roten Farbstoffe des Fliegenpilzes (Abb. 10.17). Es zeigte sich immer wieder, daß viele Pflanzenstoffe, auch solche se-

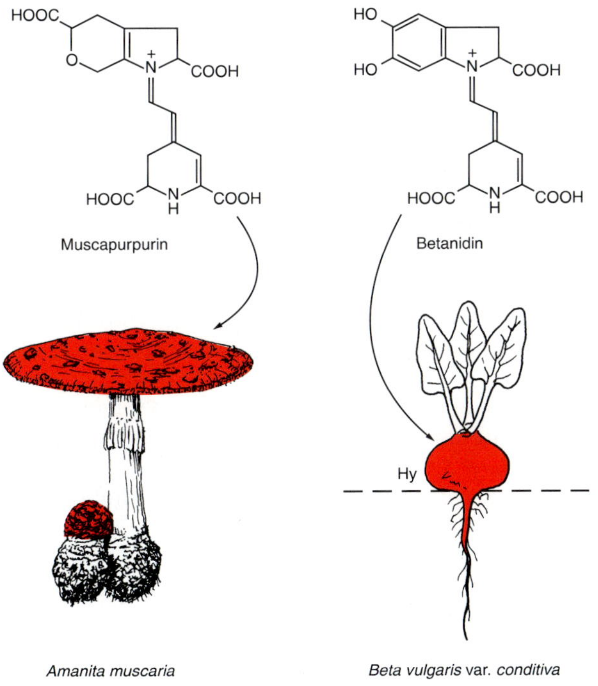

Abb. 10.17.
Betalaine im Fliegenpilz (Amanita muscaria) und in der Roten Rübe (Beta vulgaris var. conditiva), einer Hypokotylknolle (Hy = Hypokotyl). In der unteren Molekülhälfte von Muscapurpurin ebenso wie von Betanidin ist die Betalaminsäure als übereinstimmender Baustein leicht erkenntlich. Die oberen Hälften weisen Unterschiede auf, leiten sich jedoch ebenfalls beide von DOPA ab (Amanita verändert nach SCHMEIL-SEYBOLD 1958, Beta verändert aus TROLL 1973).

kundärer Natur, über das gesamte System hinweg gestreut vorkommen. Dennoch läßt sich ihr Auftreten in bestimmten systematischen Kategorien gegebenenfalls als zusätzliches Kriterium verwenden. Ein Beispiel: Die eben erwähnten Betalaine kommen in allen Familien der Ordnung Centrospermae mit Ausnahme der *Caryophyllaceae* und der *Molluginaceae* vor. Damit wird die Auffassung mancher Systematiker bestätigt, nach der die *Caryophyllaceae* und *Molluginaceae* von den übrigen Familien der *Centrospermae* abzusondern seien.

Das bedeutet aber nicht, daß die übrigen Familien, die alle Betacyane führen, nun eine geschlossene Einheit wären. Die *Cactaceae* z.B. ließen sich aus ihnen auf Grund eines anders gebauten Perianths und einer andersartigen Placentation herauslösen. Damit kommen wir schon zu einem Faktum, das manchmal übersehen wird: Ein chemisches Kriterium ist *eines* von vielen möglichen Kriterien. Es muß stets im Zusammenhang mit den anderen Kriterien gesehen werden.

Nun genügt es aber nicht, einfach nur die Verbreitung eines Stoffes als Kriterium zu werten. Denn genauso wie es eine Konvergenz auf morphologisch-anatomischem Sektor gibt (man denke etwa an die Erscheinungen der Sukkulenz bei *Cactaceae, Euphorbiaceae, Stapeliaceae* u.a.), so gibt es auch eine Konvergenz bei der Herausbildung chemischer Merkmale. Ein Beispiel hierfür ist die Biosynthese der Nicotinsäure, die bei verschiedenen Organismengruppen auf verschiedenen Wegen entsteht. Solche Konvergenzerscheinungen machen es sehr fraglich, ob man die pure Existenz eines Inhaltsstoffes als systematisches Kriterium verwerten darf. Es sollte wenn nur irgend möglich der Biosyntheseweg als Kriterium herangezogen werden. Damit wird dann aber aus der Chemosystematik eine eigentlich *biochemische Systematik*.

Nur angedeutet werden kann, daß man Systematik auch auf der Ebene der DNA betreiben kann. Man spricht hier von *Molekularer Sytematik*.

Bei der Biosynthese findet sich mehrfach eine enge Verzahnung in der Bildung von Alkaloiden als »sekundäre« Pflanzenstoffe und von für die Pflanze zentral wichtigen Substanzen. So wird bei der Biosynthese der Nicotiana-A. ein Pyridin-Ring angeliefert, der auch in die Pyridin-Nucleotide eingeht. Ein anderes Beispiel sind die Purin-A. Denn zu ihnen gehören nicht nur Coffein, Theophyllin und

Theobromin, sondern auch die Basen der Nucleinsäuren Adenin und Purin.

Die Alkaloide werden seit alters vom Menschen vielfach genutzt, so in Medizin und Kultur. Dadurch spielen sie auch in der Ethnobotanik eine wichtige Rolle (die Ethnobotanik befaßt sich mit den Beziehungen der jeweils lokalen Bevölkerung zur umgebenden Pflanzenwelt). Für die Pflanzen selbst werden sie, wie noch zu behandeln, vielfach unter ökologischen Aspekten wichtig.

Zusammenfassung
Bei den Alkaloiden handelt es sich um eine weitere, große Gruppe von sekundären Pflanzenstoffen. Sie weisen im Regelfall einen N-haltigen Heterozyklus auf, der ihren namengebenden (alkaloid = alkali-ähnlich) basischen Charakter bedingt. Zur Definition gehört auch, daß die Alkaloide ihrer Biosynthese nach überwiegend Derivate der Aminosäuren Ornithin, Lysin, Phenylalanin, Tyrosin und Tryptophan bzw. der davon abgeleiteten Amine sind.

Von den besprochenen Alkaloiden leiten sich ganz oder teilweise ab von

Ornithin und Lysin:
- Chinolizidin-A. (Lupinen-A.)
- Pyrrolizidin-A.
- Nicotiana-A. (Tabak-A.)
- Tropan-A.

Phenylalanin bzw. Tyrosin:
- Betalaine
- Isochinolin-A. mit u. a. Benzylisochinolin-A.
- Colchicin

Trytophan:
- Indol-A. mit Ergolin-A.

Sonderweg unter Beteiligung auch von Aminosäuren:
- Purin-A.

C Grundlagen der Entwicklung

Entwicklung = Wachstum, Differenzierung und Musterbildung.

In den vorangegangenen Kapiteln hatten wir uns mit Stoffwechselreaktionen in höheren Pflanzen befaßt. Damit haben wir uns eine Basis für die nun folgende Darstellung von Entwicklungsvorgängen verschafft. Das vielzellige System einer höheren Pflanze wächst bei sexueller Fortpflanzung aus einer einzigen Zelle, der Zygote, heran. Dieses Wachstum ist der erste Aspekt der Entwicklung. Aber damit ist es es nicht getan. Erinnern wir uns daran, daß die einzelnen Zellen einer Pflanze voneinander sehr verschieden sein können. Dieses Verschiedenwerden, diese Differenzierung ist der zweite Aspekt der Entwicklung.

Die Entwicklung basiert also zunächst einmal auf Wachstum und Differenzierung. Die Differenzierung ihrerseits steht in engem Zusammenhang mit der Musterbildung.

Fragen wir uns nach den entsprechenden Definitionen. Vorweg sei erwähnt, daß sich dafür beim Wachstum mehrere Möglichkeiten ergeben. Manchmal erweist es sich als zweckmäßig, die Trockengewichtszunahme, die Frischgewichtszunahme oder die Volumenzunahme als Parameter zu wählen. Ein anderes Mal bevorzugt man biochemische Bezugsgrößen, etwa die DNA- oder die Proteinsynthese.

Gerade bei höheren Pflanzen bezeichnet man das *Wachstum* gerne als *irreversible Volumenzunahme*. Wenn wir diese Definition hier akzeptieren, dann nur mit einem Vorbehalt: Man pflegt bei höheren Pflanzen ein Teilungswachstum von einem nachfolgenden Streckungswachstum zu unterscheiden. Gerade zu der oft erheblichen Volumenzunahme während des Streckungswachstums scheint die erwähnte Definition bestens zu passen. Aber das Streckungswachstum ist nicht nur »Wachstum«, es ist gleichzeitig ein früher Prozeß der Differenzierung. Wir werden deshalb Teilungs- und Streckungswachstum an verschiedenen Stellen besprechen. Unter *Differenzierung* versteht man ein Verschiedenwerden der Zellen hinsichtlich Struktur und Funktion, hinter dem eine programmierte Proteinsynthese steht. In engem Zusammenhang mit der Differenzierung steht die Musterbildung. Denn die differenzierten Zellen, Gewebe oder Organe sind nicht willkürlich über den Organismus verteilt, sondern sie fügen sich zu ganz bestimmten Mustern zusammen. Die *Musterbildung* ist demnach die räumliche Organisierung differenzierter Einheiten zu einem übergeordneten Ganzen.

11 Teilungswachstum

11.1 Der Mitose-Zyklus

Das Teilungswachstum erfolgt auf der Basis mitotischer Zellteilungen. Den Ablauf der Mitose selbst dürfen wir hier als bekannt voraussetzen. In den Etappen der Prophase, Metaphase, Anaphase und Telophase werden die Chromosomen der Länge nach in je zwei homologe Chromatiden gespalten. Diese Chromatiden werden so auf zwei sich herausbildende Tochterkerne verteilt, daß von zwei homologen Chromatiden immer eine dem einen, die andere dem anderen Tochterkern zugeschlagen wird. Entsprechende weitere Veränderungen im Cytoplasma lassen zwei Tochterzellen entstehen, von denen jede einen der beiden Tochterkerne führt. In jedem Lehrbuch, das etwas auf sich hält, steht nun zu lesen, die Mitose sei im Gegensatz zur Meiosis eine erbgleiche Teilung. Jede Tochterzelle sollte also dieselbe genetische Information wie die Mutterzelle führen. Da wir schon wissen, daß DNA das genetische Material der höheren Organismen darstellt, müssen wir bei einer Beweisführung für diese Aussage unser besonderes Augenmerk auf die DNA richten.

Wenn jede Tochterzelle eine mit der Mutterzelle übereinstimmende DNA-Ausstattung erhalten soll, muß die DNA der Mutterzelle vor der Mitose identisch redupliziert werden. Stellen wir das »identisch« einmal vorläufig zurück und fragen wir uns zunächst nur, ob sich eine solche DNA-Replikation quantitativ fassen läßt.

Das ist der Fall. Denn in den meristematischen Zonen der Pflanzen durchlaufen die Zellen von Mitose zu Mitose einen sog. Mitosezyklus oder DNA-Synthesezyklus (Abb. 11.1). Unmittelbar auf eine Teilung folgt eine postmitotische Phase ohne DNA-Synthese. An sie schließt sich eine Phase der DNA-Synthese an, in der die DNA quantitativen Bestimmungen zufolge verdoppelt wird. Darauf folgt wieder eine Phase ohne DNA-Synthese, die der nächsten Mitose vorausgeht und deshalb prämitotisch genannt wird. Sie leitet zur Mitose über, die mit der Teilung ihren Abschluß findet. Die entstehenden Tochterzellen können den Zyklus erneut durchlaufen, falls sie ihre Teilungsfähigkeit und Teilungsbereitschaft behalten.

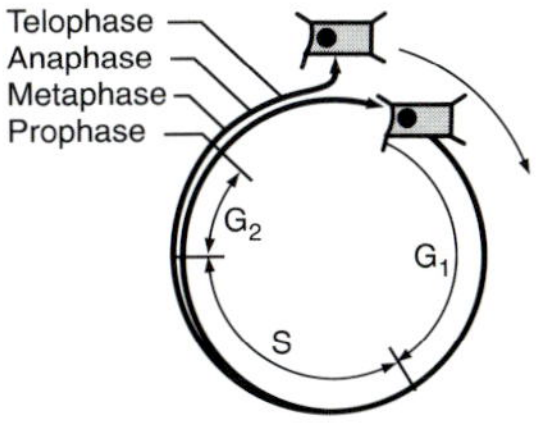

Abb. 11.1. *Schema des Mitosezyklus (DNA-Synthesezyklus). G_1 = postmitotische Phase (G = gap), S = Phase der DNA-Synthese, G_2 = prämitotische Phase (verändert nach* BIELKA *1969).*

11.2 Die Replikation der DNA

11.2.1 Das Prinzip der semikonservativen DNA-Replikation

Wir hatten soeben festgestellt, daß der DNA-Gehalt einer Zelle tatsächlich vor einer mitotischen Teilung verdoppelt wird. Nun müssen wir als nächstes überprüfen, ob diese Verdoppelung eine *identische* Reduplikation oder Replikation darstellt. Denn nur dann wäre die Erbgleichheit der Tochterzellen gewährleistet.

Auf molekularer Ebene bedeutet das, daß aus einer DNA-Doppelhelix im Zuge der DNA-Verdoppelung zwei identische DNA-Doppelhelices werden müssen. Für eine solche Replikation wurden mehrere Modellvorstellungen entwickelt, von denen sich diejenige von einer *semikonservativen DNA-Replikation* als zutreffend erwies. Eine solche semikonservative DNA-Replikation beginnt damit, daß sich die Doppelhelix lokal in ihre beiden Einzelstränge entschraubt (Abb. 11.4). An den freigelegten Teilstücken der Einzelstränge wird dann ein komplementärer zweiter Strang ergänzt. Entschrauben und Bildung der Komplementärstränge schreiten solange fort, bis schließlich anstatt einer DNA-Doppelhelix zwei identische DNA-Doppelhelices vorliegen. Das Wachstum der neuen Stränge erfolgt dabei nach den Regeln der Basenpaarung. Die Basen im alten Strang, der als Matrizenstrang dient, paaren sich dementsprechend mit neuen Basen, die als d-Nucleosid-triphosphate herangeführt werden.

Damit ist das Prinzip der semikonservativen DNA-Replikation vorgestellt. Wir müssen uns nun noch mit Ausschnitten aus der Beweisführung und mit einigen Details zum molekularen Mechanismus befassen.

11.2.2 Das Meselson-Stahl-Experiment

In einem klassischen Experiment belegten Meselson und Stahl den semikonservativen Charakter der DNA-Replikation zunächst für *Escherichia coli*. Der nach ihnen benannte Versuch wurde dann aber auch an Zellen von Eukaryonten mit entsprechendem Ergebnis durchgeführt. Gehen wir auf die Experimente an Tabakzellen ein.

Zellen aus Tabak-Kallusgewebe lassen sich nicht nur auf festen, sondern auch in flüssigen Nährmedien vermehren. In flüssigem Medium verdoppelt sich die Zahl der

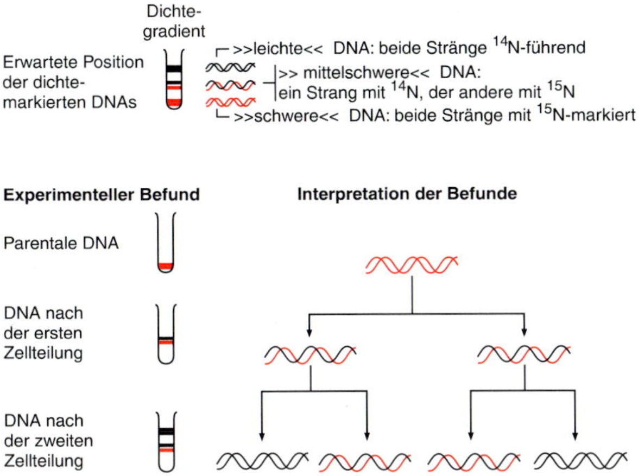

Abb. 11.2.
Das MESELSON-STAHL-Experiment. Oben die Positionen »leichter« (schwarz), »mittelschwerer« (schwarz-rot) und »schwerer« (rot) DNA im CsCl-Dichtegradienten, darunter der experimentelle Befund nach entsprechender Probennahme. Rechts daneben die Interpretation in Bezug auf die Art der Replikation. Zu den Einzelheiten vgl. den Text (verändert nach GOODWIN and MERCER 1983).

Zellen in rund zwei Tagen. In rund zwei Tagen durchlaufen die Zellen also einen DNA-Synthesezyklus. Nun wurden die Zellen zunächst über mehrere DNA-Synthesezyklen hinweg in einem Medium mit Verbindungen des »schweren« Stickstoffs ^{15}N gehalten. Dabei wird ^{15}N in die Purin- und Pyrimidinbasen der DNA eingebaut. Schließlich liegt alle DNA als »schwere« DNA mit ^{15}N-Basen vor. Solche schwere DNA läßt sich in der Ultrazentrifuge im Caesiumchlorid-Gradienten von normaler DNA mit ^{14}N-Basen abtrennen.

Nachdem die ganze DNA »schwer« geworden war, wurden die Zellen in ein Nährmedium überführt, das Stickstoff wieder in Form normaler ^{14}N-Verbindungen enthielt. In bestimmten Zeitabständen wurden Proben entnommen, aus denen die DNA isoliert und im Caesiumchlorid-Gradienten auf ihre Dichte hin überprüft wurde (Abb. 11.2). Nach zwei Tagen im ^{14}N-Medium liegt die gesamte DNA in einer »mittelschweren« Form vor. MESELSON und STAHL hatten in ihrem Versuch mit Bakterien schon zuvor nachgewiesen, daß die Doppelhelices solcher mittelschwerer DNA aus je einem ^{15}N- und je einem ^{14}N-Einzelstrang bestehen, also $^{14}N/^{15}N$-Hybride darstellen. Am vierten Tag, d.h. nach zwei DNA-Reduplikationen findet sich normale zu mittelschwerer DNA im Verhältnis 1 : 1. Mit jeder weiteren DNA-Replikation geht dann auch der Anteil an Hybrid-DNA zurück. Der Versuchsausfall läßt sich nur auf Basis einer semikonservativen DNA-Replikation verstehen.

11.2.3 Taylors Versuche an Vicia faba

Das Meselson-Stahl-Experiment bringt eine Beweisführung für den semikonservativen Charakter der DNA-Replikation auf molekularer Ebene. Aber in Versuchen TAYLORS war auch auf der Ebene der Chromosomen eine entsprechende Beweisführung möglich, wobei die Autoradiographie als Technik diente.

Wurzelspitzen der Saubohne (*Vicia faba*) wurden in einem Medium mit Thymidin-^{3}H und mit Colchicin kultiviert. In den sich lebhaft teilenden Zellen des Wurzelmeristems wird Thymidin-^{3}H in die DNA der Chromosomen eingebaut. Die Chromosomen sind damit radioaktiv markiert. Colchicin gestattet zwar die Replikation der DNA und der Chromosomen, blockiert aber die Spindelbildung und damit die Kernteilung. Die Tochterchromosomen bleiben also jeweils im »alten« Kern vereinigt, so daß sich die Chromosomendeszendenzen leicht verfolgen lassen.

Nach einer ersten Chromosomenreplikation im Medium mit Thymidin-^{3}H waren beide Tochterchromosomen markiert (Abb. 11.3). Wenn man nun die Wurzelspitzen nach dieser ersten Replikation in ein Medium ohne Thymidin-^{3}H überführte und dort eine zweite Replikation stattfand, so waren von den dann insgesamt vier Chromosomen zwei radioaktiv markiert, zwei nicht.

Nun die Interpretation dieser Befunde. Das noch nicht reduplizierte Ausgangschromosom bestand aus zwei Strängen. Machen wir es uns einfach und nehmen wir an, diese zwei Stränge bildeten eine DNA-Doppelhelix oder eine Folge von DNA-Doppelhelices, die über Proteinzwischenstücke aneinander gekoppelt sind. Bei der ersten Replikation in Anwesenheit von Thymidin-^{3}H bildet sich dann an jedem Einzelstrang der Doppelhelix ein komplementärer neuer Strang,

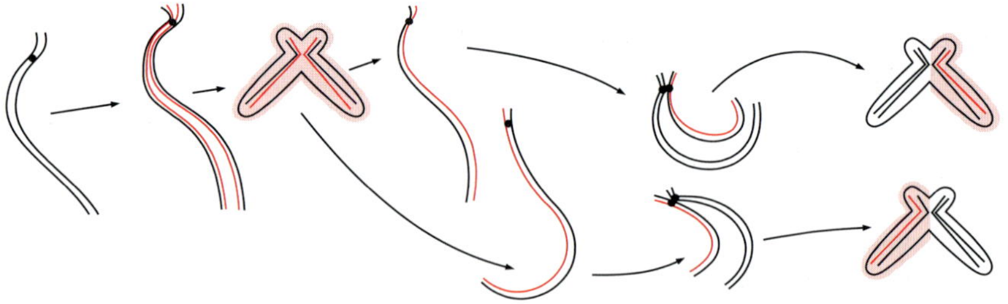

Abb. 11.3. *TAYLORS autoradiographische Untersuchungen an Vicia faba. Im Bild wurde die semikonservative Replikation nur eines Chromosoms dargestellt. Radioaktiv markierte Stränge rot. Schwärzung der photographischen Platte durch radioaktive Strahlung = rosa (verändert nach TAYLOR et al. 1957).*

der durch Aufnahme von Thymidin-^{3}H radioaktiv markiert ist. Dieser neue Strang überstrahlt den nicht markierten alten Partnerstrang bei der Autoradiographie. Damit erhält man nach der ersten Replikation zwei markierte Chromosomen.

Die zweite Replikation fand in einem Medium ohne Thymidin-^{3}H statt. Wenn dabei jeder der aus der ersten Replikation stammenden Einzelstränge komplementär ergänzt wird, resultieren vier Doppelstränge, von denen zwei nicht markiert sind, zwei aus je einem markierten und je einem nicht markierten Strang bestehen. In den beiden letzten Paaren überstrahlt wieder der markierte den nicht markierten Partner. Man findet also nach der zweiten Replikation zwei markierte und zwei nicht markierte Chromosomen. Taylors Versuche sprechen für eine semikonservative DNA-Replikation auf der Basis eines »Ein-Strang-Modells« des Chromosomenbaus. Nach diesem Modell besteht ein Chromosom vor der Replikation im Prinzip aus einer DNA-Doppelhelix plus Protein, wie wir das auch bei der Interpretation vorausgesetzt hatten.

11.2.4 Molekularer Mechanismus der DNA-Replikation

Bevor die Replikation beginnen kann, muß die DNA-Doppelhelix lokal entschraubt werden. Dadurch werden Ansatzpunkte (Origins, vgl. Abb. 11.7) für die Enzyme der DNA-Replikation freigelegt. Die räumliche Struktur, an der diese Enzyme nun zu arbeiten beginnen, kann man vereinfacht als Replikationsgabel darstellen.

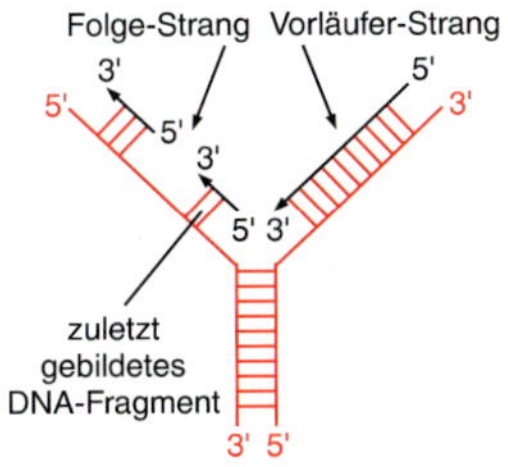

Abb. 11.4. Schema der Replikationsgabel. Nach Entschraubung der alten DNA-Doppelhelix werden an den dadurch zugänglichen beiden Einzelsträngen neue Stränge jeweils von 5′ nach 3′ gelegt. Dabei kommt es zu Unterschieden in der Replikation, die man als Asymmetrie bezeichnet. Sie sind hier nur angedeutet, Details finden sich in Abb. 11.6.

Die Enzyme der DNA-Replikation sind die *DNA-Polymerasen*, von denen man bei Pro- wie Eukaryonten mehrere verschiedene Typen mit entsprechend verschiedenen Funktionen kennt. Gemeinsam ist ihnen allen, daß sie d-Nucleosid-triphosphate dazu benützen, an Hand einer DNA-Matrize einen neuen DNA-Strang zu legen, wobei die Basenpaarung als ordnendes Prinzip fungiert. Gemeinsam ist ihnen auch, daß sie an einem Polynucleotid-Starter oder -Primer ansetzen müssen, und zwar an einem 3′-Ende. Dabei muß die Base am 3′-Ende des Primers mit der entsprechenden Base des Matrizen-Stranges gepaart sein. Ungepaarte Basen, die am Ende eines sonst gepaarten Primers sitzen könnten, werden nicht akzeptiert. Der neue Strang wächst dann in 5′- 3′-Richtung (Abb. 11.5)

DNA-Polymerasen können auch Exonuclease-Aktivität besitzen, d.h. Nucleotide vom Ende eines DNA-Einzelstran-

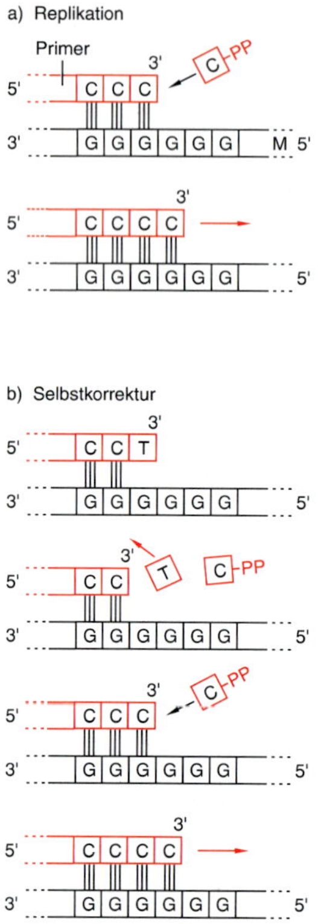

Abb. 11.5.
Funktionen von DNA-Polymerasen bei Replikation und Selbstkorrektur. Bei der Replikation (a) wächst der neue Strang von einem Primer ausgehend unter Einbau neuer Nucleotide am jeweiligen 3′-Ende entlang dem – alten – Matrizenstrang (M). Wird ein falsches Nucleotid angehängt, so kommt es über die Exonuclease-Funktion zur Selbstkorrektur (b). Das betreffende Nucleotid, hier ein Thymin-dNucleotid, wird eliminiert und danach die Replikation wie unter a fortgesetzt. Die Möglichkeit der Selbstkorrektur bedingt eine hohe Genauigkeit bei der Replikation (verändert nach Alberts *et al. 1986).*

ges entfernen. Damit ergibt sich eine Möglichkeit zur *»Selbstkorrektur« von Fehlern bei der Replikation*. Nehmen wir an, es sei am 3′-Ende eines wachsenden DNA-Stranges irrtümlich ein Nucleotid mit einer falschen Base angehängt worden, z.B. Thymin anstatt Cytosin (Abb. 11.5). Das Thymin kann nun nicht wie Cytosin mit dem Guanin im Matrizenstrang paaren. Die Folge ist, daß die DNA-Polymerase an der Fehlstelle zunächst kein weiteres Nucleotid anbaut. Aber nur zunächst! Denn über ihre Exonuclease-Aktivität kann sie das Thymin-Nucleotid abschneiden. Anschließend setzt sie dann ihre Polymerase-Aktivität wie gewohnt fort.

Soweit zu den DNA-Polymerasen. Wenn wir uns nun den Bau der DNA-Doppelhelix in Erinnerung rufen, stoßen wir auf eine entscheidend wichtige Schwierigkeit bei der Replikation durch unsere DNA-Polymerasen. Denn die beiden Einzelstränge einer gegebenen DNA-Doppelhelix weisen eine gegenläufige Polarität auf, sie sind, wie man auch sagt, antiparallel (Abb. 1.6 und 11.4). An dem einen dieser beiden Ausgangsstränge kann man sich nun ein 5′-3′-Wachstum des neu zu bildenden Stranges leicht vorstellen, wenn der Start erst einmal ermöglicht wurde, an dem anderen sollte es nach dem eben Gesagten eigentlich überhaupt nicht möglich sein!

In der Tat geht die Replikation an dem erstgenannten Altstrang zügig in 5′- 3′-Richtung voran. Den hier gebildeten neuen Strang nennt man dementsprechend den Vorläufer-Strang (leading strand). Am zweiten Ausgangsstrang kommt es zu Verzögerungen. Den dort synthetisierten neuen Strang bezeichnet man deshalb als Folge-Strang (lagging strand).

Was ermöglicht nun die Replikation an diesem zweiten Strang? Eben wurde erwähnt, daß die Replikation ganz generell einen Primer voraussetzt. Bei der normalen Replikation, die wir hier ausschließlich berücksichtigen, handelt es sich dabei um RNA. Dieser RNA-Primer wird von einer speziellen RNA-Polymerase, der Primase, nach den Regeln der Basenpaarung an den Ausgangssträngen gelegt. Bei der Replikation am Vorläufer-Strang wird einmal ein RNA-Primer benötigt, dann läuft die DNA-Replikation an ihm ansetzend ohne Unterbrechung ab. Nicht so am Folge-Strang (Abb. 11.6). Die Primase legt hier immer wieder einen RNA-Primer, beginnend an der Basis der Replikationsgabel. Am 3′-Ende der jeweiligen RNA-Primer setzt nun eine DNA-Polymerase an und legt einen relativ kurzen DNA-Strang. Er reicht bis zum Beginn des vorausgehenden RNA-Primers.

Die RNA-Primer werden dann abgebaut. Eine andere DNA-Polymerase schließt die dadurch entstandenen Lücken. Am Folge-Strang findet sich nun eine Sequenz neu synthetisierter DNA-Abschnitte, die man nach ihrem Entdecker als Okazaki-Fragmente bezeichnet hat. Eine DNA-Ligase legt schließlich die noch fehlenden kovalenten Bindungen zwischen den Okazaki-Fragmenten.

Am *Vorläufer-Strang* ist also nach dem Start eine *kontinuierliche DNA-Replikation* in 5′- 3′-Richtung möglich. Am *Folge-Strang* dagegen wird zwar ebenfalls in 5′- 3′-Richtung repliziert, aber *diskontinuierlich* durch das vorübergehende Einschalten von immer neuen RNA-Primern. Die *Replikationsgabel* wird dadurch *asymmetrisch.*

Eine ganze Reihe von weiteren Faktoren, die sich an der Replikation beteiligen, blieb hier unerwähnt. Für unsere Einführung erscheint etwas anderes wichtiger. Die DNA des Hauptgenoms von *Escherichia coli* ist verhältnismäßig kurz. Nicht so die chromosomale DNA der Eukaryonten. Sie muß außerdem noch aus dem Verband chromosomaler Proteine freigesetzt werden. Nehmen wir an, die DNA eines nicht-reduplizierten Chromosoms, also die einer Chromatide, bestünde wie oft angenommen aus einem ununterbrochenen DNA-Doppelstrang. Würde dann bei einem Chromosom von *Vicia faba* die Replikation an dem einen Ende der Helix beginnen und dann über deren ganze Länge fortlaufen, so würden dafür 2 $\times 10^5$ Stunden benötigt! Des Rätsels Lösung liegt in einer hohen Anzahl von Initiationsstellen für die Replikation auf der Eukaryonten-DNA.

Damit ist ein neuer Begriff zu klären: Die Replikation beginnt nicht irgendwo auf der DNA, sondern an durch eine ganz bestimmte Basensequenz charakterisierten Initiationsstellen (*Replikationsorigins*). Bei Bakterien genügt ein solcher Origin, um eine rasche Replikation zu gewährleisten, bei der im Schnitt 50mal längeren DNA der Eukaryonten sind dagegen zahlreiche solcher Origins notwendig (Abb. 11.7). An ihnen wird die DNA-Doppelhelix zunächst lokal aufgelockert. Dann kommt es zur Ausbildung von zwei Replikationsgabeln pro Auflockerung, die sich in entgegenge-

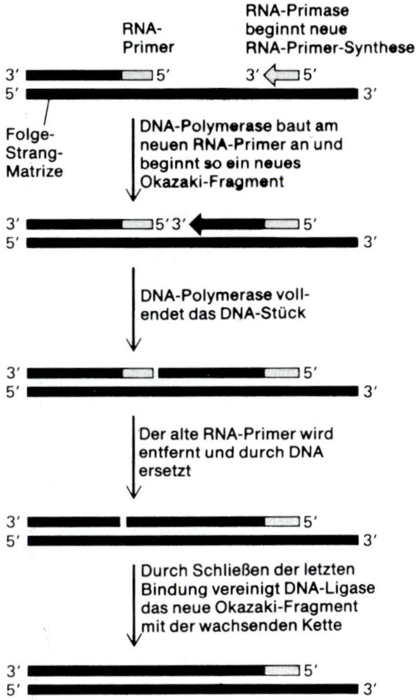

Abb. 11.6.
Die DNA-Replikation im Folge-Strang. Eine spezielle RNA-Polymerase, die Primase, legt von der Basis der Replikationsgabel (vgl. Abb. 11.4) ausgehend am Matrizenstrang immer wieder einen RNA-Primer. Am 3′-Ende des jeweiligen Primers beginnt eine DNA-Polymerase zu arbeiten. Sie stoppt am Beginn des nachfolgenden RNA-Primers. Eine andere DNA-Polymerase schließt die Lücken, die zunächst nach Entfernung der RNA-Primer entstanden waren. Die noch fehlenden kovalenten Bindungen zwischen den nun am Matrizenstrang befindlichen DNA-Abschnitten (Okazaki-Fragmente) legt eine Ligase (nach ALBERTS *et at. 1986).*

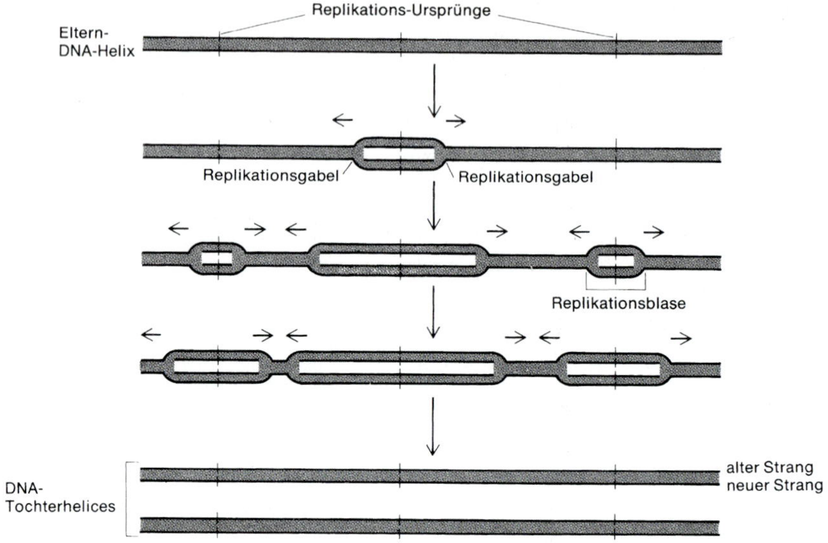

Abb. 11.7. *Replikation im Chromosom der Eukaryonten. Es sind zahlreiche Replikations-Origins (Replikations-Ursprünge) gegeben, an denen sich die DNA auflockert. Pro Auflockerung bilden sich zwei gegenläufig arbeitende Replikationsgabeln. Elektronenoptisch faßbare Replikationsblasen entstehen, die ineinander übergehen (nach* Alberts *et al. 1986).*

setzter Richtung fortbewegen. Die dabei entstehende Struktur wird als Replikationsblase elektronenoptisch sichtbar. Die sich ausweitenden, verschiedenen Replikationsblasen gehen schließlich ineinander über: Über einen bestimmten Chromosomenabschnitt hinweg ist nun die DNA redupliziert. Durch die Vielzahl der Origins ist die Eukaryonten-DNA in ebenso viele *Replikationseinheiten* oder *Replicons* gegliedert, in denen die Replikation weitgehend gleichzeitig erfolgen kann. Dadurch wird eine schnelle Replikation gewährleistet.

Zusammenfassung

Eine früher vieldiskutierte Frage war, ob die Mitose erbgleich verläuft oder nicht. Erbgleiche Mitose bedeutet, daß die DNA in der entsprechenden Synthese-Phase des DNA-Synthese-Zyklus identisch repliziert werden sollte.

Von mehreren Denkmöglichkeiten der identischen Replikation hat sich die *semikonservative Replikation* als zutreffend erwiesen, bei der jeder der Einzelstränge einer DNA-Doppelhelix einen komplementären Strang ergänzt. Erste Belege auf dem Niveau der DNA stammen aus dem Meselson-Stahl-Experiment, auf dem Niveau der Chromosomen aus den Untersuchungen Taylors an Wurzelspitzen-Meristemen.

Vor allem aber lassen enzymchemische Daten aus dem Reagenzglas keinen Zweifel an einer semikonservativen Replikation. Zunächst wird die DNA an bestimmten *Replikations-Origins* enzymatisch entwunden. An Replikationsgabeln, die sich mit fortschreitender Replikation immer weiter öffnen, erfolgt dann die Synthese der neuen DNA-Stränge: Mit Hilfe von dNucleosid-triphosphaten der Nucleinsäure-Basen werden von *DNA-Polymerasen* an den nun exponierten alten DNA-Einzelsträngen neue DNA-Stränge gelegt. Maßgebend für die korrekte Einordnung der d-Nucleosid-triphosphate ist die Regel von den Basenpaarungen.

Die DNA-Polymerasen setzen am 3′-Ende von *RNA-Primern* an, die mit den alten DNA-Strängen paaren, und arbeiten von 5′- in 3′-Richtung weiter. Anschließend werden auch die RNA-Primer durch neue DNA ersetzt. Bindungslücken zwischen den neuen DNA-Abschnitten werden durch Ligasen geschlossen.

Schwierigkeiten ergeben sich bei der Replikation dadurch, daß die verschiedenen DNA-Polymerasen eine Gemeinsamkeit aufweisen: sie arbeiten alle von 5′ nach 3′. Nur beim *Vorläufer-Strang* ist das ohne weiteres möglich: am Origin wird einmal ein RNA-Primer gesetzt und dann wird die vorgegebene Strecke des alten Strangs in einem Zug repliziert. Beim *Folge-Strang* müssen jedoch wiederholt RNA-Primer gesetzt werden. Die hier zuständige DNA-Polymerase arbeitet immer nur vom 3′-Ende des einen bis zum 5′-Ende des anderen Primers, und zwar verglichen mit dem Vorläufer-Strang in Gegenrichtung. Die relativ kurzen DNA-Abschnitte, die so entstehen, nennt man Okazaki-Fragmente. Schließlich werden die Primer-RNAs durch neugebildete DNA-Sequenzen ersetzt und die einzelnen Okazaki-Fragmente zu einem durchgehenden Folgestrang ergänzt.

Die oben erwähnten Replikations-Origins finden sich bei Eukaryonten mehrfach auf einer zu replizierenden DNA. Durch gleichzeitige Replikation von zahlreichen Origins aus können auch sehr lange DNA-Moleküle in kurzer Zeit semikonservativ repliziert werden.

12 Totipotenz

12.1 Regenerationsexperimente

Fast der gesamte Zellverband der höheren Pflanzen entsteht aus der Zygote über mitotische Teilungen. Eine Ausnahme macht nur das über die Meiosis angelieferte haploide Material der Mikro- und Makrogrametophyten. Eben hatten wir festgestellt, die Mitose sei eine erbgleiche Teilung. Alle diploiden Zellen der höheren Pflanze sollten also über den gleichen Genbestand verfügen.

Totipotenz oder Omnipotenz einer Zelle liegt dann vor, wenn die betreffenden Zelle zumindest qualitativ gesehen noch das gesamte genetische Material der Zygote enthält und es auch exprimieren, also zu Merkmalsbildungen nutzen kann. Wenn ein definiertes Gen mehrfach im Genom vorhanden wäre und die eine oder andere Kopie von ihm verloren ginge oder inaktiviert würde, sollte sich an der Totipotenz im Regelfall nichts ändern, deshalb der Hinweis auf den qualitativen Aspekt.

Wie läßt es sich dann aber erklären, daß sich die einzelnen Zellen der Pflanzen ganz verschieden differenzieren können? Wie kann es denn auf der Basis einer gleichen genetischen Ausstattung zu verschiedenen Zelltypen, Geweben und Organen kommen?

Man kann zunächst einmal annehmen, die Mitose sei eben nicht erbgleich. Oder wenn sie schon erbgleich sei, so könnten nach Einstellen der Teilungsaktivität Veränderungen im genetischen Bestand der Zellen erfolgen. In beiden Fällen wäre dann die vielzellige Pflanze ein Mosaik aus genetisch verschiedenen Zellen und Zellverbänden. Über diese genetische Verschiedenheit würden dann entsprechende Differenzierungen verständlich.

In der Tat gibt es Beispiele für erbungleiche Mitosen. Aber es scheint sich um Einzelfälle zu handeln. In der Regel verfügen alle Zellen einer höheren Pflanze noch über die gesamte genetische Information. Die Zellen sind genetisch totipotent oder omnipotent. Die Beweise wurden in Regenerationsexperimenten erbracht. Bekannt ist z. B., daß sich aus einer einzigen Epidermiszelle eines Begonienblattes eine komplette neue Begonienpflanze bilden kann (Abb. 12.1).

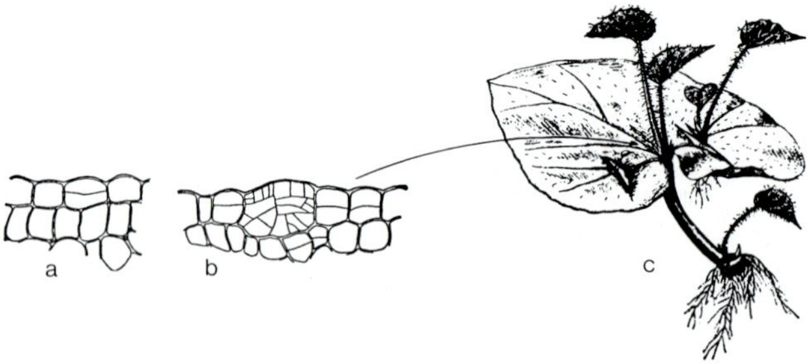

Abb. 12.1. Regeneration von Begonien. Ein Begonienblatt wird ausgelegt und bewurzelt sich (c). Seine Blattnerven werden teilweise durchschnitten. In der Umgebung der Schnittstellen regenerieren neue Begonien. Dabei kann aus einer einzigen Epidermiszelle eine komplette neue Pflanze entstehen (a, b) (verändert aus Strasburger 1967).

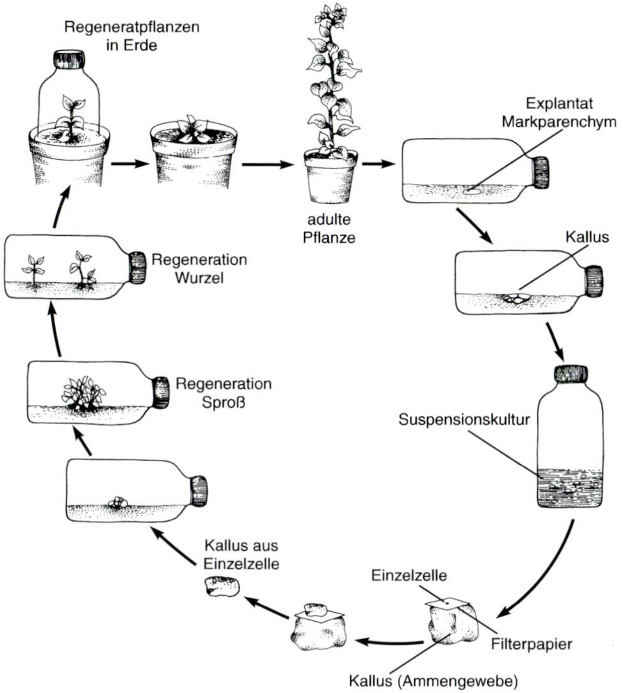

Abb. 12.2.
Regeneration von Tabak aus isolierten Einzelzellen mit der Ammentechnik. Aus Tabakmark wurden Explantate entnommen und daraus eine Kallus- und dann Suspensionskultur entwickelt. Aus der Suspensionskultur wurden Einzelzellen entnommen. Jeweils eine isolierte Einzelzelle wurde dann auf Filterpapier und dieses auf Kallus als Ammengewebe plaziert. Aus den betreffenden Einzelzellen entwickelte sich Kallus, aus dem nach Umsetzen auf Agar Tabakpflanzen regeneriert werden konnten (verändert nach Vasil *und* Hildebrandt *1967,* Butcher *and* Ingram *1976).*

Die betreffende Epidermiszelle, eine weitgehend differenzierte Zelle, enthielt also aller Wahrscheinlichkeit nach noch die gesamte genetische Information und konnte sie auch in Merkmalsbildungen realisieren.

Aller Wahrscheinlichkeit nach – denn im »Begonien-Fall« konnte man noch mit einer möglichen Nachbarschaftshilfe aus den umliegenden Zellen und Geweben argumentieren, über die eventuelle Defizite der regenerierenden Zelle hätten kompensiert werden können. Überzeugender waren deshalb Experimente mit *isolierten* Einzelzellen. Sie wurden zuerst – und auch gleich voll beweiskräftig –, beim Tabak vorgenommen: Definierte, isolierte Einzelzellen aus dem Markparenchym wuchsen, ernährt aber getrennt von Ammengewebe, zu ganzen Tabakpflanzen heran (Abb. 12.2). Nachfolgende, ähnlich angesetzte Versuche am Tabak, an der Möhre und an weiteren Arten führten gleichfalls zur Regeneration kompletter Pflanzen. Die betreffenden Zellen waren also trotz ihrer Differenzierungen totipotent geblieben.

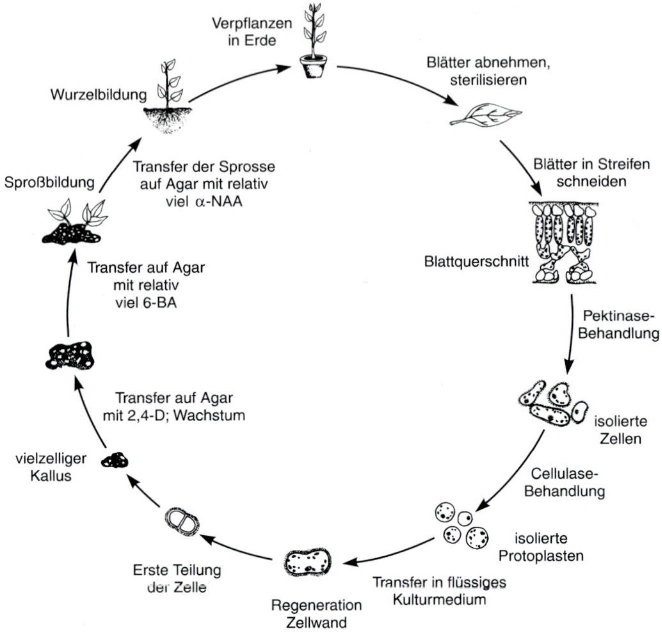

Abb. 12.3.
Die Regeneration ganzer Pflanzen aus isolierten Laubblattprotoplasten. 2,4-D, 6-BA und α-NAA sind synthetische Hormone. 2,4-D (2,4-Dichlorphenoxy-essigsäure) wirkt dedifferenzierend und differenzierungshemmend, 6-BA wirkt als Cytokinin und α-NAA (α-Naphthyl-essigsäure) als Auxin (nach Hess 1983).

Man konnte sogar noch einen Schritt weitergehen. Von Pflanzenzellen wurden die Zellwände mit Hilfe der entsprechenden Enzyme (Pektinasen, Cellulasen etc.) entfernt. Man erhält dann *Protoplasten*. Solche isolierten Protoplasten ließen sich nun ebenfalls zu ganzen Pflanzen aufziehen (Abb. 12.3). Es gelang das nicht nur bei Standardobjekten in Regenerationsexperimenten wie bei Tabak und Möhre, sondern an einer langen, stetig wachsenden Liste von Pflanzen – z.B. an Petunien, Raps, Spargel, Stechapfel, Tollkirsche, Citrone und vor allem auch bei allen für unsere Ernährung wichtigen Getreidearten. Die Getreide hatten zunächst Schwierigkeiten gemacht. In dieser Hinsicht »schwierige« Familien sind auch heute noch z.B. die *Fabaceae* und die *Orchidaceae*.

Die in den betreffenden Regenerationsexperimenten eingesetzten Protoplasten wurden oft aus dem Mesophyll von Laubblättern (Abb. 12.3), also aus hochspezialisiertem Gewebe isoliert. Damit bringen die Protoplastenregenerationen eine weitere überzeugende Beweisführung für die Totipotenz pflanzlicher Zellen.

12.2 Vegetative Hybridisierung

Auf die besondere Eignung isolierter Protoplasten für den Gentransfer war bereits hingewiesen worden (Seite 83). Weil ihnen die Zellwand fehlt, lassen sie sich aber auch verhältnismäßig leicht miteinander verschmelzen (Abb. 12.4). Solche Fusionen können nun auch zwischen Protoplasten verschiedener Arten durchgeführt werden. Man spricht dann von *vegetativer* oder »somatischer« *Hybridisierung* (im Gegensatz zu Tieren findet sich bei Pflanzen keine Differenzierung in Keimbahn und Soma, so daß der Begriff »somatisch« nicht korrekt ist). Die verschmolzenen Protoplasten lassen sich dann zu ganzen Pflanzen regenerieren. 1972 gelang es erstmals, Protoplasten aus *Nicotiana glauca* mit solchen aus *N. langsdorffii* zu verschmelzen und die betreffenden Hybridprotoplasten zu kompletten Hybridpflanzen aufzuziehen.

Bei den Fusionsversuchen verschmelzen die zwei verschiedenen Protoplastensorten ganz nach Belieben: Protoplasten der Art A mit sich, Protoplasten der Art B mit sich und A mit B. Nur an den Hybriden A+B besteht Interesse. Man muß sie selektionieren. Das geschieht über bestimmte Wachstumseigenschaften oder andere Charakteristika, die sich nur in den Hybriden finden. Wir werden darauf exemplarisch im folgenden Unterabschnitt »Cybridisierung« eingehen.

Die Hoffnungen, die man an die Hybridisierung über die Artgrenzen hinweg zunächst geknüpft hatte, haben sich

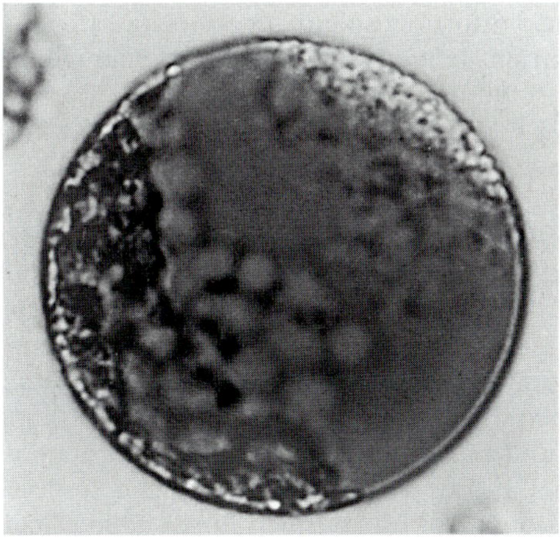

Abb. 12.4.
Ein Hybridprotoplast Nemesia-Petunia. Ein Protoplast aus Blütenblättern des Elfenspiegels (Nemesia strumosa) mit roten Anthocyanen in seiner Vakuole wurde mit einem Protoplasten aus dem Mesophyll der Petunie (Petunia hybrida) verschmolzen. Der Hybridprotoplast zeigt sowohl Anthocyane in der Vakuole wie Chloroplasten im randständigen Cytoplasma (nach Hess *1983).*

nicht erfüllt. Zwar ließen sich spektakuläre vegetative Hybridisierungen wie etwa die zwischen Kartoffel und Tomate erzielen. Sie sind jedoch ohne praktische Bedeutung. Denn die von den beiderseitigen Eltern in die vegetative Hybride eingebrachten Entwicklungsprogramme sind selbst bei Verwandten wie der Kartoffel und der Tomate so verschieden, daß nur genetisch instabile Kümmerpflanzen entstehen. Die Kartoffel-Tomate bildet auch weder Kartoffeln noch Tomaten aus!

Cybridisierung

Anders verhält es sich mit einer Variante im Fusionssystem: In einer der zur Fusion eingesetzten Protoplastensorten wird der Kern zerstört, etwa durch Röntgenbestrahlung. Dann fusioniert man mit einer zweiten, normalen Protoplastensorte. Es entstehen Hybride mit dem Zellkern des einen Fusionspartners und einem Cytoplasma aus beiden Fusionspartnern, also cytoplasmatische Hybride. Man bezeichnet sie dementsprechend als *Cybride* und den Vorgang als Cybridisierung. Dabei nennt man den zellkernfreien Protoplastenpartner Donor, denjenigen mit Zellkern Rezeptor.

Ein Beispiel soll die Nutzung der Cybridisierung in der Praxis demonstrieren: das Einbringen von Metribuzin-Resistenz in eine bestimmte Rapsvarietät.

Bei dem Donor handelte es sich um einen kanadischen Sommerraps. Im Genom seiner Chloroplasten befand sich ein Gen für Resistenz gegen Metribuzin, ein Herbizid. Der Rezeptor war ein deutscher Winterraps mit wünschenswerten Eigenschaften: er enthielt praktisch keine Erucasäure und keine Senfölglucoside (Glucosinolate). Die betreffenden Eigenschaften beider Seiten sollten über Cybridisierung kombiniert werden (Abb. 12.5).

Nach der Cybridisierung wurde auf Metribuzin-haltigen Medien selektioniert. Alle unverschmolzenen Protoplasten des Donors starben ab, weil ihnen die Zellkerne fehlten; alle unverschmolzenen Protoplasten des Rezeptors, weil sie nicht Metribuzin-resistent waren. Am Leben blieben nur die Cybrid-Protoplasten. Denn sie enthielten in den Donor-Chloroplasten das Gen für Metribuzin-Resistenz und außerdem den funktionsfähigen Zellkern des Rezeptors. Bei mitotischen Teilungen der aus den Cybrid-Protoplasten gebildeten Zellen kam es dann zu Chloroplastenentmischungen. Dabei entstanden Zellen, die nur noch die Chloroplasten des Donors enthielten. Aus ihnen ließen sich genetisch stabile Rapspflanzen regenerieren, die Metribuzin-resistent blieben und außerdem Erucasäure- und Glucosinolat-frei waren.

Auch auf Mitochondrien lokalisierte Gene lassen sich in Cybride einbringen. Das trifft z.B. für Mitochrondrien-Gene zu, die eine cytoplasmatisch bedingte männliche Sterilität verursachen.

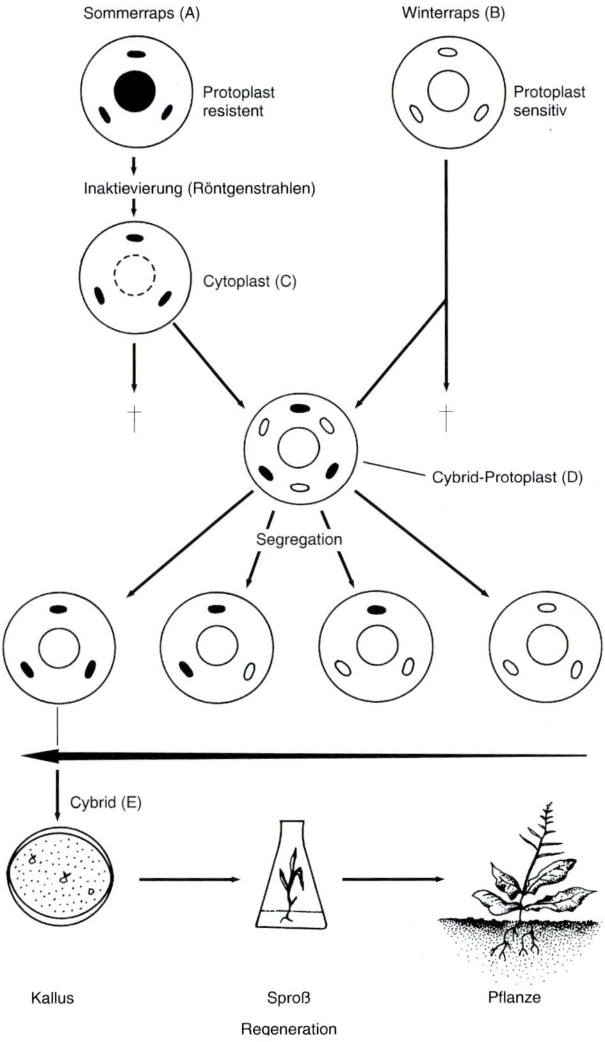

Abb. 12.5. *Cybridisierung zum Einbringen von chloroplasten-codierter Metribuzin-Resistenz in Raps. Donor (A): Sommerraps mit Metribuzin-Resistenz-Genen in den schwarz gehaltenen Chloroplasten. Über Röntgenbestrahlung entstehen »Cytoplasten« (C) mit zerstörtem Zellkern. Rezeptor (B): Winterraps mit Erucasäure- und Glucosinolat-Freiheit. Seine Chloroplasten sind weiß gehalten. Nach der Cybridisierung werden die Kulturen auf Medium mit Metribuzin gehalten. Nur die Cybridprotoplasten (D) bzw. die aus ihnen gebildeten Zellen bleiben am Leben. Bei ihrer weiteren Entwicklung kann es zu Entmischungen (Segregation) der beiderseitigen Chloroplasten kommen. Der horizontale Pfeil symbolisiert zunehmende Zahlen von Donor-Chloroplasten und damit zunehmende Resistenz in den Cybriden. Falls nur noch Donor-Chloroplasten vorhanden sind, bleiben die Cybriden genetisch stabil (verändert nach* THOMZIK *und* HAIN *1990).*

Zusammenfassung

Aus isolierten Einzelzellen z. B. von Tabak und Möhre und aus isolierten Protoplasten der verschiedensten Arten und Gewebe lassen sich ganze Pflanzen regenerieren. Ein Teil der Regenerat-Pflanzen besonders aus Protoplasten kann Störungen zeigen, die auf die unnatürlichen Bedingungen der *in vitro*-Kultur zurückgehen. Oft findet sich Selbsterilität. Doch bleiben genügend normale, voll fertile Pflanzen. Damit wird zweifelsfrei belegt, daß auch weitgehend differenzierte Zellen höherer Pflanzen totipotent sein können. Sie verfügen noch über den gesamten Genbestand der Zygote und können ihn auch zur Expression bringen. Die Differenzierung läßt sich also nicht über einen Genverlust oder – funktionell gleichwertig – über eine irreversible Blockierung von Genen erklären.

Während die Hybridisierung von Protoplasten nicht die anfänglich erhofften spektakulären Ergebnisse zeitigte, führte die Cybridisierung zu Erfolgen auch in der Praxis. Dabei handelt es sich um eine *cytoplasmatische Hybridisierung*: Donor-Protoplasten mit zerstörtem Zellkern werden mit Rezeptor-Protoplasten mit Zellkern fusioniert.

13 Differentielle Genaktivität: der Nachweis

Wie eben festgestellt, verfügen auch differenzierte Pflanzenzellen in der Regel noch über die gesamte genetische Information und können sie auch in Merkmalsbildungen realisieren. Aber damit ist noch nicht gesagt, daß auch alle Gene gleichzeitig aktiv sein müßten. Man könnte sich vorstellen, daß in einem bestimmten Gewebe und in einem bestimmten Entwicklungsstadium ganz bestimmte Gene aktiv sind, in einem anderen Gewebe und in einem anderen Entwicklungsstadium andere Gene. Jedem solchen Muster aktiver Gene entspräche dann eine ganz bestimmte Differenzierungsleistung. Damit ergibt sich eine neue Möglichkeit, die Differenzierung zu verstehen: An die Stelle einer Differenz im Genbestand tritt nun eine Differenz in den Genaktivitäten, die entsprechende Differenzen in der Merkmalsbildung zur Folge hat.

Wir müssen nun noch auf einige Definitionen eingehen. Unter Genaktivität sei die Transkription verstanden, die man auch als *primäre Genaktivität* bezeichnet. Alle weiteren Etappen auf dem Weg zum Merkmal, alle weiteren Etappen der Genexpression also (vgl. Abb. 1.7 und 14.1) sind sekundärer Natur. Wenn die primäre Aktivität eines Genlocus gewebe- und stadienspezifische Unterschiede aufweist, spricht man von einer *differentiellen Genaktivität*. Sie ist nicht die einzige, aber eine wesentliche Triebkraft der Differenzierung.

Eine differentielle Genaktivität liegt dann vor, wenn die Expression eines Gens Unterschiede je nach dem Gewebe oder dem Entwicklungsstadium aufweist.

Wir wollen uns zunächst nur mit dem Nachweis einer differentiellen Genaktivität in Pflanzen befassen und die weiteren Fragen nach ihren Ursachen vorläufig zurückstellen.

13.1 Stadien- und gewebespezifische mRNA

Primäre Genaktivität bedeutet Transkription, also letztlich Anlieferung von mRNA. Einem bestimmten Muster aktiver Gene sollte eigentlich eine bestimmte Zusammensetzung der mRNA, einem anderen Muster aktiver Gene eine andere Zusammensetzung der mRNA entsprechen. Es müßte also möglich sein, an Hand vergleichender Analysen der mRNA aus verschiedenen Entwicklungsstadien oder Geweben eine differentielle Genaktivität nachzuweisen.

Früher war der Nachweis einer differentiellen Genaktivität oder -Expression immer wieder recht langwierig. Wir werden noch Beispiele kennenlernen (Seiten 566,576).

Abb. 13.1. Gewebespezifische, induzierte Expression des Proteinase-Inhibitor II-Gens aus der Kartoffel in transgenem Tabak. Rechts Blot-Streifen mit jeweils über Northern-Blotting nachgewiesener mRNA für das erwähnte Gen. Diese mRNA findet sich wie im Tabak nur nach Geninduktion über Verwundung und nur in den Pflanzenteilen, in denen sich das betreffende Gen auch im Tabak hatte induzieren lassen. nw = nicht verwundet; w = verwundet; s = systemische Induktion, d.h. die Induktion weitet sich von der Verwundungsstelle weiter über die Pflanze aus (L. Willmitzer).

Heute wird vielfach das Northern-Blotting als einfache und schnelle Technik des Nachweises einer definierten RNA eingesetzt. Unter Einbezug auch des Gentransfers kann man besonders überzeugende Ergebnisse erhalten. Gehen wir auf eine repräsentative Untersuchung ein, die wundinduzierte Expression des Proteinase-Inhibitor II-Gens aus der Kartoffel in transgenem Tabak.

Die Kartoffel (*Solanum tuberosum*) kann einen Proteinase-Inhibitor II ausbilden. Es handelt sich um ein Protein, das Verdauungsenzyme der Insekten, darunter ihr spezielles Trypsin hemmt, also um einen Schutzfaktor gegen Insekten. Er wird einmal in den Kartoffelknollen gebildet. In der sonstigen Pflanze, etwa in den Blättern, kann das codierende Gen durch Verwundungen, wie sie auch beim Insektenfraß auftreten, aktiviert werden. Dabei greift die Genexpression auch auf der Wundstelle benachbarte Teile des Sprosses über. Diese »systemische« Ausweitung kann die betreffenden Pflanzenteile für den Fall schützen, daß das fressende Insekt auf sie überwechselt. Über Northern-Blotting ließ sich jeweils die erwartete genspezifische mRNA nachweisen.

Das Gen für den Proteinase-Inhibitor II wurde nun in Tabak (*Nicotiana tabacum*) übertragen. In transgenem Tabak wird es ebenso exprimiert wie in der Kartoffel, von den fehlenden Knollen natürlich abgesehen (Abb. 13.1).

Der Ausgang unseres Experimentes hat uns davon überzeugt, daß

1) wirklich gewebe- und stadienspezifische mRNA gebildet wird,
2) Gene induziert werden können, im Beispiel durch Verwundung,
3) Gewebe- und stadienspezifische Expression ebenso wie die Induzierbarkeit Eigenschaften sind, die fest mit dem Gen verbunden sind und sogar beim Gentransfer in eine andere Pflanzenart nicht verloren gehen.

Daß man sich nun danach fragen muß, wo im Bereich des Gens die unter 2) und 3) genannten Eigenschaften lokalisiert sind, liegt auf der Hand. Wir werden darauf noch zurückkommen.

Transfer von Bacillus thuringiensis-Endotoxin-Genen und Insekten-Resistenz

Außer dem eben erwähnten Gen für den Proteinase-Inhibitor II kennt man noch weitere Gene aus Pflanzen, die Verdauungsenzyme der Insekten blockieren. Wichtiger als Faktoren der Resistenz gegen Insekten sind jedoch die Gene für Endotoxine aus *Bacillus thuringiensis*. Das Bakterium bildet bei der Sporulation neben der Spore einen für Insekten-Larven toxischen Kristall aus Polypeptiden. Man kennt zahlreiche solcher Endotoxine (und dann auch codierender Gene), die teils einigermaßen spezifisch bei nur bestimmten Gruppen von Insekten wirksam sind. Präparate von *B.t.*-Endotoxinen werden auch in der biologischen Schädlingsbekämpfung eingesetzt.

B.t.-Endotoxin-Gene waren zuerst in die Modellpflanze Tabak mit Erfolg übertragen worden. Inzwischen sind sie in zahlreiche wichtige Kulturpflanzen eingeführt worden, z. B. auch in Mais, der dadurch gegen den Europäischen Kornbohrer (*Ostrinia nubilalis*) weitgehend resistent wurde. Der betreffende transgene Mais ist in den USA seit 1996 zum Handel zugelassen.

Bei der durch Endotoxin-Gene bedingten Resistenz hat sich gezeigt, daß sie auch zusammenbrechen kann. Für niemanden, der mit der Sachlage auch nur einigermaßen vertraut ist, konnte das unerwartet kommen. Denn der Zusammenbruch einer nur auf einem Genlocus beruhenden Resistenz ist in der Pflanzenzüchtung nur zu gut bekannt. Das Gen selbst kann einer Mutation unterliegen. Aber häufiger bilden die Schädlinge eine Mutante, die auf das betref-

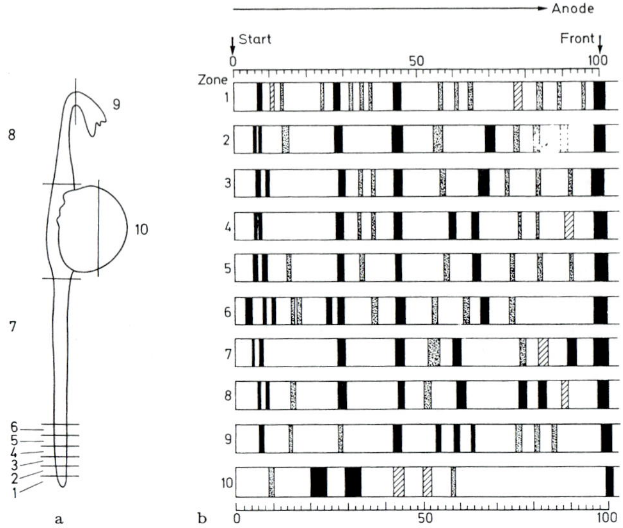

Abb. 13.2. Gewebespezifische Protein-Muster in Keimlingen der Erbse (Pisum sativum). a = Keimling, eingeteilt in 10 Zonen. b = Protein-Muster dieser 10 Zonen nach Polyacrylamid-Gelelektrophorese (nach STEWARD et al. aus HESS 1968).

fende hemmende Genprodukt nicht mehr anspricht. Warum sollte es bei einem übertragenen Gen anders sein? Abhilfe wird dadurch angestrebt, daß man nun eben mehrere verschiedene Resistenzgene überträgt. Entsprechend verfährt man in der »normalen« Pflanzenzüchtung schon seit langem.

13.2 Stadien- und gewebespezifische Proteinmuster

Man kann nun noch einen Schritt weitergehen und die ersten sekundären Genprodukte, die Polypeptide bzw. Proteine zur vergleichenden Analyse heranziehen. Nach Einführung einer geeigneten Methodik, nämlich der Zonenelektrophorese auf verschiedenen Trägermedien, wurden in den letzten Jahrzehnten in einer Fülle von Untersuchungen stadien- und gewebespezifische Proteinmuster nachgewiesen. Wir bringen als Beispiel gewebespezifische Muster löslicher Proteine aus verschiedenen Teilen von Erbsenkeimlingen (Abb. 13.2).

Zu den Proteinen gehören nun auch die Enzymproteine. Wir hatten uns schon mit den Isoenzymen, jenen multiplen Formen einer bestimmten enzymatischen Aktivität befaßt. Auch für die verschiedensten Isoenzyme hat man in einer

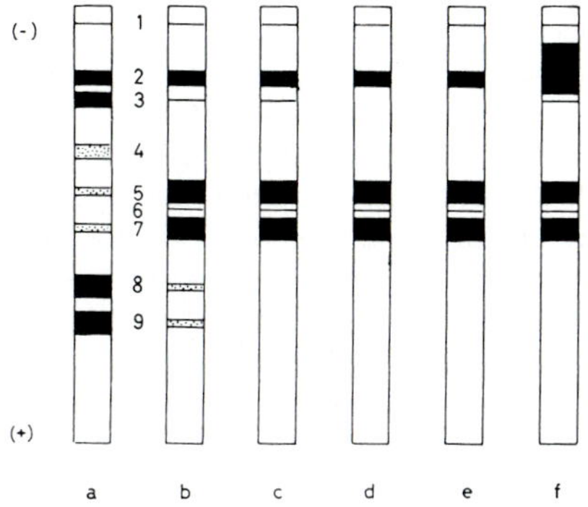

Abb. 13.3.
Gewebespezifische Isoenzym-Muster der Peroxidase aus Petunien (Petunia hybrida). a = Blütenknospen, b = junge Blätter, c = alte Blätter, d = junge Sprosse, e = alte Sprosse, f = Wurzel. Die Muster wurden über anodische Polyacrylamid-Gelelektrophorese erhalten (nach HESS *1967).*

ganzen Reihe von Pflanzen stadien- und gewebespezifische Muster aufgedeckt, besonders häufig für die leicht nachzuweisenden Amylasen, Esterasen, Katalasen, Peroxidasen, verschiedene Dehydrogenasen und Aminopeptidasen. In Abb. 13.3 werden gewebespezifische Peroxidase-Isoenzym-Muster gezeigt.

Nicht immer reflektieren solche Protein- bzw. Enzymaktivitätsmuster eine unmittelbar vorausgehende Genaktivität. Neue Proteine können z. B. auch durch Umbau bestehender Proteine, neue Enzymaktivitäten durch eine Aktivierung schon vorhandener, aber bislang inaktiver Enzyme in Erscheinung treten. Man muß also in der Interpretation vorsichtig sein. Aber daß die differentielle Genaktivität generell auch auf der Ebene der Proteine nachweisbar sein kann, bleibt unbestritten.

Man kann sich nun noch weiter von der primären Genaktivität entfernen und sich mit der sichtbaren Merkmalsbildung befassen. Die Merkmalsbildung verläuft in einer geordneten Abfolge, zuerst Ausbildung des Merkmals A, dann des Merkmals B usf. Hinter dieser sichtbaren Abfolge sollten sich unserem Konzept zufolge differentielle Genaktivitäten verbergen. Ein experimenteller Beweis ließ sich in einer Reihe von Fällen mit Antimetaboliten der Transkription und Translation erbringen. Mit ihrer Hilfe gelang es, die Ausbildung bestimmter Merkmale in einer solchen Abfolge zu unterbinden. Wir werden auf ein Beispiel später eingehen (Seite 566).

Zusammenfassung

Wie sich über die Totipotenz auch differenzierter Zellen belegen läßt, scheidet ein Verlust oder eine permanente Blockierung von Genen zumindest im Regelfall als Erklärungsmöglichkeit für die Differenzierung aus. Was bleibt, ist die differentielle Genaktivität. Mit Hilfe z. B. des Northern-Blottings ließ sich vielfach eine gewebe- und entwicklungsstadienspezifische Bildung von mRNA nachweisen. Auch auf dem Niveau der Proteine, also auf. einer »sekundären« Stufe der Genaktivität ließen sich Unterschiede fassen, die zwar nicht immer, aber vielfach auf Aktivierungen oder Repressionen von Genen zurückgingen. Damit ist der Nachweis dafür erbracht, daß eine differentielle Genaktivität hinter der Differenzierung steht.

14 Intrazelluläre Regulation

Ansatzpunkte der Regulation

Der Pflanzenphysiologe KLEBS hat schon 1903 herausgestellt, die Entwicklung eines Organismus käme über ein Zusammenspiel einer »spezifischen Struktur« mit »äußeren« und »inneren Bedingungen« zustande. Nicht ganz mit dem Einverständnis KLEBS' wurde die »spezifische Struktur« mit dem genetischen Material gleichgesetzt. Heute spricht der Entwicklungsphysiologe von einer durch das genetische Material gesetzten Reaktionsnorm, innerhalb derer äußere und innere Faktoren regulierend auf Wachstum und Differenzierung einwirken können.

Wir müssen noch berücksichtigen, daß wir uns nicht mit einer einzelnen Zelle, sondern mit vielzelligen Organismen zu befassen haben. Das zwingt uns dazu, zwischen einer interzellulären und einer intrazellulären Regulation bzw. interzellulären und intrazellulären Faktoren der Regulation zu unterscheiden.

Schon wiederholt war betont worden, daß hinter jeder Merkmalsbildung eine bis viele Stoffwechselreaktionen stehen. Damit können wir Regulation mit »Regulation von Stoffwechselprozessen« gleichsetzen. Und wenn wir uns nun noch daran erinnern, daß hinter jedem Stoffwechselprozeß ein bis viele Gene stehen, haben wir auch den Anschluß an die Genaktivität wieder gewonnen. Tab. 14.1 orientiert über die wichtigsten Regulationsmöglichkeiten. Die Regulation der Genaktivität bzw. der Genexpression steht in ihrem Mittelpunkt. Denn es wird im folgenden deutlich werden, daß immer wieder, so bei der Regulation durch

Tab. 14.1. Übersicht über Möglichkeiten der Regulation bei Pflanzen

Regulation durch innere Faktoren	
Intrazelluläre Regulation	Seite 329
Regulation der Genexpression	Seite 330
Regulation der Enzymaktivität	Seite 334
Interzelluläre Regulation: Phytohormone	Seite 342
Regulation durch Außenfaktoren	
Biotische Außenfaktoren	Seite 402
Abiotische Außenfaktoren	Seite 389
Temperatur	Seite 397
Licht (Phytochrom)	Seite 389

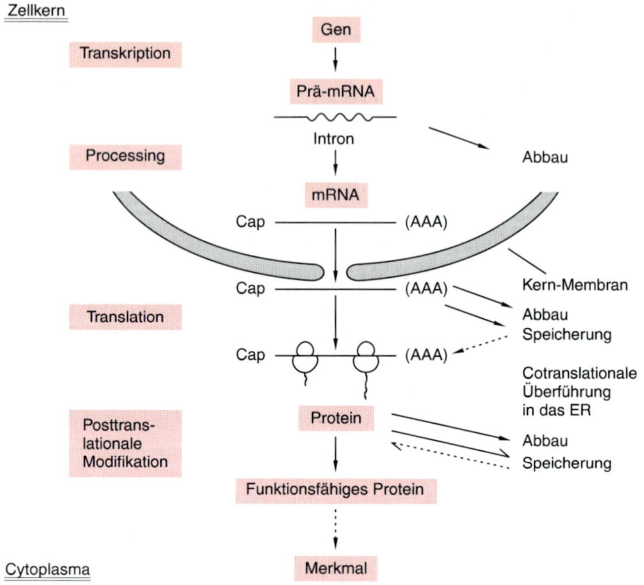

Abb. 14.1. *Genexpression bei Eukaryonten. Zugrundegelegt wurde ein proteincodierendes Gen. Jeder der verschiedenen Schritte bis zur Merkmalsbildung bietet Möglichkeiten zur Regulation. Dabei ist noch zu berücksichtigen, daß jeder »Schritt« aus mehreren Teilschritten besteht, die jeweils getrennt voneinander reguliert werden können.*

Phytohormone oder durch das Licht, Veränderungen von Genaktivitäten im Spiel sein können.

14.1 Regulation der Genexpression

Das generelle Konzept der Genexpression, also der Steuerung der Merkmalsbildung durch Gene, war schon herausgestellt worden (Abb. 1.7). Verfeinern wir das zunächst noch grobe Bild durch eine detailliertere Darstellung (Abb. 14.1). Am Anfang eines langen Weges bis zum Merkmal hin steht die – primäre – Genaktivität, die Transkription. Auf jeder der Etappen besteht nun die Möglichkeit einer Regulation. Beginnen wir mit der Regulation der Transkription.

14.1.1 Die Organisation der DNA in den Chromosomen

Die DNA ist in den Chromosomen der Eukaryonten mit Proteinen assoziiert. Wenn wir uns mit ihrer Transkription befassen, muß die erste Frage der Organisationsform der DNA in den Chromosomen gelten. Denn sie muß so beschaffen sein, daß die DNA zumindest zeitweise ablesbar ist.

Histone

Die chromosomale Substanz, das Chromatin, setzt sich aus DNA und Proteinen zusammen, wenn man von RNA einmal absieht, die gerade gebildet wird. Die Proteine ihrerseits gliedern sich in die mengenmäßig vorherrschenden Histone und in die Nicht-Histone (Abb. 14.2). Die Histone sind basische Proteine, was auf ihren hohen Gehalt an den basischen Aminosäuren Arginin und Lysin zurückzuführen ist. Bei entsprechender Auftrennung erhält man 5 Histonfraktionen, H1, H3, H2B, H2A und H4. Fraktion H1 kann nicht nur von Pflanzenart zu Pflanzenart verschieden sein, sie ist auch aus mehreren bis vielen Polypeptiden zusammengesetzt. Die anderen vier Histonfraktionen werden von je einem Polypeptid gestellt. Die jeweilige Aminosäurenzusammensetzung ist bekannt. Falls bei diesen Fraktionen Unterfraktionen faßbar werden, ist das auf Veränderungen des betreffenden Polypeptids zurückzuführen.

Die vier Histone H3, H2B, H2A und H4 sind sich in verschiedenen Eukaryonten fast gleich. H4 aus Erbsenkeimlingen und Kalbsthymus z.B. weisen nur vier Unterschiede auf: an zwei Stellen sind Aminosäuren ausgetauscht, wozu der Austausch jeweils nur einer Base im codierenden Triplett ausreicht, und an zwei anderen Stellen sind zwar die gleichen Aminosäuren vorhanden, aber unterschiedlich modifiziert. Diese Modifikation erfolgt erst nach der Translation durch Acetylierungen. Die hohe Stabilität der vier Histone während der Evolution läßt schon vermuten, daß ihnen eine zentrale Funktion zukommen könnte.

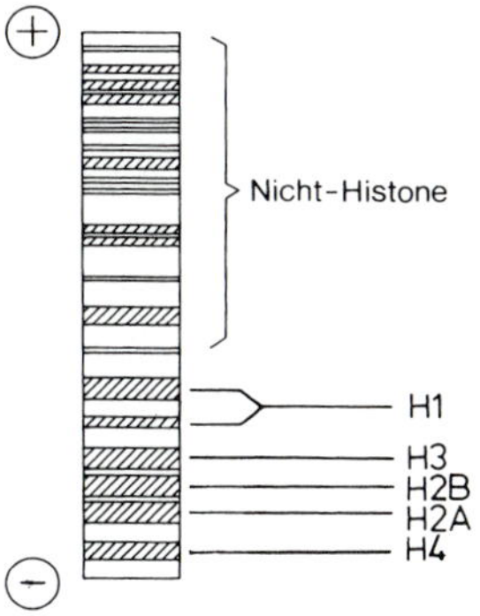

Abb. 14.2.
Trennung aller chromosomaler Proteine mit Hilfe der Polyacrylamid-Gelelektrophorese.
5 Histonfraktionen lassen sich fassen (verändert nach FELLENBERG 1974).

Nucleosomen

In der Tat sind die Histone unerläßliche Bestandteile der Chromosomenstruktur, wobei die Funktion der eben genannten vier Histone sich von der des H1 wesentlich unterscheidet. Denn die Histone H3, H2B, H2A und H4 bilden ein Oktamer, in dem sich je zwei der genannten Polypeptide finden. Über den scheibenförmigen Kern aus Histonen legt sich die DNA in zwei Windungen, die 146 Basenpaare enthalten. Die DNA-Wendel setzt sich außerhalb dieser »Perle« in eine Verbinder-DNA (linker-DNA) unterschiedlicher Länge fort. Im Mittel sind es bei Pflanzen 60 Basenpaare, die auf die Verbinder-DNA entfallen. Nun fehlt noch das Histon H1. Es findet sich auf der Verbinder-DNA außerhalb der »Perle«, aber nahe an sie herangerückt. Was wir damit kennengelernt haben, ist ein *Nucleosom* (Abb. 14.3). Zahlreiche hinter-

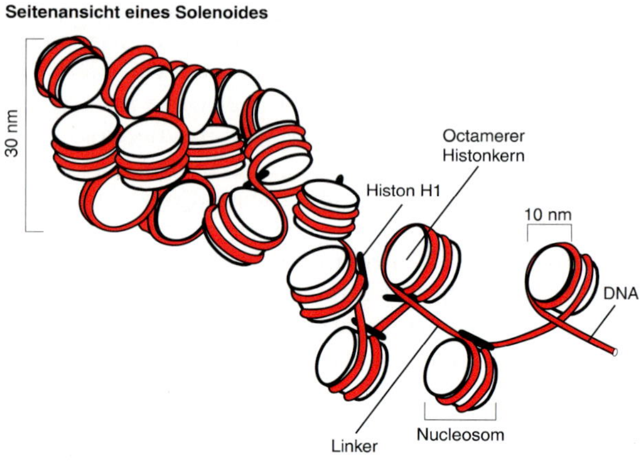

Abb. 14.3. Modellvorstellung zur Nucleosomenstruktur des Chromatins. Rechts einzelne Nucleosomen, links die durch Aufwindung der Perlenkettenstruktur formierte, übergeordnete Struktur eines Solenoids. Man stellt sich vor, ein Solenoid könnte dann zu einer Struktur höherer Ordnung aufgewunden werden – und dieses Aufwinden zu jeweils übergeordneten schraubigen Strukturen würde sich entsprechend fortsetzen, bis die höchste Ordnung, die der Chromatide bzw. des nicht-replizierten Chromosoms erreicht sei (verändert nach LODISH *et al. 1995).*

einander gereihte Nucleosomen machen die Perlenkettenstruktur des Chromatins aus.

Doch damit haben wir erst die niedrigste Struktureinheit des Chromatins erfaßt. Denn die Nucleosomen-Perlenkette bildet eine Reihe weiterer, übergeordneter Raumstrukturen (Abb. 14.3). Wir können hier darauf nicht im Detail eingehen. Erwähnt werden muß jedoch, daß beim Zustandekommen dieser übergeordneten Strukturen Histon H1 als »Klebemittel« fungiert. Denn es nimmt mit anderen H1-Histonen Kontakt auf. Was resultiert, ist ein recht dicht gepacktes Chromatin. Das gilt allerdings nicht für die gesamte Länge einer Nucleosomen-Perlenkette. Denn in ihr finden sich kürzere, nucleosomenfreie Strangabschnitte. Sie ließen sich dadurch fassen, daß sie sich wegen des Fehlens der Histone von DNasen besonders leicht spalten ließen. Auf diesen nucleosomenfreien Abschnitten sind Nicht-Histone lokalisiert. Ein Teil von ihnen gehört zu den regulatorisch aktiven Proteinen, ein anderer stellt Strukturproteine.

Nucleosomen und Transkription

Zumindest für den Beginn einer Transkription muß der betreffende DNA-Abschnitt nucleosomenfrei sein, um das Ansetzen regulatorischer Proteine und der RNA-Polymerase zu ermöglichen. Bei Eukaryonten bildet sich an der TATA-Box ein umfangreicher Transkriptionskomplex.

Ob die RNA-Polymerase nach einmal eingeleiteter Transkription weiterlesen kann, wenn sie auf Nucleosomen stößt, ist umstritten. Da die RNA-Polymerasen ungefähr so groß sind wie die Nucleosomen, sind zumindest bei dicht gepacktem Chromatin räumliche Schwierigkeiten zu erwarten.

Für den Beginn der Transkription, gegebenenfalls auch für ihren weiteren Fortgang, muß die DNA also exponiert werden. Das bedeutet eine Lockerung des Nucleosomen-Verbunds und der auf ihm basierenden übergeordneten Strukturen. Was das erste anbelangt, dürften Veränderungen der Histone die ausschlaggebende Rolle spielen. Denn reaktive Gruppen der Histone können modifiziert werden. Besonders wichtig ist die Acetylierung, die vor allem an der Aminogruppe des in den Histonen befindlichen Lysins erfolgt. Durch die Kaschierung dieser Aminogruppen über ihre Acetylierung wird die Bindung der Histone an die DNA gelockert. Umgekehrt werden die Acetylgruppen gegebenenfalls auch wieder problemlos entfernt und das Chromatin dadurch »stillgelegt«.

Nun zur Lockerung der übergeordneten Strukturen (vgl. dazu Abb. 14.3). Die zentrale Rolle spielt hier das Histon H1, das verändert werden kann. Das kann einmal über die eben erwähnten Modifikationen, also z.B. Acetylierungen erfolgen. Außerdem kann sich aber die Zusammensetzung der Histon-Fraktion H1 ändern – und im Zusammenhang damit ihre Funktion. So hat man wiederholt gefunden, daß bestimmte Gewebe oder Entwicklungsstadien durch spezifische Histone H1 charakterisiert werden. Bei Pflanzen ist z.B. schon länger ein besonderes »meiotisches« Histon H1 bekannt, das in den Antheren von u.a. Lilien während der dort ablaufenden Reifeteilungen auftritt. Möglicherweise besteht ein Zusammenhang zwischen der Lockerung der übergeordneten Strukturen und den Veränderungen im H1-Bereich.

14.1.2 Substratinduktion

Die DNA sei zumindest im Bereich um die TATA-Box nucleosomen frei, die Transkription könnte beginnen. Eine bislang bei höheren Pflanzen offene Frage ist, was nun im molekularen Bereich unmittelbar an der DNA geschehen muß, damit eine Transkription ausgelöst wird. Verschiedene Signale können Genaktivität auslösen. Auch wenn die Signaltransduktion (Seite 372) bis zum Gen hin verhältnismäßig gut bekannt ist, gilt das nicht mehr für das Geschehen am Gen selbst (vgl. auch Seite 395).

Signale, die Genaktivität auslösen, können nun auch bestimmte Enzymsubstrate sein. Damit stoßen wir auf das Phänomen der Substratinduktion (→).

Unter Substratinduktion versteht man, daß Substrate die Expression von Genen für Enzyme induzieren, die die betreffenden Substrate umsetzen.

Das erscheint sinnvoll: Wenn eine Substanz in genügender Konzentration angeliefert wird, häuft sie sich nicht an, sondern induziert die gengesteuerte Synthese von Enzymen, die sie selbst umsetzen. Damit ist eine effektive Verwertung der Substanz gesichert, und eventuelle Schäden über ihre Akkumulation lassen sich vermeiden.

Bekannte Beispiele für Substratinduktion bei höheren Pflanzen sind die Nitratreduktase (Seite 273), die Isocitrat-Lyase und die Malat-Synthase (beide Seite 214), um nur bei einigen bereits eingeführten Enzymen zu bleiben. Von besonderer Bedeutung für die landwirtschaftliche Praxis ist dabei die Aktivierung des Genmaterials für Nitratreduktase in einigen Kulturpflanzen durch Nitrat. Denn nur dadurch werden die betreffenden Arten instand gesetzt, das über die Düngung nur allzu oft überreichlich zugeführte Nitrat verwerten zu können.

Der Begriff Substratinduktion wurde aus der Genetik der Bakterien übernommen. Das molekulare Geschehen bei der bakteriellen Substratinduktion ist geklärt. Keines der betreffenden Details konnte bei höheren Organismen wiedergefunden werden.

14.2 Regulation der Enzymaktivität

Bei der Regulation der Enzymaktivität wird zwischen der Regulation am Enzymprotein und weiteren Regulationsmechanismen unterschieden, die nicht das Enzymprotein betreffen, sondern über die Bereitstellung von Coenzymen, weiteren Cofaktoren oder Substraten wirksam werden. Diese Regulationsmechanismen, die nicht die Aktivität des Enzymproteins selbst beeinflussen, faßt man zuweilen unter dem Begriff »Enzymatische Regulation« zusammen.

Wir wollen hier nur auf Möglichkeiten der Regulation am Enzymprotein eingehen. Bei *isosterischen und allosterischen Effekten* bleibt die chemische Zusammensetzung der Enzyme unverändert, jedoch kann auch sie mit Folgen für die Genaktivität modifiziert werden. Als Beispiele dafür sollen *Phosphorylierungen* dienen.

14.2.1 Isosterische Effekte

Isosterische Effekte haben wir schon kennengelernt: Bestimmte Substanzen, die den normalen Substraten strukturmäßig ähneln, werden am gleichen Ort wie die normalen Substrate gebunden (Abb. 14.4). Diese Substanzen sind aber trotz aller Ähnlichkeit vom normalen Substrat so sehr verschieden, daß sie nicht umgesetzt werden können. Damit ist das betreffende Enzymprotein blockiert. Man spricht hier auch von einer *kompetitiven Hemmung*. Ein klassisches Beispiel ist die Hemmung der Succinat-Dehydrogenase durch Malonat (Seite 184).

Bei isosterischen Effekten wird die Konformation nicht verändert, die Raumstruktur bleibt gleich, daher der Name (griech. isos = gleich; steros = Raum).

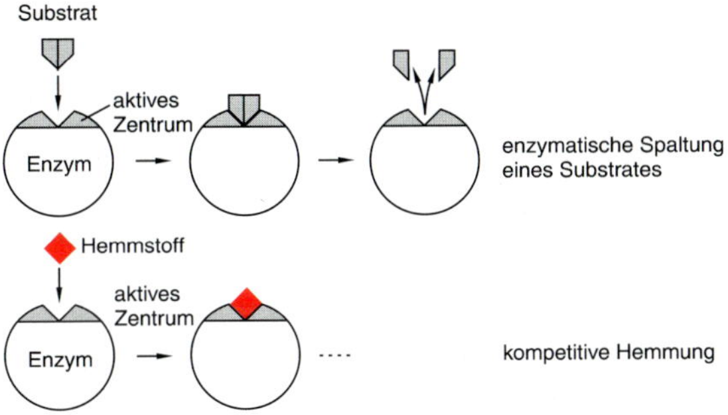

Abb. 14.4. Kompetitive Hemmung (isosterischer Effekt).

14.2.2 Allosterische Effekte

In diesem Fall werden aktivitätshemmende oder -fördernde Substanzen nicht am Bindungsort für Substrat, sondern an anderen Stellen gebunden. Ist der allosterische Bindungsort mit einer fördernden oder hemmenden Substanz besetzt, so kommt es zu Änderungen in der Konfiguration des Enzymproteins, die dann ihrerseits eine Erhöhung oder eine Hemmung der Enzymaktivität zur Folge haben (Abb. 14.5). Die Konformation wird also verändert, daher der Name (griech. allos = ein anderer).

Zunächst ein Beispiel für eine *allostorische Förderung*. Erinnern wir uns an die Reaktionen im Calvin-Zyklus, in denen die Sekundärprozesse mit den Primärprozessen verknüpft werden (Abb. 2.21), die Überführung von 3-Phosphoglycerinsäure in 3-Phosphoglycerin-aldehyd. Eines der beiden hier tätigen Enzyme ist die Triosephosphat-Dehydrogenase, genauer gesagt, die Triosephosphat-Dehydrogenase der Chloroplasten. Denn im Cytoplasma gibt es ein entsprechendes Isoenzym, das uns hier nicht interessiert. Die Triosephosphat-Dehydrogenase arbeitet mit Hilfe des in den Primärprozessen gebildeten ATP und NADPH + H^+. Eine ganze

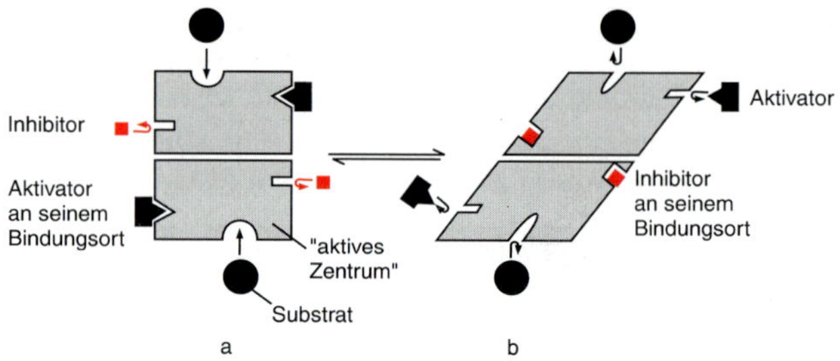

Abb. 14.5.
Allosterische Regulation der Enzymaktivität. Ein gegebenes Enzym kann in einem aktiven (a) und in einem weniger aktiven oder gar inaktiven Zustand (b) vorliegen (aus Gründen, die wir hier nicht besprechen können, nimmt man an, daß allosterisch regulierbare Enzyme aus mehreren Untereinheiten bestehen, von denen hier jeweils zwei wiedergegeben sind). a: Ein allosterischer Aktivator wurde an seinem Bindungsort fixiert. Folge war eine Konformationsänderung des Enzymproteins derart, daß das Substrat am aktiven Zentrum gebunden werden kann. Der Bindungsort für den allosterischen Inhibitor ist verschlossen. Es resultiert eine allosterische Förderung. b: Ein allosterischer Inhibitor wurde an seinem Bindungsort fixiert. Infolge einer dabei erfolgten Konformationsänderung wurde der Bindungsort für den Aktivator und das aktive Zentrum verschlossen. Das Substrat kann keinen Kontakt mit dem Enzymprotein aufnehmen.

Reihe von Befunden, die von verschiedenen Arbeitsgruppen erbracht wurden, läßt sich nur damit erklären, daß eben diese beiden Substanzen als allosterische Aktivatoren der Dehydrogenase fungieren können. Es ist das eine in ihrer Zweckmäßigkeit sehr überzeugende Regulation. Sie zeigt uns aber außerdem, daß sehr wohl auch Coenzyme als allosterische Effektoren in Frage kommen.

Außer allosterischen Förderungen kennt man auch *allosterische Hemmungen*. Die dabei aktiven Stoffe sind Endprodukte von Syntheseketten, die in der Regel das erste Enzym der Kette hemmen (Abb. 14.6). Man spricht deshalb von *Endproduktthemmung* oder *Rückkoppelungshemmung*. Bei Bakterien findet sich auch eine Endproduktrepression, die letztlich zur Inaktivierung von Genen führt. Um Verwechslungen auszuschließen, ist deshalb die neuere Bezeichnung Rückkoppelungshemmung vorzuziehen.

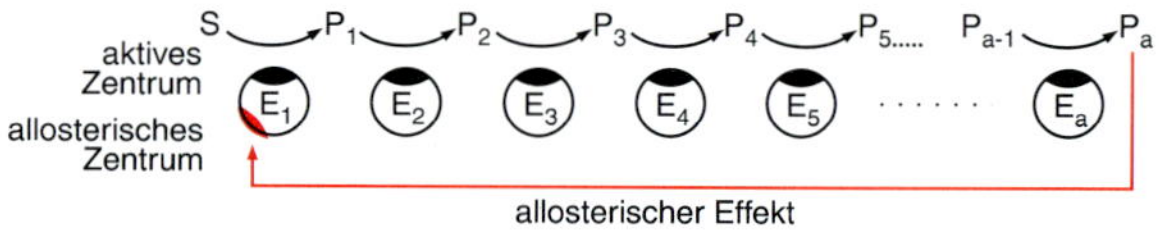

Abb. 14.6.
Rückkopplungshemmung (allosterischer Effekt) (verändert nach Lehninger *aus* Bielka *1969).*

14.2.3 Feinregulation durch Isoenzyme

Viele Synthesewege beginnen mit *einer* Enzymaktivität, verzweigen sich dann aber. Ein bekanntes Beispiel: Isoleucin gehört zusammen mit Threonin, Methionin und Lysin zur Aspartatfamilie der Aminosäuren (Abb. 14.7). Am Beginn der Synthesewege zu diesen Aminosäuren steht die Überführung von Aspartat in Aspartylphosphat, die von der Aspartokinase katalysiert wird. Später verzweigt sich die zunächst einheitliche Synthesekette zu den genannten Aminosäuren hin.

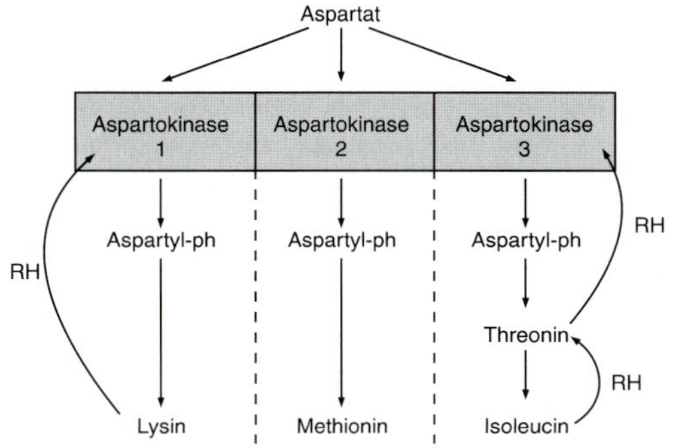

Abb. 14.7.
Feinregulation durch Isoenzyme: Biosynthese der Aspartatfamilie der Aminosäuren. RH = Rückkoppelungshemmung. Auch die Synthese von Methionin unterliegt hier nicht eingezeichneten Rückkoppelungsmechanismen.

Diese Verzweigung stellt die intrazelluläre Regulation vor eine schwierige Aufgabe. Beispielsweise könnte in den Zellen mehr als genug Threonin vorhanden sein. Über eine Rückkoppelungshemmung der Aspartokinase ließe sich nun die weitere Zufuhr von Threonin ohne weiteres unterbinden. Aber damit wäre auch die Synthese von Methionin und Lysin gestoppt, obwohl diese beiden Aminosäuren vielleicht noch dringend benötigt werden. Der Ausweg besteht darin, daß es drei Isoenzyme der Aspartokinase gibt, von denen eines von Threonin und ein zweites von Lysin über eine Rückkoppelungshemmung blockiert werden kann. Nach Befunden an *E. coli* unterliegt auch die Aktivität des dritten Isoenzyms (Aspartokinase 2 in Abb. 14.7) einer entsprechenden Regulation.

Die Feinregulation in der Aspartatfamilie mag schon kompliziert genug erscheinen. Hinzu kommt nun noch daß es außer der Endprodukthemmung auch eine allosterische Förderung gibt (Abb. 14.5). Sie kann über das Endprodukt eines Syntheseweges erfolgen und wäre dann eine Endproduktaktivierung. Bei Pflanzen findet sich ein Beispiel in dem nach dem Chorismat liegenden Abschnitt des Shikimisäureweges (Abb. 14.8). Denn hier hat man herausgefunden, daß Tryptophan die Anthranilat-Synthase als allosterischer Inhibitor hemmt, die Aktivität der Chorismatmutase dagegen fördert. Phenylalanin übt ebenso wie Tyrosin eine Rückkoppelungshemmung auf je ein Isoenzym der Chorismatmutase aus. Auch hier zeigt es sich also wieder, daß Isoenzyme entscheidende Faktoren in der Feinregulation von Biosynthesewegen sein können.

Abb. 14.8.
Allosterische Effekte bei der Biosynthese der aromatischen Aminosäuren (Shikimisäureweg) in höheren Pflanzen. RH = Rückkoppelungshemmung, AF = Allosterische Förderung. Die gestrichelte Linie deutet die Kompartimentierung an. Der Syntheseweg über Arogensäure (vgl. Abb. 7.2) wurde weggelassen.

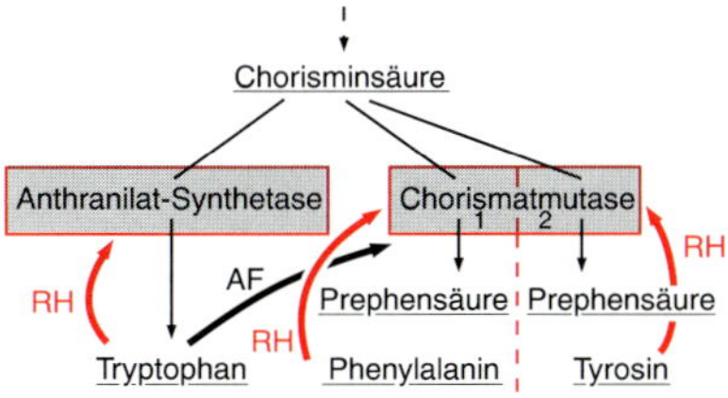

14.2.4 Phosphorylierungen zur Steuerung der Enzymaktivität

Zur Steuerung von Enzymaktivitäten gibt es noch weitere Möglichkeiten. So können Enzyme durch *Abspalten von Polypeptidketten* aktiviert werden. Auch *Regulatorproteine* wie das Calmodulin (Seite 376) können an Enzymproteine binden und ihre Aktivität beeinflussen.

Besonders wichtig zur Regulierung von Enzymaktivitäten sind *Phosphorylierungen und Dephosphorylierungen*. Die Phosphorylierungen erfolgen durch *Proteinkinasen*, die Phosphat aus ATP besonders in die Hydroxylgruppen von Serin und Threonin einführen. In Eukaryonten einschließlich der Pflanzen steigt die Zahl bekannter Proteinkinasen ständig, auch wenn ihre spezielle Funktion vielfach noch unbekannt

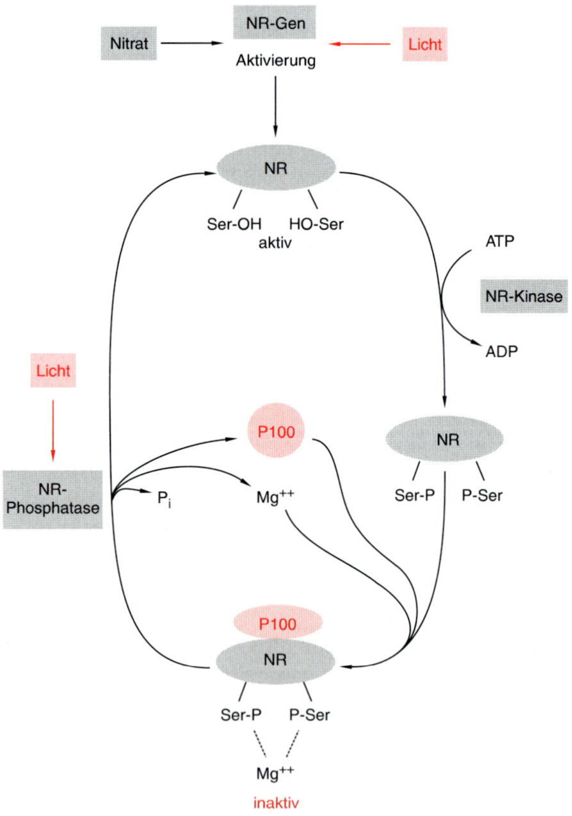

Abb. 14.9. Modellvorstellung zur Aktivitätssteuerung der Nitratreduktase (NR) durch Phosphorylierungen. Das Genmaterial für NR wird durch Nitrat (Substratinduktion, Seite 333) und Licht aktiviert. Das zunächst aktive Enzym kann durch eine Nitratreduktase-Proteinkinase (NR-Kinase) in Serinhydroxylen (Ser-OH) phosphoryliert werden. Danach lagert sich das Inhibitor-Protein P100 an, Mg^{++} bindet an das Serin-Phosphat (Ser-P). Der so gebildete Komplex ist inaktiv. Eine lichtinduzierte NR-Protein-Phosphatase (NR-Phosphatase) entfernt das Phosphat (P_i), der Komplex zerfällt unter Freisetzung aktiver NR.

ist. Für alle Eukaryonten gemeinsame konservierte Regionen der Gene bz. Enzyme belegen die Wichtigkeit.

Die Dephosphorylierungen werden durch *Protein-Phosphatasen* katalysiert.

Die Aktivität mehrerer wichtiger Enzyme des C- und N-Stoffwechsels wird über lichtinduzierte Phosphorylierungen bzw. Dephosphorylierungen kontrolliert (Tab. 14.2). Greifen wir als Beispiel die im vorhergehenden Abschnitt erwähnte Nitratreduktase (NR) heraus. Denn bei ihrer Aktivitätskontrolle wirken noch weitere Faktoren mit, vor allem auch eines der eben erwähnten regulatorischen Proteine (Abb. 14.9).

Die phosphorylierte Form des Enzyms wird in ihrer Aktivität durch Mg^{++} in Gegenwart eines regulatorischen Proteins P 100 (wegen seines MG von 100 000) gehemmt, die dephosphorylierte nicht. Der Zusammenhang dürfte wie folgt sein: Eine NR-Proteinkinase bringt Phosphat in Hydroxyle von Serin in der NR ein. Die Phosphate ihrerseits binden Mg^{++}. P100 lagert sich der phosphorylierten NR an. In dem so resultierenden Komplex ist die Aktivität der NR stark abgesenkt.

Bei Dephosphorylierung durch eine NR-Protein-Phosphatase zerfällt der Komplex, die normale Aktivität der NR wird wiederhergestellt. Licht induziert bei der NR und weiteren Enzymen die Entfernung von Phosphat, in anderen Fällen fördert es umgekehrt die Phosphorylierung (Tab. 14.2). Damit haben wir schon einige Beispiele für eine Regulation durch Außenfaktoren kennengelernt.

Tab. 14.2. Aktivitätssteuerung von Enzymen über lichtinduzierte Phosphorylierungen und Dephosphorylierungen. Aktivierung = +; Inaktivierung = –; Phosphorylierung = + P; Dephosphorylierung = – P.

Enzym	Lichtwirkung	
	Aktivitätszustand	Phosphatstatus
Nitratreduktase	+	– P
Saccharosephosphat-Synthase	+	– P
Pyruvat-Decarboxylase	–	– P
PEP-Carboxylase	+	+ P

Zusammenfassung
Eine Regulation der Genexpression ist bei jedem der Schritte vom Gen bis zum fertigen Merkmal möglich. Dabei hat man zwischen intrazellulären und interzellulären Möglichkeiten der Regulation zu unterscheiden. Bei der *intrazellulären Regulation* muß man die Regulation der *Genexpression* und die der *Enzymaktivität* berücksichtigen.

Die *Genexpression* hängt auch von der *Organisationsform* der DNA in den *Chromsomen* ab. Die DNA ist auf ihnen mit basischen Proteinen, den Histonen, und Nicht-Histon-Proteinen assoziiert. Die Grundstruktur dabei ist das *Nucleosom*, ein Oktamer aus vier von 5 Histonen bzw. Histongruppen, über das sich die DNA schraubenförmig legt. Die Nucleosomen sind über relativ kurze DNA-Spacer zu einer *Perlenkettenstruktur* verbunden. Eine fünfte Histongruppe (H1) liegt außerhalb der Nucleosomen, aber in engem Kontakt mit ihnen. H1 wird als Bindemittel beim Übergang der Perlenkettenstruktur zu übergeordneten Strukturen diskutiert. Solche übergeordneten Strukturen entstehen dadurch, daß sich die Nucleosomenperlenkette zu einer ersten Schraube, diese zu einer Schraube höherer Ordnung anordnet usf., bis es schließlich zur Schraubenstruktur höchster Ordnung, der Chromatide, gekommen ist.

Dicht gepacktes Chromatin erschwert die Transkription. Zumindest für den Beginn der Transkription muß ein nucleosomen-freier DNA-Abschnitt gegeben sein. Bei den dazu notwendigen Konformationsänderungen des Chromatins spielen u.a. Acetylierungen eine Rolle, möglicherweise auch Änderungen im Bereich der Histone H1. Dem entspricht jedenfalls, daß die H1-Fraktion sehr variabel ist und sich auch je nach dem Entwicklungszustand in ihrer Zusammensetzung ändern kann.

Eine entsprechende Strukturierung des Chromatins ist also eine der Voraussetzungen für die Transkription. Verschiedene Signale können dann Genaktivität auslösen. Dazu gehören außer z.B. Außenfaktoren und Hormonen (s. unten) auch Substrate, die Gene aktivieren, die für Enzyme des Umsatzes des betreffenden Substrats codieren (*Substratinduktion*; Beispiel Nitratreduktase). Welche Faktoren jedoch unmittelbar an der DNA des Promotors die Etablierung eines Transkriptionskomplexes und damit Genaktivität auslösen, ist noch in der Diskussion. *Nicht-Histon-Proteine* dürften entscheidend beteiligt sein. Darüber hinaus stellen sie weitere funktionell wichtige Proteine wie Transkriptionsfaktoren oder Enzyme (z.B. RNA-Polymerasen) und Struktur-Proteine des Zellkerns.

Besser analysiert ist die *Regulation der Enzymaktivität.* Zu ihr gehören *isosterische Effekte* ohne Änderung der Konformation des betreffenden Enzyms und *allosterische Effekte*, bei denen die Raumstruktur der Enzymproteine verändert wird. Zu den isosterischen Effekten gehört die *kompetitive Hemmung;* zu den allosterischen die allosterische Förderung und vor allem auch die allosterische Hemmung, die *Endprodukt- oder Rückkoppelungshemmung.* Bei ihr hemmt das Endprodukt einer Synthesekette ein an ihrem Beginn agierendes Enzym. Solche Rückkoppelungshemmungen können auch zur *Feinregulation in verzweigten Syntheseketten* wichtig werden, falls I*soenzyme* vor der Verzweigung gegeben sind. Endprodukte können dann die Aktivität eines nicht mehr benötigten Isoenzyms hemmen, ohne die Tätigkeit anderer Isoenzyme zu beeinträchtigen. Beispiele für Systeme allosterischer Förderungen und Hemmungen von Isoenzymen finden sich bei Pflanzen vielfach, so z.B. im Shikimisäureweg.

Weitere Möglicheiten zur Regulation der Enzymaktivität sind über chemische Veränderungen gegeben. Hier sind u.a. *Phoshorylierungen* zu nennen, die bei zentral wichtigen Enzymen des C- und N-Metabolismus der Pflanzen teils zu einer Förderung, teils zu einer Hemmung der Enzymaktivität führen können. Ein Beispiel für eine komplexe Hemmung durch Phosphorylierung liefert die Nitratreduktase.

15 Interzelluläre Regulation: Phytohormone und ihre physiologischen Wirkungen

Bei tierischen Organismen erfolgt die Regulation von Zelle zu Zelle auf nervösem und humoralem Weg. Bei Pflanzen entfällt die Regulation über das Nervensystem. Es bleibt die Stoffleitung, bei der bestimmte regulierende Faktoren von Zelle zu Zelle, von Organ zu Organ transportiert werden. Eine dominierende Rolle nehmen dabei die pflanzlichen Hormone, die Phytohormone, ein.

Wie alle Hormone sind auch die Phytohormone meist in geringen Mengen wirksame Botenstoffe organischer Natur, bei denen Bildungsort und Wirkungsort innerhalb eines gegebenen Organismus liegen und voneinander verschieden sind.

Etablierte und ihrer chemischen Struktur nach bekannte Phytohormongruppen sind Auxine, Gibberelline, Cytokinine, Abscisine und Ethylen. Hinzu kommen weitere Stoffe von weniger universeller, teils auch umstrittener Hormonfunktion wie Brassinosteroide, Jasmonsäure und Salicylsäure. Fraglich ist, ob es ein einheitliches Blühhormon gibt oder ob die Blühinduktion nicht auf eine ganze Faktorengruppe zurückgeht (Seite 558).

Wir werden im folgenden mit Ausnahme des »Blühhormons« eine dieser Phytohormongruppen nach der anderen besprechen und dann auf ihren molekularen Wirkungsmechanismus eingehen.

Ein übergreifendes Faktum muß jedoch der Besprechung der einzelnen Phytohormone vorausgestellt werden. Tierische Hormone zeigen manchmal ein recht breites Wirkungs-

Tab. 15.1. Die Beteiligung von Phytohormonen an Entwicklungsprozessen (+). Im Einzelfall kann das betreffende Hormon fördern oder hemmen oder je nach seiner Konzentration beides (verändert nach Graham und Wareing 1984).

Prozeß	Phytohormongruppe				
	Auxine (IES etc.)	Gibberelline	Cytokinine	Abscisine	Ethylen
Zellstreckung	+	+		+	+
Zellteilung	+	+	+		+
Induktion von primären Gefäßen	+		+		
Induktion von sekundären Gefäßen	+	+	+		
Anlage von Wurzeln und Sprossen	+	+	+	+	+
Brechen der Keimruhe	+	+	+	+	+
Seneszenz	+	+	+	+	+
Blüten-, Blatt- und Fruchtfall	+	+	+	+	+
Fruchtentwicklung	+	+	+		+
Anlage der Sexualorgane	+	+			+
Kontrolle der Spaltöffnungen			+	+	+

spektrum. Diese Aussage gilt noch viel mehr für die Phytohormone. Denn für sie ist es geradezu charakteristisch,

... *daß ein gegebenes Phytohormon die verschiedensten Prozesse beeinflußt und*

... *daß ein gegebener Prozeß von verschiedenen Phytohormonen beeinflußt werden kann* (Tab. 15.1).

15.1 Indolderivate: IES

15.1.1 Chemische Konstitution

Einige Indolderivate sind Phytohormone. Das wichtigste von ihnen ist die β-Indolylessigsäure, Indol-3-essigsäure oder abgekürzt IES (Abb. 15.1). Sie wurde 1934 von KÖGL im menschlichen Harn, dann in Mikroorganismen und schließlich auch in höheren Pflanzen nachgewiesen.

IES liegt in den Pflanzen frei oder gebunden, z. B. als Glucoseester oder in Peptidbindung mit Asparaginsäure und Glutaminsäure vor.

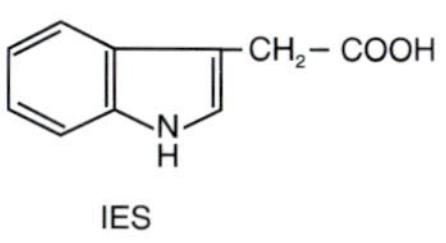

Abb. 15.1.
IES = Indol-3-essigsäure = β-Indolylessigsäure.

15.1.2 Historik, Testverfahren

Schon vor der Isolierung der IES aus pflanzlichem Material war die Existenz von Phytohormonen bekannt. Der exakte Nachweis wurde nach bis ins vergangene Jahrhundert zurückgehenden Vorarbeiten 1928 von WENT erbracht. Sein Versuchsobjekt war die *Avena*-Koleoptile, eine zylinderförmige Scheide, die das Primärblatt des Haferkeimlings umgibt. Koleoptilspitzen wurden abgeschnitten und auf Agarblöckchen aufgesetzt. Nach einiger Zeit wurden die Agarblöckchen einseitig auf Koleoptilenstümpfe aufgesetzt. Die Koleoptilen krümmten sich dann nach der anderen Seite. Ursache für diese Krümmung war ein starkes Streckungswachstum im Gewebe unterhalb der Agarblöckchen (Abb. 15.2).

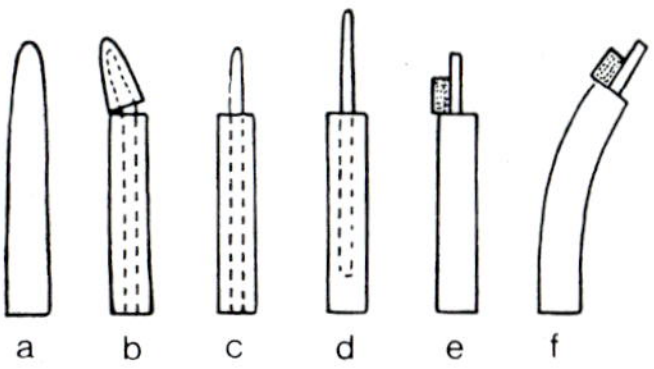

Abb. 15.2.
Der Nachweis von IES in den Spitzen der Avena-Koleoptile (Krümmungstest nach WENT). Koleoptilspitzen werden auf Agar gesetzt (A). Nach Diffusion der IES in den Agar wird er in kleine Blöcke zerschnitten (B). Selbstverständlich kann man auch IES anderer Herkunft in den Agar einbringen, z. B. so, daß man die Agarblöckchen in IES-Lösungen einlegt oder die IES-Lösung mit einer Pipette auf den Agar aufträgt. Die Präparation der Koleoptilen erfolgt so, daß man zunächst dekapitiert (b und c), dann das Primärblatt etwas herauszieht (d) und nun ein IES-haltiges Agarstückchen mit etwas Gelatine seitlich aufklebt (e). Die IES wandert im Agar polar nach unten und induziert ein verstärktes Streckungswachstum auf der betreffenden Seite der Koleoptile (f) (nach WALTER 1962).

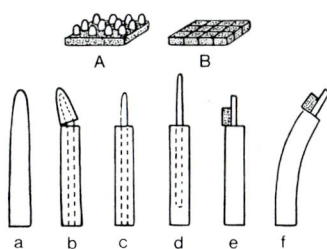

Aus den Koleoptilspitzen war also ein Phytohormon in die Agarblöckchen diffundiert, das dann in den Koleoptilen abwärts wanderte und das verstärkte Streckungswachstum auslöste. Heute wissen wir, daß das wichtigste Phytohormon der *Avena*-Koleoptile die IES ist.

Sie steigt in inaktiver Form aus dem Haferkorn hinauf in die Koleoptilspitze, wird dort aktiviert und dann wieder in der Koleoptile hinabgeleitet. Die IES wandert dabei ohne Querverschiebung *polar* abwärts. IES und ähnlich wirkende Substanzen nennt man wegen der Beeinflussung des Wachstums auch *Wuchsstoffe* oder *Auxine*.

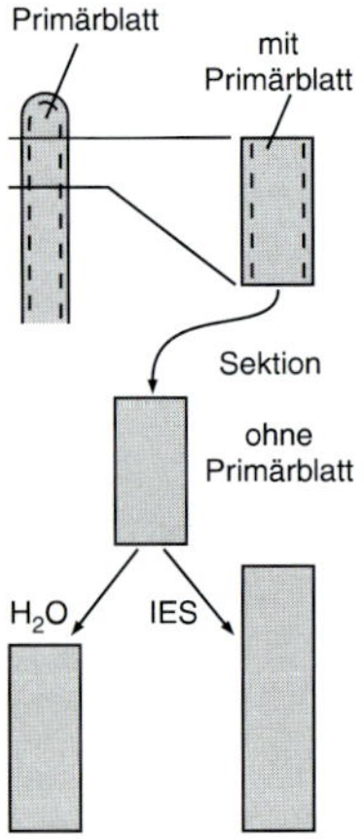

Abb. 15.3. Prinzip des Avena-Sektionstestes.

IES läßt sich in vielen *Testsystemen* quantitativ bestimmen. Ein oft gebrauchtes Testobjekt ist nach wie vor die *Avena*-Koleoptile. Im *Avena-Krümmungstest* wird die Wentsche Technik verwandt: Innerhalb bestimmter Konzentrationsgrenzen krümmt sich die Koleoptile um so stärker, je mehr IES in den Agarblöckchen enthalten ist. Ein anderer oft benützter Test, der *Avena-Sektionstest*, ist etwas leichter durchzuführen. Knapp unterhalb der Koleoptilspitze werden Zylinder bestimmter Länge aus der Koleoptile ausgeschnitten. Die Primärblätter werden aus den Zylindern entfernt. Es resultieren Hohlzylinder, die man in IES-Lösungen einlegt. Innerhalb bestimmter Konzentrationsbereiche strecken sich die Sektionen um so mehr, je mehr IES in den Lösungen vorhanden ist (Abb. 15.3).

Wie eben erwähnt, ist der Sektionstest leichter zu handhaben. Dafür ist er sehr unspezifisch. Auch z. B. Zucker können in ihm die Zellstreckung fördern. Der Krümmungstest ist in der Technik aufwendiger, dafür aber empfindlicher und hochspezifisch. Die Spezifität geht auf die polare Wanderung der IES zurück (vgl. Seite 349).

Ein gleichermaßen hochspezifisches wie hochempfindliches modernes Testverfahren ist der *Radio-Immunotest* (*RIA: Radio-Immune-Assay*). Die Spezifität geht dabei auf die Ausnutzung von Immunreaktionen, die Empfindlichkeit auf den Einsatz radioaktiv markierter Substanzen zurück. Besonders leicht lassen sich hochmolekulare Stoffe wie Proteine erfassen. Mit einer kleinen Modifikation ist der RIA aber auch bei niedermolekularen Substanzen wie den verschiedensten sekundären Pflanzenstoffen und mit ihnen den Phytohormonen anwendbar. Zunächst müssen für unser Hormon spezifische Antikörper gewonnen werden. Das Hormon soll also als Antigen dienen. Das ist bei hochmolekularen Stoffen, etwa bei Proteinen, leicht möglich. Denn sie lö-

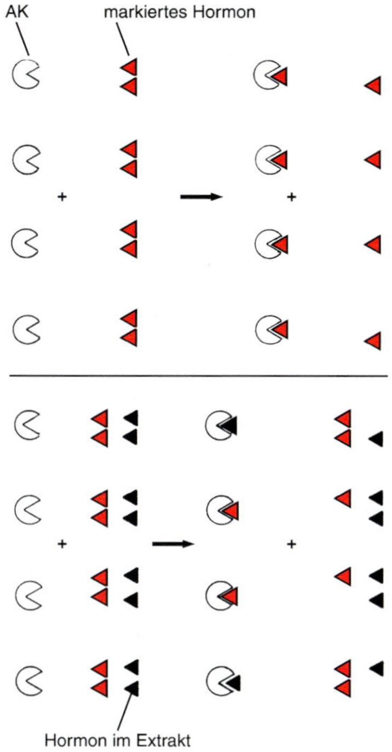

Abb. 15.4.
Der Radio-Immunotest (radio immune assay, RIA) am Beispiel einer Phytohormonbestimmung. Antikörper gegen das betreffende Hormon (AK) werden mit einem Überschuß des markierten Hormons zur Reaktion gebracht. Im Beispiel werden 50% des Hormons gebunden (oben). Nun wird die gleiche Menge Antikörper mit dem gleichen Überschuß an markiertem Hormon, aber zusätzlich noch mit einem hormonhaltigen Extrakt inkubiert (unten). Markiertes und »kaltes« Hormon konkurrieren um die Antikörper, nur noch 25% des markierten Hormons werden gebunden. Daraus läßt sich die Menge des betreffenden Hormons im Extrakt berechnen (F. Bangerth).

sen eine genügend starke Antikörperproduktion aus. Bei niedermolekularen Substanzen ist das nicht der Fall. Deshalb koppelt man sie an Proteine, z. B. an Rinderserumalbumin. Die mit dem Protein verbundenen niedermolekularen Stoffe nennt man Haptene (griech. hapto = ich verknüpfe). Das Konjugat aus Hapten und Protein wird in Kaninchen zur Antikörperproduktion injiziert. Man erhält dann für das betreffende Konjugat, und das heißt auch für das betreffende Hapten, spezifische Antikörper. Phytohormone wie z. B. IES oder ihre Derivate können als Haptene dienen. Dann werden z. B. IES-spezifische Antikörper gebildet.

Nun wird das betreffende Hormon, z. B. IES, radioaktiv markiert. Tritium etwa läßt sich verhältnismäßig leicht einführen. In der Kontrolle wird eine bekannte Menge an Antikörpern mit einem Überschuß an radioaktiv markiertem Hormon inkubiert. Man stellt fest, wieviel Hormon von den Antikörpern gebunden wird (Abb. 15.4). Dann wird im eigentlichen Test die gleiche Menge an Antikörpern mit dem gleichen Überschuß an radioaktiv markiertem Hormon *und* mit der zu testenden Probe inkubiert. Enthält die Probe das betreffende Hormon, so wird ein Teil des radioaktiven Hormons durch dieses »kalte Hormon« verdrängt. Je mehr »kaltes« Hormon in der betreffenden Probe vorhanden ist, desto stärker die Verdrängung. Wieviel radioaktives Hormon in Kontrolle wie Test jeweils an die Antikörper gebunden wurde, läßt sich leicht über quantitative Bestimmungen der Radioaktivität ermitteln. Die Differenz entspricht dem Gehalt an »kaltem« Hormon in der Probe. Über Eichkurven läßt er sich exakt berechnen.

Der RIA wurde hier an einem Phytohormon exemplifiziert. Wie erwähnt läßt er sich ebenso mit anderen nieder- und hochmolekularen Stoffen durchführen.

15.1.3 Biosynthese und Abbau

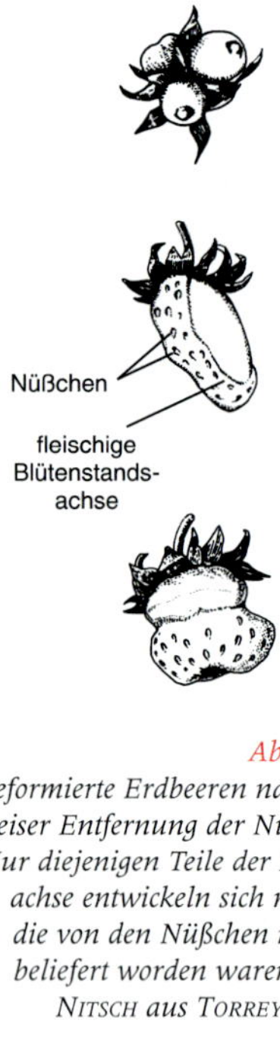

Abb. 15.5. Deformierte Erdbeeren nach teilweiser Entfernung der Nüßchen. Nur diejenigen Teile der Blütenachse entwickeln sich normal, die von den Nüßchen mit IES beliefert worden waren (nach NITSCH *aus* TORREY *1968).*

Zur Einstellung des endogenen IES-Niveaus und damit auch zur Regulation des Wachstums tragen Biosynthese und Abbau der IES bei. Auf die *Biosynthese* der IES waren wir schon eingegangen (Seite 244). Sie erfolgt bei Mikroorganismen und bei Pflanzen von Tryptophan aus. Die Orte der IES-Synthese sind vor allem meristematische Gewebe oder junge Pflanzenteile. Bei den Dikotyledonen ist der Apex, also die Spitze des Hauptsprosses, die wichtigste IES-Quelle. Auch Embryonen produzieren IES. Erdbeeren z.B. werden in ihrer Entwicklung gehemmt, wenn man die Samen und mit ihnen die Embryonen entfernt. Führt man das IES zu, entwickeln sich die Erdbeeren normal (Abb. 15.5). Auch sich entfaltende Laubblätter sind gute IES-Produzenten.

Der *Abbau* der IES kann durch Licht, vor allem UV, in der Gegenwart von Katalysatoren wie Riboflavin und durch Enzyme erfolgen. Zu den IES-degradierenden Enzymen gehören Peroxidasen, die man *IES-Oxidasen* nennt. Sie benötigen als Cofaktoren Mn^{++} und Monophenole wie p-Hydroxybenzoesäure oder das Flavonol Kämpferol.

o-Diphenole wie Brenzcatechin oder das Flavonol Quercetin sind Hemmstoffe vieler IES-Oxidasen. Vielleicht liegt in dieser Regulation der Aktivität der IES-Oxidasen eine der physiologischen Funktionen der Flavonole.

15.1.4 Einige physiologische Funktionen der IES

Eine Übersicht über die wichtigsten physiologischen Funktionen der IES gibt Abb. 15.6. Es handelt sich dabei um Prozesse, die in der intakten Pflanze ablaufen. Im folgenden werden einige von ihnen noch kurz besprochen und im Zusammenhang damit auch die Wirkung der IES in Zellkulturen erwähnt. Details zum Wirkungsmechanismus werden, soweit bekannt, an anderer Stelle gebracht.

1. *Streckungswachstum.* Auf das Streckungswachstum und seine Regulation durch IES werden wir später eingehen (Seite 445).
2. *Zellteilungen im Kambium.* IES ist einer der Faktoren, die die Tätigkeit des Kambiums stimulieren. Besonders wichtig wird diese teilungsfördernde Wirkung der IES bei unseren Laubhölzern im Frühjahr. Von den treibenden Knospen aus werden Substanzen in den Zweigen und dann im Stamm abwärts geleitet, die das Kambium zur Teilung anregen. Zu diesen Substanzen gehört die IES.
3. *Zellteilungen und Wurzelbildung.* Die Bildung von Adventivwurzeln und von Seitenwurzeln geht von bestimmten Zellteilungsnestern aus, die bei der Bildung von Seitenwurzeln am Perizykel ansetzen. Die zur Wurzelbildung führenden Zellteilungen werden von IES stimuliert. In der Praxis werden deshalb IES-Präparate oder ähnlich wirkende synthetische Wuchsstoffe zur Bewurzelung von Stecklingen verwendet.
4. *Zellteilungen in Gewebekulturen.* Die Funktionen 2. und 3. haben uns schon gezeigt, daß IES nicht nur die Zellstreckung, sondern auch die Zellteilung fördert. Dieser letzte Effekt wird an Gewebekulturen besonders deutlich. Denn in vielen Gewebekulturen finden Teilungen nur dann statt, wenn bestimmte teilungsfördernde Stoffe zugesetzt werden. Zu diesen Substanzen gehört wiederum die IES.
5. *Apikale Dominanz.* Von der Spitze des Hauptsprosses, dem »Apex«, gehen hemmende Einflüsse auf die Entwicklung der Seitenknospen aus. Das kann man leicht dadurch beweisen, daß man die Spitze des Hauptsprosses entfernt. Denn nun treiben die Seitenknospen aus. Man spricht hier von einer apikalen Dominanz.
   Wenn man nun den Hauptsproß abschneidet und auf die Schnittfläche IES aufträgt, bleiben die Seitenknospen nach wie vorgehemmt. IES ist also einer der Faktoren der apikalen Dominanz (Seite 450).
6. *Blatt- und Fruchtfall.* Der Blattfall wird vielfach mit der Ausbildung einer Trennungszone an der Basis des Blattstiels eingeleitet (Abb. 15.7). Sie kommt durch entsprechende Zellteilungen quer durch die Stielbasis zustande. In dieser Trennungszone weichen dann die Zellen von-

Abb. 15.6.
Einige physiologische Funktionen der IES (nach SCOTT 1984).

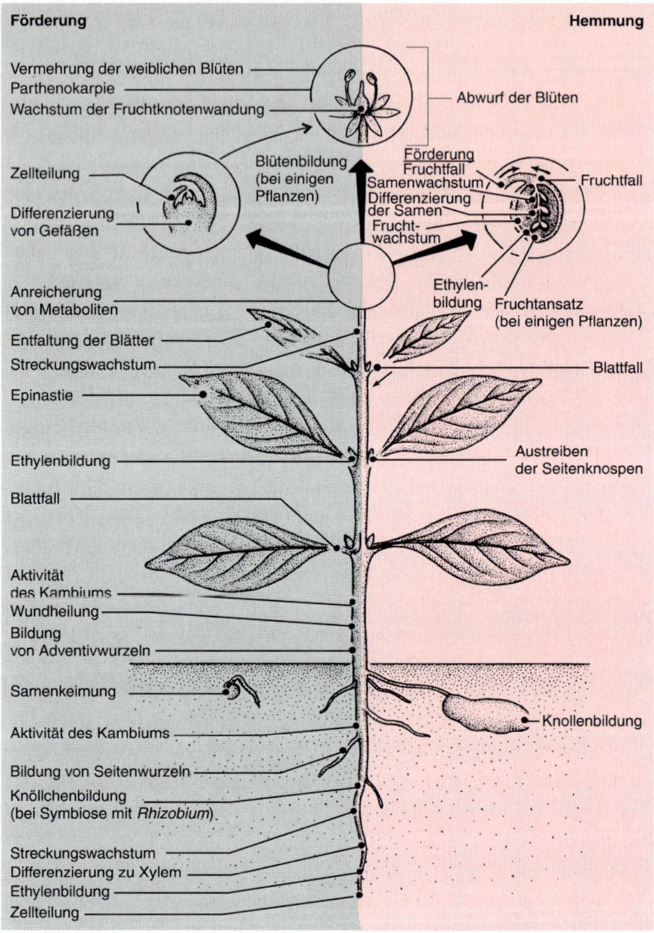

einander. Das Auseinanderweichen wird meist dadurch ermöglicht, daß Zellwandkomponenten wie Pektine, Cellulose und Hemicellulosen enzymatisch abgebaut werden. Dadurch wird der Zusammenhalt der Zellen gelockert. Bei mechanischer Beanspruchung trennen sie sich voneinander. Oft bleibt das Blatt zunächst noch an abgestorbenen Xylemsträngen hängen. Doch auch diese letzte Verbindung wird schließlich gelöst und das Blatt fällt ab. Auf der Stammseite wird die Wunde durch eine Schutzschicht geschlossen.

IES hemmt den Blattfall. Wenn man von einem *Coleus*-Blatt die Spreite entfernt, fällt der Stiel nach einigen Tagen ab. Trägt man aber auf die Oberfläche des Stiels IES auf, so bleibt der Stiel am Sproß. Dieses Experiment wird durch Untersuchungen zur IES-Abgabe durch die Blattspreite abgesichert. Solange die *Coleus*-Blattspreite genügend IES in den Blattstiel abgibt, bleibt das Blatt an der Pflanze. Erst wenn die IES-Abgabe mit zunehmendem Alter des Blattes unter einen bestimmten Minimalwert sinkt, kommt es zum Blattfall.
Ähnlich wie der Blatt-, so wird auch der Fruchtfall von IES gehemmt.

7. *Parthenokarpie*. Bei einer Reihe von Pflanzen ermöglicht IES eine Parthenokarpie, d.h. eine Fruchtbildung ohne Gametenkopulation. Bekannt ist Parthenokarpie nach IES-Behandlung vor allem von Solanaceen (Tomate) und Cucurbitaceen (Gurke).

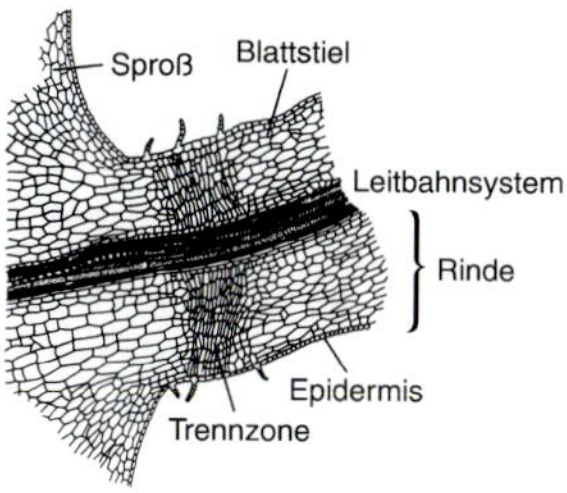

Abb. 15.7.
Längsschnitt durch einen Blattstiel von Coleus mit Trennzone (nach Torrey 1968).

15.1.5 Polarer Transport der IES

Auf Seite 344 war von einem polaren Transport der IES die Rede. Dabei handelt es sich um ein Charakteristikum der IES und anderer, teils auch synthetischer Auxine. Der polare Transport ist von der Schwerkraft weitgehend unabhängig. Er kann prinzipiell in allen lebenden Zellen stattfinden. Im Sproßsystem bilden die Parenchymzellen, die die Gefäße begleiten, die wichtigsten Leitbahnen. Die Transportgeschwindigkeit beträgt 5 bis 15 mm pro Stunde. Der polare Transport ist zumindest in einer ausschlaggebenden Komponente energieabhängig. Es läßt sich das daran erkennen daß er durch Fehlen von Sauerstoff oder z.B. durch Cyanid (vgl. Seite 369) und 2,4-Dinitro-phenol fast ganz gehemmt werden kann. 2,4-Dinitro-phenol »entkoppelt« die ATP-Bildung vom Elektronentransport, unterbindet sie also.

An der Avena-Koleoptile läßt sich die polare Wanderung der IES leicht demonstrieren. Denn sie wandert hier aus der Spitzenregion polar abwärts. »Polar« soll bedeuten, daß diese Wanderung nur von der Spitze zur Basis und nicht in der umgekehrten Richtung erfolgen kann. Auch eine Querverschiebung der IES unterbleibt. Davon kann man sich durch einige einfache Experimente überzeugen (Abb. 15.8). Wir schneiden eine Koleoptilsektion aus und legen auf ihre obere Schnittfläche ein mit IES getränktes Agarstückchen. Nach einiger Zeit läßt sich in einem unter der Koleoptilsektion befindlichen Agarstückchen IES nach-

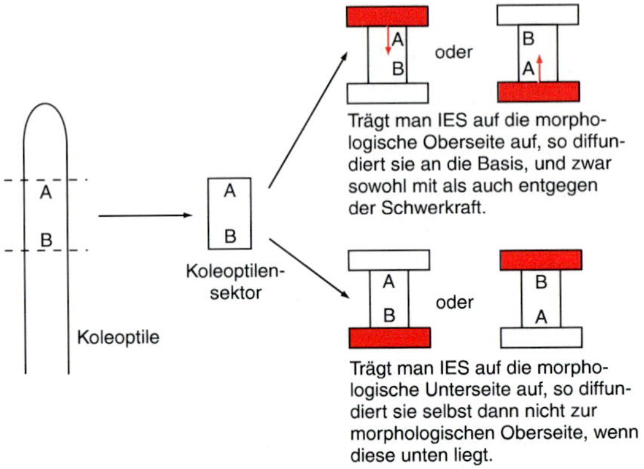
A
B
Koleoptile
A
B
Koleoptilen-
sektor
A
B
oder
B
A
Trägt man IES auf die morphologische Oberseite auf, so diffundiert sie an die Basis, und zwar sowohl mit als auch entgegen der Schwerkraft.
A
B
oder
B
A
Trägt man IES auf die morphologische Unterseite auf, so diffundiert sie selbst dann nicht zur morphologischen Oberseite, wenn diese unten liegt.

Abb. 15.8.
Polare Wanderung der IES in einer Sektion der Avena-Koleoptile (aus Galston 1964).

weisen. Wenn man die Koleoptilsektion um 180 ° dreht und dann mit der morphologischen Oberseite nach unten auf ein IES-haltiges Agarstückchen stellt, läßt sich im Agar auf der nun oben befindlichen morphologischen Unterseite IES abfangen. Die Schwerkraft spielt also bei der polaren Wanderung keine Rolle. Entscheidend ist nur das morphologische Oben und Unten. Die IES wandert von der morphologischen Ober- zur morphologischen Unterseite, aber nicht umgekehrt.

Zur Erklärung des polaren Auxintransports gibt es mehrere Hypothesen, von denen keine endgültig bewiesen ist. Hier sei nur auf die »modernste« von ihnen eingegangen, auf die *chemiosmotische Hypothese*. Sie darf trotz oberflächlicher Ähnlichkeiten keinesfalls mit Mitchells chemiosmotischer Theorie (Seite 119) verwechselt werden!

Folgende Fakten liefern die Basis:

1. Der pH-Wert außerhalb des Plasmalemmas einer gegebenen Zelle ist um rund eine Einheit geringer als im Cytoplasma (pH 5 bis 6 gegenüber pH 7). Es existiert also ein pH-Gradient, der von innen nach außen abfällt.
2. Der pH-Gradient wird von einem elektrochemischen Gradienten begleitet: Die Außenseite einer Zelle ist gegenüber der Innenseite elektropositiv. Die Potentialdifferenz liegt bei den hier interessierenden Zellen in der Größenordnung von 100 mV.
3. Das undissozierte IES-Molekül (IES-H) ist stärker lipophil als die dissoziierte IES (IES^-). IES-H passiert deshalb die Lipiddoppelschicht des Plasmalemmas (vgl. Abb. 2.14) viel leichter als IES^-.

Nun die chemiosmotische Hypothese, die auf diesen Fakten basiert (Abb. 15.9): Im Plasmalemma lokalisierte, mit Hilfe von ATP betriebene Protonenpumpen geben nach außen zu Protonen ab und halten somit den pH- und den elektrochemischen Gradienten aufrecht. Damit wäre der Energiebedarf des polaren Transports im wesentlichen erklärt. Möglicherweise wird noch an anderer Stelle Energie benötigt, nämlich zur Funktion der gleich zu besprechenden IES-Anionen-carrier-Systeme. IES^-, die im Diffusionsraum Zellwand vorliegt, geht bei dem dort gegebenen niederen pH in IES-H über. IES-H passiert das Plasmalemma leicht, und zwar passiv, ganz einfach dem fallenden IES-H-Gradienten ins Cytoplasma hinein folgend. Beim höheren pH des Cytoplasmas dissoziiert IES-H wieder zu IES^-. Da IES^- das Plasmalemma nur schwer passieren kann, kommt es zu einer Akkumulation von IES^- im Zellinneren.

Soweit ist alles ganz plausibel. Nur ist damit der polare Transport noch nicht erklärt. Dazu postuliert man nun eine

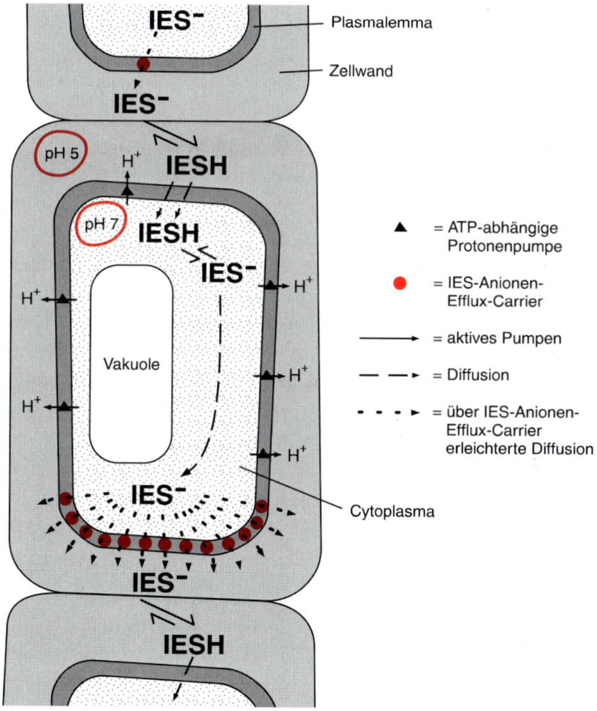

Abb. 15.9.
Die chemiosmotische Hypothese des polaren IES-Transports. ATP-abhängige Protonenpumpen, die im Plasmalemma lokalisiert sind, geben H^+ nach außen ab und senken so den pH-Wert im Bereich der Zellwand. IES^- wird zu IES-H und kann nun das Plasmalemma passieren. Sie folgt dabei dem nach innen zu absinkenden Gradienten an IES-H. Beim höheren pH des Cytoplasma dissoziiert IES-H wieder zu IES^-. Am basalen Ende der Zelle sind Austrittsmöglichkeiten für IES gegeben. Dabei spielen möglicherweise IES-Anionen-Efflux-Carrier-Systeme eine wichtige Rolle. In die Zellwand ausgeschleust, wird IES^- wieder zu IES-H. Der gleiche Vorgang wiederholt sich in der anschließenden, weiter basal liegenden Zelle (nach Jacobs 1983).

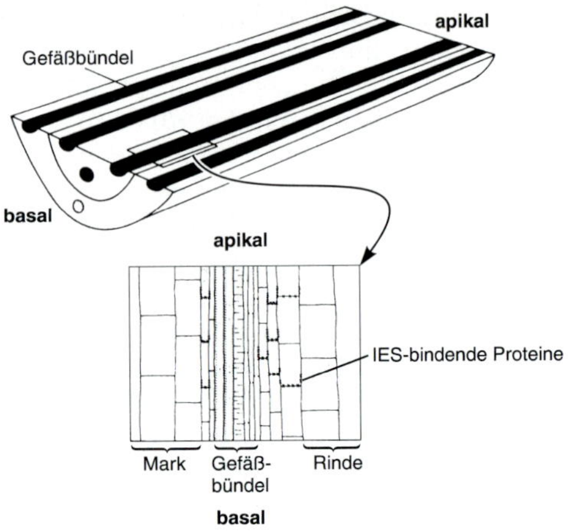

Abb. 15.10.
IES-bindende Proteine am basalen Ende von Parenchymzellen der Erbse (Pisum sativum). Die Proteine wurden mit Hilfe von fluoreszenzfarbstoff-markierten Antikörpern lokalisiert (nach JACOBS *1983).*

Polarität der einzelnen Zellen. Sie sollen an ihrem basalen Ende Austrittsmöglichkeiten für IES^- bieten. Dabei könnte es sich um spezielle Carrier-Systeme für den IES-Anionen-Export (Anionen-Efflux-Carrier) handeln. Die so ausgeschleuste IES^- wird außerhalb des Plasmalemmas wieder zu IES-H, diese passiert das Plasmalemma der nächsten Zelle einer Zellreihe usf.: IES wird polar transportiert.

Der Angelpunkt der Hypothese sind die eben postulierten »Austrittsmöglichkeiten« nur oder bevorzugt am basalen Ende der Zellen. Erste Daten hierzu liegen vor. So kennt man von verschiedenen Pflanzenarten IES-bindende Proteine. Mit immunochemischen Methoden wurden z. B. Parenchymzellen aus Internodien der Erbse untersucht, die Orte des polaren Transports sind. An der Basis dieser Zellen ließen sich IES-bindende Proteine nachweisen, die an das Plasmalemma gebunden waren (Abb. 15.10). Damit ist zunächst die erforderte Polarität in bezug auf IES gegeben. Man nimmt nun an, die betreffenden Proteine seien die postulierten Anionen-Efflux-Carrier. Träfe dies zu, wäre der polare IES-Transport erklärt. Der Angelpunkt sind also die Anionen-Efflux-Carrier, ein spezieller Typ von Rezeptorsystemen. Mit ihnen werden wir uns bei der Diskussion der molekularen Grundlagen der Hormonwirkungen eingehender befassen.

15.1.6 Synthetische Auxine

IES ist thermolabil, in Gegenwart von Sensibilisatoren lichtsensibel und schwer wasserlöslich. Ihre Verwendung in der

Praxis wird dadurch eingeschränkt. Sie läßt sich jedoch durch synthetische Stoffe ersetzen, die ebenfalls als Auxine wirken (Abb. 15.11).

In Gewebekulturen z. B. wird in der Regel α-Naphthylessigsäure (*N*aphthalene *A*cetic *A*cid = *NAA*) anstatt IES eingesetzt. Ein bemerkenswertes synthetisches Auxin ist 2,4-Dichlorphenoxy-Essigsäure (2,4-D). Wie andere synthetische Auxine wandert 2,4-D polar, allerdings nur mit rund 20% der Geschwindigkeit von IES. 2,4-D wird auch zur Induktion somatischer Embryonen verwendet (Seite 467).

Vor allem aber sind 2,4-D und ihre Derivate als Unkrautbekämpfungsmittel im Getreidefeld bekannt. Denn die Substanz wirkt bei Dicotyledonen mit Ausnahme z. B. der Erbse (*Pisum sativum*), die 2,4-D abbauen kann, als sehr starkes Auxin. Zweikeimblättrige Unkräuter wachsen sich unter seinem Einfluß praktisch »zu Tode«, nicht jedoch Einkeimblättrige wie die Getreide.

Gentechnik: Transfer von Genen für 2,4-D-Abbau

Aus dem Bakterium *Alcaligenes eutrophus* wurde ein Gen isoliert, das für eine Mono-oxygenase codiert, von der die Seitenkette von 2,4-D abgebaut wird (Abb. 15.11). Das Abbauprodukt 2,4-Dichlorphenol ist bei Dicotyledonen weitgehend unwirksam. Das betreffende Gen wurde nicht nur in die Modellpfanze Tabak, sondern z. B. auch in Baumwolle (*Gossypium* spec.) übertragen. Transgene Pflanzen waren im Gewächshaus resistent gegen 2,4-D.

Über 2,4-D-resistente transgene Dicotyledone eröffnet sich die Möglichkeit, zweikeimblättrige Unkräuter ohne Schaden für ebenfalls Zweikeimblättrige, z. B. für transgene Baumwolle, zu bekämpfen.

2,4-D resistente transgene Baumwolle wird aber auch dann wichtig, wenn man zweikeimblättrige Unkräuter im Getreidefeld bekämpfen möchte, ohne daß es zu Schädigungen benachbarter Baumwollfelder kommen soll. Beim Versprühen von 2,4-D vom Flugzeug aus geschieht das sonst durch Windvertrieb immer wieder. Auch wenn den umweltbewußten Mitteleuropäer bei derart wenig zielsicheren Bekämpfungsaktionen Unbehagen befällt, sollte man nicht vergessen, daß es sich dabei leider um eine Realität handelt – auch ganz ohne transgene Pflanzen.

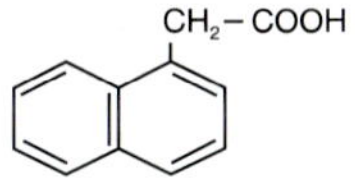

NAA

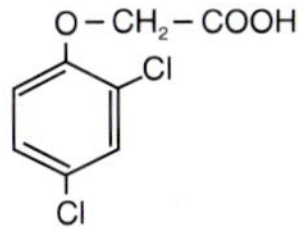

2,4-D

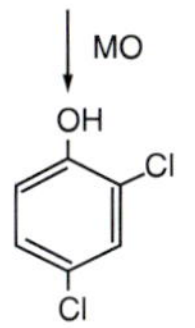

2,4-Dichlorphenol

Abb. 15.11.
Beipiele für synthetische Auxine: NAA (= α-Naphthyl-essigsäure) und 2,4-D (2,4-Dichlorphenoxyessigsäure). Der Abbau der Seitenkette von 2,4-D durch eine Monooxygenase (MO) aus dem Bakterium Alcaligenes eutrophus ist angegeben. Das Gen für die Ausbildung der Monooxygenase konnte aus dem Bakterium in u. a. Baumwolle übertragen werden. Sie wurde dadurch gegen 2,4-D resistent.

15.2 Gibberelline

15.2.1 Chemische Konstitution

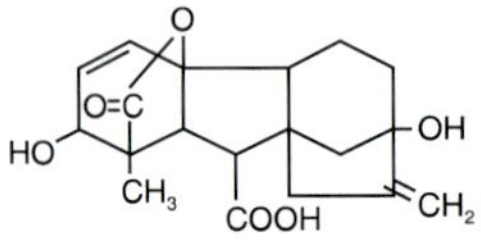

Abb. 15.12.
Gibberellinsäure.

Gibberelline sind Phytohormone, die in ihrer chemischen Struktur durch den Besitz des Gibbanskeletts und in ihrer biologischen Wirkung durch eine starke Wachstumsförderung bei bestimmten Zwergmutanten, charakterisiert sind. Es war schon erwähnt worden, daß ein in höheren Pflanzen mehrfach nachgewiesenes und in Versuchen oft verwendetes Gibberellin die Gibberellinsäure (GA) ist (vgl. Seite 234, Abb. 15.12). Außer ihr kennt man derzeit noch zahlreiche weitere Gibberelline. In der Regel finden sich in einer Pflanze mehrere verschiedene Gibberelline. Im Gegensatz dazu läßt sich aus den anderen Phytohormongruppen oft nur ein Vertreter in einer gegebenen Pflanze nachweisen.

15.2.2 Historik, Testverfahren

Schon lange war in Ostasien eine Krankheit des Reises bekannt, bei der sich die erkrankten Pflanzen durch ein besonders starkes Längenwachstum auszeichneten. Man sprach von der Bakanae, der Krankheit der verrückten Keimlinge. Es ließ sich nachweisen, daß diese Krankheit von dem Pilz *Gibberella fujikuroi* (= *Fusarium moniliforme*) hervorgerufen wird. 1926 gelang es Kurosawa, das Symptom des verstärkten Längenwachstums auch mit Kulturfiltraten des Pilzes hervorzurufen. Mit diesem biologischen Test war die Tür zur Isolierung und Charakterisierung des aktiven Prinzips aufgeschlossen.

Nach dem Zweiten Weltkrieg ließ sich dann zeigen, daß die wirksamen Stoffe, die man nach *Gibberella* benannte, nicht nur in diesem Pilz vorkommen, sondern auch in höheren Pflanzen weit verbreitet sind.

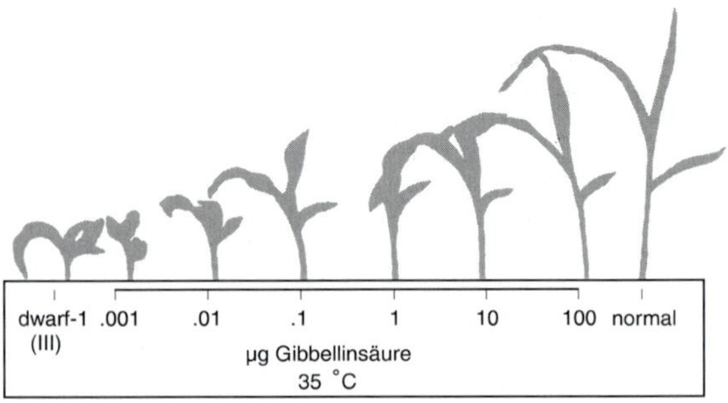

Abb. 15.13.
Test auf Gibberellinsäure an der Zwergmutante dwarf-1 des Maises (verändert nach Ruhland 1961).

Grundlage der biologischen Testverfahren auf Gibberelline ist wie bei dem Erstnachweis die Förderung des Längenwachstums. Bevorzugte Testobjekte sind Zwergmutanten z.B. der Bohne und des Maises, in denen die Synthese der Gibberelline genetisch blockiert ist. Nach Behandlung mit Gibberellinen nehmen sie Normalwuchs an. Bei den Zwergmutanten des Maises kann man die zu testende Lösung in das Primärblatt einführen. Nach rund einer Woche bestimmt man dann den Längenzuwachs des Primärblattes (Abb. 15.13).

15.2.3 Biosynthese (vgl. Seite 234)

15.2.4 Einige physiologische Funktionen der Gibberelline

Eine Übersicht über die Wirkungen der Gibberelline an der intakten Pflanze gibt Abb. 15.14. Dazu noch einige Details:

1. *Zellteilung und Zellstreckung bei der Förderung des Wachstums.* Eine der auffallendsten Wirkungen der Gibberelline, auf der auch die gängigen Testverfahren basieren, ist die Förderung des Längenwachstums bei Zwergmutanten oder sog. physiologischen Zwergen. Pflanzen mit normalem Längenwachstum werden von Gibberellinen sehr viel weniger oder gar nicht beeinflußt.
   Von Zwergmutanten war schon die Rede. Bei einigen von ihnen ist, wie erwähnt, die Synthese bestimmter Gibberelline genetisch blockiert. Bei physiologischen Zwergen ist die genetische Potenz für ein normales Längenwachstum vorhanden, wird aber erst unter bestimmten Außenbedingungen aktiviert. Dazu zählen z.B. Kälte und bestimmte Lichtverhältnisse. Zu den physiologischen Zwergen gehören auch Rosettenpflanzen, die im ersten Jahr nur eine bodenständige Blattrosette anlegen und dann nach Einwirken der winterlichen Kälte im nächsten Jahr »schießen«. Eine der Kälteeinwirkungen besteht in einer Veränderung des endogenen Gibberellinspiegels. Deshalb ist es nicht erstaunlich, daß von außen zugeführtes Gibberellin die Kälte ersetzen und die Rosettenpflanzen auch ohne Kälteeinwirkung zum Schießen bringen kann.
   Was den Wirkungsmechanismus der Gibberelline auf zellulärem Niveau anbelangt, so hatte man zunächst nur an eine Beeinflussung des Streckenwachstums gedacht. Doch auch die Zellteilung wird gefördert.

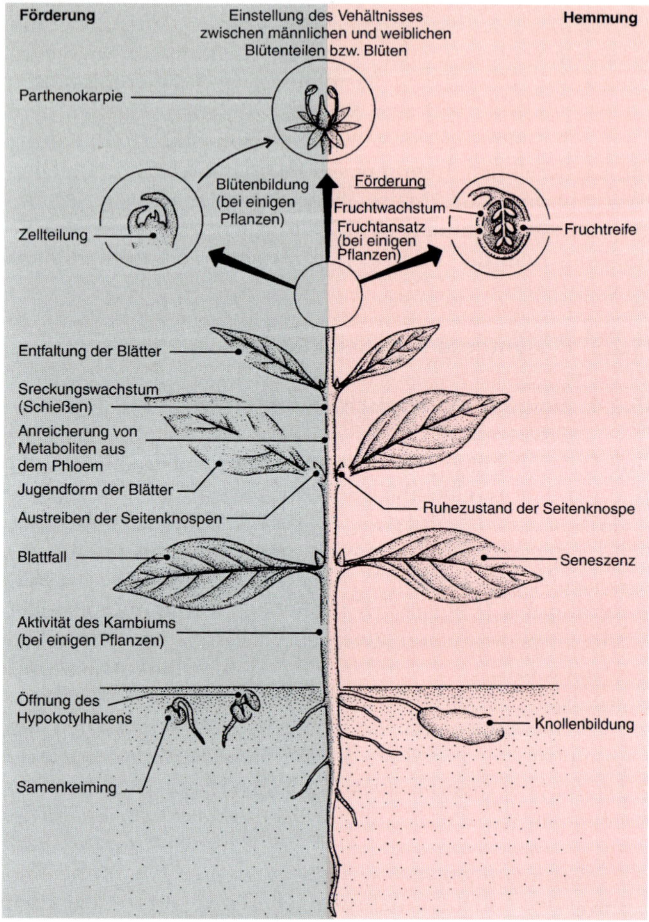

Abb. 15.14. *Einige physiologische Funktionen der Gibberelline (nach* S*cott* *1984).*

2. *Zellteilungen im Kambium.* Bei einer Reihe von Laubbäumen hat man nachgewiesen, daß auch Gibberelline im Frühjahr Zellteilungen im Kambium anregen können. IES und Gibberelline wirken also bei der Teilungsauslösung im Kambium zusammen.
3. *Parthenokarpie.* Auch durch Gibberellin-Behandlung läßt sich Parthenokarpie auslösen, etwa beim Apfel, vor allem aber bei der Weintraube.
4. *Auslösung der Blütenbildung.* Bei vielen Langtagpflanzen und zweijährigen, kältebedürftigen Pflänzen können Gibberelline die Blütenbildung unter nicht induktiven Bedingungen auslösen (vgl. dazu Seite 560).

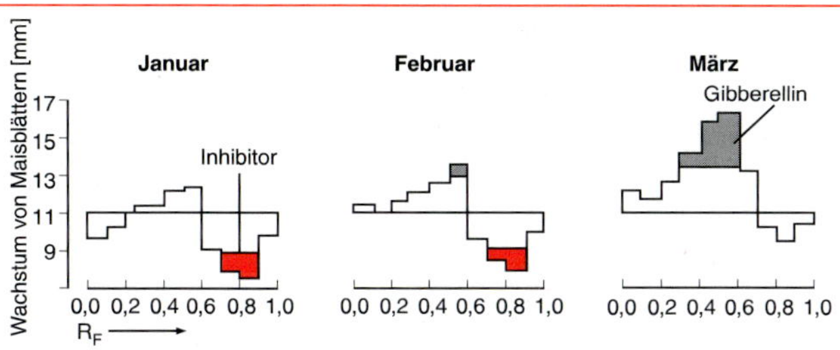

Abb. 15.15. Wirkung der Kälte auf den Gehalt an Gibberellinen und an Inhibitoren (vermutlich Abscisine) der Schwarzen Johannisbeere (Ribes nigrum). Es handelt sich um sog. Autobiogramme: Nach papierchromatographischer Trennung wurden die Chromatogramme der Länge nach in einzelne Teilstücke zerlegt. Die Teilstücke wurden eluiert und die Eluate in einem Wachstumstest an Maisblättern auf das Vorhandensein von Gibberellinen bzw. Inhibitoren überprüft. Auf der Abszisse der R_F-Wert, der die Wanderung der einzelnen Komponenten im Chromatogramm angibt: 0,0 = Startlinie im Chromatogramm; 1,0 = Frontlinie im Chromatogramm (verändert nach WILKINS 1969).

5. *Winterruhe der Knospen.* Mit dem Kürzerwerden der Tage im Herbst gehen die Knospen unserer Holzgewächse in den Zustand der Winterruhe über. Unter den verkürzten Tageslängen sammeln sich in den Knospen Hemmstoffe wie Abscisinsäure (s. unten) an, die die Aktivität der Knospen blockieren. Die Hemmung wird während der winterlichen Kälte nach und nach beseitigt: In den Knospen häufen sich nun Faktoren an, die die Aktivität fördern (Abb. 15.15). Dazu gehören die Gibberelline. Man hat mehrfach eine Erhöhung des endogenen Gibberellinniveaus unter Kälteeinwirkung auf Knospen nachgewiesen. Und wie zu erwarten, konnte man auch durch exogene Zufuhr von Gibberellinen die Knospenruhe brechen.
6. *Apikale Dominanz*: Vielfach hat man nachgewiesen, daß zugeführte GA eine vorhandene apikale Dominanz verstärkt.
7. *Förderung der Samenkeimung.* Gibberelline wirken in Ruhezuständen generell aktivierend. Das gilt auch für die Samenkeimung, die vielfach durch experimentell zugeführte Gibberelline stimuliert werden konnte.
   Diese keimungsstimulierende Wirkung kann man sich auch in der Brauerei zunutze machen. Durch Behandlung mit GA läßt sich bei Gerste eine gleichmäßig hohe Keimung während des ganzen Jahres erreichen. Dabei wird im Gerstenkorn auch die Produktion von α-Amylase in Gang gesetzt (Seite 382) und dadurch der Stärkeabbau gefördert.

15.3 Cytokinine

15.3.1 Chemische Konstitution

Alle bislang ihrer chemischen Konstitution nach bekannten Cytokinine sind Purinderivate, Derivate des Adenins, in de-

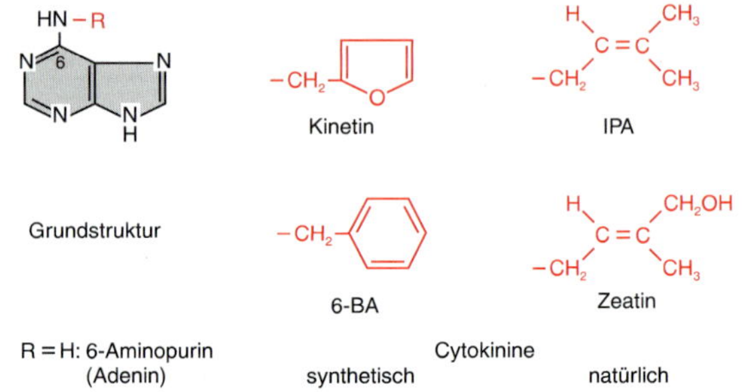

Abb. 15.16. Synthetische und natürlich vorkommende Cytokinine. Grundstruktur ist das 6-Aminopurin (Adenin), in dessen Aminogruppe sich Substituenten (R) finden, die das spezielle Cytokinin charakterisieren. IPA = Isopentenyl-Aminopurin; 6-BA = 6-Benzyladenin.

nen die Aminogruppe in Position 6 bestimmte Substituenten trägt. Kinetin (6-Furfurylaminopurin) und 6-Benzylaminopurin (6-BA) sind experimentell oft verwendete synthetische Cytokinine; Zeatin und N^6-(β^2-Isopentenylamino)-purin (IPA) sind Beispiele für natürlich vorkommende Cytokinine (Abb. 15.16).

15.3.2 Historik, Testverfahren

Schon 1913 erbrachte HABERLANDT Indizien dafür, daß Substanzen aus dem Phloem Zellteilungen im Kartoffelparenchym anregen können. Die Suche nach zellteilungsauslösenden Substanzen versprach aber erst dann aussichtsreich zu werden, als man entsprechende Testverfahren entwickelt hatte. Die zuverlässigsten Tests sind an Gewebekulturen möglich. In solchen Gewebekulturen werden die Zellteilungen sehr oft auch auf einem optimal mit Mineralstoffen, Zuckern, Aminosäuren und Vitaminen versehenen Medium eingestellt. Wuchsstoffe wie IES können manchmal Zellteilungen unterhalten, aber auch nicht in allen Fällen.

Bei der Entdeckung der Cytokinine war wie so oft der Zufall im Spiel. Alte oder durch starkes Autoklavieren degradierte DNA-Präparate aus Hefe und Heringssperma wurden an Kallusgewebe des Tabaks getestet. Sie lösten Zellteilungen aus. 1955 gelang dann die Isolierung des aktiven Prinzips, das man Kinetin nannte. Kinetin ist ein Artefakt. Aber man konnte später chemisch verwandte Substanzen auffinden, die wie das Kinetin die Zellteilung stimulierten. Sie erhielten den Namen Cytokinine (cytokinesis = Zellteilung). 1964 wurde als erstes Cytokinin Zeatin im Mais aufgefunden. Seitdem sind Zeatin, IPA und andere Cytokinine in verschiedenen anderen Arten nachgewiesen worden, z.T. in

Hydrolysaten von RNA. Auf das Vorkommen in RNA werden wir noch zurückkommen.

15.3.3 Biosynthese und Abbau

Der Purinkern wird über den üblichen Weg der Purinbiosynthese (Seite 298) angeliefert. Die Herkunft der Substituenten an der Aminogruppe wurde für IPA untersucht. Der Isopentenylrest entsteht über Mevalonsäure. Ort der Biosynthese können vor allem Wurzeln sein.

Über den Abbau in höheren Pflanzen liegen bislang nur wenige Daten vor. Die Purinkerne können offensichtlich in eine ganze Reihe anderer Purinderivate überführt werden.

15.3.4 Einige physiologische Funktionen der Cytokinine

Eine Übersicht findet sich in Abb. 15.17. Einige Funktionen sollen wieder etwas genauer besprochen werden:

1. *Zellstreckung und Zellteilung*. Einigen Befunden zufolge können Cytokinine auch die Zellstreckung fördern. Es ist das nur eine Bestätigung dessen, was wir schon dem Vorhergehenden entnehmen konnten: Die Phytohormone wirken recht unspezifisch auf die verschiedensten Entwicklungsprozesse ein. Immerhin steht bei den Cytokininen die Förderung der Zellteilungen bei weitem im Vordergrund.
2. *Keimruhe von Samen*. Kinetin kann die Keimruhe brechen. So kann man z.B. bei Salatsamen (*Lactuca sativa*) die Keimung durch Bestrahlung mit Hellrot stimulieren. Dieser Lichteffekt wird uns später noch interessieren (Seite 390). Hier ist nur von Bedeutung, daß man das hellrote Licht durch Cytokinine ersetzen kann: Cytokinine fördern die Keimung der Salatsamen auch in Dunkelheit. Und wenn man Hellrot und Cytokinine zusammen verabreicht, so kommt es zu einer synergistischen Steigerung der keimfördernden Wirkung.
3. *Apikale Dominanz*. Wir hatten schon erfahren, daß IES und Gibberelline Faktoren der apikalen Dominanz sind. Sie hemmen das Auswachsen von Seitenknospen. Von Cytokininen war bekannt, daß sie in Gewebekulturen die Bildung von Knospen fördern. Auch dieser Effekt wird uns noch später beschäftigen (Seite 468). Hier ist nur ein Aspekt wichtig: Die von Kinetin in Gewebekulturen induzierten Knospen hemmen sich in ihrer Entwicklung nicht gegenseitig. Es findet sich also keinerlei Dominanz etwa der zuerst gebildeten älteren Knospen über jüngere

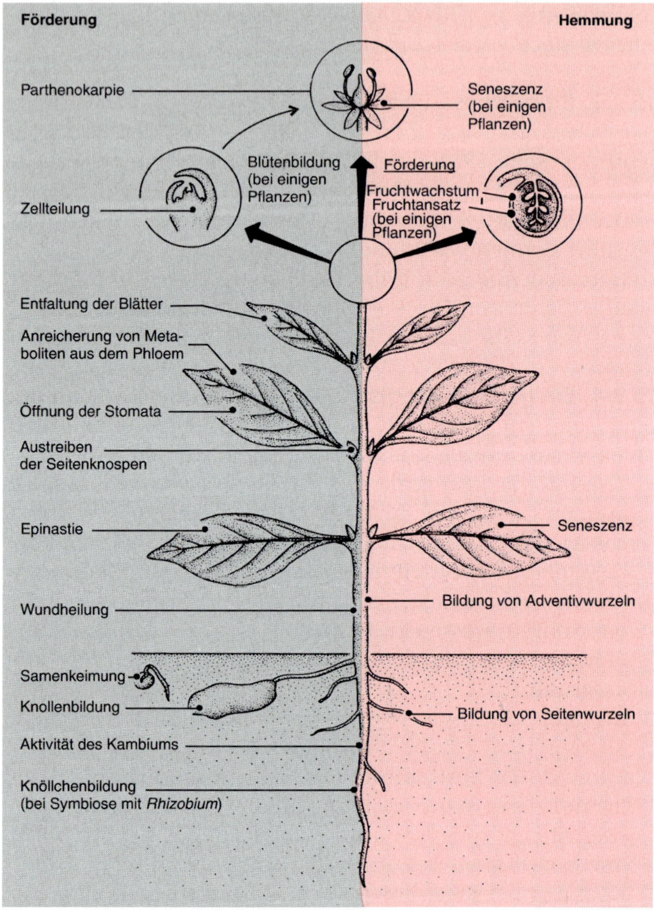

Abb. 15.17. Einige physiologische Funktionen der Cytokinine (nach SCOTT *1984).*

Knospen. An intakten Pflanzen stellte man Entsprechendes fest: Cytokinine fördern generell das Auswachsen von Knospen, auch das der Seitenknospen. Diese fördernde Wirkung kann so stark sein, daß die Seitenknospen auswachsen, die apikale Dominanz also gebrochen wird.

4. V*erzögerung der Seneszenz.* Cytokinine können das Altern von Blättern, die Seneszenz von Blättern, verzögern. Kennzeichen der Seneszenz ist ein sichtbarer Abbau von Chlorophyll, der mit einem Abbau der Proteine in den Blättern einhergeht. 1957 entdeckte man, daß sich die Seneszenz abgeschnittener Blätter der Composite *Xanthi-*

um strumarium mit Hilfe von Kinetin um einige Tage hinauszögern ließ. In der Folge wurde das Phänomen der Seneszenzverzögerung von verschiedenen Arbeitsgruppen eingehend untersucht.

Ein Beispiel: Wenn man Tabakblätter abschneidet und in eine feuchte Kammer legt, so vergilben sie allmählich. Das Vergilben läßt sich mit Kinetin verzögern. Man kann diesen Grundversuch auf verschiedene Weise variieren, z.B. kann man eine Hälfte eines abgeschnittenen Tabakblattes mit Kinetin behandeln, die andere nicht. Dann vergilbt die unbehandelte Spreitenhälfte rasch, die behandelte bleibt aber viel länger grün (Abb. 15.18).

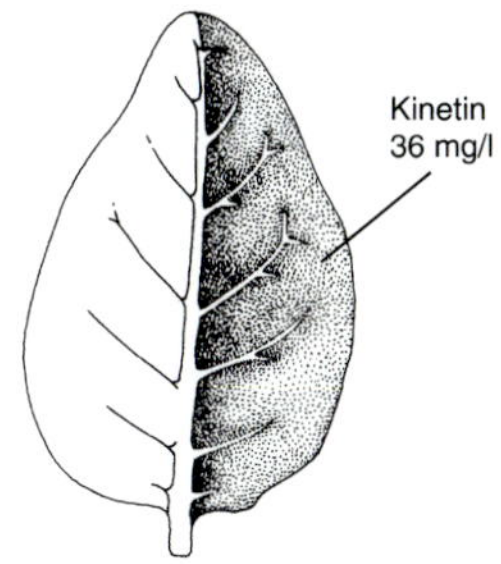

Abb. 15.18.
Verzögerung der Seneszenz durch Kinetin. Die mit Kinetin behandelte Spreitenhälfte eines isolierten Tabakblattes bleibt länger grün als die unbehandelte Spreitenhälfte (nach MOTHES *aus* HESS *1968).*

Mit Hilfe isotopenmarkierter Stoffe konnte man beweisen, daß Aminosäuren und andere Substanzen, z.B. auch Auxine, in die kinetin-behandelten Bezirke einströmen. ^{14}C-markierte Aminosäuren, die zum Ort der Kinetinbehandlung transportiert worden waren, werden dort in Protein eingebaut. Die Stimulation der RNA- und Proteinsynthese durch Cytokinine dürfte eine der wesentlichen Ursachen für die Verzögerung der Seneszenz sein.

Eine Verzögerung der Seneszenz ließ sich in einigen Fällen auch mit IES, synthetischen Wuchsstoffen und Gibberellinsäure erreichen. Aber die Wirkung dieser anderen Phytohormone ist weit weniger ausgeprägt. Bei den Cytokininen ist sie dagegen so hervorstechend, daß sogar einige Testverfahren darauf basieren.

15.4 Abscisinsäure

15.4.1 Chemische Konstitution

Bei der Abscisinsäure (*Ab*scisic *A*cid = *ABA*) handelt es sich um ein Terpenoid (Abb. 15.19). ABA ist die heute allgemein akzeptierte Bezeichnung (vgl . dazu Kap. 15.4.2). Die Substanz ist im Pflanzenreich allgegenwärtig.

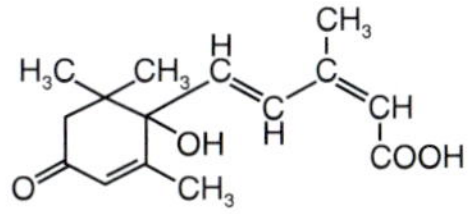

Abb. 15.19.
Abscisinsäure.

15.4.2 Historik, Testverfahren

Verschiedene Befunde hatten zu der Vermutung geführt, es müsse bestimmte pflanzeneigene Stoffe geben, die den Blattfall fördern und die Winterruhe der Knospen an Laubbäumen herbeiführen können. Eine Arbeitsgruppe bearbeitete die Physiologie des Abfalls von Samenkapseln der Baumwolle. 1963 konnte eine Substanz isoliert werden, die den Kapselfall stimulierte, 1965 war ihre chemische Struktur geklärt. Die Substanz erhielt den Namen Abscisin II.

Gleichzeitig beschäftigte sich eine andere Arbeitsgruppe mit der Isolierung und Identifizierung des Prinzips, das Knospen von Laubbäumen in den Ruhestand versetzen kann. Man nannte die Substanz Dormin. Sie konnte aus Ahorn isoliert werden. Es stellte sich heraus, daß dieses Dormin mit Abscisin II identisch war. Die Tests auf Abscisinsäure (= Abscisin II = Dormin) basieren auf der Hemmung des Wachstums, der Förderung des Blatt- und Fruchtfalls, der Induktion der Knospenruhe und der Hemmung der Samenkeimung, um nur die wichtigsten zu nennen.

15.4.3 **Biosynthese** (vgl. Seite 238)

15.4.4 Einige physiologische Funktionen der Abscisinsäure

Wenn man die mit Abb. 15.20 gegebene Übersicht über die wichtigsten physiologischen Funktionen der Abscisinsäure heranzieht, fällt folgendes auf:

Die bislang besprochenen Phytohormone (Indolkörper, Gibberelline und Cytokinine) kann man mit einem positiven Vorzeichen versehen: Von Ausnahmen abgesehen fördern sie bestimmte Prozesse. Die Abscisinsäure ist demgegenüber ein ausgesprochener Hemmstoff, wäre also mit einem negativen Vorzeichen zu charakterisieren. Das gilt auch für einige Prozesse, die in Abb. 15.20 unter der Rubrik »Förderung« laufen. Die Seneszenz z.B. wird gefördert, ein insofern negativer Vorgang, als dadurch die Lebensdauer verkürzt wird.

In vielen Fällen wirkt die Abscisinsäure den »positiven» Hormonen entgegen. Sie ist dann ihr Antagonist. Von der Gleichgewichtseinstellung zwischen der Abscisinsäure und den drei anderen Phytohormongruppen hängt es ab, ob eine bestimmte Morphogenese ablaufen kann oder nicht. Dominiert die Abscisinsäure, so unterbleibt der Entwicklungsprozeß, gewinnen die drei »positiven« Phytohormone das Übergewicht, so kommt es zu der betreffenden Entwicklung. Daß dieses Bild sehr vereinfacht ist, bedarf kaum der Erwähnung. Wir werden z.B. noch erfahren, daß sich auch zwischen den drei »positiven« Phytohormongruppen Gleichgewichte einstellen, die für die Qualität von Morphogenesen, z.B. Wurzel- und Knospenbildung, entscheidend sein können (Seite 468).

Nur ein Beispiel für eine solche Gleichgewichtseinstellung und ihre morphogenetischen Folgen (Abb. 15.15). Bei unseren Laubhölzern nimmt im Herbst die Menge an Gibbe-

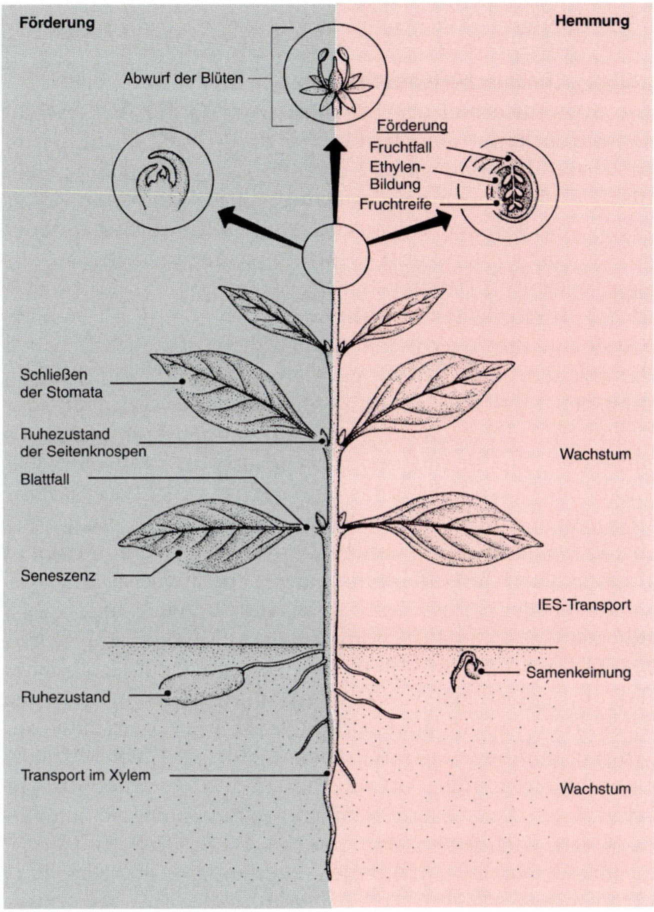

Abb. 15.20.
Einige physiologische Funktionen der Abscisinsäure (nach SCOTT *1984).*

rellinen in den Knospen ab, die an Abscisinsäure zu. Es ist das in erster Linie ein Effekt der kurzen Tageslänge. In den Knospen der Schwarzen Johannisbeere (*Ribes nigrum*) findet sich im Januar kaum mehr Gibberellin, aber beträchtliche Mengen an einem Hemmstoff des Wachstums. Der Hemmstoff ist bei *Ribes* wahrscheinlich, bei anderen Laubhölzern mit Sicherheit Abscisinsäure. Unter dem Einfluß der winterlichen Kälte und der länger werdenden Tage wird der Gehalt an Hemmstoff abgebaut und der an Gibberellin erhöht. Wenn der Gibberellingehalt schließlich hoch genug geworden ist, um den Hemmstoff zu überspielen, kommt es zum Treiben der Knospen im Frühjahr.

15.5 Ethylen

15.5.1 Chemische Konstitution

$H_2C=CH_2$

Abb. 15.21. Ethylen.

Die Strukturformel des Ethylens (Abb. 15.21) dürfte beim Einprägen kaum Schwierigkeiten machen: Einfacher kann man sich den Bau eines Hormons kaum vorstellen. Eben dies und dazu noch der gasförmige Charakter waren Anlaß genug, das Ethylen erst nach langem Zögern und genauer Analyse als »ordentliches« Hormon zu akzeptieren.

15.5.2 Historik, Testverfahren

Physiologische Wirkungen des Ethylens waren schon seit der zweiten Hälfte des vorigen Jahrhunderts bekannt. Denn man stellte fest, daß die Straßenbäume in der Umgebung der Gaslaternen ihre Blätter im Herbst schneller abwarfen als anderswo. Zu Beginn des 20. Jahrhunderts fand dann ein russischer Botaniker heraus, daß das im Leuchtgas vorhandene Ethylen die wirksame Komponente war. Er stellte auch die dreifache Reaktion von etiolierten Erbsenkeimlingen auf Ethylenzusatz fest: Reduktion des Längenwachstums, Anschwellen der Sprosse im subapikalen Bereich und Verlust des geotropischen Reaktionvermögens (Abb. 15.22). Ebenfalls schon zu Beginn unseres Jahrhunderts entdeckte man, daß eine gasförmige, von Orangen abgegebene Substanz die Fruchtreife von Bananen förderte. Darauf basierte die Empfehlung, Orangen und Bananen nicht im gleichen Lagerraum zu verschiffen, um die Bananen nicht unerwünscht schnell reifen zu lassen. Bei der fraglichen Substanz handelte es sich, wie man später herausfand, um Ethylen.

Als Testobjekte auf Ethylen dienten u.a. etiolierte Erbsenkeimlinge mit ihrer eben erwähnten »triple response«. Heute setzt man fast ausschließlich die Gaschromatographie ein, die im Fall des Ethylens ebenso einfach zu handhaben wie sensibel ist. Auf sie ist der enorme Aufschwung der Ethylenforschung im letzten Jahrzehnt zurückzuführen.

15.5.3 Biosynthese

Die Biosynthese des Ethylens geht von Methionin aus (Abb. 15.23). Es wird unter Einsatz von ATP zunächst in S-Adenosylmethionin überführt, das uns bereits als Methylgruppendonator bekannt ist. Hier reagiert es allerdings ganz anders: Es zerfällt in Methylthioadenosin und Aminocyclopropan-carboxylsäure. Zunächst das weitere »Schicksal« des Methylthioadenosins: Unter Freisetzung von Adenin geht es in Methylthioribosid über, das dann das C-Gerüst eines neuen Moleküls Methionin stellt. Damit ist der *Methioninzyklus* geschlossen. Wie ersichtlich, durchläuft die CH_3-S-Gruppe den gesamten Zyklus.

In Gegenwart von Sauerstoff zerfällt Aminocyclopropancarboxylsäure leicht unter Freisetzung von Ethylen. Seine Biosynthese aus dem Methioninzyklus heraus mag kompliziert erscheinen. Wir werden auf sie jedoch noch zurückkommen müssen (Seite 453).

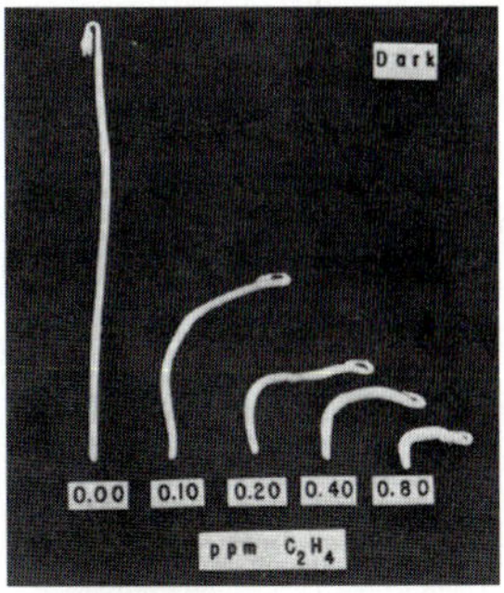

Abb. 15.22.
Die dreifache Reaktion (triple response) von Erbsenkeimlingen (Pisum sativum) auf Ethylen. Links unbehandelte Kontrolle, rechts Keimlinge, die 48 Stunden lang mit den angegebenen Konzentrationen an Ethylen behandelt worden waren. Der Verlust der geotropischen Reaktionsfähigkeit wird durch das seitliche Wachstum angezeigt (nach MOORE *1979).*

15.5.4 Einige physiologische Funktionen des Ethylens

Abb. 15.24 orientiert über verschiedene physiologische Funktionen unseres Phytohormons. Besonders wichtig ist die schon erwähnte Förderung der Fruchtreife, auf die noch genauer eingegangen werden wird (Seite 481). Von den übrigen Wirkungen sei nur noch auf die Beschleunigung der Seneszenz und des Blatt- und Fruchtfalls hingewiesen. Ver-

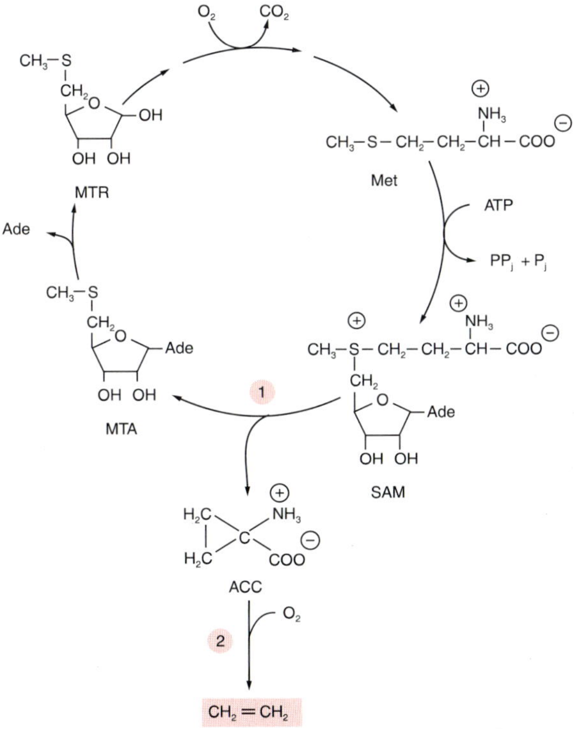

Abb. 15.23.
Methionin-Zyklus und Ethylenbildung im Gewebe des Apfels (Malus sylvestris). Met = Methionin, SAM = S-Adenosylmethionin, ACC = Amino-cyclopropancarboxylsäure, MTA = Methylthioadenosin, Ade = Adenin, MTR = Methylthioribosid. In Kreisen: 1 = ACC-Synthase; 2 = ACC-Oxidase (verändert aus WILKINS *1984).*

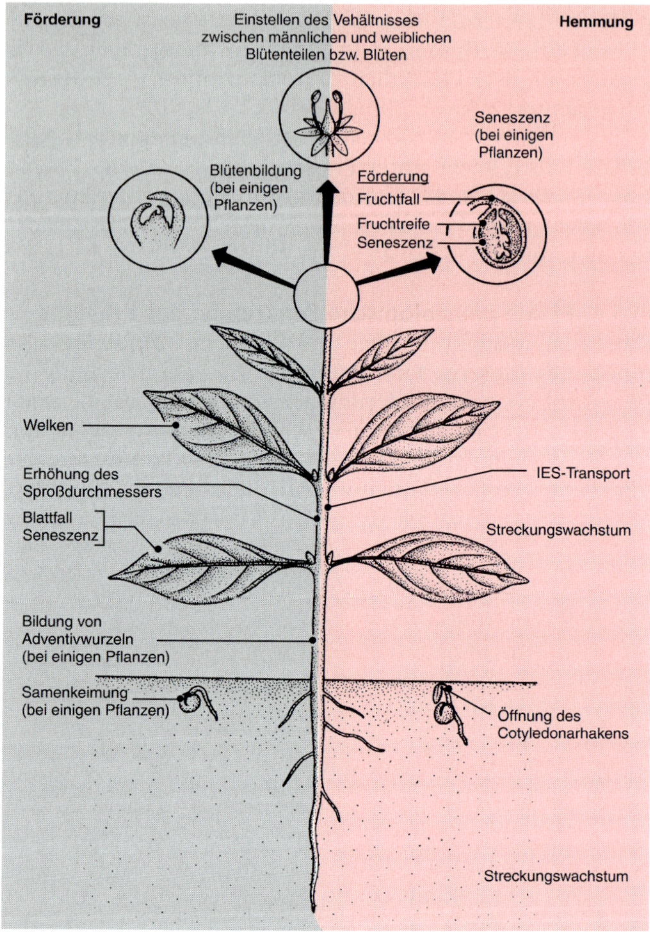

Abb. 15.24. Einige physiologische Funktionen des Ethylens (nach SCOTT 1984).

gleicht man mit Abb. 15.20, so entdeckt man eine Reihe von ähnlichen Wirkungen. Wenn wir Noten verteilen wollten, so wäre die Wirkungsweise des Ethylens ebenso wie diejenige der Abscisinsäure als »negativ« einzustufen.

Anti-Matsch-Tomate einmal anders: Antisense-Blockierung von Genen der Ethylen-Synthese

Ethylen ist wie erwähnt das Hormon der Fruchtreife (vgl. auch Seite 166). Es fördert das Erweichen der Früchte, z. B. der Tomate, durch Abbau der Pektinstoffe. In seiner Biosynthese (Abb. 15.23) sind im gegebenen Zusammenhang die Enzyme wichtig, die die beiden letzten Schritte zum Ethylen hin steuern, die ACC-Synthase und die ACC-Oxidase. Die jeweils codierenden Gene wurden invers in Tomaten eingeführt. Über Antisense-Blockierung kann es dann zu einer fast völligen Reduktion der Ethylensynthese in Tomaten kommen. Folge davon ist, daß die Fruchtreife ausbleibt. Transgene Tomaten behalten ein festes Fruchtfleich, daher Anti-Matsch-Tomate, und bleiben zunächst grün. Das Reifen und die damit verbundene rote Färbung treten erst ein, wenn man mit Ethylen begast.

Soweit nichts Neues. Beide Enzyme werden jedoch von ganzen Genfamilien codiert. Die einzelnen Gene solcher Familien sind in ihrer DNA-Sequenz leicht verschieden. Ihre mRNA kann dann nicht immer über Antisense-RNA gebunden werden. So erklärt man sich, daß bei Tomaten ein inverses Gen für ACC-Synthase zwar die Ethylensynthese in den Früchten, nicht aber in den Blättern unterband. Die Antisense-Technik wird damit zu einem Hilfsmittel, die Funktionen der Einzelgene in Genfamilien zu ermitteln – wieder ein Beleg für die Bedeutung der Gentechnik auch in der »normalen« Pflanzenphysiologie.

15.6 Weitere Phytohormone bzw. Phytohormon-Kandidaten

Im folgenden werden einige Substanzen bzw. Stoffgruppen behandelt, die teilweise als Phytohormone umstritten sind oder für die eine universelle Bedeutung noch nicht feststeht. Vielfach weiß man auch noch nicht, ob die Effekte, die man nach experimenteller Zufuhr beobachtet, auch unter natürlichen Bedingungen eine Rolle spielen.

15.6.1 Brassinosteroide

Pollen sind gute Quellen für Phytohormone. Pollen der Erle (*Alnus glutinosa*) und des Rapses (*Brassica napus*) waren es dann auch, in denen man zuerst eine neue Phytohormongruppe vermutete. Aus den in größeren Mengen verfügbaren Rapspollen konnte man schließlich 1979 das aktive Prinzip isolieren und identifizieren, das *Brassinolid* (BR_1). Dazu wurden 500 Pfund Rapspollen benötigt, die man zweckmäßigerweise von Bienen einsammeln ließ.

Bei BR_1 (Abb. 15.25) handelt es sich um ein insofern »abwegig« gebautes Steranderivat, als der zweite Ring sieben-

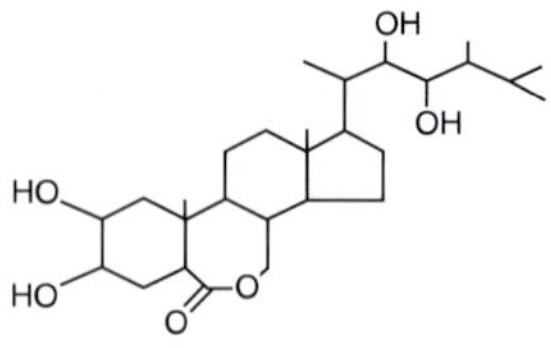

Brassinolid

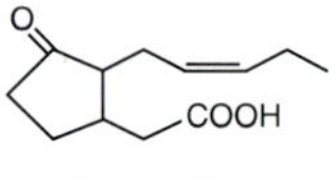

Jasmonsäure

Abb. 15.25. *Brassinolid (BR_1) und Jasmonsäure (JA). Mit BR_1 beginnend werden die weiteren Brassinosteroide fortlaufend durchnumeriert. Ersetzt man bei JA den H der Carboxylgruppe durch -CH_3, erhält man ihren Methylester (MeJA).*

zählig ist und Sauerstoff als Heteroatom enthält. Die Biosynthese ist noch nicht in allen Details bekannt.

BR_1 und ähnlich gebaute Substanzen bezeichnet man als *Brassinosteroide*. Zunächst hielt man sie für eine Kuriosität der *Brassicaceae*. Inzwischen weiß man, daß sie bei Pflanzen in den verschiedensten Teilen universell verbreitet sind. Stetig werden neue Brassinosteroide entdeckt. BR_1 ist jedoch seiner Verbreitung und seiner Wirksamkeit im Experiment nach eine der wichtigsten Substanzen geblieben.

Im Experiment fördern Brassinosteroide u.a. das Sproßwachstum und die Synthese von Ethylen, hemmen dagegen die Entwicklung und das Wachstum von Wurzeln.

Dafür, daß es sich auch unter natürlichen Voraussetzungen um Phytohormone handeln könnte, sprechen vor allem zwei Befunde: die weite Verbreitung der Brassinosteroide in den verschiedensten systematischen Kategorien und ihre Wirksamkeit noch in geringsten Mengen.

15.6.2 Jasmonsäure

Der Methylester der *Jasmonsäure* (Jasmonic Acid = *JA*; ihr *Methylester* = *MeJA*) ist seit langem als Duftstoff von Blüten bekannt. Namengebend war sein Vorkommen in Blüten des Jasmins (*Jasminum* spec.). Die zugrundeliegende JA ist in Pflanzen in den unterschiedlichsten Organen weit verbreitet.

JA (Abb. 15.25), eine Fettsäure, entsteht aus Linolensäure durch oxidativen Abbau und unter Bildung eines Cyclopentanrings.

In ihrer Wirkungsweise zeigt JA Ähnlichkeit mit ABA. So hemmt sie nach experimenteller Zufuhr das Streckungswachstum und die Samenkeimung, und fördert die Seneszenz, die Fruchtreife, die Bildung von Kartoffelknollen und den Blattfall.

Was die natürliche Funktion anbelangt, werden JA und MeJA in der Streßabwehr wichtig, wo sie die Synthese zahlreicher Schutzproteine induzieren (Seite 413).

Für den Charakter als natürliches Phytohormon spricht wieder die weite Verbreitung von JA und ihre Wirksamkeit in geringen Konzentrationen.

15.6.3 Salicylsäure

Auf die Entdeckungsgeschichte der *Salicylsäure* (SA) waren wir schon eingegangen (Seite 258). Es handelt sich wiederum um eine Substanz, die im Pflanzenreich weit verbreitet ist, z.T. in unerwartet hohen Konzentrationen.

Ihrer chemischen Struktur nach ist SA eine Phenolcarbonsäure, die von Phenylalanin über Zimtsäure und Benzoesäure gebildet wird (Abb. 7.16 und 15.26).

Aspirin, jedem bekannt, der unter Kopfweh leidet, ein Wirkstoff auch bei Pflanzen? So unwahrscheinlich es klingt, eine Tablette Aspirin im Wasser der Vase kann in vielen Fällen die Lebensdauer von Schnittblumen ebenso verlängern wie die Muttersubstanz SA. Damit ist nur ein Beispiel für zahlreiche Wirkungen an Pflanzen gegeben, die von experimentell zugeführter SA oder ihrem Derivat Aspirin ausgehen. Dazu gehört, daß die Biosynthese von Ethylen blockiert wird; dazu gehört, daß von ABA induzierte Phänomene wie Schließen der Spaltöffnungen (Seite 513), Blattfall und Wachstumshemmung ins Gegenteil verkehrt werden. SA arbeitet also ABA entgegen.

Wichtiger, was die Funktion innerhalb der Pflanzen anbelangt, dürfte jedoch die Beteiligung von SA und ihren Methylester (MeSA) an der Resistenz gegen Pathogene sein (Seite 545).

Salicylsäure als Phytohormon Calorigen

Die hohen Konzentrationen, die sich in pflanzlichem Gewebe finden können, ließen es zunächst unwahrscheinlich erscheinen, daß es sich bei SA um ein »echtes« Phytohormon handeln könne. Dennoch ist dieser Nachweis geglückt: SA fungiert als Phytohormon Calorigen.

Der Blütenstand der Aronstabgewächse (*Araceae*) bildet eine Kesselfalle. Insekten werden in ihr vorübergehend gefangen gehalten, um die Bestäubung durchzuführen. In der Mitte der Falle ragt ein Spadix auf. In einer speziellen biologischen Oxidation, die unempfindlich gegenüber Cyaniden ist, weil die cyanidsensiblen Cytochrome umgangen werden, entwickelt der Spadix Wärme. Sie hilft dabei, von der Spitze des Spadix aus Gestankstoffe zu verflüchtigen, die aasliebende Insekten anlocken, denen über die Spadix-Heizung außerdem ein gemütlich warmes Nachtquartier geboten wird.

Mehr zu den im Detail erstaunlichen blütenökologischen Abstimmungen kann hier nicht gebracht werden. An der Eidechsenwurz oder Voodoo-Lilie (*Sauromatum guttatum*; Abb. 15.26), die sich problemlos aufziehen läßt, wurde geklärt, wie es zur Wärmeentwicklung kommt: aus jungen männlichen Blüten wandert ein Hormon im Spadix aufwärts und stellt die Heizung an, aller Wahrscheinlichkeit

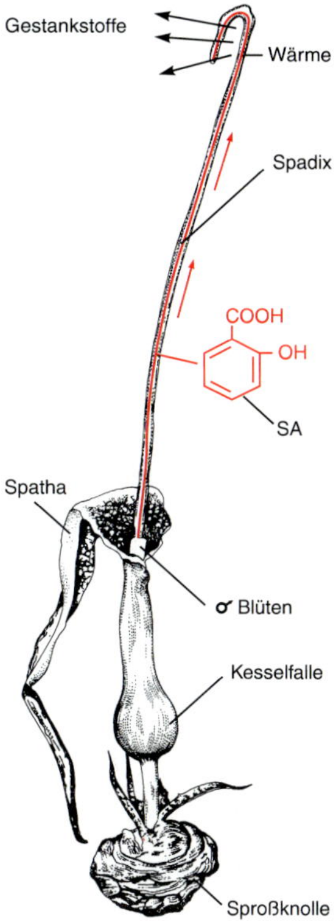

Abb. 15.26.
Blütenstand der Eidechsenwurz (Sauromatum guttatum). Die Sproßknollen treiben sogar ohne Wasserzusatz Blütenstände. Ein Hochblatt, die Spatha, bildet die Kesselfalle, aus der der Spadix aufragt. Von den Blüten und Sperrborsten, die sich an ihm befinden, sind gerade noch die hoch oben sitzenden männlichen Blüten zu sehen. Aus ihnen steigt Salicylsäure (SA) als Calorigen im Spadix aufwärts und induziert die Wärmeentwicklung. Über sie wird die Verflüchtigung der Gestankstoffe gefördert (verändert aus DAVIES *1995).*

nach über Genaktivierungen. Das betreffende Hormon wurde Calorigen genannt. Später zeigte es sich, daß es sich um SA handelt. Auch in weiteren Araceen fungiert SA als Calorigen.

Zusammenfassung

Bei Phytohormonen handelt es sich wie bei Hormonen generell um in kleinen Mengen wirksame organische Substanzen, bei denen Bildungsort und Wirkungsort voneinander verschieden sind, aber in ein- und demselben Organismus liegen. Im Gegensatz zu vielen Hormonen im Tierreich sind die Phytohormone wenig spezifisch: sie üben eine »multiple« Wirkung auf die verschiedensten Prozesse aus. Daraus folgt, daß ein- und derselbe Prozeß von verschiedenen Phytohormonen beeinflußt werden kann.

»Anerkannte« Phytohormone sind die Auxine, Gibberelline und Cytokinine sowie ABA und Ethylen. Die Auxine sind Indolderivate, die Gibberelline Diterpene, die Cytokinine Derivate des Adenins, ABA ist ein Terpenoid. Ethylen leitet sich von Methionin her.

Wichtigster Vertreter der *Auxine* ist die IES. Sie fördert augenfällig besonders das Streckungswachstum. Dabei wird sie in den Pflanzen polar geleitet.

Wichtigster Vertreter der *Gibberelline* ist die GA. GA fördert das Längenwachstum noch nachdrücklicher als IES. Dabei beeinflußt sie wie IES das Streckungs-, aber ausgeprägter als IES auch das Teilungswachstum.

Die *Cytokinine* tragen ihren Namen nach einer Förderung der Zellteilung. Eine auffällige physiologische Wirkung ist die Verzögerung der Seneszenz. Zeatin ist das wichtigste Cytokinin.

Höhere IES-Konzentrationen hemmen u.a. das Streckungswachstum (Seite 451). Doch meistens wirken die Auxine, Gibberelline und Cytokinine auf die verschiedensten Prozesse fördernd ein. ABA und Ethylen dagegen hemmen oft. *ABA* wird bei der Regulierung des Wasserhaushalts besonders wichtig (Seite 513), fördert den Blatt- und Fruchtfall und bedingt Ruhezustände von Knospen und Samen (Seite 362). *Ethylen* ist das Hormon der Fruchtreife (Seite 481).

Bei den eben zu physiologischen Wirkungen gemachten Angaben wurden nur Schwerpunkte genannt. In allen Fällen gilt die Regel von der multiplen Hormonwirkung.

In der Praxis werden an Stelle der natürlichen Phytohormone oft synthetische Substanzen eingesetzt. *NAA* und *2,4-D* sind synthetische Auxine, *Kinetin* und *6-BA* synthetische Cytokinine. Neben Gemeinsamkeiten mit den natürlichen Phytohormonen können sie auch Besonderheiten in ihrer physiologischen Wirkung aufweisen. 2,4-D z.B. wird zur Induktion von Embryoiden (Seite 467) eingesetzt, oder auch als selektives Herbizid. Bei den meisten Zweikeimblättrigen wirkt es als überstarkes und dadurch tödlicher Wuchsstoff, nicht aber bei Einkeimblättrigen.

Für eine Reihe weiterer Substanzen ist es umstritten, ob es sich um »echte« Phytohormone handelt. Dazu gehören die *Brassinosteroide*, die *JA* und *SA*. Im Einzelfall können die genannten Stoffe durchaus als Hormon fungieren wie etwa SA als *Calorigen* in Araceen. Doch davon abgesehen sind vor allem JA und SA Faktoren der Resistenz gegen Streß und Pathogene.

16 Molekularer Wirkungsmechanismus der Phytohormone: Signaltransduktion

Ein Signal wird an die Pflanzenzelle herangetragen – ein Substrat, ein Elicitor bei Pilzbefall, ein Lichtreiz oder ein Hormon. Das Signal löst letztendlich irgendwo in der Zelle bestimmte Wirkungen aus. Dazu muß das Signal oder die in ihm enthaltene Information bis zur Zielstruktur innerhalb der Zelle weitergeleitet werden. Diese Weiterleitung bezeichnet man als *Signaltransduktion*. Im folgenden werden wir uns vor allem mit der Signaltransduktion beim Wirksamwerden von Hormonen befassen. Andere Signaltransduktionen werden später besprochen (Seiten 395, 412).

Bei Tieren und Pilzen gibt es generell akzeptierte Vorstellungen zur Signaltransduktion bei Hormonen. Sie beginnt mit der Bindung des Hormons an einen hormonspezifischen Rezeptor, kann die Bildung eines sekundären Messengers beinhalten, und endet schließlich bei subzellulären Zielstrukturen (Abb. 16.1). Bei höheren Pflanzen ist noch keine vollständige Signaltransduktions-Kette bekannt. Doch zeichnet es sich ab, daß die Signal-Leitung auch bei ihnen dem eben skizzierten Schema entspricht. Befassen wir uns deshalb mit den erwähnten Kardinalpunkten: Rezeptoren, sekundären Messengern und Zielstrukturen bei Phytohormonen.

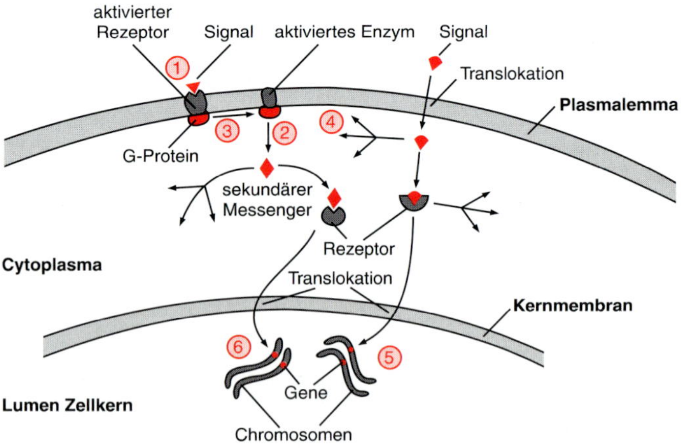

Abb. 16.1. Signaltransduktionen (Schema). Die Signale können Hormone, aber z. B. auch Außenreize (Licht) oder Elicitoren sein. Die verzweigten Pfeile deuten multiple Wirkungen an. In Kreisen Etappen, die in den nachfolgenden Kapiteln besprochen werden. 1: 16.1.3; 2: 16.2; 3: 16.2.3; 4: 19.4.5; 5: 16.3.2; 6: 18.1.3

16.1 Rezeptoren

16.1.1 Die Rezeptorhypothese

Für tierische Organismen hat sich vielfach eine letztlich auf PAUL EHRLICH zurückgehende Vorstellung zur Hormonwirkung als gültig erwiesen: die Rezeptorhypothese. Ihr zufolge sind in bestimmten Zielzellen hormonspezifische Rezeptoren lokalisiert, die die Hormone abfangen und nur in den betreffenden Zielzellen zur Wirkung kommen lassen. So läßt es sich verstehen, daß die Hormone nicht überall im tierischen Organismus, wohin sie auf humoralen Bahnen gelangen, wirksam werden, sondern nur in ganz bestimmten Zielbereichen.

Je nach Art der Hormone sind die Rezeptoren an verschiedene subzelluläre Strukturen gebunden. Hormone von überwiegend hydrophilem Charakter können die Lipiddoppelschicht der Zellmembranen nur schwer passieren. Die betreffenden Rezeptoren sind dann in der Zellmembran lokalisiert. Hormone von überwiegend lipophilem Charakter passieren die Membran. Dementsprechend sind die für sie zuständigen Rezeptoren im Zellinneren zu finden.

Man ist nun dabei, die prinzipielle Gültigkeit dieser Vorstellung auch für höhere Pflanzen zu belegen. Gehen wir darauf ein.

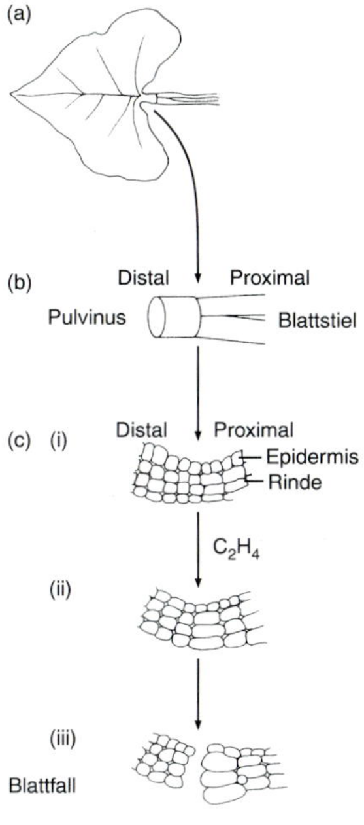

Abb. 16.2.
Blattfall bei der Bohne (Phaseolus vulgaris). a: Blatt; b: Trennzone an Übergang vom Pulvinus (Blattgelenk) zum Blattstiel; c: i, ii, iii Details aus der Trennzone. Die Zielzellen für Ethylen vergrößern sich stark, so daß der Zellverband gelockert und schließlich gelöst wird (nach WRIGHT and OSBORNE aus GRAHAM and WAREING 1984).

16.1.2 Zielzellen

Zunächst einmal sollten definierte Zielzellen vorhanden sein. Dieser Anforderung genügen die pflanzlichen Systeme, wenn auch der exakte Nachweis Schwierigkeiten machen kann. In bestimmten Fällen war es jedoch möglich, die Zielzellen klar zu ermitteln. Ein Beispiel: Bei der Bohne (*Phaseolus vulgaris*) kann Ethylen wie üblich den Blattfall stimulieren. Unter Ethyleneinwirkung vergrößern sich bestimmte Zellen in der zwischen Blattgelenk und Blattstiel befindlichen Trennzone sehr stark (Abb. 16.2). Bei ihnen handelt es sich um die Zielzellen für Ethylen. Die Zellvergrößerung erleichert die Trennung der Zellen voneinander und damit das Abfallen der Blattspreite.

16.1.3 Hormonrezeptoren in Pflanzen

Für Pflanzen liegen zahlreiche Befunde zu hormonbindenden Proteinen vor. Besonders gut untersucht sind IES-bindende Proteine. Enzyme wie die IES-Oxidasen, die ja auch zu den IES-bindenden Proteinen zählen, konnten ausgeschlossen werden. In den verschiedensten Pflanzenarten und -Geweben ließen sich hochspezifisch IES-bindende Proteine nachweisen. Vielfach sind sie membrangebunden. So finden sich in den Koleoptilen des Maises (*Zea mays*) auf dem Plasmalemma und auf dem ER jeweils andere IES-bindende Proteine.

IES-bindende Proteine – das muß noch nicht bedeuten, daß es sich um an der Signaltransduktion beteiligte Rezeptoren handelt. Der Nachweis dafür ließ sich jedoch wiederholt erbringen. Gehen wir auf ein repräsentatives Beispiel ein, das an schon Bekanntes anschließt: die Rezeptorkomponente eines IES-Efflux-Carriers des Maises (*Zea mays*).

Nachweis einer Rezeptorkomponente in einem Auxin-Efflux-Carrier des Maises

Auxin- bzw. IES-Efflux-Carrier (IES-Anionen-Efflux-Carrier) waren schon bei Besprechung der chemiosmotischen Hpothese des polaren IES-Transports postuliert worden (Abb. 15.9). Auch IES-bindende Proteine hatten sich in der erforderlichen polaren Positionierung innerhalb von Parenchymzellen nachweisen lassen, die IES polar transportierten (Abb. 15.10). Nicht nachgewiesen war, ob es sich dabei wirklich um IES-Efflux-Carrier handelte. Solche Carrier müssen eine Komponente enthalten, die Anionen der IES oder anderer Auxine hochspezifisch bindet – eben das Rezeptor-Protein. Offensichtlich kommt noch eine zweite Komponente hinzu, die regulatorische Funktionen aufweist. Im Augenblick ist für uns nur der Rezeptor wichtig.

Eine Reihe von synthetischen Substanzen unterbindet den polaren Transport der IES und in Folge davon die Fähigkeit, durch Licht oder Schwerkraft bedingte Wachstumsreaktionen durchzuführen. Die betreffenden Substanzen blokkieren also den Photo- und Geo*tropismus*. Man bezeichnet sie deshalb als *Phytotropine*. Ein wichtiges Phytotropin ist NPA (N-*N*aphthyl*p*hthalamic *A*cid; Abb. 16.3). Bleiben wir im Folgenden bei NPA.

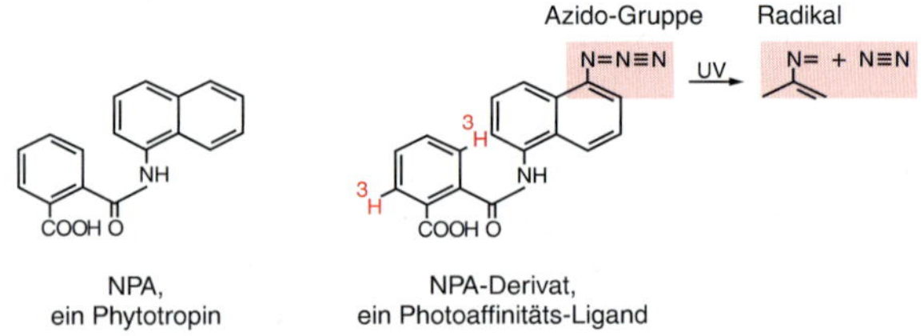

Abb. 16.3. *Phytotropine und Photoaffinitätsmarkierung. Ein Inhibitor des polaren IES-Transports, das Phytotropin NPA, und ein tritium-markiertes NPA-Derivat, das als Photoaffinitäts-Ligand dient. Seine Azido-Gruppe zerfällt bei UV-Bestrahlung unter Bildung eines hochreaktiven Radikals, das sich über eine kovalente Bindung sehr fest an das betreffende Rezeptor-Protein fixiert (Zettl 1993).*

NPA wird an das gleiche Protein wie IES gebunden. Daß NPA den polaren IES-Transport blockiert, zeigt an, daß dieses Protein ein Glied der Signaltransduktion ist: es handelt sich bei ihm also um einen IES-Rezeptor, im speziellen Fall um die Rezeptorkomponente eines IES-Efflux-Carriers.

Man könnte nun fragen: Wieso kann die Befassung mit Phytotropinen, speziell mit NPA, im gegebenen Zusammenhang weiterhelfen? Die Antwort: Weil radioaktiv markiertes NPA über Photoaffinitäts-Markierung sehr fest an den Rezeptor gebunden werden kann. Dadurch wird die Isolierung des Komplexes NPA-Rezeptor wesentlich erleichtert.

Bei der *Photoaffinitäts-Markierung* geht man wie folgt vor (Abb. 16.3): Zunächst wird NPA mit Tritium markiert. Außerdem wird eine Azido-Gruppe eingeführt. Die Substanz bindet in Zellen der Maiskoleoptile an den IES-Rezeptor. Diese Bindung ist nur locker. Bei UV-Einwirkung gibt die Substanz unter Bildung eines hochreaktiven Radikals N_2 ab. Das Radikal bindet sofort, nun kovalent und sehr fest an das Protein, an dem es sich bereits befindet, im Beispiel an das Rezeptor-Protein des Efflux-Carriers. Damit ist der Rezeptor beständig markiert und kann isoliert werden.

Im Beispiel handelte es sich um einen Rezeptor aus der Plasmalemma-Fraktion des Maises. Auf teils ähnliche Weise wurden weitere Rezeptor-Proteine isoliert und charakterisiert, so auch der Ethylen-Rezeptor von *Arabidopsis* (Seite 379). Die Startpunkte von Signaltransduktions-Ketten, nämlich spezifische Rezeptor-Proteine, sind also auch in Pflanzen gegeben.

16.2 Sekundäre Messenger

Wie zuerst Untersuchungen von Sutherland zu Anfang der 50er Jahre belegten, kommen tierische Hormone, die selbst nicht oder nur schwer in die Zelle gelangen können, dadurch zur Wirkung, daß sie an Oberflächen-Rezeptoren binden und die Bildung von Botenstoffen zweiter Ordnung auslösen: die Hormone als primäre Messenger induzieren in der Zielzelle die Bildung von *sekundären Messengern* oder ermöglichen diesen den Eintritt in die Zielzelle. Für die beobachteten Hormonwirkungen sind dann die sekundären Messenger verantwortlich.

Ein wichtiger sekundärer Messenger bei Tieren ist das zyklische *A*denosin*m*ono*p*hosphat (zyklisch = cyclic; *cAMP*). Es braucht uns hier nicht weiter zu beschäftigen, denn in höheren Pflanzen spielt es offensichtlich keine Rolle. Bei ihnen fungiert statt dessen mit einiger Wahrscheinlichkeit das zyklische *G*uanosin-*mono*-*p*hosphat (*cGMP*) als sekundärer Messenger. Gut untersuchte sekundäre Messenger bei Pflanzen sind Jasmonsäure, Inositol-1,4,5-triphosphat (IP_3), Diacylglycerin (DAG) und Ca-Ionen. Auf Jasmonsäure werden wir in anderem Zusammenhang eingehen (Seite 413). Die Wirkungsweise von IP_3 und DAG steht mit Ca^{2+} im Zusammenhang. Deshalb seien zuerst Ca-Ionen als sekundäre Messenger besprochen.

16.2.1 Calcium-Ionen und Calmodulin

Die Konzentration von Ca-Ionen im Cytoplasma ist in der Regel gering. Kompartimente innerhalb der Zellen wie das Lumen des ER oder die Vakuole und auch außerzelluläre Bereiche können wesentlich mehr Ca^{2+} enthalten. ATP-abhängige Ca-Pumpen transportieren Ca^{2+} ständig nach außen, so daß der von innen nach außen ansteigende Ca-Gradient aufrecht erhalten bleibt.

Die Bereiche mit höheren Ca-Konzentrationen sind gegen das Cytoplasma durch Membranen abgegrenzt. In diesen finden sich Ca-Kanäle. Sie sind zunächst geschlossen. Ein Signal-Molekül, etwa ein Hormon, kann nach Bindung an den entsprechenden membrangebundenen Rezeptor eine Öffnung der Kanäle induzieren. Ca^{2+} passiert über sie das Plasmalemma, den Tonoplasten oder die Membranen des ER und kann dann im Cytoplasma als sekundärer Messenger wirksam werden. Auch bei Pflanzen sind mehrere Enzyme bekannt, die durch Ca^{2+} aktiviert werden, darunter offensichtlich auch Proteinkinasen (Seite 379).

In vielen Fällen wirkt Ca^{2+} jedoch erst nach Bindung an *Calmodulin* als sekundärer Messenger. Dabei handelt es sich um ein Polypeptid aus 148 Aminosäuren, das in zwei Domänen jeweils 2 Ca^{2+}, also insgesamt 4 Ca^{2+} aufnimmt, dabei seine Konformation ändert und aktiviert wird. Durch Koppelung von Ca-Calmodulin an Enzyme können diese akti-

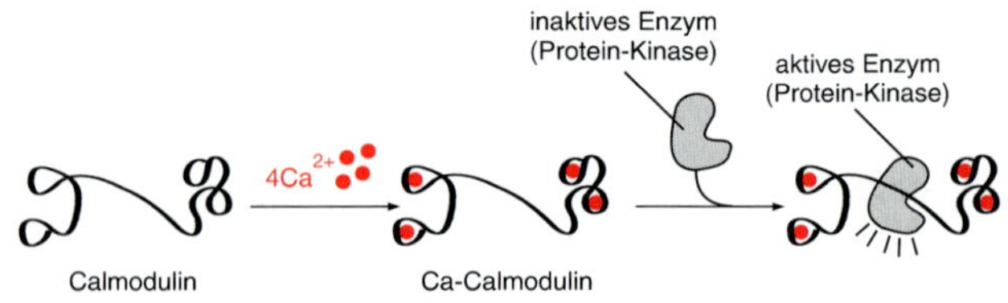

Abb. 16.4. *Calmodulin als aktive Form des Ca^{2+}. Calmodulin, das nach Röngenstrukturanalysen eine Bänderstruktur aufweist, bindet in zwei Domänen mit jeweils 2 Positionen 4 Ca^{2+}. Es ändert dabei seine Konformation, wird aktiviert und kann sich nun an Proteine, vor allem an Protein-Kinasen, binden und diese aktivieren.*

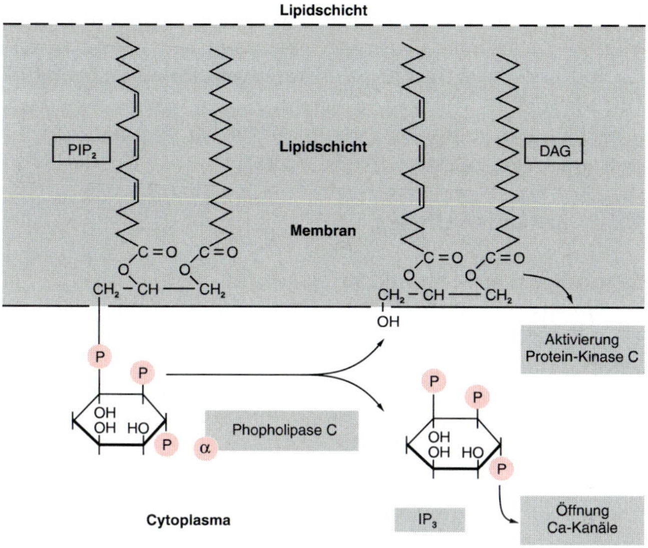

Abb. 16.5.
Bildung der sekundären Messenger Diacylglycerin (DAG) und Inositol-1,4,5-triphosphat (IP_3) über Spaltung von Phosphatidyl-Inositol-4,5-bisphosphat (PIP_2) durch Phospholipase C. Diese wird durch die α-Untereinheit (α) eines Rezeptor/G-Protein-Komplexes aktiviert (vgl. Abb. 16.6). Die Acylreste liegen jeweils in der dem Cytoplasma zugewandten Lage der Lipiddoppelschicht in der Membran. Das lipophile DAG verbleibt nach Befunden an Tieren im Membranbereich und wird dort als sekundärer Messenger tätig.

viert werden (Abb. 16.4). Dabei kann es sich wiederum um Proteinkinasen handeln.

16.2.2 Inositol-1,4,5-triphosphat und Diacylglycerin

Wieder waren Befunde an Tieren wegweisend für entsprechende Untersuchungen an Pflanzen. Obwohl bei letzteren noch Lücken auszufüllen sind, zeichnet sich doch prinzipielle Gleichheit ab.

Die Bildung von IP_3 und DAG steht in engem Zusammenhang. Ein Membranlipid, das Phosphatidyl-Inositol (PI), kann durch Proteinkinasen in seiner Inositol-Komponente zweimal phosphoryliert werden. Wie die Aktivierung dieser Kinasen bei Pflanzen erfolgt, ist noch umstritten. Gehen wir deshalb gleich zum Endprodukt ihrer Aktivität über, dem Phosphatidyl-Inositol-4,5-bisphosphat (PIP_2). Es ist wie die Ausgangssubstanz PI membrangebunden (Abb. 16.5). Eine Phospholipase C, die aktiviert werden muß, spaltet PIP_2 in DAG und IP_3. Das lipidlösliche DAG bleibt in der Membran und aktiviert als sekundärer Messenger eine spezielle, Ca-abhängige Proteinkinase C. Das polare IP_3 löst über Öffnung von Ca-Kanälen einen Anstieg im Ca-Gehalt aus.

Daß Ca^{2+} selbst oder im Verbund von Ca-Calmodulin als sekundärer Messenger dienen kann, wurde schon bespro-

Bei sekundären Messengern handelt es sich um Botenstoffe zweiter Ordnung, deren Bildung von Signalen induziert wird, die im Bereich von Membranen, oft im Plasmalemma, über spezifische Rezeptoren empfangen werden. Zu den Signalen gehören die Hormone als Botenstoffe erster Ordnung, aber auch Effektoren anderer Art, darunter physikalische Reize wie das Licht.

chen. Auch die Proteinkinase C ist wie eben erwähnt Ca-abhängig. Damit sind alle drei sekundäre Messenger, Ca/Calmodulin, DAG und IP_3, in ihren Funktionen eng miteinander vernetzt.

Wir sind nun in der Lage, den Begriff des sekundären Messengers zu definieren (←).

16.2.3 Kaskadeneffekte

G-Proteine und Proteinkinasen

Die jeweils aus mehreren Untereinheiten bestehenden G-Proteine (Guanylnucleotid-bindende Proteine) können an eine ihrer Komponenten je nach deren Zustandsform entweder GDP oder GTP binden. Die Hydrolyse von GTP führt zur Aktivierung derjenigen Enzyme, die sekundäre Messenger anliefern.

Um ihrer Funktion entsprechen zu können, sind die G-Proteine in oder an Membranen lokalisiert. Vor Eintreffen eines Signals liegt die GDP-bindende Form vor. Nehmen wir an, ein G-Protein habe einen Komplex mit einem Signalrezeptor gebildet (Abb. 16.6).

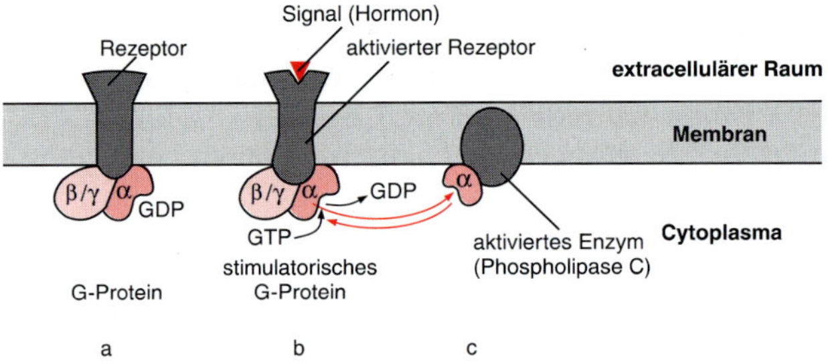

Abb. 16.6. Aktivierung eines Enzyms über ein stimulatorisches G-Protein. a: Ein inaktiver Rezeptor steht in Kontakt mit einem G-Protein. Dessen α-Untereinheit bindet GDP (β und γ sind weitere Untereinheiten des G-Proteins). b: Ein Signal, z.B. ein Hormon, aktiviert den Rezeptor. In dessen α-Untereinheit wird nun GDP gegen GTP ausgetauscht: ein stimulatorisches G-Protein ist entstanden. c: Die α-Untereinheit des stimulatorischen G-Proteins wandert zu einem membrangebundenen Enzym, z.B. der Phospholipase C, und aktiviert sie. Nach Hydrolyse des GTP kann die α-Untereinheit zum restlichen G-Protein zurückdiffundieren und erneut eingesetzt werden.

Wird vom Rezeptor ein Signal empfangen, unterliegt er einer Konformationsänderung, die das G-Protein beeinflußt: es kann nun GTP binden. Von diesem *stimulatorischen G-Protein* dissoziiert die GTP-bindende α-Untereinheit ab und aktiviert das GTP-abhängige Enzym.

Der größere Teil des G-Proteins, der am Hormon-/Rezeptor-Komplex verblieben war, kann neue α-Untereinheiten binden. Der eben geschilderte Prozeß kann sich dann vielfach wiederholen. Auch die α-Untereinheiten, die enzymaktivierend gewirkt hatten, stehen danach als nun inaktive Formen erneut zur Verfügung.

Bei Tieren ist es vor allem die Adenyl-Cyclase, das Enzym der cAMP-Bildung, das so aktiviert wird. cAMP induziert dann als sekundärer Messenger die Aktivität von cAMP-abhängigen Proteinkinasen. Bei Pflanzen spielt cAMP als sekundärer Messenger offensichtlich keine Rolle, wohl aber cGMP. Denn einiges spricht dafür, daß bei ihnen G-Proteine Enzyme der Synthese von cGMP stimulieren, das dann cGMP-abhängige *Proteinkinasen* aktiviert. cGMP ist z.B. mit hoher Wahrscheinlichkeit Glied einer Signaltransduktionskette, die von Phytochrom A ausgeht (Seite 397). Auch die eben erwähnte Phospholipase C kann bei Pflanzen über G-Proteine aktiviert werden. Die G-Proteine wirken demnach bei der Signaltransduktion als Schalter zwischen dem Hormon/Rezeptor-Komplex und den Enzymen, die sekundäre Messenger bilden.

Sekundäre Messenger und Proteinkinase-Ketten

Was die Wirkungsweise der sekundären Messenger anbelangt, ist also zu ergänzen, daß sie nicht nur bei Tieren und Pilzen, sondern auch bei höheren Pflanzen Proteinkinasen aktivieren können, die ihrerseits weitere Enzyme über Phosphorylierung in ihrer Aktivität beeinflussen. Dabei können Ketten von Proteinkinasen derart hintereinander geschaltet sein, daß immer eine Kinase eine nachfolgende Kinase aktiviert oder – seltener – inaktiviert. Ca/Calmodulin und mit hoher Wahrscheinlichkeit auch cGMP sind pflanzliche sekundäre Messenger, die derart wirksam werden können.

Der Ethylenrezeptor, eine Sensorkinase: Proteinkinase-Kette ohne sekundären Messenger

Erinnern wir uns an die »triple response« der Erbsenkeimlinge auf Ethylen (Seite 365). Eine ähnliche Dreifachantwort zeigen auch etiolierte Keimlinge von *Arabidopsis*. Damit hat man ein System zur Hand, Mutanten zu selektionieren, in denen sich die Reaktionsweise nach Ethylenbehandlung verändert hat. Aus solchen Mutanten konnten zwei Gene, *ETR1* (*et*hylen-*r*esistent; zeigt keine Dreifachantwort auf Ethylen) und *CTR1* (*c*onstitutive *t*riple *r*esponse; Dreifachantwort konstitutiv, d.h. auch ohne Ethylen-Einwirkung) isoliert, kloniert und genau analysiert werden. Die von ihnen codierten Proteine ETR1 und CTR1 sind Komponenten der Ethylen-Signaltransduktions-Kette (Abb. 16.7).

Bei ETR1 handelt es sich um einen membrangebundenen Rezeptor, der außerdem über Kinase-Funktionen die Signal-

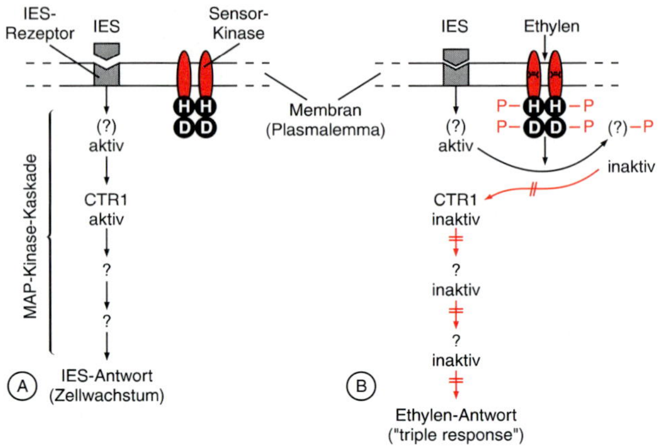

Abb. 16.7. Modellvorstellung zur Funktion des Ethylen-Rezeptors aus Arabidopis. A: IES-induzierte MAP-Kinase-Kaskade in Abwesenheit von Ethylen. Über einen membrangebundenen IES-Rezeptor wird von IES eine MAP-Kinase-Kaskade in Gang gesetzt, die zu einer entsprechenden IES-Antwort, etwa normalem Zellwachstum (Streckungswachstum) führt. Die Sensorkinase, die auch als Ethylen-Rezeptor fungiert, ist inaktiv. B: Aktivierung der Sensorkinase und Blockierung der MAP-Kinase-Kaskade in Anwesenheit von Ethylen. Ethylen wird von der Rezeptor-Domäne (rot) der Sensorkinase aufgenommen. Über eine autokatalytische Phosphorylierung wird die Histidinkinase-Domäne (H) aktiviert und phosporyliert ihrerseits Aspartat. Das resultierende Aspartylphosphat (D), die Regulator-Domäne der Sensorkinase, inaktiviert eine frühe MAP-Kinase (?) durch Phosphorylierung. Dadurch fällt die weitere MAP-Kinase-Kaskade aus. Anstelle der IES-Antwort tritt nun die Ethylen-Antwort, z.B. die »triple response« (teils in Anlehnung an YANG 1996, teils verändert nach WEILER 1997).

transduktion einleitet. Er besteht aus zwei identischen ETR1-Proteinen, ist also ein Homodimer. Eine durch die Membran nach außen reichende, »transmembrane« Rezeptor-Domäne (= Sensor-Domäne) bindet Ethylen. Auf der cytoplasmatischen Seite findet sich eine Histidinkinase-Domäne. In ihr wird nach Abfangen des Signals Ethylen zunächst ein Histidinrest phosphoryliert. Folge davon ist, daß in einer Regulatordomäne ein Aspartatrest zu Aspartylphosphat phosphoryliert wird. Die Regulator-Domäne wird dadurch aktiviert.

Bei Hefen und Bakterien finden sich homologe Systeme, von denen Rückschlüsse auf die Situation bei höheren Pflanzen möglich waren. Demnach wirkt die Regulator-Domäne auf eine Kette von Proteinkinasen ein, die zu einem besonderen Typ, den *MAP*-Kinasen (*m*itogen *a*ctivated *p*rotein) gehören. CTR1 ist vermutlich bei höheren Pflanzen das zweite Glied der betreffenden, sonst hier noch weitgehend unbekannten MAP-Kinase-Kaskade.

So weit, so gut. Doch wie kommt es zu den Ethylen-Effekten, der »triple response« etwa? Vermutlich ist es so, daß »normalerweise«, d.h. ohne Ethyleneinwirkung, Auxine die MAP-Kinase-Kaskade in Gang setzen. Die Folge wäre dann ein normales Zellwachstum. Die über Ethylen aktivierte Regulator-Domäne (phosphorylierter Aspartylrest) greift möglicherweise über die Phosphorylierung einer frühen MAP-Kinase ein: durch die Phosphorylierung könnte die betreffende MAP-Kinase inaktiviert (!) und damit die ganze MAP-Kinase-Kette außer Funktion gesetzt werden. In

Abb. 16.7 wurde angenommen, es handele sich bei der inaktivierten MAP-Kinase um den Vorgänger von CTR1. Anderen Modellvorstellungen zufolge käme jedoch auch CTR1 selbst dafür in Frage. Die Folge der Inaktivierung wäre die Dreifachantwort anstatt des normalen Zellwachstums.

Doch zurück zum Ethylenrezeptor: er fungiert nicht nur als *Sensor*, d.h. als Signalempfänger, sondern auch als erste Kinase bei der Weiterleitung des Signals. Die Bezeichnung *Sensorkinase* nimmt darauf Bezug.

Kaskaden-Effekte

Eben hatten wir den Begriff Kinase-Kette durch Kinase-*Kaskade* ersetzt. Das ist gerechtfertigt und gilt nicht nur für die eben geschilderten MAP-Kinasen, sondern auch bei einer Beteiligung von G-Proteinen. Denn rekapitulieren wir für die G-Proteine: *Ein* Signalmolekül wird an einen Rezeptor gebunden. Von dem *einen* dadurch initiierten stimulatorischen G-Protein gelangen viele aktive α-Untereinheiten zu *vielen* Enzymen und aktivieren sie. Diese vielen Enzyme bilden *viele* sekundäre Messenger. Sie können u.a. *viele* Proteinkinasen aktivieren. Die vielen Proteinkinasen phosphorylieren die verschiedensten Proteine. Falls es sich bei diesen um Enzyme handelt, können sie *viele* Moleküle umsetzen.

Entsprechendes gilt für MAP-Kinasen-Kaskade. Bei Ethylen-Einwirkung beginnt sie mit *einer* Sensorkinase: ihre Kinase-Domäne aktiviert eine Kette nachfolgender MAP-Kinasen – nach dem gleichen generellen Modus und mit den gleichen Konsequenzen wie eben ausgeführt.

Diese Situation umschreibt man als den *Kaskaden-Effekt* der Signaltransduktion. Beachten wir, daß es sich dabei nicht nur um eine *Potenzierung* zu handeln braucht, sondern daß, z.B. über die Aktivierung *verschiedenartiger* Proteinkinasen, auch eine *Diversifizierung* erfolgen kann.

Sekundäre Messenger sind bei Tieren insofern unabdingbar, als bestimmte tierische Hormone, etwa die Peptidhormone oder hydrophile Hormone, das Plasmalemma nicht passieren können. Phytohormone dagegen können generell in die Zellen gelangen, auch wenn sie polar gebaut sind. Erinnern wir uns nur an die Chemiosmotische Hypothese zum polaren IES-Transport (Seite 349). Außerdem kennt man auch spezielle Influx-Carrier, die IES und andere Hormone in die Zellen einschleusen.

Man könnte deshalb fragen, warum es bei Pflanzen dennoch offensichtlich Signaltransduktionen gibt, die über membrangebundene Rezeptoren und gegebenenfalls auch sekundäre Messenger ablaufen. Jede Antwort darauf kann gegenwärtig nur spekulativ sein. Wenn bei Pflanzen diese Art der Signaltransduktion nicht so wichtig sein sollte, weil die Phytohormone selbst die Membranen passieren können, vielleicht ist es dann der damit verknüpfte Kaskadeneffekt?

Noch eine Schlußbemerkung zu diesem Teilkapitel: Was bisher ermittelt wurde, bezieht sich vor allem auf den Beginn von Signaltransduktions-Ketten, die über G-Proteine und sekundäre Messenger oder über Sensorkinasen verlaufen. Auf dem weiteren Weg zu den Zielstrukturen klaffen Kenntnislücken. Eine komplette Signaltransduktions-Kette ist bei höheren Pflanzen noch nicht bekannt.

16.3 Gene als Zielstrukturen

Zielstrukturen bei der Signaltransduktion können auch Gene sein. Im Jahr 1960 zeigten CLEVER und KARLSON in Untersuchungen zum Wirkungsmechanismus des Insekten-Häutungshormons Ecdyson erstmals, daß ein Hormon die Genexpression beeinflussen kann. In den nachfolgenden Jahrzehnten wurden entsprechende Befunde für zahlreiche Hormone der Tiere gemacht. Die Pflanzenphysiologen zogen nach. Seit 1964 veröffentlichte Daten ließen keinen Zweifel daran, daß Gibberellinsäure (GA) genetisches Material aktivieren kann.

16.3.1 Ein klassisches Beispiel: Die Aktivierung des Gens für α-Amylase durch Gibberellinsäure

Versuchsobjekt war die Gerste (*Hordeum vulgare*). Bei ihrer Keimung muß im Korn Stärke mobilisiert werden. Das geschieht über die Aktivität von Amylasen (Seite 160). Man kann nun ein Gerstenkorn so halbieren, daß die eine Hälfte den Embryo führt, die andere embryofrei ist. Im Praktikumsversuch kann man Kornhälften mit und ohne Embryo mit der Schnittfläche nach unten auf eine Schicht Stärke-Agar setzen. Nur unter der embryo-führenden Hälfte wird dann Stärke abgebaut (Abb. 16.8), weil aus ihr Amylasen in den Stärke-Agar diffundiert waren. Wenn man jedoch embryo-freien Hälften GA zuführt, werden auch in ihnen Amylasen tätig. Derartige Befunde ließen vermuten, daß normalerweise der Embryo GA in das Endosperm ausschüttet, die dann dort den Stärkeabbau über Amylasen induziert.

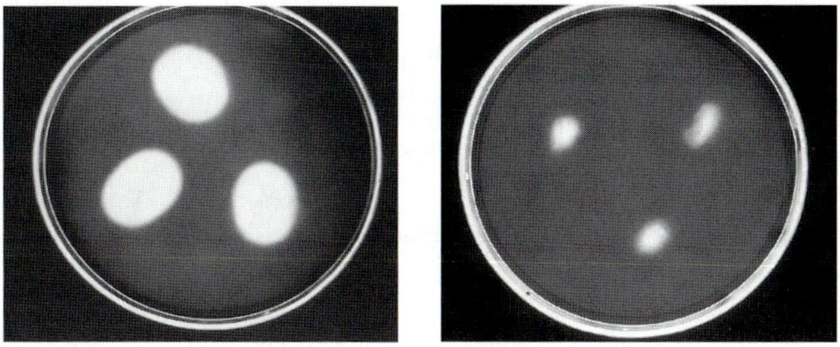

Abb. 16.8.
Induktion des Stärkeabbaus im Endosperm des Maises durch den Embryo. Im Praktikumsversuch kann anstatt Gerste auch das leichter zu handhabende Maiskorn eingesetzt werden. Kornhälften ohne (rechts) und mit (links) Embryonen werden mit der Schnittfläche auf Stärke-Agar gesetzt. Anschließend werden die Platten mit Jod/Jod-Kalium überschichtet. Stärkehaltiger Agar färbt sich dann tiefblau. Weiße Höfe zeigen einen Stärke-Abbau durch Amylasen aus den Kornhälften an. Nur unter den Kornhälften mit Embryonen war es zu einem intensiven Abbau gekommen. Der geringe Abbau auch unter Kornhälften ohne Embryonen dürfte auf die Aktivität von β-Amylasen zurückgehen (M. Iser).

Das Endosperm besteht aus den mit Stärkekörnern gefüllten, im ausdifferenzierten Zustand abgestorbenen Zellen des Stärke-Endosperms und der Aleuronschicht aus lebenden Zellen (Abb. 16.10). Zielzellen für die Gibberellinsäure sind im wesentlichen diejenigen des Aleurons. Man kann das leicht dadurch belegen, daß man Stückchen des Aleurons mit Gibberellinsäure behandelt und sie dann auf Stärke-Agar auslegt. Dann wurde unter ihnen die Stärke abgebaut. Kontrollen, die nur mit Wasser behandelt worden waren, lieferten keine Stärkehydrolyse.

GA löst im Gerstenkorn eine Vielzahl von Reaktionen aus. Die nach GA-Zufuhr erste faßbare biochemische Aktivität ist die Bereitstellung bestimmter Membranbausteine. Sie werden dazu verwendet, vermehrt ER zu bilden. Vor allem aber wird die Bildung von RNA stimuliert. Darunter befindet sich auch mRNA für α-Amylase. Detaillierte Untersuchungen ließen keinen Zweifel daran, daß mit ihrer Hilfe α-Amylase nicht nur im Reagenzglas, sondern auch im Korn *de novo* gebildet wird (Abb. 17.9). GA induziert also das Genmaterial für α-Amylase.

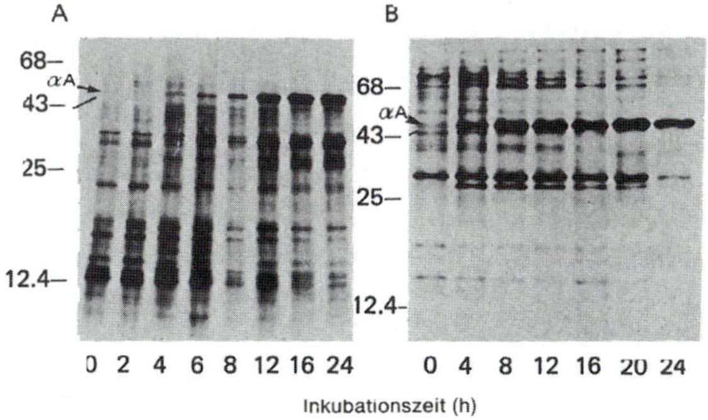

Abb. 16.9.
Induktion der α-Amylase. Aleuron der Gerste wurde für die angegebenen Zeiten mit Gibberellinsäure (GA) inkubiert. Danach Polyacrylamid-Gelelektrophorese von Proteinen, die A an aus dem Aleuron isolierter mRNA in vitro, B im Aleuron in vivo gebildet worden waren. αA (mit Pfeil): Lage der α-Amylase. Ohne GA-Inkubation ist das Enzym nicht oder kaum faßbar. Die Zahlen jeweils links geben die Lage von Referenzproteinen in Kilodalton an (aus Wilkins 1984).

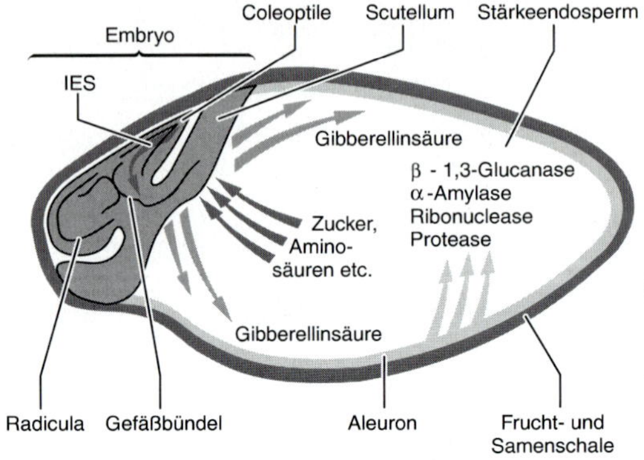

Abb. 16.10. Die Rolle der Gibberellinsäure (GA) bei der Mobilisierung der Reservestoffe im keimenden Gerstenkorn. GA wandert aus dem Embryo einschließlich des Scutellums ins Aleuron. Für diese Wanderung teils benutzte Gefäße werden unter Mitwirkung von IES angelegt, die aus der Koleoptile stammt. In der Aleuronschicht induziert GA die de novo-Synthese mehrerer Hydrolasen (α-Amylase, Nucleasen, Proteasen). Die betreffenden Enzyme werden dann mit anderen Hydrolasen, die im Aleuron schon vorlagen (1,3-β-Glucanase) ins Stärkeendosperm ausgeschüttet. Die über die Aktivität der genannten Enzyme angelieferten niedermolekularen Spaltprodukte werden vom Scutellum aufgenommen. Die Reservestoffe sind damit mobilisiert und stehen dem Embryo für sein nun einsetzendes Wachstum zur Verfügung (nach Black *aus* Hess *1981).*

Entsprechendes gilt auch für andere Hydrolasen, für Proteasen und Nucleasen. Die *de novo* gebildeten Enzyme werden dann aus dem Aleuron ausgeschüttet und gelangen so ins Stärke-Endosperm. Wieder andere Enzyme, so eine 1,3-β-Glucanase, sind bereits im Aleuron vorhanden und werden unter Gibberellinsäure-Einwirkung nur abgegeben. Im stärkeführenden Endosperm beteiligt sich die α Amylase an der Hydrolyse der Stärke, die übrigen Enzyme bauen andere Kohlenhydrate, Proteine und Nucleinsäuren ab. Die Reservestoffe werden so mobilisiert und stehen damit dem Embryo für sein nun einsetzendes Wachstum zur Verfügung (Abb. 16.10).

Auch für andere Phytohormone ließ sich belegen, daß sie die Expression von Genen beeinflussen können. Bei Gibberellinen, Cytokininen und Jasmonsäure handelt es sich meistens um eine Förderung, bei Abscisinsäure und Ethylen um eine Hemmung. Außer der Transkription kann auch die Translation stimuliert werden, so z. B. von Cytokininen.

16.3.2 Promotoren als Zielstrukturen für die Modulation der Genexpression

Phytohormone können außerhalb der Zelle bleiben und über sekundäre Messenger wirksam werden. Dann wäre nur eine indirekte Beeinflussung des genetischen Materials möglich. Phytohormone können aber auch in die Zelle hinein gelangen. Jedoch nimmt man auch für diesen Fall an, daß nicht sie selbst mit dem genetischen Material Kontakt aufnehmen, sondern von Rezeptor-Proteinen innerhalb der Zelle abgefangen werden. Die resultierenden Hormon/Rezeptorkomplexe könnten dann an der DNA ansetzen. Kandidaten für solche regulatorischen Proteine sind die Nicht-Histon-Proteine der Chromosomen.

Deletionsanalyse von Promotorregionen

Bislang fast zuviel der Hypothesen. Auf festeren Grund kam man im Bereich der Gene selbst. Vergegenwärtigen wir uns den Aufbau eines Eukaryonten-Gens (Abb. 1.10). Vor allem die Promotorregion, an der die RNA-Polymerase ansetzt, kommt als Ansatzstelle für hormongesteuerte regulatorische Proteine in Frage. In ihr könnte also die »Induzierbarkeit« lokalisiert sein. Daß dies zutrifft, mehr noch, auf welchen Sequenzen einer Promotorregion die Modulationsmöglichkeit beruht, ließ sich über Deletionsanalysen ermitteln. Als Beispiel soll uns die Induktion der Genexpression dienen. Denn sie wurde öfter untersucht als die Repression, für die aber entsprechendes gilt.

Wir benötigen einmal einen Promotor, von dem wir annehmen, er sei induzierbar. In unserem Beispiel soll es sich um einen Malat-Enzym-Promotor (ME-Promotor) handeln. Er wird mit einer codierenden Sequenz kombiniert, deren Aktivität leicht faßbar ist. Dazu kann der *uidA*-Reporter verwendet werden. Die Basensequenz *uidA* wird ohne und mit ME-Promotor mit Hilfe der Leaf disk-Technik in Tabak eingebracht. Blattscheiben aus den dabei erhaltenen transgenen Tabakpflanzen werden auf GUS-Aktivität überprüft (Abb. 16.11). Findet sich in den Blattscheiben der Promotor mit *uidA*, kommt es zu einer schwachen Basisaktivität. Sie läßt sich enorm steigern, wenn man induktiv wirkende Substanzen wie Salicylsäure oder Glutathion auf die transgenen Blattscheiben einwirken läßt. Die Induzierbarkeit ist also gegeben.

Liegt in den Blattscheiben nur die codierende Sequenz ohne Promotor vor, findet sich keinerlei Expression, ganz

Abb. 16.11. Transgener Tabak und der Nachweis der Notwendigkeit von Promotoren zur Geninduktion. Getestet wurde ein Malatenzym-Promotor. Er wurde allein und in Koppelung mit dem uidA-Reportergen (Seite 74) in Tabak übertragen. Blattscheiben transgener Tabakpflanzen wurden auf GUS-Aktivität überprüft. Links: Promotor mit uidA; nur schwache Basisaktivität. Mitte: Promotor mit uidA, aber Blattscheiben jetzt mit genaktivierendem Glutathion behandelt; starke Blaufärbung zeigt die Aktivierung des uidA-Gens an. Rechts: uidA ohne Promotor, keinerlei Aktivität (J. Schaaf).

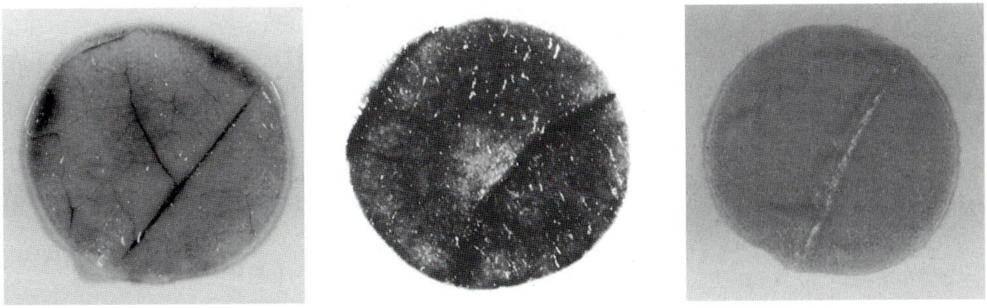

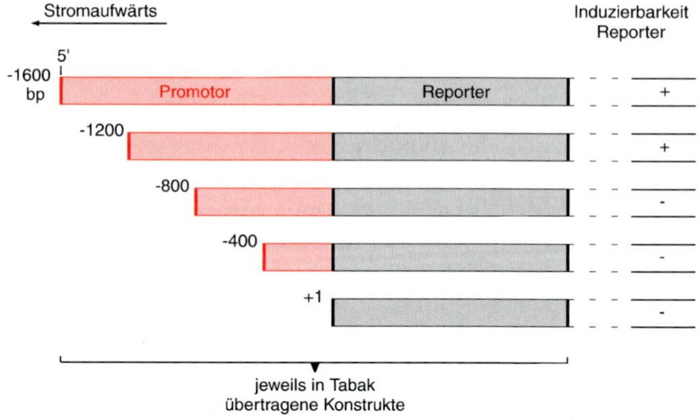

Abb. 16.12. Schema der Deletionsanalyse einer Promotorregion. Ein induzierbarer Promotor (Nachweis der Induzierbarkeit wie in Abb. 16.11) wird mit einem Reporter, z. B. mit uidA gekoppelt. Mit Hilfe von Restriktionsenzymen werden fallweise längere Fragmente vom 5'-Ende des Promotors entfernt. Die verkürzten Konstrukte werden in getrennten Versuchen in Tabak überführt. Transgener Tabak wird auf die Induktion des Reportergens hin getestet. Im Beispiel ist die Promotorregion zwischen den Basenpaaren –800 und –1200 für die Induzierbarkeit zuständig. bp = Basenpaare.

gleich, ob man induzierende Faktoren zusetzt oder nicht. Der Versuchsausfall bestätigt, daß die Expression vom Promotor aus geregelt wird; er läßt darüber hinaus vermuten, daß auch die Induzierbarkeit auf ihm lokalisiert sein könnte.

In Weiterführung dieser Experimente überträgt man Konstrukte in Tabak, bei denen mit Hilfe von Restriktionsenzymen vom 5'-Ende her fallweise längere Abschnitte des Promotors entfernt worden waren (Abb. 16.12). Die jeweils erhaltenen transgenen Tabakpflanzen werden auf Induzierbarkeit des *uidA*-Gens überprüft. Über eine solche *Deletionsanalyse* läßt sich derjenige Abschnitt der Promotorregion ermitteln, der vorhanden sein muß, wenn es zu einer Induktion kommen soll. Die genauere Untersuchung ergab, daß es sich dabei nicht nur um eine, sondern um einige Boxen handeln kann, die stromaufwärts der TATA- und der CAAT-Box liegen.

Deletionsanalysen mit entsprechendem Ergebnis wurden für die verschiedensten Promotorregionen durchgeführt, auch für solche, die über Außenfaktoren wie das Licht induzierbar sind. Es handelt sich um ein weiteres, überzeugendes Beispiel für eine Nutzung der Gentechnik bei der Klärung grundlegender Fragen der pflanzlichen Entwicklung.

Zusammenfassung

Hormone und andere Signale werden von *spezifischen Rezeptoren* abgefangen und über eine *Signaltransduktions-Kette* an den Zielstrukturen zur Wirkung gebracht. Die Rezeptoren können auf dem Plasmalemma und anderen Membranen liegen. Sie können sich aber auch innerhalb der Zelle befinden.

Signal-Rezeptoren auf dem Plasmalemma

Liegen die Rezeptoren auf dem Plasmalemma, so kann die Signaltransduktion über *sekundäre Messenger erfolgen*. Der Hormon/Rezeptor-Komplex induziert die Aktivierung von Enzymen, die diese sekundären Messenger anliefern. Dabei können *G-Proteine* als Schalter zwischen Hormon/Rezeptor-Komplexen und den zu aktivierenden Enzymen fungieren.

Die beobachteten Hormonwirkungen gehen nicht auf die Hormone selbst, sondern auf die deshalb so genannten sekundären Messenger zurück. In Pflanzen nachgewiesene sekundäre Messenger sind Ca^{2++} oder *Ca-Calmodulin*, IP_3 und *DAG* sowie *Jasmonsäure*, die aber offensichtlich auch als Hormon agieren kann. Mit einiger Wahrscheinlichkeit kann auch *cGMP* als sekundärer Messenger fungieren.

Unter Signalwirkung öffnen sich Ca-Kanäle im Plasmalemma oder anderen Membranen, über die Ca^{2+} in die Zelle einfließt. Ca^{2+} kann als solches wirksam sein oder in Bindung an ein Polypeptid, das Calmodulin. Ca^{2+} und *Ca-Calmodulin* können Enzyme aktivieren, darunter Proteinkinasen.

Ausgangsmaterial für IP_3 und DAG ist membrangebundenes PiP_2. Die Substanz wird durch Phospholipase C, die über die α-Untereinheit eines G-Proteins aktiviert wurde, in die beiden genannten sekundären Messenger gespalten. IP_3 induziert die Öffnung von Ca-Kanälen, *DAG* aktiviert die Ca-abhängige Proteinkinase C.

Die von den sekundären Messengern aktivierten *Proteinkinasen* können eine Vielzahl von Enzymen über Phosphorylierungen aktivieren oder hemmen. Das Rezeptor/sekundärer Messenger-/Proteinkinasen-System führt zu einer *Regulationskaskade*, über die die Signalwirkung potenziert und gleichzeitig in unterschiedliche Richtungen gelenkt werden kann.

Eine weitere Möglichkeit ist, daß membrangebundene *Sensorkinasen* wie der *Ethylenrezeptor* nicht nur Signale abfangen, sondern auch über ihre eigene Kinase-Aktivität mit der Signaltransduktion beginnen. Auch hier finden sich *Kinase-Kaskaden (MAP-Kinase-Kaskaden)*, die *Regulationskaskaden* darstellen.

Signalrezeptoren innerhalb der Zelle
Auch die Phytohormone selbst können ins Cytoplasma gelangen. Man nimmt an, daß sie dann dort von hormonspezifischen Rezeptoren abgefangen und an die Zielstrukturen herangetragen werden. Solche Zielstrukturen können auch Gene sein. Das chronologisch erste, »klassische« Beispiel für eine *Genaktivierung durch ein Phytohormon* ist die *Induktion der α–Amylase im Gerstenkorn durch GA*. Aber auch andere Phytohormone können Gene aktivieren oder reprimieren. Wie *Deletionsanalysen* zeigten, sind es bestimmte Basen-Sequenzen der Promotorregion, über die eine Modulation der Genaktivität möglich wird.

Ein Vorbehalt: Bei höheren Pflanzen ist noch keine vollständige Signaltransduktions-Kette bekannt. Die Interpretation der Befunde orientiert sich stark nach dem, was für Tiere und Pilze gilt. Vor endgültigen Schlüssen ist besonders in Details noch Vorsicht geboten.

17 Regulation durch Außenfaktoren: Abiotische Außenfaktoren

Jede Pflanze entwickelt sich in einem Netzwerk von Beziehungen mit Faktoren der unbelebten (*abiotische Außenfaktoren*) und belebten Umwelt (*biotische Außenfaktoren*). In beiden Gruppen kann es sich um Außenfaktoren handeln, die *normalerweise* Stoffwechsel und Entwicklung beeinflussen. Außenfaktoren können aber auch als *Streßfaktoren* wirken, als Faktoren also, die Stoffwechsel und Entwicklung negativ beeinflussen und damit einen Zustand der Belastung herbeiführen, den man bei Pflanzen ebenso wie bei uns Menschen als *Streß* bezeichnet.

In diesem Kapitel befassen wir uns exemplarisch vor allem unter molekularen Aspekten mit den physikalischen Außenfaktoren Licht und Temperatur. Dabei sei das Licht als »Normalfaktor« und die Temperatur (Hitze) als Streßfaktor besprochen. In beiden Fällen liegen verhältnismäßig viele »molekulare« Daten vor. Ein Vergleich mit den Signaltransduktionen nach Hormoneinwirkung wird möglich.

Weitere Fälle einer Steuerung durch die genannten und weitere Außenfaktoren, bei denen die physiologische Seite mehr in den Vordergrund rückt, werden später gebracht. Das gilt auch für den Wasserhaushalt.

17.1 Licht als Normalfaktor

Denken wir an die Photosynthese. Dann wird niemand bestreiten wollen, daß Licht ein zentral wichtiger Außenfaktor für die normale Entwicklung der Pflanzen ist. Denn jeder Prozeß in der Pflanze wird direkt oder indirekt von der Photosynthese und ihren Produkten beeinflußt. Aber nicht nur die schon laufende Photosynthese, sondern auch der Aufbau der Chloroplastenstruktur einschließlich der Synthese der Chlorophylle oder auch der Rubisco ist lichtabhängig. Auf die Rubisco werden wir gleich zurückkommen. Doch außer dem Aufbau funktionsfähiger Chloroplasten sind noch zahlreiche andere Stoffwechsel- und damit auch Entwicklungsprozesse lichtgesteuert.

Einen lichtgesteuerten Entwicklungsprozeß nennt man *Photomorphogenese*. Die betreffenden Photorezeptoren bezeichnet man dementsprechend als *photomorphogenetische Pigmentsysteme*.

Bei der hohen Zahl nachweislich lichtgesteuerter Prozesse könnte man annehmen, die Pflanzen müßten über eine entsprechend hohe Anzahl verschiedener Photorezeptoren verfügen. Dem ist jedoch nicht so. Wie bei den Phytohormonen gilt auch hier das Prinzip einer *multiplen Wirkung*. Der Grundstruktur nach sind es nur verhältnismäßig wenige Photorezeptoren, die über entsprechende Signaltransduktionen in die verschiedensten Prozesse eingreifen. Wichtig sind »Blaulichtrezeptoren«, wichtig sind aber vor allem die Phytochrome. Beide Pigmentsysteme arbeiten bei Photomorphogenesen oft zusammen.

Die Struktur des Blaulichtrezeptors A oder *Cryptochroms* konnte erst verhältnismäßig spät, nämlich um die Mitte der 90er Jahre, ermittelt werden. Es handelt sich um ein Chromoproteid mit zwei lichtabsorbierenden Farbstoffkomponenten: ein Derivat der Tetrahydrofolsäure absorbiert im UV-Bereich, ein FAD-Derivat im Blau-Bereich. Die Phytochrome sind unter den verschiedensten Aspekten besser untersucht und sollen deshalb hier als photomorphogenetische Pigmentsysteme par excellence besprochen werden.

Phytochrome

Ein klassisches Experiment und seine Interpretation

Samen vieler Arten werden durch Licht in ihrer Keimung gefördert (Seite 490). Als man das Wirkungsspektrum des Lichtes bei der Keimung von Achänen des Salats (*Lactuca sativa*) aufstellte, fand man, daß hellrotes Licht (HR) die Keimung förderte, dunkelrotes Licht (DR) sie dagegen hemmte. Aber US-amerikanische Wissenschaftler, die sich mit der Keimung des Salats besonders eingehend befaßten, fanden

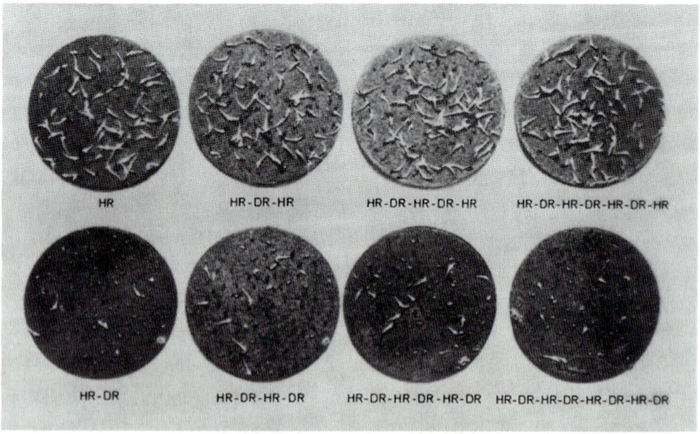

Abb. 17.1. Nachweis des Phytochromsystems als Faktor der Keimung bei den Achänen des Salates (Lactuca sativa). HR = Hellrot, DR = Dunkelrot (aus GOODWIN 1965).

zu Beginn der 50er Jahre noch mehr: Gab man Achänen des Salates zuerst HR, dann DR, so wurde die fördernde Wirkung des HR annulliert. Gab man HR, dann DR und danach wieder HR, so keimten die Achänen (Abb. 17.1). Dieses Spiel ließ sich mehrfach wiederholen. Für die Keimung entscheidend war, welche Lichtqualität man zuletzt gegeben hatte: HR bedeutete Keimung, DR Hemmung der Keimung.

Entsprechende Effekte fanden sich an anderen Objekten und bei anderen Entwicklungsprozessen, z.B. bei der Blütenbildung (Seite 563). Das Wirkungsmaximum des HR lag bei 660 nm, das des DR bei 730 nm. Schlußfolgerung aus allen diesen Daten war (Abb. 17.2): In den Zellen der Pflanzen existiert ein morphogenetisches Pigmentsystem, das in zwei verschiedenen Zustandsformen vorliegen kann, die durch Licht bestimmter Wellenlängen wechselseitig ineinander überführbar sind. Die eine Zustandsform hat ein Absorptionsmaximum bei rund 660 nm und wird dementsprechend P_r (r = red, HR) genannt. Sie ist physiologisch inaktiv. Durch Bestrahlung mit HR wird sie in die zweite Zustandsform umgewandelt. Diese hat ein Absorptionsmaximum bei rund 730 nm und wird dementsprechend als P_{fr} (fr = far red, DR) bezeichnet. Bei ihr handelt es sich um die aktive Form. Sie leitet die verschiedensten Morphogenesen ein, darunter auch die eben besprochene Keimung. Durch Bestrahlung mit DR wird P_{fr} wieder in P_r überführt.

Dieses einfachste Funktionsschema des Phytochromsystems hat Ergänzungen gefunden. Sie wurden zwingend notwendig, als man erkannte, daß es nicht nur ein Phytochrom gibt, sondern mehrere verschiedene mit unterschiedlichen Eigenschaften. Gehen wir deshalb zunächst auf den Bau der Phytochrome ein.

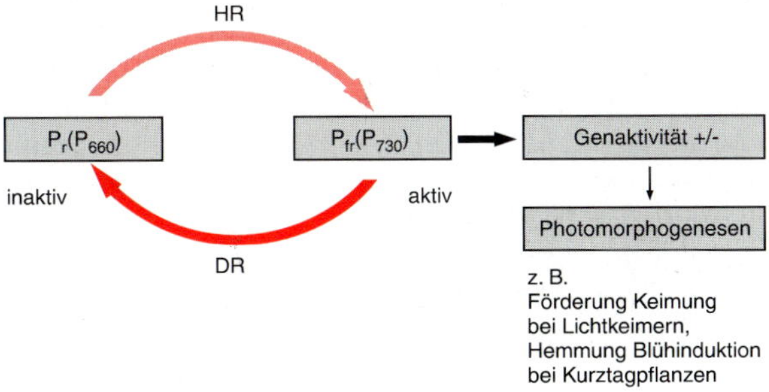

Abb. 17.2. *Funktionsschema der Phytochrome (einfachste Form). Falls wie oft eine Beeinflussung der Genaktivität stattfindet, kann sie in einer Induktion (+), aber auch in einer Repression (-) bestehen. Morphogenesen können nicht nur gefördert, sondern auch gehemmt werden, wie die beiden Beispiele zeigen. HR = Hellrot; DR = Dunkelrot.*

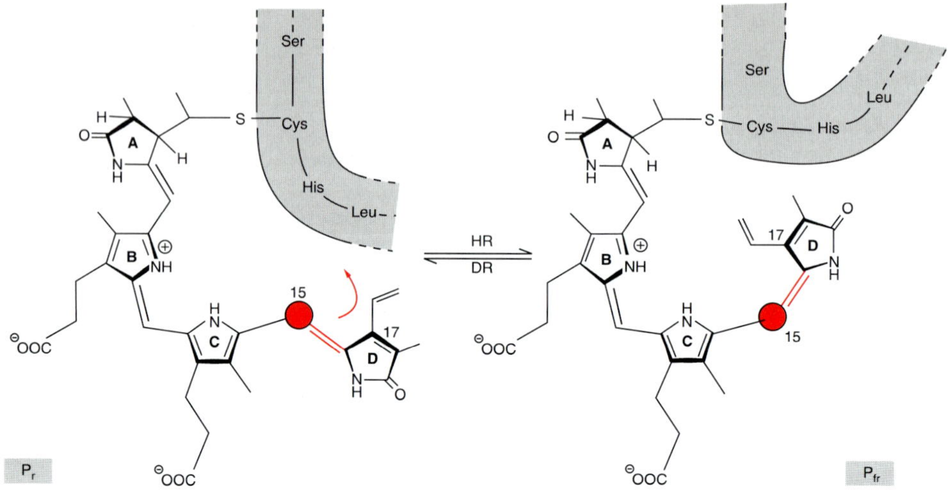

Abb. 17.3.
Struktur eines Phytochroms aus der Avena-Koleoptile und seine Photokonversionen. Bei Belichtung mit HR kommt es im Chromophor zu einem Übergang von einer trans- zu einer cis-Isometrie: Ring D schwenkt am C-Atom 15 nach oben. Das Apoprotein, das die Farbstoffkomponente in der HS-Gruppe eines Cysteins trägt, folgt der Photokonversion des Chromophors über eine Konformationsänderung (die angedeutete Konformationsänderung ist hypothetisch). Damit ist das aktive Phytochrom P_{fr} gebildet. Bei Belichtung mit DR kommt es zu einer Photokonversion zurück zu P_r (nach RÜDIGER aus HOCK und ELSTNER 1995).

Chemische Konstitution und Photoreversibilität

Bei den Phytochromen handelt es sich um Chromoproteide, die aus zwei identischen Untereinheiten bestehen. Jede Untereinheit enthält eine Farbstoffkomponente und ein Apoprotein.

Bei der *Farbstoffkomponente* handelt es sich um ein offenes Tetrapyrrol, also um eine Kette von vier Pyrrolringen, die über C1-Brücken miteinander verbunden sind (Abb. 17.3). Dieser Chromophor leitet sich in seiner Biogenese vom Häm (Seite 284) dadurch her, daß dessen Porphyrin-Ring zu einem offenen Tetrapyrrol aufgespalten und noch modifiziert wird.

Die Farbstoffkomponente jeder Untereinheit ist an die Sulfhydrilgruppe eines Cysteinrestes im betreffenden *Apoprotein* gebunden. Innerhalb einer Art, aber auch von Art zu Art kann das Apoprotein aus einem jeweils anderen Polypeptid bestehen. Diese Polypeptide werden von Genfamilien codiert. Bei *Arabidopsis* sind es fünf Gene, *PHYA*, *PHYB* etc. bis *PHYE*, die die Bildung entsprechender, gleichnamiger Apoproteine steuern. Die Apoproteine eines gegebenen Typs, etwa des Typs PHYA, können dabei je nach der Pflanzenart leicht verschieden sein.

Es gibt also wie schon erwähnt eine Reihe voneinander verschiedener Phytochrome. Die beiden wichtigsten Typen sind das *Phytochrom A* (auch Phytochrom I) und das *Phytochrom B* (auch Phytochrom II).

Die Art der Apoproteine beeinflußt die Absorptionsmaxima, die deswegen je nach dem speziellen Phytochrom leicht verschieden sind und nur näherungsweise bei 660 bzw. 730 nm liegen. Deshalb verwendet man heute bei einer generellen Benennung der beiden Zustandsformen keine Zahlen mehr, sondern die auf den ersten Blick weniger exakten Bezeichnungen P_r und P_{fr}.

In der C1-Brücke zwischen den Pyrrolringen C und D liegt eine Doppelbindung (Abb. 17.3). Bei Bestrahlung mit HR schlägt die an ihr ausgebildete *trans-* in die *cis*-Isomerie um. Pyrrolring D verlagert sich dadurch. Das Apoprotein paßt sich der neuen Gestalt des Chromophors durch eine Konformations-Änderung an. Damit liegt das aktive P_{fr} vor. Bei Belichtung mit DR wird wieder die *trans*-Stellung des inaktiven P_r eingenommen. Die Bezeichnung »reversible Hellrot-Dunkelrot-Systeme« für Phytochrome wird so verständlich.

Eigenschaften und Funktionen der Phytochrome A und B

Die beiden genannten Phytochrome A und B unterscheiden sich in wesentlichen Eigenschaften und Funktionen (Abb. 17.4). Besonders bei Photomorphogenesen, die auf Phytochrom A zurückgehen, könnten auch noch weitere Phytochrome beteiligt sein. Dies kann hier nicht berücksichtigt werden.

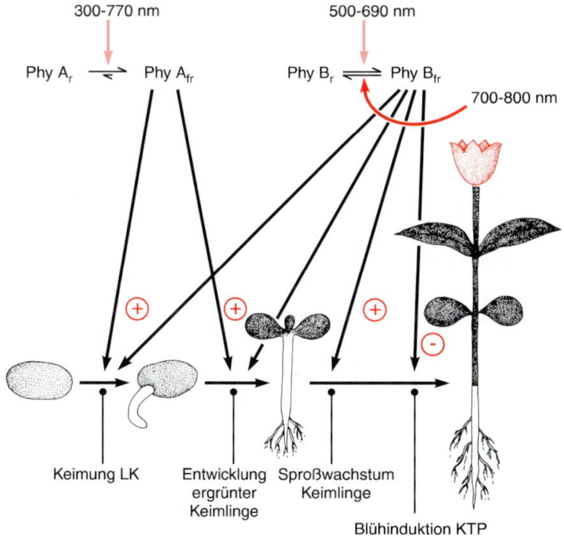

Abb. 17.4. *Schema möglicher Steuerung einiger Entwicklungsprozessen durch die Phytochrome A (PhyA) und B (PhyB). Die Einflußnahme durch die aktiven Phytochrome PhyA$_{fr}$ und PhyB$_{fr}$ kann fördernd (+) oder hemmend (-) sein. LK = Lichtkeimer (Seite 490); KTP = Kurztagpflanzen (Seite 557) (teilweise in Anlehnung an Furuya and Schäfer 1996).*

Phytochrom B (PhyB): Bei ihm handelt es sich um das »klassische« reversible Pigmentsystem, über dessen aktive Form auch die Keimung der Salat-Achänen induziert worden war (Abb. 17.1). Die aktive Form ($PhyB_{fr}$) wird durch Belichtung mit HR induziert. Dazu ist ein nur geringer Photonenzufluß erforderlich, der aber doch sehr viel höher ist als bei der Bildung von $PhyA_{fr}$. Die aktive Form ist stabil. Durch DR, das kurz nach der Belichtung mit HR gegeben wird, läßt sich $PhyB_{fr}$ leicht wieder in $PhyB_r$ überführen. Diese leichte Photoreversibilität dient als Kriterium für eine Beteiligung von $PhyB_{fr}$.

In normal im Licht aufgewachsenen, grünen Pflanzen findet sich überwiegend PhyB. Es steuert nicht nur die Keimung von lichtgeförderten Samen (*Lichtkeimern*), sondern auch zahlreiche weitere Prozesse im normalen Entwicklungsgang einmal ergrünter Pflanzen.

Phytochrom A (PhyA): In etiolierten Pflanzen findet sich fast nur PhyA. $PhyA_r$ wird durch ein breites Lichtspektrum, z. B. auch durch Blaulicht, in das aktive $PhyA_{fr}$ überführt. Dazu ist ein nur sehr geringer Photonenzufluß erforderlich. $PhyA_{fr}$ ist instabil; es wird bei Belichtung rasch abgebaut. die Photoreversibilität zu $PhyA_r$ ist zwar prinzipiell gegeben, geht aber nur schleppend vonstatten, so daß sie meistens nicht ins Gewicht fällt.

$PhyA_{fr}$ leitet bei *Dunkelkeimern* das Ergrünen und weitere photomorphogenetische Prozesse ein, sobald sie aus der Erde hervorgebrochen sind. Ebenso steuert es die Überführung etiolierter in grüne Pflanzen. Dabei wirkt es mit Cryptochrom zusammen.

In den vergangenen Jahrzehnten hat man Fälle phytochromgesteuerter Prozesse geradezu gesammelt, ohne eine Zuordnung zu den noch unbekannten Phytochrom-Typen vornehmen zu können. Mit ihr wurde gerade erst begonnen. Fassen wir das eben Ausgeführte zu einem vorläufigen, noch stark hypothetischen Bild zusammen: Offensichtlich ist an der Photoinduktion der Keimung von Lichtkeimern besonders PhyB beteiligt, am Ergrünen der Keimlinge dann PhyA. Sind die Keimlinge erst einmal ergrünt, schiebt sich in der weiteren Entwicklung PhyB mehr in den Vordergrund, so z. B. beim Sproßwachstum von Keimlingen. Auch bei allen Prozessen, die auf einer leichten Photoreversibilität der Phytochrome basieren, wie z. B. die Schattenvermeidungsreaktion (Seite 492) oder die Blühinduktion (Seite 563) ist PhyB ausschlaggebend.

Vielfach nehmen PhyB und A auf die gleichen Prozesse Einfluß. Dabei spielen die unterschiedliche Stabilität und Photoreversibilität sowie der unterschiedliche Bedarf an Protonen bei der Bildung der aktiven Formen mit. Die Pflanze kann dann je nach der speziellen Situation bald das eine, bald das andere System nutzen.

Phytochrome und Steuerung der Genaktivität

Man kennt Phytochromwirkungen, die offensichtlich ohne Beeinflussung der Genaktivität zustande kommen. Doch sehr oft werden Gene ein- oder ausgeschaltet. Schon 1965 stellte man fest, daß Licht über das Phytochromsystem in Keimlingen des Weißen Senfs (*Sinapis alba*) Gene für die Synthese von Anthocyanen zu aktivieren vermag. Seitdem haben sich derartige Befunde gehäuft. Gehen wir nur kurz auf ein gut analysiertes Beispiel ein, die Lichtinduktion der Gene für die kleine Untereinheit der Rubisco in der Tomate (*Lycopersicon lycopersicum*). Entsprechende Untersuchungen mit ähnlichen Ergebnissen wurden auch an anderen Pflanzenarten durchgeführt.

Die Kerngene, die für die kleine Untereinheit der Rubisco codieren, bezeichnet man als *rbcS*-Gene (*rbc* = Rubisco, *S* = small). In einer gegebenen Pflanzenart liegen mehrere *rbcS*-Gene vor, die für die Produktion der 8 kleinen Untereinheiten zuständig sind. Sie liefern Untereinheiten mit nur geringfügigen Unterschieden an. Bei der Tomate codieren drei der dort fünf *rbcS*-Gene sogar für identische Untereinheiten. Sie liegen auf demselben Chromosom und sind wahrscheinlich das Ergebnis von Genduplikationen. Die verschiedenen *rbcS*-Gene einer gegebenen Pflanzenart werden auf sehr unterschiedliche Weise reguliert. Fast ist es ein kleines Wunder, daß dennoch immer ebenso viele kleine wie große Untereinheiten für die Bildung der Rubisco zur Verfügung stehen!

In Tomatenkeimlingen wurde nach unterschiedlicher Belichtung über DNA-RNA-Hybridisierungen der Gehalt an mRNA bestimmt, den jedes der fünf *rbcS*-Gene lieferte (Abb. 17.5). Dabei zeigte es sich, daß 3 der Gene auch ohne Belichtung mRNA bildeten. Die beiden anderen sprangen jedoch erst nach Belichtung an. An dieser Lichtinduktion sind in erster Linie Phytochrome beteiligt.

Damit stellt sich sofort die Frage nach der Signaltransduktion. Eine Analogie zu den Hormonen ergibt sich insofern, als die Phytochrome ebenso wie Signalrezeptoren für

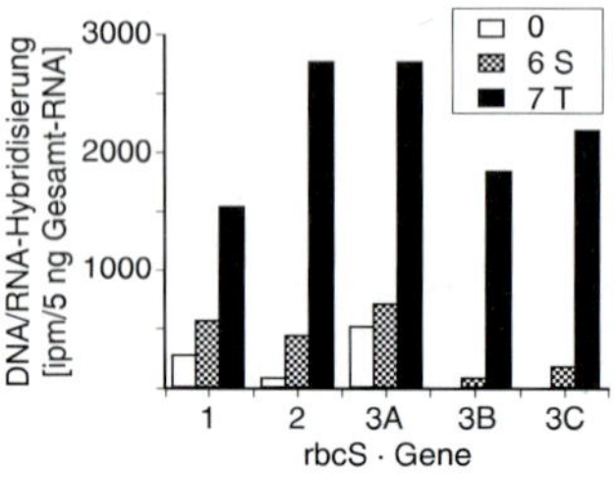

Abb. 17.5.
Lichtinduktion der rbcS-Gene der Tomate. Keimlinge wurden unterschiedlich belichtet. Danach wurde aus ihnen jeweils die Gesamt-RNA isoliert: O = RNA aus sieben Tage lang im Dunkeln aufgewachsenen Keimlingen; 6S = RNA aus sieben Tage lang im Dunkeln aufgewachsenen und danach 6 Stunden lang belichteten Keimlingen; 7T = RNA aus sieben Tage lang im Licht aufgewachsenen Keimlingen. In der Gesamt-RNA befanden sich jeweils auch die mRNAs der fünf rbcS-Gene. Über eine spezielle Hybridisierungstechnik (dot- oder slot-Hybridisierung) mit radioaktiv markierten DNA-Sonden der fünf rbcS-Gene wurde der Gehalt an jeder einzelnen der fünf rbcS-mRNAs bestimmt: ipm (= radioaktive Impulse pro Minute)/5 ng der zur Hybridisierung eingesetzten Gesamt-RNA.
Drei der rbcS-Gene (1, 2, 3A) hatten schon im Dunklen (O) etwas mRNA gebildet. Ihre Aktivität wird durch Belichtung stark gesteigert. Die beiden anderen rbcS-Gene (3B, 3C) mußten durch Belichtung (6 bzw. 7T) induziert werden (verändert nach Wanner and Gruissem aus Fosket 1994).

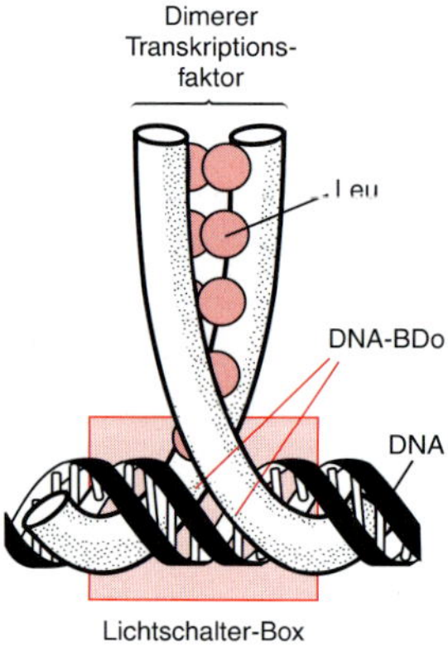

Abb. 17.6.
Schema eines Leucin-Reißverschlusses in einem dimeren Transkriptionsfaktor. Anstatt wie im Bild an eine Lichtschalter-Box, können solche Transkriptionsfaktoren mit Leucin-Zipper auch an andere Regulations-Boxen binden. Hitzeschockfaktoren (Seite 399) z.B. weisen ebenfalls oft Leucin-Zipper auf und binden an Hitzeschock-Elemente in der DNA. Leu = Leucin; DNA-BDo = DNA-Bindungsdomäne (verändert nach Stryer 1996).

Hormone im Plasmalemma liegen können. Was das andere Ende der Kette, die Gene anbelangt, weiß man von verschiedenen Pflanzenarten, daß es in der Promotor-Region von *rbcS*-Genen und anderen lichtregulierten Genen stromaufwärts der TATA- und CAAT-Boxen AT-reiche Lichtschalter-Sequenzen gibt. An ihnen setzen Proteinfaktoren an, die die Transkription regulieren. Bei diesen Transkriptionsfaktoren handelt es sich vielfach um Dimere, die über Leucin-Reißverschlüsse zusammengehalten werden.

Leucin-Reißverschluß (Leucin-Zipper): Wir sind bei der Besprechung der Transkription nicht genauer auf Transkriptionsfaktoren eingegangen. Holen wir das bei dieser Gelegenheit exemplarisch nach. Eine Reihe von Transkriptionsfaktoren besteht aus Protein-Dimeren, die besonders dicht und fest an DNA binden. Dabei können die beiden miteinander verbundenen Proteine gleich (Homodimere) oder voneinander verschieden (Heterodimere) sein.

Jedes der beiden Proteine enthält eine DNA-Bindungs-Domäne aus basischen Aminosäuren, die sich leicht an DNA fixieren (Abb. 17.6). Im Anschluß an sie weist die Polypeptidkette vier bis fünf Leucineinheiten auf. Dabei folgt an siebter Stelle nach einem gegebenen Leucin wieder ein Leucin. Diese Abfolge führt dazu, daß die Leucinreste auf der gleichen Seite der Helix als hydrophober Streifen übereinander stehen. Dieser Streifen schließt sich mit der hydrophoben Leucin-haltigen Kette eines zweiten Proteins zum »Leucin-Reißverschluß« zusammen. Leucin-Zipper finden sich nicht nur bei lichtregulierten Genen von Pflanzen. Sie sind eine bei Eukaryonten generell wichtige Gruppe von Transkriptionsfaktoren.

Zwischen den Rezeptor-Phytochromen einerseits und den Transkriptionsfaktoren bzw. der Zielstruktur DNA andererseits klafft noch eine Lücke, was sichere Kenntnisse anbelangt. Jedoch liegen erste Befunde auch für diesen Abschnitt der Signaltransduktionskette vor. Ein Beispiel: Bei der *aurea*-Mutante der Tomate ist die Bildung von PhyA weitgehend unterbunden. Besonders etiolierte Keimlinge enthalten kaum noch PhyA. Durch Injektion von PhyA und einer Reihe weiterer Faktoren in etiolierte Keimlinge ließen sich bestimmte mutationsbedingte Defekte ausgleichen. In Interpretation dieser Versuche wurden Signaltransduktions-Ketten postuliert. In einer von ihnen tritt auch cGMP auf (Abb. 17.7).

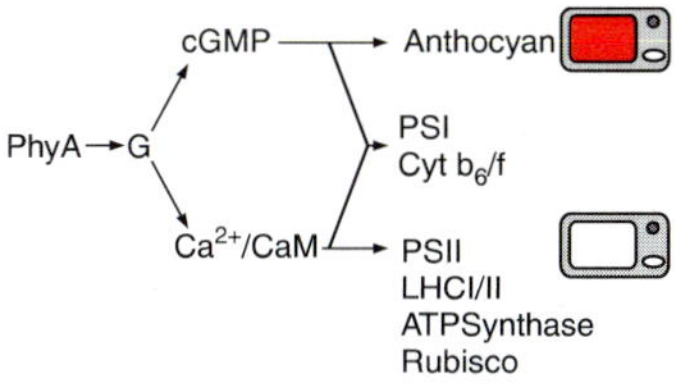

Abb. 17.7.
Von Phytochrom A eingeleitete Signaltransduktions-Ketten, wie sie nach Restitutionsversuchen an Arabidopsis-Mutanten postuliert wurden. PhyA = Phytochrom A; G = G-Protein; CaM = Calmodulin; PS = Photosystem; LHC = Light harvesting complex (nach WEILER *1997).*

Wie bei allen solchen Restitutionsversuchen bleibt jedoch die Frage, ob die als wirksam befundenen Substanzen wirklich Faktoren der *natürlichen* Signaltransduktion sind oder diese lediglich ersetzen. Bis zu einer definitiven Klärung kann man es nur als hochwahrscheinlich bezeichnen, daß die in Abb. 17.7 angegebenen Signaltransduktionen auch im Normalgeschehen eine Rolle spielen.

17.2 Temperatur als Streßfaktor

Daß die Temperatur jeden Prozeß beeinflussen kann, liegt auf der Hand. In diesem Kapitel wollten wir jedoch auf solche Vorgänge eingehen, für die besonders viele »molekulare« Daten vorliegen. Dann kommt man um das Geschehen nach einem »Hitzeschock« nicht vorbei.

Hitzeschockproteine

Jeder Organismus weist eine seiner Umgebung entsprechende Basis-Thermotoleranz auf. Unter Hitzeschock (HS) versteht man nun einen plötzlichen Temperaturanstieg über die Durchschnittstemperatur hinaus, unter der der betreffende Organismus lebt. Seine Höhe kann rund 5 bis 15 °C betragen. Zu den Reaktionen auf einen solchen HS gehört, daß die Transkription vieler Gene eingestellt und diejenige anderer Gene stimuliert wird. Vor allem aber werden auch neue Gene aktiviert, die für Hitzeschockproteine (HSP) codieren

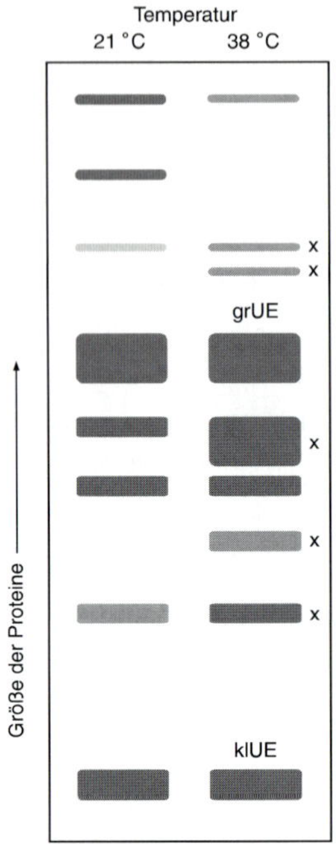

Abb. 17.8.
Hitzeschockproteine aus Blättern der Gerste (Hordeum vulgare). Nach einer Temperaturerhöhung von 21 auf 38 °C wurde das Gesamtprotein extrahiert und über Gelelektrophores aufgetrennt. Manche Proteine wie die große (grUE) und die kleine (klUE) Untereinheit der Rubisco werden unverändert weiter produziert. Die Kreuze verweisen auf andere Proteine, die entweder verstärkt gebildet werden oder neu auftreten (aus GALSTON 1994).

(Abb. 17.8). HSP finden sich bei Bakterien und Pflanzen ebenso wie bei Tieren einschließlich des Menschen.

Auffällig ist, daß die Hitzeschock-Gene (*HS*-Gene) sehr rasch anspringen. Nur wenige Minuten nach dem Schock kann HSP-mRNA und nach weiteren 10 bis 15 min können HSP nachweisbar sein. Die HSP werden nach ihrem Molekulargewicht in kDA eingeteilt und benannt. Hochmolekular sind die wichtigen HSP70-, HSP60- und HSP-40-Familien. Sie sind in allen Organismen hochkonserviert.

Hitzeschockproteine, Chaperone und erhöhte Thermotoleranz

Erinnern wir uns an die früher besprochenen Organisationsformen der Polypeptide bzw. Proteine (Seite 51). Wie dort erwähnt, können die Tertiär- und die Quartär-Struktur oft nur dann eingenommen werden, wenn Hilfsproteine vorhanden sind. Sie werden als Chaperone bezeichnet.

Chaperone binden nicht-kovalent an Polypeptidketten und verhindern, daß Seitenketten oder – bei der Bildung der Quartärstruktur – verschiedene Polypeptidketten irreguläre Bindungen eingehen, die abwegige Raumstrukturen zur Folge haben könnten. Wenn sich die Tertiär- und gegebenenfalls auch die Quartär-Struktur gebildet haben, lösen sie sich wieder von den betreffenden Polypeptiden. Die Chaperone weisen ATPase-Aktivität auf. Über Spaltung von ATP wird die Energie für ihre Funktionen bereitgestellt.

Chaperone sind auch ohne Hitzeschock in den Zellen präsent. Das ist von ihrer Funktion her zu erwarten. Doch nach einem Hitzeschock werden viele Chaperone verstärkt oder auch neu gebildet. Chaperone sind also oft HSP – und wurden vielfach auch als solche entdeckt. Deshalb werden sie unter die HSP eingegliedert und entsprechend benannt. HSP70 z. B. ist ein Chaperon. HSP-Chaperone sorgen dafür, daß die von ihnen beeinflußten Konformationsänderungen so verlaufen, daß hitzestabilere Proteine gebildet werden. Damit wird die *Thermotoleranz erhöht* und der Hitzeschock eher überstanden.

Auch wenn der Hitzeschock nur leichter war, werden vermehrt HSP gebildet, und zwar für längere Zeit. Setzt man dann einen an sich tödlichen Hitzeschock, kann die Pflanze ihn überstehen. Man spricht hier von einer *erworbenen Thermotoleranz*.

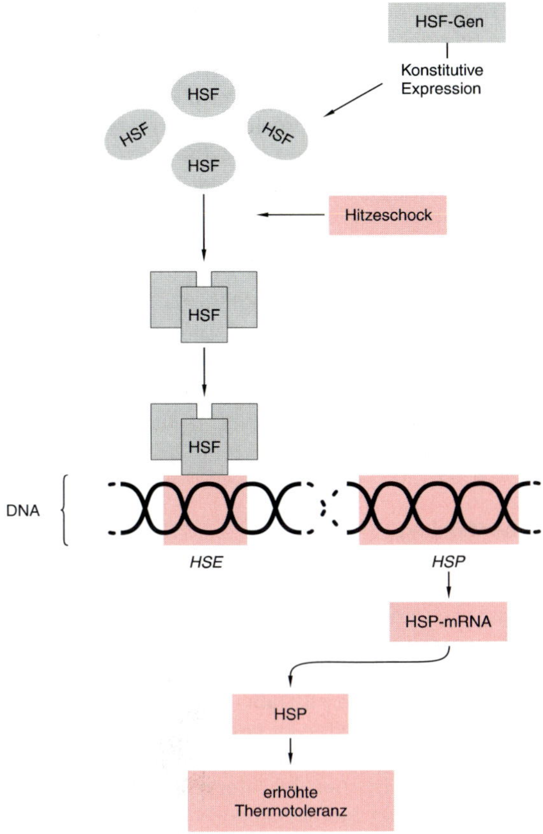

Abb. 17.9.
Molekulare Reaktionen auf einen Hitzeschock bei Arabidopsis: Konstitutiv exprimierte Gene liefern Hitzteschutzfaktoren (HSF) an. Nach einem Hitzeschock lagern diese sich zu einem aktiven Trimer zusammen, das an das Hitzeschock-Element (HSE) in der Promotor-Region eines Gens für Hitzeschockprotein bindet. Die codierende Region des Gens (HSP) wird nun exprimiert; über entsprechende mRNA kommt es zur Bildung von Hitzeschockprotein (HSP) und infolgedesssen zu einer erhöhten Thermotoleranz (verändert nach SCHÖFFL *et al. 1996).*

Hitzeschockproteine und Steuerung der Genaktivität

Im Gegensatz zur Situation bei Hormonen und Lichtsignalen kann eine Temperaturänderung an jeder Stelle der Zelle ansetzen. Spezielle Rezeptoren sind nicht erforderlich. Was die Bildung von HSP anbelangt, so wird sie auf der Ebene der Transkription reguliert.

Die zentrale Rolle dabei spielen Transkriptionsfaktoren, in diesem Fall sog. Hitzeschock-Faktoren (HSF). Bei *Arabidopsis* werden über konstitutive Expression des betreffenden HSF-Gens zunächst inaktive monomere HSF-Polypeptide gebildet (Abb. 17.9). Die *HSF*-Gene und dementsprechend die von ihnen codierten HSF weisen hochkonservierte DNA-Bindungs-Domänen und außerdem Domänen für die Zusammenlagerung von monomeren HSF auf. Doch erst nach einem Hitzeschock vereinigen sich die monomeren HSF zu aktiven Trimeren. Nur diese aktiven Trimere können an *HSP*-DNA binden, und zwar an eine ganz bestimmte, ebenfalls hochkonservierte Sequenz der Promotor-Region, das Hitzeschock-Element (*HSE*). Die Folge ist die Aktivierung der *HSP*-Gene und die Ausbildung von HSP.

Soweit das Geschehen im molekularen Bereich nach einem Hitzeschock. Ähnlich wie *Arabidopsis* reagieren auch andere Pflanzenarten. Ausschlaggebend ist die Zusammenlagerung und dabei Aktivierung der monomeren HSF. Unter praktischen Aspekten wäre es vielfach wünschenswert, die Basis-Thermotoleranz zu erhöhen. Die Gentechnik könnte hier weiterhelfen. Bei *Arabidopsis* ist es schon geglückt, nach entsprechenden Genübertragungen veränderte HSF zu erhalten, die auch ohne Hitzeschock trimerisierten und für eine erhöhte Basis-Thermotoleranz sorgten.

Zusammenfassung
Exemplarisch und unter überwiegend molekularen Gesichtspunkten wird die Wirkungsweise des Lichtes im normalen Entwicklungsgang und die der Temperatur als Streßfaktor (Hitzeschock) besprochen.

Mit die wichtigsten photomorphogenetischen Pigmentsysteme sind die *Phytochrome*. Dabei handelt es sich um Dimere, deren beide Untereinheiten in der Regel gleich gebaut sind: sie bestehen aus einem offenen Tetrapyrrol, das an ein Apoprotein gebunden ist. Bei Belichtung mit Hellrot gehen sie über Änderung einer Stereoisomerie in der Farbstoffkomponente und nachfolgende Konformationsänderung des Apoproteins in die aktive Form P_{fr} über. Sie beeinflußt Photomorphogenesen, teils positiv wie die Keimung bei Lichtkeimern, teils negativ wie die Blühinduktion bei Kurztagpflanzen.

Je nach dem Apoprotein unterscheidet man mehrere Phytochrome. Am besten bekannt sind PhyA und PhyB. PhyB ist das »klassische« Phytochrom, das als *reversibles Hellrot-Dunkelrot-Pigmentsystem* fungiert. Denn bei Belichtung mit Dunkelrot pendelt es von P_{fr} zu inaktivem P_r zurück. PhyB ist stabil. PhyA läßt sich nicht nur durch Hellrot, sondern auch durch Bestrahlung mit Licht anderer Wellenlänge in P_{fr} überführen und geht sehr langsam, wenn überhaupt, in die P_r-form zurück. PhyA ist instabil. Es unterliegt einem raschen »turn over«.

Die Phytochrome wirken vielfach über die Steuerung der *Genaktivität*. Der Lichtreiz wird von membrangebundenen

Phytochrom-Rezeptoren aufgenommen. Die weitere Signaltransduktion ist noch in der Diskussion. Sicher ist, daß Transkriptionsfaktoren, die oft Leucin-Reißverschlüsse aufweisen, an Regulationselemente in der Promotor-Region der lichtregulierten Gene ansetzen und so deren Aktivität beeinflussen.

Bei einem Hitzeschock kommt es ebenfalls zur *Beeinflussung von Genaktivitäten*; Teils werden Gene reprimiert, teils werden sie aktiviert und bilden innerhalb sehr kurzer Zeit *HSP* aus. Zu den HSP gehören auch viele *Chaperone*. Dabei handelt es sich um Helferproteine, die sich vorübergehend an ungefaltete Polypeptidketten anlagern und deren Übergang in die tertiäre und sekundäre Zustandsform steuern. Danach trennen sie sich wieder vom nun fertiggestellten Protein. Nach einem Hitzeschock werden Chaperone gebildet, die über entsprechende Beeinflussung der Konformationsänderungen hitzestabilere Proteine entstehen lassen.

Auch der Hitzeschock führt also zu Beeinflussungen der Genaktivität. Die Regulation findet auf dem Niveau der Transkription statt. Dabei spielen Transkriptionsfaktoren die ausschlaggebende Rolle Sie schließen sich nach einem Hitzeschock zu wenigzahligen Komplexen zusammen. Diese Oligomere sind aktiv, binden an Regulations-Elemente in der Promotor-Region, die Hitzeschock-Elemente, und steuern so die Genaktivität.

18 Regulation durch Außenfaktoren: Biotische Außenfaktoren

Ein Rindvieh, das genüßlich Gräser verspeist, ist bereits ein biotischer Außenfaktor, der negativen Einfluß auf die Entwicklung der Pflanze nimmt. Auf solche Fraßfeinde der Pflanzen, vor allem auch auf Insekten, werden wir später eingehen. In diesem Kapitel werden wir einige Beziehungen höherer Pflanzen zu Bakterien und Pilzen besprechen. Wieder sollen, soweit vorhanden, »molekulare« Daten besonders berücksichtigt werden.

18.1 Wirt-Pathogen-Beziehungen

Beginnen wir mit einem Kapitel aus der Phytopathologie: die höhere Pflanze als Wirt, der von Bakterien und Pilzen als Pathogenen befallen wird. Die Pflanze verfügt über ein breites Arsenal von Abwehrmechanismen gegen solche Attacken. Dazu gehören einmal strukturelle Verteidigungsmaßnahmen, worunter die Beschaffenheit der Oberflächen einschließlich der Spaltöffnungen verstanden wird. Wachsüberzüge können das Eindringen von Pathogenen ebenso hemmen wie eine geringe Anzahl von Stomata, deren Spaltöffnungen zudem möglichst eng sind.

Ist ein Bakterium oder ein Pilz dennoch eingedrungen, kann ihm durch die verschiedensten Hemmstoffe Widerstand entgegengesetzt werden. Dabei unterscheidet man zwischen prä- und postinfektionellen Abwehrstoffen. *Präinfektionelle Schutzstoffe* sind schon vor der Infektion in den Pflanzen vorhanden. Ihre Synthese kann aber nach erfolgtem Pathogenbefall gesteigert werden. Die Bildung *postinfektioneller Abwehrstoffe* wird erst über die Infektion induziert. In unserem Zusammenhang werden sie damit besonders interessant. Denn wieder wirkt ein Signal auf die Pflanzenzellen ein und wieder stellt sich die Frage nach der Art der Signaltransduktion.

18.1.1 Präinfektionelle Abwehrstoffe

Zahlreiche Terpenoide und Phenole sind präinfektionelle Abwehrstoffe oder werden wenigstens als solche diskutiert. Einige wenige Beispiele müssen hier genügen. Dabei wird jeweils auf die schon erfolgte allgemeine Besprechung der einzelnen Stoffgruppen verwiesen.

Saponine (Seite 227)

Bei den Saponinen handelt es sich um die wichtigsten Abwehrstoffe der Pflanze gegen Pilzbefall. Die intakten Saponine liegen als Glykoside vor und können deshalb in der Vakuole gespeichert werden. Bei manchen Saponinen ist die intrazelluläre Lokalisation allerdings noch umstritten. In allen Fällen kommen sie mit den infizierenden Pilzen erst nach einer Schädigung in Kontakt, die zu einem Zusammenbruch der jeweiligen Kompartimentierung geführt hatte. Erst dann kann sich die fungizide Wirkung entfalten. Sie geht darauf zurück, daß die Saponine Komplexe mit Sterinen in den Membranen der Pilze bilden. Weite Poren öffnen sich in den Membranen, Schädigungen, die zum Absterben der Pilzhyphen führen.

Eine Reihe von Pilzen ist resistent gegen Saponine. Das kann an der Art der Sterine in den Pilzmembranen liegen. So scheint die Komplexbildung mit Saponinen von einer freien Hydroxylgruppe in der 3-Stellung der Membransterine (vgl. Abb. 6.5) abzuhängen. Wichtiger ist aber ein anderer Mechanismus: resistente Pilze verfügen über Glykosidasen, die die Zucker an den Saponinen ganz oder teilweise abspalten. Die Restsubstanzen sind inaktiv.

Was die Interaktionen zwischen Saponinen der Pflanze und phytopathogenen Pilzen anbelangt, sind Hafer (*Avena sativa*) und Tomate (*Lycopersicon lycopersicon*) am besten untersucht. Gehen wir auf beide ein.

Avenacin im Hafer

Im Hafer finden sich einige Saponine, von denen Avenacin A-1 (Abb. 18.1) das wichtigste ist. Es handelt sich um ein Triterpensaponin, das im 3-Hydroxyl drei Zucker in einer verzweigten Einheit trägt. Die Substanz findet sich besonders in Wurzeln des Hafers, über die auch der Schadpilz *Gaeumannomyces graminis* eindringt. Gegen *G. graminis* var. *tritici*, eine Varietät, die Hafer ebenso wie Weizen befällt, ist der Hafer über seine Saponine weitgehend geschützt. Die Hafervarietät des Pilzes dagegen, *G. graminis* var. *avenae*, inaktiviert Saponine. Dabei werden durch eine Glykosidase des Pilzes, die Avenacinase, von Avenacin A-1 die beiden Glucose-Einheiten abgespalten. Der Restkörper wirkt kaum noch fungizid. Der Weizenvarietät des Pilzes fehlt die Avenacinase.

Abb. 18.1. Einige präinfektionelle Abwehrstoffe.

Avenacin A-1

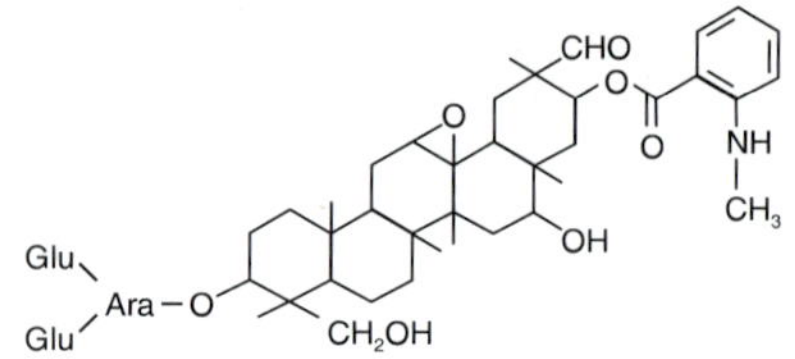

α-Tomatin

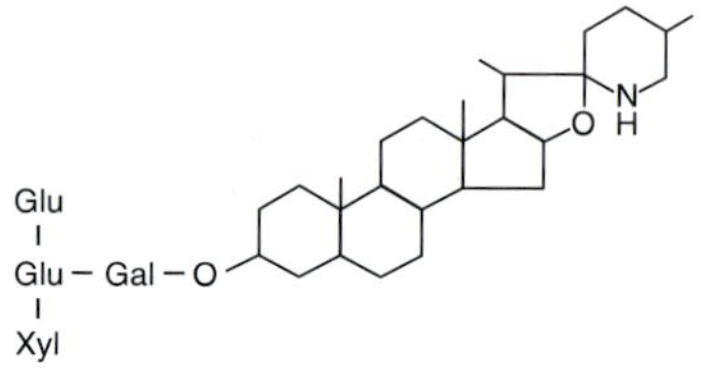

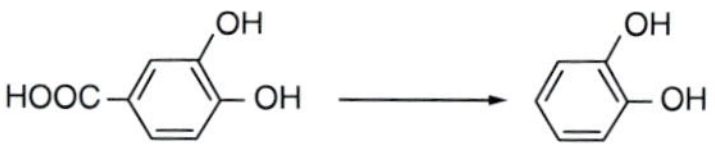

Protocatechusäure Catechol

Tomatin in der Tomate

In der Tomate findet sich als Steroidalkaloid das α-Tomatin, das ebenfalls zu den Saponinen gezählt wird. Im Hydroxyl in C-Atom 3 findet sich bei ihm ein Tetrasaccharid (Abb. 18.1).

Der Blattfleckenerreger *Alternaria solani* kann den Schutzstoff Tomatin entgiften. Wie viele Pilze schädigt er das Pflanzengewebe durch Ausscheiden eines Toxins, hier der Alternarinsäure. Unter ihrer Einwirkung werden die pflanzlichen Membranen leck; Tomatin wird freigesetzt. Andere Pilze als *A. solani* werden durch Tomatin unschädlich gemacht. Nicht so *A. solani*: Der Pilz spaltet mit Hilfe einer von ihm gebildeten Tomatinase vom Tomatin den gesamten Zuckerkomplex hydrolytisch ab und inaktiviert so das Steroidalkaloid.

Phenole (Seite 242)

Für Vertreter aus beinahe allen Gruppen der Phenolderivate wird angenommen, sie könnten antimikrobielle Toxine sein. Im einzelnen steht der exakte Nachweis aber vielfach noch aus.

Protocatechusäure und Catechol in Zwiebelschalen

Ein bekanntes Beispiel für präinfektionelle Abwehrstoffe sind Protocatechusäure und Catechol (Brenzkatechin) in den abgestorbenen äußeren Schuppen der Zwiebel (*Allium cepa*). Das o-Hydrochinon Catechol wird aus der Phenolcarbonsäure Protokatechusäure ebenso gebildet wie ρ-Hydrochinon aus ρ-Hydroxybenzoesäure (Abb. 7.14 und 18.1).

Beide Stoffe schützen offensichtlich resistente Zwiebelrassen gegen den Pilz *Colletrichum circinans*, den Erreger der Zwiebelfäule. Von Extrakten aus den äußeren Schuppen resistenter Zwiebeln mit einem hohen Gehalt an den beiden Toxinen wurde die Keimung der Pilzsporen fast völlig unterbunden. Bei Extrakten aus nicht-resistenten Zwiebeln wurde die Keimung kaum beeinträchtigt.

Chlorogensäure und Scopolin gegen die Kraut- und Knollenfäule der Kartoffeln?

Bei Chlorogensäure handelt es sich um ein Depsid aus Kaffeesäure und Chinasäure (Abb. 7.6), bei Scopolin um ein Glukosid des Cumarin Scopoletin (Abb. 7.9). Beide werden als Abwehrstoffe gegen *Phytophthora infestans*, den Erreger der Kraut- und Knollenfäule der Kartoffel (*Solanum tuberosum*) diskutiert. Denn um mit dem Pilz infiziertes und absterbendes Gewebe der Knolle herum bildet sich eine an ihrer stark blauen Fluorescenz leicht erkennbare Zone, die wesentlich mehr Chlorogensäure und vor allem mehr Scopolin enthält, als das bei nicht infiziertem Gewebe der Fall ist. Ebenso wie Chlorogensäure wirkt auch Scopolin zumindest im Reagenzglas fungitoxisch.

Hier liegt ein Übergang zu den postinfektionellen Abwehrstoffen vor. Denn beide Stoffe sind in den Knollen zwar schon vorweg vorhanden, aber nach einer Infektion wird ihre Akkumulation wesentlich verstärkt.

18.1.2 Postinfektionelle Abwehrstoffe

Die Hypersensitivitäts-Reaktion

Nach Infektionen zeigen inkompatible Pflanzen eine *Hypersensitivitäts-Reaktion*. Zählen wir das Wichtigste von dem auf, was unter diesen Begriff fällt, und geben wir einige Erklärungen anschließend:

Um die eingedrungenen Pilzhyphen oder andere Pathogene herum sterben die Zellen ab, das Gewebe nekrotisiert lokal. Als passive Abwehrmaßnahme werden die Zellwände verändert und verstärkt: *Lignine*, *Tannine* (Gerbstoffe), *Kallose*, *Suberin* und *hydroxyprolinreiche Zellwandproteine* werden in den Wänden der Zellen um die Infektionszone herum vermehrt gebildet Diese mechanische Barriere wird durch abgestorbene Zellen noch verstärkt. Aktive Abwehr wird über *PR-Proteine* betrieben, aber auch über niedermolekulare Stoffe, die *Phytoalexine*. Auch die Bildung von Proteinase-Inhibitoren wird induziert. Sie hemmen zwar bevorzugt Proteinasen im Darmtrakt von Insekten, sind aber offensichtlich auch bei Mikroorganismen wirksam. Folge all dieser postinfektionellen passiven und aktiven Schutzmaßnahmen ist, daß die Pilzhyphen oder andere Pathogene am weiteren Eindringen gehindert werden, ja sogar absterben können. Die Pflanze hat jedenfalls alle Chancen, die Infektion zu überstehen.

Die Hypersensitivitäts-Reaktion beinhaltet also ein komplexes postinfektionelles Abwehrsyndrom. Daß es erst nach einer Infektion ausgebildet wird, ist für die Zellwandbestandteile im Syndrom selbstverständlich, denn die Verbindungen zwischen den Zellen würden sonst erschwert oder gar unterbunden. Aber auch die erst postinfektionelle Bildung der PR-Proteine, der Proteinase-Inhibitoren und der Phytoalexine erscheint ökonomisch: der Aufwand zu ihrer Synthese wird erst erbracht, wenn es unumgänglich notwendig wird.

Man könnte nun fragen: Warum denn überhaupt präinfektionelle Abwehrstoffe? Denken wir an Keimlinge oder andere Pflanzen von nur geringen Dimensionen. Werden sie von einem Pilz befallen – für Fraßfeinde gilt entsprechendes – wäre das nur kleine pflanzliche System unrettbar infiziert (oder gefressen), bevor postinfektionelle Schutzmaßnahmen angelaufen und zum Zuge gekommen wären. In einer derartigen Situation ist es vorteilhafter, über einen präinfektionellen Schutz zu verfügen. In der Tat gibt es einige Fälle, in denen Phytoalexine in Keimlingen konstitutiv gebildet werden, in den adulten Pflanzen dagegen postinfektionell.

Für einen Zeitraum von einigen Tagen bleibt die Pflanze nach einer Erstinfektion gegen eine Zweitinfektion besser geschützt als sie es gegen die Erstinfektion war. Man spricht dann von einer *induzierten* oder *erworbenen Resistenz*. Sie findet sich auch, wenn die Zweitinfektion durch ein ganz anderes Pathogen erfolgt als die Erstinfektion. Da sich die Abwehrmechanismen beim Befall durch verschiedene Pathogene gleichen, läßt sich das verstehen. Dabei können sich Resistenzerscheinungen, die sich zunächst auf den primären Infektionsort beschränkten, auf andere Teile des pflanzlichen Systems ausweiten. In solchen Fällen spricht man von einer *induzierten* oder *erworbenen systemischen Resistenz*. Für andere Streßfaktoren als Pathogene gilt Entsprechendes. Wir hatten bereits eine erworbene systemische Reaktion auf Verwundungen kennengelernt, wie sie auch bei Insektenfraß eintritt (Abb. 13.1).

Nun noch ergänzende Hinweise zu einigen Komponenten des Syndroms:

PR-Proteine

Ihren Namen tragen sie daher, daß sie im Zusammenhang mit einem Befall durch Viren, Bakterien oder Pilze ausgebildet werden (*PR* = *P*athogenesis *R*elated). Vielfach ist es noch unklar, ob und welche Funktionen sie bei der Pathogenabwehr spielen könnten. Bekannte PR mit ebenfalls bekannten Funktionen sind *Chitinasen* und β-*1,3-Glucanasen*. Beide werden deswegen zum Abwehrsyndrom gerechnet, weil sie die Zellwand von Pilzen degradieren.

Chitin kommt in höheren Pflanzen überhaupt nicht vor. Dadurch wird die Auffassung gestützt, die Funktion der Chitinasen in höheren Pflanzen liege bei der Abwehr phytopathogener Pilze. β-1,3-Glucane, Substrate der β-1,3-Glucanasen, kommen in den Zellwänden von Pilzen und höheren Pflanzen vor.

Auch Schlüsselenzyme der Lignifizierung wie PAL, TAL oder CAD (Seite 254) wurden schon zu den PR gezählt. Doch so augenscheinlich die Lignifizierung bei der Hypersensitivitäts-Reaktion auch sein mag: die Beweisführung für einen kausalen Zusammenhang zwischen Lignifizierung und Resistenz weist noch Lücken auf.

Phytoalexine

Über die Definition der Phytoalexine (→) werden die Lignine, Tannine, PR- und Zellwandproteine ausgeschlossen. Denn sie sind nicht niedermolekular.

Phytoalexine sind als antibiotisch wirksame, niedermolekulare Substanzen definiert, die von Pflanzen postinfektionell ausgebildet werden und sich in bestimmten Zellen anreichern.

Die Phytoalexine gehören ganz verschiedenen Stoffgruppen an. Die eine Pflanzenfamilie bedient sich mehr dieser, die andere mehr jener Stoffgruppe, ohne daß eine bis ins letzte verläßliche Regel aufgestellt werden könnte. Dabei können in einer gegebenen Art mehrere verschiedene Vertreter der betreffenden Phytoalexingruppe gebildet werden. Viele Phytoalexine sind Phenolderivate, andere Terpenoide oder Polyacetylene (Polyine; von der Ölsäure abgeleitete Ketten mit Dreifachbindungen, die auch zyklisieren können). Einige Beispiele (Abb. 18.2): Die Schmetterlingsblütler

Abb. 18.2.
Beispiele für Phytoalexine.

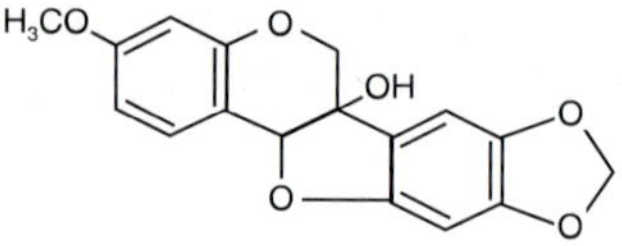

Pisatin *(Pisum sativum)*
Isoflavon-Derivat

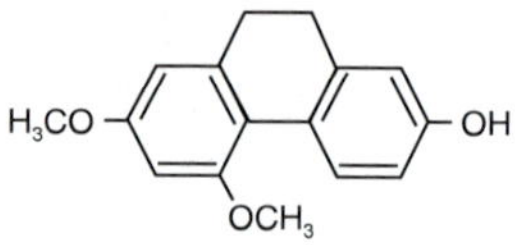

Orchinol *(Orchis militaris)*
Phenol-Derivat

$$H_3C-[CH_2]_6-CH=CH-CH_2-C\equiv C-C\equiv C-\underset{|}{\overset{CH_3}{C}}H-CH=CH_2$$

Falcariniol *(Lycopersicon esculentum)*
Polyacetylen

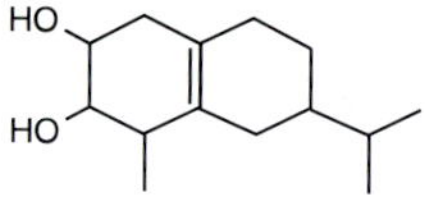

Rishitin *(Solanum tuberosum)*
Sesquiterpen

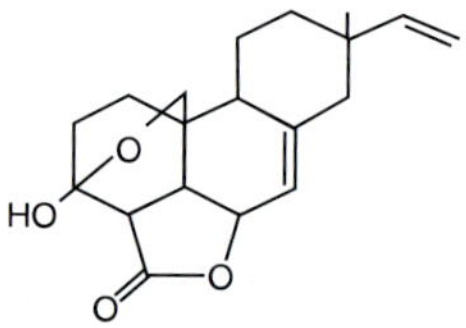

Momilacton *(Oryza sativa)*
Diterpen

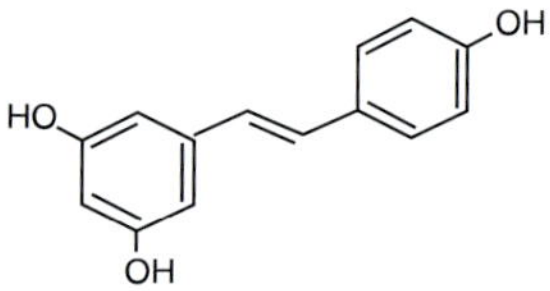

Resveratrol *(Vitis vinifera)*
Phenylpropan-Derivat

(*Fabaceae*) bilden bevorzugt Isoflavonderivate, die Nachtschattengewächse (*Solanaceae*) Phenylpropane, Polyacetylene und besonders Sesquiterpene, Korbblütler (*Asteraceae*) Polyacetylene, Orchideen (*Orchis militaris*) Orchinol, der Reis (*Oryza sativa*) das Diterpen Momilacton B, die Weinrebe (*Vitis vinifera*) ebenso wie die Erdnuß (*Arachis hypogaea)* das Stilben Resveratrol, ein Phenylpropanderivat.

Phytoalexine sind vor allem gegen Pilze, weniger gegen Bakterien wirksam. Von vielen Pflanzenarten kennt man Rassen, die über ihre Phytoalexine mehr oder weniger resistent gegenüber Schadpilzen sind. Dabei kommt es nicht nur darauf an, daß überhaupt Phytoalexine gebildet werden

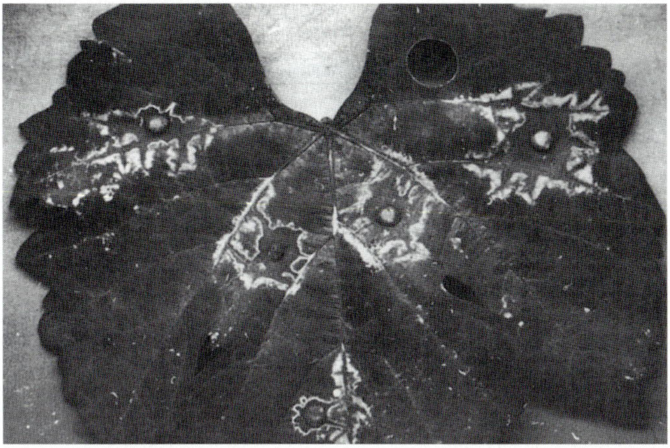

Abb. 18.3.
Induktion von Resveratrol in einem Blatt der Rebe (Vitis vinifera) nach Infektion mit Botrytis cinerea-Myzel (runde Flecke). Um die Infektionsstellen herum bildet sich Resveratrol, das im UV-Licht sichtbar gemacht werden kann (gezackte helle Areale; R. Blaich).

können. Das ist auch bei pilz-kompatiblen Formen möglich. Entscheidend ist, daß Phytoalexine in entsprechenden Konzentrationen, möglichst rasch und in den richtigen Gewebeteilen akkumulieren (Abb. 18.3).

18.1.3 Molekulare Mechanismen induzierter Abwehrreaktionen

Die Bildung der eben erwähnten Phytoalexine kann durch mechanische Beschädigung, Bestrahlung oder Behandlung mit den verschiedensten Chemikalien experimentell induziert werden. Dabei handelt es sich vielfach nicht um Induktionen, die man auch unter natürlichen Verhältnissen erwarten kann. Ähnlich steht es mit der Ausbildung von Strukturkomponenten wie Lignin und mit den PR-Proteinen. Damit stellt sich die Frage nach dem Induktionsgeschehen unter natürlichen Voraussetzungen. Dazu liegen zahlreiche Befunde auch aus dem molekularen Bereich vor.

Interaktionen zwischen Pathogen und Pflanzenzelle

Ist ein Pathogen, z.B. eine Pilzhyphe, in eine Wirtspflanze eingedrungen, beeinflußt es deren Zellen über die Ausscheidung von u.a. Toxinen, bestimmten Enzymen und Elicitoren – ein Begriff, auf den wir gleich eingehen werden. Die Pflanzenzellen ihrerseits reagieren auf diese Faktoren. Sind sie inkompatibel, kommt es dabei zu Abwehrreaktionen derart, daß der Pilz in seinem weiteren Vordringen gehindert wird (Abb. 18.4).

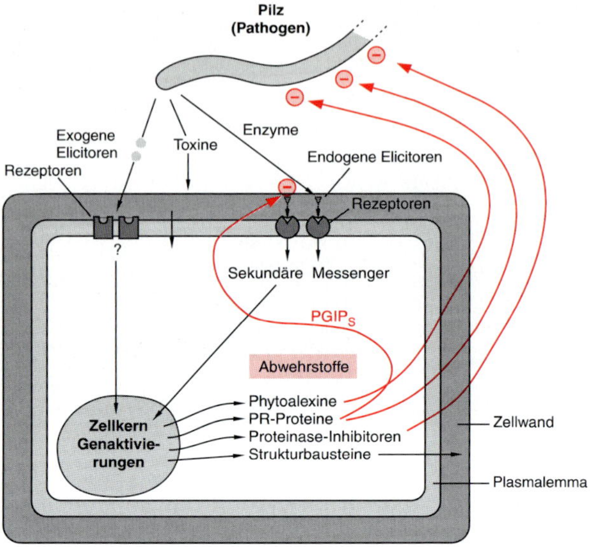

Abb. 18.4. *Modell der Interaktionen zwischen einem Pathogen, hier einem Pilz, und Wirtszellen bei der Hypersensitivitäts-Reaktion. Der Pilz entsendet Toxine (einschließlich Antibiotika), exogene Elicitoren aus seiner Zellwand und Enzyme wie Polygalacturonasen in die Pflanzenzelle. Die Polygalacturonasen setzen aus Pektinen der pflanzlichen Zellwand Oligogalacturonide als endogene Elicitoren frei. Für beide Typen Elicitoren nimmt man an, daß sie an Rezeptoren im Plasmalemma binden. Die Signaltransduktion ist für endogene Elicitoren besser untersucht. Sie können die Bildung sekundärer Messenger induzieren (vgl. Abb. 18.6). Letztendlich werden von den Elicitoren ausgehend Gene im Zellkern aktiviert, die für die Bildung von Abwehrstoffen codieren. Dazu gehören auch Polygalacturonase-Inhibitor-Proteine (PGIPs), die den völligen Abbau der Oligogalacturonid-Elicitoren durch die pilzlichen Polygalacturonasen verhindern.*

Exogene und endogene Elicitoren

Bei den Elicitoren handelt es sich um Signale, die die Abwehrreaktionen der Pflanze auslösen, »hervorlocken«, wie ihr Name aussagt (engl. elicit; lat. elicere). Exogene Elicitoren werden von außen, vom Pathogen, an die Zelle herangetragen, endogene Elicitoren entstehen in der Pflanzenzelle selbst und kommen dann auch in ihr zur Wirkung. Gemeinsam ist allen Elicitoren, daß sie über Genaktivierungen die Bildung von Abwehrstrukturen und -stoffen auslösen. Besonders gut ist die von Elicitoren induzierte Synthese von Phytoalexinen untersucht.

Exogene Elicitoren (Abb. 18.5)

Der erste in seiner Struktur analysierte exogene Elicitor war ein Hepta-β-glucosid, das aus der Zellwand des Schadpilzes *Phytophthora sojae* stammt. Je nachdem, wo man die beiden Glucose-Seitenketten an die Fünfer-Hauptkette aus Glucose ansetzt, erhält man verschiedene Heptaglucoside. Doch im Experiment wirkte nur die in Abb. 18.5a gezeigte Struktur als Elicitor.

Weitere exogene Elicitoren wie Oligochitosane und Oligochitine (im Gegensatz zu den Oligochitosanen mit einer Acetylgruppe im Baustein Glucosamin) sind ebenfalls Zell-

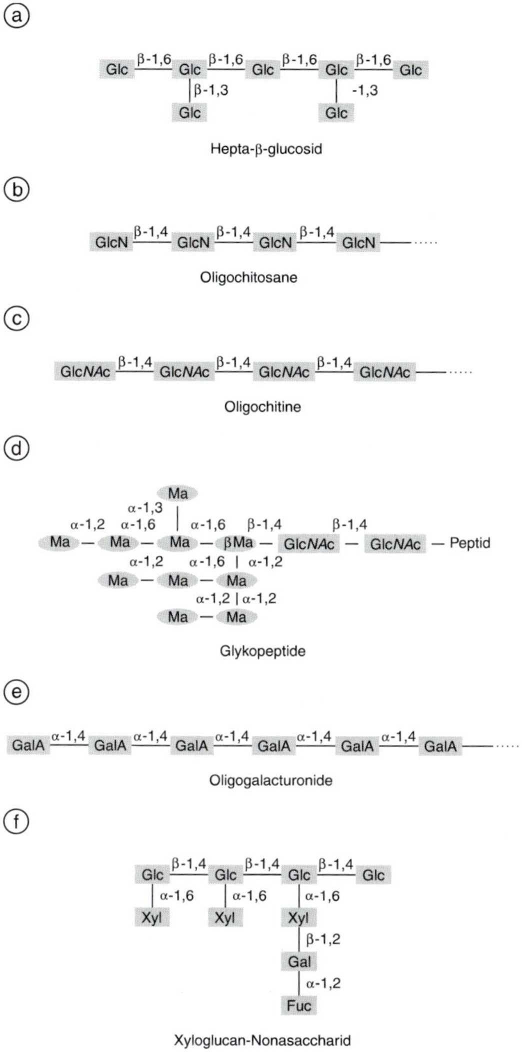

Abb. 18.5.
Einige exogene (a bis d) und endogene Elicitoren (e und f). Glc = Glucose; GlcN = Glucosamin; GlcNAc = N-Acetylglucosamin; Ma = α-Mannose; Ma = β-Mannose; GalA = Galacturon-säure; Xyl = Xylose; Gal = Galactose; Fuc = Fucose (eine Methylpentose) (verändert nach BENHAMOU *1996 und* JOHN *et al. 1997).*

wandbestandteile der Pilze. Das gilt auch für Glykopeptide.

Auch die pflanzeneigenen Gene für die schon erwähnten Chitinasen und β-1,3-Glucanasen werden von Elicitoren aktiviert. Die betreffenden Enzyme wandern hinüber in die Zellwände der Pilze und spalten in ihnen weitere Elicitoren heraus, ein Kaskadeneffekt, über den die Abwehrreaktionen der Pflanzen intensiviert werden.

Endogene Elicitoren (Abb. 18.5)
Unter den Enzymen, die von Schadpilzen ausgeschieden werden, können sich auch Endopolygalakturonasen befinden. Sie gelangen in die Zellwand der Pflanzen und spalten dort innerhalb von Polygalakturonanen, also von Pektinketten. In der Zellwand verschiedener Pflanzenarten werden dabei Oligogalacturonide freigesetzt, die aus 8 bis 15 Einheiten Galacturonsäure bestehen. Sie wirken unter natürlichen Verhältnissen als Elicitoren in der Pflanzenzelle, aus deren Zellwand sie stammen, sind dabei aber nicht artspezifisch, wie entsprechende Experimente zeigten. Die ersten Befunde zu Oligogalacturoniden als endogene Elicitoren wurden an der Sojabohne erbracht.

Fragmente mit weniger als die genannten 8 bis 15 Einheiten weisen eine nur sehr geringe Elicitor-Aktivität auf. Man hat sich nun gefragt, warum die Endopolygalacturonasen nicht weiter spalten, sondern bei den wirksamen, größeren Verbänden haltmachen. Des Rätsels Lösung: unter den PR-Proteinen ließen sich auch *P*oly*g*alacturonase-*I*nhibitor-*P*roteine (*PGIP*s) fassen, die in die pflanzliche Zellwand übergehen. Die PGIPs hemmen den Abbau der Pektinketten. Viele Details sind noch ungeklärt, so vor allem, warum die PGIPs so *gezielt hemmen*, daß weder zu große noch zu kleine Oligogalacturonide entstehen.

Ein anderer endogener Elicitor, ein Oligosaccharid aus neun Zuckereinheiten, stammt aus den Xyloglucanen der pflanzlichen Zellwand. Die Substanz kann Auxinwirkungen hemmen. Im Experiment hat man auch für weitere Oligosaccharide gefunden, daß sie auf Entwicklungsprozesse der Pflanzen einwirken können. Man hat sie deshalb auch schon als eine neue Gruppe von Phytohormonen angesehen. Doch ist umstritten, ob sie ihre Wirkungen auch unter natürlichen Voraussetzungen entfalten können.

Signaltransduktion

Receptoren
Für die Elicitoren, die Signale also, müssen für eine Signaltransduktion zunächst einmal Rezeptoren gegeben sein. In der Tat hat man im Plasmalemma der Sojabohne und anderer Arten Elicitor-bindende Proteine nachweisen können.

Doch fehlt der Beweis dafür, daß es sich bei ihnen um Rezeptoren handelt (vgl. die entsprechende Diskussion der Phytohormon-Rezeptoren auf Seite 373).

Sekundäre Messenger

Im gegebenen Zusammenhang wird vor allem Jasmonsäure, die wir bereits als Phytohormon kennen, auch als sekundärer Messenger diskutiert. Wenn wir jetzt darauf eingehen, müssen wir einiges von dem vorweg nehmen, was eigentlich erst im Zusammenhang mit der Resistenz gegen Insekten zur Besprechung kommen sollte.

Bei Verwundungen, seien sie experimentell herbeigeführt oder durch die Freßtätigkeit eines Insekts verursacht, werden Gene für Proteinase-Inhibitoren induziert. Diese Inhibitoren blockieren proteolytische Enzyme im Verdauungstrakt der Schadinsekten. Die Aktivität der pflanzlichen Proteinasen bleibt unbeeinflußt.

Folgende Signalkette wird nach Befunden an Nachtschattengewächsen (*Solanaceae*), vor allem der Tomate, angenommen (Abb. 18.6): Im verwundeten Zellmaterial entsteht durch Degradation eines größeren Proteins, des Prosystemins, ein kleines, aus nur 18 Aminosäuren bestehenes Polypeptid, das *Systemin*. Es dient als Signal, das sich auf Grund seiner hohen Mobilität leicht über die ganze Pflanze verbreiten kann und für eine systemische Abwehr sorgt, deshalb auch »Systemin«.

Ein spezifischer Rezeptor im Plasmalemma intakter Zellen nahe der Wundstelle fängt das Systemin ab. Als Folge davon werden Lipasen aktiviert, die Linolensäure aus Lipiden des

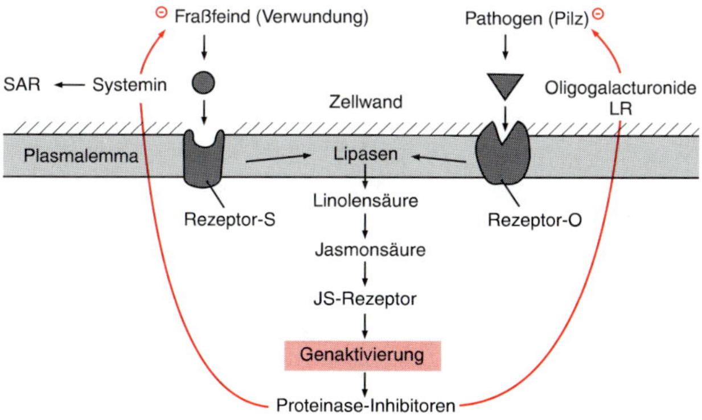

Abb. 18.6.
Modell von Signalketten über Jasmonsäure als sekundären Messenger. Nach Verwundungen durch einen Fraßfeind, z.B. ein Insekt, wird aus dem verletzten Gewebe Systemin freigesetzt. Es reagiert mit einem Systemin-Rezeptor im Plasmalemma. Systemin kann aber auch weitergeleitet werden und eine systemische erworbene Resistenz auslösen (Systemic Acquired Resistance = SAR). Pilze können über von ihnen ausgeschiedene Polygalacturonasen aus der pflanzlichen Oligogalacturonide freisetzen, die ebenfalls an einen spezifischen Rezeptor im Plasmalemma binden. Oligogalacturonide bedingen eine nur lokale Resistenz (LR).
Die weitere Signalkette verläuft für Systemin und Oligogalacturonide gleich: beide aktivieren Lipasen, die aus Lipiden des Plasmalemmas Linolensäure freisetzen. Diese wird in Jasmonsäure (JS) und ihren Methylester überführt. Jasmonsäure aktiviert nach Rezeptorbindung Gene, darunter auch solche für Proteinase-Inhibitoren.

Plasmalemmas herauslösen. Aus Linolensäure entsteht in mehreren Schritten Jasmonsäure und auch ihr Methylester. Die Jasmonsäure fungiert als sekundärer Messenger, der Genmaterial für Proteinase-Inhibitoren aktiviert. Gut untersucht ist die duch Jasmonsäure induzierte Bildung des Proteinase-Inhibitors II aus Kartoffel und Tomate (Seite 324).

Soweit die Modellvorstellung, falls es sich bei dem Signal um Systemin handelt. Für Oligogalacturonide als Elicitoren vermutet man eine entsprechende Signaltransduktion über Jasmonsäure. Dabei ist ein anderer Signalrezeptor eingeschaltet. Doch letztendlich kommt es unter Beteiligung des sekundären Messengers Jasmonsäure ebenfalls zur Genaktivierung. Die Abwehrreaktion ist nur lokal, weil die Oligogalacturonide nicht so leicht transportabel sind wie das Systemin.

Methyljasmonat wirkt wie Jasmonsäure. Mit dem Kaschieren der polaren Carboxylgruppe wird die Substanz jedoch flüchtig. Methyljasmonat kann deshalb zumindest in geschlossenen Räumen durch die Luft auf andere Pflanzen der gleichen Art, aber auch auf Pflanzen anderer Arten übergehen und in ihnen die Synthese von Proteinase-Inhibitoren induzieren. Ob sich unter natürlichen Voraussetzungen Entsprechendes abspielt, ist umstritten.

Salicylsäure als Induktor

Außer Ethylen spielt vor allem auch Salicylsäure als Signal bei Abwehrreaktionen eine Rolle. Schon 1979 hatte man bemerkt, daß nach Injektionen von Salicylsäure und Aspirin (Abb.7.16) in Tabak dessen Resistenz gegen das Tabakmosa-

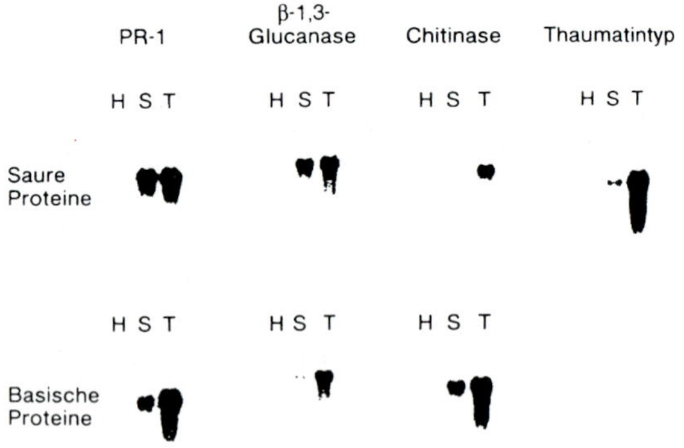

Abb. 18.7. *Salicylsäure als Induktor von PR-Proteinen. Blätter des Tabaks (Nicotiana tabacum) blieben als Kontrollen unbehandelt und gesund (H), wurden mit Salicylat behandelt (S) oder mit dem Tabak-Moisaik-Virus infiziert (T). Mit radioaktiv markierten DNA-Sonden wurde über Northern Blot-Analyse auf das Auftreten von mRNA für eine Reihe von PR-Proteinen (PR-1, β-1,3-Glucanase, Chitinase und Thaumatine) überprüft. Die geschwärzten Areale im Autoradiogramm deuten die Induktion entsprechender mRNA, d.h. Genaktivierungen an (nach* Bol *et al., 1990, aus* Hock *und* Elstner *1995).*

ik-Virus erhöht wurde. Dabei wurde die Synthese von PR-Proteinen induziert.

Seitdem hat man für mehrere Pflanzenarten festgestellt, daß es nach einer Infektion zunächst zu einem starken Anstieg im Gehalt an Salicylsäure kommt. Anschließend bilden sich PR-Proteine aus. Eine experimentelle Zufuhr von Salicylsäure wirkt gleichsinnig (Abb. 18.7). Oft geht ein erhöhter Gehalt an Salicylsäure mit einer erhöhten erworbenen systemischen Resistenz parallel.

Im einzelnen gibt es noch so viele ungeklärte Fragen, daß eine sichere Eingliederung der Salicylsäure in eine Signalkette derzeit nicht möglich ist. Wenn wir hier dennoch auf Salicylsäure eingingen, dann deshalb, weil ihre praktische Anwendung als Induktor von systemischen Abwehrreaktionen in Betracht gezogen wird. Anstelle eines massiven Einsatzes von Agrochemikalien aus der Retorte des Chemikers könnte man so umweltkompatiblen Pflanzenschutz über das Ausbringen eines Naturstoffes betreiben, der sich schon in der Pflanze selbst an Abwehrreaktionen beteiligt.

Zusammenfassung

Die Pflanze verfügt gegenüber Pathogenen um präinfektionelle und postinfektionelle Abwehrstoffe bzw. -reaktionen.

Präinfektionelle Abwehrstoffe sind schon vor Befall durch ein Pathogen vorhanden. Die wichtigsten präinfektionellen Abwehrstoffe gegen Schadpilze sind die *Saponine*. Hierher gehören das Avenacin im Hafer und das Tomatin in der Tomate. In beiden Fällen finden sich jedoch Pilze, die die Schutzstoffe durch Abspalten von Zuckerkomponenten inaktivieren können.

Andere präinfektionelle Abwehrstoffe gehören zu den *Phenolen* wie z. B. Protocatechusäure und Catechol, die in den äußeren Schalen der Zwiebel als Schutzstoffe gegen Pilzbefall fungieren. Ebenfalls gegen Pilze, nämlich den Erreger der Kraut- und Knollenfäule, könnten Chlorogensäure und Scopolin in der Kartoffelknolle wirksam sein.

Postinfektionell kann es zu einem Syndrom von Abwehrmaßnahmen kommen, das man als *Hypersensitivitäts-Reaktion* bezeichnet. Dazu gehören Maßnahmen einer *passiven Abwehr*: Um die Stellen, an denen Pathogene, vor allem Pilze, eingedrungen sind, verstärken die Zellen ihre Zellwand durch *Neusynthese von Zellwandbestandteilen* (Lignine, Tannine, Kallose, Suberin, hydroxyprolinreiche Proteine). Abgestorbene Zellen verstärken diesen Schutzwall.

Außerdem kommt es zu einer *aktiven Abwehr: PR-Proteine*, darunter Chitinasen und β-1,3-Glukanasen, und *Phytoalexine*, niedermolekulare, postinfektionelle Abwehrstoffe unterschiedlicher chemischer Struktur, werden neu gebildet und greifen die Pathogene an.

Resultat der passiven und aktiven postinfektionellen Abwehr sind lokale nekrotische Bereiche, über die hinaus das Vordringen der Pilze erschwert oder unmöglich gemacht wird.

Die *molekularen Interaktionen zwischen Pathogen und Pflanze* sind komplex und erst teilweise geklärt, wobei die postinfektionelle Abwehr besser untersucht ist. Besonders wichtig sind bei ihr *Elicitoren*. Dabei handelt es sich um Signalstoffe, die postinfektionelle Abwehrreaktionen der Pflanze induzieren. Sie stammen teils aus der Zellwand der Schadpilze (*exogene Elicitoren*, z.B. ein Heptaglucosid), teils werden sie aus Zellwandbestandteilen der Pflanze durch eingedrungene Pilzenzyme herausgespalten (*endogene Elicitoren*, z.B. Oligogalacturonide aus Pektinen der pflanzlichen Zellwand).

Die *Signaltransduktion*, die mit den Signalen, den Elicitoren, beginnt und vielfach zu Genaktivierungen führt, ist erst lückenhaft bekannt. Als Signal muß im gegebenen Zusammenhang außer den Elicitoren auch das *Systemin* berücksichtigt werden. Dabei handelt es sich um ein kleines Polypeptid, das nach Verwundungen, wie sie bei Insektenfraß entstehen, (in der Tomate) als systemisches Signal gebildet wird. Es wird von speziellen Rezeptoren im Plasmalemma aufgenommen und aktiviert im Plasmalemma Lipasen. Diese setzen aus Lipiden der Membran Linolensäure frei, die in Jasmonsäure überführt wird. *Jasmonsäure* aktiviert u.a. Gene, die für Proteinase-Inhibitoren codieren. Die Inhibitoren blockieren Enzyme im Verdauungstrakt von Insekten. Sie sollen aber auch bei phytopathogenen Mikroorganismen hemmend wirken: Auch von Oligogalacturoniden, also von endogenen Elicitoren aus, nimmt man eine entsprechende Signalkette über Jasmonsäure an.

Jasmonsäure wäre demnach *als sekundärer Messenger* in die Signaltransduktion eingeschaltet. Gleichsinnig wirkt ihr Methylester. Die flüchtige Substanz wirkt zumindest im Experiment auch auf Nachbarindividuen ein und verdient so besondere Beachtung.

Salicylsäure ist ein wichtiger Induktor von vor allem systemischen Abwehrreaktionen. Durch experimentelle Zufuhr hofft man, Pflanzenschutz mit einem pflanzeneigenen Faktor betreiben zu können.

18.2 Zusammenleben zum beiderseitigen Vorteil: Symbiosen und Assoziationen

Im vorausgegangenen Teilkapitel hatten wir uns mit den Interaktionen zwischen höheren Pflanzen und phytopathogenen Mikroben befaßt und festgestellt, daß die höhere Pflanze über ein ganzes System an Abwehrreaktionen verfügt. Dabei stellt sich die Frage: Warum reagiert die Pflanze nicht allen Mikroben gegenüber ähnlich abwehrend? Wie realisiert sie, anthropomorph gesehen, daß ein bestimmtes Bakterium kein Pathogen ist, sondern ein potentieller Partner?

Dazu muß zunächst gesagt werden, daß manche Leguminosen auch auf Rhizobien, ihre eingeschworenen Bakterienpartner, mit der Produktion von Phytoalexinen reagieren können. Doch davon abgesehen haben sich im Lauf der Evolution mit den Symbiosen Formen wechselseitiger Beziehungen zwischen Pflanzen und Mikroorganismen entwikkelt, die hochspezifische Erkennungsreaktionen einschließen. Sie gestatten es der Pflanze, zwischen »Freund« und »Feind« zu differenzieren.

Bei einer *Symbiose* handelt es sich um ein enges Zusammenleben zweier Arten, aus dem zumindest zeitweise jeder der beiden Partner Nutzen zieht.

Die gängige Definition der Symbiose geht auf DE BARY (1879) zurück, der an Flechten gearbeitet hatte. Sie wird hier in leicht veränderter Form gebracht (→).

Die Definition basiert auf einem *Mutualismus,* einem wechselseitigen Nutzeffekt. Nur darf man sich dadurch nicht dazu verleiten lassen, eine Idylle anzunehmen. Vielmehr handelt es sich um ein Kampfgleichgewicht, das sich aus dem Parasitismus entwickelt hat. Bei diesem zieht einseitig nur einer der beiden beteiligten Organismen Nutzen. Bei Symbiosen kann es gelegentlich Rückfälle in den Parasitismus geben.

Die Definition ist weit gefaßt. Sowohl die Beziehungen zwischen Blüten und tierischen Bestäubern, als auch die eben erwähnten Flechten, Symbiosen zwischen Algen und Pilzen, werden von ihr abgedeckt. Hier wollen wir uns mit anderen, auch unter biochemischen und molekularen Aspekten gut untersuchten Symbiosen befassen, denjenigen zwischen höheren Pflanzen und Luftstickstoff-bindenden Mikroorganismen. Dabei soll vor allem die Symbiose zwischen Leguminosen und Luft-N_2-bindenden Bakterien aus der Familie der *Rhizobiaceae* behandelt werden.

18.2.1 Die Symbiose zwischen Fabales und Rhizobiaceae

Aus dem Nitrit des Bodens liefern Nitrit- und Nitratreduktase Ammoniak bzw. bei physiologischen pH-Werten Ammonium-Ionen an. Ebenfalls Ammoniak entsteht über die *Biologische Stickstoff-Fixierung*, wie man die Fixierung und Reduktion des N_2 der Luft nennt. Verschiedene Mikroorganismen, vor allem Bakterien und Cyanobakterien, sind dazu imstande. Teils leben diese Mikroben frei, teils gehen sie lockere Assoziationen, teils aber auch enge Symbiosen mit höheren Pflanzen ein. Mit Abstand am wichtigsten sind die Symbiosen der Leguminosen (*Fabales*) mit bestimmten Bakterien aus der Familie der *Rhizobiaceae*.

Zu den *Rhizobiaceae* gehören die Gattungen *Rhizobium, Bradyrhizobium, Agrobacterium* und *Phyllobacterium*. Arten der Gattungen *Rhizobium* und *Bradyrhizobium* gehen mit jeweils ganz bestimmten Arten der Leguminosen (*Fabales*) Symbiosen ein, bei denen die Luft-N_2-bindenden Bakterien in Wurzelknöllchen lokalisiert sind. Mit diesen Wurzelknöllchen-Symbiosen werden wir uns nun befassen.

Der Ablauf der Nodulation

Zunächst in Kürze der typische Ablauf der Knöllchenbildung (Nodulation), ohne auf seine Steuerung über entsprechende Interaktionen zwischen den »Partnern« einzugehen (Abb. 18.8).

Bakterien werden chemotaktisch angelockt und fixieren sich an die Spitzen von *Wurzelhaaren*. Die Spitzen krümmen sich, eine erste sichtbare Reaktion auf den Bakterienbefall. Die Bakterien lösen die Zellwände enzymatisch auf und

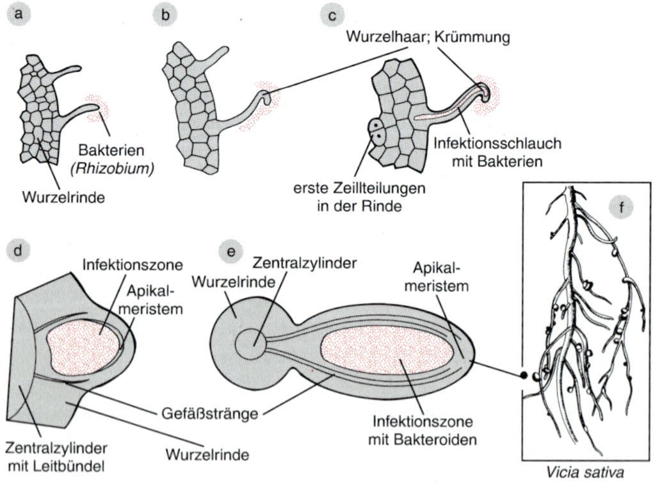

Abb. 18.8. *Entwicklung eines Wurzelknöllchens. Die Bakterien werden durch Wurzelausscheidungen chemotaktisch angelockt (a). Bei der Saatwicke (Vicia sativa) z. B. handelt es sich um Rhizobium leguminosarum biovar. vicieae. In chemischen Interaktionen unter Beteiligung von LOCs (vgl. Abb. 18.9) kommt es zur wechselseitigen Erkennung der passenden Symbionten und auf Seiten der Wirtspflanze zur Aktivierung der Nodulin-Gene. Deren Produkte, die Noduline, beteiligen sich maßgeblich an der Knöllchenbildung: Nach Kontakt mit den Mikrosymbionten krümmen sich die Wurzelhaare in typischer Weise (b,c); ein Infektionsschlauch bildet sich, über den die Bakterien in die Rinde gelangen (c). Dort werden erste Zellteilungen ausgelöst (c). Ein Apikalmeristem bildet sich (d), mit dem das Knöllchen heranwächst (e). Dabei wird es von Gefäßsträngen versorgt, die vom zentralen Leitbündel der Wurzel ausgehen (d,e). Die über den Infektionsschlauch eingebrachten Bakterien teilen sich lebhaft. In der Rinde entsteht so eine Infektionszone (d). In ihr werden die Bakterien zu Bakteroiden mit Nitrogenase-Aktivität (e). Dieses Schema gilt generell, nicht nur für die Saatwicke. Es kann jedoch in Details modifiziert werden. Bei der Saatwicke z. B. bilden sich die Knöllchen an Seitenwurzeln (f), bei anderen Arten an der Hauptwurzel. Auch die Gestalt der Knöllchen kann variieren (a – e verändert nach* Fosket *1994; f aus* Walter *1950).*

dringen in die Wurzelhaare ein. Die sich permanent teilenden Bakterien werden dann über einen *Infektionsschlauch* aus überwiegend Pektinsubstanzen durch die Wurzelhaare in Rindenzellen weitergeleitet. Schon bevor die Bakterien in die Rinde gelangt sind, beginnen sich dort Zellen zu teilen. Aus ihnen entsteht ein *Apikalmeristem*, das nach innen zu Zellen abgibt: das Wurzelknöllchen bildet sich und schiebt sich nach außen. In seinem Inneren enthält es einen Bereich, in dem die eingedrungenen Bakterien lokalisiert sind. Sie werden dabei im Cytoplasma der betreffenden Pflanzenzellen einzeln oder gruppenweise von einer *Peribakteroidmembran* umgeben. Die Bakterien innerhalb der Peribakteroidmembran verändern sich nach Gestalt und Größe: sie werden zu *Bakteroiden*. Diese Bakteroide sind größer als die Bakterien, knüppelartig verdickt, oft sogar verzweigt. Sie sind es, die den Luft-N_2 verwerten können. Ausgebildete Bakteroide teilen sich nicht mehr. Sie sind voll und ganz auf die Biologische N_2-Fixierung eingestellt.

Die geschilderte Knöllchenform findet sich an den Seitenwurzeln der Saatwicke (*Vicia sativa*). Die Gestalt der Knöllchen kann jedoch artgemäß modifiziert werden. Anstatt an Seitenwurzeln können sie auch an der Hauptwurzel gebildet werden.

Interaktionen zwischen Pflanze und Rhizobiaceen bei der Bildung der Wurzelknöllchen

Die Nodulation und über sie die Biologische Stickstoff-Fixierung kommen über ein ausgeklügeltes System von Wechselwirkungen zustande, das auch dafür sorgt, daß sich die richtigen, d.h. aufeinander abgestimmten »Partner« finden. Bei der Bildung der Knöllchen kann man in Erkennungsreaktionen sowie Infektion und die eigentliche Nodulation gliedern.

Erkennungsreaktionen

Die Pflanzen scheiden über ihre Wurzeln Stoffe aus, die *Rhizobiaceae* chemotaktisch anlocken. Dazu gehören vor allem Zucker und Aminosäuren. Andere Pflanzenstoffe induzieren in den Bakterien Genaktivitäten. Zu diesen *Induktoren* gehören vor allem Flavonoide, besonders Flavone und Flavonole. Alle in Abb. 7.19 genannten Flavone und Flavonole sind entsprechend wirksam. Das Flavon Luteolin z. B. ist Induktor u. a. bei *Rhizobium trifolii, R. leguminosarum* und *R. meliloti*. Isoflavone wie Genistein (Abb. 7.19) sind keine Induktoren. Offensichtlich muß der B-Ring wie bei den Flavonoiden üblich in der Position 2 fixiert sein.

Sind diese Flavonoide auch Erkennungssignale? Luteolin wirkt nicht spezifisch genug. Außer den drei genannten werden von ihm noch weitere Arten erfaßt. Entsprechendes gilt für die anderen Flavonoide. Die Flavonoide kommen, was die Erkennung anbelangt, offensichtlich nur für eine erste Eingruppierung der Bakterien in Betracht. Damit stellt sich die Frage nach Erkennungssignalen, die ausreichend spezifisch sind. *Lektine* auf Seiten der Pflanze, die selektiv nur ganz bestimmte Bakterien binden sollen, werden in dieser Hinsicht diskutiert. Aber wie wir gleich sehen werden, geht die Spezifität zumindest großenteils auf ein zweites, spezifischeres Aussortierungsverfahren zurück.

Ein Signal wie ein Flavonoid-Induktor erfordert einen entsprechenden Rezeptor, das wissen wir bereits. Was ist der Rezeptor auf Seiten der Bakterien? Hier müssen die *nod-Gene* eingeführt werden. Dabei handelt es sich um Gene, die bei *Rhizobium* auf großen Plasmiden, bei *Bradyrhizobium* auf dem Hauptgenom, dem »Chromosom«, lokalisiert sind. Ihre Produkte, die *Nod-Faktoren*, sind für die Nodulation unerläßlich.

Eines der *nod*-Gene, *nodD*, nimmt eine übergeordnete Stellung ein. Es codiert für ein NodD-Protein, das als Rezeptor fungiert. An seinem Carboxyl-Ende werden die Flavonoid-Signale gebunden. Dabei wird das NodD-Protein aktiviert.

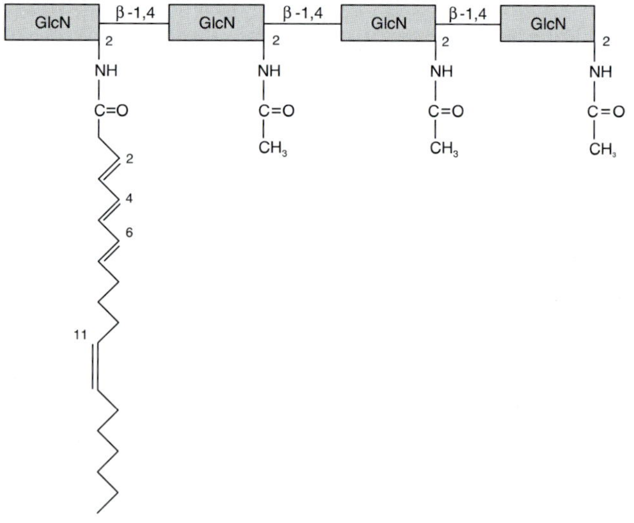

Abb. 18.9.
Die Grundstruktur von Lipochito-oligosacchariden (LCOs), die von Rhizobien und Bradyrhizobien als wirtspezifische Elicitoren von Nodulationsvorgängen abgegeben werden. Eine kurze Kette aus fünf oder wie hier vier Glucosamin (GlcN)-Einheiten wird substituiert. Die erste GlcN-Einheit trägt in der Aminogruppe an C2 eine mehrfach ungesättigte 16C- oder 18C-Fettsäure. Im Beispiel ist eine Fettsäure eingezeichnet, die für einen für Vicia leguminosarum biovar. vicieae spezifischen LCO charakteristisch ist. Die Aminogruppen der anderen drei GlcNs sind acetyliert. Es handelt sich bei ihnen also um den Chitinbaustein N-Acetyl-glucosamin.
Für bestimmte Wirtspflanzen spezifische LCOs entstehen dadurch, daß die Kohlenhydrat-Kette verändert wird. Das betrifft nicht nur die Zahl der Einheiten (vier oder fünf), sondern vor allem ihre Substitution. So können an der ersten GlcN-Einheit andere längere Fettsäuren und am ersten und letzten GlcN-Baustein weitere kleinere Substituenten eingebracht werden.

Der Flavonoid-NodD-Protein-Komplex setzt sich als Transkriptionsfaktor an die Promotoren weiterer *nod*-Gene und aktiviert sie.

Ein Teil dieser *nod*-Gene wirkt »allgemein«: er codiert für die Grundstruktur der Nod-Faktoren, die das betreffende Bakterium zur Pflanze hin aussendet. Bei ihnen handelt es sich um *L*ipo*c*hito-*o*ligosaccharide (*LCO*s). Ein anderer Satz von *nod*-Genen wirkt »wirtsspezifisch«. Denn die von ihm codierten Enzyme modifizieren die Basisstruktur der LCOs so, daß die jeweils resultierenden Nod-Faktoren nur von ganz bestimmten Wirtspflanzen akzeptiert werden. Abb. 18.9 zeigt das LCO, das von *Rhizobium leguminosarum* biovar. *vicieae* als Nod-Faktor abgegeben wird. Es kommt in der Saatwicke (*Vicia sativa*) und in der verwandten Erbse (*Pisum sativum*) zur Wirkung. Auf die Wirtspflanzen zugeschnittene LCOs gewährleisten also die erforderliche Spezifität. Weitere, hier nicht aufgeführte Gene assistieren dabei.

LCOs, deren Kohlenhydrat-Rückgrat den früher besprochenen Elicitoren gleicht (Abb. 18.5), sind schon in minimalen Mengen wirksam. Nach experimenteller Zufuhr können sie Entwicklungsvorgänge in Pflanzen beeinflussen, und zwar auch in Nicht-Leguminosen – Gründe genug für die Annahme, sie könnten auch pflanzeneigene Regulatoren sein. Sicherheit besteht hier jedoch noch nicht.

Infektion und Nodulation

Beide Vorgänge sind ineinander verschachtelt. Die ersten Teilungen, die zur Ausbildung der Wurzelknöllchen führen, können durch in die Wurzel eindiffundierte Nod-Faktoren schon ausgelöst werden, bevor die Bakterien mit den Wurzelhaaren Kontakt aufgenommen hatten.

Spezifische Nod-Faktoren sind in die Zellen der Wirtspflanze gelangt. Sie werden wahrscheinlich von Rezeptoren im Plasmalemma aufgenommen und aktivieren über eine noch unbekannte Signaltransduktion pflanzeneigene Nodulations-Gene, die *Nodulin-Gene*. Deren Produkte bezeichnet man als *Noduline*. Man unterscheidet zwischen »frühen« und »späten« Nodulin-Genen.

Die »frühen« Nodulin-Gene haben ihren Namen daher, daß sie die Infektion und frühe Stadien der Nodulation beeinflussen. Dazu gehören z.B. die Krümmung der Wurzelhaare, die Bildung des Infektionsschlauchs oder die Zellteilungen, die zur Entstehung des Knöllchens führen. Auch Permeabilitätsänderungen im Plasmalemma stehen mit ihnen im Zusammenhang. Sie können auch einen Einstrom von Ca-Ionen in die Wurzelhaare bedingen. Ca-Ionen sind uns als sekundäre Messenger bereits bekannt. Als solche dürften sie sich auch an der Nodulation beteiligen.

Die »späten« Nodulin-Gene werden erst im Gewebe des fertiggestellten Wurzelknöllchens aktiv. »Späte« Noduline sind z.B. die Apoproteine der Leghämoglobine und spezielle Glutamin-Synthetasen (s. unten).

Biologische Stickstoff-Fixierung: Nitrogenase

Die Biologische Stickstoff-Fixierung erfolgt über einen Enzymkomplex, die *Nitrogenase*. Sie ist imstande, den molekularen Luft-N_2 in einer energieaufwendigen Reaktion zu fixieren, zu spalten und zu Ammoniumionen zu reduzieren.

Die Nitrogenase ist bei allen Luftstickstoff-fixierenden Mikroorganismen prinzipiell gleich gebaut (Abb. 18.10). Sie besteht aus zwei Komponenten, dem *Eisen-Protein* und dem *Molybdän-Eisen-Protein*. Das Eisen-Protein besteht aus zwei gleichen Polypeptid-Untereinheiten, die man als H-Proteine bezeichnet und trägt Eisen-Schwefel-Zentren als Redoxsysteme. Das größere Molybdän Eiscn-Protein ist ein Tetramer. Es baut sich aus vier Polypeptiden auf, die paarweise gleich sind (2 D- und 2 K-Proteine). Es führt außer Eisen-

Abb. 18.10. Codierung, Aufbau und Funktion der Nitrogenase (Schema). Oben das sym-Plasmid) aus Rhizobium leguminosarum biovar. trifolii, das außer nif-Genen auch nod-Gene trägt. Nur ein Teil dieser nod-Gene ist mit der Bildung der LCOs befaßt. Die nif-Gene HDK codieren für die zwei Proteine H des Eisen-Proteins (Fe-Protein) und die jeweils zwei Proteine K und D des Molybdän-Eisen-Proteins (MoFe-Protein). Fe und Mo sind nicht quantitativ wiedergegeben. Elektronendonor für die Reduktion des N_2 ist reduziertes (red.) Ferredoxin.

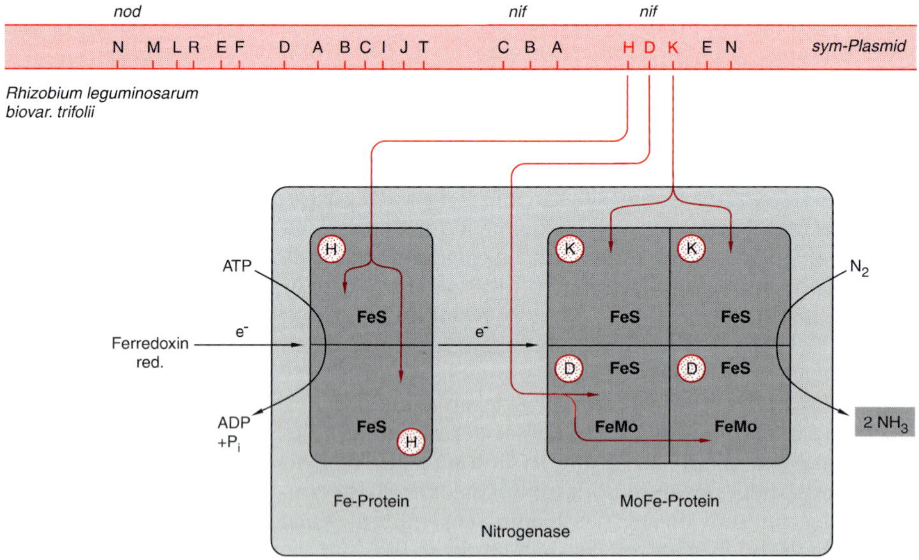

Schwefel-Zentren noch Molybdän-Eisen-Faktoren als Redoxsysteme.

Zur reduktiven Spaltung der Dreifachbindung im N_2-Molekül werden Elektronen und Energieäquivalente benötigt. Elektronen-Donor ist reduziertes Ferredoxin, das seine Elektronen an das Eisen- und dann das Molybdän-Eisenprotein weitergibt. An ATP müssen theoretisch 16 Moleküle pro Molekül N_2 eingesetzt werden, doch dürfte der ATP-Verbrauch unter physiologischen Gegebenheiten 25 bis 35 Moleküle erreichen. Die benötigte Energie stammt letztlich aus den Kohlenhydraten der Wirtspflanze, also aus der Photosynthese.

Der Aufbau der Nitrogenase wird durch die bakteriellen *nif*-Gene gesteuert. Wie die *nod*-Gene und teils zusammen mit ihnen liegen sie bei *Rhizobium* auf großen »Symbiose«-Plasmiden (*sym*-Plasmiden), bei *Bradyrhizobium* auf dem »Chromosom«. Bei *Klebsiella oxytoca (K. pneumoniae)*, einem gut untersuchten freilebenden Luft-N_2-bindenden Bakterium, hat man im Lauf der Jahre nicht weniger als 21 *nif*-Gene entdeckt, eine Zahl, die womöglich noch nicht endgültig ist. Die meisten *nif*-Gene dienen der Regulation der Nitrogenase-Aktivität. Die Gene nifH, nifD und nifK codieren für die oben genannten Apoproteine der Nitrogenase.

Die Nitrogenase ist extrem sauerstoffempfindlich. Ein Schutz gegen Sauerstoff wird damit unabdingbar. Er ist durch *Leghämoglobine* gegeben, die Sauerstoff abfangen können. Gleichzeitig können sie Sauerstoff aber auch dosiert abgeben. Sie dienen deshalb ähnlich wie unser Hämoglobin auch als Sauerstofftransporteure, die den Sauerstoffbedarf der Bakteroide decken. Die Apoproteine der Leghämoglobine sind »späte« Noduline. Die Herkunft der Häm-Komponente ist noch umstritten. Entgegen früheren Vorstellungen wird sie vielleicht doch nicht von den Bakterien, sondern von der Wirtspflanze gebildet.

Dem hohen Gehalt an Leghämoglobinen verdankt die Infektionszone ihre rote Färbung, die bei einem Schnitt durch ein Knöllchen sichtbar wird.

Wenn außer dem Nitrogenase-Apparat auch die notwendigen physiologischen Voraussetzungen wie der eben erwähnte Sauerstoff-Schutz gegeben sind, steht der Biologischen N_2-Fixierung nichts mehr im Wege. In den Bakteroiden kann die Nitrogenae 10% des Proteins ausmachen. Sie ist dort voll aktiv. 90% des von ihr gebildeten Ammonium-Stickstoffs werden durch die Peribakteroidmembran in das Cytoplasma der Pflanzenzelle abgegeben. Die toxischen Ammonium-Ionen dürfen sich dort nicht anreichern – und sie müssen für die Pflanze nutzbar gemacht werden. Den ersten Schritt in der Beseitigung und damit gleichzeitig Verwertung des Ammonium-Stickstoffs führen die als »späte« Noduline gebildeten speziellen *Glutamin-Synthetasen* der Knöllchen durch (vgl. Seite 274).

Gentechnik und Biologische Stickstoff-Fixierung

Vor allem in unseren öffentlichen Medien und in Büchern, deren Verfasser zu der großen Gilde derer gehören, die aus einem berechtigten Interesse der Öffentlichkeit Kapital zu schlagen versuchen, wird immer wieder darüber spekuliert, das Genmaterial für Biologische Stickstoff-Fixierung in höhere Pflanzen zu übertragen. Das ist verständlich: ein Weizen etwa, der seinen Stickstoffbedarf aus dem schier unerschöpflichen N_2-Reservoir der Luft decken und bei dem man deshalb auf eine umweltbedenkliche N-Düngung verzichten könnte, wäre zweifellos ein Gewinn. Doch jeder, der den vorhergehenden Abschnitt gelesen hat, wird seine Zweifel haben, was das Gelingen entsprechender Experimente anbelangt. In der Tat sind alle bisherigen Genübertragungsversuche schon in ihren Anfängen gescheitert. Auch für die Zukunft ist Skepsis angebracht. Grund ist weniger, daß mehrere Gene allein für die Bildung der Nitrogenase zu übertragen sind, als vielmehr, daß auch eine physiologische Basis geschaffen werden muß. Der Sauerstoffschutz über die Leghämoglobine oder die Regulation der Nitrogenase-Aktivität sind nur zwei Beispiele dafür. Ein derart komplexes System über Genübertragungen zu etablieren, scheint kaum möglich.

18.2.2 Assoziationen zwischen Getreide und Azospirillen

In Brasilien gedieh Zuckerrohr (*Saccharum officinarum*) jahrelang bestens ohne jede N-Düngung auf denselben Feldern, obwohl man errechnete, daß der Stickstoffgehalt der Böden theoretisch von Jahr zu Jahr erheblich hätte absinken sollen. In manchen Anbaugebieten der Erde konnte man Zuckerrohr sogar mehr als 100 Jahre lang ohne jede N-Düngung kultivieren. Johanna Döbereiner ging dem seit Beginn der sechziger Jahre nach. Was sie fand, war die Bestätigung einer Vermutung, die ein indischer Forscher schon Ende der zwanziger Jahre für Reis (*Oryza sativa*) geäußert hatte: Getreide und andere Gräser können Assoziationen mit N_2-bindenden Bakterien eingehen, in denen sie von dem Stickstoff profitieren, den die Bakterien zu binden vermögen. Im Fall des Zuckerrohrs handelte es sich um Bakterien der Gattung *Azospirillum*.

Die folgenden Angaben werden zeigen, daß sich diese Assoziationen auch unter dem Begriff »Symbiose« einordnen lassen. Dennoch hat sich die Bezeichnung »Assoziation« und »Assoziative N2-Fixierung« eingebürgert, über die von viel engeren Symbiosen wie derjenigen zwischen Fabales und Rhizobiaceae differenziert werden kann. Dem trägt die Definition von Assoziationen Rechnung (→).

Als Assoziationen bezeichnet man lockere Vergesellschaftungen zwischen höheren Pflanzen und luftstickstoff-bindenden Bodenbakterien, die sich in der Rhizosphäre der betreffenden Pflanzen ausbilden.

Diese Definition macht eine ergänzende Klarstellung dessen notwendig, was man unter Rhizosphäre zu verstehen hat (→).

Unter Rhizosphäre versteht man denjenigen Bereich des Bodens um eine Pflanze herum, der von der Pflanze beeinflußt wird.

Die Assoziationen zwischen den *Poaceeae* und der Gattung *Azospirillum* sind am besten untersucht. Wir wollen deshalb hier nur auf sie eingehen.

Die Azospirillen werden von Wurzelausscheidungen chemotaktisch angelockt. Dabei sind vor allem Aminosäuren und Zucker wirksam. Sie dienen den Bakterien auch als Nahrungsquelle. Die Azospirillen setzen sich an der Oberfläche von Rhizodermis-Zellen fest. Um die Wurzeln herum bilden sich schließlich handschuhartige, dicke Beläge aus Bakterien. Azospirillen, die über Verletzungen auch in die Wurzeln selbst eingedrungen sind und sich dann vor allem im Xylem finden, fallen demgegenüber mengenmäßig kaum ins Gewicht.

Solange genügend N im Boden (oder im Reagenzglas) vorhanden ist, arbeitet die Nitrogenase der Azospirillen kaum oder überhaupt nicht. Haben Bakterien und Pflanze den N im Boden jedoch weitgehend ausgeschöpft, springt die bakterielle Nitrogenase voll an. Ein Teil des fixierten Luft-N_2 wird von den Bakterien an die Pflanze abgegeben. Außerdem fördern von den Bakterien abgegebene Wuchsstoffe das Wachstum der Pflanzen.

Im Gefäß- wie im Feldversuch ließ sich vielfach, u.a. auch an Weizen, eine Steigerung des Kornertrags und des N-Gehalts in den Körnern feststellen (Abb. 18.11). Entsprechendes gilt auch für Sprosse, deren Wachstum stark stimuliert werden kann (Abb. 18.12).

Derartige Daten geben zu der Hoffnung Anlaß, man könne über Assoziationen ohne Ertragsverlust N-Dünger einsparen und damit auch die Belastung unserer Böden verrin-

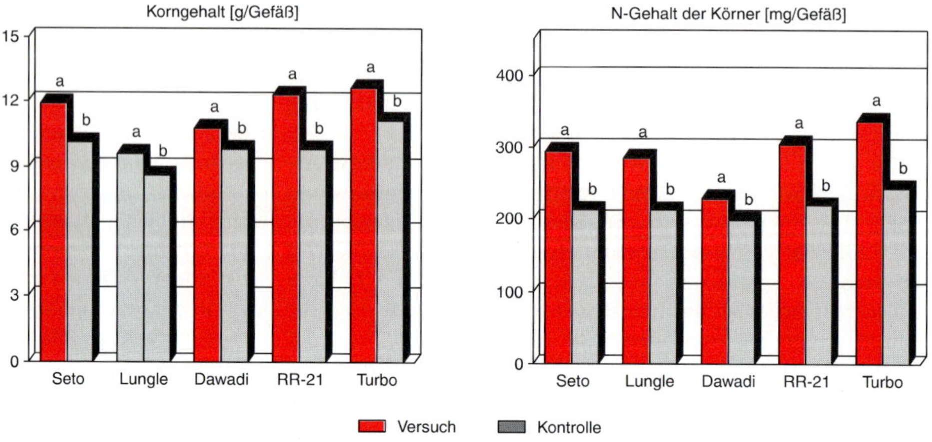

Abb. 18.11.
Steigerung des Kornertrags und des N-Gehalts der Körner in Assoziationen zwischen verschiedenen Weizenvarietäten und Azospirillum 10SW. Die Weizenvarietäten Seto, Lungle, Damadi und RR-21 stammten aus dem Himalaya Nepals, und zwar von Feldern, in die noch nie Kunstdünger eingebracht worden war. Sie wurden mit dem deutschen Sommerweizen Turbo verglichen. Azospirillum 10SW stammte ebenfalls aus Nepal. Es wurde aus der Rhizosphäre von Seto isoliert und wirkte besser als ein Stamm von A. lipoferum, der sich für Assoziationen mit Weizen bis dahin als optimal erwiesen hatte. Man sollte Assoziationen, die in entlegenen Regionen noch nicht durch Kunstdünger gestört wurden, mehr Aufmerksamkeit widmen.
Je 15 Weizenpflanzen wurden in Kick-Brauckmann-Gefäßen im Gewächshaus gehalten. Substrat war ein Gemisch aus Lehm, Sand und Einheitserde. Im Versuch wurde mit lebenden, in den Kontrollen mit durch Autoklavieren abgetöteten Azospirillen inokuliert. Unterschiedliche Buchstaben über benachbarten Kolumnen zeigen statistische Signifikanz an (nach Bhattarai and Hess 1993).

Abb. 18.12.
Förderung des vegetativen Wachstums von Weizen (Triticum aestivum) durch Azospirillen (A. lipoferum). Es handelte sich um Gefäßversuche unter Gewächshausbedingungen. Je 20 Weizenpflanzen pro Kick-Brauckmann-Gefäß wurden im Versuch (rechts) mit lebenden, in der Kontrolle (links) mit abgetöteten Azospirillen beimpft. Die Gefäße enthielten jeweils Seesand. Auf diesem nährstoffarmen Substrat ist die Stimulierung des Weizens durch die Bakterien besonders ausgeprägt (aus Mertens und Hess 1984).

gern. In der Praxis ergeben sich jedoch Schwierigkeiten. Denn der Landwirt muß nun zwei Organismen gerecht werden, die beide über den Boden leicht beeinflußbar sind. Azospirillen leben ja nicht wie Rhizobien im Schutz von Knöllchen und damit vom Boden abgeschirmt! Die Ansprüche beider Assoziationspartner an Boden und Bodenfeuchtigkeit lassen sich oft nicht vereinbaren. Fehlschläge sind damit vorprogrammmiert. Doch gehen entsprechende Versuche weltweit weiter. Insbesondere Länder der »Dritten Welt« und Schwellenländer sind an einer praktischen Nutzung von Assoziationen interessiert.

Zusammenfassung
Ein wichtiges Beispiel für *Symbiosen* liefert die mutualistische Beziehung zwischen den *Fabales* und den Gattungen *Rhizobium* bzw. *Bradyrhizobium*.

Die Bakterien werden von Wurzelausscheidungen angelockt. An der Erkennung der passenden »Partner« beteiligen sich vor allem bestimmte Glykolipide, die *LCOs*, die von bakteriellen *nod-Genen* gebildet werden. Die betreffenden *nod*-Gene werden von Flavonoiden aus den Wirtspflanzen aktiviert. In den jeweiligen Wirten induzieren wirtsspezifische LCOs die Aktivität von *Nodulations-Genen*, über die alle weiteren Prozesse der Knöllchenbildung gesteuert werden.

Die Bakterien dringen in Wurzelhaare ein, in denen sich ein Infektionsschlauch bildet. Über ihn gelangen die sich fortwährend teilenden Bakterien in die Wurzelrinde. Inzwischen hat sich ein Apikalmeristem gebildet, über das das Knöllchen heranwächst. In seinem Inneren bildet sich eine Infektionszone, in der die Bakterien sich zu *Bakteroiden* mit hoher Nitrogenase-Aktivität differenzieren. Die Bakterien nutzen für ihre Vermehrung und Nitrogenase-Aktivität Photosynthese-Produkte der Pflanze, die ihrerseits von der N_2-Bindung durch die Bakterien profitiert.

Der Enzymkomplex der Luft-N_2-Fixierung, die *Nitrogenase*, wird von den bakteriellen *nif*-Genen codiert. Der Enzym-Komplex besteht aus einem Eisen-Protein (zwei H-Proteine mit FeS-Zentren) und einem Molybdän-Eisen-Protein (zwei K- und zwei D-Proteine mit FeS-Zentren und FeMo-Faktoren). Elektronendonor für die Redukation des Luft-N_2 ist Ferredoxin.

Die Nitrogenase ist extrem sauerstoffempfindlich. Zu den physiologischen Voraussetzungen für ihre Aktivität gehört deshalb ein durch die *Leghämoglobine* gebildeter Sauerstoffschutz. Die Apoproteine der Leghämoglobine werden von

Nodulations-Genen der Pflanzen codiert. Die Herkunft der Häm-Komponente ist noch umstritten.

Außer engen Symbiosen können Luft-N_2-bindende Bakterien, z. B. *Azospirillen*, auch lockere *Assoziationen* mit den verschiedensten Nicht-Leguminosen, vor allem auch mit Getreide-Arten eingehen. Der von den Bakterien gebundene Stickstoff und von ihnen abgegebene Wuchsstoffe verbessern N-Gehalt und Ertrag der betreffenden Pflanzen. Jedoch kam es bei der praktischen Nutzung solcher Assoziationen außer Erfolgen auch zu Mißerfolgen.

19 Musterbildung

Die Entwicklung beruht auf Wachstum, Differenzierung und Musterbildung (Seite 306). Von Wachstum, genauer gesagt Teilungswachstum, und Differenzierung war in den vorhergehenden Kapiteln die Rede. Was noch zu besprechen bleibt, ist die Musterbildung. Bei ihr kann man zwischen einer Musterbildung innerhalb einer gegebenen Zelle (*intrazelluläre M.*) und einer Musterbildung, die mehrere bis zahlreiche Zellen umfaßt (*interzelluläre M.*), unterscheiden. Beispiele für eine intrazelluläre Musterbildung waren uns schon wiederholt begegnet. Denn hierher kann man z.B. auch die Bildung von Ribosomen aus ihren Untereinheiten oder das Entstehen von Multienzymkomplexen zählen. Ein anderes Beispiei war das Auftreten von Auxinrezeptoren am basalen Pol bestimmter Zellen, das mit der polaren Wanderung der IES im Zusammenhang steht (Seite 349). Inter- und intrazelluläre Musterbildung sind oft miteinander verzahnt. Wir werden auf die intrazelluläre Musterbildung deshalb noch wiederholt bei der Besprechung der interzellulären Musterbildung stoßen. Ein solches Ineinandergehen findet sich gerade bei dem zuletzt erwähnten Beispiel, beim Phänomen der *Polarität*. Mit ihr haben wir uns zu befassen.

19.1 Die Polarität

19.1.1 Das Phänomen

Wenn wir im folgenden von Polarität (→) sprechen, so handelt es sich dabei meistens um Axialpolarität (→). Denn sie ist bei Pflanzen der Regelfall.

Die gesamte höhere Pflanze mit ihrem Sproß- und Wurzelpol ist ein polar gebautes System. In ihr lassen sich ebenfalls polare Teilsysteme erkennen, die teils ein-, teils vielzellig sind. Polarität findet sich also sowohl bei Einzelzellen als auch im Zellverband. Dafür – von der Gesamtpflanze abgesehen – einige Beispiele:

Eine Einzelzelle allerdings extremer Natur, die unübersehbar polar gebaut ist, demonstriert uns die Alge *Acetabularia* (Abb. 19.1). Eine andere Einzelzelle von mikroskopisch sichtbarer Polarität ist die Eizelle im Embryosack (Abb. 19.7). Und auch im Zusammenhang mit dem polaren Transport der IES hatten wir schon polar gebaute Zellen kennengelernt (Abb. 15.9).

Mit Polarität bezeichnet man die Erscheinung, daß Enden eines gegebenen Systems voneinander verschieden sind. In der Regel handelt es sich darum, daß entlang einer Achse Unterschiede derart auftreten, daß das eine Ende der Achse vom anderen verschieden wird. Dann spricht man von einer *Axial-Polarität*.

Mit den beiden zuletzt genannten Exempeln sind wir aber auch schon zu vielzeiligen Systemen mit Polarität gelangt. Denn die Eizelle liegt im ebenfalls polaren Embryosack, der sich seinerseits in polar gebauten Organen der polar gebauten Mutterpflanze befindet (Abb. 23.19). Die Annahme liegt nahe – läßt sich aber kaum beweisen –, daß hier die Polarität durch die Lage in übergeordneten polaren Strukturen bedingt wird. Auch der polare Transport der IES erfolgt über ein vielzelliges, polarisiertes System (Abb. 15.9).

Ein altbekanntes Beispiel für vielzellige polar gebaute Systeme liefert ein Weidenzweig, aus dem man einen Steckling herausschneidet (Abb. 19.2). An seinem unteren Ende bilden sich sproßbürtige Wurzeln, an seinem oberen nicht. Und wenn man das Zweigstück um 180 ° dreht, so bildet es an dem seiner Herkunft nach »unteren« Ende Wurzeln, auch wenn dieses Ende sich nun oben befindet. Eine Sonderform der Polarität ist auch die Dorsiventralität, z.B. die Verschiedenheit von Ober- und Unterseite der Blätter.

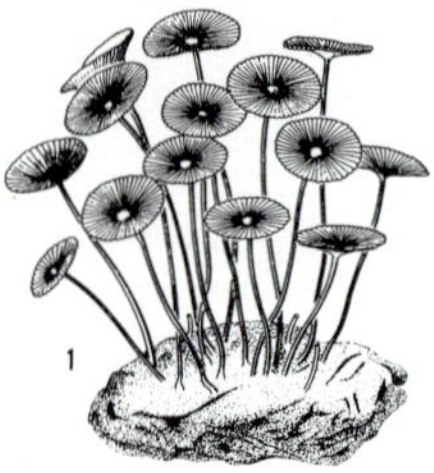

Abb. 19.1. *Gruppe von Acetabularia. Jede Einzelpflanze besteht aus einem schirmartig ausgebreiteten Hut, einem mehrere Zentimeter langen Stiel und einem Rhizoid zur Befestigung am Substrat (nach* WEBERLING *und* SCHWANTES *1979).*

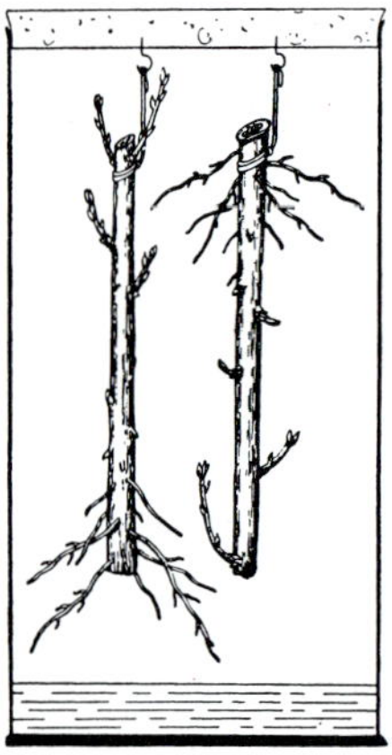

Abb. 19.2. *Demonstration der Polarität an Hand der Regenerationsleistung eines Weidenzweiges. Links normale Orientierung eines Stecklings, rechts um 180 ° gedreht. Die Zweige befinden sich in einer feuchten Kammer (aus* WALTER *1962).*

19.1.2 Induktion und Fixierung der Polarität

Nachdem wir mit der Erscheinung der Polarität nun einigermaßen vertraut sind, kann die erste Frage nicht ausbleiben: Wie kommt es denn zur Polarisierung von einzelnen Zellen und damit auch von vielzelligen Systemen? Damit wäre die Frage nach der *Induktion der Polarität* gestellt. Erst einmal etabliert, wird die Polarität hartnäckig beibehalten, wie das Experiment mit dem Weidenzweig demonstriert (Abb. 19.2). Daraus resultiert die Anschlußfrage nach der *Fixierung der Polarität.*

Entwicklung von Fucus

Beide Fragen lassen sich nur dann experimentell bearbeiten, wenn man ein System zur Hand hat, das zunächst nicht polarisiert ist. Nun gibt es kaum Zellen oder vielzellige Systeme, für die das zutrifft. Erinnern wir uns nur an die Eizelle im Embryosack (Abb. 23.19). Eine der wenigen Ausnahmen sind die Eizellen und sogar noch die Zygoten der Braunalgengattung *Fucus.* Das Eindringen des Spermatozoids macht sich hier nur dann als polarisierender Faktor bemerkbar, wenn keine anderen, stärker polarisierenden Außenfaktoren einwirken.

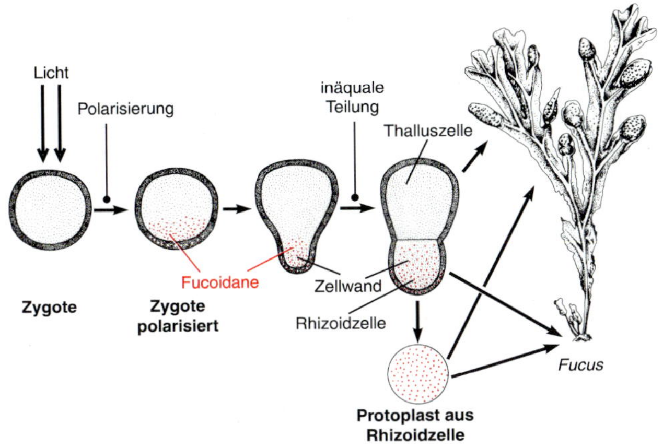

Abb. 19.3.
Entwicklung von Fucus: Polarisierung, inäquale Teilung sowie Bildung des Thallus- und Rhizoidteils. Der polare Transport von Fucoidanen zum Rhizoidpol (vgl. Abb. 19.6) und ihre Lokalisierung in der entstehenden Zellwand ist angedeutet. Eines der Experimente mit isolierten Protoplasten zum Nachweis einer Fixierung der Polarität über Zellwandkomponenten ist wiedergegeben: ein Protoplast aus einer Rhizoidzelle, also einer Zelle ohne Zellwand, ist fähig, eine komplette Pflanze mit Thallus- und Rhizoidteil zu regenerieren (Fucus aus Walter *1952).*

Zunächst zum Entwicklungsgang von *Fucus* (Abb. 19.3). Rund 15 Stunden nach der Befruchtung nimmt die Zygote eine leicht birnenförmige Gestalt an, läßt also eine inzwischen erfolgte Polarisierung erkennen. Nach ungefähr 9 weiteren Stunden ist die erste mitotische Zellteilung abgelaufen: zwei auch äußerlich voneinander verschiedene Zellen sind entstanden, die Rhizoid- und die Thalluszelle. Denn aus der einen entwickelt sich nun das Rhizoid, aus der anderen der Thallus. Die Entstehung der beiden Zellen ist ein Musterbeispiel für eine inäquale Teilung. Wir werden darauf noch eingehen.

Induktion

Noch nicht polarisierte Fucus-Zygoten wurden in verschiedenartige Gradienten eingebracht, um die Art der Polbil-

Polarisierende Außenfaktoren		Ausrichtung des Rhizoidpols	
Lichtgradient			
pH-Gradient	basisch		sauer
Elektr. Feld	–		+
Ionengradient (K^+ od. Ca^{++})	nied. Konz.		hohe Konz.

Abb. 19.4.
Polarisierung der Fucus-Zygote unter der Einwirkung verschiedener Außenfaktoren.

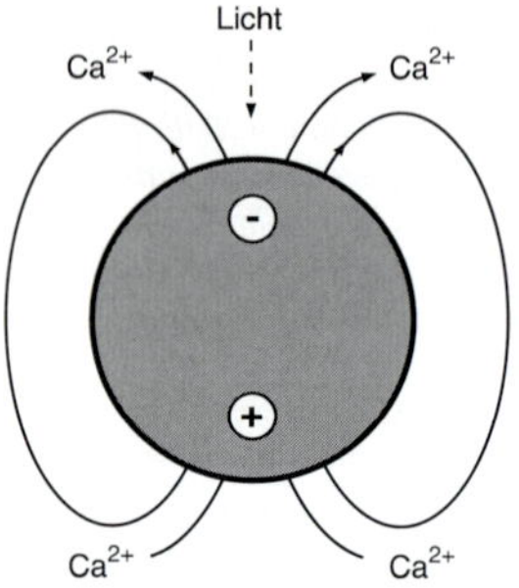

Abb. 19.5.
Ca^{2+}-Strömung in durch einseitige Belichtung polarisierten Braunalgen-Zygoten. Die Ca^{2+}-Ionen strömen am Rhizoidpol ein und am Thalluspol aus. Dadurch erhält der Rhizoidpol auch eine positive, der Thalluspol eine negative Ladung, die Ursache für eine entsprechende Verlagerung geladener Stoffe sein können.

dung zu überprüfen (Abb. 19.4). Die Rhizoidzelle bildete sich

- in einem Lichtgradienten, also bei einseitiger Belichtung, nach der Schattenseite,
- in einem pH-Gradienten in Richtung des niederen pH-Wertes,
- in einem elektrischen Feld nach dem positiven Pol,
- in Ionen-Gradienten (z.B. Ca^{2+}) nach der höheren Konzentration hin aus.

Soweit zu polaritäts-induzierenden Außenfaktoren. Doch wie könnten sie wirksam werden? Entscheidend scheint die Induktion und Ausrichtung eines Stroms von Ca^{2+}-Ionen durch die Zygote zu sein, über den eine Polaritätsachse geschaffen wird: am späteren Rhizoidpol strömen Ca^{2+}-Ionen ein, am späteren Thalluspol aus (Abb. 19.5). Da Ca^{2+}-Ionen als sekundäre Messenger bekannt sind, lassen sich an einen Ca-Gradienten zwanglos weitere Phänomene anschließen, die dann ebenfalls polar differenziert sind.

Fixierung

Für die Fixierung der Polarität dürfte einmal eine entsprechende Gestaltung des *Cytoskelettes* wichtig sein. Microtubuli und Microfibrillen anderer Art wie z.B. Actinfilamente verlaufen längs durch die Zelle. Sie sind für eine polare Verteilung weiterer Stoffe, ja sogar von Organellen, richtungsweisend.

Für eine bleibende Fixierung der Polarität dürften aber vor allem polar ausgebildete Strukturen der *Zellwand am Rhizoidpol* von Bedeutung sein. Schon bevor die Zygote die ty-

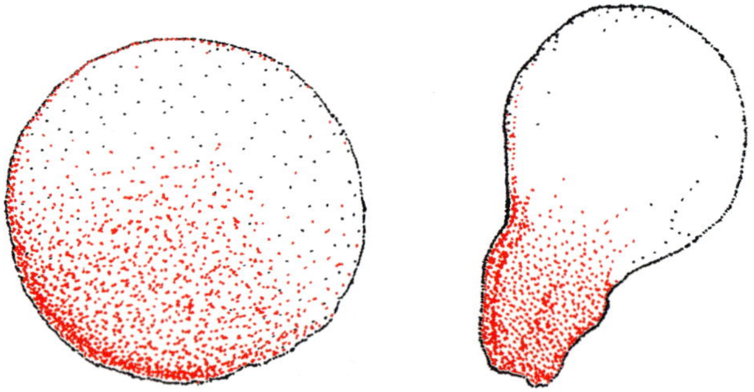

Abb. 19.6.
Polarisierte Zygote (a) und zweizelliger Embryo (b) von Fucus. Über Anfärbung mit Toluidinblau wurden die Fucoidane sichtbar gemacht, die sich in der polarisierten Zygote (a) zum Rhizoidpol hin verlagern und im Zweizellstadium (b) in der Wand der Rhizoidzelle integriert sind (gezeichnet nach Fotos in QUATRANO *and* SHAW *1997).*

pisch birnenförmige Gestalt annimmt, läßt sich feststellen, daß sich Golgivesikel mit bestimmten Zellwandkomponenten (sulfatisierte Polysaccharide, sog. Fucoidane) in Richtung Rhizoidpol bewegen und dort ihren Inhalt über Exocytose in die wachsende Wand abgeben (Abb. 19.6).

Die so am Rhizoidpol geschaffenen Wandstrukturen bedeuten eine Fixierung der Polarität, die offensichtlich über das Plasmalemma in das Cytoplasma hinein rückwirkt. Die Rolle der Zellwand wird besonders durch Experimente mit Protoplasten, also Zellen ohne Zellwand, gestützt (Abb. 19.3). In Protoplasten aus *Fucus*-Zygoten läßt sich zwar über Belichtung die übliche Polarität – Rhizoidpol auf der Schattenseite – induzieren, aber nicht fixieren. Sogar Protoplasten aus dem Zweizellstadium können mit der Entfernung der Zellwand die bereits gegebene polare Differenzierung wieder verlieren: Protoplasten aus Rhizoidzellen verhalten sich wie Zygoten vor der Polarisierung und lassen sich durch Belichtung dazu bringen, wie eine polarisierte Zygote Rhizoid- *und* Thallus-Zellen zu bilden. Nach diesen Befunden kommt also der Zellwand eine ausschlaggebende Rolle bei der Fixierung der Polarität zu.

19.2 Inäquale Zellteilungen

Worum es sich bei inäqualen Teilungen handelt, zeigt uns die erste Teilung der *Fucus*-Zygote: eine Zelle, hier die Zygote, war durch einen richtenden Faktor, bei *Fucus* meist das Licht, polarisiert worden. Inhaltsstoffe und Strukturen waren an den beiden Polen der Zelle voneinander verschieden (Abb. 19.3; 19.6). Wenn nun eine Zellteilung senkrecht zur Polaritätsachse erfolgt, resultieren zwei voneinander verschiedene Tochterzellen. Die betreffende Teilung war also in Bezug auf Stoffe und Strukturen außerhalb der Chromosomen ungleich, inäqual. Die chromosomalen Erbfaktoren dagegen werden, wie für Mitosen die Regel, »erbgleich« verteilt.

Von einer inäqualen Teilung spricht man dann, wenn bei einer Zellteilung zwar die chromosomalen Gene gleich, extrachromosomale Stoffe und Strukturen dagegen ungleich auf die Tochterzellen verteilt werden.

Sind erst einmal verschiedenartige Tochterzellen gegeben, läßt sich verstehen, daß über die uns bekannten Regulationsmechanismen, zu denen auch die Steuerung der Genexpression gehört, in jeder der Zellen andere Stoffwechselprozesse eingeleitet oder gehemmt werden können. Die beiden Zellen schlagen dann auch jeweils andere Differenzierungsrichtungen ein. Die Folge davon kann ein Muster unterschiedlich differenzierter Zellen sein.

Bevor wir weiter analysieren, zunächst einige Belege für inäquale Zellteilungen.

19.2.1 Erste Teilung der Zygote

Die Eizelle und damit auch die Zygote z. B. des Hirtentäschels (*Capsella bursa-pastoris*) sind stark polarisiert. Der Zellkern liegt in der in Abb. 19.7 unteren Hälfte, die obere Hälfte ist stark vakuolisiert. Die erste Teilung ist nun inäqual. Aus der unteren, kleineren Zelle entwickelt sich der eigentliche Embryo, aus der oberen Zelle der Suspensor, der der Verankerung und Ernährung des wachsenden Embryos dient. Die mit der Zygote vorgegebene Polarität wird in der ersten, inäqualen Teilung sozusagen festgeschrieben und während der ganzen folgenden Entwicklung beibehalten.

19.2.2 Spaltöffnungsentwicklung

Die Entwicklungsgeschichte der Spaltöffnungen war früher eine beliebte Gedächtnisschulung für Praktikanten. Denn man kennt eine große Anzahl verschiedener Typen, die sich alle mit wohlklingenden Namen belegen lassen. Im Prinzip ist es aber immer so, daß sich eine »Urmutterzelle« inäqual teilt. Die in der Regel kleinere, plasmareichere, mit einem

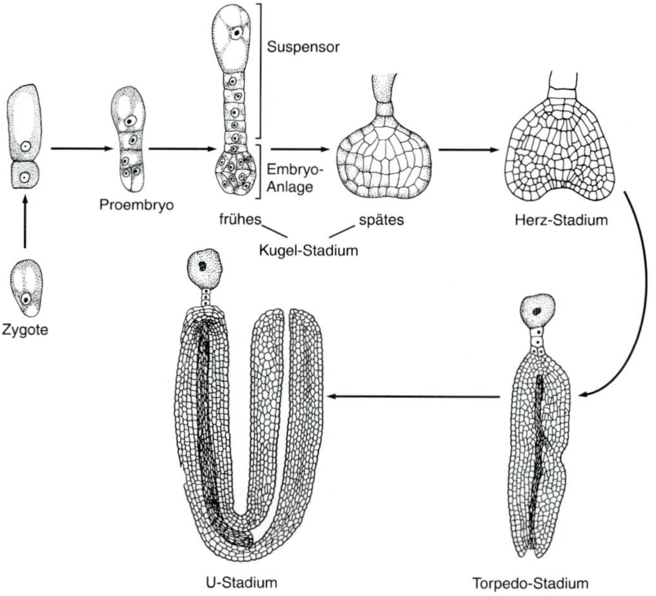

Abb. 19.7. Embryonalentwicklung von Capsella bursa-pastoris (ergänzt aus Heß 1992).

größeren Kern ausgestattete Tochterzelle macht dann noch mehr oder weniger zahlreiche Teilungen durch, bis schließlich die Schließzellenmutterzelle angeliefert wird, die sich in die beiden Schließzellen teilt.

Am einfachsten ist die Situation bei vielen Monokotyledonen (Abb. 19.8). Eine Urmutterzelle teilt sich inäqual in eine größere und eine kleinere, plasmareiche Tochterzelle. Die kleine Tochterzelle ist hier nun aber auch schon die Schließzellenmutterzelle: Sie teilt sich längs in die beiden Schließzellen. Diese Längsteilung kann aber auch unterbleiben, dann entstehen »Kurzzellen«, die besondere Differenzierungen eingehen können. So kann in ihnen reichlich Kieselsäure eingelagert werden.

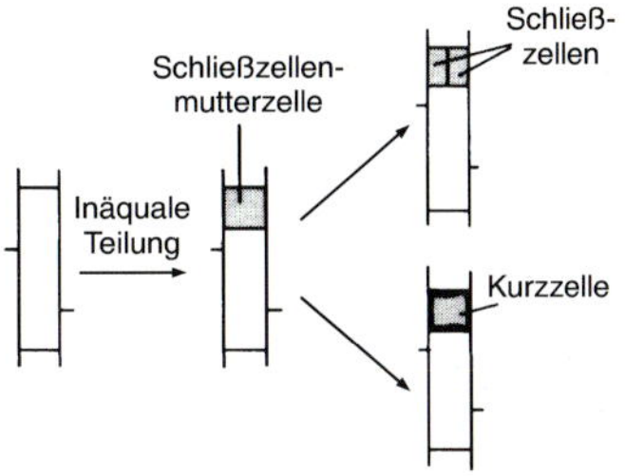

Abb. 19.8.
Inäquale Zellteilung bei der Entwicklung von Spaltöffnungsapparaten und Kurzzellen bei Monokotyledonen.

19.2.3 Wurzelhaarbildung

Bei manchen Arten kann jede oder nahezu jede Zelle der Rhizodermis zu einem Wurzelhaar auswachsen. In vielen Fällen bilden sich Wurzelhaare jedoch nur aus ganz bestimmten Zellen der jungen Rhizodermis, den Trichoblasten. Solche Trichoblasten entstehen über inäquale Zellteilungen: Eine Zelle der jungen Rhizodermis teilt sich in eine größere und eine kleinere, plasmareichere Zelle. Das Schicksal der größeren Zelle ist verschieden. Sie kann sich noch mehrfach teilen, es ist aber auch möglich, daß sie sich wie bei *Phleum* nicht mehr teilt, aber stark in die Länge streckt. Der Trichoblast teilt sich nicht mehr – er kann aber an Stelle der Mitosen Endomitosen durchlaufen – und streckt sich sehr viel weniger. Dafür wächst aus ihm das Wurzelhaar aus (Abb. 19.9).

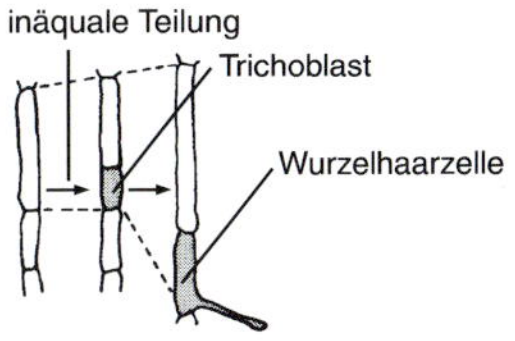

Abb. 19.9.
Inäquale Zellteilung bei der Wurzelhaarbildung von Phleum (verändert nach Rorrey 1968).

19.2.4 Die erste Pollenmitose

Unmittelbare Produkte der Meiosis in den Pollensäcken sind zunächst haploide, einzellige Pollenkörner. In einer früher oder später anschließenden weiteren *mitotischen* Teilung, der 1. Pollenmitose, entsteht aus jeder Pollenzelle eine vegetative und eine generative Zelle. Diese 1. Pollenmitose ist inäqual. Die vegetative Zelle ist größer und führt in ihrem Cytoplasma mehr Ribonucleoprotein. Ihr Kern ist groß und diffus gebaut. Die generative Zelle ist sehr viel kleiner, führt weniger Ribonucleoprotein in ihrem Cytoplasma und besitzt einen kleinen, aber dicht gepackten Kern (Abb. 19.10). Sie wird oft allseitig von der vegetativen Zelle umgeben. Auf den Narben wächst die vegetative Zelle zum Pollenschlauch

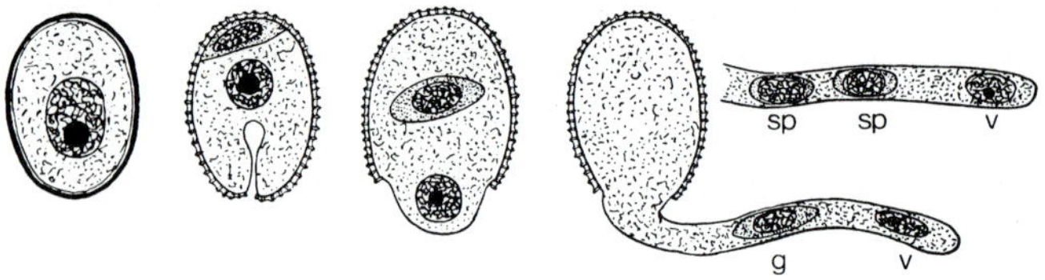

Abb. 19.10.
Inäquale Zellteilung bei der ersten Pollenmitose von Lilien und weitere Pollenentwicklung. g = generative, v = vegetative Zelle. Die generative Zelle macht eine zweite Mitose zu den beiden Spermazellen durch (sp), die hier erst während des Auswachsens des Pollenschlauchs erfolgt (aus WALTER 1962).

aus, die generative Zelle macht eine 2. Pollenmitose durch, die die zwei Spermazellen liefert.

Die vegetative Zelle ist während des von ihr gesteuerten Pollenschlauch-Wachstums hochaktiv. Dementsprechend läßt sich in ihr im Zweizellstadium eine hohe, in der generativen Zelle eine nur verschwindend geringe Genexpression feststellen.

Die Beispiele für inäquale Zellteilungen ließen sich leicht vermehren. Es seien nur noch die Bildung von Siebröhren und Geleitzellen bei den Angiospermen, von Elateren und Sporenmutterzellen bei den Lebermoosen und von Hyalin- und Chlorophyllzellen bei den Torfmoosen erwähnt.

Diese Fälle wortwörtlich offensichtlich inäqualer Zellteilungen sind nur die Spitze des Eisbergs. Weitaus häufiger sind inäquale Zellteilungen, die man nicht ohne weiteres als solche erkennen kann. Doch auch ohne sie ist unsere Beweisführung für die Existenz inäqualer Zellteilungen überzeugend genug. Inäquale Zellteilungen können hinter Erscheinungen der Differenzierung stehen.

Doch erinnern wir uns daran, daß die Mutterzelle selbst zunächst eine ungleiche Verteilung von Stoffen und Strukturen aufweisen mußte. Als richtenden Faktor hatten wir bei *Fucus* bereits die Polarität kennengelernt. Bei den genannten Beispielen ist sie auch bei der ersten Teilung der Zygote und aller Wahrscheinlichkeit nach auch bei der Bildung der Trichoblasten mit im Spiel. Aber wie steht es mit der inäqualen Zellteilung bei der Entwicklung von Spaltöffnungen? Ein richtender Einfluß der Polarität läßt sich hier nicht in jedem Fall erwarten.

Die Polarität in Kombination mit inäqualen Zellteilungen ist eine wichtige, aber nicht die einzige Triebkraft von Differenzierung und Musterbildung. Erinnern wir uns nur an die inneren und äußeren Faktoren, die auf die Entwicklung Einfluß nehmen können. Wie und wie stark sie auf eine gegebene Zelle einwirken, hängt von der Lage, der *Position* dieser Zelle im pflanzlichen Organismus ab, ist also auch ein Positionseffekt. Damit kommen wir zu den Begriffen Positionsinformation und Positionskontrolle.

19.3 Positionseffekte

Kommen wir wieder auf die Regeneration von Wurzeln und Sprossen an unserem Weidenzweig zurück (Abb. 19.2). Ganz offensichtlich sind die Zellen an den Enden über ihre Position im gesamten Steckling orientiert und bleiben es auch, wenn man ihn um 180 ° dreht. Die Information basiert hier in erster Linie auf der Polarität des Zweiges. Sie ist Ursache für u. a. den ebenfalls polaren Transport der IES, der bei der beobachteten Regeneration mit im Spiel ist. Denn es kommt zu einem IES-Stau am morphologisch unteren Ende, über den die Ausbildung von sproßbürtigen Wurzeln gefördert wird. Vöchting hat mit auf Grund dieses Regenerationsexperimentes schon 1877 formuliert: »Und zwar ist es in erster Linie der Ort an der Lebenseinheit, welcher die Funktion der Zelle bestimmt.« Einhundert Jahre später faßt der Entwicklungsphysiologe die gleiche Erkenntnis in moderner klingende Worte (→).

Eine Zelle, die sich in einer bestimmten Position im lebenden System befindet, kann entsprechende Informationen erhalten, über die ihre Reaktionsweise kontrolliert wird. Die betreffende Information bezeichnet man als Positionsinformation, die ausgeübte Kontrolle als Positionskontrolle. Beide zusammen führen zu einer lokalen Einflußnahme auf Differenzierung und Musterbildung, die als *Positionseffekt* bezeichnet wird.

Stoffliche Gradienten spielen bei Positionseffekten eine wichtige Rolle. An ihrer Ausbildung kann wie im Beispiel des Weidenzweigs die Polarität beteiligt sein. Jedoch gibt es auch andere Möglichkeiten, wie wir noch erfahren werden.

19.4 Streckungswachstum

19.4.1 Das Phänomen

Beginnen wir mit einem frühen Prozeß der Differenzierung, der Positionseffekte widerspiegelt und damit auch ein Beispiel für eine Musterbildung darstellt, dem Streckungswachstum. Doch zunächst zu seiner Definition:

Wachstum wird in der Regel als irreversible Volumenzunahme definiert. Daraus ergibt sich die Definition des Streckungswachstums (→).

Unter Streckungswachstum versteht man eine irreversible Volumenzunahme entlang einer bestimmten Achse.

Nur verhältnismäßig wenige Zellen im Apikalmeristem des Sprosses – für das Apikalmeristem der Wurzel gilt entsprechendes – sind voll teilungsaktiv. Sproßabwärts nimmt die Teilungsaktivität mehr und mehr ab, bis schließlich Tochterzellen entstehen, die sich nicht mehr teilen, sondern sich zu strecken beginnen. Mit hoher Wahrscheinlichkeit handelt es sich dabei um einen Positionseffekt, basierend auf der Verschiebung aus dem Bereich des Apikalmeristems heraus. Jedenfalls bildet sich wieder ein Muster: Das Apikalmeristem mit Zellen im Teilungswachstum und ein davon abgeleiteter Bereich mit Zellen im Streckungswachstum.

Die »Große Periode des Wachstums» als Musterbildung

Das äußerlich sichtbare Wachstum der Pflanzen basiert überwiegend auf der Streckung von Zellen, die aus den meristematischen Teilungszonen angeliefert worden sind. Nur ein Beispiel für die Dimensionen des Streckungswachstums: In der gesamten Streckungszone der Maiswurzel registriert man einen Zuwachs von ca. 20% pro Stunde. Innerhalb dieser Zone ist die Streckung aber nicht gleichmäßig. In einer Hauptstreckungszone beträgt der Zuwachs 40% pro Stunde, während er im übrigen Streckungsbereich geringer ist. Um noch absolute Werte zu nennen: Die Geschwindigkeit des Streckungswachstums liegt, von Ausnahmen wie bestimmten Gräsern oder Pollenschläuchen abgesehen, in der Größenordnung von einigen µm/min.

Eben war von einer Hauptstreckungszone die Rede. Wir kommen damit zu einem Phänomen, das schon dem Pflanzenphysiologen Julius Sachs (1832–1897) bekannt war und mit »große Periode des Wachstums« umschrieben wird. Es handelt sich um folgendes: Jede einzelne Zelle streckt sich zunächst wenig, dann maximal, bis das Streckungswachstum schließlich wieder erlischt. Sie durchläuft also in der Tat eine Periode des Wachstums. Was für die einzelnen Zellen gilt, trifft auch für die Organe zu, die von diesen Zellen aufgebaut werden. Man findet in ihnen eine Hauptstreckungszone, eben den Bereich, in dem sich die vom Meristem angelieferten Zellen maximal strecken (Abb. 19.11). Damit ergibt sich wieder eine Musterbildung, jetzt sogar innerhalb des Gesamtphänomens »Streckungswachstum«.

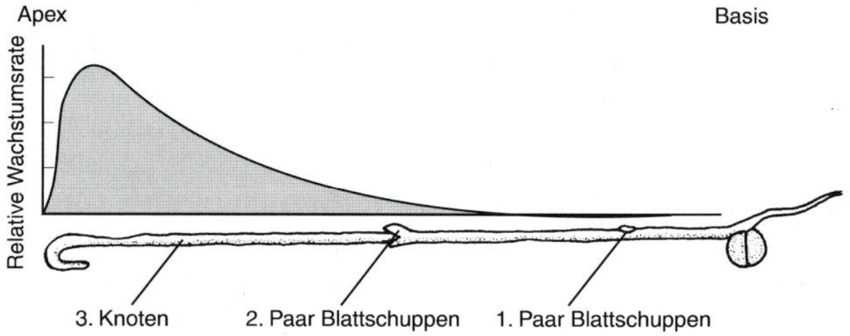

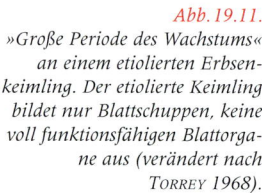

Abb. 19.11. *»Große Periode des Wachstums« an einem etiolierten Erbsenkeimling. Der etiolierte Keimling bildet nur Blattschuppen, keine voll funktionsfähigen Blattorgane aus (verändert nach Torrey 1968).*

19.4.2 Die Saugkraftgleichung

Es ist allgemein bekannt, daß ein Konzentrationsausgleich durch Diffusion eintritt, wenn man in einem Glasgefäß zwei verschieden konzentrierte Saccharoselösungen vorsichtig übereinanderschichtet. Moleküle des Lösungsmittels Wasser diffundieren in die konzentriertere Saccharoselösung und ebenso diffundieren Moleküle der Saccharose in die weniger konzentrierte Lösung, bis schließlich der Ausgleich erreicht worden ist. Eine solche Diffusion kann auch durch eine Membran hindurch erfolgen. Nun sind die Membranen der biologischen Systeme nicht für alle Moleküle gleich gut durchlässig. Es kann sein, daß eine solche biologische Membran zwar das Lösungsmittel, nicht aber den gelösten Stoff passieren läßt. Man bezeichnet eine derartige Membran als *semipermeabel*. Eine Diffusion durch eine semipermeable Membran nennt man *Osmose*. Die Pflanzenzelle ist ein osmotisches System. Zwei semipermeable Membranen sind für ihren Wasserhaushalt besonders wichtig, das Plasmalemma unmittelbar innerhalb der Zellwand und der Tonoplast, der die Vakuole umgibt. Zwischen beiden liegt das Cytoplasma mit seinen Organellen. Man sollte nicht vergessen, daß das Cytoplasma sehr wohl seinen Anteil am Wasserhaushalt der Zelle hat. Es sei nur auf die Möglichkeit der Quellung der Proteine hingewiesen. Aber sehr viel entscheidender ist der Inhalt der Vakuole. Denn ihr Zellsaft ist eine oft hochkonzentrierte Lösung von Zuckern, Glykosiden, organischen Säuren und manchmal auch anorganischen Salzen, um nur einige osmotisch wirksame Zellsaftbestandteile zu nennen.

Die semipermeablen Membranen der Zelle lassen Wasser hindurchtreten, die eben genannten osmotisch wirksamen Stoffe dagegen nicht oder kaum. Bringen wir unsere Zelle nun in Wasser oder in eine wässerige Lösung niedriger Konzentration ein. Dann werden Wassermoleküle im Zuge des Konzentrationsausgleichs geradezu in die Vakuole hineingesogen. Man spricht deshalb von einer Saugkraft des Zellsaftes oder *Saugspannung* der Vakuole. Durch die Wasseraufnahme in die Vakuole hinein dehnt sich die Zelle aus, sie entwickelt einen *Turgordruck*, eine Turgeszenz. Die Dehnung geht allerdings nicht unbegrenzt bis zum Konzentrationsausgleich zwischen Zellsaft und Außenmedium weiter. Die Dehnbarkeit der Zellwände und auch der Druck der umliegenden Zellen und Gewebe wirken dem Turgor entgegen und setzen der weiteren Ausdehnung schließlich ein Ende, auch wenn der Konzentrationsausgleich noch nicht erfolgt sein sollte. Diese Situation faßt man in der *osmotischen Zustandsgleichung* zusammen:

(1) $S = \pi^* - (P \pm A)$

Dabei ist S die *Saugspannung* der Zelle, π^* der osmotische Wert oder *potentielle osmotische Druck* des Zellsaftes, P der *Wanddruck* und A der *Außendruck* des umliegenden Gewebes. Dieser Außendruck kann den Wanddruck nicht nur verstärken (+A), sondern gegebenenfalls auch reduzieren (–A).

Liegt eine einzelne Zelle, z.B. eine einzellige Alge vor, dann gilt die vereinfachte Gleichung:

(2) $S = \pi^* - P$,

in der der Außendruck umliegender Zellen entfällt.

Man kann sich leicht selbst davon überzeugen, daß die Pflanzenzelle tatsächlich ein solches osmotisches System ist. Man führt dazu eine *Plasmolyse* durch. Als Objekt wählen wir *Rhoeo discolor*, von deren Blättern wir die untere Epidermis abziehen. Das Lumen der Epidermiszellen wird fast völlig von einem durch gelöste Anthocyane rot gefärbten Zellsaftraum eingenommen, das Cytoplasma beschränkt sich auf einen dünnen, unter dem durchschnittlichen Mikroskop nicht sichtbaren Wandbelag. Nun bringen wir die Epidermiszellen in eine Lösung mit einem höheren osmotischen Wert, als ihn ihr Zellsaft aufweist, z.B. in Glycerin. Dann wird Wasser aus der Vakuole durch den Plasmaschlauch hindurch in das Außenmedium diffundieren. Die Vakuole wird durch den Wasserverlust kleiner, die Zellwand wird nicht mehr durch den Turgor des Zellinhaltes gedehnt, das Außenmedium tritt durch die Zellwand hindurch, der Plasmabelag löst sich von der Zellwand und folgt der sich weiter verkleinernden Vakuole (Abb.19.12). Da der plasmatische Belag sich von der Zellwand löst, spricht man von Plasmolyse. Wenn man die Plasmolyse nicht allzu lange ausdehnt und die Zellen dadurch irreversibel schädigt, kann man sie in einer Deplasmolyse wieder rückgängig machen. Man legt die Epidermiszellen dazu einfach in Wasser. Nun hat der Inhalt der Vakuole, der durch den vorhergehenden Wasserentzug ja noch konzentriert wurde, den höheren osmotischen Wert. Wasser tritt durch den Plasmaschlauch in die Vakuole ein, die sich zunehmend vergrößert, bis schließlich der Ausgangszustand wieder hergestellt wird.

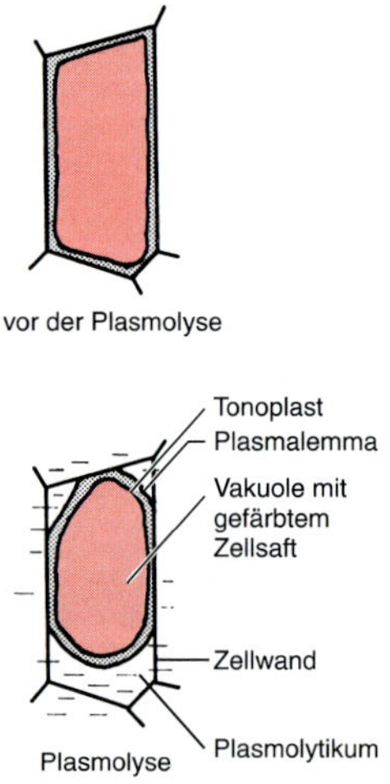

Abb.19.12. Plasmolyse. Cytoplasmaschlauch übertrieben dick dargestellt.

19.4.3 Etappen der Zellstreckung

Wir scheinen von der Besprechung des Streckenwachstums ein wenig abgekommen zu sein. Aber der Zusammenhang wird sofort klar, wenn wir jetzt erwähnen, daß bei der Zellstreckung die Vakuolen oder der zentrale Zellsaftraum unter Wasseraufnahme ganz wesentlich vergrößert werden. Das ist nur über eine Erhöhung der Saugspannung der Zelle möglich. Nach der osmotischen Zustandsgleichung (2) – der Einfachheit halber sei der Außendruck nicht berücksichtigt – kann diese Erhöhung durch eine Steigerung des potentiellen osmotischen Drucks π^* oder durch eine Verminderung des Wanddrucks P erreicht werden.

Lösen von Haftpunkten und plastische Dehnung der Zellwand

Zwischen der Intensität der Streckung und der Konzentration an osmotisch wirksamen Substanzen in der Vakuole läßt sich zwar manchmal, aber keineswegs immer eine Korrelation finden. Somit bleibt die Alternative: Verminderung des Wanddruckes.

Die Erniedrigung des Wanddruckes wird dadurch erreicht, daß die plastische Dehnbarkeit der Zellwand erhöht wird. Dazu werden Haftpunkte zwischen den Makromolekülen der Zellwandbestandteile gelöst, die Wand wird plastisch gedehnt und nach erfolgter Streckung werden dann neue Haftpunkte geknüpft. In den zur Streckung befähigten primären Zellwänden finden sich Makromoleküle der verschiedensten Art, wie wir gleich erfahren werden. Sie alle könnten über funktionelle Gruppen miteinander in Verbindung treten, d.h. aber Haftpunkte ausbilden. Die zentrale Frage muß dann sein, welche dieser Haftpunkte beim Streckungswachstum gelöst werden. Die erste Etappe der Streckung besteht jedenfalls im Lösen von Haftpunkten, über die die Saugspannung der Zellen erhöht wird. Es kommt zum Einströmen von Wasser in die Vakuole und zur plastischen Dehnung in Längsrichtung, also zur Zellstreckung.

Verstärkungswachstum der Zellwand

Bei starker Zellstreckung und damit plastischer Dehnung der Wand werden die verschiedenartigen Wandfibrillen so weit voneinander entfernt, daß eine Verstärkung der Zellwand erforderlich wird. Dabei handelt es sich in einigen Fällen, so beim Spitzenwachstum der Pollenschläuche oder Wurzelhaare, um ein *Intussusceptionswachstum*, bei dem neues Wandmaterial in die durch Streckung geweiteten Maschen des Fibrillennetzes eingelagert wird. In der Regel kommt es jedoch zu einem *Appositionswachstum*, zu einer Auflagerung neuer Wandschichten auf die ursprüngliche, gedehnte Wand. Dabei werden neue Netze von Fibrillen vom Zellinneren her gleichsam auf das alte, ausgeweitete Wandnetz aufgeworfen. Man spricht deshalb von einem »*multi-net-grow*«, einem »Viel-Netz-Wachstum«. Abb. 19.13 demonstriert diese Form eines Appositionswachstum«, wobei an Fibrillen nur die maßgebenden Cellulose-Mikrofibrillen zu sehen sind.

Die Verstärkung der Zellwand über entsprechende Wachstumsprozesse bedeutet eine zweite Etappe der Zellstreckung.

Mikrotubuli und Ausrichtung der Cellulose-Mikrofibrillen. Kommen wir noch einmal auf Abb. 19.13 zurück. Uns interessiert jetzt die Streichrichtung der Cellulose-Mikrofibrillen. Man erkennt, daß sie in der jeweils jüngsten Schicht senkrecht zur Längsachse verläuft. Bei der weiteren Dehnung wird dann diese primäre Ausrichtung aufgegeben. Die Mikrofibrillen orientieren sich zunehmend auch parallel zur Streckungsachse.

Mit dieser Umordnung geht aber auch der Kontakt der betreffenden Schicht mit dem Plasmalemma verloren. Denn es werden von dort aus neue Cellulose-Mikrofibrillen-Netze gebildet, die die jeweils älteren nach außen abdrängen. Die Streichrichtung senkrecht zur Längsachse wird offensichtlich nur im Kontakt mit der Zelloberfläche aufrechterhalten (Seite 163). Sollte die Biosynthese so gerichtet sein, daß dadurch die beobachtete Anordnung der Cellulose-Mikrofibrillen zustande kommt? Und wenn ja, wodurch wird diese Ausrichtung bedingt?

Hier kommen die *Mikrotubuli* ins Spiel. Bei ihnen handelt es sich um Mikrofilamente von Proteincharakter, kleine

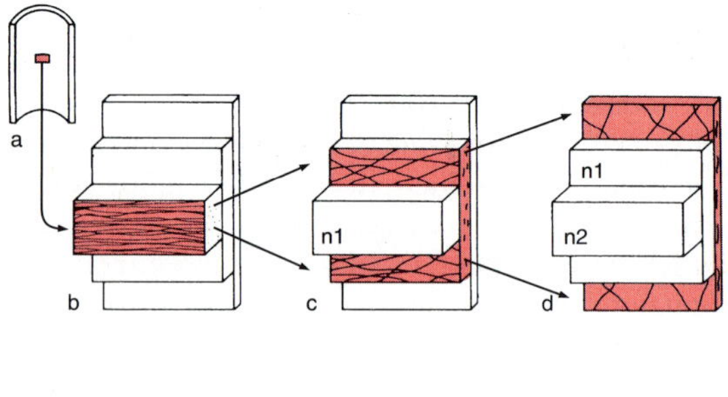

Abb. 19.13.
Das »multi-net-growth« der Primärwand. Ein Stück aus der Primärwand (a) wird herausgenommen. Die Maschen des zuletzt vom Plasmalemma aus gebildeten Netzwerks (rot) sind zunächst noch eng. Die Cellulose-Mikrofibrillen verlaufen senkrecht zur Längsachse, die auch Streckungsachse ist (b). Bei Dehnung durch die Zellstreckung weiten sich die Maschen aus und die Cellulose-Mikrofibrillen reorientieren sich (c und d). Zur Verstärkung des gedehnten originären Netzwerks werden vom Plasmalemma her wiederholt neue Netze aufgelegt, von denen hier zwei ausschnittsweise wiedergegeben wurden (n1 in c; n1, n2 in c und d) (verändert aus Wareing *and* Philips *1979).*

Röhren aus 13 Reihen von Proteinpaketen, die man Tubuline nennt. Jedes Tubulin besteht aus einer α- und einer β-Einheit, ist also ein Heterodimer (Abb. 19.14).

Was ihre Funktion angeht, sind Mikrotubuli wesentliche Komponenten des Spindelfaser-Apparates bei der Kern- und Zellteilung. Im Cytoplasma sind sie Bestandteile des Cytoskeletts. Sie bilden dort offensichtlich auch eine Art Gleitbahnen bei der Wanderung von mit Zellwandbestandteilen gefüllten Golgivesikeln in Richtung Plasmalemma (Seite 172 und 448). Auch bei der Ausrichtung der Cellulose-Mikrofibrillen könnten sie orientierend wirken. Denn die Mikrotubuli im peripheren Bereich des Cytoplasmas verstreichen ebenso senkrecht zur Streckungsachse der Zelle wie die Cellulose-Mikrofibrillen auf dem darüberliegenden Plasmalemma. Man nimmt an, daß die betreffenden Mikrotubuli als Matrize für die Ausrichtung der Cellulose-Mikrofibrillen *in statu nascendi* dienen.

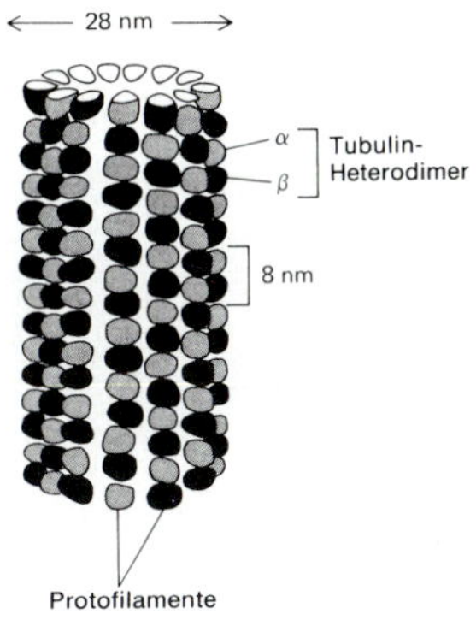

Abb. 19.14.
Räumliche Darstellung eines kurzen Abschnitts eines Mikrotubulus (aus ALBERTS et al. 1986).

19.4.4 Art der Haftpunkte, ihre Lösung und Zellstreckung

In der ersten Etappe des Streckungswachstums kommt es zum Lösen von Haftpunkten und infolgedessen zur plastischen Dehnung der Wand. Das bedeutet aber, daß in dieser Etappe die eigentliche Streckung stattfindet. Wir müssen uns deshalb mit ihr eingehender befassen. Die für den Mechanismus der Streckung entscheidende Frage hatten wir schon genannt: Welches sind denn die zu lösenden Haftpunkte?

Zusammensetzung und Streckungsfähigkeit der Zellwand

Von der Mittellamelle abgesehen besteht die pflanzliche Zellwand aus der *Primär-* und der *Sekundärwand*. In beiden findet sich Cellulose in Form von Mikrofibrillen. Deren Streichrichtung ist jedoch unterschiedlich. Die eben erwähnten Netze von Mikrofibrillen (Abb. 19.13) zusammengenommen machen die Primärwand aus. Trotz der Querausrichtung der Fibrillen im peripheren Cytoplasma ist insgesamt gesehen – man projiziere die einzelnen Netze der Primärwand übereinander – doch keine definierte Streichrichtung vorhanden. Man spricht deshalb von einer *Streutextur der Primärwand*. Demgegenüber weisen die einzelnen Schichten der Sekundärwand eine in der jeweiligen Schicht übereinstimmende Ausrichtung auf. Diese kann von Schicht zu Schicht

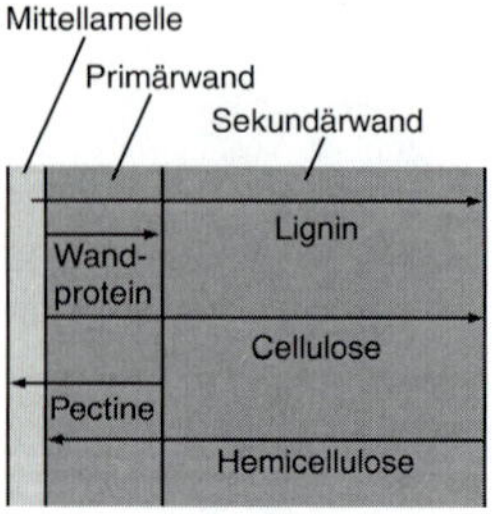

Abb. 19.15.
Schema der Zusammensetzung einer Zellwand, z. B. eines Xylemelements. Die Pfeile geben an, in welcher Richtung die Konzentrationen der angegebenen Stoffe zunehmen (verändert nach BRYANT *1976).*

wechseln. In einer gegebenen Schicht der *Sekundärwand* findet sich eine *Paralleltextur*.

Nur die Primärwand ist streckungsfähig. Auf sie muß also die Frage nach der Art der Haftpunkte bezogen werden. Abb. 19.15 orientiert über die wichtigsten Bestandteile der Zellwand. Die Sekundärwand interessiert uns hier nicht weiter. Es sei nur erwähnt, daß schon ihre starke Inkrustierung mit Lignin jegliche Streckung unterbinden würde. In der Primärwand sind Cellulose-Mikrofibrillen in eine Matrix aus Hemicellulosen, Pektinstoffen und Wandprotein eingelagert (auf Chemie der genannten Stoffe vgl. Seite 161ff.). An Cellulose-Mikrofibrillen setzen zunächst Xyloglukane (Abb. 3.17), also Hemicellulosen an. Arabinogalactane, ein anderer Typ von Hemicellulosen, legt die Verbindung zwischen den Xyloglukanen und Rhamnogalacturonanen (Abb. 3.18), also Pektinstoffen. Entscheidend wichtig ist nun, daß mit einer Ausnahme alle beteiligten Bindungen recht stabil, weil kovalent sind. Die Ausnahme sind die Bindungen zwischen den Xyloglukanen und den Cellulose-Mikrofibrillen. Denn bei ihnen handelt es sich um vergleichsweise schwache Wasserstoffbrücken.

Das »Säurewachstum«

Bringt man *Avena*sektionen in ein entsprechendes Medium ein, so strecken sie sich je nach den speziellen Gegebenheiten mehr oder weniger stark. Dies ist die Grundlage für den schon besprochenen *Avena*sektions-Test auf IES (Seite 344). Denn IES im Medium führt zu einer raschen Streckung, deren Ausmaß von der Konzentration des Wuchsstoffes abhängt. Wenn man nun Sektionen in eine Lösung ohne IES einbringt und diese leicht ansäuert, etwa durch vorsichtiges Einleiten von CO_2, so kommt es ebenfalls zu einer rasch einsetzenden Streckung. Man spricht hier von einem »*acid growth*«, einem »Säurewachstum«. Bei Zufuhr von Protonen – das bedeutet ja die Ansäuerung – brechen aber Wasserstoffbrücken zusammen. Also könnte letztlich das Lösen von Wasserstoffbrücken in der Zellwand die Ursache für die säurebedingte Streckung sein. Die besten Kandidaten für solche unter Protonenzufuhr zu lösenden Haftpunkte haben wir eben vorgestellt: Es handelt sich um die Wasserstoffbindungen zwischen den Xyloglukanen und den Cellulose-Mikrofibrillen (Abb. 19.16). Die Parallele zwischen schnell einsetzender IES-Wirkung und ebenfalls schnell einsetzender Protonenwirkung führte zu der Hypothese, auch die IES-in-

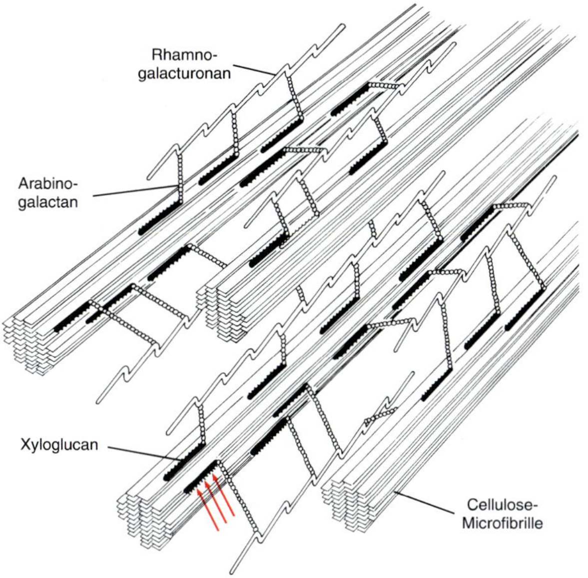

Abb. 19.16.
Modell der Zellwand. Es handelt sich um einen Ausschnitt mit den wichtigsten Komponenten. Cellulose-Mikrofibrillen sind über Wasserstoffbrücken mit Xyloglukanen verbunden, die ihrerseits über Arabinogalaktane mit langen Ketten von Rhamnogalakturonanen vernetzt sind. Die Lage der Wasserstoffbrücken zwischen Xyloglukanen und Cellulose-Mikrofibrillen, nach der Hypothese vom Säurewachstum möglicherweise Haftpunkte, wurde an einer Stelle durch rote Pfeile angegeben (verändert nach ALBERSHEIM *1975).*

duzierte Streckung könne auf das Lösen der genannten Wasserstoff-Bindungen zurückgehen. Demnach würde die IES also ein »Säurewachstum« induzieren. Damit sind wir beim Wirkungsmechanismus der IES bei der Zellstreckung angelangt.

19.4.5 Der Wirkungsmechanismus der IES bei der Zellstreckung

Der Wirkungsmechanismus der IES bei der Zellstreckung ist noch nicht restlos geklärt. Von mehreren Hypothesen dazu wird diejenige, die ein *IES-induziertes Säurewachstum* annimmt, durch zahlreiche Daten gestützt. Sie soll deshalb hier besprochen werden.

IES und Protonenpumpen im Plasmalemma

Die erste Frage muß sein: Wie kann es zur Ansäuerung in der streckungsfähigen Primärwand kommen? Die Anschlußfrage muß sein: Hat IES etwas mit dieser Ansäuerung zu tun?

Die erste Frage haben wir schon beantwortet: Es gibt ATP-abhängige Protonenpumpen im Plasmalemma, die für eine Ansäuerung im Bereich der Zellwand sorgen (Seite 351). Was die zweite Frage anbelangt, konnte seit den siebziger Jahren wiederholt demonstriert werden, daß IES einen Protonenausstoß in die Zellwand induzieren kann. Vieles spricht dafür, daß IES dabei die Aktivitität oder die Neubildung von ATP-abhängigen Protonenpumpen im Plasmalemma stimuliert (Abb.19.7).

Die IES induzierte Streckung setzt sehr rasch nach IES-Zusatz ein. Damit am besten vereinbar schien zunächst, daß IES schon vorhandene Protonenpumpen aktiviert. Denn damit entfällt die Zeit für die Synthese neuer Protonenpumpen. IES könnte dabei mit den Protonenpumpen direkt oder indirekt über einen IES-spezifischen Rezeptor im Plasmalemma Kontakt aufnehmen.

IES-Rezeptoren

Daß IES direkt mit Protonenpumpen Kontakt aufnehmen kann, ließ sich noch nicht beweisen. Was IES-spezifische Rezeptoren im Plasmalemma anbelangt, ist die Sachlage ermutigender. IES-bindende Proteine konnten wiederholt nachgewiesen werden. Das muß noch nicht bedeuten, daß es sich bei ihnen um Rezeptoren handelt. Am weitesten vorangeschritten ist die Analyse bei dem *A*uxin *b*indenden *P*rotein (*ABP*) aus Mais Koleoptilen. Es handelt sich um ein Glykoprotein, das an seinem Amino-Ende eine aus 38 Aminosäuren bestehende Polypeptidkette trägt, die als Signalpeptid fungiert. Denn ABP wird am rauhen ER gebildet und gelangt mit Hilfe des Signalpeptids in das Lumen des ER (Seite 170), wo das meiste verbleibt. Ein Teil des ABP kommt jedoch über Exocytose von Golgi-Vesikeln in den Bereich des Plasmalemmas. Dort steht es am Anfang einer im Detail noch unbekannten Signaltransduktion, die zur Zellstreckung führt. Für diese Annahme spricht vor allem, daß das Streckungswachstum von Mais-Koleoptilen durch ABP-spezifische Antikörper unterbunden werden konnte.

Von einem Rezeptor im Plasmalemma ist jedoch zu fordern, daß er in die Membran *integriert* ist. Das ist bei ABP nicht der Fall. Es mit der Außenseite des Plasmalemmas nur *assoziiert*, steht mit ihm also nur in vergleichweise lockerer Verbindung. Man nimmt an, daß sich ABP mit den eigentlichen, in das Plasmalemma integrierten Rezeptoren zu Auxin-ABP-Rezeptor-Komplexen zusammenschließt, auf die dann die biologischen Wirkungen zurückgehen.

Bedauerlicherweise, so möchte man sagen. Denn kaum hat man ein auxin-bindendes Protein gefunden, das eine

Wirkung der IES auf die Zellstreckung vermittelt, das also von daher gesehen Rezeptor sein könnte, muß man von dieser Vorstellung auch schon wieder Abstand nehmen: es handelt sich offensichtlich nur um eine der Komponenten eines unbekannten komplexen Rezeptorsystems. Die Suche nach IES-Rezeptoren geht weiter.

IES, Genaktivität und Protonenpumpen im Plasmalemma
Signaltransduktion... die Nennung des Begriffs weckt Assoziationen vor allem mit der Beeinflussung der Genaktivität. Unsere nächste Frage muß deshalb sein: Induziert IES Genaktivitäten?

IES-induzierte Genaktivität
Die Antwort lautet: Ja! Die ersten Belege dafür lieferte schon 1965 eine Gruppe von Zoologen, denen ihre angestammte Wissenschaft offensichtlich keine ansprechende Thematik bieten konnte. Sie fanden, daß Actinomycin C_1 (Abb. 1.18) bei *Avena*-Koleoptilen die IES-induzierte Streckung annullierte. Die Koleoptilen verlängerten sich in Anwesenheit von IES und Actinomycin C_1 nur um den gleichen geringen Betrag wie Kontrollen in Wasser. Entsprechende Befunde wurden seitdem wiederholt auch von Nicht-Zoologen und auch an anderen Objekten gemacht.

Wie schon erwähnt, kann eine Streckung schon sehr schnell nach IES-Zusatz eintreten. Bei Wurzelhaaren hat man nur wenige Minuten nach Einbringen in 10^{-3} M IES eine Streckung festgestellt. Auch bei Sproßsystemen wie der *Avena*-Koleoptile läßt sich eine Reaktion schon im Minuten-Bereich nachweisen – zu schnell, so glaubte man zunächst, um hier Genaktivierungen durch IES annehmen zu dürfen. Denn Genaktivierung, Transkription, Translation und weitere Reaktionen wie z. B. die Translokation von neugebildeten Proteinen sollten mehr Zeit erfordern.

Deshalb glaubte man ausschließen zu dürfen, IES-induzierte Genaktivierungen könnten schon bei den ersten, schnell einsetzenden Schritten der Streckung, der Lösung von Haftpunkten, eine Rolle spielen. Sie wurden erst für spätere Etappen wie die Verstärkung der Zellwand angenommen. Für die Bereitstellung der dazu benötigten Zellwandbestandteile sind entsprechende enzymatische Aktivitäten erforderlich. Da die neugebildeten Zellwandmaterialien mit Ausnahme der Cellulose über Golgi-Vesikel in den Bereich der Wand gelangen, muß auch das ER-Golgi-

Apparat-Transportsystem ergänzt werden. Es war plausibel, daß dabei Aktivierungen von Genmaterial notwendig werden könnten.

Das sei unbestritten. Doch *außerdem* hat es sich wiederholt gezeigt, daß Gene schon *sehr rasch*, nur 2,5 bis 15 Minuten nach IES-Zufuhr, »anspringen« und mRNAs liefern. Einige wenige Beispiele: Hier sind die Gene zu nennen, die für ATP-abhängige Protonenpumpen codieren. Dazu gehören auch die *SAUR*-Gene (*s*mall *a*uxin *u*pregulated *R*NA). Bei Keimlingen der Sojabohne (*Glycine max*) hat man sie im Zusammenhang mit tropistischen Wachstumserscheinungen eingehend untersucht. Wir werden auf sie noch zurückkommen.

IES-induzierte Genaktivität, Exocytose von Golgi-Vesikeln und Protonenpumpen (Abb. 19.17)

Bei Koleoptilen des Maises stimuliert IES den Transport von Golgi-Vesikeln mit Membranbausteinen, darunter Protonenpumpen, durch das Cytoplasma. Im Plasmalemma lassen sich mit immunologischen Methoden schon 10 min. nach IES-Zusatz signifikant mehr Protonenpumpen im Plasmalemma nachweisen. Das Antibiotikum Cycloheximid (Abb. 1.19), uns bereits als Hemmstoff der Translation an den 80S-Ribosomen des Cytoplasmas bekannt, blockiert das IES-induzierte Auftreten neuer Protonenpumpen im Plasmalemma und die IES-induzierte Zellstreckung. Ein anderes Antibiotikum, Cordycepin, ein Hemmstoff der Transkription, wirkt gleichsinnig. Inhibitoren der Transkription und der

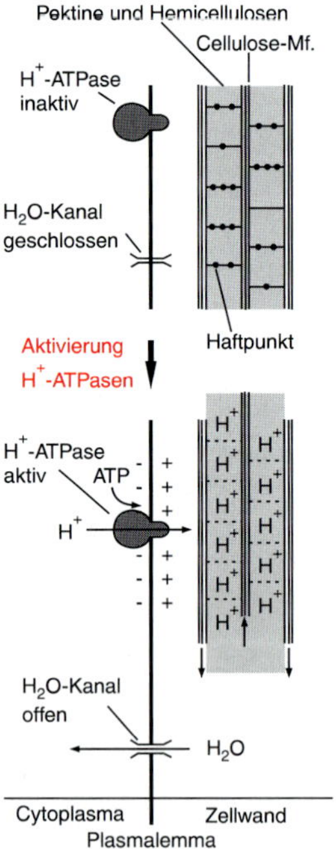

Abb. 19.17.
Hypothese zum IES-induzierten „Säurewachstum". Protonenpumpen (H^+-ATPasen) im Plasmalemma werden aktiviert oder neugebildet (Neubildung nicht im Bild). Über ihre Aktivität erhöht sich die Protonenkonzentration im Bereich der Zellwand. Dort lösen sich jetzt Haftpunkte im Bereich der Pektine und Hemicellulosen, die die Cellulose-Mikrofibrillen vernetzen. Wasser strömt ein und die Zellwand wird plastisch gedehnt. Fraglich ist, welche Systeme bei sauerem pH streckungswirksam werden, welches also die Haftpunkte sind. Bei den Haftpunkten könnte es sich um Wasserstoffbrücken zwischen Xyloglukanen und Cellulose-Mikrofibrillen (Mf) handeln (vgl. Abb. 19.16), die bei sauerem pH zusammenbrechen. Doch werden auch andere Möglichkeiten diskutiert. So könnten z.B. bei niederem pH Enzyme aktiviert werden, die Xyloglukane oder andere Zellwand-Polysaccaride spalten (verändert nach Palmgren *1988).*

Translation unterbinden also auch die »frühen« IES-Wirkungen.

IES aktiviert demnach sehr rasch Genmaterial für

1. die Neubildung von Protonenpumpen und weiterem Zellwandmaterial;
2. den Transport und die Exocytose von Golgi-Vesikeln, die mit den genannten Produkten gefüllt sind.

Damit kommt es zu einer zahlenmäßigen Vermehrung der Protonenpumpen im Plasmalemma und über deren Aktivität zur Ansäuerung im Bereich der Zellwand. Parallel dazu geht eine Verstärkung der gedehnten Zellwand.

Soweit zu IES-induzierten Genaktivitäten auch schon bei der ersten Etappe der Zellstreckung. Doch andere Befunde sprechen für eine Aktivierung schon vorhandener Protonenpumpen (Abb.19.7). Die beiden Vorstellungen, IES-induziertes Säurewachstum über die Aktivierung von Genmaterial für Protonenpumpen oder über die Aktivierung bereits vorhandener Protonenpumpen, müssen sich nicht ausschließen. Einiges spricht dafür, daß beide realisiert sein könnten.

Unsere Darstellung konnte, wie eingangs erwähnt, nur die meistdiskutierte Hypothese zur Wirkungsweise der IES, die von der Induktion eines »Säurewachstums« berücksichtigen. Diese Einengung bedeutet eine Vereinfachung. Das Fazit muß dennoch lauten: trotz der Erarbeitung eindrucksvoller Fakten bleiben wesentliche Aspekte des molekularen Wirkungsmechanismus der IES nach wie vor ungeklärt.

Zusammenfassung

Ein früher Prozeß der Differenzierung ist die Zellstreckung. Die Hauptstreckungszonen schließen an die Apikalmeristeme an. Die Bereiche des Teilungs- und des Streckungswachstums bilden damit eigene Muster im Sproß- bzw. Wurzelverbund.

Die Zellstreckung kommt durch eine *plastische Dehnung der Primärwand* zustande, die bevorzugt entlang einer Zellachse erfolgt. Dazu müssen Haftpunkte gelöst werden. Einer gängigen Hypothese zufolge handelt es sich bei den Haftpunkten vor allem um Wasserstoffbrücken zwischen den Xyloglukanen und den Cellulose-Mikrofibrillen der Primärwand. Bei Ansäuerung brechen sie zusammen, die plastische Dehnung wird möglich. Man spricht hier von einem *Säurewachstum*.

Was die IES-induzierte Zellstreckung angeht, werden mehrere Hypothesen diskutiert. Viele Daten sprechen für eine Beeinflussung des Säurewachstums: IES stimuliert die *Synthese und den Transport von ATP-abhängigen Protonenpumpen* (H^+-ATPasen). Sie gelangen über Golgi-Vesikel, die auch Baumaterial für die Verstärkung der gedehnten Zellwand enthalten können, durch Exocytose in das Plasmalemma. Dort führt ihre Aktivität zu einer vermehrten Protonenausschüttung in den Bereich der Primärwand und damit zum Säurewachstum.

IES wirkt dabei über *Genaktivierungen*. Bereits wenige Minuten nach IES-Zusatz läßt sich eine IES-induzierte Bildung von mRNAs nachweisen (z. B. *SAURs*). Auch die Vermehrung der Protonenpumpen im Plasmalemma erreicht schon 10 min. nach IES-Zusatz signifikante Werte. Außer Genen, die für das eigentliche Säurewachstum wichtig sind, induziert IES auch Genmaterial für spätere Etappen der Zellstreckung wie die Verstärkung der gedehnten Zellwand.

Nach anderen Befunden könnte IES (außerdem) bereits vorhandene Protonenpumpen aktivieren.

Generell wird angenommen, daß IES die Genexpression oder die Aktivität der Protonenpumpen über eine Bindung an *IES-spezifische, im Plasmalemma lokalisierte Rezeptoren* steuert. Die Suche nach ihnen ist im Gang.

19.5 Apikale Dominanz

19.5.1 Das Phänomen

Apikale Dominanz: Mehr oder weniger ausgeprägte Hemmwirkung einer Sproßspitze auf die jeweils zugeordneten Seitenknospen, also vom Sproßapex auf die Seitenknospen am Hauptsproß oder vom Apex eines Seitenzweigs auf die Seitenknospen am betreffenden Zweig.

Weitere wichtige und auffällige Positionseffekte gehen auf die Apikale Dominanz zurück. Denn über sie wird die gesamte Wuchsform der Pflanze entscheidend beeinflußt. Es handelt sich um eine Hemmwirkung, die eine Spitzenregion auf die jeweiligen Seitenknospen ausübt. Solange z. B die Sproßspitze vorhanden ist, wird das Auswachsen der Seitenknospen am Hauptsproß mehr oder weniger stark gehemmt (Abb. 19.18). Je nachdem spricht man von totaler oder partieller apikaler Dominanz. Dabei zeigt sich besonders bei der partiellen apikalen Dominanz eine ausgeprägte Polarität. Die unteren, vom Apex weiter entfernten Seitenknospen kommen hier zur Entwicklung, die allerdings schwächer ist als diejenige der Hauptachse. Wie entsprechende Versuche demonstrierten (Abb. 19.18), ist IES der zentrale Faktor der apikalen Dominanz. Die in der Hauptachse polar abwärts wandernde IES bedingt ein entsprechendes Verhalten der Seitenknospen. Hinzu kommt noch aus jungen Blättern über den Blattstiel abfließende IES, die ebenfalls hemmend wirkt.

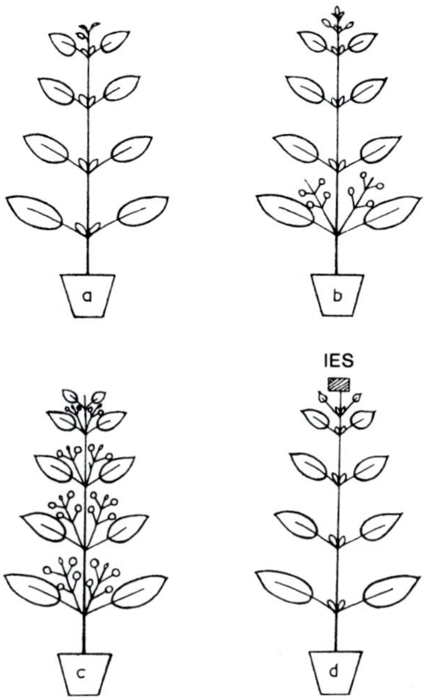

Abb. 19.18.
Apikale Dominanz. a: totale Dominanz, b: partielle Dominanz (ein Teil der Seitenknospen treibt aus). Mit Entfernung des Apex wird die Dominanz beseitigt (c), durch Aufbringen von IES wird sie wiederhergestellt (d) (nach BLACK *1970).*

Eine Frage stellt sich nun: IES wirkt in der Hauptstreckungszone unterhalb des Apex streckungsfördernd. Wieso hemmt sie nun im Bereich der Seitenknospen? Denn deren Auswachsen geht wie im Hauptsproß auf Zellteilungen in ihrem Apikalmeristem und auf Streckung der von ihm angelieferten Zellen zurück. Warum wirkt IES in vergleichbaren Organen so gänzlich verschieden? Zur Beantwortung, soweit sie überhaupt möglich ist, müssen wir zunächst auf IES-Optima eingehen.

19.5.2 IES-Optima

Trägt man die streckungsfördernde Wirkung der IES auf ein Pflanzenorgan in Abhängigkeit von der IES-Konzentration in ein Diagramm ein, so erhält man eine Optimumkurve. Zunächst kommt es mit steigenden IES-Dosen auch zu einer Steigerung des Streckungswachstums, doch wird schließlich ein Maximum der Streckung erreicht. Noch höhere IES-Dosen wirken dann hemmend.

Die Optimumkurven für die einzelnen Organe der Pflanzen sind durchaus verschieden. In Abb. 19.19 sind Durch-

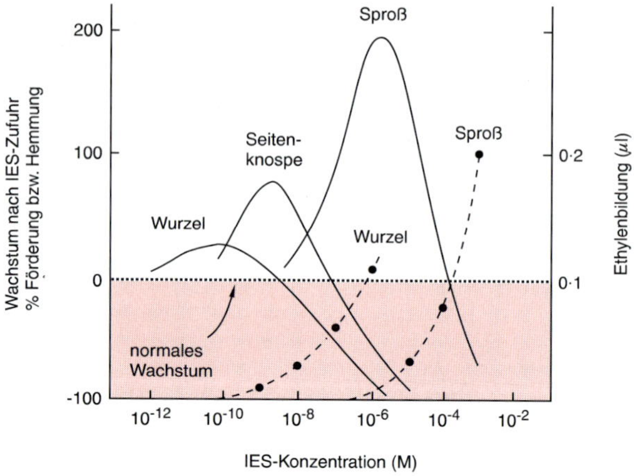

Abb. 19.19. Wachstum (ausgezogenen Kurven) von Wurzel, Seitenknospe und Sproß, und Ethylenbildung in Wurzel und Sproß (gestrichelte Kurven) in Abhängigkeit von experimentell zugeführter IES (nach GOODWIN and MERCER 1985).

schnittskurven für Sproß, Knospe und Wurzel wiedergegeben. Das Optimum liegt für Sprosse, z.B. Sproßsektionen aus Erbsen, aber auch die *Avena*-Koleoptile bei 10^{-5} M, für Wurzeln bei 10^{-10} oder 10^{-11} M, für Knospen dazwischen. Daß überhaupt solche Optimumkurven zustande kommen, ist keineswegs ohne weiteres verständlich. Bei Gibberellinsäure jedenfalls, die ja auch energisch auf die Zellstreckung einwirkt, erhält man keine vergleichbaren Optima.

Seitenknospen und Sproßachsen (und Wurzeln) reagieren auf eine gegebene IES-Konzentration unterschiedlich. Die Seitenknospe erweist sich als »empfindlicher«. Wenn im Sproß IES in einer Konzentration polar abwärts wandert, die für den Sproß im optimalen Bereich liegt, so kann eben diese Konzentration in einer am Sproß sitzenden Seitenknospe bereits hemmend wirken. Doch warum?

Optimumkurven auf der Ebene von Promotoren

Deletionsanalysen (Seite 385) zeigten, daß die Promotorregion bestimmter Gene Sequenzen enthält, auf denen die Induzierbarkeit durch IES beruht. Man hat nun den Promotor eines der schon erwähnten IES-induzierbaren *SAUR*-Gene mit dem *uidA*-Gen fusioniert. Das Reporter-Gen *uidA* codiert für β-Glucuronidase (GUS), deren Aktivität sich leicht über eine Blaufärbung fassen läßt (Seite 74). An für das Fusionsprodukt transgenen Tabak-Keimlingen wurde die Wirkung einer IES-Konzentrationsreihe auf die GUS-

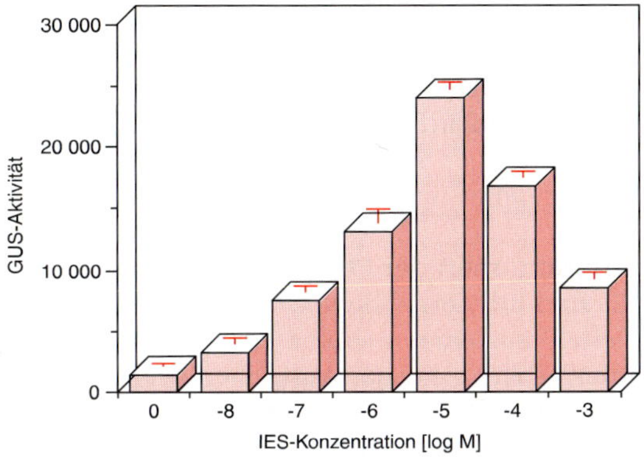

Abb. 19.20.
IES-Dosis-abhängige Reaktion eines SAUR-Promotors. Der Promotor wurde mit dem GUS-Reporter-Gen fusioniert und in Tabak übertragen. 10 Tage alte Tabak-Keimlinge wurden für 24 Stunden in den angegebenen IES-Dosen inkubiert. Danach wurden die GUS-Aktivitäten (pmol/min/mg Protein) bestimmt. Sie bilden ein Optimum (verändert aus Li et al. 1991).

Aktivität überprüft. Was man fand, war eine Optimumkurve (Abb. 19.20) – eine Optimumkurve auf Promotorebene!

Nun könnten in solchen Fällen Strukturelemente des Promotors selbst auf unterschiedliche IES-Konzentrationen entsprechend reagieren, es könnte aber auch das Umfeld im Zellkern beeinflußt werden, das dann auf die Aktivität des Promotors Einfluß nimmt. Die Gentechnik bietet jedenfalls die Möglichkeit, das Phänomen der unterschiedlichen »Empfindlichkeit« nun auf molekularer Ebene zu analysieren, etwa durch vergleichende Untersuchungen an Sprossen und Seitenknospen entsprechend transgener Pflanzen.

19.5.3 IES-induzierte Ethylen-Synthese und Hemmung der Seitenknospen

Nun finden sich aber nicht nur Optimumkurven, die man über quantitativ abgestufte Reaktionen IES-induzierter Gene erklären könnte, sondern auch Optimumkurven, die den *hemmenden Bereich* einbeziehen. Wie könnte IES eine *Hemmung* der Seitenknospen zustande bringen?

Auch Ethylen hemmt das Austreiben der Seitenknospen. IES und andere Auxine fördern nun die Synthese von Ethylen dadurch, daß das Gen für ACC-Synthase (Seite 365) stimuliert wird. Dabei wird oft um so mehr Ethylen gebildet, je mehr IES vorhanden ist. Damit ergibt sich eine Möglichkeit, IES-Optimumkurven zu erklären, die den hemmenden Bereich einschließen (Abb. 19.19): Je mehr IES zugeführt wird, desto mehr Ethylen wird gebildet. Eine Förderung durch IES wird über steigende Ethylenmengen mehr und mehr reduziert, bis schließlich sogar eine Hemmung resultiert.

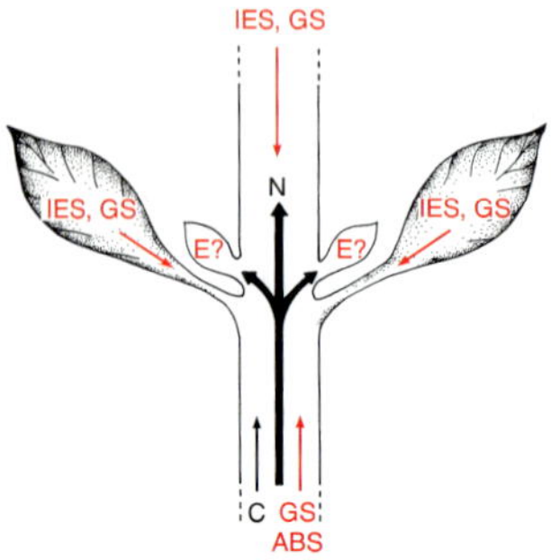

Abb. 19.21. *Positionskontrolle beim Auswachsen der Seitenknospen. Stoffe, die das Auswachsen hemmen, sind rot, solche, die das Auswachsen fördern, sind schwarz eingezeichnet. GS = Gibberellinsäure, C = Cytokinine, ABS = Abscisinsäure, E = Ethylen, N = Nährstoffe.*

In einigen Fällen, so bei Sproßsektionen aus Erbsenkeimlingen, scheint eine Erklärung der Optimumkurven auf dieser Basis möglich zu sein, in anderen jedoch nicht. Auch Experimente mit Pflanzen, die für Gene der IES- und Ethylen-Synthese transgen waren, lieferten widersprüchliche Ergebnisse. Eine definitive Klärung steht noch aus.

19.5.4 Interaktionen der Phytohormone

Außer IES und Ethylen wirken noch weitere Phytohormone auf die Seitenknospen ein (Abb. 19.21).

So fördern Cytokinine das Austreiben der Seitenknospen. Bei den Interaktionen zwischen IES und Cytokininen erwies sich IES als der stärkere Faktor. Dabei muß auch eine konzentrationsabhängige Doppelfunktion der IES berücksichtigt werden: Einerseits hemmt sie in höheren Konzentrationen das Austreiben der Knospen, andererseits ist sie in niederen Konzentrationen für das Wachstum der einmal treibenden Seitenknospen unerläßlich.

Außer der IES und den Cytokininen sind aber noch die weiteren Phytohormone zu berücksichtigen. Abscisinsäure wirkt hemmend, ebenso Gibberellinsäure. Sie kann den IES-Effekt sogar verstärken. Und ebenso wie die IES fördert sie das Wachstum der einmal aktivierten Seitenknospen.

19.6 Homoiogenetische Induktion

Die Analyse der apikalen Dominanz leitet zu einem anderen Phänomen über, zur homoiogenetischen Induktion. Früher hatte man angenommen, die Dominanz sei ausschließlich ein Nährstoffproblem. Der wachsende Apex sollte den Nährstoffstrom an sich ziehen, so daß die Seitenknospen mangels entsprechender Versorgung ins Hintertreffen kommen mußten. Genauere Untersuchungen zeigten, daß bei sehr jungen Seitenknospen in der Tat solche Versorgungsschwierigkeiten befürchtet werden konnten – die im vorhergehenden Abschnitt genannten Faktoren sind jedoch für die apikale Dominanz ausschlaggebend –, weil die Gefäße, die sich in den Knospen schon gebildet hatten, noch nicht an die Gefäßstränge der Hauptachse angeschlossen waren.

Wie kommt nun dieser Anschluß zustande? Gehen wir nur auf eine von mehreren Versuchsreihen zur Klärung dieser Frage ein.

Man kann nämlich in bislang undifferenziertem Gewebe durch Aufsetzen von Knospen eine Bildung von Leitbahnsystemen induzieren, wie u.a. an der Endivie (*Cichorium endivia*) gezeigt werden konnte (Abb. 19.22). Wenn man in ein Explantat aus der Endivienwurzel eine Knospe ebenfalls der Endivie einsetzt, wird im Parenchym des Explantats die Bildung von Xylemelementen induziert. Zunächst handelt es sich um kleine Nester, die sich dann vergrößern (Abb. 19.22) und schließlich Kontakt mit den Gefäßsystemen der Knospe aufnehmen.

Die Induktion erfolgt auch dann, wenn man zwischen Knospe und Explantat Cellophan einschiebt. Vor allem aber kann man die Knospe durch IES und synthetische Wuchsstoffe ersetzen: Auch in diesem Fall kommt es zur Bildung von Xylemelementen. IES ist also einer der Faktoren, die eine Xylembildung einleiten können.

Xylem induziert Xylem, also gleichartige Elemente. Entsprechendes ließ sich noch in anderen Fällen feststellen oder wenigstens vermuten, so bei der Induktion von Phloem oder bei der Bildung des interfaszikulären Kambiums im Anschluß an das schon vorhandene faszikuläre Kambium.

Auch die homoiogenetische Induktion läßt einen klaren Bezug zur Lage im betreffenden Organismus erkennen, ist also ein Positionseffekt.

Daß schon bestehende Differenzierungen gleichartige neue Differenzierungen induzieren, bezeichnet man als *homoiogenetische Induktion*.

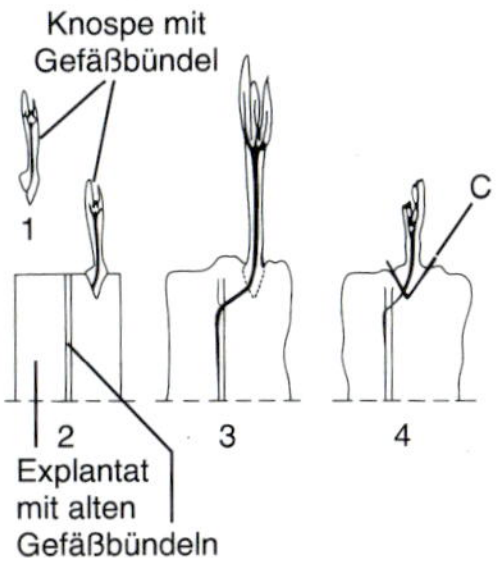

Abb. 19.22.
Homoiogenetische Induktion in einem Explantat aus einer Endivienwurzel (Cichorium endivia). Eine Endivien-Knospe (1) wird in das Explantat eingesetzt (2). Über homoiogenetische Induktion bilden sich im Parenchym des Explantats neue Gefäßstränge, die die bestehenden Gefäßstränge von Knospe und Explantat miteinander verbinden (3). Die von der Knospe ausgehende induzierende Wirkung wird auch durch einen Cellophanmembran (C) hindurch ausgeübt (4). (verändert aus Kühn 1965).

19.7 Positionseffekte im Blattsystem

Beim Sproß handelt es sich um ein System mit *einer* dominierenden Achse, der Polaritätsachse. Damit ist bei ihm die Situation, was Gradienten und Positionseffekte angeht, verhältnismäßig einfach, auch wenn z.B. die apikale Dominanz noch genügend Rätsel aufgibt.

Komplizierter wird es, wenn wir nun zum Blatt übergehen. Einmal weist das Blatt eine Polaritätsachse von der Basis zur Spitze auf. Damit ist die Voraussetzung für einen Gradienten gegeben. Das Blatt ist aber ein flächiges Organ. Man kann deshalb zusätzliche Gradienten postulieren, die von der Mediane nach den Blatträndern oder umgekehrt verlaufen. Dabei handelt es sich um eine grobe Vereinfachung. Man denke nur daran, daß es auch einen Blattquerschnitt mit eigener Polarität gibt. Wenn wir der Einfachheit halber in der Fläche bleiben, sollte eigentlich in jeder Region einer Blatthälfte eine andere Positionsinformation gegeben sein. In entsprechenden Positionen beider Hälften sollten diese Informationen gleich sein – einen symmetrischen Blattumriß vorausgesetzt.

Positionseffekte im Streptocarpus-Blatt

Ein besonders günstiges Objekt ist das große Blatt von *Streptocarpus wendlandii*. Es läßt sich leicht in Stecklinge zerschneiden, die sich gut bewurzeln und zu neuen Pflanzen heranwachsen können. Stecklinge aus vegetativen Pflanzen bilden an ihrer Basis nur Blätter, nie Blütenstände. Stecklinge aus Blättern nach der Blühinduktion (Seite 551) zerfallen in mehrere Gruppen (Abb. 19.23): Teils bilden sie nur Blätter, teils zuerst Blätter und dann Blütenstände, teils sofort Blütenstände. Diese letzte Gruppe könnte also den höchsten Gehalt an einem hypothetischen Blühhormon (Seite 558) enthalten. Angehörige dieser drei Gruppen finden sich in jeweils ganz bestimmten Blattbereichen.

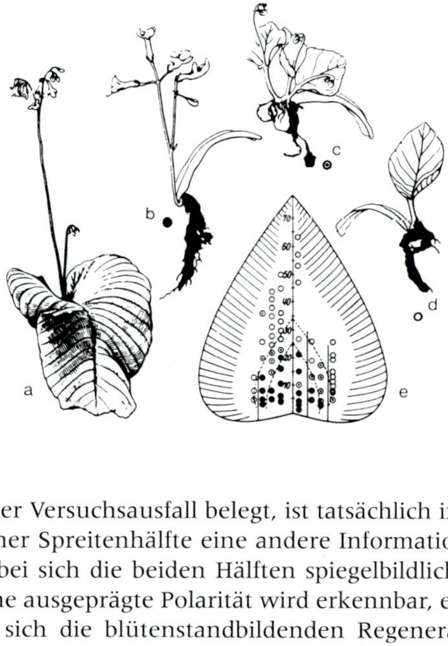

Abb. 19.23
Stecklingsversuche an Streptocarpus wendlandii. a = blühende Pflanze. b = Steckling, der sofort Blütenstände bildet. c = Steckling, der zuerst Blätter und dann Blütenstände bildet. d = Steckling, der nur Blätter bildet. e – Verteilung der Stecklinge b, c und d über die Blattspreite (nach OEHLKERS *aus* KÜHN *1965).*

Wie der Versuchsausfall belegt, ist tatsächlich in jeder Position einer Spreitenhälfte eine andere Information vorhanden, wobei sich die beiden Hälften spiegelbildlich gleichen. Auch eine ausgeprägte Polarität wird erkennbar, einmal daran, daß sich die blütenstandbildenden Regenerate an der Basis, die nur blatt-bildenden nach der Spitze und der Peripherie zu finden. Außerdem demonstriert jedes einzelne Blattstück Polarität, denn die Regenerate bilden sich nur an seiner Basis.

Noch etwas sei herausgestellt: Blütenstände wurden nie vor, sondern nur nach der Blühinduktion gebildet. Die jeweilige Positionsinformation ändert sich also nachweislich mit der voranschreitenden Entwicklung, ein Aspekt, der zwingend zum Konzept gehört, der aber bisher unerwähnt geblieben war.

19.8 Sperreffektmuster

Beim Blatt von *Streptocarpus* handelt es sich um einen Sonderfall. Deshalb sei noch auf andere, weitverbreitete Positionseffekte eingegangen, die sich nicht nur, aber auch im Blattbereich finden, die Sperreffekte und die Sperreffektmuster (→).

Als Sperreffekt bezeichnet man die Erscheinung, daß bestimmte Zellgruppen die Ausbildung gleichartig differenzierter Zellgruppen in ihrer Nachbarschaft unterbinden. Die dadurch resultierende Verteilung der betreffenden Zellgruppen nennt man Sperreffektmuster

Greifen wir die Entwicklung der Spaltöffnungen heraus. Untersucht man die Verteilung der Spaltöffnungen über die Blattfläche unter Einsatz statistischer Methoden, stellt man fest, daß die Abstände zwischen ihnen einheitlicher sind, als das bei einer zufallsgemäßen Verteilung hätte sein dürfen. Allem Anschein nach übt eine sich entwickelnde Spaltöffnung einen hemmenden Einfluß auf die Ausbildung weiterer Spaltöffnungen in ihrer unmittelbaren Umgebung aus (Abb. 19.24). Die resultierende Verteilung wird dementsprechend als *Sperreffektmuster* bezeichnet.

Für die Entstehung des Musters kommen im wesentlichen zwei Ursachen in Frage. Einmal könnte tatsächlich eine auf stofflicher Grundlage basierende Hemmwirkung gegeben sein. Zum anderen kann aber ein Mindestabstand schon über die Teilungsabfolge zustande kommen, die zu den Schließzellen führt. Bei *Sedum sediforme* z. B.

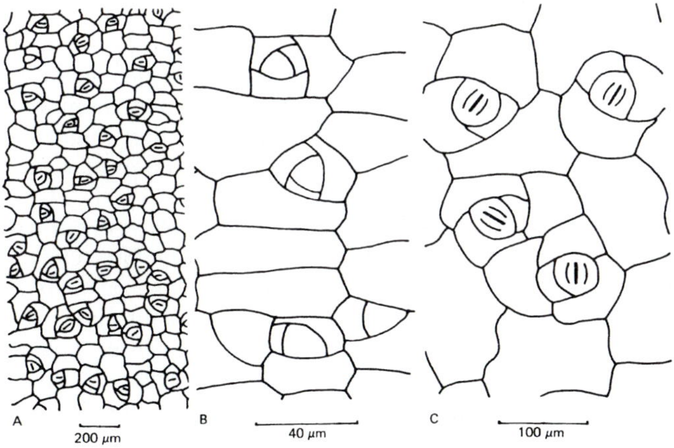

Abb. 19.24. *Entwicklung des Spaltöffnungsmusters im Blatt von Sedum sediforme. A: fertig ausgebildetes Muster. B: Inäquale Teilungen in spiraliger Abfolge liefern die Schließzellen und ihre Nachbarzellen an. C: Ausschnitt mit eng benachbarten Stomata. Die beiden unteren Spaltöffnungen werden nur durch die Zellen getrennt, die aus der Teilungsabfolge zu den Schließzellen hin stammen (aus Barlow and Carr 1984).*

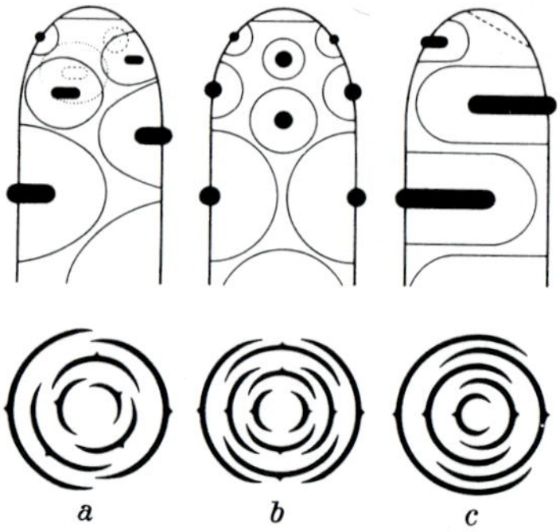

Abb. 19.25. Hypothetische Ableitung dreier Blattstellungstypen auf der Basis entsprechender Sperreffektmuster. Oben der Apex mit den schwarz gehaltenen Blattprimordien und den dazu gehörenden Hemmhöfen, darunter die resultierenden Blattstellungstypen. a: schraubige Blattstellung, b: kreuzweise gegenständige Blattstellung, c: wechselständige Blattstellung (nach VON DENFFER aus KÜHN 1965).

(Abb. 19.24) sind es mehrere Teilungen in Spiralabfolge, über die die Schließzellenmutterzelle (vgl. Abb. 19.8) angeliefert wird. Die dabei jeweils abgegebenen Zellen bedingen einen Mindestabstand zwischen den Schließzellenmutterzellen und damit dann Spaltöffnungen.

Die Spaltöffnungen beginnen sich erst zu entwickeln, wenn die Zellen des betreffenden Blattes ihren meristematischen Charakter weitgehend verloren haben. Es entstehen dann kleine meristemähnliche Komplexe, die man nach einem Vorschlag von BÜNNING als *Meristemoide* bezeichnet. Bei der Spaltöffnungsentwicklung sind sie am besten untersucht. Aber Meristemoide finden sich auch bei anderen morphogenetischen Prozessen: bei der Entstehung von Wurzelhaaren sowie bei der Haarbildung generell, bei der Ausbildung von Spezialzellen, sogenannten Idioblasten, bei der Ausbildung von Markstrahlen und vielleicht auch bei der Anordnung der Gefäßbündel selbst. Auch Blattprimordien üben einen hemmenden Effekt auf die Ausbildung weiterer Primordien in ihrer Umgebung aus. Unterschiedlich geformte Blattprimordien bilden einen entsprechenden Hemmhof um sich herum aus. Man kann dann zumindest hypothetisch bestimmte Sperreffektmuster mit bestimmten Blattstellungen korrelieren (Abb. 19.25).

Als Meristemoide bezeichnet man voneinander isolierte Zellgruppen mit Teilungsaktivität, aus denen Sonderbildungen innerhalb eines andersartig differenzierten Gewebes entstehen.

Von den Spaltöffnungen ausgehend, sind wir also auf ein generelles Entwicklungsprinzip gestoßen: auf Sperreffektmuster, die auf Meristemoide zurückgehen. Obwohl die biochemisch-physiologische Kausalanalyse hier kaum über das Anfangsstadium herausgekommen ist, seien sie ihrer Bedeutung wegen doch erwähnt. Daß es sich um weitere Beispiele für Positionseffekte handelt, braucht kaum erwähnt zu werden.

Zusammenfassung
Die Musterbildung geht auf verschiedene Ursachen zurück. Wesentlich sind Polarität und inäquale Zellteilung sowie Positionseffekte.

Polarität und inäquale Zellteilung: Ist eine Zelle polarisiert und folgt dann eine inäquale Zellteilung mit Bildung der neuen Wand senkrecht zur Polaritätsachse, werden alle Stoffe und Strukturen außerhalb der Chromosomen ungleich auf die Tochterzellen verteilt. Die betreffenden Stoffe und Strukturen können dann Genaktivitäten unterschiedlich beeinflussen. Damit läßt sich verstehen, daß Zellen trotz eines gleichen Bestands an chromosomalen Genen unterschiedliche Differenzierungsrichtungen einschlagen können. Jede inäquale Zellteilung kann eine Musterbildung einleiten, bei *Fucus* z.B. die Bildung des Thallus- und des Rhizoidanteils.

Induktion und Fixierung der Polarität lassen sich nur in Ausnahmefällen untersuchen, weil polarisiertes Gewebe seine Polarität weiter vermittelt. So prägt der Sporophyt die Polarität des Megagametaphyten einschließlich der Eizelle. Eine der wenigen Ausnahmen ist die Zygote von *Fucus*. Der wichtigste polarisierende Außenfaktor ist hier das Licht, das möglicherweise einen Influx von Ca^{2+}-Ionen am Rhizoidpol induziert. An der Fixierung der Polarität sind spezielle Polysaccharide der Zellwand beteiligt.

Einige Beispiele für inäquale Teilungen polarisierter Zellen finden sich bei der ersten Teilung der Zygoten, der Entwicklung von Spaltöffnungen, der Bildung von Wurzelhaaren oder der ersten Pollenmitose.

Positionseffekte: Mit dem Wachstum gelangen die Zellen in zunehmend unterschiedliche Positionen innerhalb des Organismus. Innere und äußere Faktoren wie Hormon- oder Lichtgradienten können sich entsprechend unterschiedlich auswirken – auch bei der Steuerung von Genaktivitäten. Auch über solche Positionseffekte entstehen Muster unterschiedlich differenzierter Zellen.

Möglicherweise hängt es auch mit der Lage im Organismus zusammen, daß Zellen zum Streckungwachstum übergehen. Die Zellstreckung wurde deshalb im gegebenen Zusammenhang besprochen (Kap. 19.4).

Die *Apikale Dominanz*, die *Homoiogenetische Induktion*, die morphogenetische Leistung von Stecklingen aus unterschiedlichen Blattbereichen sowie die *Sperreffektmuster* sind weitere Beispiele für Positionseffekte und damit verbundene Musterbildungen.

Am besten untersucht ist die *Apikale Dominanz*. Wichtige an ihrem Zustandekommen beteiligte Phytohormone sind IES, die vom Apex polar abwärts in die gehemmten Seitenknospen wandert, und Ethylen, das in den Seitenknospen selbst gebildet werden kann. IES fördert über Genaktivierung die ACC-Synthase, ein zentrales Enzym der Ethylen-Synthese. Ob sich die Hemmwirkung der IES auf die Seitenknospen darauf zurückführen läßt, ist jedoch umstritten.

Seitenknospen reagieren empfindlicher auf IES als Sprosse, wie sich über *Optimumkurven* der Reaktion auf steigende IES-Konzentrationen belegen läßt. Was das Zustandekommen solcher Optima anbelangt, wird wieder, und wieder kontrovers, eine Beteiligung von Ethylen diskutiert, das mit steigenden IES-Konzentrationen in zunehmendem Maß über Genaktivierung gebildet werden und zunehmend hemmend wirken kann. Doch zeigt in transgenen Pflanzen auch die Aktivität von Promotoren IES-induzierbarer Gene eine Abhängigkeit von der IES-Konzentration in Form eines Optimums. Möglicherweise führen darauf basierende molekulare Analysen zu einer Klärung.

D Phasen im Entwicklungszyklus der Pflanzen

In den vorangegangenen Kapiteln 12 bis 19 wurden Grundlagen der Entwicklung besprochen. Es dabei zu belassen, gäbe ein nur unvollständiges Bild. Auch würde vorgetäuscht, wir wüßten mehr über die Entwicklung der Pflanzen, als das tatsächlich der Fall ist. Viele Phänomene würden überhaupt nicht angesprochen, weil sie sich nicht sauber in eine »Schachtel« ablegen, sprich einem übergeordneten Prinzip zuordnen lassen. Vor allem aber würde man dem komplexen Charakter der Entwicklung nicht gerecht. Denn eine Vielzahl von ineinander verschachtelten und aufeinander folgenden Einzelvorgängen führt dazu, daß man die zugrundeliegenden Prinzipien oft kaum mehr erkennen kann.

Die folgenden Kapitel dienen dem Versuch, notwendige Ergänzungen dadurch zu bringen, daß komplexe Entwicklungsprozesse und Funktionen behandelt werden. Vollständigkeit kann dabei im Rahmen einer Einführung nicht erreicht werden. Im folgenden werden Phasen im Entwicklungszyklus einer höheren Pflanze besprochen. Nach einem Vorschlag von OEHLKERS (1956) handelt es sich dabei um

- die embryonale Phase,
- die unselbständige vegetative Phase,
- die selbständige vegetative Phase,
- die reproduktive Phase.

Eine Definition dieser Phasen wird jeweils zu Beginn der betreffenden Kapitel gegeben.

20 Die embryonale Phase

Der Embryo weist bereits die Grundorganisation einer Pflanze auf. Um das zu verdeutlichen, muß in der folgenden Besprechung wiederholt der Bezug zwischen Embryo und Keimling hergestellt werden. Das bedeutet zwar einen Vorgriff auf das folgende Kapitel, ist aber des Zusammenhangs wegen notwendig. Während seiner Entstehung ist der Embryo auf die vom alten Sporophyten, der Mutterpflanze, angelieferten Stoffe angewiesen.

Die *embryonale Phase* beginnt mit der Zygote und endet mit der Fertigstellung des in Samen und Frucht eingeschlossenen Embryos.

Parallel zur Entwicklung des Embryos bilden sich Samen und Frucht. Außer der Embryogenese müssen wir also auch auf ihre Entstehung eingehen.

20.1 Die Embryogenese

20.1.1 Der Ablauf

Der Ablauf einer typischen Embryonalentwicklung oder Embryogenese wird in Abb. 19.7 wiedergegeben. Man spricht hier auch von einer *zygotischen Embryogenese*, um von der somatischen Embryogenese (s. u.) abzugrenzen. Über die erste, inäquale Teilung der Zygote und ihre Bedeutung für die weitere Entwicklung war schon hingewiesen worden (Seite 434).

20.1.2 Nachweis beteiligter Gene über Mustermutanten

Von einigen Pflanzenarten, der Sojabohne (*Gyzine max*) und besonders der Schmalwand (*Arabidopsis thaliana*) mit ihrem raschen Generationenzyklus ließen sich Mutanten gewinnen, bei denen die normale Musterbildung während der Embryogenese gestört ist. An Keimlingen wirken sich die Ausfallerscheinungen dann sichtbar aus.

Zur Mutationsauslösung kann man Samen mit Ethylmethylsulfonat (EMS) behandeln. Eine andere Möglichkeit ist, über *Agrobacterium tumefaciens* T-DNA mit einem selektierbaren Markierungsgen, etwa einem Gen für Antiobiotica-Resistenz einzuführen. Bei zufallsgemäßer Integration sollte die T-DNA auch einmal in codierende oder regulierende Sequenzen eingebaut werden und das betreffende Gen dadurch mutativ verändern. Über eine Selektion auf die eingeführte Antibiotica-Resistenz lassen sich die Mutanten fassen.

Besonders die bewährte EMS-Technik lieferte bei *Arabidopsis* eine Vielzahl von Mutanten. Kaum ein Teil der Keim-

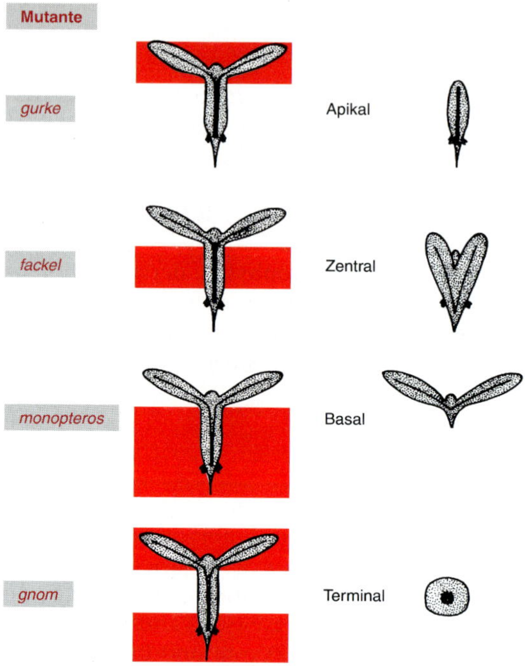

Abb. 20.1. *Deletionen bestimmter Keimlingsbereiche durch Mustermutationen bei Arabidopsis. Ganz links die mutierten Gene, daneben Keimlinge des Wildtyps, bei denen die fortfallenden Bereiche unterlegt und benannt wurden. Ganz rechts die Teile, aus denen die mutierten Keimlinge noch bestanden (verändert nach* MAYER *et al. 1991).*

linge blieb ausgespart. Abb. 20.1 zeigt vier von ihnen, die die Grundgestalt der Keimlinge verändern. Derart tiefgreifende Defekte setzen voraus, daß über die Mutationen schon Vorgänge in der frühen Embryogenese gestört wurden. Über solche Mustermutanten konnte der Beweis dafür erbracht werden, daß auch minutiöse Einzelheiten der Embryogenese unter genetischer Kontrolle stehen.

Über entsprechende DNA/mRNA-Hybridisierungen ließ sich zeigen, daß in der Embryogenese z. B. der Sojabohne bis zu 15 000 Gene exprimiert werden können. Das Muster aktiver Gene verändert sich dabei je nach dem Embryonalstadium.

20.1.3 Die Kausalanalyse

Doch beides hilft zunächst nicht weiter, was die Kausalanalyse angeht. Denn die Grundfrage bleibt ungelöst: *Wie* steuern diese Gene die Bildung der pflanzlichen Grundgestalt, die mit dem Embryo ja schon vorliegt? *Wie* entstehen inbesondere die wichtigsten Grundstrukturen, Sproß und Wurzel?

Somatische Embryogenese

Grundlegende Angaben

Regenerationsversuche im Reagenzglas lieferten Anhaltspunkte. Aus verschiedenen Pflanzenteilen lassen sich Explantate entnehmen. Besonders beliebt sind Sproßinternodien. An deren Schnittflächen beginnen sich Zellen zu teilen und liefern einen *Kallus*. Dabei handelt es sich um eine Zellmasse zunächst ohne Differenzierungen, die sich auf geeigneten Medien lebhaft und ohne besondere Ausrichtung der Teilungsachsen teilt. Kalli lassen sich teilen und in Subkulturen weiter halten. Aus ihnen und aus von ihnen abgeleiteten Zellsuspensionen lassen sich ganze Pflanzen regenerieren, und zwar über somatische Embryogenese (Embryoidbildung) oder Organogenese (Abb. 20.2).

Bei *somatischen Embryonen (Embryoiden)* handelt es sich um Bildungen, die von vegetativen Zellen ausgehen und die größte Ähnlichkeit mit zygotischen Embryonen aufweisen. Schieben wir hier ein, daß man einen Kallus, der somatische Embryonen ausbildet, als *embryogen* bezeichnet.

■ Unter *somatischer Embryogenese* versteht man einen Regenerationsweg, der über somatische Embryonen (Embryoide) verläuft.

Ein wesentlicher Unterschied in der Morphologie von somatischen und zygotischen Embryonen ist das Fehlen von Leitbündeln am Wurzelpol somatischer Embryonen. Zygotische Embryonen dagegen weisen Gefäßstränge in ihrer Radicula auf, über die sie Kontakt mit dem Ausgangsgewebe hatten.

Die Bezeichnungen *somatische Embryogenese* bzw. somatische Embryonen erlauben die Differenzierung von der »normalen« zygotischen Embryogenese. Sie sollen deshalb verwendet werden, obwohl sie inkorrekt sind. Denn bei höheren Pflanzen gibt es keine Trennung des Zellmaterials in Soma und Keimbahn.

■ Unter Organogese versteht man einen Regenerationsweg, der über die sukzessive Ausbildung von Einzelorganen verläuft.

Bei der *Organogenese* erhält man, meist aus Kallus, zunächst Regenerat-Sprosse, die man dann bewurzelt.

Ablauf der somatischen Embryogenese

Besonders intensiv wurden Zellsuspensionen der Möhre untersucht. An ihnen fand man, daß sich ein Embryoid sogar aus einer einzigen *isolierten* Zelle entwickeln kann. Das ist jedoch eine Ausnahme. Die Einzelzellen, mit denen man eine Suspensionskultur beginnt, teilen sich in der Regel mehrfach, wobei sich die jeweiligen Tochterzellen nicht voneinander trennen. Es bilden sich so mehr- bis vielzellige Klumpen. An der Peripherie eines solchen Zellklumpens

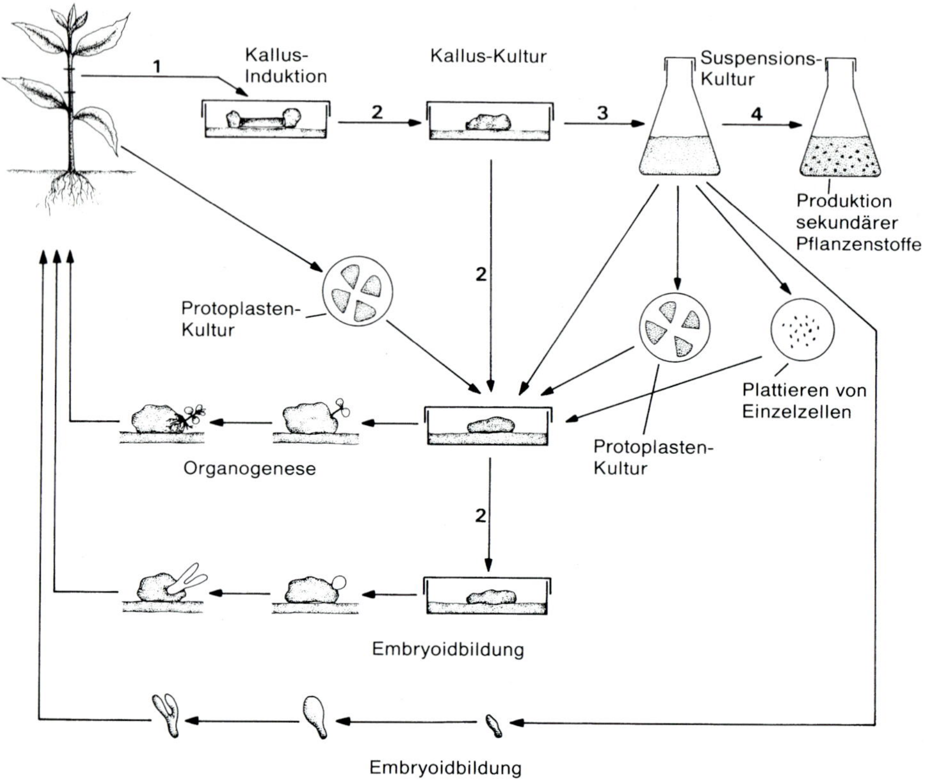

Abb. 20.2.
Regeneration aus in vitro-Kulturen. 1 = Entnahme eines Internodiums; 2= Kultur und Subkultur des am Internodium induzierten Kallus; 3 = Überführung von Kallusmaterial in Suspensionskultur; 4 = Einbringen von Zellmaterial in Medium zur Produktion sekundärer Pflanzenstoffe, dann keine Regeneration. Einzelzellen und Protoplasten können wieder Kalli bilden. Aus Kallus- und Suspensionskulturen lassen sich über Organogenese oder somatische Embryogenese (Embryoidbildung) ganze Pflanzen regenerieren (aus HESS *1994).*

können sich dann Einzelzellen zu Embryoiden entwickeln. Sie zeigen dabei alle Stadien der normalen Embryonalentwicklung wie Kugel-, Herz- oder Torpedostadium (Abb. 19.7). Entsprechendes findet sich auch in Kalluskulturen auf festem Medium. Einzelne Zellen an der Oberfläche eines Kallus können eine Entwicklung durchlaufen, die sich äußerlich nicht von derjenigen einer Zygote zum Embryo unterscheiden läßt.

Im gegebenen Zusammenhang kann man nicht umhin, sich an das doch so überzeugende Konzept von der Polarisierung, der ersten, inäqualen Teilung der polarisierten Zygote und den damit programmierten weiteren Ablauf zu erinnen. Vor allem die Embryoid-Bildung aus *isolierten* Zellen in Suspension gibt Rätsel auf. Denn manchmal scheint die erste Teilung wie bei der Zygote inäqual zu sein. Woher aber die Polarisierung? Denn die Kulturen wurden im eben erwähnten Beispiel (Möhre) leicht bewegt, so daß sich im Medium keine stofflichen Gradienten ausbilden konnten. Und eben wegen dieser permanenten Bewegung konnten auch existierende Gradienten (Licht, Schwerkraft) nicht zum Zuge kommen. Fast ist man versucht, eine »Selbstpolarisierung« anzunehmen, die dann eintreten kann, wenn keine äußeren Faktoren polarisierend wirksam werden können.

Die Regel ist jedoch die Embryoid-Bildung aus Zellen an der Oberfläche eines kleineren oder größeren Zellverbandes, wie wir sowohl für Suspensions- als auch für Kalluskulturen gerade herausgestellt hatten. In solchen Zellverbänden können sich Gradienten ausbilden, die dann polarisierend wirken. Das trifft schon für Zellaggregate in Suspensionen zu, gilt aber besonders für Kalli. Schon bei ihrem Wachstum auf Agar findet sich ein »Oben« und »Unten«. Außerdem bestehen sie nach einiger Zeit nicht mehr aus völlig gleichartigen und undifferenzierten Zellen, sondern lassen ein »Außen« und »Innen« erkennen, im Inneren oft mit Xylemelementen.

Bei Embryoiden aus solchen Gewebeverbänden scheinen wir wieder festen Fuß zu fassen: Entstehen eines Gradienten im Zellverband, Polarisierung einer Zelle an der Peripherie, deren inäquale Teilung, dann die bekannte Abfolge weiterer Teilungen bis zum vollständigen Embryoid mit Sproß- und Wurzelpol.

Induktion der somatischen Embryogenese

Im vorhergehenden Absatz hatten wir das Verb »scheinen« benutzt. In der Tat wurde das größte Problem noch nicht angesprochen: Was bringt eine Zelle in Kultur dazu, nun ausgerechnet *die* Entwicklungsrichtung einzuschlagen, die sich auch bei der zygotischen Embryogenese findet?

Vieles spricht dafür, daß das betreffende Entwicklungsprogramm genetisch fixiert ist und nur noch abgerufen zu werden braucht. Denn man kann die somatische Embryogenese induzieren. Der beste Induktor ist das uns als Unkrautbekämpfungsmittel im Getreidefeld bekannte 2,4-D (Abb. 15.11). In Zellkulturen von Di- wie Monocotyledonen kann es die somatische Embryogenese induzieren. Geradezu routinemäßig setzt man es bei Getreidearten ein: Kallus, der sich bei Getreiden leicht aus dem Scutellum entwickelt, wird auf 2,4-D-haltigen Medien embryogen. Nur darf man hier wie sonst auch nicht vergessen, 2,4-D nach der Induktion

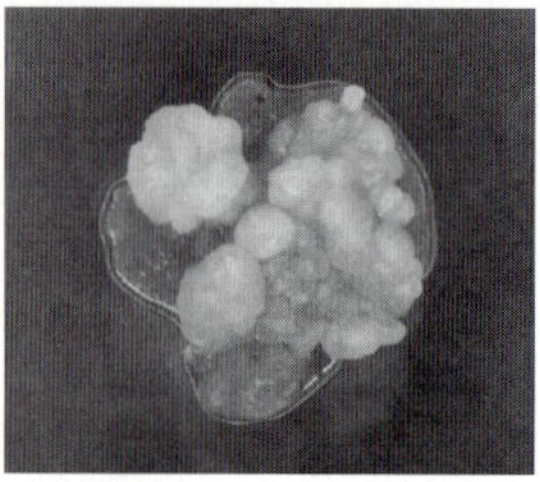

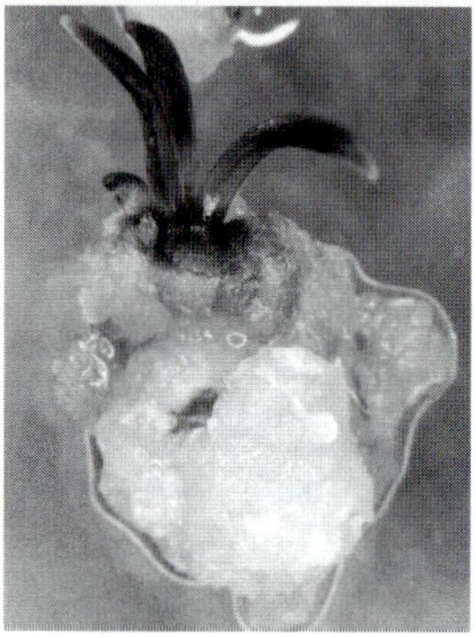

Abb. 20.3.
Somatische Embryogenes von Weizen. Oben: Unter der Wirkung von 2,4-D wurde am Scutellum embryogener Kallus induziert. Er sieht »knotig« aus. Unter ihm erkennt man glasigen nicht-embryogenen Kallus. Unten: Aus dem embryogenen Kallus entwickelte sich nach Absetzen des 2,4-D eine komplette Weizenpflanze. Der im Bild sichtbare Sproß wuchs auf Medium mit relativ viel Cytokininen aus. Später wird er zur Förderung der Wurzelbildung auf Medium mit relativ viel Auxinen umgesetzt (M. Iser).

wieder abzusetzen. Denn es würde die weitere Entwicklung blockieren. Aber auf 2,4-D-freien Medien lassen sich dann aus 2,4-D-induzierten somatischen Embryonen ganze Pflanzen regenerieren (Abb. 20.3).

Nur kurz erwähnt werden kann hier, daß man auch aus haploidem Antheren-Material Pflanzen regenerieren kann. 2,4-D hilft, haploide Embryoide zu induzieren, die dann zu haploiden Pflanzen aufwachsen.

Daß eine *synthetische* Substanz an diploidem wie haploidem Zellmaterial embryogen wirken kann, spricht dafür, daß sie nur als Auslöser wirkt. Wie oben in die Dikussion gebracht, ist offensichtlich ein genetisch fixiertes Entwicklungsprogramm vorgegeben, das nun abgerufen wird.

2,4-D, das heute meistens zur Induktion einer somatischen Embryogenese eingesetzt wird, ist ein synthetisches Auxin. Dementsprechend hat es sich herausgestellt, daß die somatische Embryogenese in Gewebekulturen generell durch einen hohen Gehalt an Auxinen induziert werden kann. Cytokinine können fördernd wirken, aber nicht in allen Fällen; Gibberelline und Ethylen hemmen meistens.

Doch *Induktion* von somatischen Embryonen bedeutet noch nicht, daß sie auch wirklich ausgebildet werden. Dazu müssen andere Bedingungen gegeben sein. Denn nach erfolgter Induktion muß zumindest unter *in vitro*-Bedingungen der Auxin-Gehalt abgesenkt werden, wenn es zur *Bildung und weiteren Entwicklung von Embryoiden* kommen soll. Die nächste Frage muß sein, welche Faktoren dabei wirksam werden.

Organogenese in Gewebekulturen

Versuche zur Organogenese in Gewebekulturen halfen weiter. In klassischen Experimenten, die 1957 an Tabakkallus durchgeführt und seitdem an vielen Arten wiederholt wurden, gelang es, eine Beteiligung von Phytohormonen an der Sproß- und Wurzelbildung zu belegen (Abb. 20.4). Im Kulturmedium waren IES und Kinetin in einem von Versuchsansatz zu Versuchsansatz wechselnden Verhältnis vorhanden. Bei einem bestimmten Verhältnis von IES zu Kinetin kommt es zu einem Teilungswachstum des Kallus ohne Differenzierungen. Senkt man den relativen Gehalt an Kinetin, so bilden sich Wurzeln. Erhöht man den Anteil an Kinetin, so entstehen Sprosse im Kallus. Fehlt das Kinetin oder ist es in zu hohen Dosen vorhanden, so wird das Wachstum der Gewebe eingestellt.

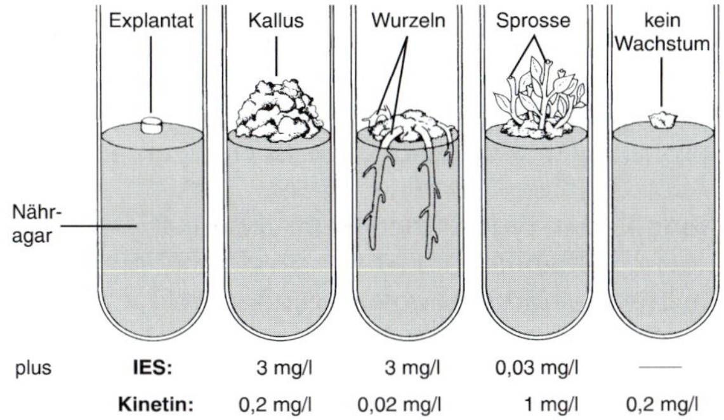

Abb. 20.4.
Kalluswachstum bzw. Differenzierung von Sprossen und Wurzeln aus Kallus in Abhängigkeit vom Mengenverhältnis der Phytohormone IES und Kinetin. Aus dem Mark des Tabaks wurden Explantate entnommen und auf Nähragar mit den jeweils angegebenen Hormonzusätzen kultiviert (nach Ray aus Mohr und Schopfer 1978).

Über entsprechendes Variieren der im Medium vorhandenen Hormone hat man es also in der Hand, Kallus weiter undifferenziert wachsen zu lassen oder in ihm Sproß- oder Wurzelbildung zu induzieren. In der Praxis werden diese Erkenntnisse bei der vegetativen *in vitro*-Vermehrung längst ausgenutzt. Wie man zu Kalluskulturen kommen kann, zeigt Abb. 20.2. Für die Organogenese aus Kalli beliebiger Herkunft (in Abb. 20.5 aus Protoplasten) gilt: Will man aus ihm Pflanzen regenerieren, wird er zunächst auf ein Medium gebracht, dessen Hormonzusammensetzung die Sproßbildung fördert, also relativ viel Cytokinin und relativ wenig Auxin enthält. Haben sich kleine Sprosse gebildet, überträgt man sie zur Bewurzelung auf ein anderes Medium mit umgekehrt viel Auxin und wenig Cytokinin.

Das Prinzip gilt aber nicht nur für die Organogenese aus Kallus, sondern generell. Will man z. B. bei der Mikropropagation von Pflanzen im Reagenzglas Sproßknospen an isolierten Sproßspitzen oder Internodien auswachsen lassen, kultiviert man die Explantate zuerst auf Medien mit viel Cytokininen und wenig Auxinen. Die Sprosse, die man da-

Abb. 20.5.
Bildung von Sprossen (rechts) oder Wurzeln (links) aus Kallus, der aus Protoplasten entstanden war, die aus dem Mesophyll von Petunien stammten (Donn et al. 1973).

Relativ viel Cytokinine und relativ wenig Auxine → Sproß
Relativ wenig Cytokinine und relativ viel Auxine → Wurzel

bei erhält, werden dann auf Medien mit umgekehrt viel Auxinen und wenig Cytokininen bewurzelt. Auch die Entwicklung der über 2,4-D induzierten somatischen Embryoide folgt dem gleichen Schema: viel Cytokinine zur Entwicklung der Sproßanlagen, viel Auxine zur Bewurzelung.

Hormone in der zygotischen Embryogenese

Nach diesen Befunden an *in vitro*-Systemen kann man für die somatische Embryogenese folgenden Ablauf annehmen, was die Beteiligung der Phytohormone anbelangt: Induktion der Embryoide durch einen hohen Gehalt an Auxinen, Heranwachsen unter Betonung der Sproßentwicklung bei stark abgesenktem Gehalt an Auxinen, aber bei erhöhter Konzentration an Cytokininen, Entwicklung der Wurzel bei wieder erhöhtem Auxingehalt.

Von diesem Schema gibt es Abweichungen. So findet sich immer wieder eine Bewurzelung auch in Abwesenheit von Auxinen. Aber auch von solchen Fällen abgesehen fragt es sich, ob sich die Befunde an *in vitro*-Systemen auf die natürliche Embryonalentwicklung übertragen lassen, ob man also von der somatischen auf die zygotische Embryogenese rückschließen darf.

Eine erste Voraussetzung dafür ist, daß qualitative und quantitative Bestimmungen der Phytohormone in den heranwachsenden zygotischen Embryonen einer derartigen Übertragung zumindest nicht widersprechen sollten.

Solche Analysen kann man erst vornehmen, wenn ein System vorhanden ist, daß sich extrahieren läßt. Man kann die Untersuchungen deshalb nicht schon mit dem beginnen, was der Induktion entspricht, einem Impuls auf die Zygote etwa, sondern erst mit der frühen Embryogenese. Ihr folgen dann die mittlere und späte Embryogenese.

In Stadien der *frühen Embryogenese* finden sich zunächst wenig Auxine und viel Cytokinine. Die Cytokinine fördern das in diesem Stadium intensive Teilungswachstum. In der weiteren Entwicklung, beim Übergang zur *mittleren Embryogenese,* nehmen Auxine und Gibberelline zu, der Gehalt an Cytokininen sinkt rapide ab. Schon in der mittleren Embryogenese beginnt ein neues Phytohormon aufzutauchen, dessen Gehalt in der *späten Embryogenese* stark ansteigt: die Abscisinsäure (ABA). Parallel dazu sinkt der Spiegel an Auxinen und Gibberellinen extrem ab.

Von der späten Embryogenese abgesehen entspricht die Chronologie in etwa dem, was für die somatische Embryo-

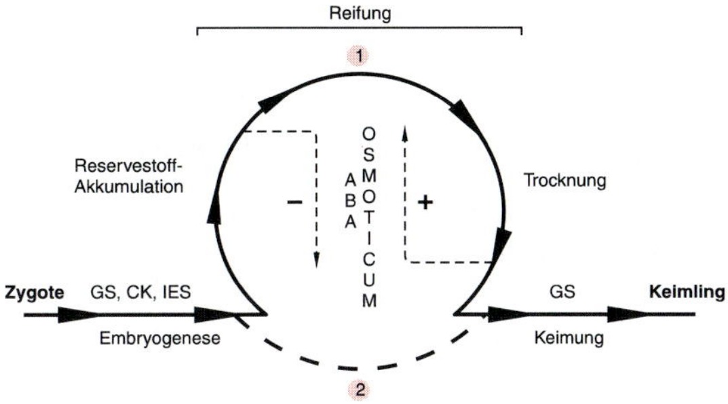

Abb. 20.6.
Beteiligung von Phytohormonen an der zygotischen Embryogense und der Samenreifung bei Angiospermen (Schema). An der Embryogenese beteiligen sich IES, GS und Cytokinine (CK), vermutlich wie im Text ausgeführt. Die Reifung (1) findet bei hohen osmotischen Werten (Osmoticum) und/oder in Gegenwart von ABA statt. Die Trocknung schließt die Reifephase ab. Wenn die reifen Samen durch Wasseraufnahme gequollen sind, kann die Keimung beginnen. Sie wird durch GS entscheidend gefördert.
In manchen Fällen kann die Reifung umgangen werden (2), etwa wenn ABA fehlt oder wenn eine frühzeitige Trocknung stattgefunden hat. In in vitro-Kultur können Embryonen aus der Reifungsschlinge ausscheren, wenn keine ABA zugegen ist oder sie auf Medien mit niedrigem osmotischen Wert gehalten werden (–). Umgekehrt können Embryonen in Kultur durch Zusatz von ABA oder auf Medien mit hohem osmotischem Wert zur Reifungsruhe gezwungen werden (+) (nach BETHKE *et al. in* DAVIES *1995).*

genese galt: zuerst viel Cytokinine, dann mehr Auxine. Damit erscheint es nicht ausgeschlossen, daß sich auch die Befunde zur morphogenetischen Wirkung der Phytohormone in *in vitro*-Systemen auf die zygotische Embryogenese übertragen lassen.

In der *späten Embryogenese* beginnt die *Reifung* der Embryonen, die zum lufttrockenen Samen führt. In der Regel schließt sich dann eine Ruheperiode an, bevor es zur Keimung kommt. Abscisinsäure fördert die Reifung und verhindert eine verfrühte Keimung. Bei der somatischen Embryogenese dagegen entwickelt sich die junge Pflanze, die dem Keimling entspricht, meistens ohne jede Pause. Die Unterschiede im Hormonbereich werden damit verständlich. Abb. 20.6 gibt die Situation schematisch wieder.

20.1.4 Entwicklungshilfe bei der Embryogenese: Embryonenkultur

Die zygotische Embryogenese erfolgt nicht isoliert, sondern zusammen mit der Entwicklung von Nährgeweben. Dazu gehört das Endosperm, das wie die Zygote bei der doppelten Befruchtung (Abb.23.19) gebildet wird. Auch räumlich steht es in einem besonders engen Verbund mit dem Embryo. Das Endosperm stellt Baustoffe und Hormone für den heranwachsenden Embryo. Ein gut entwickeltes Endosperm ist deshalb eine Voraussetzung für dessen normale Entwicklung.

Bei Kreuzungen vor allem zwischen verschiedenen Arten werden jedoch bei der Doppelbefruchtung oft derart verschiedene Gensätze kombiniert, daß das reibungslose Zusammenspiel zwischen ihnen und dann auch zwischen Endosperm und Embryo gestört wird. So geht nach einer Art- oder Gattungskreuzung oft das Endosperm früher oder

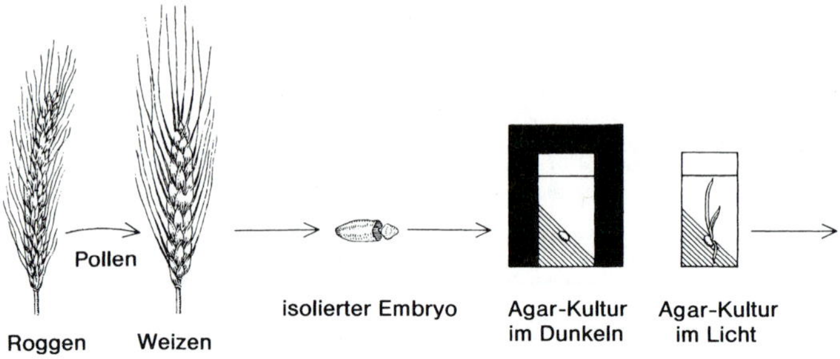

später zugrunde oder entwickelt sich überhaupt nicht. In diesen Fällen würden dann auch die Embryonen zugrunde gehen oder zumindest geschädigt werden. Man kann sie aber isolieren und auf einem künstlichen Nährmedium soweit heranziehen, daß sie schließlich in Erde ausgepflanzt werden können. Für solche Rettungsaktionen gebraucht man den entsprechenden angelsächsischen Terminus technicus »embryo rescue«. Dazu nur ein Beispiel: *Triticale* (Abb. 20.7).

Weizenmehl ist von guter Qualität und Backfähigkeit. Nachteilig ist eine geringe Krankheits- und Frostresistenz des Weizens. Umgekehrt ist Roggen recht resistent gegen Kälte, Trockenheit und die verschiedensten Krankheiten. Sein Mehl weist auch einen vorteilhaft hohen Proteingehalt auf, aber ansonsten eine geringere Qualität. Kein Wunder, daß man beide Arten zu kombinieren versuchte! Das gelingt auch über ganz normale Kreuzungen. Aber dabei kam es nur allzuoft zu einer eingeschränkten Fertilität der Kreuzungsprodukte, die man nach den beiden Eltern *Triticum* (Weizen) und *Secale* (Roggen) *Triticale* nennt.

Störungen in der Entwicklung der Hybriden ließen sich über »embryo rescue« ausschalten. Eine Möglichkeit, die gestörte Fertilität zu normalisieren, ist die Polyploidisierung junger *Triticale*-Pflanzen mittels Colchicin (Seite 295). Denn danach entfielen bestimmte Störungen in der Meiosis. Die betreffenden Methoden stehen noch in ihren Anfängen. Aber schon konnte man darüber berichten, daß sich bestimmte *Triticale*-Formen an Randstandorten unter harten Außenbedingungen (Kälte, Trockenheit) wie z.B. in den Tälern des Himalajas bewährten.

Der Embryo-Rescue ist vor allem für die Praxis von Interesse. Uns demonstriert er eindrucksvoll, wie sehr der Em-

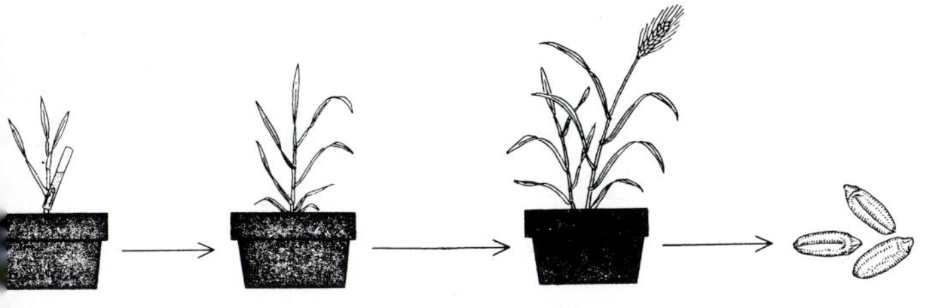

Abb. 20.7.
Embryo-Kultur und Colchizin-Behandlung bei Triticale. Vielfach sind die aus Kreuzungen Weizen (Triticum) × Roggen (Secale) erhaltenen Triticale-Körner nicht entwicklungsfähig. Abhilfe kann dann die Kultur der isolierten Embryonen schaffen. Die Triticale-Embryonen werden auf Agar zunächst im Dunkeln bis zu ihrer Keimung und dann im Licht gehalten. Die gut entwickelten Pflanzen werden anschließend vorsichtig in Erde umgesetzt.
Solche Pflanzen können nun steril sein, weil es zu Störungen in der Meiosis kommt. Über eine Behandlung mit Colchizin werden die Chromosomensätze verdoppelt. Jedes Chromosom findet dann bei der meiotischen Parallelkonjugation homologer Chromosomen einen Partner. Es kommt zum Kornansatz. Diese Körner der zweiten Generation liefern fertile Pflanzen (verändert nach HULSE und SPURGEON 1974).

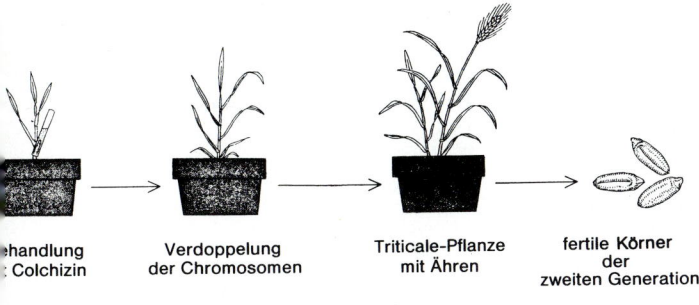

bryo auf das Zusammenspiel mit dem Endosperm angewiesen ist.

20.1.5 Bildung von Speicherproteinen

Ebenso wie für den Embryo muß auch für den Keimling die stoffliche Basis für seine Entwicklung gegeben sein. Er ist auf Reservestoffe angewiesen. Ihre wichtigsten Gruppen sind die Kohlenhydrate, Fette und Proteine. Sie werden bei den einzelnen Pflanzenarten und -familien in ganz verschiedenen Geweben oder Organen des Embryos, des Samens oder der Frucht gespeichert.

Was die Synthese und Speicherung von Kohlenhydraten und Fetten angeht, erübrigt sich ein Nachtrag zu dem schon früher Ausgeführten. Wir werden deshalb hier nur auf ein Beispiel für die Bildung und Speicherung von Reserveproteinen eingehen.

Grobeinteilung und der Speicherproteine, Art und Ort ihrer Speicherung

Bei Pflanzen wie Tieren finden sich metabolisch aktive Proteine (Enzyme, Regulatorproteine etc.) und Strukturproteine. Bei den Pflanzen kommen die Speicherproteine noch als dritte große Gruppe hinzu. Sie werden in den betreffenden Speicherorganen in teils erheblichen Quantitäten gebildet (Abb. 20.8), fallen also wortwörtlich ins Gewicht – nicht zuletzt auch für unsere menschliche Ernährung.

Dabei ist wichtig, daß Getreide mit Ausnahme des Reises (*Oryza sativa*) wenig Lysin und Tryptophan in ihren Speicherproteinen enthalten, Leguminosen wenig oder kein Methionin und Cystein. Eine in dieser Hinsicht ausgewogene menschliche Ernährung sollte also auf beiden beruhen, Getreiden wie Hülsenfrüchtlern.

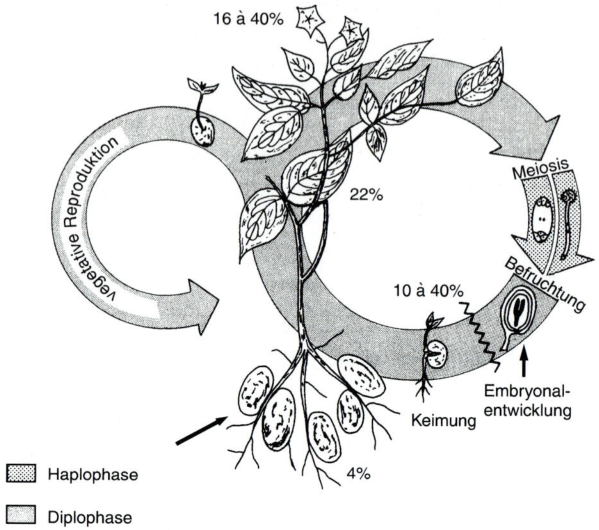

Abb. 20.8. *Entwicklungszyklus von Angiospermen und Speicherproteine. Die Pfeile zeigen das Vorkommen von Speicherproteinen an, die für die vegetative oder sexuelle Fortpflanzung wichtig sind. Bei den einzelnen Organen ist ihr Stickstoffgehalt in Prozent des Trockengewichts angegeben (aus* BOULTER *and* PARTNER *1982).*

Seit der Jahrhundertwende hat sich folgende *Grobeinteilung der Speicherproteine* nach ihrer Löslichkeit bewährt:

Albumine:	löslich in destilliertem Wasser;
Globuline:	unlöslich in destilliertem Wasser, aber in verdünnten Neutralsalzlösungen löslich;
Gluteline:	löslich in verdünnten Säuren oder Alkalien;
Prolamine:	löslich in 70- bis 90%igem Ethanol.

Die *Synthese*, der Speicherproteine erfolgt am rauhen ER. Wie früher geschildert (Seite 170) gelangen die Proteine mit Hilfe eines Signalpeptids in das Lumen des ER. *Gespeichert* werden sie in Membransystemen. Dabei kann es sich um Abschnürungen des ER handeln wie bei den Prolaminen der Getreide. Eine andere Möglichkeit ist, daß die Proteine, z. B. die Globuline der Leguminosen, in Golgi-Vesikel und über sie in die Vakuole gelangen – ein Vorgang, der der Exocytose über das Plasmalemma entspricht. Die Vakuole kann sich dabei in Teilvakuolen gliedern. Die speichernden Membransysteme werden schließlich völlig mit Proteinen ausgefüllt; *Proteinkörper* oder *Aleuronkörner* bilden sich.

Speichergewebe für Proteine sind bei den Leguminosen die Mittelachse des Embryos und besonders die Kotyledonen.

Legumine: Posttranslationales Processing

Die Legumine gehören zu den Globulinen, den wichtigsten Reserveproteinen der Dicotyledonen. Legumine sind im Pflanzenreich weit verbreitet, finden sich aber besonders bei den *Fabaceae*. Man kennt zwei Varianten, Legumin A und B. Beide unterscheiden sich geringfügig, aber für unsere Ernährung entscheidend: der A-Typ enthält etwas Methionin, der B-Typ gar nicht. Die fertigen Legumine sind jeweils

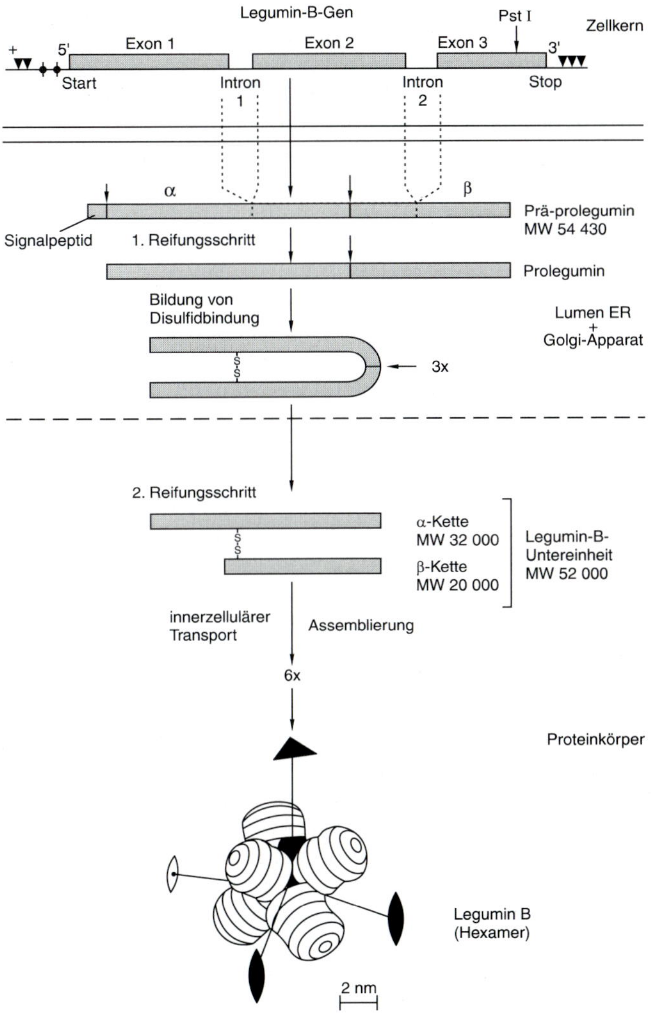

Abb. 20.9.
Die Legumin-Synthese, ein Beispiel für ein posttranslationales Processing. Oben das Legumin B-Gen mit Introns und Exons und regulatorischen Sequenzen (Dreiecke). Über RNA-Processing wird die den Introns entsprechende mRNA entfernt. Am rauhen ER wird in das Lumen des ER hinein Prä-prolegumin gebildet, das aus dem Signalpeptid, der α- und der ß-Polypeptidkette besteht. Für den weiteren Ablauf vgl. den Text. Ganz unten ein Strukturmodell des Legumin B-Hexamers (verändert nach MÜNTZ *1987).*

Hexamere aus sechs gleichen Untereinheiten. Wie sie gebildet werden, sei am Beispiel des Legumins B der Ackerbohne (*Vicia faba*) geschildert (Abb. 20.9).

Vom Legumin B-Gen codiert, bildet sich bei der Translation am rauhen ER zunächst ein Prä-prolegumin, das noch das Signalpeptid führt. Nach Abspalten des Signalpeptids liegt im Lumen des ER Prolegumin vor, das eine α- und eine β-Polypeptidkette enthält. Es unterliegt in mehreren Schritten einer Reifung, einem *posttranslationalen Processing*. Vielfach werden Proteine erst durch derartige Veränderungen nach der Translation funktionsfähig.

Zunächst wird aus dem Prolegumin noch eine Peptidsequenz eliminiert. Danach bildet sich eine Disulfidbrücke innerhalb des Makromoleküls aus. Drei solcher Ketten vereinigen sich. Die betreffenden Trimere stellen die Transportform dar und gelangen in die Speichervakuole. Erst dort wird jede der Ketten an der Peptidbindung zwischen der α- und der β-Kette gespalten. Beide bleiben jedoch über die Disulfidbrücke miteinander verbunden. Was jetzt vorliegt, ist die Legumin B-Untereinheit. Sechs dieser Untereinheiten vereinigen sich zum kompletten Legumin B.

Daß dieses komplizierte Processing nahtlos aufgeklärt wurde, war nur dem Umstand zu verdanken, daß es sich um Speicherproteine von erheblicher Bedeutung für unsere Ernährung handelt. Fast wäre es ein Wunder gewesen, wenn sich nicht auch die Gentechniker der Sache angenommen hätten.

Gentechnik und Versuche zur Verbesserung der Ernährungsqualität von Speicherproteinen

Im Zusammenhang mit den Leguminen verfolgt man mehrere Ansätze, die Qualität unserer Nahrungsmittel zu verbessern. Eine Möglichkeit ist, Legumin-Gene in Getreide-Arten zu übertragen, um die eingangs erwähnten Aminosäuren-Defizite der Speicherproteine von Leguminosen und Getreiden zu kompensieren.

Legumin-Gene wurden bereits in Modellpflanzen wie Tabak oder Petunie (*Petunia hybrida*) übertragen. Sie kamen dort gewebespezifisch zur Expression, nämlich in Samen. Die Gewebespezifität geht auf eine bestimmte konservierte Promotorregion zurück. Nur waren die »Mengen« z. B. an Legumin A, das in transgenen Tabaksamen gebildet wurde, so gering, daß man sie immunologisch nachweisen mußte. In den größeren Getreidekörnern könnte man höhere Quantitäten an Leguminen erwarten. Entsprechende Genübertragungen in Getreide sind jedoch noch nicht geglückt.

20.1.6 Reifung der Embryonen und Einleitung der Keimruhe

Die Reifung der Embryonen führt zu einer Keimruhe, in der sich der Embryo in einem anabiotischen Zustand, in einem Zustand bis aufs äußerste reduzierter Lebenstätigkeit befindet. Im letzten Drittel der Embryogenese, bei der Reifung der Embryonen, steigt der Gehalt an ABS stark an (vgl. Abb. 20.8). Wenn die Einlagerung der Reservestoffe, etwa von Reserveproteinen, abgeschlossen ist und die Trocknung beginnt, sinkt der Gehalt an ABA wieder ab. Im lufttrockenen Samen ist in den Embryonen ABA kaum mehr nachweisbar. Vom ABA-Gehalt in den Embryonen her gesehen, stünde einer Keimung nun nichts mehr im Weg. Doch spielen bei der Keimung noch andere Faktoren mit (Seiten 484, 488).

Dieser Ablauf und zahlreiche weitere Daten haben zu folgender Auffassung hinsichtlich der Rolle der ABA geführt: ABA hemmt eine vorzeitige Keimung der Embryonen und fördert die späte Embryogenese. Sie scheint auch an der Einleitung der Samentrocknung maßgeblich beteiligt zu sein, bevor dann wie eben erwähnt ihr Gehalt absinkt. Insgesamt: *ABA ist das Hormon der Embryonenreifung.*

ABA aktiviert Gene, die mit der Reifung im Zusammenhang stehen. Dazu gehören zahlreiche sog. *LEA*-Gene (*LEA* = *L*ate *E*mbryogenesis *A*bundant). Die von ihnen codierten Proteine sind beim Kochen sehr beständig. Wegen dieser Widerstandsfähigkeit nimmt man an, sie könnten für die Trockenheitsresistenz der Embryonen verantwortlich sein.

Bevor wir fortfahren, ein Einschub. Denn wir können bei dieser Gelegenheit auf eine Methode eingehen, mit der spezifische DNA-Protein-Interaktionen untersucht werden, die *Gelretentions-* oder *Gelretardations-Analyse*. Wenn Protein an DNA bindet, entsteht ein größerer Komplex, der eine geringere Mobilität im elektrischen Feld aufweist als die betreffende DNA allein. Man bezeichnet das Verfahren im Englischen deshalb auch als *E*lectrophoretic *M*obility *S*hift *A*ssay (*EMSA*). Um eine unspezifische Bindung von Protein an DNA auszuschließen, setzt man im Überschuß ebenfalls unspezifische DNA zu. Sie verdrängt dann unspezifisch bindende Proteine von der zu untersuchenden DNA

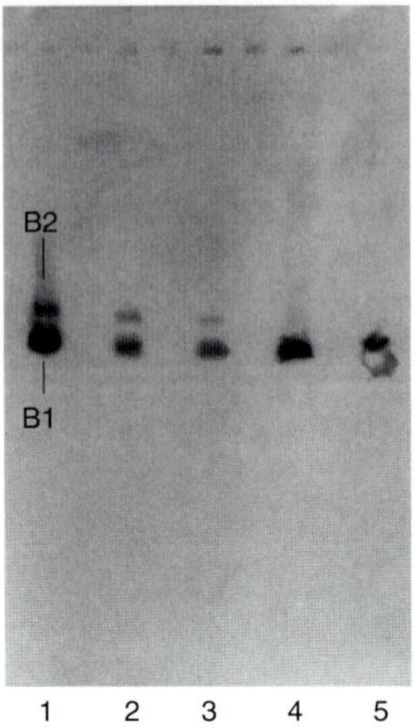

Abb. 20.10.
Gelretentionsanalyse. Ein Fragment aus einem Malat-Enzym-Promotor der Bohne (Phaseolus vulgaris) wurde auf die Bindung von Proteinen aus dem Zellkern ebenfalls der Bohne überprüft. In allen Ansätzen war ein hoher Überschuß einer synthetischen Kompetitor-DNA enthalten, der eine unspezifische Bindung von Protein an die betreffende DNA unterband. Auf den Nachweis der DNA – frei (B1) oder an Protein gebunden (B2) – kann hier nicht eingegangen werden. Im Bild erscheint sie als dunkle Bande. 5 = Kontrolle ohne Zusatz von Kernproteinen; 4-1 mit Zusatz steigender Mengen an Kernproteinen; B2, der Komplex aus Promotorfragment und daran gebundenem Kernprotein, wird mit zunehmender Menge an Kernprotein im Ansatz in entsprechend stärkerem Maß gebildet (R. Jörg).

(Abb. 20.10). So kann man Proteine fassen, die spezifisch an die betreffende DNA, etwa an Promotoren binden. Umgekehrt kann man Promotoren oder isolierte Promotorsegmente auf ihre DNA-Bindungsfähigkeit überprüfen. Die Gelretentions-Analyse erlaubt also DNA-Protein-Bindungsstudien.

Auch an *LEA*-Genen hat man Gelretentions-Analysen durchgeführt. Greifen wir das bestuntersuchte Gen dieser Gruppe heraus, das *Em*-Gen aus Embryonen des Weizens und anderer Getreide-Arten. Es wird in Embryonen durch ABA induziert. Aber auch in vegetativem Gewebe kann es durch einen Wasser-Streß, etwa durch Trocknung oder durch Einbringen in Medien mit hohen osmotischen Werten aktiviert werden. Eine Lösung hohen osmotischen Wertes entzieht ja auch Wasser, wirkt also wie Trockenheit. Dadurch wird die Annahme gestützt, es handele sich bei dem Em-Protein um einen der Faktoren, die zur Trockenheitsresistenz reifer Embryonen beitragen.

Über Deletionsanalyse (Seite 385) konnte man feststellen, daß die Eingriffsstelle für ABA innerhalb der Basensequenz –106 bis –168 liegt (Abb. 20.11; ABRE). Wir hatten schon erwähnt, daß einer gängigen Hypothese zufolge Phytohormone nicht als solche, sondern im Komplex mit regulierenden Proteinen, also mit Transkriptionsfaktoren, an die betreffenden Ansatzstellen binden sollten. Es müßte also auch ein Protein geben, daß an ABRE bindet. Mit Hilfe der Gelretentions-Analyse ließ sich das bestätigen: Transkriptionsfaktoren setzen an zwei Bereichen des *Em*-Promotors an, an einer AT-reichen Box und eben an ABRE. Die an ABRE bindenden Proteine enthalten Leucin-Zipper (Seite 396). Diese Befunde stehen im Einklang mit der Hypothese, daß nicht Hormone, sondern Hormon-Rezeptor-Komplexe an spezifische Abschnitte der Promotorregion binden.

Wir haben uns mit der Embryogenese relativ ausführlich befaßt. Das war insofern berechtigt, als es sich beim Embryo um eine zwar kleine, aber den Organanlagen nach bereits komplette Pflanze handelt. Analyse der Embryogenese bedeutet also Befassung mit dem zentralen Problem der Entwicklung.

Doch nun sollten wir uns daran erinnern, daß sich der Embryo normalerweise nicht isoliert, sondern im Verbund von Samen und Frucht entwickelt.

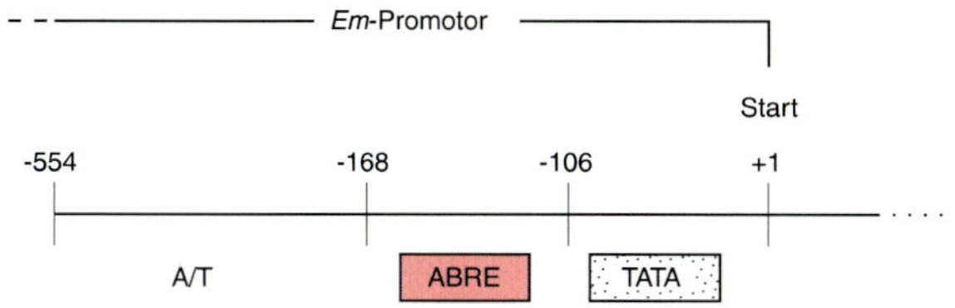

Abb. 20.11.
Schema des Em-Promotors. ABRE (Abscisic Acid Response Element) = DNA-Sequenz, über die ABA regulierend eingreift; Bindungsstelle für Transkriptionsfaktoren. An ABRE setzt aller Wahrscheinlichkeit nach ein Komplex aus ABA und ABA-spezifischen Transkriptionsfaktoren an. Entfernt man ABRE, bleibt ABA wirkungslos. AT = eine AT-reiche Enhancer-Region, ebenfalls Bindungsstelle für Transkriptionsfaktoren. TATA = Tata-Box. – 106, – 168, – 554 = Schnittstellen bei der Deletionsanalyse (Seite 385) (verändert nach Rock und Quatrano aus Davies 1995).

20.2 Bildung von Samen und Frucht

20.2.1 Bildung des Samens

Bei den Angiospermen findet sich eine doppelte Befruchtung (Seite 578). Eine der beiden Spermazellen fusioniert mit dem diploiden sekundären Embryosackkern zum nun triploiden Endospermkern. Der Endospermkern teilt sich in eine Vielzahl von Kernen, die zusammen mit etwas Cytoplasma je eine Zelle bilden. Damit ist das vielzellige *Endosperm* entstanden. Es kann in der Folge mit Reservestoffen, Vitaminen, Phytohormonen und anderen Faktoren angereichert werden, die für die Entwicklung vor und zum Teil auch nach der Keimung notwendig sind. In manchen Fällen, so bei der Kokosnuß und bei Kürbisgewächsen, findet sich auch ein ganz oder teilweise flüssiges Endosperm.

Die zweite Spermazelle vereinigt sich mit der Eizelle. Die diploide Zygote entwickelt sich dann wie besprochen zum Embryo, wobei das Endosperm der Lieferant aller notwendigen Stoffe einschließlich der steuernden Phytohormone ist. Es kann bei der Embryogenese ganz aufgebraucht werden. Die für die Entwicklung des Keimlings notwendigen Stoffe werden dann an anderer Stelle gespeichert, z. B. wie bei unseren Leguminosen in den Kotyledonen. Bleibt das Endosperm im Samen in größerer Ausdehnung erhalten, so werden in ihm die für die Keimung notwendigen Substanzen gespeichert. Das ist z. B. bei unseren Gramineen der Fall.

Als Samen bezeichnet man den ruhenden, von dem mehr oder weniger gut ausgebildeten Endosperm und von der Samenschale umgebenen Embryo (Abb. 20.12)

Die Samenschalen, das sei nachgetragen, entstehen aus den sog. Integumenten, Hüllschichten, die den Nucellus mit dem Embryosack umgeben.

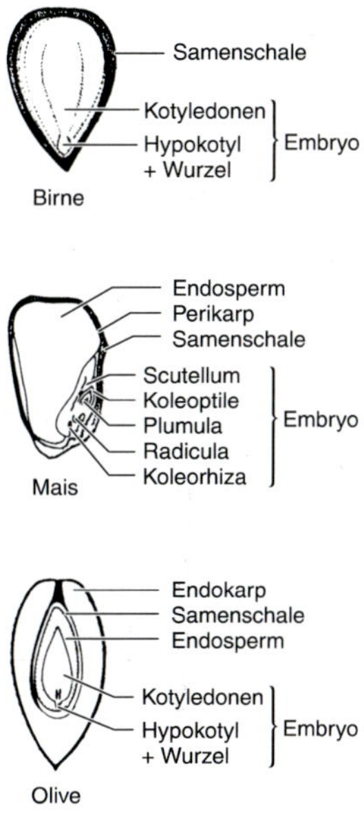

Abb. 20.12.
Einige Samen und Früchte (verändert nach Janick et al. 1986).

20.2.2 Bildung der Frucht

Der Samen ist schon eine Verbreitungseinheit, d.h. in Form von Samen kann sich die Art verbreiten. In vielen Fällen ist die Verbreitungseinheit aber die Frucht (Abb. 20.12). In einer Frucht werden die Samen in Ein- oder Mehrzahl noch von zusätzlichen Hüllschichten umgeben, die vor allem aus den Fruchtblättern entstehen. Am Aufbau der Frucht können sich aber auch Blütenstandsachsen und Blätter im Bereich des Blütenstandes beteiligen. Die Fruchtwand, das Perikarp, gliedert sich von außen nach innen in die Schichten des Exokarps, Mesokarps und Endokarps.

Die Entwicklung der Frucht beginnt im Grunde genommen schon mit der Blütenbildung. Denn Organe der Blüte werden ja zur Fruchtwand umgebildet. Diese Umformung setzt aber erst mit der Bestäubung ein. Man läßt deshalb die Entwicklung der Frucht mit der Bestäubung beginnen. Verfolgen wir ihre einzelnen Phasen.

Phase des Fruchtansatzes

Daß die Fruchtentwicklung schon mit der Bestäubung, nicht erst mit der Befruchtung beginnt, hat schon 1909 Fitting gezeigt. Wäßrige Extrakte aus Orchideenpollen ließen das Ovarium von Orchideen anschwellen. Später konnte dann nachgewiesen werden, daß in den Pollenextrakten IES enthalten war. In Fortsetzung dieser Versuche konnte man dann an den verschiedensten Objekten eine Fruchtentwicklung ohne Befruchtung, eine Parthenokarpie, durch Behandlung mit Phytohormonen erzielen. Beispiele hatten wir bei der Besprechung der Phytohormone gegeben (Seite 349 und Seite 356).

Mit der Bestäubung und der damit verbundenen Übertragung von Phytohormonen beginnen also schon Veränderungen im zukünftigen Fruchtgewebe. Gleichzeitig wird aber auch, ebenfalls unter dem Einfluß von Phytohormonen, die Ausbildung einer Trennschicht unterhalb der Blüte und damit der vorzeitige Fruchtfall verhindert (Seite 349).

Phase der Zellteilungen

Während der Embryo über Teilungen heranwächst, kommt es offensichtlich im Zusammenhang damit auch im Fruchtgewebe zu lebhaften Zellteilungen. Die steuernden Hormone stammen vielleicht zunächst aus dem Endosperm, in späteren Stadien aus dem Embryo. Es scheint sich außer IES und Gibberellinen vor allem um Cytokinine zu handeln, wie entsprechende Analysen einiger Früchte während dieser Phase zeigten.

Phase der Zellstreckung

In der dritten Phase kommt es zu einer starken Streckung der Zellen. Die steuernden Phytohormone sind in erster Linie IES und Gibberelline. Daß dabei wiederum die sich entwickelnden Samen eine Rolle spielen können, hat Nitsch eindrucksvoll an Erdbeeren demonstriert. Bei der Erdbeere handelt es sich um eine Sammelfrucht, bei der viele einzelne Nußfrüchte dem fleischig angeschwollenen Blütenboden aufsitzen. In den kleinen Nußfrüchten dominiert der Samen mit Endosperm und Embryonen.

Entfernt man die Nußfrüchte vor der Streckungsphase, so unterbleibt die Bildung der »Beere«. Beseitigt man die Nußfrüchte nur teilweise, so unterbleibt die Zellstreckung nur an den betreffenden Partien (Abb. 15.5). Wenn man nun aber die Nüßchen durch kleine Tupfen wuchsstoffhaltiger Paste ersetzt, kommt es zu einer normalen Zellstreckung und damit Sammelfruchtbildung.

In den späteren Abschnitten der Streckungsphase kann es zu einer Anreicherung von Mono- und Oligosacchariden in der Vakuole kommen. Vielleicht wird durch die damit verbundene Erhöhung des osmotischen Wertes die Streckung noch gefördert.

Phase des Reifens

Die Phase des *Reifens* ist durch eine ganze Serie biochemischer Veränderungen gekennzeichnet: Auflösung der Pektinstoffe der Mittellamelle und damit Aufweichung des Gewebes; Hydrolyse anderer polymerer Kohlenhydrate zu Oligo- und Monosacchariden und damit ein Schmackhaftwerden der Frucht; Ausbildung von Aromastoffen und Veränderungen der Färbung – Abbau von Chlorophyllen, in manchen Fällen, so beim Apfel, Synthese von Anthocyanen unter Phytochromsteuerung und damit verbesserte Lockwirkung. Vor allem aber findet sich bei vielen Pflanzenarten in der Phase des Reifens ein starker Anstieg der biologischen Oxidation, die schließlich ein Maximum durchläuft. Das Stadium maximaler »Atmung« bezeichnet man als *Klimakterium*. Mit Erreichen des Klimakteriums ist die Frucht »reif«.

Ein zentral wichtiger Faktor der Reifung ist das Ethylen (vgl. Seite 364). Wir hatten schon erfahren, daß Früchte beschleunigt reifen, wenn man auf sie Ethylen einwirken läßt.

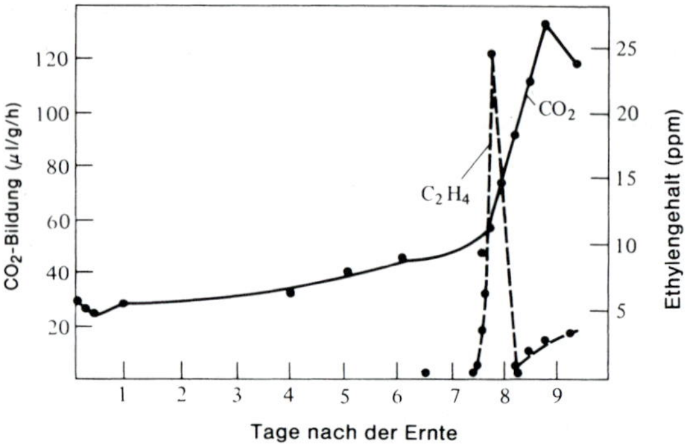

Abb. 20.13. Endogene Ethylenproduktion und Klimakterium (gemessen über die Freisetzung von CO_2) bei der Banane. Das Maximum der Ethylenproduktion geht dem Klimakterium eindeutig voraus (nach Burg and Burg aus Moore 1979).

Ethylen wird aber, wie ebenfalls schon berichtet, auch von Früchten selbst gebildet. Mit Hilfe der empfindlichen gaschromatographischen Analyse hat sich wiederholt belegen lassen, daß dieses Ethylen nicht etwa ein Beiprodukt der Reifung ist, denn es bildet sich nachweislich schon *vor* dem Klimakterium (Abb. 20.13). *Damit steht die Rolle des Ethylens als Hormon der Fruchtreife fest.*

Die Antisense-Blockierung der Gene für ACC-Synthase und ACC-Oxidase und die Anti-Matsch-Tomate waren schon besprochen worden (Seite 366), ebenso die Induktion des Gens für ACC-Synthase durch IES (Seite 453).

Zusammenfassung

Zur embryonalen Phase gehören die *Embryogenese* und die mit ihr gekoppelte *Bildung von Samen und Früchten*. Die Embryogenese ist eine der wichtigsten Phasen der Entwicklung, weil über sie bereits eine kleine Pflanze entsteht. Deren Anlagen für die Grundorgane Sproß und Wurzel müssen in der weiteren Entwicklung dann nur noch ausdifferenziert werden.

Die Ursachen dafür, daß sich aus der Zygote ein Embryo mit den genannten Anlagen ausbildet (*zygotische Embrogenese*), beginnen sich erst herauszuschälen.

Mustermutanten, in denen Teile des resultierenden Embryos ausfallen, wurden geradezu »gesammelt«. Ebenso verhält es sich im molekularen Bereich mit den Nachweisen, daß viele *Tausende* von Genen während der zygotischen Embryogenese *differentiell* exprimiert werden. Bislang ist es noch nicht geglückt, diese Daten für eine biochemisch-molekulare Kausalanalyse zu nutzen. Doch dürfte das nur eine Frage der Zeit sein.

Erste Rückschlüsse auf die kausalen Zusammenhänge erlaubten Untersuchungen in Gewebekulturen. Dabei handelte es sich um die *«somatische« Embryogenese*, bei der in Gewebe- und Zellkulturen aus undifferenzierten Zellen Embryoide (*«somatische« Embryonen*) entstehen, und um die *Organogenese*, bei der in Gewebekulturen Sprosse und Wurzeln (Organe) gebildet werden. Für die somatische Embryogenese kann man annehmen, daß ein hoher Auxinspiegel die Bildung von Embryoiden induziert, daß die Embryoide bei gesenktem Auxin-, aber erhöhtem Cytokinin-Gehalt unter Betonung des Sproßanteils heranwachsen und daß Wurzelanteile unter wieder erhöhtem Auxingehalt, jedenfalls aber relativ niederem Cytokinin-Gehalt ausgebildet werden. Entsprechendes gilt auch für das Auswachsen der beiden Organe. Bestimmungen des Gehalts an den einzelnen Phytohormonen bei der zygotischen Embryogenese stehen mit diesen Befunden im Einklang.
Die Regel:

Relativ viel Cytokinine und relativ wenig Auxine = Sprosse und umgekehrt

Relativ wenig Cytokinine und relativ viel Auxine = Wurzeln, ist für die Praxis der Gewebekultur von zentraler Bedeutung.

In der späten Embryogenese fungiert *ABA als Reifungshormon*. Bei der Reifung kommt es auch zu einer Trockung der Embryonen und Samen. Der reife Embryo befindet sich in einem anabiotischen Zustand, der *Keimruhe*.

ABA induziert u.a. eine Vielzahl von Genen, deren Proteinprodukte wahrscheinlich zur Trockenheitsresistenz beitragen, die *LEA*-Gene. Zu ihnen gehört das *Em*-Gen aus dem Weizen. Bei ihm sind in der gleichen Promotor-Region die »Ansprechbarkeit« auf ABA und die Bindungsstelle für einen Transkriptionsfaktor lokalisiert. Das ließe sich dadurch erklären, daß Phytohormone, in diesem Fall ABA, nicht direkt, sondern als Hormon-Rezeptor-Komplex an regulatorische DNA binden. Eine gängige Annahme wird so durch die Befunde am *EM*-Promotor gestützt.

Phytohormone, teils aus dem Embryo, teils aus dem Endosperm, teils aus der Mutterpflanze, wirken auch bei der Bildung von Samen und Früchten mit. Bei der Fruchtbildung kommt es nacheinander zu den Phasen des Fruchtansatzes, der Zellteilung, der Zellstreckung und der Reifung. *Reifungshormon in Früchten ist das Ethylen.*

21 Die unselbständige vegetative Phase

Die *unselbständige vegetative Phase* beginnt mit der Keimung des Samens und endet mit dem Ergrünen des Keimlings, also mit der Fertigstellung des Photosynthese-Apparates. Es handelt sich also um die *Keimung* und die *Keimlingsphase.*

Der Keimling greift noch weitgehend auf Reservestoffe zurück, die ihm von der Mutterpflanze in Samen bzw. Frucht mitgegeben wurden, ist also insofern »unselbständig«. Anders steht es mit der Versorgung mit Wasser und Mineralstoffen. Was sie anbelangt, ist der Keimling in der Regel »selbständig«.

Die Keimung zu definieren, ist insofern nicht ganz einfach, als es keine Definition ohne Ausnahme zu geben scheint. In der Regel wertet man das *Durchbrechen der Radicula* durch die Samenschale als Kriterium für den Keimprozeß. Nur muß man sich bei Anwendung dieses Kriteriums darüber im klaren sein, daß vor und nach dem sichtbaren morphologischen Effekt weniger auffällige Vorgänge ablaufen, die auch zur Keimung gehören.

Unter Keimung versteht man das Austreiben eines bis dahin im Ruhezustand befindlichen pflanzlichen Fortpflanzungskörpers. Bei Samen ist das Durchbrechen der Radicula durch die Samenschale ein äußeres Kennzeichen für Keimung.

In vielen Fällen ist der Same sofort nach dem Freiwerden von der Mutterpflanze keimfähig. In anderen Fällen aber kann der Same erst nach einer mehr oder weniger langen Ruheperiode auskeimen. Man spricht hier von einer *Keimruhe.*

21.1 Keimruhe

Die Keimruhe kann auf sehr verschiedene Ursachen zurückgehen. Gehen wir auf einige ein:

21.1.1 Unvollständige Embryonen

Bei Freiwerden des Samens oder der Frucht von der Mutterpflanze sind die Embryonen noch nicht voll entwickelt. Während der Keimruhe wird diese Entwicklung nachgeholt. Ein Beispiel aus der einheimischen Flora: Samen der Esche (*Fraxinus excelsior,* Abb. 21.1) weisen eine Keimruhe auf, während der der Embryo sich erst voll entwickelt.

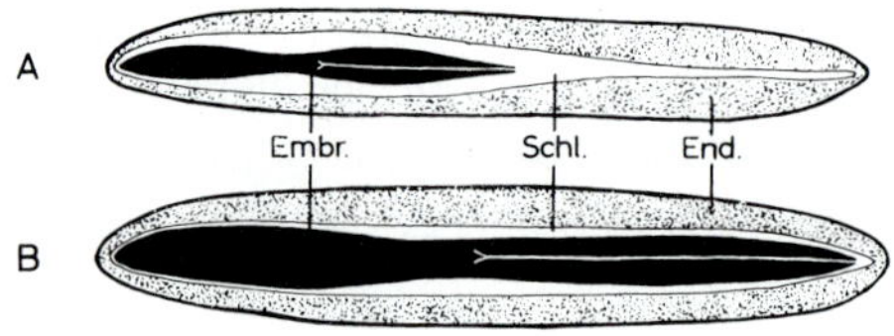

Abb. 21.1. Samen der Esche (Fraxinus excelsior) unmittelbar nach dem Freiwerden von der Mutterpflanze (A) und nach 6 Monaten Lagerung in feuchter Erde (B). Embr. = Embryo, Schl. = aus dem Endosperm (End.) hervorgegangene Schleimschicht (aus Ruge *1966).*

21.1.2 Nachreife durch Trocknung

Bei einer Reihe von Arten wird die volle Keimfähigkeit erst erreicht, wenn die Samen einen Trocknungsprozeß durchgemacht haben. So sind z.B. die Samen des Maises fast unmittelbar nach der Ernte schon zu einem niedrigen Prozentsatz keimfähig. Die volle Keimfähigkeit wird aber erst nach Lagerung erreicht. Es ließ sich zeigen, daß dabei die Zunahme der Keimfähigkeit einer Abnahme des Wassergehaltes der Körner entspricht. Wieso erst über eine Trocknung die volle Keimfähigkeit erreicht wird, ist trotz mancher Hypothese ungeklärt.

21.1.3 Impermeabilität für Wasser und/oder Gase

Eine Keimung ist ohne Wasseraufnahme und Gasaustausch nicht möglich (vgl. Keimungsbedingungen). Die den Embryo umgebenden Schichten können nun für Wasser und Gase mehr oder weniger undurchlässig sein. Die Sperrschicht kann vom Endosperm, Nucellus, von der Samenschale oder den Fruchtwänden gestellt werden. Eine für Gase undurchlässige Samenschale weisen z.B. die schon erwähnte Esche und die Spitzklette *Xanthium strumarium* auf.

Die Sperrschichten lassen sich mit verschiedenen Mitteln durchlässig machen, deren Wahl von der Art der Sperrschicht abhängt: Anritzen der Samen, Behandlung mit konz. Schwefelsäure, mit Alkohol, Blausäure, Wasserstoffperoxid usf. In der Natur werden die Sperrschichten vor allem durch die Tätigkeit von Mikroorganismen allmählich abgebaut. Feuchtigkeit in Kombination mit Wärme begünstigt den Prozeß.

21.1.4 Inhibitoren

Alle Teile eines Samens oder einer Frucht einschließlich des Embryos selbst können Hemmstoffe enthalten, die die Keimung verhindern.

Im *Embryo* selbst finden sich ihrem Chemismus nach noch unbekannte Inhibitoren z.B. bei *Fraxinus excelsior* und *Xanthium strumarium*. In den Embryonen von Rosaceen, vor allem unserer Stein- und Kernobstgewächse, ist Amygdalin als Vorstufe des Inhibitors Blausäure enthalten. Beim Quellen der Samen wird zuerst eine ebenfalls vorhandene β-Glucosidase aktiv und spaltet die beiden Glucosemoleküle vom Amygdalin ab (Abb. 21.2). Das freigesetzte Aglykon wird dann von Oxynitrilasen in Benzalhedyd und Blausäure zerlegt. Da das *Endosperm* der betreffenden Arten für Gase un-

Abb. 21.2. Enzymatik der Freisetzung von HCN aus Amygdalin. Das Enzymgemisch aus Amygdalinhydrolas (1), Prunasinhydrolase (2) und Hydroxy-nitrilase (3) wird auch als Emulsin bezeichnet. Glu = Glucose.

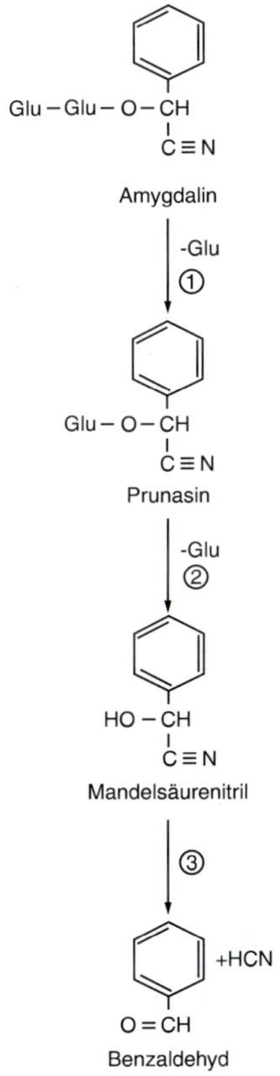

durchlässig ist, kann die Blausäure nicht entweichen. Sie hemmt die Keimung solange, bis das dünne Endosperm verrottet ist (Abb. 21.3).

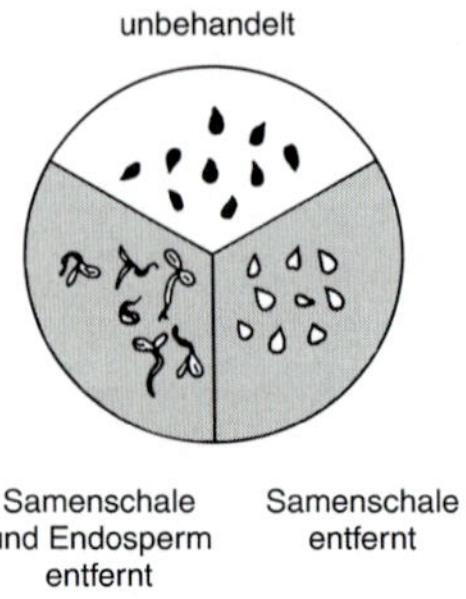

Abb. 21.3. Keimung von Apfelsamen nach Entfernung von Samenschale und Endosperm (verändert nach Ruge *1966). Erst wenn man auch das Endosperm entfernt, kommt es zur Keimung.*

Bekannt ist aber vor allem das Vorkommen von Inhibitoren im *Fruchtfleisch*. Sie erscheinen ökologisch unbedingt notwendig. Denn das Fruchtfleisch einer Tomate (*Lycopersicon esculentum*) etwa bietet ohne den Inhibitor ABA (Abb. 21.4) beste Voraussetzungen für eine Keimung: bei einer Mutante, deren Fruchtfleisch keine ABA enthielt, keimten die Samen bereits in der Frucht. Falls die Bedingungen außerhalb der Frucht die weitere Entwicklung nicht gewährleisten, kann das verhängnisvoll werden. ABA und andere Inhibitoren im Fruchtfleisch bremsen die Keimung solange, bis die Frucht und damit auch sie selbst über die Tätigkeit von Mikroorganismen zersetzt ist. Das ist aber nur dann möglich, wenn auch in der Umgebung ausreichend Feuchtigkeit gegeben sind. Dann ist aber auch die weitere Entwicklung der Keimlinge gesichert.

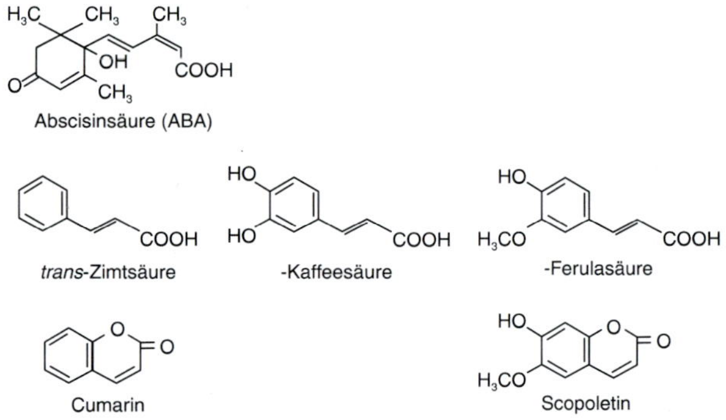

Abb. 21.4. Beispiele für Keimungshemmstoffe.

Einige Beispiele für Keimungshemmstoffe bringt Abb. 21.4. Darüber hinaus kennt man noch eine Reihe weiterer Hemmstoffe. Aber für die meisten von ihnen gilt: Man hat ihre keimungshemmende Wirkung im Labor festgestellt. Der Nachweis, daß sie unter natürlichen Bedingungen im gleichen Sinn wirken, ist nur schwer zu führen.

21.1.5 Der biochemische Keimfähigkeits-Test (TTC-Test)

Währen der Keimruhe sind die Samen zwar keimungs*fähig*, aber nicht keimungs*bereit*. In der Praxis stellt sich oft die Frage, ob Samen, die nicht keimen, überhaupt noch keimungs-

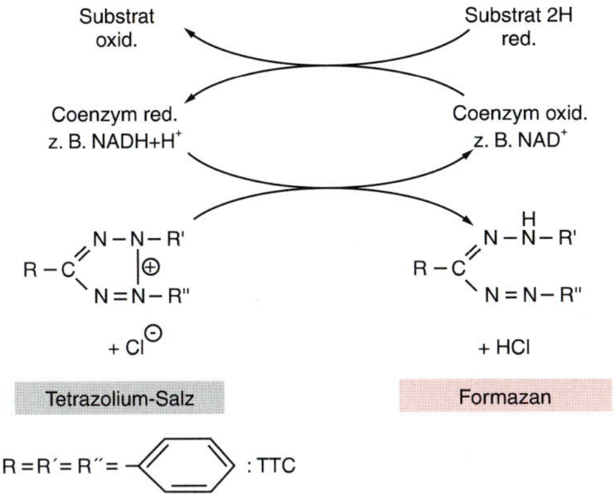

Abb. 21.5.
Der Triphenyl-tetrazolium-Test (TTC-Test). Außer mit TTC kann er auch mit anderen Tetrazolium-Salzen durchgeführt werden.

fähig sind. Rasche Auskunft liefert ein biochemischer Keimfähigkeitstest mit *T*riphenyl-*t*etrazolium-*c*hlorid (*TTC*) oder Derivaten dieser Substanz.

Falls der Samen noch keimungsfähig ist, müssen sich die in ihm enthaltenen Enzyme nach Wasseraufnahme aktivieren lassen. Von den fraglichen Samen wird eine Probe entnommen und im TTC-Test daraufhin untersucht (Abb. 21.5):

Gequollene Samen werden in das leicht wasserlösliche, fast farblose TTC eingelegt. Innerhalb einiger Stunden wird die Substanz zu rotem, wasserunlöslichem Formazan reduziert, oft von $NADH+H^+$-abhängigen Enzymen. Lebende Ge-

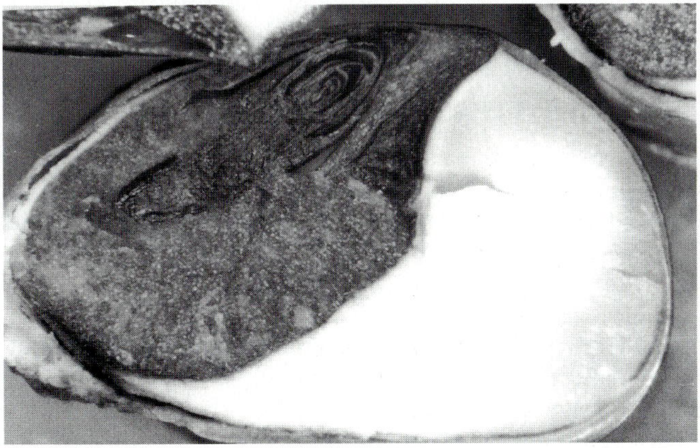

Abb. 21.6.
TTC-Test am Maiskorn. Die gequollenen Körner wurden längsgeschnitten und für einige Stunden in TTC-Lösung in Dunkelheit (Lichtsensibilität des TTC) inkubiert. Embryo, Scutellum und Aleuron sind durch Formazan rot gefärbt. Das innerhalb des Aleurons liegende Stärkeendosperm ist im ausdifferenzierten Zustand abgestorben und färbt sich deshalb nicht. Formazan ist in Wasser unlöslich, weshalb sich lebende Gewebe exakt fassen lassen (M. Iser).

webe im Embryo färben sich rot. Je nach der Art der rot gefärbten Gewebe läßt sich beurteilen, ob der Embryo noch keimungsfähig ist oder nicht.

Geben wir ein Beispiel, das man in einem einfachen Versuch nachvollziehen kann und das an schon Bekanntes anschließt: im Aleuron der Gerste induziert GS das Genmaterial für α-Amylase. Das Aleuron muß also lebend sein. Dementsprechend färbt sich das Aleuron von Getreide-Arten im TTC-Test rot (Abb. 21.6).

21.2 Keimungsbedingungen

Wie wir eben erfuhren, können im Embryo selbst und in allen ihn umgebenden Schichten Sperrmechanismen vorhanden sein. Sind sie beseitigt, so ist der Embryo keimfähig. Er keimt aber erst dann, wenn bestimmte äußere Bedingungen gegeben sind. Die äußeren Bedingungen, die dem keimfähigen Keimling nun tatsächlich die Keimung ermöglichen, wollen wir Keimungsbedingungen nennen.

21.2.1 Wasser

Conditio sine qua non ist das Wasser. Die Wasseraufnahme in den trockenen Samen beginnt mit der *Quellung*, einem rein physikalischen Prozeß. Hydrophile Gruppen, z. B. $-NH_2$, $-OH$, $-COOH$, ziehen die Dipole des Wassers an und bilden um sich herum Hydrathüllen. Die Makromoleküle, die solche hydrophilen Gruppen tragen, also z. B. die Proteine und die polymeren Kohlenhydrate, »quellen«. An die Wasseraufnahme durch Quellung schließt sich die mit der Keimung verbundene Wasseraufnahme an. Besonders die im Zuge der Keimung stattfindende Zellstreckung basiert auf einer intensiven Wassereinlagerung.

Als Faustregel gilt, daß die Quellung ohne größeren Schaden für den Keimling durch Wasserentzug wieder rückgängig gemacht werden kann. Das ist bei der anschließenden Keimung, die mit Zellteilungs- und Zellstreckungsaktivität verbunden ist, nicht mehr möglich. Im übrigen sind die Grenzen zwischen dem physikalischen Prozeß der Quellung und dem auf biochemisch-physiologischer Aktivität beruhenden Keimprozeß nicht so scharf, wie man manchmal zu formulieren pflegt. So kann in Embryonen noch während der Quellung mRNA gebildet werden. In Embryonen des Weizens setzt die Synthese von mRNA sogar schon Minuten nach Beginn der Quellung ein.

21.2.2 Sauerstoff

Für die Keimung ist Energie notwendig. Sie wird in Form von ATP bereitgestellt, das aus der Substratketten- und der Atmungskettenphosphorylierung stammt. Im jungen Keimling überwiegt dabei zunächst die Glykolyse und damit die Substratkettenphosphorylierung. Später kommt es dann zum Einschalten der Mitochondrien mit ihrer Atmungskette (Seite 186). Das Funktionieren der Atmungskette und damit auch der Atmungskettenphosphorylierung setzt aber Sauerstoff voraus. In der Regel ist deshalb Anwesenheit von O_2 eine der Keimungsbedingungen. Ausnahmen bestätigen diese Regel nur: Beim Reis und auch bei anderen Pflanzen kann die Keimung unter Wasser, also unter nur sehr geringem Sauerstoffpartialdruck, vonstatten gehen. Aber gerade die Reiskeimlinge verfügen über ein sehr leistungsfähiges System der Glykolyse, die ja keinen Sauerstoff erfordert.

21.2.3 Temperatur

Bei den Temperaturansprüchen, die die einzelnen Arten hinsichtlich der Keimung stellen, läßt sich die Bedeutung von artspezifisch verschiedenen Optima gut demonstrieren. Denn die Temperaturoptima der Keimung entsprechen den äußeren Bedingungen, die für die Entwicklung der betreffenden Arten erforderlich sind. Ein Beispiel: Für Bodenproben aus der Coloradowüste hat man festgestellt, daß bei +10 °C die Winterannuellen (einjährige Pflanzen, die im Herbst auskeimen und im Frühling oder Frühsommer des nächsten Jahres blühen und fruchten), bei 26 bis 30 °C die Sommerannuellen (einjährige Pflanzen, die ihre gesamte Entwicklung im Sommer eines Jahres durchlaufen) bevorzugt keimen. Winter- und Sommerannuelle weisen also verschiedene Temperaturoptima der Keimung auf, die den für ihre weitere Entwicklung erforderlichen Außenbedingungen angepaßt sind.

Einen Sonderfall stellt die Wirkung niedriger Temperaturen auf gequollenes Samenmaterial dar. Eine Reihe von Samen bedarf einer *kalten Stratifikation*, einer Lagerung auf feuchtem Substrat bei Temperaturen etwas über 0 °C, um keimen und sich nach der Keimung ungehemmt weiter entwickeln zu können.

Die niedrigen Temperaturen greifen in ganz verschiedene Prozesse ein. Einmal können sie durch *Inhibitoren* gesetzte

Sperren aufheben und den Embryo damit keimfähig machen. Zum anderen kann aber in vielen Fällen die Keimung selbst noch erfolgen. Der Keimling bleibt jedoch in seiner weiteren Entwicklung gehemmt, wenn nicht niedere Temperaturen auf ihn einwirken. Es entwickeln sich dann sog. physiologische Zwerge. Im einzelnen kann das Wachstum des Epikotyls und des Hypokotyls oder aber dasjenige nur der Epikotyls gehemmt sein. Man spricht dementsprechend von einer *Hypokotyl-* und/oder *Epikotylruhe*, die durch niedrige Temperaturen gebrochen werden muß – wobei »Ruhe« eigentlich das falsche Wort ist, denn es handelt sich um eine gebremste Entwicklung.

Ein Beispiel für die *Ausschaltung von Inhibitoren* im Embryo: Bei der Esche (*Fraxinus excelsior*) ist, wie wir wissen, der Embryo zunächst noch unvollständig. Diese Entwicklung wird im Sommer des nächsten Jahres nachgeholt. Erst danach, also im zweiten Winter, kann dann die Winterkälte wirksam werden. Sie erhöht im Embryo den Gibberellinspiegel, so daß die Hemmstoffe überspielt werden und der Same im nachfolgenden Frühjahr keimen kann.

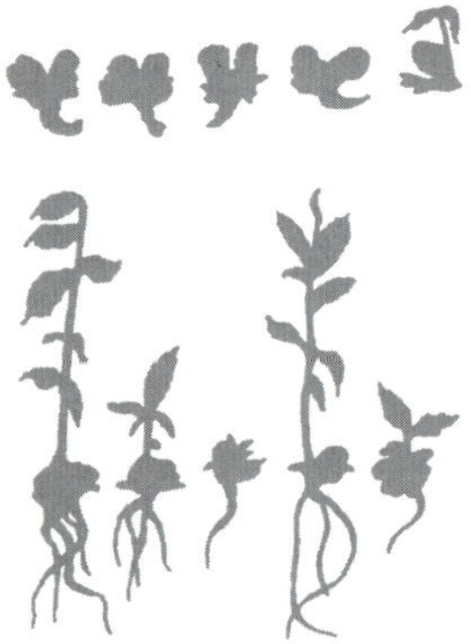

Abb. 21.7. *Entwicklung von Aprikosenkeimlingen nach kalter Stratifikation (unten) und ohne kalte Stratifikation (oben) (aus* RUGE *1966).*

Beispiele für *Epikotyl- und Hypokotylruhe*: Besonders von unseren Rosaceen ist bekannt, daß die Samen eine kalte Stratifikation verlangen. Die Keimlinge nicht nur des Apfels, sondern auch anderer Rosaceen weisen eine Epikotyl- und Hypokotylruhe auf. Erst wenn man niedere Temperaturen einwirken läßt, entwickeln sie sich normal.

Beispiel für *Epikotylruhe*: Bei einer Reihe von Arten kommt es zwar auch ohne Einwirken niedriger Temperaturen zur Keimung und zur Entwicklung eines Wurzelsystems, aber das Wachstum des Epikotyls bleibt gehemmt. Es entstehen stark gestauchte Pflanzen, so z.B. bei manchen Rosaceen wie der Aprikose (Abb. 21.7), einigen Liliaceen und der Strauchpäonie (*Paeonia suffruticosa*). Nach Kälteeinwirkung nehmen die Pflanzen normalen Wuchs an. Gerade bei dieser Gruppe kann Gibberellinsäure die Kälte ganz oder teilweise ersetzen. Man nimmt deshalb an, daß die Kälte hier ebenso wie bei der Esche eine Erhöhung des endogenen Gibberellinspiegels induzieren könnte.

21.2.4 Licht

Jedem Praktiker ist bekannt, daß die einzelnen Pflanzenarten bei der Keimung unterschiedliche Lichtansprüche stellen (Tab. 21.1). Die meisten Pflanzen werden durch Licht in ihrer Keimung gefördert, sind also *Lichtkeimer*. Ihnen steht

Tab. 21.1. Einige Licht- und Dunkelkeimer (lichtgeförderte und lichtgehemmte Samen)

Lichtkeimer	Dunkelkeimer
Digitalis purpurea	*Amaranthus caudatus*
Epilobium hirsutum	*Cucurbita pepo*
Lythrum salicaria	*Nigella damascena*
Lactuca sativa var. *Grand Rapids*	*Phacelia tanacetifolia*
Nicotiana tabacum	*Prenanthes purpurea*
Oenothera biennis	

die kleinere Gruppe von *Dunkelkeimern* gegenüber, deren Keimung von Licht gehemmt wird.

Bevor wir besonders auf die Lichtkeimer eingehen, sei eingeschoben, daß andere Außenfaktoren mit von der Partie sind. Das gilt vor allem für die Temperatur. Bei der Analyse des Phytochromsystems wurden bevorzugt Achänen der Salatvarietät »Grand Rapids« verwendet (vgl. Seite 390). Nur über 23 °C verhalten sie sich so wie in Abb. 17.1 wiedergegeben. Bei niedrigeren Temperaturen keimen sie munter auch in Dunkelheit. Ähnlich verhalten sich zahlreiche andere Lichtkeimer.

Damit sind wir bei den *Lichtkeimern*. Das eingestrahlte Licht wirkt über das Phytochromsystem wie früher besprochen (Seite 394). Über die Bestrahlung muß also genügend P_{fr} gebildet werden, um die Keimung zu induzieren. Nun wirkt in der Natur das Mischlicht der Sonne auf die gequollenen Samen ein. Es enthält mehr Hell- als Dunkelrot. Infolgedessen verlagert sich das Photogleichgewicht zwischen P_{fr} und P_r zugunsten des P_{fr}. Das Verhältnis P_{fr} zu P_{total}, das zur Induktion der Keimung gegeben sein muß, ist artspezi-

Tab. 21.2. Werte des Photogleichgewichtes von aktivem Phytochrom (P_{fr}) zu Gesamt-Phytochrom (P_{total}), die erreicht werden müssen, damit die Keimruhe gebrochen werden kann (aus Bewley and Black 1986).

Art	P_{fr}/P_{total}
Amaranthus reflexus	0,001
Amaranthus caudatus	0,02
Wittrockia superba	0,02
Sinapis arvensis	0,05
Cucumis sativus	0,1–0,15
Chenopodium album	0,3
Lactuca sativa	0,59

fisch verschieden (Tab. 21.2). Um es zu erreichen, sind jeweils unterschiedliche Expositionszeiten gegenüber Licht erforderlich.

Nun kann man sich fragen: Wozu denn eigentlich dieses komplizierte System der Photoreversion? Wäre es nicht einfacher und vielleicht sogar effektiver, auf die Photoreversibilität ganz zu verzichten?

Das Verhältnis P_{fr} zu P_r verändert sich je nach den Außenbedingungen, zu denen in erster Linie das Licht, aber z. B. auch die Temperatur gehören. Damit ist ein sensibles Meßsystem gegeben, über das die Pflanze über die jeweilige Außensituation orientiert wird. Es gilt das nicht nur, aber eben auch für die Keimung. Grüne Blätter absorbieren Hellrot besonders stark, Dunkelrot sehr viel weniger. Licht unter grünen Pflanzenteilen wird also relativ wenig Hellrot enthalten. Dementsprechend verschiebt sich das Verhältnis P_{fr}/P_r zuungunsten des keimungsinduzierenden P_{fr}. Wenn man Lichtkeimer-Samen einen keimungsinduzierenden Impuls Hellrot gibt und sie dann in Blattschatten bringt, kann die Keimung unterbleiben. Bei genauer Analyse ließ sich sogar eine quantitative Abhängigkeit zwischen der beschattenden Blattfläche und der Keimungsrate feststellen (Abb. 21.8). Man spricht hier von *Schattenvermeidungsreaktionen*.

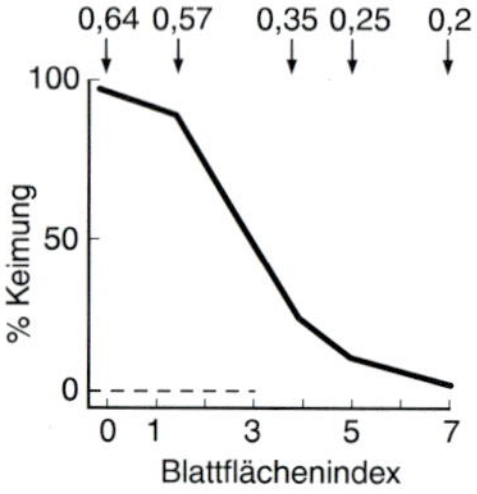

Abb. 21.8. *Keimung eines Lichtkeimers (Plantago major) bei zunehmender Beschattung durch Blätter. Plantago wurde unter Sinapis alba ausgesät, wobei die Beschattung durch die Sinapis-Blätter jeweils erhöht war. Der Blattflächenindex gibt das Verhältnis von Blattfläche zu Bodenfläche wieder. Er steigt in der Graphik von links nach rechts. Oben sind die Relationen P_{fr}/P_{total} angegeben, die sich bei der betreffenden Beschattung in den Plantago-Blättern einstellen. - - - = Keimung bei Dunkelheit (nach FRANKLAND and POO aus BEWELEY and BLACK 1986).*

Die Keimungsauslösung und die ersten Keimprozesse erfordern nur geringe Lichtintensitäten. Aber für die weitere Keimlingsentwicklung sind höhere Lichtintensitäten erforderlich. Im starken Schatten müßten die Keimlinge im Extremfall zugrunde gehen. Damit erweist sich das Phytochrom als raffiniertes Informationssystem, das gegebenenfalls die Keimung ganz unterbindet oder bei erfolgter Keimung die Entwicklung entsprechend zu modifizieren gestattet. Weniger gut untersucht und auch schwieriger zu bearbeiten sind die *Dunkelkeimer*. Sie verhalten sich im übrigen keineswegs einheitlich. Wir müssen deshalb im Rahmen dieser Einführung auf ihre Besprechung verzichten.

21.3 Mobilisierung von Reservestoffen

Bei der Keimung müssen die in den Speichergeweben (Kotyledonen, Endosperm, selten Nucellus) lokalisierten Reservestoffe mobilisiert werden. Denn sie sind für den Keimling die einzigen Quellen organischer Substanzen, bis er seinen Photosyntheseapparat aufgebaut hat. Zu dieser Mobilisierung genügen einige Zeilen und eine Erinnerung an schon gebrachte Daten.

Die wesentlichen Reservestoffe sind Kohlenhydrate, Proteine und Fette.

1. *Mobilisierung der Kohlenhydrate*: durch Abbau zu Mono- oder Oligosacchariden mit Hilfe der entsprechenden Hydrolasen, z.T. auch Phosphorylasen. Beispiel: Stärkeabbau unter Gibberellinsäureeinfluß im Gerstenkorn (Seite 382).
2. *Mobilisierung der Proteine*: Hydrolytischer Abbau zu Aminosäuren durch Proteasen. Auch diese Proteasen werden z.T. ähnlich wie die α-Amylase des Gerstenkorns bei der Keimung *de novo* gebildet.
3. *Mobilisierung der Fette*: Hydrolyse der Fette zu Fettsäuren und Glycerin durch Lipasen (Seite 211), β-Oxidation der Fettsäuren zu Acetyl-CoA (Seite 212). Ein Teil des Acetyl-CoA wird über den Glyoxylsäurezyklus in Kohlenhydrate überführt. Die Schlüsselenzyme des Glyoxylsäurezyklus, die Isocitrat-Lyase und die Malatsynthase (Seite 213), werden in manchen fettspeichernden Samen bei der Keimung *de novo* gebildet. Dabei findet eine Substratinduktion statt.

21.4 Zentrale Stoffwechselprozesse im Keimling

Die mobilisierten oder z.T. auch schon in niedermolekularer Form (z.B. Saccharose) vorliegenden Reservestoffe werden im Keimling zum Energiegewinn und für Synthesezwecke eingesetzt. Dabei finden sich drei Reaktionsfolgen:

1. Die Glykolyse (Abb. 4.2 und 4.3), gegebenenfalls mit anschließender alkoholischer Gärung (Abb. 4.4). Hauptzweck ist der – begrenzte – Energiegewinn.
2. Die oxidative Decarboxylierung des Pyruvats (Abb. 4.5), der Citronensäurezyklus (Abb. 4.8) und die anschließende Endoxidation in der Atmungskette (Abb. 4.11). Sowohl Energie in Form von ATP als auch Ausgangsmaterial für Synthesen werden gewonnen.
3. Der oxidative Pentosephosphat-Zyklus (Abb. 21.10), der vor allem der Gewinnung von Reduktionsäquivalenten ($NADPH + H^+$) zu Synthesezwecken dient, über den aber auch Ausgangsmaterial für Synthesen bereitgestellt wird.

Im Verlauf der Keimung bis schließlich zur Ausbildung des Photosynthese-Apparates verändert sich die Wichtigkeit dieser drei Reaktionsfolgen, wie sich schon am Sauerstoffverbrauch im Verlauf der Keimung erkennen läßt.

21.4.1 Phasen im Sauerstoffverbrauch eines Keimlings

Wenn man den Sauerstoffverbrauch eines quellenden und keimenden Samens quantitativ verfolgt, lassen sich vielfach drei Phasen fassen (Abb. 21.9; vgl. auch Reaktionsfolgen Seite 493):

Phase I: Anfangs wird der Energiebedarf weitgehend aus der Glykolyse gedeckt. Manche Samen wie der Reis (*Oryza sativa)* verfügen aus ökologischen Gründen (Überflutung) über ein sehr leistungsfähiges System der Glykolyse, das länger von Bedeutung bleibt. Normalerweise aber kommt es von der Quellung an zu einem starken Anstieg im Sauerstoffverbrauch. Er ist darauf zurückzuführen, daß vorhandene Mitochondrien (mit den Enzymen der Reaktionsfolge 2) hydratisiert und dadurch aktiviert werden.

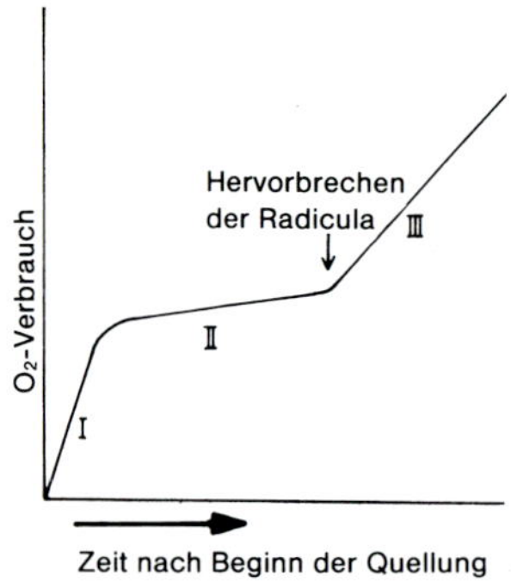

Abb. 21.9. Sauerstoffverbrauch durch den Embryo während der Keimung. Es lassen sich drei Phasen (I, II, III) unterscheiden (nach BEWELEY and BLACK 1986).

Phase II: Das System der Glykolyse wird zunächst stärker ausgebaut als das sauerstoff-verbrauchende Mitochondrien-System der Reaktionsfolge 2. Es kommt vorübergehend zu einer»lag-Phase« im Sauerstoffverbrauch, d.h. einem nicht weiter ansteigenden Verbrauch.

Phase III: Die Radicula hat inzwischen die Samenschale gesprengt. Dadurch wird der Sauerstoffzutritt erleichtert. Inzwischen sind neue Mitochondrien gebildet worden, deren Kapazität auf Basis des nun leichter verfügbaren Sauerstoffs voll zum Tragen kommt. Reaktionsfolge 2 zieht stark nach, es kommt zu einem entsprechenden erneuten Anstieg im Sauerstoffverbrauch.

21.4.2 Der oxidative Pentosephosphat-Zyklus

Bis zur Fertigstellung des Photosynthese-Apparates ergänzt der oxidative Pentosephospat-Zyklus (Abb. 21.10) die Reaktionsfolgen 1 +2.

Zwei Reaktionen bedingen den oxidativen Charakter, die Oxidation von Glucose-6-phosphat zu 6-Phospho-gluconolacton und die Decarboxylierung von 6-Phospho-gluconsäure zu Ribulose-5-phosphat. In beiden Reaktionen wird NADPH+H^+ gebildet.

Die wichtigste Funktion des Zyklus ist die Produktion eben dieses NADPH+H^+, das zu Synthesezwecken eingesetzt wird. Aber auch die Intermediärglieder des Zyklus können zu Synthesen abgezogen werden. Die namengebenden Pentosephosphate etwa gehen in Nucleinsäuren oder in poly-

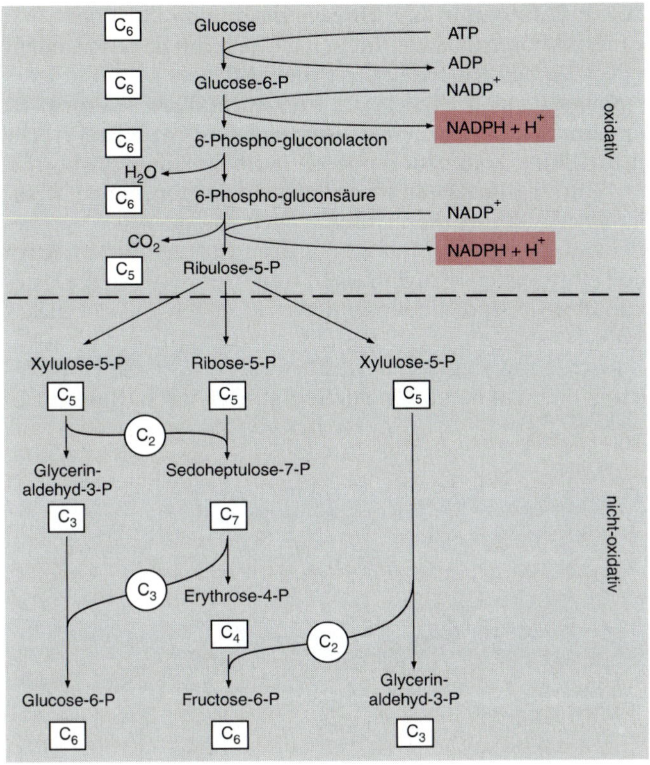

Abb. 21.10.
Der oxidative Pentosephosphat-Zyklus. Für die oxidative Etappe (oben) vgl. Abb. 3.7. (teils verändert nach KARLSON *et al. 1994).*

mere Bausteine der Zellwand ein; Erythrose-4-phosphat, eine Tetrose, dient zusammen mit Phosphoenolpyruvat als Ausgangsmaterial für den Shikimisäure-Weg (Abb. 7.2).

Mit dem Ergrünen des Keimlings verliert der oxidative Pentosephosphat-Zyklus an Bedeutung. Denn nun stehen Reduktionsäquivalente aus den Primärprozessen der Photosynthese zur Verfügung, während z.B. Pentosephosphate und Erythrose-4-phosphat über den *reduktiven* Pentosephosphatweg, den Calvinzyklus (Abb. 2.21) anfallen.

21.5 Der Aufbau des Photosynthese-Apparates

Mit dem Ergrünen, also mit dem Aufbau des Photosynthese-Apparates, ist die Keimlingsphase abgeschlossen. Von nun an beginnt die selbständige vegetative Phase im Leben der Pflanze. Einige Daten zu diesem entscheidenden Übergang seien gebracht.

21.5.1 Entstehung und Umwandlung von Plastiden

In der höheren Pflanze finden sich verschiedene Plastidentypen. Sie alle entstehen aus Proplastiden.

Dabei handelt es sich um kleine rundliche Körper, die von einer Doppelmembran umgeben sind (Abb. 21.11). Die Entwicklung zum Chloroplasten läuft nur im Licht normal ab. Dann schnürt die innere der beiden begrenzenden Membranen Vesikel ab, die sich schließlich zu dem uns schon bekannten Thylakoidsystem arrangieren (vgl. Abb. 2.12). Auch die Leukoplasten, Amyloplasten und Chromoplasten entstehen über entsprechende Differenzierungen aus Proplastiden.

Auch Umwandlungen schon fertig ausgebildeter Plastiden in einen anderen Plastidentyp sind möglich. Bekannt ist

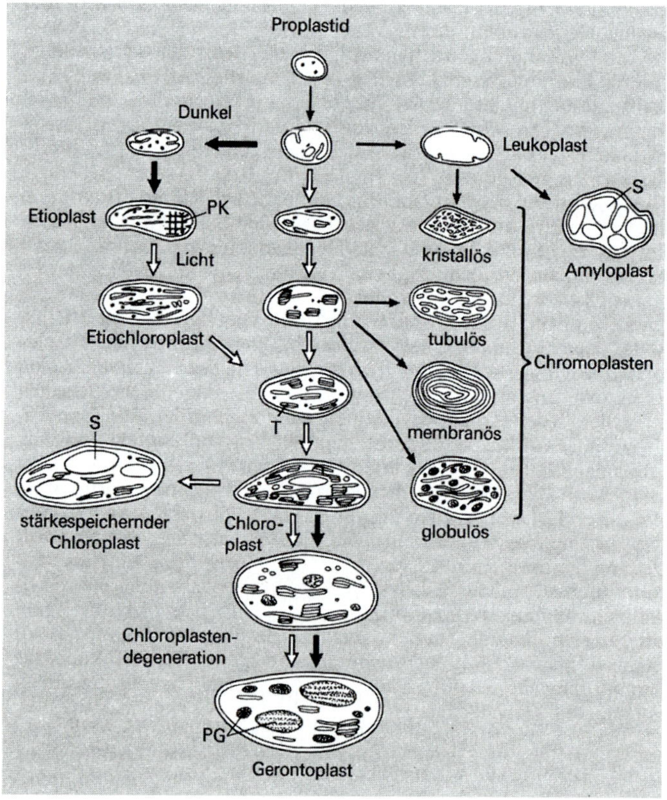

Abb. 21.11. Schema der Entwicklung verschiedener Plastidentypen aus Proplastiden. Die schwarzen Pfeile in der Chloroplastenentwicklung deuten an, daß die betreffenden Übergänge nur (Etiolement) oder auch in Dunkelheit stattfinden können. PG = Plastoglobuli, Lipidspeicher, die in alternden Chloroplasten (Gerontoplasten) stark zunehmen; PK = Prolamellarkörper; T = Thylakoide; S = Stärke (nach Tevini und Häder 1985).

die Überführung von Chloroplasten in Chromoplasten, die den Farbwechsel der reifenden Tomaten bedingt. Und das Ergrünen dem Licht ausgesetzter Kartoffelknollen geht darauf zurück, daß sich Amyloplasten in Chloroplasten umorganisieren.

Das Auftreten der grünen Farbe geht natürlich auf die Bildung von Chlorophyllen zurück. Wie wir schon erfahren haben, wirkt auch hier das Licht entscheidend mit. Der lichtabhängige Schritt ist die Reduktion von Protochlorophyllid zu Chlorophyllid (Abb. 9.3).

Das Licht wirkt bei der Chloroplastenentwicklung teils über das Phytochrom, teils über das Cryptochrom. Das Phytochrom z. B. ist an der eben erwähnten Überführung von Protochlorophyllid in Chlorophyllid maßgeblich beteiligt. Verschiedentlich konnte auch eine Genaktivierung über Phytochrom nachgewiesen oder wahrscheinlich gemacht werden, so bei der kleinen Untereinheit der Rubisco. Auf die an der Chloroplastenentwicklung beteiligten Gene kommen wir gleich zurück.

Doch um das tun zu können, muß zunächst der Begriff des Etioplasten erklärt werden. Zu ihm (Abb. 21.11) führt ein Seitenweg der Entwicklung, der im Dunkeln, beim Etiolement eingeschlagen wird. Die von der inneren Membran der Proplastiden abgeschnürten Vesikel ordnen sich nicht zu Thylakoiden, sondern zu einem »quasikristallinen« Gebilde, dem *Prolamellarkörper*. Er baut sich aus einem gitterartigen Röhrchensystem auf. Bei Belichtung kommt es zu einem Rearrangement des Membranmaterials in diesen Tubuli: Das normale Thylakoidsystem bildet sich aus. Damit wird aus dem Etioplasten ein Chloroplast.

21.5.2 Bildung von Chloroplastenproteinen

Der Etioplast wurde nicht etwa eingeführt, um durch die Schilderung von Seitenwegen Verwirrung zu stiften. Grund ist, daß etiolierte Pflanzen ein ausgezeichnetes Material zum Studium der – wenn auch variierten – Chloroplastenentwicklung und vor allem auch der Bildung von Chloroplasten-Proteinen darstellen. Denn die Chloroplastenentwicklung läuft in den Blattzellen einer etiolierten Pflanze gleichermaßen auf dem Stadium des Etioplasten auf. Belichtet man dann, wird sie einigermaßen synchronisiert in Richtung »normaler Chloroplast« weitergeführt. Über diese partielle Synchronisation ergeben sich günstige Voraussetzungen nicht nur zur Untersuchung der strukturellen

Veränderungen, sondern vor allem auch für experimentelle Eingriffe. Sie wurden an verschiedenen Pflanzenarten, so z. B. Bohnen (*Phaseolus*) durchgeführt, um die Frage zu klären, wo innerhalb der Zelle eigentlich die Chloroplasten-Proteine codiert werden.

Wenn man sich an die Endosymbionten-Hypothese erinnert (Seite 119), scheint diese Frage völlig überflüssig. Denn wo anders sollten die Chloroplasten-Proteine gebildet werden, wenn nicht im ehemals photosynthetisch selbständigen Endosymbionten? Schon eine genauere Analyse der Chloroplasten-DNA läßt jedoch etwas anderes vermuten. Die DNA liegt in mehreren Kopien pro Chloroplast vor und ist ringförmig, was der Situation bei Akaryonten und damit der Endosymbionten-Hypothese entspricht. Sie ist so groß, daß von ihr etwa 100 Proteine mit einem MG von 30 000 codiert werden könnten. Das könnte vielleicht genügen, um die wichtigsten Chloroplasten-Proteine bereitzustellen. Eine Kartierung der Chloroplasten-DNA verschiedener Pflanzenarten ergab jedoch, daß sie die genetische Information für nur etwa die Hälfte der Chloroplasten-Proteine enthält.

Erinnern wir uns nun an Antibiotika wie Cycloheximid und Chloramphenicol, die die Translation entweder in den 80S-Ribosomen des Cytoplasmas oder in den 70S-Ribosomen auch der Chloroplasten hemmen (Seite 94). Sie wurden etiolierten und dann belichteten Pflanzen zugeführt. Die dann beobachteten Ausfälle in der Translation bestimmter Chloroplasten-Proteine erlaubten es, eine Lokalisation vorzunehmen. Molekulargenetische Befunde brachten Ergänzungen und Präzisierung: Ein Großteil der Chloroplasten-Proteine, darunter auch solche von zentraler Bedeutung für die Photosynthese, wird von Genen im Zellkern codiert. Die Translation der betreffenden mRNAs findet an den 80S-Ribosomen des Cytoplasmas statt und wird durch Cycloheximid gehemmt. Ein anderer Teil der Chloroplasten-Proteine wird in den Chloroplasten selbst codiert. Auch die Translation der betreffenden mRNAs läuft dann an den 70S-Ribosomen der Chloroplasten ab und läßt sich durch Chloramphenicol hemmen.

Es sei darauf verzichtet, entsprechende Listen als Gedächtnistraining anzubieten. Nur ein Hinweis wenigstens zur Situation beim Schlüsselenzym des Calvinzyklus, der Rubisco sei gebracht: Die kleine Untereinheit des Enzyms wird von Kern-DNA, die große von Chloroplasten-DNA codiert. Die enge Kooperation des Genmaterials in den beiden Organellen kann kaum besser demonstriert werden.

Was die Endosymbionten-Hypothese anbelangt, so entsteht ihr durch diese Befunde gewisse Schwierigkeiten. Denn eigentlich sollten die Chloroplasten als ehemals selbständige Photosynthese-Organismen über den kompletten Satz an entsprechenden Genen verfügen. Doch sollte man nicht vergessen, daß Evolution eben auch Veränderung bedeutet. Um nur eine Möglichkeit anzudeuten: Warum sollte es bei der Coevolution kernführende Zelle/Endosmybiont nicht zu einem Genaustausch gekommen sein? Hinweise darauf existieren.

21.6 Regulation der Keimung durch Phytohormone

Wir haben bislang eine ganze Anzahl von einzelnen Daten zusammengetragen und sind dabei immer wieder auf die Beteiligung von Phytohormonen gestoßen. Versuchen wir einmal, den gesamten Ablauf der Keimung unter dem Aspekt einer Regulation durch Phytohormone zusammenzufassen.

Setzten wir zunächst einmal voraus, daß alle Keimungssperren beseitigt seien, der Same also keimfähig ist. Nun müssen noch alle Keimungsbedingungen (Wasser, Sauerstoff, Temperatur, Licht) gegeben sein. Wie es dann zu einer Keimung kommen kann und wie die Phytohormone in die einzelnen Etappen dieses Keimprozesses eingreifen können, sei für ein Getreidekorn, etwa ein Korn der Gerste, skizziert (Abb. 16.10): Durch die permeable Samenschale dringt Wasser in den Samen, auch in den Embryo innerhalb des Samens ein. Der Embryo wird aktiv, es kommt zur Synthese von mRNA für verschiedene Prozesse und auch zu einer Ausschüttung von Gibberellinsäure in das Aleuron. Im Aleuron induziert die Gibberellinsäure die Synthese einer Reihe von Hydrolasen, die Reservestoffe mobilisieren. Hierher gehört z.B. die α-Amylase, die Stärke abbaut. Hierher gehören aber auch Nucleasen und Proteasen, die Nucleinsäuren bzw. Proteine attackieren. Durch die Tätigkeit der Nucleasen werden auch in den Nucleinsäuren enthaltene Cytokinine freigesetzt, durch die Tätigkeit der Proteasen zusammen mit anderen Aminosäuren das Tryptophan, aus dem IES gebildet werden kann. Cytokinine und IES wirken nun auf den Embryo ein: Die Cytokinine induzieren Zellteilungen und die IES vor allem Zellstreckungen. Der dadurch wachsende Embryo sprengt die Samenschale. Dabei helfen von ihm selbst gebildete Pektinasen und Cellulasen, soweit die Samenschale nicht inzwischen durch die Tätigkeit der Bodenmikroorganismen ohnehin weitgehend verrottet ist. Zuerst tritt die Radicula aus dem Samen, dann die Koleoptile. IES spielt bei den dabei stattfindenden Prozessen der Zellstreckung eine wesentliche Rolle. In der weiteren Entwicklung wächst die Radicula positiv geotrop nach unten, die Koleoptile mit dem Sproßpol negativ geotrop nach oben. Sobald Koleoptile und Sproß das Erdreich durchbrochen haben und damit dem Licht voll ausgesetzt werden, kommt es zur bei Angiospermen – nicht bei Gymnospermen! – lichtabhängigen Ausbildung des Photosynthese-Apparates. Damit ist das Keimlingsstadium abgeschlossen.

21.7 Regulation der Keimung und Ökologie

Fast ist es langweilig, von Phytohormonen zu sprechen. Denn daß sie bei jedem Entwicklungsprozeß eine Rolle spielen, haben wir inzwischen herausgefunden – und auch, daß man dabei zu ihrem primären Wirkungsmechanismus nur in den seltensten Fällen eine Aussage machen kann. Gerade bei der Keimung läßt sich aber zeigen, daß die Phytohormone nur Teil eines komplexen Ganzen sind. Denn wir hatten eine lange und dabei keineswegs vollständige Liste von Keimungssperren (Seite 484) und von Keimungsbedingungen (Seite 488) aufgezählt. Es geschah das nicht aus Freude am Detail, sondern weil uns eine derartige Häufung von ineinander verschachtelten Mechanismen schon vermuten läßt, daß die Keimung ein Prozeß ist, dessen Regulation für die Pflanzen von größter Wichtigkeit ist. Wenn wir soeben die Phytohormone herausgestellt hatten, so haben wir damit nur einen Ausschnitt aus dem komplexen Regulationsgeschehen erfaßt. Im folgenden sei auf die Bedeutung einiger anderer Regulationsmechanismen eingegangen.

Eine Keimung unter Bedingungen, die die weitere Entwicklung der jungen Pflanze nicht gestatten, bedeutet den Tod der betreffenden Pflanze. Die Keimungssperren sind derart angelegt, daß sie eine Keimung unter ungünstigen Außenbedingungen nicht gestatten. Sie sind gewissermaßen auf günstige Außenbedingungen geeicht. Das Eichmaß ist dabei durch die Keimungssperren gegeben. Zur Ökologie des Phytochromsystems und damit des Lichtfaktors waren schon einige Angaben gemacht worden (Seite 492). Gehen wir hier noch auf die Rolle der Temperatur und des Niederschlags ein.

21.7.1 Eichung auf Temperatur

Am Beispiel der Winter- und Sommerannuellen aus der Coloradowüste hatten wir schon erfahren, daß die einzelnen Arten unterschiedliche Temperaturoptima der Keimung aufweisen. Die Beispiele ließen sich vermehren. So ist bekannt, daß Nutzpflanzen aus kalten Klimazonen besser bei niedrigen, solche aus warmen Breiten besser bei höheren Temperaturen keimen. Solche Daten lassen eine Anpassung an die jeweiligen Gegebenheiten erkennen.

Nun wäre es in unseren gemäßigten Breiten ziemlich verhängnisvoll, wenn jeder Same, der ein Temperaturoptimum der Keimung bei niedrigen Werten aufweist, bei Eintritt dieser niedrigen Temperaturen auch *sofort* keimen würde. Das würde bedeuten, daß die Samen bei Winterbeginn keimten. Einige Arten, etwa unsere Wintergetreide, sind fähig, die folgende kalte Jahreszeit im vegetativen Zustand zu überstehen. Das gilt aber keineswegs für alle Arten. Hier tritt nun eine der Keimungssperren in Aktion: Erst wenn eine bestimmte *längere* Zeitspanne hindurch – und das sind in der Natur die Wintermonate – niedrige Temperaturen eingewirkt hatten, wenn das Eichmaß also voll ist, kann der Same keimen. Wir hatten dieses Phänomen auch bei der kalten Stratifikation kennengelernt. Die Frage muß nun sein, was denn das Eichmaß ist. Hier kann man nur Vermutungen anstellen. Es mag sein, daß der Gehalt an endogenen Inhibitoren bei länger anhaltender Einwirkung niedriger Temperaturen absinkt. In anderen Fällen, so bei der Esche, scheint aber ein von den niedrigen Temperaturen induzierter Anstieg im Gehalt an keimungsfördernden Stoffen wie den Gibberellinen wichtiger zu sein.

21.7.2 Chemische Eichung auf Niederschlag

Was den Niederschlag, d.h. aber den Keimungsfaktor Wasser anbelangt, sind wir über die Art des Eichmaßes besser orientiert. Der Niederschlag ist insbesondere in ariden und semiariden Gebieten *der* Keimungsfaktor. An Pflanzen solcher Gebiete wurden deshalb von Went, Evenari und weiteren Forschern Untersuchungen zur *chemischen Eichung auf Niederschlag* (chemical rain gauge) durchgeführt.

Viele annuelle Wüstenpflanzen keimen nur dann, wenn mindestens 125 mm, besser 250 bis 500 mm Niederschlag

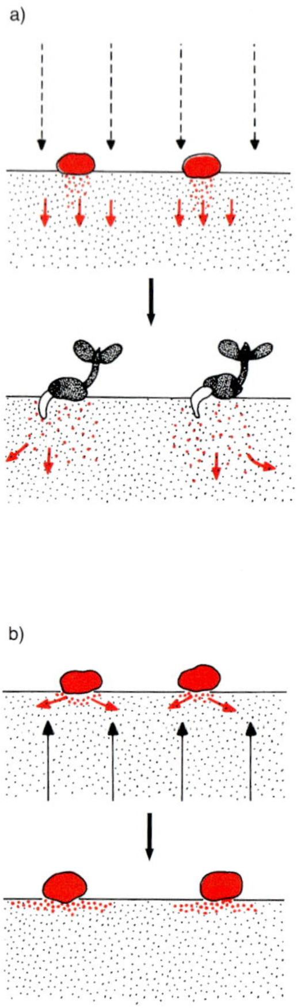

Abb. 21.12.
Chemische Eichung auf Niederschlag bei annuellen Wüstenpflanzen. a) Mindestens 125 mm (simulierter) Niederschlag. Die Keimungshemmstoffe (rot) werden ausgewaschen, die Samen keimen. b) Die gleiche Wassermenge wie unter a) wird von unten aufgesaugt. Das Wasser verdunstet an der Bodenoberfläche. Wenn Hemmstoffe aus den Samen herausdiffundieren, bleiben sie an der Erdoberfläche im Bereich der Samen konzentriert.

gefallen sind (Abb. 21.12). Das ist insofern zweckmäßig, als der Boden genügend durchfeuchtet ist, um auch noch die weitere Entwicklung der Pflanze zu gestatten. Nun ist aber die obere Bodenschicht, in der die Samen liegen, nach einem geringeren Niederschlag als 125 mm ebenso gut durchfeuchtet wie nach einem höheren.

Wie messen die Samen unter diesen Umständen die Niederschlagshöhe? Das Eichmaß sind in vielen Fällen die im Embryo und den umgebenden Schichten vorhandenen Inhibitoren der Keimung. Diese Keimungshemmstoffe werden bei Regenfällen ausgewaschen, und dazu ist eine bestimmte Mindestmenge an Niederschlag erforderlich. Das Faktum des Auswaschens läßt sich in Laborversuchen leicht belegen. Wenn man Samen auf Sand legt und von oben mit mindestens 125 mm Niederschlag beregnet, keimen sie. Wenn man aber die gleiche Wassermenge von unten her aufsaugt, unterbleibt die Keimung. Denn dann können die Inhibitoren nicht ausgewaschen werden.

Nun könnten sich auch mehrere wenig ergiebige Schauer folgen, die durch Wochen der Trockenheit voneinander getrennt sind. Keiner dieser Schauer bringt genügend Feuchtigkeit mit sich, um die volle Entwicklung zu gewährleisten. Die im Samen eingangs vorhandenen Hemmstoffe könnten aber nach und nach so weit ausgewaschen werden, daß eine Keimung unter diesen ungünstigen Feuchtigkeitsverhältnissen möglich wäre. Um das zu verhindern, synthetisieren Samen verschiedener Arten nach einem Niederschlag, der nur einen Teil der Hemmstoffe entfernte, im noch hydratisierten Zustand erneut Keimungshemmstoffe. Die endogene Konzentration an Hemmstoffen wird dadurch wieder auf eine Höhe gebracht, die jede Keimung unterbindet.

Wir haben eben zwei Keimungssperren herausgegriffen. Nun finden sich vielfach bei einer Art mehrere Keimungssperren. Und wenn die Keimungssperren beseitigt sind, müssen die adäquaten Keimungsbedingungen gegeben sein. Dieses komplizierte System hat seine Vorteile: Nicht für alle Samen einer gegebenen Art werden zu einem bestimmten Zeitpunkt alle Voraussetzungen zur Keimung erfüllt sein. Die Keimung von in demselben Jahr gebildeten Samen wird sich deshalb über einen längeren Zeitraum, möglicherweise über Jahre hinweg, hinziehen. Wenn nun in einem dieser Jahre die gekeimten Pflanzen unter unerwartet ungünstigen Außenbedingungen vor ihrer Samenbildung zugrunde gehen, bleibt so die Art in dem betreffenden Areal dennoch erhalten.

Nun müssen wir noch eine Beobachtung erwähnen, die gerade in Trockengebieten immer wieder gemacht werden kann: Wenn die Samen von Annuellen erst einmal gekeimt sind und die Außenbedingungen nicht radikal ungünstig werden, kommen alle Pflanzen zur Reproduktion. Das ist um so erstaunlicher, als sie manchmal sehr dicht nebeneinander heranwachsen. Dann werden die einzelnen Pflanzen kleiner, sie bilden weniger Blüten und Samen, aber sie schalten sich nicht gegenseitig aus. Entsprechende Beobachtungen kann man auch in einem zu dicht gesäten Getreidefeld machen. Der »Kampf ums Dasein« und die damit verbundene Selektion ist hier auf den Prozeß der Keimung konzentriert.

Der entscheidende Punkt ist also die Fähigkeit, in Anpassung an die gegebenen äußeren Bedingungen keimen zu können. Bei unseren Kulturpflanzen kommt diese Tatsache nicht zur Geltung, denn wir Menschen haben sie gerade auf schnelle Keimung hin gezüchtet. Den Zeitpunkt der Aussaat und damit die Keimung bestimmen wir und lassen so die bei Wildpflanzen gegebenen Anpassungserscheinungen überflüssig werden. Das darf uns nicht darüber hinwegtäuschen, daß die Anpassungserscheinungen bei der Keimung der Wildpflanzen unter dem Druck einer harten Selektion zustande gekommen sind und weiter entwickelt werden. Die Regulation der Keimung wird so zu einem zentralen Faktor der Selektion und damit der Evolution.

Zusammenfassung

Biochemische Keimfähigkeitsteste (TTC-Test) erlauben Aussagen darüber, ob Samen einer gegebenen Probe keimfähig sind oder nicht. Doch auch wenn die *Keimungsfähigkeit* gegeben ist, kann die *Keimungsbereitschaft* fehlen. Bei vielen Pflanzen macht der reife Samen bzw. Embryo eine ausgeprägte *Keimruhe* durch, bevor er keimungsbereit wird. Die Keimruhe hat verschiedene Ursachen. Eine ist das Vorhandensein von *Keimungshemmstoffen*. Sie können in allen Teilen der Frucht und des Samens einschließlich des Embryos vorhanden sein.

Keimungshemmstoffe bedingen es, daß die Samen erst dann keimen, wenn die äußeren Bedingungen, insbesondere der Wassergehalt in der Umgebung, dafür günstig sind. Inhibitoren in fleischigen Früchten verhindern ein vorzeitiges Keimen im Fruchtfleisch; Keimungshemmstoffe in den Samen ein Keimen bei ungenügendem Niederschlag. Besonders bei annuellen Wüstenpflanzen wirken die Hemmstoffe wie eine *chemische Eichung auf genügend Niederschlag.*

Meistens finden sich bei einer gegebenen Art *mehrere Keimungsperren*, etwa außer Hemmstoffen noch unvollständige Embryonen, harte und undurchlässige Hüllschichten (Endosperm, Samenschalen). In solchen Fällen ist es oft nicht möglich, alle Sperren zur gleichen Zeit zu beseitigen. Die Keimung von gleichalten Samen kann sich dann über einen längeren Zeitraum hinziehen, eine Absicherung gegen den Ausfall aller Samen eines Jahres bei plötzlich ungünstigen Außenbedingungen.

Sind alle Keimsperren beseitigt, müssen *adäquate Keimungsbedingungen*, also Wasser-, Temperatur- und Lichtverhältnisse gegeben sein. Bekannt ist, daß die Samen in ihrer Keimung *licht- und dunkelgefördert* sein können. Das *Phytochromsystem* spielt dabei eine ausschlaggebende Rolle. Bei *Lichtkeimern* fördert das aktive Phytochrom die Keimung. Über seine Reversibilität erweist es sich dabei als hochsensibles System, um eine Keimung bei ungünstigen Lichtverhältnissen, etwa im starken Schatten anderer Pflanzen zu unterbinden.

Die *Keimung* insgesamt erweist sich als ein bis ins letzte ausgebautes System ökologischer Anpassungen.

Doch nicht nur die Keimung selbst, sondern auch die anschließende *Keimlingsentwicklung* verläuft nur unter ganz bestimmten äußeren Bedingungen normal. Oft kommt es zu einer *Hypokotyl-* oder *Epikotylruhe* und/oder zur Ausbildung *physiologischer Zwerge*, wenn nicht niedere Temperaturen einwirken können. Ein Beispiel dafür ist die »*kalte Stratifikation*« der Rosengewächse.

Der heranwachsende Keimling durchläuft mehrere Phasen, was die Deckung seines Energiebedarfs angeht. Besonders wichtig ist dabei außer der *Glykolyse* der *oxidative Pentosephosphat-Zyklus*, der für Synthesen benötigtes NADPH+H^+ anliefert.

Licht, und wieder unter Beteiligung der Phytochrome, ist auch eine notwendige Voraussetzung für den Abschluß der unselbständigen vegetativen Phase, für die *Ausbildung des Photosynthese-Apparates*. Das gilt für die Bildung sowohl der Chlorophylle als auch der Chloroplastenstruktur. Die dabei benötigten Proteine werden nur zur Hälfte von der DNA der Chloroplasten, sonst von chromosomalen Genen codiert. Besonders augenfällig wird diese Arbeitsteilung bei der Rubisco: das Genmaterial für ihre großen Untereinheiten ist in den Chloroplasten, dasjenige für die kleinen Untereinheiten im Zellkern lokalisiert.

22 Die selbständige vegetative Phase

In diesem Kapitel hätte die Photosynthese besprochen werden müssen, falls das nicht schon geschehen wäre. Entsprechendes gilt für weitere Vorgänge des Stoffwechsels und der Entwicklung. Doch bleibt noch genügend zu behandeln, vorweg der Stofftransport und der Wasserhaushalt, soweit er mit ihm im Zusammenhang steht.

Die *selbständige vegetative Phase* beginnt mit der Fertigstellung des Photosynthese-Apparates und endet mit der Einleitung der Blütenbildung, der Blühinduktion.

22.1 Stofftransport und Wasserhaushalt

Solange ein Organismus nur aus wenigen Zellen besteht, können Kommunikation und Transport von Zelle zu Zelle ohne speziell dafür ausgebaute Systeme vonstatten gehen. Nimmt aber die Zellenzahl und damit die Größe des Organismus zu, so müssen eigene Leitbahnsysteme ausgebildet werden. Diese Notwendigkeit wird um so dringender, als im vielzelligen Organismus nun die Spezialisierung der einzelnen Zellen soweit in ganz verschiedene Richtungen vorangetrieben wird, daß die einzelne hochdifferenzierte Zelle ohne die Ergänzung durch andersartig differenzierte Zelltypen nicht lebens- und nicht funktionsfähig wäre.

Das Leitbahnsystem der Pflanzen ist einmal ein Organ der Kommunikation und damit der *interzellulären Regulation*. Denken wir nur an den Transport der Phytohormone vom Bildungs- zum Wirkungsort. Denken wir aber auch daran, daß bestimmte Substrate von Zelle zu Zelle geleitet werden können. Falls sie dann über das Leitbahnsystem zu Akzeptorzellen gebracht würden und dort eine Substratinduktion (Seite 333) auslösten, hätten wir in der Substratinduktion einen Mechanismus nicht nur der intra-, sondern auch der interzellulären Regulation vor uns, der in wesentlichen Punkten große Ähnlichkeit mit der Regulation durch Hormone aufwiese – ein Aspekt, der durchaus überprüft zu werden verdiente.

Zum anderen ist das Leitbahnsystem der Pflanzen ein Organ des *Massentransports*. Wasser und Mineralstoffe werden aus dem Boden über das Wurzelsystem aufgenommen und dann in der Pflanze aufwärts geleitet. Assimilate werden aus photosynthetisch tätigen Blättern nach oben zu den Meristemen und Streckungszonen, auch zu jüngeren, wachsenden Blättern geleitet. Assimilate werden aber auch abwärts in Stamm und Wurzel transportiert und dort gespeichert.

Mit der Leitungsfunktion ist aber noch eine weitere Leistung gekoppelt: ein Teil der leitenden Elemente, nämlich die des Xylems, tragen durch die Lignifizierung und damit Verfestigung ihrer Wände ganz entscheidend zu den *mechanischen Eigenschaften* der höheren Pflanze bei.

Beginnen wir mit dem Transport von Wasser und Mineralsalzen. Beide werden im Wurzelbereich aufgenommen und müssen zunächst quer durch die Wurzel zu den Leitbündeln und dann in ihnen sproßaufwärts transportiert werden.

22.1.1 Quertransport von Wasser und Mineralsalzen von den Wurzelhaaren zu den Leitbündeln der Wurzel

Die Zellwand als Diffusionsraum

Wasser und Ionen gelangen zunächst in den Zellwandbereich der Wurzelhaare. Nicht nur in ihm, sondern auch in den Zellwänden der im Wurzelquerschnitt nach innen zu folgenden Parenchymzellen gibt es für Wasser und Ionen zunächst kaum Hindernisse, wenn man davon absieht, daß Ionen an entsprechend geladenen Wandbestandteilen festgelegt werden können. Die wassergetränkte Zellwand ist für die Diffusion der Ionen ein »apparent free space«. Sie können sich in ihm ziemlich ungehindert bewegen. Dabei kann es sich nicht nur um die Bewältigung der kürzesten Entfernung durch die Zellwand hindurch in Richtung Cytoplasma und Vakuole handeln, sondern es können verhältnismäßig lange Strecken im Zellwandbereich zurückgelegt werden.

Endodermis mit Casparyschen Streifen: Zwang zur Kontrolle

In der Endodermis, der innersten Schicht der primären Wurzelrinde, setzen Streifen aus wasserabweisenden Substanzen

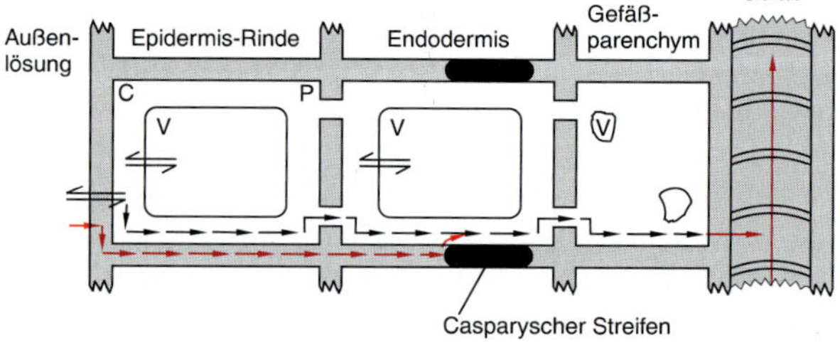

Abb. 22.1. Schema des Quertransportes von Wasser und Mineralsalzen von den Wurzelhaaren (links) bis zu den Gefäßen im Zentralzylinder (rechts). Nach Passieren der peripheren Zellwände kann der Transport symplastisch erfolgen (schwarz). Meistens geht er aber bis zu den Casparyschen Streifen der Endodermis apoplastisch (rot) vonstatten, dann zwangsweise zunächst symplastisch und in den Gefäßen wieder apoplastisch. C = Cytoplasma; P = Plasmodesmen; V = Vakuole (verändert nach Lüttke 1974).

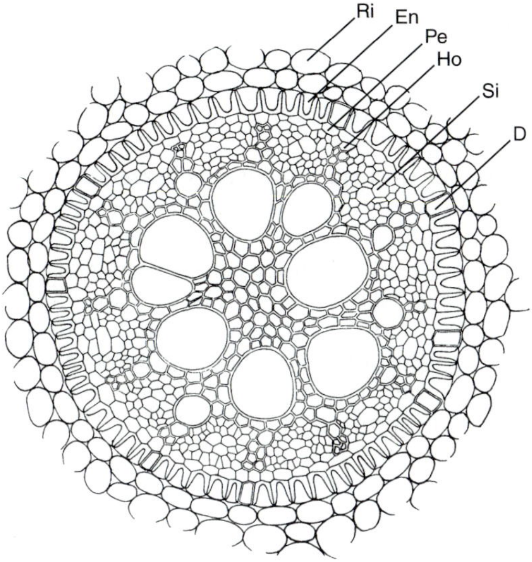

Abb. 22.2.
Querschnitt durch den Zentralzylinder der Wurzel von Iris mit Endodermiszellen im tertiären Zustand (En) und Durchlaßzellen (D).
Ri = primäre Rinde;
Pe = Perizykel;
Ho = Holzstrahl mit großem Gefäß innen;
Si = Siebteil
(aus Oehlkers 1956).

der »freien« Diffusion durch die Zellwände ein Ende: Wasser und Mineralsalze werden durch die *Casparyschen Streifen* in den Radiärwänden gezwungen, den weiteren Weg durch das Cytoplasma zu nehmen (Abb. 22.1). Beim Passieren des Plasmalemmas bestehen Möglichkeiten der Kontrolle über das, was von den Wurzelhaaren her einströmte. Darauf werden wir noch eingehen.

Doch die Gestaltung der Endodermis in verschiedenen Entwicklungszuständen liefert uns einen Hinweis darauf, daß außer der Diffusion auch ein Sog nach innen den Wasserquertransport fördert. Denn man kennt drei Entwicklungszustände der Endodermis: den primären ohne besondere Wandveränderungen, den sekundären mit den Casparyschen Streifen und einen allerdings nicht immer realisierten tertiären. In diesem tertiären Zustand zeigen die Endodermiszellen im Querschnitt U-förmige Wandverdickungen, wobei der Boden des Us nach Innen zu gerichtet ist (Abb. 22.2).

Dreidimensional betrachtet werden die Radiärwände und die innere Tangentialwand, d. h. aber die ganze Zelle »dicht« gemacht. Spezielle Durchlaßzellen ohne Verdickungen gestatten einen kontrollierbaren Quertransport.

Die Form und Lage der Wandverdickungen verhindern ein Kollabieren bei einem starken Sog nach Innen, der zu einer Verringerung des Wurzelquerschnitts führen kann. Man stelle sich vor, der Boden der »Us« läge nach außen und ein solcher Sog würde ausgeübt!

Apoplastischer und symplastischer Transport

Der Transport von den Wurzelhaaren bis zur Endodermis kann also außerhalb des jeweiligen Plasmalemmas erfolgen. Seit MÜNCH (1930) bezeichnet man derartige außerhalb der Grenzen des Plasmalemmas liegende Transportwege als *apoplastisch*. Außer den Zellwänden gehören auch die im ausdifferenzierten Zustand plasmalemma-freien Tracheen und Tracheiden hierher.

Innerhalb der Grenzen des Plasmalemmas liegende Transportwege bezeichnet man als *symplastisch*. Hierher gehören alle über Plasmodesmen miteinander verbundene Zellen und damit auch die Siebelemente. Gegenüber apoplastischen Systemen bieten symplastische die Möglichkeit eines aktiven Transports (Seite 510) und auch einer Kontrolle der zu transportierenden Stoffe. Dies ist auch deswegen wichtig, weil außer Nährsalzen noch weitere wasserlösliche Stoffe apoplastisch importiert werden können.

22.1.2 Transmembrantransport

Wir hatten im Vorhergehenden wiederholt auf Kontrollmöglichkeiten beim Stofftransport durch Membranen hingewiesen und sind nun eine Erklärung schuldig. Dazu wollen wir uns ganz generell mit dem Transmembrantransport befassen.

Der symplastische Transport schließt wie erwähnt einen Transport durch Membranen ein (Abb. 22.3). Meistens handelt es sich dabei um das Plasmalemma. Doch auch durch den Tonoplasten kann ein Transport nicht nur in die Vakuole hinein, sondern auch wieder aus ihr heraus erfolgen. Ein Beispiel dafür war die vorübergehende Speicherung von Äpfelsäure bei Sukkulenten (Seite 139).

Der Transmembrantransport kann durch *Diffusion* (Abb. 22.3a) erfolgen. Hydrophile Substanzen und Ionen permeieren dabei im Bereich integraler Proteine, lipophile durch die Lipiddoppelschicht.

Darüber hinaus bieten integrale Proteinsysteme verschiedene Möglichkeiten zu einem Transmembrantransport:

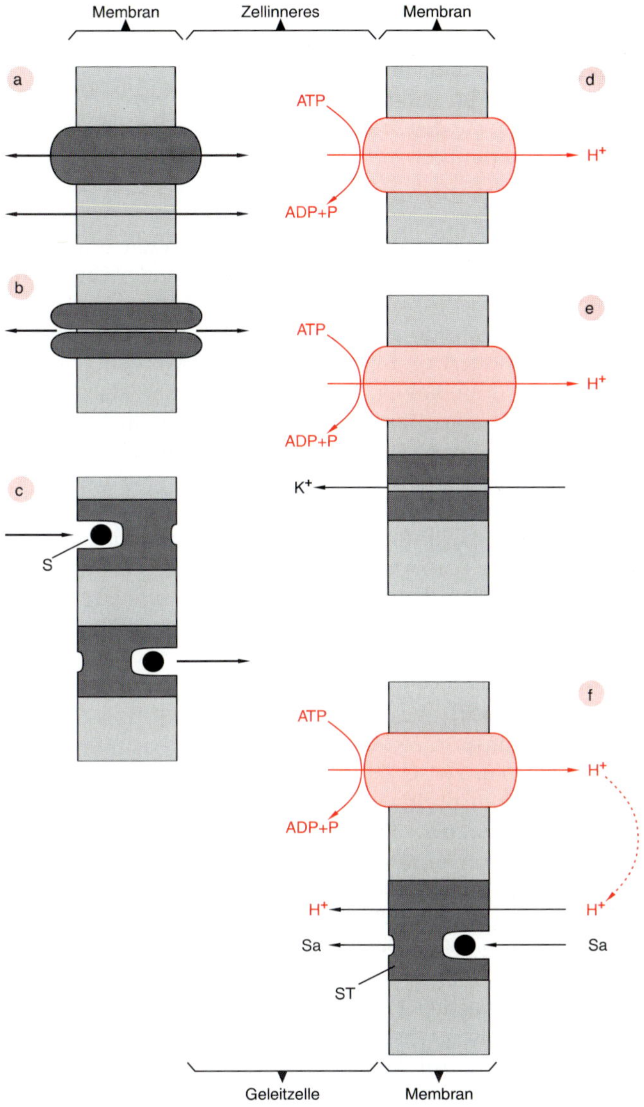

Abb. 22.3.
Möglichkeiten des Transmembrantransports. a: Diffusion, hydrophile Stoffe im Bereich integraler Proteine, lipophile durch die Lipiddoppelschicht. b: Kanal im Bereich integraler Proteine. c: Translokator, ohne Koppelung an aktiven Transport. Zwei Stadien der Translokation eines Substrates (S) werden gezeigt. d: primär aktiver Transport über H^+-ATPasen. e: sekundär aktiver Transport, getrieben von einem primär aktiven Transport, hier Import von K^+ durch einen K^+-Kanal, z.B. beim Öffnen der Stomata. f: sekundär aktiver Transport, getrieben von einem primär aktiven Transport; hier H^+-Cotransport der Sacharose (Sa) unter Beteiligung eines Saccharose-Translokators (ST), wie er beim Beladen des Phloems erfolgt.

Transmembrane Kanäle

Dabei handelt es sich um kanal- oder porenartige Systeme. Beide Enden der Durchlässe sind gleichzeitig offen (Abb. 22.3b). Hierher gehören:

Ionenkanäle wie die schon wiederholt erwähnten K^+-Kanäle oder die Protonenkanäle der ATP-Synthase bei den Primärprozessen der Photosynthese;

Aquaporine, die lediglich den Durchtritt von Wasser gestatten; *Porine*, die den Durchtritt von Wasser mit darin gelösten Stoffen erlauben.

Translokatoren

Bei den *Translokatoren (Carrier)* sind die beiden Enden des Transmembransystems nicht gleichzeitig, sondern nacheinander offen. Translokatoren sind integrale Proteine, die in der Regel hochspezifisch arbeiten. Eine ganze Reihe von ihnen konnte isoliert und genau untersucht werden.

Translokatoren haben ihren Namen daher, daß sie bestimmte Stoffe von einer Seite einer Membran auf die andere verlagern (Abb. 22.3c). Dabei nehmen sie den betreffenden Stoff auf ihrer einen Seite auf, während die Austrittsstelle noch verschlossen ist. Dann wird die Eintrittstelle über eine Konformationsänderung geschlossen und der Ausgang zur anderen Seite geöffnet: der Stoff wurde durch die Membran »transloziert«. Das *kann* unter Energieaufwand geschehen und zählt dann zum aktiven Transport.

Aktiver Transport

Der aktive Transport erfolgt unter ATP-Verbrauch. Dabei unterscheidet man zwischen einem primär und einem sekundär aktiven Transport.

Beim *primär aktiven Transport* handelt es sich um den Aufbau eines elektrochemischen Gradienten. Fast ausschließlich wird aus der Spaltung von *ATP resultierende Energie für den Aufbau eines Protonengradienten* genutzt. Dabei sind die schon öfters erwähnten membrangebundenen *H^+-ATPasen* tätig (Abb. 22.3d).

Ein sekundär aktiver Transport nutzt dem primär gebildeten elektrochemischen Gradienten, also in der Regel einen Protonengradienten, zur Verlagerung anderer Stoffe. »Sekundär« ist er deshalb, weil er auf dem primär aktiven Transport basiert (Abb. 23.2e und f). Beispiele werden wir noch kennenlernen.

Um auf die Eingangsproblematik zurückzukommen: der Transmembrantransport bietet genug Kontrollmöglichkeiten, vor allem über die spezifisch arbeitenden Translokatoren.

22.1.3 Transport im Xylem

Wasser, Nährsalze und weitere wasserlösliche Stoffe sind nach ihrem Quertransport durch den Zentralzylinder in das Xylem gelangt, in dem sie aufwärts transportiert werden können. Für den Transport direkt wichtig sind die im ausdifferenzierten Zustand abgestorbenen *Tracheen und Tracheiden*, die ihrer Funktion aber nicht ohne umgebende *lebende Parenchymzellen* nachkommen können.

Transportierte Stoffe

Transportiert wird im Xylem vor allem Wasser mit darin gelösten Mineralsalzen. Es können aber auch andere Substanzen geleitet werden, so z. B. im Frühjahr Zucker und manche Aminosäuren. Auch Phytohormone und synthetische Wuchsstoffe können im Xylem weiter befördert werden. Desgleichen werden Pflanzenschutzmittel vielfach im Xylem transportiert. Den Nachweis eines Transports im Xylem kann man dadurch erbringen, daß man das Phloem durch Ringelung (Abb. 22.8) entfernt. Wird die Substanz dann dennoch geleitet, so ist mit hoher Wahrscheinlichkeit das Xylem der Transportweg. Eine bessere Technik ist die Untersuchung von Exsudaten, die man durch Anzapfen des Xylems bei einigen Holzgewächsen erhalten kann. Bekannt und wirtschaftlich ausgenützt ist die Gewinnung solcher Exsudate oder »Blutungssäfte« beim Zuckerahorn des östlichen Nordamerika. Sie enthalten im März vor dem Laubaustrieb rund 3% Saccharose. Auch Blutungssäfte, die aus Baumstümpfen austreten, oder Guttationstropfen kann man untersuchen. Schließlich gibt es Verfahren, den Inhalt des Xylems im Vakuum herauszusaugen.

Wurzeldruck

Wir haben nun nach dem Mechanismus zu fragen, der für den Transport im Xylem sorgt. Eine erste Möglichkeit ist die, daß das Wasser und die in ihm gelösten Stoffe durch einen Druck von unten nach oben gepreßt werden. Einen solchen »Druck« gibt es in der Tat.

Uns allen sind die Flüssigkeitstropfen bekannt, die an den Blattzähnen etwa des Frauenmantels (*Alchemilla* spec.) und an den Blattspitzen von Graskeimlingen hängen können. Es handelt sich hier um eine aktive, d. h. unter Energieaufwand durch die lebenden Zellen erfolgende Wasserabscheidung, die man *Guttation* nennt. Sie wird besonders dann wichtig, wenn die Transpiration bei hoher Luftfeuchtigkeit unmöglich geworden ist, und ist von den verschiedensten Arten bekannt.

Blutungssäfte aus Wunden wurden ebenfalls schon erwähnt. Besonders im Frühjahr können aus den frischen Schnittflächen von Baumstümpfen Tropfen von Xylemflüssigkeit hervorquellen. Auch hinter dieser Ausscheidung steht eine Aktivität der lebenden Zellen, die man mit Blutungsdruck oder *Wurzeldruck* umschreibt.

Man kann nun die Höhe des Wurzeldruckes leicht messen, etwa durch Aufsetzen von Manometern auf Schnittflächen. Dabei macht man die in unserem Zusammenhang enttäuschende Feststellung, daß er in der Regel niedriger als 1013 Hektopascal (= 1 Atmosphäre) ist. Er würde also in den meisten Fällen gerade ausreichend sein, die Wassersäule in den Gefäßen des Xylems 10 m hoch zu pressen. Schon unsere einheimischen Bäume werden höher, ganz zu schweigen von den Riesen unter den Bäumen, *Sequoia* und *Eucalyptus*. Hinzu kommt, daß die engen Lumina der leitenden Xylemelemente, deren Innenwände noch dazu durch lokale Wandverstärkungen gegliedert sind, dem Aufsteigen des Wassers einen erheblichen Widerstand entgegensetzen.

Transpiration

Wir müssen uns also nach einem anderen Mechanismus des Xylemtransports umsehen. Der Wurzeldruck kann nur eine nach»drückliche« Unterstützung sein, insbesondere im Frühjahr, wenn vor dem Laubausbruch an das Xylem höchste Anforderungen gestellt werden, die Transpirationsfläche der Blätter aber noch nicht vorhanden ist.

Damit haben wir das Stichwort gegeben: Der Transport im Xylem erfolgt im wesentlichen nicht unter einem Druck von unten, sondern durch einen Sog von oben. Voraussetzung für diesen Sog ist die Transpiration. Die Wasserabgabe durch Transpiration kann über die Cuticula und über die Spaltöffnungsapparate, die Stomata, erfolgen. Dementsprechend spricht man von cuticulärer und von stomatärer Transpiration. Die *cuticuläre Transpiration* fällt nur bei Pflanzen mit einer sehr dünnen Cuticula einigermaßen ins Gewicht. In der Regel beträgt sie unter 10% der gesamten Transpiration.

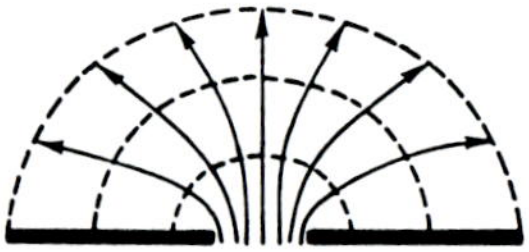

Abb. 22.4. Randeffekt bei der stomatären Transpiration. Die aus der Spaltenöffnung austretenden Wassermoleküle können bei Windstille ohne gegenseitige Störung auch nach den Seiten zu diffundieren, was bei der Diffusion von einer geschlossenen Wasserfläche aus nicht möglich ist (aus SUTCLIFFE *1968).*

Die *stomatäre Transpiration* ist also der weitaus wichtigere Prozeß. Das gilt einmal hinsichtlich der Quantität, wie eben schon erwähnt. Eine mit Stomata besetzte Blattoberfläche vermag wegen des Randeffektes (Abb. 22.4) sehr viel mehr

Wasser abzugeben, als man erwarten würde, in vielen Fällen eine dem eigenen Gewicht entsprechende Wassermenge und mehr pro Tag.

Die stomatäre Transpiration ist aber auch deshalb von besonderer Wichtigkeit, weil sie im Gegensatz zur cuticulären Transpiration über die Öffnungs- und Schließbewegungen der Spaltöffnungen regulierbar ist. Sind die Schließzellen voll turgeszent, so sind die Spalten geöffnet, verlieren sie an Turgeszenz, so schließen sich die Stomata (Abb. 22.5). Bei der Regulation der Turgeszenz und damit auch der Öffnung wirkt eine ganze Reihe von Faktoren zusammen:

1. *Wasser.* Ungenügende Wasserversorgung führt zu einem Turgeszenzverlust der Schließzellen und zum Verschluß der Stomata.
2. *Licht.* Bei Belichtung kommt es in der Regel zur Öffnung der Stomata. Besonders wirksam ist Blaulicht, das von einem speziellen Blaulichtrezeptor absorbiert wird. Aber auch das Chlorophyll und das Phytochromsystem sind nach entsprechender Belichtung eingeschaltet.
3. *Temperatur.* Hohe Temperaturen oberhalb 25 °C führen zum Verschluß der Stomata.
4. *CO_2-Gehalt.* Niedrige CO_2-Partialdrucke führen zu einer Öffnung, hohe zum Verschluß der Stomata.
5. *Hormonale Regulation.* Welkende Pflanzen können ihren Abscisinsäurespiegel um das Vierzigfache erhöhen. Die ABA bewirkt einen Verschluß der Spaltöffnungen und verhindert so weiteren Wasserverlust. Die Wirkung kann dabei außerordentlich rasch eintreten. Maisblätter reagieren schon drei Minuten nach dem Einstellen in Abscisinsäurelösungen mit einem Schließen der Stomata.
6. *Endogene Rhythmen.* Bei vielen Pflanzen ist die Schließbewegung einem endogenen Rhythmus unterworfen, dem zufolge es am Tage zur Öffnung, in der Nacht zum Schließen kommt, falls kein anderer der eben genannten Faktoren dem entgegensteht. Daß durch diese Überlagerung der verschiedensten Faktoren mit einem endogenen Rhythmus die Analyse erschwert wird, liegt auf der Hand.

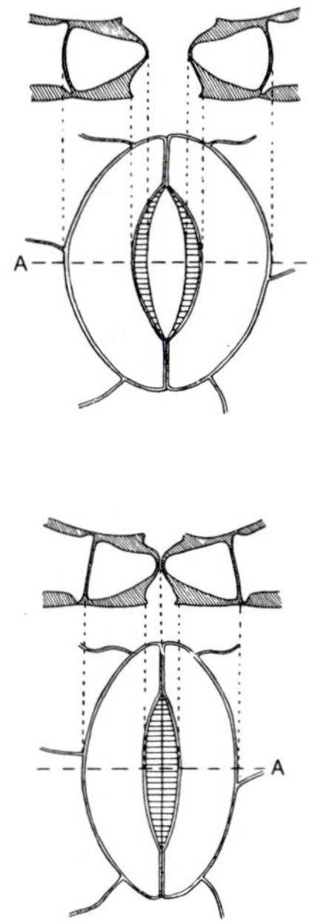

Abb. 22.5.
Geöffnete (oben) und geschlossene (unten) Spaltöffnungen. Unten jeweils Aufsicht, oben Querschnitt (aus WALTER 1962).

Die genannten Faktoren müssen bei der Öffnung dahingehend wirken, daß der osmotische Wert der Schließzellen erhöht bzw. in modernerer Terminologie ihr Wasserpotential ψ erniedrigt wird. Dann kann es zum Einströmen von Wasser und zur Turgeszenzerhöhung kommen.

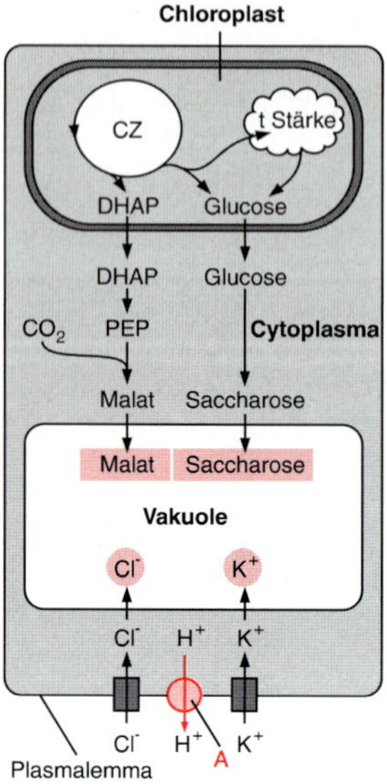

Abb.22.6. Osmoregulation in einer Schließzelle beim Öffnen der Stomata. In allen Biosynthesewegen werden nur die wichtigsten Intermediate genannt. Lichtinduziert befördern plasalemma-gebundene H^+-ATPasen (A) Protonen nach außen. In sekundär aktivem Transport wird parallel dazu K^+ und außerdem das Gegenion CL^- in das Cytoplasma und dann in die Vakuole importiert. Als weiteres Gegenion zu K^+ wird Malat in die Vakuole eingeschleust. Es kann über Dihydroxy-acetonphosphat (DHAP) angeliefert werden, das aus dem Calvin-Zyklus (CZ) abgezweigt wird. Später kommt es auch zu einer Anreicherung von Saccharose in der Vakuole. Sie kann aus Glucose gebildet werden, die über Gluconeogenese aus DHAP entsteht oder bei der Mobilisierung transitorischer Stärke (tStärke) anfällt. Möglicherweise kann Saccharose auch aus dem Cytoplasma aufgenommen werden (nicht dargestellt).

Entscheidend für die Erhöhung des osmotischen Werts und damit die Öffnungsbewegung ist eine Erhöhung des Gehalts an K+ und an Gegenionen, vor allem an Malat, aber auch an Clorid, in den Vakuolen der Schließzellen. Beim Schließen kommt es umgekehrt zu einem Efflux dieser Anionen.

Folgender Mechanismus wird zur Erklärung der *Stomata-Öffnung* am Morgen diskutiert (Abb. 22.6): Besonders Blaulicht wirkt osmoregulierend. Es wird hier über einen besonderen Blaulichtrezeptor wirksam, das Xanthophyll Zeaxanthin. Am *frühen* Morgen wird die Aktivität von H^+-ATPasen gesteigert, die im Plasmalemma der Schließzellen besonders zahlreich vorhanden sind. Vermehrt werden Protonen nach außen gepumpt. Der so ausgebildete elektrochemische Gradient ist die Triebkraft für die Aufnahme von Ionen. Denn zum Ausgleich strömt in sekundär aktivem Transport (Abb. 22.3) K^+, aber auch sein Gegenion Cl^- in das Cytoplasma und dann in die Vakuolen der Schließzellen ein. Das zweite Gegenion, Malat, kann aus dem Calvin-Zyklus der Schließzellen-Chloroplasten über Dihydroxy-acetonphosphat, PEP und Oxalacetat angeliefert werden. *Später* am Tag trägt aber auch ein langsam anlaufender Saccharose-Import zur Erhöhung des osmotischen Werts der Vakuole bei. Die Saccharose leitet sich von der transitorischen Stärke der Schließzellen-Chloroplasten oder aus ihrem Calvin-Zyklus ab.

Damit fand eine aus dem Anfang unseres Jahrhundert stammende Hypothese wenigstens eine teilweise Bestätigung. Denn damals hatte man angenommen, die Erhöhung des osmotischen Werts der Vakuole ginge *ausschließlich* darauf zurück, daß die transitorische Stärke in den Chloroplasten der Schließzellen in Zucker überführt würde. Damit hatte man auch eine Erklärung dafür gefunden, warum in der Epidermis meistens nur die Schließzellen Chloroplasten führen. Wie ausgeführt, beteiligen sich auch Photosyntheseprodukte der Schließzellen an der Osmoregulation. Sie sind aber nicht die einzigen und nicht die primär wirksamen Faktoren.

Beim *Schließen der Stomata* kommt es zu einem massiven Ausstrom von K^+-Ionen durch entsprechende Kanäle im Plasmalemma. Man konnte einige der Faktoren ermitteln, die dabei eine Rolle spielen:

Der pH-Wert im Cytoplasma wird erhöht, was zur Öffnung der K^+-Kanäle führt. Auch die Konzentration an Ca^{2+}-

Ionen im Cytoplasma wird gesteigert. Ca^{2+} und ABA blockieren die H^+-ATPasen im Plasmalemma und den K^+-Import. ABA kann beides induzieren, die Steigerung des pH-Werts ebenso wie die des Ca^{2+}-Gehalts, vermutlich unter Einschalten von Proteinkinasen. Damit ließe sich das Schließen der Spaltöffnungen unter ABA-Einwirkung erklären.

Kohäsionstheorie

Der Wurzeldruck kann lediglich eine Hilfe sein, das hatten wir schon herausgestellt. Mit der Transpiration haben wir aber nun die eigentlich treibende Kraft für den Transport im Xylem kennengelernt. Denn die Zellen des Blattparenchyms, die Wasser über die inneren Atemhöhlen und dann die Stomata nach außen abgegeben haben, decken ihr Wasserdefizit aus den feinen Verästelungen des Xylems im Blattparenchym. Auf diese Weise wird ein Sog auf die Wasserfäden ausgeübt, die vom Wurzelbereich bis ins Blattparenchym die Elemente des Xylems füllen.

Ein Reißen dieser Wasserfäden wird durch in den Kapillaren des Xylems gegebene hohe Kohäsionskräfte zwischen den Molekülen des Wassers verhindert. Wenn also am oberen Ende eines solchen Wasserfadens infolge der Transpiration ein Sog ausgeübt wird, bewegt sich die ganze Wassersäule aufwärts. Man spricht von einer *Kohäsionstheorie* (die Bezeichnung »Theorie« ist hier im Gegensatz zu vielen anderen Stellen gerechtfertigt) des Wassersteigens im Xylem. Bei Pflanzen hat man im übrigen ganz erstaunliche hohe Kohäsionskräfte messen können, so in bestimmten Regionen des Farnsporangiums bis zu 250 000 Hektopascal (= 250 Atmosphären).

Hinzu kommt noch die Adhäsion der Wassermoleküle an die Moleküle der Xylemwandung, die ein Loslösen der Wasserfäden von den Gefäßwänden verhindert und dadurch ihr Reißen erschwert. Ein übriges bewirkt die Scheide an lebendem Xylemparenchym um die leitenden, toten Xylemelemente herum. Sie verhindert das Eindringen von Luft in die bei starker Transpiration unter erheblichem Sog stehenden Leitelemente.

Wir sind skeptisch und wünschen wenigstens einige Angaben zur Beweisführung für die Kohäsionstheorie des Wassersteigens. Daß die Kohäsionskräfte, die Transpiration als treibende Kraft vorausgesetzt, tatsächlich ein Heben von Flüssigkeiten in Kapillaren gestatten, zeigt folgender, schon Ende des vergangenen Jahrhunderts ausgeführter Versuch

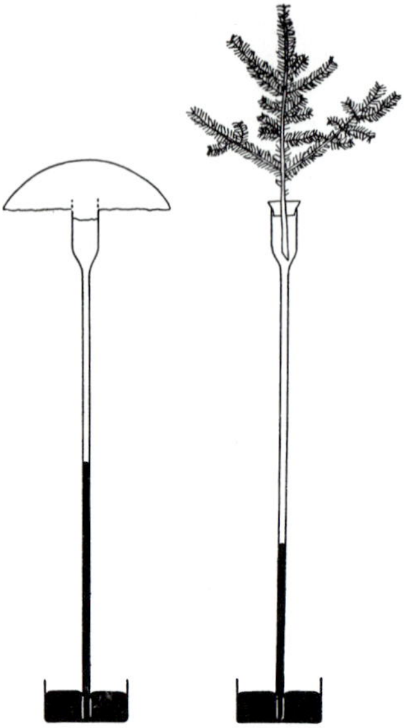

Abb. 22.7. *Versuch zur Kohäsionstheorie des Xylemtransportes. Nach Transpiration von einem Gipsblock oder von einem Zweig aus wird Quecksilber in einer Glasröhre aufgesaugt (aus* WALTER *1962).*

(Abb. 22.7): Auf eine wassergefüllte Kapillare wird ein Gipsblock gesteckt, den man mit Wasser getränkt hat. Gipsblock und Kapillare werden in eine Schale mit Quecksilber gestellt. Bei Transpiration, die wir heute z. B. leicht mit einem Fön bewirken können, wird das Quecksilber in der Kapillare nach oben gezogen. Später hat man nun den Gipsblock durch einen Zweig ersetzt – mit dem gleichen Ergebnis. Durch die Xylemelemente wird das Wasser also ebenso hindurchgezogen wie durch die Glaskapillare darunter.

Wenn die Kohäsionstheorie zutrifft, muß der Sog an den Spitzen der Pflanze beginnen. Dann sollte dort auch die Bewegung des Wassers einsetzen. Der Nachweis wurde 1936 von HUBER erbracht. Der Inhalt des Xylems wurde lokal elektrisch erhitzt und die Wanderung der heißen Flüssigkeit mit Thermonadeln, die man in die betreffenden Leitbahnen einsteckte, verfolgt. Es zeigt sich, daß bei beginnender Erwärmung und damit Transpiration am Morgen eine Wasserbewegung zuerst in den Zweigspitzen und dann erst im Stamm von Bäumen faßbar war. Auch der Sog läßt sich messen. Jedes einzelne Leitelement im Xylem wird bei stärkerer Transpiration auf Grund der Adhäsion der Wassersäule an seine Wandung etwas zusammengezogen. Das läßt sich nun freilich nicht fassen. Aber die Summe der Querschnittsverkleinerung all der einzelnen Xylemelemente läßt sich messen: der Stammdurchmesser von Holzgewächsen wird in der Mittagshitze bei starker Transpiration merklich geringer.

22.1.4 Transport im Phloem

Die Elemente des Transports im Phloem sind bei den Gymnospermen *Siebzellen*, bei den Angiospermen *Siebröhren*, die mit *Geleitzellen* assoziiert sind. Die leitenden Elemente sind auch im ausdifferenzierten Zustand lebend, wenngleich stark degradiert. So fehlt den Siebröhren der Kern. Auch die Energiezentralen der Zelle, die Mitochondrien, sind in ausdifferenzierten Siebröhren fast ganz oder ganz verschwunden. Die Geleitzellen übernehmen hier anscheinend einen Teil der Funktionen, denen die Siebröhre nicht mehr nachkommen kann – ein interessantes, aber schwer zu bearbeitendes Feld der Regulation.

Daß im Phloem ein Substanztransport von oben nach unten stattfinden kann, wurde im Prinzip schon 1679 von MALPIGHI demonstriert. Er entfernte von verschiedenen Bäumen über ihren ganzen Umfang einen Borkenring und stellte daraufhin ein Anschwellen der Rinde oberhalb der Ringelungsstelle fest (Abb. 22.8). Im 19. Jahrhundert wurden dann die leitenden Elemente des Phloems entdeckt und man stellte fest, daß der abwärts gerichtete Substanzstrom in ihm stattfand.

Abb. 22.8. *Ringelungsversuch. Von einem verholzten Sproß wird ein Rindenring abgehoben. Einige Wochen später schwillt die Rinde oberhalb der Ringelungsstelle an, weil sich die abwärts transportierten Stoff nun hier stauen (verändert nach* Richardson *1968).*

Transportierte Stoffe

Fragen wir uns nun noch nach der Art der Substanzen, die im Phloem transportiert werden. Auskünfte können autoradiographische Untersuchungen des Phloems nach Zufuhr markierter Stoffe geben. Außerdem aber setzen die Biologen hier eine Technik ein, die jedes biochemische oder biophysikalische Verfahren hinsichtlich der Sensibilität und Exaktheit in den Schatten stellt: *die Aphidentechnik.*

Blattläuse entnehmen den Pflanzen die benötigten Nährstoffe. Sie stechen dazu die Siebröhren an. Mikroskopische Überprüfungen zeigten, daß der Saugrüssel immer nur in eine Siebröhre eingestochen wird (Abb. 22.9). Einige Stunden nach dem Einstich wird die betreffende Blattlaus betäubt, z.B. mit CO_2, und von ihrem Saugrüssel abgeschnitten. Aus der Schnittfläche tritt nun Exsudat aus der angestochenen Siebröhre heraus, das in Mikropipetten gesammelt und dann chromatographisch analysiert werden kann.

Vielbenützte Aphiden sind *Tuberolachnus salignus,* die auf Weiden (*Salix* spec.) lebt, oder auch *Acyrthosiphon pisum,* die sich u.a. auf der Saubohne *Vicia faba* verköstigt. An Stelle der Blattläuse lassen sich auch Schildläuse (*Coccidae*) einsetzen.

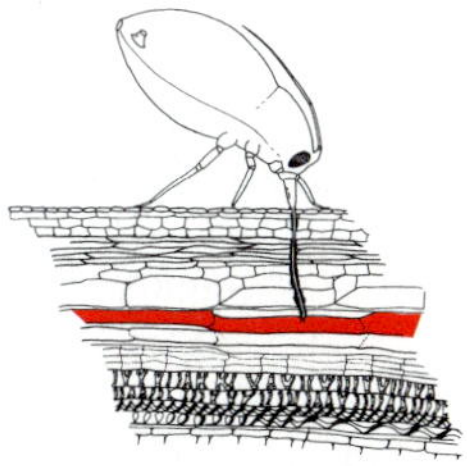

Abb. 22.9. *Aphidentechnik. Eine Blattlaus hat ihren Rüssel in ein Siebelement gebohrt. Der Rüssel ist innerhalb des Pflanzengewebes von einer vom Rüssel aus produzierten Scheide umgeben (aus* Zimmermann *und* Milburn *1975).*

Mit den skizzierten Verfahren ließ sich feststellen, welche Substanzen im Phloem transportiert werden. Der Menge nach im Vordergrund stehen Kohlenhydrate, in erster Linie die Saccharose (Abb. 22.10). Hinzu kommen in geringeren Mengen Oligosaccharide wie Raffinose, Stachyose und Verbascose (Seite 153). Des weiteren finden sich im Siebröhrensaft Phosphate verschiedener Hexosen. Hinzu kommen Aminosäuren, Amide, Nucleotide, Nucleinsäuren, Viruspartikel, Phytohormone unter Einschluß des umstrittenen Blühhormons (Seite 558), anorganische Ionen. Gerade bei den anorganischen Ionen hat es sich gezeigt, daß keineswegs jedes beliebige Ion im Phloem geleitet werden kann. So werden beispielsweise Calcium und Bor offensichtlich nur im Xylem geleitet.

Die Druckstromhypothyse

Der Mechanismus des Transportes in den Siebröhren ist noch nicht geklärt. Doch sprechen die meisten derzeit bekannten Befunde für das prinzipielle Zutreffen der von MÜNCH 1926 aufgestellten *Druckstromhypothese*. Nach ihr ist für den Transport in den Siebröhren ebenso wie für den jenigen im Xylem oder im Blutgefäßsystem der Tiere eine Konvektion oder *Massenströmung* verantwortlich. Der Motor dieser Massenströmung in den Siebröhren ist ein Konzentrationsgefälle osmotisch wirksamer Substanzen in Richtung des Transportes.

Machen wir uns das Prinzip der Druckstromhypothese an einem von MÜNCH aufgestellten Modell deutlich (Abb. 22.11). Zwei unten mit einer semipermeablen Membran überzogene Zellen A und B werden über eine Kapillare R miteinander verbunden. Zelle A enthält eine 10%ige Saccharoselösung, der Kongorot zugesetzt wurde, um die Stoffströmung sichtbar zu machen.

Zelle B enthält Wasser. Zelle A nimmt nun auf Grund ihres hohen osmotischen Wertes durch die semipermeable Membran aus dem umgebenden Gefäß Wasser auf. Der ent-

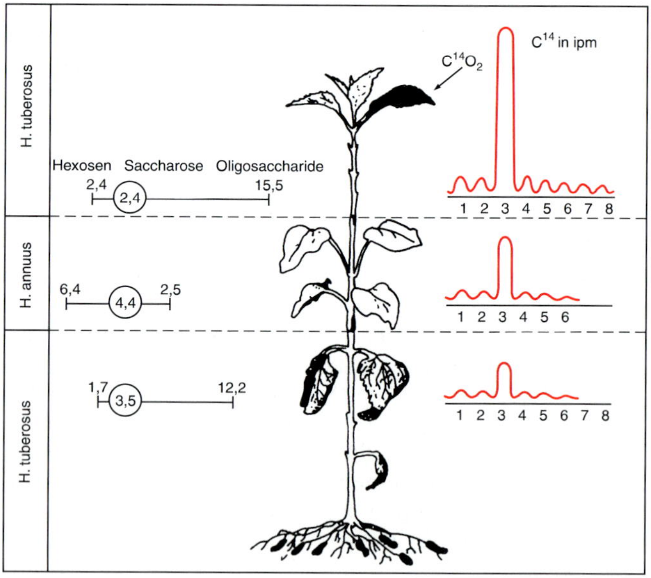

Abb. 22.10. Saccharose als wichtigstes im Phloem transportiertes Kohlenhydrat. Doppelpfropfung zwischen Helianthus tuberosus und H. annuus (vgl. linker Rand). Links relativer Gehalt an verschiedenen Kohlenhydraten in der Rinde der einzelnen Pfropfabschnitte. Rechts relative Radioaktivität verschiedener Kohlenhydrate aus den einzelnen Pfropfabschnitten, 1 = Fructose, 2 = Glucose, 3 = Saccharose, 4–8 = Oligosaccharide mit nach rechts zunehmendem Molekulargewicht. Saccharose bleibt unabhängig von der Art der Pflanze das wichtigste geleitete Kohlenhydrat (verändert nach KURSANOV 1963).

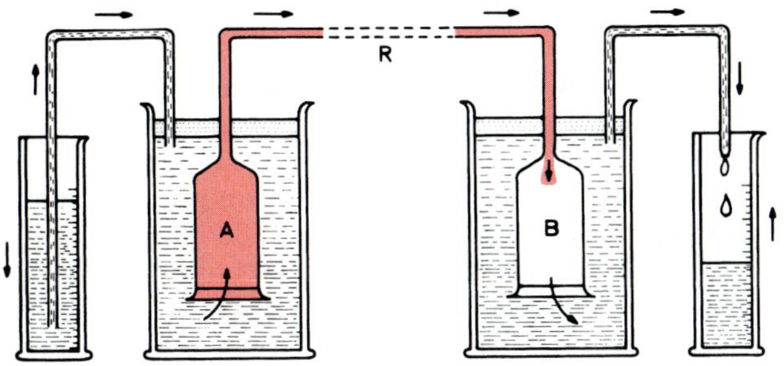

Abb. 22.11.
Modellversuch von Münch zur Demonstration einer Massenströmung, A entspricht »Source«, B »Sink«; vgl. den Text (verändert nach ZIEGLER *1963).*

stehende Überdruck in Zelle A treibt die gefärbte Saccharoselösung durch die Kapillare R hinüber in Zelle B, ja es wird das Wasser sogar noch weiter durch die semipermeable Membran am unteren Ende der Zelle B hindurchgepreßt.

MÜNCH setzte nun die Zelle A mit den Orten der Assimilation, also in erster Linie den grünen Laubblättern mit ihrer hohen Konzentration an Assimilaten, die Kapillare mit den Siebröhren und die Zelle B mit den Orten der Stoffspeicherung, dem Stamm oder auch unterirdischen Speicherorganen gleich. An den Orten der Stoffspeicherung werden die Assimilate ja in hochmolekularer, oft fester Form abgelagert, so daß dort die Konzentration osmotisch wirksamer Substanzen eigentlich geringer sein sollte. Eine Druckströmung befördert die Substanzen zwischen den beiden Orten unterschiedlicher Konzentration an osmotisch wirksamen Substanzen.

Die Bildungsorte der Assimilate (A in Abb. 22.11) nennt man entsprechend der angelsächsischen Terminologie »Source« und die Speicherorte (B in Abb. 22.11) »Sink«.

Daß in den Siebröhren tatsächlich eine Massenströmung stattfinden kann, wird schon durch die Versuche mit Aphiden gezeigt: Hier kann es aus dem Saugrüssel über Tage hinweg zu einem Ausstrom von Assimilaten kommen, was man nur unter Schwierigkeiten anders als über eine Massenströmung erklären kann. Aber es gibt ganz entscheidende Kriterien. Eine Massenströmung erfordert

1. ein osmotisches Gefälle in der Strömungsrichtung. Hier ließ sich die ursprüngliche Auffassung von MÜNCH (osmotisches Gefälle von den Blättern bis zu den Wurzeln) nicht bestätigen. Aber innerhalb der Siebröhren wurde ein solches Gefälle osmotisch wirksamer Substanzen in der Strömungsrichtung wiederholt gefunden, und dieses

Gefälle würde durchaus genügen, um die Druckströmung zu ermöglichen.

2. Semipermeabilität des Phloems gegenüber dem umgebenden Gewebe, das Wasser abgibt bzw. aufnehmen muß (in Abb. 22.11 wären das die wassergefüllten Gefäße um die Zellen A und B). Diese Voraussetzung ist erfüllt.
3. durchgehende Wegsamkeit des leitenden Systems für die strömende Flüssigkeit. An diesem Punkt erhitzen sich nun die Gemüter, denn in den Siebröhren könnte tatsächlich in Form der Siebplatten ein Hindernis für die Strömung gegeben sein.

Beladen (und Entladen) des Phloems: Ergänzung der Druckstrom-Hypothese

Die Massenströmung nach MÜNCH ist ein rein physikalisch-osmotisches Phänomen und erfordert keinen zusätzlichen Energieaufwand. Die Situation innerhalb der Pflanze ist jedoch komplizierter. Wie z. B. gestaltet sich der Übergang von der »Source« zum Phloem und vom Phloem zum »Sink«? Mit anderen Worten: Wie wird das Phloem beladen bzw. entladen?

Beschränken wir uns auf das Beladen, und zwar mit Kohlenhydraten. Das Phloem wird überall von Plasmalemma umgeben, ist also ein »Symplast«. Das Beladen kann symplastisch oder partiell apoplastisch erfolgen.

Symplastisches Beladen

In mehreren Familien der Angiospermen, z. B. bei den Kürbisgewächsen (*Cucurbitaceae*) oder Walnußgewächsen (*Juglandaceae*) sind Raffinose und andere Zucker der Raffinose-Reihe die Transport-Kohlenhydrate. Arten dieser Familien

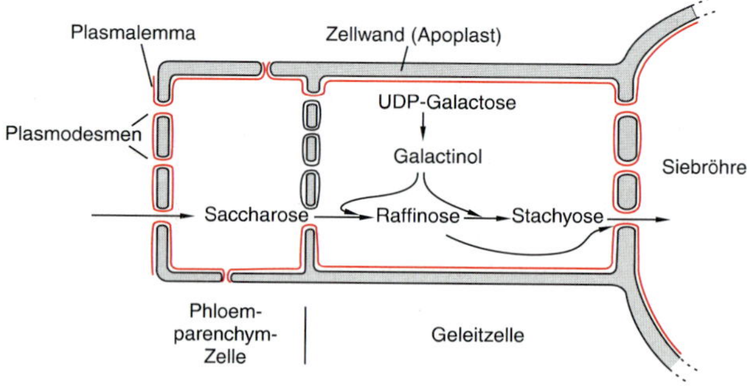

Abb. 22.12. Modell der Polymer-Falle. Es handelt sich um eine symplastische Beladung des Phloems, die über Energieaufwand bei der Synthese von Zuckern der Raffinose-Reihe gefördert wird. Saccharose gelangt vom Mesophyll her über Plasmodesmen in eine Zelle des Phloemparenchyms und von ihr in eine Geleitzelle. In der Geleitzelle wird Saccharose durch Anhängen je einer Galactose-Einheit zu Raffinose und dann Stachyose verlängert. Diese größeren Zucker (»Polymere«) können nicht in Richtung Mesophyll zurückdiffundieren. Aus der »Falle« der Geleitzelle gehen sie in die Siebröhre über. Die Biosynthese der Raffinose und Stachyose wurde nur insoweit angedeutet, als der Energieaufwand (z. B. UDP-Galactose) deutlich gemacht wird (verändert nach TURGEON 1996).

weisen besonders viele Plasmodesmen zu den Geleitzellen auf. Die Geleitzellen sind wie üblich ebenfalls über Plasmodesmen mit den Siebröhren verbunden. Nirgendwo muß eine Zellwand überwunden werden. Damit ergibt sich die Möglichkeit, das Phloem symplastisch zu beladen.

Beim symplastischen Beladen könnte der Konzentrationsunterschied zwischen Source und Sink die einzig treibende Kraft für den Transport sein. Neuerdings nimmt man aber doch einen zusätzlichen Energieaufwand an, und zwar in der Modellvorstellung der *Polymer-Falle* (Abb. 22.12), für die eine ganze Reihe von Daten spricht:

Wie üblich werden die bei der Photosynthese in den Mesophyllzellen gebildeten Kohlenhydrate in Saccharose überführt. Saccharose diffundiert über Plasmodesmen in das Phloemparenchym und von ihm in die Geleitzellen. Dort wird die Saccharose unter Energieaufwand zu Raffinose und Stachyose verlängert (vgl. Seite 153). Diese »Polymere« sind zu groß, um ohne weiteres in die Mesophyllzellen rückdiffundieren zu können, sitzen also in der Geleitzelle zunächst wie in einer Falle fest. Nur ein Ausweg bietet sich: die kurze Strecke bis hinein in die Siebröhre, in der sie von der Massenströmung mitgerissen werden.

Partiell apoplastisches Beladen

In den meisten Familien dient Saccharose als Transport-Kohlenhydrat. Sie wird bei laufender Photosynthese permanent aus dem Assimilationsparenchym angeliefert und über Plasmodesmen in Zellen des Phloemparenchyms praktisch »hineingepreßt« (Abb. 22.13).

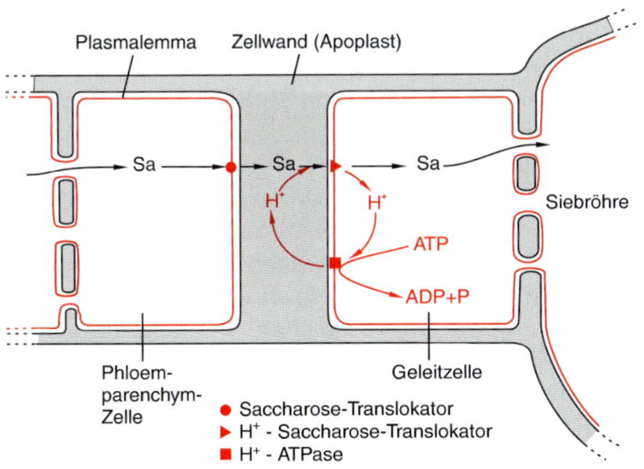

Abb. 22.13.
Partiell apoplastische Beladung einer Siebröhre mit Saccharose (Sa). Von der Source her gelangt Sa über Plasmodesmen in eine Zelle des Phloemparenchyms. Translokatoren im Plasmalemma befördern Sa in den Apoplasten. Der Druck von der Source her ist hier noch so hoch, daß kein zusätzlicher Energieaufwand erforderlich wird. Das Plasmalemma der Geleitzelle dagegen wird in einem sekundär aktiven Transport überwunden: ein für Sa spezifischer H^+-Translokator bewerkstelligt einen H^+-Cotransport.

Von dort wird sie mit Hilfe von Translokatoren in die Zellwand zwischen Phloemparenchym-Zelle und Geleitzelle überführt. Dabei muß die Saccharose ein erstes Plasmalemma passieren. Mit Hilfe des hohen Saccharose-Drucks vom Mesophyll her ist das ohne Energieaufwand über Translokatoren möglich (vgl. auch Abb. 22.3c). Um in die Geleitzelle zu gelangen, muß die Saccharose jedoch noch ein zweites Plasmalemma überwinden. Wieder hilft ein Translokator, der *H^+-Saccharose-Translokator*. Er bewerkstelligt einen H^+-Cotransport (vgl. auch Abb. 22.3d/f), arbeitet also unter ATP-Verbrauch. Aus der Gleitzelle gelangt die Saccharose dann über Plasmodesmen in die Siebröhre.

Wie eben geschildert, erfordert das symplastische Beladen möglicherweise, das partiell apoplastische Beladen mit Sicherheit Energie. Damit wird das Transportsystem von der Source her unter Druck gesetzt. Im Bereich des Sink wirkt das Entladen wie ein Sog. Dazwischen findet die Massenströmung statt. Beladen und Entladen ergänzen die ursprüngliche Druckstrom-Hypothese.

Die überwiegende Mehrzahl der verfügbaren Daten spricht für die prinzipielle Richtigkeit der Münchschen Druckstromhypothese. Nur muß sie ergänzt werden, wie z.B. um die Prozesse des Be- und Entladens. Damit soll nicht behauptet werden, alle Probleme seien gelöst. Nur: derzeit gibt es keine überzeugendere Vorstellung zum Transport im Phloem.

Zusammenfassung

Der Stofftransport kann *apoplastisch oder symplastisch*, außerhalb oder innerhalb des Plasmalemmas erfolgen. Der *Transport von Wasser- und Mineralsalzen* erfolgt von den Wurzelhaaren bis zur Endodermis überwiegend *apoplastisch in den Zellwänden*. Die Casparyschen Streifen in den Radiärwänden der Endodermiszellen zwingen den Transport vorübergehend in den symplastischen Bereich.

Die Passage durch das Plasmalemma bietet Kontrollmöglichkeiten. Denn neben einer Diffusion durch das Plasmalemma werden beim transmembranen Transport auch *Translokatoren* wichtig, die oft spezifisch arbeiten. Das gilt insbesondere für den Transport von Assimilaten. Translokatoren können in Koppelung mit einem primär aktiven Transport arbeiten. Ein *primär aktiver Transport* beruht meistens auf der Tätigkeit von *H^+-ATPasen*, die Protonen unter ATP-Verbrauch nach außen pumpen. Über einen Austausch gegen solche Protonen können dann Substrate das Plasmalemma mit Hilfe von Translokatoren in einem *sekundär aktiven Transport* nach innen passieren.

In den Elementen des *Xylems* werden Wasser, Mineralsalze und weitere niedermolekulare Stoffe dann wieder *apoplastisch* nach oben transportiert. »Ziehende« Kraft dabei ist die *Transpiration* insbesondere an den Spaltöffnungen. Die *Öffnung der Stomata* wird über einen sekundär aktiven K^+-Import in die Schließzellen ausgelöst, das *Schließen* über einen K^+-Export. Cl^- und besonders Malat dienen beim Öffnen als Gegenion. Mit zeitlicher Verzögerung wird dabei auch Saccharose in die Vakuole eingeschleust. Malat und Saccharose lassen sich über DHAP bzw. Glucose letztlich vom Calvin-Zyklus der Schließzellen-Chloroplasten herleiten. Die Schließbewegungen werden durch zahlreiche Faktoren beeinflußt, so durch *ABA*, die einen raschen Verschluß herbeiführt.

Der *Transport von Assimilaten* erfolgt *symplastisch* im Phloem. Nach der *Münchschen Druckstromhypothese* findet eine Massenströmung von den Orten der Produktion (Source) zu den Orten der Speicherung (Sink) statt. Die Massenströmung an sich beruht auf rein physikalisch-osmotischen Gesetzmäßigkeiten (Konzentrationsunterschiede zwischen Source und Sink). *Symplastisches und partiell apoplastisches Beladen und auch das Entladen des Phloems* können jedoch unter ATP-Verbrauch erfolgen und helfen so durch »Hineinpumpen« und »Heraussaugen« kräftig nach.

22.1.5 Wasserstreß

Für Organismen wie die Pflanzen, die zu mehr als 90% aus Wasser bestehen können und bei denen zentrale Funktionen wie der eben besprochene Stofftransport letztlich auf Wasser basieren, ist eine Sicherung des Wasserhaushalts unabdingbar. Dem dienen einmal *Dauereinrichtungen*. Denken wir im morphologisch-anatomischen Bereich nur an die Kakteen und andere Sukkulenten. In der Physiologie haben wir bereits den C_4-Dicarbonsäure-Weg und den CAM kennengelernt.

Hier sollen uns nicht solche Daueranpassungen beschäftigen, sondern die Reaktionen auf eine plötzliche negative Veränderung, auf einen *Wasserstreß*. Ein Wasserdefizit kann auf *Trockenheit* zurückgehen, aber ebenso auf einen *hohen Salzgehalt* oder auf *Frost*, der ja ebenfalls Wasser festlegt. Die

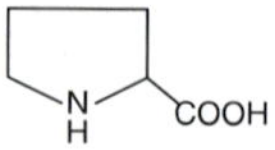

Prolin

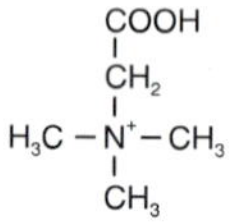

Glycin-Betain

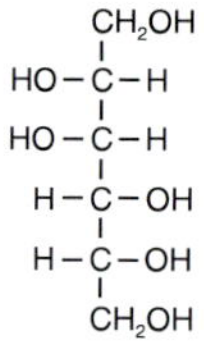

Mannit

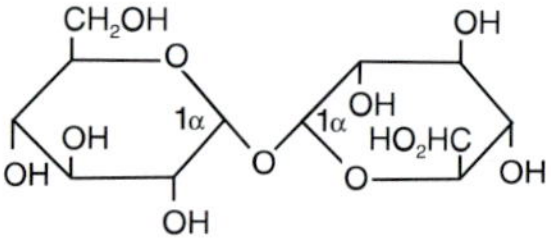

Trehalose

Saccharose

Abb. 22.14.
Einige osmoprotektive bzw. osmolytische Subtanzen.

Abwehrmechanismen der Pflanze gegen diese drei abiotische Schadfaktoren gleichen sich dementsprechend.

Genaktivierungen nach Wasserstreß

Ein Wasserstreß führt zur Aktivierung zahlreicher Gene. Sie lassen sich in zwei große Gruppen teilen. Eine erste Gruppe produziert *Schutzproteine*, die Ionen abfangen, Membranen stabilisieren oder als Chaperone (Seite 398) funktionieren. Diese Gene können den *LEA*-Genen (Seite 477) sehr ähnlich sein und entsprechende Proteine codieren.

Eine zweite Gen-Gruppe codiert für niedermolekulare osmoprotektive Substanzen. Sie verursachen eine Aufregulierung des osmotischen Wertes (osmolytische Wirkung) und stabilisieren Makromoleküle und Zellstrukturen (im engeren Sinn osmoprotektive Wirkung) bei Wasserverlust der Zelle. Hierher gehören vor allem die »Aminosäure« Prolin, aber auch Glycin-Betain, Zuckeralkohole wie Mannit und Zucker wie Saccharose bei höheren und Trehalose bei niederen Pflanzen (Abb. 22.14). Pflanzen, die nicht nur einen kurzfristig gesetzten Wasserstreß zu überstehen haben, sondern dauernd gegen Trockenheit ankämpfen müssen, weisen über konstitutiv, also permanent hohe Konzentrationen an den genannten Substanzen weitgehende Resistenz gegen Trockenheit auf.

Resistenz gegen Wasserstreß in transgenen Pflanzen

Zunehmende Trockenheit und Versalzung bedrohen die Pflanzenproduktion weltweit, vor allem in Ländern der sog. Dritten Welt. Gene für entsprechende Resistenzen zu übertragen, liegt deshalb auf der Hand. Aussichtsreich erscheint das wie üblich nur dann, wenn nur wenige Gene, am besten nur ein einziges übertragen werden müssen. Geben wir ein Beispiel: die Übertragung eines Gens für die Synthese von Trehalose.

Trehalose, ein nicht-reduzierendes Disaccharid aus Glucose, kommt vor allem in Bakterien und Helfen vor. Sie wird in zwei Schritten gebildet: zuerst kombiniert die Trehalose-6-phosphat-Synthase UDP-Glucose mit Glucose-6-phosphat zu Trehalose-6-phosphat, dann entfernt eine Phosphatase den 6-ständigen Phosphatrest unter Bildung von Trehalose (Abb. 22.15).

Das Gen für Trehalose-6-phosphat-Synthase wurde aus Hefe in Tabak übertragen. In transgenem Tabak bildet sich dann Trehalose-6-phosphat, aus dem tabakeigene Phosphatasen Trehalose freisetzen. Die Trehalose verleiht dem Tabak eine gegenüber Kontrollen wesentlich gesteigerte Trockenheitsresistenz (Abb. 22.16). Ein vielversprechender Versuchsausfall – leider bislang nur an der Modellpflanze Tabak.

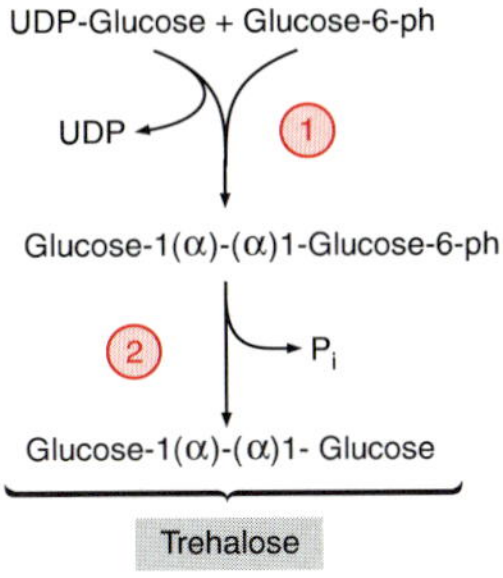

Abb. 22.15.
Die Biosynthese der Trehalose. In Kreisen: 1 = Trehalose-Synthase; 2 = Phosphatase.

Wasserstreß und Abscisinsäure

ABA bewirkt wie schon erwähnt einen raschen Verschluß der Spaltöffnungen, ist also ebenfalls ein Faktor der Trockenheitsresistenz. In der Tat beobachtet man nach einem Wasserstreß einen raschen Anstieg im Gehalt an ABA. Das Hormon aktiviert eine ganze Reihe von Genen, die mit der Behebung von Trockenschäden zu tun haben *könnten*. Denn bei den meisten Proteinen, etwa den »Dehydrinen«, deren Synthese von ABA induziert wird, ist die Funktion noch nicht bekannt. Sicherheit in dieser Hinsicht hat man erst bei wenigen Genen, so bei einem Gen aus *Arabidopsis*, das ein Enzym der Prolin-Synthese codiert.

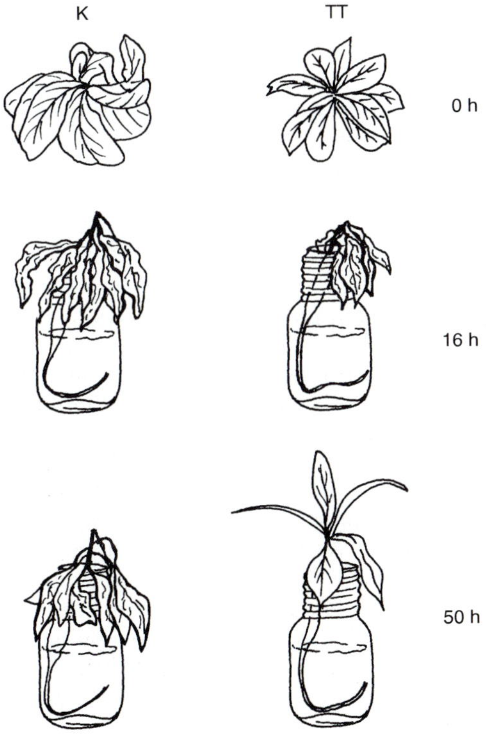

Abb. 22.16.
Erhöhte Resistenz gegen Wasserstreß bei transgenem Tabak, der Trehalose produzierte. K = Tabak-Kontrolle ohne Trehalose; TT = transgener Tabak mit Trehalose. 0 h = Beginn des Versuchs; 16 h = nach 16 h Wasserstress (die Pflanzen wurden bei nur 30% relativer Luftfeuchtigkeit gehalten); 50 h = nach weiteren 50 Stunden bei normaler Luftfeuchtigkeit. Transgene Pflanzen hatten sich völlig erholt (verändert nach Palva et al. aus Grillo and Leone 1996).

ABA induziert auch Gene für Hitzeschockproteine. Somit erweist sich *ABA* bei einem abiotischen Streß als *das Streßhormon*. Die Signaltransduktion ist noch in der Diskussion. Derzeit wird nahezu jede Möglichkeit, die sich bei anderen Hormonen von Pflanzen oder Tieren finden ließ, in Erwägung gezogen. Das gilt auch für den Bezug zum Spaltöffnungsapparat.

Zusammenfassung
Bei einem Wasserstreß (Trockenheit, Versalzung, Frost) werden zahlreiche Gene aktiviert. Sie codieren für *Schutzproteine* und *niedermolekulare Schutzstoffe* gegen das Wasserdefizit. Zu den niedermolekularen Stoffen gehören Prolin, Glycin-betain, Sacharose und (vor allem bei Bakterien und Hefen) Trehalose. Ein Gen für die Synthese von Trehalose wurde bereits in Tabak übertragen. Es verleiht transgenen Tabakpflanzen eine erheblich gesteigerte Trockenheitsresistenz.

ABA bewirkt nicht nur einen raschen Verschluß der Stomata, sondern aktiviert in den verschiedensten Pflanzenarten auch eine Vielzahl von Genen, von denen man annimmt, sie könnten etwas mit Trockenheitsresistenz zu tun haben. Dies ist jedoch bisher nur in wenigen Fällen abgesichert. ABA induziert außerdem auch Gene für Hitzeschockproteine. Sie erweist sich damit als *das Streßhormon* bei abiotischen Streßfaktoren.

22.2 Pflanzen gegen Pflanzen: Allelopathie

Unter Allelopathie versteht man Veränderungen in Stoffwechsel und Entwicklung von Pflanzen, die auf eine chemische Beeinflussung von Seiten anderer Pflanzen zurückgehen.

Sekundäre Pflanzenstoffe gewährleisten als Keimungshemmstoffe einen ökologisch sinnvollen Keimungsbeginn. Dabei wirken sie innerhalb eines gegebenen pflanzlichen Systems. Es ist nicht einzusehen, warum sie nicht auch vom produzierenden pflanzlichen Organismus freigesetzt und gegen pflanzliche Konkurrenz, gegen Angehörige der gleichen oder anderen Arten verwendet werden sollten.

Damit sind wir bei der *Allelopathie* angelangt. Die heute noch gültige Definition stammt von Molisch (1937), der darunter jede Wechselwirkung auf chemischer Basis im Pflanzenreich (zu dem er damals auch noch die Bakterien gezählt hatte) verstand, sei sie nun hemmender oder fördernder Art.

Molisch schloß fördernde Wirkungen bewußt mit ein, weil eine gegebene Substanz konzentrationsabhängig fördernd wie hemmend wirken kann. Allerdings beinhaltet die Bezeichnung Allelopathie, daß einem anderen ein Leid zugefügt wird (griech. allelos = ein anderer; pathos = Leid). In Übereinstimmung damit liegen vor allem Befunde zu hemmenden Wirkungen vor.

Die betreffenden Substanzen liegen in den produzierenden Pflanzen meistens in »entgifteter«, d. i. oft glykosidierter Form vor. Überdies können sie vorübergehend in eigenen Kompartimenten wie der Vakuole deponiert und so vom pflanzeneigenen Stoffwechsel ferngehalten werden. Über Blatt- und Wurzelausscheidungen gelangen sie dann in den Boden. Durch mikrobielle Umwandlungen werden dort bislang »entschärfte« Chemikalien zu Kampfstoffen. Zu diesen Veränderungen gehört z.B. das Freisetzen des Aglykons durch hydrolytische Spaltung der eben erwähnten Glykoside. Auch auf ganz andere Weise können die allelopathisch wirksamen Stoffe in den Boden gelangen: über zerfallende pflanzliche Materie, aus der fördernde wie hemmende Substanzen freigesetzt werden.

Betont werden muß noch, daß Allelopathie definitionsgemäß auf von Pflanzen gebildete Stoffe zurückgeht. Eine Konkurrenz um z.B. Wasser, die zu ganz ähnlichen Erscheinungsbildern führen kann, fällt nicht in den Bereich der Allelopathie.

Was die Chemie der allelopathisch wirksamen Substanzen anbelangt, ist kaum eine Gruppe von sekundären Pflanzenstoffen ausgenommen. Einige Beispiele werden im folgenden gebracht. Wenn man sich die betreffenden Strukturen vergegenwärtigt und sich noch daran erinnert, daß viele Stoffe nachgewiesenermaßen auch Keimungshemmstoffe sind, so ist kaum einzusehen, warum sie nicht auch gegenüber Angehörigen der produzierenden Art wirksam werden sollten. Das ist in der Tat der Fall. Wir werden auch Beispiele für eine derartige *Autotoxizität* kennenlernen.

Erscheinungen der Allelopathie finden sich während des ganzen Lebens einer Pflanze. Aber bei der Keimung werden sie besonders auffällig – und wichtig. »Anthropomorph« gesehen wäre es sehr zweckmäßig, den Konkurrenten gar nicht erst aufwachsen zu lassen, sondern schon seine Keimung zu unterbinden. Diesem Zweckmäßigkeitswunsch kommt entgegen, daß das Keimlingstadium mit der Vielfalt in ihm anlaufender Entwicklungsprozesse besonders störanfällig ist. Dementsprechend werden viele allelopathisch aktiven Stoffe gerade auch bei der Keimung wirksam. Viele von ihnen sind auch Keimungshemmstoffe, die den eigenen Samen oder Früchten mitgegeben werden.

22.2.1 Ein historischer Fall: der Walnußbaum

Schon Theophrast (371–285 v. Chr. kannte von der Kichererbse (*Cicer arietinum*) ausgehende Hemmwirkungen auf andere Pflanzen. Bekannter ist, daß Plinius der Ältere (23–79 v. Chr.) in seinen »Naturalis historiae libri XXXVII« nicht nur darauf hingewiesen hat, daß Menschen unter Walnußbäumen Kopfschmerzen bekommen können, sondern daß in ihrem Schatten das Wachstum praktisch aller anderen Pflanzen gehemmt ist. In weiteren Ausführungen läßt er durchblicken, daß unter »Schatten« nicht nur schlechtere Licht- und Ernährungsbedingungen, sondern auch Ausscheidungen zu verstehen sind.

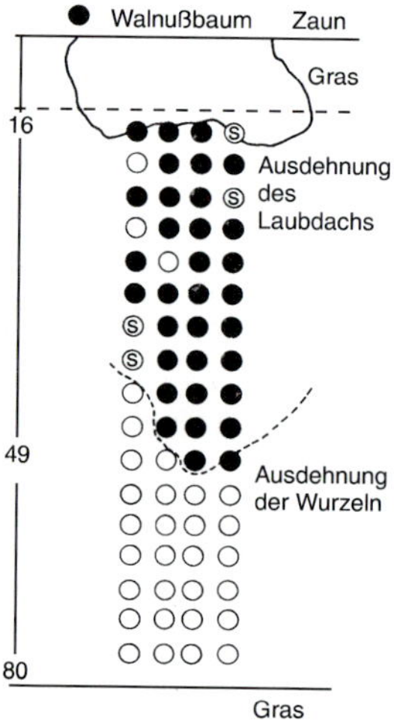

Abb. 22.17. *Hemmwirkung eines Walnußbaums auf die Entwicklung von Tomaten. Tomaten wurden in der Nachbarschaft eines Walnußbaums wie durch die Kreise angegeben (1 Kreis = 1 Tomate) angepflanzt. Kreise mit S: Die Tomate sterben unmittelbar nach der Anpflanzung; ausgefüllte Kreise: Die Tomaten welken und sterben später ab; offene Kreise: gesunde Tomaten (nach Massey aus Rice 1984).*

Plinius' Vermutungen ließen sich in unserem Jahrhundert bestätigen. Zunächst stellte man fest, daß tatsächlich Hemmwirkungen auftraten: In der Nachbarschaft eines Schwarzen Walnußbaums (*Juglans nigra*) angepflanzte Tomaten litten um so mehr, je näher sie dem Baum waren (Abb. 22.17). Wie ganz generell bei Fällen mutmaßlicher Allelopathie war es jedoch entscheidend, daß man eine entsprechend wirksame Substanz fassen und charakterisieren konnte. Die betreffenden Untersuchungen wurden zunächst am schon erwähnten nordamerikanischen Schwarzen Walnußbaum (*Juglans nigra*) durchgeführt. Ihre Ergebnisse gelten aber auch für den europäischen Walnußbaum (*Juglans regia*; Abb. 22.18):

In grünen Pflanzenteilen wird das Glukosid eines Naphthalenderivates (4-Glucosyl-1,4,5,-trihydroxy-naphthalen) gebildet. Es stellt die entschärfte Form der allelopatisch wirksamen Verbindung dar. Nach Ausscheidung über die Blätter kommt es mit dem Regen in den Boden. Außerdem kann es auch von den Wurzeln abgegeben werden. Bodenmikroorganismen spalten zunächst die Glucose ab. Es entsteht dadurch Hydrojuglon, das dann mikrobiell zu Juglon, dem aktiven Prinzip, oxidiert wird. Auf Juglon gehen die beobachteten allelopathischen Erscheinungen zurück.

Die vom Walnußbaum ausgehenden allelopathischen Wirkungen wurden exemplarisch vorangestellt, und das nicht nur, weil es sich um einen »klassischen Fall« handelt. Das Beispiel demonstriert auch, welche Anforderungen er-

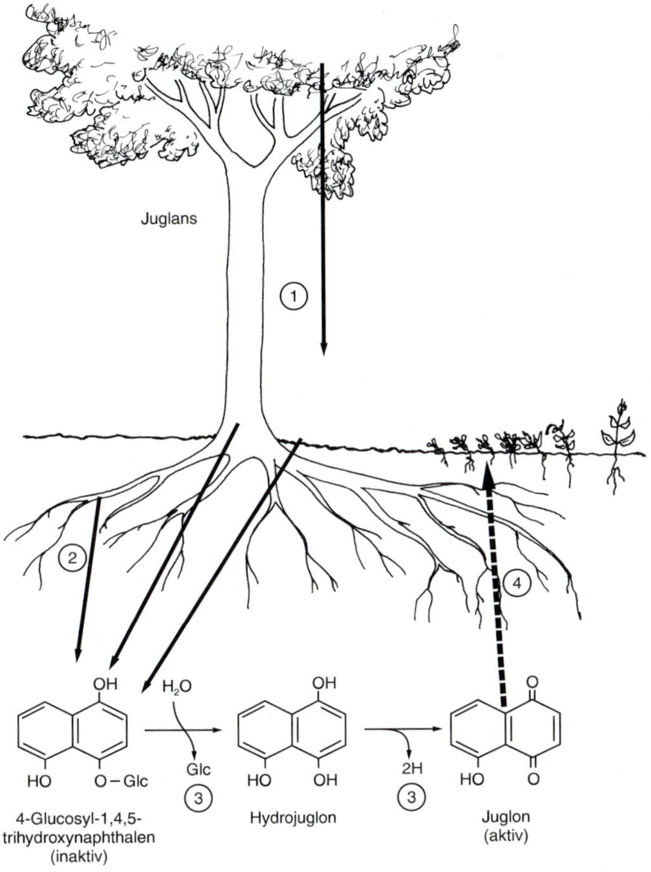

Abb. 22.18.
Schematische Darstellung der Hemmwirkung über Juglon beim Walnußbaum (Juglans regia, J. nigra). 1 = Freisetzung durch Auswaschung; 2 = Freisetzung durch Wurzelausscheidung; 3 = Hydrolytische Freisetzung des Aglykons und nachfolgende Oxidation des Hydrojuglons (= Aglykon) zum aktivem Prinzip, dem Juglon; 4 = allelopathischer Effekt: Pflanzen in der Umgebung sterben ab oder werden in ihrer Entwicklung gehemmt (vgl. Abb. 22.17) (nach S*CHLEE 1986).*

füllt sein müssen, bevor man von Allelopathie sprechen darf:

Synthese einer definierten Substanz in einer gegebenen Pflanze;

Abgabe dieser Substanz – wir hatten Möglichkeiten genannt – in die Umgebung, in der Regel den Boden;

Diffusion der Substanz in der Umgebung, in der Regel im Boden, dabei gegebenenfalls mikrobielles Freisetzen des aktiven Prinzips;

Aufnahme des aktiven Prinzips von einer anderen Pflanze;

allelopathische Wirkung in dieser anderen Pflanze.

22.2.2 Allelopathie in natürlichen Ökosystemen: der Chaparral

Nur einige wenige Beispiele, die jeweils einen neuen Aspekt einbringen, können aus der Fülle des vielleicht gelegentlich etwas unkritisch zusammengetragenen Datenmaterials zur Allelopathie gebracht werden. Zunächst ein Beispiel aus der vom Menschen kaum beeinflußten Natur: Allelopathie im Chaparral.

Es handelt sich um eine Buschgesellschaft (span. chaparra = buschförmige Eiche) Kaliforniens, die in der Macchie des Mittelmeergebietes ihr Äquivalent findet. Der Sommer ist trocken, der Winter feucht und kühl. Das Wachstum findet vor allem in den Übergangszeiten statt, im Herbst nach den ersten Regenfällen und im Frühjahr. Dominierend sind immergrüne Büsche, daher der Name. Gräser und Kräuter spielen im entwickelten Chaparral keine oder eine nur untergeordnete Rolle, wohl aber, wie wir noch sehen werden, bei Störungen des Systems.

Beherrschend sind robuste immergrüne Büsche mit namengebender Sklerophyllie (Hartlaubigkeit) wie *Adenostoma fasciculatum (Rosaceae*; Abb. 22.19) oder verschiedene *Arctosta-*

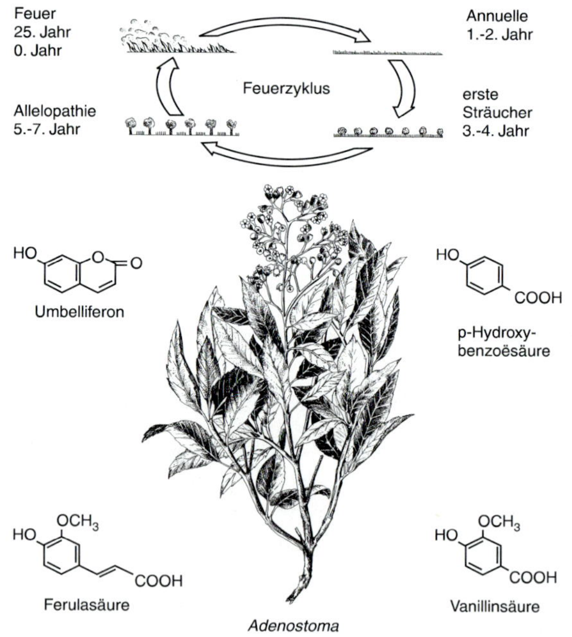

Abb. 22.19. *Der Feuerzyklus im Hartlaub-Chaparral. Oben Feuerzyklus (nach* SCHLEE *1986 und* HARBORNE *1982), darunter Adenostoma fasciculatum (nach* CHABOT *and* MOONEY *1985) mit einigen der allelopatisch wirksamen Phenolkörper.*

phylos-Arten (*Ericaceae*). Bleiben wir bei *Adenostoma*, dem Chamise-Busch. Um die Sträucher herum findet sich eine ausgeprägte Hemmzone ohne Gräser und Kräuter. Man konnte ermitteln, daß von den Blättern Substanzen ausgeschieden werden, die dann mit dem Regen in den Boden gelangen. Dort unterbinden sie die Keimung von Gräsern und Kräutern. Die wirksamen Substanzen sind in erster Linie Phenolcarbonsäuren (p-Hydroxy-benzoesäure, Vanillinsäure, Syringasäure) und Zimtsäuren (p-Cumarsäure, Ferulasäure; Abb. 22.19).

Soweit der etablierte Chaparral. Nun kann es selbst im trockenen Sommer immer wieder zu Gewittern kommen, bei denen durch Blitzschlag Brände ausgelöst werden. Die Hartlaub-Büsche brennen ab. In den ersten 1 bis 2 Jahren nach dem Brand wachsen nun munter Gräser und Kräuter heran. Vom 3. bis 4. Jahr an erscheinen die ersten Hartlaub-Büsche, entweder aus Stockausschlägen oder Samen. Allmählich bilden sich um sie herum wieder die typischen Hemmhöfe aus. Nach 5 bis 7 Jahren ist der alte Zustand wieder hergestellt. Soweit der Mensch nicht eingreift, dauert ein solcher *Feuerzyklus* von Brand zu Brand rund 25 Jahre (Abb. 22.19).

Das Feuer wirkt auf verschiedenen Ebenen. Einmal werden die im Boden angereicherten allelopathisch wirkenden Phenole vernichtet. Der Nachschub bleibt zunächst aus, weil sich die Hartlaub-Büsche erst wieder entwickeln müssen. Beim nächsten Regen können die Gräser und Kräuter dann ungestört keimen, zumindest was diese Stoffe anbelangt. Hinzu kommt aber noch, daß Hitze die Keimung vieler Gräser und Kräuter stimuliert. Zum Teil ist das auf die Zerstörung von sameneigenen Keimungshemmstoffen zurückzuführen. Außerdem fördert die beim Brand gebildete Holzkohle die Keimung einer ganzen Reihe von Gräsern und Kräutern, vermutlich teils über die Adsorption von im Boden noch vorhandenen toxischen Substanzen, teils über eine Anreicherung des Bodens mit Mineralstoffen. Die allelopathisch wirksamen Substanzen sind also Teil eines komplizierten Gefüges.

Im Küstengebiet Südkaliforniens findet sich der »Coastal Sagebrush«, der der Garigue des Mittelmeergebietes entspricht. Die Sträucher dort sind viel niedriger als im Chaparral und ihr Laub ist nicht so hart. Wichtig sind der namengebende Sage-Busch (*Artemisia california*) und Salbei-Arten (*Salvia* spec.). Die Pflanzengesellschaft wurde, was den Feuerzyklus anbelangt, verschiedentlich schon mit dem Chaparral verwechselt. Man hat auch angenommen, von den Zwergsträuchern im Sagebrush ausgeschiedene Terpene könnten allelopathisch wirken. Doch scheint es eher so zu sein, daß die Blätter der betreffenden Sträucher vom Vieh verschmäht werden, das sich lieber an Kräuter und Gräser hält. So entstünde dann durch Viehfraß eine »Hemmzone« um die Zwergsträucher herum.

22.2.3 Allelopathie bei Nutzpflanzen

Allelopathie findet sich natürlich auch bei Nutzpflanzen. Es ist sogar vielfach so, daß die betreffenden Effekte in der »freien« Natur kaum merklich sind, bei Monokulturen dagegen deutlich in Erscheinung treten.

»Bodenmüdigkeit«

Eine Reihe von Fällen sog. »Bodenmüdigkeit« läßt sich über allelopathische Erscheinungen erklären. Dafür einige Beispiele:

Rotklee (*Trifolilium pratense*) ist autotoxisch. Die Pflanze führt Isoflavone (Seite 263), die bei ihrer Verrottung freigesetzt und von Bodenmikroorganismen zu verschiedenen, gegen Rotklee allelopathisch wirksamen Phenolen abgebaut werden. Damit ist die in Europa seit dem 17. Jahrhundert bekannte »Bodenmüdigkeit« bei Anbau von Rotklee erklärbar.

Auch Getreide-Arten müssen im gegebenen Zusammenhang erwähnt werden. Die »Bodenmüdigkeit« nach wiederholtem Weizen-Anbau geht auf eine Anreicherung von Phenolen im Boden zurück, die von den Weizenwurzeln ausgeschieden werden und über ihre autotoxische Aktivität zu den beobachteten Ertragsdespressionen führen. Beim Reis (*Oryza sativa*) zeigt es sich, daß aus untergepflügtem Reisstroh Phenolcarbonsäuren freigesetzt werden, die auf anschließend wiederum angebauten Reis autotoxisch wirken. In der Regel kann man der »Bodenmüdigkeit« durch eine entsprechende Fruchtfolge begegnen. Beim Reis stieß man hier jedoch auf Schwierigkeiten. Auf Taiwan z. B. bestand eine solche Rotation im wechselnden Anbau von Reis und Soja (*Glycine max*). Die Phenolcarbonsäuren aus dem Reisstroh hemmen nun aber auch *Bradyrhizobium japonicum*, das Wurzelknöllchenbakterium der Sojabohne, und die Ausbildung eben der Wurzelknöllchen. Die biologische Stickstoff-Fixierung und als Folge der Ertrag an Sojabohnen wurden gesenkt. Abhilfe konnte dadurch geschaffen werden, daß das Reisstroh abgebrannt wurde, bevor man Soja ausbrachte. Der Ertrag an Sojabohnen wurde dann um mehrere hundert Kilogramm pro Hektar gesteigert.

Allelopathie innerhalb der Artgrenze

Allelopathisch wirksame Substanzen können auch im Konkurrenzkampf zwischen Individuen einer gegebenen Art eingesetzt werden. Dafür ein Beispiel:

Im Südwesten der USA wird die Wüstenpflanze *Parthenium argentatum*, der Guayule-Strauch, zur Kautschuk-Gewinnung angepflanzt. Dabei bemerkte man, daß die Pflanzen im Innern der Plantagen schlechter wuchsen als diejenigen am Rand. Die Ursache ist die allelopathisch wirksame *trans*-Zimtsäure, die von den Wurzeln ausgeschieden wird. Die Pflanzen im Zentrum stehen unter allseitiger, d.h. stärkerer Hemmwirkung (Abb. 22.20). Unter natürlichen Verhältnissen könnte die Bedeutung der autotoxisch wirksamen *trans*-Zimtsäure darin liegen, daß *Parthenium*-Sträucher nur in größeren Abständen voneinander aufwachsen können. Damit wird die Wasserversorgung der Einzelpflanze am trockenen natürlichen Standort erleichtert. Außerdem ist bekannt, daß *trans*-Zimtsäure auch gegen andere Arten allelopathisch wirkt.

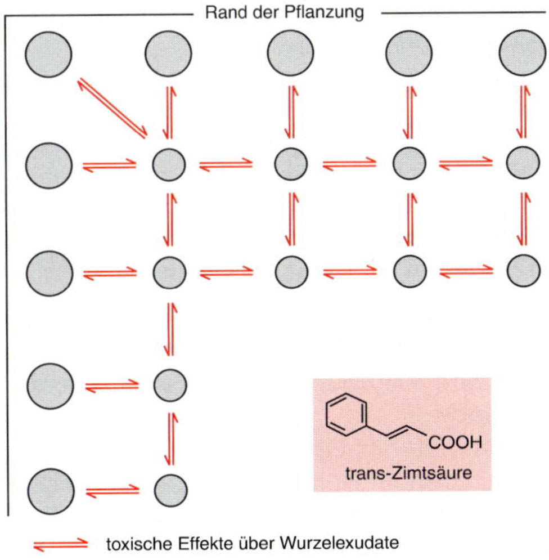

Abb. 22.20.
Allelopathie in Kulturen von Parthenium argentatum. Rechts Strukturformel des wirksamen Prinzips, der trans-Zimtsäure, darüber schematische Darstellung der Wachstumshemmung. Die Größe der Kreise symbolisiert das Wachstum der jeweiligen Guayule-Sträucher (verändert nach Harborne *1982).*

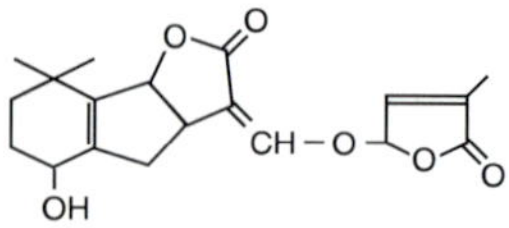

Strigol

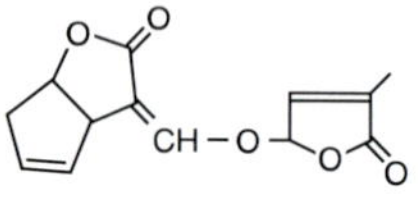

Strukturanalogon des Strigols

Abb. 22.21. Strigol und ein in der Praxis eingesetztes Strigol-Analogon.

Allelopathische Förderung: Hirsen und Strigol

Noch ein letztes Beispiel, bei dem auch einmal eine »allelopathische« Förderung ins Spiel kommt. Hirsen geben über ihre Wurzeln Strigol (Abb. 22.21) ab. Die Substanz fördert die Keimung von *Striga*-Arten. Dabei handelt es sich um Parasiten der Hirsen (*Sorghum*) aus der Familie der Rachenblütler (*Scrophulariaceae*). Der Parasitenbefall macht sich in Ertragsverlusten bemerkbar. Ein synthetisches Strukturanalogon des Strigols kann hier Abhilfe schaffen: Man gibt es vor der Entwicklung der Wirtspflanzen aufs Feld. Die *Striga*-Arten werden zur Keimung gebracht, gehen jedoch danach zugrunde, weil sie noch keinen Wirt vorfinden.

Die Beispiele – fast zu wenige angesichts der zahlreichen Befunde – belegen, daß die Allelopathie von ausgesprochen landwirtschaftlich-praktischer Bedeutung ist. Der Landwirt hat dies empirisch immer wieder berücksichtigt, etwa über entsprechende Rotationen. Die exakte Analyse eröffnet jedoch neue Möglichkeiten, wie das letzte Beispiel gezeigt haben mag.

Zusammenfassung

Pflanzen können andere Pflanzen über von ihnen ausgeschiedene sekundäre Pflanzenstoffe (Phenolderivate, Terpenoide) in ihrer Entwicklung beeinflussen. Diese *Allelopathie* findet sich oft in einem Konkurrenzkampf und äußert sich dann in Entwicklungshemmungen. Beispiele für *allelopathische Hemmungen bei Pflanzen anderer Arten* geben der Walnußbaum und der Chaparral mit seinem Feuerzyklus. Kulturen des Guayulstrauchs, eines Kautschukproduzenten, liefern ein Beispiel für *innerartliche Allelopathie*.

Eine Ursache für die sog. der »*Bodenmüdigkeit*« können Sekundärstoffe sein, die im Boden auch noch nach Absterben der produzierenden Pflanzen vorhanden sind und die Entwicklung beeinträchtigen, z. B. bei Rotklee, Reis und Sojabohne.

Seltener handelt es sich um »*allelopathische*« *Förderungen*, so bei dem von Hirsen abgegebenen Strigol, das die Keimung von Hirseparasiten der Gattung *Striga* stimuliert.

22.3 Pflanzen gegen Insekten: Sekundärstoffe gegen Freßfeinde – Nutzung der Abwehrstoffe durch Freßfeinde

Pflanzen produzieren chemische Abwehrstoffe nicht nur gegen Mikroorganismen, sondern auch gegen tierische Freßfeinde. Außer Abwehrproteinen werden dazu die verschiedensten Sekundärstoffe genutzt.

Auf *Abwehrproteine* waren wir schon verschiedentlich eingegangen. Gegen Mikroben können z. B. PR-Proteine (Seite 407 und Proteinase-Inhibitoren (Seite 410) eingesetzt werden. Proteinase-Inhibitoren dienen aber auch als Waffe gegen Insekten (Seite 413). Ergänzen wir noch, daß Insekten auch mit Inhibitoren für andere ihrer Enzyme, z. B. Amylasen, bekämpft werden können.

In diesem Kapitel wollen wir uns mit der Rolle von *Sekundärstoffen zur Abwehr von Insekten* befassen. Dies auch deshalb, weil Insekten in ihnen »ökologische Nischen« finden können. Denn Sekundärstoffe, die an sich zur Abwehr gegen Insekten »gedacht« sind, können von diesen für ihre Zwecke genutzt werden, etwa als Hormone, Pheromone oder als eigene Abwehrstoffe. Die betreffenden Pflanzenstoffe werden dabei teils unverändert, teils nach Strukturmodifikationen eingesetzt. Selbst hochgiftige Sekundärstoffe wirken so bei der einen Insektengruppe als Abwehrstoffe, bei der anderen als Nutzstoffe.

22.3.1 Das Freßmuster der Raupen des Seidenspinners

Besonders die Raupen unserer Schmetterlinge liefern zahlreiche Beispiele dafür, daß selbst diese gefräßigen Jugendstadien Pflanzenmaterial nicht wahllos fressen. Kaum einem kann es entgehen, daß unsere Brennesseln Futterorte für die Raupen einiger schöner Tagfalter sind. Ganz offensichtlich müssen bestimmte Voraussetzungen dafür gegeben sein, daß Blätter einer Pflanze von einer gegebenen Art als Futter akzeptiert werden. Ein gut untersuchtes Beispiel für ein solches Freßmuster liefern die Blätter der Maulbeerbäume (*Morus* spec.), die Raupen des Seidenspinners (*Bombyx mori*) als Nahrung dienen.

Die Raupen ernähren sich ausschließlich von Blättern der Maulbeerbäume. Dabei wird der in Ostasien heimische Weiße Maulbeerbaum (*M. alba*) bevorzugt. Diese »Monophagie« hat ihre Ursache in einem chemischen Signalmuster der Maulbeerblätter, an das sich die Raupen adaptiert haben.

Drei Gruppen von Stoffen sind notwendig, um die Raupen zum Fressen zu bringen. *Lockstoffe* ziehen die Raupen an, sobald sie sich dem Blatt auf ungefähr 3 cm genähert haben. Es handelt sich um ein Gemisch aus Monoterpenen, zu denen das Citral (Abb. 6.3) gehört. *Beißfaktoren* bringen die Raupen dann dazu, in das Blatt zu beißen. Zu ihnen gehören weit verbreitete Pflanzenstoffe wie das β-Sitosterin

Lockfaktoren:

Monoterpene: wie z.B. Citral, Linalool

Beißfaktoren:

Flavonole: Isoquercitrin, Morin
Triterpene: β-Sitosterin
Zucker: Saccharose
Zuckeralkohole: Inosit

Schluckfaktoren:

anorganisch: Silikate, Phosphate
organisch: Cellulose

Abb. 22.22.
Das Freßmuster der Raupen von Bombyx mori (verändert nach DAS LEBEN *1971 und* HARBORNE *1982).*

(Abb. 6.5), Saccharose oder der Zuckeralkohol Inosit, aber auch die Flavonole (Seite 264) Isoquercitrin und Morin. Das letztgenannte findet sich nur in Maulbeerblättern. Für die Raupen bedeutet Zubeißen aber noch nicht Schlucken: Zuvor müssen noch besondere *Schluckfaktoren* wirksam werden. Dabei handelt es sich um mineralische Komponenten (Silikate und Phosphate) sowie um Cellulose (Abb. 22.22).

Von den genannten Substanzen üben die Monoterpene und die Flavonole jeweils spezifische Funktionen bei der Anlockung (Monoterpenbukett) und beim Beißen (Flavonole) aus. Die übrigen Stoffe sind in Pflanzen weit verbreitet. Sie dienen den Raupen als weitgehend unspezifische Nähr- und Ballaststoffe.

Man hat versucht, diese Ergebnisse in der Praxis auszunützen. In der Tat lassen sich die Raupen auf 2%igem Agar heranziehen, dem die genannten Stoffe und noch einige ebenfalls im Maulbeerblatt vorhandene Wachstumsfaktoren (Ölsäure, Linolensäure, Chlorogensäure) zugesetzt worden waren. Sie kommen auch zur Verpuppung. Die angestrebte Unabhängigkeit vom Maulbeerblatt läßt sich also herstellen. Nur ist bislang die Größe der Kokons und damit die Ausbeute an Seide noch nicht zufriedenstellend.

22.3.2 Demissin und der Kartoffelkäfer

Beim Demissin (Abb. 22.23) handelt es sich ebenso wie beim α-Tomatin um ein Steroidalkaloid. Es findet sich in der Wildkartoffel *Solanum demissum* und bedingt deren Kartoffelkäfer-Resistenz. Durch Einkreuzen der Gene für Demissin in Kulturkartoffeln (*Solanum tuberosum*) kann man auch diese gegen Kartoffelkäferbefall resistent machen. Nun führt auch die Kulturkartoffel in ihren Blättern ein Steroidalkaloid, das Solanin. Es unterscheidet sich vom Demissin durch andere Zucker am Hydroxyl 3 und durch eine Doppelbindung. Solanin ist gegen Kartoffelkäfer unwirksam. Die Wirksamkeit ist dann gegeben, wenn in Position 3 ein Tetrasaccharid mit Xylose vorhanden ist und die bewußte Doppelbindung fehlt. Minuziöse Unterschiede in der Struktur entscheiden also, ob ein Steroidalkaloid als Abwehrstoff dienen kann oder nicht.

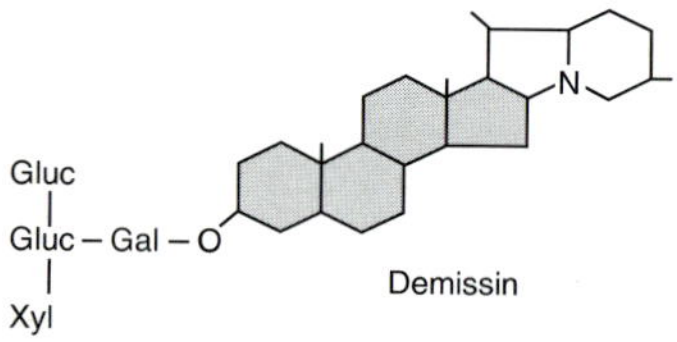

Abb. 22.23. Demissin

Das wird noch deutlicher, wenn wir zum α-Tomatin übergehen. Das Steroidalkaloid ist uns bereits als präinfektioneller Abwehrstoff gegen phytophathogene Pilze bekannt. Es zeigt am Hydroxyl 3 das gleiche xylose-haltige Tetrasaccharid wie das Demissin (Abb. 18.1). Auch beim α-Tomatin ist die physiologische Wirkung an diese Zuckerkomponente gebunden: Wird das Tetrasaccharid von Tomatin-resistenten Pilzen abgespalten, geht die Schutzwirkung gegen Pilze verloren (Seite 404). Im übrigen ist das dem Demissin sehr ähnliche α-Tomatin auch gegen den Kartoffelkäfer wirksam. Wenn man es in Blätter der Kartoffel infiltriert, sterben Kartoffelkäferlarven, die bisher munter von solchen Blättern gefressen hatten, je nach der verwendeten Konzentration ab oder werden schwer geschädigt.

22.3.3 Herzglycoside der Asclepiadaceen und Danaiden

Abwehrstoffe werden auf verschiedenen Ebenen wirksam: abschreckender Geruch, abschreckender Geschmack gekoppelt mit Gifteinwirkungen oder abschreckende Konsistenz. Dabei ist der abschreckende Geruch besonders wichtig. Denn er verhindert schon, daß sich die Fraßfeinde zu sehr nähern. Dementsprechend kennt man zahlreiche Duftstoffe, die Insekten abschrecken.

Bestimmte Insektenarten durchbrachen jedoch diese Sperren: Sie adaptierten sich an ein ganz bestimmtes, an sich abschreckendes Signalmuster, wobei sie es entsprechend ummünzten. Denn für sie wurde das betreffende abschreckende Signalmuster zu einem anlockenden, aktivierenden Signalmuster, zu einem Charakteristikum ihrer neuen Futterpflanze. Hand in Hand damit gingen andere Umstellungen, etwa solche, die zur Entgiftung aufgenommener toxischer Substanzen führten. Die betreffenden Insekten sicherten sich so eine ökologische Nische, die von anderen Insektenarten nicht besetzt werden kann.

Eben dies und noch mehr, nämlich die Ausnutzung mit der Nahrung aufgenommener toxischer Pflanzenstoffe dazu, nun die eigenen Feinde abzuschrecken, zeigen Tagfalter aus der tropisch-subtropischen Familie der Danaiden, deren Raupen sich auf Asclepiadaceen ernähren.

Die Asclepiadaceen (Seidenpflanzen- oder Schwalbenwurzgewächse) führen in ihren Blättern Cardenolide, z. B. Glykoside des Calotropagenins (Abb. 22.24), die für Insekten wie Wirbeltiere toxisch sind. Danaiden haben sich jedoch gerade auf Seidenpflanzengewächse spezialisiert. Das gilt z. B. für den Monarch (*Danaus plexippus*). Der Falter kommt vor allem in der westlichen Hemisphäre vor, fehlt aber auch in der Alten Welt nicht. Seine Raupen ernähren sich von Asclepiadaceen. Die dabei aufgenommenen Herzglykoside werden zunächst in der Raupe gespeichert und bei der

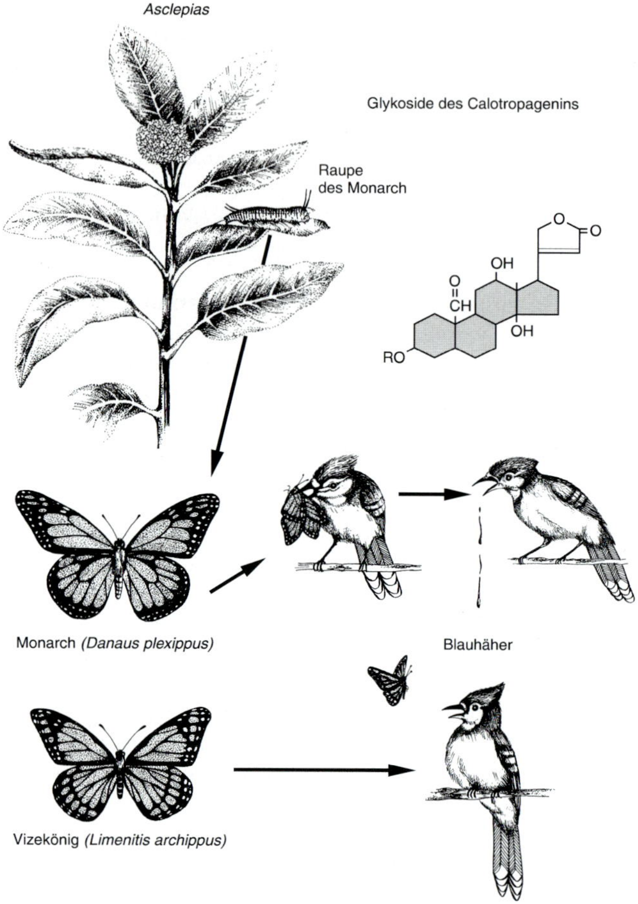

Abb. 22.24.
Herzglykoside der Asclepiadaceen und Danaiden. Auf der Seidenpflanze Asclepias curassavica entwickelt sich die Raupe des Monarchfalters Danaus plexippus. Nicht nur die Raupe, sondern auch der adulte Schmetterling sind durch die von der Raupe beim Fressen aufgenommenen Herzglykoside (vor allem Glykoside des Calotropagenins, R = fallweise verschiedene Zucker) geschützt. Blauhäher, die noch keine Erfahrung mit Danaus gemacht haben, erbrechen nach dem Fraß eines Schmetterlings und meiden danach nicht nur Danaus, sondern auch Nachahmer wie den Vizekönig Limenitis archippus (verändert nach Rosenthal *1986).*

Metamorphose dann in den adulten Schmetterling weitergegeben. Sowohl Raupe als auch Imago sind dadurch für Freßfeinde giftig. Sie tragen dementsprechend orangebraun-schwarze Warnfarben, die der Freßfeind allerdings zuerst einmal kennenlernen muß. Blauhäher (*Cyanositta cristata*), die noch keine Erfahrungen mit dem Monarch gemacht hatten, schlucken den Falter *einmal*. Die Folge ist ein heftiges Erbrechen. Der Vogel erholt sich zwar wieder, meidet aber von nun an den an seiner Warntracht leicht kenntlichen Monarch. Beide Seiten haben ihren Vorteil: Weitere Falter bleiben am Leben und der Vogel erspart sich erneute Vergiftungen.

Aber damit nicht genug. Falterarten, die an sich unschädlich sind, können die Warntracht eines toxischen Vorbilds imitieren. Sie sind dann weitgehend vor Freßfeinden sicher, die mit dem Vorbild schon unangenehme Erfahrungen gemacht hatten. Der Monarch kann durch verschiedene andere, ungiftige Arten nachgeahmt werden, so z.B. durch den Vizekönig (*Limenitis archippus*) aus der Familie der Nymphaliden (Abb. 22.24). Es handelt sich dabei um eines der bekanntesten Beispiele für *Bates'sche Mimikry*, wie man diese spezielle Art der Nachahmung genannt hat.

Aber auch verschiedene Arten, von denen jede einzelne durch Herzglykoside giftig ist, können die gleiche Warntracht aufweisen. Dem Freßfeind genügen die negativen Erfahrungen mit nur einer dieser Arten: Nicht nur die betreffende Art, sondern auch alle anderen Arten mit gleicher Warnfärbung werden von ihm zukünftig gemieden. Die Verluste auf seiten der in einem solchen Ring *Müllerscher Mimikry* zusammengeschlossenen Schmetterlinge sind geringer, als wenn jede Art eine eigenen Warntracht führte, die der Freßfeind erst erlernen müßte. Und der Freßfeind seinerseits erspart sich zusätzliche Vergiftungsfälle.

Wir haben ein überzeugendes Beispiel für die ökologischen Verflechtungen Pflanze – Tier kennengelernt. Seine Basis waren die von den Asclepiadaceen gebildeten Cardenolide. Aber unser Exempel wird im nächsten Abschnitt sogar noch ausgebaut werden. Denn die Danaiden nutzen noch eine weitere Gruppe toxischer Pflanzenstoffe an anderer Stelle ihres Entwicklungszyklus.

22.3.4 Pyrrolizidin-Alkaloide: differentielles Wirkungsspektrum je nach der Tiergruppe

Mit der pflanzlichen Nahrung aufgenommene Pyrrolizidin-Alkaloide wirken sich bei verschiedenen Tierarten ebenso verschieden aus. In *Säugetieren* wird die Necinbase durch Hydrolyse der Esterbindungen mit den Necinsäuren freigesetzt. Meistens handelt es sich dabei um Retronecin (Abb. 22.25). Es kann zu Derivaten umgewandelt werden, die auf die Leberzellen toxisch und darüber hinaus noch krebserregend wirken (Derivat 1 in Abb. 22.25).

Bei den *Schmetterlingen* finden sich Unterschiede je nach der systematischen Stellung. Raupen von »Bären« (Arctiidae, z.B. *Arctia caja* und *Tyria jacobaea*) fressen ohne selbst Schaden zu nehmen von den Blättern stark alkaloidführender *Senecio*-Arten (*S. vulgaris, S. jacobaea*). Die Alkaloide wer-

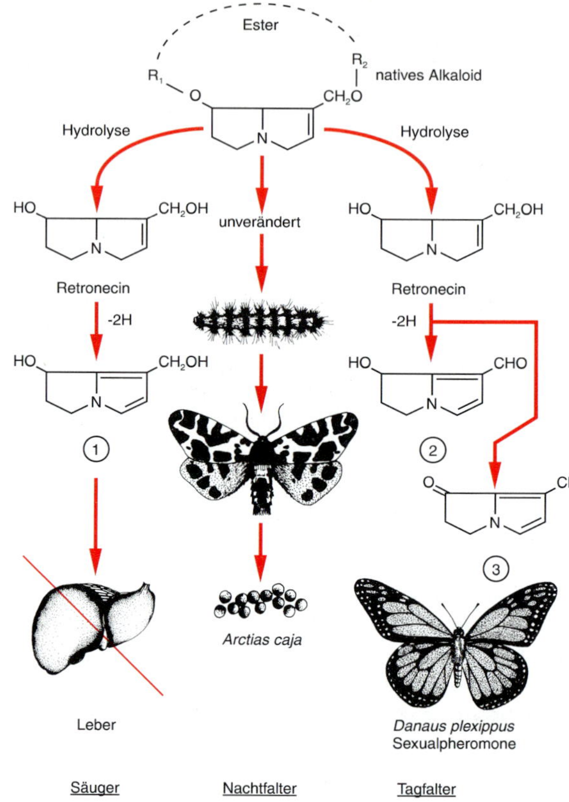

Abb. 22.25. Pyrrolizidin-Alkaloide in verschiedenen Tiergruppen. Natives Alkaloid: Nur die Necinbase, das eigentliche Alkaloid, wurde ausgezeichnet. Die Reste R_1 und R_2 können Necinsäuren darstellen, die oft über eine Esterbrücke miteinander verbunden sind. In Säugern wird das native Alkaloid zunächst zur Necinbase Retronecin hydrolysiert, das dann in ein hepatotoxisches Derivat 1 überführt wird. Bei einigen Nachtfaltern wird das Alkaloid von den Raupen aufgenommen und über die adulten Tiere sogar bis in die Eier weitergegeben. Die Alkaloide sollen einen Fraßschutz darstellen, vermutlich nach Umwandlungen in den fressenden Feinden. Einige Tagfalter hydrolysieren das native Alkaloid ebenfalls zu Retronecin, wandeln dieses dann aber zu den Derivaten 2 und 3 um, die den Männchen als Sexualpheromone dienen. (Entwicklung Arctia nach VAN DER DONK und VAN GERWEN 1981).

den nicht nur in den Raupen gespeichert, sondern auch in die adulten Schmetterlinge, ja sogar noch bis in die Eier weitergegeben. Die Schutzwirkung gegen Freßfeinde ist entsprechend. Nicht umsonst tragen die erwachsenen Tiere auffällige Warntrachten (Abb. 22.25).

Ganz anders ist die Situation bei bestimmten *Danaiden*, vor allem aus der uns schon bekannten Gattung *Danaus*. Hier saugen die adulten Schmetterlinge die Alkaloide auf, z.B. mit Exudaten welkender Pflanzenteile oder Sekreten. Wie in Säugetieren, so kommt es auch in Männchen der Danaiden zur hydrolytischen Freisetzungen von Retronecin. Die Substanz wird dann in bestimmte Derivate (2 und 3 in Abb. 22.25) überführt, die in Haarbüscheln der Abdomen gespeichert und von dort als Pheromone zur Anlockung von Weibchen abgegeben werden.

Die Danaiden sind also zu ihrem Vorteil eine doppelte Bindung mit Pflanzen eingegangen. Einmal nutzen sie die von Raupen mit der Nahrung aufgenommenen Herzglykoside als Schutzstoffe aus, und zum zweiten verwenden sie ausgerechnet die für viele andere Tiere hochtoxischen Pyrrolizidin-Alkaloide als Ausgangsmaterial für die Bildung von Sexuallockstoffen der Männchen!

Bei Pheromonen handelt es sich um Botenstoffe, die in einem gegebenen Organismus gebildet und in einem anderen Organismus der gleichen Art wirksam werden. Es handelt sich also um Wirkstoffe der innerartlichen Kommunikation.

22.3.5 Toxische Glucosinolate als Lockmittel und Beißfaktoren: Sinigrin und der Große Kohlweißling

Die Blätter der Maulbeerbäume locken den Seidenspinner über Monoterpene an. Das entspricht dem Üblichen: Terpene und Phenolderivate stellen normalerweise die in ätherischen Ölen vorkommenden Lockstoffe. Aber auch toxische Abwehrstoffe können von bestimmten Insekten als Lockstoffe, ja sogar als Beißfaktoren, also als Stimulantien zum Fressen, genutzt werden: die Glucosinolate.

Die *Glucosinolate* oder *Senfölglykoside* kommen in Brassicaceen und mehreren mit ihnen verwandten Familien vor. Sie leiten sich von Aminosäuren ab. Ein Beispiel ist das *Sinigrin*, das in Varietäten des Kohls (*Brassica oleracea*) und im Schwarzen Senf (*Brasica nigra*) vorkommt (Abb. 22.26). »Myrosinase«, eine Thioglucosidase, setzt aus ihm hydrolytisch Glucose frei. Das entstandene Intermediärprodukt lagert sich spontan unter Abspalten des Sulfatrests in Allylisothiocyanat, ein flüchtiges, scharf riechendes »Senföl« um. Je nach der Struktur des originären Glucosinolats kennt man verschiedene derartige Senföle.

Die Myrosinase und ihre Substrate, die Glucosinolate, sind in der intakten Pflanze voneinander getrennt. Das Enzym findet sich in membran-umgebenen Kompartimenten, die Glucosinolate in der Vakuole. Bei Verletzungen und bei Leckwerden der Membranen beim Altern kommen beide zusammen und die Senföle werden freigesetzt. Sie sind es, die toxisch wirken können. Außer gegen Raupen sind sie vermutlich auch Schutzstoffe gegen Schadpilze.

Injektionen von Sinigrin können Raupen anderer Schmetterlingsarten töten. Der Große Kohlweißling (*Pieris brassicae*) dagegen läßt sich durch Allyl-isothiocyanat zur Eiablage an Kohl anlocken. Seine Raupen fressen dann munter Kohlblätter, ohne durch Allyl-isothiocyanat geschädigt zu werden, das dabei oder aus dem aufgenommenem Sinigrin freigesetzt wird. Sinigrin stimuliert bei ihnen sogar das Fressen von experimentell verabreichtem Futter, das ohne

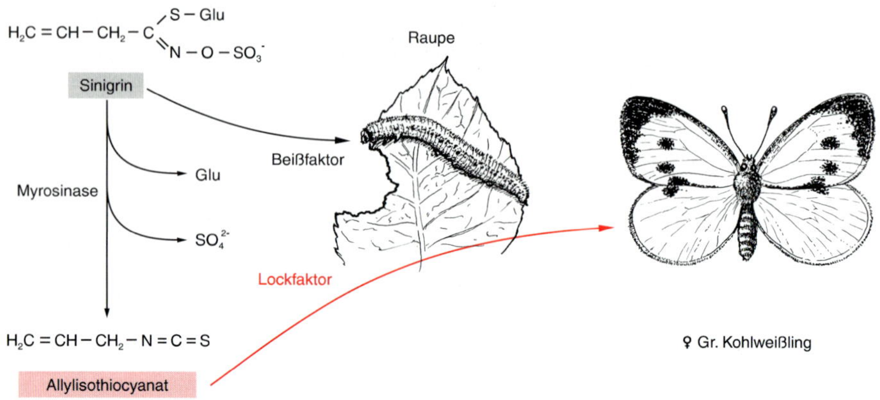

Abb. 22.26. *Sinigrin und der Große Kohlweißling. Das Senfölglykosid (Glukosinolat) Sinigrin, das in Blättern des Kohls vorkommt, wird durch Myrosinase, eine Thioglukosidase, in Allyl-isothiocyanat überführt. Dieses wirkt auf Weibchen des Großen Kohlweißlings als Lockstoff zur Eiablage. Aus den Eiern entwickelte Raupen fressen nur, wenn Sinigrin in der Nahrung enthalten ist.*

den Zusatz des Glucosinolats nicht oder nur schlecht angenommen wird – eine erstaunlich weitgehende Anpassung an einen Giftstoff!

22.3.6 Monoterpene als Pheromone bei Borkenkäfern

Insekten nutzen Pflanzenstoffe nicht nur zu ihrer Ernährung, sondern auch zu spezielleren Zwecken, etwa als Pheromone. Teils werden Pflanzenstoffe unverändert als Pheromone genutzt, teils erst nach einer strukturellen Veränderung. Bei Borkenkäfern etwa werden mit der Nahrung aufgenommene Terpenoide chemisch modifiziert und dann u.a. als Aggregations-Pheromone eingesetzt.

Für alle Borkenkäfer gilt, daß vor allem kranke oder beschädigte, anfällige Wirtspflanzen oder aber auch gefällte Stämme befallen werden. Der für den Befall nur vorübergehend günstige Zustand des Wirtsgewebes muß ausgenutzt werden. Bei gestürzten oder gefällten Stämmen wird die Befallszeit durch das Absterben und Austrocknen limitiert. Für die Borkenkäfer gilt es also, ein nur zeitweise geeignetes Substrat so rasch wie möglich voll auszunutzen. Dabei helfen *Aggregationspheromone.*

Wegen ihrer forstwirtschaftlichen Bedeutung sind mehrere Borkenkäferarten gut untersucht. Sie verhalten sich leicht verschieden. Greifen wir *Ips paraconfusus* heraus. Die Art befällt Kiefern, bevorzugt *Pinus ponderosa* in den westlichen USA. Die Erstbesiedlung erfolgt hier durch Männchen (Abb. 22.27). Abwehrstoffe der Pflanzen verhindern eine Besiedlung von Nicht-Wirten oder von resistenten Wirtsbäumen. Wenn Wirte bereits von einer anderen Borkenkäferart besiedelt sind, scheiden diese ebenfalls Ab-

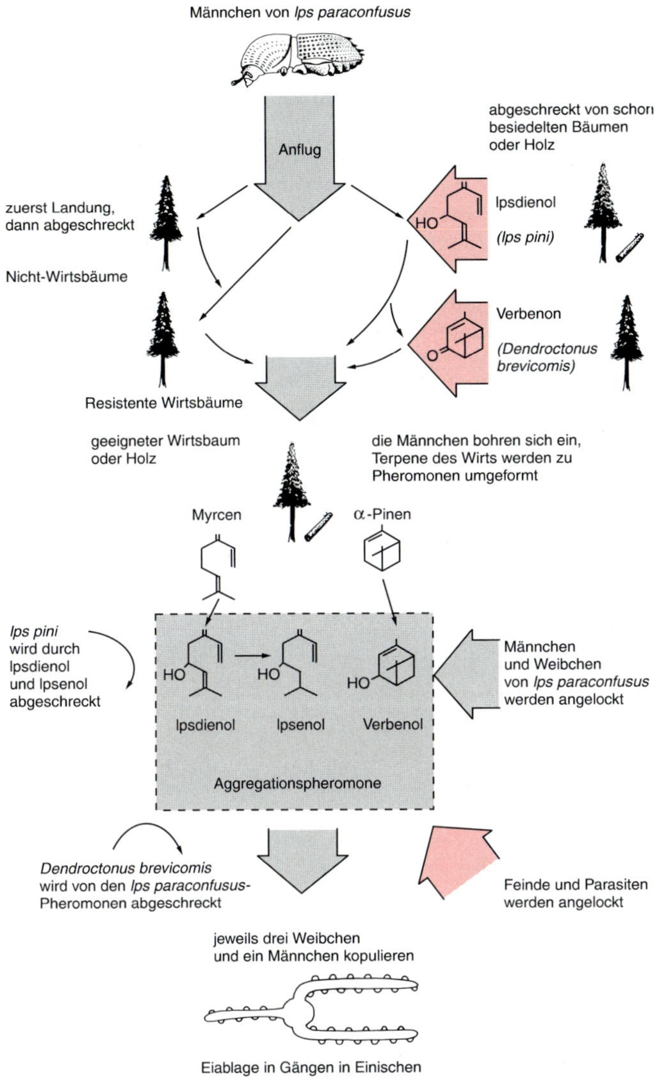

Abb. 22.27. *Verhaltungsmuster von Ips paraconfusus vom Schlüpfen der Männchen bis zur Eiablage durch die Weibchen. Bei den Strukturformeln blieb die Stereoisomerie unberücksichtigt. Stereoisomere können unterschiedliche Wirkungen ausüben (verändert nach* BELL *und* CARDÉ *1984).*

wehrstoffe aus, bei denen es sich um Monoterpene handelt. Auch *I. paraconfusus* selbst verhält sich so (vgl. unten). Schließlich findet das Männchen, bei *I. paraconfusus* offensichtlich nicht über einen Lockstoff geleitet, sondern durch Suchen und Versuchen, eine geeignete Kiefer. Es bohrt sich ein und nimmt u.a. pflanzliche Monoterpene auf. Teils gelangen sie in Gasform in die Tracheen und von dort in den Körper, teils werden sie beim Fressen aufgenommen. Im Insekt werden sie modifiziert: α-Pinen zu cis-Verbenol, Myrcen zu Ipsdienol und Ipsenol. Am Umbau der Monoterpene beteiligen sich Bakterien im Enddarm. Die Umbauprodukte werden mit den Faeces ausgeschieden und locken nun als *Aggregationspheromone* weitere Männchen und Weibchen von *I. paraconfusus* an. Die gleiche Substanzmischung kann aber auch auf Räuber und Parasiten anziehend wirken, die also das nicht für sie gedachte Signal in ihrem Sinn verstehen. Bestimmte Pheromonkomponenten können auf andere Borkenkäfer abschreckend wirken, so Ipsdienol und Ipsenol auf *I. pini*. Die Konkurrenz wird also ausgeschaltet.

Die Population ist nun aufgebaut, und das mit Hilfe der Pheromone in kurzer Zeit. Ein Männchen von *I. paraconfusus* befruchtet im Durchschnitt drei Weibchen. Die Eier werden in seitliche Nischen der verzweigten Gänge gelegt. Eine neue Generation kann heranwachsen.

Der Aufklärung des Befallsverhaltens folgte die praktische Nutzung in der biologischen Schädlingsbekämpfung. Vieler-

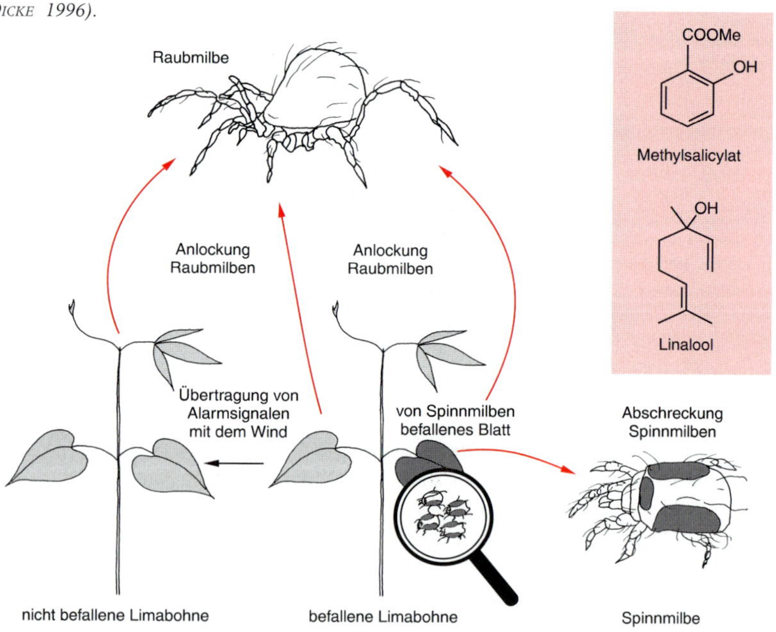

Abb. 22.28. *Limabohne: Abschreckung von pflanzenfressenden Spinnmilben und Anlockung von Raubmilben. Sind Blätter von Limabohnen (Phaseolus lunatus) von der Spinnmilbe Tetranychus urticae befallen, entwickeln sie ein Bukett aus flüchtigen Monoterpenen, darunter Linalool, und Methylsalicylat. Die Produktion dieser Stoffe breitet sich systemisch auch auf nichtbefallene Blätter aus. Die betreffenden Stoffe schrecken weitere Spinnmilben ab und ziehen die Raubmilbe Phytoseiulus persimilis an. Nichtbefallene benachbarte Bohnenpflanzen, die von Luftströmungen von der befallenen Pflanze her erreicht werden, lokken die Raubmilben dann ebenfalls an. Möglicherweise werden die genannten Stoffe von der befallenen Pflanze mit dem Wind übertragen und induzieren ihre eigene Synthese (verändert nach* TAKABAYASHI *and* DICKE *1996).*

orts in unseren Wäldern sind Borkenkäferfallen zu sehen, die mit Pheromonen oder gleichartig wirkenden Substanzen beschickt sind.

22.3.7 Die Limabohne und ihre Duftstoffe

Pflanzen können bei Schädlingsbefall Sekundärstoffe freisetzen, die Feinde der Schädlinge anlocken. Gut untersucht in dieser Hinsicht ist die Limabohne (*Phaseolus lunatus*; Abb. 22.28). Wenn ihre Blätter von der pflanzenfressenden Spinnmilbe *Tetranychus urticae* befallen werden, scheidet zunächst das befallene Blatt ein Bukett an Monoterpenen und dem Phenolkörper Methylsalicylat aus. Die Substanzen werden *de novo* gebildet. Ihre Produktion weitet sich systemisch auch auf andere Blätter der befallenen Pflanze aus.

Wenn die genannten Substanzen von dem befallenen Blatt in größeren Mengen abgegeben werden, wirken sie auf weitere Spinnmilben abschreckend. Vor allem aber locken sie die Raubmilbe *Phytoseiulus persimilis* an. Sie vertilgt die Spinnmilben.

Schon soweit ganz zweckmäßig für die Limabohne. Doch es kommt noch mehr hinzu: Wir hatten schon darauf hingewiesen, daß Methyljasmonat möglicherweise als Signal auch bei Nachbarpflanzen wirken könne (Seite 414). Entsprechendes nimmt man auch für Methylsalicylat an. In beiden Fällen werden die zugrunde liegenden Säuren durch Kaschierung ihrer Carboxylgruppe mit dem Methylrest flüchtig.

Bei der Limabohne locken nun Pflanzen, die im Windschatten einer von Spinnmilben befallenen Pflanze stehen, Raubmilben an. Spinnmilben werden abgeschreckt. Einiges spricht dafür, daß die genannten flüchtigen Stoffe, unter ihnen vor allem Methylsalicylat, in diesen Pflanzen als Alarmsignale wirken. Sie induzieren dort vermutlich ihre eigene Synthese.

22.3.8 Insektenhormone in Pflanzen

Juvenilhormone und Ecdysone in der Entwicklung der Insekten

Die Entwicklung der Insekten zum adulten Tier wird von zwei Hormongruppen gesteuert, den Juvenilhormonen (Abb. 22.31) und den Ecdysonen (Abb. 22.32). Bei den Juvenilhormonen handelt es sich um Sequiterpene, bei den Ecdysonen um Steroidhormone, die von den Insekten aus pflanzlichen Sterinen gebildet werden, die sie mit der Nahrung aufnehmen.

Die Ausschüttung beider Hormongruppen wird vom Hirn aus induziert (Abb. 22.29). Die neurosekretorischen Zellen produzieren ein »Hirnhormon«, das über die *Corpora cardiaca* zur Prothoraxdrüse weitergeleitet wird und diese zur Ausschüttung von Ecdysonen anregt. Hirnanhangdrüsen, die *Corpora allata*, produzieren Juvenilhormone.

Die Ecdysone fungieren als Häutungshormone. Die Charakter der jeweiligen Häutung wird jedoch im Zusammenspiel mit den Juvenilhormonen bestimmt. Bei hohem Titer an Juvenilhormonen kommt es zu Larvenhäutungen; der »juvenile« Zustand bleibt also erhalten. Mit abnehmender Konzentration an Juvenilhormonen kommt es bei holometabolen Insekten zunächst zur Puppenhäutung und schließlich, bei nur noch in Spuren vorhandenen oder fehlenden Juvenilhormonen, zur Imaginalhäutung.

Juvenilhormone in Pflanzen

In Pflanzen finden sich vielfach Substanzen mit *Juvenilhormon*wirkung. Entsprechende Untersuchungen begannen, als ein europäischer Wissenschaftler sein »Versuchstier«, die Feuerwanze (*Pyrrhocoris apteris*) in einem Institut in den USA heranziehen wollte. Die Larven ließen sich nicht zum normalen, hier hemimetabolen Übergang zum Adultstadium bewegen (Abb. 22.30). Verantwortlich dafür war ein Inhalts-

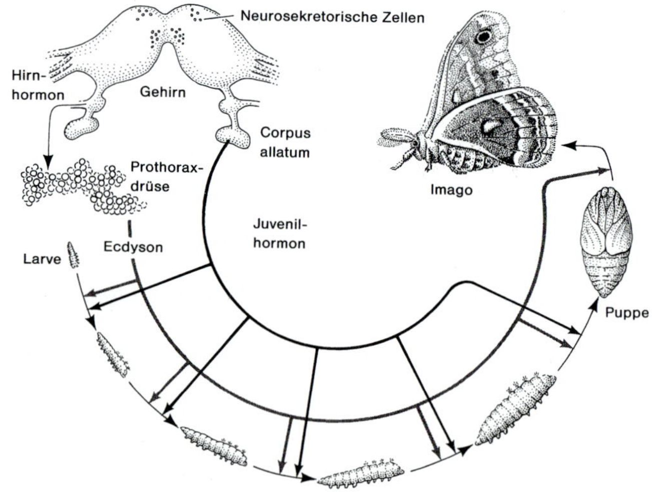

Abb. 22.29. Steuerung der Entwicklung von holometabolen Insekten durch Hormone. Das von der Prothorax-drüse nach Anregung durch das »Hirnhormon« ausgeschüttete Ecdyson bewirkt Häutungen generell. Das von den paarigen Corpora allata abgegebene Juvenilhormon sorgt für einen »jugendlichen« Charakter der jeweiligen Häutung: Ist es reichlich vorhanden, kommt es zu Larvenhäutungen, nimmt sein Titer ab, findet eine Häutung zur Puppe hin statt und bei fehlendem Juvenilhormon eine Häutung zum adulten Tier (verändert nach Purves *and* Orians *1983).*

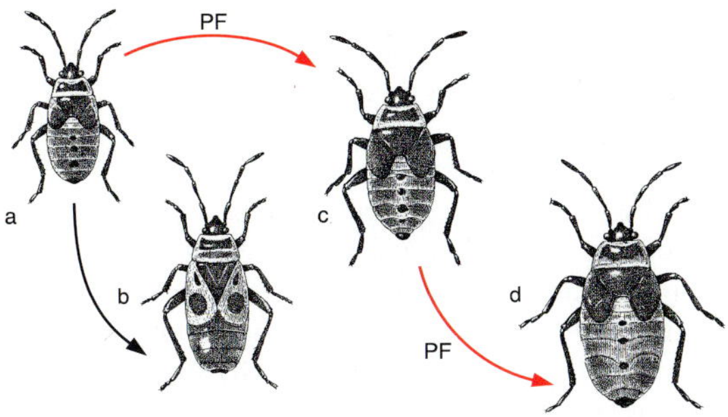

Abb. 22.30.
Entwicklungshemmung bei Pyrrhocoris aptera durch den »paper factor« (PF). Eine der wirksamen Komponenten ist das Juvabion (Abb. 22.31). Normalerweise gehen Larven des 5. Stadiums (a) in geflügelte adulte Tiere (b) über. In Freßkontakt mit dem paper factor werden sie in der Entwicklung gehemmt. Es entstehen sechste (c) oder sogar siebte Larvenstadien (d), die dann wesentlich größer sind. Die abnormen Larven können sich nicht mehr häuten und sterben, ohne die Geschlechtsreife zu erreichen (verändert nach Williams 1967).

stoff der Balsamfichte (*Abies balsamea*) und anderer Hölzer, der bei der Papierherstellung auch in das zur Anzucht benutzte Filterpapier gelangt war. Es handelt sich um Juvabion (Abb. 22.31) und eine verwandte Substanz, beide mit Juvenilhormonwirkung. Das Verbleiben im Larvenstadium war damit erklärt. In europäischen Hölzern und damit auch Papieren fehlt dieser Inhaltsstoff.

Juvabion wirkt ziemlich spezifisch nur bei der Feuerwanze und ihren Verwandten. Inzwischen sind weitere pflanzliche »Juvenilhormone« mit teils breiterem Wirkungsbereich gefunden worden. So besitzt z. B. das Farnesol eine wenn auch nicht sehr ausgeprägte Wirksamkeit als Juvenilhormon. Die betreffenden Substanzen wurden wohl allzu eilfertig als Waffen gegen Insekten interpretiert. Nehmen wir einmal ihren Abwehrcharakter als gegeben an. Dann muß berücksichtigt werden, daß sie in der Regel nur mit Verzögerung wirken, die Insektenlarve also zunächst munter weiterfrißt. Und wenn gar Riesenlarven mit entsprechendem Appetit entstehen, wird die Schutzwirkung für die betreffende Pflanze ziemlich fragwürdig, insbesondere wenn es sich um eine kleinwüchsige Spezies handelt. Denn dann wird die Einzelpflanze schwer geschädigt werden, bevor ihre Schutzstoffe in den Larven zur Wirkung kommen können. Jedoch wird die Entwicklung der Insektenpopulation gestört – ein Vorteil für große, etwa baumartige Einzelpflanzen und für die *Population* der Wirtspflanzen generell.

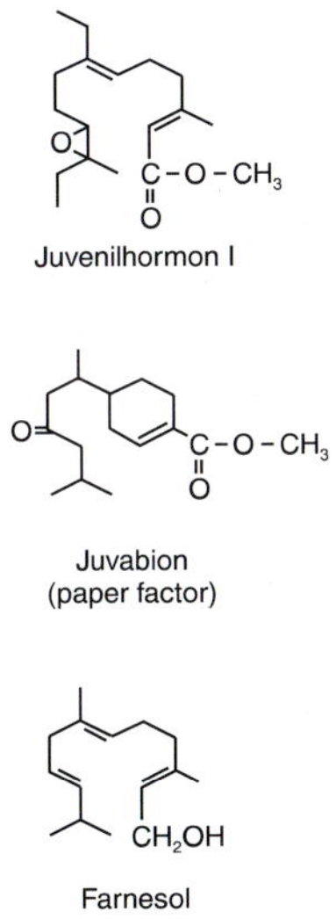

Abb. 22.31.
Juvenilhormone. Juvenilhormon I ist eines der Hormone aus Insekten, Juvabion und Farnesol stammen aus Pflanzen.

Ecdysone in Pflanzen

Ecdysone sind im Pflanzenreich verbreitet. Oft handelt es sich um das β-Ecdyson. Hinzu kommen aber noch mehrere Dutzend weiterer, chemisch charakterisierter pflanzlicher Ecdysone (*Phytoecdysone*, Abb. 22.32). Besonders häufig sind sie in

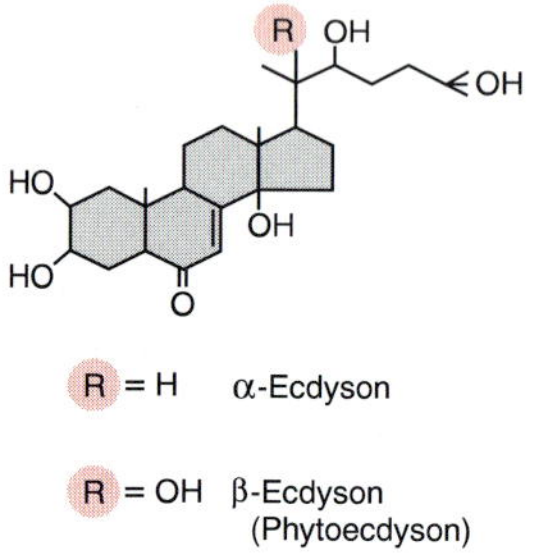

Abb. 22.32.
Ecdysone. α-Ecdyson ist eines der tierischen Häutungshormone, β-Ecdyson (Phytoecdyson) findet sich in Pflanzen.

Farnen (vor allem *Polypodiaceae*) und Gymnospermen (vor allem *Taxaceae* und *Podocarpaceae*) und das in teils enormen Quantitäten. In Angiospermen dagegen traten die Phytoecdysone auffallend zurück.

Auch für die Phytoecdysone wurde angenommen, sie könnten Abwehrstoffe der Pflanzen gegen Insektenfraß sein. Dafür sprechen – bei allen Zweifeln – einige Punkte mehr als bei den pflanzlichen Juvenilhormonen, so etwa die weite Verbreitung mit Massierung in bestimmten Familien. Wie bei den Juvenilhormonen wäre die Schutzwirkung vor allem darin zu sehen, daß der Aufbau großer Insektenpopulationen blockiert werden kann.

Um die Verteilung im Pflanzenreich zu erklären, hat man angenommen, die Phytoecdysone seien ursprünglichere Abwehrstoffe, die nur in phylogenetisch älteren Kategorien erhalten geblieben sind. Denn nur allzu viele Insektenarten hatten sich im Verlauf der Evolution an die Phytoecdysone dadurch adaptiert, daß sie sie nach oraler Aufnahme über enzymatischen Abbau entgifteten. »Progressivere« Pflanzenfamilien gingen deshalb dazu über, an Stelle der Phytoecdysone andere, (zunächst) wirksamere Abwehrstoffe zu entwickeln. Dafür stand ihnen das ganze Arsenal der sekundären Pflanzenstoffe zur Verfügung.

Fast zuviel der Hypothesen. Denn man sollte berücksichtigen, daß die meisten Befunde zur Entwicklungsstörung durch pflanzliche Insektenhormone oder analoge Verbindungen unter Laborbedingungen erbracht wurden. Zweifel an ihrer Übertragbarkeit auf Freilandbedingungen lassen sich nicht überhören. *Eine* ökologische Beziehung zwischen Pflanzen und Insekten, die freilich weniger spektakulär ist, steht jedenfalls fest: Insekten können das Sterangrundgerüst zwar modifizieren, aber nicht selbst synthetisieren. Es ist für sie jedoch absolut notwendig. Denn einmal benötigen sie Sterine wie das Cholesterin als Membranbausteine, zum anderen benötigen sie das Steroidhormon Ecdyson. Was die Anlieferung des Steranskeletts anbelangt, sind sie voll und ganz auf ihre Nahrung – und das heißt direkt oder indirekt auf die Pflanzen angewiesen.

Zusammenfassung

In den Beziehungen zu Freßfeinden dienen Sekundärstoffe der Pflanzen zur Abschreckung und Abwehr. Insekten haben sich jedoch an die Sekundärstoffe vielfältig adaptiert. Sie nutzen sie u.a. als Lockmittel beim Auffinden der pflanzlichen

Nahrungsquelle. Andere Sekundärstoffe dienen, gegebenenfalls nach leichten Veränderungen, als Aggregations- oder als Sexualpheromone. Das gilt auch für toxische Substanzen, die außerdem als Schutzstoffe der Insekten gegen nun ihre Freßfeinde eingesetzt werden können. Die betreffenden Insekten sichern sich so schwer besetzbare ökologische Nischen. Einige Beispiele:

Das *Steroidalkaloid Demissin* ist ein Schutzstoff der Kartoffeln gegen Insekten, vor allem dem *Kartoffelkäfer*. Der *Seidenspinner* nutzt *Monoterpene* als *Lockstoffe* beim Auffinden der Blätter der Maulbeerbäume und andere Inhaltstoffe als Beiß- und Schluckfaktoren. Für andere Insekten toxische *Herzglykoside* werden vom Monarch als *Abwehrstoffe* gegen Freßfeinde genutzt.

Sonst toxische *Pyrrolizidin-Alkaloide* werden von *Bärenfaltern* als Schutzstoffe und vom *Monarch* als *Sexualpheromone* der Männchen verwendet.

In Blättern des *Kohls* kommt das giftige *Senfölglykosid Sinigrin* vor. Aus ihm freigesetztes *Allyl-isothiocyanat* dient dem *Großen Kohlweißling* als *Lockstoff* zur Eiablage. Sinigrin selbst ist Beißfaktor für seine auf Kohl fressenden Raupen.

Monoterpene aus *Nadelhölzern* können *Borkenkäfer abschrecken,* aber auch *anlocken*. Auf »ihrem« Wirtsbaum nehmen Borkenkäfer Monoterpene auf. Von Darmbakterien werden sie zu *Aggregationspheromonen* umgebaut. Darüber hinaus schrecken die gleichen Stoffe Borkenkäfer anderer Art ab, locken aber auch Freßfeinde der betreffenden Borkenkäfer-Art an.

Wird die *Limabohne* von *Spinnmilben* befallen, produziert sie ein Bukett aus drei Monoterpenen und *Methylsalicylat*. In hohen Konzentrationen *schrecken* diese Duftstoffe *Spinnmilben* ab und *locken Raubmilben* an, die die Spinnmilben fressen. Mit einiger Wahrscheinlichkeit gelangen die flüchtigen Stoffe, vor allem das Methylsalicylat, als *Alarmsignale auch auf nicht befallene Limabohnen.*

Eine Reihe von Pflanzenarten produziert Sekundärstoffe, die Hormonen der Insekten strukturmäßig ähneln und die gleiche Wirkung wie sie auf die Entwicklung ausüben. Dabei handelt es sich um Stoffe, die als *Juvenilhormone* und *Ecdysone* wirken. Das *Phytoecdyson* z.B. unterscheidet sich von einem wichtigen Insekten-Ecdyson nur durch eine zusätzliche Hydroxylgruppe und löst ebenfalls Häutungen aus. Man nimmt an, daß die pflanzlichen Insektenhormone über Störungen der Individualentwicklung den Aufbau größerer Insektenpopulationen verhindern.

23 Die reproduktive Phase

Die reproduktive oder generative Phase beginnt mit der Blühinduktion und endet mit der Bildung der Zygote.

Damit schließt sich der Kreislauf, wenn wir von der Seneszenz einmal absehen. Allerdings muß eine Anmerkung gemacht werden: Man kann auch die Bildung von Samen und Frucht als das Ende der reproduktiven Phase sehen. Nur entwickelt sich im Verbund mit den Samenschalen und Fruchtschichten auch schon der Embryo. Die embryonale und die reproduktive Phase sind also ineinandergeschoben. Bei unserer Definition beziehen wir uns nicht auf die erwähnten Hüllschichten, sondern auf das Primäre, auf Zygote und Embryo, müssen uns aber dessen bewußt sein, daß wir damit dem komplexen Geschehen nicht voll gerecht werden.

Im folgenden sollen zunächst die Blütenbildung und danach die Bestäubung und Befruchtung besprochen werden.

23.1 Blütenbildung

Eine Blüte ist das gestauchte Ende eines Sprosses, dessen Blattorgane direkt (Staub- und Fruchtblätter) oder indirekt (Blütenhüllblätter; oft Kelch- und Kronblätter) im Dienst der sexuellen Fortpflanzung stehen.

Begriffsbestimmungen und thematische Gliederung

Bei der Blütenbildung wird das Sproßmeristem dazu gebracht, nun an Stelle der Laubblätter Kelchblätter, Blütenblätter, Staubblätter und Fruchtblätter auszubilden (←). Dieser Übergang kann erst in einem bestimmten Lebensalter der betreffenden Pflanzen erfolgen, das innerhalb bestimmter Grenzen genetisch fixiert ist: die Pflanze muß das Stadium der *Blühreife* erreicht haben. Wann das der Fall ist, wechselt von Art zu Art sehr stark. Ist die Pflanze erst einmal blühreif, so kann sie zur Blütenbildung gebracht werden. Dabei muß man zwei Etappen voneinander unterscheiden, die Blühinduktion und die Differenzierung der Blüten und Blütenstände.

Unter Blühinduktion versteht man alle Vorgänge, die dazu führen, daß in den Meristemen ein Anstoß dazu erfolgt, die bisherigen Differenzierungsrichtung aufzugeben und an Stelle vegetativer nun reproduktive Organe, Blütenstände und Blüten auszubilden.

Ist die *Blühinduktion* (←), ein Kippvorgang im Meristem, erst einmal erfolgt, sind die Weichen also gestellt, schließen sich die *Differenzierungsprozesse zu Blütenständen und Blüten* hin an (Abb. 23.1).

Während der Blühinduktion müssen die Pflanzen eine bestimmte Zeitspanne hindurch ebenso bestimmten Außenbedingungen ausgesetzt werden. Man nennt die betreffende Zeitspanne *Induktionsperiode* und die in ihr wirksamen Außenbedingungen *induktive Bedingungen*. Außenbedingungen, unter denen die Pflanzen vegetativ bleiben, sind *nicht induktiv*.

Setzen wir eine Beteiligung von Genen in *allen* Schritten

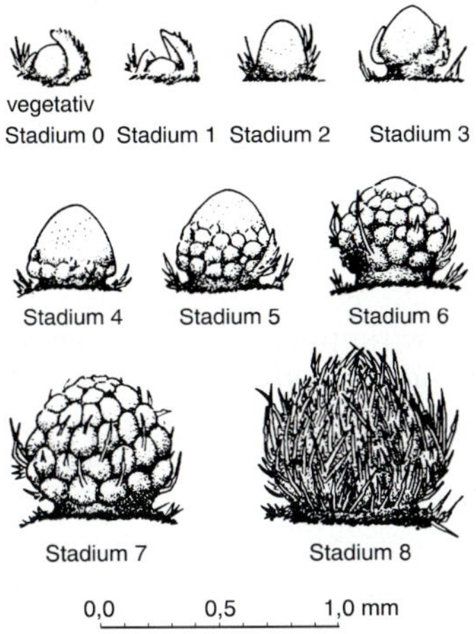

Abb. 23.1.
Das Apikalmeristem von Xanthium strumarium im vegetativen Zustand und in 8 verschiedenen Stadien der Blütendifferenzierung (verändert nach SALISBURY *1963).*

der Blütenbildung als selbstverständlich voraus. Dann hätten wir auch schon eine *thematische Gliederung:*

1. *Blühinduktion:* Außenfaktoren und Aktivierung von Genen für Blühinduktion;
2. *Blütendifferenzierung:* Aktivierung von Genen für Differenzierung von Blütenständen und Blüten und entsprechende Differenzierungserscheinungen.

Beginnen wir mit den induktiven Außenbedingungen. Die beiden wichtigsten sind bestimmte Temperatur- und Lichtverhältnisse. Sie gewährleisten, daß die betreffenden Pflanzen zur geeigneten Jahreszeit blühen und dann auch fruchten.

23.1.1 Blühinduktion

Temperatur und Blühinduktion: Vernalisation

Unter Vernalisation (im engeren Sinn) versteht man eine Blühinduktion bei niederen Temperaturen.

Es ist hinlänglich bekannt, daß unsere Wintergetreide nur nach Einwirken der winterlichen Kälte zum Blühen und Fruchten kommen. 1918 stellte GASSNER fest, daß die Kälte schon während der Keimung wirksam werden kann. Er sprach von einem Kältebedürfnis, dem man auch durch eine experimentelle Kältebehandlung nachkommen kann. Experimentelle Kältebehandlungen mit dem Ziel einer Blühinduktion wurden in den folgenden Jahren und Jahrzehnten dann an sehr vielen Arten vorgenommen.

Wir haben schon verschiedentlich von der Wirkung niedriger Temperaturen auf die Entwicklung von Pflanzen gesprochen, so bei der Keimung (Seite 489), bei dem Aufheben der Epikotylruhe (Seite 490) und bei der Knospenruhe bzw. ihrem Brechen (Seite 363). Alle diese Phänomene pflegt man gelegentlich einschließlich der Kältewirkung auf die Blühinduktion unter dem Begriff der »Vernalisation« zusammenzufassen. Wir wollen hier unter *Vernalisation* nur diejenigen durch eine Kältebehandlung ausgelösten Prozesse verstehen, die die Blühinduktion mehr oder weniger direkt fördern. Die wirksamen Temperaturen liegen in der Regel zwischen wenigen Grad über Null und 15 °C.

Von einer Vernalisation abhängig sind außer unseren Wintergetreiden viele weitere Winterannuelle und Bienne (zweijährige Pflanzen). Die Biennen bilden im ersten Jahr vielfach eine bodenständige Blattrosette, mit der sie überwintern. Im zweiten Jahr kommt es dann unter geeigneten Tageslängen zum Schossen des Sproßsystems und zur Blütenbildung.

Stellen wir nun an Hand einiger genauer untersuchter Pflanzen Fakten zusammen.

Petkuser Winterroggen

Mit dem Petkuser Roggen beschäftigten sich in den vergangenen Jahrzehnten besonders Gregory und Purvis. Man kennt vom Roggen Sommer- und Wintervarietäten. Die Unterschiede hinsichtlich des Kältebedürfnisses sind nachweislich genetisch gesteuert. Der Sommerroggen blüht in unseren Breiten ohne klar erkennbare Abhängigkeit von Außenfaktoren, der Winterroggen verlangt zuerst eine Kälteeinwirkung, die in der Natur im Winter nach der Aussaat gegeben ist, und danach lange Tage (Langtag), die ihm im folgenden Sommer geboten werden, um zur Blüte zu kommen.

Wir hatten schon erwähnt, daß man bereits Keimlinge vernalisieren kann. Aber sogar noch frühere *Entwicklungsstadien* sprechen auf die Kälte an: Man kann die Vernalisation schon 5 Tage nach der Befruchtung an der Mutterpflanze vornehmen, etwa durch Kühlung mit Eis. Zu diesem Zeitpunkt besteht der Embryo erst aus wenigen Zellen. Dieser Befund ist aus folgendem Grund wichtig: bis die Pflanze schließlich zur Blütenbildung kommt, wird die Zahl der Zellen ganz erheblich vermehrt. Trotzdem findet sich keinerlei »Verdünnung« des einmal gegebenen Blühimpulses – ein Punkt, auf den wir bei der Blütenbildung mehrfach stoßen können.

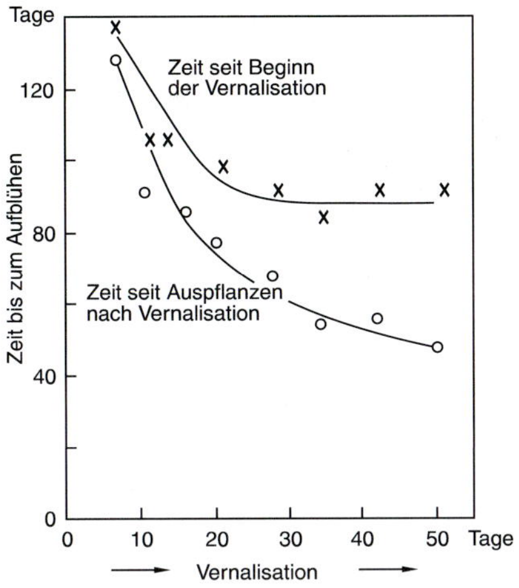

Abb. 23.2.
Vernalisation des Petkuser Winterroggens (aus PURVIS *und* GREGORY *1937).*

Eine weitere Frage war die nach dem *Ort* der Kälteeinwirkung. Hier gaben Kulturen auf künstlichen Nährböden Auskunft. Man kann isolierte Embryonen auf bestimmten Nährböden vernalisieren, aber noch mehr: Eine Vernalisation gelingt auch mit isolierten Sproßspitzen. Aus den kältebehandelten Sproßspitzen können blühfähige Pflanzen regenerieren. Beim Petkuser Roggen ist also das Apikalmeristem der Rezeptionsort für die niedrigen Temperaturen. Das ist allerdings nicht bei allen Pflanzen der Fall, wie wir noch erfahren werden.

Je länger man den Roggen vernalisiert, desto rascher kommt er zum Blühen. Erst nach einer *Vernalisationsdauer* von rund 20 Tagen bringt eine weitere Ausdehnung der Vernalisation keine Verkürzung der Zeit bis zum Aufblühen mehr mit sich (Abb. 23.2), d. h. die Vernalisation ist beendet.

Gibt man nach einer Vernalisation eine Behandlung mit hohen Temperaturen (beim Petkuser Roggen rund 40 °C für nicht mehr als höchstens 2 Tage) so kann man den Vernalisationseffekt weitgehend beseitigen. Man spricht hier von einer *Devernalisation.* Sie ist um so gründlicher, je kürzer die vorhergegangene Vernalisationsperiode war. Das läßt auf eine stufenweise Reaktionsweise zu einem Endprodukt hin schließen. War die Vernalisationsdauer lang genug und hatte sich somit auch ausreichend Endprodukt angehäuft, so kommt es zu einer raschen Blütenbildung. Angemerkt sei, daß die hohen Temperaturen dem Roggen nicht schaden.

Man kann devernalisierte Pflanzen anschließend erneut vernalisieren.

Bilsenkraut

Das Bilsenkraut (*Hyoscyamus niger*) ist als Bestandteil der Hexensalben des Mittelalters bekannt, die Halluzinationen bestimmter Art hervorrufen können. Trotz dieser anrüchigen Vergangenheit erwies sich die Art bei Untersuchungen zur Vernalisation und auch zum Photoperiodismus als überaus nützlich.

Man kennt von *Hyoscyamus niger* eine einjährige und eine zweijährige Rasse. Die zweijährige Rasse bildet im ersten Jahr nur eine bodenständige Blattrosette aus, mit der sie überwintert. Nach der Vernalisation durch Einwirken der Winterkälte kommt sie im zweiten Jahr zur Blütenbildung, falls Langtag gegeben wurde (Abb. 23.3). Langtag herrscht in unseren Breiten im Sommer. Der Unterschied zwischen der ein- und der zweijährigen Rasse ist auch hier nachweislich genetisch bedingt.

Abb. 23.3.
Die zweijährige Rasse des Bilsenkrautes (Hyoscyamus niger) und ihre Blütenbildung unter bestimmten Temperatur- und Lichtverhältnissen (aus Ruge *1966).*

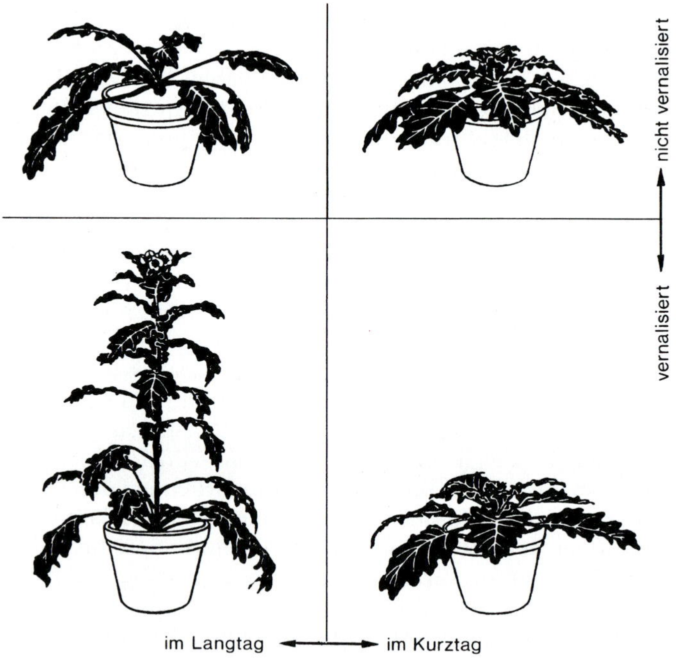

Ein weiterer wichtiger Befund war, daß bei der zweijährigen Rasse zuerst die niedrige Temperatur und dann erst der Langtag geboten werden muß. Die gleichen Außenbedingungen in umgekehrter Reihenfolge wirken nicht induktiv. Beim zweijährigen *Hyoscyamus* sind also in dieser und nur in dieser Reihenfolge hintereinander geschaltet: Prozesse, die von niedrigen Temperaturen, und Prozesse, die von der Tageslänge abhängig sind.

Chrysanthemum

Auch bestimmte Varietäten der Winteraster (*Chrysanthemum morifolium*) gehören zu den Arten, die außer der Kälte noch eine geeignete Tageslänge erfordern, um blühen zu können. Hier ist es der Kurztag.

Schon bei der Besprechung des Petkuser Roggen hatten wir erfahren, daß der Kältereiz von meristematischem Gewebe, wozu auch der noch wenigzellige Embryo zählt, aufgenommen wird. Entsprechendes ließ sich auch bei *Chrysanthemum* zeigen (Abb. 23.4). Die Spitzenregion einer ersten Pflanze wurde durch Kühlung vernalisiert. Man wartete ab, bis sich aus dem vernalisierten Apex noch zwei Blätter gebildet hatten, und schnitt dann den Sproß unter dem oberen dieser Blätter ab. Aus der Achselknospe des unteren neugebildeten Blattes entwickelte sich dann ein Ersatzsproß. Nachdem auch er zwei Blätter gebildet hatte, wurde wiederum unter dem oberen der neugebildeten Blätter abgeschnitten. Diese Prozedur wurde mehrmals wiederholt. Schließlich entfernte man die Spitzenregion nicht mehr. Sie kam dann zur Blüte!

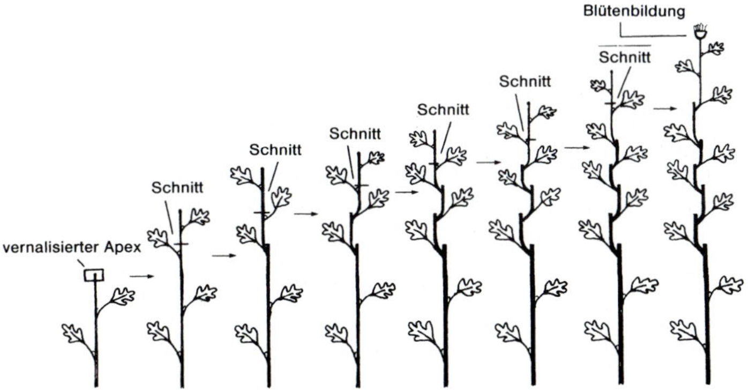

Abb. 23.4.
Weitergabe des Vernalisationseffektes während der Individualentwicklung von Chrysanthemum. Der Apex wurde über Kühlung vernalisiert. Nachdem sich aus ihm zwei weitere Blätter entwickelt hatten, wurde er abgeschnitten. Der Seitensproß aus der Achsel des obersten verbliebenen Blattes übernimmt nun die Entwicklung. Mit ihm und mehreren nachfolgenden Seitensprossen wurde die gleiche Prozedur wiederholt (von der Sproßregion oberhalb der Schnittstelle ist nur das jeweils unterste Blatt eingezeichnet). Trotzdem kommt der letztlich verbleibende Apex zu voller Blüte (nach B*URGESS 1985).*

Wie beim Petkuser Roggen, so fand sich auch hier keine »Verdünnung« des Blüheffektes. Und wiederum ist es das Apikalmeristem, das den Kältereiz perzipiert. Der Vernalisationserfolg bleibt aber auf den kältebehandelten Apex und auf die Knospen beschränkt, die sich aus ihm entwickelt hatten. Keine der anderen Seitenknospen entwickelte Blüten! Wenn man einen vernalisierten Apex auf eine nicht vernalisierte Unterlage pfropfte, wurde der Blühimpuls nicht übertragen. Der Vernalisationseffekt blieb also streng an die kältebehandelten meristematischen Zellen und an die von ihnen über mitotische Teilungen abgeleiteten Zellen gebunden.

Der Vernalisationseffekt wird also nicht über Zellteilungen »ausgedünnt« und bleibt streng an das vernalisierte Apikalmeristem und die aus ihm hervorgegangenen Tochtermeristeme gebunden. Beides ließe sich über bestimmte kälte-induzierte Genaktivitätsmuster erklären, die in den meristematischen Zellen nach Zellteilungen jeweils wieder in gleicher Weise eingestellt werden.

Zusammenfassung

Besonders Winterannuelle wie Wintergetreide und Zweijährige müssen zur Blühinduktion oft niederen Temperaturen ausgesetzt werden (*Vernalisation*). Die niederen Temperaturen wirken auf *Meristeme* ein, in der Regel auf Apikalmeristeme. Der Vernalisationseffekt bleibt an die *betreffenden meristematischen Zellen und an deren Zelldeszendenzen gebunden,* einschließlich von Tochtermeristemen, die von dem vernalisierten Meristem aus gebildet werden.

Zumindest in einigen Fällen kann eine angelaufene Vernalisation rückgängig gemacht werden (*Devernalisation*). Ist es jedoch zu einer Stabilisierung des Vernalisationseffektes gekommen, wird er über viele Zellfolgen hinweg *ohne »Verdünnung«* beibehalten. So kann man beim Winterroggen schon wenigzellige Embryonen vernalisieren. Die adulten Pflanzen blühen dann normal. Eine mögliche Erklärung hierfür und für die oben erwähnte Bindung wären definierte kälte-induzierte Genaktivitätsmuster, die in den meristematischen Zellen nach Zellteilungen jeweils wieder eingestellt würden oder – wenig wahrscheinlich – über die Teilungen hinweg erhalten blieben.

Tageslänge und Blühinduktion: Photoperiodismus

Im Jahr 1920 bemühten sich GARNER und ALLARD in der Umgebung von Washington/USA darum, eine Varietät des Tabaks mit besonders großen Blättern zur Blüte zu bringen. Die Varietät trug den Namen ›Maryland Mammut‹. Sie blühte in Washington erst so spät im Jahr, daß die Samenbildung im Freiland in den Winter gefallen wäre. Man mußte *Nicotiana tabacum* ›Maryland Mammut‹ ins Gewächshaus bringen, wollte man Samen und damit die Varietät erhalten. GARNER und ALLARD lösten das Rätsel nach vielen vergeblichen Versuchen: ›Maryland Mammut‹ kam erst zur Blüte, wenn die Pflanze eine bestimmte Zeit hindurch unter kurzen Tagen und langen Nächten gehalten worden war. Damit war das Phänomen des Photoperiodismus für die Wissenschaft akut geworden. Wenn wir hier den Photoperiodismus bei der Blühinduktion in den Vordergrund stellen, so sollten wir darüber jedoch nicht vergessen, daß es außer ihm noch eine ganze Reihe weiterer Erscheinungen des Photoperiodismus gibt.

Unter Photoperiodismus versteht man die Tages- bzw. Nachtlängenabhängigkeit von Entwicklungsvorgängen. Dazu gehört auch die Blühinduktion bei bestimmten Tages- bzw. Nachtlängen.

Wir befassen uns speziell mit der Steuerung der Blühinduktion und damit der Blütenbildung durch die jeweilige Photoperiode, d.h. den täglichen Wechsel von Licht- und Dunkelzeiten.

Lang- und Kurztagpflanzen, Tagneutrale

Erst einmal aufmerksam geworden, konnten die Wissenschaftler bald lange Listen von Pflanzen aufstellen, die verschiedene Ansprüche an die Tages- bzw. Nachtlänge richteten. Von Sonderfällen abgesehen kann man zwischen Langtagpflanzen (LTP), Tagneutralen (TN) und Kurztagpflanzen (KTP) unterscheiden. Sowohl für Langtag- als auch für Kurztagpflanzen gibt es eine kritische Tageslänge, die artspezifisch fixiert in der Regel zwischen 10 und 14 Stunden liegt. Langtagpflanzen erfordern eine über die kritische Tageslänge hinausgehende Belichtungsdauer (mehr als 10 bis 14 Stunden), Tagesneutrale zeigen keine deutlich erkennbare Abhängigkeit von der Tageslänge, und Kurztagpflanzen verlangen eine kürzere als die kritische Tageslänge (meist weniger als 10 bis 14 Stunden), bevor sie zur Blütenbildung übergehen. Nahe Verwandte können durchaus verschiedenen Gruppen angehören. So ist *Nicotiana tabacum* ›Maryland Mammut‹ eine Kurztag-, *N. sylvestris* eine Langtagpflanze.

Der kritischen Tageslänge entspricht, wie wir gleich erfahren werden, eine mindestens ebenso »kritische« Nacht-

Tab. 23.1. Einige Kurztagpflanzen und Langtagpflanzen (KTP und LTP)	
KTP	**LTP**
Cannabis sativa	*Allium cepa*
Chrysanthemum indicum	*Avena sativa*
Dahlia variabilis	*Beta vulgaris*
Helianthus tuberosus	*Daucus carota*
Kalanchoe bloßfeldiana	*Hyoscyamus niger*
Nicotiana tabacum	*Nicotiana sylvestris*
Perilla ocymoides	*Lactuca sativa*
Soja hispida	*Papaver somniferum*
Xanthium strumarium	*Vicia faba*

länge. Es wurde deshalb schon vorgeschlagen, die Kurztagpflanzen in Langnachtpflanzen und die Langtagpflanzen in Kurznachtpflanzen umzutaufen. In Tab. 23.1 werden einige Beispiele für die einzelnen Gruppen gegeben.

Analyse des Photoperiodismus bei der Blühinduktion

Das Blatt als Induktionsort

Kalanchoe bloßfeldiana, das »Flammende Käthchen«, ist eine KTP. Sie blüht nur, wenn sie eine Zeitlang nicht mehr als 10 bis 12 Stunden Licht pro Tag erhalten hatte. Dabei genügt es, ein einziges Blatt unter diesen induktiven Tageslängen zu halten, etwa durch Verdunkeln mit einem Säckchen. Dann kommt der Sproßbereich oberhalb dieses Blattes zur Blüte (Abb. 23.5). Der Lichtreiz war also über das betreffende Blatt wirksam geworden. Entsprechendes gilt für Tageslängenabhängige generell.

Abb. 23.5. Aufnahme des Lichtreizes durch das Blatt. Das Achsensystem über einem einzigen im Kurztag gehaltenen Blatt von Kalanchoe bloßfeldiana beginnt zu blühen (verändert nach Kühn 1965).

Propfversuche zum Nachweis eines Blühhormons

Der Lichtreiz wird im Blatt aufgenommen, umgestimmt werden muß aber das Apikalmeristem. Schon das ließ vermuten, es könne ein Blühhormon geben, das von den Blättern zu den Apikalmeristemen wandert. Der eben erwähnte Befund (Abb. 23.5) läßt sich mit der Existenz eines solchen Blühhormons vereinbaren, das aus dem induzierten Blatt in das Sproßsystem darüber aufgestiegen war.

Mit die überzeugendsten Belege für die Existenz eines Blühhormons lieferten jedoch Pfropfversuche. Wenn man z.B. auf eine im Langtag gehaltene Pflanze von *Nicotiana tabacum* nur ein einziges Blatt der LTP *N. sylvestris* aufpfropfte, kam die KTP

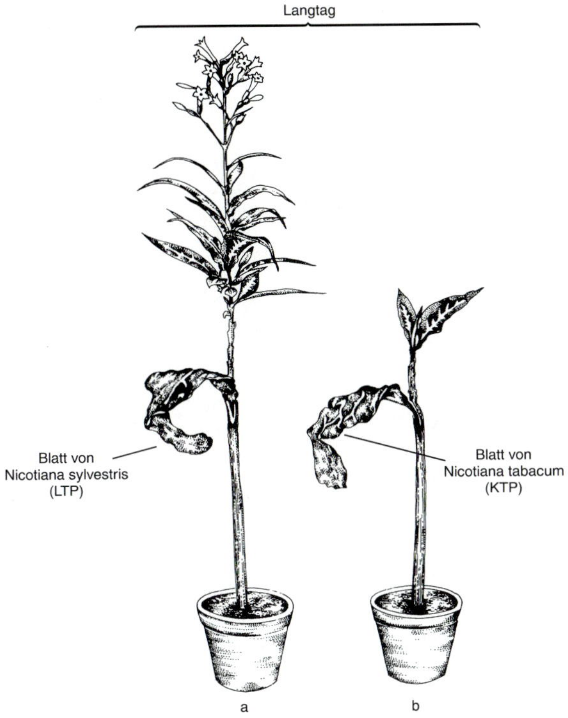

Abb. 23.6.
Blühinduktion bei Nicotiana tabacum ›Maryland Mammut‹, einer Kurztagpflanze, im Langtag durch Aufpfropfen eines Blattes der Langtagpflanze N. sylvestris (a). Kontrolle: Blatt von N. tabacum M.M. auf N. tabacum M.M. (b) (aus KÜHN 1965).

N. tabacum unter dem für sie nicht induktiven Langtag zum Blühen (Abb. 23.6). Die Erklärung: Das Blatt von *N. sylvestris* hatte die induktive Tageslänge perzipiert und offensichtlich ein Blühhormon gebildet, das dann in *N. tabacum* überging.

Abb. 23.7 demonstriert für die Familie der *Solanaceae*, daß über Pfropfungen ein Blühstimulus weiter geleitet werden kann. Dabei sind KTP und LTP austauschbar und induzierte Pfropfpartner aus beiden Gruppen fördern die Blütenbildung auch von Tagneutralen. Das Blühhormon scheint also für alle diese Gruppen, KTP, LTP und TN gleich zu sein. Bei einer Weitergabe über mehrere hintereinander geschaltete Pfropfpartner findet sich auch hier keine »Verdünnung«.

Vernalisierte Pflanzen dagegen konnten den Blühimpuls, den sie erhalten hatten, nicht an tageslängenabhängige Pflanzen weitergeben. Das entspricht dem, was wir schon erfahren hatten: der Blühimpuls kann bei ihnen streng lokalisiert bleiben (Abb. 23.4).

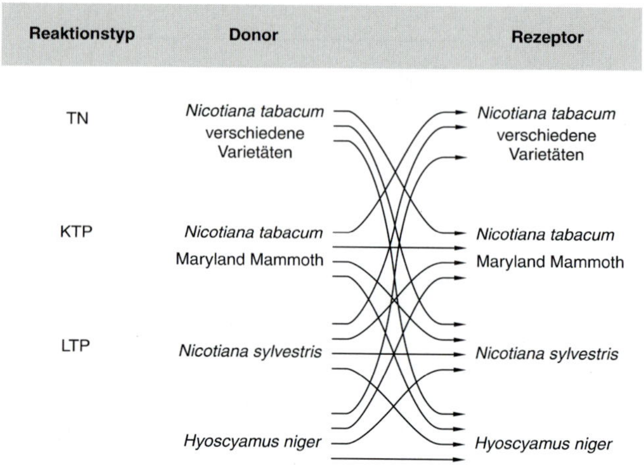

Abb. 23.7. Erfolgreiche Propfversuche zur Übertragung des Blühimpulses bei den Nachtschattengewächsen (Solanaceae). Der Donor war jeweils der blühfähige Pfropfpartner. Er brachte den Rezeptor unter für diesen nicht induktiven Bedingungen zur Blüte (verändert aus THOMAS and VINCE-PRUE nach LANG 1987).

Bislang ist es noch nicht geglückt, ein Blühhormon zu isolieren. Man ist sich sogar darüber im Unklaren, ob es sich nur um einen Stoff handelt oder um ein Gemisch von Substanzen. Die Frage liegt nahe, ob nicht bekannte Phytohormone, entweder einzeln oder in bestimmten Kombinationen, mit dem Blühstimulus identisch sein könnten. Für Auxine, Cytokinine, Abscisinsäure, Salicylsäure und Ethylen läßt sich diese Frage verneinen. Weder einzeln noch in Kombination erfüllen sie die Anforderungen an ein Blühhormon. Das schließt nicht aus, daß sie im Einzelfall die Blütenbildung fördern können.

Eine Sonderstellung nehmen die Gibberelline ein. Denn bei einer Reihe von Arten lassen sich Langtag oder Kälte durch eine Behandlung mit Giberellinen ersetzen. Doch handelt es sich auch bei den Gibberellinen nicht um das gesuchte Blühhormon. Dazu nur zwei Angaben:

- Nach den Ergebnissen der erwähnten Propfversuche sollten LTP und KTP über das gleiche Blühhormon verfügen. Bei den meisten KTP läßt sich der Kurztag jedoch nicht durch Gibberelline ersetzen.
- Der Vernalisationseffekt bleibt bei einer Reihe von Arten (Abb. 23.4) streng lokalisiert. Eine Weitergabe, die über ein Hormon erfolgen könnte, findet nicht statt. Wenn Gibberellinsäure gerade bei solchen Arten die Kälte ersetzen kann, dann nicht als Hormon, das ja gar nicht benötigt wird.

Die Existenz eines Blühhormons bleibt also umstritten.

Wirkung von Störlicht: Bedeutung der Dunkelperiode

Gibt man KTP während einer Dunkelperiode, deren Dauer an sich für eine Blühinduktion genügen würde, Störlicht in Form einer nur kurzen, eingeschalteten Lichtperiode, so bleiben die Pflanzen vegetativ. Wenn man aber umgekehrt LTP während der Dunkelperiode Störlicht gibt, wird ihre Blütenbildung nicht beeinträchtigt, sondern vielfach sogar gefördert (Abb. 23.8).

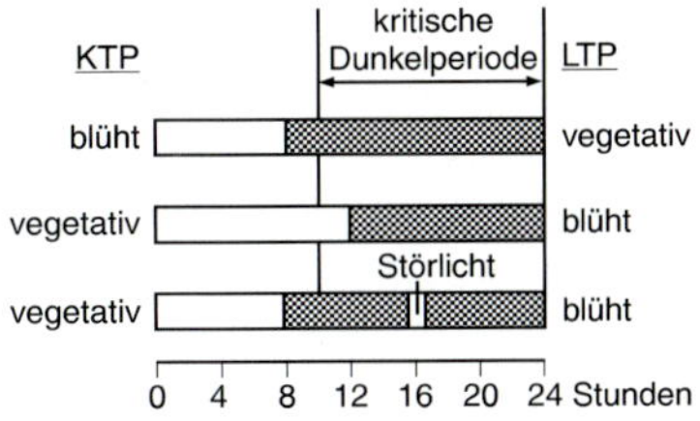

Abb. 23.8.
Die Wirkung von Störlicht in der Dunkelzeit auf die Blütenbildung von Langtagpflanzen (LTP) und Kurztagpflanzen (KTP).

Solche Versuche mit Störlicht zeigen uns einmal, daß bei tageslängenabhängigen Pflanzen entscheidende Prozesse auch in der Dunkelperiode ablaufen. Wie schon erwähnt, wären deshalb die Bezeichnungen Langnachtpflanze und Kurznachtpflanze ebenso angebracht wie Kurztagpflanze und Langtagpflanze. Erwähnen wir schließlich außerdem, daß sich diese Versuche mit Störlicht wie so vieles andere, was die Theoretiker in Angriff nehmen, in klingender Münze bezahlt machten: Will man z. B. Langtagpflanzen im Winter zur Blüte bringen, dann braucht man sie nicht andauernd zu belichten. Man kann ihnen statt dessen während der Dunkelperiode eine kurze Zeitspanne hindurch Störlicht geben und damit Strom sparen.

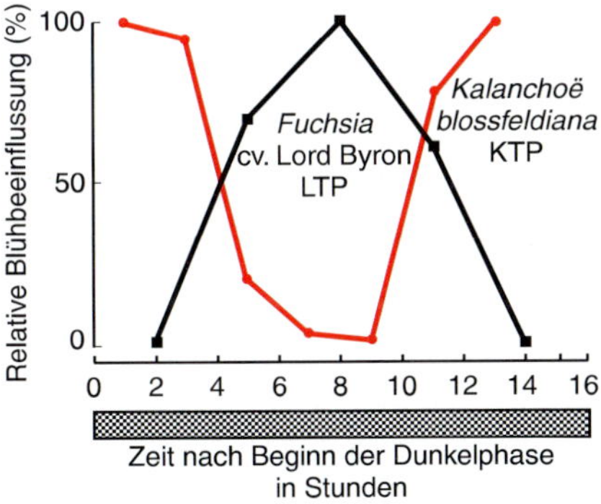

Abb. 23.9.
Abtasten der Dunkelperiode durch Störlicht und Beeinflussung der Blütenbildung bei KTP und LTP im Kurztag (Langnacht). Bei Kalanchoe bloßfeldiana (KTP) war die Dunkelperiode 15 Stunden lang. Zu den angegebenen Zeiten wurde für jeweils 1 min. belichtet. Der Effekt auf die Blütenbildung wurde über die Blütenzahl gemessen. Bei Fuchsia (LTP) dauerte die Dunkelperiode 16 Stunden. Zu den angegebenen Zeiten wurde für jeweils eine Stde. belichtet. Die Auswirkung auf die Blütenbildung wurde als Blühbeschleunigung erfaßt (verändert aus Thomas and Vince-Prue nach Vince-Prue 1975).

Photoperiodismus bei der Blühinduktion und physiologische Uhr

Photophile und skotophile Phase

Bei den eben genannten Störlichtversuchen erfolgte die Belichtung in der Mitte der Dunkelphase. Man kann nun bei KTP ebenso wie bei LTP die gesamte Dunkelphase mit Licht »abtasten« und feststellen, wie stark jeweils die Auswirkung auf die Blütenbildung ist. Das Ergebnis: bei KTP wirkt Licht in der Mitte der Dunkelphase am stärksten hemmend. Davor und danach ist die Hemmung weniger stark. Bei LTP gilt entsprechendes für die Förderung der Blütenbildung: sie ist in der Mitte der Dunkelperiode stärker als davor und danach (Abb. 23.9).

Mit diesen Versuchen wurde ein Ausschnitt aus einer übergeordneten Schwingung erfaßt. Bünning stellte heraus, daß tageslängenabhängige Pflanzen bei der Blühinduktion *zwei Phasen* durchlaufen, eine *photophile* (lichtliebende) und eine *skotophile* (dunkelheitsliebende). Die Phasen sind gleich lang. Sie reflektieren einen endogenen Rhythmus (s. u.) und wiederholen sich. Die auf dem endogenen Rhythmus basierenden Belichtungsbedürfnisse und die tatsächlich gegebenen Belichtungsverhältnisse müssen zur Deckung gebracht werden, wenn die Blühinduktion stattfinden soll: Die photophile Phase sollte mit dem Tag oder mit künstlicher Belichtung zusammenfallen und die skotophile Phase zumin-

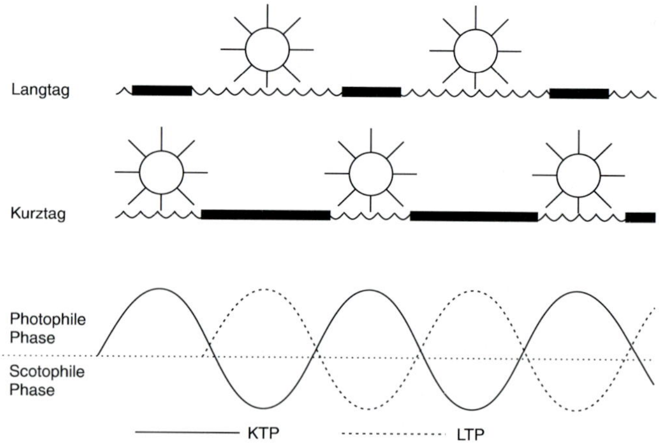

Abb. 23.10. Bünnings Hypothese zum Ablauf der endogenen Rhythmen bei KTP und LTP. Die KTP beginnen sofort nach Beginn der Belichtung mit ihrer photophilen Phase, die LTP erst mit zeitlicher Verzögerung (untere Hälfte). Der Rhythmus und damit die Belichtungsbedürfnisse lassen sich bei KTP nur im Kurztag mit den täglichen Belichtungsverhältnissen (obere Hälfte) in Übereinstimmung bringen, bei LTP nur im Langtag (verändert nach Black and Edelman 1970).

dest in ihrem Kernbereich mit der Nacht oder mit künstlicher Dunkelheit. Diese Anforderung gilt für KTP ebenso wie für LTP.

Nach einer Hypothese Bünnings können beide Pflanzengruppen dieser Anforderung unter bestimmten Voraussetzungen entsprechen: *KTP* gehen *unmittelbar* bei Beginn der Belichtung in die photophile Phase über, *LTP* erst mit *zeitlicher Verzögerung* (Abb. 23.10).

Bei KTP fällt dann die skotophile Phase nur bei Kurztag mit Dunkelheit zusammen, so daß die Blühinduktion ablaufen kann. Wenn man Störlicht in der skotophilen Phase setzt, wirkt es je nach der Phasenlage unterschiedlich hemmend, am stärksten inmitten der Phase.

Bei LTP fällt wegen der Phasenverschiebung die Mitte der skotophilen Phase nur im Langtag mit Dunkelheit zusammen. Die Blühinduktion kann dann nur im Langtag erfolgen. Im *Kurztag* ist die Blühförderung durch Belichtung in der Mitte der Dunkelphase am stärksten (vgl. Abb.23.9), weil sie dann mit dem photophilen Maximum zusammenfällt.

Modifikationen dieser Hypothese aus neuerer Zeit können (noch) keine Allgemeingültigkeit für sich beanspruchen. Deshalb soll es hier bei der oben erwähnten Originalfassung bleiben.

Die Beteiligung des Phytochromsystems

Bei dem Licht, das in den eben erwähnten Versuchen in der Dunkelperiode gegeben worden war, hatte es sich um weißes Mischlicht gehandelt. Uns interessiert nun, Licht welcher Wellenlänge die wirksame Komponente ist. Dazu liegen übereinstimmende Daten für eine Reihe von Pflanzen vor. Beschränken wir uns auf KTP und gehen wir nur auf eine Versuchsreihe ein, die die Arbeitsgruppe um Borthwick und Hendriks an der schon erwähnten KTP *Xanthium strumarium* durchgeführt hatte.

Die wirksame Komponente ist Hellrot. Denn wenn wir Hellrot als Störlicht geben, unterbleibt die Blütenbildung (Abb. 23.11). Es zeigte sich aber noch mehr: Wenn man nach dem Hellrot mit Dunkelrot bestrahlte, blühten die Pflanzen. Dunkelrot hatte also den hemmenden Hellrot-Effekt beseitigt. Dieser Wechsel ließ sich wiederholen. Wenn wir uns nun an ganz entsprechend angelegte und ausgefallene Versuche zur Samenkeimung des Salates erinnern (Seite 390), haben wir auch schon den Faden gefunden:

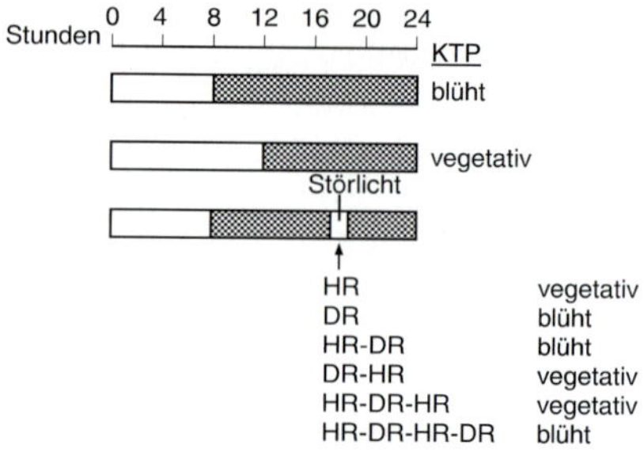

Abb. 23.11. Die Beteiligung des Phytochromsystems an der Blühinduktion. Versuche an der Kurztagpflanze (KTP) Xanthium strumarium. HR = Hellrot, DR = Dunkelrot (verändert nach GALSTON *1964).*

das Phytochromsystem ist in die Blühinduktion eingeschaltet.

Für KTP läßt sich danach festhalten: das aktive Phytochrom P_{fr} hemmt die Blühinduktion. Wenn man in der Dunkelperiode Dunkelrot gibt, wird der Gehalt an hemmendem P_{fr} reduziert und es kommt zur Blütenbildung. Doch wirkt P_{fr} bei KTP keineswegs immer nur blühhemmend. Wiederholt hat man bei KTP auch eine P_{fr}-abhängige *blühfördernde* Reaktion festgestellt. Die Situation ist noch nicht befriedigend geklärt. Das gilt auch für die Wirkungsweise des P_{fr} bei LTP.

Um das Verwirrspiel noch weiter zu treiben: An der photoperiodischen Blühinduktion sind offensichtlich mehrere der verschiedenen Phytochrome (Seite 393) beteiligt. Für die Blühhemmung von KTP wird eine Mitwirkung von PB_{fr} angenommen. Doch auch hier sind mehr Fragen offen als beantwortet.

Der Phasenwechsel als endogener, von Phytochrom eingesteuerter endogener Rhythmus

Einer der vielen Belege für das Vorliegen eines endogenen Rhythmus bei dem erwähnten Oszillieren von photophiler zu skotophiler Phase wurde an der KTP *Kalanchoe bloßfeldiana* erarbeitet. Für LTP liegen entsprechende Befunde vor.

Kurztagpflanzen wie *Kalanchoe* bloßfeldiana kann man, wie schon erwähnt (Abb. 23.8), durch Störlicht in der Dunkelphase am Blühen hindern. Man brachte nun *Kalanchoe* nach anfänglichen circadianen Licht-Dunkel-Zyklen in stark verlängerte Dunkelheit und gab während der Dunkelheit in bestimmten Intervallen jeweils zwei Stunden Störlicht. Man tastete also die Dunkelheit mit Störlicht auf eventuelle Unterschiede in der Lichtempfindlichkeit ab. Wie die

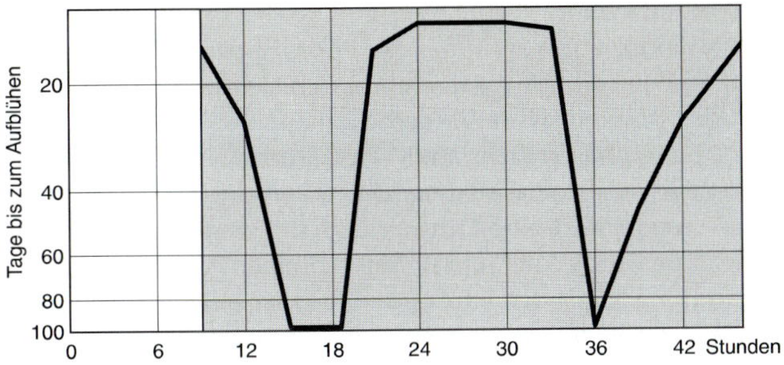

Abb. 23.12.
Endogener Rhythmus der Lichtempfindlichkeit bei der Blühinduktion einer KTP (Kalanchoe bloßfeldiana). In getrennten Versuchen wurde eine verlängerte Dunkelzeit mit je zwei Stunden Störlicht abgetastet. Wie der Effekt auf die Blütenbildung zeigt, kehren in einem circadianen Rhythmus Phasen unterschiedlicher Lichtempfindlichkeit wieder (verändert nach BÜNNING *1967).*

Beeinflussung der Blütenbildung zeigte, sind in der Tat periodisch wiederkehrende Phasen unterschiedlicher Lichtempfindlichkeit auch in konstanter Dunkelheit vorhanden (Abb. 23.12).

Nach zunächst gegebenen circadianen (ungefähr einen Tag umfassenden) Licht-Dunkel-Zyklen schwingen die Pflanzen also hinsichtlich ihrer Lichtempfindlichkeit auch unter konstantem Dauerdunkel noch 2 bis 3 Tage lang nach. Es handelt sich demnach um einen auf inneren Ursachen beruhenden, sog. *endogenen Rhythmus,* der ein Zeitmeßvermögen, eine innere Uhr voraussetzt. Solche *physiologischen Uhren* spielen nicht nur bei der Blühinduktion, sondern bei vielen anderen Prozessen im Leben der Pflanze mit, etwa bei Bewegungen von Blatt- und Blütenblättern. Ihre Natur ist unbekannt.

Für das Anlaufen einer physiologischen Uhr und eines damit gekoppelten endogenen Rhythmus muß ein Beginn gesetzt werden. Der notwendige *Zeitgeber* ist der Wechsel zwischen Licht und Dunkelheit. Bei bestimmten KTP scheint dabei der Wechsel Licht/Dunkel wichtiger zu sein als der umgekehrte Wechsel Dunkel/Licht. Besonders das Signal »Licht ist aus!« wirkt also als Zeitgeber bei der Einsteuerung des circadianen endogenen Rhythmus. Nun muß dieses Licht-aus-Signal von der Pflanze überhaupt erst einmal wahrgenommen werden. Dazu ist ein *Photorezeptor* notwendig. Hier kommt wieder das Phytochrom ins Spiel. Denn man nimmt an, daß PB_{fr} der zeitgebende Photorezeptor sein könnte.

Zusammenfassung

Die Blühinduktion kann über die *Photoperiode* erfolgen, also die Länge der täglich wiederkehrenden Lichtphase (und damit auch der Dunkelphase). TN sprechen auf die Länge der Licht- bzw. Dunkelphasen nicht an; KTP erfordern eine Lichtperiode, die kürzer ist als eine artspezifisch fixierte kritische Tageslänge, LTP umgekehrt eine Lichtperiode, die länger ist als die kritische Tageslänge, um zum Blühen kommen zu können. Diese Abhängigkeit von der Photoperiode geht auf einen *endogenen*, auf einer *physiologischen Uhr* beruhenden *circadianen Rhythmus* zurück, in dem sich *photophile und skotophile Phasen* folgen. Der *Zeitgeber* für das Einsetzen des Rhythmus ist vermutlich PB_{fr}.

Ort der photoperiodischen Induktion *ist das Blatt.* Von dort muß ein Blühimpuls zu den Meristemen gelangen. Es liegt nahe, dabei an ein *Blühhormon* zu denken. In der Tat sprechen Daten u.a. aus Pfropfversuchen dafür, daß ein Blühhormon von induzierten auf nicht induzierte Pfropfpartner übergehen und diese zur Blütenbildung bringen kann. Die Existenz eines solchen Blühhormons ist jedoch umstritten. *Gibberelline*, die fallweise Kälte oder Kurztag ersetzen können, *sind nicht mit ihm identisch.* Möglicherweise wirkt ein ganzer Faktorenkomplex als »Blühhormon«.

Versuche mit Störlicht belegten die Wichtigkeit der Dunkelperiode besonders für KTP. Sie zeigten auch, daß das *Phytochromsystem* eingeschaltet ist. Welche der verschiedenen Phytochrome auf den einzelnen Etappen der photoperiodischen Blühinduktion mitwirken, ist noch unklar. Bei *KTP hemmt* P_{fr}, vermutlich PB_{fr}, die *Blühinduktion.* Außerdem kann P_{fr} bei ihnen aber auch für eine unbekannte, blühfördernde Reaktion notwendig werden.

Summa summarum: Bei der photoperiodischen Blühinduktion sind noch besonders viele Fragen offen.

Die Beteiligung von Genen an der Blühinduktion: erster Nachweis an einer Außenseiter-Pflanze

Bei der Außenseiter-Pflanze handelt es sich um *Streptocarpus wendlandii* (*Gesneriaceae*), der in den Bergen Ost- bis Südafrikas beheimatet ist. Ein Außenseiter ist *Streptocarpus* schon in seinem vegetativen Habitus: Von den ursprünglich zwei Keimblättern geht eines früh zugrunde, das andere dagegen entwickelt sich zu einer über einen Meter langen Blattschleppe, dem einzigen Blattorgan der vegetativen Pflanze

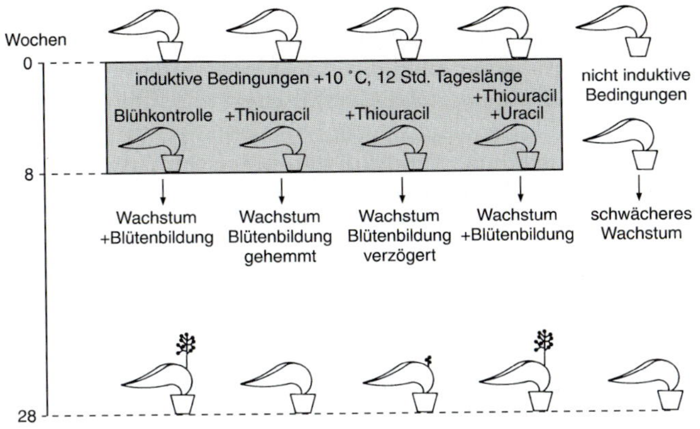

Abb. 23.13.
Selektive Hemmung der Blütenbildung bei Streptocarpus wendlandii durch 2-Thiouracil. Entsprechende Ergebnisse erhält man auch bei Behandlungen mit Ethionin, einem Strukturanalogon von Methionin (verändert nach HESS *1968).*

überhaupt (vgl. auch Abb. 19.23). Das Wachstum dieses Blattes wird von einem Meristem besorgt, das an der Grenze zwischen Blattfläche und Hypokotyl lokalisiert ist.

Ein Außenseiter ist die Art aber auch in Besonderheiten ihrer Blühinduktion, die Ansatzpunkte für einen Nachweis von Genen für Blühinduktion boten. *Streptocarpus* kommt dann zur Blüte, wenn man die Pflanzen 8 Wochen lang niedrigen Temperaturen (+10 °C) und kurzen Tageslängen (12 Stdn.) aussetzt.

Wie OEHLKERS feststellte, wird der Kältereiz vom Blatt aufgenommen, und zwar von den eben erwähnten Meristemen. Damit ergibt sich eine Parallele zur Aufnahme des Kältereizes über das Sproßmeristem. Während der Induktion wächst das Blatt nicht, auch dann nicht, wenn man Phytohormone zusetzt. Nach der Induktion geschieht zweierlei (Abb. 23.13):

- Das Blatt beginnt stark zu wachsen.
- aus dem meristematischen Komplex, der für das vegetative Wachstum zuständig ist, entwickelt sich ein Blütenstand, dem weitere in serialer Anordnung folgen können.

Wenn man nun die Pflanzen während der Blühinduktion mit 2-Thiouracil (Abb. 1.17) behandelt, das auch bei *Streptocarpus* anstatt Uracil in RNA eingebaut wird, wird die Blütenbildung vollständig blockiert oder wenigstens stark verzögert, während das Blattwachstum nicht beeinträchtigt wird. Ein unspezifisch toxischer Effekt durch das zugeführte Strukturanalogon 2-Thiouracil ist nicht gegeben. Die Blütenbildung wird *selektiv* gehemmt (Abb. 23.13).

Der Versuchsausfall läßt sich wie folgt interpretieren: Unter den induktiven Bedingungen werden an der Blühinduktion beteiligte Gene aktiviert. Sie bilden mRNA. Durch 2-Thiouracil wird diese mRNA verfälscht und damit der Effekt der Blühinduktion beseitigt. Andere Gene sind für das Blattwachstum zuständig. Die Aktivität dieser Gene ist während der Blühinduktion vorübergehend sistiert: das Blatt wächst nicht und läßt sich auch durch Phytohormonzufuhr nicht zum Wachsen bringen. Die Gene für das Blattwachstum bilden also während der Blühinduktion keine mRNA. Es kann also bei Thiouracil-Behandlung auch keine Verfälschung der mRNA für das Blattwachstum eintreten.

Nach Abschluß der Induktion werden die Gene für das Blattwachstum dann erneut aktiv. Führt man nun erst Thiouracil zu, so werden sowohl das Blattwachstum als auch die Differenzierung der Blütenstände gestört. Aber die Blühinduktion läßt sich durch eine solche nachträgliche Behandlung nicht mehr anullieren: alle Pflanzen kommen früher oder später zur Blüte – es sei denn, man hätte die Thiouracildosis so hoch gewählt, daß die ganze Pflanze eingeht!

Diese und weitere absichernde Befunde ließen keinen Zweifel daran, daß in *Streptocarpus* während der Induktionsperiode Gene für Blühinduktion aktiv werden. Davon abgesehen haben wir hier auch ein Beispiel für den Nachweis einer differentiellen Genaktivität vor uns: Vor der Induktion sind die Gene für das Blattwachstum aktiv, während der Induktion sind die Gene für Blühinduktion aktiv und die für das Blattwachstum vorübergehend reprimiert, nach der Induktion werden die Gene für das Blattwachstum erneut aktiv und zusätzlich noch diejenigen für die Differenzierung der Blütenstände.

Seit diesen ersten, aus dem Jahre 1959 stammenden Versuchen wurden ähnliche Experimente mit Antimetaboliten der Transkription und Translation an sehr vielen weiteren temperatur- und tageslängenabhängigen Arten mit ähnlichen Ergebnissen durchgeführt. Damit war die Beteiligung des genetischen Materials an den Vorgängen der Blühinduktion hinlänglich bewiesen.

Jedoch konnte es sich bei der gegebenen Methodik nur um Grobaussagen handeln. Eine wesentliche Verfeinerung brachten Untersuchungen an *Blühzeitpunkts-Mutanten.* Die Mutanten bzw. die betreffenden Gene haben ihren Namen daher, daß sie den Zeitpunkt der Blütenbildung nach vorne oder nach hinten verlegen. Sie stehen also am Beginn der Genkaskaden, die sich bei der Blütenbildung haben nachweisen lassen (vgl. Abb. 23.15). Deshalb nimmt man an, daß sie zu den Genen gehören, die von den induktiven Außenbedingungen aktiviert werden.

Zusammenfassung
Versuche mit Strukturanalogen von Basen der Nucleinsäuren zeigten schon vor Jahrzehnten, daß unter induktiven Bedingungen Genmaterial aktiviert wird, das für die Blühinduktion spezifisch ist. Doch erst in den letzten Jahren gelang es, *definierte* Gene zu fassen, die bei der Blühinduktion aktiviert werden und das Einsetzen der Blütendifferenzierung kontrollieren. Dabei handelt es sich um die *Blühzeitpunkts-Gene*, die den Zeitpunkt der Blütenbildung vor- oder zurückverlegen.

Die ökologische Bedeutung der induktiven Bedingungen

Bei der Besprechung der Keimung hatten wir festgestellt, daß sich die verschiedenen Keimungssperren und Keimungsbedingungen als Anpassungen an ganz bestimmte und fallweise verschiedene Außenbedingungen herausbildeten. Entsprechendes können wir für die Blütenbildung, ebenfalls einen kritischen Übergang im Leben der Pflanzen, vermuten. Denn eine Blüten- und dann Samenbildung zum falschen Zeitpunkt kann ebenso verhängnisvoll werden wie eine Keimung unter ungünstigen Verhältnissen. In der Tat wird mit den induktiven Bedingungen eine Sperre gesetzt, die eine Blütenbildung zur falschen Jahreszeit verhindert. Das gilt für den Photoperiodismus bei der Blühinduktion ebenso wie für die Vernalisation.

Photoperiodismus

Zunächst einmal läßt sich feststellen, daß Pflanzen hoher Breiten vornehmlich Langtagpflanzen sind. Sie werden also mit zunehmender Tageslänge induziert und können dann Blühen und Fruchten noch vor Beginn des Winters zu Ende führen. Kurztagpflanzen wären hier fehl am Platze. Denn sie würden erst mit kürzer werdenden Tagen im Herbst induziert und gerieten dann mit ihrer reproduktiven Phase unweigerlich in den Winter. Dagegen leuchtet es ein, daß Pflanzen sehr niedriger Breiten, Tropenpflanzen also, Kurztagpflanzen sein müssen, sofern sie nicht tagneutral sind.

Denn Langtagpflanzen kämen am Äquator nicht zur Blüte. Wir sprachen bisher nur von hohen und sehr niedrigen Breiten. In einer mittleren geographischen Breite von 35 bis 40° finden sich nun aber gleichermaßen Langtag- wie Kurztagpflanzen. Besonders an unseren Kulturpflanzen, die aus diesen Breiten stammen, hat man nun Daten gesammelt. In den hohen Breiten war es der harte Winter, in den niederen die ständig gleiche kurze Tageslänge, die eine entsprechende Anpassung bedingten. Für die mittleren Breiten gilt vielfach ein anderes Regulativ: die Trockenperiode.

Wenn wir vereinfachen, so findet sich eine solche Trockenperiode entweder im Sommer oder im Winter der mittleren Breiten. Nun wurden die Zusammenhänge zwischen der Herkunft einer Reihe von Kulturpflanzen, dem Klima am Herkunftsort und ihrem photoperiodischen Verhalten überprüft. Dabei zeigte es sich, daß Kulturpflanzen aus Gebieten mit Wintertrockenheit wie bestimmten Regionen Chinas, Indiens und Mittelamerikas Kurztagpflanzen, Kulturpflanzen aus Gebieten mit Sommertrockenheit wie bestimmten Regionen Mittelasiens, Vorderasiens und dem Mittelmeergebiet dagegen Langtagpflanzen sind.

Der Sinn dieser »Regelung« dürfte in folgendem zu sehen sein:

Das Dauerorgan, mit dem die jeweilige Trockenperiode überstanden wird, ist der Samen. Also beeilen sich – anthropomorph gesprochen – die Pflanzen in wintertrockenen Gebieten, mit kürzer werdenden Tagen zum Blühen und Fruchten überzugehen. Für die Pflanzen in sommertrockenen Gebieten sind die länger werdenden Tage das Alarmzeichen, nun schleunigst mit der sexuellen Fortpflanzung zu beginnen.

Vernalisation

Die Abhängigkeit von einer Vernalisation bringt eine zusätzliche Absicherung dort mit sich, wo sie notwendig erscheint: in den höheren Breiten mit ihrem harten Winter.

Nehmen wir eine Pflanze an, die sich noch im späten Sommer entwickelt und die keine Abhängigkeit von der Photoperiode aufweist. Sie könnte dann mit ihrem Blühen und Fruchten in den Winter geraten, falls sie nicht vernalisationsbedürftig ist. Denn wenn sie auf eine Vernalisation angewiesen ist, wird sie erst nach der Winterkälte im nächsten Frühjahr, also zu einer günstigen Jahreszeit, zum Blühen und Fruchten kommen.

Nun zu photoperiodisch abhängigen Pflanzen. Bei ihnen ist die Kälteabhängigkeit ein notwendiges Korrektiv des Photoperiodismus. Bei einer LTP könnte die Blütenbildung noch im ausgehenden Sommer induziert werden und die Fruchtbildung dann in den Winter geraten. Wenn aber außer dem Langtag noch Kälte verlangt wird und überdies wie bei der zweijährigen Rasse des Bilsenkrautes die Reihenfolge 1. Kälte, 2. Langtag bindend festgelegt ist, wird das verhindert. Die betreffende Art kann den ersten Sommer noch für ihre Entwicklung ausnutzen, kommt dann aber erst nach der winterlichen Vernalisation im Langtag des zweiten Sommers zur Blüte. Wortwörtlich zweideutige Signale setzt die Kurztagabhängigkeit. Denn kurze Tage finden sich in unseren Breiten sowohl im Herbst wie im Frühjahr. Die Blütenbildung zu Beginn der schlechten Jahreszeit läßt sich aber wieder über eine zusätzliche Vernalisationsabhängigkeit verhindern. Denn dann kann es erst nach dem Winter zur Blütenbildung kommen.

Der Mensch hat bestimmte Kulturpflanzen über die ganze Erde hinweg angepflanzt und dadurch oft aus ihrem ökologischen Bezugsfeld herausgerissen. In Kenntnis ihrer Ansprüche an die Blühinduktion kann er sie jedoch nach Belieben zur Blütenbildung bringen, etwa durch Kühlung oder entsprechende Belichtung. Ökonomisch sinnvoll werden solche Maßnahmen vor allem bei Gewächshauskulturen hochwertiger Nutzpflanzen.

Zusammenfassung
Die einzelnen Pflanzenarten kommen auf der Erde in ganz unterschiedlicher Breitenlagen vor. Außerdem muß vermieden werden, daß Blüten- und Fruchtbildung bei gegebener mittlerer Breite in ungünstige Trocken- und Frostperioden fallen. Sowohl die Tageslängen- als auch die Kälteabhängigkeit der Blühinduktion gewährleisten es, oft in Kombination, daß Blühen und Fruchten in einer dafür optimalen Jahreszeit stattfinden.

23.1.2 Blütendifferenzierung

Funktionswandel in den Apikalmeristemen

Bei der photoperiodischen Blühinduktion erfolgt die Perception der Tageslänge im Blatt. Von dort muß ein Blühimpuls zum Apikalmeristem gelangen und es in seiner Differenzierungsrichtung umstimmen. Bei der Vernalisation wirkt der Außenfaktor Kälte direkt auf das Sproßmeristem ein.

Die Blühinduktion erfaßt also letztlich das Sproßmeristem und aktiviert dort Gene für Blühinduktion. Doch wie geht es weiter? Denn jetzt muß die Blütendifferenzierung folgen. Bei ihr muß man zwischen zwei Möglichkeiten unterscheiden. Denn es kann sein, daß das Apikalmeristem nur eine einzige Blüte ausbildet. Vielfach wird jedoch ein Blütenstand (Infloreszenz) ausgebildet, an dessen Auszweigungen sich Blüten entwickeln. In diesem Fall folgen sich drei Zustände des Meristems: *vegetatives Meristem, Infloreszenz-Meristem und Blüten-Meristem.* Das Infloreszenz-Meristem unterscheidet sich in seinen Leistungen deutlich vom vegetativen Meristem. Die Verzweigungsart kann andersartig sein, die Internodien sind länger, und anstatt der Laubblätter entwickeln sich reduzierte Blattorgane, die Deckblätter. Die Blüten entwickeln sich dann aus Blüten-Meristemen, die sich in den Achseln der Deckblätter ausbilden, streng lokalisiert also, überzeugende Beispiele für Positionseffekte (Abb. 23.14).

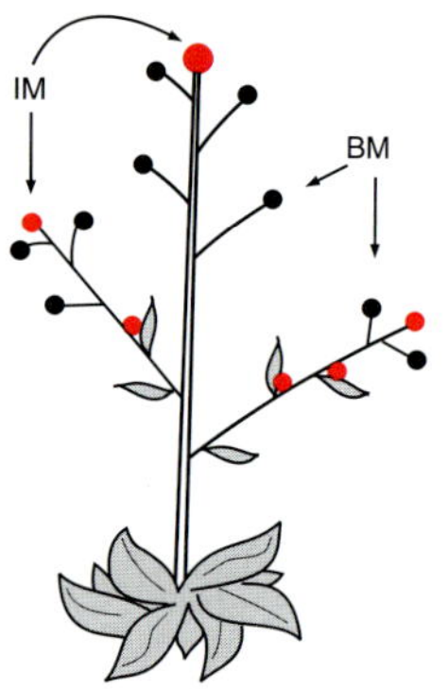

Abb. 23.14.
Schema einer blühenden Arabidopsis mit Infloreszenz- und Blüten-Meristemen (IM und BM).

Bleiben wir bei diesem komplizierten Typ mit Infloreszenzen. Hinter der geschilderten Abfolge sollten entsprechende Genaktivitätsmuster stehen. Man hat in der Tat über die *Analyse von Mutanten* ganze Gen-Kaskaden nachgewiesen, und zwar vor allem bei den LTP Löwenmäulchen (*Antirrhinum majus*) und Schmalwand (*Arabidopsis thaliana*). Auch bei der Petunie (*Petunia hybrida*), ebenfalls einer LTP, ist die Analyse schon weit vorangeschritten.

Die Mutanten und die zugrundeliegenden Gene bei Löwenmäulchen, Schmalwand und Petunie tragen zwar verschiedene Namen, entsprechen sich aber. Die an ihnen ermittelten Daten dürften im Prinzip allgemeingültig sein. Im folgenden gehen wir exemplarisch auf die Situation bei *Arabidopsis* ein.

Gen-Kaskaden und Blütendifferenzierung

Am Beginn stehen die Gene für Blühinduktion. Sie werden von äußeren und inneren Faktoren induziert. Wie schon erwähnt, nimmt man an, daß zu ihnen die *Blühzeitpunkts-Gene* gehören. Mit dieser Gengruppe beginnt eine Gen-Kaskade, innerhalb derer jeweils eine vorhergehende Gengruppe die Aktivität der nachfolgenden steuert (Abb. 23.15). Doch immer wieder kann ein Gen auch auf verschiedenen Ebenen der Hierarchie aktiv werden.

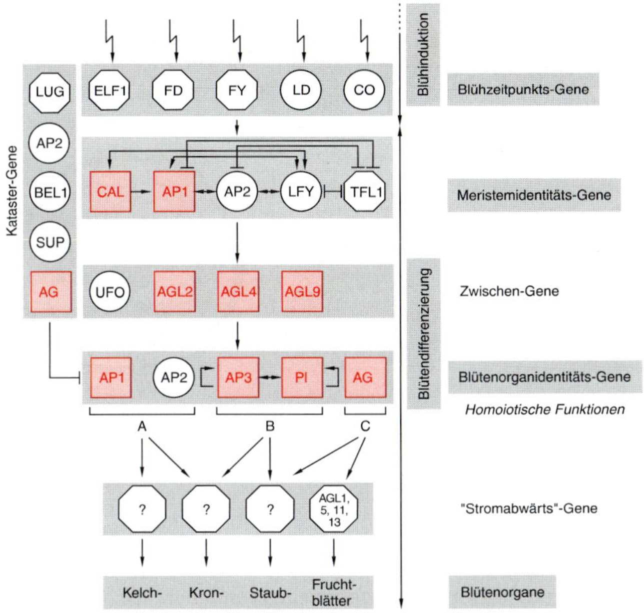

Abb. 23.15.
Vereinfachtes Schema der Gen-Kaskade bei der Blühinduktion und Blütendifferenzierung von Arabidopsis. Die Blühinduktion, also der Kippvorgang im Meristem, erfolgt über Genaktivierungen durch innere und äußere Faktoren. Ein innerer Faktor wäre z. B. ein Blühimpuls aus den Blättern. Aller Wahrscheinlichkeit nach gehören zu den dann aktivierten Genen die Blühzeitpunkts-Gene. Daran schließen sich die Prozesse der Infloreszenz- und Blüten-Differenzierung an. Nacheinander werden die Meristem-Identitäts-Gene, Zwischen-Gene (nicht besprochen), Blütenorgan-Identitäts-Gene und »Stromabwärts-Gene« eingeschaltet. Der Bereich der »Stromabwärts«-Gene ist besonders stark vereinfacht. Am Ende der Kaskade stehen die Blüten mit ihren Organen. Die im Text nicht besprochenen Kataster-Gene begrenzen die homoiotischen Funktionen. Für die Gene wurden nur Abkürzungen angegeben (volle Bezeichnungen in der Referenz unten). Per Konvention werden sie hier in Großbuchstaben gehalten. MADS-Box-Gene sind als rote Rechtecke wiedergegeben. Gene ohne MADS-Box sind als Kreise, noch nicht sequenzierte Gene als Achtecke dargestellt. Pfeile bedeuten Aktivierungen, Doppelpfeile synergistische Interaktionen, Verbindungslinien mit Querbalken Hemmungen, mit Doppelquerbalken antagonistische Interaktionen (verändert nach Theißen *et al. 1996).*

Auf die Blühzeitpunkts-Gene folgt die Gruppe der *Meristem-Identitäts-Gene.* Die betreffenden Gene legen den Charakter der Meristeme fest (vegetatives Meristem, Infloreszenzmeristem oder Blütenmeristem). Mit ihnen sind wir in den Bereich der Differenzierung gelangt. *TFL1* z. B. ist ein Infloreszenzmeristem-Identitäts-Gen, sorgt also dafür, daß das Meristem Infloreszenzen ausbildet. In Infloreszenzmeristemen reprimiert es die Aktivitäten der Blütenmeristem-Identitäts-Gene *LFY, AP1* und *AP2.* Diese letztgenannten Gene bedingen die Ausbildung von Blüten. In Blütenmeristemen hemmen sie außerdem das Infloreszensmeristem-Gen *TFL 1.*

Nach einer Zwischengruppe von Genen folgen die *Blütenorgan-Identitäts-Gene.* Sie steuern die Ausbildung der einzelnen Organe der Blüte, also von Kelch-, Kron-, Staub- und Fruchtblättern in den richtigen Wirteln. Ihnen sind weitere Gene (downstream genes; Stromabwärts-Gene) untergeordnet, bis endlich die genannten Blütenorgane gebildet sind.

Das ABC-Modell: Zusammenwirken der Blütenorgan-Identitäts-Gene

Die Blütenorgan-Identitäts-Gene sind zu drei Gruppen A, B und C zusammengefaßt (vgl. Abb. 23.15). Über die Aktivitä-

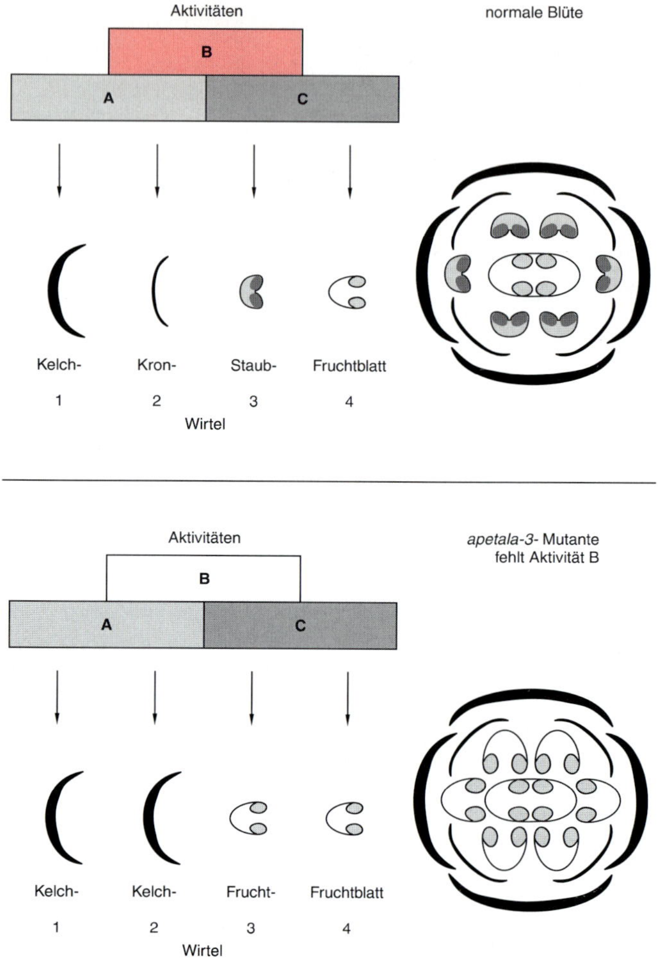

Abb. 23.16. Das ABC-Modell: Analyse der Blütenorgan-Identitäts-Gene über homoiotische Mutanten. Die Genaktivitäten gliedern sich in die drei sich überlappenden Gruppen A, B und C. A ist für die Wirtel 1 und 2 (Kelch- und Kronblätter), B für die Wirtel 2 und 3 (Kron- und Staubblätter), C für die Wirtel 3 und 4 (Staub- und Fruchtblätter) zuständig. Oben die Situation in einer normalen Blüte, unten in der homoiotischen apetala-3-Mutante. Die Blattorgane in Wirtel 2 sind zwar kleiner als die »normalen« Kelchblätter in Wirtel 1, aber grünlich wie sie, was sich in der Abb. nicht erkennen läßt. In Wirtel 3 finden sich jetzt wie in Wirtel 4 Fruchtblätter. Vgl. den Text (verändert nach MEYEROWITZ *1995).*

ten der Gene in diesen Gruppen gaben Mutationen Auskunft, über die *homoiotische Gene* gefaßt werden konnten. Unter ihrer Wirkung tritt der normale (griech. homoios = gleichartig) Phänotyp auf, nur in der falschen Position.

Ein Beispiel soll die Vorgehensweise bei der Analyse solcher homoiotischer Mutanten verdeutlichen. Der besseren Verständlichkeit wegen nehmen wir das Endergebnis, das *ABC-Modell* vorweg:

Bei der *Arabidopsis*-Blüte finden sich vier Wirtel mit den oben genannten Organen (Abb. 23.16). Diese normale Anordnung ist durch die drei Aktivitäten A, B und C bedingt, die die Organidentität in den vier Wirteln steuern. Dabei ist A für die Wirtel 1 und 2 (Kelch- und Kronblätter), B für die Wirtel 2 und 3 (Kron- und Staubblätter) und C für die Wirtel 3 und 4 (Staub- und Fruchtblätter) zuständig. Im ABC-Modell überlappen sich also die drei Aktivitätsgruppen.

Nun unser Beispiel: Wir lassen über Mutation Aktivität B entfallen. Die Blüte der Mutante (z.B. *apetala–3* mit dem Gen *AP3*) enthält nur noch Sepalen (in den Wirteln 1 und 2) und Carpelle (in den Wirteln 3 und 4). Aktivität A sorgt also in dieser Mutante dafür, daß zusätzlich zu den normalen Kelchblättern weitere »homoiotische« Kelchblätter auch in Wirtel 2 erscheinen, und C dafür, daß »homoiotische« Fruchtblätter auch in Wirtel 3 gebildet werden. Daß A und C dazu überhaupt imstande sind, liegt am mutativen Ausfall von B. Daraus folgt, daß B normalerweise in den Wirteln 2 und 3, also bei der Bildung und Positionierung von Kron- und Staubblättern aktiv wird. Über derartige Versuche ließ sich das oben skizzierte ABC-Modell aufstellen. Einige weitere Details des Modells müssen hier unerwähnt bleiben.

Eine ganze Reihe der in Abb. 23.15 aufgeführten Gene wurde isoliert und geklont. Über *in situ*-Hybridisierungen ließ sich belegen, daß die betreffenden Gene nach Zeit und Ort der Erwartung entsprechend aktiv werden. Einige Gene wurden jedoch auch außerhalb des Apikalmeristems exprimiert.

Ein Netzwerk von MADS-Box-Genen

Mehrere der Gene, auf die wir eben eingegangen waren (Abb. 23.15), weisen am N-terminalen Ende eine rund 180 Nucleotide lange gemeinsame Sequenz auf, die MADS-Box, und werden dementsprechend *MADS-Box-Gene* genannt. »MADS« leitet sich von den vier Anfangsbuchstaben repräsentativer Mutanten her (Abb. 23.17): *MCM1 (Saccharomyces*

```
        - - - - Bindung an DNA ---------------------------------------
                                  -------- Dimerisierung -------------

SRF      RVKIKMEFIDNKLRRYTTFSKRKTGIMKKAYELSTLTGTQCLLLVASETGHVYTFATRK
MCM1     RKKIEIKFIENKTRRHVTFSKRKHGMKKAFELSVLTGTQVLLLVVSETGLVYTFSTPK
DEF A    RGKIQIKRIENQNTRQVTYSKRRNGLFKKAHELSVLCDAKVSIIMISSTQKLHEYISPT
DEF H22  RGKIEIKRIENTTNRQVTYSKRRNGIMKKAKEISVLCDAHVSVIIFASSGKMHEFCSPS
DEF H23  RGKYQLKRIENKINRQVTFSKRRGGLLKKAHELSVLCDAEVALIVFSNKGKLFEYSTDS
AG       RGKIEIKRIENTTNRQVTFCKRRNGLLKKAYELSVLCDAEVALIVFSSRGRLYEYSNNS

Cons     RgK I q I kr IDN    nRqv TF  KRK  GI  KKA  ELSv LcdT  vsLLV S    kV  eF     s
```

Abb. 23.17. Aminosäuren-Sequenzen in Proteinen mit MADS-Box-Domänen bei Eukaryonten. Links die codierenden Gene: SRF= Serum Response Factor (Säugetiere); MCM = Minichromosome Maintenance (Hefe); DEF = Deficiens (Löwenmäulchen); AG = Agamous (Schmalwand). Die MADS-Box-Domäne besteht aus einer DNA-Bindungs- und einer Dimerisierungs-Region. Unterstrichen ist eine weitere Region, in der Phosphorylierungen vorkommen können, über die die Bindung der Proteine an DNA kontolliert wird. Konservierte Aminosäuren in Großbuchstaben, wenn sie in allen Proteinen vorkommen; in kleinen fettgedruckten Buchstaben, wenn sie in allen Proteinen aus Pflanzen vorkommen. Konsensussequenz = Cons. Buchstabencode für die Aminosäuren: A = Ala, C = Cys, D = Asp, E = Glu, F = Phe, G = Gly, H = His, I = Ile, K = Lys, L = Leu, M = Met, N = Asn, P = Pro, Q = Gln, R = Arg, S = Ser, T = Thr, V = Val, W = Trp, Y = Tyr (aus SCHWARZ-SOMMER *et al. 1990).*

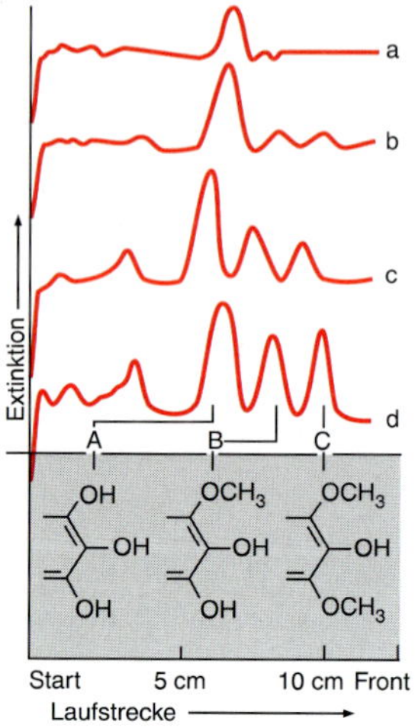

Abb. 23.18.
Differentielle Aktivitäten von »Stromabwärts-Genen« (vgl. Abb. 24.16): Anthocyansynthese in einer Rasse der Petunie (Petunia hybrida). Es handelt sich um die photometrische Auswertung von DC-Trennungen von Extrakten aus verschiedenen Stadien der Blütenentwicklung: a = junge Blütenknospen, b = mittelalte Knospen, c = alte Knospen, d = entfaltete Blüte. Jeder Gipfel repräsentiert ein Anthocyan. Unten Ausschnitte aus dem Ring B der betreffenden Anthocyane: A = Delphinidin, B = Petunidin, C = Malvidin, jeweils als 3-Monoglukoside. Die zeitliche Abfolge im Auftreten der Anthocyane geht auf differentielle Genaktivitäten zurück (verändert aus HESS 1981).

cerevisiae), AG (Arabidopsis thaliana), DEF (Antirrhinum majus) und *SRF (Homo sapiens)*. Damit ist auch schon gesagt, daß sich MADS-Box-Gene bei den verschiedensten Eukaryonten, Pilzen, Pflanzen und Säugetieren finden. Sie üben regulatorische Funktionen aus. Bei Pflanzen sind die MADS-Box-Gene hoch konserviert. Sie finden sich schon bei Farnen (*Ceratopteris*). Aus diesem phylogenetischen Reservoir wurde das heutige hochentwickelte Netzwerk an pflanzlichen MADS-Box-Genen zusammengefügt.

Die MADS-Box-Gene codieren Proteine, die in der Regel als Transkriptionsfaktoren fungieren. Die MADS-Box besteht aus einer DNA-Bindungs-Sequenz, die in eine Dimerisierungs-Sequenz übergeht. In den codierten Proteinen (Abb. 23.17) findet sich dementsprechend eine MADS-Box-Domäne, die an die DNA-Zielsequenz bindet und außerdem die Dimerisierung ermöglicht. Solche Dimerisierungen sorgen für eine festere und spezifischere Bindung an die Ziel-DNA. Es kann sich dabei um zwei gleichartige (Homodimere) oder zwei verschiedene Transkriptionsfaktor-Proteine (Heterodimere) handeln.

Die von den MADS-Box-Genen codierten Transkriptionsfaktoren aktivieren eine Kaskade weiterer Gene. Endziel ist ein bestimmter Phänotyp, bei den Blütenorgan-Identitäts-Genen z. B. voll ausgebildete Blütenorgane in der richtigen Positionierung. Doch bis dahin müssen noch zahlreiche Gene »stromabwärts« aktiviert werden. Dazu nur ein Beispiel: in den Blüten der einzelnen Rassen der Petunie finden sich jeweils mehrere verschiedene Anthocyane. Bedingt durch eine differentielle Aktivität der betreffenden Gene werden sie während der Blütendifferenzierung nacheinander gebildet (Abb. 23.18). Zahlreiche derartige gengesteuerte, miteinander vernetzte Entwicklungsabschnitte folgen sich, bis auch nur einer der Blütenorgan-Wirtel fertiggestellt ist.

Die Aktivität der MADS-Box-Gene für Blütenorgan-Identität ihrerseits wird von übergeordneten Genen gesteuert (Abb. 23.15). Dabei kann es sich um Aktivierungen, fördernde und hemmende Interaktionen oder Hemmungen handeln. Schubkraft in Richtung Zielstruktur Blüte kommt in das komplizierte Netzwerk durch die MADS-Box-Gene, die in der Hierarchie niedriger stehende andere MADS-Box-Gene über Transkriptionsfaktoren aktivieren.

Die Analyse der Blütendifferenzierung ist ein Musterbeispiel für den Einsatz von Mutanten bei der Klärung von

Entwicklungsprozessen. Ausschlaggebend war dabei die Nutzung des Methodenrepertoirs der Molekularen Genetik.

Zusammenfassung
Bei einigen Modellpflanzen wie *Antirrhinum, Arabidopsis* oder *Petunia* hat man über die Analyse von Mutanten eine Genkaskade aufgedeckt, die von den Genen für Blühinduktion bis hin zur den fertigen Blütenorganen in der richtigen Positionierung innerhalb der Blüte reicht.

Von den aller Wahrscheinlichkeit nach an der Blühinduktion beteiligten Blühzeitpunkts-Genen werden als erster Satz der Differenzierungs-Gene die *Meristem-Identitäts-Gene* aktiviert, die für den Übergang vom vegetativen Meristem zum Infloreszenzmeristem und dann Blütenmeristem zuständig sind. In der Aktivierungswelle folgen nach Zwischen-Genen die *Blütenorgan-Identitäts-Gene*. Nach dem *ABC-Modell* gliedern sie sich in drei Aktivitätsgruppen, die für die Ausbildung der Blütenorgane und ihre Positionierung in den richtigen Wirteln verantwortlich sind. Das ABC-Modell wurde an *homoiotischen Mutanten* erarbeitet. Zahlreiche »Stromabwärts-Gene« schließen sich an, bis schließlich die Blüte fertiggestellt ist.

Eine ganze Reihe der genannten Gene liegt geklont vor. Besonders wichtig sind dabei die konservierten *MADS-Box-Gene*, die sich außer bei Pflanzen auch bei anderen Eukaryonten (Säugetieren, Pilzen) finden. Die von ihnen codierten *MADS-Box-Domänen-Proteine* sind Transkriptionsfaktoren mit einer DNA-Bindungs- und einer Dimerisierungs-Domäne. Die Dimerisierung gestattet eine spezifischere und festere Bindung an DNA.

23.2 Entwicklung der Gametophyten und Befruchtung

23.2.1 Der Ablauf

Pollenentwicklung
Im folgenden sei der Ablauf für Angiospermen geschildert (Abb. 23.19). In den Mikrosporenmutterzellen läuft die Meiosis ab. Jede Mikrosporenmutterzelle liefert vier haploide Mikrosporen. In jeder Mikrospore läuft die erste Pollenkornmitose zur vegetativen und generativen Zelle (Seite 436) und dann, oft erst auf der Narbe oder im Griffel, die zweite Pollenmitose ab, in der die zwei Spermazellen entstehen. Die vegetative Zelle wächst zum Pollenschlauch aus,

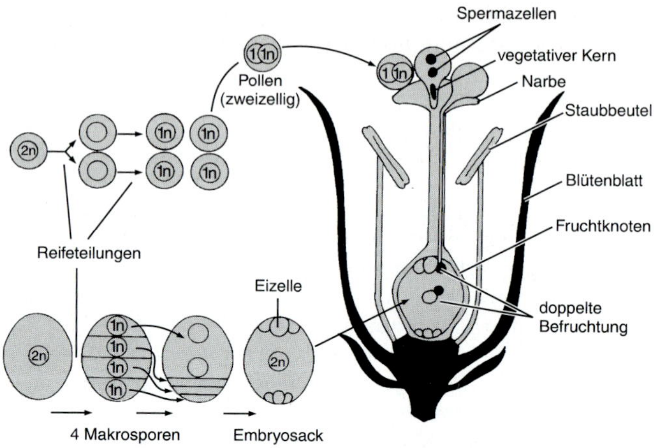

Abb. 23.19. *Schema der Bildung von Pollen und Embryosack und der doppelten Befruchtung bei Angiospermen. Vgl. den Text (nach* HESS *aus* KLINGMÜLLER *1994).*

der im Griffelgewebe zum Embryosack vorstößt. Bei dem fertiggestellten Pollen handelt es sich um den *Mikrogametophyten.*

Entwicklung des Embryosacks

Im Nucellus der Samenanlagen macht ganz entsprechend eine Makrosporenmutterzelle die Meiosis durch. Von den resultierenden vier haploiden Makrosporen gehen aber in der Regel drei zugrunde, die vierte bildet den Embryosack. Ihr Kern teilt sich in drei Schritten in acht Tochterkerne, von denen je drei sich an den beiden Enden des Embryosacks einfinden und dort Zellen bilden. Eine dieser sechs haploiden Zellen im Embryosack ist die Eizelle. Die beiden letzten Kerne verschmelzen miteinander zum diploiden, sog. sekundären Embryosackkern. Bei dem fertiggestellten *Embryosack* handelt es sich um den *Makro-* oder *Megagametophyten.*

Doppelte Befruchtung

Die Befruchtung ist eine doppelte. Eine der beiden Spermazellen fusioniert mit dem diploiden sekundären Embryosackkern zum nun triploiden Endospermkern. Der Endospermkern teilt sich in eine Vielzahl von Kernen, die zusammen mit etwas Cytoplasma je eine Zelle bilden. Damit ist das vielzellige Endosperm entstanden. Es kann in der Folge mit Reservestoffen, Vitaminen, Phytohormonen und anderen Faktoren angereichert werden, die für die Entwicklung vor und zum Teil auch nach der Keimung notwendig sind.

In manchen Fällen, so bei der Kokosnuß und bei Kürbisgewächsen, findet sich auch ein ganz oder teilweise flüssiges Endosperm.

Die zweite Spermazelle vereinigt sich mit der Eizelle. Die diploide Zygote entwickelt sich dann zum Embryo. Das Endosperm ist dabei der Lieferant aller notwendigen Substanzen einschließlich der steuernden Phytohormone. Es kann bei der Embryoentwicklung ganz aufgebraucht werden. Die für die Entwicklung des Keimlings notwendigen Stoffe werden dann an anderer Stelle gespeichert, z. B. wie bei unseren Leguminosen in den Kotyledonen. Bleibt das Endosperm im Samen in größerer Ausdehnung erhalten, so werden in ihm die für die Keimung notwendigen Substanzen gespeichert. Das ist z. B. bei unseren Gramineen der Fall.

23.2.2 Aspekte aus der Entwicklung der Gametophyten

Wenn man mit den eben gebrachten Daten zur Blütendifferenzierung vergleicht, muß man gestehen, daß die Analyse der Gametophyten-Entwicklung trotz intensiver Bemühungen und trotz aller Teilerfolge insgesamt gesehen noch im Rückstand ist. Besonders auf Seiten des Embryosacks, der ja normalerweise im Gewebe des Sporophyten, also der Mutterpflanze, eingeschlossen ist, sind erhebliche experimentelle Schwierigkeiten gegeben. Doch auch bei ihm gibt es erfolgversprechende neue Ansätze. So hat man an Petunien ermittelt, daß die Entwicklung der Samenanlagen unter Beteiligung von MADS-Box-Genen vor sich geht.

Ähnliche Schwierigkeiten gibt es bei der Entwicklung der Pollen, die in den Antheren, also ebenfalls im Gewebe des Sporophyten abläuft (vgl. Abb. 23.20). Sind die Pollen aber erst einmal fertiggestellt, lassen sie sich in vielen Fällen leicht *in vitro* zur Keimung bringen. Damit scheinen beste Voraussetzungen für die Untersuchung wenigstens des Pollenschlauchwachstums gegeben zu sein. Doch was die Kausalanalyse auf molekularer Ebene anbelangt, fehlen auch hier *schlüssige* Daten.

Denn molekulare Daten *generell* liegen in Fülle vor, z. B. zur Genexpression in Pollen. Man glaubt, mit 20 000 bis 24 000 exprimierten Genen rechnen zu müssen, dabei überwiegend mit solchen, die auch im Sporophyten aktiv werden. Während der Entwicklung des Pollens werden Gene *antherenspezifisch* und *pollenspezifisch* exprimiert. Die antherenspezifische Gruppe macht 40%, die pollenspezifische, in isolierten Pollen erfaßte Gruppe 20% der insgesamt expri-

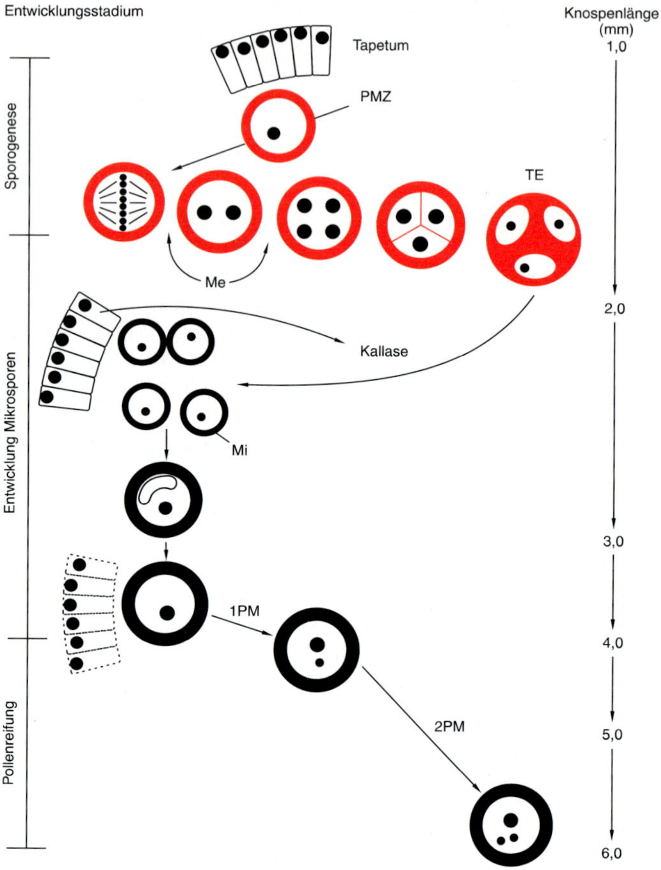

Abb. 23.20. Schema der Pollenentwicklung beim Raps (Brassica napus). Bei anderen Arten verläuft die Entwicklung im Prinzip entsprechend. Der Ablauf in Abb. 23.19 wird detaillierter wiedergegeben. Kallose rot, Sporopollenine schwarz. PMZ = 2n Pollenmutterzelle, geht in die Meiosis = Me ein, über die Te = eine Tetrade aus 1n Mikrosporen gebildet wird. Kallase aus dem Tapetum setzt die Mi = Mikrosporen frei. 1PM = 1. Pollenmitose, liefert zweizelligen Pollen, bestehend aus generativer und vegetativer Zelle; 2PM = 2. Pollenmitose, äquale Teilung der generativen Zelle in zwei Spermazellen und damit Bildung von dreizelligem Pollen. Im reifenden Pollen wurden nur die Zellkerne, nicht auch die Zellgrenzen eingezeichnet. Bei vielen Arten wird der Pollen zweizellig übertragen und 2PM findet erst nach der Bestäubung statt (verändert nach Hirt et al. in Scott and Stead 1994).

mierten Gene aus. In vielen Fällen sind die betreffenden Gene kloniert, sind Muster nach Raum und Zeit differentieller Genaktivitäten nachgewiesen worden. Doch fehlt noch eine umfassende Gesamtschau, wie sie bei der Blütendifferenzierung möglich war.

Gehen wir auf einige Befunde zur Funktion von antheren- oder pollenspezifischen Genen bzw. der von ihnen codierten Enzyme ein:

Antherenspezifische Chalkonsynthase und Flavonole als Faktoren der Pollenentwicklung

Wir hatten schon erwähnt, daß Flavonole für die Entwicklung der Pollen wichtig sind: Wenn in transgenen Tabakpflanzen (und Petunien) die neu erworbene Stilbensynthase der endogenen Chalkonsynthase, dem Schlüsselenzym der Flavonoid-Synthese, zu starke Konkurrenz macht, wird die Synthese auch der Flavonole derart beeinträchtigt, daß keine funktionsfähigen Pollen mehr gebildet werden können. Die betreffenden transgenen Pflanzen sind dann männlich steril (Abb.7.24).

Diese Befunde werden durch Untersuchungen an nichttransgenen Pflanzen gestützt, besonders am Mais und an Petunien. In beiden Arten sind Kämpferol-Glykoside (Abb.7.19) oder das aus den Glykosiden freigesetzte Kämpferol selbst die Faktoren, die für die Entwicklung der Pollen unabdingbar sind. Die sich in den Antheren entwickelnden Pollen bilden von sich aus keine Flavonole, sondern erhalten sie über die Aktivität von Chalkon-Synthasen (Seite 267) in den umgebenden Wandschichten der Anthere. Die für die Chalkonsynthasen codierenden Gene tragen in ihrer Promotorregion antheren-spezifische Boxen.

Mit Kämpferol wurde der erste pollenspezifische Regulator der Pollenentwicklung gefaßt. An welcher Stelle er eingreift, ist allerdings unbekannt. Kämpferol und weitere Flavonole können auch an ganz anderer Stelle wirksam werden. So induziert Kämpferol die *vir*-Region von *Agrobacterium tumefaciens* (Seite 81); Flavonole aktivieren bei der Einleitung der Symbiose mit Rhizobien bakterielle Gene (Seite 419). Doch ist damit das ubiquitäre Vorkommen von Flavonolen einschließlich des Kämpferols in vegetativen Geweben nicht erklärt. Die Suche nach einer möglichen zentralen Funktion der Flavonole geht weiter.

Antherenspezifische Kallase in der Pollenentwicklung

In den Antheren entwickeln sich die Pollen in einer dicken Matrix aus Kallose, einem β-1,3-Glucan. Eine im Tapetum gebildete antheren-spezifische Kallase, also eine β-1,3-Glucanase, setzt die fertigen Mikrosporen aus der Kallose frei (Abb. 23.20). Die Kallase-Gene müssen dabei zum richtigen Zeitpunkt aktiv werden. Wenn die Kallase wie in Mutanten von Hirsen (*Sorghum*) und Petunien zu früh oder zu spät ausgebildet wird, kommt es zu gravierenden Störungen in der Pollenentwicklung, die zu männlicher Sterilität führen.

Für den Pflanzenzüchter ist *männliche Sterilität* vielfach erwünscht. Denn bei ihrem Vorliegen lassen sich Kreuzungen durchführen, ohne daß man Störungen über Selbstungen zu erwarten hat. Bekannt ist das Beispiel des Maises, bei dem man früher in mühevoller und kostspieliger Handarbeit die männlichen Blütenstände ausbrechen mußte, wenn man zur Gewinnung von Hybridmais kreuzen wollte. Beim Mais brachte eine cytoplasmatisch bedingte männliche Sterilität Abhilfe.

Zu den weiteren Möglichkeiten, zu männlicher Sterilität zu kommen, trägt auch die Gentechnik bei. Von der Überexpression der Stilbensynthase in transgenen Pflanzen war eben die Rede. Beim Tabak wurde ein Kallase-Gen mit einem tapetum-spezifischen Promotor gekoppelt und in wiederum Tabak übertragen. Die transgenen Tabakpflanzen bildeten in ihrem Tapetum Kallase früher als normal. Die Folge: männliche Sterilität.

Wachstum des Pollenschlauchs im Griffelgewebe

Die Zellen der Narbenoberfläche und des Transmissionsgewebes im Griffel – so nennt man das Gewebe, durch das die Pollenschläuche zur Narbe wachsen – sind von einer extrazellulären Matrix (EZM) umgeben. Dabei handelt es sich um Ausscheidungen von Polysacchariden, Glykoproteiden und Lipiden, in denen sich auch reichlich freie Zucker finden. Teilweise dienen diese Stoffe der Versorgung des wachsenden Pollenschlauchs, teilweise handelt es sich um Strukturelemente im Wandbereich der sezernierenden Zellen.

Je nach der Pflanzenart wächst der Pollen in der EZM von Zellen des Transmissionsgewebes oder in der EZM-Schleimschicht von Transmissionskanälen in Richtung Samenanlage. Dabei spielt nach Untersuchungen am Tabak eines der Glykoproteide eine spezifisch fördernde Rolle. Dieses deshalb *TTS* (*T*ransmitting *T*issue *S*pecific) genannte Glykoproteid fördert das Wachstum der Pollenschläuche. Reduziert man seine Bildung in transgenen Tabakpflanzen durch Antisense-Blockierung, wird das Wachstum der Pollenschläuche verlangsamt.

Von Glykoproteiden und weiteren Faktoren, u.a. Ca-Ionen, nimmt man an, sie könnten im Transmissionsgewebe Gradienten bilden, denen der wachsende Pollenschlauch chemotropisch zur Samenanlage folgt.

Selbstinkompatibilität

Soweit einige Daten zum normalen Wachstum des Pollenschlauchs. Bei zahlreichen *selbstinkompatiblen Pflanzenarten* findet sich jedoch nach Selbstungen früher oder später eine Hemmung des Pollenschlauchwachstums.

Die Selbstinkompatibilität trägt zur genetischen Variabilität bei und wird dadurch zu einem Faktor der Evolution. Sie wird durch *Selbststerilitäts-Gene* (S-Gene) bedingt. Dabei findet sich oft eine stark ausgebaute multiple Allelie. So hat man bei einer nur 500 Individuen umfassenden Population von Nachtkerzen (*Oenothera organensis*) in den westlichen USA fast 50 verschiedene S-Allele gefunden.

Vereinfacht gesagt, findet sich Selbstinkompatibilität, wenn Produkte der gleichen S-Allele im Pollen einerseits und in Narbe bzw. Griffel der bestäubten Pflanze andererseits vorliegen. Im einzelnen unterscheidet man zwischen einem gametophytischen und sporophytischen Mechanismus (Abb. 23.21). Entscheidend dafür sind Unterschiede auf der Pollenseite.

Beim *gametophytischen Mechanismus* sind die S-Allele bzw. deren Produkte *im* Mikrogametophyten, also *im* Pollen ausschlaggebend. Die Pollen können in der Regel noch auskei-

Unter Selbstinkompatibilität versteht man eine Blockierung der Befruchtung, meistens durch Hemmung des Pollenschlauchwachstums, nach Selbstbestäubungen und genetisch gleichwertigen Nachbarbestäubungen, aber auch nach Bestäubungen mit Pollen von Nachbarpflanzen mit weitgehend ähnlichem Genbestand.

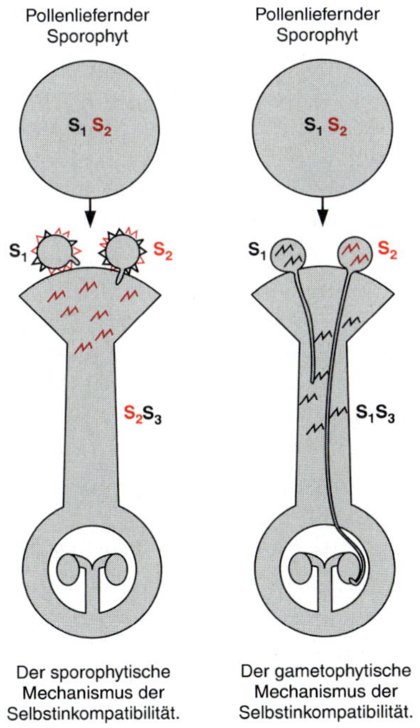

Abb. 23.21. Der sporophytische und gametophytische Mechanismus der Selbstinkompatibilität. Zwei S-Allele, S_1 (schwarz) und S_2 (rot) sind jeweils angegeben. Nur eines von ihnen kann sich in einem gegebenen Pollenkorn befinden. Von den möglichen Kombinationen zwischen Pollen und bestäubter Pflanze ist die sog. halbhomologe Kombination wiedergegeben. Bei ihr trifft nur einer der beiden genetisch verschiedenen Pollen auf ein gleiches Allel in Narbe oder Griffel. Die von S_1 codierten Proteine werden als schwarze, die von S_2 codierten Proteine als rote Zacken symbolisiert. Beim sporophytischen Mechanismus werden sie vom Tapetum her auf die sich bildende Exine aufgelagert, beim gametophytischen Mechanimus finden sie sich im Bereich des Mikrogametophyten. Treffen Genprodukte auf Seite des Pollens mit gleichen Genprodukten auf Seite des bestäubten Sporophyten zusammen, kommt es zur Hemmung des Pollenschlauchwachstums.

men. Treffen sie im Gewebe des Griffels auf Produkte der gleichen S-Allele, die sie selbst enthalten, kommt es zur Hemmung des Pollenschlauchwachstums. Dieser Mechanismus findet sich u.a. bei Nachtschattengewächsen und wurde dort vielfach untersucht. Man spricht deshalb auch von einem *Solanaceen-Typ.*

Der *sporophytische Mechanismus* hat seinen Namen daher, daß die S-Allele des pollenbildenden Sporophyten ihre Produkte dem sich in den Antheren entwickelnden Pollen auflagern. Sie finden sich dort in der Exine, die vom Tapetum aus gebildet wird. Im Unterschied zum Solanaceen-Mechanismus sind die Pollen dann *an ihrer Oberfläche* markiert – und zwar durch die Produkte *beider* S-Allele, die im Sporophyten gegeben sind. Treffen die S-Allel-Produkte in der Exine des Pollens auf gleiche S-Allelprodukte in der Narbe, kann der Pollen zwar oft noch keimen, vermag aber in der Regel die Narbenoberfläche nicht mehr zu durchdringen. Unter Bezug auf eine gut untersuchte Familie spricht man hier auch vom *Brassicaceen-Typ.*

So gut die Formalgenetik bei den verschiedensten Pflanzenarten geklärt ist, so schlecht steht es mit der Analyse der physiologischen und molekularen Zusammenhänge. Wir hatten bisher nur von Gen»produkten« gesprochen. Selbstverständlich muß es sich dabei primär um die von den betreffenden S-Allelen codierten Proteine handeln. Sie sind für eine Reihe von Arten sequenziert. Zwei Beispiele, die auch mögliche Funktionen von S-Allel-Proteinen erkennen lassen:

Solanaceen-Typ: Bei Arten aus den Gattungen *Nicotiana, Petunia* und *Solanum* weisen die von den S-Allelen codierten Proteine eine nur geringe Sequenzhomologie auf. Das gilt für die S-Allele einer gegebenen Art ebenso wie beim Vergleich verschiedener Arten. Alle untersuchten Solanaceen-S-Proteine liegen als Glykoproteide vor. Die Proteinkomponente führt bestimmte Sequenzen, die für RNasen aus dem Pilz *Aspergillus* typisch sind – Grund für die Annahme, diese S-Proteine könnten polleneigene RNA abbauen und so das Wachstum der Pollenschläuche hemmen.

Brassicaceen-Typ: In der Exine von Raps-Pollen (*Brassica napus*) hat man niedermolekulare Polypeptide gefunden, die in selbstinkompatiblen und selbstkompatiblen Formen leicht voneinander verschieden sind. In selbstinkompatiblen Formen handelt es sich um *PCP7* (*P*ollen *C*oat *P*eptid; 7kDa). Im Bereich der Narbe finden sich Glykoproteide, bei selbstinkompatiblen Formen *SLG* (*S*elf-incompatibility-*L*ocus *G*lycoprotein). Im Reagenzglas bindet SLG an PCP7. Eine entsprechende Bindung und damit möglicherweise Blockierung vermutet man auch für die Situation *in vivo*.

Belassen wir es bei diesen beiden Beispielen. Danach könnten die Hemm-Mechanismen bei den beiden Selbstinkompatibilitäts-Typen sehr verschieden sein. Besondere Schwierigkeiten macht es jedoch, zu verstehen, wieso es zu einer Hemmung – welcher Art auch immer – kommt, wenn von den gleichen S-Allelen codierte, also *gleichartige Proteine zusammentreffen*. Eine generell akzeptable Arbeitshypothese existiert noch nicht.

23.2.3 Befruchtung – auch in vitro

Der wachsende Pollenschlauch gelangt zunächst in den Fruchtknoten und in ihm in eine der Samenanlagen. Er dringt dabei durch die Mikropyle ein. Auch dabei scheinen Anreicherungen an Glykoproteiden richtungsweisend zu sein. Zur Befruchtung der Eizelle, die mit Hilfe einer der Synergiden erfolgt, die dabei degradiert wird, gibt es mehr Hypothesen als Fakten.

Hier könnten *in vitro*-Verfahren die Wende bringen. Denn beim Mais ist es geglückt, isolierte Spermazellen und Eizellen im elektrischen Feld zu fusionieren und die Zygoten zu fertilen Pflanzen aufzuziehen (Abb. 23.22).

Damit eröffnen sich neue Möglichkeiten, fremdes Genmaterial in die Spermazellen, in die Eizellen oder in die Zygoten einzubringen. Vor allem aber lassen sich nun auch die ersten entscheidenden Entwicklungsstadien im Leben der Pflanze ohne Überlagerung durch Prozesse im umgebenden Gewebe analysieren. Spermazellen-, Eizellen- und Zygotenspezifische Genaktivitäten werden sich fassen lassen. Die molekularen Mechanismen der ersten Entwicklungsschritte werden damit einer experimentellen Bearbeitung zugänglich. Dazu gehört vor allem auch die erste, polare Teilung der Zygote.

Mit dem letzten Punkt hat sich der Kreis geschlossen: wir sind wieder bei der Zygote angelangt. Denn als erste Phase im Entwicklungszyklus der Pflanzen hatten wir die embryonale Phase besprochen, die mit der Zygote beginnt.

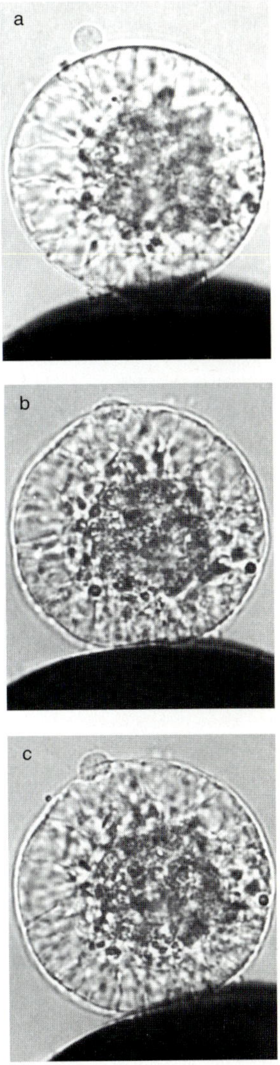

Abb. 23.22.
*Drei Stadien (a – c) in der Elektrofusion von Spermazelle (SZ) mit Eizelle (EZ) des Maises. Aus Fusionszygoten lassen sich in vitro normale Maispflanzen aufziehen (*Kranz *und* Dresselhaus *1996; Originalarbeit* Kranz *and* Lörz *1993).*

Zusammenfassung

Die *Entwicklung des Megagametophyten,* des Embryosacks, gehört zu den schlechtest analysierten Entwicklungsprozessen der Pflanze, weil sie im Gewebe des Sporophyten erfolgt. Besser untersucht ist die *Entwicklung der Mikrogametophyten,* der Pollen. Zeitlich und räumlich differentielle Genaktivitätsmuster ließen sich fassen. Dabei gliedert man in antheren- und pollenspezifische Gene. Die Funktion dieser Gene ist in den wenigsten Fällen bekannt. Beispiele sind die Gene für *antherenspezifische Chalkonsynthasen,* Schlüsselenzyme für die Biosynthese von Flavonoiden, darunter die für die *Entwicklung des Pollens unabdingbaren Flavonole.* Ein anderes Beispiel sind *antherenspezifische Gene* für Kallase, die die fertiggestellten Mikrosporen zum richtigen Zeitpunkt aus einer Kallose-Matrix freisetzt.

Das *Wachstum des Pollenschlauchs im Griffelgewebe* wird überwiegend von der bestäubten Pflanze unterhalten. Dabei spielen *Glykoproteide* im Transmissionsgewebe eine wichtige Rolle, teils als Gleitschicht, teils als Nährstoff, teils bei der chemotaktischen Anlockung der Pollenschläuche zur Samenanlage. Darüber hinaus scheinen einige Glykoproteide auch eine spezifische, noch unbekannte Funktion auszuüben.

Bei der für die Evolution und für die menschbetriebene Evolution, die Pflanzenzüchtung, wichtigen *Selbstincompatibilität* kommt es früher oder später zu einer Hemmung des Pollenschlauchwachstums. Die Befruchtung unterbleibt. Die Selbstinkompatibilität wird von *S-Allelen* kontrolliert. Stoßen gleiche S-Allel-Produkte von Seiten des Pollens und auf Seiten der Narbe oder des Griffels zusammen, wird das Pollenschlauchwachstum blockiert. Bei keinem der beiden wichtigsten Typen der Selbstinkompatibilität, dem *sporophytischen* und dem *gametophytischen Mechanismus,* sind die Kausalzusammenhänge des Hemmprozesses geklärt.

Der *Befruchtungsvorgang* ist ebenso schlecht analysiert wie die Entwicklung des Embryosacks. Die Möglichkeit, *isolierte Gameten in vitro zu fusionieren* und die resultierende Zygote zu fertilen Pflanzen aufzuziehen, eröffnet jedoch neue Perspektiven – nicht nur *in puncto* Befruchtung, sondern auch zur Klärung der entscheidenden ersten Schritte in der Embryonalentwicklung der Pflanzen.

Bildquellen

Bildquellen, die hier nicht genannt werden, sind bei den Literaturhinweisen aufgeführt. Die Bildquellen ergänzen die Literaturhinweise. Denn unter ihnen finden sich neben lesenswerten älteren Publikationen auch neuere Übersichtsreferate und wichtige Originalarbeiten zur jeweiligen Thematik.

ALBERSHEIM, P.: Sci. Amer. 232, 80 (1975).

ALBERSHEIM, P., und A. Darvill: Spektrum Wiss. Nov. 1985, S. 86.

BANGERTH, F.: Univ. Hohenheim, Institut für Obst-, Gemüse- und Weinbau.

BARON, W.: Organization in Plants. Arnold, 2. Aufl. London 1967.

BENHAMOU, N.: Trends Plant Sci. 1, 233 (1996).

BENNETT, TH.: Elements of Protein Synthesis. An Instructional Model. Freeman, San Francisco 1969.

BEWLEY, J. and M. BLACK: Seeds. Physiology of Development and Germination. Plenum, New York 1985.

BHATTARAI, T. and D. HESS: Plant Soil 151, 67 (1993).

BIELKA, H. (Hrsg.): Molekulare Biologie der Zelle. G. Fischer, Stuttgart 1969.

BLACK, M. and J. EDELMAN: Plant Growth. Heinemann, London 1970.

BLAICH, R.: Univ. Hohenheim, Institut für Obst-, Gemüse- und Weinbau.

BONNER, J. and J. VARNER: Plant Biochemistry. Academic Press, New York 1965.

BOULTER, D. and B. PARTHIER (eds.) : Nucleic Acids, and Proteins in Plants I. Enc. Plant Physiol. New Series 14 A. Springer, Berlin 1982.

BROWN JR., R., I. SAXENA and K. KUDLICKA: Trends Plant Sci. 1, 149 (1996).

BÜNNING, E.: The Physiological Clock. Springer, 2. Aufl. New York 1967.

BUTCHER, D. and S. INGRAM: Plant Tissue Culture. Arnold, London 1976.

Das Leben. Wissen im Überblick. Herder, Freiburg i.Br. 1971.

DONK, M. VAN der und T. VAN GERWEN: Das Kosmosbuch der Insekten. Franckh, Stuttgart 1981.

DONN, G., D. HESS and I. POTRYKUS: Z. Pflanzenphysiol. 69, 423 (1973).
DURE, L. and L. WATERS: Science 147, 410 (1965).
FISCHER, R., I. BUDDE and R. HAIN: Plant J. 11, 489 (1997).
FREUDENBERG, K. and A. NEISH: Constitution and Biosynthesis of Lignin. Springer, Berlin 1968.
GALSTON, A.: Physiologie der grünen Pflanze. Franckh, Stuttgart 1964.
GOLDSBY, R.: Cells and Energy. Macmillan, 2. Aufl. New York 1968.
FRALEY, R.: Monsanto Co., St. Louis, Missouri, USA.
FURUYA, M. and E.SCHÄFER: Trends Plant Sci. 1, 301 (1996).
HAGER, A., G. DEBUS, H.-G. EDEL, H. STRANSKY and R. SERRANO: Planta 185, 527 (1991).
HESS, D.: Z. Pflanzenphysiol. 56, 12 (1967).
HESS, D.: Z. Pflanzenphysiol. 56, 295 (1967.
HESS, D.: Biochemische Genetik. Springer, Berlin 1968.
HESS, D.: Z. Pflanzenphysiol. 68, 432 (1973).
HESS, D.: Z. Pflanzenphysiol. 98, 321 (1980).
HESS, D.: Entwicklungsphysiologie der Pflanzen. Herder, 4.Aufl. Freiburg i.B. 1981.
HESS, D.: Int.Rev.Cytol. 107, 367 (1987).
HULSE, J. and D. SPURGEON: Sci.Amer. 231, 72 (1974).
JACOBS, M.: What's New in Plant Physiol. 14, 17 (1983).
JANICK, J., R. SCHERY, F. WOODS and V. RUTTAN: Plant Science. Freeman, San Francisco 1969.
JOHN, M., H. RÖHRIG, J. SCHMIDT, R. WALDEN and J. SCHELL: Trends Plant Sci. 2, 111 (1997).
KARLSON, P.: Kurzes Lehrbuch der Biochemie. Thieme, 7. Aufl. Stuttgart 1970.
KAUDEWITZ, F.: In: 9. Kolloquium der Ges. f. Physiol Chemie in Mosbach 104, 1958.
KIMBALL, J.: Cell Biology. Addison Wesley, Reading 1970.
KIRCHDORFER, A.: Ginseng. Droemer/Knaur, München 1981.
KOMP, M. and D. HESS: Phytochem. 20, 973 (1981).
KRANZ, E. and Th. DRESSELHAUS: Trends Plant Sci. 1, 82 (1996).
KRANZ, E. and H. LÖRZ: The Plant Cell 5, 739 (1993).
KÜHN, A.: Entwicklungsphysiologie. Springer, 2. Aufl. Berlin 1965.
KUMAR, A., U. SCHAUB D. SÖLL and M. UJWAL: Trends Plant Sci. 1, 371 (1996).
KURSANOV, A.: Adv Bot. Res. 1, 209 (1963).
LAETSCH, W.: Ann. Rev. Plant Physiol. 25, 27 (1974).

LEHNINGER, A.: Bioenergetik. Thieme, Stuttgart 1969.

LI, Y., G. HAGEN and T. GUILFOYLE: The Plant Cell 3, 1167 (1991).

LÜTTGE, U.: Stofftransport der Pflanzen. Springer, Berlin 1974.

LYNEN, F.: Jahrbuch Max-Planck-Ges. 1969, 1.

MAYER, U. R. RUIZ, T. BERLETH, S. MISERA and G. JÜRGENS: Nature 353, 402 (1991).

MERTENS, Th. and D. HESS: Plant Soil 82, 87 (1984).

MEYEROWITZ, E.: Spektrum Wiss. Jan. 1995, S. 42.

MOORE, Th.: Biochemistry and Physiology of Plant Hormones. Springer, New York 1979.

MÜNTZ, K.: BioEngineering 2, 36 (1987).

OEHLKERS, F.: Das Leben der Gewächse. Ein Lehrbuch der Botanik. Band I. Die Pflanze als Individuum. Springer, Berlin 1956.

OVERBECK, J. VAN: Sci. Amer. 219, 75 (1968).

PALMGREN, M.: Adv. Bot. Res. 28, 1 (1998).

PURVIS, O. and F. GREGORY: Ann. Bot. 1, 569 (1937).

QUATRANO, R. and S. SHAW: Trends Plant Sci. 2, 15 (1997).

RICE, E.: Allelopathy. Academic Press, 2. Aufl. Orlando 1984.

RUGE, U.: Angewandte Pflanzenphysiologie. Ulmer, Stuttgart 1966.

SALISBURY, F.: The Flowering Process. Pergamon, Oxford 1963.

SCHMEIL-SEYBOLD, A.: Lehrbuch der Botanik, Bd. 1: Das Pflanzenreich in sytematischer Anordnung. Quelle & Meyer, Heidelberg 1958.

SCHÖFFL et al. 1996: in Grillo, S. and A. Leone 1969.

SCHWARZ-SOMMER, Z., P. HUISJER, W. NACKEN, H. SAEDLER and H. SOMMER: Science 250, 931 (1990).

SCOTT, T. (ed.): Hormonal Regulation of Development II. Enc. Plant Physiol. New Series 10. Springer, Berlin 1984.

Strasburger's Lehrbuch der Botanik für Hochschulen. G. Fischer, 29. Aufl. Stuttgart 1967.

SUTCLIFF, J.: Plants and Water. Arnold, London 1968.

TABAKAYASHI, J. and M. DICKE: Trends Plant Sci. 1, 109–113 (1996).

TAYLOR, J., P. WOODS, and W. HIGHES: Proc. Natl. Avad. Sci (USA) 43, 122 (1957).

THEISSEN, G., J. KIM and H. SAEDLER: J. Mol. Evol. 43, 484 (1996).

THOMZIK, J. and R. Hain: Pflanzenschutz-Nachrichten Bayer 43, 61 (1990).

TORREY, J.: Development in Flowering Plants. Macmillan, 3. Aufl. New York 1968.

TREBST, A. and M. AVRON (eds.): Photosynthesis I. Enc. Plant Physiol. New Series 5. Springer, Berlin 1977.

TROLL, W.: Allgemeine Botanik. Enke, 4. Aufl. Stuttgart 1973.

TURGEON, R.: Trends Plant Sci. 1, 418 (1996).

VASIL, V. and A. HILDEBRANDT: Science 150, 889 (1965).

WALTER, H.: Grundlagen des Pflanzenlebens. Ulmer, 4. Aufl. Stuttgart 1962.

WALTER, H.: Grundlagen des Pflanzensystems. Ulmer, 2. Aufl. Stuttgart 1952.

WEILER, E.: In Treusch et al (Hrsg.), Koordinaten der menschlichen Zukunft; Energie-Materie-Information-Zeit (Ges. Deutsch. Naturforsch. Ärzte, 119.Versammlung Regensburg 1996), Seiten 331–346. S. Hirzel Wiss. Verlagsges., Stuttgart 1997.

WILKINS M.: Physiology of Plant Growth and Development. McGraw Hill London 1969.

WILLIAMS, C.: Sci. Amer. 217, 13 (12967).

WILLMITZER, L.: MPI für Molekulare Pflanzenphysiologie, Golm.

YANG, Z.: In: Verma 1996, Seiten 1–37.

ZIMMERMANN, M. and J. MILBURN (eds.) : Transport in Plants I. Enc. Plant Physiol. New Series 1. Springer, Berlin 1975.

Oben noch nicht erfaßte Bildautoren aus dem Institut für Physiologie und Biotechnologie der Pflanzen, Universität Hohenheim (zum Zeitpunkt der Aufnahme): R. HAHN, B. HAUFF, M. ISER, R. JÖRG, J. SCHAAF, A. SCHMID, R. ZETTL.

Literaturhinweise

In den Literaturhinweisen werden vor allem Veröffentlichungen ab 1990 berücksichtigt. Außer Angaben zu Grundlagen handelt es sich um weiterführende Literatur. Das Schwergewicht liegt bei deutschsprachigen Publikationen, soweit vorhanden. Die Bildquellen bieten Ergänzungen. Reine Methoden-Bücher wurden nicht erwähnt.

I Grundlagen (Botanik, Biochemie, Molekulare Genetik, Molekularbiologie, Zellbiologie, Biotechnologie generell)

ALBERTS, B., D. BRAY, J. LEWIS, M. RAFF, K. ROBERTS und J. WATSON: Molekularbiologie der Zelle. VCH, Heidelberg 1986.

BELL, A.: Illustrierte Morphologie der Blütenpflanzen. Ulmer, Stuttgart 1996.

BOWES, B.: A Colour Atlas of Plant Structure. Manson, London 1996.

BROWN, T.: Gentechnologie für Einsteiger. Spektrum, 2. Aufl., Heidelberg 1996.

GALSTON, A.: Life Processes of Plants. Sci. Amer. Library, New York 1994.

GUNNING, B. und M. STEER: Bildatlas zur Biologie der Pflanzenzelle. G. Fischer, 4. Aufl. Stuttgart 1996.

GLICK, B. und J. PASTERNAK: Molekulare Biotechnologie, Spektrum, Heidelberg 1995.

IBELGAUFTS, H.: Gentechnologie von A bis Z. VCH, Weinheim 1990.

KARLSON, P., D. DOENECKE und J. KOOLMAN: Kurzes Lehrbuch der Biochemie für Mediziner und Naturwissenschaftler. Thieme, 14. Aufl., Stuttgart 1994.

KLEINIG, H. und P. SITTE: Zellbiologie. G. Fischer, 4. Aufl., Stuttgart 1999.

KLINGMÜLLER, W. (Hrsg.): Gentechnik im Widerstreit. Wiss. Verlagsves., 3. Aufl., Stuttgart 1994.

KNIPPERS, R.: Molekulare Genetik. Thieme, 6. Aufl., Stuttgart 1995.

KULL, U.: Grundriß der Allgemeinen Botanik. G. Fischer, Stuttgart 1993.

LEHNINGER, A., D. NELSON und M. COX: Prinzipien der Biochemie. Spektrum, 2. Aufl., Heidelberg 1994.

LEWIS, B.: Molekularbiologie der Gene. Spektrum, Heidelberg 1997. Englischer Titel: Genes VI.

LODISH, H., D. BALTIMORE, A. BERK, S. ZIPURSKY, P. MATSUDAIRA und J. DARNELL: Molekulare Zellbiologie. De Gruyter, 2. Aufl., Berlin 1996.

LÜTTGE, U., M. KLUGE und G. BAUER: Botanik. VCH, 2. Aufl., Heidelberg 1994.

MOORE, R., W. CLARK and D. VODOPICH: Botany. WCB/Mac Graw-Hill. 2.ed. Boston 1998.

NULTSCH, W.: Allgemeine Botanik. Thieme, 10.Aufl. Stuttgart 1996.

OLD, R. und S. PRIMROSE: Gentechnologie. Thieme, Stuttgart 1992.

RAVEN, P., R. EVERT und H. CURTIS: Biologie der Pflanzen. De Gruyter, 2. Aufl., Berlin 1988.
Auf englisch liegt inzwischen die 6. Auflage des anschaulich bebilderten Buches vor:

RAVEN, P., R. EVERT and S. EICHHORN: Biology of Plants. Freeman, 6.ed. New York 1998.

SITTE, P., H. ZIEGLER, F. EHRENDORFER und A. BRESINKY: Strasburger – Lehrbuch der Botanik. G. Fischer, 34. Aufl. Stuttgart 1998.

STERN, K.: Introductory Plant Biology. WCB, 7.ed. Dubuque 1997.

STRYER, L.: Biochemie. Spektrum, 4. Aufl., Heidelberg 1996.

WATSON, J., M. GILMAN, J. WITKOWSKI und M. ZOLLER: Rekombinierte DNA. Spektrum, 2. Aufl., Heidelberg 1992.

II Weiterführende Literatur

*Besonders umfassend gehaltene Darstellungen, teils Lehrbücher für Fortgeschrittene

Biochemie und Stoffwechselphysiologie der Pflanzen

BRUNETON, J.: Pharmacognosy, Phytochemistry, Medicinal Plants. Lavoisier, Paris 1995.

*DENNIS, D. and D. TURPIN (eds.): Plant Physiology, Biochemistry, and Molecular Biology. Longman, 2. Aufl., London 1992.

*DEY, P. and J. HARBORNE (eds.): Plant Biochemistry. Academic Press, London 1997.

HALL, D. and K. RAO: Photosynthesis. Cambridge Univ. Pres, 5. Aufl., Cambridge 1994.

*HELDT, H.: Pflanzenbiochemie. Spektrum, Heidelberg 1996.

*HEMLEBEN, V.: Molekularbiologie der Pflanzen. G. Fischer, Stuttgart 1990.

*KINDL, H.: Biochemie der Pflanzen. Springer, 4. Aufl., Berlin 1994.

LAWLOR, D.: Photosynthesis. Longman, 2. Aufl., London 1993.

*LUCKNER, M.: Secondary Metabolism in Microorganisms, Plants, and Animals. Springer, 3. Aufl., Berlin 1990.

MARSCHNER, H.: Mineral Nutrition of Higher Plants. Academic Press, 2. Aufl., London 1995.

*MENGEL, K.: Ernährung und Stoffwechsel der Pflanze. G. Fischer, 7. Aufl., Jena 1991.

*RICHTER, G.: Biochemie der Pflanzen. Thieme, Stuttgart 1996.

ROBERTS, M. and M. WINK (eds.): Alkaloids. biochemistry, Ecology, and Medicinal Applocations. Plenum, New York 1998.

*TAIZ, L. and E. ZEIGER: Plant Physiology. Sinauer, 2. Aufl. Sunderland 1998.

WINTER, K. and J. SMITH (eds.): Crassulacean Acid Metabolism. Biochemistry, Ecophysiology and Evolution. Springer, Berlin 1996.

Biochemische Ökologie

AGOSTA, W.: Dialog der Düfte. Chemische Kommunikation. Spektrum, Heidelberg 1994.

GRILLO, S. and A. LEONE (eds.): Physical Stresses in Plants. Genes and Their Products for Tolerance. Springer, Berlin 1996.

GUTTERMAN, Y.: Seed Germination in Desert Plants. Springer, Berlin 1993.

*HARBORNE, J.: Ökologische Biochemie. Spektrum, Heidelberg 1993.

*HESS, D.: Die Blüte. Eine Einführung in Struktur und Funktion, Ökologie und Evolution der Blüten. Ulmer, 2. Aufl., Stuttgart 1990.

*HOCK, B. und E. ELSTNER (Hrsg.): Schadwirkungen auf Pflanzen. Lehrbuch der Pflanzentoxikologie. Spektrum, 3. Aufl., Heidelberg 1995.

*LARCHER, W.: Ökophysiologie der Pflanzen. Ulmer, 5. Aufl., Stuttgart 1994.

PANDA, N. and G. KHUSH: Host Plant Resistance to Insects. CAB International, Wallingford 1995.

PRELL, H.: Interaktionen von Pflanzen und phytopathogenen Pilzen. Fischer, Jena 1996.

ROBERTS, M. and M. WINK (eds.): Alkaloids. Biochemistry, Ecology, and Medicinal Applications. Plenum, New York 1998.

SCHENK, H., R. HERRMANN, K. JEON, N. MÜLLER and W. SCHWEMMLER (eds.): Eukaryotism and Symbiosis. Springer, Heidelberg 1997.

*SCHLEE, D.: Ökologische Biochemie. Springer, Berlin 1986.

SCHOONHOVEN, L., T. JERMY, and J. VAN LOON: Insect-Plant Biology. From physiology to evolution. Chapan & Hall, London 1998.

*WERNER, D.: Pflanzliche und mikrobielle Symbiosen. Thieme, Stuttgart 1987.

Biotechnologie der Pflanzen (Gewebekultur- und Gentechnik)

BOWES, B.: A Colour Atlas of Plant Propagation and Conservation. Manson, London 1999.

*BRANDT, P.: Transgene Pflanzen. Herstellung, Anwendung, Risiken und Richtlinien. Birkhäuser, Basel 1995.

*BRANDT, P. (Hrsg.): Zukunft der Gentechnik. Birkhäuser, Basel 1997.

CHET, I.: Biotechnology in Plant Disease Control. Wiley-Liss, New York 1993.

COLLINS, G. and R. SHEPHERD (eds.): Engineering Plants for Commercial Products and Applications. New York Academy of Sciences, New York 1996.

*GALUN, E. and A. BREIMAN: Transgenic Plants. Imperial College Press, Singapore 1997.

GATEHOUSE, A., V. HILDER and D. BOULTER: Plant Genetic Manipulation for Crop Protection. CAB International, Wallingford 1992.

GRIERSON, D. (ed.): Biosynthesis and Manipulation of Plant Products. Blackie, Glasgow 1993.

*HESS, D.: Biotechnologie der Pflanzen. Eine Einführung. Ulmer, Stuttgart 1992.

HESS, D.: Weniger Chemie auf den Acker! Gentransfer bei Pflanzen, eine ethisch-moralische Verpflichtung. In: KLINGMÜLLER, W. (Hrsg.), Gentechnik im Widerstreit, S. 61–82. Wiss. Verlagsges., 3. Aufl., Stuttgart 1994.

OWEN, M. and J. PEN (eds.): Transgenic Plants: A Production System for Industrial and Pharmaceutical Proteins. Wiley, Chichester 1996.

PHILLIPPS, R. and I. VASIL (eds.): DNA-Based Markers in Plants. Kluwer, Dordrecht 1994.

SCHULTE, E. und KÄPPELI, O. (Hrsg.): Gentechnisch veränderte krankheits- und schädlingsresistente Nutzpflanzen. Eine Option für die Landwirtschaft? Band I Materialien. Schwerpunktprogramm Biotechnologie des Schweizer Nationalfonds, Bern 1996.

*STEINBISS, H.-H.: Transgene Pflanzen. Spektrum, Heidelberg 1995.

*VASIL, I. and T. THORPE (eds.): Plant Cell and Tissue Culture. Kluwer, Dordrecht 1994.

Entwicklungsphysiologie

BEWLEY, J. and M. BLACK: Seeds. Physiology of Development and Germination. Plenum, 2. Aufl. New York 1998.

CORUZZI, G. and P. PUIGDOMENECH (eds.): Plant Molecular Biology. Molecular Genetic Analysis of Plant Development and Metabolism. Springer, Berlin 1994.

DAVIES, P. (ed.): Plant Hormones. Physiology, Biochemistry and Molecular Biology. Kluwer, 2. Aufl., Dordrecht 1995.

*FOSKET, D.: Plant Growth and Development. A Molecular Approach. Academic Press, San Diego 1994.

GRIERSON, D. (ed.): Developmental Regulation of Plant Gene Expression. Blackie, Glasgow 1991.

*HEMLEBEN, V.: Molekularbiologie der Pflanzen. G. Fischer, Stuttgart 1990.

JORDAN, B. (ed.): The Molecular Biology of Flowering. CAB International, Wallingford 1993.

MOHAPATRA, S. and R. KNOX: Pollen. Biotechnology, Gene Expression and Allergen Characterization. Chapman & Hall, New York 1996.

NOVER, L. (ed.): Plant Promoters and Transcription Factors. Springer, Berlin 1994.

SCOTT, R. and A. STEAD: Molecular and cellular aspects of plant reproduction. Univ. Press, Cambridge 1994.

*TAIZ, L. and E. ZEIGER: Plant Physiology. Sinauer, 2. Aufl. Sunderland 1998.

THOMAS, B. and D. VINCE-PRUE: Photoperiodism in Plants. Academic Press, 2. Aufl., San Diego 1997.

VERMA, D. (ed.): Signal Transduction in Plant Growth and Development. Springer, Wien 1996.

*WESTHOFF, P., H. JESKE, G. JÜRGENS, K. KLOPPSTECH und G. LINK: Molekulare Entwicklungsbiologie. Vom Gen zur Pflanze. Thieme, Stuttgart 1996.

WILLIAMS, E., A. CLARKE and R. KNOX (eds.): Genetic Control of Self-Incompatibility and Reproductive Development in Flowering Plants. Kluwer, Dordrecht 1994.

Varia

*BALICK, M. und O. COX: Drogen, Kräuter und Kulturen. Pflanzen und die Geschichte des Menschen. Spektrum, Heidelberg 1997.

*BECKER, H.: Pflanzenzüchtung. Ulmer, Stuttgart 1993.

*FROHNE, D. und U. JENSEN: Systematik des Pflanzenreichs. G. Fischer, 4. Aufl., Stuttgart 1992.

HOCK, B., C. FEDTKE und R. SCHMIDT: Herbizide. Entwicklung, Anwendung, Wirkungen, Nebenwirkungen. Thieme, Stuttgart 1995.

*LEWINGTON, A.: Plants for People. Natural History Museum Publications, London 1990.

*ODENBACH, W. (Hrsg.): Biologische Grundlagen der Pflanzenzüchtung. Parey, Berlin 1997.

*SCHUG, W., J. LEON und H. GRAVERT: Welternährung. Herausforderung an Pflanzenbau und Tierhaltung. Wiss. Buchgesellschaft, Darmstadt 1996.

*SCHULTES, R. and S. VON REIS (eds.): Ethnobotany. Evolution of a Discipline. Chapman & Hall, London 1995.

VERG, E., G. PLUMPE und H. SCHULTHEIS: Meilensteine. 125 Jahre Bayer 1863–1988. Bayer AG, Leverkusen 1988.

*WEBERLING, F. und H. SCHWANTES: Pflanzensystematik. Ulmer, 6. Aufl., Stuttgart 1992.

Sachregister

Halbfett gedruckte Ziffern beziehen sich auf Schwerpunkte, mit * versehene Seitenzahlen verweisen auf Abbildungen